Fourth Edition

Engineering Optimization

공학최적화 : 이론과 실제

K water

SINGIRESU S. RAO 저

박한영/ 오세영/ 김영도/ 배상식 공역

홍릉과학출판사

Engineering Optimization
Theory and Practice 4th EDITION

머리말

최적화이론은 20세기 초에 유래되었으며, 20세기 중반에 노벨상 수상의 절반 정도가 최적화와 관련된 많은 이론들이 수립되면서 절정기에 도달하였지만 전산기 보급의 확대와 더불어 최적화이론이 실용적으로 적용되기 시작하였다.

저자가 최적화이론을 처음 접한 것은 1991년 미국 유학시절 Frederick S. Hillier가 1990년에 저술한 『Introduction to Mathematical Programming』의 선형계획법이었다. 그때 당시 저자에게는 처음 접하는 학문이었지만 실생활에서 폭넓게 적용할 수 있는 가능성을 체험하였다. 그러나 최적화와 관련된 도서들이 많지 않았고 내용도 실무에 적용하기에 다소 거리감이 있었다.

세계 최상의 물 전문기관을 목표로 하는 K-water(한국수자원공사)의 기술진단(정수장 기술진단 및 에너지진단)을 총괄하는 팀장으로 근무하면서 최근 국가 과제로 대두되고 있는 저탄소 녹색에너지사업의 일환으로 추진하고 있는 수도사업장에서의 시설안정성을 기본으로 수요자의 모든 요구조건을 만족시키면서 에너지사용을 최소화하는 프로젝트를 수행하면서 20년 전에 배운 최적화이론에 다시 관심을 갖게 되었다. 이와 같은 업무에 활용하기 위해 최적화와 관련된 국문 도서를 찾았지만 본서의 공동저자이신 오세영 교수님이 저술하신 최적화이론(I) 외 소수의 도서만을 접할 수 있었다. 그리고 세미나, 워크숍 등에서 발표하는 논문들을 보면 많은 사람들이 무심코 최적화라는 단어를 사용하고 있어 이번 기회에 최적화이론을 체계적으로 정립하여 국문도서를 발간하기로 결심하고 2년의 각고의 시간을 거쳐 드디어 본서를 출판하게 되었다.

GNP 2만 달러를 막 진입한 현 시점에서 본서가 한국 국민 총 생산규모에 부합되도록 관련 기술자들의 기술력을 향상시키고 더 나아가 우리나라 물산업의 고부가가치 창출을 위한 밑거름이 되기를 기대하며 본서가 발간되기까지 도와주신 한국수자원공사 선후배님, 직장동료 및 홍릉과학출판사 관계자들, 특히 바쁘신 와중에도 흔쾌히 많은 시간과 노력으로 공동으로 저술해 주신 오세영 교수님께 감사드립니다.

끝으로 수능 백일을 앞두고 몸과 마음고생이 큰 사랑하는 딸 정연이가 원하는 대학에 진학하길 기도하고, 정민이가 중3이 되면서 더욱 듬직하고 노력하는 모습을 보여주길 기대하고, 아이들 뒷바라지에 불철주야 고민하고 있는 사랑하는 인생의 반려자인 진희수(秦僖秀)에게 고마운 마음을 이 한 권의 책에 담아 보냅니다.

2011년 8월

역자 박한영(朴韓瑩) 씀

차례

CHAPTER 01 최적화 소개

CHAPTER 06 **비선형 계획법 II : 비제약 최적화 기법**

CHAPTER 14 최적화의 실용적인 측면

CHAPTER 01

최적화 소개

1.1 소개

최적화는 주어진 환경에서 최상의 결과를 얻기 위한 행위이다. 기술자는 공학시스템의 설계, 건설, 그리고 유지관리의 여러 단계들에서 기술적이고 체계적인 의사결정들을 하여야 한다. 이와 같은 모든 의사결정의 궁극적인 목표는 바람직한 이익을 최대화하거나 필요한 노력을 최소화하는 것이다. 실제 상황에서 필요한 노력 또는 바람직한 이익을 특정 결정변수들의 함수로써 표현할 수 있기 때문에 제공되는 조건하에서 함수의 최대 또는 최솟값을 찾는 과정으로 최적화를 정의할 수 있다. 그림 1.1에서 점 x^*가 함수 $f(x)$의 최소점에 상응하는 x축의 점이라면, 그 점은 또한 $-f(x)$가 최댓값을 갖게 되는 점이기도 하다. 따라서 동일한 함수 $f(x)$의 최대점을 구하는 문제는 $-f(x)$의 최소점을 구하는 문제

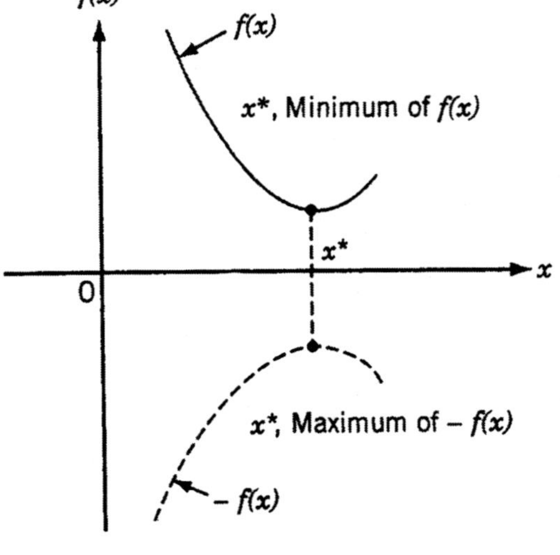

그림 1.1 $-f(x)$의 최대점은 $f(x)$의 최소점과 동일

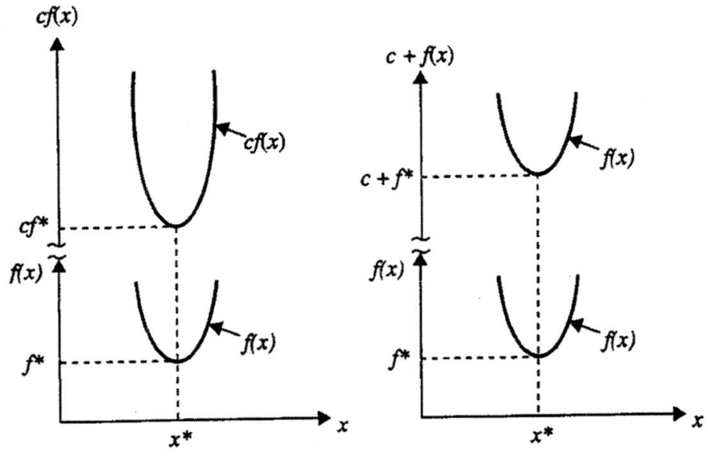

그림 1.2 $cf(x)$ 또는 $c+f(x)$의 최적해는 $f(x)$의 최적해와 동일

를 이용할 수 있기 때문에 일반적으로 최솟값을 구하기 위한 최적화 문제를 취할 수 있다.

또한 목적함수 $f(x)$에 양수 c를 곱한 $cf(x)$ 또는 합 또는 차의 식 $f(x) \pm c$는 목적함수 $f(x)$의 최적해 x^*와 같다(그림 1.2 참조).

모든 최적화 문제를 효율적으로 해결할 수 있는 유일한 방법은 존재하지 않는다. 따라서 서로 다른 형식들의 최적화 문제들을 해결하기 위해 수많은 최적화 방법들이 개발되어 왔다. 최적해를 구하는 방법은 또한, 수학적 계획법(programming)으로도 알려져 있으며 통상적으로 운영연구(OR; Operation Research)의 일부분으로 고찰되었다. OR은 의사결정 문제에 대한 과학적인 방법들을 적용하여 최적해를 확립하기 위한 수학적 기법을 다루는 분야이다. OR 주제의 시발점은 제2차 세계대전 초기까지 거슬러 올라간다. 전쟁 동안 영국군은 매우 제한된 자원들(resource; 전투기, 레이더, 그리고 잠수함과 같은)을 여러 작전[활동(activity); 여러 목표와 목적지에 배치]에 할당하는 문제에 직면하였다. 그 당시 자원 할당문제를 해결하기 위한 체계적인 방법들이 존재하지 않았으므로 영국군은 과학적인 방법으로 문제를 해결하기 위한 방법을 개발하기 위해 수학자들로 구성된 팀을 만들었다. 팀들이 개발한 방법들은 영국 공중전 승리에 중요한 역할을 하였으며, 이러한 군사작전 연구의 결과로서 개발된 선형 계획법과 같은 최적화 방법들이 OR 방법으로 알려지기 시작하였다.

표 1.1은 잘 정의된 다른 OR 영역과 함께 여러 수학적 계획법들을 보여준다. 표 1.1에 주어진 분류는 편의상 주어진 것이고 절대 기준은 아니다.

사전 설정된 일련의 제약들 아래 여러 변수들로 구성된 함수의 최솟값을 구하기 위해 수학적 계획법들을 사용할 수 있으며, 알고 있는 확률분포를 갖는 일련의 무작위 변수들

표 1.1 OR 방법들

수학적 계획법 또는 최적화 기법	최신 또는 비전통 최적화 기법	확률론적 과정 기법	통계적 방법
미적분법	유전자 알고리즘	통계적 결정 이론	회귀분석
변분법	Simulated annealing	Markov processes	집단분석, 패턴인식
비선형 계획법	개미집단 최적화	Queueing theory	실험 설계
등비 계획법	개인집단 최적화	재생 이론	판별분석(요소분석)
이차식 계획법	신경망	모의 방법	
선형 계획법	퍼지 최적화	신뢰성 이론	
정수 계획법			
확률론적 계획법			
가분성 계획법			
다목적 계획법			
Network 방법: CPM 및 PERT			
게임이론			

로 기술된 문제들을 해석하기 위해 확률론적 기법들을 사용할 수 있다. 통계적 방법들은 가장 정확한 물리적 상황의 표현을 얻기 위해 시험자료와 경험방법들을 해석할 수 있도록 해준다. 이 책에서는 최적화 이론에 대한 공학적 최적화 설계 문제를 해결하기에 적합한 수학적 계획법들의 적용과 그 이론을 다루게 된다.

1.2 개발 역사

최적화 방법들의 기원은 뉴턴(Newton), Lagrange, 그리고 코시(Cauchy)의 시대로 거슬러 올라갈 수 있다. 뉴턴과 라이프니츠 미적분학은 최적화의 미분법 개발을 가능하게 하였다. 베르누이, 오일러, Lagrange, 그리고 바이어스트라스는 함수의 최소화를 다루는 미적분의 변분법의 기초를 확립하였다. 추가 미지 승수들을 포함하는 제약된(constrained: 제약조건이 있는) 문제들을 해결하기 위한 최적화 방법은 이 방법의 개발자의 이름인 Lagrange 방법으로 알려지기 시작하였다. 코시는 비제약(unconstrained: 제약조건이 없는) 문제를 해결하기 위해 최급강하법(부분벡터 하강 방법)을 최초로 적용하였다. 고속 디지털 전산기가 최적화 수행 과정들을 실행 가능하도록 만들고 새로운 방법들에 대한 심화 연구를 자극할 때인 20세기 중반까지 이러한 초기 공헌들에도 불구하고 해법의 개발에는 진전이 거의 없었다. 20세기 중반 이후 최적화 기법들에 대한 많은 문헌들이 나오면서 극적인 진전들과 함께 최적화 이론에서 잘 정의된 새로운 여러 영역들이 출현하였다.

비제약 최적화의 수치 방법들의 영역들에서의 주된 개발들은 1960년대 영국에서 이루어졌다. 제약 최적화 방법의 개발에는 선형 계획법 문제를 해결하기 위한 1947년 단치히(Dantzig)가 개발한 심플렉스(simplex) 방법과 동적(dynamic) 계획법 문제들을 해결하기 위한 1957년 벨만(Bellman)이 개발한 최적화 원리의 발표가 초석이 되었다. 1951년 Kuhn & Tucker가 개발한 계획법 문제의 최적해를 위한 필요조건 및 충분조건들은 비선형 계획법의 연구를 위한 많은 초석이 되었다. 1960년대 초반 동안 비선형 계획법에 대한 Zoutendijk & Rosen의 공헌은 상당하였다. 비선형 계획법 문제들을 해결하기 위해 보편적으로 적용할 수 있는 단일 기법은 존재하지 않지만 Corroll & Fiacco 그리고 McCormick의 이론에 근거한 비제약 최적화 기법을 사용하여 많은 어려운 문제들을 해결할 수 있다. Duffin, Zener, 그리고 Peterson은 1960년대에 등비(geometric) 계획법을 개발하였다. Gomory는 급속하게 발전하고 실제로 많이 적용되는 영역 중 하나인 정수(integer) 계획법에 대해 선구적인 업적을 남겼다. Dantzig & Charnes 그리고 Cooper는 확률론적(stochastic) 계획법들을 개발하였고 설계 매개변수들을 독립적인 것으로 그리고 정규분포된 것으로 가정하여 문제들을 해결하였다.

물리적인 한계를 만족시키면서 하나 이상의 목적 또는 목표를 최적화하려는 욕망은 다목적(multiobjective) 계획법들의 개발을 촉진시켰다. 목표 계획법(goal programming)은 원래 선형 문제를 해결하기 위해 Charnes & Cooper가 1961년에 제안한 것으로 특정 형식의 다목적 최적화 문제를 해결하기 위해 잘 알려진 기법이다. 1928년 von Neumann은 게임이론(game theory)의 기초를 확립하였고 그 후 게임이론은 여러 수리경제학과 군사 문제를 해결하기 위해 적용되어 왔지만 공학적 최적화 설계 문제들을 해결하기 위해 적용한 것은 최근 몇 년에 불과하다.

최근 복잡한 공학적 최적화 문제를 해결하기 위한 강력하고 때로는 비전통적인 최적화 방법이라 불리며 관심을 받는 유전자 알고리즘(genetic algorithms), simulated annealing, 개인집단 최적화(particle swarm), 개미집단(ant colony) 최적화, 신경망-기초 최적화, 그리고 퍼지 최적화 등이 개발되었다. 유전자 알고리즘은 자연 유전학과 자연 선택의 기작에 기초한 전산화된 탐색 및 최적화 알고리즘으로 John Holland가 1975년에 최초로 제안하였다. Simulated annealing은 용해된 금속을 풀림(annealing)과정을 통해 냉각하는 과정의 기작에 기초하는 기법으로 Kirkpatrick, Gelatt, 그리고 Vecchirk가 최초로 개발하였다.

개인집단 최적화 알고리즘은 집단 또는 곤충의 떼(예를 들어 개미, 흰개미, 벌, 말벌), 새의 무리, 그리고 물고기 집단과 같은 사회적 조직체의 거동을 모방하는 알고리즘으로 Kennedy & Eberhart가 1995년에 최초로 제안하였다. 개미집단 최적화는 그들 둥지로부터 식량원까지 최단 경로를 찾도록 해주는 개미집단의 협력적인 거동에 기초하는 기법으로 Marco Dorigo가 1992년에 최초로 개발하였다. 신경망 방법들은 상당한 양의 센서 자료들이 존재할 때 센서의 병렬 처리 능력을 통해 자각적인(perceptional) 문제들을 해결하기 위해 신경 시스템의 상당한 연산 능력에 기초하며 Hopfield & Tank가 1985년 최적화를 위해 이 방법을 최초로 사용하였다. 또한 모호하고 언어적인 기술을 포함한 부정확한 형태로 기술된 설계 자료, 목적함수 및 제약들을 포함하는 최적화 문제를 해결하기 위해 퍼지 최적화방법이 개발되었다. Rao는 1986년 최초로 공학적 설계에서 단일목적과 다목적 최적화를 위한 퍼지 방법을 제안하였다.

1.3 최적화가 적용되는 공학분야

공학적 문제를 해결하기 위해 다음과 같이 광범위한 측면에서 최적화를 적용할 수 있다.

1. 항공 및 우주선의 최소중량 구조 설계
2. 비행체의 최적 궤적 구하기
3. 프레임, 기초, 교량, 타워, 굴뚝, 댐과 같은 토목공학 구조물의 최소비용설계
4. 지진, 바람, 그리고 다른 형식의 무작위 부하에 대한 구조물의 최소중량설계
5. 수자원 시스템의 최대이익설계
6. 플라스틱 구조물의 최적설계
7. 연결장치(linkages), 캠, 기어, 기계 공구, 그리고 다른 기계요소들의 최적설계
8. 최소생산비용을 위한 금속 절삭가공에서 기계가공조건의 선정
9. 콘베이어, 트럭, 그리고 크레인과 같은 장비의 최소비용설계
10. 펌프, 터빈, 그리고 열교환장비의 최대효율설계
11. 모터, 발전기, 그리고 변압기와 같은 전력기기의 최적설계
12. 전력망의 최적설계
13. 한 여행 동안 여러 도시를 방문하는 외판원이 취할 가장 짧은 경로
14. 최적 생산계획, 제어, 그리고 스케줄링
15. 물리적 현상의 가장 정확한 표현을 얻기 위해 실험 결과로부터 실증적 모델 형성 및 통계 자료의 해석
16. 화학처리장비 및 플랜트의 최적설계
17. 처리산업을 위한 최적 관로 관망의 설계
18. 산업을 위한 최적현장 선정
19. 운영비용 감소를 위한 장비의 유지관리 및 대체의 계획
20. 인벤토리 조정
21. 이익 최대화를 위한 여러 활동 사이 자원 또는 서비스의 할당

22. 비용 감소를 위한 생산 라인들의 정지, 운휴 및 대기 시간 제어
23. 경쟁자 존재시 최대 이익을 얻기 위한 최상의 전략 계획
24. 제어시스템의 최적설계

1.4 최적화 문제의 정의

최적화 또는 수학적 계획법 문제를 다음과 같이 기술할 수 있다. 즉, 제약조건에 종속(subject to: 만족)하는 공간에서 목적함수 $f(\boldsymbol{X})$가 최솟값을 갖게 되는 변수 벡터 $\boldsymbol{X} \in \mathrm{R}^n$을 구하는 문제:

$$\begin{aligned} &\min_{\boldsymbol{X} \in R^n} \quad f(\boldsymbol{X}) \\ &\text{subject to} \quad g_j(\boldsymbol{X}) \le 0, \quad j = 1, 2, \cdot\cdot\cdot, m \\ &\qquad\qquad\quad l_j(\boldsymbol{X}) = 0, \quad j = 1, 2, \cdot\cdot\cdot, p \end{aligned} \tag{1.1}$$

이다. 여기서 $\boldsymbol{X}$는 설계(또는 결정변수) 벡터라 불리는 n-차원의 벡터, $f(\boldsymbol{X})$는 목적함수, $g_j(\boldsymbol{X})$와 $l_j(\boldsymbol{X})$는 부등식 제약과 등식 제약이다. 이때 변수의 수 n, 제약조건들의 수 m과 p는 서로 연관될 필요는 없다. 식 1.1에 기술된 문제를 **제약 최적화 문제**(constrained optimization problem)라 부른다. 제약조건을 포함하지 않는 최적화 문제

$$\min_{\boldsymbol{X} \in R^n} \quad f(\boldsymbol{X})$$

를 **비제약 최적화 문제**(unconstrained optimization problem)라 부른다.

1.4.1 설계벡터 (Design Vector)

일련의 정량들(그들 중 일부는 설계 과정 중 변수들로 간주할 수 있는)로 임의 공학적 시스템 또는 요소를 정의한다. 통상적으로 시작부터 고정되는 특정 정량들은 사전 할당된 매개변수라 하며, 다른 모든 정량들은 설계 과정에서 변수들로 취급하고 설계변수 또는 결정변수 x_i , $i = 1, 2, \ldots, n$라 하며, 설계변수를 총체적으로 벡터로 표현한 $\boldsymbol{X} = (x_1, x_2, \cdot\cdot\cdot, x_n)^T$를 설계벡터라 한다. 한 예로서 그림 1.3과 같이 기어의 면 b, 이 수 T_1 그리고 T_2, 중심거리 d, 압력각 ψ, 이 프로파일, 그리고 재질로 된 한 쌍의 기어 설계를 고려하자. 만일 중심거리 d, 압력각 ψ, 이 프로파일, 그리고 재질이 사전에 결정되면 이러한 정량들을 사전 할당된 매개변수라 부르며, 나머지 정량들을 설계벡터 $\boldsymbol{X} = (x_1, x_2, x_3)^T = (b, T_1, T_2)^T$로 표현할 수 있다. 만일 b, T_1 및 T_2의 선정에 아무런 제한이 없으면,

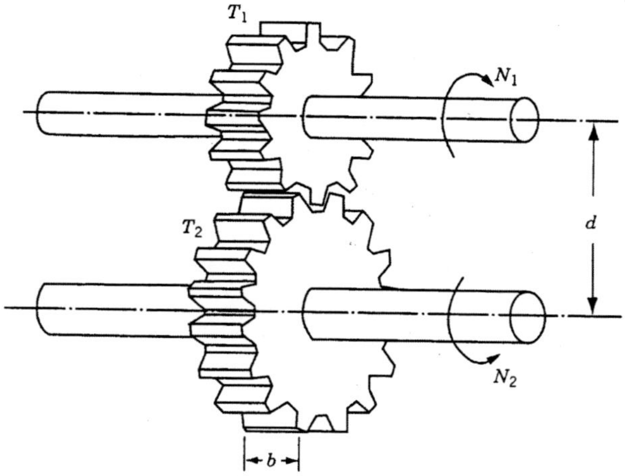

그림 1.3 쌍 기어 설계변수(Gear pair in mesh)

임의 3개 수의 집합은 기어 쌍을 위한 하나의 설계벡터를 구성한다. 각 좌표축을 설계변수 x_i, $i = 1, 2, \cdot \cdot \cdot, n$로 표현하는 n-차원 직교좌표 공간을 설계변수 공간 또는 단순히 설계공간이라 부른다. n-차원 설계공간에서 각 점을 설계점(design point)이라 부르며 설계 문제에 대한 가능 또는 불가능한 해가 된다. 기어 쌍의 설계의 경우, 예를 들어 설계점 $(1.0,\ 20,\ 40)^T$은 가능한 해를 표현하는 반면, 설계점 $(1.0,\ -20,\ 40.5)^T$는 음의 값 또는 분수를 가질 수 없기 때문에 불가능한 해가 된다.

1.4.2 설계 제약조건 (Design Constraints)

많은 실제 문제에서는 임의로 설계변수들의 값을 선택할 수 없고, 특정 명시된 기능과 요구조건을 만족시켜야 하는데, 이처럼 수용할 수 있는 설계를 제공하기 위해 반드시 만족시켜야 할 조건들을 총체적으로 설계 제약이라 부른다. 시스템의 성능 또는 거동에 대한 한계를 표현하는 제약을 **성능제약** 또는 **작동제약**이라 부른다. 유용성, 제작가능성, 그리고 수송가능성과 같은 설계변수들에 대한 물리적 한계를 표현하는 제약들을 **기하적 제약** 또는 **부수제약**이라 한다. 예를 들어 그림 1.3과 같은 쌍 기어의 경우 강도 요구조건 때문에 면 폭 b를 특정 수치보다 작게 취할 수 없다. 또한 비율 T_1/T_2는 입력축과 출력축의 회전속도 N_1과 N_2에 의해 결정된다. 이러한 제약들은 기어 쌍의 성능에 따라 결정되므로 거동제약이라 부른다. 또한 T_1과 T_2 수치는 임의 실수가 아닌 오직 정수가 되어야 한다. 더욱이 제작 한계로 인해 T_1과 T_2에 대한 상한과 하한이 존재할 수 있다. 이러한 제약들은 설계변수들에 대한 물리적 한계에 따라 결정되므로 부수제약이라 부른다.

1.4.3 제약표면(Constraint Surface)

설명을 간편화하기 위해서 오직 부등식 제약들 $g_j(\boldsymbol{X}) \le 0$를 갖는 최적화 문제를 생각해보자. 제약식 $g_j(\boldsymbol{X}) = 0$을 만족시키는 벡터 $\boldsymbol{X}$의 집합이 설계공간에서 형성하는 초곡면(hyper-surface)을 제약표면이라 부른다. 이 제약표면은 설계변수들의 수 n보다 하나 작은 $n-1$차원 부분공간(subspace)이 되고, 설계공간을 두 개의 영역, 즉 $g_j(\boldsymbol{X}) < 0$인 영역과 $g_j(\boldsymbol{X}) > 0$인 영역으로 나눈다. 따라서 초곡면에 위치한 점들은 제약조건 $g_j(\boldsymbol{X}) = 0$을 만족시킨다. 반면 $g_j(\boldsymbol{X}) > 0$인 영역에 위치하는 점들은 불가변(infeasible)점, 즉 변수의 값으로 수용할 수 없는 점이다. 그리고 $g_j(\boldsymbol{X}) < 0$인 영역에 위치하는 점들은 가변(feasible)점, 즉 변수의 값으로 수용할 수 있는 점이다. 모든 제약표면 $g_j(\boldsymbol{X}) = 0$, $j = 1, 2, \cdots, m$이 수용할 수 있는 영역을 분리하는 공통 표면을 **합성제약표면**(composite constraint surface)이라 부른다.

그림 1.4는 변수가 제약조건을 만족하지 못하는 불가변영역을 사선들로 나타낸 가설적인 2차원 설계공간을 보여준다. 하나 또는 그 이상의 제약표면에 위치한 설계점을 경계점 또는 유계점(bound point)이라 부르며 이 경계점과 관련된 제약을 **활성제약**(active constraint)이라 부른다. 제약표면에 위치하지 않는 설계점들은 자유점(free point)이라 한다. 특정 설계점은 수용할 수 있는 영역 또는 수용할 수 없는 영역에 속하는지에 따라 다음 4개 형식들 중 하나가 된다.

1. 가변영역 내의 자유점(Free and acceptable point)

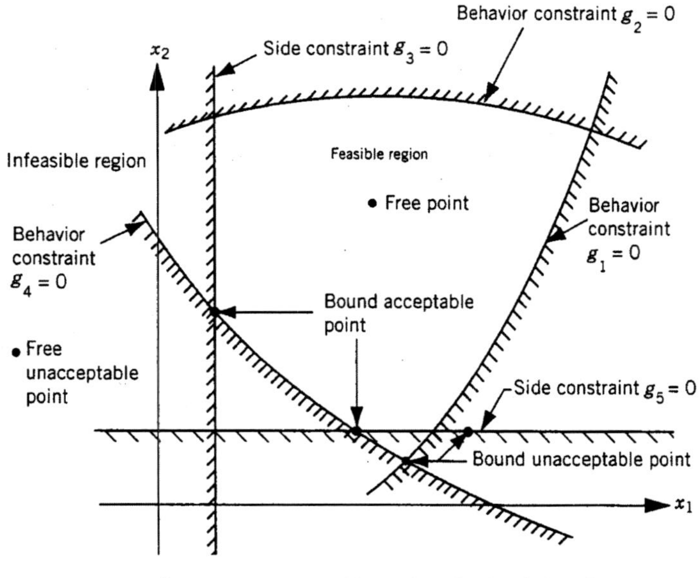

그림 1.4 가상 이차원 설계공간 내 제약표면

2. 불가변영역의 자유점(Free and unacceptable point)
3. 가변영역 경계점(Bound and acceptable point)
4. 불가변영역 경계점(Bound and unacceptable point)

상기 4개 형식의 모든 점들을 그림 1.4에 나타내었다.

1.4.4 목적함수(Objective Function)

전통적인 설계 절차들은 단순히 문제의 기능과 다른 요구 조건들을 만족시키면서 수용할 수 있는 충분한 설계를 찾는데 목적을 두고 있다. 일반적으로 하나 이상의 수용할 수 있는 설계가 존재하고, 최적화의 목적은 수용할 수 있는 많은 설계들 중 최상의 설계를 선정하는 것이 된다. 따라서 다른 수용할 수 있는 대안설계들을 비교하고 최상의 설계를 선정하기 위해 반드시 판단기준을 선정하여야 한다. 설계변수들의 함수로서 설계를 표현하면, 설계가 최적화되었는지 여부는 목적함수로 판단할 수 있다. 문제의 특징에 따라 목적함수가 선택된다. 항공기와 우주선 구조 설계 문제들에서 최소화를 위한 목적함수는 일반적으로 가중치를 취한다. 통상적으로 토목공학 구조 설계시의 목적은 비용의 최소화가 된다. 기계공학시스템 설계에는 기계 효율의 최대화가 명백한 목적이 된다. 따라서 목적함수의 선택은 대부분 설계 문제에서 단순명료해 보이지만 특정 판단기준에 따른 최적화는 또 다른 판단기준에 따라 만족스럽지 않은 결과가 될 수 있는 경우가 존재할 수 있다. 예를 들어, 기계설계에서 최대 동력을 전달하는 기어박스는 최소 중량을 갖지 않을 수 있다. 유사하게 구조 설계에서 최소 중량설계는 최소 응력설계에 상응하지 않을 수 있고, 최소 응력설계는 재차 최대 빈도설계에 상응하지 않을 수 있다. 따라서 목적함수의 선정은 전체 최적설계 과정에서 가장 중요한 결정 요소들 중 하나가 될 수 있다.

일부 상황에서 동시에 만족시켜야 하는 하나 이상의 판단기준이 존재할 수 있다. 예를 들어, 기어 쌍은 명시된 동력을 전달하면서 최소 중량과 최대 효율을 만족시키도록 설계되어야 한다. 이와 같이 여러 개의 목적함수를 포함하는 최적화 문제를 다목적 계획 문제라 부른다. 복수의 목적들에서 발생할 가능성이 있는 문제를 처리하기 위한 단순한 방법은 문제시되는 복수 목적함수들의 선형 조합으로써 전반적인 목적함수를 만드는 것이다. 즉, $f_1(\boldsymbol{X})$와 $f_2(\boldsymbol{X})$가 두 개의 목적함수를 나타내면 다음과 같이 최적화를 위한 하나의 조합된 목적함수를 전개한다.

$$f(\boldsymbol{X}) = \alpha_1 f_1(\boldsymbol{X}) + \alpha_2 f_2(\boldsymbol{X}) \tag{1.3}$$

여기서 α_1과 α_2는 다른 목적함수에 대한 상대적인 중요도를 나타내는 상수이다.

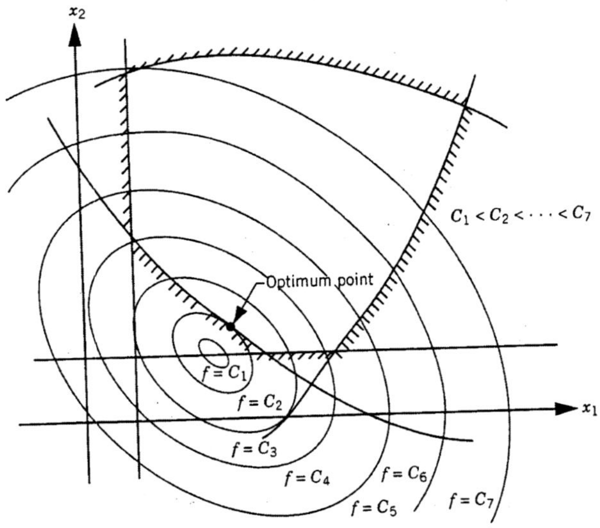

그림 1.5 목적함수의 등고선

1.4.5 목적함수 표면(Objective Function Surfaces)

$f(\boldsymbol{X}) = C(C$; 상수)를 만족시키는 모든 점들의 궤적은 설계공간에서 상수 C에 따라 다른 초곡면(또는 등고선)을 형성한다. 목적함수 표면들이라 불리는 이러한 표면들을 그림 1.5에서 2차원 설계공간에 나타내었다.

목적함수 표면들은 제약표면들에 따라 C를 결정하여 만들 수 있으므로 많은 어려움 없이 최적점을 결정할 수 있다. 그러나 설계변수의 수가 2개 보다 많으면 제약함수와 목적함수 표면들은 가시화하기 조차도 복잡하게 되어 수학적인 방법으로 문제를 해결하여야 한다. 다음 예제에서는 2차원 평면에서 그래프를 이용한 최적화 절차를 설명한다.

예제 1.1

최소 비용으로 압축하중 $P = 2500$ kg$_f$를 전달하기 위해 양쪽 말단부에서 힌지 조인트를 갖는 중공축 단면의 균등 컬럼을 설계하여라(그림 1.6 참조). 컬럼은 항복응력 $\sigma_y = 500$ kg$_f$/cm^2, 탄성계수 $E = 0.85 \times 10^6$ kg$_f$/cm^2, 비중량 $\rho = 0.0025$ kg$_f$/cm^{3}을 갖는 재질로 구성된다. 컬럼 길이는 250 cm이다. 컬럼 내부에서 발생하는 응력은 항복강도는 물론 버클링응력보다 적어야 한다. 컬럼의 평균 직경은 2 cm와 14 cm 사이로 제한되고, 컬럼 두께범위 0.2 cm~0.8 cm를 벗어난 두께는 시장에서 구할 수 없다. 컬럼 비용은 재질과 건설비용을 포함하고 $5W + 2d$를 취할 수 있으며, 여기서 W는 중량으로 단위는 kg$_f$이고, d는 컬럼의 평균 직경으로 단위는 cm이다.

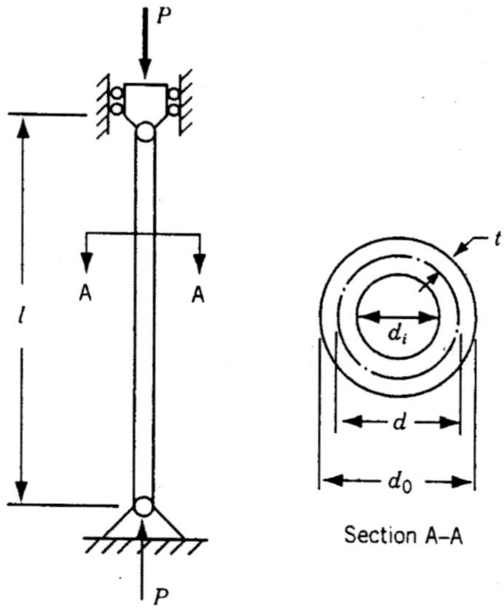

그림 1.6 압축을 받는 중공축 컬럼

[풀이] 설계변수들은 평균 직경 d와 튜브 두께 t이다.

$$\boldsymbol{X} = \begin{pmatrix} x_1 \\ x_2 \end{pmatrix} = \begin{pmatrix} d \\ t \end{pmatrix} \quad \text{E.1}$$

최소화하여야 할 목적함수는 다음과 같이 주어진다.

$$f(\boldsymbol{X}) = 5W + 2d = 5\rho l \pi dt + 2d = 9.82 x_1 x_2 + 2x_1 \quad \text{E.2}$$

다음과 같이 거동제약을 표현할 수 있다.

내부응력(stress induced) $\le$ 항복강도(yield stress)
내부응력(stress induced) $\le$ 버클링강도(buckling stress)

발생된 응력은 다음과 같이 주어진다.

$$\text{내부응력} = \sigma_i = \frac{P}{\pi dt} = \frac{2{,}500}{\pi x_1 x_2} \quad \text{E.3}$$

핀-연결된 컬럼의 경우, 버클링응력은 다음과 같이 주어진다.

$$\text{버클링응력} = \sigma_b = \frac{Euler\ buckling\ load}{cross-sectional\ area} = \frac{\pi^2 EI}{l^2}\frac{1}{\pi dt} \quad \text{E.4}$$

여기서 I는 컬럼 단면 2차 모멘트로서

$$I=\frac{\pi}{64}\left(d_o^4-d_i^4\right) \qquad \text{E.5}$$

$$=\frac{\pi}{64}\left(d_o^2+d_i^2\right)\left(d_o+d_i\right)\left(d_o-d_i\right)$$

$$=\frac{\pi}{64}\left[(d+t)^2+(d-t)^2\right]\times\left[(d+t)+(d-t)\right]\times\left[(d+t)-(d-t)\right]$$

$$=\frac{\pi}{8}dt\left(d^2+t^2\right)$$

$$=\frac{\pi}{8}x_1x_2\left(x_1^2+x_2^2\right)$$

따라서 다음과 같이 작동제약조건을 표현할 수 있다.

$$g_1(\boldsymbol{X})=\frac{2,500}{\pi x_1x_2}-500\le 0 \qquad \text{E.6}$$

$$g_2(\boldsymbol{X})=\frac{2,500}{\pi x_1x_2}-\frac{\pi^2\left(0.85\times10^6\right)\left(x_1^2+x_2^2\right)}{8\times250^2}\le 0 \qquad \text{E.7}$$

부수제약(side constraint)은 다음과 같다.

$$2\le d\le 14 \quad \Rightarrow \quad 2\le x_1\le 14$$

$$0.2\le t\le 0.8 \quad \Rightarrow \quad 0.2\le x_2\le 0.8$$

상기 부수제약식을 다음과 같이 표준 형태로 표현할 수 있다.

$$g_3(\boldsymbol{X})=-x_1+2.0\le 0 \qquad \text{E.8}$$

$$g_4(\boldsymbol{X})=x_1-14.0\le 0 \qquad \text{E.9}$$

$$g_5(\boldsymbol{X})=-x_2+0.2\le 0 \qquad \text{E.10}$$

$$g_6(\boldsymbol{X})=x_2-0.8\le 0 \qquad \text{E.11}$$

오직 두 개의 설계변수들이 존재하므로 다음과 같이 그래프로 문제를 해결할 수 있다.

먼저 2차원 설계공간에 제약표면들을 작도하여야 하고 여기서 두 개의 축은 두 개의 설계변수 x_1과 x_2를 나타낸다. 첫 번째 제약표면을 작도하기 위해

$$g_1(\boldsymbol{X})=\frac{2,500}{\pi x_1x_2}-500\le 0$$

이는

$$x_1x_2 \geq 1.593$$

따라서 곡선 $x_1x_2 = 1.593$은 제약표면 $g_1(\boldsymbol{X})=0$으로 표현된다. 아래 표와 같이 독립변수 x_1에 일련의 수치들을 설정하고, $x_1x_2 = 1.593$을 만족하는 x_2의 수치들을 구하여 이러한 점들을 연결하는 곡선을 그릴 수 있다.

x_1	2	4	6	8	10	12	14
x_2	0.7965	0.3983	0.2655	0.1990	0.1593	0.1328	0.1140

이 모든 점들을 통과하는 P_1Q_1 곡선은 그림 1.7과 같고 $g_1(\boldsymbol{X}) \geq 0$, 즉 $x_1x_2 < 1.593$으로 표현된 실행불가능 영역은 사선으로 나타내었다. 유사하게 두 번째 제약 $g_2(\boldsymbol{X}) \leq 0$을 $x_1x_2(x_1^2+x_2^2) \geq 47.3$으로 표현할 수 있고, $x_1x_2(x_1^2+x_2^2) = 47.3$을 따라 제약표면 $g_2(\boldsymbol{X})=0$에 위치한 점들을 아래 표와 같이 얻을 수 있다.

x_1	2	4	6	8	10	12	14
x_2	2.41	0.716	0.219	0.0926	0.0473	0.0274	0.0172

이 모든 점들을 통과하는 P_2Q_2 곡선은 그림 1.7과 같고 실행불가능 영역은 그림 1.7에서 사선들로 나타내었다. 부수제약들은 직선으로 나타나기 때문에 부수제약들의 작도는 매우 단순하다. 6개 제약들을 모두 작도하면 실행가능 영역은 ABCDEA로 둘러싸인 공간으로 주어지는 것을 알 수 있다.

다음은 최적점을 구하기 전에 목적함수의 값이 일련의 상수 c가 되는 등고선(contour)

$$f(\boldsymbol{X}) = 9.82x_1x_2 + 2x_1 = c = const$$

을 c에 적절한 수치들을 대입하여 각 등고선을 지나는 점들을 아래 표와 같이 구하고, 그림 1.7과 같이 작도할 수 있다.

$$9.82x_1x_2 + 2x_1 = 50.0$$

x_2	0.1	0.2	0.3	0.4	0.5	0.6	0.7	0.8
x_1	16.77	12.62	10.10	8.44	7.24	6.33	5.64	5.07

$$9.82x_1x_2 + 2x_1 = 40.0$$

x_2	0.1	0.2	0.3	0.4	0.5	0.6	0.7	0.8
x_1	13.40	10.10	8.08	6.75	5.79	5.06	4.51	4.05

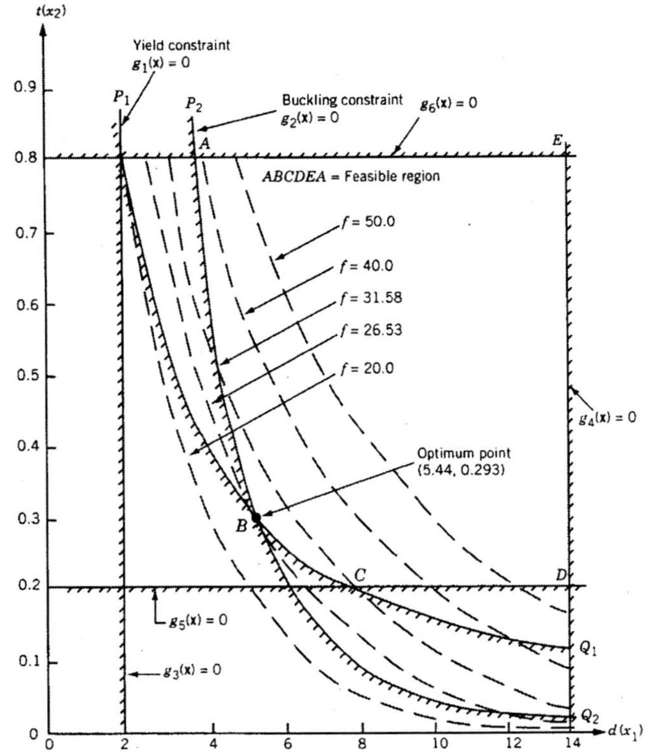

그림 1.7 예제 1.1의 그래프를 이용한 최적화

$9.82x_1x_2 + 2x_1 = 31.58$(구석 점 C 통과)

x_2	0.1	0.2	0.3	0.4	0.5	0.6	0.7	0.8
x_1	10.57	7.96	6.38	5.33	4.57	4.00	3.56	3.20

$9.82x_1x_2 + 2x_1 = 26.53$(구석 점 B 통과)

x_2	0.1	0.2	0.3	0.4	0.5	0.6	0.7	0.8
x_1	8.88	6.69	5.36	4.48	3.84	3.36	2.99	2.69

$9.82x_1x_2 + 2x_1 = 20.0$

x_2	0.1	0.2	0.3	0.4	0.5	0.6	0.7	0.8
x_1	6.70	5.05	4.04	3.38	2.90	2.53	2.26	2.02

그림 1.7에서 모든 제약들을 만족하는 목적함수의 값은 26.53(점 B에 상응) 이하로 감소될 수 없는 것을 볼 수 있다. 따라서 최적해는 점 B를 나타내는 변수 값; $d^* = x_1^* = 5.44$ cm, $t^* = x_2^* = 0.293$ cm이며, 목적함수의 최솟값은 $f_{min} = 26.53$이 된다. ■

1.5 최적화 문제의 분류

다음과 같이 여러 방법으로 최적화 문제들을 분류할 수 있다.

1.5.1 제약의 존재에 따른 분류

앞에서 기술한 것과 같이 문제에서 제약의 존재 여부에 따라 제약 최적화 문제(constrained optimization) 또는 비제약 최적화 문제(unconstrained optimization)로 분류할 수 있다.

1.5.2 설계변수의 특성에 따른 분류

설계변수들의 특성에 따라 다음과 같이 크게 두 범주로 최적화 문제를 분류할 수 있다. 첫 번째 범주에서는 특정 제약들에 종속되면서 일부 지정된 매개변수들의 함수를 최소로 만드는 일련의 설계 매개변수들의 수치를 구하는 문제들이다. 예를 들어 그림 1.8a와 같이 최대 휨의 한계에 종속하면서 각 주의 최소 중량 설계 문제를 다음과 같이 기술할 수 있다.

$$\begin{aligned}
&\min_{\boldsymbol{X}=(b,d)^T} \quad f(\boldsymbol{X})=\rho\ell bd \\
&\text{subject to} \\
&\delta_{tip}(\boldsymbol{X}\&) \le \delta_{max} \\
&\qquad b \ge 0 \\
&\qquad d \ge 0
\end{aligned} \tag{1.4}$$

여기서 ρ는 밀도, δ_{tip}은 빔의 끝단의 휨이다. 이러한 문제들을 **매개변수(parameter) 최적화 문제** 또는 **정적(static) 최적화 문제**라 부른다. 둘째, 일부 매개변수로 정의된 연속함수인 일련의 설계변수들이 일련의 제약들에 종속하면서 목적함수를 최소화하는 문제들이다. 만일 사각 빔의 단면 규격을 그림 1.8b와 같이 길이에 따라 변화시킬 수 있으면, 최적화 문제를 다음과 같이 기술할 수 있다.

$$\begin{aligned}
&\min_{\boldsymbol{X}=(b(t),d(t))^T} \quad f[\boldsymbol{X}(t)]=\rho\int_0^{\ell} b(t)d(t)dt \\
&\text{subject to} \\
&\delta_{tip}[\boldsymbol{X}(t)] \le \delta_{max} \quad 0 \le t \le \ell \\
&\qquad (t) \ge 0 \qquad 0 \le t \le \ell \\
&\qquad d(t) \ge 0 \qquad 0 \le t \le \ell
\end{aligned} \tag{1.5}$$

여기서 설계변수들은 길이 매개변수 t의 함수이다. 각 설계변수가 하나 이상의 매개변수의 함수로 정의된 형식의 문제는 **궤적(trajectory) 최적화 문제** 또는 **동적(dynamic) 최적화**

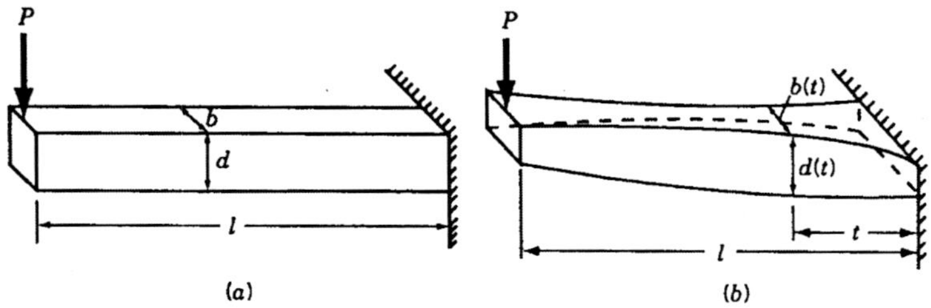

그림 1.8 집중하중을 받는 외팔보

문제로 알려져 있다[1.55].

1.5.3 문제의 물리적 구조에 따른 분류

문제의 물리적 구조에 따라 최적화 문제를 최적제어 문제와 비최적제어 문제로 분류할 수 있다.

1.5.3.1 최적제어 문제

최적제어(OC, optimal control) 문제는 여러 단계를 포함하는 수학 계획법 문제로서 각 단계는 규정된 방법으로 통상적으로 선행 단계로부터 전개된 제어 또는 설계변수(control 또는 design)와 상태변수(state variables) 두 형식으로 기술된다. 제어변수는 시스템을 정의하고 한 단계로부터 다음 단계까지 시스템의 전개를 지배하고, 상태변수는 임의 단계에서 시스템의 거동 또는 상태를 기술한다. 최적제어 문제는 제어변수와 상태변수들에 대한 일련의 제약들을 만족하면서 모든 단계들에 걸쳐 전체 목적함수(또는 성능지수 PI, performance index로 알려짐)가 최소가 되도록 일련의 제어 또는 설계변수들을 구하는 것이다. 다음과 같이 OC 문제를 기술할 수 있다[1.55].

$$\min_{X=(x_1,\cdots x_l)^T} f(\boldsymbol{X})=\sum_{i=1}^{l} f_i(x_i,\ y_i) \qquad 1.6$$

subject to

$$q_i(x_i,\ y_i)+y_i=y_{i+1},\quad i=1,\ 2,\cdot\cdot\cdot\cdot,\ l$$

$$\boldsymbol{g}_j(x_j)\le 0,\quad j=1,\ 2,\cdot\cdot\cdot\cdot,\ l$$

$$\boldsymbol{h}_k(y_k)\le 0,\quad k=1,\ 2,\cdot\cdot\cdot\cdot,\ l$$

여기서 x_i는 i번째 제어변수, y_i는 i번째 상태변수, 그리고 f_i는 전체 목적함수에 대한 i번째 단계의 성분함수이다. $\boldsymbol{g}_j$, $\boldsymbol{h}_k$와 q_i는 x_j, y_k, x_i와 y_i의 함수이고, 그리고 l은 전체

단계 수이다. 제어변수 x_i와 상태변수 y_i는 일부 경우 벡터가 될 수 있다. 다음은 최적제어 문제의 특성을 보여 주는 예제이다.

예제 1.2

수직 상방향으로 $12s$의 거리를 이동하도록 로켓을 설계한다[1.39]. 거리 0, s, $2s$, $3s$, …, $12s$에 위치한 불연속 점에서만 로켓 추력을 변경시킬 수 있다. 만일 점 i에서 정방향 또는 부방향으로 형성될 수 있는 최대 추력을 F_i 수치로 제한할 경우, 다음 가정 아래 전체 이동 시간을 최소화하는 문제를 모델화하라.

1. 로켓은 중력에 저항하여 이동한다.
2. 로켓의 질량은 이동한 거리에 비례하여 감소한다.
3. 공기 저항은 로켓의 속도에 비례한다.

[풀이] 그림 1.9와 같이 로켓 추력을 변경시킬 수 있는 경로상 점들을(또는 제어 점들) 1, 2, 3, …, 13으로 설정하자. 점 i에서 추력을 x_i로, 속도를 v_i, 가속도를 a_i, 그리고 로켓의 질량을 m_i로 표기하면 뉴턴 제2법칙 $F = m \times a$를 다음과 같이 적용할 수 있다.

$$F = (\text{추력} - \text{중력} - \text{공기저항}) = m \times a$$

즉, 상수 k_1과 k_2에 대하여

$$x_i - m_i g - k_1 v_i = m_i a_i \tag{E.1}$$

이며, 질량 m_i은

$$m_i = m_{i-1} - k_2 s \tag{E.2}$$

과 같이 표현된다. 공식 E.1을 사용하여 가속항

$$a_i = \frac{x_i}{m_i} - g - \frac{k_1 v_i}{m_i} \tag{E.3}$$

을 표현할 수 있다. 만일 로켓이 점 i로부터 $i+1$ 사이 이동에 필요한 시간을 t_i로 표기하면 점 i와 $i+1$ 사이 이동거리는

$$s = v_i t_i + \frac{1}{2} a_i t_i^2$$

이 되고, 식 E.3으로부터 위의 식은 t에 관한 이차방정식

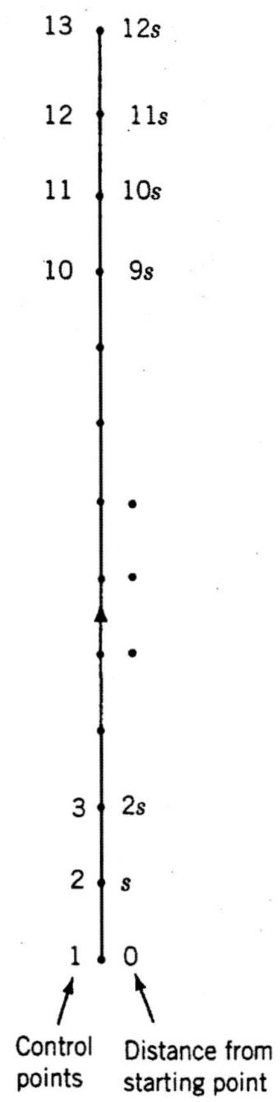

그림 1.9

$$\frac{1}{2}t_i^2\left(\frac{x_i}{m_i}-g-\frac{k_1v_i}{m_i}\right)+t_iv_i-s=0 \quad \text{E.4}$$

이 되므로 다음과 같이 t_i를 결정할 수 있다.

$$t_i=\frac{-v_i\pm\sqrt{v_i^2+2s\left(\frac{x_i}{m_i}-g-\frac{k_1v_i}{m_i}\right)}}{\frac{x_i}{m_i}-g-\frac{k_1v_i}{m_i}} \quad \text{E.5}$$

위의 식에서 t_i는 시간을 나타내므로 양의 값을 선택한다. 또한 점 $i+1$에서 로켓의 속도 v_{i+1}을 점 i에서의 속도 v_i를 이용하여 표현하면(단순하게 점 i와 $i+1$ 사이에는 가속력이 일정하다고 가정한다)

$$v_{i+1}=v_i+a_it_i \quad \text{E.6}$$

이 되므로 식 E.3과 E.5를 E.6에 대입하여

$$v_{i+1} = \sqrt{v_i^2 + 2s\left(\frac{x_i}{m_i} - g - \frac{k_1 v_i}{m_i}\right)} \qquad \text{E.7}$$

이다. 위의 문제의 설명으로부터 추력 x_i가 제어변수가 되며, 속도 v_i는 상태변수가 됨을 알 수 있다. 로켓은 점 1에서 시작하여 점 13에서 정지하므로

$$v_1 = v_{13} = 0 \qquad \text{E.8}$$

이다. 따라서 이 문제를 다음과 같은 최적제어 문제로써 기술할 수 있다.

$$\min_{X=(x_1,\ldots,x_{12})^T} f(\boldsymbol{X}) = \sum_{i=1}^{12} t_i = \sum_{i=1}^{12} \left\{ \frac{-v_i + \sqrt{v_i^2 + 2s\left(\frac{x_i}{m_i} - g - \frac{k_1 v_i}{m_i}\right)}}{\frac{x_i}{m_i} - g - \frac{k_1 v_i}{m_i}} \right\}$$

subject to

$$m_{i+1} = m_i - k_2 s, \quad i = 1, 2, \cdots, 12$$

$$v_{i+1} = \sqrt{v_i^2 + 2s\left(\frac{x_i}{m_i} - g - \frac{k_1 v_i}{m_i}\right)}, \quad i = 1, 2, \cdots, 12$$

$$|x_i| \le F_i, \quad i = 1, 2, \cdots, 12$$

$$v_1 = v_{13} = 0$$

■

1.5.4 식의 특성에 따른 분류

최적화 문제는 목적함수와 제약식의 특성에 따라 선형, 비선형, 등비(geometric), 그리고 이차식 계획법 문제들로 분류할 수 있다. 이러한 각 부류의 문제들은 효율적으로 해결하기 위해 유용한 고유의 방법들이 존재하므로 설계자는 우선 직면한 문제를 분류하고 해결할 수 있는 방법과 그 절차를 결정해야 한다.

1.5.4.1 비선형 계획법 문제

만일 식 1.1에서 목적함수나 제약함수가 비선형이면 이 문제를 비선형 계획법(NLP; Nonlinear Programming) 문제라 부른다. 이는 가장 일반적인 계획법 문제이고 대부분의 문제들은 NLP 문제의 특수한 경우의 문제로 간주할 수 있다.

예제 1.3

최소 0.75 hp 동력을 전달하기 위해 그림 1.10과 같은 스텝-콘 풀리(step-cone pulley)를 설계하고자 한다. 입력축과 출력축 사이 고정된 중심거리 a, 입력축의 회전속도가 350 rpm일 때 원하는 출력축 회전속도는 750, 450, 250, 그리고 150 rpm이다. 벨트의 긴장측 장력은 이완측의 장력보다 최소한 두 배 이상으로 유지하여야 한다. 벨트의 두께는 t이고 벨트와 풀리 사이 마찰계수는 μ이다. 긴장측에 작용하는 장력으로 인해 발생하는 응력은 s이다. 최소 중량을 위한 스텝들의 직경과 폭을 구하는 최적화 문제를 모델화하라.

[풀이] 다음과 같이 설계벡터를 취할 수 있다.

$$\boldsymbol{X}=\begin{pmatrix} d_1 \\ d_2 \\ d_3 \\ d_4 \\ w \end{pmatrix}$$

이때 d_i는 출력 풀리의 i번째 스텝의 직경이고, w는 벨트와 스텝들의 폭이다. 목적함수는 스텝-콘 풀리시스템의 중량이므로

$$f(\boldsymbol{X}) = \rho w \frac{\pi}{4}\left(d_1^2 + d_2^2 + d_3^2 + d_4^2 + d'^2_1 + d'^2_2 + d'^2_3 + d'^2_4\right)$$

$$= \rho w \frac{\pi}{4}\left\{d_1^2\left[1+\left(\frac{750}{350}\right)^2\right] + d_2^2\left[1+\left(\frac{450}{350}\right)^2\right] + d_3^2\left[1+\left(\frac{250}{350}\right)^2\right] + d_4^2\left[1+\left(\frac{150}{350}\right)^2\right]\right\} \quad \text{E.1}$$

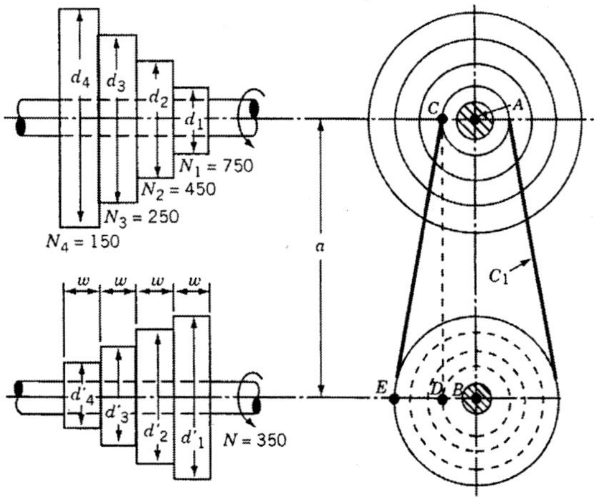

그림 1.10 스텝-콘 풀리

와 같고, 이때 ρ는 풀리 밀도이고 d'_i는 입력 풀리의 i번째 스텝의 직경이다.

벨트가 반대 스텝들의 풀리에 의해 동일한 장력을 제공하기 위해 벨트의 전체 길이는 모든 출력 속도에서 일정하게 유지하여야 한다. 다음 등호 제약들을 만족시키면 이를 보장할 수 있다.

$$C_1 - C_2 = 0 \tag{E.2}$$

$$C_1 - C_3 = 0 \tag{E.3}$$

$$C_1 - C_4 = 0 \tag{E.4}$$

단, C_i는 출력 속도 $N_i (i = 1,\ 2,\ 3,\ 4)$를 얻기 위해 필요한 벨트의 길이를 나타내며 다음 식으로 주어진다[1.116, 1.117].

$$C_i \simeq \frac{\pi d_i}{2}\left(1 + \frac{N_i}{N}\right) + \frac{\left(\frac{N_i}{N} - 1\right)^2 d_i^2}{4a} + 2a$$

N은 입력축의 회전속도이고 a는 축 사이 중심거리이다. 벨트의 장력비는 다음과 같이 표현된다[1.116, 1.117].

$$\frac{T_1^i}{T_2^i} = e^{\mu\theta_i}$$

단, T_1^i와 T_2^i는 i번째 스텝의 긴장측과 이완측에 작용하는 장력, μ는 마찰계수, 그리고 θ_i는 i번째 풀리 스텝에 걸친 벨트의 lap 각도이다. lap 각도는 다음 식으로 주어진다.

$$\theta_i = \pi - 2\sin^{-1}\left[\frac{\left(\frac{N_i}{N} - 1\right)d_i}{2a}\right]$$

그리고 장력비에 대한 제약은

$$\exp\left\{\mu\left[\pi - 2\sin^{-1}\left\{\left(\frac{N_i}{N} - 1\right)\frac{d_i}{2a}\right\}\right]\right\} \geq 2, \qquad i = 1,\ 2,\ 3,\ 4 \tag{E.5}$$

같이 되므로 최대 장력에 대한 한계는

$$T_1^i = stw, \qquad i = 1,\ 2,\ 3,\ 4 \tag{E.6}$$

로 표현될 수 있다. 이때 s는 벨트의 최대 허용응력, t는 벨트의 두께이다. 다음과 같이 전달 동력에 대한 제약을 기술할 수 있다(힘의 단위 lb_f, 길이 단위 ft 사용).

$$\frac{\left(T_1^i - T_2^i\right)\pi d'_i(350)}{33,000} \geq 0.75$$

위의 식은 E.6으로부터 $T_1^i = stw$를 사용하면

$$stw\left(1-\exp\left[-\mu\left(\pi-2\sin^{-1}\left\{\left(\frac{N_i}{N}-1\right)\frac{d_i}{2a}\right\}\right)\right]\right)\pi d'_i \times\left(\frac{350}{33,000}\right)\geq 0.75\ , \qquad \text{E.7}$$

$i=1,\ 2,\ 3,\ 4$가 된다. 마지막으로 설계변수들에 대한 하한계는

$$w \geq 0 \qquad \text{E.8}$$

$$d_i \geq 0 \quad i=1,\ 2,\ 3,\ 4 \qquad \text{E.9}$$

이 된다. 위와 같이 목적함수 E.1과 대부분의 제약식들 E.2~E.9은 설계변수 d_1, d_2, d_3, d_4 그리고 w의 비선형함수이므로 위의 최적화 문제는 비선형 계획 문제이다. ■

1.5.4.2 기하급수 계획법 문제 (GMP; Geometric Programming)

[정의] 다변수 $x_j > 0, j=1, \ldots, n$ 에 관한 식

$$c_i x_1^{ai1} x_2^{ai2} \cdots x_n^{ain},$$

$c_i > 0$와 a_{ij}는 상수의 합으로 표현되는 함수 $h(\boldsymbol{X})$를 양항 다변수 다항식(posynomial)이라 부른다. 따라서 N개의 양항을 갖는 양항 다변수 다항식은 다음과 같이 표현된다.

$$h(\boldsymbol{X}) = c_1 x_1^{a11} x_2^{a12} \cdots x_n^{a1n} + \cdots + c_N x_1^{aN1} x_2^{aN2} \cdots x_n^{aNn}$$

GMP 문제는 목적함수와 제약함수들이 $\boldsymbol{X}$의 양항 다변수 다항식으로 표현되는 문제이다. 따라서 GMP 문제를 다음과 같이 표현할 수 있다[1.59].

$$\min_X f(\boldsymbol{X}) = \sum_{i=1}^{N_0} c_i\left(\prod_{j=1}^{n} x_j^{p_{ij}}\right), \quad c_i > 0, \quad x_j > 0 \qquad 1.8$$

subject to

$$g_k(\boldsymbol{X}) = \sum_{i=1}^{N_k} a_{ik}\left(\prod_{j=1}^{n} x_j^{q_{ijk}}\right) > 0, \quad a_{ik} > 0,\ x_j > 0, k=1,\ 2, \cdots, m$$

여기서 N_0과 N_k는 목적함수에서의 양항 다변수 다항식 항들의 수와 k번째 제약함수의 수를 나타낸다.

예제 1.4

중량 5,000 lb의 밀링기계를 지지하기 위해 네 개의 동일한 헬리컬 스프링을 사용한다. 스프링의 휨을 0.1인치로 제한하고, 전단응력을 10,000 psi로 제한하면서 중량을 최소화하는 와이어의 직경 d, 코일 직경 D, 각 스프링의 권수 N을 구하기 위한 문제를 공식화하라. 또한 스프링 진동의 자연 주파수는 100 Hz 이상이 되어야 한다. 스프링의 강성도 k, 스프링에서 전단응력 τ, 그리고 스프링진동의 자연 주파수 f_n은 다음 식으로 주어진다(그림 1.11 참조).

$$k = \frac{d^4 G}{8D^3 N}$$

$$\tau = K_s \frac{8FD}{\pi d^3}$$

$$f_n = \frac{1}{2}\sqrt{\frac{kg}{w}} = \frac{1}{2}\sqrt{\frac{d^4 G}{8D^3 N}\frac{g}{\rho\pi \frac{d^2}{4}\pi D N}} = \frac{\sqrt{Gg}\,d}{2\sqrt{2\rho}\,\pi D^2 N}$$

단, G는 전단계수, F는 스프링에 작용하는 압축력, w는 스프링 중량, ρ는 스프링의 중량 밀도, 그리고 K_s는 전단응력 수정계수이다. 재질은 스프링 강으로 $\rho = 0.3\,\text{lb/in}^3$, $G = 12 \times 10^6\,\text{psi}$, 그리고 전단응력 수정계수 $K_s \approx 1.05$로 가정한다.

[풀이] 설계변수 벡터

$$\boldsymbol{X} = \begin{pmatrix} x_1 \\ x_2 \\ x_3 \end{pmatrix} = \begin{pmatrix} d \\ D \\ N \end{pmatrix}$$

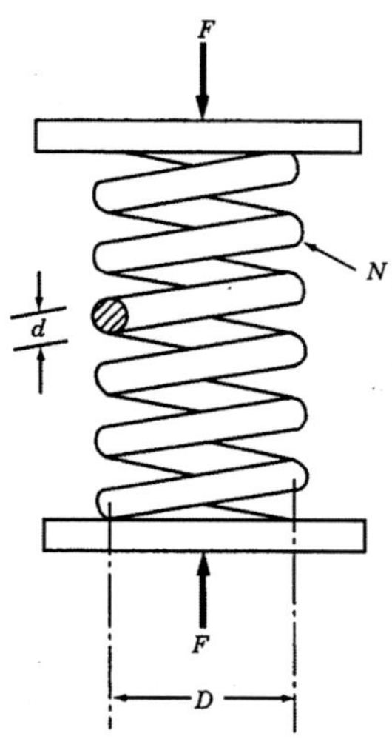

그림 1.11 헬리컬 스프링

에 관한 목적함수는

$$f(\boldsymbol{X}) = \text{중량} = \frac{\pi d^2}{4}\pi D N \rho \qquad \text{E.1}$$

이 되며, 주어진 제약 조건을 식으로 표현하면

$$\text{휨} = \frac{F}{k} = \frac{8FD^3N}{d^4G} \le 0.1 \qquad \text{즉,}\quad g_1(\boldsymbol{X}) = \frac{d^4G}{80FD^3N} > 1 \qquad \text{E.2}$$

$$\text{전단응력} = K_s\frac{8FD}{\pi d^3} \le 10{,}000 \qquad \text{즉,}\quad g_2(\boldsymbol{X}) = \frac{1{,}250\pi d^3}{K_sFD} > 1 \qquad \text{E.3}$$

$$\text{자연주파수} = \frac{\sqrt{Gg}}{2\sqrt{2\rho}\,\pi}\frac{d}{D^2N} \ge 100 \qquad \text{즉,}\quad g_3(\boldsymbol{X}) = \frac{\sqrt{Gg}\,d}{200\sqrt{2\rho}\,\pi D^2N} > 1 \qquad \text{E.4}$$

와 같다. 제약식 E.2~E.4에서 등호 부호가 포함되지 않으므로 설계변수의 값을 양의 값으로 제한하여야 한다.

$$d > 0, \qquad D > 0, \qquad N > 0 \qquad \text{E.5}$$

위의 식에 주어진 값, 스프링이 받는 하중으로 밀링기계의 중량 1/4인 F가 1,250 lb, $\rho = 0.3\ \text{lb/in}^3$, $G = 12 \times 10^6$ psi, 그리고 $K_s = 1.05$를 대입하고 벡터 변수를 x_1, x_2, x_3로 변환하면 식 E.1~E.5는

$$f(\boldsymbol{X}) = \frac{1}{4}\pi^2(0.3)d^2DN = 0.7402x_1^2x_2x_3 \qquad \text{E.6}$$

$$g_1(\boldsymbol{X}) = \frac{d^4(12\times10^6)}{80(1{,}250)D^3N} = 120x_1^4x_2^{-3}x_3^{-1} > 1 \qquad \text{E.7}$$

$$g_2(\boldsymbol{X}) = \frac{1{,}250\pi d^3}{1.05(1{,}250)D} = 2.992x_1^3x_2^{-1} > 1 \qquad \text{E.8}$$

$$g_3(\boldsymbol{X}) = \frac{\sqrt{Gg}\,d}{200\sqrt{2\rho}\,\pi D^2N} = 139.8388x_1x_2^{-2}x_3^{-1} > 1 \qquad \text{E.9}$$

와 같이 목적함수 $f(\boldsymbol{X})$와 제약함수 $g_1(\boldsymbol{X}) \sim g_3(\boldsymbol{X})$이 양항 다변수 다항식인 GMP 문제가 된다. ■

1.5.4.3 이차식(Quadratic) 계획법 문제

이차식 계획법 문제는 다음과 같이 이차식 목적함수와 선형 제약을 갖는 비선형 계획 문제를 말한다.

$$F(\boldsymbol{X}) = c + \sum_{i=1}^{n} q_i x_i + \sum_{i=1}^{n}\sum_{j=1}^{n} Q_{ij} x_i x_j \quad 1.9$$

subject to

$$\sum_{i=1}^{n} a_{ij} x_i = b_j, \quad j = 1, 2, \cdots, m$$

$$x_i \geq 0, \quad i = 1, 2, \cdots, n$$

단, c, q_i, Q_{ij}, a_{ij}, b_j는 모두 상수이다.

예제 1.5

두 개의 한정된 자원 1과 자원 2를 사용하여 제품 A와 B를 생산한다. 자원 1과 자원 2의 1일 최대 양은 각각 1,000과 250 unit이다. 제품 A 1개를 생산하기 위해서는 자원 1의 1 unit와 자원 2의 0.5 unit를 필요로 하고, 제품 B 1개를 생산하기 위해 자원 1의 0.2 unit와 자원 2의 0.5 unit를 필요로 한다. 자원 1과 자원 2의 unit 비용은 각각 사용된 자원 $i\,(i=1,2)$의 수량 u_i에 대해 $(0.375-0.00005u_1)$과 $(0.75-0.0001u_2)$가 된다. 또 x_A와 x_B를 판매된 제품 A와 B의 unit 수량이라고 할 때, 제품 A와 B의 unit 당 판매 가격 p_A와 p_B는 다음 식과 같다.

$$p_A = 2.00 - 0.0005x_A - 0.00015x_B$$

$$p_B = 3.50 - 0.0002x_A - 0.00150x_B$$

이 공장에서 생산되는 모든 제품을 판매할 수 있다고 가정하고 이익을 최대화하는 최적화 문제의 모델을 만들어라.

[풀이] 설계변수를 1일 생산되는 제품 A와 B의 unit 수량으로 나타내면

$$\boldsymbol{X} = \begin{pmatrix} x_A \\ x_B \end{pmatrix}$$

이다. 자원 1과 자원 2의 1일당 요구량은 $(x_A + 0.5x_B)$ 및 $(0.2x_A + 0.5x_B)$이므로 자원에 대한 제약들은 다음과 같다.

$$x_A + 0.5x_B \leq 1{,}000 \quad \text{E.1}$$

$$0.2x_A + 0.5x_B \le 250 \qquad \text{E.2}$$

또한 생산되는 제품의 수량은 음이 될 수 없으므로 설계변수에 대한 하한은 다음과 같다.

$$x_A \ge 0 \qquad \text{E.3}$$

$$x_B \ge 0 \qquad \text{E.4}$$

이제 하루 동안 자원 1과 자원 2의 전체 생산비용은

$$(x_A + 0.5x_B)\left[0.375 - 0.00005(x_A + 0.5x_B)\right]$$
$$+ (0.2x_A + 0.5x_B)\left[0.75 - 0.0001(0.2x_A + 0.5x_B)\right]$$

이고, 제품 A와 B의 매일 판매금액은

$$x_A(2.0 - 0.0005x_A - 0.00015x_B) + x_B(3.5 - 0.0002x_A - 0.0015x_B)$$

이므로 생산이익은 판매금액에서 전체 생산비용을 뺀 것과 동일하다. 한편 생산이익함수를 최대화하는 것은 생산이익함수의 음의 값을 최소화하는 것과 동일하므로 최소화 문제의 목적함수 $f(\boldsymbol{X})$는 다음과 같이 이차식으로 주어진다.

$$\begin{aligned} f(\boldsymbol{X}) = &(x_A + 0.5x_B)\left[0.375 - 0.00005(x_A + 0.5x_B)\right] \\ &+ (0.2x_A + 0.5x_B)\left[0.75 - 0.0001(0.2x_A + 0.5x_B)\right] \\ &- x_A(2.00 - 0.0005x_A - 0.00015x_B) \\ &- x_B(3.5 - 0.0002x_A - 0.0015x_B) \end{aligned} \qquad \text{E.5}$$

또한 제약조건 E.1~E.4는 선형함수로 구성된 제약이므로 이차식 계획 문제가 된다. ■

1.5.4.4 선형 계획법 문제 (Linear Programming Problem)

최적화 문제의 목적함수와 모든 제약의 식들이 다음과 같이 설계변수에 관한 선형함수식으로 구성된 문제를 선형 계획 문제라 한다. 다음은 선형 계획 문제의 표준형이다. 즉, 목적함수 $f(\boldsymbol{X})$를 최소화하는 벡터 변수 $\boldsymbol{X} = (x_1, x_2, \cdots, x_n) \in R^n$를 구하는 문제이다.

$$\min_{\boldsymbol{X} \in R^n} f(\boldsymbol{X}) = \sum_{i=1}^{n} c_i x_i$$

subject to

$$\sum_{i=1}^{n} a_{ij} x_i = b_j, \quad j = 1, 2, \cdot\cdot\cdot, m$$
$$x_i \ge 0, \quad i = 1, 2, \cdot\cdot\cdot, n$$

단, c_i, a_{ij}, b_j 상수.

예제 1.6

비계 시스템은 그림 1.12와 같이 3개의 빔과 6개의 로프로 구성된다. 상부 로프 A와 B는 하중 W_1를, 중간 로프 C와 D는 하중 W_2, 그리고 하부 로프 E와 F는 하중 W_3을 담당한다. 빔 1, 2, 그리고 3에 작용하는 하중이 x_1, x_2, 그리고 x_3일 때 시스템이 지지할 수 있는 최대 하중 $(x_1+x_2+x_3)$를 구하는 문제를 작성하여라. 빔 1, 2, 그리고 3의 중량은 각각 w_1, w_2, w_3이라 하고, 로프의 중량은 무시할 수 있는 것으로 가정하라.

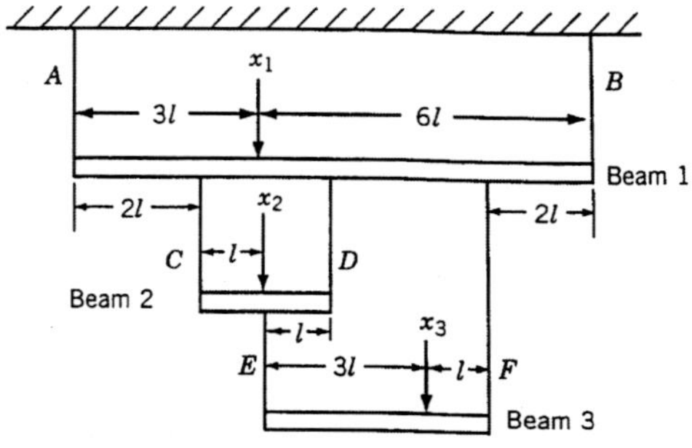

그림 1.12 3개 빔을 갖는 비계 시스템

[풀이] 빔들의 중량은 각 중간점들을 통해 작용하는 것으로 가정하고 다음과 같이 수직력들과 3개 빔들의 각 모멘트의 평형식을 작성할 수 있다.

빔 3 :
$$T_E + T_F = x_3 + w_3$$
$$x_3(3l) + w_3(2l) - T_F(4l) = 0$$

빔 2 :
$$T_C + T_D - T_E = x_2 + w_2$$
$$x_2(l) + w_2(l) + T_E(l) - T_D(2l) = 0$$

빔 1 :
$$T_A + T_B - T_C - T_D - T_F = x_1 + w_1$$
$$x_1(3l) + w_1\left(\frac{9}{2}l\right) - T_B(9l) + T_C(2l) + T_D(4l) + T_F(7l) = 0$$

여기서 T_i는 로프 i의 장력을 나타낸다. 또한 위 식들의 해는 다음과 같다.

$$T_F = \frac{3}{4}x_3 + \frac{1}{2}w_3$$
$$T_E = \frac{1}{4}x_3 + \frac{1}{2}w_3$$
$$T_D = \frac{1}{2}x_2 + \frac{1}{8}x_3 + \frac{1}{2}w_2 + \frac{1}{4}w_3$$
$$T_C = \frac{1}{2}x_2 + \frac{1}{8}x_3 + \frac{1}{2}w_2 + \frac{1}{4}w_3$$
$$T_B = \frac{1}{3}x_1 + \frac{1}{3}x_2 + \frac{2}{3}x_3 + \frac{1}{2}w_1 + \frac{1}{3}w_2 + \frac{5}{9}w_3$$
$$T_A = \frac{2}{3}x_1 + \frac{2}{3}x_2 + \frac{1}{3}x_3 + \frac{1}{2}w_1 + \frac{2}{3}w_2 + \frac{4}{9}w_3$$

따라서 설계변수 벡터

$$\boldsymbol{X} = \begin{pmatrix} x_1 \\ x_2 \\ x_3 \end{pmatrix}$$

에 관하여 전체 하중을 최대화하는 목적함수는

$$f(\boldsymbol{X}) = -(x_1 + x_2 + x_3) \qquad \text{E.1}$$

이 되며, 힘들에 대한 제약 조건들을 다음과 같이 기술할 수 있다.

$$T_A \le W_1 \qquad \text{E.2}$$

$$T_B \le W_1 \qquad \text{E.3}$$

$$T_C \le W_2 \qquad \text{E.4}$$

$$T_D \le W_2 \qquad \text{E.5}$$

$$T_E \le W_3 \qquad \text{E.6}$$

$$T_F \le W_3 \qquad \text{E.7}$$

또한 설계변수들이 음이 되지 않는 조건을 추가하면

$$x_1 \ge 0, \quad x_2 \ge 0, \quad x_3 \ge 0 \qquad \text{E.8}$$

이 되어 목적함수와 모든 제약 E.1~E.8이 x_1, x_2, x_3의 선형함수식으로 구성되어 있으므로 선형 계획 문제가 된다. ■

1.5.5 설계변수의 종류에 따른 분류

설계변수의 값으로 허용될 수 있는 집합의 종류에 따라 최적화 문제를 정수 계획법 문제와 실수 계획 문제로 분류할 수 있다.

1.5.5.1 정수(Integer) 계획법 문제

최적화 문제의 설계변수 x_1, x_2, · · · , x_n 모두 또는 일부가 오직 정수(또는 불연속) 수치로 제한되는 최적화 문제를 정수 계획법 문제라 부른다. 반면 모든 설계변수들이 오직 실수만을 취하도록 허락되는 최적화 문제를 실수 계획 문제라 부른다. 이러한 정의에 의하면 예제 1.1~예제 1.6에서 다룬 문제는 모두 실수 계획 문제이다.

예제 1.7

5개 형식의 품목에 따라 화물 하중을 준비하고자 한다. 각 품목의 중량 w_i, 체적 v_i, 그리고 경제적 가치 c_i는 다음과 같다.

품목	w_i	v_i	c_i
1	4	9	5
2	8	7	6
3	2	4	3
4	5	3	2
5	3	8	8

화물 하중의 전체 경제적 가치가 최대가 되도록 품목 $x_i(i=1,\ 2,\ 3,\ 4,\ 5)$의 수량을 결정하라. 화물의 전체 중량과 체적은 2,000 units와 2,500 units를 초과할 수 없다.

[풀이] 각 품목의 개수를 $x_i, i=1,\ 2,\ ...,\ 5$로 표기한다. 한 품목을 쪼개어 일부분만을 선적하는 것은 불가능하므로 변수 x_i는 오직 정수만을 취할 수 있다.

각 품목에 대한 경제적 가치를 고려한 전 품목의 가치를 나타내는 목적함수는

$$f(\boldsymbol{X})=5x_1+6x_2+3x_3+2x_4+8x_5 \qquad \text{E.1}$$

이고, 이 함숫값을 최대화한다. 또한 문제에서 제시한 제약들은

$$4x_1+8x_2+2x_3+5x_4+3x_5 \le 2{,}000 \qquad \text{E.2}$$

$$9x_1+7x_2+4x_3+3x_4+8x_5 \le 2{,}500 \qquad \text{E.3}$$

$$x_i \ge 0\ \&\ \text{정수}, \qquad i=1,\ 2,\ \cdots,\ 5 \qquad \text{E.4}$$

와 같다. 따라서 변수 벡터 $x_i, i=1,2,...,5$가 정수로 제한되므로 위의 최적화 문제는 정수 계획법 문제이다. ■

1.5.6 변수의 결정론적인 특성에 따른 분류

최적화 문제에 포함된 변수 벡터의 결정론적 특성에 따라 결정론적(deterministic) 계획법 문제와 확률(stochastic) 계획법 문제로 분류할 수 있다.

1.5.6.1 확률 계획법 문제

확률 계획법 문제는 매개변수(설계변수 또는 사전 할당된 매개변수)의 일부 또는 전체가 확률적 정량을 갖는 최적화 문제이다. 이 정의에 의하면 예제 1.1~예제 1.7의 문제는 결정론적 계획법 문제이다.

예제 1.8

최소 확률 0.95를 갖고 굽힘 모멘트 M을 견딜 수 있는 보강 콘크리트 사각 빔의 최소 비용을 설계하기 위한 최적화 문제를 작성하여라. 콘크리트, 강, 그리고 골격의 단위 비용은 $C_c = \$200/\text{m}^3$, $C_s = \$5,000/\text{m}^3$, $C_f = \$40/\text{m}^2$이다. 굽힘 모멘트 M은 균등 확률 분포를 갖고 확률적 정량은 $1\times10^5 \sim 2\times10^5$ N·m 사이에서 변화한다. 콘크리트와 강의 강도는 균등하게 분포된 확률 정량이며 하한과 상한은 다음과 같다.

$$f_c = 25 \sim 35 \text{ MPa}$$
$$f_s = 500 \sim 550 \text{ MPa}$$

보강용 강의 면적과 빔의 단면적 규격은 결정론적인 정량들로 가정한다.

[풀이] 그림 1.13과 같이 폭 b(m), 깊이 d(m), 그리고 보강용 강의 단면적 $A_s(\text{m}^2)$을 설계변수 x_1, x_2, x_3로 표기할 때 1 m당 빔의 가격의 함수는 다음과 같다.

$$\begin{aligned} f(\boldsymbol{X}) &= \text{강의 가격} + \text{콘크리트 가격} + \text{골격 가격} \\ &= A_s C_s + (bd - A_s) C_c + 2(b+d) C_f \end{aligned} \qquad \text{E.1}$$

또한, 빔 단면의 저항 모멘트는 다음 식으로 주어진다[1.119].

$$M_R = A_s f_s \left(d - 0.59 \frac{A_s f_s}{f_c b} \right)$$

위의 식을 이용하여 다음과 같이 굽힘 모멘트에 대한 제약을 표현할 수 있다[1.120].

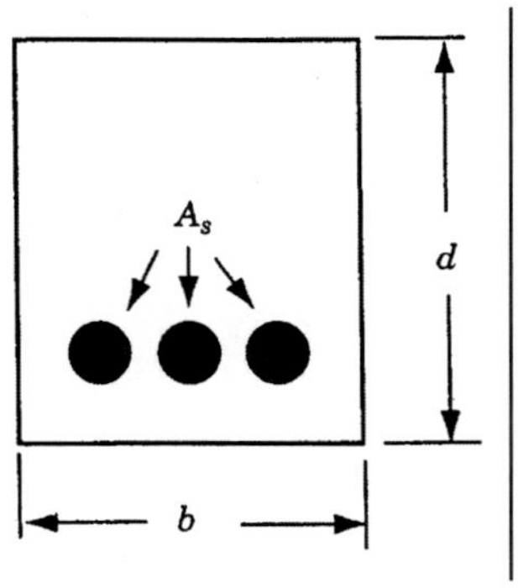

그림 1.13 보강 콘크리트 빔의 단면

$$P[M_R - M \geq 0] = P\left[A_s f_s\left(d - 0.59\frac{A_s f_s}{f_c b}\right) - M \geq 0\right] \geq 0.95 \qquad \text{E.2}$$

여기서 $P[\cdot\cdot\cdot]$는 사건 $[\cdot\cdot\cdot]$의 발생 확률을 나타낸다.

빔의 보강된[1] 상태 유지를 보장하기 위해 제한하여야 할 균형 잡힌 강 면적의 한계 $A_s^{(b)}$를 이용한 제약 조건

$$A_s \leq A_s^{(b)} = (0.542)\frac{f_c}{f_s}bd\frac{600}{600+f_s} \qquad \text{E.3}$$

이 추가된다. 설계변수는 음수가 될 수 없으므로

$$d \geq 0, \quad b \geq 0, \quad A_s \geq 0 \qquad \text{E.4}$$

이다. 따라서 매개변수 M, f_c, f_s의 정량이 결정론적 값이 되지 않으므로 문제는 확률 계획법 문제이다. ■

1.5.7 함수의 분리에 따른 분류

목적함수와 제약함수의 분리성에 따라 최적화 문제를 가분성(separable)과 불가분성(nonseparable) 계획법 문제로 분류할 수 있다.

1.5.7.1 가분성(Separable) 계획법 문제

[정의] 함수 $f(\boldsymbol{X})$를 n개의 일변수 함수 $f_1(x_1)$, $f_2(x_2)$, $\cdot\cdot\cdot$, $f_n(x_n)$의 합으로 표

1) 만일 강 면적이 $A_s^{(b)}$보다 크면 빔은 과도하게 보강되어 콘크리트 강도의 부족으로 인해 급작스럽게 실패한다. 만일 빔이 과소 보강되면 강의 강도 부족으로 인해 서서히 실패한다.

현할 수 있으면 함수 $f(\boldsymbol{X})$를 가분성(separable) 함수라고 한다. 즉,

$$f(\boldsymbol{X}) = \sum_{i=1}^{n} f_i(x_i) \qquad 1.11$$

가분성 계획법 문제는 목적함수와 제약함수들이 분리 가능하고 다음 표준 형태로 표현할 수 있는 문제이다.

$$\min_{\boldsymbol{X} \in R^n} \; f(\boldsymbol{X}) = \sum_{i=1}^{n} f_i(x_i) \qquad 1.12$$

subject to

$$g_j(\boldsymbol{X}) = \sum_{i=1}^{n} g_{ij}(x_i) \le b_j, \qquad j = 1, 2, \cdot\cdot\cdot, m$$

b_j는 상수

예제 1.9

소매가게에서는 3개의 TV 모델들을 판매한다. 이 가게는 항상 \$45,000 가치 이상의 재고를 가질 여유가 없다. TV는 lot로 주문된다. TV 모델 j를 주문할 때마다 가게는 \$$a_j$를 지불한다. 모델 j의 TV 1대 가격은 c_j이다. 연간 TV 모델 j의 수요율은 d_j이다. 재고 비용 누적율은 임의 시간에서 재고의 투자 $q_j = 0.5$에 비례하는 것으로 알려져 있으며 q_j는 TV 모델 j의 비례상수이다. 각 TV는 면적 $s_j = 0.40\ \text{m}^2$을 차지하고 최대 저장 가능한 면적은 $90\ \text{m}^2$이다. 지난 경험으로부터 얻은 자료는 다음 표와 같다.

비 고	TV 모델 j		
	1	2	3
주문 가격, a_j(\$)	50	80	100
단위 가격, c_j(\$)	40	120	80
수요율, d_j	800	400	1200

TV의 연간 평균 주문 비용과 저장 비용을 최소화하기 위한 최적화 문제를 작성하여라.

[풀이] 각 lot($j = 1,\ 2,\ 3$)로 주문한 모델 j의 TV 수량을 x_j로 표기한다. 모델 j의 연간 수요율은 d_j, 모델 j의 TV를 주문해야 할 횟수는 d_j/x_j이므로 연간 모델 j의 TV 주문 비용은 $a_j d_j / x_j,\ j = 1,\ 2,\ 3$이 된다. 또한 연간 임의 시간에서 재고의 평균 수준은 $c_j x_j/2$이므로 연간 모델 j의 TV 저장 비용은 $q_j c_j x_j / 2$이다. 따라서 다음과 같이 목적함수(주문 비용에 저장 비용을 더한 것)를 표현할 수 있다.

$$f(\boldsymbol{X})=\left(\frac{a_1 d_1}{x_1}+\frac{q_1 c_1 x_1}{2}\right)+\left(\frac{a_2 d_2}{x_2}+\frac{q_2 c_2 x_2}{2}\right)+\left(\frac{a_3 d_3}{x_3}+\frac{q_3 c_3 x_3}{2}\right) \qquad \text{E.1}$$

여기서 설계벡터 $\boldsymbol{X}$를

$$\boldsymbol{X}=\begin{pmatrix} x_1 \\ x_2 \\ x_3 \end{pmatrix} \qquad \text{E.2}$$

로 정하면 재고가치에 대한 제약식

$$c_1 x_1 + c_2 x_2 + c_3 x_3 \le 45{,}000 \qquad \text{E.3}$$

와 저장 면적에 대한 제약식

$$s_1 x_1 + s_2 x_2 + s_3 x_3 \le 90 \qquad \text{E.4}$$

을 얻는다. 설계변수는 음수가 될 수 없으므로

$$x_j \le 0, \quad j=1,\ 2,\ 3 \qquad \text{E.5}$$

이고, 주어진 자료값을 대입하면 다음과 같이 최적화 문제를 표현할 수 있다.

$$\min_{\boldsymbol{X}} f(\boldsymbol{X})=\left(\frac{40{,}000}{x_1}+10x_1\right)+\left(\frac{32{,}000}{x_2}+30x_2\right)+\left(\frac{120{,}000}{x_3}+20x_3\right) \qquad \text{E.6}$$

subject to

$$g_1(\boldsymbol{X})=40x_1+120x_2+80x_3 \le 45{,}000 \qquad \text{E.7}$$

$$g_2(\boldsymbol{X})=0.4(x_1+x_2+x_3) \le 90 \qquad \text{E.8}$$

$$g_3(\boldsymbol{X})=-x_1 \le 0 \qquad \text{E.9}$$

$$g_4(\boldsymbol{X})=-x_2 \le 0 \qquad \text{E.10}$$

$$g_5(\boldsymbol{X})=-x_3 \le 0 \qquad \text{E.11}$$

위의 식 E.6~E.11과 같이 기술된 최적화 문제는 가분성 계획법 문제임 알 수 있다. ■

1.5.8 목적함수의 개수에 따른 분류

최소화하고자 하는 목적함수의 개수에 따라 최적화 문제를 단일목적과 다목적 계획법 문제로 분류할 수 있다. 이 분류에 따르면 예제 1.1~예제 1.9의 문제는 모두 목적함수가 하나 뿐인 단일목적 계획법 문제이다.

1.5.8.1 다목적 계획법 문제

다음과 같이 다목적 계획법 문제를 기술할 수 있다.

$$\min_{\boldsymbol{X}} f_1(\boldsymbol{X}),\ f_2(\boldsymbol{X}), \cdot\cdot\cdot, f_k(\boldsymbol{X}) \qquad 1.13$$

subject to

$$g_j(\boldsymbol{X}) \leq 0, \quad j = 1, 2, \cdot\cdot\cdot, m$$

여기서 f_1, f_2, · · · , f_k는 동시에 최소화하고자 하는 목적함수들을 나타낸다.

예제 1.10

그림 1.14와 같이 질량 M인 탱크를 지지하기 위해 균등 사각 컬럼을 건설하고자 한다. 설계시 (1) 컬럼의 질량을 최소화하고, (2) 바람으로 인한 공명을 방지하기 위해 시스템의 횡 진동 자연주기를 최소화하고자 한다. 직접적인 압축과 버클링에 기인한 실패를 피하기 위해 컬럼을 설계하는 최적화 문제를 작성하여라. 허용 압축응력은 σ_{max}로 가정하여라.

[풀이] 컬럼의 단면 치수를 $x_1 = b$, $x_2 = d$로 표기하면 컬럼의 질량 m은 다음과 같다.

$$m = \rho bdl = \rho l x_1 x_2 \qquad E.1$$

단, ρ는 밀도, l은 컬럼 높이다. 말단부에 질량 M을 갖는 외팔보로서 처리하여 다음과 같이 물탱크의 횡 진동의 자연 주기를 얻을 수 있다.

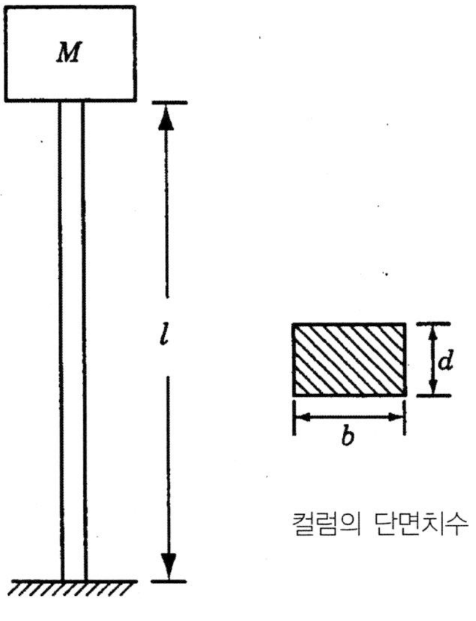

그림 1.14 물탱크

$$\omega = \left[\frac{3EI}{\left(M + \frac{33}{140}m\right)l^3} \right]^{1/2} \qquad \text{E.2}$$

이때 E는 영(Young)계수, I는 다음 식으로 주어지는 컬럼의 관성모멘트이다.

$$I = \frac{1}{12}bd^3 \qquad \text{E.3}$$

$-\omega$를 최소화하여 물탱크의 자연진동주기를 최대화할 수 있다. 식 E.1과 E.3을 이용하여 식 E.2를 다시 쓰면

$$\omega = \left[\frac{Ex_1x_3^3}{4l^3\left(M + \frac{33}{140}\rho l x_1 x_2\right)} \right]^{1/2} \qquad \text{E.4}$$

이 된다. 물탱크의 중량으로 인한 컬럼 내 직접적인 압축응력 σ_c는

$$\sigma_c = \frac{Mg}{bd} = \frac{Mg}{x_1x_2} \qquad \text{E.5}$$

고정-자유 컬럼의 버클링응력 σ_b는 다음과 같다.

$$\sigma_b = \left(\frac{\pi^2 EI}{4l^2}\right)\frac{1}{bd} = \frac{\pi^2 Ex_2^2}{48l^2} \qquad \text{E.6}$$

한편, 컬럼 설계 실패를 방지하기 위해 σ_{max}과 버클링응력 σ_b보다 작도록 압축응력 σ_c를 제한하여야 한다.

마지막으로 설계변수들을 양수로 제한하여 다음과 같이 다목적 최적화 문제를 기술할 수 있다.

$$\min_{\boldsymbol{X}} \; f_1(\boldsymbol{X}) = \rho l x_1 x_2 \qquad \text{E.7}$$

$$f_2(\boldsymbol{X}) = -\left[\frac{Ex_1x_2^3}{4l^2\left(M + \frac{33}{140}\rho l x_1 x_2\right)} \right]^{1/2} \qquad \text{E.8}$$

subject to

$$g_1(\boldsymbol{X}) = \frac{Mg}{x_1x_2} - \sigma_{max} \le 0 \qquad \text{E.9}$$

$$g_2(\boldsymbol{X}) = \frac{Mg}{x_1 x_2} - \frac{\pi^2 E x_2^2}{48 l^2} \leq 0 \quad \text{E.10}$$

$$g_3(\boldsymbol{X}) = -x_1 \leq 0 \quad \text{E.11}$$

$$g_4(\boldsymbol{X}) = -x_2 \leq 0 \quad \text{E.12}$$

■

1.6 최적화 기법

여러 형식들의 최적화 문제들을 해결할 수 있는 다양한 기법들을 표 1.1의 수학적 계획법 제목 아래 열거하였다. 제약되지 않은 여러 변수들의 최대 및 최소함수를 구하기 위한 비제약 최적화 문제에는 함수의 미분을 사용하는 해법이 많이 적용되므로 설계변수에 관한 2차 미분 가능성과 연속인 도함수를 가정하는 경우가 많다. 등호 제약을 갖는 문제의 경우 Lagrange 승수법(Lagrange multiplier method)을 많이 사용하며, 부등호 제약을 갖는 문제는 최적점을 확인하기 위해 Kuhn-Tucker 조건을 사용할 수 있다. 그러나 이러한 방법들은 해결하기 어려운 일련의 동시 비선형 연립방정식들을 처리하여야 한다. 전통적인 최적화 방법들을 제2장에서 기술한다.

비선형, 선형, 등비, 이차식, 또는 정수 계획법들과 같이 문제의 특성에 맞게 개발되어 명명된 방법들 대부분은 초기 해부터 시작하여 반복법을 사용하여 근사해를 구하는 수치기법들이다. 제3장과 4장에서는 선형 계획법을 기술하고 그 연장으로서 이차식 계획법을 기술한다. 비선형 계획법은 임의 최적화 문제를 해결하기 위해 사용할 수 있는 가장 일반적인 최적화 방법이므로 제5장~7장에서 상세히 기술한다. 제8장과 10장에서는 기하급수 계획법과 정수 계획법들을 기술한다. 제9장에 기술한 동적 계획법은 최적제어 문제들을 해결하기 위해 사용하는 수치해석 절차이다. 확률론적 계획법은 일부 변수들이 확률분포로 기술되는 최적화 문제를 해결하기 위해 사용하며 제11장에서 이 주제에 대해 기술한다.

제12장에서는 변분법, 최적제어이론, 그리고 최적 판단방법을 다룬다. 제13장에서는 유전자 알고리즘, simulated annealing, 개인집단 최적화, 개미집단 최적화, 신경망-기초 최적화, 그리고 퍼지 최적화들을 기술한다. 제14장에서는 최적화의 여러 실용적인 측면들을 기술하며 최적화 문제 규격의 감소, 신속한 재해석 기법, 정적 변위 및 응력의 도함수의 효율적인 연산, 고유수치(eigenvalues) 및 고유벡터(eigenvectors), 그리고 과도반응(변형 response) 개요들을 기술한다. 또한 제14장에서는 문제 매개변수들에 대한 최적해

의 민감도, 다단계(multilevel) 최적화, 병렬처리(parallel processing), 그리고 다목적 최적화를 기술한다.

1.7 공학적 최적화 관련 문헌

공학적 최적화에 대한 문헌은 다양하게 상당히 많이 출간되고 있다. 최적화 방법들은 모든 공학 영역에 적용되고 많은 분야의 연구자들이 이론 개발과 최적화 응용에 함께 연구하므로 최적화와 관련된 여러 분야의 도서들을 구입할 수 있고, 여러 편의 기술적 간행물이 정기적으로 발행된다.

공학적 최적화와 관련된 논문을 가장 광범위하게 발간하는 저널은 다음과 같다.

- *Engineering Optimization*
- *ASME Journal of Mechanical Design*
- *AIAA Journal*
- *ASCE Journal of Structural Engineering*
- *Computers and Structures*
- *International Journal for Numerical Methods in Engineering*
- *Structural Optimization*
- *Journal of Optimization Theory and Applications*
- *Computers and Operations Research*
- *Operation Research*
- *Management Science*
- *Evolutionary Computation*
- *IEEE Transactions on Evolutionary Computation*
- *European Journal of Operations Research*
- *IEEE Transaction on Systems*
- *Man and Cybernetics*
- *Journal of Heuristics*

REFERENCES AND BIBLIOGRAPHY

Structural Optimization

1.1 K. I. Majid, *Optimum Design of Structures*, Wiley, New York, 1974.

1.2 D. G. Carmichael, *Structural Modelling and Optimization*, Ellis Horwood, Chichester, UK, 1981.

1.3 U. Kirsch, *Optimum Structural Design*, McGraw-Hill, New York, 1981.

1.4 A. J. Morris, *Foundations of Structural Optimization*, Wiley, New York, 1982.

1.5 J. Farkas, *Optimum Design of Metal Structures*, Ellis Horwood, Chichester, UK, 1984.

1.6 R. T. Haftka and Z. Gürdal, *Elements of Structural Optimization*, 3rd ed., Kluwer Academic Publishers, Dordrecht, The Netherlands, 1992.

1.7 M. P. Kamat, Ed., *Structural Optimization: Status and Promise*, AIAA, Washington, DC, 1993.

1.8 Z. Gurdal, R. T. Haftka, and P. Hajela, *Design and Optimization of Laminated Composite Materials*, Wiley, New York, 1998.

1.9 A. L. Kalamkarov and A. G. Kolpakov, *Analysis, Design and Optimization of Composite Structures*, 2nd ed., Wiley, New York, 1997.

Thermal System Optimization

1.10 W. F. Stoecker, *Design of Thermal Systems*, 3rd ed., McGraw-Hill, New York, 1989.

1.11 S. Stricker, *Optimizing Performance of Energy Systems*, Battelle Press, New York, 1985.

1.12 Adrian Bejan, G. Tsatsaronis, and M. Moran, *Thermal Design and Optimization*, Wiley, New York, 1995.

1.13 Y. Jaluria, *Design and Optimization of Thermal Systems*, 2nd ed., CRC Press, Boca Raton, FL, 2007.

Chemical and Metallurgical Process Optimization

1.14 W. H. Ray and J. Szekely, *Process Optimization with Applications to Metallurgy and Chemical Engineering*, Wiley, New York, 1973.

1.15 T. F. Edgar and D. M. Himmelblau, *Optimization of Chemical Processes*, McGraw-Hill, New York, 1988.

1.16 R. Aris, *The Optimal Design of Chemical Reactors, a Study in Dynamic Programming*, Academic Press, New York, 1961.

Electronics and Electrical Engineering

1.17 K. W. Cattermole and J. J. O'Reilly, *Optimization Methods in Electronics and Communications*, Wiley, New York, 1984.

1.18 T. R. Cuthbert, Jr., *Optimization Using Personal Computers with Applications to Electrical Networks*, Wiley, New York, 1987.

1.19 G. D. Micheli, *Synthesis and Optimization of Digital Circuits*, McGraw-Hill, New York, 1994.

Mechanical Design

1.20 R. C. Johnson, *Optimum Design of Mechanical Elements*, Wiley, New York, 1980.

1.21 E. J. Haug and J. S. Arora, *Applied Optimal Design: Mechanical and Structural Systems*, Wiley, New York, 1979.

1.22 E. Sevin and W. D. Pilkey, *Optimum Shock and Vibration Isolation*, Shock and Vibration Information Center, Washington, DC, 1971.

General Engineering Design

1.23 J. Arora, *Introduction to Optimum Design*, 2nd ed., Academic Press, San Diego, 2004.

1.24 P. Y. Papalambros and D. J. Wilde, *Principles of Optimal Design*, Cambridge University Press, Cambridge, UK, 1988.

1.25 J. N. Siddall, *Optimal Engineering Design: Principles and Applications*, Marcel Dekker, New York, 1982.

1.26 S. S. Rao, *Optimization: Theory and Applications*, 2nd ed., Wiley, New York, 1984.

1.27 G. N. Vanderplaats, *Numerical Optimization Techniques for Engineering Design with Applications*, McGraw-Hill, New York, 1984.

1.28 R. L. Fox, *Optimization Methods for Engineering Design*, Addison-Wesley, Reading, MA, 1972.

1.29 A. Ravindran, K. M. Ragsdell, and G. V. Reklaitis, *Engineering Optimization: Methods and Applications*, 2nd ed., Wiley, New York, 2006.

1.30 D. J. Wilde, *Globally Optimal Design*, Wiley, New York, 1978.

1.31 T. E. Shoup and F. Mistree, *Optimization Methods with Applications for Personal Computers*, Prentice-Hall, Englewood Cliffs, NJ, 1987.

1.32 A. D. Belegundu and T. R. Chandrupatla, *Optimization Concepts and Applications in Engineering*, Prentice Hall, Upper Saddle River, NJ, 1999.

General Nonlinear Programming Theory

1.33 S. L. S. Jacoby, J. S. Kowalik, and J. T. Pizzo, *Iterative Methods for Nonlinear Optimization Problems*, Prentice-Hall, Englewood Cliffs, NJ, 1972.

1.34 L. C. W. Dixon, *Nonlinear Optimization: Theory and Algorithms*, Birkhauser, Boston, 1980.

1.35 G. S. G. Beveridge and R. S. Schechter, *Optimization: Theory and Practice*, McGraw-Hill, New York, 1970.

1.36 B. S. Gottfried and J. Weisman, *Introduction to Optimization Theory*, Prentice-Hall, Englewood Cliffs, NJ, 1973.

1.37 M. A. Wolfe, *Numerical Methods for Unconstrained Optimization*, Van Nostrand Reinhold, New York, 1978.

1.38 M. S. Bazaraa and C. M. Shetty, *Nonlinear Programming*, Wiley, New York, 1979.

1.39 W. I. Zangwill, *Nonlinear Programming: A Unified Approach*, Prentice-Hall, Englewood Cliffs, NJ, 1969.

1.40 J. E. Dennis and R. B. Schnabel, *Numerical Methods for Unconstrained Optimization and Nonlinear Equations*, Prentice-Hall, Englewood Cliffs, NJ, 1983.

1.41 J. S. Kowalik, *Methods for Unconstrained Optimization Problems*, American Elsevier, New York, 1968.

1.42 A. V. Fiacco and G. P. McCormick, *Nonlinear Programming: Sequential Unconstrained Minimization Techniques*, Wiley, New York, 1968.

1.43 G. Zoutendijk, *Methods of Feasible Directions*, Elsevier, Amsterdam, 1960.

1.44 J. Nocedal and S. J. Wright, *Numerical Optimization*, Springer, New York, 2006.

1.45 R. Fletcher, *Practical Methods of Optimization*, Vols. 1 and 2, Wiley, Chichester, UK, 1981.

1.46 D. P. Bertsekas, *Nonlinear Programming*, 2nd ed., Athena Scientific, Nashua, NH, 1999.

1.47 D. G. Luenberger, *Linear and Nonlinear Programming*, 2nd ed., Kluwer Academic Publishers, Norwell, MA, 2003.

1.48 A. Antoniou and W-S. Lu, *Practical Optimization: Algorithms and Engineering Applications*, Springer, Berlin, 2007.

1.49 S. G. Nash and A. Sofer, *Linear and Nonlinear Programming*, McGraw-Hill, New York, 1996.

Computer Programs

1.50 J. L. Kuester and J. H. Mize, *Optimization Techniques with Fortran*, McGraw-Hill, New York, 1973.

1.51 H. P. Khunzi, H. G. Tzschach, and C. A. Zehnder, *Numerical Methods of Mathematical Optimization with ALGOL and FORTRAN Programs*, Academic Press, New York, 1971.

1.52 C. S. Wolfe, *Linear Programming with BASIC and FORTRAN*, Reston Publishing Co., Reston, VA, 1985.

1.53 K. R. Baker, *Optimization Modeling with Spreadsheets*, Thomson Brooks/Cole, Belmont, CA, 2006.

1.54 P. Venkataraman, *Applied Optimization with MATLAB Programming*, Wiley, New York, 2002.

Optimal Control

1.55 D. E. Kirk, *Optimal Control Theory: An Introduction*, Prentice-Hall, Englewood Cliffs, NJ, 1970.

1.56 A. P. Sage and C. C. White III, *Optimum Systems Control*, 2nd ed., Prentice-Hall, Englewood Cliffs, NJ, 1977.

1.57 B. D. O. Anderson and J. B. Moore, *Linear Optimal Control*, Prentice-Hall, Englewood Cliffs, NJ, 1971.

1.58 A. E. Bryson and Y. C. Ho, *Applied Optimal Control: Optimization, Estimation, and Control*, Blaisdell, Waltham, MA, 1969.

Geometric Programming

1.59 R. J. Duffin, E. L. Peterson, and C. Zener, *Geometric Programming: Theory and Applications*, Wiley, New York, 1967.

1.60 C. M. Zener, *Engineering Design by Geometric Programming*, Wiley, New York, 1971.

1.61 C. S. Beightler and D. T. Phillips, *Applied Geometric Programming*, Wiley, New York, 1976.

1.62 B-Y. Cao, *Fuzzy Geometric Programming*, Kluwer Academic, Dordrecht, The Netherlands, 2002.

1.63 A. Paoluzzi, *Geometric Programming for Computer-aided Design*, Wiley, New York, 2003.

Linear Programming

1.64 G. B. Dantzig, *Linear Programming and Extensions*, Princeton University Press, Princeton, NJ, 1963.

1.65 S. Vajda, *Linear Programming: Algorithms and Applications*, Methuen, New York, 1981.

1.66 S. I. Gass, *Linear Programming: Methods and Applications*, 5th ed., McGraw-Hill, New York, 1985.

1.67 C. Kim, *Introduction to Linear Programming*, Holt, Rinehart, & Winston, New York, 1971.

1.68 P. R. Thie, *An Introduction to Linear Programming and Game Theory*, Wiley, New York, 1979.

1.69 S. I. Gass, *An illustrated Guide to Linear Programming*, Dover, New York, 1990.

1.70 K. G. Murty, *Linear Programming*, Wiley, New York, 1983.

Integer Programming

1.71 T. C. Hu, *Integer Programming and Network Flows*, Addison-Wesley, Reading, MA, 1982.

1.72 A. Kaufmann and A. H. Labordaere, *Integer and Mixed Programming: Theory and Applications*, Academic Press, New York, 1976.

1.73 H. M. Salkin, *Integer Programming*, Addison-Wesley, Reading, MA, 1975.

1.74 H. A. Taha, *Integer Programming: Theory, Applications, and Computations*, Academic Press, New York, 1975.

1.75 A. Schrijver, *Theory of Linear and Integer Programming*, Wiley, New York, 1998.

1.76 J. K. Karlof (Ed.), *Integer Programming: Theory and Practice*, CRC Press, Boca Raton, FL, 2006.

1.77 L. A. Wolsey, *Integer Programming*, Wiley, New York, 1998.

Dynamic Programming

1.78 R. Bellman, *Dynamic Programming*, Princeton University Press, Princeton, NJ, 1957.

1.79 R. Bellman and S. E. Dreyfus, *Applied Dynamic Programming*, Princeton University Press, Princeton, NJ, 1962.

1.80 G. L. Nemhauser, *Introduction to Dynamic Programming*, Wiley, New York, 1966.

1.81 L. Cooper and M. W. Cooper, *Introduction to Dynamic Programming*, Pergamon Press, Oxford, UK, 1981.

1.82 W. B. Powell, *Approximate Dynamic Programming: Solving the Curses of Dimensionality*, Wiley, Hoboken, NJ, 2007.

1.83 M. L. Puterman, *Dynamic Programming and Its Applications*, Academic Press, New York, 1978.

1.84 M. Sniedovich, *Dynamic Programming*, Marcel Dekker, New York, 1992.

Stochastic Programming

1.85 J. K. Sengupta, *Stochastic Programming: Methods and Applications*, North-Holland, Amsterdam, 1972.

1.86 P. Kall, *Stochastic Linear Programming*, Springer-Verlag, Berlin, 1976.

1.87 J. R. Birge and F. Louveaux, *Introduction to Stochastic Programming*, Springer, New York, 1997.

1.88 P. Kall and S. W. Wallace, *Stochastic Programming*, Wiley, Chichester, UK, 1994.

1.89 P. Kall and J. Mayer, *Stochastic Linear Programming: Models, Theory, and Computation*, Springer, New York, 2005.

Multiobjective Programming

1.90 R. E. Steuer, *Multiple Criteria Optimization: Theory, Computation, and Application*, Wiley, New York, 1986.

1.91 C. L. Hwang and A. S. M. Masud, *Multiple Objective Decision Making: Methods and Applications*, Lecture Notices in Economics and Mathematical Systems, Vol. 164, Springer-Verlag, Berlin, 1979.

1.92 J. P. Ignizio, *Linear Programming in Single and Multi-objective Systems*, Prentice-Hall, Englewood Cliffs, NJ, 1982.

1.93 A. Goicoechea, D. R. Hansen, and L. Duckstein, *Multiobjective Decision Analysis with Engineering and Business Applications*, Wiley, New York, 1982.

1.94 Y. Collette and P. Siarry, *Multiobjective Optimization: Principles and Case Studies*, Springer, Berlin, 2004.

1.95 H. Eschenauer, J. Koski, and A. Osyczka (Eds.), *Multicriteria Design Optimization: Procedures and Applications*, Springer-Verlag, Berlin, 1990.

1.96 P. Sen and J-B. Yang, *Multiple Criteria Decision Support in Engineering Design*, Springer-Verlag, Berlin, 1998.

1.97 G. Owen, *Game Theory*, 3rd ed., Academic Press, San Diego, 1995.

Nontraditional Optimization Techniques

1.98 M. Mitchell, *An Introduction to Genetic Algorithms*, MIT Press, Cambridge, MA, 1998.

1.99 D. B. Fogel, *Evolutionary Computation: Toward a New Philosophy of Machine Intelligence*, 3rd ed., IEEE Press, Piscataway, NJ, 2006.

1.100 K. Deb, *Multi-Objective Optimization Using Evolutionary Algorithms*, Wiley, Chichester, England, 2001.

1.101 C. A. Coello Coello, D. A. van Veldhuizen and G. B. Lamont, *Evolutionary Algorithms for Solving Multi-Objective Problems*, Plenum, New York, 2002.

1.102 D. E. Goldberg, *Genetic Algorithms in Search, Optimization and Machine Learning*, Addison-Wesley, Reading, MA, 1989.

1.103 P. J. M. van Laarhoven and E. Aarts, *Simulated Annealing: Theory and Applications*, D. Reidel, Dordrecht, The Netherlands, 1987.

1.104 J. Hopfield and D. Tank, "Neural Computation of Decisions in Optimization Problems," *Biological Cybernetics*, Vol. 52, pp. 141–152, 1985.

1.105 J. J. Hopfield, Neural networks and physical systems with emergent collective computational abilities, *Proceedings of the National Academy of Sciences, USA*, Vol. 79, pp. 2554–2558, 1982.

1.106 N. Forbes, *Imitation of Life: How Biology Is Inspiring Computing*, MIT Press, Cambridge, MA, 2004.

1.107 J. Harris, *Fuzzy Logic Applications in Engineering Science*, Springer, Dordrecht, The Netherlands, 2006.

1.108 M. Hanss, *Applied Fuzzy Arithmetic: An Introduction with Engineering Applications*, Springer, Berlin, 2005.

1.109 G. Chen and T. T. Pham, *Introduction to Fussy Systems*, Chapman & Hall/CRC, Boca Raton, FL, 2006.

1.110 T. J. Ross, *Fuzzy Logic with Engineering Applications*, McGraw-Hill, New York, 1995.

1.111 M. Dorigo and T. Stutzle, *Ant Colony Optimization*, MIT Press, Cambridge, MA, 2004.

1.112 J. Kennedy, R. C. Eberhart, and Y. Shi, *Swarm Intelligence*, Morgan Kaufmann, San Francisco, CA, 2001.

1.113 J. C. Spall, *Introduction to Stochastic Search and Optimization*, Wiley Interscience, 2003.

1.114 A. P. Engelbrecht, *Fundamentals of Computational Swarm Intelligence*, Wiley, Chichester, UK, 2005.

1.115 E. Bonabeau, M. Dorigo, and G. Theraulaz, *Swarm Intelligence: From Natural to Artificial Systems*, Oxford University Press, Oxford, UK, 1999.

Additional References

1.116 R. C. Juvinall and K. M. Marshek, *Fundamentals of Machine Component Design*, 2nd ed., Wiley, New York, 1991.

1.117 J. E. Shigley and C. R. Mischke, *Mechanical Engineering Design*, 5th ed., McGraw-Hill, New York, 1989.

1.118 S. S. Rao, *Mechanical Vibrations*, 4th ed., Pearson Prentice Hall, Upper Saddle River, NJ, 2004.

1.119 J. M. MacGregor, *Reinforced Concrete: Mechanics and Design*, Prentice Hall, Englewood Cliffs, NJ, 1988.

1.120 S. S. Rao, *Reliability-Based Design*, McGraw-Hill, New York, 1992.

1.121 N. H. Cook, *Mechanics and Materials for Design*, McGraw-Hill, New York, 1984.

1.122 R. Ramarathnam and B. G. Desai, Optimization of polyphase induction motor design: a nonlinear programming approach, *IEEE Transactions on Power Apparatus and Systems*, Vol. PAS-90, No. 2, pp. 570–578, 1971.

1.123 R. M. Stark and R. L. Nicholls, *Mathematical Foundations for Design: Civil Engineering Systems*, McGraw-Hill, New York, 1972.

1.124 T. F. Coleman, M. A. Branch, and A. Grace, *Optimization Toolbox—for Use with MATLAB®*, User's Guide, Version 2 MathWorks Inc., Natick, MA, 1999.

CHAPTER 02

최적화 기법

2.1 소개

연속 및 미분 가능한 함수들의 최적해를 구하는데 유용한 전형적인 최적화 기법은 해석학적이며 최적점을 찾기 위해 미분 기법을 사용한다. 하지만 실제 문제들 중 일부는 연속적이지 않고 미분 가능하지 않은 목적함수들이 포함될 수 있으므로 이 전형적인 최적화 기법을 실제 문제에 적용하는 데는 한계가 있다. 그러나 이러한 최적화 기법은 다음 절에서 기술한 최적화 수치 기법들의 대부분을 개발하는 기초가 된다. 본 장에서는 단일변수 함수, 제약이 없는 복수변수, 그리고 등식 및 부등식 제약들을 갖는 복수변수 함수에 대한 최적해의 위치를 찾기 위한 필요 및 충분조건들을 기술한다.

2.2 일변수 최적화

충분히 작은 모든 양과 음인 h에 대하여 $f(x^*) \le f(x^*+h)$이면 일변수의 함수 $f(x)$는 $x=x^*$에서 상대적(relative) 최소 또는 국소(local) 최소를 갖는다고 한다. 유사하게 0에 가까운 모든 h에 대하여 $f(x^*) \ge f(x^*+h)$이면, 점 x^*를 상대 최대점 또는 국소 최대점이라 부른다. $f(x)$가 정의된 영역의 모든 x에서 $f(x^*) \le f(x)$이면, 함수 $f(x)$는 x^*에서 광역(global) 또는 절대(absolute) 최소를 갖는다고 한다. 또한 영역 내의 모든 x에서 $f(x^*) \ge f(x)$이면 점 x^*는 $f(x)$의 광역 최대점이라 한다. 그림 2.1은 국소 최적점과 광역 최적점들 사이의 차이를 보여준다.

일변수 최적화 문제는 구간 $[a,\ b]$에서 $f(x)$의 함숫값이 최소가 되는 점 x^*를 구하는 문제이다. 다음 두 개의 정리(theorem)는 일변수 함수의 국소적 최소를 위한 필요조건과 충분조건을 제공한다.

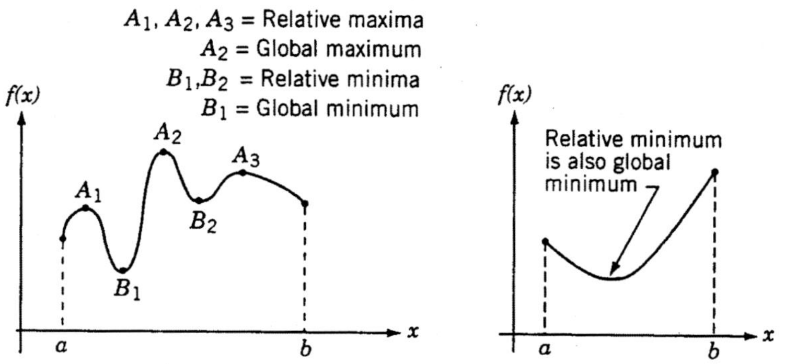

그림 2.1 상대 및 전역 최소들

정리 2.1 필요조건 만일 함수가 구간 $a \le x \le b$에서 정의되고, 도함수 $df(x)/dx = f'(x)$가 존재할 때 $f(x)$가 $x = x^*(a < x^* < b)$에서 유한한 국소적 최솟값을 가지면 $f'(x^*) = 0$이 된다.

[증명] 도함수의 정의로부터 다음의 관계식이 성립하는 유한값이 0이 되는 것을 증명한다.

$$f'(x^*) = \lim_{h \to 0} \frac{f(x^* + h) - f(x)}{h} \tag{2.1}$$

x^*는 국소적 최소이므로 0에 충분히 가까운 모든 h 수치에 대해 다음과 같이 된다.

$$f(x^*) \le f(x^* + h)$$

따라서

$$\frac{f(x^* + h) - f(x^*)}{h} \ge 0 \quad if \;\; h > 0$$

$$\frac{f(x^* + h) - f(x^*)}{h} \le 0 \quad if \;\; h < 0$$

이므로 h가 양에서 0으로 접근하면 식 2.1은

$$f'(x^*) \ge 0 \tag{2.2}$$

이고, h가 음에서 0으로 접근하면 식 2.1은

$$f'(x^*) \le 0 \tag{2.3}$$

와 같다. 따라서 두 식 2.2와 2.3 모두를 만족시키는 유일한 방법은

$$f'(x^*)=0$$

이 되므로 정리가 증명된다. ■

주의

1. 만일 x^*가 최대가 되어도 본 정리는 성립된다.
2. 만일 도함수가 존재하지 않는 점 x^*에서 $f(x)$가 최소 또는 최대가 될 경우에 위의 정리로는 어떠한 결과를 설명할 수 없다. 예를 들어, 도함수의 정의에 의해 그림 2.2에서 h가 양 또는 음에서 0으로 접근함에 따라

$$\lim_{h \to 0} \frac{f(x^*+h)-f(x^*)}{h} = m^+ \ or \ \ m^-$$

와 같은데, m^+와 m^-가 같지 않으면 도함수 $f'(x^*)$는 존재하지 않는다. 따라서 $f'(x^*)$가 존재하지 않으면 이 정리를 적용할 수 없다.

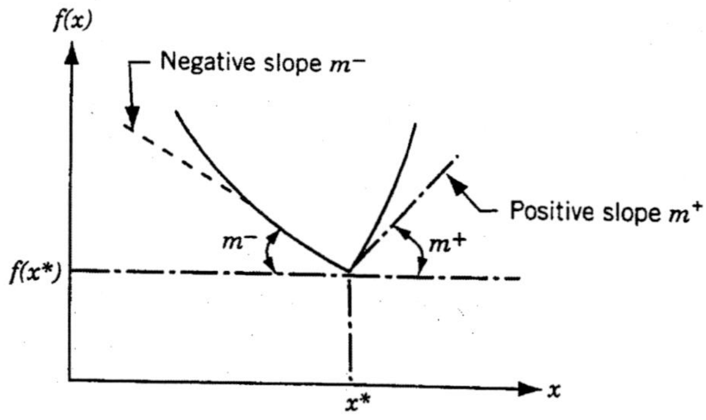

그림 2.2 x^*에서 정의되지 않은 도함수

3. 함수 정의 구간의 경계에서 최소 또는 최대가 발생할 경우에도 정리를 적용할 수 없다. 경계점 x^*에서는 오직 h의 양의 값(또는 음의 값)에서만

$$\lim_{h \to 0} \frac{f(x^*+h)-f(x^*)}{h}$$

의 값이 존재하므로 경계점에서는 도함수가 정의되지 않는다.

4. 도함수 $f'(x^*)=0$이 되는 모든 점 x^*에서 함수는 최소 또는 최대를 가진다는 의미는 아니다. 즉, 정리의 역은 성립하지 않을 수 있다. 예를 들어, 그림 2.3과 같은 함수의 경우 $x=0$에서 도함수 $f'(x)=0$이다. 그러나 이 점은 최소도 최대도 아니다. 일반적으로 $f'(x^*)=0$이 되는 점 x^*를 정점(stationary point)이라 부른다.

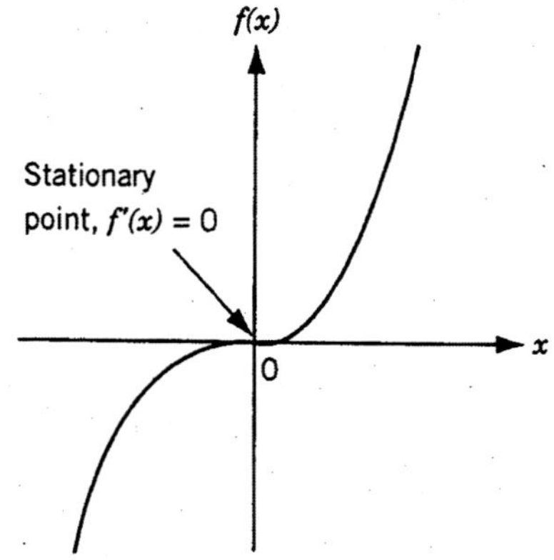

그림 2.3 정점

만일 함수 $f(x)$가 $x=x^*$ 근방에서 모든 차수의 연속 도함수를 가지면, 다음 정리는 함수의 최소 또는 최대를 위한 충분조건을 제공한다.

정리 2.2 충분조건 $f'(x^*)=f''(x^*)=\cdot\cdot\cdot=f^{(n-1)}(x^*)=0$이지만 $f^{(n)}(x^*)\neq 0$이라 하면,

(1) n이 짝수이고 $f^{(n)}(x^*)>0$이면, $f(x^*)$는 $f(x)$의 최솟값이고,

(2) n이 짝수이고 $f^{(n)}(x^*)<0$이면, $f(x^*)$는 $f(x)$의 최댓값이며,

(3) n이 홀수이면 $f(x^*)$는 $f(x)$의 최대도 최소도 아니다.

[증명] 함수 $f(x)$에 대해 x^*주위에서 테일러 정리를 적용하면

$$f(x^*+h)=f(x^*)+hf'(x^*)+\frac{h^2}{2!}f''(x^*)+\cdot\cdot\cdot+\frac{h^{n-1}}{(n-1)!}f^{(n-1)}(x^*) \qquad 2.5$$

$$+\frac{h^n}{n!}f^{(n)}(x^*+\theta h) \qquad for \quad 0<\theta<1$$

주어진 조건은 $f'(x^*)=f''(x^*)=\cdot\cdot\cdot=f^{(n-1)}(x^*)=0$이므로 식 2.5는 다음과 같이 된다.

$$f(x^*+h)-f(x^*)=\frac{h^n}{n!}f^{(n)}(x^*+\theta h).$$

또한 $f^{(n)}(x^*)\neq 0$이므로 x^* 주변에 n차 도함수 $f^{(n)}(x)$와 $f^{(n)}(x^*)$가 동일한 부호를 갖는 점 x만으로 된 구간(interval)이 존재한다. 즉, 이 구간의 모든 점 $x=x^*+h$에 대해 $f^{(n)}(x^*+\theta h)$는 $f^{(n)}(x^*)$의 부호는 같다. 또한, n이 짝수이면 h가 음 또는 양에 상관

없이 $h^n/n!$는 양이므로 위의 식에서 $f(x^*+h)-f(x^*)$와 $f^{(n)}(x^*+\theta h)$의 부호는 같다. 따라서 $f(x^*+h)-f(x^*)$와 $f^{(n)}(x^*)$의 부호는 같다. 그러므로 $f^{(n)}(x^*)$가 양이면 $f(x^*+h)-f(x^*)>0$이므로 x^*는 국소 최소점이 되며, $f^{(n)}(x^*)$가 음이면 $f(x^*+h)-f(x^*)<0$이므로 x^*는 국소 최대점이 된다. 반면에 n이 홀수이면 h의 부호에 따라 $h^n/n!$의 부호가 변화하므로, 즉 $f(x^*+h)-f(x^*)$와 $f^{(n)}(x^*+\theta h)$의 부호가 상이할 수 있으므로 점 x^*는 최대점도 최소점도 아니다. 이러한 점 x^*를 **변곡점**(point of inflection)이라 부른다. ■

예제 2.1

다음 함수의 최댓값과 최솟값을 결정하여라.

$$f(x)=12x^5-45x^4+40x^3+5$$

[풀이] $f'(x)=60(x^4-3x^3+2x^2)=60x^2(x-1)(x-2)$이므로 $x=0,\ 1,\ 2$에서 $f'(x)=0$이 된다. 또 이차 도함수는 다음과 같다.

$$f''(x)=60(4x^3-9x^2+4x)$$

정리 2.2의 충분조건으로부터 $x=1$에서 $f''(1)=-60$이므로 $x=1$은 국소 최대점이며, 그때의 최댓값은

$$f_{max}=f(x=1)=12$$

이다. 또한 $x=2$에서 $f''(2)=240$이므로 $x=2$은 국소 최소점이며, 그때의 최솟값은

$$f_{min}=f(x=2)=-11$$

이 된다. 마지막으로 $x=0$에서는 $f''(0)=0$이므로 다음 차수의 도함숫값을 검토해야 한다. 즉,

$$f'''(0)=60(12x^2-18x+4)|_{x=0}=240\neq 0$$

이므로 정리 2.2에 의해 $x=0$는 최대점도 최소점도 아닌 변곡점이다. ■

예제 2.2

2단 압축기에서는 효율을 향상시키기 위해 1단 압축을 떠나는 작동 가스가 2단 압축으로 들어가기 전에 열교환기를 통과시켜 냉각시킨다[2.13]. 이상 가스의 등온압축의 경우

압축기에 입력된 전체 일 W는 다음과 같이 주어진다.

$$W = c_p T_1 \left[\left(\frac{p_2}{p_1} \right)^{(k-1)/k} + \left(\frac{p_3}{p_2} \right)^{(k-1)/k} - 2 \right]$$

여기서 c_p는 일정 압력에서 가스의 비열, k는 일정 가스 체적에서 비열에 대한 일정 압력에서 비열의 비, 그리고 T_1은 압축기로 유입되는 가스의 온도이다. 압축기에 입력되는 일을 최소화하기 위해 중간 냉각에서의 압력 p_2를 구하라. 또한 압축기에 가하여야 할 최소 일을 결정하라.

[풀이] 압축기에 가하여야 할 일을 최소화하기 위한 필요조건은 다음과 같다.

$$\frac{dW}{dp_2} = c_p T_1 \frac{k}{k-1} \left[\left(\frac{1}{p_1} \right)^{(k-1)/k} \frac{k-1}{k} (p_2)^{-1/k} + (p_3)^{\frac{(k-1)}{k}} \frac{-k+1}{k} (p_2)^{\frac{(1-2k)}{k}} \right] = 0$$

위의 식을 만족하는 p_2를 구하면

$$p_2 = \sqrt{p_1 p_3}$$

이고, p_2에 관한 W의 이차 도함수와 $p_2 = \sqrt{p_1 p_3}$ 일 때의 도함수의 값은

$$\frac{d^2 W}{dp_2^2} = c_p T_1 \left[-\left(\frac{1}{p_1} \right)^{(k-1)/k} \frac{1}{k} (p_2)^{-\frac{(1+k)}{k}} - (p_3)^{\frac{(k-1)}{k}} \frac{1-2k}{k} (p_2)^{\frac{(1-3k)}{k}} \right]$$

$$\left(\frac{d^2 W}{dp_2^2} \right)_{p_2 = \sqrt{p_1 p_3}} = \frac{2 c_p T_1 \dfrac{k-1}{k}}{p_1^{\frac{(3k-1)}{2k}} \, p_3^{\frac{(k+1)}{2k}}}$$

이다. 비열비 k는 1보다 크므로 $p_2 = \sqrt{p_1 p_3}$ 에서 위의 식은

$$\frac{d^2 W}{dp_2^2} > 0$$

을 만족한다. 따라서 $p_2 = \sqrt{p_1 p_3}$ 는 국소 최소점에 해당되며, 그때 최소가 되는 일은 다음과 같다.

$$W_{min} = 2 c_p T_1 \frac{k}{k-1} \left[\left(\frac{p_3}{p_1} \right)^{\frac{(k-1)}{2k}} - 1 \right]$$

■

2.3 다변수 비제약 최적화

본 절에서는 제약조건이 없는 다변수 함수의 최소 또는 최대를 위한 필요조건과 충분조건에 대해 기술한다. 우선 다변수 함수의 테일러 급수 확장을 소개한다.

[정의] f함수의 r번째 미분 만일 함수 f가 차수 $r \geq 1$에서 편미분이 존재하고, 그 편미분이 점 $\boldsymbol{X}^* \in R^n$에서 연속이면, 다음 다항식을 $\boldsymbol{X}^*$에서 f의 r번째 미분이라 부른다.

$$d^r f(\boldsymbol{X}^*) = \sum_{i_1=1}^{n} \sum_{i_2=1}^{n} \cdots \sum_{i_r=1}^{n} h_{i_1} h_{i_2} \cdots h_{i_r} \frac{\partial^r f(\boldsymbol{X}^*)}{\partial x_{i_1} \partial x_{i_2} \cdots \partial x_{i_r}} \qquad 2.6$$

예를 들어 $r=2$이고 $n=3$이면

$$d^2 f(\boldsymbol{X}^*) = d^2 f(x_1^*,\ x_2^*,\ x_3^*) = \sum_{i=1}^{3} \sum_{j=1}^{3} h_i h_j \frac{\partial^2 f(\boldsymbol{X}^*)}{\partial x_i \partial x_j}$$

$$= h_1^2 \frac{\partial^2 f}{\partial x_1^2}(\boldsymbol{X}^*) + h_2^2 \frac{\partial^2 f}{\partial x_2^2}(\boldsymbol{X}^*) + h_3^2 \frac{\partial^2 f}{\partial x_3^2}(\boldsymbol{X}^*)$$

$$+ 2h_1 h_2 \frac{\partial^2 f}{\partial x_1 \partial x_2}(\boldsymbol{X}^*) + 2h_2 h_3 \frac{\partial^2 f}{\partial x_2 \partial x_3}(\boldsymbol{X}^*) + 2h_1 h_3 \frac{\partial^2 f}{\partial x_1 \partial x_3}(\boldsymbol{X}^*)$$

점 $\boldsymbol{X}^*$에 대한 함수 $f(\boldsymbol{X})$의 테일러 급수를 확장하면

$$f(\boldsymbol{X}) = f(\boldsymbol{X}^*) + df(\boldsymbol{X}^*) + \frac{1}{2!} d^2 f(\boldsymbol{X}^*) + \frac{1}{3!} d^3 f(\boldsymbol{X}^*)$$

$$+ \cdots + \frac{1}{N!} d^n f(\boldsymbol{X}^*) + R_N f(\boldsymbol{X}^*, \boldsymbol{h})$$

이다. 이때 나머지 항은 다음과 같이 주어진다.

$$R_N(\boldsymbol{X}^*, \boldsymbol{h}) = \frac{1}{(N+1)!} d^{N+1} f(\boldsymbol{X} + \theta \boldsymbol{h})$$

단, $0 < \theta < 1$, $\boldsymbol{h} = \boldsymbol{X} - \boldsymbol{X}^*$이다.

예제 2.3

점 $\boldsymbol{X}^* = (1, 0, -2)^T$ 주위에서 다음 함수의 2계 테일러 급수의 근삿값을 구하여라.

$$f(x_1,\ x_2,\ x_3) = x_2^2 x_3 + x_1 e^{x_3}$$

[풀이] 점 $\boldsymbol{X}^*$ 주위에서 함수 f의 2계 테일러 급수의 근삿값의 식은 다음과 같다.

$$f(\boldsymbol{X})=f(\boldsymbol{X}^*+\boldsymbol{h})\simeq f\begin{pmatrix}1\\0\\-2\end{pmatrix}+df\begin{pmatrix}1\\0\\-2\end{pmatrix}+\frac{1}{2!}d^2f\begin{pmatrix}1\\0\\-2\end{pmatrix},$$

$$\boldsymbol{X}=(x_1,x_2,x_3)^T,\ \ \boldsymbol{h}=(h_1,h_2,h_3)^T.$$

위의 식에서

$$f\begin{pmatrix}1\\0\\-2\end{pmatrix}=e^{-2}$$

$$df\begin{pmatrix}1\\0\\-2\end{pmatrix}=h_1\frac{\partial f}{\partial x_1}\begin{pmatrix}1\\0\\-2\end{pmatrix}+h_2\frac{\partial f}{\partial x_2}\begin{pmatrix}1\\0\\-2\end{pmatrix}+h_3\frac{\partial f}{\partial x_3}\begin{pmatrix}1\\0\\-2\end{pmatrix}$$

$$=\left[h_1e^{x_3}+h_2(2x_2x_3)+h_3x_2^2+h_3x_1e^{x_3}\right]\begin{pmatrix}1\\0\\-2\end{pmatrix}$$

$$=h_1e^{-2}+h_3e^{-2}$$

$$d^2f\begin{pmatrix}1\\0\\-2\end{pmatrix}=\sum_{i=1}^{3}\sum_{j=1}^{3}h_ih_j\frac{\partial^2 f}{\partial x_i\partial x_j}\begin{pmatrix}1\\0\\-2\end{pmatrix}$$

$$=\left(h_1^2\frac{\partial^2 f}{\partial x_1^2}+h_2^2\frac{\partial^2 f}{\partial x_2^2}+h_3^2\frac{\partial^2 f}{\partial x_3^2}+2h_1h_2\frac{\partial^2 f}{\partial x_1\partial x_2}+2h_2h_3\frac{\partial^2 f}{\partial x_2\partial x_3}+2h_1h_3\frac{\partial^2 f}{\partial x_1\partial x_3}\right)\begin{pmatrix}1\\0\\-2\end{pmatrix}$$

$$=\left[h_1^2(0)+h_2^2(2x_3)+h_3^2\left(x_1e^{x_3}\right)+2h_1h_2(0)+2h_2h_3(2x_2)+2h_1h_3\left(e^{x_3}\right)\right]\begin{pmatrix}1\\0\\-2\end{pmatrix}$$

$$=-4h_2^2+e^{-2}h_3^2+2h_1h_3e^{-2}$$

이므로 위의 테일러 급수의 근삿값의 식에 대입하면

$$f(\boldsymbol{X})\simeq e^{-2}+e^{-2}(h_1+h_3)+\frac{1}{2!}\left(-4h_2^2+e^{-2}h_3^2+2h_1h_3e^{-2}\right)$$

여기서 $h_1=x_1-1,\ h_2=x_2,\ h_3=x_3+2$이다. ■

정리 2.3 필요조건 $f(\boldsymbol{X})$가 $\boldsymbol{X}=\boldsymbol{X}^*$에서 하나의 극점(최댓값 또는 최솟값)을 갖고, $\boldsymbol{X}^*$에서 $f(\boldsymbol{X})$의 1차 편미분이 존재하면 다음의 식이 성립한다.

$$\frac{\partial f}{\partial x_1}(\boldsymbol{X}^*) = \frac{\partial f}{\partial x_2}(\boldsymbol{X}^*) = \cdot\cdot\cdot = \frac{\partial f}{\partial x_n}(\boldsymbol{X}^*) = 0 \qquad 2.9$$

[증명] 정리 2.1의 증명을 확장하여 위의 정리를 증명할 수도 있지만 다른 방법을 사용한다. $\boldsymbol{X}^*$에서 함수 f의 1차 편미분 중 하나가(예를 들어 k번째 편미분값 $\frac{\partial f}{\partial x_k}(\boldsymbol{X}^*)$이) 0이 아니라고 가정하면 테일러 정리에 의해

$$f(\boldsymbol{X}^* + h) = f(\boldsymbol{X}^*) + \sum_{i=1}^{n} h_i \frac{\partial f}{\partial x_i}(\boldsymbol{X}^*) + R_1(\boldsymbol{X}, \boldsymbol{h})$$

으로부터

$$f(\boldsymbol{X}^* + h) - f(\boldsymbol{X}^*) = h_k \frac{\partial f}{\partial x_k}(\boldsymbol{X}^*) + \frac{1}{2!} d^2 f(\boldsymbol{X}^* + \theta \boldsymbol{h}), \quad 0 < \theta < 1$$

이 된다. 위의 식에서 $d^2 f(\boldsymbol{X}^* + \theta \boldsymbol{h})$는 h_i들에 관해 이차식이므로 $\boldsymbol{h}$가 충분히 작으면 h_k에 관한 1차식인 $h_k \partial f(\boldsymbol{X}^*)/\partial x_k$의 값에 비해 상대적으로 작다. 따라서 $h_k \partial f(\boldsymbol{X}^*)/\partial x_k$의 부호에 따라 $f(\boldsymbol{X}^* + \boldsymbol{h}) - f(\boldsymbol{X}^*)$의 부호가 결정된다. 즉, $\partial f(\boldsymbol{X}^*)/\partial x_k > 0$으로 가정하고 $h_k > 0$이면 $f(\boldsymbol{X}^* + \boldsymbol{h}) - f(\boldsymbol{X}^*) > 0$이 되고, $h_k < 0$이면 $f(\boldsymbol{X}^* + \boldsymbol{h}) - f(\boldsymbol{X}^*) < 0$이 된다. 이는 $\boldsymbol{X}^*$가 극점이 될 수 없다는 것을 의미한다. $\partial f(\boldsymbol{X}^*)/\partial x_k < 0$인 경우에도 동일한 결론을 얻을 수 있다. 즉, $\frac{\partial f}{\partial x_k}(\boldsymbol{X}^*) \neq 0$인 k가 있으면 $\boldsymbol{X}^*$는 아니다. 이는 점 $\boldsymbol{X}^*$이 극점이라는 가정에 모순이므로 귀류법에 의해 모든 k에 대하여 $\frac{\partial f}{\partial x_k}(\boldsymbol{X}^*) = 0$이다. ■

정리 2.4 충분조건 정점(stationary point) $\boldsymbol{X}^*$가 극점이 되기 위한 충분조건은 (1) $\boldsymbol{X}^*$에서 $f(\boldsymbol{X})$의 이차 편미분 행렬[헤시안(Hessian) 행렬]이 (1) 국소 최소점 $\boldsymbol{X}^*$에 대해서는 양의 정부호(positive definite)가 되어야 하며 , (2) 국소 최대점 $\boldsymbol{X}^*$에 대해서는 음의 정부호(negative definite)가 되는 것이다.

[증명] 테일러 정리로부터 점 $\boldsymbol{X}^* + \boldsymbol{h}$에서 함수 f의 전개식은 다음과 같다.

$$f(\boldsymbol{X}^* + \boldsymbol{h}) = f(\boldsymbol{X}^*) + \sum_{i=1}^{n} h_i \frac{\partial f}{\partial x_i}(\boldsymbol{X}^*) + \frac{1}{2!} \sum_{i=1}^{n} \sum_{j=1}^{n} h_i h_j \frac{\partial^2 f}{\partial x_i \partial x_j}\bigg|_{\boldsymbol{X} = \boldsymbol{X}^* + \theta \boldsymbol{h}}, \qquad 2.10$$

$$0 < \theta < 1$$

$\boldsymbol{X}^*$는 정점이므로 정리 2.3에서의 필요조건

$$\frac{\partial f}{\partial x_i} = 0, \quad i = 1, 2, \cdot\cdot\cdot, n$$

로부터 식 2.10은 다음과 같이 축소된다.

$$f(\boldsymbol{X}^*+\boldsymbol{h})-f(\boldsymbol{X}^*)=\frac{1}{2!}\sum_{i=1}^{n}\sum_{j=1}^{n}h_ih_j\left.\frac{\partial^2 f}{\partial x_i\partial x_j}\right|_{\boldsymbol{X}=\boldsymbol{X}^*+\theta\boldsymbol{h}}, \qquad 0<\theta<1$$

또한 위의 식에서

$$f(\boldsymbol{X}^*+\boldsymbol{h})-f(\boldsymbol{X}^*)$$

의 부호는 다음 식의 부호와 동일하다.

$$\sum_{i=1}^{n}\sum_{j=1}^{n}h_ih_j\left.\frac{\partial^2 f}{\partial x_i\partial x_j}\right|_{\boldsymbol{X}=\boldsymbol{X}^*+\theta\boldsymbol{h}}$$

한편, 이차 편미분함수 $\partial^2 f(\boldsymbol{X})/\partial x_i\partial x_j$는 $\boldsymbol{X}^*$ 근방에서 연속이므로 충분히 작은 모든 $\boldsymbol{h}$에 대하여

$$\left.\frac{\partial^2 f}{\partial x_i\partial x_j}\right|_{\boldsymbol{X}=\boldsymbol{X}^*+\theta\boldsymbol{h}}$$

와 $\partial^2 f(\boldsymbol{X}^*)/\partial x_i\partial x_j$는 동일한 부호를 갖게 된다. 따라서 충분히 작은 모든 $\boldsymbol{h}$에 대하여 다음 부등식

$$Q=\sum_{i=1}^{n}\sum_{j=1}^{n}h_ih_j\left.\frac{\partial^2 f}{\partial x_i\partial x_j}\right|_{\boldsymbol{X}=\boldsymbol{X}^*}>0 \qquad 2.11$$

이 만족하면 $f(\boldsymbol{X}^*+\boldsymbol{h})-f(\boldsymbol{X}^*)>0$가 되므로 X^*는 국소 최소점이 된다. 위의 식에서 Q는 $\boldsymbol{h}$에 관한 이차식이므로 이차 편미분 행렬

$$Q=\boldsymbol{h}^T\boldsymbol{J}\,\boldsymbol{h}\big|_{\boldsymbol{X}=\boldsymbol{X}^*}, \qquad 2.12$$

$$\boldsymbol{J}\,\big|_{\boldsymbol{X}=\boldsymbol{X}^*}=\left[\left.\frac{\partial^2 f}{\partial x_i\partial x_j}\right|_{\boldsymbol{X}=\boldsymbol{X}^*}\right] \qquad 2.13$$

로 표현할 수 있다. 이 행렬 $\boldsymbol{J}$를 $f(\boldsymbol{X})$의 **헤시안(Hessian) 행렬**이라 한다. 한편 행렬이론에 의하면 식 2.11 또는 식 2.12와 같이 모든 $\boldsymbol{h}$에 대해 $Q=\boldsymbol{h}^T\boldsymbol{J}\,\boldsymbol{h}\big|_{\boldsymbol{X}=\boldsymbol{X}^*}>0$이 되는 필요충분조건은 $\boldsymbol{X}=\boldsymbol{X}^*$에서 헤시안 행렬 $\boldsymbol{J}$가 양의 정부호(positive definite)가 되는 것이므로 정점 $\boldsymbol{X}^*$가 국소 최소점이 되기 위한 충분조건은 그 점에서의 헤시안 행렬이 양의 정부호가 되어야 한다는 것을 의미한다. 유사한 방법에 의해 $\boldsymbol{X}^*$가 국소 최대점이기 위한 충분조건은 헤시안 행렬이 음의 정부호임을 증명할 수 있다. ■

주의

모든 고유치가 양이 되는 행렬 $\boldsymbol{A}$는 양의 정부호가 된다. 즉, 양의 정부호 행렬 $\boldsymbol{A}$의 다음 특성 방정식을 만족하는 해 λ는 모두 양이다.

$$|\boldsymbol{A}-\lambda \boldsymbol{I}|=0 \tag{2.14}$$

유사하게 모든 고유치가 음이 되는 행렬 $\boldsymbol{A}$는 음의 정부호가 된다.

또한 다음의 행렬식들을 계산하여 차수가 n인 행렬 $\boldsymbol{A}$가 양의 정부호임을 조사할 수 있다. 즉,

$$A_1=|a_{11}|, \tag{2.15}$$

$$A_2=\begin{vmatrix} a_{11} & a_{12} \\ a_{21} & a_{22} \end{vmatrix},$$

$$A_3=\begin{vmatrix} a_{11} & a_{12} & a_{13} \\ a_{21} & a_{22} & a_{23} \\ a_{31} & a_{32} & a_{33} \end{vmatrix}, \dots,$$

$$A_n=\begin{vmatrix} a_{11} & a_{12} & a_{13} & \cdot & \cdot & \cdot & a_{1n} \\ a_{21} & a_{22} & a_{23} & \cdot & \cdot & \cdot & a_{2n} \\ \cdot & & & & & & \\ \cdot & & & & & & \\ a_{n1} & a_{n2} & a_{n3} & \cdot & \cdot & \cdot & a_{nn} \end{vmatrix}$$

의 모든 행렬식 값 A_1, A_2, A_3, · · ·, A_n이 양이 되는 필요충분조건은 행렬 $\boldsymbol{A}$가 양의 정부호인 것이다. 또 행렬식 $A_j, j=1, 2, \cdots, n$의 부호가 $(-1)^j$와 같기 위한 필요충분조건은 행렬 $\boldsymbol{A}$가 음의 정부호인 것이다. 반면에 $A_j \ge 0, j=1, \dots, n$이 되는 행렬 $\boldsymbol{A}$는 양의 반부호(positive semidefinite) 행렬이 된다.

예제 2.4

그림 2.4는 스프링 상수가 k_1, k_2, k_3인 3개의 선형 탄성 스프링으로 연결된 두 개의 마찰이 없는 강성체(carts) A와 B를 보여준다. 가해진 힘 $P=0$일 때 스프링들은 그들 중립 위치에 위치한다. 최소 포텐셜 에너지의 원리를 사용하여 힘 P가 작용할 때의 변위 x_1과 x_2를 구하라.

[풀이] 최소 포텐셜 에너지 법칙에 따라 포텐셜 에너지가 최소이면 하중 P에서 시스템은 평형에 도달한다. 시스템의 포텐셜 에너지 U는 다음 식과 같다.

$$\begin{aligned} U &= \text{스프링의 탄력에너지} - \text{외부 힘에 의한 일량} \\ &= \left[\frac{1}{2}k_2 x_1^2 + \frac{1}{2}k_3(x_2-x_1)^2 + \frac{1}{2}k_1 x_2^2\right] - Px_2 \end{aligned}$$

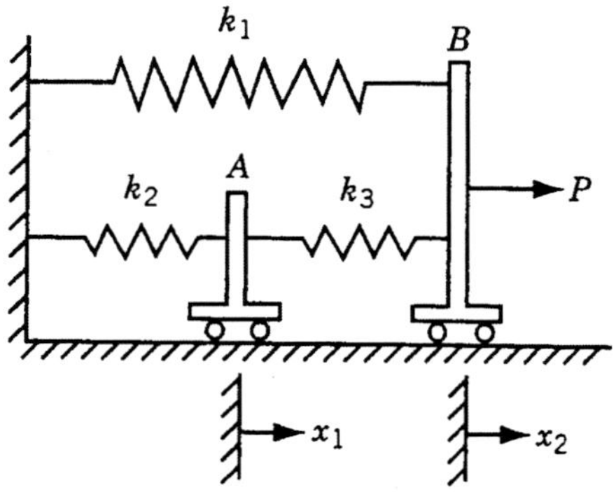

그림 2.4 스프링-카트 시스템

또, 최소 U를 위한 필요조건을 나타내는 연립방정식

$$\frac{\partial U}{\partial x_1} = k_2 x_1 - k_3(x_2 - x_1) = 0 \qquad \text{E.1}$$

$$\frac{\partial U}{\partial x_2} = k_3(x_2 - x_1) + k_1 x_2 - P = 0 \qquad \text{E.2}$$

의 해가 되며 평형상태에 상응하는 x_1과 x_2의 값은

$$x_1{}^* = \frac{Pk_3}{k_1k_2 + k_1k_3 + k_2k_3}$$

$$x_2{}^* = \frac{P(k_2 + k_3)}{k_1k_2 + k_1k_3 + k_2k_3}$$

와 같다. 한편, U의 헤시안 행렬

$$\boldsymbol{J}\,|_{(x_1{}^*,\ x_2{}^*)} = \begin{bmatrix} \dfrac{\partial^2 U}{\partial x_1^2} & \dfrac{\partial^2 U}{\partial x_1 \partial x_2} \\ \dfrac{\partial^2 U}{\partial x_1 \partial x_2} & \dfrac{\partial^2 U}{\partial x_2^2} \end{bmatrix} = \begin{bmatrix} k_2 + k_3 & -k_3 \\ -k_3 & k_1 + k_3 \end{bmatrix}$$

에서 스프링 상수는 항상 양이므로 $\boldsymbol{J}$의 정방 부분행렬의 행렬식들은

$$J_1 = |k_2 + k_3| = k_2 + k_3 > 0$$

$$J_2 = \begin{vmatrix} k_2 + k_3 & -k_3 \\ -k_3 & k_1 + k_3 \end{vmatrix} = k_1k_2 + k_1k_3 + k_2k_3 > 0$$

와 같다. 따라서 행렬 $\boldsymbol{J}$는 양의 정부호이고 $(x_1^*,\ x_2^*)$는 포텐셜 에너지의 최소점이 된다. ■

2.3.1 반부호 경우(Semidefinite Case)

이제 주어진 함수의 헤시안 행렬이 반부호일 때 최적점의 충분조건들을 알아보자. 일변수 함수의 경우, 이차 도함수가 0인 점이 최적점이기 위한 충분조건을 찾는 문제는 정리 2.2에서와 같이 단순히 테일러 급수를 확장하여 고차항 도함수를 조사하면 쉽게 해결하였다. 변수가 n개인 다변수 함수에서도 유사한 방법으로 유도할 수 있지만 대수적 계산이 수반되므로 실제 상황에서 반부호인 경우에 정점을 조사하는 일은 드물다. 정리 2.2와 유사하게 다음 정리는 다변수 함수의 극점에 대한 충분조건들을 제시하고 있다.

정리 2.5 차수 $k \geq 2$까지 f의 편미분함수가 정점 $\boldsymbol{X}^*$ 근방에서 연속이고,

$$d^r f|_{\boldsymbol{X}=\boldsymbol{X}^*} = 0, \quad 1 \leq r \leq k-1$$

$$d^k f|_{\boldsymbol{X}=\boldsymbol{X}^*} \neq 0$$

일 때, k가 짝수이고

(1) $d^k f|_{\boldsymbol{X}=\boldsymbol{X}^*}$가 양의 정부호이면, $\boldsymbol{X}^*$는 국소 최소점이다.

(2) $d^k f|_{\boldsymbol{X}=\boldsymbol{X}^*}$가 음의 정부호이면, $\boldsymbol{X}^*$는 국소 최대점이다.

(3) $d^k f|_{\boldsymbol{X}=\boldsymbol{X}^*}$가 반부호이면, $\boldsymbol{X}^*$를 판단할 수 없다.

반면, k가 홀수이면, $\boldsymbol{X}^*$는 $f(\boldsymbol{X})$의 극점이 아니다.

[증명] 정리 2.2의 증명과 유사한 증명을 참고문헌 [2.5]에서 찾을 수 있다.

2.3.2 안장점(Saddle Point)

2변수 함수 $f(x,\ y)$의 경우,

$$\frac{\partial f}{\partial x} = \frac{\partial f}{\partial y} = 0$$

를 만족하는 점 $(x^*,\ y^*)$에서 헤시안 행렬이 양의 정부호도 음의 정부호도 아니면[또는 부정부호(indefinite)이면] 그 점 $(x^*,\ y^*)$를 **안장점(saddle point)**이라 한다. 안장점 $(x^*,\ y^*)$는 한 변수 x(다른 변수 $y = y^*$는 고정)에 관해서는 $f(x,\ y^*)$의 국소 최소점(또는 국소 최대점)이 되고, 두 번째 변수 y(다른 변수 $x = x^*$는 고정)에 관해서는 반대

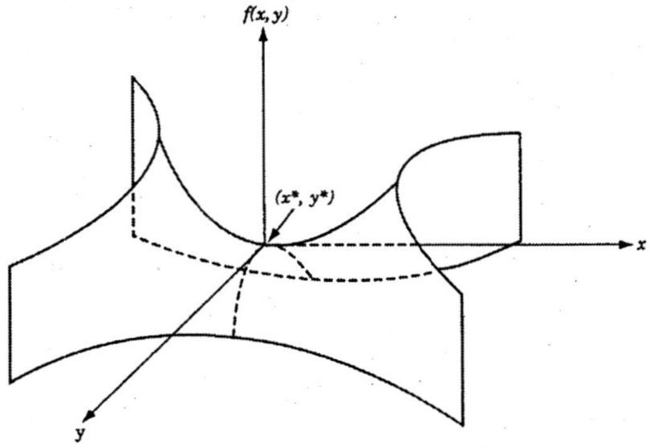

그림 2.5 함수 $f(x,\ y)=x^2-y^2$의 안장점

로 $f(x^*,\ y)$의 국소 최대점(또는 국소 최소점)이 되는 점이다.

예를 들어, 함수 $f(x,\ y)=x^2-y^2$의 경우 일차 편도함수

$$\frac{\partial f}{\partial x}=2x, \qquad \frac{\partial f}{\partial y}=-2y$$

는 $x^*=0$과 $y^*=0$에서 0이다. 또한, $(x^*,\ y^*)$에서 헤시안 행렬은

$$\boldsymbol{J}=\begin{bmatrix}2 & 0\\ 0 & -2\end{bmatrix}$$

와 같고 각 부분 행렬식은 $J_1=2$, $J_2=-4$이 되어 이 헤시안 행렬는 양의 정부호도 아니고 음의 정부호도 아니므로 점 $(x^*=0,\ y^*=0)$은 안장점이 된다. 이 함수의 그래프는 그림 2.5와 같다. 안장점 $(x^*,\ y^*)$에서 $f(x,\ y^*)=f(x,\ 0)$은 국소 최솟값 그리고 $f(x^*,\ y)=f(0,\ y)$은 국소 최댓값을 갖는다. 또한, 변수가 2개 이상인 함수의 경우에도 안장점은 존재할 수 있다. x와 y를 벡터로 간주하면 다변수 함수에서도 안장점은 앞에서 기술한 같은 성질을 갖는다.

예제 2.5

다음 함수의 극점을 구하라.

$$f(x_1,\ x_2)=x_1^3+x_2^3+2x_1^2+4x_2^2+6$$

[풀이] 극점의 존재에 대한 필요조건들은 다음과 같다.

$$\frac{\partial f}{\partial x_1} = 3x_1^2 + 4x_1 = x_1(3x_1 + 4) = 0$$

$$\frac{\partial f}{\partial x_2} = 3x_2^2 + 8x_2 = x_2(3x_2 + 8) = 0$$

위의 연립방정식의 해는

$$(0,\ 0),\quad \left(0,\ -\frac{8}{3}\right),\quad \left(-\frac{4}{3},\ 0\right),\quad \left(-\frac{4}{3},\ -\frac{8}{3}\right)$$

이므로 각 점에 대해 극점의 특성을 찾기 위해 충분조건을 사용한다. 즉, f의 이차 편미분

$$\frac{\partial^2 f}{\partial x_1^2} = 6x_1 + 4,\quad \frac{\partial^2 f}{\partial x_2^2} = 6x_2 + 8\ ,\quad \frac{\partial^2 f}{\partial x_1 \partial x_2} = 0\ ,$$

로부터 f의 헤시안 행렬은

$$\boldsymbol{J} = \begin{bmatrix} 6x_1 + 4 & 0 \\ 0 & 6x_2 + 8 \end{bmatrix}$$

이 되므로 각 점에서 부분 행렬식 $J_1 = |6x_1 + 4|$, $J_2 = \begin{vmatrix} 6x_1 + 4 & 0 \\ 0 & 6x_2 + 8 \end{vmatrix}$ 의 값과 극점들의 판정들은 다음과 같다. 식 2.15에 따라 이 표의 점 $(-4/3, -8/3)$에서 J_1에서는 $(-1)^1 = -1$, J_2에서는 $(-1)^2 = +1$로 나타나므로 음의 정부호가 된다.

점	J_1 수치	J_2 수치	$\boldsymbol{J}$의 특징	$\boldsymbol{X}$의 특징	$f(\boldsymbol{X})$
$(0,\ 0)$	$+4$	$+32$	양정치	상대적 최소	6
$\left(0,\ -\frac{8}{3}\right)$	$+4$	-32	부정부호*	안장점	418/27
$\left(-\frac{4}{3},\ 0\right)$	-4	-32	부정부호*	안장점	194/27
$\left(-\frac{4}{3},\ -\frac{8}{3}\right)$	-4	$+32$	음정치	상대적 최대	50/3

* 부정부호(indefinite) 행렬은 양의 정부호도 음의 정부호도 아닌 행렬을 말함.

2.4 등식 제약의 다변수 최적화

본 절에서 아래와 같은 등식 제약조건을 갖는 연속 함수의 최적화 문제에 관해 알아본다.

$$\min \quad f = f(\boldsymbol{X}),$$
subject to
$$g_j(\boldsymbol{X}) = 0, \qquad j = 1,\ 2,\ \cdot\ \cdot\ \cdot\ ,\ m \quad ,$$

단, $\boldsymbol{X} = (x_1, x_2, \cdots, x_n)^T$, $m \le n$이다. 만일 $m > n$이면 문제가 초과조건(overdefined)을 갖게 되어 통상적으로 해가 존재하지 않는다. 본 절에서는 위의 문제를 해결하기 위한 여러 방법들 중 직접 대입법(direct substitution), 제약변분법(constrained variations), 그리고 Lagrange 승수(Lagrange multipliers)에 대해 기술한다.

2.4.1 직접 대입법 (Direct Substitution)

n개 변수와 m개 등식 제약조건을 갖는 문제의 경우 m개 등식 제약을 이용하여 적절한 m개의 변수들을 나머지 $n-m$개 변수들에 관한 식으로 표현하는 것이 이론적으로 가능하다. 이러한 표현식들을 원래 목적함수에 대입하면 오직 $n-m$ 변수들로만 나타낸 새로운 목적함수를 얻는다. 새로운 목적함수는 어떤 제약조건에도 제한되지 않으므로 2.3절에서 다룬 비제약 최적화 기법을 사용하여 최적해를 구할 수 있다.

이러한 직접 대입법은 이론적으로는 단순해 보이지만 대부분 실용적인 문제에서 제약 공식들은 비선형이 될 수 있고, $n-m$ 변수의 항으로 임의 m 변수들을 표현하는 것이 불가능할 수 있기 때문에 실용적인 측면에서 편리하지 않다. 그러나 직접 대입법은 다음 예제에서 볼 수 있듯이 간단한 문제의 경우에는 적합한 방법이 될 수 있다.

예제 2.6

단위 반지름의 구가 수용할 수 있는 가장 큰 체적의 박스의 규격을 구하라.

[풀이] 직교 좌표시스템에서 원점을 구의 중심에 위치시키고 박스의 모퉁이 한점을 $(x_1,\ x_2,\ x_3)$이라 하며, 박스의 측면 길이는 $2x_1,\ 2x_2,\ 2x_3$이며, 체적은

$$f(x_1,\ x_2,\ x_3) = 8x_1x_2x_3 \tag{E.1}$$

이다. 박스의 코너는 단위 반지름의 구의 표면에 위치하므로 $x_1,\ x_2,\ x_3$은 다음 제약을 만족시켜야 한다.

$$x_1^2+x_2^2+x_3^2=1 \tag{E.2}$$

이 문제는 3개의 설계변수들과 하나의 등식 제약을 갖는다. 목적함수로부터 임의 설계변수들 중 하나 x_3를 제거하면 식 E.2는 다음과 같다.

$$x_3=\left(1-x_1^2-x_2^2\right)^{1/2} \tag{E.3}$$

따라서 목적함수는 다음과 같이 비제약 2변수 함수

$$f(x_1,\ x_2)=8x_1x_2\left(1-x_1^2-x_2^2\right)^{1/2} \tag{E.4}$$

를 최대화하면 된다.

f의 최대화를 위한 필요조건식

$$\frac{\partial f}{\partial x_1}=8x_2\left[\left(1-x_1^2-x_2^2\right)^{1/2}-\frac{x_1^2}{\left(1-x_1^2-x_2^2\right)^{1/2}}\right]=0 \tag{E.5}$$

$$\frac{\partial f}{\partial x_2}=8x_1\left[\left(1-x_1^2-x_2^2\right)^{1/2}-\frac{x_2^2}{\left(1-x_1^2-x_2^2\right)^{1/2}}\right]=0 \tag{E.6}$$

의 해를 구하면

$$1-2x_1^2-x_2^2=0$$

$$1-x_1^2-2x_2^2=0$$

$x_1{}^*=x_2{}^*=1/\sqrt{3}$ 이고, $x_3{}^*=1/\sqrt{3}$ 이다. 이 점이 최대점 또는 최소점이 되는지의 여부를 알기 위해서 식 E.4의 $f(x_1,\ x_2)$에 대한 충분조건을 적용한다. 즉, $(x_1{}^*,\ x_2{}^*)$에서 f의 이차 편미분함숫값은

$$\frac{\partial^2 f}{\partial x_1^2}(x_1{}^*, x_2{}^*)=-\frac{32}{\sqrt{3}}$$
$$\frac{\partial^2 f}{\partial x_2^2}(x_1{}^*, x_2{}^*)=-\frac{32}{\sqrt{3}}$$
$$\frac{\partial^2 f}{\partial x_1 \partial x_2}(x_1{}^*, x_2{}^*)=-\frac{26}{\sqrt{3}}$$

이다. 또한,

$$\frac{\partial^2 f}{\partial x_1^2}<0\ ,\qquad \frac{\partial^2 f}{\partial x_1^2}\frac{\partial^2 f}{\partial x_2^2}-\left(\frac{\partial^2 f}{\partial x_1 \partial x_2}\right)^2>0$$

이므로 f의 헤시안 행렬은 $(x_1^*,\ x_2^*)$에서 음의 정부호이다. 따라서 점 $(x_1^*,\ x_2^*)$은 f의 최대점이 되며, 박스의 최대 체적값은

$$f_{max} = \frac{8}{3\sqrt{3}}$$

이다. ■

2.4.2 제약 변분법 (Method of Constrained Variation)

제약 변분법에서 사용하는 기본 개념은 모든 제약식 $g_j(\boldsymbol{X}) = 0,\ j = 1,\ 2,\ \cdots,\ m$ 들을 만족하는 모든 점에서 f의 1차 도함수 df에 대한 닫힌형 표현식을 구하고, 미분 df가 0이 되는 최적해를 얻는 것이다. 일반적인 방법을 기술하기 전에 $n = 2,\ m = 1$인 다음의 간단한 문제를 통해 이 방법의 핵심적인 특징을 살펴보기로 한다.

$$\min\ f(x_1,\ x_2) \tag{2.17}$$

subject to

$$g(x_1,\ x_2) = 0 \tag{2.18}$$

f가 특정점 $(x_1^*,\ x_2^*)$에서 최소를 갖기 위한 필요조건은 x_1에 관한 $f(x_1,\ x_2)$의 전미분(total derivative)이 $(x_1^*,\ x_2^*)$에서 반드시 0이 되는 것이다. 즉, $f(x_1,\ x_2)$의 전미분

$$df = \frac{\partial f}{\partial x_1}dx_1 + \frac{\partial f}{\partial x_2}dx_2 = 0 \tag{2.19}$$

이다. 또, 점 $(x_1^*,\ x_2^*)$는 제약식을 만족하여 $g(x_1^*,\ x_2^*) = 0$이므로 점 $(x_1^*,\ x_2^*)$에서 각각 dx_1과 dx_2만큼 이동한 점 $(x_1^* + dx_1,\ x_2^* + dx_2)$이 제약식

$$g(x_1^* + dx_1,\ x_2^* + dx_2) = 0 \tag{2.20}$$

를 만족하면 dx_1과 dx_2를 허용 가능 변이(admisable variation)라 한다. dx_1과 dx_2가 작은 값을 갖는 임의의 허용 가능 변이라고 가정하고, 위의 식을 점 $(x_1^*,\ x_2^*)$의 주위에서 테일러 급수 전개하여 다시 쓰면

$$g(x_1^* + dx_1,\ x_2^* + dx_2) \tag{2.21}$$

$$\simeq g(x_1^*,\ x_2^*) + \frac{\partial g}{\partial x_1}(x_1^*,\ x_2^*)dx_1 + \frac{\partial g}{\partial x_2}(x_1^*,\ x_2^*)dx_2 = 0$$

와 같다. $g(x_1^*,\ x_2^*) = 0$이므로 위의 식 2.21은 점 $(x_1^*,\ x_2^*)$에서

$$dg = \frac{\partial g}{\partial x_1}dx_1 + \frac{\partial g}{\partial x_2}dx_2 = 0 \qquad 2.22$$

이 된다. 그림 2.6에서 설명하면, PQ는 제약식 2.18을 만족하는 점의 곡선을 나타낸다. 좌표값이 $(x_1^*,\ x_2^*)$인 점 A에서 점 B와 C로 움직일 때 x_1과 x_2의 변이 dx_1과 dx_2는 허용 가능 변이가 되지만, 점 D는 제약 곡선 $g(x_1,\ x_2)=0$에 위치하지 않으므로 점 D로 움직일 때의 변이 dx_1과 dx_2는 허용 가능한 변이가 아니다. 따라서 점 D와 같이 식 2.22를 만족하지 않는 x_1과 x_2의 변이 $(dx_1,\ dx_2)$만큼 이동한 점 $(x_1^*+dx_1,\ x_2^*+dx_2)$는 제약식 2.18을 만족하지 않는다.

이제 $\partial g/\partial x_2 \neq 0$라 하면 식 2.22는

$$dx_2 = -\frac{\partial g/\partial x_1}{\partial g/\partial x_2}(x_1^*,\ x_2^*)dx_1 \qquad 2.23$$

이 되어 x_1에서의 변이 dx_1에 따라 허용 가능 변이 $(dx_1,\ dx_2)$를 결정할 수 있다. 또한, 위의 식 2.23을 식 2.19에 대입하면

$$df = \left(\frac{\partial f}{\partial x_1} - \frac{\partial g/\partial x_1}{\partial g/\partial x_2}\frac{\partial f}{\partial x_2}\right)\Bigg|_{(x_1^*,x_2^*)} dx_1 = 0 \qquad 2.24$$

이 된다. 위의 등식의 좌변을 f의 **제약 변분**(constrained variation)이라 한다. 모든 dx_1의 값에 대하여 위의 식 2.24는 만족해야 하므로

$$\left(\frac{\partial f}{\partial x_1}\frac{\partial g}{\partial x_2} - \frac{\partial f}{\partial x_2}\frac{\partial g}{\partial x_1}\right)\Bigg|_{(x_1^*,x_2^*)} = 0 \qquad 2.25$$

의 관계식을 얻는다. 따라서 위의 식은 $(x_1^*,\ x_2^*)$가 극점(최소 또는 최대)이 되기 위한 필요조건이다.

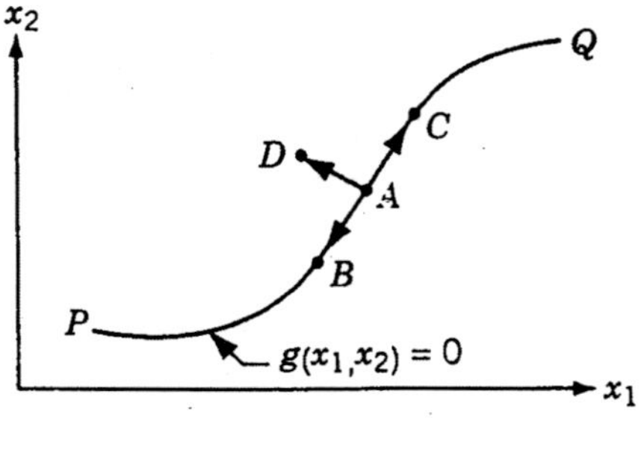

그림 2.6 점 A에서의 이동

예제 2.7

직경 $2a$인 통나무로부터 균등 사각 단면의 빔을 절단하려 한다. 이 빔을 말단부에서 집중 하중을 받는 외팔보 빔(길이는 고정)과 같이 사용하고자 할 때 최대 인장(굽힘)응력에 상응하는 빔의 규격을 결정하여라.

[풀이] 재료의 기초 강도에 의하면, 중립축에서 거리가 y인 사각 빔의 섬유조직에서 발생하는 인장응력 σ는 다음 식으로 주어진다.

$$\frac{\sigma}{y}=\frac{M}{I}$$

여기서 M은 작용하는 굽힘 모멘트이고, I는 x축에 대한 단면 관성모멘트이다. 그림 2.7과 같이 사각 빔의 폭과 높이가 $2x$와 $2y$이면, 발생하는 최대 인장응력은 다음과 같다.

$$\sigma_{max}=y\frac{M}{I}=\frac{My}{\frac{1}{12}(2x)(2y)^3}=\frac{3}{4}\frac{M}{xy^2}$$

따라서 굽힘 모멘트가 명시된 경우 발생된 최대 응력 σ_{max}이 최소이면 빔은 최대 인장강도를 갖는다고 말한다. 따라서 k/xy^2을 최소화하거나 Kxy^2을 최대화할 필요가 있다. 여기서 $k=3M/4$, $K=1/k$이며 다음과 같이 종속된다.

$$x^2+y^2=a^2$$

즉, 두 개의 변수와 하나의 제약을 가지므로 최적해를 구하기 위해 식 2.25를 이용하면,

$$f=kx^{-1}y^{-2} \qquad \text{E.1}$$

$$g=x^2+y^2-a^2=0 \qquad \text{E.2}$$

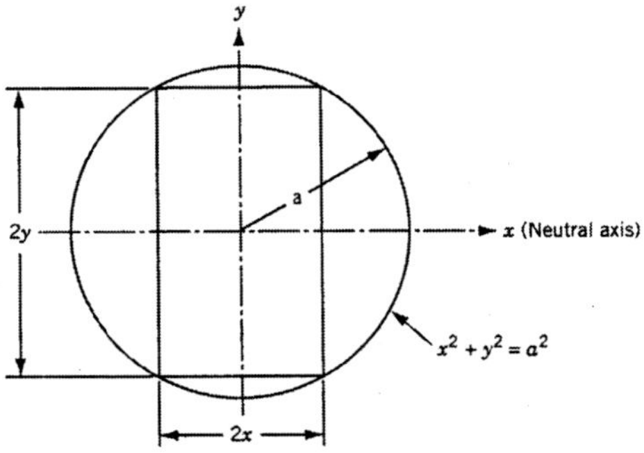

그림 2.7 통나무 단면

이고, 편도함수는

$$\frac{\partial f}{\partial x} = -kx^{-2}y^{-2}$$
$$\frac{\partial f}{\partial y} = -2kx^{-1}y^{-3}$$
$$\frac{\partial g}{\partial x} = 2x$$
$$\frac{\partial g}{\partial y} = 2y$$

와 같다. 위의 식을 점 (x^*, y^*)에서 식 2.25에 적용하면

$$-kx^{-2}y^{-2}(2y) + 2kx^{-1}y^{-3}(2x) = 0$$

이 되고, 따라서

$$y^* = \sqrt{2}\,x^* \qquad \text{E.3}$$

즉, 최대 인장응력을 수용하기 위한 빔의 높이는 폭의 $\sqrt{2}$ 배이다. 식 E.3과 E.2로부터 x와 y의 최적해를 얻을 수 있다. ■

일반 문제에 대한 필요조건 n개 변수와 m개 제약들을 갖는 문제의 경우 앞에서 기술한 절차들을 일반화할 수 있다. 이 경우 각 제약 식 $g_j(\boldsymbol{X}) = 0$, $j = 1, 2, \cdots, m$은 변이 dx_i, $i = 1, 2, \cdots, n$에 관한 선형식으로 나타난다. 즉, n개 변이와 m개 선형식을 갖는 연립방정식으로 표현된다. 따라서 m개의 변이는 $n-m$개의 변이에 관한 식으로 나타내어, 목적함수의 전미분함수 df를 $n-m$개의 변이로 표현할 수 있다. 또한 조건식 $df = 0$에서 $n-m$개의 독립 변이의 계수를 0으로 놓아 주어진 함수의 제약 최적화에 대한 필요조건을 얻을 수 있다. 이 조건은 다음과 같이 표현된다[2,6].

$$J\left(\frac{f,\ g_1,\ g_2,\ \cdots,\ g_m}{x_k,\ x_1,\ x_2,\ x_3,\ \cdots,\ x_m}\right) = \begin{vmatrix} \frac{\partial f}{\partial x_k} & \frac{\partial f}{\partial x_1} & \frac{\partial f}{\partial x_2} & \cdots & \frac{\partial f}{\partial x_m} \\ \frac{\partial g_1}{\partial x_k} & \frac{\partial g_1}{\partial x_1} & \frac{\partial g_1}{\partial x_2} & \cdots & \frac{\partial g_1}{\partial x_m} \\ \vdots & & & & \\ \frac{\partial g_m}{\partial x_k} & \frac{\partial g_m}{\partial x_1} & \frac{\partial g_m}{\partial x_2} & \cdots & \frac{\partial g_m}{\partial x_m} \end{vmatrix} = 0 \qquad 2.26$$

단, $k = m+1,\ m+2, \cdots, n$이다. 식 2.26에서 m개 변수의 변이 $(dx_1,\ dx_2,\ \ldots,$

dx_m)는 나머지 $n-m$개 변수의 변이 (dx_{m+1}, $dx_{m+2}, \ldots$, dx_n)로 표현됨은 다음 관계식

$$J\left(\frac{g_1,\ g_2,\ \cdot\ \cdot\ \cdot\ ,g_m}{x_1,\ x_2,\ \cdot\ \cdot\ \cdot\ x_m}\right) \neq 0 \tag{2.27}$$

이 성립함을 의미한다. 그러므로 식 2.26의 $n-m$개 식은 m개 등식 제약 $g_j(\boldsymbol{X})=0$, $j=1, 2, \cdot\ \cdot\ \cdot, m$을 만족하는 $f(\boldsymbol{X})$의 극값(extremum)에 대한 필요조건이 된다.

예제 2.8

다음 최적화 문제를 해결하라.

$$Min\ f\ (\boldsymbol{Y}) = \frac{1}{2}\left(y_1^2 + y_2^2 + y_3^2 + y_4^2\right) \tag{E.1}$$

subject to

$$g_1(\boldsymbol{Y}) = y_1^2 + 2y_2^2 + 3y_3^2 + 5y_4^2 - 10 = 0 \tag{E.2}$$

$$g_2(\boldsymbol{Y}) = y_1^2 + 2y_2^2 + 5y_3^2 + 6y_4^2 - 15 = 0 \tag{E.3}$$

[풀이] 식 2.26의 필요조건들을 적용하여 이 문제를 해결해보자. $n=4$, $m=2$이므로 두 개의 변수를 독립변수로 선택하여야 한다. 선택 후 나머지 변수(종속변수)들은 식 2.27의 조건을 만족해야 하므로 임의의 2개 변수들이 독립변수들로 선정될 수는 없다.

독립변수를 $x_1 = y_1$과 $x_2 = y_2$라 하면 나머지 변수는 $x_3 = y_3$과 $x_4 = y_4$가 된다. 이때 식 2.27의 Jacobian은

$$J\left(\frac{g_1,\ g_2}{x_1,\ x_2}\right) = \begin{vmatrix} \frac{\partial g_1}{\partial y_1} & \frac{\partial g_1}{\partial y_2} \\ \frac{\partial g_2}{\partial y_1} & \frac{\partial g_2}{\partial y_2} \end{vmatrix} = \begin{vmatrix} 1 & 2 \\ 1 & 2 \end{vmatrix} = 0$$

이므로 식 2.26의 필요조건들을 적용할 수 없다. 한편, 독립변수를 $x_1 = y_1$과 $x_2 = y_3$라 하면 $x_3 = y_2$와 $x_4 = y_4$가 된다. 이때 Jacobian 식 2.27은

$$J\left(\frac{g_1,\ g_2}{x_1,\ x_2}\right) = \begin{vmatrix} \frac{\partial g_1}{\partial y_1} & \frac{\partial g_1}{\partial y_3} \\ \frac{\partial g_2}{\partial y_1} & \frac{\partial g_2}{\partial y_3} \end{vmatrix} = \begin{vmatrix} 1 & 3 \\ 1 & 5 \end{vmatrix} = 2 \neq 0$$

이므로 식 2.26의 필요조건을 적용할 수 있다. $k=m+1=3$의 경우, 식 2.26은

$$\begin{vmatrix} \frac{\partial f}{\partial x_3} & \frac{\partial f}{\partial x_1} & \frac{\partial f}{\partial x_2} \\ \frac{\partial g_1}{\partial x_3} & \frac{\partial g_1}{\partial x_1} & \frac{\partial g_1}{\partial x_2} \\ \frac{\partial g_2}{\partial x_3} & \frac{\partial g_2}{\partial x_1} & \frac{\partial g_2}{\partial x_2} \end{vmatrix} = \begin{vmatrix} \frac{\partial f}{\partial y_2} & \frac{\partial f}{\partial y_1} & \frac{\partial f}{\partial y_3} \\ \frac{\partial g_1}{\partial y_2} & \frac{\partial g_1}{\partial y_1} & \frac{\partial g_1}{\partial y_3} \\ \frac{\partial g_2}{\partial y_2} & \frac{\partial g_2}{\partial y_1} & \frac{\partial g_2}{\partial y_3} \end{vmatrix} = \begin{vmatrix} y_2 & y_1 & y_3 \\ 2 & 1 & 3 \\ 2 & 1 & 5 \end{vmatrix}$$

$$= y_2(5-3) - y_1(10-6) + y \qquad \text{E.4}$$

$$= 2y_2 - 4y_1 = 0$$

이고, $k=m+2=n=4$의 경우에는

$$\begin{vmatrix} \frac{\partial f}{\partial x_4} & \frac{\partial f}{\partial x_1} & \frac{\partial f}{\partial x_2} \\ \frac{\partial g_1}{\partial x_4} & \frac{\partial g_1}{\partial x_1} & \frac{\partial g_1}{\partial x_2} \\ \frac{\partial g_2}{\partial x_4} & \frac{\partial g_2}{\partial x_1} & \frac{\partial g_2}{\partial x_2} \end{vmatrix} = \begin{vmatrix} \frac{\partial f}{\partial y_4} & \frac{\partial f}{\partial y_1} & \frac{\partial f}{\partial y_3} \\ \frac{\partial g_1}{\partial y_4} & \frac{\partial g_1}{\partial y_1} & \frac{\partial g_1}{\partial y_3} \\ \frac{\partial g_2}{\partial y_4} & \frac{\partial g_2}{\partial y_1} & \frac{\partial g_2}{\partial y_3} \end{vmatrix} = \begin{vmatrix} y_4 & y_1 & y_3 \\ 5 & 1 & 3 \\ 6 & 1 & 5 \end{vmatrix}$$

$$= y_4(5-3) - y_1(25-18) + y_3(5-6) \qquad \text{E.5}$$

$$= 2y_4 - 7y_1 - y_3 = 0$$

이다. 위의 식 E.4와 E.5로부터

$$y_1 = \frac{1}{2}y_2 \qquad \text{E.6}$$

$$y_3 = 2y_4 - 7y_1 = 2y_4 - \frac{7}{2}y_2$$

이 되므로 위의 식 E.6을 E.2와 E.3에 대입하면 다음 결과를 얻는다.

$$-8y_2 + 11y_4 = 10$$

$$-15y_2 + 16y_4 = 15$$

따라서 위의 식으로부터 다음과 같은 최적해를 얻을 수 있다.

$$y_1{}^* = -\frac{5}{74}$$

$$y_2{}^* = -\frac{5}{37}$$

$$y_3^* = \frac{155}{74}$$
$$y_4^* = \frac{30}{37}$$

■

일반 문제에 대한 충분조건 m개 등식 제약들을 사용하여 첫 번째 m개 변수들을 제거하고 나머지 변수들 x_{m+1}, x_{m+2}, · · · , x_n로 목적함수 f를 표현할 수 있다(예제 2.8 참조). 이러한 변수들의 항으로 극점 $\boldsymbol{X}^*$의 주위에서 함수 f의 테일러 급수를 전개하면 다음과 같다.

$$f(\boldsymbol{X}^* + d\boldsymbol{X}) \simeq f(\boldsymbol{X}^*) + \sum_{i=m+1}^{n} \left(\frac{\partial f}{\partial x_i}\right)_g dx_i \qquad 2.28$$
$$+ \frac{1}{2!} \sum_{i=m+1}^{n} \sum_{j=m+1}^{n} \left(\frac{\partial^2 f}{\partial x_i \partial x_j}\right)_g dx_i dx_j$$

위의 식에서 $(\partial f/\partial x_i)_g$는 $g_j(\boldsymbol{X}^* + d\boldsymbol{X}) = 0\,(j = 1, 2, \cdots, m)$이 되도록 x_1, x_2, · · · , x_m가 변할 때 x_i에 관한 f의 편미분(다른 변수들 x_{m+1}, x_{m+2}, · · · , x_{i-1}, x_{i+1}, x_{i+2}, · · · , x_n는 상수로 유지하고)을 표시한다. 또한, 이차 편미분 $\left(\partial^2 f/\partial x_i \partial x_j\right)_g$도 유사한 의미로 표기한다.

예를 들어, 다음과 같이 하나의 제약을 갖는 최소화 문제가 있다.

$$f(\boldsymbol{X}) = f(x_1, x_2, x_3)$$

subject to

$$g_1(\boldsymbol{X}) = x_1^2 + x_2^2 + x_3^2 - 8 = 0$$

이 문제에서 $n = 3$이고 $m = 1$이므로 임의 m개(1개) 변수들(예를 들어 x_1)을 종속변수, 그리고 나머지 $n-m$개(2개) 변수들을(예를 들어 x_2와 x_3) 독립변수로 생각할 수 있다. 예를 들어 제약 편미분 $(\partial f/\partial x_2)_g$는 x_2에 관한 f의 변화율(다른 독립변수 x_3은 상수)을 의미한다. 또한, 동시에 제약 $g_1(\boldsymbol{X}) = 0$을 만족시키도록 $\boldsymbol{X}^*$에서 x_1이 변화되어야 한다는 것을 의미하며, 이는 다음 관계를 만족시키도록 dx_1을 선택하여야 한다는 것을 의미한다.

$$g_1(\boldsymbol{X}^* + d\boldsymbol{X}) \simeq g_1(\boldsymbol{X}^*) + \frac{\partial g_1}{\partial x_1}(\boldsymbol{X}^*) dx_1 + \frac{\partial g_1}{\partial x_2}(\boldsymbol{X}^*) dx_2 + \frac{\partial g_1}{\partial x_3}(\boldsymbol{X}^*) dx_3 = 0$$

최적점에서 $g_1(\boldsymbol{X}) = 0$이고 $dx_3 = 0$(x_3는 상수로 유지)이므로 앞의 식은

$$2x_1{}^* dx_1 + 2x_2{}^* dx_2 = 0$$

이 된다.

식 2.28에서 나타나는 dx_i는 모두 독립이므로 $i = m+1,\ m+2, \cdot\cdot\cdot, n$에서 $(\partial f/\partial x_i)_g$는 반드시 0이 되어야 한다. 따라서 $\boldsymbol{X}^*$에서 제약된 최적이 존재하기 위한 필요조건들을 다음과 같이 표현할 수 있다.

$$\left(\frac{\partial f}{\partial x_i}\right)_g = 0, \qquad i = m+1,\ m+2, \cdot\cdot\cdot, n \tag{2.29}$$

물론 약간의 변형을 통하면 식 2.29는 식 2.26과 동치임을 증명할 수 있다. 더욱이 비제약 다변수 함수의 최적화 경우에서와 같이 $\boldsymbol{X}^*$가 제약 다변수 함수의 국소 최소(최대)로 제약되기 위한 충분조건은 다음 식으로 정의된 이차식 형

$$Q = \sum_{i=m+1}^{n} \sum_{j=m+1}^{n} \left(\frac{\partial^2 f}{\partial x_i \partial x_j}\right)_g dx_i dx_j \tag{2.30}$$

이 0이 아닌 모든 변이들 dx_i에 대해 양(음)이 되는 것이다. 정리 2.4에서와 같이 모든 dx_i에서 Q가 양(음)이 되기 위해서는 다음 행렬이 반드시 양의 정부호(음의 정부호)가 되어야 한다.

$$\begin{bmatrix} \left(\dfrac{\partial^2 f}{\partial x_{m+1}^2}\right)_g & \left(\dfrac{\partial^2 f}{\partial x_{m+1}\partial x_{m+2}}\right)_g & \cdot\cdot\cdot & \left(\dfrac{\partial^2 f}{\partial x_{m+1}\partial x_n}\right)_g \\ \vdots & & & \\ \left(\dfrac{\partial^2 f}{\partial x_n \partial x_{m+1}}\right)_g & \left(\dfrac{\partial^2 f}{\partial x_n \partial x_{m+2}}\right)_g & \cdot\cdot\cdot & \left(\dfrac{\partial^2 f}{\partial x_n^2}\right)_g \end{bmatrix}$$

위의 행렬에서 제약 도함수들 $(\partial^2 f/\partial x_i \partial x_j)_g$의 연산은 어렵고 3개 이상의 제약들을 갖는 문제들의 경우는 불가능할 수 있다는 것이 명백하다. 따라서 필요조건에서 차수 $m+1$의 행렬식들을 계산해야 하므로 제약 변분법은 비록 이론적으로 단순해 보일지라도 적용하기가 매우 어렵다. 이로 인해 등식 제약 다변수 최적화 문제를 해결하기 위해 다음 절에서 기술하는 Lagrange 승수법을 더욱 일반적으로 사용한다.

2.4.3 Lagrange 승수법 (Method of Lagrange Multipliers)

우선 하나의 제약식을 갖는 2변수의 단순한 문제에 대해 Lagrange 승수법의 기본 특징을 알아보고, m개 제약식을 갖는 n변수의 일반 문제에 대한 방법으로의 확장을 기술한다.

한 개 제약의 2변수 문제 다음 문제

$$Min\ f(x_1,\ x_2) \tag{2.31}$$

subject to

$$g(x_1,\ x_2) = 0$$

의 경우 $\boldsymbol{X} = \boldsymbol{X}^*$에서 극점이 존재하기 위한 필요조건은 2.4.2절에서 기술한 바와 같이

$$\left(\frac{\partial f}{\partial x_1} - \frac{\partial f/\partial x_2}{\partial g/\partial x_2}\frac{\partial g}{\partial x_1}\right)\Bigg|_{(x_1^*,\ x_2^*)} = 0 \tag{2.32}$$

와 같다. **Lagrange 승수**라 불리는 정량 λ를 다음과 같이

$$\lambda = -\left(\frac{\partial f/\partial x_2}{\partial g/\partial x_2}\right)\Bigg|_{(x_1^*,\ x_2^*)} \tag{2.33}$$

정의하면 식 2.32를 다음과 같이 표현할 수 있다.

$$\left(\frac{\partial f}{\partial x_1} + \lambda\frac{\partial g}{\partial x_1}\right)\Bigg|_{(x_1^*,\ x_2^*)} = 0 \tag{2.34}$$

그리고 식 2.33을 다음과 같이 표현할 수 있다.

$$\left(\frac{\partial f}{\partial x_2} + \lambda\frac{\partial g}{\partial x_2}\right)\Bigg|_{(x_1^*,\ x_2^*)} = 0 \tag{2.35}$$

또한, 극점에서 다음 제약 조건

$$g(x_1,\ x_2)\big|_{(x_1^*,\ x_2^*)} = 0 \tag{2.36}$$

은 반드시 만족되어야 하므로 식 2.34~2.36은 점 $(x_1^*,\ x_2^*)$이 극점이 되기 위한 필요조건을 나타낸다.

식 2.32을 유도할 때 변이 dx_2를 dx_1항으로 표현하였기 때문에(식 2.23 참조) 식 2.33으로 λ를 정의하기 위해서는 편미분 $(\partial g/\partial x_2)|_{(x_1^*,\ x_2^*)}$는 0이 되어서는 안 되는 점을

유의하여야 한다. 반면 만일 dx_2 항으로 변이 dx_1를 표현하면 λ를 정의하기 위해 $(\partial g/\partial x_1)|_{(x_1^*, \ x_2^*)}$는 0이 되어서는 안 된다. 따라서 Lagrange 승수법에 의한 필요조건의 유도는 극점에서 $g(x_1, \ x_2)$의 최소한 하나의 편미분은 0이 되어서는 안 되는 점을 필요로 한다.

다음과 같은 Lagrange 함수로 알려진 함수 L을 전개하여 식 2.34~2.36이 제공하는 필요조건들을 더욱 일반적인 형태로 표현할 수 있다.

$$L(x_1, \ x_2, \ \lambda) = f(x_1, x_2) + \lambda g(x_1, x_2) \qquad 2.37$$

L을 세 개의 변수 x_1, x_2, λ의 함수로 처리하여 다음 식과 같이 이 극한값을 위한 필요조건을 표현할 수 있다.

$$\begin{aligned} &\frac{\partial L}{\partial x_1}(x_1, \ x_2, \ \lambda) = \frac{\partial f}{\partial x_1}(x_1, x_2) + \lambda \frac{\partial g}{\partial x_1}(x_1, x_2) = 0 \qquad 2.38 \\ &\frac{\partial L}{\partial x_2}(x_1, \ x_2, \ \lambda) = \frac{\partial f}{\partial x_2}(x_1, x_2) + \lambda \frac{\partial g}{\partial x_2}(x_1, x_2) = 0 \\ &\frac{\partial L}{\partial \lambda}(x_1, \ x_2, \ \lambda) = g(x_1, \ x_2) = 0 \end{aligned}$$

식 2.38은 식 2.34~2.36과 동일한 것을 알 수 있다. 충분조건은 후에 기술한다.

예제 2.9

Lagrange 승수법을 사용하여 예제 2.7의 해를 구하라.

$$Min \ f(x, \ y) = kx^{-1}y^{-2}$$

subject to

$$g(x, \ y) = x^2 + y^2 - a^2 = 0$$

[풀이] Lagrange 함수는 다음과 같다.

$$L(x, \ y, \ \lambda) = f(x, \ y) + \lambda g(x, \ y) = kx^{-1}y^{-2} + \lambda(x^2 + y^2 - a^2)$$

식 2.38에서 $f(x, \ y)$의 최소를 위한 필요조건은 다음과 같다.

$$\frac{\partial L}{\partial x} = -kx^{-2}y^{-2} + 2x\lambda = 0 \qquad E.1$$

$$\frac{\partial L}{\partial y} = -2kx^{-1}y^{-3} + 2y\lambda = 0 \qquad E.2$$

$$\frac{\partial L}{\partial \lambda} = x^2 + y^2 - a^2 = 0 \qquad \text{E.3}$$

식 E.1과 E.2로부터 다음 결과를 얻을 수 있다.

$$2\lambda = \frac{k}{x^3 y^2} = \frac{2k}{xy^4}$$

위의 식에서 오른쪽 등식으로부터 $x^* = (1/\sqrt{2})y^*$을 얻을 수 있다. 따라서 식 E.3으로부터 다음과 같은 최적해를 제공한다.

$$x^* = \frac{a}{\sqrt{3}} \quad , \quad y^* = \sqrt{2}\frac{a}{\sqrt{3}}$$

■

일반 문제에 대한 필요조건 m개 등식 제약과 n개 변수를 갖는 일반 문제들에 대해 앞에서 유도한 공식들을 확장할 수 있다. 다음 문제

$$Min \ f(\boldsymbol{X}) \qquad 2.39$$

subject to

$$g_j(\boldsymbol{X}) = 0, \ j = 1, 2, \cdot \cdot \cdot, m$$

의 경우 다음과 같이 각 제약식 $g_j(\boldsymbol{X})$에 Lagrange 승수 λ_j를 도입하여 Lagrange 함수 L을 정의한다.

$$L(x_1, \ x_2, \ \cdot \cdot \cdot, x_n, \ \lambda_1, \ \lambda_2, \cdot \cdot \cdot, \lambda_m) = f(\boldsymbol{X}) + \lambda_1 g_1(\boldsymbol{X}) + \cdot \cdot \cdot + \lambda_m g_m(\boldsymbol{X}) \qquad 2.40$$

$m+n$개의 미지수 $x_1, \ x_2, \ \cdot \cdot \cdot, \ x_n, \ \lambda_1, \ \lambda_2, \cdot \cdot \cdot, \lambda_m$에 관한 함수 L을 이용하여 식 2.39에서 기술된 원래 문제와 상응하는 L의 극점을 위한 필요조건들을 다음과 같이 얻을 수 있다.

$$\frac{\partial L}{\partial x_i} = \frac{\partial f}{\partial x_i} + \sum_{j=1}^{m} \lambda_j \frac{\partial g_j}{\partial x_i} = 0, \qquad i = 1, \ 2, \cdot \cdot \cdot, n \qquad 2.41$$

$$\frac{\partial L}{\partial \lambda_j} = g_j(\boldsymbol{X}) = 0, \qquad j = 1, \ 2, \cdot \cdot \cdot, m \qquad 2.42$$

식 2.41과 2.42는 $m+n$개 미지수 x_i와 λ_j에 관한 $m+n$개의 연립방정식으로 다음과 같은 해를 갖는다.

$$\boldsymbol{X}^* = \begin{pmatrix} x_1^* \\ x_2^* \\ \cdot \\ \cdot \\ \cdot \\ x_n^* \end{pmatrix} \quad and \quad \lambda^* = \begin{pmatrix} \lambda_1^* \\ \lambda_2^* \\ \cdot \\ \cdot \\ \cdot \\ \lambda_m^* \end{pmatrix}$$

다음 절에서 기술하겠지만 벡터 λ^*는 민감도에 대한 정보를 제공하는 반면, $\boldsymbol{X}^*$는 $f(\boldsymbol{X})$의 국소적 제약 최소점이 된다(충분조건은 증명되어야 함).

일반 문제에 대한 충분조건 다음 정리는 $\boldsymbol{X}^*$에서 $f(\boldsymbol{X})$가 국소적 제약 최소점이 되기 위한 충분조건을 제공한다.

정리 2.6 충분조건 $\boldsymbol{X}^*$에서 $f(\boldsymbol{X})$가 국소 최소가 되기 위한 충분조건은 $\boldsymbol{X}=\boldsymbol{X}^*$에서 다음 식으로 정의된 이차식

$$Q=\sum_{i=1}^{n}\sum_{j=1}^{n}\frac{\partial^2 L}{\partial x_i \partial y_j}dx_i dx_j \tag{2.43}$$

가 제약들을 만족하는(허용 가능 변이) 모든 $d\boldsymbol{X}$에 대해 양의 정부호가 되는 것이다.

[증명] 정리 2.4의 증명과 유사하다. ■

주의

1. 만일 모든 허용 가능 변이 dx_i에 대해 다음 식이 음이면 $\boldsymbol{X}^*$는 $f(\boldsymbol{X})$의 제약 최대점이 된다.

$$Q=\sum_{i=1}^{n}\sum_{j=1}^{n}\frac{\partial^2 L}{\partial x_i \partial y_j}(\boldsymbol{X}^*,\ \boldsymbol{\lambda}^*)dx_i dx_j$$

2. Hancock[2.1]은 식 2.43에서 정의한 이차식 Q가 모든 허용 가능 변이 $d\boldsymbol{X}$에 대해 양의 정부호(음의 정부호)가 되기 위한 필요조건은 다음 행렬식으로 정의된 다항식의 각 근 z_i가 양(음)이 되어야 한다는 것을 증명하였다.

$$\begin{vmatrix} L_{11}-z & L_{12} & L_{13} & \cdots & L_{1n} & g_{11} & g_{21} & \cdots & g_{m1} \\ L_{21} & L_{22}-z & L_{23} & \cdots & L_{2n} & g_{12} & g_{22} & \cdots & g_{m2} \\ \vdots & & & & & & & & \\ L_{n1} & L_{n2} & L_{n3} & \cdots & L_{nn}-z & g_{1n} & g_{2n} & \cdots & g_{mn} \\ g_{11} & g_{12} & g_{13} & \cdots & g_{1n} & 0 & 0 & \cdots & 0 \\ g_{21} & g_{22} & g_{23} & \cdots & g_{2n} & 0 & 0 & \cdots & 0 \\ \vdots & & & & & & & & \\ g_{m1} & g_{m2} & g_{m3} & \cdots & g_{mn} & 0 & 0 & \cdots & 0 \end{vmatrix} = 0 \tag{2.44}$$

여기서

$$L_{ij} = \frac{\partial^2 L}{\partial x_i \partial x_j}(\boldsymbol{X}^*,\ \lambda^*) \qquad 2.45$$

$$g_{ij} = \frac{\partial g_i}{\partial x_j}(\boldsymbol{X}^*) \qquad 2.46$$

3. 점 $\boldsymbol{X}^*$에서 식 2.44는 $(n-m)$-차 z다항식이 되며, 그 근의 일부는 양이고 일부는 음이면 점 $\boldsymbol{X}^*$는 극점이 아니다.

다음 예제를 통해 Lagrange 승수법에 대한 필요조건과 충분조건을 알아보자.

예제 2.10

전체 표면적을 $A_0 = 24\pi$로 제한하면서 체적을 최대화하기 위해 시트금속으로 제작된 실린더 형상의 캔(상부와 바닥을 갖는)의 규격을 구하라.

[풀이] 만일 캔 바닥의 반경과 높이를 x_1과 x_2로 나타내면, 다음과 같이 문제를 표현할 수 있다.

$$Max\ \ f(x_1,\ x_2) = \pi x_1^2 x_2$$

subject to

$$2\pi x_1^2 + 2\pi x_1 x_2 = A_0 = 24\pi$$

이 문제에 대한 Lagrange 함수는 다음과 같다.

$$L(x_1,\ x_2,\ \lambda) = \pi x_1^2 x_2 + \lambda\left(2\pi x_1^2 + 2\pi x_1 x_2 - A_0\right)$$

그리고 최대 f를 위한 필요조건은 다음과 같다.

$$\frac{\partial L}{\partial x_1} = 2\pi x_1 x_2 + 4\pi\lambda x_1 + 2\pi\lambda x_2 = 0 \qquad \text{E.1}$$

$$\frac{\partial L}{\partial x_2} = \pi x_1^2 + 2\pi\lambda x_1 = 0 \qquad \text{E.2}$$

$$\frac{\partial L}{\partial \lambda} = 2\pi x_1^2 + 2\pi x_1 x_2 - A_0 = 0 \qquad \text{E.3}$$

위의 식 E.1과 E.2로부터

$$\lambda = -\frac{x_1 x_2}{2x_1 + x_2} = -\frac{1}{2}x_1$$

즉,

$$x_1 = \frac{1}{2}x_2 \qquad \text{E.4}$$

가 된다. 식 E.4에서 얻은 $x_1 = -2\lambda$와 $x_2 = -4\lambda$를 식 E.3에 대입하여 다음의 해를 얻을 수 있다.

$$x_1^* = \left(\frac{A_0}{6\pi}\right)^{1/2}, \quad x_2^* = \left(\frac{2A_0}{3\pi}\right)^{1/2}, \quad \lambda^* = -\left(\frac{A_0}{24\pi}\right)^{1/2}$$

이때 목적함수 f의 최댓값은

$$f^* = \left(\frac{A_0^3}{54\pi}\right)^{1/2}$$

가 된다. 만일 $A_0 = 24\pi$이면, 최적해는 다음과 같이 된다.

$$x_1^* = 2, \quad x_2^* = 4, \quad \lambda^* = -1, \quad f^* = 16\pi$$

이 해가 실제로 f의 최댓값에 상응함을 보이기 위해 식 2.44의 충분조건을 적용한다. 즉,

$$L_{11} = \left.\frac{\partial^2 L}{\partial x_1^2}\right|_{(\boldsymbol{X}^*, \lambda^*)} = 2\pi x_2^* + 4\pi\lambda^* = 4\pi$$

$$L_{12} = \left.\frac{\partial^2 L}{\partial x_1 \partial x_2}\right|_{(\boldsymbol{X}^*, \lambda^*)} = L_{21} = 2\pi x_1^* + 2\pi\lambda^* = 2\pi$$

$$L_{22} = \left.\frac{\partial^2 L}{\partial x_2^2}\right|_{(\boldsymbol{X}^*, \lambda^*)} = 0$$

$$g_{11} = \left.\frac{\partial g_1}{\partial x_1}\right|_{(\boldsymbol{X}^*, \lambda^*)} = 4\pi x_1^* + 2\pi x_2^* = 16\pi$$

$$g_{12} = \left.\frac{\partial g_1}{\partial x_2}\right|_{(\boldsymbol{X}^*, \lambda^*)} = 2\pi x_1 = 4\pi$$

이므로 식 2.44는

$$\begin{vmatrix} 4\pi - z & 2\pi & 16\pi \\ 2\pi & 0 - z & 4\pi \\ 16\pi & 4\pi & 0 \end{vmatrix} = 0$$

와 같고, 행렬식을 계산하면

$$272\pi^2 z + 192\pi^3 = 0$$

이며

$$z = -\frac{12}{17}\pi$$

이 된다. 이때 z의 값이 음이므로 점 $(x_1{}^*,\ x_2{}^*) = (2, 4)$는 f의 최대점이 된다. ■

Lagrange 승수의 해석 Lagrange 승수의 물리적 의미를 살펴보기 위해 다음과 같은 하나의 등식 제약을 갖는 최적 문제를 살펴보자.

$$Min\ \ f(\boldsymbol{X}) \qquad 2.47$$

subject to

$$\underset{\sim}{g}(\boldsymbol{X}) = b \quad or \quad g(\boldsymbol{X}) = b - \underset{\sim}{g}(\boldsymbol{X}) = 0,\ b\text{는 상수} \qquad 2.48$$

식 2.41과 2.42에서와 같이 최소점에 대한 필요조건은

$$\frac{\partial f}{\partial x_i} + \lambda \frac{\partial g}{\partial x_i} = 0, \qquad i = 1, 2, \cdot\cdot\cdot, n \qquad 2.49$$

$$g = 0 \qquad 2.50$$

와 같다. 위의 식 2.49와 2.50의 해를 $\boldsymbol{X}^*$, λ^*라 하고 그때의 최솟값을 $f^* = f(\boldsymbol{X}^*)$라 가정하자. 이제 제약식의 작은 변화가 목적함수의 최적값에 미치는 영향을 살펴보기로 한다(즉, b에서의 작은 변화가 f^*에 미치는 영향을 살펴보기로 한다). 식 2.48을 미분하면

$$db - d\underset{\sim}{g} = 0$$

즉,

$$db = d\underset{\sim}{g} = \sum_{i=1}^{n} \frac{\partial \underset{\sim}{g}}{\partial x_i} dx_i \qquad 2.51$$

이고, 또한, 식 2.49는

$$\frac{\partial f}{\partial x_i} + \lambda \frac{\partial g}{\partial x_i} = \frac{\partial f}{\partial x_i} - \lambda \frac{\partial \underset{\sim}{g}}{\partial x_i} = 0 \qquad 2.52$$

즉,

$$\frac{\partial \underset{\sim}{g}}{\partial x_i} = \frac{\partial f / \partial x_i}{\lambda}, \quad i = 1, 2, \cdot \cdot \cdot, n \tag{2.53}$$

와 같다. 식 2.53을 식 2.51에 대입하여

$$db = \sum_{i=1}^{n} \frac{1}{\lambda} \frac{\partial f}{\partial x_i} dx_i = \frac{df}{\lambda}, \tag{2.54}$$

$$df = \sum_{i=1}^{n} \frac{\partial f}{\partial x_i} dx_i \tag{2.55}$$

와 같이 표현할 수 있다. 또한 식 2.54로부터

$$\lambda = \frac{df}{db} \quad \text{또는} \quad \lambda^* = \frac{df^*}{db} \tag{2.56}$$

즉,

$$df^* = \lambda^* db \tag{2.57}$$

임을 알 수 있다. 따라서 λ^*는 b에 대한 f의 민감도(또는 변화율) 또는 x^*에서 b에 대한 f^*의 증분 변화를 나타낸다. 다시 말해 λ^*는 최적점에서의 제약 강도를 나타낸다. λ^* 값(양, 음, 또는 0)에 따라 λ^*의 물리적 의미는 다음과 같다.

1. $\lambda^* > 0$. b가 단위 감소하면, 즉 $db = -1$이면, $df = \lambda^*(-1) = -\lambda^* < 0$이므로 최적값 f^*는 λ^* 만큼 감소한다. 따라서 λ^*를 제약의 1만큼 강화(감소)로 인한 f^*의 감소변화량(marginal gain)으로 해석할 수 있다. 반면 b가 단위 증가하면, 즉 $db = 1$이면 $df = \lambda^*(+1) > 0$이므로 λ^* 만큼 f^*는 증가한다. 이 경우의 λ^*는 제약 완화(증가)로 인한 f^*의 증분(marginal cost)이라고 할 수 있다.
2. $\lambda^* < 0$. b가 단위 증가하면, 즉 $db = 1$이면, $df^* = \lambda^*(+1) < 0$이므로 최적값 f^*는 λ^* 만큼 감소한다. 즉, 제약의 1만큼 완화로 인한 f^*의 감소변화량은 λ^*이다. 만일 b가 1 감소하면 $df^* = \lambda^*(-1) > 0$이므로 λ^* 만큼 f^*는 증가한다. 이때 제약 강화(감소)로 인한 f^*의 증분은 λ^*이다.
3. $\lambda^* = 0$. 이 경우 b의 증감 변화는 f의 최적값에 영향을 미치지 못한다. 즉, 최적값은 제약조건에 영향을 받지 않는다. 따라서 $g = 0$에 제약되는 f의 최적점은 비제약 함수 f의 최적점과 동일한 점 $\boldsymbol{X}^*$가 된다.

경제학과 운영 연구 분야에서 Lagrange 승수는 등식 제약의 우변의 단위 변화에 따른 목적함수의 최적값의 변화를 나타내므로 제약식의 **투영 가격**(shadow price)으로 알려져 있다.

예제 2.11

Lagrange 승수법을 사용하여 다음 문제를 해결하라. 또한, 제약의 우변을 변화시킴에 따라 f의 최적값에 미치는 영향을 조사하라.

$$Max\ \ f(\boldsymbol{X}) = 2x_1 + x_2 + 10$$

subject to

$$g(\boldsymbol{X}) = x_1 + 2x_2^2 = 3$$

[풀이] 문제의 Lagrange 함수는

$$L(X,\ \lambda) = 2x_1 + x_2 + 10 + \lambda\left(3 - x_1 - 2x_2^2\right) \qquad \text{E.1}$$

이고, 최적해의 필요조건들은

$$\frac{\partial L}{\partial x_1} = 2 - \lambda = 0 \qquad \text{E.2}$$
$$\frac{\partial L}{\partial x_2} = 1 - 4\lambda x_2 = 0$$
$$\frac{\partial L}{\partial \lambda} = 3 - x_1 - 2x_2^2 = 0$$

이다. 식 E.2의 해를 구하면

$$\lambda^* = 2.0 \qquad \text{E.3}$$

$$\boldsymbol{X}^* = \begin{pmatrix} x_1{}^* \\ x_2{}^* \end{pmatrix} = \begin{pmatrix} 2.97 \\ 0.13 \end{pmatrix}$$

이다. 또한 식 2.44의 충분조건을 적용하면

$$\begin{vmatrix} L_{11} - z & L_{12} & g_{11} \\ L_{21} & L_{22} - z & g_{12} \\ g_{11} & g_{12} & 0 \end{vmatrix} = 0$$

$$\begin{vmatrix} -z & 0 & -1 \\ 0 & -4\lambda - z & -4x_2 \\ -1 & -4x_2 & 0 \end{vmatrix} = \begin{vmatrix} -z & 0 & -1 \\ 0 & -8 - z & -0.52 \\ -1 & -0.52 & 0 \end{vmatrix} = 0$$

$$0.2704z + 8 + z = 0$$

$$z = -6.2972$$

해 z가 음이므로 $\boldsymbol{X}^*$는 f의 최대점이 되고 $f^* = f(\boldsymbol{X}^*) = 16.07$이다.

b의 값의 변화가 f에 미치는 영향을 조사하는 방법은 새로운 b의 값을 갖고 문제 전체를 다시 해결하는 것이고, 또 다른 방법은 앞에서 다룬 바와 같이 λ^*의 값을 사용하는 것이다. 예를 들어, 원래 제약을 1로 강화(즉, $db = -1$)하면 식 2.57에서

$$df^* = \lambda^* db = 2(-1) = -2$$

이므로 f^*의 새로운 최댓값은 $f^* + df^* = 14.07$이다. 반면 제약을 2 단위로 완화하면(즉, $db = +2$),

$$df^* = \lambda^* db = 2(+2) = 4$$

이므로 f^*의 새로운 최댓값은 $f^* + df^* = 20.07$이 된다. ■

2.5 부등식 제약의 다변수 최적화

본 절에서는 다음 형태의 문제를 다룬다.

$$\begin{aligned}&Min \quad f(\boldsymbol{X})\\&\text{subject to}\\&g_J(\boldsymbol{X}) \le 0, \quad j = 1, 2, \cdot\cdot\cdot, m\end{aligned} \qquad 2.58$$

제약식 2.58에 음이 아닌 이완(slack)변수 y_j^2을 추가하여 부등식 제약들을 등식 제약으로 변형시킬 수 있다. 즉,

$$g_j(\boldsymbol{X}) + y_j^2 = 0, \quad j = 1, 2, \cdot\cdot\cdot, m \qquad 2.59$$

이때의 이완변수는 미지수이므로 위의 문제를 다음과 같이 표현할 수 있다.

$$\begin{aligned}&Min \quad f(\boldsymbol{X})\\&\text{subject to}\\&G_j(\boldsymbol{X}, \boldsymbol{Y}) = g_j(\boldsymbol{X}) + y_j^2 = 0, \quad j = 1, 2, \cdot\cdot\cdot, m\end{aligned} \qquad 2.60$$

단, $\boldsymbol{Y} = (y_1, y_2, \cdot\cdot\cdot, y_m)^T$는 이완변수 벡터이다.

이제 Lagrange 승수법을 사용하기 위해 Lagrange 함수를 전개하면,

$$L(\boldsymbol{X},\ \boldsymbol{Y},\ \boldsymbol{\lambda})= f(\boldsymbol{X})+ \sum_{j=1}^{m}\lambda_j G_j(\boldsymbol{X}, \boldsymbol{Y}) \qquad 2.61$$

$\boldsymbol{\lambda}= (\lambda_1,\ \lambda_2,\ \cdot\cdot\cdot, \lambda_m)^T$ 와 같다. 또한, Lagrange 함수의 정점에 대한 필요조건식

$$\frac{\partial L}{\partial x_i}(\boldsymbol{X},\ \boldsymbol{Y},\ \boldsymbol{\lambda})= \frac{\partial f}{\partial x_i}(\boldsymbol{X})+ \sum_{j=1}^{m}\lambda_j \frac{\partial g_j}{\partial x_i}(\boldsymbol{X})= 0, \quad i = 1, 2, \cdot\cdot\cdot, n \qquad 2.62$$

$$\frac{\partial L}{\partial \lambda_j}(\boldsymbol{X},\ \boldsymbol{Y},\ \boldsymbol{\lambda})= g_j(\boldsymbol{X})+ y_j^2 = 0, \quad j = 1, 2, \cdot\cdot\cdot, m \qquad 2.63$$

$$\frac{\partial L}{\partial y_j}(\boldsymbol{X},\ \boldsymbol{Y},\ \boldsymbol{\lambda})= 2\lambda_j y_j = 0, \quad j = 1, 2, \cdot\cdot\cdot, m \qquad 2.64$$

은 $(n+2m)$개 미지수 $\boldsymbol{X},\ \boldsymbol{\lambda},\ \boldsymbol{Y}$와 $(n+2m)$개의 식으로 된 연립방정식이다. 따라서 이 연립방정식 2.62~2.64의 해는 최적해 벡터 $\boldsymbol{X}^*$, Lagrange 승수 벡터 $\boldsymbol{\lambda}^*$, 그리고 이완변수 벡터 $\boldsymbol{Y}^*$가 된다.

최적값에서 식 2.64는 $\lambda_j = 0$ 또는 $y_j = 0$을 암시하는 반면 식 2.63은 제약부등식 $g_j(\boldsymbol{X}) \le 0,\ j = 1, 2, \cdot\cdot\cdot, m$이 만족함을 의미한다. 만일 $\lambda_j = 0,\ y_j \ne 0$이면 j번째 제약부등식은 비활성(inactive: $g_j(\boldsymbol{X}^*) < 0$)으로 최적해를 구할 때 무시할 수 있는 제약식임을 의미한다. 반면 $y_j = 0$이면 최적점에서 제약식은 활성(active: $g_j = 0$)인 것을 의미한다. 모든 제약식들을 활성인 제약식과 비활성인 제약식들로 분류하여 그 첨자(또는 제약 번호) 집합을 각각 J_1과 J_2라 하자. $J_1 + J_2$는 제약식 첨자들의 전체집합이다.

따라서 $j \in J_1,\ y_j = 0$(활성 제약), $j \in J_2,\ \lambda_j = 0$(비활성 제약)이면 식 2.62는 다음과 같다.

$$\frac{\partial f}{\partial x_i}+ \sum_{j \in J_1}\lambda_j \frac{\partial g_j}{\partial x_i}= 0, \quad i = 1, 2, \cdot\cdot\cdot, n \qquad 2.65$$

또한 식 2.63도

$$g_j(\boldsymbol{X})= 0, \qquad j \in J_1 \qquad 2.66$$

$$g_j(\boldsymbol{X})+ y_j^2 = 0, \quad j \in J_2 \qquad 2.67$$

로 쓸 수 있으므로 식 2.65~2.67은 $n+m$개 미지수 $x_i(i = 1, 2, \cdot\cdot\cdot, n)$, $\lambda_j(j \in J_1)$, 그리고 $y_j(j \in J_2)$와 $n+p+(m-p)= n+m$식으로 표현된다. 이때 p는 활성 제약들의 수를 나타낸다.

먼저 p개의 제약식이 활성이 되면 식 2.65는

$$-\frac{\partial f}{\partial x_i}=\lambda_1\frac{\partial g_1}{\partial x_i}+\lambda_2\frac{\partial g_2}{\partial x_i}+\cdot\cdot\cdot+\lambda_p\frac{\partial g_p}{\partial x_i} \quad i=1,\,2,\,\cdot\cdot\cdot,\,n \tag{2.68}$$

와 같으므로 이를 벡터로 표현하여

$$-\nabla f=\lambda_1\nabla g_1+\lambda_2\nabla g_2+\cdot\cdot\cdot+\lambda_p\nabla g_p \tag{2.69}$$

$$\nabla f=\begin{pmatrix}\partial f/\partial x_1\\ \partial f/\partial x_2\\ \cdot\\ \cdot\\ \cdot\\ \partial f/\partial x_n\end{pmatrix},\quad \nabla g_j=\begin{pmatrix}\partial g_j/\partial x_1\\ \partial g_j/\partial x_2\\ \cdot\\ \cdot\\ \cdot\\ \partial g_j/\partial x_n\end{pmatrix}$$

와 같이 쓸 수 있다. 이때 ∇f와 ∇g_j는 목적함수와 j번째 제약함수의 구배를 나타낸다.

식 2.69는 최적점에서 목적함수의 구배의 음의 값은 활성 제약함수들의 구배의 일차 결합으로 표현할 수 있음을 나타낸다.

또한, 최소화 문제의 경우에서 λ_j $(j\in J_1)$ 값은 반드시 양이 되어야 한다는 것을 증명할 수 있다. 예를 들어, 최적점에서 오직 두 개의 제약이 활성이라면($p=2$), 식 2.69는

$$-\nabla f=\lambda_1\nabla g_1+\lambda_2\nabla g_2 \tag{2.70}$$

와 같다. $\boldsymbol{S}$를 최적점 X^*에서 가변방향(feasible direction: 점X^*+S가 제약식이 만족하는 영역을 벗어나지 않는 방향: $S^T\nabla g_j<0,\ j\in J_1$을 만족하는 벡터 S: 6.10.2절 참조)이라 하고, 이를 식 2.70의 양변에 곱하면 다음 식을 얻는다.

$$-\boldsymbol{S}^T\nabla f=\lambda_1\boldsymbol{S}^T\nabla g_1+\lambda_2\boldsymbol{S}^T\nabla g_2 \tag{2.71}$$

이때 $\boldsymbol{S}$는 가변방향이므로 다음 관계식을 만족해야 한다.

$$\boldsymbol{S}^T\nabla g_1<0 \tag{2.72}$$

$$\boldsymbol{S}^T\nabla g_2<0$$

따라서 만일 $\lambda_1>0$, 그리고 $\lambda_2>0$이면 정량 $\boldsymbol{S}^T\nabla f$는 항상 양이 되는 것을 알 수 있다. ∇f는 함숫값이 최대 비율로 증가하는 구배 방향을 나타내고, $\boldsymbol{S}^T\nabla f$는 $\boldsymbol{S}$ 방향으로 f의 증분을 나타낸다. 따라서 $\boldsymbol{S}^T\nabla f>0$이면 $\boldsymbol{S}$ 방향으로 이동할 때 함숫값은 증가한다. 즉, 만일 λ_1과 λ_2가 양이면 함숫값이 더 이상 감소하는 가변방향을 찾는 것이 불가능하게 된다. 요약하면 최소점에서는 모든 가변방향 S가 식 2.72를 만족하고, 또한 $\boldsymbol{S}^T\nabla f>0$

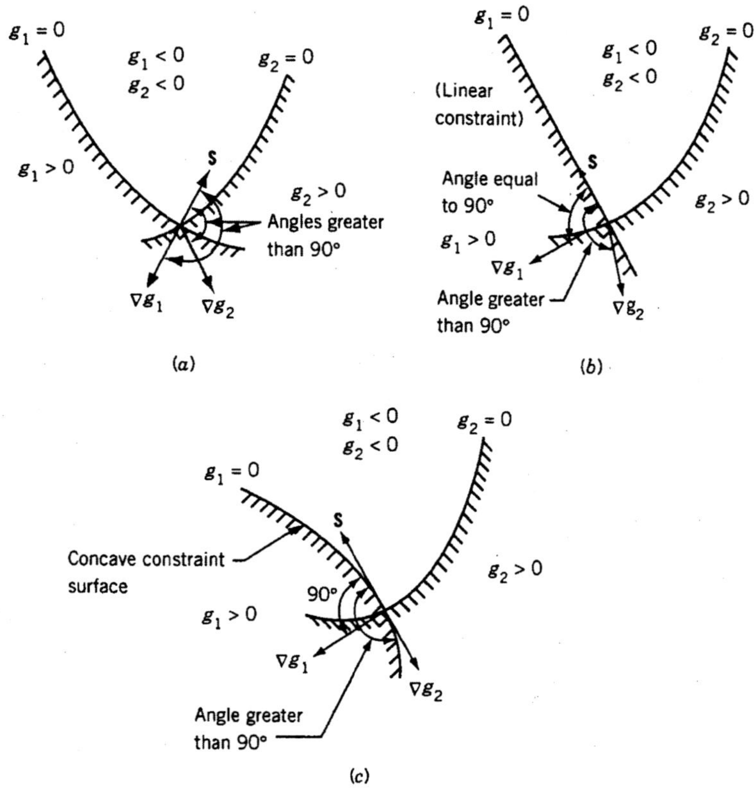

그림 2.8 실행가능 방향 S

이므로 식 2.71로부터 λ_1과 λ_2는 음이 되어야 한다. 이러한 설명은 두 개 이상의 제약들이 활성인 경우로 확대할 수 있다. 또한, 유사한 방법에 의해 최대화 문제의 경우 λ_j $(j \in J_1)$값은 반드시 음이 되어야 한다는 것도 증명할 수 있다.

예제 2.12

다음에 주어진 최적화 문제

$$Min \quad f(x_1,\ x_2) = x_1^2 + x_2^2$$

subject to

$$x_1 + 2x_2 \le 15$$

$$1 \le x_i \le 10,\ i = 1,\ 2$$

에서 벡터 $\boldsymbol{S}$가 (a) 감소방향, 그리고 (b) 가변방향이면 점 $\boldsymbol{X}_1 = \{1,7\}^T$에서 탐색방향

$\boldsymbol{S}=\{s_1,\ s_2\}^T$가 만족해야 할 조건들을 유도하라.

[풀이] 목적함수와 제약들을 다음과 같이 기술할 수 있다.

$$f(x_1,\ x_2)=x_1^2+x_2^2$$

$$g_1(\boldsymbol{X})=x_1+2x_2\le 15$$

$$g_2(\boldsymbol{X})=1-x_1\le 0$$

$$g_3(\boldsymbol{X})=1-x_2\le 0$$

$$g_4(\boldsymbol{X})=x_1-10\le 0$$

$$g_5(\boldsymbol{X})=x_2-10\le 0$$

주어진 점 $\boldsymbol{X}_1=\{1,7\}^T$은 위의 제약부등식을 모두 만족하며, 특히 $g_1(X_1)=0$과 $g_2(X_1)=0$이므로 g_1과 g_2가 활성 제약 함수이다. 점 $\boldsymbol{X}_1=\{1,7\}^T$에서 목적함수와 활성 제약 함수들의 구배는 다음과 같다.

$$\nabla f=\begin{pmatrix}\dfrac{\partial f}{\partial x_1}\\ \dfrac{\partial f}{\partial x_2}\end{pmatrix}_{X_1}=\begin{pmatrix}2x_1\\2x_2\end{pmatrix}_{X_1}=\begin{pmatrix}2\\14\end{pmatrix}$$

$$\nabla g_1=\begin{pmatrix}\dfrac{\partial g_1}{\partial x_1}\\ \dfrac{\partial g_1}{\partial x_2}\end{pmatrix}_{X_1}=\begin{pmatrix}1\\2\end{pmatrix}$$

$$\nabla g_2=\begin{pmatrix}\dfrac{\partial g_2}{\partial x_1}\\ \dfrac{\partial g_2}{\partial x_2}\end{pmatrix}_{X_1}=\begin{pmatrix}-1\\0\end{pmatrix}$$

앞에서 언급한 바와 같이, 탐색방향 $\boldsymbol{S}=(s_1,\ s_2)^T$의 감소방향 및 가변방향 조건들은 다음과 같다.

(a) 감소방향 조건(식 2.71):

$$\boldsymbol{S}^T\nabla f\le 0 \quad\Rightarrow\quad (s_1,\ s_2)\begin{pmatrix}2\\14\end{pmatrix}\le 0 \quad\Rightarrow\quad 2s_1+14s_2\le 0 \qquad \text{E.1}$$

(b) 가변방향 조건(식 2.72):

$$\boldsymbol{S}^T \nabla g_1 \le 0 \quad \Rightarrow \quad (s_1,\ s_2)\begin{pmatrix}1\\2\end{pmatrix} \le 0 \quad \Rightarrow \quad s_1 + 2s_2 \le 0 \qquad \text{E.2}$$

$$\boldsymbol{S}^T \nabla g_2 \le 0 \quad \Rightarrow \quad (s_1,\ s_2)\begin{pmatrix}-1\\0\end{pmatrix} \le 0 \quad \Rightarrow \quad -s_1 \le 0 \qquad \text{E.3}$$

■

주의

부등식 E.1을 만족하는 임의의 s_1과 s_2는 감소방향 $\boldsymbol{S}$를 구성한다. 예를 들어, $s_1=1$과 $s_2=-1$인 벡터 $\boldsymbol{S}=(1,-1)^T$는 목적함수의 감소방향이 되며, 이 방향은 부등식 E.2와 E.3을 만족하기 때문에 가변방향도 된다.

2.5.1 Kuhn-Tucker 조건

식 2.58에서 기술한 바와 같이 제약 문제의 국소 최소점 $\boldsymbol{X}^*$에 대한 필요조건

$$\frac{\partial f}{\partial x_i} + \sum_{j \in J_1} \lambda_j \frac{\partial g_j}{\partial x_i} = 0, \qquad i = 1, 2, \cdots, n \qquad 2.73$$

$$\lambda_j > 0, \qquad j \in J_1 \qquad 2.74$$

을 Kuhn-Tucker 조건이라 한다.[2.8]. 일반적으로 이 조건들은 국소적 최소가 되는 충분조건은 아니다. 그러나 **볼록(convex)형 계획 문제**[2)]에서 Kuhn-Tucker 조건은 광역 최소를 위한 필요충분 조건이 된다.

만약 활성 제약들을 알 수 없으면 Kuhn-Tucker 조건들을 아래와 같이 기술할 수 있다.

$$\begin{aligned} \frac{\partial f}{\partial x_i} + \sum_{j=1}^{m} \lambda_j \frac{\partial g_j}{\partial x_i} &= 0, \qquad i = 1, 2, \cdots, n \\ \lambda_j g_j &= 0,^{3)} \qquad j = 1, 2, \cdots, m \\ g_j &\le 0, \qquad j = 1, 2, \cdots, m \\ \lambda_j &\ge 0, \qquad j = 1, 2, \cdots, m \end{aligned} \qquad 2.75$$

위에서 문제가 최대화이거나 제약이 $g_j \ge 0$ 형식이면 $\lambda_j \le 0$가 되어야 한다는 사실에 유의하여야 한다. 반면 $g_j \le 0$ 형태의 제약들을 갖는 최대화 문제인 경우는 2.75에서

2) 볼록형 계획 문제의 자세한 토론은 2.6절과 7.14절 참조
3) 이 조건은 식 2.64의 조건과 동일

$\lambda_j \geq 0$가 되어야 한다.

2.5.2 제약자격(Constraint Qualification)

다음과 같은 최적화 문제

$$
\begin{aligned}
&Min \quad f(\boldsymbol{X}) \\
&\text{subject to} \\
&\qquad g_j(\boldsymbol{X}) \leq 0, \quad j = 1, 2, \cdot\cdot\cdot, m \\
&\qquad h_k(\boldsymbol{X}) = 0, \quad k = 1, 2, \cdot\cdot\cdot, p
\end{aligned} \tag{2.76}
$$

에 대한 Kuhn-Tucker 조건들은 다음과 같다.

$$
\begin{aligned}
&\nabla f + \sum_{j=1}^{m} \lambda_j \nabla g_j - \sum_{k=1}^{p} \beta_k \nabla h_k = \mathbf{0} \\
&\lambda_j g_j = 0, \quad j = 1, 2, \cdot\cdot\cdot, m \\
&g_j \leq 0, \quad j = 1, 2, \cdot\cdot\cdot, m \\
&h_k = 0, \quad k = 1, 2, \cdot\cdot\cdot, p \\
&\lambda_j \geq 0, \quad j = 1, 2, \cdot\cdot\cdot, m
\end{aligned} \tag{2.77}
$$

위의 조건에서 λ_j와 β_k는 제약들 $g_j \leq 0$와 $h_k = 0$에 각각 대응하는 Lagrange 승수들을 나타낸다. 지금까지는 Kuhn-Tucker 조건들이 최적에 대한 필요조건들을 표현한다는 사실을 정성적으로 알아냈지만 다음 정리는 최적에 대한 보다 자세한 조건들을 제시한다.

정리 2.7 $\boldsymbol{X}^*$를 식 2.76의 문제에 대한 가변영역의 해가 될 때, 만일 $\nabla g_j(\boldsymbol{X}^*)$, $j \in J_1$ 그리고 $\nabla h_k(\boldsymbol{X}^*)$, $k = 1, 2, \cdot\cdot\cdot, p$가 일차 독립이면 $(\boldsymbol{X}^*, \boldsymbol{\lambda}^*, \boldsymbol{\beta}^*)$가 식 2.77을 만족하는 $\boldsymbol{\lambda}^*$와 $\boldsymbol{\beta}^*$가 존재한다.

[증명] 참고문헌 [2.11] 참조

$\nabla g_j(\boldsymbol{X}^*)$, $j \in J_1$ 그리고 $\nabla h_k(\boldsymbol{X}^*)(k = 1, 2, \cdot\cdot\cdot, p)$가 일차 독립인 조건을 **제약자격**(constraint qualification)이라 한다. 만일 최적점에서 제약자격이 위배되면 식 2.77은 해를 가질 수도, 갖지 않을 수도 있다. 또한, 사전에 $\boldsymbol{X}^*$를 알지 못하면 제약자격을 증명하기 어렵다. 그러나 문제가 다음 특징들 중 하나를 갖는 경우 제약자격은 항상 만족된다.

1. 모든 부등식과 등식 제약함수들은 선형이다.
2. 모든 부등식 제약함수들은 볼록 함수이며, 모든 등식 제약함수들은 선형이고, 다음의 조건

$$g_j(\widetilde{\boldsymbol{X}}) < 0,\ \ j = 1, 2, \cdot \cdot \cdot, m$$

$$h_k(\widetilde{\boldsymbol{X}}) = 0,\ \ k = 1, 2, \cdot \cdot \cdot, p$$

을 만족하는 적어도 하나의 벡터 $\widetilde{\boldsymbol{X}}$가 가변영역 내부에 존재한다.

예제 2.13

다음 문제

$$Min \quad f(x_1,\ x_2) = (x_1 - 1)^2 + x_2^2 \qquad \text{E.1}$$

subject to

$$g_1(x_1,\ x_2) = x_1^3 - 2x_2 \leq 0 \qquad \text{E.2}$$

$$g_2(x_1,\ x_2) = x_1^3 + 2x_2 \leq 0 \qquad \text{E.3}$$

의 최적점에서 제약자격과 Kuhn-Tucker 조건들이 만족하는가를 조사하여라.

[풀이] 가변영역과 목적함수의 등고선들은 그림 2.9와 같다. 이 그림으로부터 최적해는 (0, 0)인 것을 알 수 있다. g_1과 g_2는 최적점 (0, 0)에서 활성이므로 다음과 같이 구배들을 계산할 수 있다.

$$\nabla g_1(\boldsymbol{X}^*) = \begin{pmatrix} 3x_1^2 \\ -2 \end{pmatrix}_{(0,0)} = \begin{pmatrix} 0 \\ -2 \end{pmatrix}, \qquad \nabla g_2(\boldsymbol{X}^*) = \begin{pmatrix} 3x_1^2 \\ 2 \end{pmatrix}_{(0,0)} = \begin{pmatrix} 0 \\ 2 \end{pmatrix}$$

$\nabla g_1(\boldsymbol{X}^*)$와 $\nabla g_2(\boldsymbol{X}^*)$는 일차 독립이 아니다. 따라서 최적점에서 제약자격은 만족되지 않는다. 또한,

$$\nabla f(\boldsymbol{X}^*) = \begin{pmatrix} 2(x_1 - 1) \\ 2x_2 \end{pmatrix}_{(0,0)} = \begin{pmatrix} -2 \\ 0 \end{pmatrix}$$

이므로 식 2.73과 2.74로부터 Kuhn-Tucker 조건들은

$$-2 + \lambda_1(0) + \lambda_2(0) = 0 \qquad \text{E.4}$$

$$0 + \lambda_1(-2) + \lambda_2(2) = 0 \qquad \text{E.5}$$

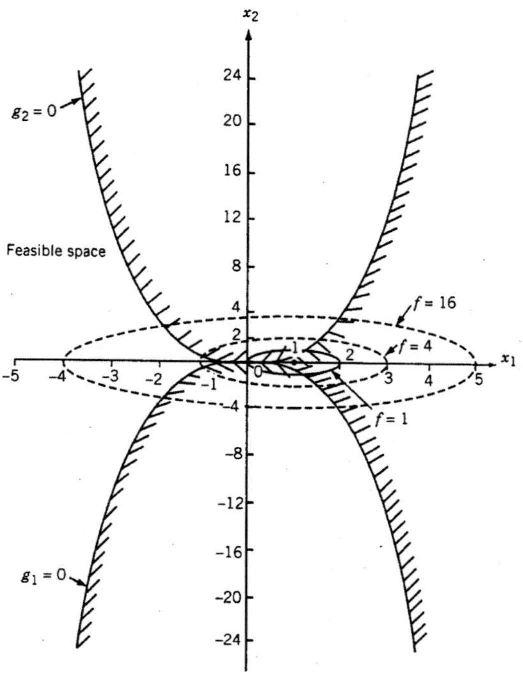

그림 2.9 실행가능 영역과 목적함수의 등고선들

$$\lambda_1 > 0 \qquad \text{E.6}$$

$$\lambda_2 > 0 \qquad \text{E.7}$$

와 같다. $\lambda_1 = \lambda_2$의 값이 양인 경우 공식 E.5를 만족하지만 공식 E.4는 만족되지 않으므로 최적점에서 Kuhn-Tucker 조건들은 만족되지 않음을 알 수 있다. ■

예제 2.14

소형 냉장고를 생산하는 제작사는 첫째, 둘째, 셋째 월말에 각각 50대의 냉장고를 공급하기로 계약하였다. 한 달에 x개 냉장고들을 생산하는 비용은 $\$(x^2 + 1{,}000)$이다. 제작사는 한 달에 더 많은 냉장고를 생산하여 다음 달로 이월할 수 있다. 그러나 다음 달로 이월하기 위해서는 냉장고 1대당 \$20가 소요된다. 초기에 재고가 전혀 없는 것으로 가정하고 전체 비용을 최소화하기 위한 매월 생산하여야 할 냉장고 수량을 결정하라.

[풀이] 첫 번째, 두 번째, 그리고 세 번째 달에서 생산되는 냉장고 수량을 x_1, x_2, 및 x_3라 하자. 최소화하여야 할 전체 비용은

전체 비용 = 생산 비용 + 관리 비용

즉, 전체 비용의 함수는

$$f(x_1,\ x_2,\ x_3) = (x_1^2 + 1{,}000) + (x_2^2 + 1{,}000) + (x_3^2 + 1{,}000)$$
$$+ 20(x_1 - 50) + 20(x_1 + x_2 - 100)$$
$$= x_1^2 + x_2^2 + x_3^2 + 40x_1 + 20x_2$$

이고, 다음과 같이 제약들을 기술할 수 있다.

$$g_1(x_1,\ x_2,\ x_3) = x_1 - 50 \geq 0$$

$$g_2(x_1,\ x_2,\ x_3) = x_1 + x_2 - 100 \geq 0$$

$$g_3(x_1,\ x_2,\ x_3) = x_1 + x_2 + x_3 - 150 \geq 0$$

Kuhn-Tucker 조건들은 식 2.75의 $\left(\dfrac{\partial f}{\partial x_i} + \lambda_1 \dfrac{\partial g_1}{\partial x_i} + \lambda_2 \dfrac{\partial g_2}{\partial x_i} + \lambda_3 \dfrac{\partial g_3}{\partial x_i} = 0,\ i = 1,\ 2,\ 3\right)$ 으로부터

$$2x_1 + 40 + \lambda_1 + \lambda_2 + \lambda_3 = 0 \qquad \text{E.1}$$

$$2x_2 + 20 + \lambda_2 + \lambda_3 = 0 \qquad \text{E.2}$$

$$2x_3 + \lambda_3 = 0 \qquad \text{E.3}$$

이고, 식 2.75의 $(\lambda_j g_j = 0,\ j = 1,\ 2,\ 3)$으로부터

$$\lambda_1(x_1 - 50) = 0 \qquad \text{E.4}$$

$$\lambda_2(x_1 + x_2 - 100) = 0 \qquad \text{E.5}$$

$$\lambda_3(x_1 + x_2 + x_3 - 150) = 0 \qquad \text{E.6}$$

이고, 식 2.75의 $(g_j \geq 0,\ j = 1,\ 2,\ 3)$으로부터

$$x_1 - 50 \geq 0 \qquad \text{E.7}$$

$$x_1 + x_2 - 100 \geq 0 \qquad \text{E.8}$$

$$x_1 + x_2 + x_3 - 150 \geq 0 \qquad \text{E.9}$$

이다. 그리고 식 2.75의 $(\lambda_j \leq 0,\ j = 1,\ 2,\ 3)$으로부터

$$\lambda_1 \le 0 \quad \text{E.10}$$

$$\lambda_2 \le 0 \quad \text{E.11}$$

$$\lambda_3 \le 0 \quad \text{E.12}$$

이 된다. 여러 방법으로 공식 E.1~E.3의 해를 구할 수 있다. 먼저 식 E.4로부터 $\lambda_1 = 0$ 또는 $x_1 = 50$이므로 다음 경우에 따라 조사한다.

Case 1 : $\lambda_1 = 0$.

식 E.1~E.3으로부터 다음 결과를 얻는다.

$$\begin{aligned} x_3 &= -\frac{\lambda_3}{2} \\ x_2 &= -10 - \frac{\lambda_2}{2} - \frac{\lambda_3}{2} \\ x_1 &= -20 - \frac{\lambda_2}{2} - \frac{\lambda_3}{2} \end{aligned} \quad \text{E.13}$$

식 E.13을 E.5와 E.6에 대입하면

$$\begin{aligned} &\lambda_2(-130 - \lambda_2 - \lambda_3) = 0 \\ &\lambda_3\left(-180 - \lambda_2 - \frac{3}{2}\lambda_3\right) = 0 \end{aligned} \quad \text{E.14}$$

이므로 네 개의 가능한 해는 다음과 같다.

1. $\lambda_2 = 0$, $-180 - \lambda_2 - \frac{3}{2}\lambda_3 = 0$. 공식 E.13과 함께 이 식들로부터 다음 해를 얻는다.

$$\lambda_2 = 0$$

$$\lambda_3 = -\frac{180 \times 2}{3} = -120$$

$$x_1 = -20 - \frac{\lambda_2}{2} - \frac{\lambda_3}{2} = -20 - 0 + \frac{120}{2} = 40$$

$$x_2 = -10 - \frac{\lambda_2}{2} - \frac{\lambda_3}{2} = -10 - 0 + \frac{120}{2} = 50$$

$$x_3 = -\frac{\lambda_3}{2} = \frac{120}{2} = 60$$

하지만 이 해는 식 E.10~E.12를 만족시키나 식 E.7과 E.8을 위반하므로 최적해가 될 수 없다.

2. $\lambda_3 = 0,\ -130 - \lambda_2 - \lambda_3 = 0$. 이 식에서 다음의 해를 얻는다.

$$\lambda_2 = -130,\ \lambda_3 = 0,\ x_1 = 45,\ x_2 = 55,\ x_3 = 0$$

이 해는 식 E.10~E.12를 만족시키나 식 E.7과 E.9를 위반한다.

3. $\lambda_2 = 0,\ \lambda_3 = 0$. 식 E.13으로부터 다음 해를 얻는다.

$$x_1 = -20,\ x_2 = -10,\ x_3 = 0$$

이 해는 공식 E.10~E.12를 만족시키나 공식 E.7~E.9를 위반한다.

4. $-130 - \lambda_2 - \lambda_3 = 0,\ -180 - \lambda_2 - \frac{3}{2}\lambda_3 = 0$. 이 식들과 식 E.13으로부터 다음 해를 얻는다.

$$\lambda_2 = -130 - \lambda_3, \quad \lambda_2 = -180 - \frac{3}{2}\lambda_3, \ \Rightarrow \frac{1}{2}\lambda_3 = -50 \ \Rightarrow \lambda_3 = -100,\ \lambda_2 = -30$$

$$x_1 = -20 + 15 + 50 = 45$$

$$x_2 = -10 + 15 + 50 = 55$$

$$x_3 = -\frac{\lambda_3}{2} = \frac{100}{2} = 50$$

이 해는 식 E.10~E.12를 만족시키나 식 E.7을 위반한다.

Case 2 : $x_1 = 50$.

식 E.1~E.3으로부터 다음 결과를 얻을 수 있다.

$$\lambda_3 = -2x_3 \qquad \text{E.15}$$

$$\lambda_2 = -20 - 2x_2 - \lambda_3 = -20 - 2x_2 + 2x_3$$

$$\lambda_1 = -40 - 2x_1 - \lambda_2 - \lambda_3 = -120 + 2x_2$$

식 E.15를 E.5와 E.6에 대입하면

$$(-20 - 2x_2 + 2x_3)(x_1 + x_2 - 100) = 0 \qquad \text{E.16}$$

$$(-2x_3)(x_1 + x_2 + x_3 - 150) = 0$$

이므로 네 개의 가능한 해는 다음과 같다.

1. $-20-2x_2+2x_3=0$, $x_1+x_2+x_3-150=0$. 이 식들로부터 다음 결과를 얻을 수 있다.

$$x_1=50,\ x_2=45,\ x_3=55$$

하지만 이 해는 E.8을 위반한다.

2. $-20-2x_2+2x_3=0$, $-2x_3=0$. 이 식들로부터 다음 결과를 얻을 수 있다.

$$x_1=50,\ x_2=-10,\ x_3=0$$

하지만 이 해는 식 E.8과 E.9를 위반한다.

3. $x_1+x_2-100=0$, $-2x_3=0$. 공식들로부터 다음 결과를 얻을 수 있다.

$$x_1=50,\ x_2=50,\ x_3=0$$

이 해는 식 E.9를 위반한다.

4. $x_1+x_2-100=0, x_1+x_2+x_3-150=0$. 이 식들로부터 다음 결과를 얻을 수 있다.

$$x_1=50,\ x_2=50,\ x_3=50$$

이 해는 식 E.7~E.9 모두를 만족시키는 것을 알 수 있다. 이 해에 대응하는 λ_1, λ_2, 그리고 λ_3 값은 식 E.15로부터

$$\lambda_1=-20,\ \lambda_2=-20,\ \lambda_3=-100$$

와 같이 얻을 수 있다. 위 λ_i 값은 조건(E.10~E.12)을 만족하므로 해

$$x_1{}^*=50,\ x_2{}^*=50,\ x_3{}^*=50$$

는 최적해가 된다. ■

2.6 볼록(Convex)형 계획 문제

목적함수 $f(\boldsymbol{X})$와 제약함수 $g_j(\boldsymbol{X})$가 볼록 함수이면, 식 2.58에서 기술한 최적화 문제를 볼록형 계획 문제라 부른다. 볼록함수의 정의와 특성을 부록 A에 기술하였다. $f(\boldsymbol{X})$와 $g_j(\boldsymbol{X})\,(j=1, 2, \cdot\cdot\cdot, m)$를 볼록함수로 가정하면 식 2.61의 Lagrange 함수는

$$L(\boldsymbol{X},\ \boldsymbol{Y},\ \boldsymbol{\lambda}) = f(\boldsymbol{X}) + \sum_{j=1}^{m} \lambda_j \left[g_j(\boldsymbol{X}) + y_j^2 \right] \tag{2.78}$$

와 같다. 이때 $\lambda_j \geq 0$이면 $\lambda_j g_j(\boldsymbol{X})$는 볼록함수이고, 식 2.64로부터 $\lambda_j y_j = 0$이므로 $L(\boldsymbol{X},\ \boldsymbol{Y},\ \boldsymbol{\lambda})$는 볼록함수가 된다. 앞에서 언급한 바와 같이 $\boldsymbol{X}^*$에서 $f(\boldsymbol{X})$가 국소 최소가 되기 위한 필요조건은 $\boldsymbol{X}^*$에서 $L(\boldsymbol{X},\ \boldsymbol{Y},\ \boldsymbol{\lambda})$가 정점을 가져야 한다는 것이다. 그러나 만일 $L(\boldsymbol{X},\ \boldsymbol{Y},\ \boldsymbol{\lambda})$가 볼록함수이면 그 도함수는 오직 함수 $f(\boldsymbol{X})$가 최소가 되는 유일한 점에서만 0이 된다. 따라서 Kuhn–Tucker 조건은 점 $\boldsymbol{X}^*$가 함수 $f(\boldsymbol{X})$의 최소가 되기 위한 필요충분 조건이다.

주의

1. 만일 주어진 최적화 문제가 볼록형 계획 문제라면 국소 최소점 또는 안장점들이 존재하지 않는다. 따라서 Kuhn–Tucker 조건들을 적용하여 찾은 극점은 반드시 $f(\boldsymbol{X})$의 최소점이 된다. 그러나 실제 공학 문제에서 목적함수와 제약함수의 볼록 여부를 확인하는 것은 매우 어렵다.
2. 등식 제약 최적화 문제에 대해 2.4절에서 얻은 이론에 기초하여 Kuhn–Tucker 조건이 유도되었다. 이러한 조건들에 대한 전제 조건 중 하나는 m개의 제약조건과 $n+m$변수 $(x_1,\ x_2, \cdot\cdot\cdot, x_n;\ y_1,\ y_2, \cdot\cdot\cdot, y_m)$ 중 m개로 구성된 Jacobian들 중 적어도 하나는 0이 아니어야 한다는 것이다. 이러한 전제 조건은 Kuhn–Tucker 조건을 유도할 때 이미 포함되었다.

REFERENCES AND BIBLIOGRAPHY

2.1 H. Hancock, *Theory of Maxima and Minima*, Dover, New York, 1960.

2.2 M. E. Levenson, *Maxima and Minima*, Macmillan, New York, 1967.

2.3 G. B. Thomas, Jr., *Calculus and Analytic Geometry*, Addison-Wesley, Reading, MA, 1967.

2.4 A. E. Richmond, *Calculus for Electronics*, McGraw-Hill, New York, 1972.

2.5 B. Kolman and W. F. Trench, *Elementary Multivariable Calculus*, Academic Press, New York, 1971.

2.6 G. S. G. Beveridge and R. S. Schechter, *Optimization: Theory and Practice*, McGraw-Hill, New York, 1970.

2.7 R. Gue and M. E. Thomas, *Mathematical Methods of Operations Research*, Macmillan, New York, 1968.

2.8 H. W. Kuhn and A. Tucker, Nonlinear Programming, in *Proceedings of the 2nd Berkeley Symposium on Mathematical Statistics and Probability*, University of California Press, Berkeley, 1951.

2.9 F. Ayres, Jr., *Theory and Problems of Matrices*, Schaum's Outline Series, Schaum, New York, 1962.

2.10 M. J. Panik, *Classical Optimization: Foundations and Extensions*, North-Holland, Amsterdam, 1976.

2.11 M. S. Bazaraa and C. M. Shetty, *Nonlinear Programming: Theory and Algorithms*, Wiley, New York, 1979.

2.12 D. M. Simmons, *Nonlinear Programming for Operations Research*, Prentice Hall, Englewood Cliffs, NJ, 1975.

2.13 J. R. Howell and R. O. Buckius, *Fundamentals of Engineering Thermodynamics*, 2nd ed., McGraw-Hill, New York, 1992.

CHAPTER 03

선형 계획법 I : 심플렉스 방법

3.1 소개

목적함수 그리고 등식 또는 부등식으로 된 제약함수가 선형 함수로 표현된 최적화 문제는 선형 계획법(Linear Programming; LP)을 적용하여 해결할 수 있다. 선형 계획이란 최적화 문제는 1930년대 경제학자들이 자원을 최적으로 할당하기 위한 방법을 연구하면서 최초로 인지하게 되었고, 제2차 세계대전 동안 영국 공군이 군의 자원을 더욱 효과적으로 할당하기 위한 방법을 강구하다가 선형 계획으로 관심을 돌리게 되었다. 이때 공군 그룹의 회원인 George B. Dantzig는 1947년에 일반 선형 계획 문제를 정형화하고 심플렉스(simplex) 방법을 고안하였다. 그의 업적은 선형 계획을 더욱 광범위하게 사용할 수 있게 만든 초석이 되었다. 그 후 선형 계획의 실용적인 적용과 이론적 개발에서 상당한 진전이 이루어졌는데, 특히 Kuhn & Tucker의 이론은 LP(Linear Programming: 선형 계획)의 쌍대(duality) 이론의 개발에 중대한 영향력을 미쳤으며, Charnes와 Cooper의 연구결과는 LP의 산업분야 적용에 중요한 역할을 하였다.

선형 계획은 복잡한 상황에서 최적의 결정을 하게 하는 혁신적인 개발품이라고 할 수 있다. 선형 계획과 관련된 업적으로 네 개 이상의 노벨상이 수여되었는데, 1975년 구소련의 L. V. Kantorovish와 미국의 T. C. Koopmans가 경제학 노벨상을 공동으로 수상할 때 수상 내용에는 자원 할당의 경제적인 문제에 대한 선형 계획의 적용에 대한 그들의 공헌을 언급하였다[3.14]. 1976년 Gerald Ford 대통령은 선형 계획의 창시자인 George Dantzig에게 국가 과학 메달을 수여하였다.

선형 계획 문제들을 해결하기 위해 오랜 기간에 걸쳐 여러 다른 방법들이 개발되어 왔지만 심플렉스 방법은 일반 선형 계획 문제들을 해결하기 위한 가장 효율적이고 널리 보급된 방법으로 유지되었다. 그외 다른 방법들 중에 1984년에 개발된 Karmarkar 방법은 Dantzig의 심플렉스 알고리즘보다 50배 빠른 것을 보여 주었다. 본 장에서는 선형 계획 문제를 풀기 위한 심플렉스 방법의 이론과 적용에 대해 기술한다. 수정 심플렉스(revised simplex) 방법, 쌍대 이론, 분해 방법, 사후최적(post-optimality) 분석, 그리고 Karmarkar 방법들은 제4장에서 기술하기로 한다.

3.2 선형 계획의 적용

선형 계획을 적용할 수 있는 분야가 너무 광범위하여 여기서 모두를 언급하는 것은 불가능하다. 본 절에서는 오직 초기 적용사례들을 언급하고 추가 적용 예제들은 연습문제로 남긴다. 일찍이 선형 계획을 적용한 산업분야 중 하나는 석유 정제이다. 일반적으로 정유공장은 여러 공급처로부터 성분이 다른 원유를 다른 가격으로 구매하여 항공유, 디젤 연료, 그리고 가솔린과 같은 제품들로 가공한다. 또한, 특정 공급원으로부터 구입 가능한 원유의 양, 특정 제품을 생산하기 위한 정제의 제한 용량 등이 제약 되면서 이익을 최대화하기 위해서 구매 원유와 정제한 제품들의 조합량을 추구한다.

선형 계획을 사용하여 상품생산 회사에서의 최적 생산계획을 결정할 수도 있다. 제품의 가격은 변동하므로 회사는 여러 선택사항을 가질 수 있다. 회사는 성수기 동안 생산한 제품을 재고로 저장할 수 있으나 재고유지비용이 수반된다. 수요가 높은 기간 동안 더 많은 제품을 생산하기 위해 시간외 수당을 지불할 수 있다. 최종적으로 정유소는 성수기 동안 추가 판매 수요를 만족시킬 필요는 없으나 이에 따라 잠재적인 이익의 손실이 발생한다. 선형 계획은 다양한 가격과 손실 요소들을 고려하며 가장 이익성이 좋은 생산계획을 수립할 수 있다.

식품가공 산업분야에서는 여러 생산공장으로부터 특정 제품을 여러 창고로 분배하기 위한 최적 선적 계획을 수립하기 위해 선형 계획법을 사용하여 왔다. 제련산업에서는 이익을 최대화하기 위해 압연 공장에서 제작할 제품 타입을 결정하기 위해 선형 계획법을 사용한다. 제철(metalworking) 산업은 공장 선적과 부품의 생산 또는 구매의 선택을 결정하기 위해 선형 계획법을 사용한다. 제지공장은 잘림 손실을 최소화하기 위해 선형 계획법을 사용한다. 또한 선형 계획법을 사용하여 통신망, 항공기 및 선박의 최적 항로를 결정할 수 있다.

다음 예제에서와 같이 플라스틱의 골격 구조의 설계와 같은 여러 형태의 공학적 설계 문제를 해결하기 위해 선형 계획을 적용할 수 있다.

예제 3.1

강 골격의 한계 설계에서 약한 모멘트를 갖는 점들에서 플라스틱 힌지가 형성되는 것으로 가정한다. 많은 수량의 힌지들이 발생하면 구조물은 붕괴 메커니즘이라 불리는 불안정한 시스템이 된다. 따라서 만일 다양한 붕괴 메커니즘에 의해 나타나는 변형된 형상들 각각에서 골격의 에너지-흡수 능력 U가 외부에서 가해진 하중들 E에 의해 부가된 에너지보다 크면 설계는 안정하게 된다[3.9].

그림 3.1에서와 같은 강성 골격의 경우 피크 모멘트들의 점들에서 플라스틱 모멘트들이 형성된다(그림 3.1에서 1~7). 이 골격의 경우 그림 3.2에서 네 개의 가능성 있는 붕괴 메커니즘을 보여준다. 중량은 플라스틱 모멘트 용량의 선형함수로 가정하고 최소 중량을 위한 극한 모멘트 용량 M_b와 M_c를 구하라. 두 개의 컬럼들은 동일하고 $P_1 = 3$, $P_2 = 1$, $h = 8$ 그리고 $l = 10$으로 가정한다.

[풀이] 다음과 같이 목적함수를 표현할 수 있다.

$$f(M_b,\ M_c) = \text{빔의 중량} + \text{컬럼의 중량}$$
$$= \alpha(2lM_b + 2hM_c)$$

여기서 α는 단위 플라스틱 모멘트 용량을 갖는 멤버의 단위 길이 당 중량을 나타내는 상수이다. 하지만 상수 곱셈은 결과에 영향을 미치지 않으므로 목적함수 f를

$$f = 2lM_b + 2hM_c = 20M_b + 16M_c \qquad \text{E.1}$$

라고 할 수 있다. 네 개의 붕괴 메커니즘으로부터의 제약($U \geq E$)은 다음과 같다.

$$M_c \geq 6 \qquad \text{E.2}$$
$$M_b \geq 2.5$$
$$2M_b + M_c \geq 17$$
$$M_b + M_c \geq 12$$

■

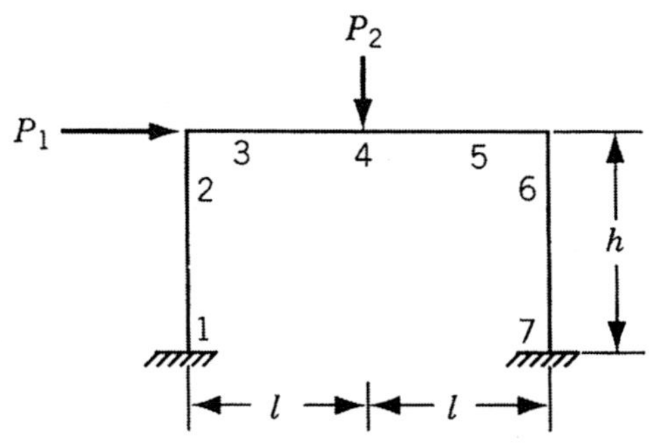

그림 3.1 강성 골격

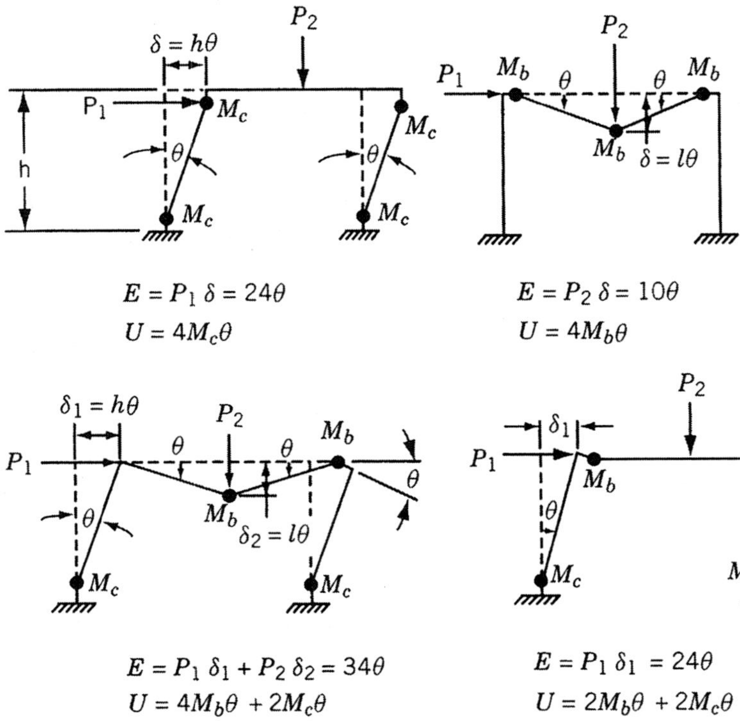

그림 3.2 골격의 붕괴 메커니즘. M_b: 빔의 모멘트 전달 용량, M_c: 컬럼의 모멘트 전달 용량

3.3 선형 계획 문제의 표준형

일반 선형 계획 문제는 다음의 표준형으로 표현할 수 있다.

스칼라 형식

$$Min \quad f(x_1,\ x_2, \cdots, x_n) = c_1x_1 + c_2x_2 + \cdots + c_nx_n \qquad 3.1a$$

subject to

$$a_{11}x_1 + a_{12}x_2 + \cdots + a_{1n}x_n = b_1 \qquad 3.2a$$

$$a_{21}x_1 + a_{22}x_2 + \cdots + a_{2n}x_n = b_2$$

$$\vdots$$

$$a_{m1}x_1 + a_{m2}x_2 + \cdots + a_{mn}x_n = b_m$$

$$x_1, x_2, \ldots, x_n \geq 0 \qquad 3.3a$$

여기서 c_j, b_i, $a_{ij}(i=1, 2, \cdot\cdot\cdot, m;\ j=1, 2, \cdot\cdot\cdot, n)$은 상수이고, x_j는 결정 변수이다.

행렬 형태

$$Min \quad f(\boldsymbol{X}) = \boldsymbol{c}^T\boldsymbol{X} \qquad 3.1b$$

subject to

$$\boldsymbol{aX} = \boldsymbol{b} \qquad 3.2b$$

$$\boldsymbol{X} \geq 0 \qquad 3.3b$$

여기서

$$\boldsymbol{X} = \begin{pmatrix} x_1 \\ x_2 \\ \cdot \\ \cdot \\ \cdot \\ x_n \end{pmatrix}, \quad \boldsymbol{b} = \begin{pmatrix} b_1 \\ b_2 \\ \cdot \\ \cdot \\ \cdot \\ b_m \end{pmatrix}, \quad \boldsymbol{c} = \begin{pmatrix} c_1 \\ c_2 \\ \cdot \\ \cdot \\ \cdot \\ c_n \end{pmatrix}, \quad \boldsymbol{a} = \begin{bmatrix} a_{11} & a_{12} & \cdot\cdot\cdot & a_{1n} \\ a_{21} & a_{22} & \cdot\cdot\cdot & a_{2n} \\ \cdot & & & \\ \cdot & & & \\ \cdot & & & \\ a_{m1} & a_{m2} & \cdot\cdot\cdot & a_{mn} \end{bmatrix}$$

표준형으로 기술된 선형 계획 문제의 특징들은 다음과 같다.

1. 목적함수는 최소화 형식이다.
2. 모든 제약들은 등식 형식이다.
3. 모든 결정 변수는 비음수(nonnegative)이다.

다음 변형 방법을 사용하면 임의 선형 계획 문제를 표준형으로 변환할 수 있다.

1. 함수 $f(x_1,\ x_2, \cdot\cdot\cdot, x_n)$의 최대화는 함수 $-f(x_1,\ x_2, \cdot\cdot\cdot, x_n)$의 최소화와 동치이다. 예를 들어, 목적함수

   $$Min \quad f = c_1x_1 + c_2x_2 + \cdot\cdot\cdot\cdot + c_nx_n$$

   는 목적함수

   $$Max \quad f' = -f = -c_1x_1 - c_2x_2 - \cdot\cdot\cdot\cdot - c_nx_n$$

   와 같다. 따라서 모든 선형 계획 문제는 동치인 최소화 형식의 목적함수로 변환이 가능하다.

2. 대부분 공학 최적화 문제의 결정 변수는 물리적인 양을 표현하므로 변수 x_j는 음이 아닌 수, 즉 비음수가 된다. 그러나 일부 문제들에서 변수들의 부호는 제약받지 않을 수 있다. 이와 같은 경우는 양, 음, 또는 0의 값을 갖는 비제약 변수를 두 개의 비음수 변수들의 차로 변환할 수 있다. 즉, 만약 x_j가 비제약 변수라면 두 개의 비음수 변수 $x'_j \geq 0$와 $x_j'' \geq 0$를 이용하여 $x_j = x_j' - x_j''$로 나타낼 수 있다. x_j''가 x_j'보다 크거나, 동일하거나, 또는 작은가의 여부에 따라 x_j는 음, 0, 또는 양이 된다.
3. 만일 제약이 "$\leq$"형의 부등식으로 나타나면 즉,

$$a_{k1}x_1 + a_{k2}x_2 + \cdot\cdot\cdot + a_{kn}x_n \leq b_k$$

이면 비음수 이완변수(slack variable) x_{n+1}을 첨가하여 다음과 같은 등식형으로 변환할 수 있다.

$$a_{k1}x_1 + a_{k2}x_2 + \cdot\cdot\cdot + a_{kn}x_n + x_{n+1} = b_k$$

또, 제약이 "$\geq$"형의 부등식으로 나타나면 즉,

$$a_{k1}x_1 + a_{k2}x_2 + \cdot\cdot\cdot + a_{kn}x_n \geq b_k$$

이면 비음수 이완변수 x_{n+1}을 감하여 다음 같은 등식형으로 변환할 수 있다.

$$a_{k1}x_1 + a_{k2}x_2 + \cdot\cdot\cdot + a_{kn}x_n - x_{n+1} = b_k$$

여기서 x_{n+1}은 잉여(surplus)변수로 알려진 비음수 변수이다.

선형 계획 문제의 결정 변수의 개수 n과 제약식의 개수 m은 $m < n$의 관계를 가정한다. 왜냐하면 만약 $m > n$인 경우에는 제거하여야 할 $m-n$ 여분의 식들이 존재하며, $m = n$인 경우는 식 3.2와 3.3을 만족하는 유일한 해 $\boldsymbol{X}$가 존재하거나(이 경우 최적화의 의미가 없다) 또는 해가 없는 경우 즉, 제약식이 불능이므로 최적화 문제로 적합하지 않다. 하지만 $m < n$인 경우는 제약식의 개수가 결정 변수의 개수보다 적으므로 해를 갖게 되면 무한개의 해를 갖는다. 선형 계획 문제는 이 무한개의 해 중에서 f가 최소가 되고 식 3.2와 3.3을 만족하는 해를 찾는 문제이다.

3.4 선형 계획 문제의 그래프 해법

오직 두 개의 변수를 갖는 선형 계획 문제의 경우는 그래프를 사용하고 선형 계획 문제

의 기하학적 특징을 이용하여 최적해를 얻을 수 있다. 다음 예제에서는 도해적 해결 방법을 설명하고 있다.

예제 3.2

제작사는 선반, 밀링기계, 그리고 그라인딩 기계를 사용하여 두 개의 기계 부품을 생산한다. 각 부품을 제작하기 위해 필요한 기계가공 시간, 1주일 동안 기계들의 사용 가능한 시간, 그리고 각 기계 부품의 이익은 다음 표와 같다.

기계 형식	필요한 기계가공 시간(min)		일주일 당 사용 가능한 최대 시간(min)
	기계 부품 I	기계 부품 II	
선반	10	5	2,500
밀링	4	10	2,400
그라인딩	1	1.5	450
단위 이익	\$50	\$100	

이익을 최대화하기 위해 1주일 당 제작하여야 할 기계 부품 I과 II의 수량을 결정하라.

[풀이] 1주일 당 제작하여야 할 기계 부품 I과 II의 수량을 x와 y로 표기하자. 각 기계들에 대한 최대 시간제한으로 인한 제약들은 다음과 같이 주어진다.

$$10x + 5y \le 2,500 \qquad \text{E.1}$$

$$4x + 10y \le 2,000 \qquad \text{E.2}$$

$$x + 1.5y \le 450 \qquad \text{E.3}$$

변수 x와 y는 음의 값을 취할 수 없으므로

$$x \ge 0, \quad y \ge 0 \qquad \text{E.4}$$

이고, 전체 이익은 다음과 같다.

$$f(x,\ y) = 50x + 100y \qquad \text{E.5}$$

따라서 문제는 식 E.1~E.3의 제약들을 만족시키면서 식 E.5의 목적함수를 최대화하는 음이 아닌 x와 y의 값을 결정하는 것이다. 그림 3.3에서와 같이 식 E.1~E.4의 부등식을 $x-y$ 평면에 그려서 가변영역을 확인할 수 있다. 따라서 그림 3.3의 음영 처리된 영역 내부 무한한 점들 중 이익을 표현하는 목적함수 E.5를 최대화하는 점을 찾는 것이다.

목적함수 f의 값을 상수 k라 하고 즉,

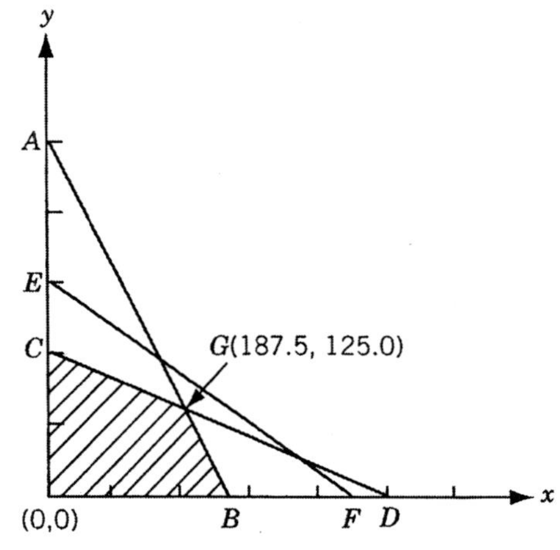

그림 3.3 식 E.1~E.4를 만족하는 가변영역

$$50x + 100y = k = \text{상수}$$

라 하고, 그림 3.4와 같이 k가 변할 때 평행한 등고선들을 정의한다. 그러면 목적함수의 등고선이 가변영역을 지나면서 k가 최대가 되는 점 G에서 f는 최댓값을 갖는다. 따라서 최적해는 $x^* = 187.5$, $y^* = 125.0$이고, 그때의 최대 이익은 $21,875이다.

어떤 경우에는 최적해가 유일하지 않을 수 있다. 예를 들어, 만일 기계 부품 I과 II의 이익률이 $50과 $100 대신 $40과 $100이면, 목적함수의 등고선들은 그림 3.5에서와 같이 가변영역의 CG 직선과 평행하게 된다. 이 경우 선 CG의 경계와 일치하는 선 $P''Q''$는 최대 이익을 나타내는 목적함수의 등고선이 된다. 따라서 이때는 최적해가 유일하지 않으

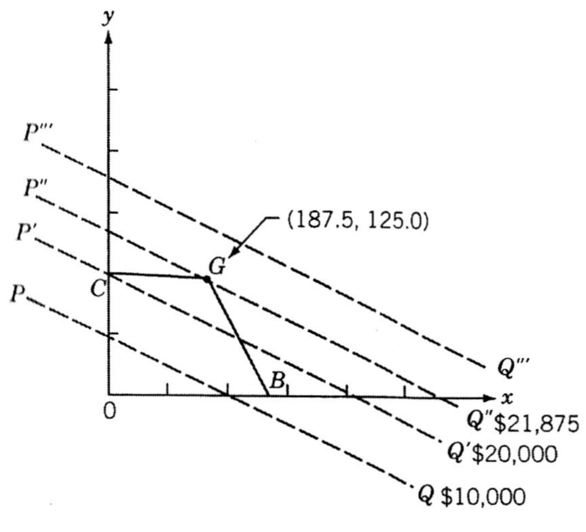

그림 3.4 목적함수의 등고선

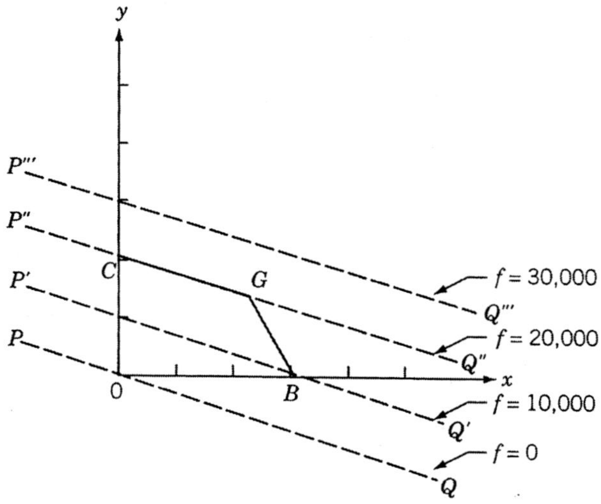

그림 3.5 무한한 해들

며 $P''Q''$ 선상 C와 G 사이 모든 점이 최대 이익이 \$20,000인 최적해가 될 수 있다. 또한, 다음과 같이 세 개의 다른 경우도 발생할 수 있다. (1) 가변영역이 닫힌 볼록 다각형이 아닐 수 있다. 이 경우에는 그림 3.6과 같이 가변영역을 벗어나지 않고 이익을 무한히 큰 수치로 증가시킬 수 있다. 이러한 선형 계획 문제의 해는 비유계(unbounded)된다고 말한다. (2) 가변영역이 공집합(empty set)인 경우도 있다. 이는 제약들의 공통 영역의 점이 없거나, 공통 영역의 점이 있을지라도 그 점들이 음수인 경우로 변수의 제약조건을 만족하지 않는 경우이다. (3) 가변영역이 단일 점일 경우도 있다. 이는 제약식의 수와 결정 변수의 수가 같을 때 발생하는 경우로서 오직 하나의 실행 가능한 점이 존재하므로 이러한

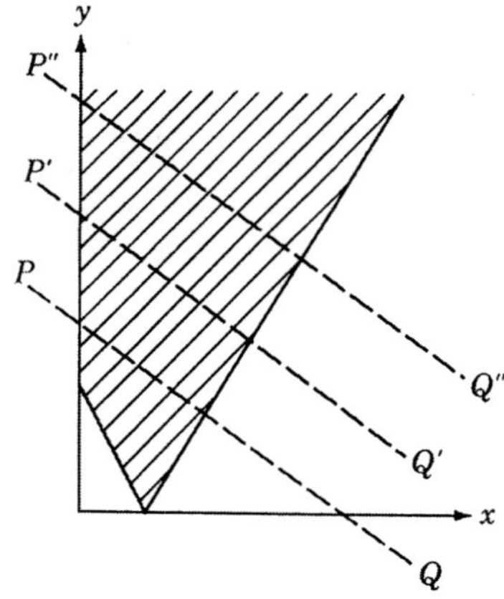

그림 3.6 비유계된(unbounded) 해

종류의 문제는 최적화의 의미가 없다.

따라서 LP 문제는 (1) 유일한 최적해, (2) 무한 개의 최적해, (3) 비유계, (4) 해가 없거나, 또는 (5) 하나의 가변영역 점을 가질 수 있다. 표준형의 선형 계획 문제의 그래프 해법으로부터 다음과 같은 일반적인 선형 계획 문제의 기하학적 특징들을 알 수 있다.

1. 가변영역은 볼록 다각형이다.
2. 최적값은 하나의 극점 또는 가변영역의 정점(vertex)에서 발생한다.

3.5 정의 및 정리

3.4절에서 기술한 선형 계획법 문제의 기하학적 특징들을 수학적으로 증명할 수 있다. 선형 계획법 문제들을 해결하는 더욱 강력한 방법들 중 일부는 이러한 특징의 장점을 이용한다. 선형 계획법에서 사용한 용어와 중요한 정리들 중 일부를 본 절에서 기술한다.

[정의]

1. **n-차원 공간 내부 점** n-차원 공간 내부에 위치한 한 점 $\boldsymbol{X}$는 순차적인 n개의 값들 또는 좌표 $(x_1,\ x_2,\ \cdot\ \cdot\ \cdot\ ,\ x_n)$로 표현된다. 이때, $\boldsymbol{X}$의 좌표 값을 $\boldsymbol{X}$의 성분(components)이라 한다.
2. **n-차원 선분 L** 두 점 A와 B의 좌표가 각각 $x_j^{(1)}$와 $x_j^{(2)}, j=1,\ 2,\cdots,\ n$라 하면, 이 두 점을 연결하는 선분 L은 좌표가

   $$x_j = \lambda x_j^{(1)} + (1-\lambda) x_j^{(2)},\ \ j=1,\ 2,\cdots,\ n,\ 0 \le \lambda \le 1$$

   로 된 점 $\boldsymbol{X}(\lambda)$들의 집합이다. 즉,

   $$L = \{\boldsymbol{X} | \boldsymbol{X} = \lambda \boldsymbol{X}^{(1)} + (1-\lambda)\boldsymbol{X}^{(2)}\} \tag{3.4}$$

   이다. 예를 들어, 1차원의 경우 그림 3.7로부터 아래의 관계가 있음을 알 수 있다.

   $$x^{(2)} - x(\lambda) = \lambda\left[x^{(2)} - x^{(1)}\right],\ \ 0 \le \lambda \le 1 \tag{3.5}$$

   $$x(\lambda) = \lambda x^{(1)} + (1-\lambda) x^{(2)},\ \ 0 \le \lambda \le 1 \tag{3.6}$$

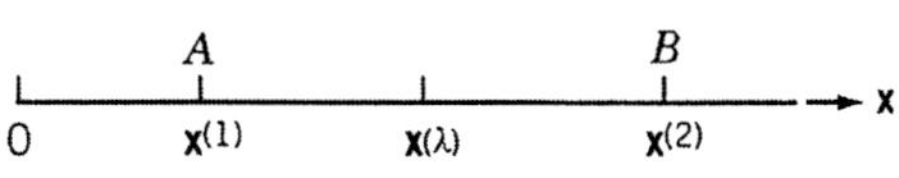

그림 3.7 선분

3. **초평면(Hyperplane)** n-차원 공간 내부에서 다음 선형 방정식을 만족하는 점의 집합을 초평면이라 한다.

$$a_1x_1 + \cdot \cdot \cdot + a_nx_n = \boldsymbol{a}^T\boldsymbol{X} = b \qquad 3.7$$

즉, 초평면 H를 다음과 같이 나타낼 수 있다.

$$H(\boldsymbol{a}, b) = \{\boldsymbol{X} | \boldsymbol{a}^T\boldsymbol{X} = b\} \qquad 3.8$$

초평면은 n-차원 공간 내부에 n-1차원으로 된 공간이다. 예를 들어, 3차원 공간의 초평면은 2차원인 평면이고, 2차원 공간의 초평면은 1차원인 직선이다. 또한, 선형 부등식(예를 들어 $a_1x_1 + \cdot \cdot \cdot + a_nx_n \le b$)을 만족하는 점의 집합을 닫힌 반공간(closed half-space)이라 한다(상기 부등식에서 등호를 경계로 꽉 닫혀있으므로). 초평면은 n-차원 공간(E^n)을 다음과 같이 두 개의 닫힌 반공간으로 나눈다.

$$H^+ = \{\boldsymbol{X} | \boldsymbol{a}^T\boldsymbol{X} \ge b\} \qquad 3.9$$

$$H^- = \{\boldsymbol{X} | \boldsymbol{a}^T\boldsymbol{X} \le b\} \qquad 3.10$$

아래의 그림 3.8에서는 2차원 공간(E^2)을 두 개의 닫힌 반공간으로 나누는 초평면을 보여 준다.

4. **볼록집합(Convex set)** 집합 내부에 있는 임의 두 점 $\boldsymbol{X}^{(1)}$과 $\boldsymbol{X}^{(2)}$를 연결하는 선분이 집합 내부에 위치하는 집합이다. 볼록집합 S의 수학적 정의는 다음과 같다.

$$\boldsymbol{X}^{(1)},\ \boldsymbol{X}^{(2)} \in S \ \Rightarrow \boldsymbol{X} \in S,\quad \boldsymbol{X} = \lambda \boldsymbol{X}^{(1)} + (1-\lambda)\boldsymbol{X}^{(2)},\ 0 \le \lambda \le 1$$

오직 한 점을 포함하는 집합은 볼록 집합이다. 그림 3.9에서 음영 처리된 부분은 2차원 공간에서 볼록집합이 된다. 반면 그림 3.10에서 음영 처리된 영역으로 묘사된 집합들은 볼록집합이 아니다. 예를 들어, L-형상 영역은 집합 내부에 있는 두 점 a와 b를 연결하는 선분이 집합에 포함되지 않기 때문에 볼록집합이 아니다.

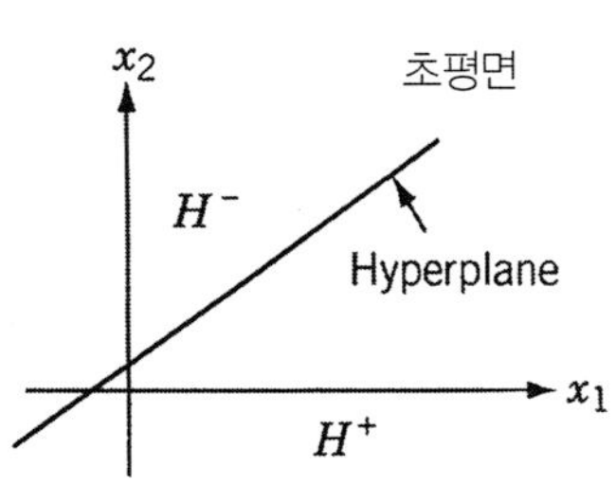

그림 3.8 2차원 공간의 초평면

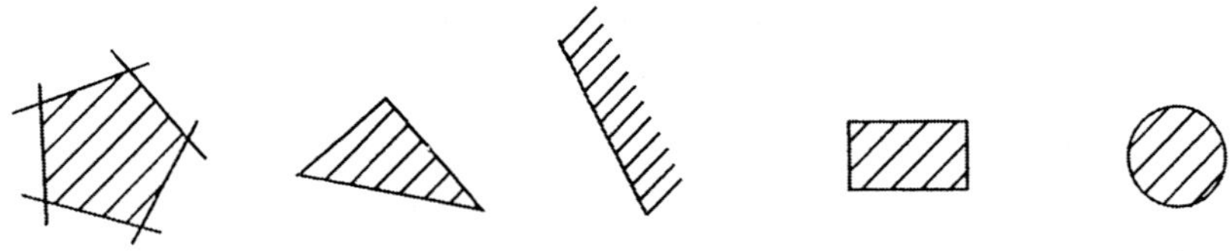

그림 3.9 볼록집합

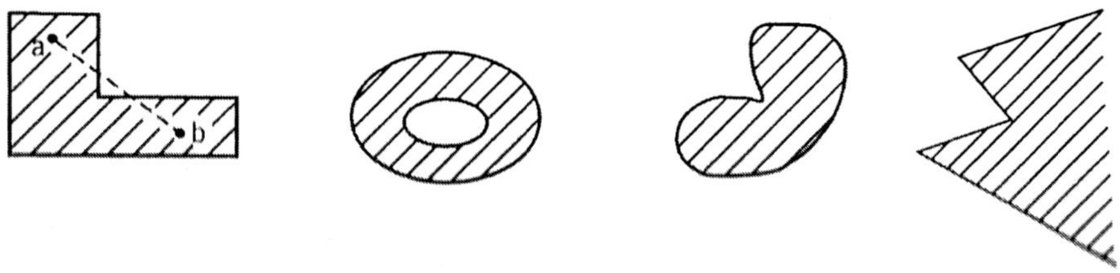

그림 3.10 비볼록(Nonconvex) 집합

5. **볼록 다면집합**(Polyhedron)**과 볼록 다면체**(Polytope) 볼록 다면집합은 하나 또는 그 이상의 반공간들의 공통영역 내 점들의 집합이다. 유계된 볼록 다면집합을 볼록 다면체라 한다.

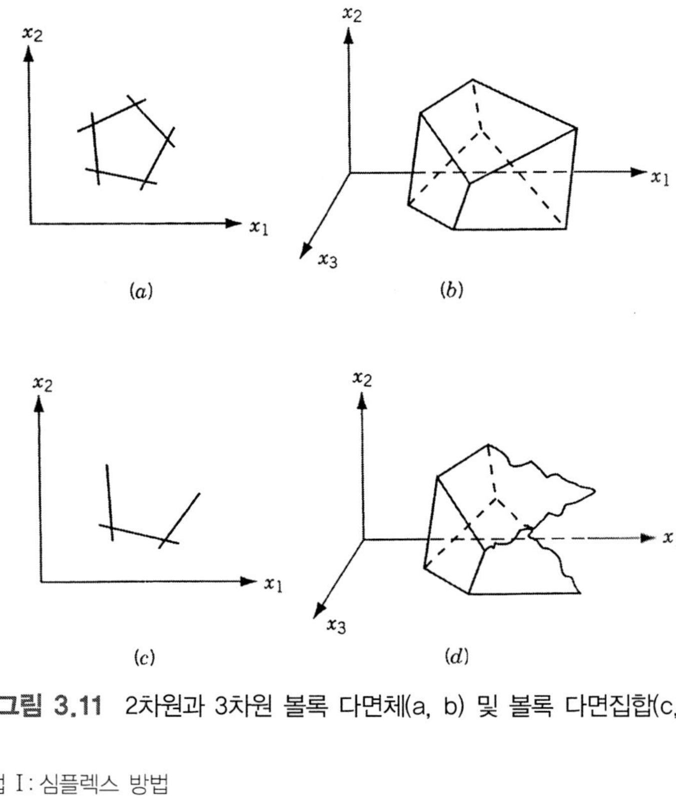

그림 3.11 2차원과 3차원 볼록 다면체(a, b) 및 볼록 다면집합(c, d)

그림 3.11a와 b는 2차원과 3차원에서 볼록 다면체들을 나타내고, 그림 3.11c와 d는 2차원과 3차원에서 볼록 다면집합을 나타낸다. 그림 3.11a와 c와 같은 볼록 다각형은 하나 또는 그 이상의 반평면의 교집합과 같다.

6. **정점**(Vertex) **또는 극점**(Extreme point) 정점 또는 극점은 집합 내 어떠한 두 개의 다른 점을 연결한 선분에도 있지 않은 볼록집합의 점을 말한다. 예를 들어 원의 원주 상 그리고 다각형의 각 코너에 위치한 모든 점은 정점 또는 극점이다.
7. **가변영역의 해**(Feasible solution) 선형 계획 문제에서 제약조건들을 만족하는 임의 해를 가변영역의 해라고 한다.

$$\boldsymbol{aX} = \boldsymbol{b}$$
$$\boldsymbol{X} \geq 0$$

8. **기본해**(Basic solution) 기본해는 n개의 변수 중 제약식의 개수, 즉 m개의 변수를 제외한 $n-m$개의 변수들을 0으로 설정하여 얻은 해이다. $n-m$ 변수들을 0으로 설정하고 제약식 $\boldsymbol{aX} = \boldsymbol{b}$로부터 나머지 m개의 변수의 값을 구하여 기본해를 얻을 수 있다.
9. **기본변수 집합**(Basis) 기본해를 얻기 위해 0으로 설정되지 않은 변수들의 집합이다.
10. **가변영역의 기본해**(Basic feasible solution) 변수 제약조건 $\boldsymbol{X} \geq 0$을 만족하는 기본해이다.
11. **비퇴화**(Nondegenerate) **가변영역의 기본해**(basic feasible solution) m개 변수 x_i가 양수 값을 갖는 가변영역의 기본해이다.
12. **최적해**(Optimal solution) 목적함수를 최적화하는 변수들의 값을 최적해라 한다.
13. **최적 기본해**(Optimal basic solution) 목적함수가 최적인 기본해이다. 기본해가 아닌 변수의 값들이 목적함수의 최적이 될 수도 있으므로 최적해와 구분하여 정의할 수 있다.

정리 이제 선형 계획의 기본 정리들을 기술하고 증명하기로 한다.

정리 3.1 볼록집합들의 교집합도 또한 볼록집합이다.

[증명] 주어진 볼록집합들을 R_i, $i = 1, 2, \cdots, K$로 표현하고 그들의 교집합을 R이라 하면

$$R = \bigcap_{i=1}^{K} R_i$$

이다. 만일 두 점 $\boldsymbol{X}^{(1)}$, $\boldsymbol{X}^{(2)} \in R$이면 교집합의 정의로부터, 그리고 R_i, $i = 1, 2, \cdots, K$

가 볼록집합이므로

$$X = \lambda X^{(1)} + (1-\lambda) X^{(2)} \in R_i \qquad (i = 1, 2, \cdot \cdot \cdot, K)$$
$$0 \le \lambda \le 1$$

이 된다. 따라서

$$X \in R = \bigcap_{i=1}^{K} R_i$$

이므로 교집합 R은 볼록집합이다. 이 정리는 R_1, R_2, · · ·,의 볼록집합들의 공통부분인 집합 R은 볼록집합이 된다는 것이다. 그림 3.12는 2개의 볼록집합에 대하여 위의 정리를 설명하고 있다. ■

정리 3.2 선형 계획 문제의 가변영역은 볼록집합이다.

[증명] 표준형인 선형 계획 문제의 가변영역 S를

$$S = \{X | aX = b,\ X \ge 0\} \qquad 3.11$$

이라 하고, 점 X_1과 X_2이 가변영역의 집합 S에 속한다면

$$aX_1 = b, \qquad X_1 \ge 0 \qquad 3.12$$

$$aX_2 = b, \qquad X_2 \ge 0 \qquad 3.13$$

이다. 식 3.12에 λ로 곱하고 식 3.13에 $(1-\lambda)$를 곱한 후 서로 더하면

$$a[\lambda X_1 + (1-\lambda)X_2] = \lambda b + (1-\lambda)b = b$$

즉,

$$aX_\lambda = b,\ X_\lambda = \lambda X_1 + (1-\lambda)X_2$$

와 같다. 따라서 점 X_λ가 제약식을 만족하고

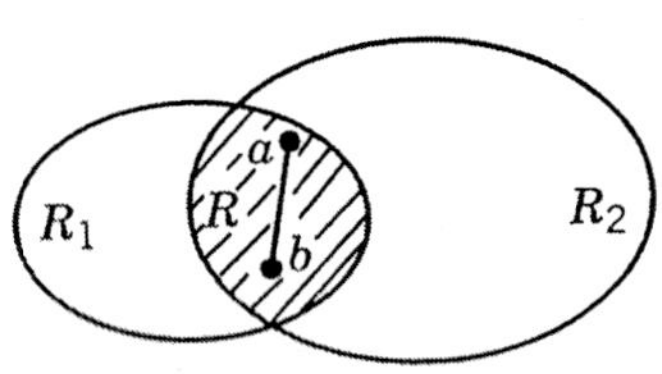

그림 3.12 두 볼록집합의 교집합

$$0 \le \lambda \le 1, \quad \boldsymbol{X}_\lambda \ge 0$$

이므로 $\boldsymbol{X}_\lambda = \lambda \boldsymbol{X}_1 + (1-\lambda)\boldsymbol{X}_2 \in S$ 이다. 즉, 가변영역 집합 S는 볼록집합이다. ■

정리 3.3 선형 계획 문제의 국소 최소해는 광역 최소해이다.

[증명] 일변수 함수의 경우에는 도함수가 0이 되는 x의 값 중에서 함수 $f(x)$는 최솟값(최댓값)을 갖는다. 이 최소점은 그림 3.13에서와 같이 $f(x)$가 국소 최솟값이 되는 $A(x=x_1)$와 같은 점일 수 있으며, 또는 $f(x)$가 광역 최솟값이 되는 $B(x=x_2)$와 같은 점일 수도 있다. 그러나 선형 계획 문제의 경우에는 국소 최소해는 모두 광역 최소해가 된다. 이를 증명하기 위해 점 A를 국소 최소점이나 광역 최소점이 아니라고 가정하여 $f_B < f_A$인 다른 최소점 B가 존재하는 것으로 가정하자. A와 B의 좌표를 각각 $(x_1,\ x_2,\cdots,x_n)^T$와 $(y_1,\ y_2,\cdots,y_n)^T$이라면, 가변영역이 볼록집합이고 목적함수가 선형 함수이므로 두 점 A와 B를 연결하는 선분 상에 위치하는 임의의 점 $C=(z_1,\ z_2,\cdots,z_n)^T$는 가변영역의 점이 되고, 그때의 함숫값 $f_C = \lambda f_A + (1-\lambda)f_B$이다. 이 경우 $f_B < f_A$이므로 f_C 값은 f_A로부터 f_B로 균등하게 감소한다. 따라서 점 A와 B 사이(A 이웃 점들을 포함) 선분 상 모든 가변영역의 점 C에서의 함숫값 f_C들은 f_A보다 작은 값을 갖는다. 따라서 $f_A > f_B$와 같이 점 A외에 다른 점 B에서 국소 최소를 갖는 것은 불가능하다. 즉, 모든 가변영역의 점 B에서 $f_A \le f_B$이므로 f_A는 광역 최솟값이 됨을 의미한다.

이 정리의 일반화된 버전은 부록 A에서 증명되고, 비선형 계획 문제에도 적용할 수 있다. ■

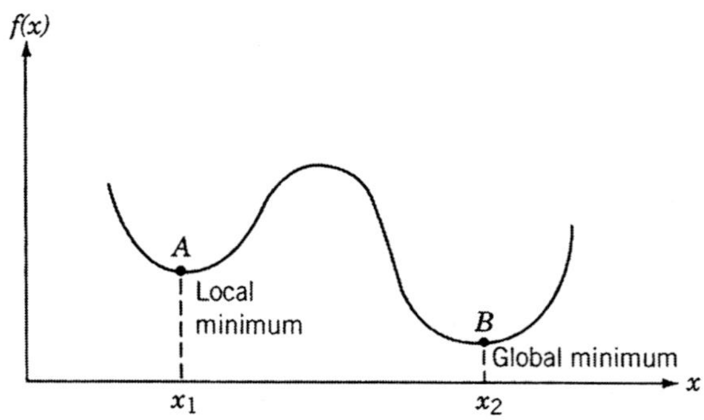

그림 3.13 국소 및 광역 최소들

정리 3.4 각 가변영역의 기본해는 가변영역인 볼록집합의 극점이다.

정리 3.5 S를 가변영역인 볼록집합의 p개의 극점들 $\boldsymbol{X}_i^e$, $i=1$ *to* p로 만든 닫힌 유계된 볼록 다면집합이라 하면, 임의의 벡터 $\boldsymbol{X} \in S$는

$$\boldsymbol{X} = \sum_{i=1}^{p} \lambda_i \boldsymbol{X}_i^e \ , \quad \lambda_i \geq 0 \ , \quad \sum_{i=1}^{p} \lambda_i = 1,$$

로 표현된다.

정리 3.6 S가 닫힌 볼록 다면집합이라면, 선형함수는 S의 극점에서 최솟값을 갖는다.

정리 3.4~3.6의 증명은 참고문헌 3.1을 참조하기로 한다.

3.6 선형 연립방정식의 해법

선형 계획 문제를 해결하는 가장 일반적인 방법을 연구하기 전에 선형 연립방정식을 해결하는 방법들을 검토할 필요가 있으므로 본 절에서는 선형 방정식의 기초 개념들을 알아본다. 다음과 같이 미지수가 n개이고 방정식 수가 n개인 연립방정식

$$\begin{aligned}
&a_{11}x_1 + a_{12}x_2 + \cdot\cdot\cdot + a_{1n}x_n = b_1 \quad (E_1) \\
&a_{21}x_1 + a_{22}x_2 + \cdot\cdot\cdot + a_{2n}x_n = b_2 \quad (E_2) \\
&a_{31}x_1 + a_{32}x_2 + \cdot\cdot\cdot + a_{3n}x_n = b_3 \quad (E_3) \\
&\cdot \\
&\cdot \\
&\cdot \\
&a_{n1}x_1 + a_{n2}x_2 + \cdot\cdot\cdot + a_{nn}x_n = b_n \quad (E_n)
\end{aligned} \tag{3.14}$$

이 유일한 해를 갖는다면 연립방정식을 해결하는 방법은 정규형(canonical form)으로 변환하는 것이다.

연립방정식 3.14의 해는 다음의 기본행 연산을 하여도 변하지 않는 것은 기본 선형대수학에서 다루고 있다. (1) 임의의 식 E_r을 상수 k를 곱한 식 kE_r로 대체하고, (2)임의의 식 E_r을 다른 식 E_s의 상수배와 합한 식 $E_r + kE_s$로 대체하는 기초 조작을 수행하여 연립방정식 3.14를 다음과 같이 해를 구하기 편리한 형태로 변환할 수 있다. 우선, 변수 x_i를 선택하여 j번째 방정식을 제외한 모든 식에서 변수 x_i를 제거한다. 즉, j번째 식의 양변을 a_{ji}로 나누고, 양변에 a_{ki}, $k=1, 2, \cdot\cdot\cdot, j-1, \ j+1, \cdot\cdot\cdot, n$을 곱한 식과 다른

식을 빼면 연립방정식 3.14는 다음과 같이 변환된다.

$$a'_{11}x_1 + a'_{12}x_2 + \cdots + a'_{1,i-1}x_{i-1} + 0x_i + a'_{1,i+1}x_{i+1} + \cdots \quad 3.15$$

$$+ a'_{1n}x_n = b'_1$$

$$a'_{21}x_1 + a'_{22}x_2 + \cdots + a'_{2,i-1}x_{i-1} + 0x_i + a'_{2,i+1}x_{i+1} + \cdots$$

$$+ a_{2n}x_n = b'_2$$

$$\vdots$$

$$a'_{j-1}x_1 + a'_{j-1,2}x_2 + \cdots + a'_{j-1,i-1}x_{i-1} + 0x_i + a'_{j-1,i+1}x_{i+1} + \cdots$$

$$+ a'_{i-1,n}x_n = b'_{j-1}$$

$$a'_{j1}x_1 + a'_{j2}x_2 + \cdots + a'_{j,i-1}x_{i-1} + 1x_i + a'_{j,i+1}x_{i+1} + \cdots$$

$$+ a'_{jn}x_n = b'_j$$

$$a'_{j+1}x_1 + a'_{j+1,2}x_2 + \cdots + a'_{j+1,i-1}x_{i-1} + 0x_i + a'_{j+1,i+1}x_{i+1}$$

$$+ \cdots + a'_{j+1,n}x_n = b'_{j+1}$$

$$\vdots$$

$$a'_{n1}x_1 + a'_{n2}x_2 + \cdots + a'_{n,i-1}x_{i-1} + 0x_i + a'_{n,i+1}x_{i+1}$$

$$+ \cdots + a'_{nn}x_n = b'_n$$

여기서 각 a'_{ij}과 b'_j은 계산 후 얻은 새로운 계수 및 상수이다. 이와 같이 식 하나만을 제외한 모든 식에서 특정 변수를 제거하는 절차를 **피봇연산**(pivot operation)이라 한다. 피봇연산으로 얻은 연립방정식 3.15는 원래의 연립방정식 3.14와 동일한 해를 갖는다.

다음은 위의 방법과 유사하게 연립방정식 3.15의 t번째 식($t \neq j$)을 제외한 모든 식들에서 변수 $x_s (s \neq i)$를 제거하는 새로운 피봇연산을 수행하면 연립방정식 3.15의 i번째 열의 계수 0 또는 1은 영향을 받지 않고 그대로 유지된다. 이와 같이 매번 다른 변수와 식을 선택하여 피봇연산을 반복하면 연립방정식 3.14는

$$1x_1+0x_2+0x_3+\cdot\cdot\cdot+0x_n=b_1'' \tag{3.16}$$

$$0x_1+1x_2+0x_3+\cdot\cdot\cdot+0x_n=b_2''$$

$$0x_1+0x_2+1x_3+\cdot\cdot\cdot+0x_n=b_3''$$

$$\vdots$$

$$0x_1+0x_2+0x_3+\cdot\cdot\cdot+1x_n=b_n''$$

와 같은 형태의 연립방정식으로 변환될 수 있다. 연립방정식 3.16을 정규형(canonical form)이라고 하며, 일반 연립방정식에 최대 n번 피봇연산 수행하여 얻을 수 있는 연립방정식이다. 또한, 이 정규형으로부터 다음과 같이 해 벡터를 쉽게 얻을 수 있다.

$$x_i=b_i'',\quad i=1,\ 2,\cdot\cdot\cdot,\ n \tag{3.17}$$

식 3.16은 기본 행연산을 통해 식 3.14로부터 얻은 것이므로 연립방정식 3.16은 연립방정식 3.14와 동치(같은 해를 가짐)이다. 따라서 식 3.17의 해는 연립방정식 3.14의 해와 같다.

3.7 일반 선형 연립방정식의 해법

정사각 연립방정식이 아니라, 변수의 개수 n이 식의 개수 m개 보다 큰, 즉 $n \geq m$인 식 3.18의 연립방정식에 대하여 알아보자. 우선, 이 연립방정식이 일관성(consistency)이 있다면 최소한 하나 이상의 해를 갖게 된다.

$$a_{11}x_1+a_{12}x_2+\cdot\cdot\cdot+a_{1n}x_n=b_1 \tag{3.18}$$

$$a_{21}x_1+a_{22}x_2+\cdot\cdot\cdot+a_{2n}x_n=b_2$$

$$a_{31}x_1+a_{32}x_2+\cdot\cdot\cdot+a_{3n}x_n=b_3$$

$$\vdots$$

$$a_{m1}x_1+a_{m2}x_2+\cdot\cdot\cdot+a_{mn}x_n=b_m$$

그러면 앞에서 언급한 바와 같은 피봇연산을 이용하여 위의 연립방정식 3.18을 적어도 하나의 해 벡터 $\boldsymbol{X}$를 쉽게 유추할 수 있는 정규형 동치 연립방정식으로 변환하는 것이 가능하다. 즉, 임의의 m개 변수(예를 들어 x_1, x_2, $\cdot\cdot\cdot$, x_m)에 관해 피봇연산을 수행하면 다음과 같은 동치인 연립방정식으로 변환할 수 있다.

피봇변수 x_1, x_2, $\cdot\cdot\cdot$, x_m을 갖는 정규형 연립방정식

$$\begin{aligned} 1x_1 + 0x_2 + \cdot\cdot\cdot + 0x_m + a''_{1,m+1}\,x_{m+1} + \cdot\cdot\cdot + a''_{1n}\,x_n &= b''_1 \\ 0x_1 + 1x_2 + \cdot\cdot\cdot + 0x_m + a''_{2,m+1}\,x_{m+1} + \cdot\cdot\cdot + a''_{2n}\,x_n &= b''_2 \\ &\ \vdots \\ 0x_1 + 0x_2 + \cdot\cdot\cdot + 1x_m + a''_{m,m+1}\,x_{m+1} + \cdot\cdot\cdot + a''_{mn}\,x_n &= b''_m \end{aligned} \qquad 3.19$$

피봇변수	비피봇변수 또는 독립변수	우변상수

연립방정식 3.19로부터 쉽게 유추할 수 있는 특별한 하나의 해는 다음과 같다.

$$x_i = \begin{cases} b''_i, & i = 1,\ 2, \cdot\cdot\cdot, m \\ 0, & i = m+1,\ m+2, \cdot\cdot\cdot\ n \end{cases} \qquad 3.20$$

위의 해 벡터는 $n-m$개의 성분이 0이므로 연립방정식 3.18의 기본해이다. 피봇변수 x_i, $i=1, 2,\cdots, m$은 기본(basic)변수라 하며, 나머지 변수들 x_i, $i=m+1$, $m+2$, $\cdots$, n는 기본변수가 아니다(nonbasic). 물론 위의 해가 연립방정식 3.18의 유일한 해는 아니다. 만일 식 3.20과 같은 해의 모든 b''_i, $i=1,\ 2, \cdot\cdot\cdot, m$들이 음수가 아니면, 그 해는 식 3.2와 식 3.3을 만족하므로 가변영역의 기본해가 된다.

또한, 식 3.19의 정규형 연립방정식으로부터 또 다른 기본해를 얻을 수 있다. $q > m$이면서 0이 아닌 계수 a''_{pq}를 피봇항으로 선택하여 추가 피봇연산을 수행하면, 새로운 연립방정식은 아직도 정규형이나 x_p가 더 이상 기본변수가 되지 않고 x_q가 새로운 기본변수로 된다. 이 새로운 연립방정식은 식 3.20과 유사한 새로운 기본해(이는 가변영역의 해가 되거나 아닐 수도 있다)를 제공한다. 일반적으로 하나의 기본해로부터 다른 해로 이동하면서 모든 기본변수의 값은 변화하나 이전의 정규형 연립방정식의 기본변수가 아닌 변수(0의 값을 가짐) 오직 하나가 새로운 정규형 연립방정식에서는 기본변수(0이 아닌 값을 가짐)로 변화한다는 사실에 유의하여야 한다.

예제 3.3

다음 연립방정식의 모든 기본해를 구하라.

$$2x_1 + 3x_2 - 2x_3 - 7x_4 = 1 \qquad (\mathrm{I}_0)$$

$$x_1 + x_2 + x_3 + 3x_4 = 6 \qquad (\mathrm{II}_0)$$

$$x_1 - x_2 + x_3 + 5x_4 = 4 \qquad (\mathrm{III}_0)$$

[풀이] 먼저 연립방정식을 x_1, x_2, 및 x_3이 기본변수가 되는 정규형으로 변환한다.

$$x_1 + \frac{3}{2}x_2 - x_3 - \frac{7}{2}x_4 = \frac{1}{2} \qquad \mathrm{I}_1 = \frac{1}{2}\mathrm{I}_0$$

$$0 - \frac{1}{2}x_2 + 2x_3 + \frac{13}{2}x_4 = \frac{11}{2} \qquad \mathrm{II}_1 = \mathrm{II}_0 - \mathrm{I}_1$$

$$0 - \frac{5}{2}x_2 + 2x_3 + \frac{17}{2}x_4 = \frac{7}{2} \qquad \mathrm{III}_1 = \mathrm{III}_0 - \mathrm{I}_1$$

이제 $a'_{22} = -1/2$을 피봇하면

$$x_1 + 0 + 5x_3 + 16x_4 = 17 \qquad \mathrm{I}_2 = \mathrm{I}_1 - \frac{3}{2}\mathrm{II}_2$$

$$0 + x_2 - 4x_3 - 13x_4 = -11 \qquad \mathrm{II}_2 = -2\mathrm{II}_1$$

$$0 + 0 - 8x_3 - 24x_4 = -24 \qquad \mathrm{III}_2 = \mathrm{III}_1 + \frac{5}{2}\mathrm{II}_2$$

이 되고, 마지막으로 a'_{33}을 피봇하면 다음과 같은 정규형의 연립방정식을 얻는다.

$$x_1 \qquad + x_4 = 2 \qquad \mathrm{I}_3 = \mathrm{I}_2 - 5\mathrm{III}_3$$

$$x_2 \qquad - x_4 = 1 \qquad \mathrm{II}_3 = \mathrm{II}_2 + 4\mathrm{III}_3$$

$$x_3 + 3x_4 = 3 \qquad \mathrm{III}_3 = -\frac{1}{8}\mathrm{III}_2$$

위의 정규형으로부터 모든 변수 x_1, x_2, x_3를 변수 x_4로 나타내면

$$x_1 = 2 - x_4$$
$$x_2 = 1 + x_4$$
$$x_3 = 3 - 3x_4$$

와 같다. 만약 식 (I_0), (II_0), (III_0)들이 선형 계획 문제의 제약들이면, 위의 식에서 기본변수가 아닌 독립변수들을 0으로 설정하여 얻은 기본해는

$x_1 = 2, \quad x_2 = 1, \quad x_3 = 3$ (기본변수)

$x_4 = 0$ (독립변수: 기본변수가 아닌 변수)

와 같다. 이 기본해는 모두 $x_j \geq 0, j=1,\ 2,\ 3,\ 4$이므로 가변영역의 기본해이다. 이제 만일 정규형의 연립방정식 (I_3), (II_3), (III_3)으로부터 변수 x_1, x_2, x_4가 기본변수인 이웃 기본해로 이동하기를 원한다면, 식 (III_3)에서 변수 x_4의 계수 $a''_{34}=3$에 대해 피봇연산을 하면 된다. 즉,

$$\begin{array}{llll} x_1 & & -\frac{1}{3}x_3 = 1 & \qquad \mathrm{I}_4 = \mathrm{I}_3 - \mathrm{III}_4 \\ & x_2 & +\frac{1}{3}x_3 = 2 & \qquad \mathrm{II}_4 = \mathrm{II}_3 + \mathrm{III}_4 \\ & & x_4 + \frac{1}{3}x_3 = 1 & \qquad \mathrm{III}_4 = \frac{1}{3}\mathrm{III}_3 \end{array}$$

와 같이 변환되고, 이로부터 x_1, x_2, x_4를 x_3으로 나타내면

$$x_1 = 1 + \frac{1}{3}x_3$$
$$x_2 = 2 - \frac{1}{3}x_3$$
$$x_4 = 1 - \frac{1}{3}x_3$$

이 되어 새로운 기본해는 다음과 같다.

$x_1 = 1,\quad x_2 = 2,\quad x_4 = 1$ (기본변수)
$x_3 = 0$ (독립변수: 기본변수가 아닌 변수)

이 새로운 기본해도 가변영역의 기본해이다. 다시 x_1, x_3, x_4가 기본변수가 되는 다음 기본해로 이동하기를 원하면 현재 기본변수 x_2 대신에 x_3가 기본변수가 되어야 한다. 따라서 식 (II_4)의 x_3의 계수 $a''_{23} = \frac{1}{3}$에 관해 피봇연산을 하면 다음 정규형을 얻는다.

$$\begin{array}{llll} x_1 & & +x_2 = 3 & \qquad \mathrm{I}_5 = \mathrm{I}_4 + \frac{1}{3}\mathrm{II}_5 \\ & x_3 & +3x_2 = 6 & \qquad \mathrm{II}_5 = 3\mathrm{II}_4 \\ & & x_4 - x_2 = -1 & \qquad \mathrm{III}_5 = \mathrm{III}_4 - \frac{1}{3}\mathrm{II}_5 \end{array}$$

따라서 상응하는 기본해는 다음과 같다.

$x_1 = 3,\quad x_3 = 6,\quad x_4 = -1$ (기본변수)
$x_2 = 0$ (독립변수: 기본변수가 아닌 변수)

하지만 위에서 변수 x_4가 음수이므로 상기 기본해는 가변영역의 기본해가 아니다.

마지막으로 x_2, x_3, x_4가 기본변수인 정규형을 얻기 위해 식 (I_5)의 x_2의 계수 $a''_{12}=1$에 관한 피봇연산을 하여 현재 기본변수 x_1 대신에 x_2가 기본변수가 되어야 한다. 즉,

$$\begin{aligned} x_2 \qquad + x_1 &= 3 \qquad\qquad \mathrm{I}_6 = \mathrm{I}_5 \\ x_3 \quad - 3x_1 &= -3 \qquad\qquad \mathrm{II}_6 = \mathrm{II}_6 - 3\mathrm{I}_6 \\ x_4 + x_1 &= 2 \qquad\qquad \mathrm{III}_6 = \mathrm{III}_5 + \mathrm{I}_6 \end{aligned}$$

와 같은 정규형을 얻도록 피봇연산을 하여 기본해를 구하면

$x_2=3,\quad x_3=-3,\quad x_4=2$ (기본변수)

$x_1=0$ (독립변수: 기본변수가 아닌 변수)

와 같다. 하지만 x_3이 음의 값이므로 새로운 기본해는 가변영역의 기본해가 아님을 알 수 있다. ■

3.8 심플렉스 방법의 개요

연립방정식이 한 기본해에 상응하는 정규형으로 주어지면 피봇연산으로 이웃 기본해로 이동하는 방법을 살펴보았다. 이를 이용하면, 주어진 선형 계획 문제의 최적해를 찾는 한 방법은 최적해가 항상 가변영역의 극점 또는 정점에서 발생하기 때문에 모든 기본해들을 도출하여 목적함수의 최적값에 상응하는 가변영역의 해를 선택하는 것이 될 수 있다. 앞 절에서 다룬 바와 같이 $n \geq m$인 n개 변수로 된 m개의 등식 제약에서 $n-m$개 변수들을 0으로 설정하여 기본해를 얻을 수 있으므로 조사하여야 할 기본해의 개수는 n 변수들로부터 m 변수들을 선택하는 경우의 수

$$\binom{n}{m} = \frac{n!}{(n-m)!m!}$$

와 같다. 예를 들어, $n=10$개의 변수와 $m=5$개의 등식 제약을 갖는 선형 계획 문제는 252개의 기본해를 갖게 되며, $n=20$, $m=10$이면 184,756개의 기본해를 갖는다. 일반적으로 위의 모든 기본해가 모두 가변영역의 기본해는 아니므로 모든 기본해가 최적해가 되는지를 검사할 필요는 없지만 n과 m이 커지면 검사를 하기에 너무 많은 기본해가 된다. 따라서 f의 함숫값이 감소하며 최솟값에 도달할 때까지 순차적으로 가변영역의 기본해들을 조사하는 기법이 필요하다. Dantzig의 심플렉스 방법은 가변영역의 기본해를 얻

는 강력한 기법이다. 이 방법에서는 만일 해가 최적점이 아니면 f의 값이 보다 작거나 또는 동일한 값을 갖는 가변영역의 이웃 기본해를 찾는 과정을 최적해를 찾을 때까지 유한번 반복한다.

심플렉스 방법의 첫 번째 단계는 인공변수(artificial variable)로 알려진 특정 변수들을 도입하여 선형 계획 문제의 표준형인 보조 문제(auxiliary problem)를 이용하는 것이다. 인공변수를 도입하는 주된 목적은 보조 문제를 풀어 가변영역의 기본해를 즉각 얻을 수 있는 정규형 선형 계획 문제로 만들기 위한 것이다. 정규형 보조 문제로부터 시작하여 선형 계획 문제의 최적해는 모두 두 국면(two phases)에 걸쳐 구하게 된다. 첫 번째 국면(Phase I)은 원래 선형 계획 문제의 가변영역의 기본해 하나를 찾는 것으로 이 국면은 보조 문제의 최적해를 찾기 위한 순차적 피봇연산을 실행한다. 또한, 보조 문제의 최적 단계에서 얻은 결과는 원래 선형 계획 문제의 가변영역의 기본해를 찾는데 사용된다. 두 번째 국면(Phase II)은 원래 선형 계획 문제의 최적해를 찾는 것이다. 이 국면은 원래 선형 계획 문제의 가변영역의 기본해로부터 이웃 기본해로 이동하는 피봇연산들로 구성된다. 또 이 과정에서 만약 최적해가 존재하면 최적해를 구하게 된다. 심플렉스 방법의 주된 절차를 나열하는 심플렉스 알고리즘은 다음 절에서 기술하기로 한다.

3.9 심플렉스 알고리즘

심플렉스 알고리즘은 다음과 같이 항상 정규형의 등식 제약들과 목적함수를 포함하는 일련의 식

$$
\begin{array}{ll}
1x_1+0x_2+\cdots+0x_m & +a''_{1,m+1}x_{m+1}+\cdots+a''_{1,n}x_n=b''_1 \\
0x_1+1x_2+\cdots+0x_m & +a''_{2,m+1}x_{m+1}+\cdots+a''_{2,n}x_n=b''_2 \\
\vdots & \\
0x_1+0x_2+\cdots+1x_m & +a''_{m,m+1}x_{m+1}+\cdots+a''_{mn}x_n=b''_m \\
0x_1+0x_2+\cdots+0x_m-f & +c''_{m+1}x_{m+1}+\cdots+c''_nx_n=-f''_0
\end{array}
\qquad 3.21
$$

단, a''_{ij}, c''_j, b''_i, f''_0는 상수

으로 시작하여 이 식들을 만족하고 함수 $f(X)$를 최소화하는 $X \geq 0$를 구하는 것이다. 정규형인 식 3.21에서 $(-f)$는 하나의 기본변수로 취급하는 것을 알 수 있다. 또한, 식 3.21로부터 쉽게 유추할 수 있는 기본해는

$$x_i = b_i'', \quad i = 1, 2, \cdots, m \tag{3.22}$$

$$f = f_0''$$

$$x_i = 0, \quad i = m+1, \ m+2, \cdots, n$$

와 같고, 이 기본해가 가변영역에 있으면 $x_i \geq 0$, $i = 1, 2, \cdot\cdot\cdot, n$이므로

$$b_i'' \geq 0, \quad i = 1, \ 2, \cdot\cdot\cdot, m \tag{3.23}$$

이 된다. 심플렉스 방법의 국면 phase I에서 인공변수들을 추가한 정규형에 상응하는 기본해는 보조문제의 가변영역 기본해이고, 또 앞에서 언급한 바와 같이 심플렉스 방법의 phase II에서도 원래 선형 계획 문제의 가변영역의 기본해를 갖고 시작하므로 심플렉스 알고리즘에서의 초기 정규형은 항상 가변영역의 기본해가 된다.

정리 3.6으로부터 선형 계획 문제의 최적해는 가변영역의 기본해들 중 하나가 됨을 알고 있다. 심플렉스 알고리즘은 피봇연산을 통해 가변영역의 기본해로부터 가변영역의 다른 기본해로 이동하기 때문에 다음 기본해로 이동하기 전에 현재 기본해가 최적해가 되는가의 여부를 확인해야 한다. 다음 정리 3.7은 단순하게 숫자 c_j'', $i = 1, 2, \cdot\cdot\cdot, n$을 보면 현재의 가변영역의 기본해가 최적인지 여부를 확인할 수 있는 방법을 제공한다.

3.9.1 최적해 판정

정리 3.7 만일 식 3.21에서 모든 비용계수들 c_j'', $j = m+1, \ m+2, \cdots, n$이 모두 음수가 아니면 그때의 가변영역의 기본해는 목적함수의 최솟값이 f_0''이 되는 최적해가 된다.

[증명] 식 3.21의 마지막 행은

$$f_0'' + \sum_{i=m+1}^{n} c_i'' x_i = f \tag{3.24}$$

와 같이 쓸 수 있다. 기본변수가 아닌 변수 $x_{m+1}, x_{m+2}, \cdot\cdot\cdot, x_n$은 현재 0이므로 이들 중 임의 하나가 변화할 수 있는 유일한 방법은 양으로 되는 것이다. 그러나 만일 $c_i'' > 0, i = m+1, \ m+2, \cdots, n$이면 임의의 x_i를 증가시켜 목적함수 f의 값을 감소시킬 수 없다. 따라서 f가 감소하는 새로운 기본변수가 없으므로 현재 해가 f의 최솟값 f_0''이 되게 하는 최적해이다. ■

c_i''를 보면 복수 최적의 존재 여부를 알 수도 있다. $c_i'' > 0$, $i = m+1$, $m+2$, $\cdots$,

$k-1,\ k+1,\ \cdots,\ n$이고 기본변수가 아닌 변수 x_k의 계수를 $c_k'' = 0$이라 하자. 이제 변수 x_k가 양이(현재 수치 0으로부터) 되어 기본변수가 되는 새로운 가변영역의 기본해를 생성하더라도 $c_k'' = 0$이므로 f의 값에는 변화가 없다. 하지만 같은 f의 최솟값을 갖는 기본해이므로 또 다른 최적해를 얻게 된다. 그러나 퇴화(degenerate) 해를 갖는 경우에는 제약들로 인해 변수가 양이 될 수 없을 수도 있다. 따라서 요약하면 만일 기본변수가 아닌 모든 변수 $x_j, j = m+1,\ m+2, \cdots,\ n$에 대한 목적함수의 계수가 양이면 즉, $c_j'' > 0$이면, 그때의 가변영역의 기본해는 유일한 최적해이다. 다음 절에서는 만일 현재 가변영역의 기본해가 최적해가 아닌 것으로 판명되면 현재 정규형으로부터 목적함수의 값을 감소하는 새로운 가변영역의 기본해를 얻는 방법을 다룬다.

3.9.2 감소방향의 가변영역 기본해 이동

식 3.21의 마지막 행에서 목적함수를

$$f = f_0'' + \sum_{i=1}^{m} c_i'' x_i + \sum_{j=m+1}^{n} c_j'' x_j \tag{3.25}$$

$$= f_0'' \quad : \text{식 3.22에 의해 주어진 해}$$

와 같이 다시 쓸 수 있다. 이때 적어도 하나의 c_j''가 음이면 이에 상응하는 x_j를 양으로 만들어 f의 값을 f_0'' 보다 작게 감소시킬 수 있다. 다시 말해 비용계수 c_j''가 음인 비기본변수 x_j는 목적함수 수치를 감소시키기 위해 기본변수가 되어야 한다. 동시에 피봇연산을 통해 현재 기본변수들 중 하나는 비기본변수가 된다. 만일 하나 이상의 $c_j'' < 0$이 존재하면, 기본변수로 만들어야 하는 비기본변수 x_s를 다음과 같이 선정한다.

$$c_s'' = \min\{c_j'' \mid c_j'' < 0,\ j = m+1, \cdots,\ n\} \tag{3.26}$$

비록 이는 f에서 가능한 가장 큰 감소로 유도하지 않을지라도(x_s를 매우 크게 증가시키는 것이 가능하지 않을 수 있으므로) 직감적으로 변수가 기본변수로 변경되도록 선정하는 좋은 규칙이 된다. 이는 통상적으로 임의 $c_j'' < 0$를 선정하는 것보다 적은 반복을 유도하기 때문에 실제적으로 사용되는 간단한 방법이다. 만일 식 3.26에서 동일한 최솟값을 갖는 하나 이상의 c_j''가 존재하면 그 중 하나를 독단적으로 선택한다.

변수 x_s를 기본변수로 결정하면 다른 비기본변수들을 0으로 유지하면서 이 변수가 0으로부터 증가할 때 현재 기본변수들에 미치는 영향을 알아보자. 식 3.21로부터 $x_s > 0$이 되면 다음 관계식을 얻는다.

$$x_1 = b_1'' - a_{1s}'' x_s, \quad b_1'' \ge 0 \qquad 3.27$$

$$x_2 = b_2'' - a_{2s}'' x_s, \quad b_2'' \ge 0$$

$$\vdots$$

$$x_m = b_m'' - a_{ms}'' x_s, \quad b_m'' \ge 0$$

$$f = f_0'' + c_s'' x_s, \qquad c_s'' < 0 \qquad 3.28$$

위의 식 3.28에서 $c_s'' < 0$이므로 f의 값을 많이 감소시키기 위해서는 x_s의 값을 가능한 크게 만들어야 한다. 그러나 x_s의 값을 증가시키는 과정에서 식 3.27에서 기본변수 x_i, $i = 1, 2, \cdots, m$ 중 일부는 음이 될 수도 있다. 하지만, 만일 계수 모두 $a_{is}'' \le 0$, $i = 1, 2, \cdots, m$이면 $x_i \le 0$, $i = 1, 2, \cdots, m$이 되지 않고도 x_s를 무한히 크게 만들 수 있다. 이와 같은 경우는 f가 음으로 무한히 감소하여 최적해가 존재하지 않는데, 이러한 선형 계획 문제를 **비유계된 해**(unbounded solution)를 갖는다고 말한다.

반면에 적어도 하나의 a_{is}''가 양이면, $x_i \ge 0$를 유지하기 위해 x_s가 취할 수 있는 최대는 b_i''/a_{is}''이다. 또한, 하나 이상의 a_{is}''가 양이면, x_s가 취할 수 있는 가장 큰 수치 x_s^*는 $b_i''/a_{is}''\left(a_{is}'' > 0\right)$ 값들 중 최소에 의해 결정된다. 즉,

$$x_s^* = \frac{b_r''}{a_{rs}''} = \min\left\{ \frac{b_i''}{a_{is}''} \mid a_{is}'' > 0, \ i = 1, \cdots, m \right\} \qquad 3.29$$

이다. 여기서 값이 동일한 경우에는 임의로 r을 선택한다. 한편, 식 3.27에서 $a_{is}'' > 0$이고 b_i''가 0이면, x_s를 조금도 증가시킬 수 없어 0으로 유지되면서 단지 기본변수로만 되어 새로운 가변영역의 기본해가 되는 경우가 있다. 이와 같은 해를 **퇴화해**(degenerate solution)라 한다.

비퇴화(nondegenerate) 가변영역 기본해의 경우에는 식 3.29에 의해 주어진 x_s^* 값을 식 3.27과 3.28에 대입하여

$$x_s = x_s^* \qquad 3.30$$

$$x_i = b_i'' - a_{is}'' x_s^* \ge 0, \quad i = 1, 2, \cdots, m, \quad i \ne r$$

$$x_r = 0$$

$$x_j = 0, \quad j = m+1, m+2, \cdots, n, \quad j \ne s$$

$$f = f_0'' + c_s'' x_s^* \leq f_0'' \qquad 3.31$$

와 같이 목적함수 값이 감소하는 새로운 가변영역의 기본해를 얻을 수 있다. 이 기본해는 식 3.29에서 $a_{rs}'' > 0$이므로 연립방정식 3.21에서 성분 a_{rs}''에 대한 한 번의 피봇연산을 하면 얻게 되는 새로운 정규형으로부터 쉽게 유추할 수 있는 가변영역의 기본해이기도 하다. 새로운 정규형에서 모두 $c_i'' > 0$인지를 조사하여 이 가변영역의 기본해의 최적해 여부

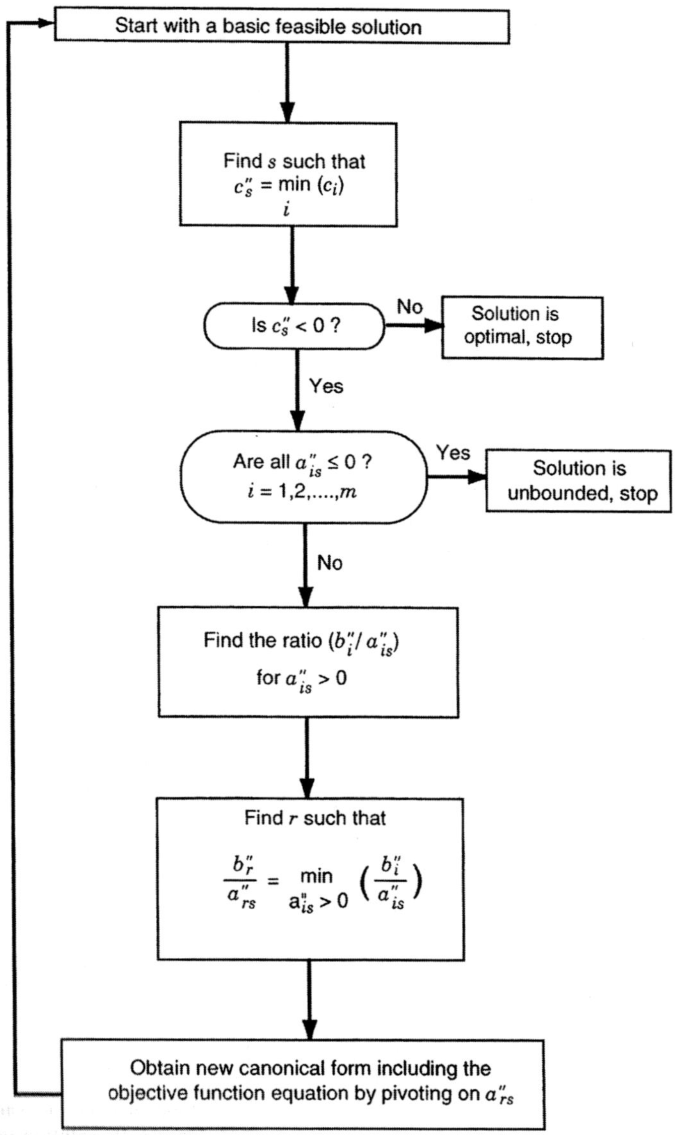

그림 3.14 심플렉스 알고리즘의 흐름도

를 판단할 수 있다. 만일 해가 최적이 아니면 현재 해로부터 다른 가변영역의 기본해로 이동하는 절차를 반복하여야 한다. 심플렉스 알고리즘에서는 (1) $f \to -\infty$ 인 가변영역의 해의 종류, 또는 (2) $c_i^{''} \geq 0 (i=1, 2, \cdot\cdot\cdot, n)$을 갖는 하나의 가변영역의 기본해, 즉 최적해를 발견할 때까지 이 절차를 반복한다. n 변수로부터 일련의 m 기본변수들을 선택하는 방법의 수는 유한하므로 심플렉스 알고리즘의 반복과정은 유한 주기 이내에서 종료한다. 심플렉스 알고리즘의 반복과정에 대한 흐름도는 그림 3.14와 같다.

예제 3.4

심플렉스 알고리즘을 사용하여 다음 최적화 문제를 해결하라.

$$Max \quad f = x_1 + 2x_2 + x_3$$

subject to

$$2x_1 + x_2 - x_3 \leq 2$$

$$-2x_1 + x_2 - 5x_3 \geq -6$$

$$4x_1 + x_2 + x_3 \leq 6$$

$$x_i \geq 0, \quad i = 1, 2, 3$$

[풀이] 최대화 문제를 최소화 문제로 그리고 부등식(필요한 곳에)의 부호를 우변상수 $b_i \geq 0$이 되도록(초기 가변영역의 기본해를 쉽게 얻을 수 있도록) 변환하면

$$\min \quad f = -x_1 - 2x_2 - x_3$$

subject to

$$2x_1 + x_2 - x_3 \leq 2$$

$$2x_1 - x_2 + 5x_3 \leq 6$$

$$4x_1 + x_2 + x_3 \leq 6$$

$$x_i \geq 0, \quad i = 1, 2, 3$$

와 같은 표준형이 된다. 이제 이완변수 $x_4 \geq 0$, $x_5 \geq 0$, $x_6 \geq 0$을 도입하여 제약식과 목적함수를 포함한 정규형의 연립방정식을 만들면

$$2x_1 + x_2 - x_3 \quad + x_4 \qquad\qquad = 2 \qquad \text{E.1}$$

$$2x_1 - x_2 + 5x_3 \qquad + x_5 \qquad = 6$$

$$4x_1 + x_2 + x_3 \qquad\qquad + x_6 \quad = 6$$

$$-x_1 - 2x_2 - x_3 \qquad\qquad - f \quad = 0$$

와 같고, x_4, x_5, x_6, $-f$를 기본변수들로 취급할 수 있다. 식 E.1에 상응하는 기본해는

$$x_4 = 2, \quad x_5 = 6, \quad x_6 = 6 \quad (\text{기본변수들}) \qquad \text{E.2}$$

$$x_1 = x_2 = x_3 = 0 \quad (\text{비기본변수들})$$

$$f = 0$$

와 같으며 이는 가변영역의 기본해인 것을 알 수 있다. 하지만 식 E.1에서 비기본변수들에 상응하는 비용계수들은 모두 음$\left(c_1'' = -1,\ c_2'' = -2,\ c_3'' = -1\right)$이므로 식 E.2의 해는 최적해가 아니다. 이제 위의 가변영역의 기본해에서 목적함수가 감소하는 가변영역의 기본해로 이동하기 위해 다음과 같이 최소의 음의 계수

$$c_s'' = \min\left\{c_j'' < 0\right\} = c_2'' = -2$$

에 대응하는 변수 x_2 (즉, $s = 2$)를 기본변수가 되도록 한다. 따라서 x_2를 포함하는 기본변수의 집합에 대한 새로운 정규형을 얻기 위해 다음을 만족하는 피봇성분 a_{rs}''를 선택한다.

$$\frac{b_r''}{a_{rs}''} = \min\left\{\frac{b_i''}{a_{is}''} \middle| \quad a_{is}'' > 0\right\}$$

즉, $s = 2$이고, $a_{12}'' = 1 > 0$와 $a_{32}'' = 1 > 0$이고, $b_1'' / a_{12}'' = 2/1$ 그리고 $b_3'' / a_{32}'' = 6/1$이므로 최소비율 2/1에 대응하는 변수 $x_r = x_1$이 된다. 따라서 피봇성분 a_{12}''에 대해 피봇하면 다음과 같은 새로운 연립방정식

$$2x_1 + x_2 \quad - x_3 + x_4 \qquad\qquad = 2 \qquad \text{E.3}$$

$$4x_1 - 0x_2 + 4x_3 + x_4 + x_5 \qquad = 8$$

$$2x_1 + 0x_2 + 2x_3 - x_4 \qquad + x_6 \quad = 4$$

$$3x_1 + 0x_2 - 3x_3 + 2x_4 \qquad\quad - f \quad = 4$$

을 얻을 수 있고, 이 정규형에 상응하는 가변영역의 기본해는 다음과 같다.

$$x_2 = 2, \quad x_5 = 8, \quad x_6 = 4 \quad \text{(기본변수들)} \qquad \text{E.4}$$

$$x_1 = x_3 = x_4 = 0 \quad \text{(비기본변수들)}$$

$$f = -4$$

하지만 $c_3'' = -3 < 0$이므로 위의 가변영역 기본해는 최적이 아니다. 다시 목적함수의 최소 계수는 $c_s'' = \min\{c_i'' < 0\} = c_3'' = -3$이므로 변수 $x_s = x_3$이 기본변수가 되도록 한다.

피봇성분 a_{rs}''를 찾기 위해 $a_{is}'' > 0$인 b_i''/a_{is}''의 최소비율을 구한다. 식 E.3에서 오직 $a_{23}'' = 4 > 0$과 $a_{33}'' = 2 > 0$이므로 대응하는 두 비율은

$$\frac{b_2''}{a_{23}''} = \frac{8}{4}, \qquad \frac{b_3''}{a_{33}''} = \frac{4}{2}$$

이지만 동일하므로 피봇성분으로 임의의 a_{23}''을 선택한다. a_{23}''에 대해 피봇하면 다음의 정규형 연립방정식

$$\begin{aligned}
&3x_1 + 1x_2 + 0x_3 + \frac{5}{4}x_4 + \frac{1}{4}x_5 = 4 && \text{E.5}\\
&1x_1 + 0x_2 + 1x_3 + \frac{1}{4}x_4 + \frac{1}{4}x_5 = 2\\
&0x_1 + 0x_2 + 0x_3 - \frac{3}{2}x_4 - \frac{1}{2}x_5 + x_6 = 0\\
&6x_1 + 0x_2 + 0x_3 + \frac{11}{4}x_4 + \frac{3}{4}x_5 - f = 10
\end{aligned}$$

을 얻는다. 또한, 이 정규형에 상응하는 가변영역의 기본해는 다음과 같다.

$$x_2 = 4, \quad x_3 = 2, \quad x_6 = 0 \quad \text{(기본변수들)} \qquad \text{E.6}$$

$$x_1 = x_4 = x_5 = 0 \quad \text{(비기본변수들)}$$

$$f = -10$$

한편, 현재 정규형에서 모든 $c_i'' \geq 0$이므로 식 E.6의 해가 최적해가 된다. E.1로부터 시작하여 최적해를 구하는 연산과정을 다음과 같은 표로 나타낼 수 있다.

B.V	변수						$-f$	b_i''	b_i''/a_{is}'' for $a_{is}'' > 0$
	x_1	x_2	x_3	x_4	x_5	x_6			
x_4	2	[1]	−1	1	0	0	0	2	[2] 가장 작으므로 다음 기본변수집합에서 x_4 제거
x_5	2	−1	5	0	1	0	0	6	
x_6	4	1	1	0	0	1	0	6	6
$-f$	−1	[−2]	−1	0	0	0	1	0	

B.V: 기본변수, □ 피봇요소, ⬚ 날변수, ⬚ 들변수 c_i''

1차 피봇 후

B.V	변수 x_1	x_2	x_3	x_4	x_5	x_6	$-f$	b_i''	b_i''/a_{is}'' for $a_{is}''>0$
x_2	2	1	−1	1	0	0	0	2	
x_5	4	0	[4]	1	1	0	0	8	[2] 가장 작으므로 다음 기본변수집합에서 x_5 제거
x_6	2	0	2	−1	0	1	0	4	2
$-f$	3	0	[−3]	2	0	0	1	4	

B.V: 기본변수, □ 피봇요소, ⬚ 날변수, ⬚ 들변수 c_i''

2차 피봇 후

B.V	변수 x_1	x_2	x_3	x_4	x_5	x_6	$-f$	b_i''	b_i''/a_{is}'' for $a_{is}''>0$
x_2	3	1	0	5/4	1/4	0	0	4	
x_3	1	0	1	1/4	1/4	0	0	2	
x_6	0	0	0	−3/2	−1/2	1	0	0	
$-f$	6	0	0	11/4	3/4	0	1	10	

예제 3.5

다음 최적화 문제가 비유계된 해를 갖는 것을 증명하라.

$$\min \quad f = -3x_1 - 2x_2$$

subject to

$$x_1 - x_2 \le 1$$

$$3x_1 - 2x_2 \le 6$$

$$x_i \ge 0, \quad i = 1, 2$$

[풀이] 이완변수 $x_3 \ge 0$, $x_4 \ge 0$을 도입하면, 위의 최적화 문제를 다음과 같이 정규형 연립방정식으로 기술할 수 있다.

$$\begin{aligned} x_1 - x_2 + x_3 \quad &= 1 \\ 3x_1 - 2x_2 + x_4 \quad &= 6 \\ -3x_1 - 2x_2 - f &= 0 \end{aligned} \qquad \text{E.1}$$

또한, 식 E.1에 상응하는 기본해는

$$x_3 = 1, \quad x_4 = 6 \quad (\text{기본변수들}) \qquad \text{E.2}$$
$$x_1 = x_2 = 0 \quad (\text{비기본변수들})$$
$$f = 0$$

와 같으며 가변영역의 점임을 알 수 있다. 비기본변수들에 상응하는 비용계수들은 음이므로 식 E.2에 의해 주어진 해는 최적해가 아니다. 따라서 식 E.1과 E.2의 정규형 연립방정식에 심플렉스 알고리즘을 적용하여 계산한 결과는 다음 표와 같다.

B.V	변수 x_1	x_2	x_3	x_4	$-f$	b_i''	b_i''/a_{is}'' for $a_{is}''>0$
x_3	[1]	−1	1	0	0	1	1 가장 작으므로 다음 기본변수집합에서 x_3 제거
x_4	3	−2	0	1	0	6	2
$-f$	3	−2	0	0	1	0	

B.V: 기본변수, □ 피봇요소, ⬚ 날변수, ⬚ 들변수 c_i''

1차 피봇 후

B.V	변수 x_1	x_2	x_3	x_4	$-f$	b_i''	b_i''/a_{is}'' for $a_{is}''>0$
x_1	1	−1	1	0	0	1	
x_4	0	[1]	−3	1	0	3	3 가장 작으므로 다음 기본변수집합에서 x_4 제거
$-f$	0	−5	3	0	1	3	

B.V: 기본변수, □ 피봇요소, ⬚ 날변수, ⬚ 들변수 c_i''

2차 피봇 후

B.V	변수 x_1	x_2	x_3	x_4	$-f$	b_i''	b_i''/a_{is}'' for $a_{is}''>0$
x_1	1	0	−2	1	0	4	두 a_{is}''는 모두 음(즉, 떠날 기본변수가 없음)
x_2	0	1	−3	1	0	3	
$-f$	0	0	−12	5	1	18	

B.V: 기본변수, □ 피봇요소, ⬚ 날변수, ⬚ 들변수 c_i''

이 단계에서 x_3가 최소 음의 비용계수 −12를 갖는 것을 알 수 있으므로 x_3가 기본변수로 되도록 해야 한다. 그러나 모든 a_{i3}'' 계수들이 음이므로 x_3가 기본변수가 되어 무한히 커지더라도 다른 제약들을 위반하지 않고 f의 값을 무한대로 감소시킬 수 있다. 따라서 문제는 유계되지 않은 해를 갖는다. 일반적으로 임의 반복에서 들변수 x_s의 모든 계수 a''_{is}들이 음 또는 0의 값이 되는 문제는 비유계된 해를 갖는 것을 알 수 있다. ■

예제 3.6

무한 해를 갖는 문제를 어떻게 해결하는지 보이기 위해 다음과 같이 예제 3.2에서 수정된 목적함수를 갖는 선형 계획 문제를 고려하기로 한다.

$$\min \quad f = -40x_1 - 100x_2$$

subject to

$$10x_1 + 5x_2 \le 2{,}500$$

$$4x_1 + 10x_2 \le 2{,}000$$

$$2x_1 + 3x_2 \le 900$$

$$x_1 \ge 0, \quad x_2 \ge 0$$

[풀이] 위의 문제에 이완변수 $x_3 \ge 0$, $x_4 \ge 0$, $x_5 \ge 0$을 도입한 정규형 연립방정식을 다음과 같이 기술할 수 있다.

$$\begin{aligned} 10x_1 + 5x_2 + x_3 \qquad\qquad &= 2{,}500 \\ 4x_1 + 10x_2 \qquad + x_4 \qquad &= 2{,}000 \\ 2x_1 + 3x_2 \qquad\qquad + x_5 &= 900 \\ -40x_1 - 100x_2 \qquad\qquad -f &= 0 \end{aligned}$$

심플렉스 알고리즘에 의한 연산 결과는 다음 표와 같다.

B.V	변수					$-f$	b''_i	b''_i/a''_{is} for $a''_{is} > 0$
	x_1	x_2	x_3	x_4	x_5			
x_3	10	5	1	0	0	0	2,500	500
x_4	4	[10]	0	1	0	0	2,000	[200]
x_5	2	3	0	0	1	0	900	300
$-f$	−40	[−100]	0	0	0	1	0	

B.V: 기본변수, □ 피봇요소, ⬚ 날변수, ⬚ 들변수 c''_i

1차 피봇 후

B.V	변수 x_1	x_2	x_3	x_4	x_5	$-f$	b_i''	b_i''/a_{is}'' for $a_{is}''>0$
x_3	8	0	1	−1/2	0	0	1,500	
x_2	4/10	1	0	1/10	0	0	200	
x_5	8/10	0	0	−3/10	1	0	300	
$-f$	0	0	0	10	0	1	20,000	

위의 표에서 모든 $c_i'' \geq 0$이므로 최적단계이며, 최적해는 다음과 같다.

$$x_2 = 200, \quad x_3 = 1{,}500, \quad x_5 = 300 \qquad \text{(기본변수들)}$$

$$x_1 = x_4 = 0 \qquad \text{(비기본변수들)}$$

$$f = -20{,}000$$

중요 사항 위의 표의 마지막 행에서 비기본변수 x_1에 상응하는 비용계수는 $c_1'' = 0$이다. 이때 x_1이 x_3대신에 기본변수가 되면(즉, a_{11}''에 관해 피봇하면) 다음 표와 같은 새로운 정규형의 연립방정식을 얻는다.

B.V	변수 x_1	x_2	x_3	x_4	x_5	$-f$	b_i''	b_i''/a_{is}'' for $a_{is}''>0$
x_1	1	0	1/8	−1/16	0	0	1,500/8	
x_2	0	1	−1/20	1/8	0	0	125	
x_5	0	0	−1/10	−1/4	1	0	150	
$-f$	0	0	0	10	0	1	20,000	

또 이 정규형에 상응하는 해는 다음과 같다.

$$x_1 = \frac{1{,}500}{8}, \quad x_2 = 125, \quad x_5 = 150 \qquad \text{(기본변수들)}$$

$$x_3 = x_4 = 0 \qquad \text{(비기본변수들)}$$

$$f = -20{,}000$$

이전의 표의 마지막 행에서 x_1의 비용계수 $c_1'' = 0$이었으므로 피봇연산을 하더라도 f의 값은 변하지 않았다. 이는 또 다른 최적해가 존재하는 것을 나타낸다. 뿐만 아니라 위에서 다음과 같은 두 최적해

$$X_1 = \begin{pmatrix} 0 \\ 200 \\ 1500 \\ 0 \\ 300 \end{pmatrix} \quad and \quad X_2 = \begin{pmatrix} \frac{1500}{8} \\ 125 \\ 0 \\ 0 \\ 150 \end{pmatrix}$$

를 알고 있으므로 두 점의 볼록결합으로 무한개의 기본해가 아닌 가변영역의 최적해를 다음과 같이 얻을 수 있다.

$$X^* = \lambda X_1 + (1-\lambda) X_2$$

$$X^* = \begin{pmatrix} x_1^* \\ x_2^* \\ x_3^* \\ x_4^* \\ x_5^* \end{pmatrix} = \begin{pmatrix} (1-\lambda)\frac{1500}{8} \\ 200\lambda + (1-\lambda)125 \\ 1500\lambda \\ 0 \\ 300\lambda + (1-\lambda)150 \end{pmatrix} = \begin{pmatrix} (1-\lambda)\frac{1500}{8} \\ 125 + 75\lambda \\ 1500\lambda \\ 0 \\ 150 + 150\lambda \end{pmatrix}$$

$$0 \le \lambda \le 1$$

해 X^*는 모든 $0 \le \lambda \le 1$에서 동일한 최솟값 $f = -20{,}000$을 제공하는 것을 증명할 수 있다. ■

3.10 Two Phase 심플렉스 방법

최적화 문제의 해결 방법은 다음 식들

$$a_{11}x_1 + a_{12}x_2 + \cdot\cdot\cdot + a_{1n}x_n = b_1 \qquad 3.32$$

$$a_{21}x_1 + a_{22}x_2 + \cdot\cdot\cdot + a_{2n}x_n = b_2$$

$$\vdots$$

$$a_{m1}x_1 + a_{m2}x_2 + \cdot\cdot\cdot + a_{mn}x_n = b_m$$

을 만족하고 주어진 목적함수

$$c_1x_1 + c_2x_2 + \cdot\cdot\cdot + c_nx_n = f \qquad 3.33$$

를 최소화하는 음이 아닌 변수 x_1, x_2, $\cdot\cdot\cdot$, x_n을 찾는 것이다. 또 이 문제를 해결함에 있어 직면하는 일반적인 문제들은 다음과 같다.

1. 초기 정규형 연립방정식을 쉽게 얻지 못할 수 있다. 선형 계획 문제의 제약식 중 일부가 이완변수를 갖지 않을 때나 이완변수가 음의 계수를 가질 때가 이 경우에 해당한다.
2. 문제의 제약식이 불요제약(redundancies)을 갖거나 또는 일관성(consistency)이 없을 수 있다. 그리고 변수제약에 제한이 없을 수도 있다.

이러한 문제를 해결하기 위해서는 Two-phase 심플렉스 방법을 사용할 수 있다. 심플렉스 방법의 phase I은 선형 계획 문제가 가변영역을 가졌는지 여부를 확인하기 위해 심플렉스 알고리즘을 사용한다. 만일 가변영역의 해가 존재하면 phase II를 시작할 수 있도록 가변영역의 기본해를 갖는 정규형을 제공한다. 또 phase II는 문제가 유계 최적을 갖는지 여부를 확인하기 위해 심플렉스 알고리즘을 사용한다. 만일 유계 최적이 존재하면 최적해인 가변영역 기본해를 찾는다. 다음 단계별로 심플렉스 방법을 기술한다.

1. 필요하면 임의 제약식의 양변의 부호들을 변경시켜 모든 상수 항 b_i가 양 또는 0이 되도록 원래 연립방정식 3.32를 재정리한다.
2. 연립방정식에 인공변수 y_1, y_2, $\cdots$, $y_m (y_i \geq 0)$을 추가하여 phase I에서 기본변수가 되도록 한다.

$$
\begin{aligned}
&a_{11}x_1 + a_{12}x_2 + \cdots + a_{1n}x_n + y_1 && = b_1 \\
&a_{21}x_1 + a_{22}x_2 + \cdots + a_{2n}x_n \quad + y_2 && = b_2 \\
&\vdots \\
&a_{m1}x_1 + a_{m2}x_2 + \cdots + a_{mn}x_n \qquad + y_m && = b_m \\
& && b_i \geq 0
\end{aligned}
\tag{3.34}
$$

식 3.34에서 어떤 a_{ij}와 b_i는 1단계에서 양변에 -1을 곱하여 우변을 양 또는 0으로 하였기 때문에 식 3.32에서의 a_{ij}와 b_i와 부호가 다를 수 있다. 식 3.33의 목적함수는 다음과 같은 식으로 작성한다.

$$c_1x_1 + c_2x_2 + \cdots + c_nx_n + (-f) = 0 \tag{3.35}$$

3. phase I. 인공변수들의 합으로서 정량 w를

$$w = y_1 + y_2 + \cdots + y_m \tag{3.36}$$

와 같이 정의하여 w를 최소화하고($w = 0$ 즉, $y_i = 0$, $i = 1$, ..., m이면 가변영역의 해를 구할 수 있으므로), 식 3.34와 3.35를 만족하는 $x_i \geq 0$, $i = 1, 2, \cdots, n$과

$y_i \geq 0,\ i=1,\ 2, \cdots,\ m$을 찾기 위해 심플렉스 알고리즘을 사용한다. 결과적으로 2개의 목적함수를 포함하는 다음의 연립방정식이 생성된다.

$$\begin{aligned}
&a_{11}x_1 + a_{12}x_2 + \cdots + a_{1n}x_n + y_1 &&= b_1 \\
&a_{21}x_1 + a_{22}x_2 + \cdots + a_{2n}x_n \quad + y_2 &&= b_2 \\
&\vdots \\
&a_{m1}x_1 + a_{m2}x_2 + \cdots + a_{mn}x_n \qquad + y_m &&= b_m \\
&c_1x_1 + c_2x_2 + \cdots + c_nx_n \qquad + (-f) &&= 0 \\
&\qquad y_1 + y_2 + \cdots + y_m + (-w) &&= 0
\end{aligned} \tag{3.37}$$

이 배열은 정규형이 아니다. 그러나 새로운 정규형 연립방정식을 얻기 위해 마지막 식으로부터 처음 m개 식을 모두 빼면 기본변수 $y_1,\ y_2, \cdots,\ y_m - f, -w$를 갖는 하나의 정규형 연립방정식을 다음과 같이 작성할 수 있다.

$$\begin{aligned}
&a_{11}x_1 + a_{12}x_2 + \cdots + a_{1n}x_n + y_1 &&= b_1 \\
&a_{21}x_1 + a_{22}x_2 + \cdots + a_{2n}x_n \quad + y_2 &&= b_2 \\
&\vdots \\
&a_{m1}x_1 + a_{m2}x_2 + \cdots + a_{mn}x_n \qquad + y_m &&= b_m \\
&c_1x_1 + c_2x_2 + \cdots + c_nx_n \qquad + (-f) &&= 0 \\
&d_1x_1 + d_2x_2 + \cdots + d_nx_n \qquad + (-w) &&= w_0
\end{aligned} \tag{3.38}$$

단,

$$d_i = -\left(a_{1i} + a_{2i} + \cdots + a_{mi}\right), \quad i = 1,\ 2, \cdots,\ n \tag{3.39}$$

$$-w_0 = -\left(b_1 + b_2 + \cdots + b_m\right) \tag{3.40}$$

따라서 식 3.38은 phase I의 시작에 필요한 초기 가변영역 기본해를 제공한다.

4. 식 3.37에서 인공변수 $y_1,\ y_2, \cdots,\ y_m$의 w 표현식은 **불가변형**(infeasibility form)이다. 즉, phase I의 결과에서 w의 최솟값이 0보다 크면 식 3.32와 3.33의 원래 선형 계획 문제에는 제약식을 만족하는 변수 x_i값이 존재하지 않음을 의미하므로 즉, 가변영역 해가 존재하지 않으므로 심플렉스 방법을 종료하게 된다. 반면에 w의 최

소가 0이면(모든 $y_i = 0$) 마지막 정규형은 가변영역의 기본해를 제공하므로 정규형에서 각 인공변수들 y_1, y_2, · · · , y_m에 상응하는 열들은 물론 w식을 제거하여 phase II를 시작한다.

5. Phase II. phase I의 마지막 단계에서 생성된 정규형에서 인공변수에 대응하는 열과 식을 제거한 정규형 연립방정식에 심플렉스 알고리즘을 적용한다. 만일 유한 해가 존재하면 이는 f를 최소화하는 최적해이다.

Two-phase 심플렉스 방법의 흐름도는 그림 3.15와 같다.

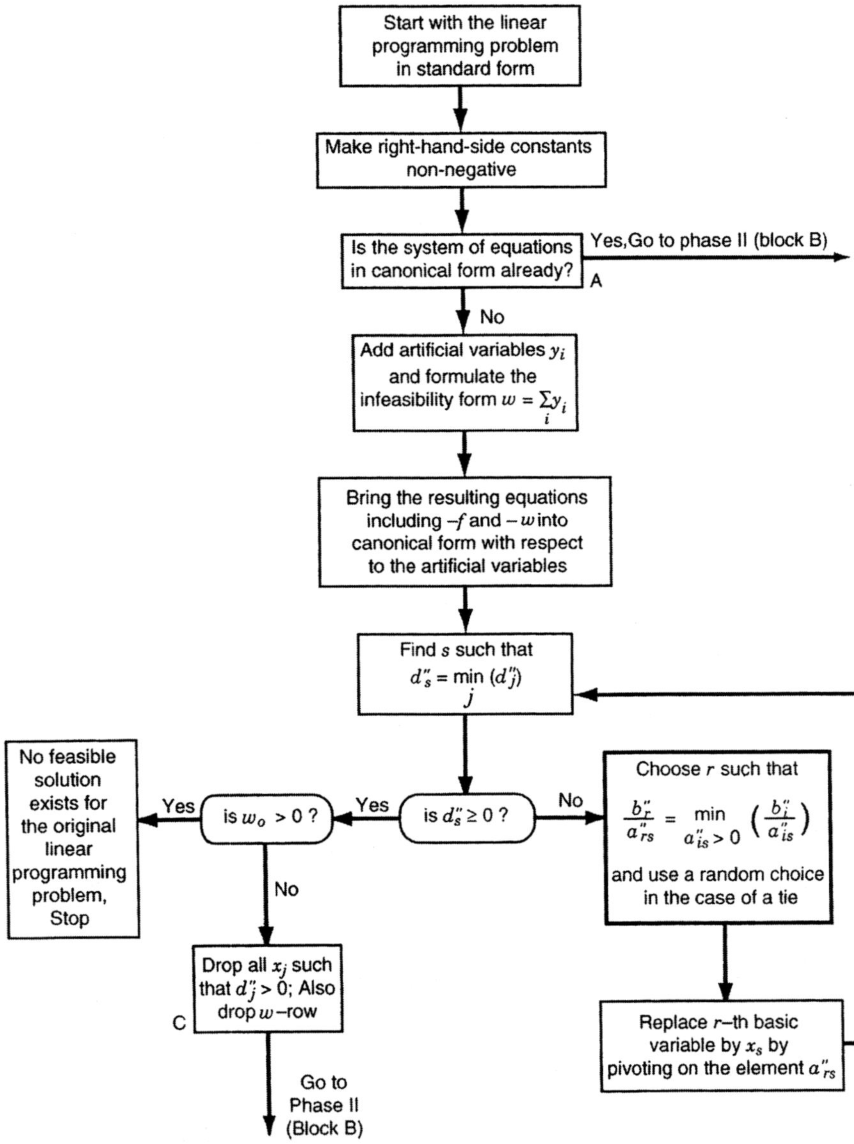

그림 3.15 Two-phase 심플렉스 방법의 흐름도

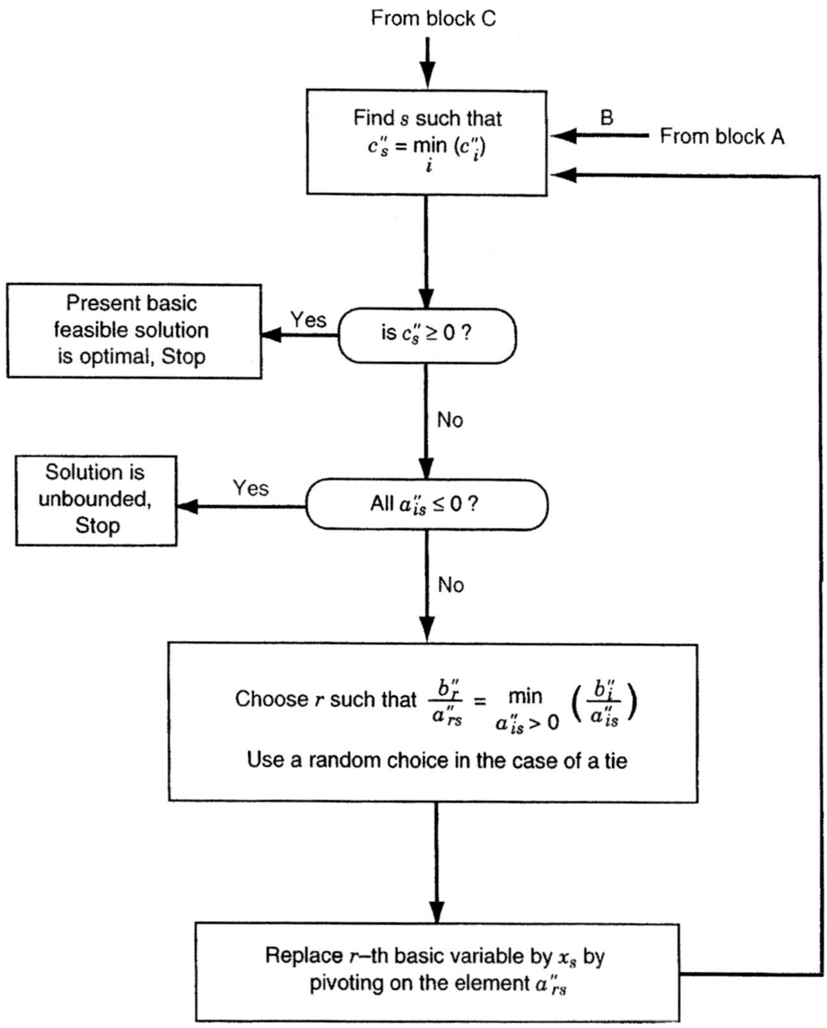

그림 3.15 Two-phase 심플렉스 방법의 흐름도(계속)

예제 3.7

Two-phase 심플렉스 방법을 사용하여 다음 최적화 문제를 해결하라.

$$\min \quad f = 2x_1 + 3x_2 + 2x_3 - x_4 + x_5$$

subject to

$$3x_1 - 3x_2 + 4x_3 + 2x_4 - x_5 = 0$$

$$x_1 + x_2 + x_3 + 3x_4 + x_5 = 2$$

$$x_i \geq 0, \; i = 1 \; to \; 5$$

[풀이]

1단계 제약들의 우변상수는 모두 음이 아니므로 제약식을 재정리할 필요가 없다.

2단계 인공변수들 $y_1 \geq 0$과 $y_2 \geq 0$을 도입하여 다음의 연립방정식을 작성한다.

$$\begin{aligned} 3x_1 - 3x_2 + 4x_3 + 2x_4 - x_5 + y_1 &= 0 \\ x_1 + x_2 + x_3 + 3x_4 + x_5 + y_2 &= 2 \\ 2x_1 + 3x_2 + 2x_3 - x_4 + x_5 - f &= 0 \end{aligned} \quad \text{E.1}$$

3단계 다음의 불가변형 w를

$$w = y_1 + y_2$$

와 같이 정의하여 추가된 연립방정식을 작성한다.

$$\begin{aligned} 3x_1 - 3x_2 + 4x_3 + 2x_4 - x_5 + y_1 &= 0 \\ x_1 + x_2 + x_3 + 3x_4 + x_5 + y_2 &= 2 \\ 2x_1 + 3x_2 + 2x_3 - x_4 + x_5 - f &= 0 \\ y_1 + y_2 - w &= 0 \end{aligned} \quad \text{E.2}$$

식 E.2의 마지막 식으로부터 E.2의 처음 두 식의 합을 뺀 식

$$-4x_1 + 2x_2 - 5x_3 - 5x_4 + 0x_5 - w = -2 \quad \text{E.3}$$

을 E.2의 마지막 식으로 대신한다. 그러면 y_1, y_2, $-f$, $-w$가 기본변수가 되는 정규형 연립방정식(E.2의 처음 3개 공식들과 E.3)을 다시 작성할 수 있다. 이 정규형 연립방정식은 초기 가변영역의 기본해를 제공하므로 심플렉스 방법의 phase I을 시작할 수 있다. Phase I의 계산은 다음 표와 같다.

B.V	변수					인공변수		b_i''	b_i''/a_{is}'' for $a_{is}'' > 0$
	x_1	x_2	x_3	x_4	x_5	y_1	y_2		
y_1	3	−3	4	[2]	−1	1	0	0	[0]
y_2	1	1	1	3	1	0	1	2	2/3
$-f$	2	3	2	−1	1	0	0	0	
$-w$	−4	2	−5	[−5]	0	0	0	−2	

B.V: 기본변수, □ 피봇요소, ⬚ 날변수, ⬚ 들변수 c_i''

d_3''와 d_4''가 −5의 동일한 값이므로 임의로 d_4''를 선택하여 피봇한 결과는 다음 표와 같다.

B.V	변수 x_1	x_2	x_3	x_4	x_5	인공변수 y_1	y_2	b_i''	b_i''/a_{is}'' for $a_{is}''>0$
x_4	3/2	−3/2	2	1	−1/2	1/2	0	0	
y_2	−7/2	[11/2]	−5	0	5/2	−3/2	1	2	[1/11]
$-f$	7/2	3/2	4	0	1/2	1/2	0	0	
$-w$	7/2	[−11/2]	5	0	−5/2	5/2	0	−2	

B.V: 기본변수, □ 피봇요소, ⬚ 날변수, ⬚ 들변수 c_i''

다시 $a_{22}''=\dfrac{11}{2}$에 관해 피봇한 결과는 다음과 같으며 기본변수로부터 y_1과 y_2가 제거되므로 이에 상응하는 열들을 채울 필요가 없다.

B.V	변수 x_1	x_2	x_3	x_4	x_5	인공변수 y_1	y_2	b_i''	b_i''/a_{is}'' for $a_{is}''>0$
x_4	6/11	0	7/11	1	2/11			6/11	6/2
x_2	−7/11	1	−10/11	0	5/11			4/11	4/5
$-f$	98/22	0	118/22	0	−4/22			−6/11	
$-w$	0	0	0	0	0			0	

4단계 이 단계에서는 현재 기본변수의 집합은 인공변수들 y_1과 y_2를 포함하지 않고 w 수치가 0으로 감소된 것을 알 수 있으므로 phase I이 완료되었다.

5단계 w행과 인공변수 열이 생략된 정규형 표를 가지고 phase II를 시작하면 다음 표와 같은 결과를 얻는다.

B.V	변수 x_1	x_2	x_3	x_4	x_5	b_i''	b_i''/a_{is}'' for $a_{is}''>0$
x_4	6/11	0	7/11	1	2/11	6/11	6/2
x_2	−7/11	1	−10/11	0	[5/11]	4/11	[4/5]
$-f$	98/22	0	118/22	0	[−4/22]	−6/11	

B.V: 기본변수, □ 피봇요소, ⬚ 날변수, ⬚ 들변수 c_i''

B.V	변수 x_1	x_2	x_3	x_4	x_5	b_i''	b_i''/a_{is}'' for $a_{is}''>0$
x_4	4/5	−2/5	1	1	0	2/5	
x_5	−7/5	11/5	−2	0	1	4/5	
$-f$	21/5	2/5	5	0	0	−2/5	

위의 표에서 모든 c_i''가 음이 아니므로 phase II는 종료된다. 또한 최적해는

$$x_1 = x_2 = x_3 = 0 \qquad \text{(비기본변수들)}$$

$$x_4 = \frac{2}{5}, \quad x_5 = \frac{4}{5} \qquad \text{(기본변수들)}$$

$$f_{min} = \frac{2}{5}$$

와 같다. ■

REFERENCES AND BIBLIOGRAPHY

3.1 G. B. Dantzig, *Linear Programming and Extensions*, Princeton University Press, Princeton, NJ, 1963.

3.2 W. J. Adams, A. Gewirtz, and L. V. Quintas, *Elements of Linear Programming*, Van Nostrand Reinhold, New York, 1969.

3.3 W.W. Garvin, *Introduction to Linear Programming*, McGraw-Hill, New York, 1960.

3.4 S. I. Gass, *Linear Programming: Methods and Applications*, 5th ed., McGraw-Hill, New York, 1985.

3.5 G. Hadley, *Linear Programming*, Addison-Wesley, Reading, MA, 1962.

3.6 S. Vajda, *An Introduction to Linear Programming and the Theory of Games*, Wiley, New York, 1960.

3.7 W. Orchard-Hays, *Advanced Linear Programming Computing Techniques*, McGraw-Hill, New York, 1968.

3.8 S. I. Gass, *An Illustrated Guide to Linear Programming*, McGraw-Hill, New York, 1970.

3.9 M. F. Rubinstein and J. Karagozian, Building design using linear programming, *Journal of the Structural Division, Proceedings of ASCE*, Vol. 92, No. ST6, pp. 223–245, Dec. 1966.

3.10 T. Au, *Introduction to Systems Engineering: Deterministic Models*, Addison-Wesley, Reading, MA, 1969.

3.11 H. A. Taha, *Operations Research: An Introduction*, 5th ed., Macmillan, New York, 1992.

3.12 W. F. Stoecker, *Design of Thermal Systems*, 3rd ed., McGraw-Hill, New York, 1989.

3.13 K. G. Murty, *Linear Programming*, Wiley, New York, 1983.

3.14 W. L. Winston, *Operations Research: Applications and Algorithms*, 2nd ed., PWS-Kent, Boston, 1991.

3.15 R. M. Stark and R. L. Nicholls, *Mathematical Foundations for Design: Civil Engineering Systems*, McGraw-Hill, New York, 1972.

3.16 N. Karmarkar, A new polynomial-time algorithm for linear programming, *Combinatorica*, Vol. 4, No. 4, pp. 373–395, 1984.

3.17 A. Maass et al., *Design of Water Resources Systems*, Harvard University Press, Cambridge, MA, 1962.

CHAPTER 04

선형 계획법 II

4.1 소개

제3장에서 기술한 심플렉스 방법을 사용하여 여러 변수들과 제약들을 포함하는 선형 계획 문제를 해결하려면 상당한 연산 시간과 저장이 필요하기 때문에 원래 심플렉스 방법보다 짧은 연산 시간과 작은 저장 공간이 소요되는 기법들이 개발되어 왔다. 이러한 기법들 중 수정 심플렉스(revised simplex) 방법이 널리 알려져 있다. 심플렉스 방법과 수정 심플렉스 방법의 주된 차이는 전자에서는 심플렉스 표의 모든 성분들을 변환하는 반면, 후자에서는 역행렬의 성분들만을 변환하는 것이다. 각 선형 계획 문제와 대응하는 쌍대(dual)라 불리는 또 다른 선형 계획 문제를 생성할 수 있는데, 많은 경우 상당히 단순한 방법으로 문제의 쌍대를 풀어서 선형 계획 문제의 해를 구할 수 있다.

상기에서 기술한 바와 같이 실제 선형 계획 문제들에서 어려움 중 하나는 변수들의 숫자 또는 제약들의 숫자가 상당히 커서 사용할 수 있는 전산기의 저장 용량을 초과한다는 것이다. 또한, 만일 선형 계획 문제들이 특별한 구조를 가지면 더욱 효율적으로 문제를 해결하기 위해 **분해원리**(decomposition principle)로 알려진 원리를 사용할 수도 있다. 또는 많은 실제 문제들에서는 선형 계획 문제에 대한 최적해를 찾는 것뿐만 아니라 비용계수와 같은 일부 매개변수들이 변경되었을 때 최적해가 어떻게 변화하는지 분석하는 감응도(sensitivity) 또는 사후최적(postoptimality) 분석이 매우 중요하다.

실제로 자주 발생하며 중요한 **수송**(transportation) **문제**로 알려진 대규모의 선형 계획 문제는 Dantzig의 심플렉스 방법보다 Karmarkar 방법인 내부(interior) 방법이 더욱 효율적인 알고리즘인 것으로 증명되었다. 이차식(quadratic) 계획 문제는 다루기 쉬운 비선형 계획 문제로서 이차항의 목적함수와 제약식인 선형함수는 모두 볼록함수이다(최소화 문제의 경우). 따라서 **선형 계획을 적합하게 수정하여 이차식 계획 문제를 해결할 수 있다.** 이러한 주제들을 본 장에서 기술하기로 한다.

4.2 수정 심플렉스 방법 (Revised Simplex Method)

심플렉스 방법은 각 반복에서 전체 새로운 표의 연산과 기록을 필요로 한다. 이 표에 포함된 많은 정보들은 사용되지 않고 오직 다음 항목들만이 필요하다.

1. 다음을 연산하기 위한 상대적 비용계수 $\bar{c}_j$의 최소

$$\bar{c}_s = min\ \{\bar{c}_j < 0\} \tag{4.1}$$

를 찾아 다음 반복에서 기본변수로 도입해야 할 변수 x_s를 결정한다.

2. $\bar{c}_s < 0$에 대응하며 업데이트될 열의 성분들은 다음과 같다.

$$\overline{\boldsymbol{A}}_s = \begin{pmatrix} \bar{a}_{1s} \\ \bar{a}_{2s} \\ \cdot \\ \cdot \\ \cdot \\ \bar{a}_{ms} \end{pmatrix}$$

또 다음 기본변수의 값을 계산하여야 한다.

$$\overline{\boldsymbol{X}}_s = \begin{pmatrix} \bar{b}_1 \\ \bar{b}_2 \\ \cdot \\ \cdot \\ \cdot \\ \bar{b}_m \end{pmatrix}$$

이 정보들을 갖고 다음의 비율을 연산하여 기본집합으로부터 제거하여야 할 변수 x_r을 구하고

$$\frac{\bar{b}_r}{\bar{a}_{rs}} = min \left\{ \frac{\bar{b}_i}{\bar{a}_{is}} \middle|\ \bar{a}_{is} > 0 \right\} \tag{4.2}$$

$\bar{a}_{rs}$에 대해 피봇연산을 수행한다. 따라서 x_r을 구하기 위해 현재 표의 하나의 비기본변수에 대응하는 열 $\overline{\boldsymbol{A}}_s$만이 필요하다. 대부분의 선형 계획 문제들은 제약식(행)보다 변수(열)를 더 많이 포함하므로 $\overline{\boldsymbol{A}}_j (j \neq s)$까지 업데이트하는 것은 상당한 노력과 저장 공간에 대한 낭비가 된다. 따라서 원래 문제의 데이터로부터 수정된 비용계수 $\bar{c}_j$와 열 $\overline{\boldsymbol{A}}_s$를 생산할 수 있으면 더욱 효율적이 된다. 이러한 목적으로 수정

심플렉스 방법을 사용한다. 즉, 필요한 정량들을 생성함에 있어 현재 기본변수에 대응하는 행렬의 역을 사용하도록 만든다.

이론 전개 비록 phase I과 II 모두에 수정 심플렉스 방법을 적용할 수 있지만 단순화 목적으로 phase II에서 선형 계획 해법을 고려한 방법이 최초로 개발되었다. 후에 일반적인 선형 계획 문제를 해결하기 위해 두 phase들을 포함하는 확률론적 방법을 제공하게 된다.

주어진 선형 계획 문제(phase II)를 다음과 같이 표현하자.

$$min \quad f(\boldsymbol{X}) = c_1x_1 + c_2x_2 + \cdots + c_nx_n \tag{4.3}$$

subject to

$$\boldsymbol{AX} = \boldsymbol{A}_1x_1 + \boldsymbol{A}_2x_2 + \cdots + \boldsymbol{A}_nx_n = \boldsymbol{b} \tag{4.4}$$

$$\boldsymbol{X} \geq 0, \quad \boldsymbol{X} \in R^n \tag{4.5}$$

위에서 계수 행렬 $\boldsymbol{A}$의 j번째 열은 다음과 같다.

$$\boldsymbol{A}_j = \begin{pmatrix} a_{1j} \\ a_{2j} \\ \cdot \\ \cdot \\ \cdot \\ a_{mj} \end{pmatrix} \in R^m$$

위의 선형 계획 문제가 하나의 최적해를 가진다면, 그 최적해의 기본변수와 상응하는 비용계수의 벡터

$$\boldsymbol{X}_B = \begin{pmatrix} x_{j1} \\ x_{j2} \\ \cdot \\ \cdot \\ \cdot \\ x_{jm} \end{pmatrix}, \quad \boldsymbol{c}_B = \begin{pmatrix} c_{j1} \\ c_{j2} \\ \cdot \\ \cdot \\ \cdot \\ c_{jm} \end{pmatrix}$$

에 대응하는 행렬 $\boldsymbol{A}$의 열을 나열한 부분 행렬

$$\boldsymbol{B} = [\boldsymbol{A}_{j1} \ \boldsymbol{A}_{j2} \ \cdot \ \cdot \ \cdot \ \boldsymbol{A}_{jm}]$$

을 기본 행렬이라 하자. 만일 $\boldsymbol{X}_B$가 가변영역의 해이면

$$\boldsymbol{X}_B = \boldsymbol{B}^{-1}\boldsymbol{b} = \bar{\boldsymbol{b}} \geq 0$$

와 같이 계산된다. 심플렉스 방법에서와 같이 $(m+1)$번째 식으로 목적함수가 포함되어 $-f$를 기본변수라 하면 확장된 연립방정식은 다음과 같이 쓸 수 있다.

$$\sum_{j=1}^{n} \boldsymbol{P}_j x_j + \boldsymbol{P}_{n+1}(-f) = \boldsymbol{q} \qquad 4.6$$

단,

$$\boldsymbol{P}_j = \begin{pmatrix} a_{1j} \\ a_{2j} \\ \cdot \\ \cdot \\ \cdot \\ a_{mj} \\ c_j \end{pmatrix}, \quad j=1 \ to \ n, \qquad \boldsymbol{P}_{n+1} = \begin{pmatrix} 0 \\ 0 \\ \cdot \\ \cdot \\ \cdot \\ 0 \\ 1 \end{pmatrix}, \qquad \boldsymbol{q} = \begin{pmatrix} b_1 \\ b_2 \\ \cdot \\ \cdot \\ \cdot \\ b_m \\ 0 \end{pmatrix}$$

$\boldsymbol{B}$는 제약식 4.4의 가변영역의 기본해를 위한 행렬이므로 다음과 같이 정의된 행렬

$$\boldsymbol{D}_{(m+1)\times(m+1)} = [\boldsymbol{P}_{j1}\ \boldsymbol{P}_{j2}\ \cdot\ \cdot\ \cdot\ \boldsymbol{P}_{jm}\ \boldsymbol{P}_{n+1}] = \begin{bmatrix} \boldsymbol{B} & 0 \\ \boldsymbol{c}_B^T & 1 \end{bmatrix}$$

는 확장된 제약 연립방정식 4.6의 기본해를 위한 기본행렬이다. 또한, $\boldsymbol{D}$의 역행렬은 $\boldsymbol{D}^{-1} = \begin{bmatrix} \boldsymbol{B}^{-1} & 0 \\ -\boldsymbol{c}_B^T\boldsymbol{B}^{-1} & 1 \end{bmatrix}$와 같다.

[정의] 다음 행 벡터(row vector)를 목적함수 f에 대응하는 심플렉스 승수 벡터라 한다.

$$\boldsymbol{c}_B^T\boldsymbol{B}^{-1} = \boldsymbol{\pi}^T = \begin{pmatrix} \pi_1 \\ \pi_2 \\ \cdot \\ \cdot \\ \cdot \\ \pi_m \end{pmatrix}^T \qquad 4.7$$

phase I에서는 대응하는 두 개의 심플렉스 승수 벡터(목적함수 f와 w에 각각 대응하는 승수 벡터)는 각각

$$\boldsymbol{\pi}^T = \boldsymbol{c}_B^T\boldsymbol{B}^{-1} = \begin{pmatrix} \pi_1 \\ \pi_2 \\ \cdot \\ \cdot \\ \cdot \\ \pi_m \end{pmatrix}^T$$

$$\boldsymbol{\sigma}^T = \boldsymbol{d}_B^T \boldsymbol{B}^{-1} = \begin{pmatrix} \sigma_1 \\ \sigma_2 \\ \cdot \\ \cdot \\ \cdot \\ \sigma_m \end{pmatrix}^T$$

와 같다. 이제 식 4.6의 각 열 앞에 $\boldsymbol{D}^{-1}$를 곱하여 다음과 같은 정규형의 연립방정식을 얻는다.

$$\begin{aligned} x_{j1} \qquad & \qquad\qquad\qquad\qquad = \bar{b}_1 \\ x_{j2} \qquad & \qquad\qquad\qquad\qquad = \bar{b}_2 \\ \cdot \qquad & + \sum_{j\ nonbasic} \overline{\boldsymbol{A}_j} x_j \qquad \cdot \\ \cdot \qquad & \qquad\qquad\qquad\qquad \cdot \\ \cdot \qquad & \qquad\qquad\qquad\qquad \cdot \\ x_{jm} \qquad & \qquad\qquad\qquad\qquad = \bar{b}_m \\ -f & + \sum_{j\ nonbasic} \bar{c}_j x_j \qquad = -f_0 \end{aligned}$$

여기서

$$\begin{pmatrix} \overline{\boldsymbol{A}}_j \\ \bar{c}_j \end{pmatrix} = \boldsymbol{D}^{-1} \boldsymbol{P}_j = \begin{bmatrix} \boldsymbol{B}^{-1} & 0 \\ -\boldsymbol{\pi}^T & 1 \end{bmatrix} \begin{pmatrix} \boldsymbol{A}_j \\ c_j \end{pmatrix} \qquad 4.8$$

이다. 식 4.8로부터 업데이트된 $\overline{\boldsymbol{A}}_j$는

$$\overline{\boldsymbol{A}}_j = \boldsymbol{B}^{-1} \boldsymbol{A}_j \qquad 4.9$$

이고, 수정된 비용계수 $\bar{c}_j$는

$$\bar{c}_j = c_j - \boldsymbol{\pi}^T \boldsymbol{A}_j \qquad 4.10$$

임을 알 수 있다. 즉, 식 4.9와 4.10을 사용하여 원래 주어진 문제의 데이터 $\boldsymbol{A}_j$와 c_j로부터 $\overline{\boldsymbol{A}}_j$와 $\bar{c}_j$를 계산하면서 심플렉스 반복을 수행할 수 있다.

또한, 한 번 $\overline{\boldsymbol{A}}_j$와 $\bar{c}_j$를 연산하면 식 4.1과 4.2를 사용하여 피봇성분 $\bar{a}_{rs}$가 결정되고, 다음 단계에서 새롭게 기본변수가 되는 변수에 대응하는 열 $\boldsymbol{P}_s$를 열 $\boldsymbol{P}_{jr}$의 자리에 대신 넣고 새로운 기본 행렬을 생성하여 그 역행렬을 다음의 연산 절차를 통해 구한다. $\boldsymbol{e}_i$가 i 번째 행의 성분이 1인 $(m+1)$차원 단위 벡터일 때, 다음의 행렬

$$\left[\begin{array}{cccc} & & & \overbrace{}^{\mathbf{P}_s} \\ & & & a_{1s} \\ \underbrace{\mathbf{P}_{ji}\,\mathbf{P}_{j2}\cdots\,\mathbf{P}_{jm}\,\mathbf{P}_{n+1}}_{\mathrm{D}} & & \underbrace{\mathbf{e}_1\,\mathbf{e}_2\cdots\,e_{m+1}}_{\mathrm{I}} & a_{2s} \\ & & & \vdots \\ m+1\times m+1 & & m+1\times m+1 & a_{ms} \\ & & & c_s \end{array}\right] \tag{4.11}$$

앞에 역행렬 $\boldsymbol{D}^{-1}$를 곱하면

$$\left[\begin{array}{ccc} \underbrace{\mathbf{e}_1\ \mathbf{e}_2\cdots\ \mathbf{e}_r\cdots\mathbf{e}_{m+1}}_{\mathrm{I}} & \mathrm{D}^{-1} & \bar{a}_{1s} \\ m+1\times m+1 & m+1\times m+1 & \bar{a}_{2s} \\ & & \vdots \\ & & \bar{a}_{rs} \\ & & \text{Pivot} \\ & & \text{element} \\ & & \vdots \\ & & \bar{a}_{ms} \\ & & \bar{c}_s \\ & & m+1\times 1 \end{array}\right] \tag{4.12}$$

와 같은 행렬이 되고, 성분 $\bar{a}_{rs}$에 대해 피봇연산을 수행하면 위의 행렬은

$$\left[\,[(e_1\,e_2\ \cdot\ \cdot\ \cdot\ e_{r-1}\ \beta\ \ e_{r+1}\ \cdot\ \cdot\ \cdot\ e_{m+1}\,)]\ \ D_{new}^{-1}\ \ e_r\right] \tag{4.13}$$

와 같이 변형된다. 이때 벡터 β의 모든 성분들은 0이 아니며, 두 번째 부분행렬 $\boldsymbol{D}_{new}^{-1}$는 위에서 구한 새로운 기본행렬의 역행렬이 된다. 실제 계산에서는 위의 첫째 부분행렬은 필요 없으므로 생략하고 아래와 같이 식 4.12의 행렬의 후반 $(m+1)\times(m+2)$ 부분행렬만으로 $\bar{a}_{rs}$에 관해 피봇연산을 수행하면 된다. 즉, 행렬

$$\left[\begin{array}{cc} & \bar{a}_{1s} \\ & \bar{a}_{2s} \\ & \vdots \\ \mathrm{D}^{-1} & \boxed{\bar{a}_{rs}} \\ & \vdots \\ & \bar{a}_{ms} \\ & \bar{c}_s \end{array}\right]$$

의 성분 $\bar{a}_{rs}$에 관해 피봇연산을 수행하면, 나타나는 행렬의 처음 $(m+1)$열이 새로 업데이트된 역행렬 $\boldsymbol{D}_{new}^{-1}$이다.

절차 일반적인 선형 계획 문제를 해결하기 위한 수정 심플렉스 방법의 상세한 반복 절차는 다음과 같다.

1. 다음과 같이 인공변수들 x_{n+1}, x_{n+2}, · · · , x_{n+m}과 phase I의 불가변형 w 함수식을 추가하여 주어진 정규형 연립방정식을 작성한다.

$$\begin{aligned}
&a_{11}x_1 + a_{12}x_2 + \cdots + a_{1n}x_n + x_{n+1} &&= b_1 \\
&a_{21}x_1 + a_{22}x_2 + \cdots + a_{2n}x_n \qquad + x_{n+2} &&= b_2 \\
&\vdots \\
&a_{m1}x_1 + a_{m2}x_2 + \cdots + a_{mn}x_n \qquad + x_{n+m} &&= b_m \\
&c_1x_1 + c_2x_2 + \cdots + c_nx_n \qquad\qquad - f &&= 0 \\
&d_1x_1 + d_2x_2 + \cdots + d_nx_n \qquad\qquad - w &&= -w_0
\end{aligned} \tag{4.14}$$

여기서 필요하면 인공변수 $x_{n+i}(i=1\ to\ m)$를 추가하기 전에 원래 식의 우변상수 $b_i(i=1\ to\ m)$가 음이 아닌 수가 되도록 변환한다. 앞에서 다룬 바와 같이 원래 불가변형의 식은

$$w = x_{n+1} + x_{n+2} + \cdots + x_{n+m} \tag{4.15}$$

와 같으므로 식 4.14의 처음 m개의 식들을 더하여 식 4.15로부터 빼면 식 4.15로부터 인공변수들을 제거할 수 있다. 따라서 식 4.14의 마지막 식에서

$$d_j = -\sum_{i=1}^{m} a_{ij}, \qquad w_0 = \sum_{i=1}^{m} b_i \tag{4.16}$$

이다. 식 4.14를 표 4.1에서와 같이 표의 형태로 작성한다.

2. $x_{n+i}(i=1\ to\ m)$, $-f$, 그리고 $-w$가 기본변수가 되어 반복(0회)을 시작한다. 표 4.2에서와 같이 기본변수들과 그 계수 및 우변 상수만을 입력하여 표를 작성하면 표 4.1로부터 시작 기본 행렬은 $\boldsymbol{B}=\boldsymbol{I}$이고, 표 4.2에서 이 행렬의 역행렬 $\boldsymbol{B}^{-1}=[\beta_{ij}]$도 단위 행렬인 것을 알 수 있다. 표 4.2에서 $-f$와 $-w$에 상응하는 행들은 각 심플렉스 승수의 $-\pi_i$와 $-\sigma_i(i=1\ to\ m)$의 값을 나타낸다. 초기의 $\boldsymbol{c}_B=\boldsymbol{d}_B=\boldsymbol{0}$이므로 각 승수 벡터도

표 4.1 선형 계획 문제의 확장된 연립방정식

변수						인공변수				목적변수		상수
x_1	x_2	$\cdots$	x_j	$\cdots$	x_n	x_{n+1}	x_{n+2}	$\cdots$	x_{n+m}	$-f$	$-w$	
$\begin{pmatrix} a_{11} \\ a_{21} \\ \vdots \\ a_{m1} \end{pmatrix} = \boldsymbol{A}_1$	$\begin{pmatrix} a_{12} \\ a_{22} \\ \vdots \\ a_{m2} \end{pmatrix} = \boldsymbol{A}_2$		$\begin{pmatrix} a_{1j} \\ a_{2j} \\ \vdots \\ a_{mj} \end{pmatrix} = \boldsymbol{A}_j$		$\begin{pmatrix} a_{1n} \\ a_{2n} \\ \vdots \\ a_{mn} \end{pmatrix} = \boldsymbol{A}_n$	←초기 기본→ 1	 1		 1			b_1 b_2 $\vdots$ b_m
c_1	c_2		c_j		c_n	0	0		0	1	0	0
d_1	d_2		d_j		d_n	0	0		0	0	1	$-w_0$

$$\boldsymbol{\pi}^T = \boldsymbol{c}_B^T \boldsymbol{B}^{-1} = 0$$

$$\boldsymbol{\sigma}^T = \boldsymbol{d}_B^T \boldsymbol{B}^{-1} = 0$$

이다. 일반적으로 반복회 k의 시작(시작의 경우 $k=0$)에서는 표 4.4에서 보는 것과 같이 표 4.2와 같은 표 안에 현재 기본행렬의 역행렬 $\boldsymbol{B}^{-1} = [\beta_{ij}]$, 심플렉스 승수들 π_i와 σ_i를 위한 두 행, 기본변수의 값들을 나타내는 하나의 열, 그리고 변수 x_s를 위한 열로 구성된다. 임의 반복회의 시작에서 표의 마지막 열을 제외하면 기본행렬이다.

표 4.2 반복 0회의 시작 표

기본변수	정규형의 열								기본변수 값	x_s[a]
	x_{n+1}	x_{n+2}	$\cdots$	x_{n+r}	$\cdots$	x_{n+m}	$-f$	$-w$		
x_{n+1}	1								b_1	
x_{n+2}		1							b_2	
$\vdots$									$\vdots$	
x_{n+r}				1					b_r	
$\vdots$									$\vdots$	
x_{n+m}						1			b_m	
	← Inverse of the basis ←									
c_1	0	0	$\cdots$	0	$\cdots$	0	1		0	
d_1	0	0	$\cdots$	0	$\cdots$	0		1	$-w_0 = -\sum_{i=1}^{m} b_i$	

a: 이 열은 반복 0회의 시작에서 공백이고, 반복 0회가 끝날 때 채워진다.

표 4.3 비용계수 $\bar{d}_j$ 또는 $\bar{c}_j$

반복 숫자	변수 x_j							
	x_1	x_2	$\cdots$	x_n	x_{n+1}	x_{n+2}	$\cdots$	x_{n+m}
Phase I 0	d_1	d_2	$\cdots$	d_n	0	0	$\cdots$	0
1, ·, ·, ·, l	현재 주기의 σ_i(phase I) 또는 π_i의 값을 사용하여 다음을 계산한다. $\bar{d}_j = d_j - (\sigma_1 a_{1j} + \sigma_2 a_{2j} + \cdot\cdot\cdot + \sigma_m a_{mj})$ 또는 $\bar{c}_j = c_j - (\pi_1 a_{1j} + \pi_2 a_{2j} + \cdot\cdot\cdot + \pi_m a_{mj})$							
Phase II $l+1$, $l+2$, ·, ·, ·	현재 반복회에 상응하는 행에 $\bar{d}_j$ 또는 $\bar{c}_j$를 입력하고 phase I인 경우 $\bar{d}_s = \min\{\bar{d}_j < 0\}$, 또는 phase II인 경우 $\bar{c}_s = \min\{\bar{c}_j < 0\}$가 되도록 피봇열 s를 결정한다.							

3. 다음과 같이 비용계수 $\bar{d}_j$(phase I에서)와 $\bar{c}_j$(phase II에서) 값들을 계산한다.

$$\bar{d}_j = d_j - \boldsymbol{\sigma}^T \boldsymbol{A}_j$$

$$\bar{c}_j = c_j - \boldsymbol{\pi}^T \boldsymbol{A}_j$$

그리고 표 4.3에서와 같이 표 형태로 입력한다. 반복 0회에서 $\boldsymbol{\sigma}^T = \mathbf{0}$ 그리고 $\bar{d}_j \equiv d_j$이다.

4. 현재 phase I이라면 모두 $\bar{d}_j \geq 0$인지 확인한다. 만일 모두 $\bar{d}_j \geq 0$ 그리고 $\bar{w}_0 > 0$이면 선형 계획 문제의 가변영역의 해는 존재하지 않으므로 종료된다. 한편, 모두 $\bar{d}_j \geq 0$ 그리고 $\bar{w}_0 = 0$이면, 현재 해는 선형 계획 문제에 대한 가변영역의 기본해이다. 따라서 (a) 모든 $\bar{d}_j > 0$을 갖는 모든 변수 x_j에 대응하는 열을 제거하고, (b) 표의 w 행을 제거한다. 그리고 (c) 위의 3단계에서 phase II를 시작한다.
만일 일부 $\bar{d}_j < 0$이면,

$$\bar{d}_s = min\ \{\bar{d}_j < 0\}$$

이 되는 s열을 결정하고, 그 열에 대응하는 변수 x_s를 들변수(entering variable)로 선택하여 현재 r번째 기본변수(r은 후에 결정된다)의 자리를 대신한다.

반면 현재 phase II라면 모두 $\bar{c}_j \geq 0$인지 확인한다. 만일 모든 $\bar{c}_j \geq 0$이면, 현재 가변영역 기본해는 최적해이므로 과정을 종료한다. 하지만 일부 $\bar{c}_j < 0$이면,

$$\bar{c}_s = min\{\bar{c}_j < 0\}$$

이 되는 열을 결정하고, 그 열에 대응하는 변수 x_s를 들변수(entering variable)로 선택하여 현재 r번째 기본변수의 자리를 대신한다.

5. 식 4.9로부터 x_s에 대응하는 열의 성분은

$$\overline{\boldsymbol{A}_s} = \boldsymbol{B}^{-1}\boldsymbol{A}_s = [\beta_{ij}]\boldsymbol{A}_s$$

즉,

$$\bar{a}_{1s} = \beta_{11}a_{1s} + \beta_{12}a_{2s} + \cdot\cdot\cdot + \beta_{1m}a_{ms}$$

$$\bar{a}_{2s} = \beta_{21}a_{1s} + \beta_{22}a_{2s} + \cdot\cdot\cdot + \beta_{2m}a_{ms}$$

$$\vdots$$

$$\bar{a}_{ms} = \beta_{m1}a_{1s} + \beta_{m2}a_{2s} + \cdot\cdot\cdot + \beta_{mm}a_{ms}$$

이다. 그리고 표 4.2(반복회가 0이면) 또는 표 4.4(반복회가 k이면)의 마지막 열에 입력한다.

표 4.4 반복회 k의 시작 표

기본변수	원래 정규형의 열			기본변수 값	x_s[a]
	$x_{n+1}\cdot\cdot\cdot x_{n+m}$	$-f$	$-w$		
	$[\beta_{ij}] = [\bar{a}_{i,n+j}]$ ← Inverse of the basis →				
x_{j1}	$\beta_{11}\cdot\cdot\cdot\beta_{1m}$			$\bar{b}_1$	$\bar{a}_{1s} = \sum_{i=1}^{m}\beta_{1i}a_{is}$
$\vdots$	$\vdots \quad \vdots$			$\vdots$	
x_{jr}	$\beta_{r1}\cdot\cdot\cdot\beta_{rm}$			$\bar{b}_r$	$\bar{a}_{rs} = \sum_{i=1}^{m}\beta_{ri}a_{is}$
$\vdots$	$\vdots \quad \vdots$			$\vdots$	
x_{jm}	$\beta_{m1}\cdot\cdot\cdot\beta_{mm}$			$\bar{b}_m$	$\bar{a}_{ms} = \sum_{i=1}^{m}\beta_{mi}a_{is}$
$-f$	$-\pi_1\cdot\cdot\cdot-\pi_m$ $(-\pi_j = +\bar{c}_{n+j})$	1		$-\bar{f}_0$	$\bar{c}_s = c_s - \sum_{i=1}^{m}\pi_i a_{is}$
$-\bar{w}$	$-\sigma_1\cdot\cdot\cdot-\sigma_m$ $(-\sigma_j = +\bar{d}_{n+j})$		1	$-\bar{w}_0$	$\bar{d}_s = d_s - \sum_{i=1}^{m}\sigma_i a_{is}$

a: 이 열은 반복회 0의 시작에서 공백이나 반복회 k의 종료시에서만 채워진다.

6. 모든 $\bar{a}_{is}(i=1\ \ to\ \ m)$의 부호를 검사한다. 만일 모두 $\bar{a}_{is} \leq 0$이면, 앞 절에서 언급한 바와 같이 $x_s \rightarrow +\infty$하더라도 제약식을 만족하며 $\bar{c}_s < 0$이므로 함숫값은 $f=\bar{f}_0+\bar{c}_s x_s \rightarrow -\infty$이므로 비유계의 해를 가지므로 종료한다. 반면 일부 $\bar{a}_{is} > 0$이면,

$$\frac{\bar{b}_r}{\bar{a}_{rs}} = min\left\{\frac{\bar{b}_i}{\bar{a}_{is}} \mid \bar{a}_{is} > 0\right\}$$

이 되는 행 r을 선택하고 대응하는 변수 x_r은 기본변수 집합에서 제거된다. 위에서 최소가 동일한 경우에는 임의로 r을 선택한다.

7. x_r 대신에 x_s를 기본변수로 가져오기 위해서는 표 4.4에서 성분 $\bar{a}_{rs}$에 관해 피봇연산을 수행하고 표 4.5와 같이 결과를 입력한다. 표 4.5의 마지막 열은 현재 반복회 $k+1$의 시작에서는 빈 공간으로 된다. 표 4.5의 처음 열은 기본변수들의 첨자 j_r이 4단계에서 결정된 s로 변경되는 것을 제외하고 표 4.4에서와 동일하게 유지한다.
8. 다음 반복회 $k+1$을 시작하기 위해 3단계로 간다.

표 4.5 반복회 $k+1$의 시작 표

기본 변수	정규 형태의 열					기본변수 값	x_s[a]
	x_{n+1}	· · ·	x_{n+m}	$-f$	$-w$		
x_{j1}	$\beta_{11}-a_{1s}\beta^*_{r1}$	· · ·	$\beta_{1m}-a_{1s}\beta^*_{rm}$			$\bar{b}_1-\bar{a}_{1s}\bar{b}_r{}^*$	
·							
·							
·							
x_s	β^*_{r1}	· · ·	β^*_{rm}			b^*_r	
·							
·							
·							
x_{jm}	$\beta_{m1}-\bar{a}_{ms}\beta^*_{r1}$	· · ·	$\beta_{mm}-\bar{a}_{ms}\beta^*_{rm}$			$\bar{b}_m-\bar{a}_{ms}\bar{b}^*_r$	
$-f$	$-\pi_1-\bar{c}_s\beta^*_{r1}$	· · ·	$-\pi_m-\bar{c}_s\beta^*_{rm}$	1		$-\bar{f}_0-\bar{c}_s\bar{b}^*_r$	
$-w$	$-\sigma_1-\bar{d}_s\beta^*_{r1}$	· · ·	$-\sigma_m-\bar{d}_s\beta^*_{rm}$		1	$-\bar{w}_0-\bar{d}_s\bar{b}^*_r$	

$$\beta^*_{ri}=\frac{\beta_{ri}}{\bar{a}_{rs}}(i=1\ \ to\ \ m)\quad and\quad \bar{b}^*_r=\frac{\bar{b}_r}{\bar{a}_{rs}}$$

a: 이 열은 반복 0회의 시작점에서는 공백이다.

예제 4.1

수정 심플렉스 방법을 사용하여 다음 최적화 문제를 해결하라.

$$\max \quad F = x_1 + 2x_2 + x_3$$

subject to

$$2x_1 + x_2 - x_3 \le 2$$

$$-2x_1 + x_2 - 5x_3 \ge -6$$

$$4x_1 + x_2 + x_3 \le 6$$

$$x_1 \ge 0,\ x_2 \ge 0,\ x_3 \ge 0$$

[풀이] 위의 문제에서 모든 우변 상수들 b_i를 양으로 만들고 이완변수를 추가하여 다음과 같이 표준형으로 기술할 수 있다.

$$\min \quad F = -x_1 - 2x_2 - x_3 \qquad \text{E.1}$$

subject to

$$\begin{aligned} 2x_1 + x_2 - x_3 + x_4 \quad\quad\quad &= 2 \qquad \text{E.2} \\ 2x_1 - x_2 + 5x_3 \quad + x_5 \quad &= 6 \\ 4x_1 + x_2 + x_3 \quad\quad + x_6 &= 6 \end{aligned}$$

$$x_i \ge 0,\ i = 1\ to\ 6$$

여기서 x_4, x_5, x_6은 이완변수이다. 식 E.2는 정규형이므로 $x_i = 0 (i = 1,\ 2,\ 3)$ 그리고 $x_4 = 2$, $x_5 = 6$, $x_6 = 6$을 초기 가변영역의 기본해로 취할 수 있으므로 phase I은 필요하지 않다.

1단계 위의 표준형을 다음과 같이 정규형으로 작성할 수 있다.

$$\begin{aligned} 2x_1 + x_2 - x_3 + x_4 \quad\quad\quad &= 2 \qquad \text{E.3} \\ 2x_1 - x_2 + 5x_3 \quad + x_5 \quad &= 6 \\ 4x_1 + x_2 + x_3 \quad\quad + x_6 \quad &= 6 \\ -x_1 - 2x_2 - x_3 \quad\quad\quad - f &= 0 \end{aligned}$$

이 식들을 표 4.6에서와 같이 표의 형태로 작성한다.

표 4.6 정규형의 계수들

변수						$-f$	상수
x_1	x_2	x_3	x_4	x_5	x_6		
2	1	–1	1	0	0		2
2	–1	5	0	1	0		6
4	1	1	0	0	1		6
–1	–2	–1	0	0	0	1	0

표 4.7 반복회 0의 시작 표

기본변수	정규형의 기본 역행렬				기본변수 값	x_2[a]
	x_4	x_5	x_6	$-f$		
x_4	1	0	0	0	2	$\bar{a}_{42}=1$
x_5	0	1	0	0	6	$\bar{a}_{52}=-1$
x_6	0	0	1	0	6	$\bar{a}_{62}=1$
	Inverse of the basis = $[\beta_{ij}]$					
$-f$	0	0	0	1	0	$\bar{c}_2=-2$

□ 피봇성분

a : 이 열은 5단계가 끝날 때 입력된다.

2단계 반복회 0에서는 기본변수로서 x_4, x_5, x_6, $-f$를 잡고 표 4.7을 작성하여 시작한다. 기본 행렬은 $\boldsymbol{B}=\boldsymbol{I}$이므로 이 행렬의 역행렬은 $\boldsymbol{B}^{-1}=[\beta_{ij}]=\boldsymbol{I}$이다. 표 4.7에서 $-f$에 상응하는 행은 $-\pi_i$, $i=1,\ 2,\ 3$인데, 반복회 0에서는 모두 0이다. 표에서 A열의 마지막 열의 성분들은 아직 미지수이다.

3단계 다음과 같이 비용계수 $\bar{c}_j$를 계산한다.

$$\bar{c}_j = c_j - \pi^T \boldsymbol{A}_j = c_j, \quad j=1\ to\ 6$$

이때 모든 π_i는 0이므로

$$\bar{c}_1 = c_1 = -1$$

$$\bar{c}_2 = c_2 = -2$$

$$\bar{c}_3 = c_3 = -1$$

$$\bar{c}_4 = c_4 = 0$$

$$\bar{c}_5 = c_5 = 0$$

$$\bar{c}_6 = c_6 = 0$$

이다. 이 비용계수들을 표 4.8의 표의 첫 번째 행으로 입력한다.

표 4.8 상대 비용계수 $\bar{c}_j$

반복회	변수 x_j					
	x_1	x_2	x_3	x_4	x_5	x_6
Phase II						
반복회 0	−1	−2	−1	0	0	0
반복회 1	3	0	−3	2	0	0
반복회 2	6	0	0	11/4	3/4	0

4단계 최적단계 여부를 확인하기 위해 모두 $\bar{c}_j \ge 0$ 인지 확인한다. 일부 $\bar{c}_j$가 음이므로 현재 가변영역의 기본해는 최적해가 아니다. 따라서 $\bar{c}_s = min\ \{\bar{c}_j < 0\} = \bar{c}_2$에 대응하는 변수 x_2를 선택하여 기본변수 집합에 포함한다.

5단계 다음과 같이 x_2의 대응 열을 계산한다.

$$\overline{\boldsymbol{A}}_s = [\beta_{ij}]\boldsymbol{A}_s \qquad (s = 2)$$

여기서 $[\beta_{ij}]$는 표 4.7에서, 그리고 $\boldsymbol{A}_2$는 표 4.6에서 얻을 수 있다.

$$\overline{\boldsymbol{A}}_2 = \boldsymbol{I}\boldsymbol{A}_2 = \begin{bmatrix} 1\,0\,0 \\ 0\,1\,0 \\ 0\,0\,1 \end{bmatrix} \begin{bmatrix} 1 \\ -1 \\ 1 \end{bmatrix} = \begin{pmatrix} 1 \\ -1 \\ 1 \end{pmatrix}$$

$\bar{c}_2$ 수치들과 함께 이 열을 표 4.7의 마지막 열에 입력한다.

6단계 현재 기본변수 집합으로부터 제거할 변수 x_r을 선택하기 위해

$$\frac{\bar{b}_r}{\bar{a}_{rs}} = min \left\{ \frac{\bar{b}_i}{\bar{a}_{is}} \mid \bar{a}_{is} > 0 \right\}$$

이 되는 표 4.7의 행 r을 결정한다. 이 예제의 경우

$$\frac{\bar{b}_4}{\bar{a}_{42}} = \frac{2}{1} = 2$$

$$\frac{\bar{b}_6}{\bar{a}_{62}} = \frac{6}{1} = 6$$

이므로 $x_r = x_4$가 된다.

7단계 x_4 대신에 x_2를 기본변수로 하기 위해 표 4.7에서 $\bar{a}_{rs} = \bar{a}_{42}$에 대해 피봇연산을 한다. 표 4.9에서 마지막 열을 제외하고 모두 업데이트된다. 마지막 열은 나중에 5단계에서 입력된다. 이제 새로운 반복을 시작하기 위해서 3단계로 간다.

표 4.9 반복회 1의 시작 표

기본변수	정규형의 기본 역행렬				기본변수 값	x_3 [a]
	x_4	x_5	x_6	$-f$		
x_2	1	0	0	0	2	$\bar{a}_{23} = -1$
x_5	1	1	0	0	8	$\bar{a}_{53} = 4$
x_6	−1	0	1	1	4	$\bar{a}_{63} = 2$
	← Inverse of the basis=$[\beta_{ij}]$ →					
$-f$	$2 = -\pi_1$	$0 = -\pi_2$	$0 = -\pi_3$	1	4	$\bar{c}_3 = -3$

a: 이 열은 5단계의 종료시에 입력된다.

3단계 다음과 같이 상대 비용계수들을 계산한다.

$$\bar{c}_j = c_j - (\pi_1 a_{1j} + \pi_2 a_{2j} + \pi_3 a_{3j})$$

여기서 π_1, π_2, π_3의 값은 표 4.9에서 $-f$행으로부터 $\pi_1 = -2$, $\pi_2 = 0$, $\pi_3 = 0$이고, a_{ij}, c_i는 표 4.6에 주어진다. 따라서 비용계수

$$\bar{c}_1 = c_1 - \pi_1 a_{11} = -1 - (-2)(2) = 3$$

$$\bar{c}_2 = c_2 - \pi_1 a_{12} = -2 - (-2)(1) = 0$$

$$\bar{c}_3 = c_3 - \pi_1 a_{13} = -1 - (-2)(-1) = -3$$

$$\bar{c}_4 = c_4 - \pi_1 a_{14} = 0 - (-2)(1) = 2$$

$$\bar{c}_5 = c_5 - \pi_1 a_{15} = 0 - (-2)(0) = 0$$

$$\bar{c}_6 = c_1 - \pi_1 a_{16} = 0 - (-2)(0) = 0$$

와 같이 계산하여 표 4.8의 두 번째 행에 입력한다.

4단계 모든 $\bar{c}_j$가 ≥ 0이 아니므로 현재 해는 최적해가 아니다. 따라서 $\bar{c}_s = min\{\bar{c}_j < 0\} = \bar{c}_3$이 되는 변수 x_s를 선택한다. 즉, $x_s = x_3$이다.

5단계 다음과 같이 x_3에 대응하는 성분들을 계산한다.

$$\overline{\boldsymbol{A}}_s = [\beta_{ij}]\boldsymbol{A}_s \qquad (s=3)$$

여기서 $[\beta_{ij}]$는 표 4.9에서, 그리고 $\boldsymbol{A}_s$는 표 4.6에서 얻을 수 있다. 즉,

$$\overline{\boldsymbol{A}}_3 = \begin{pmatrix} \bar{a}_{23} \\ \bar{a}_{53} \\ \bar{a}_{63} \end{pmatrix} = \begin{bmatrix} 1 & 0 & 0 \\ 1 & 1 & 0 \\ -1 & 0 & 1 \end{bmatrix} \begin{pmatrix} -1 \\ 5 \\ 1 \end{pmatrix} = \begin{pmatrix} -1 \\ 4 \\ 2 \end{pmatrix}$$

이므로 표 4.9의 마지막 열에 이 벡터와 $\bar{c}_s = \bar{c}_3 = -3$을 입력한다.

6단계 현재 기본변수 집합으로부터 제거할 변수 x_r을 선택하기 위해

$$\frac{\bar{b}_r}{\bar{a}_{rs}} = min\left\{\frac{\bar{b}_i}{\bar{a}_{is}} \mid \bar{a}_{is} > 0\right\}$$

이 되는 표 4.9의 행 r을 결정한다. 이 예제의 경우

$$\frac{\bar{b}_5}{\bar{a}_{53}} = \frac{8}{4} = 2$$
$$\frac{\bar{b}_6}{\bar{a}_{63}} = \frac{4}{2} = 2$$

로 동일하므로 임의로 $x_r = x_5$를 선택한다.

7단계 x_5 대신에 x_3를 기본변수로 하기 위해 표 4.9에서 $\bar{a}_{rs} = \bar{a}_{53}$에 대해 피봇연산을 한다. 표 4.10에서 마지막 열을 제외하고 모두 업데이트된다. 마지막 열은 나중에 5단계에서 입력된다. 이제 새로운 반복을 시작하기 위해서 3단계로 간다.

표 4.10 반복회 2의 시작 표

기본변수	정규형의 기본 역행렬				기본변수 값	x_s[a]
	x_4	x_5	x_6	$-f$		
x_2	5/4	1/4	0	0	4	
x_3	1/4	1/4	0	0	2	
x_6	−6/4	−2/4	1	0	0	
$-f$	11/4	3/4	0	1	10	

a: 이 열은 반복회 2 시작시에는 공란이다.

3단계 표 4.10의 $-f$ 행에서 나타난 숫자에 음의 부호를 붙여 심플렉스 승수들을 구할 수 있다. 즉, $\pi_1 = -11/4$, $\pi_2 = -3/4$, $\pi_3 = 0$이다. 따라서 관련 비용계수들은

$$\bar{c}_j = c_j - \boldsymbol{\pi}^T \boldsymbol{A}_j$$

로부터 다음과 같다.

$$\bar{c}_1 = c_1 - \pi_1 a_{11} - \pi_2 a_{21} = -1 - \left(-\frac{11}{4}\right)(2) - \left(-\frac{3}{4}\right)(2) = 6$$

$$\bar{c}_2 = c_2 - \pi_1 a_{12} - \pi_2 a_{22} = -2 - \left(-\frac{11}{4}\right)(1) - \left(-\frac{3}{4}\right)(-1) = 0$$

$$\bar{c}_3 = c_3 - \pi_1 a_{13} - \pi_2 a_{23} = -1 - \left(-\frac{11}{4}\right)(-1) - \left(-\frac{3}{4}\right)(5) = 0$$

$$\bar{c}_4 = c_4 - \pi_1 a_{14} - \pi_2 a_{24} = 0 - \left(-\frac{11}{4}\right)(1) - \left(-\frac{3}{4}\right)(0) = \frac{11}{4}$$

$$\bar{c}_5 = c_5 - \pi_1 a_{15} - \pi_2 a_{25} = 0 - \left(-\frac{11}{4}\right)(0) - \left(-\frac{3}{4}\right)(1) = \frac{3}{4}$$

$$\bar{c}_6 = c_6 - \pi_1 a_{16} - \pi_2 a_{26} = 0 - \left(-\frac{11}{4}\right)(0) - \left(-\frac{3}{4}\right)(0) = 0$$

이 수치들은 표 4.8의 세 번째 행으로 입력된다.

4단계 이제 모든 $\bar{c}_j$가 ≥ 0이므로 최적단계이며, 최적해는 표 4.10으로부터

$$x_2 = 4, \quad x_3 = 2, \quad x_6 = 0 \qquad \text{(기본변수들)}$$

$$x_1 = x_4 = x_5 = 0 \qquad \text{(비기본변수들)}$$

이며 목적함수의 최솟값은 $f_{min} = -10$이다. ■

4.3 선형 계획의 쌍대

모든 선형 계획 문제는 **원시**(primal)라 불리는 문제와 더불어 **쌍대**(dual)라 불리는 또 다른 선형 계획 문제가 존재한다. 이 두 문제는 매우 흥미롭고 밀접하게 관련된 특징을 갖는다. 즉, 임의의 원시문제에 대한 최적해를 알면 그 쌍대문제에 대한 최적해를 쉽게 얻을 수 있다. 사실 쌍대의 쌍대는 원시이므로 어느 문제가 원시문제인가는 중요하지 않다. 이러한 특성 때문에 원시문제 또는 쌍대문제 중 쉬운 것을 해결하여 주어진 선형 계획 문제의 해를 얻을 수 있다. 본 절은 원시-쌍대 상관관계와 이를 적용하여 주어진 선형 계획 문제의 해법을 기술한다.

4.3.1 원시-쌍대(primal-dual) 대칭관계

다음 연립부등식으로 표현된 선형 계획문제를 고려하면 원시문제와 쌍대문제 사이 대칭적인 상관관계를 볼 수 있다.

원시문제

$$a_{11}x_1 + a_{12}x_2 + \cdot\cdot\cdot + a_{1n}x_n \geq b_1 \tag{4.17}$$

$$a_{21}x_1 + a_{22}x_2 + \cdot\cdot\cdot + a_{2n}x_n \geq b_2$$

$$\vdots$$

$$a_{m1}x_1 + a_{m2}x_2 + \cdot\cdot\cdot + a_{mn}x_n \geq b_m$$

$$c_1x_1 + c_2x_2 + \cdot\cdot\cdot + c_nx_n = f$$

$$(x_i \geq 0,\ i = 1\ to\ n,\ \text{최소화}\, f)$$

쌍대문제 우변과 목적함수를 포함한 식 4.17의 행과 열을 전치시키고 부등호들을 반대로 하며 최소화 대신 최대화하여 쌍대문제를 만든다. 따라서 쌍대변수들을 y_1, y_2, $\cdot\cdot\cdot$, y_m으로 표기하면 쌍대문제는 다음과 같이 된다.

$$a_{11}y_1 + a_{21}y_2 + \cdot\cdot\cdot + a_{m1}y_m \leq c_1 \tag{4.18}$$

$$a_{12}y_1 + a_{22}y_2 + \cdot\cdot\cdot + a_{m2}y_m \leq c_2$$

$$\vdots$$

$$a_{1n}y_1 + a_{2n}y_2 + \cdot\cdot\cdot + a_{mn}y_m \leq c_n$$

$$b_1y_1 + b_1y_1 + \cdot\cdot\cdot + b_my_m = v$$

$$(y_i \geq 0,\ i = 1\ to\ m,\ \text{최대화}\ v\ )$$

식 4.17과 4.18을 원시-쌍대 대칭 쌍이라 하며, 이 상관관계로부터 쌍대문제의 쌍대는 원시문제인 것을 쉽게 알 수 있다.

4.3.2 원시-쌍대 일반관계

비록 음이 아닌 변수들로 구성된 부등식 제약식을 고려하여 4.3.1절의 원시-쌍대 상관관계들을 유도하였지만 ≤, ≥, 또는 = 형식의 부호, 비제약 변수 등의 조합으로 구성된 일반 선형 계획 문제의 원시-쌍대 상관관계를 얻는 것이 항상 가능하다. 일반 원시-쌍대 상관관계들을 유도함에 있어 적용하여야 할 규칙들은 표 4.11과 같고 원시-쌍대 상관관계들은 표 4.12와 같다.

4.3.3 원시문제가 표준형일 때 원시-쌍대문제

표 4.12에서 $m^* = m$ 그리고 $n^* = n$인 원시문제는 표준형이므로 일반 원시-쌍대 상관관계는 표 4.13에서와 같은 특별한 형태를 취한다. 한편, 표 4.12에서 $m^* = 0$, $n^* = n$이면 4.3.1절에서 기술한 대칭 원시-쌍대 상관관계를 얻을 수 있다.

표 4.11 원시-쌍대 상관관계를 위한 상응 법칙

원시문제	상응하는 쌍대문제
목적함수: $\boldsymbol{c}^T\boldsymbol{X}$ 최소화	$\boldsymbol{Y}^T\boldsymbol{b}$ 최대화
변수 $x_i \geq 0$	i번째 제약, $\boldsymbol{Y}^T\boldsymbol{A}_i \leq c_i$(부등호)
비제약 변수 x_i	i번째 제약, $\boldsymbol{Y}^T\boldsymbol{A}_i = c_i$(등호)
j번째 제약, $\boldsymbol{A}_j\boldsymbol{X} = b_j$(등호)	비제약 j번째 변수 y_j
j번째 제약, $\boldsymbol{A}_j\boldsymbol{X} \geq b_j$(부등호)	j번째 변수 $y_j \geq 0$
계수 행렬 $\boldsymbol{A} \equiv [\boldsymbol{A}_1, \cdots, \boldsymbol{A}_m]$	계수 행렬 $\boldsymbol{A}^T \equiv [\boldsymbol{A}_1, \cdots, \boldsymbol{A}_m]^T$
우변 벡터 $\boldsymbol{b}$	우변 벡터 $\boldsymbol{c}$
비용계수 $\boldsymbol{c}$	비용계수 $\boldsymbol{b}$

표 4.12 원시-쌍대 상관관계

원시문제	상응하는 쌍대문제
Minimize $f = \sum_{i=1}^{n} c_i x_i$ subject to $\sum_{j=1}^{n} a_{ij} x_j = b_i, \; i = 1 \text{ to } m^*$ $\sum_{j=1}^{n} a_{ij} x_j \geq b_i, \; i = m^*+1, \; m^*+2, \cdots, m$ $x_i \geq 0, \; i = 1 \text{ to } n^*$ $x_i (i = n^*+1, \; n^*+2, \cdots, n)$ 부호 제약 없음	Maximize $v = \sum_{i=1}^{m} y_i b_i$ subject to $\sum_{i=1}^{m} y_i a_{ij} = c_i, j = n^*+1, \; n^*+2, \cdots, n$ $\sum_{i=1}^{m} y_i a_{ij} \leq c_i, \; j = 1, \; 2, \cdots, n^*$ $y_i \geq 0, \; i = m^*+1 m^*+2, \cdots, m;$ $y_i (i = 1, \; 2, \cdots, m^*)$는 부호 제약 없음

표 4.13 $m^*=0$, $n^*=n$인 경우 원시-쌍대 상관관계

원시문제	상응하는 쌍대문제
Minimize $f=\sum_{i=1}^{n} c_i x_i$ subject to $\sum_{j=1}^{n} a_{ij} x_j = b_i,\ i=1\ to\ m$ $x_i \ge 0,\ i=1\ to\ n$ 행렬 형태 Minimize $f=\boldsymbol{c}^T\boldsymbol{X}$ subject to $\boldsymbol{AX}=\boldsymbol{b}$ $\boldsymbol{X}\ge 0$	Maximize $v=\sum_{i=1}^{m} b_i y_i$ subject to $\sum_{i=1}^{m} y_i a_{ij} \le c_j,\ j=1\ to\ n$ $y_i(i=1\ to\ m)$ 부호 제약 없음 행렬 형태 Maximize $v=\boldsymbol{Y}^T\boldsymbol{b}$ subject to $\boldsymbol{A}^T\boldsymbol{Y}\le \boldsymbol{c}$ $\boldsymbol{Y}$ 부호 제약 없음

예제 4.2

다음 선형 계획 문제의 쌍대를 작성하라.

$$Max\quad f=50x_1+100x_2$$

subject to

$$2x_1+\ x_2 \le 1,250$$

$$2x_1+5x_2 \le 1,000$$

$$2x_1+3x_2 \le 900$$

$$x_2 \le 150$$

$$x_1 \ge 0\ ,\ x_2 \ge 0$$

$$n=2,\ m=4$$

[풀이] y_1, y_2, y_3, y_4를 쌍대변수라 하자. 원시-쌍대 대칭 쌍으로부터 쌍대문제를

$$Min\quad v=1,250y_1+1,000y_2+900y_3+150y_4$$

subject to

$$2y_1+\ 2y_2+2y_3 \ \ge 50$$

$$y_1+5y_2+3y_3+y_4 \ \ge 100$$

$$y_1,\ y_2,\ y_3,\ y_4 \ge 0$$

와 같이 작성할 수 있다. ■

앞 예제의 경우 쌍대문제를 원시문제와 비교하면 제약의 수가 적다. 따라서 일반적으로 선형 계획 문제에서 추가 제약 경우가 추가 변수보다 더욱 많은 연산 노력을 필요로 하므로 이 예제의 경우는 쌍대문제를 해결하는 것이 연산적으로 더욱 효율적이며 이는 쌍대문제의 장점들 중 하나이다.

4.3.4 쌍대성 정리 (Duality Theorem)

원시와 쌍대 상관관계를 이용하여 선형 계획 문제의 해법을 개발하는데 다음 정리들이 유용하다. 이 정리들의 증명은 참고문헌 4.10을 참고한다.

정리 4.1 쌍대문제의 쌍대는 원시문제이다.

정리 4.2 원시문제의 임의의 가변영역 점(해)에서의 목적함수 값은 쌍대문제의 임의의 가변영역 점에서의 목적함수 값 v 보다 크거나 같다.

정리 4.3 원시문제와 쌍대문제 모두가 가변영역의 해를 가지면, 두 문제 모두 최적해를 갖고 그때의 최적값은 서로 같다(즉, $min\ f = max\ v$).

정리 4.4 만일 원시문제 또는 쌍대문제 중 하나가 비유계된 해를 가지면, 그 쌍대문제는 불가변(가변영역이 공집합인) 문제이다.

4.3.5 쌍대 심플렉스 방법

우변의 많은 다른 벡터 $\boldsymbol{b}^{(i)}$에 대해 선형 계획 문제의 최적해를 찾거나, 최적해를 이미 알고 있는 선형 계획 문제에 일부 제약들이 추가될 때 새로운 최적해를 찾아야 하는 상황들이 많이 존재한다. 다른 벡터들 $\boldsymbol{b}^{(i)}$에 대해 문제를 해결하여야 할 때 각 벡터 $\boldsymbol{b}^{(i)}$가 바뀔 때마다 two phase 심플렉스 방법을 적용하여 최적해를 구할 수 있지만, 벡터들 $\boldsymbol{b}^{(i)}$는 서로 상당히 다르지는 않으므로 매번 적용하는 절차는 비효율적일 수 있다. 즉, 한 벡터(예를 들어 $\boldsymbol{b}^{(1)}$)에 대한 최적해는 다른 벡터(예를 들어 $\boldsymbol{b}^{(2)}$)에 대한 최적해와 밀접할 수 있기 때문에 보다 좋은 전략은 $\boldsymbol{b}^{(1)}$에 대한 선형 계획 문제를 해결하고, 그때의 최적해에 대응하는 기본 행렬 $\boldsymbol{B}$를 새로운 $\boldsymbol{b}^{(2)}$에 적용하여 보다 쉽게 최적해를 얻는 것이다. 만약 기본변수가 모든 우변 벡터들에 대해 가변영역의 해이면, 즉 모든 i에 대하여

$$\boldsymbol{X}^{(i)} = \boldsymbol{B}^{-1}\boldsymbol{b}^{(i)} \geq 0 \tag{4.19}$$

와 같으면 모든 $\boldsymbol{b}^{(i)}$들에 대해서 이는 최적해가 된다. 반면 만일 우변 벡터들의 일부에서 기본변수값이 음이면, 즉 어떤 r에 대하여

$$\boldsymbol{X}^{(r)} = \boldsymbol{B}^{-1}\boldsymbol{b}^{(r)} < 0 \tag{4.20}$$

와 같으면 그 점 X^r은 가변영역의 점이 아니다. 하지만 비용계수의 업데이트

$$\bar{c}_j = c_j - \boldsymbol{\pi}^T \boldsymbol{A}_j \geq 0$$

가 우변 벡터 $\boldsymbol{b}^{(r)}$에 영향을 받지 않으므로 다음 심플렉스 승수의 벡터

$$\boldsymbol{\pi}^T = \boldsymbol{c}_B^T \boldsymbol{B}^{-1} \tag{4.21}$$

는 쌍대문제의 가변영역의 점(해)이 된다. 추가 제약들을 갖고 문제를 해결하여야 할 때도 이와 같은 현상이 발생한다.

위에 언급한 경우에서 기본(원시)해는 불가변영역의 해이지만 대응하는 쌍대의 해는 쌍대문제의 가변영역의 해를 갖게 되는 경우가 발생한다. 따라서 원시문제에서 불가변영역의 점으로부터 시작하여 선형 계획 문제를 해결할 수 있는 변형된 심플렉스 방법들이 제안되어 왔다. 이 모든 방법들은 어떤 단계에서 최적해이면서 동시에 가변영역의 점이 되도록 하는 반복법을 이용하는데, 그 중 Lemke[4.2]가 개발한 쌍대 심플렉스 방법과 Dantzig, Ford, 그리고 Fulkerson[4.3]이 개발한 원시-쌍대 방법이 가장 광범위하게 사용되어 왔다. 이 두 방법은 모두 다음과 같은 중요한 특징들을 갖고 있다:

1. Phase I은 문제의 최적값을 구하는 용도가 아니고, phase I에서 구한 시작점은 최적해 근처가 아닐 수 있으므로, 이 방법들은 심플렉스 방법의 phase I 연산을 필요로 하지 않는다.
2. 이 방법들은 가변영역의 점이면서 최적해가 되는 점을 구하므로 필요한 반복횟수가 적을 것으로 추측된다.

본 절에서는 쌍대 심플렉스 알고리즘만을 다루기로 한다.

알고리즘 앞에서 기술한 바와 같이 쌍대 심플렉스 방법에서는 시작할 때 불가변영역의 원시해이면서 가변영역의 쌍대해가 필요하다. 또 이 방법은 원시문제에 적용한 심플렉스 방법(원시 방법)에서 만든 표를 사용하면서 쌍대문제에 심플렉스 방법을 적용하는 방법이다. 또한, 쌍대 심플렉스 알고리즘은 일련의 피봇연산들을 포함하나 피봇성분 선택시 원시 방법과 다른 규칙들을 사용한다.

앞서 다룬 바와 같이 주어진 선형 계획 문제가 일부 우변 상수 $\bar{b}_i < 0$이고, 기본변수들에 대응하는 비용계수들 $\bar{c}_j = 0$이며, 다른 모두는 $\bar{c}_j > 0$를 갖는 초기의 정규형인 것으로 가정하자. 일부 $\bar{b}_i$가 음이기 때문에 원시해는 불가변영역의 점이고, 모두 $\bar{c}_j \geq 0$이므로 대응하는 쌍대 해는 쌍대 가변영역의 해이다. 이제 다음 반복 단계에 따라 심플렉스 방법을 적용한다.

1. 다음과 같이 피봇행으로서 행 r을 선택한다.

$$\bar{b}_r = min\ \{\bar{b}_i < 0\} \qquad 4.22$$

2. 다음과 같이 피봇열로서 열 s를 선택한다.

$$\frac{\bar{c}_s}{-\bar{a}_{rs}} = min \left\{ \frac{\bar{c}_j}{-\bar{a}_{rj}}\ \middle|\ \bar{a}_{rj} < 0 \right\} \qquad 4.23$$

만일 r행의 모든 계수 $\bar{a}_{rj} \geq 0$이면 원시는 최적 해를 갖지 않는다.

3. $\bar{a}_{rs}$에 대해 피봇연산을 수행한다.
4. 모든 우변 상수 $\bar{b}_i \geq 0$이면 현재 해는 최적해이므로 종료하고, 그렇지 않으면 1 단계로 간다.

주의

1. 쌍대에 심플렉스 방법을 적용하므로 쌍대 해는 항상 쌍대 가변영역 내에 유지되어야 한다. 따라서 항상 원시의 모든 상대 비용계수 $\bar{c}_j \geq 0$이 된다. 그러므로 위의 4단계에서 모든 $\bar{b}_i \geq 0$이면 원시 가변영역의 해를 보장하므로 최적단계의 판정이 된다.
2. r행의 모든 계수 $\bar{a}_{rj} \geq 0$이면 원시문제는 가변영역의 점을 갖지 않는 이유를 알아보자. x_1, x_2, · · · , x_m을 기본변수들이라 하자. 그러면 r번째 제약식으로부터 기본변수 x_r은

$$x_r = \bar{b}_r - \sum_{j=m+1}^{n} \bar{a}_{rj} x_j$$

와 같이 표현할 수 있다. 이때 만일 $\bar{b}_r < 0$이고 모든 j에서 $\overline{a_{rj}} \geq 0$이면, 임의의 x_j가 양이 되더라도 x_r은 음수이다. 따라서 원시문제의 위의 제약식을 만족하는 변수 값이 존재하지 않으므로 이 제약식 때문에 가변영역인 공집합이 된다.

다음 예제를 통해 쌍대 심플렉스 방법을 이해하도록 하자.

예제 4.3

쌍대 심플렉스 방법을 사용하여 다음 최적화 문제를 해결하라.

$$min \quad f = 20x_1 + 16x_2$$

subject to

$$x_1 \geq 2.5$$

$$x_2 \geq 6$$

$$2x_1 + x_2 \geq 17$$

$$x_1 + x_2 \geq 12$$

$$x_1 \geq 0,\ x_2 \geq 0$$

[풀이] 잉여변수 $x_{3,}$ x_4, x_5, x_6을 도입하여 문제를 다음과 같이 정규형으로 변환한다.

$$min \quad f = 20x_1 + 16x_2$$

subject to

$$\begin{aligned}
-x_1 \quad\quad + x_3 \quad\quad\quad\quad &= -2.5 \qquad \text{E.1} \\
-x_2 \quad\quad + x_4 \quad\quad\quad &= -6 \\
-2x_1 - x_2 \quad\quad\quad + x_5 \quad\quad &= -17 \\
-\ x_1 - x_2 \quad\quad\quad\quad + x_6 &= -12 \\
20x_1 + 16x_2 \quad\quad\quad - f &= 0
\end{aligned}$$

$$x_i \geq 0,\ i = 1,\ \cdots,\ 6$$

E.1에 상응하는 기본해는 $x_3 = -2.5$, $x_4 = -6$, $x_5 = -17$, $x_6 = -12$이므로 가변영역의 점이 아니다. 그러나 비기본변수들에 상응하는 비용계수들은 비음수($\bar{c}_1 = 20$, $\bar{c}_2 = 16$)이므로 목적함수는 최소단계임을 보여준다. 이는 해가 원시문제에 대해서는 불가변영역의 점이나 쌍대문제에 대해서는 가변영역의 점인 것을 보여준다. 따라서 이 문제를 해결하기 위해 쌍대 심플렉스 방법을 다음과 같이 적용할 수 있다.

1단계 E.1의 연립방정식을 다음 표와 같이 작성한다.

B.V	변수						$-f$	$\bar{b}_i$
	x_1	x_2	x_3	x_4	x_5	x_6		
x_3	−1	0	1	0	0	0	0	−2.5
x_4	0	−1	0	1	0	0	0	−6
x_5	[−2]	−1	0	0	1	0	0	[−17]
x_6	−1	−1	0	0	0	1	0	−12
$-f$	20	16	0	0	0	0	1	0

B.V: 기본변수, □ 피봇성분, ⬚ 피봇행

$\bar{b}_i$ 열에서 수치가 최소인 피봇행 r을 선택하면

$$\bar{b}_r = min\left\{\bar{b}_i < 0\right\} = \bar{b}_3 = -17$$

이므로 $r = 3$이다.

2단계 피봇열 s를 선택하기 위해

$$\frac{\bar{c}_s}{-\bar{a}_{rs}} = min\left\{\frac{\bar{c}_j}{-\bar{a}_{rj}} \mid \bar{a}_{rj} < 0\right\}$$

를 사용하면

$$\frac{\bar{c}_1}{-\bar{a}_{31}} = \frac{20}{2} = 10, \quad \frac{\bar{c}_2}{-\bar{a}_{32}} = \frac{16}{1} = 16$$

이므로 $s = 1$이다.

3단계 제2단계의 표에서 $\bar{a}_{31}$에 대해 피봇연산을 수행하면 결과는 다음과 같다.

B.V	변수						$-f$	$\bar{b}_i$
	x_1	x_2	x_3	x_4	x_5	x_6		
x_3	0	1/2	1	0	−1/2	0	0	6
x_4	0	[−1]	0	1	0	0	0	−6
x_1	1	1/2	0	0	−1/2	0	0	17/2
x_6	0	−1/2	0	0	−1/2	0	0	−7/2
$-f$	0	6	0	0	10	1	1	−170

B.V: 기본변수, □ 피봇성분, ⬚ 피봇행

4단계 일부 $\bar{b}_i < 0$이므로 현재 해는 최적이 아니다. 따라서 다음 반복으로 진행한다.

1단계 위의 표에서 최소 $\left(\bar{b}_i < 0\right)$에 상응하는 피봇행은 2행인 것을 알 수 있다.

2단계 2행에서 오직 $\bar{a}_{22}$만이 음이므로 이를 피봇성분으로 취한다.

3단계 위의 표에서 $\bar{a}_{22}$에 대해 피봇연산한 결과는 다음과 같다.

B.V	변수 x_1	x_2	x_3	x_4	x_5	x_6	$-f$	$\bar{b}_i$
x_3	0	0	1	1/2	−1/2	0	0	3
x_2	0	1	0	−1	0	0	0	6
x_1	1	0	0	1/2	−1/2	0	0	11/2
x_6	0	0	0	[−1/2]	−1/2	1	0	−1/2
$-f$	0	0	0	6	10	0	1	−206

B.V: 기본변수, □ 피봇성분, ⬚ 피봇행

4단계 모든 $\bar{b}_i \geq 0$는 아니므로 현재 해는 최적이 아니다. 따라서 다음 반복으로 진행한다.

1단계 위의 표에서 최소 $(\bar{b}_i \leq 0)$에 상응하는 피봇행은 4인 것을 알 수 있다.

2단계 따라서 아래로부터 피봇열 $s = 4$를 선택한다.

$$\frac{\bar{c}_4}{-\bar{a}_{44}} = 12, \quad \frac{\bar{c}_5}{-\bar{a}_{45}} = 20$$

3단계 선행 표에서 $\bar{a}_{44}$에 대해 피봇연산한 결과는 다음과 같다.

B.V	변수 x_1	x_2	x_3	x_4	x_5	x_6	$-f$	$\bar{b}_i$
x_3	0	0	1	0	−1	1	0	5/2
x_2	0	1	0	0	1	−2	0	7
x_1	1	0	0	0	−1	1	0	5
x_4	0	0	0	1	1	−2	0	1
$-f$	0	0	0	0	4	12	1	−212

4단계 모든 $\bar{b}_i \geq 0$이므로 쌍대 최적단계이면서 현재의 해는 원시 가변영역의 해가 되며 그 해는

$$x_1 = 5,\ x_2 = 7,\ x_3 = \frac{5}{2},\ x_4 = 1 \qquad \text{(쌍대 대응 기본변수)}$$

$$x_5 = x_6 = 0 \qquad \text{(쌍대 대응 비기본변수)}$$

$$f_{min} = 212$$

와 같다. ■

4.4 분해원리 (Decomposition Principle)

실제 직면하는 선형 계획 문제들 중 일부는 대규모의 변수 또는 제약들의 항으로 구성되어 매우 큰 문제가 될 수 있다. 또 문제가 특별한 구조를 가지면, Dantzing & Wolfe[4.4]가 개발한 분해원리를 적용하여 해를 얻는 것이 가능하다. 분해 방법에서는 원래 문제를 작은 부분문제들(subproblems)로 분해하고 이 부분문제들을 거의 독립적으로 해결하므로 연산적으로 매우 어렵거나 또는 불가능한 대규모 문제를 해결하는 것이 가능하다. 분해원리를 적용할 수 있는 예제로 두 공장에서 각각 3개의 제품과 2개의 제품을 개별적으로 생산하는 회사를 고려해보자. 각 공장은 생산을 위한 자체 내부 자원인 노동력과 기계설비들을 갖고, 가용도(availability)가 제한된 원자재를 공유한다. b_2와 b_3를 공장 1의 최대 가능한 내부 자원들을 나타내고, b_4와 b_5를 공장 2의 최대 가능한 내부 자원들을 나타내자. 만일 공통 자원에 대한 한계가 b_1이면, 다음과 같이 문제를 기술할 수 있다.

$$min\ f(x_1,\ x_2,\ x_3,\ y_1,\ y_2)= c_1x_1+\ c_2x_2+\ c_3x_3+\ c_4y_1+\ c_5y_2$$

subject to

$$\begin{array}{ll}
\boxed{a_{11}x_1+a_{12}x_2+a_{13}x_3+a_{14}y_1+a_{15}y_2} & \le b_1 \\
a_{21}x_1+a_{22}x_2+a_{23}x_3 & \le b_2 \\
a_{31}x_1+a_{32}x_2+a_{33}x_3 & \le b_3 \\
\qquad\qquad a_{41}y_1+a_{42}y_2 & \le b_4 \\
\qquad\qquad a_{51}y_1+a_{52}y_2 & \le b_5
\end{array} \qquad 4.24$$

$$x_i \ge 0,\ y_j \ge 0,\quad i=1,\ 2,\ 3,\ j=1,\ 2$$

여기서 x_i와 y_j는 두 공장에서 생산되는 여러 제품(설계변수)들의 양이고, a_{ij}는 단위 제품 j를 생산하기 위해 필요한 자원 i의 양이다.

식 4.24에서 기술한 문제의 중요한 특징은 제약이 독립적인 두 개의 부등식 그룹으로 구성된다는 것이다. 첫 번째 그룹은 모든 설계변수들을 포함하는 제약식이고, 두 번째 그룹은 그 그룹만의 설계변수들을 포함하는 두 개의 제약 소 그룹들로 구성된다. 이러한 문제를 다음과 같이 일반화할 수 있다.

$$Min \quad f(\boldsymbol{X})= \boldsymbol{c}_1^T\boldsymbol{X}_1+\boldsymbol{c}_2^T\boldsymbol{X}_2+\ \cdot\ \cdot\ \cdot\ +\boldsymbol{c}_p^T\boldsymbol{X}_p \qquad 4.25a$$

subject to

$$\boldsymbol{A}_1\boldsymbol{X}_1+\boldsymbol{A}_2\boldsymbol{X}_2+\ \cdot\ \cdot\ \cdot\ +\boldsymbol{A}_p\boldsymbol{X}_p=\boldsymbol{b}_0 \qquad 4.25b$$

$$\begin{aligned} &\boldsymbol{B}_1\boldsymbol{X}_1 &&= \boldsymbol{b}_1 \\ &\quad \boldsymbol{B}_2\boldsymbol{X}_2 &&= \boldsymbol{b}_2 \\ &\quad \cdot \\ &\quad \cdot \\ &\quad \cdot \\ &\qquad\qquad \boldsymbol{B}_p\boldsymbol{X}_p &&= \boldsymbol{b}_p \end{aligned} \tag{4.25c}$$

$$\boldsymbol{X}_1 \geq 0, \quad \boldsymbol{X}_2 \geq 0, \cdot \cdot \cdot, \boldsymbol{X}_p \geq 0$$

$$\boldsymbol{X}_1 = \begin{pmatrix} x_1 \\ x_2 \\ \cdot \\ \cdot \\ \cdot \\ x_{m1} \end{pmatrix}, \quad \boldsymbol{X}_2 = \begin{pmatrix} x_{m1+1} \\ x_{m1+2} \\ \cdot \\ \cdot \\ \cdot \\ x_{m1+m2} \end{pmatrix}, \cdot \cdot \cdot, \boldsymbol{X}_p = \begin{pmatrix} x_{m1+m2+\cdot\cdot\cdot+m_{p-1}+1} \\ x_{m1+m2+\cdot\cdot\cdot+m_{p-1}+2} \\ \cdot \\ \cdot \\ \cdot \\ x_{m1+m2+\cdot\cdot\cdot+m_{p-1}+m_p} \end{pmatrix}$$

$$\boldsymbol{X} = \begin{pmatrix} \boldsymbol{X}_1 \\ \boldsymbol{X}_2 \\ \cdot \\ \cdot \\ \cdot \\ \boldsymbol{X}_p \end{pmatrix}$$

위에서 행렬 $\boldsymbol{A}_k$의 크기가 $(r_0 \times m_k)$이고, $\boldsymbol{B}_k$의 크기가 $(r_k \times m_k)$이면 문제는 $\sum_{i=0}^{p} r_k$개의 제약과 $\sum_{k=1}^{p} m_k$개의 변수를 갖는다.

식 4.25와 같이 기술된 문제는 대규모의 제약을 포함하므로 심플렉스 방법 보다 분해원리를 사용하여 이 문제를 해결하는 것이 연산적으로 보다 효율적이다. 분해원리를 사용하는 기본 절차는 다음과 같다.

1. 식 4.25를 사용하여 다음과 같이 p개의 보조 제약 집합을 정의한다.

$$\begin{aligned} &\boldsymbol{B}_1\boldsymbol{X}_1 = \boldsymbol{b}_1 \\ &\boldsymbol{B}_2\boldsymbol{X}_2 = \boldsymbol{b}_2 \\ &\quad \cdot \\ &\quad \cdot \\ &\quad \cdot \\ &\boldsymbol{B}_k\boldsymbol{X}_k = \boldsymbol{b}_k \\ &\quad \cdot \\ &\quad \cdot \\ &\quad \cdot \\ &\boldsymbol{B}_p\boldsymbol{X}_p = \boldsymbol{b}_p \end{aligned} \tag{4.26}$$

보조 제약 집합

$$\boldsymbol{B}_k\boldsymbol{X}_k = \boldsymbol{b}_k, \quad k = 1,\ 2,\ \cdots,\ p \tag{4.27}$$

은 r_k개의 등식 제약들로 변수제약 $\boldsymbol{X}_k > \mathbf{0}$과 함께 식 4.27의 가변영역 집합으로 정의한다. 이 집합을 유계 볼록집합으로 가정하고, s_k를 이 집합의 극점들의 개수라 하자. 볼록 결합의 정의로부터 식 4.27을 만족하는 임의 점 $\boldsymbol{X}_k$를 다음과 같이 표현할 수 있다.

$$\boldsymbol{X}_k = \mu_{k,1}\boldsymbol{X}_1^{(k)} + \mu_{k,2}\boldsymbol{X}_2^{(k)} + \cdots \mu_{k,s_k}\boldsymbol{X}_{s_k}^{(k)} \tag{4.28}$$

$$\mu_{k,1} + \mu_{k,2} + \cdots + \mu_{k,s_k} = 1 \tag{4.29}$$

$$0 \le \mu_{k,i} \le 1 \quad i = 1,\ 2,\ \cdots,\ s_k, \quad k = 1,\ 2,\ \cdots,\ p \tag{4.30}$$

여기서 $\boldsymbol{X}_1^{(k)},\ \boldsymbol{X}_2^{(k)},\ \cdots,\ \boldsymbol{X}_{s_k}^{(k)}$는 식 4.27로 정의된 가변영역 집합의 극점들이며, 이 극점들 $\boldsymbol{X}_1^{(k)},\ \boldsymbol{X}_2^{(k)},\ \cdots,\ \boldsymbol{X}_{s_k}^{(k)};\ k = 1,\ 2,\ \cdots,\ p$은 식 4.27을 풀어서 구할 수 있다.

2. 식 4.28에서 X_k의 집합은 다음 제약을 만족하는 해의 공간을 암시한다.

$$\boldsymbol{B}_k\boldsymbol{X}_k = \boldsymbol{b}_k\ ,\ \boldsymbol{X}_k \ge \mathbf{0}\ ,\ k = 1,\ 2,\ \cdots,\ p \tag{4.31}$$

이제 식 4.28을 4.25에 대입하면 원래 문제로부터 보조 제약들 집합들을 제거하여 다음 동치의 문제를 얻는 것이 가능하다.

$$Min \quad f(\boldsymbol{X}) = \boldsymbol{c}_1^T\left(\sum_{i=1}^{s_1}\mu_{1,i}\boldsymbol{X}_i^{(1)}\right) + \boldsymbol{c}_2^T\left(\sum_{i=1}^{s_2}\mu_{2,i}\boldsymbol{X}_i^{(2)}\right) + \cdots + \boldsymbol{c}_p^T\left(\sum_{i=1}^{s_p}\mu_{p,i}\boldsymbol{X}_i^{(p)}\right)$$

subject to

$$\begin{aligned}
\boldsymbol{A}_1\left(\sum_{i=1}^{s_1}\mu_{1,i}\boldsymbol{X}_i^{(1)}\right) + \boldsymbol{A}_2\left(\sum_{i=1}^{s_2}\mu_{2,i}\boldsymbol{X}_i^{(2)}\right) + \cdots + \boldsymbol{A}_p\left(\sum_{i=1}^{s_p}\mu_{p,i}\boldsymbol{X}_i^{(p)}\right) &= \boldsymbol{b}_0 \\
\sum_{i=1}^{s_1}\mu_{1,i} &= 1 \\
\sum_{i=1}^{s_2}\mu_{2,i} &= 1 \\
\sum_{i=1}^{s_p}\mu_{p,i} &= 1
\end{aligned} \tag{4.32}$$

$$\mu_{j,i} \ge 0, \quad i = 1,\ 2,\ \cdots,\ s_j, \quad j = 1,\ 2,\ \cdots,\ p$$

극점들 $X_1^{(k)}$, $X_2^{(k)}$, · · · , $X_{sk}^{(k)}$는 식 $B_kX_k = b_k$, $X_k \geq 0$, $k = 1, 2, \cdots, p$로부터 계산된 벡터이고, c_k와 A_k, $k = 1, 2 \cdots, p$는 문제에서 주어져 알고 있는 데이터이므로 식 4.32에서 미지수는 $\mu_{j,i}, i = 1, 2 \cdots, s_j$; $j = 1, 2, \cdots, p$뿐이다. 따라서 $\mu_{j,i}$는 식 4.32의 수정된 문제의 새로운 결정변수가 된다.

3. 알고 있는 기법을 사용하여 식 4.32에 기술된 선형 계획 문제를 해결하고 최적해 $\mu_{j,i}$의 값을 찾는다. 최적해 $\mu_{j,i}^*$가 결정되면 다음과 같이 원래 문제의 최적해를 얻을 수 있다.

$$X^* = \begin{pmatrix} X_1^* \\ X_1^* \\ \cdot \\ \cdot \\ \cdot \\ X_p^* \end{pmatrix}, \quad X_k^* = \sum_{i=1}^{sk} \mu_{k,i}^* X_i^{(k)}, \qquad k = 1, 2, \cdot \cdot \cdot, p$$

주의

1. 식 4.32의 새로운 문제는 식 4.25의 원래 문제의 등식 제약의 개수 $r_0 + \sum_{k=1}^{p} r_k$와 비교하여 $(r_0 + p)$개의 등식 제약들만을 갖는 것을 알 수 있다. 따라서 분해원리를 적용하여 제약식의 개수를 상당히 감소시킬 수 있지만 식 4.31에 의해 정의된 보조 문제들의 극점의 숫자에 따라 변수들의 숫자가 $\sum_{k=1}^{p} m_k$로부터 $\sum_{k=1}^{p} s_k$로 증가할 수 있다. 그러나 주로 선형 계획 문제를 해결하기 위해 필요한 연산은 변수들의 숫자가 아닌 제약들의 숫자에 영향을 받으므로 수정된 문제는 연산적으로 더욱 효율적일 수 있다.
2. 위에서 기술한 절차는 최적해 $\mu_{j,i}^*$를 구하기 전에 식 4.31에 정의된 각 보조 제약 집합의 모든 극점들의 결정을 필요로 한다. 그러나 수정 심플렉스 방법을 사용하면 모든 극점을 결정할 필요가 없어진다[4.5].
3. 문제의 크기가 작으면, 부분문제들의 모든 극점들을 계산하고 심플렉스 방법을 적용하는 것이 오히려 편하다. 분해원리 적용 절차를 다음 예제를 통해 알아본다.

예제 4.4

비료 혼합 공장은 두 개의 화학물질 C_1과 C_2를 다른 비율로 혼합하여 두 개의 비료 A와 B를 생산한다. 화학물질 C_1과 C_2의 내용물과 비용은 다음과 같다.

화학물질	내용물		비용($/lb)
	암모니아	인	
C_1	0.70	0.30	5
C_2	0.40	0.60	4

비료 A는 암모니아를 60% 이상 포함할 수 없으며, B는 최소한 50%를 포함하여야 한다. 평균적으로 공장은 비료를 1,000 lb/hr까지 판매할 수 있으며, 생산시설에 대한 제한으로 비료 A는 600 lb/hr 이상을 생산할 수 없다. 화학물질 C_1의 가용도(availability)는 500 lb/hr으로 제한된다. 생산 비용은 A와 B 동일한 것으로 가정하고, 공장이 비료 A와 B를 \$6/lb 및 \$7/lb의 가격으로 판매한다면 최대 이익을 위한 시간당 생산하여야 할 비료 A와 B의 수량을 결정하라.

[풀이] 비료 A에 사용된 화학물질 C_1과 C_2의 양을 x_1 lb와 x_2 lb로 나타내고 비료 B의 경우 y_1 lb와 y_2 lb로 나타내자. 따라서 생산된 비료 A와 B의 전체 양은 x_1+x_2와 y_1+y_2로 주어진다. 최대화할 목적함수는 다음과 같다.

$$f = \text{판매가격} - \text{화학물질 } C_1 \text{과 } C_2 \text{ 비용}$$
$$= 6(x_1+x_2)+7(y_1+y_2)-5(x_1+y_1)-4(x_2+y_2)$$

제약들은

$$(x_1+x_2)+(y_1+y_2) \le 1{,}000 \quad \text{(판매할 수 있는 양)}$$
$$x_1 \qquad +y_1 \le 500 \quad (C_1 \text{ 가용도})$$
$$x_1+x_2 \le 600 \quad \text{(비료 } A\text{에 대한 생산 한계)}$$
$$\frac{7}{10}x_1+\frac{4}{10}x_2 \le \frac{6}{10}(x_1+x_2) \quad \text{(비료 } A\text{는 암모니아 60\% 이하로 제한)}$$
$$\frac{7}{10}y_1+\frac{4}{10}y_2 \ge \frac{5}{10}(y_1+y_2) \quad \text{(비료 } B\text{는 암모니아 50\% 이상으로 제한)}$$

와 같다. 따라서 문제를 다시 쓰면

$$Max \qquad f = x_1+2x_2+2y_1+3y_2 \qquad \text{E.1}$$

subject to

$$\boxed{\begin{array}{l} x_1+x_2+y_1+y_2 \\ x_1 \qquad +y_1 \end{array}} \begin{array}{l} \le 1{,}000 \\ \le 500 \end{array} \qquad \text{E.2}$$

$$\boxed{\begin{array}{l} x_1+x_2 \\ x_1-2x_2 \end{array}} \qquad \begin{array}{l} \le 600 \\ \le 0 \end{array} \qquad \text{E.3}$$

$$\boxed{-2y_1+y_2} \le 0 \qquad \text{E.4}$$

$$x_i \geq 0, \quad y_i \geq 0, \qquad i = 1,\ 2$$

위의 문제를 벡터와 행렬로 표현하면

$$Max \ \ f(\boldsymbol{X}) = \boldsymbol{c}_1^T \boldsymbol{X}_1 + \boldsymbol{c}_2^T \boldsymbol{X}_2$$

subject to

$$\boldsymbol{A}_1\boldsymbol{X}_1 + \boldsymbol{A}_2\boldsymbol{X}_2 \leq \boldsymbol{b}_0\ , \qquad \text{E.5}$$

$$\boldsymbol{B}_1\boldsymbol{X}_1 \qquad \leq \boldsymbol{b}_1$$

$$\boldsymbol{B}_2\boldsymbol{X}_2 \leq \boldsymbol{b}_2$$

$$\boldsymbol{X}_1 \leq \boldsymbol{0},\ \boldsymbol{X}_2 \leq \boldsymbol{0}$$

단, $\boldsymbol{X}_1 = \begin{pmatrix} x_1 \\ x_2 \end{pmatrix}$, $\boldsymbol{X}_2 = \begin{pmatrix} y_1 \\ y_2 \end{pmatrix}$, $\boldsymbol{c}_1 = \begin{pmatrix} 1 \\ 2 \end{pmatrix}$, $\boldsymbol{c}_2 = \begin{pmatrix} 2 \\ 3 \end{pmatrix}$,

$\boldsymbol{A}_1 = \begin{bmatrix} 1 & 1 \\ 1 & 0 \end{bmatrix}$, $\boldsymbol{A}_2 = \begin{bmatrix} 1 & 1 \\ 1 & 0 \end{bmatrix}$, $\boldsymbol{b}_0 = \begin{bmatrix} 1{,}000 \\ 500 \end{bmatrix}$,

$\boldsymbol{B}_1 = \begin{bmatrix} 1 & 1 \\ 1 & -2 \end{bmatrix}$, $\boldsymbol{b}_1 = \begin{bmatrix} 600 \\ 0 \end{bmatrix}$, $\boldsymbol{B}_2 = [-2 \ \ 1]$, $\boldsymbol{b}_2 = (0)$,

$\boldsymbol{X} = \begin{pmatrix} X_1 \\ X_2 \end{pmatrix}$

1단계 문제의 보조 제약 집합은

$$\boldsymbol{B}_1\boldsymbol{X}_1 \leq \boldsymbol{b}_1, \quad \boldsymbol{X}_1 \geq 0 \qquad \text{E.6}$$

$$\boldsymbol{B}_2\boldsymbol{X}_2 \leq \boldsymbol{b}_2, \quad \boldsymbol{X}_2 \geq 0 \qquad \text{E.7}$$

와 같고, E.6과 E.7에 의해 표현된 볼록 가변영역들은 그림 4.1a와 4.1b와 같다. 또 두 가변영역들의 꼭지점들은 다음 식으로 주어진다.

$\boldsymbol{X}_1^{(1)} =$ 점 $P = \begin{pmatrix} 0 \\ 0 \end{pmatrix}$ $\qquad \boldsymbol{X}_1^{(2)} =$ 점 $S = \begin{pmatrix} 0 \\ 0 \end{pmatrix}$

$\boldsymbol{X}_2^{(1)} =$ 점 $Q = \begin{pmatrix} 0 \\ 600 \end{pmatrix}$ $\qquad \boldsymbol{X}_2^{(2)} =$ 점 $T = \begin{pmatrix} 1{,}000 \\ 2{,}000 \end{pmatrix}$

$\boldsymbol{X}_3^{(1)} =$ 점 $R = \begin{pmatrix} 400 \\ 200 \end{pmatrix}$ $\qquad \boldsymbol{X}_3^{(2)} =$ 점 $U = \begin{pmatrix} 1{,}000 \\ 0 \end{pmatrix}$

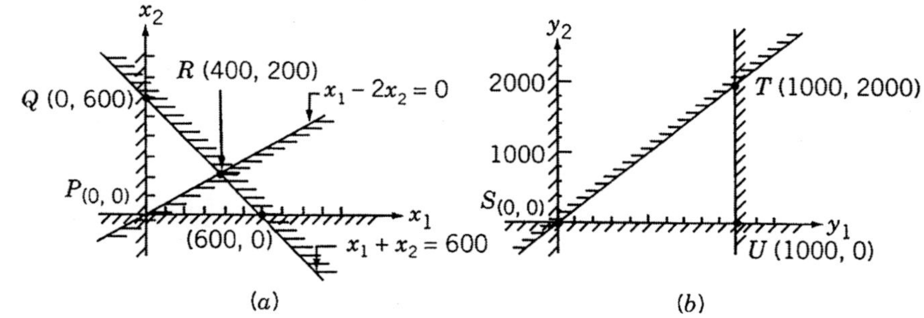

그림 4.1 가변영역의 극점들. 가변영역을 유계로 만들기 위해 식 E.2로부터 제약 $y_1 \le 1{,}000$ 이 첨가되었다.

따라서 식 E.6과 E.7에 의해 정의된 볼록 가변영역 내부의 임의 점은 다음과 같이 나타낼 수 있다.

$$\boldsymbol{X}_1 = \mu_{11}\begin{pmatrix}0\\0\end{pmatrix} + \mu_{12}\begin{pmatrix}0\\600\end{pmatrix} + \mu_{13}\begin{pmatrix}400\\200\end{pmatrix} = \begin{pmatrix}400\mu_{13}\\600\mu_{12}+200\mu_{13}\end{pmatrix} \qquad \text{E.8}$$

$$\mu_{11} + \mu_{12} + \mu_{13} = 1, \quad 0 \le \mu_{1i} \le 1, \quad i = 1,\ 2,\ 3$$

그리고

$$\boldsymbol{X}_2 = \mu_{21}\begin{pmatrix}0\\0\end{pmatrix} + \mu_{22}\begin{pmatrix}1{,}000\\2{,}000\end{pmatrix} + \mu_{23}\begin{pmatrix}1{,}000\\0\end{pmatrix} = \begin{pmatrix}1{,}000\mu_{22}+1{,}000\mu_{23}\\2{,}000\mu_{22}\end{pmatrix} \qquad \text{E.9}$$

$$\mu_{21} + \mu_{22} + \mu_{23} = 1, \quad 0 \le \mu_{2i} \le 1, \quad i = 1,\ 2,\ 3$$

2단계 식 E.8과 E.9를 식 E.5에 대입하여 문제를 다시 쓰면

$$\begin{aligned} Max\ \ f(\mu_{11},\ \mu_{12},\ \cdots,\ \mu_{23}) &= (1\ \ 2)\begin{pmatrix}400\mu_{13}\\600\mu_{12}+200\mu_{13}\end{pmatrix} \\ &\quad + (2\ \ 3)\begin{pmatrix}1{,}000\mu_{22}+1{,}000\mu_{23}\\2{,}000\mu_{22}\end{pmatrix} \\ &= 800\mu_{13} + 1{,}200\mu_{12} + 8{,}000\mu_{22} + 2{,}000\mu_{23} \end{aligned}$$

subject to

$$\begin{bmatrix}1 & 1\\1 & 0\end{bmatrix}\begin{pmatrix}400\mu_{13}\\600\mu_{12}+200\mu_{13}\end{pmatrix} + \begin{bmatrix}1 & 1\\1 & 0\end{bmatrix}\begin{pmatrix}1{,}000\mu_{22}+1{,}000\mu_{23}\\2000\mu_{22}\end{pmatrix} \le \begin{pmatrix}1{,}000\\500\end{pmatrix}$$

즉,

$$600\mu_{12}+600\mu_{13}+3{,}000\mu_{22}+1{,}000\mu_{23}\le 1{,}000$$

$$400\mu_{13}+1{,}000\mu_{22}+1{,}000\mu_{23}\le 500$$

$$\mu_{11}+\mu_{23}+\mu_{13}=1$$

$$\mu_{21}+\mu_{22}+\mu_{23}=1$$

$$\mu_{11}\ge 0,\quad \mu_{12}\ge 0,\quad \mu_{13}\ge 0,\quad \mu_{21}\ge 0,\quad \mu_{22}\ge 0,\quad \mu_{23}\ge 0$$

와 같다. 위의 제약부등식에 이완변수 α와 β를 첨가하여 표준형의 최적화 문제를 다음과 같이 기술할 수 있다.

$$Min \quad f=-1{,}200\mu_{12}-800\mu_{13}-8{,}000\mu_{22}-2{,}000\mu_{23}$$

subject to

$$600\mu_{12}+600\mu_{13}+3{,}000\mu_{22}+1{,}000\mu_{23}+\alpha=1{,}000 \qquad \text{E.10}$$

$$400\mu_{13}+1{,}000\mu_{22}+1{,}000\mu_{23}+\beta=500$$

$$\mu_{11}+\mu_{23}+\mu_{13}=1$$

$$\mu_{21}+\mu_{22}+\mu_{23}=1$$

$$\mu_{ij}\ge 0(i=1,\ 2;\ j=1,\ 2,\ 3),\quad \alpha\ge 0,\quad \beta\ge 0$$

3단계 이제 심플렉스 방법을 사용하여 문제 E.10을 해결한다. ■

4.5 감응도 (Sensitivity or Postoptimality) 분석

대부분 실제 문제들에서 문제의 parameter(문제의 기본요소)를 변경시키면 선형 계획 문제의 최적해뿐만 아니라 해가 어떻게 변하는지에 관심을 갖게 된다. parameter의 변화가 이산적 또는 연속적일 수 있는데, parameter의 이산적 변화가 최적해에 미치는 영향을 고찰하는 것을 민감도 분석이라 하고, 연속적 parameter 변화의 영향을 고찰하는 것을 **parametric 계획법**(parametric programming)이라 부른다. parameter 변화가 미치는 영향을 결정하는 한 방법은 매번 변화를 준 후 새로운 문제들을 연속적으로 해결하여 분석할 수 있지만 이는 계산적 관점에서 볼 때 매우 비효율적이다. 심플렉스 해의 특성을 이용하여 감응도 분석을 하기 위해 개발된 일부 기법들을 본 절에서 기술한다. 우선 최적해에 영향을 미치는 다섯 가지의 기본적인 parameter 변화의 형식들은 다음과 같다.

1. 우변 상수 b_i의 변화

2. 비용계수 c_j의 변화
3. 제약 계수 a_{ij}의 변화
4. 새로운 변수들의 추가
5. 새로운 제약들의 추가

일반적으로 하나의 parameter가 변하면 이에 따른 결과는 다음 세 경우 중 하나가 된다.

1. 최적해는 변함없이 유지된다. 즉, 기본변수들과 값은 변하지 않고 그대로 유지된다.
2. 기본변수들은 동일하게 유지되나 값이 변화한다.
3. 기본변수들은 물론 그들의 값들도 변화한다.

4.5.1 우변 상수 b_i의 변화

선형 계획 문제에 대한 최적해를 찾은 것으로 가정하자. 이제 b_i를 $b_i + \Delta b_i$로 변경할 경우, 새로운 문제는 원래의 문제와 우변만이 다르게 된다. 관심은 b_i에서 $b_i + \Delta b_i$로 변경시켰을 때 원래 최적에 미치는 영향을 고찰하는 것이다. 이미 비기본변수들에 상응하는 상대 비용계수들 $\bar{c}_j \geq 0$이면 최적단계인 것을 알고 있다. 한편 업데이트된 $\bar{c}_j$의 식은 식 4.10과 같이

$$\bar{c}_j = c_j - \boldsymbol{\pi}^T \boldsymbol{A}_j = c_j - \boldsymbol{c}_B^T \boldsymbol{B}^{-1} \boldsymbol{A}_j \qquad 4.33$$

이므로 즉, 기본행렬, 제약 행렬의 계수, 목적함수의 계수로 표현되므로 우변 상수 b_i와 관련 없다. 따라서 b_i의 변화는 아래와 같이 최적해에서 기본변수들 값에 영향을 주어 b_i에서 변화 $b_i + \Delta b_i$로 계산된 기본해가 가변영역에 있으면 즉,

$$\boldsymbol{X}_B{}' = \boldsymbol{B}^{-1}(\boldsymbol{b} + \Delta \boldsymbol{b}) \geq 0 \qquad 4.34$$

이면 새로운 문제에서도 기본 행렬 B는 변함이 없고, 식 4.33의 최적단계의 판정 결과도 변함이 없으므로 최적해는 영향을 받지 않을 것이다. 원래의 문제의 해

$$\boldsymbol{X}_B = \begin{pmatrix} x_1 \\ x_2 \\ \cdot \\ \cdot \\ \cdot \\ x_m \end{pmatrix}$$

는 다음 식

$$\boldsymbol{X}_B = \boldsymbol{B}^{-1}\boldsymbol{b} \tag{4.35}$$

와 같으므로 식 4.34를 다시 표현하면

$$x_i' = x_i + \sum_{j=1}^{m} \beta_{ij} \triangle b_j \geq 0, \qquad i = 1, 2, \cdot \cdot \cdot, m \tag{4.36}$$

단,

$$\boldsymbol{B}^{-1} = [\beta_{ij}] \tag{4.37}$$

와 같이 쓸 수 있다. 따라서 변화량 $\triangle b_i$가 부등식 4.36을 만족하면 원래 최적 기본 행렬 $\boldsymbol{B}$는 최적단계를 유지한다. 또 b_i의 변화에 기인한 i번째 최적 기본변수 값의 변화 $\triangle x_i$는 다음 식과 같다.

$$\boldsymbol{X}_B' - \boldsymbol{X}_B = \triangle \boldsymbol{X}_B = \boldsymbol{B}^{-1} \triangle \boldsymbol{b}$$

즉,

$$\triangle x_i = \sum_{j=1}^{m} \beta_{ij} \triangle b_j, \qquad i = 1, 2, \cdot \cdot \cdot, m \tag{4.38}$$

마지막으로 다음과 같이 $\triangle b_i$에 기인한 목적함수의 최적 변화값 $\triangle f$를 얻을 수 있다.

$$\triangle f = \boldsymbol{c}_B^T \triangle \boldsymbol{X}_B = \boldsymbol{c}_B^T \boldsymbol{B}^{-1} \triangle \boldsymbol{b} = \boldsymbol{\pi}^T \triangle \boldsymbol{b} = \sum_{j=1}^{m} \pi_j \triangle \boldsymbol{b}_j \tag{4.39}$$

이제 b_i의 변화 $\triangle b_i$가 부등식 4.34의 일부 변수제약을 위반하여 새로운 우변 벡터를 갖는 문제의 가변영역의 해가 안되는 것으로 가정하자. 다음 단계에 따라 진행하여 문제를 처음부터 다시 작업하지 않고 새로운 최적해를 구할 수 있다.

1. 원래 최적 표의 $\bar{b}_i$를 새로운 수치들 $\bar{\boldsymbol{b}}_i' = \boldsymbol{B}^{-1}(\boldsymbol{b} + \triangle \boldsymbol{b})$로 대체하고 $\bar{b}_i' < 0$인 행들의 모든 계수들의 부호를 바꾼다.
2. 이 행들에 인공변수들을 첨가하고 기본변수 집합에서 위의 불가변영역 변수들을 인공변수들로 대체한다.
3. 새로운 우변을 갖는 문제에 대한 가변영역의 기본해를 구하기 위해 phase I 계산을 수행한다.
4. phase I의 종료부에서 구한 해가 최적이 아니면 새로운 최적해를 찾기 위해 phase II를 수행한다.

새로운 우변으로 대체했을 때 불가변영역의 변수가 많지 않을 경우는 위에서 기술한 방법은 문제를 처음부터 다시 해결하는 절차와 비교하면 상당한 시간과 노력을 절감할 수 있지만, 불가변영역의 변수가 많으면 처음부터 다시 해결하는 절차와 동등한 노력을 필요로 할 수 있다.

예제 4.5

제작사는 두 형식의 기계(밀링과 선반)를 이용하여 A, B, C, 그리고 D 등 4개의 제품을 생산한다. 각 제품 1개를 제작하기 위해 두 기계가 필요한 시간, 단위 제품당 이익, 그리고 1일에 두 형식의 기계를 사용할 수 있는 전체 시간은 다음 표와 같다. 이익을 최대화하기 위한 1일 제작하여야 할 각 제품 수량을 구하라.

기계	단위 제품 제작에 필요한 시간(min)				1일 유용한 전체 시간(min)
	A	B	C	D	
선반	7	10	4	9	1,200
밀링	3	40	1	1	800
단위 이익($)	45	100	30	50	

Note: 이 문제는 감응도 분석을 설명하기 위한 참고문제이다.

[풀이] 1일 생산되는 각 제품 A, B, C, D의 수량을 x_1, x_2, x_3, x_4로 표기하면 다음과 같이 문제를 표준형으로 기술할 수 있다.

$$Min \quad f = -45x_1 - 100x_2 - 30x_3 - 50x_4$$

subject to

$$7x_1 + 10x_2 + 4x_3 + 9x_4 \le 1{,}200$$

$$3x_1 + 40x_2 + x_3 + x_4 \le 800$$

$$x_i \ge 0, \quad i = 1 \ to \ 4$$

이완변수 $x_5 \ge 0$, $x_6 \ge 0$을 도입하여 정규형으로 변환하여 심플렉스 방법을 적용할 수 있다. 연산은 다음 표와 같다.

B.V	변수 x_1	x_2	x_3	x_4	x_5	x_6	$-f$	$\bar{b}_i$	$\bar{b}_i/\bar{a}_{is}$ for $\bar{a}_{is} > 0$
x_5	7	10	4	9	1	0	0	1,200	120
x_6	3	[40]	1	1	0	1	0	800	[20] 가장 작은 비율로 기본변수집합에서 x_6 제거
$-f$	-45	[-100]	-30	-50	0	0	1	0	

B.V: 기본변수, □ 피봇성분, ⬚ 날변수, ⬚ 들변수 c_i''

1차 피봇연산 결과

B.V	x_1	x_2	x_3	x_4	x_5	x_6	$-f$	$\bar{b}_i$	$\bar{b}_i/\bar{a}_{is}$ for $\bar{a}_{is}>0$
x_5	25/4	0	15/4	35/4	1	−1/4	0	1,000	4,000/35
x_2	3/40	1	1/40	1/40	0	1/40	0	20	800
$-f$	−75/2	0	−55/2	−95/2	0	−5/2	1	2,000	

B.V: 기본변수, ☐ 피봇성분, ⬚ 날변수, ⬚ 들변수 c_i''

2차 피봇연산 결과

B.V	x_1	x_2	x_3	x_4	x_5	x_6	$-f$	$\bar{b}_i$	$\bar{b}_i/\bar{a}_{is}$ for $\bar{a}_{is}>0$
x_4	5/7	0	3/7	1	4/35	−1/35	0	4,000/35	800/3
x_2	2/35	1	1/70	0	−1/350	9/350	0	120/7	1,200
$-f$	−25/7	0	−50/7	0	38/7	8/7	1	52,000/7	

B.V: 기본변수, ☐ 피봇성분, ⬚ 날변수, ⬚ 들변수 c_i''

3차 피봇연산 결과

B.V	x_1	x_2	x_3	x_4	x_5	x_6	$-f$	$\bar{b}_i$	$\bar{b}_i/\bar{a}_{is}$ for $\bar{a}_{is}>0$
x_3	5/3	0	1	7/3	4/15	−1/15	0	800/3	
x_2	1/30	1	0	−1/30	−1/150	2/75	0	40/3	
$-f$	25/3	0	0	50/3	22/3	2/3	1	28,000/3	

따라서 최적해는 다음과 같다.

$$x_2 = \frac{40}{3},\ x_3 = \frac{800}{3} \quad \text{(기본변수들)}$$

$$x_1 = x_4 = x_5 = x_6 = 0 \quad \text{(비기본변수들)}$$

$$f_{min} = -\frac{28,000}{3} \quad \text{또는 최대이익} = \frac{\$28,000}{3}$$

■

또한 마지막 표로부터 다음을 구할 수 있다.

$$\boldsymbol{X}_B = \begin{pmatrix} x_3 \\ x_2 \end{pmatrix} = \begin{pmatrix} \frac{800}{3} \\ \frac{40}{3} \end{pmatrix} \quad \text{최적해에 있는 기본변수들의 벡터} \qquad \text{E.1}$$

$$\boldsymbol{c}_B = \begin{pmatrix} c_3 \\ c_2 \end{pmatrix} = \begin{pmatrix} -30 \\ -100 \end{pmatrix} \quad \text{기본변수에 상응하는 원래 비용계수 벡터} \qquad \text{E.2}$$

$$\boldsymbol{B} = \begin{bmatrix} 4 & 10 \\ 1 & 40 \end{bmatrix} \quad \text{기본변수에 상응하는 원래 계수 행렬} \qquad \text{E.3}$$

$$\boldsymbol{B}^{-1} = \begin{bmatrix} \beta_{33} & \beta_{32} \\ \beta_{23} & \beta_{22} \end{bmatrix} = \begin{bmatrix} \frac{4}{15} & -\frac{1}{15} \\ -\frac{1}{150} & \frac{2}{75} \end{bmatrix} \qquad \text{E.4}$$

위의 역행렬은 마지막 표에 나타나는 기본 역행렬로서 이 행렬은 원래 표의 단위행렬이 있던 자리인 x_5와 x_6에 대응하는 행렬에 해당한다.

$$\boldsymbol{\pi} = \boldsymbol{c}_B^T \boldsymbol{B}^{-1} = (-30 \;\; -100) \begin{bmatrix} \frac{4}{15} & -\frac{1}{15} \\ -\frac{1}{150} & \frac{2}{75} \end{bmatrix} = \begin{pmatrix} -\frac{22}{3} \\ -\frac{2}{3} \end{pmatrix} \qquad \text{E.5}$$

위의 벡터는 심플렉스 승수로 마지막 표의 비용계수 행에서 x_5와 x_6 대응하는 열에 나타나는 값의 음의 값이다.

예제 4.6

예제 4.5에서 두 기계에 대한 1일 전체 유용한 시간을 각각 1,200와 800분으로부터 1,500과 1,000분으로 변경할 때 영향을 구하라.

[풀이] 식 4.36

$$x_i' = x_i + \sum_{j=1}^{m} \beta_{ij} \Delta b_j \geq 0, \qquad i = 1, 2, \cdot \cdot \cdot, m \qquad 4.36$$

에서 x_i는 최적단계의 i 번째 기본변수의 값이다. 이 식은 기본변수들을 표현하기 위해 x_1로부터 x_m까지 기본변수에 대해 다시 순번을 매기는 것으로 가정한다.

만일 변수들에 다시 순번을 매기지 않으면 현재 문제에서 $\Delta b_3 = 300$과 $\Delta b_2 = 200$가 되는 $i=3$과 2를 식 4.36에 적용하면 된다. 예제 4.5의 식 E.1~E.5로부터 식 4.36의 좌변은 다음과 같다.

$$x_3+\beta_{33}\Delta b_3+\beta_{32}\Delta b_2=\frac{800}{3}+\frac{4}{15}(300)-\frac{1}{15}(200)=\frac{5,000}{15}$$

$$x_2+\beta_{23}\Delta b_3+\beta_{22}\Delta b_2=\frac{40}{3}-\frac{1}{150}(300)+\frac{2}{75}(200)=\frac{2,500}{150}$$

위의 두 값은 음이 아니므로(≥ 0)이므로 이전의 최적 기본 행렬 $\boldsymbol{B}$는 새로운 우변상수 b_i에 대해서도 최적단계를 유지한다. 또 식 4.38로부터 기본변수들의 새로운 최적값은 다음과 같이 계산된다.

$$\boldsymbol{X}_B{}'=\begin{pmatrix}x_3{}'\\x_2{}'\end{pmatrix}=\boldsymbol{X}_B+\boldsymbol{B}^{-1}\Delta\boldsymbol{b}=\boldsymbol{X}_B+\Delta\boldsymbol{X}_B$$

$$=\begin{pmatrix}\frac{800}{3}\\\frac{40}{3}\end{pmatrix}+\begin{bmatrix}\frac{4}{15}&-\frac{1}{15}\\-\frac{1}{150}&\frac{2}{75}\end{bmatrix}\begin{pmatrix}300\\200\end{pmatrix}$$

$$=\begin{pmatrix}\frac{1,000}{3}\\\frac{50}{3}\end{pmatrix}$$

그리고 식 4.39로부터 목적함수의 새로운 최솟값은

$$f'_{min}=f_{min}+\Delta f=f_{min}+\boldsymbol{c}_B^T\Delta\boldsymbol{X}_B=-\frac{28,000}{3}+(-30\ \ -100)\begin{pmatrix}\frac{200}{3}\\\frac{10}{3}\end{pmatrix}$$

$$=-\frac{35,000}{3}$$

이 된다. ▩

4.5.2 비용계수 c_j의 변화

이제 비용계수를 c_j에서 $c_j+\Delta c_j$로 변경할 경우에 미치는 영향을 찾아보자. 비기본변수 x_{m+1}, x_{m+2}, · · · , x_n에 상응하는 상대 비용계수들은 식 4.10으로부터

$$\bar{c}_j=c_j-\boldsymbol{\pi}^T\boldsymbol{A}_j=c_j-\sum_{i=1}^{m}\pi_i a_{ij},\qquad j=m+1,\ m+2,\cdot\cdot\cdot,\ n \qquad 4.40$$

와 같다. 이때 심플렉스 승수 π_i는

$$\pi^T = \boldsymbol{c}_B^T \boldsymbol{B}^{-1}$$

와 같이 기본변수들의 비용계수들과 관련된다. 즉,

$$\pi_i = \sum_{k=1}^{m} c_k \beta_{ki}, \quad i = 1, 2, \cdots, m \tag{4.41}$$

이다. 식 4.40과 4.41로부터

$$\bar{c}_j = c_j - \sum_{i=1}^{m} a_{ij} \left(\sum_{k=1}^{m} c_k \beta_{ki} \right) = c_j - \sum_{k=1}^{m} c_k \left(\sum_{i=1}^{m} a_{ij} \beta_{ki} \right), \tag{4.42}$$

$$i = m+1,\ m+2, \cdots, n$$

이므로 c_j가 $c_j + \Delta c_j$로 변경되어 위의 $\bar{c}_j$의 새로운 값 $\bar{c}_j{}'$이 다음 관계를 만족하면 최적단계는 그대로 유지된다.

$$\bar{c}_j{}' = c_j + \Delta c_j - \sum_{k=1}^{m} (c_k + \Delta c_k) \left(\sum_{i=1}^{m} a_{ij} \beta_{ki} \right) \geq 0 \tag{4.43}$$

$$= \bar{c}_j + \Delta c_j - \sum_{k=1}^{m} \Delta c_k \left(\sum_{i=1}^{m} a_{ij} \beta_{ki} \right) \geq 0,$$
$$j = m+1,\ m+2, \cdots, n$$

위의 식에서 $\bar{c}_j$는 원래 최적해에 상응하는 상대 비용계수를 나타낸다.

특히, 비기본변수들의 비용계수들만이 변경되면 식 4.43은 다음 식으로 축소된다.

$$\bar{c}_j + \Delta c_j \geq 0, \quad j = m+1,\ m+2, \cdots, n \tag{4.44}$$

따라서 식 4.43이 만족되면 c_j의 변화 Δc_j는 최적 기본 행렬과 기본변수의 값에 영향을 미치지 않으며, 오직 목적함수의 최적값에만 아래와 같이 유일한 변화가 발생한다.

$$\Delta f = \sum_{j=1}^{m} x_j \Delta c_j \tag{4.45}$$

하지만 오직 비기본변수들의 c_j가 변화하면 위의 목적함수의 값의 변화도 0이 된다.

이제 비기본변수들에 대응하는 비용계수 중 일부에서 식 4.43이 만족이 되지 않는다면 만족되지 않는 비용계수에 해당하는 비기본변수를 기본변수가 되게 하여 목적함수 값을 개선시키는 것이 가능하다. 변경 전의 최적단계 표를 이용하면 쉽게 수행할 수 있다. 즉,

변경된 $\bar{c}_j{}'$ 중 일부가 음수이므로 변경전의 최적해를 초기 가변영역의 기본해로 최적화 절차를 시작하여 새로운 최적을 찾을 때까지 반복 과정을 계속한다. 우변 b_i를 변경시키는 경우에서와 같이 이 절차의 효율성은 식 4.43에서 새롭게 변경된 값 $c_j + \Delta c_j$에 의해 만족하지 않는 부등식의 개수에 따라 다르다.

어떤 실전 문제에서는 목적함수들을 계속 변경시켜 최적문제를 해결할 필요가 있을 수 있다. 이때도 각 새로운 목적함수를 갖고 전체 문제를 재작업하지 않고 이를 수행할 수 있다. 우선 정상적인 절차로 첫 번째 목적함수에 대한 최적해를 구하고, 첫 번째 목적함수를 변경한 두 번째 목적함수를 갖고 식 4.43을 계산한다. 만일 업데이트된 모든 $\bar{c}_j{}' \geq 0$이면 최적단계는 그대로 유지되므로 같은 방법으로 다음 목적함수에 대해 검토한다. 반면에 $\bar{c}_j{}' < 0$인 업데이트 계수가 있다면 위에서 기술한 절차와 같이 이전 최적해를 가변영역의 기본해로 채택하여 반복 과정을 계속한다. 최적해를 구한 후 다음 목적함수를 검토한다.

예제 4.7

예제 4.5에서 c_3를 -30에서 -24로 변경할 때 그 효과를 구하라.

[풀이] 여기서 $\Delta c_3 = 6$이고 식 4.43으로부터

$$\bar{c}_1{}' = \bar{c}_1 + \Delta c_1 - \Delta c_3 [a_{21}\beta_{32} + a_{31}\beta_{33}] = \frac{25}{3} + 0 - 6\left[3\left(-\frac{1}{15}\right) + 7\left(\frac{4}{15}\right)\right] = -\frac{5}{3}$$

$$\bar{c}_4{}' = \bar{c}_4 + \Delta c_4 - \Delta c_3 [a_{24}\beta_{32} + a_{34}\beta_{33}] = \frac{50}{3} + 0 - 6\left[1\left(-\frac{1}{15}\right) + 9\left(\frac{4}{15}\right)\right] = \frac{8}{3}$$

$$\bar{c}_5{}' = \bar{c}_5 + \Delta c_5 - \Delta c_3 [a_{25}\beta_{32} + a_{35}\beta_{33}] = \frac{22}{3} + 0 - 6\left[0\left(-\frac{1}{15}\right) + 1\left(\frac{4}{15}\right)\right] = \frac{86}{15}$$

$$\bar{c}_6{}' = \bar{c}_6 + \Delta c_6 - \Delta c_3 [a_{26}\beta_{32} + a_{36}\beta_{33}] = \frac{2}{3} + 0 - 6\left[1\left(-\frac{1}{15}\right) + 0\left(\frac{4}{15}\right)\right] = \frac{16}{15}$$

이다. 또 목적함수의 변화값은 식 4.45에 의해 다음과 같다.

$$\Delta f = \Delta c_3 x_3 = 6 \times \frac{800}{3} = \frac{4,800}{3}$$

따라서

$$f = -\frac{28,000}{3} + \frac{4,800}{3} = -\frac{23,200}{3}$$

$\bar{c}_1{}'$이 음수이므로 x_1을 기본변수로 가져올 수 있다. 따라서 다음과 같이 예제 4.5의 최

종 표에서 새로운 상대 비용계수들의 수치들로 대체하고 정상적인 절차에 따라 반복하여 해를 개선해간다.

B.V	변수 x_1	x_2	x_3	x_4	x_5	x_6	$-f$	$\bar{b}_i$	$\bar{b}_i/\bar{a}_{is}$ for $\bar{a}_{is}>0$
x_3	5/3	0	1	7/3	4/15	−1/15	0	800/3	160
x_2	1/30	1	0	−1/30	−1/150	2/75	0	40/3	400
$-f$	−5/3	0	0	8/3	86/15	16/15	1	23,200/3	

B.V: 기본변수, □ 피봇성분, ⬚ 날변수, ⬚ 들변수 c_i''

1차 피봇연산 결과

B.V	변수 x_1	x_2	x_3	x_4	x_5	x_6	$-f$	$\bar{b}_i$	$\bar{b}_i/\bar{a}_{is}$ for $\bar{a}_{is}>0$
x_1	1	0	3/5	7/5	4/25	−1/25	0	160	
x_2	0	1	−1/50	−2/25	−3/250	7/250	0	8	
$-f$	0	0	1	5	6	14	1	8,000	

모든 상대 비용계수들이 비음수이므로 최적단계이며 최적해는

$x_1 = 160,\ x_2 = 8$ (기본변수)

$x_3 = x_4 = x_5 = x_6 = 0$ (비기본변수)

$f_{min} = -8{,}000$ 또는 최대이익= \$8,000

와 같다. ■

4.5.3 새로운 변수 추가

n개 변수 $x_1,\ x_2,\ \cdot\cdot\cdot,\ x_n$으로 된 선형 계획 문제의 최적해를 구한 후, 문제에 변수 $x_{n+k},\ k=1,\ 2,\cdots$을 추가했을 때 최적해에 미치는 영향을 검토하기로 한다. 새로운 변수 x_{n+k}의 제약 계수를 $a_{i,n+k},\ i=1,\cdots,\ m$으로 비용계수들을 c_{n+k}로 표기하고, 추가하지 전의 최적단계에서 추가 변수들을 비기본변수들로 취급하면 그 비용계수들은 다음 식으로 주어진다.

$$\bar{c}_{n+k} = c_{n+k} - \sum_{i=1}^{m} \pi_i a_{i,n+k} \qquad 4.46$$

여기서 π_1, π_2, · · ·, π_m은 추가 전 최적해에 대응하는 심플렉스 승수들이다. 만일 모든 k에서 $\bar{c}_{n+k} \ge 0$이면, 새로운 문제의 최적단계는 추가 전 최적단계와 같다. 그러나 하나 이상이 $\bar{c}_{n+k} < 0$이면, 이에 대응하는 추가된 변수를 기본변수로 가져오기 위해 먼저 제약 계수 $a_{i,n+k}$를 $\bar{a}_{i,n+k}$로 식 4.9를 사용하여 업데이트시켜 새로운 추가 변수의 열을 추가 전 최적단계의 정규형에 상응하도록 만들어야 한다. 즉,

$$\underset{m\times 1}{\bar{\boldsymbol{A}}_{n+k}} = \underset{m\times m}{\boldsymbol{B}^{-1}} \ \underset{m\times 1}{\boldsymbol{A}_{n+k}}$$

또는

$$\bar{a}_{i,n+k} = \sum_{j=1}^{m} \beta_{ij} a_{j,n+k}, \quad i=1, \cdots, m \qquad 4.47$$

와 같이 업데이트한다. 여기서 $\boldsymbol{B}^{-1} = [\beta_{ij}]$는 추가 전 최적단계의 기본 역행렬이다. 그리고 새로운 변수를 들변수로 하는 것과 새로운 가변영역의 기본해를 구하는 것, 그리고 최적단계의 판정에 대한 규칙들과 후속 절차들은 심플렉스 방법과 동일하게 수행하면 된다.

예제 4.8

예제 4.5에서 15분간의 선반작업과 10분의 밀링작업으로 새로운 제품 E를 1개 제작할 수 있고, 단위 제품당 이익이 $40이면 제작할 가치가 있을까?

[풀이] 1일 제작되는 제품 E의 단위 수량을 x_k로 나타내자. 그러면 $c_k = -40$, $a_{1k} = 15$, $a_{2k} = 10$이다. 따라서

$$\bar{c}_k = c_k - \pi_1 a_{1k} - \pi_2 a_{2k} = -40 + \left(\frac{22}{3}\right)(15) + \left(\frac{2}{3}\right)(10) = \frac{230}{3} \ge 0$$

이므로 즉, 상대 비용계수 $\bar{c}_k \ge 0$이므로 새로운 문제의 최적 상태는 추가 전 문제의 최적 상태를 유지하며 변수 x_k는 비기본변수로 남게 된다. 이는 제품 E를 제작할 가치가 없다는 것을 의미한다. ■

4.5.4 제약 계수 a_{ij}의 변화

이 절에서는 최적해를 구한 후, 계수 a_{ij}를 $a_{ij} + \Delta a_{ij}$로 변경할 때 미치는 영향을 조사한다. 변경되는 계수의 위치에는 두 가지의 가능성이 있다. 첫 번째 가능성은 변경된 모든 계수들 a_{ij}가 변경 전 최적단계에서 비기본변수의 계수 열들에 속하는 경우로서, 이때

는 앞 절에서 새로운 변수가 추가되는 경우와 유사한 방법으로 a_{ij} 변경이 최적해에 미치는 영향을 조사할 수 있다. 두 번째 가능성은 변경된 계수들 a_{ij}가 변경 전 최적해의 기본변수(이를테면 x_{j0})의 계수 열에 속하는 경우이다. $a_{i,j0}$을 $a_{i,j0}+\Delta a_{i,j0}$로 변경할 때 미치는 영향을 다음과 같은 절차를 통해 조사할 수 있다.

1. 원래 시스템에 새로운 변수 x_{n+1}을 도입하여 그 제약 계수를

$$a_{i,n+1}=a_{i,j0}+\Delta a_{i,j0} \tag{4.48}$$

로 하고, 비용계수를

$$c_{n+1}=c_{j0}\ \text{(변경 전 문제의 비용계수)} \tag{4.49}$$

라 한다.

2. 변경 전 최적단계에서의 기본 역행렬 $\boldsymbol{B}^{-1}=[\beta_{ij}]$를 사용하여 제약 계수 $a_{i,n+1}$을 $\bar{a}_{i,n+1}$으로 업데이트한다. 즉,

$$\bar{a}_{i,n+1}=\sum_{j=1}^{m}\beta_{ij}a_{j,n+1},\qquad i=1,\cdots,m \tag{4.50}$$

3. x_{j0}의 원래 비용계수 (c_{j0})를 큰 양수 N으로 대체한다.
4. 식 4.43을 이용하여 비용계수들을 수정 계산한다.

$$\bar{c}_j{}'=\bar{c}_j+\Delta c_j-\sum_{k=1}^{m}\Delta c_k\left(\sum_{i=1}^{m}a_{ij}\beta_{ki}\right),\quad j=m+1,\ m+2,\ \cdot\ \cdot\ \cdot,\ n,\ n+1 \tag{4.51}$$

5. 새로운 최적해를 찾을 때까지 새로운 목적함수와 식 4.50과 4.51을 통해 업데이트한 확장 행렬(정규형)을 갖고 심플렉스 방법의 반복 절차를 수행한다.

주의

1. 최적단계까지 변수 x_{j0}가 다시 기본변수의 집합에 포함되지 않도록 보장하기 위해 숫자 N을 충분히 크게 취하여야 한다.
2. 한 개의 열 이상에서 계수 a_{ij}의 변화가 발생하는 경우에도 위의 절차를 쉽게 확대할 수 있다.
3. a_{ij}가 변경되는 기본변수의 열의 수가 너무 많지 않은 경우에만 위의 방법이 문제를 처음부터 재작업하는 것보다 연산적으로 효율적이다.

예제 4.9

예제 4.5에서 $\boldsymbol{A}_1$을 $(7 \quad 3)^T$에서 $(6 \quad 10)^T$으로 변경할 때 결과를 분석하여라(즉, 비기본변수들의 계수 열의 성분 a_{ij}에서 변화가 발생한다).

[풀이] 새로운 a_{ij}에 상응하는 비기본변수(변경 전 최적단계)의 상대 비용계수는

$$\overline{c_j} = c_j - \boldsymbol{\pi}^T \boldsymbol{A}_j, \quad j = \text{비기본변수열 } \{1,\ 4,\ 5,\ 6\}$$

와 같고, $\boldsymbol{A}_1$이 변경으로 인한 업데이트된 비용계수는

$$\bar{c}_1 = c_1 - \boldsymbol{\pi}^T \boldsymbol{A}_1 = -45 - \left(-\frac{22}{3} \quad -\frac{2}{3}\right)\begin{pmatrix}6\\10\end{pmatrix} = \frac{17}{3}$$

로 양수이므로 새로운 문제의 최적해는 변경 전의 최적해와 같다. 즉, $\boldsymbol{A}_1$을 변경해도 최적해는 변하지 않는다. ■

예제 4.10

예제 4.5에서 $\boldsymbol{A}_1$을 $(7 \quad 3)^T$에서 $(5 \quad 6)^T$으로 변경할 때 결과를 분석하여라.

[풀이] 새로운 $\boldsymbol{A}_1$에 대한 비기본변수 x_1의 상대 비용계수는 다음과 같다.

$$\bar{c}_1 = c_1 - \boldsymbol{\pi}^T \boldsymbol{A}_1 = -45 - \left(-\frac{22}{3} \quad -\frac{2}{3}\right)\begin{pmatrix}5\\6\end{pmatrix} = -\frac{13}{3}$$

$\bar{c}_1$이 음수이므로 목적함수를 더욱 감소시키기 위해 x_1을 기본변수로 불러올 수 있다. 이를 위해 다음 식으로 $\boldsymbol{A}_1$을 $\overline{\boldsymbol{A}}_1$으로 아래의 표와 같이 업데이트하여 시작한다.

$$\overline{\boldsymbol{A}}_1 = \boldsymbol{B}^{-1}\boldsymbol{A}_1 = \begin{bmatrix} \dfrac{4}{15} & -\dfrac{1}{15} \\ -\dfrac{1}{150} & \dfrac{2}{75} \end{bmatrix}\begin{pmatrix}5\\6\end{pmatrix} = \begin{bmatrix} \dfrac{20}{15} & -\dfrac{6}{15} \\ -\dfrac{1}{30} & +\dfrac{4}{25} \end{bmatrix} = \begin{pmatrix} \dfrac{14}{15} \\ \dfrac{19}{150} \end{pmatrix}$$

B.V	변수						$-f$	$\bar{b}_i$	$\bar{b}_i/\bar{a}_{is}$ for $\bar{a}_{is}>0$
	x_1	x_2	x_3	x_4	x_5	x_6			
x_3	14/15	0	1	7/3	4/15	−1/15	0	800/3	4,000/14
x_2	[19/150]	1	0	−1/30	−1/150	2/75	0	40/3	2,000/19
$-f$	−13/3	0	0	50/3	22/3	2/3	1	28,000/3	

B.V: 기본변수, □ 피봇성분, ⬚ 날변수, ⬚ 들변수 c_i''

피봇연산 결과

B.V	변수 x_1	x_2	x_3	x_4	x_5	x_6	$-f$	$\bar{b}_i$	$\bar{b}_i/\bar{a}_{is}$ for $\bar{a}_{is}>0$
x_3	0	−140/19	1	49/19	6/19	−5/19	0	3,200/19	
x_1	1	150/19	0	−5/19	−1/19	4/19	0	2,000/19	
$-f$	0	650/19	0	295/19	135/19	30/19	1	186,000/19	

위의 표에서 모든 $\bar{c}_j$는 음수가 아니므로 최적단계가 되고 새로운 최적해와 최적값은

$$x_1 = 2{,}000/19,\ x_3 = 3{,}200/19 \qquad \text{(기본변수들)}$$

$$x_2 = x_4 = x_5 = x_6 = 0 \qquad \text{(비기본변수들)}$$

$$f_{min} = -\frac{186{,}000}{19} \quad \text{또는} \quad \text{최대이익} = \frac{\$186{,}000}{19}$$

와 같다. ■

4.5.5 제약식 추가

m 제약들을 갖는 선형 계획 문제를 해결하여 최적해를 얻은 것으로 가정하고 문제에 부등식 제약들을 추가할 때 최적해에 미치는 영향을 검토하기로 한다. 이를 위해 우선 최적해를 대입하여 새로운 제약식을 만족하는지 확인한다. 만일 제약들이 만족되면 추가 전 문제의 최적해에 영향을 미치지 않는 것을 의미하며 새로운 문제에서도 같은 최적단계를 유지한다. 반면 최적해가 추가된 제약들을 만족시키지 않으면 전체 문제를 재작업하지 않고, 다음과 같이 진행하여 문제를 해결할 수 있다.

1. 변경 전 최적단계의 심플렉스 표는 모든 기본변수들을 비기본변수들의 항으로 표현한 것과 같다. 이를 이용하여 추가된 제약식들로부터 기본변수들을 제거한다.
2. 변환된 추가 제약식의 우변이 음이면 양변에 −1을 곱하여 우변이 양이 되도록 한다.
3. 결과 제약들을 추가 전 최적단계의 표에 추가하고 인공변수를 도입한다. 따라서 1단계에서 새로운 제약에서 추가 전 기본변수들이 제거되었으므로 확장된 연립방정식은 정규형이 된다. 따라서 변경 전 최적단계의 기본변수와 추가된 제약식의 인공변수들과 함께 새로운 기본변수 집합을 쉽게 얻을 수 있게 된다.
4. 인공변수들을 제거하기 위해 phase I 계산을 수행한다.
5. 새로운 최적해를 찾기 위해 phase II 계산을 수행한다.

예제 4.11

예제 4.5에서 제품 A, B, C, D를 제작하기 위해 명시된 운영 기계이외에 그라인딩 기계로 2, 5, 3, 4분의 가공시간을 필요로 할 경우 새로운 최적해를 구하라. 1일 그라인딩 기계의 전체 사용 가능 시간은 600분이고, 모든 이 시간을 모두 사용하여야 하는 것으로 가정하라.

[풀이] 제약 추가에 일치하는 주어진 자료는

$$2x_1 + 5x_2 + 3x_3 + 4x_4 = 600 \tag{E.1}$$

와 같이 쓸 수 있다. 추가 전 최적해는

$$x_2 = \frac{40}{3},\ x_3 = \frac{800}{3},\ x_1 = x_4 = x_5 = x_6 = 0$$

이므로 식 E.1의 좌변에 대입하면

$$2(0) + 5\left(\frac{40}{3}\right) + 3\left(\frac{800}{3}\right) + 4(0) = \frac{2,600}{3} \neq 600$$

와 같이 추가된 제약식을 만족시키지 않으므로 다음과 같이 진행한다.

1단계 추가 전 문제의 최적단계 표(예제 4.5 풀이의 마지막 표)로부터 다음과 같이 기본 변수들을 표현할 수 있다.

$$x_3 = \frac{800}{3} - \frac{5}{3}x_1 - \frac{7}{3}x_4 - \frac{4}{15}x_5 + \frac{1}{15}x_6$$

$$x_2 = \frac{40}{3} - \frac{1}{30}x_1 + \frac{1}{30}x_4 + \frac{1}{150}x_5 - \frac{1}{75}x_6$$

따라서 식 E.1을 다음과 같이 표현할 수 있다.

$$2x_1 + 5\left(\frac{40}{3} - \frac{1}{30}x_1 + \frac{1}{30}x_4 + \frac{1}{150}x_5 - \frac{1}{75}x_6\right)$$
$$+ 3\left(\frac{800}{3} - \frac{5}{3}x_1 - \frac{7}{3}x_4 - \frac{4}{15}x_5 + \frac{1}{15}x_6\right) + 4x_4 = 600$$

즉,

$$-\frac{19}{6}x_1 - \frac{17}{6}x_4 - \frac{23}{30}x_5 + \frac{1}{15}x_6 = -\frac{800}{3} \tag{E.2}$$

2단계 우변이 양이 되도록 양변에 −1을 곱하여 제약식을 변환한다.

$$\frac{19}{6}x_1 + \frac{17}{6}x_4 + \frac{23}{30}x_5 - \frac{1}{15}x_6 = \frac{800}{3} \qquad \text{E.3}$$

3단계 제약식 E.3에 인공변수(x_k라 하자)와 불가변형 함수 $w = x_k$를 원래의 최적단계표에 추가하여 다음과 같은 새로운 정규형 연립방정식을 얻는다.

B.V	변수 x_1	x_2	x_3	x_4	x_5	x_6	x_k	$-f$	$-w$	$\bar{b}_i$	$\bar{b}_i / \bar{a}_{is}$
x_3	5/3	0	1	7/3	4/5	−1/15	0	0	0	800/3	160
x_2	1/30	1	0	−1/30	−1/150	2/75	0	0	0	40/3	400
x_k	[19/6]	0	0	17/6	23/30	−1/15	1	0	0	800/3	1,600/19
$-f$	25/3	0	0	50/3	22/3	2/3	0	1	0	28,000/3	
$-w$	−19/6	0	0	−17/6	−23/30	1/15	0	0	1	−800/3	

B.V: 기본변수, □ 피봇성분, ⬚ 날변수, ⬚ 들변수 c_i''

4단계 phase I 절차를 적용하여 인공변수 x_k를 기본변수 집합에서 제거한다.

B.V	변수 x_1	x_2	x_3	x_4	x_5	x_6	x_k	$-f$	$-w$	$\bar{b}_i$
x_3	0	0	1	16/19	113/285	−3/95	−10/19	0	0	2,400/19
x_2	0	1	0	−6/95	−7/475	13/475	−1/95	0	0	200/19
x_1	1	0	0	17/19	23/95	−2/95	6/19	0	0	1,600/19
$-f$	0	0	0	175/19	101/19	16/19	−50/19	1	0	164,000/19
$-w$	0	0	0	0	0	0	1	0	1	0

위의 표에서 $w = 0$이고 목적계수의 행의 성분이 모두 음이 아니므로(인공변수제외) Phase II의 수행을 할 필요가 없이 최적단계가 되며 새로운 최적해는

$$x_1 = \frac{1,600}{19},\ x_2 = \frac{200}{19},\ x_3 = \frac{2,400}{19} \qquad (\text{기본변수들})$$

$$x_4 = x_5 = x_6 = 0 \qquad (\text{비기본변수들})$$

$$f_{min} = -\frac{164,000}{19} \quad \text{또는} \quad \text{최대이익} = \frac{\$164,000}{19}$$

와 같다. ■

4.6 수송문제 (Transportation Problem)

본 절에서는 수송문제라는 중요한 선형 계획 문제에 대해 기술한다. 명칭이 의미하는 것과 같이 수송문제는 여러 출발지로부터 여러 목적지로 특정 상품을 수송하는 비용을 최소화하는 문제이다. 비록 심플렉스 방법으로 수송문제를 해결할 수 있지만 이 문제의 특별한 구조를 이용하면 더욱 편리한 해결 방법을 얻을 수 있는데, 그 방법은 심플렉스 방법의 이론을 기초로 하지만 더욱 간단한 연산 기술로 지름길을 이용한다.

m개의 출발점을 $R_1,\ R_2,\cdots,\ R_m$(예를 들어, 자재창고), n개의 목적지 $D_1,\ D_2,\cdots,\ D_n$(예를 들어, 공장)라 하고, 출발점 i에서 수송 가능한 상품의 양을 $a_i(i=1,\ 2,\cdot\cdot\cdot,\ m)$ 그리고 목적지 j에서 필요한 양을 $b_j(j=1,\ 2,\cdot\cdot\cdot,\ n)$로 표현한다. 원점 i로부터 목적지 j까지 상품을 수송하는 단위 비용을 c_{ij}로 표현한다. 목적은 전체 수송비용을 최소화하기 위해 원점 i로부터 목적지 j까지 수송할 상품의 양을 결정하는 것이다. 이 문제를 수학적으로 모델화하면 다음과 같다.

$$Min \quad f=\sum_{i=1}^{m}\sum_{j=1}^{n}c_{ij} \tag{4.52}$$

subject to

$$\sum_{j=1}^{n}x_{ij}=a_i\ , \qquad i=1,\ 2,\cdot\cdot\cdot,\ m \tag{4.53}$$

$$\sum_{i=1}^{m}x_{ij}=b_j\ , \qquad j=1,\ 2,\cdot\cdot\cdot,\ n \tag{4.54}$$

$$x_{ij}\geq 0, \qquad i=1,\ 2,\ \cdot\cdot\cdot,\ m, \quad j=1,\ 2,\ \cdot\cdot\cdot,\ n \tag{4.55}$$

위의 문제는 mn개 변수들과 $m+n$개 등식 제약을 갖는 선형 계획 문제이다.

식 4.53은 출발점 i로부터 여러 목적지 j까지 수송될 상품의 전체 양 x_{ij}가 출발점에서 수송 가능한 양 a_{ij}와 같다는 것을 나타낸다. 식 4.54는 모든 공급원들로부터 목적지 j가 받은 상품의 전체 양 x_{ij}가 반드시 목적지 $j(j=1,\ 2,\cdot\cdot\cdot,\ n)$에서 필요한 양 b_j와 동일하여야 한다는 것을 기술한다. 변수 x_{ij}가 음수 값이 되는 것은 실질적 의미를 갖지 않으므로 비음수 조건들인 식 4.55가 추가된다. 전체 수요는 전체 공급과 동일한 것으로 가정한다. 즉,

$$\sum_{i=1}^{m}a_i=\sum_{j=1}^{n}b_j \tag{4.56}$$

가변영역의 해가 존재하려면 **일관성조건**(consistency condition)이라는 식 4.56은 반드시 만족되어야 하는데, 다음 식으로부터 이를 쉽게 알 수 있다.

$$\sum_{i=1}^{m} a_i = \sum_{i=1}^{m}\left(\sum_{j=1}^{n} x_{ij}\right) = \sum_{j=1}^{n}\left(\sum_{i=1}^{m} x_{ij}\right) = \sum_{j=1}^{n} b_j \qquad 4.57$$

Hitchcock가 1941년에 최초로 식 4.52~4.56으로 기술된 문제를 모델화하여 해결하였다[4.6]. Koopmans도 1947년에 이 문제를 독립적으로 해결하였다[4.7]. 이러한 사람들이 최초로 고찰한 사실에 기인하여 이 문제를 때로는 **Hitchcock–Koopmans transportation problem**이라고도 한다. 표준형으로 식들을 작성하면 수송문제는 다음과 같은 특별한 행렬구조를 갖고 있음을 볼 수 있다.

$$\begin{array}{llll} x_{11} + x_{12} + \cdot\cdot\cdot + x_{1n} & & & = a_1 \\ & x_{21} + x_{22} + \cdot\cdot\cdot + x_{2n} & & = a_2 \\ & & \vdots & \vdots \\ & & x_{m1} + x_{m2} + \cdot\cdot\cdot + x_{mn} & = a_m \end{array} \qquad 4.58a$$

$$\begin{array}{lllll} x_{11} & + x_{21} & & + x_{m1} & = b_1 \\ x_{12} & + x_{22} & & + x_{m2} & = b_2 \\ \vdots & \vdots & \cdots\ \cdots & \vdots & \\ x_{1n} & + x_{2n} & & + x_{mn} & = b_n \end{array} \qquad 4.58b$$

$$c_{11}x_{11} + c_{12}x_{12} + \cdots + c_{1n}x_{1n} + c_{21}x_{21} + \cdots + c_{2n}x_{2n} + \cdots + c_{m1}x_{m1} + \cdots + c_{mn}x_{mn} = f \qquad 4.58c$$

식 4.58로부터 다음 특징을 알 수 있다.

1. 제약 계수는 모두 0이 아니면 1이다.
2. 제약 계수들은 삼각형 형태로 나타난다.
3. 모든 변수는 처음 m개의 식에서 한 번 나타나고, 다음 n개 식에서 한 번 나타난다.

위는 수송기법을 개발하는데 이용할 수 있는 수송문제만의 특징이다. 시작해를 쉽게 찾기 위해 식 4.58의 연립방정식을 그림 4.2에서와 같이 **수송배열**이라 불리는 배열 형태로 표현한다. 수송문제를 해결하기 위해 개발된 모든 기법들은 이러한 수송배열을 이용하여 직접 계산한다.

From \ To		목적지 j 1	2	3	$\cdots$	n	수송가능 수량 a_i
출발지 i	1	x_{11} c_{11}	x_{12} c_{12}	x_{13} c_{13}	$\cdots$	x_{1n} c_{1n}	a_1
	2	x_{21} c_{21}	x_{22} c_{22}	x_{23} c_{23}	$\cdots$	x_{2n} c_{2n}	a_2
	3	x_{31} c_{31}	x_{32} c_{32}	x_{33} c_{33}	$\cdots$	x_{3n} c_{3n}	a_3
	$\vdots$	$\vdots$	$\vdots$	$\vdots$	$\vdots$	$\vdots$	$\vdots$
	m	x_{m1} c_{m1}	x_{m2} c_{m2}	x_{m3} c_{m3}	$\cdots$	x_{mn} c_{mn}	a_m
수요량 b_j		b_1	b_2	b_3	$\cdots$	b_n	

그림 4.2 수송배열

연산 과정 일반적으로 선형 계획 문제를 해결하기 위해서는 문제가 작은 경우에는 계산기가 필요하지만, 문제가 클 경우에는 고속 디지털 컴퓨터를 필요로 한다. 반면 수송문제를 해결하기 위해서는 덧셈과 뺄셈만이 필요하므로 단순히 연필과 종이를 사용하여 해결할 수 있다. 수송문제를 해결하는데 포함되는 기본적인 단계들은 다음과 같다.

1. 시작하는 가변영역의 기본해를 결정한다.
2. 현재 가변영역의 기본해의 최적 판정을 한다. 만일 현재 해가 최적이면 반복과정을 종료하고, 그렇지 않으면 3단계로 간다.
3. 현재 비기본변수들 중에서 하나의 들변수(entering variable)를 선택한다.
4. 가변영역의 조건을 사용하여 현재 기본변수들 중 날변수(leaving variable) 하나를 선택한다.
5. 새로운 가변영역의 기본해를 찾은 후 2단계로 간다.

위의 각 단계의 상세한 내용은 참고문헌 [4.10]을 참조하기로 한다.

4.7 Karmarkar의 내부 방법

Karmarkar는 대규모 선형 계획 문제들을 매우 효율적으로 해결하기 위해 1984년에 새로운 방법을 제안하였다. 이 방법은 가변영역 공간의 내부(interior)에서 개선된 탐색방향을 찾으므로 **내부 방법**(interior method)으로 알려져 있다. 이는 최적점을 찾을 때까지 가변영역의 꼭지점으로부터 이웃 꼭지점으로 가변영역 공간의 경계를 따라 탐색하면서 이동하는 심플렉스 방법과는 대조된다. 대규모 선형 계획 문제들의 경우, 꼭지점의 수는 상당히 많으므로 심플렉스 방법은 많은 연산 시간이 소요된다. 많은 분야에서, 특히 항공운항 스케줄링 문제들을 결정하기 위해 Karmarkar 방법을 적용하여 왔다. 결과 보고서 [4.19]에 따르면 심플렉스 방법이 36,000개의 설계변수들과 10,000개의 제약들을 포함하는 작은 문제를 해결하기 위해 4시간이 소요되는 반면, Karmarkar 방법은 150,000개의 설계변수들과 12,000개의 제약들을 포함하는 문제를 1시간 안에 해결하였다. 실제로 대규모 문제의 경우 Karmarkar 방법은 심플렉스 방법보다 약 50배 신속함이 밝혀졌다.

Karmarkar 방법은 다음 두 관점에 기초한다.

1. 만일 현재 해가 볼록다면체의 중심 인근에 위치하면, f 수치를 최대로 감소시키기 위해 최급강하 방향을 따라 이동한다. 그림 4.3에서 현재 해가 경계점 인근(점 1과 3)이 아닌 중심 인근(점 2)에 있으면 최급강하 방향을 따라 이동하여 현재 해를 상당히 개선시킬 수 있음을 알 수 있다.
2. 문제의 특성을 변경하지 않고 항상 현재 해가 볼록다면체의 중심 인근에 위치하도록 해 공간을 변환할 수 있다.

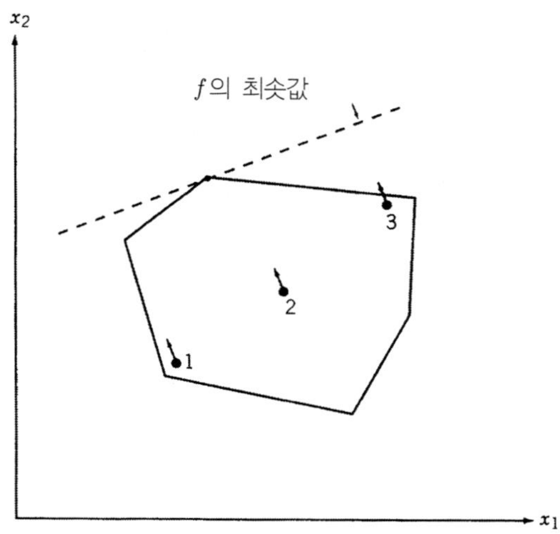

그림 4.3 다면체의 다른 점들로부터 목적함수의 개선

문제의 데이터 단위 변경 또는 크기조정(rescaling, 예를 들어, 인치 대신 피트 사용)을 통해 많은 수치 문제의 수치적 불안정을 감소시킬 수 있다는 것은 잘 알려져 있다. 유사한 방법으로 Karmarkar는 가변영역 공간에서 직선은 직선으로 유지하고 각도와 거리를 변경하는 변수 변환 방법을 찾았다.

4.7.1 기본 LP 문제

Karmarkar 방법은 다음 형태의 선형 계획 문제를 필요로 한다.

$$Min \quad f = \boldsymbol{c}^T \boldsymbol{X}$$

subject to

$$[a]\boldsymbol{X} = 0 \qquad 4.59$$

$$x_1 + x_2 + \cdot \cdot \cdot + x_n = 1$$

$$\boldsymbol{X} \geq 0$$

여기서 $\boldsymbol{X} = \{x_1, x_2, \cdot\cdot\cdot, x_n\}^T$, $\boldsymbol{c} = \{c_1, c_2, \cdot\cdot\cdot, c_n\}^T$, 그리고 $[a]$는 $m \times n$ 행렬이다. 또한, 식 4.59의 가변영역 내부 시작점은 주어져야 하는데, 일반적으로 다음 점을 시작점으로 선택한다.

$$\boldsymbol{X} = \left\{\frac{1}{n}, \frac{1}{n}, \cdot\cdot\cdot, \frac{1}{n}\right\}^T$$

또한, 목적함수 f의 최적값은 반드시 0이 되어야 한다. 즉,

$$\boldsymbol{X}^{(1)} = \left\{\frac{1}{n}, \frac{1}{n}, \cdot\cdot\cdot, \frac{1}{n}\right\}^T = \text{가변영역 내부 점} \qquad 4.60$$

$$f_{min} = 0$$

의 조건을 가정한다. 비록 4.60의 조건을 만족하는 대부분 선형 계획 문제가 식 4.59의 형태가 아닐 수 있지만, 다음 절차에 따라 식 4.59와 4.60을 만족하는 형태로 임의의 선형 계획 문제를 변환할 수 있다.

4.7.2 LP 문제의 변환

주어진 선형 계획 문제

$$Min \quad f = \boldsymbol{d}^T \boldsymbol{X}$$

subject to

$$[\alpha]\boldsymbol{X}=\boldsymbol{b} \tag{4.61}$$

$$\boldsymbol{X}\geq 0$$

를 식 4.59의 형태로 변환하기 위해 참고문헌 [4.20]에 제시된 절차와 같이 $\boldsymbol{X}$가 $(n-3)$-벡터가 되며, $[\alpha]$가 $(m-1)\times(n-3)$ 행렬이 되도록 정수 m과 n을 정의한다. 또 벡터 $\bar{\boldsymbol{z}}=\{z_1,\ z_2,\cdot\cdot\cdot,\ z_{n-3}\}^T$를

$$\bar{\boldsymbol{z}}=\frac{\boldsymbol{X}}{\beta} \tag{4.62}$$

와 같이 정의한다. 여기서 β는 임의의 가변영역 해 $\boldsymbol{X}$(해가 유계된 것으로 가정)에 대해

$$\beta>\sum_{i=1}^{n-3}x_i \tag{4.63}$$

가 되도록 선택된 충분히 큰 상수이다. 이제 식 4.62를 사용하면 식 4.61의 문제는

$$Min \quad \beta\boldsymbol{d}^T\bar{\boldsymbol{z}}$$

subject to

$$[\alpha]\bar{\boldsymbol{z}}=\frac{1}{\beta}\boldsymbol{b} \tag{4.64}$$

$$\bar{\boldsymbol{z}}\geq\boldsymbol{0}$$

와 같이 변환된다. 또한, 다음과 같이 새로운 벡터 $\boldsymbol{z}$를 정의하여

$$\boldsymbol{z}=\begin{pmatrix}\bar{\boldsymbol{z}}\\ z_{n-2}\\ z_{n-1}\\ z_n\end{pmatrix}$$

식 4.64의 문제 대신 다음과 같은 문제를 해결한다.

$$Min \quad \{\beta\boldsymbol{d}^T\ \ 0\ \ 0\ \ M\}\boldsymbol{z}$$

subject to

$$\begin{bmatrix}[\alpha] & \boldsymbol{0} & -\frac{n}{\beta}\boldsymbol{b} & \left(\frac{n}{\beta}\boldsymbol{b}-[\alpha]\boldsymbol{e}\right)\\ 0 & 0 & n & 0\end{bmatrix}\boldsymbol{z}=\begin{pmatrix}\boldsymbol{0}\\ 1\end{pmatrix} \tag{4.65}$$

$$\boldsymbol{e}^T\bar{\boldsymbol{z}}+z_{n-2}+z_{n-1}+z_n=1$$

$$\boldsymbol{z}\geq\boldsymbol{0}$$

여기서 $\boldsymbol{e}$는 모든 성분이 1인 $(m-1)$-벡터이고, z_{n-2}는 1과 다른 변수들의 합과의 차이를 나타내는 이완변수이며, z_{n-1}은 값 $1/n$을 갖도록 제약하고, 그리고 M은 식 4.61의 문제가 가변영역의 해를 가질 때, z_n이 0이 되도록 하는 큰 수치(인공변수 z_n에 상응하는)이다. 식 4.65는 $\boldsymbol{z}$가 이러한 식들을 만족하는 해이면, $\boldsymbol{X}=\beta\bar{\boldsymbol{z}}$가 식 4.61의 해가 되도록(해가 존재하면) 만들어 졌다. 또한, 내부 점 $\boldsymbol{z}=(1/n)\boldsymbol{e}$는 식 4.65의 가변영역 해가 됨을 증명할 수 있다. 식 4.65에서 우변의 1을 제외하고는 식 4.59의 기본 LP 문제 형태로 되어 있으므로 우변의 1을 0으로 만들기 위해 마지막 두 개의 식의 양변을 빼면 식 4.59와 같은 기본 LP 문제

$$Min \quad (\beta \boldsymbol{d}^T \quad 0 \quad 0 \quad M)\boldsymbol{z}$$

subject to

$$\begin{bmatrix} [\alpha] & 0 & -\dfrac{n}{\beta}\boldsymbol{b} & \left(\dfrac{n}{\beta}\boldsymbol{b}-[\alpha]\boldsymbol{e}\right) \\ -\boldsymbol{e}^T-1 & (n-1) & & -1 \end{bmatrix}\boldsymbol{z} = \begin{pmatrix} 0 \\ 0 \end{pmatrix} \qquad 4.66$$

$$\boldsymbol{e}^T\bar{\boldsymbol{z}}+z_{n-2}+z_{n-1}+z_n = 1$$

$$\boldsymbol{z} \geq \boldsymbol{0}$$

로 변환할 수 있다.

[참고] 식 4.66의 최적단계에서 인공변수의 값 $z_n > 0$이면 식 4.61의 원래 LP 문제는 불가변 문제(infeasible)이고, 이완변수의 값 $z_{n-2}=0$이면 식 4.61의 문제는 비유계의 해를 갖는다.

예제 4.12

다음 선형 계획 문제를 Karmarkar 방법을 위한 기본 LP 문제로 변환하여라.

$$Min \quad 2x_1+3x_2$$

subject to

$$3x_1+x_2-2x_3=3$$

$$5x_1-2x_2=2$$

$$x_i \geq 0, \; i=1, 2, 3$$

[풀이] 식 4.61로부터

$$\boldsymbol{d}=\{2 \quad 3 \quad 0\}^T, \quad [\alpha]=\begin{bmatrix} 3 & 1 & -2 \\ 5 & -2 & 0 \end{bmatrix}, \; \boldsymbol{b}=\begin{pmatrix} 3 \\ 2 \end{pmatrix}, \; \boldsymbol{X}=\begin{pmatrix} x_1 \\ x_2 \\ x_3 \end{pmatrix}$$

이고, $[\alpha]$가 $2\times 3=(m-1)\times(n-3)$ 행렬이 되는 m과 n을 $m=2+1=3$, $n=3+3=6$로 정의하고, $\beta=10$으로 설정하면 식 4.62로부터

$$\bar{\boldsymbol{z}}=\frac{1}{10}\begin{pmatrix}z_1\\z_2\\z_3\end{pmatrix}$$

이다. $\boldsymbol{e}=\{1,\ 1,\ 1\}^T$이므로 식 4.66으로부터

$$\begin{aligned}
&Min \quad (20,\ 30,\ 0,\ 0,\ 0,\ M)\boldsymbol{z}\\
&\text{subject to}\\
&\left[\begin{bmatrix}3 & 1 & -2\\5 & -2 & 0\end{bmatrix},\ \begin{pmatrix}0\\0\end{pmatrix},\ -\frac{6}{10}\begin{pmatrix}3\\2\end{pmatrix},\ \left(\frac{6}{10}\begin{pmatrix}3\\2\end{pmatrix}-\begin{bmatrix}3 & 1 & -2\\5 & -2 & 0\end{bmatrix}\begin{pmatrix}1\\1\\1\end{pmatrix}\right)\right]\boldsymbol{z}=\boldsymbol{0}\\
&\quad [-(1,\ 1,\ 1),\ -1,\ 5,\ -1]\boldsymbol{z}=0\\
&\qquad z_1+z_2+z_3+z_4+z_5+z_6=1\\
&\qquad \boldsymbol{z}=(z_1,\ z_2,\ z_3,\ z_4,\ z_5,\ z_6)^T\geq \boldsymbol{0}
\end{aligned}$$

와 같이 변환된다. 여기서 M은 매우 큰 수치이다. 위는 Karmarkar 방법에서 필요로 하는 기본 LP형이다. ▩

4.7.3 알고리즘

Karmarkar 방법은 가변영역 내부점 $\boldsymbol{X}^{(1)}$부터 시작하여 다음 반복 절차를 이용하여 $\boldsymbol{X}^{(2)}$, $\boldsymbol{X}^{(3)}$, ・・・을 찾는다.

1. 반복 과정을 초기화한다. 심플렉스(길이가 1인 다면체)의 중심점이자 가변영역 내부점인

$$\boldsymbol{X}^{(1)}=\left\{\frac{1}{n},\ \frac{1}{n},\ \cdots,\ \frac{1}{n}\right\}^T$$

을 시작점으로 한다. 반복회 $k=1$로 설정한다.

2. 최적 판정을 한다. 최적값이 $f=0$이 되어야 하므로 다음 수렴 판단기준

$$\|\ \boldsymbol{c}^T\boldsymbol{X}^{(k)}\ \|\leq\epsilon \qquad 4.67$$

이 만족되면 종료한다. 여기서 ϵ은 수렴 허용 오차로 작은 값이다. 만일 식 4.67이 만족되지 않으면 3단계로 간다.

3. 다음 점 $\boldsymbol{X}^{(k+1)}$을 계산한다. 이를 위해 변환된 단위 다면체의 한 점 $\boldsymbol{Y}^{(k+1)}$을 찾

는다.

$$\boldsymbol{Y}^{(k+1)}=\left\{\frac{1}{n},\ \frac{1}{n},\ \cdot\ \cdot\ \cdot\ ,\ \frac{1}{n}\right\}^T - \frac{\mu\big([I]-[P]^T([P][P]^T)^{-1}[P]\big)[D(\boldsymbol{X}^{(k)})]\boldsymbol{c}}{\|\boldsymbol{c}\|\sqrt{n(n-1)}} \quad 4.68$$

여기서 $\|\boldsymbol{c}\|$ 는 벡터 $\boldsymbol{c}$의 길이, $[I]$는 n 차원 단위행렬, $[D(\boldsymbol{X}^{(k)})]$는 대각 성분만 벡터 $\boldsymbol{X}^{(k)}$의 성분들과 같고 즉,

$$[D(\boldsymbol{X})^{(k)}]_{ii}=x_i^{(k)}, \quad i=1,\ 2,\ \cdot\ \cdot\ \cdot\ ,\ n \quad 4.69$$

이고 나머지는 0인 $n\times n$ 행렬이다. $[P]$는 $(m+1)\times n$ 행렬로 첫 번째 m 행들은 $[a][D(\boldsymbol{X}^{(k)})]$ 으로 주어지고($[a]$는 식 4.59의 계수행렬), 최종 행의 성분은 모두 1로 구성된

$$[P]=\begin{bmatrix}[a][D(\boldsymbol{X}^{(k)})] \\ 1 \quad 1\ \cdot\ \cdot\ \cdot\ 1\end{bmatrix} \quad 4.70$$

행렬이다. 그리고 수렴을 보장하기 위해 식 4.68의 매개변수는 $\mu=1/4$을 취한다. $\boldsymbol{Y}^{(k+1)}$을 위와 같이 구한 후, 다음 식에 따라 새로운 점 $\boldsymbol{X}^{(k+1)}$의 성분들을 결정한다.

$$x_i^{(k+1)}=\frac{x_i^{(k)}y_i^{(k+1)}}{\sum_{r=1}^{n}x_r^{(k)}y_r^{(k+1)}}, \quad i=1,\ 2,\ \cdot\ \cdot\ \cdot\ ,\ n \quad 4.71$$

새로운 반복회를 $k=k+1$로 설정하고 2단계로 간다.

예제 4.13

Karmarkar 방법을 사용하여 다음 문제의 해를 구하라.

$$Min \quad f=2x_1+x_2-x_3$$

subject to

$$x_2-x_3=0 \quad \text{E.1}$$

$$x_1+x_2+x_3=1$$

$$x_i\ge 0, \quad i=1,\ 2,\ 3$$

수렴 판정 허용 오차 $\epsilon = 0.05$를 사용한다.

[풀이] 문제는 이미 식 4.59의 기본 LP형이므로 다음 반복절차를 사용하여 문제의 해를 구한다.

1단계 $n=3$이므로 다음과 같이 초기 가변영역 내부점을 선택한다.

$$\boldsymbol{X}^{(1)} = \begin{pmatrix} \frac{1}{n} \\ \frac{1}{n} \\ \frac{1}{n} \end{pmatrix} = \begin{pmatrix} \frac{1}{3} \\ \frac{1}{3} \\ \frac{1}{3} \end{pmatrix}$$

그리고 $k=1$로 설정한다.

2단계 식 4.67에 따라 $|\boldsymbol{c}^T(\boldsymbol{X}^{(1)})| = \left|\frac{2}{3}\right| > 0.05$이므로 3단계로 간다.

3단계 식 4.59로부터 $[a] = \{0,\ \ 1,\ \ -1\}$, $\boldsymbol{c} = \{2,\ \ 1,\ \ -1\}^T$ 이고 $\|\boldsymbol{c}\| = \sqrt{2^2+1^2+(-1)^2} = \sqrt{6}$ 이므로 식 4.69로부터

$$[\boldsymbol{D}(\boldsymbol{X})^{(1)}] = \begin{bmatrix} 1 & 0 & 0 \\ 0 & 1 & 0 \\ 0 & 0 & 1 \end{bmatrix} \begin{bmatrix} \frac{1}{3} \\ \frac{1}{3} \\ \frac{1}{3} \end{bmatrix} = \begin{bmatrix} \frac{1}{3} & 0 & 0 \\ 0 & \frac{1}{3} & 0 \\ 0 & 0 & \frac{1}{3} \end{bmatrix}$$

이며, 식 4.70에서

$$[a]\,[\boldsymbol{D}(\boldsymbol{X})^{(1)}] = (0\ \ 1-1) \begin{bmatrix} \frac{1}{3} & 0 & 0 \\ 0 & \frac{1}{3} & 0 \\ 0 & 0 & \frac{1}{3} \end{bmatrix} = \begin{pmatrix} 0 & \frac{1}{3} & -\frac{1}{3} \end{pmatrix}$$

$$[P] = \begin{bmatrix} [a]\,[D(\boldsymbol{X})^{(1)}] \\ 1 \quad 1 \quad 1 \end{bmatrix} = \begin{bmatrix} 0 & \frac{1}{3} & -\frac{1}{3} \\ 1 & 1 & 1 \end{bmatrix}$$

$$([P]\,[P]^T)^{-1} = \begin{bmatrix} \frac{2}{9} & 0 \\ 0 & 3 \end{bmatrix}^{-1} = \begin{bmatrix} \frac{9}{2} & 0 \\ 0 & \frac{1}{3} \end{bmatrix}$$

$$[D(\boldsymbol{X}^{(1)})]\boldsymbol{c}=\begin{bmatrix}\frac{1}{3} & 0 & 0\\ 0 & \frac{1}{3} & 0\\ 0 & 0 & \frac{1}{3}\end{bmatrix}\begin{pmatrix}2\\1\\-1\end{pmatrix}=\begin{pmatrix}\frac{2}{3}\\ \frac{1}{3}\\ -\frac{1}{3}\end{pmatrix}$$

$$\left([I]-[P]^T([P][P]^T)^{-1}[P]\right)[D(\boldsymbol{X}^{(1)})]\boldsymbol{c}$$

$$=\left(\begin{bmatrix}1&0&0\\0&1&0\\0&0&1\end{bmatrix}-\begin{bmatrix}0&1\\ \frac{1}{3}&1\\ -\frac{1}{3}&1\end{bmatrix}\begin{bmatrix}\frac{9}{2}&0\\0&\frac{1}{3}\end{bmatrix}\begin{bmatrix}0&\frac{1}{3}&-\frac{1}{3}\\1&1&1\end{bmatrix}\right)\begin{pmatrix}\frac{2}{3}\\ \frac{1}{3}\\ -\frac{1}{3}\end{pmatrix}$$

$$=\begin{bmatrix}\frac{2}{3}&-\frac{1}{3}&-\frac{1}{3}\\ -\frac{1}{3}&\frac{1}{6}&\frac{1}{6}\\ -\frac{1}{3}&\frac{1}{6}&\frac{1}{6}\end{bmatrix}\begin{pmatrix}\frac{2}{3}\\ \frac{1}{3}\\ -\frac{1}{3}\end{pmatrix}$$

$$=\begin{pmatrix}\frac{4}{9}\\ -\frac{2}{9}\\ -\frac{2}{9}\end{pmatrix}$$

이고, $\mu=1/4$과 식 4.68을 사용하면 다음 결과를 얻을 수 있다.

$$\boldsymbol{Y}^{(2)}=\begin{pmatrix}\frac{1}{3}\\ \frac{1}{3}\\ \frac{1}{3}\end{pmatrix}-\frac{1}{4}\begin{pmatrix}\frac{4}{9}\\ -\frac{2}{9}\\ -\frac{2}{9}\end{pmatrix}\frac{1}{\sqrt{3(2)}\,\sqrt{6}}=\begin{pmatrix}\frac{34}{108}\\ \frac{37}{108}\\ \frac{37}{108}\end{pmatrix}$$

식 4.71을 사용하여 $x_i^{(2)}$을 구하기 위해 먼저 다음을 구하고,

$$\sum_{r=1}^{n}x_r^{(1)}y_r^{(2)}=\frac{1}{3}\left(\frac{34}{108}\right)+\frac{1}{3}\left(\frac{37}{108}\right)+\frac{1}{3}\left(\frac{37}{108}\right)=\frac{1}{3}$$

식 4.71을 사용하여 다음 결과를 얻을 수 있다.

$$\left\{x_i^{(2)}\right\} = \left\{\frac{x_i^{(1)} y_i^{(2)}}{\sum_{r=1}^{3} x_r^{(1)} y_r^{(2)}}\right\} = \begin{pmatrix} \frac{1}{3} \\ \frac{1}{3} \\ \frac{1}{3} \end{pmatrix} \begin{pmatrix} \frac{34}{108} \\ \frac{37}{108} \\ \frac{37}{108} \end{pmatrix} 3 = \begin{pmatrix} \frac{34}{108} \\ \frac{37}{108} \\ \frac{37}{108} \end{pmatrix}$$

새로운 반복회 $k = k + 1 = 2$로 설정하고 2단계로 간다. 수렴할 때까지 위의 과정을 계속 반복한다.

[참고]

1. 이 예제에서는 $\boldsymbol{X}^{(2)} = \boldsymbol{Y}^{(2)}$이지만 일반적으로는 서로 동일할 필요는 없다.
2. $\boldsymbol{X}^{(2)}$에서 f의 값은

$$f(\boldsymbol{X}^{(2)}) = 2\left(\frac{34}{108}\right) + \frac{37}{108} - \frac{37}{108} = \frac{17}{27} < f(\boldsymbol{X}^{(1)}) = \frac{18}{27}$$

와 같다.

■

4.8 이차식 계획법 (Quadratic Programming)

다음과 같은 최적화 문제를 이차식 계획법 문제라고 한다.

$$Min \quad f(\boldsymbol{X}) = \boldsymbol{C}^T\boldsymbol{X} + \frac{1}{2}\boldsymbol{X}^T\boldsymbol{D}\boldsymbol{X} \qquad 4.72$$

subject to

$$\boldsymbol{A}\boldsymbol{X} \leq \boldsymbol{B} \qquad 4.73$$

$$\boldsymbol{X} \geq 0 \qquad 4.74$$

여기서

$$\boldsymbol{X} = \begin{pmatrix} x_1 \\ x_2 \\ \cdot \\ \cdot \\ x_n \end{pmatrix}, \quad \boldsymbol{C} = \begin{pmatrix} c_1 \\ c_2 \\ \cdot \\ \cdot \\ c_n \end{pmatrix}, \quad \boldsymbol{B} = \begin{pmatrix} b_1 \\ b_2 \\ \cdot \\ \cdot \\ b_n \end{pmatrix},$$

$$D = \begin{bmatrix} d_{11} & d_{12} & \cdot & \cdot & \cdot & d_{1n} \\ d_{21} & d_{22} & \cdot & \cdot & \cdot & d_{2n} \\ \cdot & & & & & \\ \cdot & & & & & \\ \cdot & & & & & \\ d_{n1} & d_{n2} & \cdot & \cdot & \cdot & d_{nn} \end{bmatrix}, \quad A = \begin{bmatrix} a_{11} & a_{12} & \cdot & \cdot & \cdot & a_{1n} \\ a_{21} & a_{22} & \cdot & \cdot & \cdot & a_{2n} \\ \cdot & & & & & \\ \cdot & & & & & \\ \cdot & & & & & \\ a_{m1} & a_{m2} & \cdot & \cdot & \cdot & a_{mn} \end{bmatrix}$$

식 4.72에서 목적함수의 $\boldsymbol{X}^T\boldsymbol{D}\boldsymbol{X}/2$항은 대칭인 양의 정부호(positive definite) 행렬 $\boldsymbol{D}$에 관한 2차항이다. 이때 $\boldsymbol{D}=0$이면 문제는 선형 계획 문제가 된다. 위의 이차식 계획법 문제의 해법으로 Lagrange 승수 기법을 들 수 있다. 즉, 식 4.73에 이완변수 s_i^2, $i=1, 2, \cdots, m$을 도입하고 식 4.74에 이완변수(또는 잉여변수) t_j^2, $j=1, 2, \cdots, n$를 추가하면 위의 이차식 계획법 문제는

$$Min \quad f(\boldsymbol{X}) = \boldsymbol{C}^T\boldsymbol{X} + \frac{1}{2}\boldsymbol{X}^T\boldsymbol{D}\boldsymbol{X} \qquad 4.72$$

subject to

$$\boldsymbol{A}_i^T\boldsymbol{X} + s_i^2 \qquad = b_i, \quad i = 1, 2, \cdot\cdot\cdot, m \qquad 4.75$$

$$-x_j \qquad + t_j^2 = 0, \quad j = 1, 2, \cdot\cdot\cdot, n \qquad 4.76$$

단,

$$\boldsymbol{A}_i = \begin{pmatrix} a_{i1} \\ a_{i2} \\ \cdot \\ \cdot \\ \cdot \\ a_{in} \end{pmatrix}$$

와 같이 된다. 이제 Lagrange 함수를 작성하면

$$L(\boldsymbol{X}, \boldsymbol{S}, \boldsymbol{T}, \lambda, \theta) = \boldsymbol{C}^T\boldsymbol{X} + \frac{1}{2}\boldsymbol{X}^T\boldsymbol{D}\boldsymbol{X} + \sum_{i=1}^{m}\lambda_i\left(\boldsymbol{A}_i^T\boldsymbol{X} + s_i^2 - b_i\right) \qquad 4.77$$

$$+ \sum_{j=1}^{n}\theta_j\left(-x_j + t_j^2\right)$$

와 같고, L의 정점을 위한 필요조건들은 다음과 같다.

$$\frac{\partial L}{\partial x_j} = c_j + \sum_{i=1}^{n} d_{ij}x_i + \sum_{i=1}^{m}\lambda_i a_{ij} - \theta_j = 0, \quad j = 1, 2, \cdot\cdot\cdot, n \qquad 4.78$$

$$\frac{\partial L}{\partial s_i} = 2\lambda_i s_i = 0, \quad i = 1, 2, \cdot \cdot \cdot, m \tag{4.79}$$

$$\frac{\partial L}{\partial t_j} = 2\theta_j t_j = 0, \quad j = 1, 2, \cdot \cdot \cdot, n \tag{4.80}$$

$$\frac{\partial L}{\partial \lambda_i} = \boldsymbol{A}_i^T \boldsymbol{X} + s_i^2 - b_i = 0, \quad i = 1, 2, \cdot \cdot \cdot, m \tag{4.81}$$

$$\frac{\partial L}{\partial \theta_j} = - x_j + t_j^2 = 0, \quad j = 1, 2, \cdot \cdot \cdot, n \tag{4.82}$$

위의 식에서 새로운 변수 Y_i를

$$Y_i = s_i^2 \geq 0, \quad i = 1, 2, \cdot \cdot \cdot, m \tag{4.83}$$

라 하면 식 4.81은

$$\boldsymbol{A}_i^T \boldsymbol{X} - b_i = - s_i^2 = - Y_i, \quad i = 1, 2, \cdot \cdot \cdot, m \tag{4.84}$$

와 같다. 식 4.79에 s_i를 곱하고 식 4.80에 t_j를 곱하면

$$\lambda_i s_i^2 = \lambda_i Y_i = 0, \quad i = 1, 2, \cdot \cdot \cdot, m \tag{4.85}$$

$$\theta_j t_j^2 = 0, \quad j = 1, 2, \cdot \cdot \cdot, n \tag{4.86}$$

이 되고, 식 4.84와 4.85, 그리고 식 4.82와 4.86을 조합하면

$$\lambda_i \left(\boldsymbol{A}_i^T \boldsymbol{X} - b_i \right) = 0, \quad i = 1, 2, \cdot \cdot \cdot, m \tag{4.87}$$

$$\theta_j x_j = 0, \quad j = 1, 2, \cdot \cdot \cdot, n \tag{4.88}$$

이므로 다음과 같이 Lagrange 승수 함수의 정점을 위한 필요조건을 요약할 수 있다.

$$c_j - \theta_j + \sum_{i=1}^{n} x_i d_{ij} + \sum_{i=1}^{m} \lambda_i a_{ij} = 0, \quad j = 1, 2, \cdot \cdot \cdot, n \tag{4.89}$$

$$\boldsymbol{A}_i^T \boldsymbol{X} - b_i = - Y_i, \quad i = 1, 2, \cdot \cdot \cdot, m \tag{4.90}$$

$$x_j \geq 0, \quad j = 1, 2, \cdot \cdot \cdot, n \tag{4.91}$$

$$Y_i \geq 0, \quad i = 1, 2, \cdot \cdot \cdot, m \tag{4.92}$$

$$\lambda_i \geq 0, \quad i=1,\ 2, \cdot\cdot\cdot, m \tag{4.93}$$

$$\theta_j \geq 0, \quad j=1,\ 2, \cdot\cdot\cdot, n \tag{4.94}$$

$$\lambda_i Y_i = 0, \quad i=1,\ 2, \cdot\cdot\cdot, m \tag{4.95}$$

$$\theta_j x_j = 0, \quad j=1,\ 2, \cdot\cdot\cdot, n \tag{4.96}$$

식 4.89~4.96에서 중요한 사실을 알 수 있다. 즉, 식 4.95와 4.96을 제외하고 위의 필요조건식들은 모두 변수 x_j, Y_i, λ_i, θ_j의 선형함수이다. 따라서 식 4.89와 4.90으로 된 $m+n$ 선형연립방정식의 음이 아닌 해이면서 식 4.95와 4.96의 $m+n$ 식을 만족하는 해를 찾아서 이차식 계획법 문제의 해를 구할 수 있다.

$\boldsymbol{D}$는 양의 정부호 행렬이므로 $f(\boldsymbol{X})$는 볼록함수이고 가변영역은 볼록집합(선형식이므로)이므로 이차식 계획법 문제의 국소 최소는 광역 최소가 된다. 따라서 식 4.90~4.96의 필요조건은 $2(m+n)$개 변수들과 $2(m+n)$개 식을 포함하여 식 4.89, 4.90, 4.95 그리고 4.96은 반드시 유일한 해를 갖게 되므로 식 4.89~4.96 모두를 만족하는 해는 반드시 이차식 계획 문제의 최적해가 된다. 위의 연립식의 해를 얻기 위해 심플렉스 방법의 phase I를 사용할 수 있는데, 식 4.95와 4.96이 비선형방정식으로 이 등식들의 관계를 항상 유지하여야 한다는 것이 문제점이다. 하지만 목적은 오직 식 4.89~4.96을 만족하는 해를 찾는 것이므로 phase II 계산이 필요하지 않다. 위의 식들에 Phase I를 적용하기 위해 Wolfe[4.21]이 개발한 방법을 따르기로 한다. 우선 다음과 같이 n개의 인공변수 z_j를 식 4.89에 도입하여

$$c_j - \theta_j + \sum_{i=1}^{n} x_i d_{ij} + \sum_{i=1}^{m} \lambda_i a_{ij} + z_j = 0, \quad j=1,\ 2, \cdot\cdot\cdot, n \tag{4.97}$$

와 같이 하고, 다음과 같이 최소화한다. 즉,

$$\min \quad F = \sum_{j=1}^{n} z_j \tag{4.98}$$

subject to

$$c_j - \theta_j + \sum_{i=1}^{n} x_i d_i + \sum_{i=1}^{m} \lambda_i a_{ij} + z_j = 0, \quad j=1,\ 2, \cdot\cdot\cdot, n$$

$$\boldsymbol{A}_i^{\boldsymbol{T}} \boldsymbol{X} + Y_i = b_i, \quad i=1,\ 2, \cdot\cdot\cdot, m$$

$$\boldsymbol{X} \geq 0, \quad \boldsymbol{Y} \geq 0, \quad \boldsymbol{\lambda} \geq 0, \quad \boldsymbol{\theta} \geq 0, \quad z_j \geq 0, j=1, \cdots, n$$

그리고 추가 조건

$$\lambda_i Y_i = 0, \quad i = 1, 2, \cdot\cdot\cdot, m \tag{4.99}$$
$$\theta_j x_j = 0, \quad j = 1, 2, \cdot\cdot\cdot, n$$

을 만족해야 한다. 따라서 변수 Y_i를 기본변수로 도입 여부를 결정할 때 반드시 먼저 λ_i가 기본변수가 아니거나 또는 Y_i가 들변수가 될 때 λ_i가 기본변수가 제거될 것인지를 확인하여야 한다. 또한, 변수 θ_j와 x_j에 관해서도 같은 확인을 하여야 한다. 이러한 추가 확인 절차는 그다지 어렵지 않다.

예제 4.14

다음 이차식 계획법 문제의 최적해를 구하여라.

$$Min \quad f = -4x_1 + x_1^2 - 2x_1x_2 + 2x_2^2$$

subject to

$$2x_1 + x_2 \le 6$$
$$x_1 - 4x_2 \le 0$$
$$x_1 \ge 0, \quad x_2 \ge 0$$

[풀이] 이완변수 $Y_1 = s_1^2$과 $Y_2 = s_2^2$ 그리고 잉여변수 $\theta_1 = t_1^2$과 $\theta_2 = t_2^2$을 도입하여 다음과 같이 동치문제를 만든다.

$$Min \quad f = (-4 \quad 0)\begin{pmatrix} x_1 \\ x_2 \end{pmatrix} + \frac{1}{2}(x_1 \, x_2)\begin{bmatrix} 2 & -2 \\ -2 & 4 \end{bmatrix}\begin{pmatrix} x_1 \\ x_2 \end{pmatrix}$$

subject to

$$\begin{bmatrix} 2 & 1 \\ 1 & -4 \end{bmatrix}\begin{pmatrix} x_1 \\ x_2 \end{pmatrix} + \begin{pmatrix} Y_1 \\ Y_2 \end{pmatrix} = \begin{pmatrix} 6 \\ 0 \end{pmatrix} \tag{E.1}$$
$$-x_1 + \theta_1 = 0$$
$$-x_2 + \theta_2 = 0$$

식 4.72~4.74로부터

$$c_1 = -4, \quad c_2 = 0, \quad \boldsymbol{D} = \begin{bmatrix} 2 & -2 \\ -2 & 4 \end{bmatrix}, \quad \boldsymbol{A} = \begin{bmatrix} 2 & 1 \\ 1 & -4 \end{bmatrix},$$

$$\boldsymbol{A}_1 = \begin{pmatrix} 2 \\ 1 \end{pmatrix}, \quad \boldsymbol{A}_2 = \begin{pmatrix} 1 \\ -4 \end{pmatrix}, \quad \boldsymbol{B} = \begin{pmatrix} 6 \\ 0 \end{pmatrix}$$

이다. 식 4.89~4.96과 같이 식 E.1 문제의 Lagrange 함수에 대한 정점을 위한 필요조건은

$$-4-\theta_1+2x_1-2x_2+2\lambda_1+\lambda_2=0 \qquad \text{E.2}$$
$$0-\theta_2-2x_1+4x_2+\lambda_1-4\lambda_2=0$$
$$2x_1+x_2-6=-Y_1$$
$$x_1-4x_2-0=-Y_2$$

$$x_1\ge 0,\quad x_2\ge 0,\quad Y_1\ge 0,\quad Y_2\ge 0, \qquad \text{E.3}$$
$$\lambda_1\ge 0,\quad \lambda_2\ge 0,\quad \theta_1\ge 0,\quad \theta_2\ge 0$$

$$\lambda_1 Y_1=0,\quad \theta_1 x_1=0 \qquad \text{E.4}$$
$$\lambda_2 Y_2=0,\quad \theta_2 x_2=0$$

와 같다. 위의 식 E.4로부터 Y_i가 기본변수이면 λ_i는 기본변수가 될 수 없고, x_j가 기본변수이면 θ_j는 기본변수가 될 수 없다. 인공변수 z_1과 z_2를 첨가하여 식 E.2를 다시 쓰면

$$2x_1-2x_2+2\lambda_1+\lambda_2-\theta_1+z_1=4 \qquad \text{E.5}$$
$$-2x_1+4x_2+\lambda_1-4\lambda_2-\theta_2+z_2=0$$
$$2x_1+x_2+Y_1=6$$
$$x_1-4x_2+Y_2=0$$

이 되므로 심플렉스 방법의 phase I을 사용하여 식 E.2~E.4에 대한 가변영역의 해를 얻기 위해 식 E.5, E.3, 그리고 E.4의 제약들을 갖고 $w=z_1+z_2$를 최소화한다. 초기 심플렉스 표는 다음과 같다.

B.V	변수										$-w$	$\bar{b}_i$	$\bar{b}_i/\bar{a}_{is}$ for $\bar{a}_{is}>0$
	x_1	x_2	λ_1	λ_2	θ_1	θ_2	Y_1	Y_2	z_1	z_2			
Y_1	2	1	0	0	0	0	1	0	0	0	0	6	6
Y_2	1	−4	0	0	0	0	0	1	0	0	0	0	
z_1	2	−2	2	1	−1	0	0	0	1	0	0	4	
z_2	−2	4	1	−4	0	−1	0	0	0	1	0	0	0
$-w$	0	−2	−3	3	1	1	0	0	0	0	1	−4	

B.V: 기본변수, □ 피봇성분, ⬚ 날변수, ⬚ 들변수 c_i''

심플렉스 방법의 절차에 따르면 비용계수 λ_1이 가장 최소의 음이므로 λ_1이 들변수가 되고 $\bar{b}_i/\bar{a}_{is}$ 비율이 가장 작은 z_2가 날변수가 되어야 하지만 식 E.4를 만족해야 하므로 $(\lambda_1 Y_1=0)$ 이미 기본변수인 Y_1을 두고 λ_1이 기본변수가 될 수 없다. 따라서 차순위 x_2

를 들변수로 선택하고 z_2를 날변수로 택한다. 성분 4에 대해 피봇연산을 수행하면 다음 표를 얻는다.

B.V	x_1	x_2	λ_1	λ_2	θ_1	θ_2	Y_1	Y_2	z_1	z_2	$-w$	$\bar{b}_i$	$\bar{b}_i / \bar{a}_{is}$ for $\bar{a}_{is} > 0$
Y_1	5/2	0	−1/4	1	0	1/4	1	0	0	−1/4	0	6	12/5
Y_2	−1	0	1	−4	0	−1	0	1	0	1	0	0	
z_1	1	0	5/2	−1	−1	−1/2	0	0	1	1/2	0	4	4
x_2	−1/2	1	1/4	−1	0	−1/4	0	0	0	1/4	0	0	
$-w$	−1	0	−5/2	1	1	1/2	0	0	0	1/2	1	−4	

B.V: 기본변수, □ 피봇성분, ⬚ 날변수, ⬚ 들변수 c_i''

위의 표에서는 λ_1이 들변수이고, Y_2 또는 x_2가 날변수가 되어야 하지만 Y_1은 이미 기본변수로 되어 있으므로 식 E.4의 요구조건($\lambda_1 Y_1 = 0$)에 의해 λ_1은 들변수가 될 수 없다. 따라서 차순위 x_1을 들변수로 선택하면 Y_1이 날변수가 된다. 성분 5/2에 대한 피봇연산 결과는 다음 표와 같다.

B.V	x_1	x_2	λ_1	λ_2	θ_1	θ_2	Y_1	Y_2	z_1	z_2	$-w$	$\bar{b}_i$	$\bar{b}_i / \bar{a}_{is}$ for $\bar{a}_{is} > 0$
x_1	1	0	−1/10	2/5	0	1/10	2/5	0	0	−1/10	0	12/5	
Y_2	0	0	9/10	−18/5	0	−9/10	2/5	1	0	9/10	0	12/5	8/3
z_1	0	0	13/5	−7/5	−1	−3/5	−2/5	0	1	3/5	0	8/5	8/13
x_2	0	1	1/5	−4/5	0	−1/5	1/5	0	0	1/5	0	6/5	6
$-w$	0	0	−13/5	7/5	1	3/5	2/5	0	0	2/5	1	−8/5	

B.V: 기본변수, □ 피봇성분, ⬚ 날변수, ⬚ 들변수 c_i''

상기 표로부터 λ_1이 기본변수로 되고(이번에는 Y_1이 기본변수가 아니므로 즉, $Y_1 = 0$이므로 가능하다), 그리고 z_1이 들변수가 되는 것을 알 수 있다. 성분 13/5에 대해 피봇연산한 결과는 다음 표와 같다.

B.V	변수										$-w$	$\bar{b}_i$	$\bar{b}_i / \bar{a}_{is}$ for $\bar{a}_{is} > 0$
	x_1	x_2	λ_1	λ_2	θ_1	θ_2	Y_1	Y_2	z_1	z_2			
x_1	1	0	0	3/26	−1/26	1/13	5/13	0	1/26	−1/13	0	32/13	
Y_2	0	0	0	−81/26	9/26	−9/13	7/13	1	−9/26	9/13	0	24/13	
λ_1	0	0	1	−7/13	−5/13	−3/13	−2/13	0	5/13	3/13	0	8/13	
x_2	0	1	0	−9/13	1/13	−2/13	3/13	0	−1/13	2/13	0	14/13	
$-w$	0	0	0	0	0	0	0	0	1	1	1	0	

B.V: 기본변수, □ 피봇성분, ⬚ 날변수, ⬚ 들변수 c_i''

두 인공변수들 z_1과 z_2가 기본변수 집합으로부터 나왔으므로 현재 표는 phase I의 최적단계이고 $w=0$이므로 표에서 읽을 수 있는 가변영역의 기본해는

$$x_1 = \frac{32}{13},\ x_2 = \frac{14}{13},\ Y_2 = \frac{24}{13},\ \lambda_1 = \frac{8}{13} \qquad \text{(기본변수)}$$

$$\lambda_2 = 0,\ \ Y_1 = 0,\ \theta_1 = 0,\ \theta_2 = 0 \qquad \text{(비기본변수)}$$

이므로 동시에 주어진 이차식 계획법 문제의 최적해가 되어 그때의 최적값들은

$$x_1{}^* = \frac{32}{13},\ x_2{}^* = \frac{14}{13}, \qquad f_{min} = f(x_1{}^*,\ x_2{}^*) = -\frac{88}{13}$$

와 같다. ■

REFERENCES AND BIBLIOGRAPHY

4.1 S. Gass, *Linear Programming*, McGraw-Hill, New York, 1964.

4.2 C. E. Lemke, The dual method of solving the linear programming problem, *Naval Research and Logistics Quarterly*, Vol. 1, pp. 36–47, 1954.

4.3 G. B. Dantzig, L. R. Ford, and D. R. Fulkerson, A primal–dual algorithm for linear programs, pp. 171–181 in *Linear Inequalities and Related Systems*, H. W. Kuhn and A. W. Tucker, Eds., Annals of Mathematics Study No. 38, Princeton University Press, Princeton, NJ, 1956.

4.4 G. B. Dantzig and P. Wolfe, Decomposition principle for linear programming, *Operations Research*, Vol. 8, pp. 101–111, 1960.

4.5 L. S. Lasdon, *Optimization Theory for Large Systems*, Macmillan, New York, 1970.

4.6 F. L. Hitchcock, The distribution of a product from several sources to numerous localities, *Journal of Mathematical Physics*, Vol. 20, pp. 224–230, 1941.

4.7 T. C. Koopmans, Optimum utilization of the transportation system, *Proceedings of the International Statistical Conference*, Washington, DC, 1947.

4.8 S. Zukhovitskiy and L. Avdeyeva, *Linear and Convex Programming*, W. B. Saunders, Philadelphia, pp. 147–155, 1966.

4.9 W.W. Garvin, *Introduction to Linear Programming*, McGraw-Hill, New York, 1960.

4.10 G. B. Dantzig, *Linear Programming and Extensions*, Princeton University Press, Princeton, NJ, 1963.

4.11 C. E. Lemke, On complementary pivot theory, in *Mathematics of the Decision Sciences*, G. B. Dantzig and A. F. Veinott, Eds., Part 1, pp. 95–136, American Mathematical Society, Providence, RI, 1968.

4.12 K. Murty, *Linear and Combinatorial Programming*, Wiley, New York, 1976.

4.13 G. R. Bitran and A. G. Novaes, Linear programming with a fractional objective function, *Operations Research*, Vol. 21, pp. 22–29, 1973.

4.14 E. U. Choo and D. R. Atkins, Bicriteria linear fractional programming, *Journal of Optimization Theory and Applications*, Vol. 36, pp. 203–220, 1982.

4.15 C. Singh, Optimality conditions in fractional programming, *Journal of Optimization Theory and Applications*, Vol. 33, pp. 287–294, 1981.

4.16 J. B. Lasserre, A property of certain multistage linear programs and some applications, *Journal of Optimization Theory and Applications*, Vol. 34, pp. 197–205, 1981.

4.17 G. Cohen, Optimization by decomposition and coordination: a unified approach, *IEEE Transactions on Automatic Control*, Vol. AC-23, pp. 222–232, 1978.

4.18 N. Karmarkar, A new polynomial-time algorithm for linear programming, *Combinatorica*, Vol. 4, No. 4, pp. 373–395, 1984.

4.19 W. L. Winston, *Operations Research Applications and Algorithms*, 2nd ed. , PWS-Kent, Boston, 1991.

4.20 J. N. Hooker, Karmarkar's linear programming algorithm, *Interfaces*, Vol. 16, No. 4, pp. 75–90, 1986.

4.21 P. Wolfe, The simplex method for quadratic programming, *Econometrica*, Vol. 27, pp. 382–398, 1959.

4.22 J.C.G. Boot, *Quadratic Programming*, North-Holland, Amsterdam, 1964.

4.23 C. Van de Panne, *Methods for Linear and Quadratic Programming*, North-Holland, Amsterdam, 1974.

4.24 C. Van de Panne and A. Whinston, The symmetric formulation of the simplex method for quadratic programming, *Econometrica*, Vol. 37, pp. 507–527, 1969.

CHAPTER 05

비선형 계획법 I : 1차원 최소화 방법

5.1 소개

제2장에서 설계변수의 항으로 비교적 간단하게 표현된 목적함수와 제약함수의 최적화 문제는 전형적인 최적화 방법을 사용하여 문제를 해결할 수 있다는 것을 보았다. 하지만 최적화 문제의 목적함수 또는 제약함수가 설계변수들로 명시적으로 표현되지 않거나 또는 다루기에 너무 복잡한 함수로 되어 있으면 전형적인 분석 방법으로 해결할 수 없다. 다음 예제는 제약식이 설계변수로 정확히 표현되지 않은 경우를 설명하며, 예제 5.2는 전형적인 최적화 방법을 적용하기에 어려운 복잡한 목적함수의 경우를 보여준다.

예제 5.1

그림 5.1과 같은 평면 트러스(planar truss)가 수직 또는 수평 방향의 이동이 수치 δ를 초과하지 않는 제약 조건에서 중량을 최소화하는 문제를 모델화하여라.

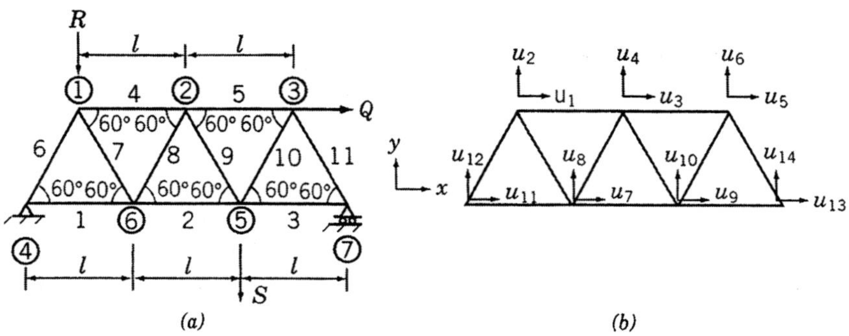

그림 5.1 평면 트러스: (a) 절점 및 멤버 숫자; (b) 절점 자유도

[풀이] 설계 자료로서 밀도 ρ, 재료의 영계수 E, 멤버들의 길이 l, 그리고 외부하중 Q, R, S가 주어진다. 멤버 면적 A_1, A_2, $\cdot\cdot\cdot$, A_{11}을 각각 설계변수 x_1, x_2, $\cdot\cdot$, x_{11}로 표기한다. 다음과 같이 미지의 절점 변위 u_1, u_2, $\cdot\cdot$, u_{10}항으로 평형식을 유도할 수 있다(변위들 u_{11}, u_{12}, u_{13}, u_{14}는 고정된 절점에 상응하므로 0이다).

$$(4x_4+x_6+x_7)u_1+\sqrt{3}(x_6-x_7)u_2-4x_4u_3-x_7u_7+\sqrt{3}x_7u_8=0 \tag{E.1}$$

$$\sqrt{3}(x_6-x_7)u_1+3(x_6+x_7)u_2+\sqrt{3}x_7u_7-3x_7u_8=-\frac{4Rl}{E} \tag{E.2}$$

$$\begin{aligned}-4x_4u_1+(4x_4+4x_5+x_8+x_9)u_3+\sqrt{3}(x_8-x_9)u_4-4x_5u_5 \\ -x_8u_7-\sqrt{3}x_8u_8-x_9u_9+\sqrt{3}x_9u_{10}=0\end{aligned} \tag{E.3}$$

$$\begin{aligned}\sqrt{3}(x_8-x_9)u_3+3(x_8+x_9)u_4-\sqrt{3}x_8u_7-3x_8u_8-\sqrt{3}x_9u_9 \\ -3x_9u_{10}=0\end{aligned} \tag{E.4}$$

$$\begin{aligned}-4x_5u_3+(4x_5+x_{10}+x_{11})u_5+\sqrt{3}(x_{10}-x_{11})u_6-x_{10}u_9 \\ -\sqrt{3}x_{10}u_{10}=\frac{4Ql}{E}\end{aligned} \tag{E.5}$$

$$\sqrt{3}(x_{10}-x_{11})u_5+3(x_{10}+x_{11})u_6-\sqrt{3}x_{10}u_9-3x_{10}u_{10}=0 \tag{E.6}$$

$$\begin{aligned}-x_7u_1+\sqrt{3}x_7u_2-x_8u_3-\sqrt{3}x_8u_4+(4x_1+4x_2+x_7+x_8)u_7 \\ -\sqrt{3}(x_7-x_8)u_8-4x_2u_9=0\end{aligned} \tag{E.7}$$

$$\begin{aligned}\sqrt{3}x_7u_1-3x_7u_2-\sqrt{3}x_8u_3-3x_8u_4-\sqrt{3}(x_7-x_8)u_7 \\ +3(x_7+x_8)u_8=0\end{aligned} \tag{E.8}$$

$$\begin{aligned}-x_9u_3+\sqrt{3}x_9u_4-x_{10}u_5-\sqrt{3}x_{10}u_6-4x_2u_7 \\ +(4x_2+4x_3+x_9+x_{10})u_9-\sqrt{3}(x_9-x_{10})u_{10}=0\end{aligned} \tag{E.9}$$

$$\begin{aligned}\sqrt{3}x_9u_3-3x_9u_4-\sqrt{3}x_{10}u_5-3x_{10}u_6-\sqrt{3}(x_9-x_{10})u_9 \\ +3(x_9+x_{10})u_{10}=-\frac{4Sl}{E}\end{aligned} \tag{E.10}$$

식의 수가 많아지면 변위에 대한 명시적 닫힌형 해를 구할 수 없지만 임의의 벡터 $\boldsymbol{X}$가 주어지면 연립방정식 E.1~E.10을 수치해석적으로 풀어 절점 변위 u_1, u_2, $\cdot\cdot$, u_{10}을 구할 수 있다.

따라서 다음과 같이 최적화 문제를 기술할 수 있다.

$$Min \quad f(\boldsymbol{X}) = \sum_{i=1}^{11} \rho x_i l_i \qquad \text{E.11}$$

subject to

$$g_j(\boldsymbol{X}) = |u_j(\boldsymbol{X})| - \delta \le 0, \quad j = 1, 2, \cdots, 10 \qquad \text{E.12}$$

$$x_i \ge 0, \quad i = 1, 2, \cdots, 11 \qquad \text{E.13}$$

이 문제의 목적함수는 식 E.11과 같이 설계변수들로 정확히 표현된 함수이지만 제약함수는 개념적 표현 $g_j(\boldsymbol{X})$로만 작성되어 $\boldsymbol{X}$ 성분의 명시적 함수로 쉽게 표현할 수 없다. 그러나 임의 벡터 $\boldsymbol{X}$가 주어지면 수치적으로 $g_j(\boldsymbol{X})$를 계산할 수 있다. 공학 설계 문제는 이러한 경우가 많다(예를 들어, 목적함수 또는 제약함수가 설계변수들의 항으로 정확히 표현되지 않는다). 이와 같은 경우에는 해를 구하기 위해 수치적 최적화 방법(numerical methods of optimization)을 사용해야 한다. ■

예제 5.2

두 개의 구가 서로 접촉할 때 z-축에 따라 발생하는 전단응력은 다음과 같이 주어진다.

$$\frac{\tau_{zx}}{p_{max}} = \frac{1}{2}\left[\frac{3}{2\left\{1+\left(\frac{z}{a}\right)^2\right\}} - (1+\nu)\left\{1 - \frac{z}{a}\tan^{-1}\left(\frac{1}{z/a}\right)\right\}\right] \qquad \text{E.1}$$

여기서 a는 접촉면적의 반지름이고, p_{max}는 접촉면적의 중심에서 발생되는 최대압력으로 아래와 같다(그림 5.2 참조).

$$a = \left\{\frac{3F}{8}\frac{\frac{1-\nu_1^2}{E_1} + \frac{1-\nu_2^2}{E_2}}{\frac{1}{d_1} + \frac{1}{d_2}}\right\}^{1/3} \qquad \text{E.2}$$

$$p_{max} = \frac{3F}{2\pi a^2} \qquad \text{E.3}$$

여기서 F는 접촉력, E_1과 E_2는 두 구의 영계수, ν_1과 ν_2는 두 구의 푸아송(Poisson) 비, d_1과 d_2는 두 구의 직경이다. 볼 베어링과 같은 많은 실제 적용들에서 접촉하중 F가 클

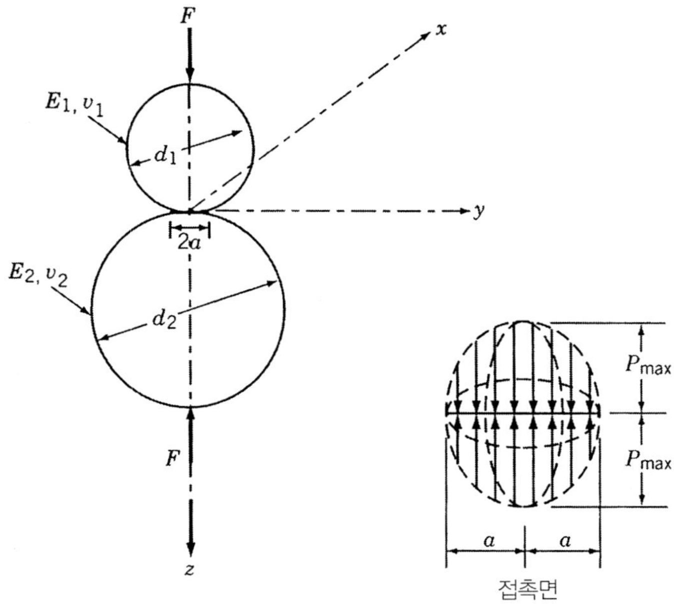

그림 5.2 두 개의 구에 대한 접촉응력

때 최대 전단응력의 점에서 크랙이 발생하여 표면으로 전파하여 피로파괴를 일으킨다. 크랙의 시발점을 찾기 위해 전단응력이 최대 수치에 도달하는 점을 찾을 필요가 있다. 최대 전단응력의 위치를 찾는 문제를 모델화하라. 단, $\nu = \nu_1 = \nu_2 = 0.3$이다.

[풀이] $\nu = \nu_1 = \nu_2 = 0.3$인 경우, 식 E.1은 다음과 같이 간소화된다.

$$f(\lambda) = \frac{0.75}{1+\lambda^2} + 0.65\lambda \tan^{-1}\frac{1}{\lambda} - 0.65 \quad \text{E.4}$$

여기서 $f = \tau_{zx}/p_{max}$, $\lambda = z/a$이다. 식 E.4는 거리 λ의 비선형함수이므로, f의 최댓값을 구하기 위한 필요조건 $df/d\lambda = 0$은 λ^*의 닫힌형의 해를 쉽게 얻을 수 없는 비선형방정식이다. 이와 같은 경우 최적해 λ^*를 찾기 위해 수치적 최적화 방법을 편리하게 사용할 수 있다.

대부분 수치적 최적화 방법들의 기본 개념은 다음 기법에 따라 최적값의 근사치를 계속 개선하여 접근하는 것이다.

1. 초기 점 $\boldsymbol{X}_1$을 갖고 시작한다.
2. 일반 최적 방향으로 향하는 적합한 방향 $\boldsymbol{S}_i$(시작시 $i=1$)를 찾는다.
3. 방향 $\boldsymbol{S}_i$에 따라 움직일 때의 적합한 이동길이(step length) λ^*를 찾는다.
4. 새로운 근사해 $\boldsymbol{X}_{i+1}$ 다음과 같이 얻는다.

$$\boldsymbol{X}_{i+1} = \boldsymbol{X}_i + \lambda_i{}^* \boldsymbol{S}_i \qquad 5.1$$

5. $\boldsymbol{X}_{i+1}$의 최적해 여부를 판정한다. 만일 $\boldsymbol{X}_{i+1}$가 최적해이면 종료한다. 그렇지 않으면 $i = i+1$을 설정하고 2단계부터 다시 반복한다.

식 5.1의 반복법은 제약 최적화 문제뿐만 아니라 비제약 최적화 문제에서도 사용되는 방법이다. 가상의 2변수 문제에 대한 반복과정을 그림 5.3에서 그래프로 나타내었다. 식 5.1의 최적화 방법의 효율성은 $\lambda_i{}^*$와 $\boldsymbol{S}_i$를 결정하는 효율성에 따라 다르다. 이동길이 $\lambda_i{}^*$를 찾는 방법을 본 장에서 다루고 감소방향 $\boldsymbol{S}_i$를 찾는 방법은 제6장과 7장에서 다루기로 한다.

$f(\boldsymbol{X})$가 최소화 목적함수일 때 이동길이 $\lambda_i{}^*$를 결정하는 문제는 $\boldsymbol{X}_i$와 $\boldsymbol{S}_i$의 값을 고정하고 λ_i에 관한 일변수 함수 $f(\boldsymbol{X}_{i+1}) = f(\boldsymbol{X}_i + \lambda_1 \boldsymbol{S}_i) = f(\lambda_i)$를 최소화하는 수치 $\lambda_i = \lambda_i{}^*$를 구하는 것으로 축소된다. f는 일변수 λ_i의 함수가 되므로 식 5.1에서 $\lambda_i{}^*$를 찾는 방법을 **1차원 최소화 방법**(one-dimensional minimization method)이라 한다. 1차원 최소화 문제를 해결하기 위해 사용하는 여러 방법들을 표 5.1에서 분류하고 있다.

제2장에서 다룬 미분 계산 최적법은 연속이고, 2차미분 가능 함수들에 적용할 수 있는 **분석적 방법**(analytical approach)이었고, 이 방법에서 목적함수의 값 계산은 실제로 마지막 과정이다. 즉, 결정변수의 최적해를 결정한 후 목적함수의 최적값을 계산한다. 그러나

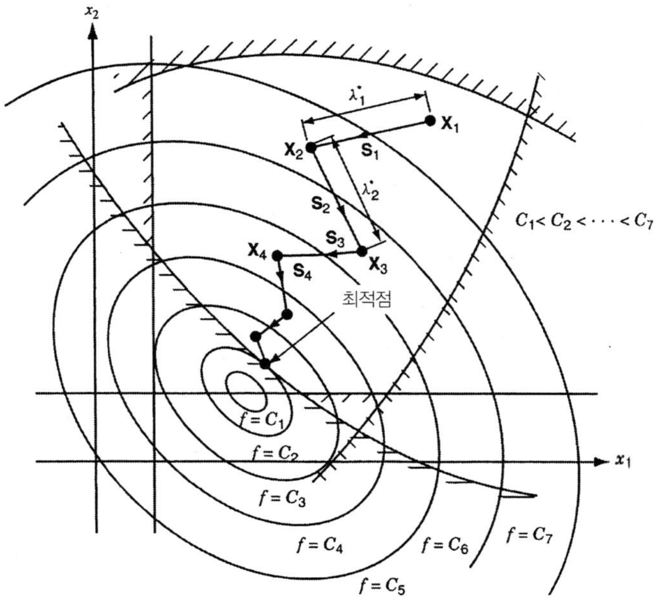

그림 5.3 최적화의 반복 과정

표 5.1 1차원 최소화 방법

Analytical methods (Differential calculus methods)	Numerical methods		
	Elimination methods	Interpolation methods	
		Requiring no derivatives	Requiring derivative
	Unerstricted Serarch	(quadratic)	Cubic
	Exhaustive search		Direct root
	Dichotomous search		Newton
	Fibonacci method		Qusai-Newton
	Golden section method		Secant

수치적 최적화 방법에서는 먼저 결정변수들의 여러 조합으로 목적함수의 값을 찾고 최적해 관련 결론을 유출하므로 분석적 방법의 반대 절차를 따른다. 변수 제거 방법들은 불연속함수의 최소화에도 사용할 수 있으며, 2차 및 3차 보간법은 주어진 함수에 대한 근사다항식을 이용하고, 또 직접방법(direct root method)은 이차식 보간법에 상응하는 것으로 근을 찾는 방법들이다.

5.2 단모드 함수 (Unimodal Function)

단모드 함수는 주어진 구간에서 오직 하나의 정상(peak, 최대) 또는 계곡(valley, 최소)을 갖는 함수이다. 수학적으로 표현하면 아래와 같다.

> x^*가 최소점일 때, (i) $x_1 < x_2 < x^*$이면 $f(x_2) < f(x_1)$이고,
> (ii) $x_2 > x_1 > x^*$이면 $f(x_2) > f(x_1)$이 되는 함수 $f(x)$는
> 단모드(unimode) 함수이다.

단모드 함수의 예들을 그림 5.4에 나타내었다. 단모드 함수는 미분 불가능할 수도, 불연속일 수도 있다. 주어진 범위 안에서 함수가 단모드이고 범위 안 두 개의 다른 점에서 함숫값을 알면 최소점이 위치하는 구간을 좁힐 수 있다.

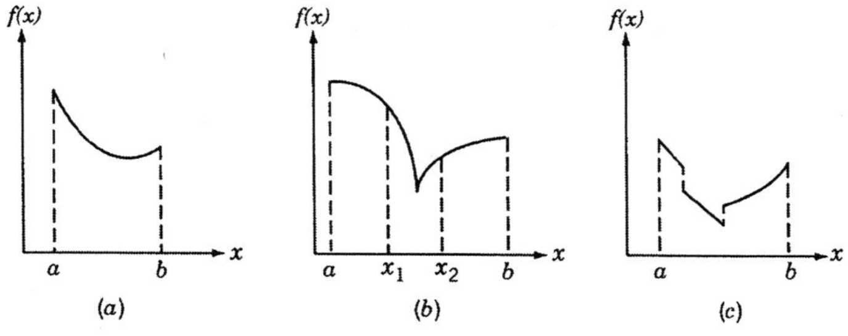

그림 5.4 단모드 함수

예를 들어, 그림 5.5와 같이 구간 $[0, 1]$의 두 개의 함숫값 f_1, f_2가 주어질 때 $f_1 < f_2$, $f_1 > f_2$ 또는 $f_1 = f_2$ 경우가 있다. 만일 $f_1 < f_2$이면 f의 최소점 x는 x_2의 오른쪽에 위치할 수 없다. 따라서 구간 중 $[x_2, 1]$ 부분을 버릴 수 있고 새로운 보다 작은 최소점 포함 구간은 그림 5.5a와 같이 $[0, x_2]$이 된다. 반면에 $f(x_1) > f(x_2)$이면, 구간 $[0, x_1]$을 버릴 수 있고 새로운 보다 작은 구간은 $[x_1, 1]$이 된다(그림 5.5b). 또 $f(x_1) = f(x_2)$이면 구간 $[0, x_1]$과 $[x_2, 1]$ 모두를 버릴 수 있고 새로운 최소점 포함 구간은 $[x_1, x_2]$이 된다(그림 5.5c). 더욱이 그림 5.5a와 5.5b와 같이 계산된 두 개의 함숫값 중 하나가 새로운 구간 안에 있으면 다음 반복회에서는 다른 함숫값 계산은 한 번만 더 하면 된다. 하지만 그림 5.5c와 같은 상황에서는 더 좁은 최소점 포함 구간을 찾기 위해서는 두 개의 추가 함수 계산을 해야 한다.

모든 소거 기법들에서는 함수의 단모드(unimodality)를 가정하는데, 함수가 다모드(multimodal, 예를 들어 여러 개의 계곡들 또는 정점들을 갖는)이면 함수의 범위를 여러 부분들로 나누고 각 부분에서 하나의 단모드 함수로 처리할 수 있다.

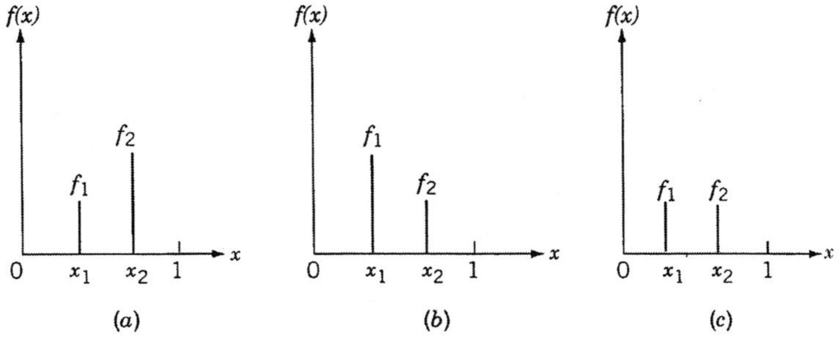

그림 5.5 처음 두 시험의 결과: (a) $f_1 < f_2$, (b) $f_1 > f_2$, (c) $f_1 = f_2$

소거법(Elimination Methods)

5.3 무제한 탐색(Unrestricted Search)

대부분 실제 문제들에서 최적해가 있는 설계변수들의 제한된 범위를 알 수 있지만 범위를 알 수가 없는 경우의 문제도 있다. 따라서 이때는 변수 값에 제한없이 탐색을 수행하여야 한다.

5.3.1 고정 이동 크기 탐색(Search with Fixed Step Size)

위와 같은 문제에 대한 가장 기초적인 방법은 고정된 이동길이를 사용하여 초기 점으로부터 적절한 방향(음 또는 양)으로 이동하는 것이다. 사용할 이동길이는 반드시 최종 요구되는 정확도와 관련되므로 작아야 한다. 비록 이 방법은 실행하기 매우 단순하지만 대부분 효율적이지 못하다. 이 방법을 다음 단계별로 묘사하면 다음과 같다.

1. 초기 추정 점(예를 들어 x_1)을 갖고 시작한다.
2. $f_1 = f(x_1)$을 구한다.
3. 이동길이를 s로 가정하고 $x_2 = x_1 + s$를 구한다.
4. $f_2 = f(x_2)$를 구한다.
5. 만일 $f_2 < f_1$이고 최소화 문제이면 단모드 가정에 따라 최소점은 $x < x_1$에 위치할 수 없다는 것을 알 수 있다. 따라서 단모드 가정을 사용하여 두 개의 함숫값으로 판정하면서 점 x_3, x_4, · · · 의 탐색을 계속한다. 점 $x_i = x_1 + (i-1)s$에서 함숫값이 갑자기 증가할 때까지 이 과정을 계속 반복한다.
6. x_i에서 탐색이 종료되고, x_{i-1} 또는 x_i를 최적점으로 취한다.
7. 만일 반대로 $f_2 > f_1$이면 각 점 x_{-2}, x_{-3}, · · · , $x_{-j} = x_1 - (j-1)s$에서 역방향으로 탐색을 수행한다.
8. 만일 $f_2 = f_1$이면 원하는 최소점은 x_1과 x_2 사이에 위치하고, 최소점으로서 x_1 또는 x_2를 취할 수 있다.
9. 만일 f_2와 f_{-2} 모두가 f_1보다 크면 원하는 최소점은 구간 $x_{-2} < x < x_2$ 사이에 있음을 의미한다.

5.3.2 가속 이동 크기 탐색(Search with Accelerated Step Size)

고정된 이동 크기를 갖는 탐색은 매우 단순해 보이지만 큰 제한점은 최소점이 있는 범위가 제한되어 있지 않은 것이다. 예를 들어, 특정 함수의 최소점이 $x_{opt}=50,000$이고, 최소점의 위치를 알 수 없어서 x_1과 s를 각각 0.0과 0.1로 선택하면 최소점을 찾기 위해 함수를 5,000,001번 계산해야 하므로 상당한 양의 연산 작업이 필요하다. 그러나 최소점을 찾을 때 까지 이동길이를 점차적으로 증가하면 더 좋은 방법이 될 수 있다. 단순한 방법은 목적함수의 값이 증가 또는 감소하는 한 이동길이를 두 배로 하는 것이다. 이 방법을 더욱 개선시킬 수 있는데, 한 방법은 $(x_{i-1},\ x_i)$안에 최적해가 있도록 한 후 이동 크기를 감소시키는 것이다. x_{i-1} 또는 x_i 에서 시작하여 감소된 이동길이로 기본 절차를 적용할 수 있다. 최소점이 있는 구간이 충분히 작게 될 때까지 이 절차를 반복한다. 다음 예제는 가속 이동 크기 탐색 방법을 설명한다.

예제 5.3

시작점 0.0에서 초기 이동 크기 0.05로 $f=x(x-1.5)$의 최소를 구하라.

[풀이] x_1에서 함숫값은 $f_1=0.0$이다. 우선 $-x$ 방향으로 이동을 시작하면 $x_{-2}=-0.05,\ f_{-2}=0.0775$가 된다. $f_{-2}>f_1$이므로 단모드 가정에 따라 최소점은 x_{-2}의 왼쪽에 위치할 수 없다. 따라서 $+x$ 방향으로 이동하기 시작하여 다음 결과를 얻는다.

i	s 수치	$x_i=x_1+s$	$f_i=f(x_i)$	$f_i>f_{i-1}$ 여부
1	–	0.0	0.0	–
2	0.05	0.05	−0.0725	No
3	0.10	0.10	−0.140	No
4	0.20	0.20	−0.260	No
5	0.40	0.40	−0.440	No
6	0.80	0.80	−0.560	No
7	1.60	1.60	+0.160	Yes

위의 결과로부터 최적점 $x_{opt}\approx x_6=0.8$인 것을 알 수 있다. 이 경우 점 x_6과 x_7은 최소점을 실제로 가운데 두지는 않을 수 있지만 최소점에 대한 정보는 제공하고 있다. 만일 최소점에 대한 보다 개선된 근사치를 원하면 더 작은 이동 크기로 x_5에서 다시 반복할 수 있다. ■

5.4 전수(全數)탐색법 (Exhaustive Search Method)

전수탐색법은 최적점이 유한 구간 내에 있는 문제에 적용할 수 있다. 불확실 구간(확실

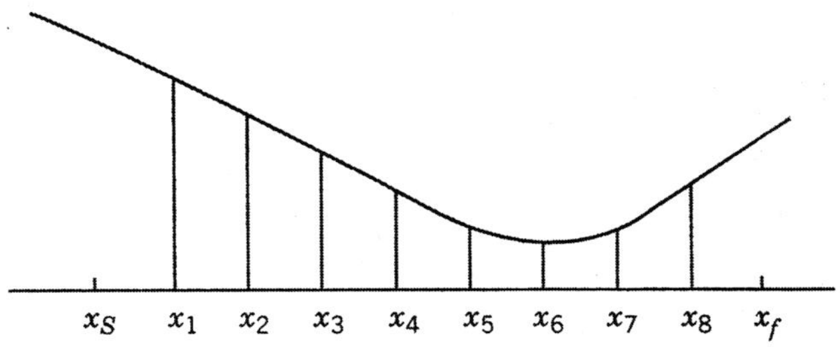

그림 5.6 전수탐색

한 최적점의 위치를 알 수 없으나 포함하는 구간)의 시작점과 끝점을 x_s와 x_f로 표기하자. 전수탐색법은 미리 정해진 수의 $(x_s,\ x_f)$ 안의 균등 점에서 목적함수를 계산하고 단모드의 가정을 사용하여 불확실 구간을 감소시키는 것이다. 구간 $(x_s,\ x_f)$의 내부 균등점 8개 $x_1 \sim x_8$에서 계산한 함숫값들이 그림 5.6과 같다면 단모드의 가정에 따라 최소점은 x_5와 x_7 사이에 있다. 따라서 $(x_5,\ x_7)$을 불확실 구간으로 간주할 수 있다.

만일 당초 불확실 구간 길이가 $L_0 = x_f - x_s$인 불확실 구간의 내부의 n개의 균등점에서 계산한 함숫값 중 점x_j에서 함수가 최솟값으로 판명되면 일반적으로 불확실 최종 구간과 길이는

$$L_n = x_{j+1} - x_{j-1} = \frac{2}{n+1} L_0 \tag{5.2}$$

와 같다. 따라서 전수탐색법에서 시도되는 균등점의 수들로 얻을 수 있는 불확실 최종 구간은 다음과 같이 주어진다.

균등점 수 n	2	3	4	5	· · ·	n
L_n/L_0	2/3	2/4	2/5	2/6	· · ·	$2/(n+1)$

모든 n개의 점에서 함수가 동시에 계산되므로 이 방법을 **동시탐색법**(simultaneous search method)이라고도 한다. 이 방법은 초기에 시도한 결과의 정보를 계속되는 절차에 사용하는 다음에 설명할 순차적 탐색법과 비교하여 비효율적이다.

예제 5.4

구간 (0.0, 1.00)에서 정확도 10% 이내로 $f = x(x-1.5)$의 최소를 구하라.

[풀이] 최종 불확실 구간의 중간점을 최적점으로 취하면 최대 오차는 초기의 불확실 구간의 $1/(n+1)$배가 된다. 따라서 정확도 10% 안에서 최적점을 구하기 위해서는

$$\frac{1}{n+1} \le \frac{1}{10} \quad \text{또는} \quad n \ge 9$$

이 되어야 한다. $n=9$를 취하여 함숫값들을 계산한 결과는 다음과 같다.

i	1	2	3	4	5	6	7	8	9
x_i	0.1	0.2	0.3	0.4	0.5	0.6	0.7	0.8	0.9
$f_i = f(x_i)$	-0.14	-0.26	-0.36	-0.44	-0.50	-0.54	-0.56	-0.56	-0.54

$x_7 = x_8$이므로 단모드 가정에 따라 최종 불확실 구간은 $L_9 = (0.7,\ 0.8)$이 된다. 최적점에 대한 근사치로서 L_9의 중간점 $x = 0.75$를 취하면 $f(x) = -0.5625$로서 실제 최소점인 것을 알 수 있다. ■

5.5 양분탐색법 (Dichotomous Search Method)

전수탐색법은 최적점의 위치에 관한 판단을 내리기 전에 모든 함숫값 계산을 수행하는 동시탐색법이다. 그러나 다음 절에서 기술하는 Fibonacci 방법, 황금분할법 및 양분탐색법은 함수 계산 결과가 다음 함수 계산을 할 위치에 영향을 미치는 순차적 탐색방법이다.

양분탐색법에서는 가능한 한 불확실 구간의 중심에 가까운 곳에서 두 함수의 계산을 하도록 하며, 그 두 함숫값을 기초로 불확실 구간의 약 절반을 소거한다. 두 개의 시도되는 점의 위치가 다음 그림 5.7과 같다고 하자. 즉,

$$x_1 = \frac{L_0}{2} - \frac{\delta}{2}$$
$$x_2 = \frac{L_0}{2} + \frac{\delta}{2}$$

여기서 δ는 두 함숫값이 충분히 다를 수 있도록 선택된 작은 양의 상수이다. 그러면 새로

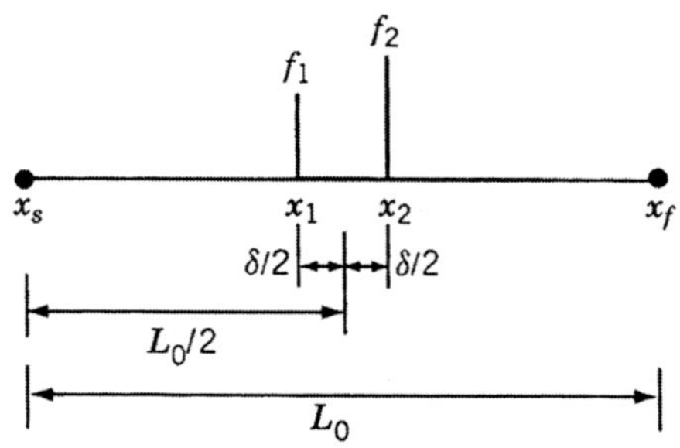

그림 5.7 양분탐색법

운 불확실 구간은 $(L_0/2+\delta/2)$가 된다. 즉, 양분탐색 블록은 현재 불확실 구간의 중심 주위에서 한 쌍의 함숫값 계산을 수행하여 만들게 된다. 따라서 다음 한 쌍의 함숫값 계산도 남은 불확실 구간의 중심 주위에서 수행되어 불확실 구간을 거의 반으로 감소시킨다. 함수를 계산하는 두 점의 누적된 수에 따라 남게 되는 구간의 길이가 표와 같이 주어진다.

함수계산점의 수	2	4	6
불확실 최종 구간	$\frac{1}{2}(L_0+\delta)$	$\frac{1}{2}\left(\frac{L_0+\delta}{2}\right)+\frac{\delta}{2}$	$\frac{1}{2}\left(\frac{L_0+\delta}{4}+\frac{\delta}{2}\right)+\frac{\delta}{2}$

일반적으로 n(짝수) 개의 점에서 수행한 후 최종 불확실 구간의 크기는

$$L_n=\frac{L_0}{2^{n/2}}+\delta\left(1-\frac{1}{2^{n/2}}\right) \tag{5.3}$$

와 같다. 다음 예제에서 탐색방법을 설명한다.

예제 5.5

구간 (0.0, 1.00)에서 정확도 10% 이내로 $f=x(x-1.5)$의 최소를 구하라.

[풀이] 불확실 구간의 최종 길이와 최초 길이의 비율은 식 5.3에 의해

$$\frac{L_n}{L_0}=\frac{1}{2^{n/2}}+\frac{\delta}{L_0}\left(1-\frac{1}{2^{n/2}}\right)$$

와 같다. 여기서 δ는 0.001과 같은 값이고, n은 시도된 점의 수이다. 만일 최소점으로서 최종 구간의 중간점을 취하면 정확도가 10% 이내가 되기 위해서는

$$\frac{1}{2}\frac{L_n}{L_0}\leq\frac{1}{10}$$

즉,

$$\frac{1}{2^{n/2}}+\frac{\delta}{L_0}\left(1-\frac{1}{2^{n/2}}\right)\leq\frac{1}{5}$$

이어야 한다. 위의 식에서 $\delta=0.001$ 그리고 $L_0=1.0$이므로

$$\frac{1}{2^{n/2}}+\frac{1}{1000}\left(1-\frac{1}{2^{n/2}}\right)\leq\frac{1}{5}$$

즉,

$$\frac{999}{1000}\frac{1}{2^{n/2}} \le \frac{995}{5000} \text{ 또는 } 2^{n/2} \ge \frac{999}{199} \simeq 5.0$$

이 된다. n은 짝수이므로 n의 최소 허용 수치는 6이 된다.

이제 탐색 방법을 이용한다. 처음 두 함수 계산 점은

$$x_1 = \frac{L_0}{2} - \frac{\delta}{2} = 0.5 - 0.0005 = 0.4995$$
$$x_2 = \frac{L_0}{2} + \frac{\delta}{2} = 0.5 + 0.0005 = 0.5005$$

이고, 그때의 함숫값은 다음과 같다.

$$f_1 = f(x_1) = 0.4995(-1.0005) \simeq -0.49975$$

$$f_2 = f(x_2) = 0.5005(-0.9995) \simeq -0.50025$$

이때 $f_2 < f_1$이므로 새로운 불확실 구간은 $(0.4995,\ 1.0)$이 된다. 다음 함수 계산이 수행될 두 점은

$$x_3 = \left(0.4995 + \frac{1.0 - 0.4995}{2}\right) - 0.0005 = 0.74925$$

$$x_4 = \left(0.4995 + \frac{1.0 - 0.4995}{2}\right) + 0.0005 = 0.75025$$

이고, 그때의 함숫값은 다음과 같다.

$$f_3 = f(x_3) = 0.74925(-0.75075) = -0.5624994375$$

$$f_4 = f(x_4) = 0.75025(-0.74975) = -0.5624999375$$

이때 $f_3 > f_4$이므로 $(0.4995,\ x_3)$를 소거하고 새로운 불확실 구간

$$(x_3,\ 1.0) = (0.74925,\ 1.0)$$

을 얻는다. 또 다음 두 점에서 최종 함수 계산이 수행된다.

$$x_5 = \left(0.74925 + \frac{1.0 - 0.74925}{2}\right) - 0.0005 = 0.874125$$

$$x_6 = \left(0.74925 + \frac{1.0 - 0.74925}{2}\right) + 0.0005 = 0.875125$$

그때의 함숫값은 다음과 같다.

$$f_5 = f(x_5) = 0.874125(-0.625875) = -0.5470929844$$

$$f_6 = f(x_6) = 0.875125(-0.624875) = -0.5468437342$$

이때 $f_5 < f_6$이므로 새로운 불확실 구간은 $(x_3,\ x_6) = (0.74925,\ 0.875125)$가 된다. 이 구간의 중간점을 최소점으로 취하면 최소점과 최솟값은

$$x_{opt} \simeq 0.8121875, \quad f_{opt} \simeq -0.5586327148$$

와 같다. ■

5.6 이분구간법 (Interval Halving Method)

이분구간법에서는 매 단계마다 엄밀하게 현재 불확실 구간의 절반이 소거된다. 처음 단계에서는 세 개의 함수 계산이 필요하고 후속 단계에서는 두 개의 함수 계산이 필요하다. 다음 과정으로 탐색을 한다.

1. 초기 불확실 구간 $L_0 = [a,\ b]$를 네 부분으로 균등분할하고 중간점을 x_0, 그리고 1/4 구간의 점들을 x_1과 x_2로 표기한다.
2. 세 개의 내부 점들에서 함수 $f(x)$를 계산하여 $f_1 = f(x_1)$, $f_0 = f(x_0)$, $f_2 = f(x_2)$를 얻는다.
3. (a) 그림 5.8a와 같이 $f_2 > f_0 > f_1$이면 구간 $(x_0,\ b)$을 소거하고, x_1과 x_0를 새로운 x_0와 b로 각각 표기하고 4단계로 간다.
   (b) 그림 5.8b와 같이 $f_2 < f_0 < f_1$이면 구간 $(a,\ x_0)$을 소거하고, x_0와 x_2를 새로운 a와 x_0로 각각 표기하고 4단계로 간다.
   (c) 그림 5.8c와 같이 $f_1 > f_0$ 그리고 $f_2 > f_0$이면 두 구간 $(a,\ x_1)$과 $(x_2,\ b)$을 소거하고, x_1와 x_2를 새로운 a와 b로 각각 표기하고 4단계로 간다.
4. 새로운 불확실 구간 $L = b - a$가 수렴 허용 오차 ϵ에 대하여 $L \le \epsilon$을 만족하는지 판정한다. 수렴 판단기준이 만족되면 종료하고 그렇지 않으면 새로운 $L_0 = L$을 설정하고 1단계로 간다.

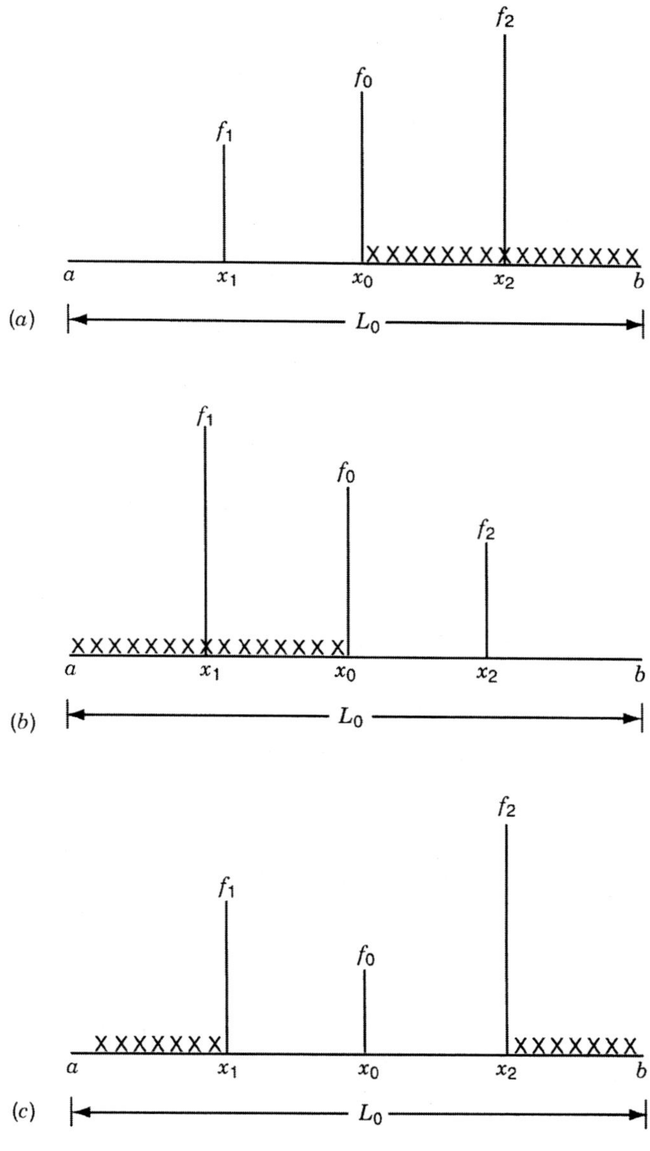

그림 5.8 이분구간법의 각 경우: (a) $f_2 > f_0 > f_1$; (b) $f_1 > f_0 > f_2$; (c) $f_1 > f_0$ 및 $f_2 > f_0$

주의

1. 이 방법에서 불확실 구간의 중간점에서의 함숫값 f_0는 처음 수행을 제외하고 모든 단계에서 이미 계산되어 있다.
2. 다음 식은 $n(n \geq 3$ 그리고 홀수)개의 점에서 수행한 결과로 남는 불확실 구간을 나타낸다.

$$L_n = \left(\frac{1}{2}\right)^{(n-1)/2} L_0 \tag{5.4}$$

예제 5.6

구간 (0.0, 1.00)에서 정확도 10% 이내로 $f = x(x-1.5)$의 최소를 구하라.

[풀이] 최소점으로서 불확실 최종 구간의 중간점을 취할 때 정확도 10% 이내로 최소점을 얻기 위해서는

$$\frac{1}{2}L_n \le \frac{L_0}{10} \quad or \quad \left(\frac{1}{2}\right)^{(n-1)/2} L_0 \le \frac{L_0}{5} \tag{E.1}$$

을 만족해야 한다. 이때 $L_0 = 1$이므로 식 E.1은

$$\frac{1}{2^{(n-1)/2}} \le \frac{1}{5} \quad or \quad 2^{(n-1)/2} \ge 5 \tag{E.2}$$

이 되고, n은 홀수이므로 식 E.2로부터 n의 최소 허용 수치는 7이 된다. 이 수치 $n=7$을 갖고 다음과 같이 탐색을 수행한다. 처음 3개의 시도 되는 점들은 다음과 같이 구간 $L_0 = [a=0, \ b=1]$의 1/4 점들에 위치한다.

$$\begin{aligned} x_1 &= 0.25, & f_1 &= 0.25(-1.25) = -0.3125 \\ x_0 &= 0.50, & f_0 &= 0.50(-1.00) = -0.5000 \\ x_2 &= 0.75, & f_2 &= 0.75(-0.75) = -0.5625 \end{aligned}$$

$f_1 > f_0 > f_2$이므로 구간 $(a, \ x_0) = (0.0, \ 0.5)$를 소거하고 $a = 0.5, \ x_0 = 0.75, \ b = 1.0$이 되도록 x_2와 x_0를 새로운 x_0와 a로 표기한다. 새로운 불확실 구간 $L_3 = (0.5, \ 1.0)$을 4등분하면 다음과 같다.

$$\begin{aligned} x_1 &= 0.625, & f_1 &= 0.625(-0.875) = -0.546875 \\ x_0 &= 0.750, & f_0 &= 0.750(-0.750) = -0.562500 \\ x_2 &= 0.875, & f_2 &= 0.875(-0.625) = -0.546875 \end{aligned}$$

$f_1 > f_0$, 그리고 $f_2 > f_0$이므로 구간 $(a, \ x_1)$과 $(x_2, \ b)$를 소거하고 $x_1, \ x_2, \ x_3$를 새로운 $a, \ x_0, \ b$로 표기한다. 따라서 새로운 불확실 구간은 $L_5 = (0.625, \ 0.875)$가 된다. 또 이 구간을 4등분하면 다음과 같다.

$$\begin{aligned} x_1 &= 0.6875, & f_1 &= 0.6875(-0.8125) = -0.558594 \\ x_0 &= 0.7500, & f_0 &= 0.7500(-0.7500) = -0.562500 \\ x_2 &= 0.8125, & f_2 &= 0.8125(-0.6875) = -0.558594 \end{aligned}$$

다시 $f_1 > f_0$, 그리고 $f_2 > f_0$이므로 구간 $(a, \ x_1)$과 $(x_2, \ b)$를 소거하여 새로운 불확

실 구간 $L_7 = (0.6875,\ 0.8125)$을 얻게 된다. 이 구간 L_7의 중간점을 최소점으로 취하여 다음 결과를 얻는다.

$$x_{opt} \approx 0.75, \qquad f_{opt} \approx -0.5625$$

(위의 값은 정확한 최소점과 최솟값과 일치한다.) ■

5.7 Fibonacci 방법

앞에서 언급한 바와 같이 Fibonacci 방법은 함수가 연속이 아닌 경우에도 일변수함수의 최솟값을 구할 수 있다. 다른 소거 방법과 같이 이 방법은 다음 제한점을 갖는다.

1. 최적점이 위치하는 초기의 불확실 구간을 알고 있어야 한다.
2. 최적화하고자 하는 함수는 불확실 초기 구간에서 단모드 함수이어야 한다.
3. 이 방법에서는 정확한 최적점을 구할 수는 없고 단지 **최종 불확실 구간**(final interval of uncertainty)만을 알게 된다. 더 많은 연산을 사용하여 불확실 최종 구간을 원하는 만큼 작게 만들 수 있다.
4. 탐색에서 사용되는 함수 계산 수가 사전에 명시되어야 한다.

이 방법은 함숫값을 계산하는 점을 구하는데 Fibonacci 수열 $\{F_n\}$:

$$F_0 = F_1 = 1$$

$$F_n = F_{n-1} + F_{n-2}, \qquad n = 2,\ 3,\ 4, \cdots$$

을 사용한다. 즉, 1, 1, 2, 3, 5, 8, 13, 21, 34, 55, 89, . . .인 수열이다.

절차 $a \le x \le b$로 정의된 불확실 초기 구간을 L_0, 수행하여야 할 전체 점의 수를 n으로 표기하자. 이제

$$L_2^* = \frac{F_{n-2}}{F_n} L_0 \tag{5.5}$$

이라 하고 처음 계산되는 두 점 x_1과 x_2을 각각 L_0의 각 끝점으로부터 거리 L_2^*에 있다고 하면, 두 점의 위치는

$$x_1 = a + L_2^* = a + \frac{F_{n-2}}{F_n} L_0 \tag{5.6}$$

$$x_2 = b - L_2^* = b - \frac{F_{n-2}}{F_n} L_0 = a + \frac{F_{n-1}}{F_n} L_0$$

와 같다. 다음, 단모드 성질의 가정을 사용하여 구간의 일부분을 버리게 되면 남게 되는 불확실 구간의 길이 L_2는

$$L_2 = L_0 - L_2^* = L_0\left(1 - \frac{F_{n-2}}{F_n}\right) = \frac{F_{n-1}}{F_n} L_0 \tag{5.7}$$

가 되고 그 구간 안에는 함숫값이 이미 계산된 점(x_1 또는 x_2)이 포함되어 있다. 또 그 점은 한 끝점으로부터 거리

$$L_2^* = \frac{F_{n-2}}{F_n} L_0 = \frac{F_{n-2}}{F_{n-1}} L_2 \tag{5.8}$$

에 위치하고 있고, 다른 끝점으로부터는 거리

$$L_2 - L_2^* = \frac{F_{n-3}}{F_n} L_0 = \frac{F_{n-3}}{F_{n-1}} L_2 \tag{5.9}$$

에 위치하고 있다. 이제 구간 L_2안에 두 점이 구간 L_2의 각 끝점으로부터 거리

$$L_3^* = \frac{F_{n-3}}{F_n} L_0 = \frac{F_{n-3}}{F_{n-1}} L_2 \tag{5.10}$$

에 위치하도록 세 번째의 점을 잡는다(이미 두 번째 점은 식 5.9로부터 그 위치에 있다.). 다시 단모드 특성을 사용하여 불확실 구간을 L_3로 감소하면

$$L_3 = L_2 - L_3^* = L_2 - \frac{F_{n-3}}{F_{n-1}} L_2 = \frac{F_{n-2}}{F_n} L_0 \tag{5.11}$$

이 된다. 이렇게 확실한 구간을 버리고 남은 구간에서 새로운 점을 선택하는 과정을 반복하면 j번째 점의 위치와 j번째로 남는 불확실 구간의 길이는

$$L_j^* = \frac{F_{n-j}}{F_{n-(j-2)}} L_{j-1} \tag{5.12}$$

$$L_j = \frac{F_{n-(j-1)}}{F_n} L_0 \tag{5.13}$$

가 된다. 계산될 n개의 점 중 j개를 수행한 후 남는 불확실 구간과 초기 불확실 구간의 비율은

표 5.2 감소율

n 수치	Fibonacci 수 F_n	감소율, L_n/L_0
0	1	1.0
1	1	1.0
2	2	0.5
3	3	0.3333
4	5	0.2
5	8	0.1250
6	13	0.07692
7	21	0.04762
8	34	0.02941
9	55	0.01818
10	89	0.01124
11	144	0.006944
12	233	0.004292
13	377	0.002653
14	610	0.001639
15	987	0.001013
16	1,597	0.0006406
17	2,584	0.0003870
18	4,181	0.0002392
19	6,765	0.0001479
20	10,946	0.00009135

$$\frac{L_j}{L_0} = \frac{F_{n-(j-1)}}{F_n} \tag{5.14}$$

이므로 이때 $j = n$이면

$$\frac{L_n}{L_0} = \frac{F_1}{F_n} = \frac{1}{F_n} \tag{5.15}$$

이 된다. 이러한 비율 L_n/L_0은 원하는 정확도로 최적점을 찾기 위해 함숫값을 계산해야 할 점의 수를 결정할 수 있도록 해준다. 표 5.2는 점의 수에 따라 얻는 불확실 구간의 감소율을 나타낸다.

최종 점의 위치 Fibonacci 방법에서는 반드시 주의를 기울여 최종 점의 위치를 결정하여야 한다. 식 5.12로부터 모든 n에 대하여

$$\frac{L_n^*}{L_{n-1}} = \frac{F_0}{F_2} = \frac{1}{2} \tag{5.16}$$

이므로 $n-1$번 함숫값 계산을 수행하면서 적절한 구간을 버린 후 남는 구간은 정확하게 중간점에서 이미 계산된 하나의 점을 포함하게 된다. 그러나 최종 점 즉, n번째 점, 도 불확실 구간의 중앙에 위치하게 되어 n번째 점은 $n-1$번째 점과 동일한 위치에 있다. 이는 n에 값에 상관없이 일어나는 현상이다. n번째 점이 $n-1$번째 점과 동일한 곳에 위치하게 되어 새로운 정보를 얻을 수 없으므로 n번째 점을 양분탐색법의 경우에서와 같이 $n-1$번째의 점에 매우 근접하게 잡는다. 이는 최종 불확실 구간을 $L_{n-1}/2$ 보다 작게 되도록 해준다. Fibonacci 최소화 방법의 흐름도는 그림 5.9와 같다.

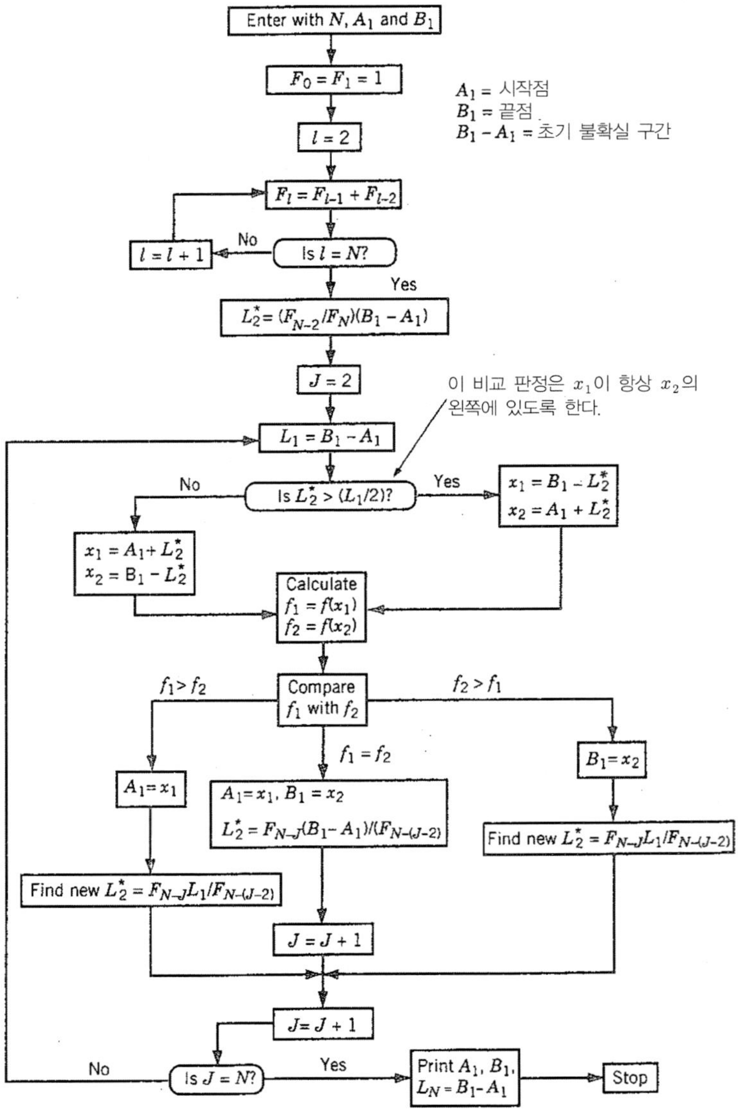

그림 5.9 Fibonachi 탐색방법의 흐름도

예제 5.7

$n=6$으로 Fibonacci 방법을 사용하여 구간 $[0,\ 3]$에서 다음을 최소화하라.

$$f(x)=0.65-\left[0.75/\left(1+x^2\right)\right]-0.65x\tan^{-1}(1/x)$$

[풀이] 여기서 $n=6$과 $L_0=3.0$이고, 식 5.8과 표 5.2로부터

$$L_2{}^*=\frac{F_{n-2}}{F_n}L_0=\frac{F_4}{F_6}L_0=\frac{5}{13}(3.0)=1.153846$$

이므로 처음 두 점의 위치와 함숫값은 다음과 같다.

$$x_1=1.153846, \qquad f_1=f(x_1)=-0.207270$$

$$x_2=3.0-1.153946=1.846154, \quad f_2=f(x_2)=-0.115843$$

$f_1<f_2$이므로 단모드 가정을 사용하여 구간 $[x_2,\ 3.0]$을 소거할 수 있다(그림 5.10a). 세 번째 점의 위치와 함숫값은

$$x_3=0+(x_2-x_1)=1.846154-1.153846=0.692308, \qquad f_3=-0.291364$$

이고, $f_1>f_3$이므로 구간 $[x_1,\ x_2]$를 소거한다(그림 5.10b). 또한 다음 점의 위치와 함숫값은

$$x_4=0+(x_1-x_3)=1.153846-0.692308=0.461538, \qquad f_4=-0.309811$$

이고, $f_4<f_3$이므로 구간 $[x_3,\ x_1]$를 소거한다(그림 5.10c). 또 다음 점의 위치와 함숫값은

$$x_5=0+(x_3-x_4)=0.692308-0.461538=0.230770, \qquad f_5=-0.263678$$

이고, $f_5>f_4$이므로 구간 $[0,\ x_5]$를 소거한다(그림 5.10d). 최종 점의 위치와 함숫값은 다음과 같다.

$$x_6=x_5+(x_3-x_4)=0.230770+(0.692308-0461538)=0.461540,$$

$$f_6=-0.309810$$

이론적으로 x_6 값은 반드시 x_4의 값과 동일하여야 하나 절단오차로 인해 x_4와는 약간 다르다.

$f_6 > f_4$이므로 구간 $[x_6, x_3]$를 제거하고 다음과 같은 불확실 최종 구간을 얻는다(그림 5.10e).

$$x_6 = [x_5, x_6] = [0.230770, 0.461540]$$

또한, 초기 불확실 구간에 대한 최종 불확실 구간의 비율은 다음과 같다.

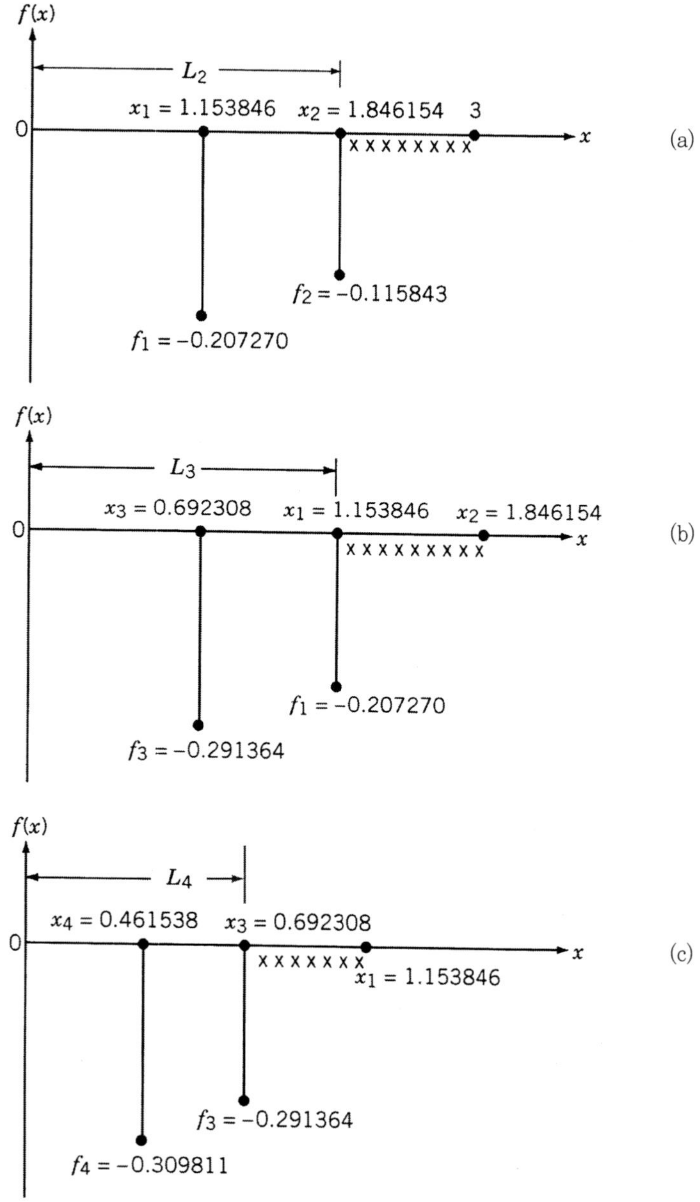

그림 5.10 예제 5.7에서 반복과정의 그래프 표현

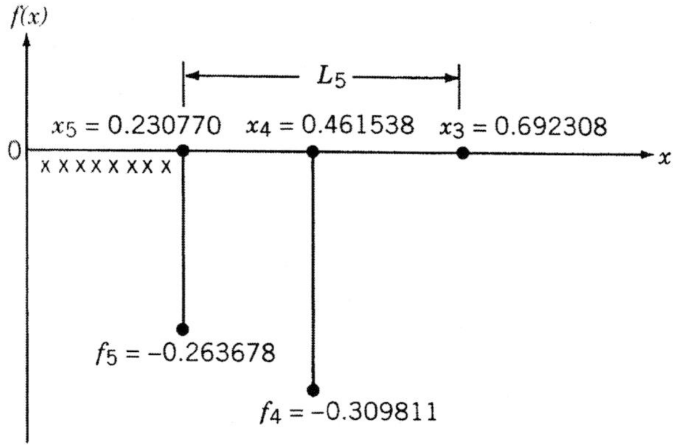

(d)

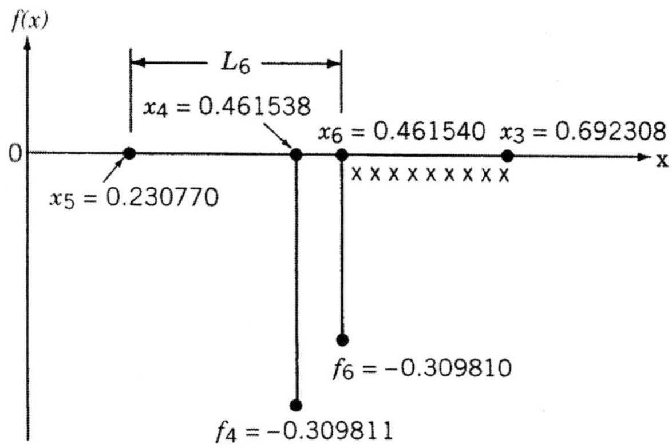

(e)

그림 5.10 예제 5.7에서 반복과정의 그래프 표현(계속)

$$\frac{L_6}{L_0} = \frac{0.461540 - 0230770}{3.0} = 0.076923$$

이는 식 5.15로부터 이는 $n = 6$을 계획하면 Fibonacci 수열로부터 $1/F_n = 1/F_6 = 1/13 = 0.076923$ 비율 이상으로 개선된 해를 기대할 수 없다는 것을 의미한다. ■

5.8 황금분할법 (Golden Section Method)

황금분할법은 시작하기 전에 함수의 값을 계산할 점의 전체 수를 명시하는 것을 제외하고는 Fibonacci 방법과 같다. 즉, 황금분할법에서는 계산 점의 수를 사전에 필요로 하지 않는다. Fibonacci 방법에서는 전체 계산 점의 수 N으로 처음 두 점의 위치를 결정하였지만, 황금분할법에서는 많은 수의 점에서 함숫값의 계산을 하는 것으로 가정한다. 물론 전체 계산될 점의 수는 연산을 하는 동안 결정될 수 있다.

함숫값이 계산될 점의 수에 따라 남게 되는 불확실 구간들을 계산하면

$$L_2 = \lim_{N\to\infty} \frac{F_{N-1}}{F_N} L_0 \tag{5.17}$$

$$\begin{aligned} L_3 &= \lim_{N\to\infty} \frac{F_{N-2}}{F_N} L_0 = \lim_{N\to\infty} \frac{F_{N-2}}{F_{N-1}} \frac{F_{N-1}}{F_N} L_0 \\ &\simeq \lim_{N\to\infty} \left(\frac{F_{N-1}}{F_N}\right)^2 L_0 \end{aligned} \tag{5.18}$$

이고, 일반화하면

$$L_n = \lim_{N\to\infty} \left(\frac{F_{N-1}}{F_N}\right)^{n-1} L_0 \tag{5.19}$$

와 같다. 한편, Fibonacci 수열로부터

$$F_N = F_{N-1} + F_{N-2} \tag{5.20}$$

이므로 양변을 F_{N-1}로 나누면

$$\frac{F_N}{F_{N-1}} = 1 + \frac{F_{N-2}}{F_{N-1}} \tag{5.21}$$

과 같은 관계식을 얻는다. 또 비율 Υ를

$$\Upsilon = \lim_{N\to\infty} \frac{F_N}{F_{N-1}} \tag{5.22}$$

로 정의하면 식 5.21은 다음과 같이 표현할 수 있다.

$$\Upsilon \simeq \frac{1}{\Upsilon} + 1$$

즉,

$$\Upsilon^2 - \Upsilon - 1 = 0 \tag{5.23}$$

위의 식에서 $\Upsilon = 1.618$이고, 식 5.19는 다음과 같이 된다.

$$L_n = \left(\frac{1}{\Upsilon}\right)^{n-1} L_0 = (0.618)^{n-1} L_0 \tag{5.24}$$

N이 크면 아래의 표와 같이 비율 F_{N-2}/F_{N-1}과 F_{N-1}/F_N은 거의 같게 되므로 식

5.18에서 동일하게 취급되었다.

N 숫자	2	3	4	5	6	7	8	9	10	∞
F_{N-1}/F_N 비율	0.5	0.667	0.6	0.625	0.6156	0.619	0.6177	0.6181	0.6184	0.618

비율 Υ에는 역사적 배경이 있다. 고대 그리스 건축가들은 다음 관계를 만족시키는 변 d와 b를 갖는 빌딩은 가장 안정감을 갖는 것으로 믿었다(그림 5.11 참조).

$$\frac{d+b}{d}=\frac{d}{b}=\Upsilon \qquad 5.25$$

'황금분할법' 명칭의 기원은 유클리드(Euclid) 기하학까지 거슬러 올라갈 수 있다. 유클리드 기하학에서는 선분을 불균등한 두 부분으로 나눌 때 전체 선분에 대한 큰 부분의 선분의 비율이 큰 선분에 대한 작은 선분에 대한 비율과 동일하게 되는 분할을 황금분할(golden section)이라 부르며 그 비율을 황금 평균(golden mean)이라고 한다.

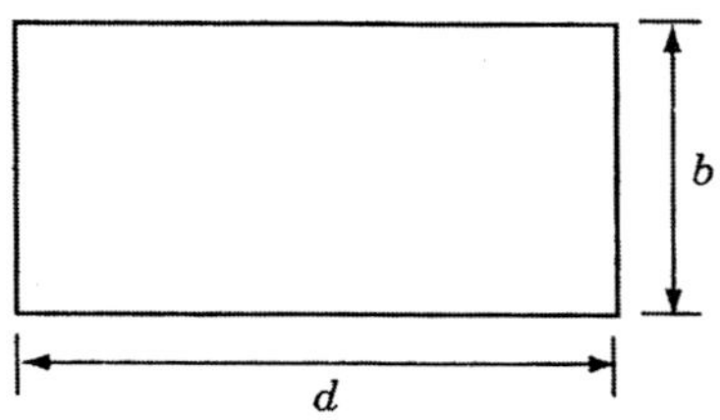

그림 5.11 변 b와 d를 갖는 사각빌딩

절차 황금분할법 절차는 처음 두 점의 위치가 다음과 같이 결정되는 것을 제외하고 Fibonacci 방법과 동일하다.

$$L_2^*=\frac{F_{N-2}}{F_N}L_0=\frac{F_{N-2}}{F_{N-1}}\frac{F_{N-1}}{F_N}L_0=\frac{L_0}{\Upsilon^2}=0.382L_0 \qquad 5.26$$

반복의 종료를 위한 원하는 정확도를 제시할 수 있다.

예제 5.8

$n=6$인 경우 황금분할법을 사용하여 다음 함수를 최소화하라.

$$f(x)=0.65-[0.75/(1+x^2)]-0.65x\tan^{-1}(1/x)$$

[풀이] 처음 두 점의 위치와 함숫값은 다음의 식

$$L_2{}^* = 0.382L_0 = 0.382 \times 3.0 = 1.1460$$

에 의해

$$x_1 = 1.1460,\ \ f_1 = f(x_1) = -0.208654$$

$$x_2 = 3.0 - 1.1460 = 1.8540,\ \ f_2 = f(x_2) = -0.115124$$

와 같이 결정된다. 이때 $f_1 < f_2$이므로 단모드 성질의 가정에 기초하여 구간 $[x_2,\ 3.0]$을 소거하고 새로운 불확실 구간 $L_2 = [0,\ x_2] = [0.0,\ 1.8540]$을 얻는다. 다음 세 번째 점은

$$x_3 = 0 + (x_2 - x_1) = 1.8540 - 1.1460 = 0.7080$$

이 되고 그때의 함숫값 $f_3 = -0.288943$은 $f_1 = -0.208654$보다 작으므로 구간 $[x_1,\ x_2]$을 소거하고 새로운 구간 $[0,\ x_1] = [0.0,\ 1.1460]$을 얻는다. 또한 다음 점과 함숫값은

$$x_4 = 0 + (x_1 - x_3) = 1.1460 - 0.7080 = 0.4380,\ \ f_4 = -0.308951$$

이고, $f_4 < f_3$이므로 구간 $[x_3,\ x_1]$을 소거하고 새로운 불확실 구간 $[0,\ x_3] = [0,\ 0.7080]$을 얻는다. 또 다음 점과 함숫값

$$x_5 = 0 + (x_3 - x_4) = 0.7080 - 0.4380 = 0.2700$$

$f_5 = -0.278434$는 $f_4 = -0.308951$보다 크므로 구간 $[0,\ x_5]$을 소거하고 새로운 불확실 구간 $[x_5,\ x_3] = [0.2700,\ 0.7080]$을 얻는다. 이제 최종점과 함숫값은

$$x_6 = x_5 + (x_3 - x_4) = 0.2700 - (0.7080 - 0.4380) = 0.5400,\ \ f_6 = -0.308234$$

이고, $f_6 > f_4$이므로 구간 $[x_6,\ x_3]$을 소거하고 다음의 최종 불확실 구간을 얻는다.

$$[x_5,\ x_6] = [0.2700,\ 0.5400]$$

이 최종 불확실 구간은 Fibonacci 방법에서 구한 $[x_5,\ x_6] = [0.230770, 0.461540]$ 것보다 약간 큰 사실을 알 수 있다. 이유는 초기와 최종 불확실 구간의 비율은

$$\frac{L_6}{L_0} = \frac{0.5400 - 0.2700}{3.0} = \frac{0.27}{3.0} = 0.09$$

와 같기 때문이다. ■

5.9 소거 방법들의 비교

소거 방법의 효율성은 최종 불확실 구간과 초기 불확실 구간의 비율 L_n/L_0로 측정할 수 있다. 계산될 점의 수가 $n=5$, $n=10$으로 제시된 경우, 여러 방법으로 구한 이 비율의 수치들은 표 5.3과 같다. 불확실 구간을 감소시킴에 있어 Fibonacci 방법이 가장 효율적이고, 다음은 황금분할법이다.

표 5.3 최종 불확실 구간

방법	식	$n=5$	$n=10$
전수탐색법	$L_n=\frac{2}{n+1}L_0$	$0.33333L_0$	$0.18182L_0$
이분탐색법 ($\delta=0.01$, $n=$짝수)	$L_n=\frac{L_0}{2^{n/2}}+\delta\left(1-\frac{1}{2^{n/2}}\right)$	$n=4$, $L_0/4+0.0075$ $n=6$, $L_0/8+0.00875$	$0.03125L_0+0.0096875$
절반구간법 ($n\geq 3$, $n=odd$)	$L_n=\left(\frac{1}{2}\right)^{(n-1)/2}L_0$	$0.25L_0$	$n=9$, $0.0625L_0$ $n=11$, $0.03125L_0$
Fibonacci 방법	$L_n=\frac{1}{F_n}L_0$	$0.125L_0$	$0.01124L_0$
황금분할법	$L_n=(0.618)^{n-1}L_0$	$0.1459L_0$	$0.01315L_0$

제시된 정확도를 얻기 위해 여러 방법에서 필요한 계산 점의 수(또는 함숫값 계산)를 고려한 효율성의 결과도 유사하다. 최대 허용 오차가 각각 0.1과 0.01인 경우의 결과를 표 5.4에 비교하였다. 제시된 정확도를 얻기 위해 Fibonacci 방법이 가장 적은 점의 수가 필요하고 다음은 황금분할법인 것을 알 수 있다.

표 5.4 제시된 정확도를 얻기 위한 계산 점의 수

방법	오차 : $\frac{1}{2}\frac{L_n}{L_0}\leq 0.1$	오차 : $\frac{1}{2}\frac{L_n}{L_0}\leq 0.01$
전수탐색법	$n\geq 9$	$n\geq 99$
양분탐색법($\delta=0.01$, $L_0=1$)	$n\geq 6$	$n\geq 14$
이분구간법 ($n\geq 3$, odd)	$n\geq 7$	$n\geq 13$
Fibonacci 방법	$n\geq 4$	$n\geq 9$
황금분할법	$n\geq 5$	$n\geq 10$

보간법(Interpolation Methods)

보간법은 다변수 최적화 기법에서 1차원 탐색이 필요하여 최초로 개발되었고 일반적으로 Fibonacci-형식의 접근법보다 더욱 효율적이다. 모든 1차원 최소화 방법의 목표는 다음 일변수 함수가 국소 최소가 되는 $\lambda \geq 0$인 λ^*를 찾는 것이다.

$$f(\lambda)= f(\boldsymbol{X}+ \lambda \boldsymbol{S}) \qquad 5.27$$

따라서 $f(\boldsymbol{X})$가 변수 $x_i(i=1,\ 2,\ \cdot\ \cdot\ \cdot\ ,\ n)$로 정확히 표현할 수 있다면 주어진 벡터 $\boldsymbol{S}$에서 $f(\lambda)= f(\boldsymbol{X}+ \lambda \boldsymbol{S})$을 쉽게 표현할 수 있고, 아래의 정점을 위한 방정식

$$\frac{df}{d\lambda}(\lambda)= 0 \qquad 5.28$$

의 해 λ^*는 $\boldsymbol{X}$와 $\boldsymbol{S}$ 항으로 표현이 가능하다. 그러나 많은 실제 문제에서는 $f(\boldsymbol{\lambda})$를 λ항으로 정확히 명시적으로 표현할 수 없는 경우가 많다(예제 5.1 참조). 이와 같은 경우에는 보간법을 사용하여 λ^*를 찾을 수 있다.

예제 5.9

시작 점 $\boldsymbol{X}= \begin{pmatrix} -2 \\ -2 \end{pmatrix}$에서 탐색방향 $\boldsymbol{S}= \begin{pmatrix} 1.00 \\ 0.25 \end{pmatrix}$방향으로 다음의 1차원 최소화 문제를 유도하라.

$$Max \;\; f(\boldsymbol{X})= \left(x_1^2 - x_2\right)^2 + \left(1-x_1\right)^2 \qquad E.1$$

[풀이] 다음과 같이 새로운 점 $\boldsymbol{X}$를 표현할 수 있다.

$$\boldsymbol{X}= \begin{pmatrix} x_1 \\ x_2 \end{pmatrix} = \boldsymbol{X}_1 + \lambda \boldsymbol{S}= \begin{pmatrix} -2+\lambda \\ -2+0.25\lambda \end{pmatrix}$$

식 E.1에 $x_1 =-2+\lambda$와 $x_2 =-2+0.25\lambda$를 대입하면 λ의 함수 f

$$f(\lambda) = f\begin{pmatrix} -2+\lambda \\ -2+0.25\lambda \end{pmatrix} = \left[(-2+\lambda)^2 - (-2+0.25\lambda)\right]^2 + \left[1-(-2+\lambda)\right]^2$$

$$= \lambda^4 - 8.5\lambda^3 + 31.0625\lambda^2 - 57.0\lambda + 45.0$$

를 얻는다. $f(\lambda)$가 최소가 되는 λ의 값이 λ^*가 된다. ■

다음 절에서는 다변수 최적화 문제에서 발생하는 1차원 최소 문제들에 적용할 수 있는 세 개의 보간법을 기술한다.

5.10 2차 보간법

2차 보간법은 오직 함수의 값만을 사용하기 때문에 변수 x_i에 관해 편미분이 가능하지 않거나 연산하기가 어려운[5.2, 5.5] 함수 $f(\boldsymbol{X})$의 최소화하는 단계 λ^*를 찾는데 유용한 방법이다. 이 방법은 3단계로 최소화하는 이동길이 λ^*를 찾는다. 첫 번째 단계에서는 $\boldsymbol{S}$-벡터를 정규화하여 이동길이 $\lambda = 1$이 되도록 하고, 두 번째 단계에서는 함수 $f(\lambda)$의 2차 근사 함수 $h(\lambda)$의 최소점 $\tilde{\lambda}^*$를 찾는다. 만일 $\tilde{\lambda}^*$가 실제 최소 λ^*에 충분히 근접하지 않으면 세 번째 단계에서 $f(\lambda)$의 새로운 2차 근사 함수 $h'(\lambda) = a' + b'\lambda + c'\lambda^2$의 최소점 $\tilde{\lambda}^*$를 찾는다. 이러한 방법으로 λ^*에 충분히 인접한 $\tilde{\lambda}^*$를 찾을 때까지 이 절차를 계속한다.

1단계 이 단계(다변수 최적화 문제에서 발생한 1차원 최소화 문제가 아니면 필요 없는 단계이다)에서는 다음과 같이 $\boldsymbol{S}$-벡터를 정규화 한다. 즉 $\Delta = max|s_i|$를(여기서 s_i는 $\boldsymbol{S}$의 i번째 성분) 구한 후 Δ로 $\boldsymbol{S}$의 각 성분을 나눈다. 또는 다른 정규화 방법으로 $\Delta = \left(s_1^2 + s_2^2 + \cdot\cdot\cdot + s_n^2\right)^{1/2}$을 구한 후 $\boldsymbol{S}$의 각 성분을 Δ로 나눈다.

2단계 2차함수가 유한의 최솟값을 갖는 가장 낮은 차수의 다항식이므로 함수 $f(\lambda)$의 2차 근사 함수

$$h(\lambda) = a + b\lambda + c\lambda^2 \qquad 5.29$$

라 하고, $h(\lambda)$의 최소를 위한 필요조건

$$\frac{dh}{d\lambda} = b + 2c\lambda = 0$$

로부터

$$\tilde{\lambda}^* = -\frac{b}{2c} \qquad 5.30$$

를 얻는다. 또한, $h(\lambda)$의 최소를 위한 충분조건

$$\left.\frac{d^2h}{d\lambda^2}\right|_{\tilde{\lambda}^*} > 0$$

로부터

$$c > 0 \qquad 5.31$$

이다. 식 5.29의 상수 a, b, 그리고 c를 구하려면 세 점에서의 함숫값 $f(\lambda)$가 필요하다. $\lambda = A$, $\lambda = B, \lambda = C$를 함수 $f(\lambda)$가 계산될 점이라 하고 그때의 함숫값을 f_A, f_B, f_C이라 하자. 그러면 세 점이 식 5.29를 만족해야 하므로

$$f_A = a + bA + cA^2 \qquad 5.32$$

$$f_B = a + bB + cB^2$$

$$f_C = a + bC + cC^2$$

이 되고, 식 5.32의 해는

$$a = \frac{f_A BC(C-B) + f_B CA(A-C) + f_C AB(B-A)}{(A-B)(B-C)(C-A)} \qquad 5.33$$

$$b = \frac{f_A(B^2-C^2) + f_B(C^2-A^2) + f_C(A^2-B^2)}{(A-B)(B-C)(C-A)} \qquad 5.34$$

$$c = \frac{f_A(B-C) + f_B(C-A) + f_C(A-B)}{(A-B)(B-C)(C-A)} \qquad 5.35$$

이다. 만일 식 5.35에 의해 주어진 c가 양수이면 식 5.30, 5.34, 그리고 5.35로부터 다음과 같이 $h(\lambda)$의 최소점을 얻을 수 있다.

$$\tilde{\lambda}^* = \frac{-b}{2c} = \frac{f_A(B^2-C^2) + f_B(C^2-A^2) + f_C(A^2-B^2)}{2[f_A(B-C) + f_B(C-A) + f_C(A-B)]} \qquad 5.36$$

t가 사전에 선택한 이동길이일 때, 단순히 $A = 0$, $B = t, C = 2t$로 선택할 수 있다. 또, 일반적으로 다변수 탐색의 이전 반복회로부터 $f_A = f(\lambda = 0)$는 알고 있으므로 한 번의 함수 계산은 절감할 수 있다. 이제 식 5.33~5.36에 세 점을 대입하면 다음과 같이 간단히 된다.

$$a = f_A \qquad 5.37$$

$$b = \frac{4f_B - 3f_A - f_C}{2t} \qquad 5.38$$

$$c = \frac{f_C + f_A - 2f_B}{2t^2} \tag{5.39}$$

$$\tilde{\lambda}^* = \frac{4f_B - 3f_A - f_C}{4f_B - 2f_C - 2f_A}t \tag{5.40}$$

단,

$$c = \frac{f_C + f_A - 2f_B}{2t^2} > 0 \tag{5.41}$$

즉,

$$\frac{f_A + f_C}{2} > f_B \tag{5.42}$$

의 관계를 얻을 수 있다. 위의 식 5.42는 함숫값 f_B가 f_A와 f_C의 평균보다 작다는 것을 의미하며, 그림 5.12와 같이 f_B가 f_A와 f_C를 연결하는 선 밑에 위치할 때 만족된다.

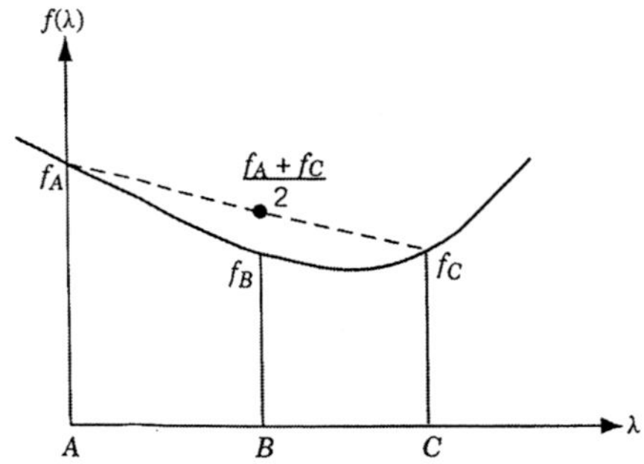

그림 5.12 f_B는 $(f_A+f_C)/2$보다 작다

부등식 5.42를 만족할 뿐만 아니라 최소 $\tilde{\lambda}^*$가 구간 $0 < \tilde{\lambda}^* < 2t$에 위치하는 것을 보장하기 위해 다음 절차를 사용할 수 있다.

1. $f_A = f(\lambda = 0)$와 초기 이동 크기 t_0을 알고 있다면, $\lambda = t_0$에서 f의 값 $f_1 = f(\lambda = t_0)$를 구한다. f_1이 위치하는 각 경우는 그림 5.13과 같다.
2. 만일 $f_1 > f_A$이면(그림 5.13c) $f_C = f_1$으로 설정하고, $\lambda = t_0/2$에서 f의 값을 계산하며, $t = t_0/2$일 때 식 5.40을 사용하여 $\tilde{\lambda}^*$를 계산한다.
3. 만일 $f_1 \le f_A$이면(그림 5.13a 또는 b) $f_B = f_1$으로 설정하고 $\lambda = 2t_0$에서 f의 값 $f_2 = f(\lambda = 2t_0)$를 구한다. f_2이 위치하는 경우는 그림 5.14의 4가지 중 하나이다.

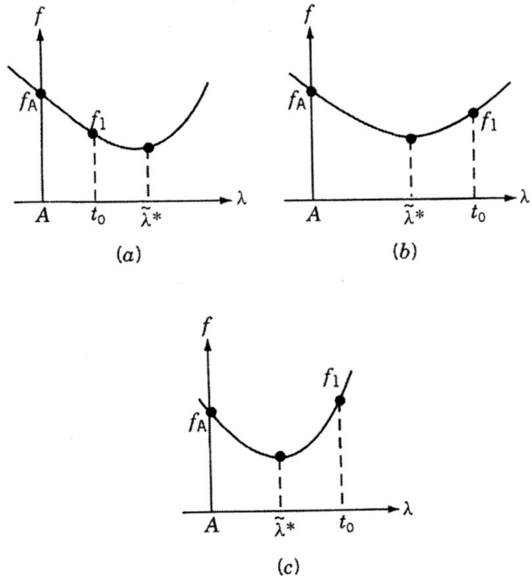

그림 5.13 $\lambda = t_0$에서의 함숫값의 결과: (a) $f_1 < f_A$ & $t_0 < \tilde{\lambda}^*$; (b) $f_1 < f_A$ & $t_0 > \tilde{\lambda}^*$; (c) $f_1 > f_A$ & $t_0 > \tilde{\lambda}^*$

4. 만일 $f_2 > f_1$이면(그림 5.14b 또는 c), $f_C = f_2$로 설정하고 $t = t_0$을 갖고 식 5.40로부터 $\tilde{\lambda}^*$를 계산한다.
5. 만일 $f_2 < f_1$ 이면, $f_1 = f_2$ 그리고 $t_0 = 2t_0$으로 새롭게 설정하고 $\tilde{\lambda}^*$를 찾을 때까지 2~4차례를 반복한다.

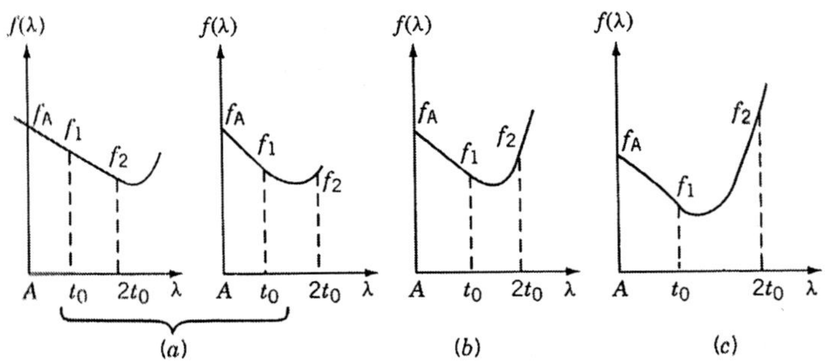

그림 5.14 $\lambda = t_0$과 $\lambda = 2t_0$에서 함수를 평가할 때 결과: (a) $f_2 < f_1$ & $f_2 < f_A$; (b) $f_2 < f_A$ & $f_2 > f_1$; (c) $f_2 > f_A$ & $f_2 > f_1$

3단계 2단계에서 찾은 $\tilde{\lambda}^*$는 이차 근사함수 $h(\lambda)$의 최소이므로 $\lambda^* \simeq \tilde{\lambda}^*$로 취하기 전에 $h(\lambda)$의 실제 최소 λ^*에 $\tilde{\lambda}^*$가 충분히 인접하고 있는지를 확인해야 한다. 이를 확인하는 여러 가지의 테스트가 있지만 그 중 하나는 $f(\tilde{\lambda}^*)$와 $h(\tilde{\lambda}^*)$를 비교하는 방법으로 다음과 같은 판단기준을 만족하면 $\tilde{\lambda}^*$를 충분히 양호한 근사치로 간주하는 방법이다.

$$\left|\frac{h(\tilde{\lambda}^*)-f(\tilde{\lambda}^*)}{f(\tilde{\lambda}^*)}\right| \le \epsilon_1 \qquad 5.43$$

또 다른 테스트는 $\tilde{\lambda}^*$에서 $df/d\lambda$가 0에 가까운지 여부를 검토하는 방법으로 f의 도함수를 사용하지 않고 $df/d\lambda$를 위한 유한-차분식을 사용한 판단기준

$$\left|\frac{f(\tilde{\lambda}^*+\Delta\tilde{\lambda}^*)-f(\tilde{\lambda}^*-\Delta\tilde{\lambda}^*)}{2\Delta\tilde{\lambda}^*}\right| \le \epsilon_2 \qquad 5.44$$

을 만족하면 종료하는 것이다. 식 5.43과 5.44에서 ϵ_1과 ϵ_2는 원하는 정확도를 명시하는 작은 허용 오차이다.

만일 식 5.43과 5.44에 기술된 수렴 판단기준이 만족되지 않으면 $f(\lambda)$의 새로운 이차 근사 함수를

$$h'(\lambda) = a' + b'\lambda + c'\lambda^2$$

라 하고 상수 a', b', c'를 구하기 위해서 현재의 알고 있는 함숫값

$$\tilde{f} = f(\lambda = \tilde{\lambda}^*), \quad f_A = f(\lambda = 0), \; f_B = f(\lambda = t_0), \; f_C = f(\lambda = 2t_0),$$

중 최상의 3개의 점을 이용한다. 이 과정처럼 $\tilde{\lambda}^*$에 대한 개선된 근사치를 얻기 위해 또 다른 다항식을 보간하는 과정을 **다차항의 재보간**(refitting)이라 부른다. 2차 재보간을 위해 모든 가능한 경우를 고려하여 현재의 A, B, C 및 $\tilde{\lambda}^*$ 중 최상의 3 점들을 선택하는데 그림 5.15와 같이 네 경우의 가능성이 있다. 각 경우에서 재보간시 사용할 최상의 세 개의 점들을 표 5.5에 나열하였다. 또한 식 5.36을 사용하여 새로운 $\tilde{\lambda}^*$ 수치를 계산하고, 만일 이 $\tilde{\lambda}^*$도 식 5.43과 5.44에 기술된 수렴 판단기준을 만족하지 않으면 표 5.5에 요약된 방법에 따라 새로운 이차식을 재보간해야 한다.

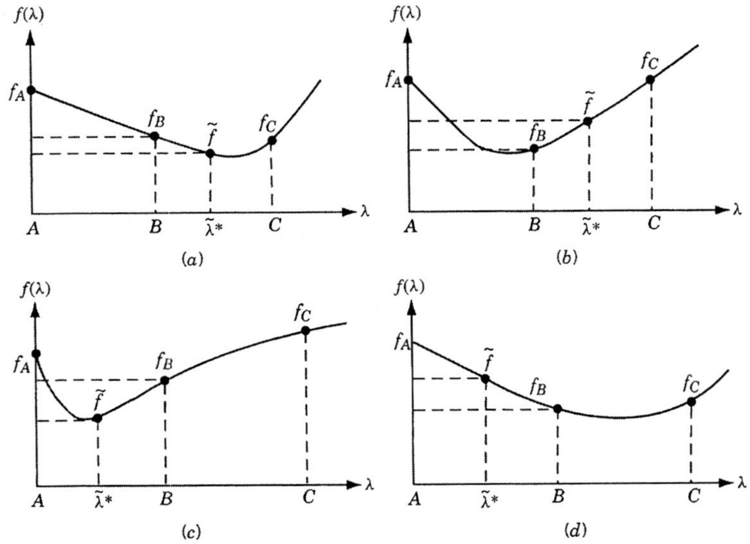

그림 5.15 재보간의 여러 가능성

표 5.5 재보간 방법

경우	특성	재보간을 위한 새로운 점들	
		Old	New
a	$\tilde{\lambda}^* > B$	A	B
	$\bar{f} < f_B$	B	$\tilde{\lambda}^*$
		C	C
			A 제외
b	$\tilde{\lambda}^* > B$	A	A
	$\bar{f} > f_B$	B	B
		C	$\tilde{\lambda}^*$
			C 제외
c	$\tilde{\lambda}^* < B$	A	A
	$\bar{f} < f_B$	B	$\tilde{\lambda}^*$
		C	B
			C 제외
d	$\tilde{\lambda}^* < B$	A	$\tilde{\lambda}^*$
	$\bar{f} > f_B$	B	B
		C	C
			A 제외

예제 5.10

$f = \lambda^5 - 5\lambda^3 - 20\lambda + 5$의 최솟값을 구하라.

[풀이] 이 문제는 다변수 최적화 문제가 아니므로 직접 2단계로 진행할 수 있다. 초기 이동길이 $t_0 = 0.5$ 그리고 $A = 0$라 한다.

반복 1

$$f_A = f(\lambda = 0) = 5$$

$$f_1 = f(\lambda = t_0 = 0.5) = 0.03125 - 5(0.125) - 20(0.5) + 5 = -5.59375$$

$f_1 < f_A$이므로 $f_B = f_1 = -5.59375$로 설정한다. 다음은 $\lambda = 2t_0 = 1$로 설정하여 f_2를 계산한다.

$$f_2 = f(\lambda = 2t_0 = 1.0) = -19.0$$

$f_2 < f_1$이므로 새로운 $t_0 = 1$ 그리고 $f_1 = -19.0$으로 설정한다. 다시 $f_1 < f_A$이므로 $f_B = f_1 = -19.0$으로 설정한다. 다음은 $\lambda = 2t_0 = 2$로 설정하여 f_2를 계산한다.

$$f_2 = f(\lambda = 2t_0 = 2.0) = -43.0$$

$f_2 < f_1$이므로 다시 $t_0 = 2$ 그리고 $f_1 = -43$으로 설정한다. 또 $f_1 < f_A$이므로 $f_B = f_1 = -43$으로 설정한다. 다음은 $\lambda = 2t_0 = 4$로 설정하여 f_2를 계산한다.

$$f_2 = f(\lambda = 2t_0 = 4.0) = 629$$

이번에는 $f_2 > f_1$이므로 $f_A = 5$, $f_B = f_1 = -43$, $f_C = f_2 = 629$로 설정한다. 식 5.40으로부터 $\tilde{\lambda}^*$를 계산한다.

$$\tilde{\lambda}^* = \frac{4(-43) - 3(5) - 629}{4(-43) - 2(629) - 2(5)}(2) = \frac{1,632}{1,440} = 1.133$$

수렴 테스트: $A = 0$, $f_A = 5$, $B = 2$, $f_B = -43$, $C = 4$, $f_C = 629$이므로 식 5.37~5.39로부터 다음과 같이 a, b, c 수치를 구할 수 있다.

$$a = 5, \quad b = -204, \quad c = 90$$

그리고 식 5.29로부터

$$h(\tilde{\lambda}^*) = h(1.133) = 5 - 204(1.133) + 90(1.133)^2 = -110.9$$

그리고 문제에서 주어진 식으로부터

$$\tilde{f}=f(\tilde{\lambda}*)=(1.133)^5-5(1.133)^3-20(1.133)+5.0=-23.075$$

수렴여부를 확인하기 위해 식 5.43으로부터

$$\left|\frac{h(\tilde{\lambda}*)-f(\tilde{\lambda}*)}{f(\tilde{\lambda}*)}\right|=\left|\frac{-110.9+23.075}{-23.075}\right|=3.8$$

상기 수치는 너무 크므로 수렴하지 못하여 재보간을 하여야 한다.

반복 2

$1.133=\tilde{\lambda}*<B=2$ 그리고 $-23.127=\tilde{f}>f_B=-43$이므로 표 5.5의 (d) 경우에 해당하여 새로운 A, B, C와 그때의 함숫값은 각각

$$A=1.133,\qquad f_A=-23.075$$

$$B=2.0\qquad f_B=-43.0$$

$$C=4.0\qquad f_C=629.0$$

와 같이 선택하고, 식 5.36을 사용하여 새로운 $\tilde{\lambda}*$ 아래와 같이 계산한다.

$$\tilde{\lambda}*=\frac{-23.075(4-16)-43(16-1.29)+629(1.29-4)}{2[-23.075(2-4)-43(4-1.133)+629(1.133-2)]}=1.658$$

또 식 5.33~5.35로부터 이차식의 계수들을 계산하면

$$a=286.8\quad b=-415.4,\qquad c=125.3$$

이 되고 식 5.29로부터

$$h(\tilde{\lambda}*)=h(1.658)=286.8-415.4(1.658)+125.3(1.658)^2=-57.61$$

이다. 문제의 주어진 식에서

$$\tilde{f}=f(\tilde{\lambda}*)=(1.658)^5-5(1.658)^3-20(1.658)+5.0=-38.43$$

이다. 따라서 수렴여부를 확인하기 위해 식 5.43으로부터

$$\left|\frac{h(\tilde{\lambda}*)-f(\tilde{\lambda}*)}{f(\tilde{\lambda}*)}\right|=\left|\frac{-57.61+38.43}{-38.43}\right|=0.499$$

상기 수치 역시 충분히 작지 않으므로 재보간을 다시 할 필요가 있다. ■

5.11 3차 보간법

3차 보간법은 4단계에 걸쳐 최소화하는 이동길이 λ^*를 찾는다[5.5, 5.11]. 이 보간법은 함수 f의 도함수

$$f'(\lambda)=\frac{df}{d\lambda}=\frac{d}{d\lambda}f(\boldsymbol{X}+\lambda\boldsymbol{S})=\boldsymbol{S}^T\nabla f(\boldsymbol{X}+\lambda\boldsymbol{S})$$

를 이용한다. 첫 번째 단계에서는 $\boldsymbol{S}$ 벡터를 정규화하여 이동길이 $\lambda=1$을 수용할 수 있도록 한다. 두 번째 단계에서는 λ^*가 포함되는 한계 구간을 설정하고, 세 번째 단계에서는 $f(\lambda)$의 3차 근사 다항식 $h(\lambda)$를 이용하여 $\tilde{\lambda}^*$ 수치를 구한다. 3단계에서 구한 $\tilde{\lambda}^*$가 지정한 수렴 판정기준을 만족하지 않으면 네 번째 단계에서 3차 근사식을 재보간한다.

1단계 s_i가 $\boldsymbol{S}$의 i번째 성분일 때, $\Delta=max|s_i|$를 구한 후 Δ로 $\boldsymbol{S}$의 각 성분을 나눈다. 또는 다른 정규화 방법으로 $\Delta=\left(s_1^2+s_2^2+\cdot\cdot\cdot+s_n^2\right)^{1/2}$을 구한 후 $\boldsymbol{S}$의 각 성분을 Δ로 나눈다.

2단계 최적 이동길이 λ^*에 대한 상한과 하한을 설정하고 기울기 $df/d\lambda$가 다른 부호를 갖는 두 점 A와 B를 찾는다. 최솟값을 구하기 위해서는 $\boldsymbol{S}$가 하강 방향(최급 하강 방향과 $\boldsymbol{S}$사이의 각이 90도 이하가 되는 방향)이어야 하므로 $\lambda=0$에서

$$\left.\frac{df}{d\lambda}\right|_{\lambda=0}=\boldsymbol{S}^T\nabla f(\boldsymbol{X})<0$$

이 됨을 알고 있다.

따라서 $A=0$을 시작으로 기우기 $df/d\lambda$가 양수가 되는 점 $\lambda=B$를 찾는다. 즉, t_0가 사전 할당된 초기 이동길이라면 t_0, $2t_0$, $4t_0, 8t_0, \ldots$ 점들 중 f'가 양이 되는 처음 점을 B로 택한다. 그러면 λ^*는 구간 $A<\lambda^*\le B$ 안에 있다(그림 5.16).

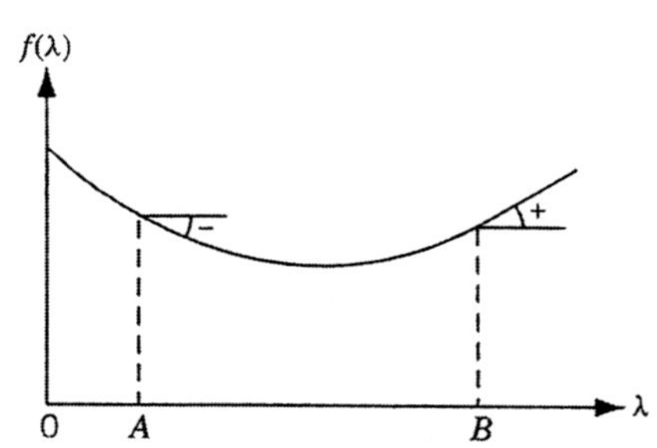

그림 5.16 A와 B 사이 위치한 $f(\lambda)$의 최소점

3단계 점 A와 B 사이에서 함수 $f(\lambda)$의 3차 근사 함수로

$$h(\lambda)= a+b\lambda+c\lambda^2+d\lambda^3 \tag{5.45}$$

를 사용하여 상수 a, b, c, d를 구하려면 다음 값

$$f_A=f(\lambda=A),\ f_A'=df/d\lambda(\lambda=A),\ f_B=f(\lambda=B),\ f_B'=df/d\lambda(\lambda=B)$$

가 필요하다. $A\neq 0$으로 가정하여 $\tilde{\lambda}^*$에 대한 일반식을 유도할 수 있다. 먼저 식 5.45로부터

$$f_A=a+bA+cA^2+dA^3 \tag{5.46}$$

$$f_B=a+bB+cB^2+dB^3$$

$$f_A'=b+2cA+3dA^2$$

$$f_B'=b+2cB+3dB^2$$

가 되는 식의 해 a, b, c, d를 구하면

$$a=f_A-bA-cA^2-dA^3 \tag{5.47}$$

$$b=\frac{1}{(A-B)^2}\left(B^2f_A'+A^2f_B'+2ABZ\right) \tag{5.48}$$

$$c=-\frac{1}{(A-B)^2}\left[(A+B)Z+Bf_A'+Af_B'\right] \tag{5.49}$$

$$d=\frac{1}{3(A-B)^2}\left(2Z+f_A'+f_B'\right) \tag{5.50}$$

단,

$$Z=\frac{3(f_A-f_B)}{B-A}+f_A'+f_B' \tag{5.51}$$

이다. 또한, 주어진 $h(\lambda)$의 최소를 위한 필요조건식

$$\frac{dh}{d\lambda}=b+2c\lambda+3d\lambda^2=0$$

로부터

$$\tilde{\lambda}^* = \frac{-c \pm (c^2 - 3bd)^{1/2}}{3d} \tag{5.52}$$

를 얻는다. 한편, $h(\lambda)$의 최소를 위한 충분조건을 적용하면

$$\left.\frac{d^2h}{d\lambda^2}\right|_{\tilde{\lambda}^*} = 2c + 6d\tilde{\lambda}^* > 0 \tag{5.53}$$

와 같다. 식 5.48~5.50에 의해 주어진 b, c, 그리고 d의 표현식을 식 5.52와 5.53에 대입하면 다음 식을 얻는다.

$$\tilde{\lambda}^* = A + \frac{f'_A + Z \pm Q}{f'_A + f'_B + 2Z}(B - A) \tag{5.54}$$

단,

$$Q = \left(Z^2 - f'_A f'_B\right)^{1/2} \tag{5.55}$$

$$\begin{aligned} &2(B-A)\left(2Z + f'_A + f'_B\right)\left(f'_A + Z \pm Q\right) \\ &\quad - 2(B-A)\left(f'^{\,2}_A + Zf'_B + 3Zf'_A + 2Z^2\right) \\ &\qquad\qquad - 2(B+A)f'_Af'_B > 0 \end{aligned} \tag{5.56}$$

$A = 0$인 경우에는 식 5.47~5.56은 다음과 같다.

$$\begin{aligned} a &= f_A \\ b &= f'_A \\ c &= -\frac{1}{B}\left(Z + f'_A\right) \\ d &= -\frac{1}{3B^2}\left(2Z + f'_A + f'_B\right) \\ \tilde{\lambda}^* &= B\frac{f'_A + Z \pm Q}{f'_A + f'_B + 2Z} \end{aligned} \tag{5.57}$$

$$Q = \left(Z^2 - f'_Af'_B\right)^{1/2} > 0 \tag{5.58}$$

단,

$$Z = \frac{3(f_A - f_B)}{B} + f_A' + f_B' \tag{5.59}$$

식 5.54와 5.57에서의 $\tilde{\lambda}^*$의 두 값은 $h'(\lambda) = 0$ [즉, $h(\lambda)$의 최대와 최소]이 되는 값이다. Q의 허수값을 피하기 위해 식 5.55에서 다음 조건

$$Z^2 - f_A' f_B' \geq 0$$

을 만족시켜야 하는데, 이 조건은 $f_A' < 0$와 $f_B' \geq 0$가 되도록 A와 B를 선택하면 자동으로 만족된다. 또한, 충분조건($A = 0$일 때) $Q > 0$도 만족한다. 이제 식 5.57에서 $\tilde{\lambda}^*$를 계산하고 다음 단계로 진행한다.

4단계 3단계에서 구한 $\tilde{\lambda}^*$는 $h(\lambda)$의 최소점이지만 $f(\lambda)$의 최소점에는 인접하지 않을 수 있다. 따라서 $\lambda^* \approx \tilde{\lambda}^*$를 선택하기 전에 다음 수렴 판정기준

$$\left| \frac{h(\tilde{\lambda}^*) - f(\tilde{\lambda}^*)}{f(\tilde{\lambda}^*)} \right| \leq \epsilon_1 \tag{5.60}$$

$$\left| \frac{df}{d\lambda} \right|_{\tilde{\lambda}^*} = \left| \boldsymbol{S}^T \nabla f \right|_{\tilde{\lambda}^*} \leq \epsilon_2 \tag{5.61}$$

을 사용한다. 여기서 ϵ_1과 ϵ_2는 원하는 정확도에 따라 결정되는 허용 오차이다. 식 5.61의 판정기준은 다음과 같은 형태로 기술할 수도 있다.

$$\left| \frac{\boldsymbol{S}^T \nabla f}{|\boldsymbol{S}| |\nabla f|} \right|_{\tilde{\lambda}^*} \leq \epsilon_2 \tag{5.62}$$

만일 식 5.60과 5.62의 판정기준이 만족되지 않으면 $f(\lambda)$의 새로운 3차 근사식

$$h_1(\lambda) = a' + b'\lambda + c'\lambda^2 + d'\lambda^3$$

사용하기 위해 현재 유용한 3개의 점 A, B, $\tilde{\lambda}^*$들 중 최상의 두 점의 함수와 도함숫값들을 사용하여 상수 a', b', c', d'를 구한다. 이제 식 5.54로부터 최적 이동길이 $\tilde{\lambda}^*$를 구하여 만일 $f'(\tilde{\lambda}^*) < 0$이면 새로운 점 A와 B를 $\tilde{\lambda}^*$와 B로 잡고, 식 5.54를 적용하여 $\tilde{\lambda}^*$의 새로운 수치를 구한다. 또 식 5.60과 5.62를 사용하여 $\tilde{\lambda}^*$의 수렴성을 테스트한다. 만일 수렴 판정을 만족하면 λ^*로 $\tilde{\lambda}^*$를 취하고 종료한다. 그렇지 않으면 원하는 수렴 값을 얻을 때까지 전체 절차를 반복한다.
3차 보간법을 수행하는 흐름도는 그림 5.17과 같다.

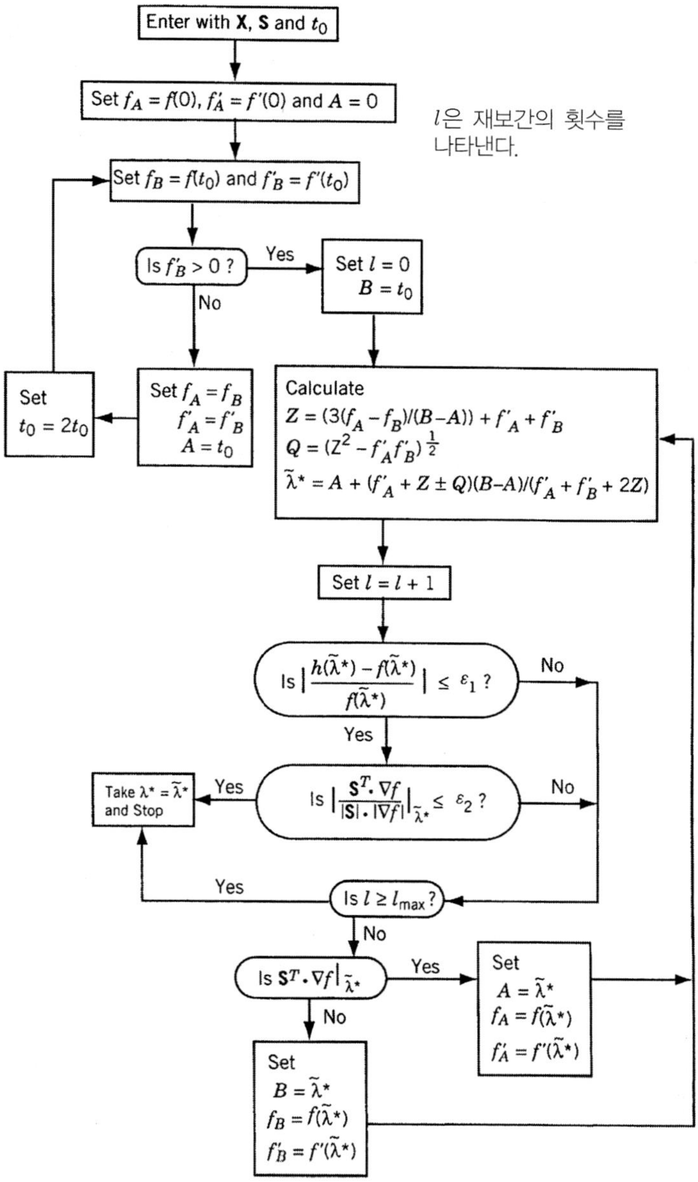

그림 5.17 3차 보간법의 흐름도

예제 5.11

3차 보간법을 사용하여 $f = \lambda^5 - 5\lambda^3 - 20\lambda + 5$의 최소를 구하라.

[풀이] 이 문제는 다변수 최적화 문제가 아니므로 1단계를 생략할 수 있다. $A = 0$이라 하고 다음을 구한다.

$$\frac{df}{d\lambda}(\lambda = A = 0) = 5\lambda^4 - 15\lambda^2 - 20\Big|_{\lambda=0} = -20 < 0$$

$df/d\lambda$가 비음수인 점 B를 찾기 위해 $t_0 = 0.4$를 갖고 시작하여 t_0, $2t_0$, $4t_0$, · · · 에서 도함수를 구하면 다음 결과를 얻는다.

$$f'(t_0 = 0.4) = 5(0.4)^4 - 15(0.4)^2 - 20.0 = -22.272$$

$$f'(2t_0 = 0.8) = 5(0.8)^4 - 15(0.8)^2 - 20.0 = -27.552$$

$$f'(4t_0 = 1.6) = 5(1.6)^4 - 15(1.6)^2 - 20.0 = -25.632$$

$$f'(8t_0 = 3.2) = 5(3.2)^4 - 15(3.2)^2 - 20.0 = 350.688$$

따라서 다음을 얻는다.

$$A = 0.0, \quad f_A = 5.0, \quad f_A' = -20.0$$
$$B = 3.2, \quad f_B = 113.0, \quad f_B' = 350.688$$
$$A < \lambda^* < B$$

반복 1

$\tilde{\lambda}^*$값과 수렴 판정기준의 테스트를 위해 식 5.51과 5.55로부터 Z와 Q를 먼저 계산한다.

$$Z = \frac{3(5.0 - 113.0)}{3.2} - 20.0 + 350.688 = 229.588$$
$$Q = \left[229.588^2 + 20(350.688)\right]^{1/2} = 244.0$$

따라서 $A = 0$이므로 식 5.57로부터

$$\tilde{\lambda}^* = 3.2\left(\frac{-20 + 229.588 \pm 244.0}{-20.0 + 350.688 + 459.176}\right) = 1.84 \quad or \quad -0.1396$$

위의 두 값 중 음을 버리면

$$\tilde{\lambda}^* = 1.84$$

이다.

수렴 판정기준: 만일 $\tilde{\lambda}^*$가 실제 최소 λ^*와 인접하면 반드시 $f'(\tilde{\lambda}^*) = df(\tilde{\lambda}^*)/d\lambda$은 0에 근사하여야 한다. $f' = 5\lambda^4 - 15\lambda^2 - 20$이고

$$f'(\tilde{\lambda}^*) = 5(1.84)^4 - 15(1.84)^2 - 20 = -13.47$$

상기 수치는 작지 않으므로 다음 반복회으로 진행하거나 또는 재보간해야 한다. $f'(\tilde{\lambda}^*) < 0$ 이므로 $A = \tilde{\lambda}^*$ 으로 하면

$$f_A = f(\tilde{\lambda}^*) = 1.84^5 - 5(1.84)^3 - 20(1.84) + 5 = -41.70$$

이므로 λ^* 의 포함 구간, 즉 상하한계의 범위는 다음과 같다.

$$A = 1.84 \quad f_A = -41.70, \quad f'_A = -13.47$$
$$B = 3.2, \quad f_B = 113.0, \quad f'_B = 350.688$$
$$A < \tilde{\lambda}^* < B$$

반복 2

식 5.51과 5.55로부터

$$Z = \frac{3(-41.7 - 113.0)}{3.20 - 1.84} - 13.0 + 350.688 = -3.312$$
$$Q = \left[(-3.312)^2 + 13.0(350.688)\right]^{1/2} = 67.5$$

$A \neq 0$ 이므로 식 5.54로부터 $\tilde{\lambda}^*$ 는 다음과 같다.

$$\tilde{\lambda}^* = 1.84 + \frac{-13.0 - 3.312 \pm 67.5}{-13.0 + 350.688 - 6.624}(3.2 - 1.84) = 2.05$$

수렴 판단기준:

$$f'(\tilde{\lambda}^*) = 5(2.05)^4 - 15.0(2.05)^2 - 20 = 5.35$$

상기 수치는 크므로 $B = \tilde{\lambda}^* = 2.05\,[f'(\tilde{\lambda}^*) > 0$ 이므로$]$ 잡고 다음 반복회으로 간다.

$$f_B = 2.05^5 - 5.0(2.05)^3 - 20.0(2.05) + 5.0 = -42.90$$

따라서

$$A = 1.84 \quad f_A = -41.70, \quad f'_A = -13.0$$
$$B = 2.05, \quad f_B = -42.90, \quad f'_B = 5.35$$
$$A < \lambda^* < B$$

반복 3

식 5.51과 5.55로부터

$$Z = \frac{3(-41.7+42.90)}{2.05-1.84} - 13.0 + 5.35 = 9.49$$
$$Q = \left[(9.49)^2 + 13.0(5.35)\right]^{1/2} = 12.61$$

식 5.54로부터

$$\tilde{\lambda}^* = 1.84 + \frac{-13.0+9.49 \pm 12.6}{-13.0+5.35+18.98}(2.05-1.84) = 2.0086$$

수렴 판단기준:

$$f'(\tilde{\lambda}^*) = 5(2.0086)^4 - 15.0(2.0086)^2 - 20 = 0.855$$

상기 수치는 0에 인접한 것으로 가정하면 반복 과정을 종료할 수 있고 그때의 최적 이동길이를

$$\lambda^* \simeq \tilde{\lambda}^* = 2.0086$$

로 택한다. ■

5.12 직접방법(Direct Root Method)

직접방법은 λ^*가 $f(\lambda)$의 최소점이 되기 위한 필요조건인 방정식 $f'(\lambda^*) = 0$의 근(또는 해)을 직접 찾는 방법이다. 본 절에서는 방정식의 근을 찾는 세 가지의 방법, Newton 방법, Quasi-Newton 방법, 그리고 할선법(secant)들에 대해 기술한다.

5.12.1 Newton 방법

테일러 급수 전개식을 이용하여 $\lambda = \lambda_i$ 주위에서 함수 $f(\lambda)$의 2차 근사식

$$f(\lambda) \simeq f(\lambda_i) + f'(\lambda_i)(\lambda - \lambda_i) + \frac{1}{2} f''(\lambda_i)(\lambda - \lambda_i)^2 \qquad 5.63$$

에서 최소점을 구하기 위해 λ에 관한 도함수를 0으로 설정하여

$$f'(\lambda) \simeq f'(\lambda_i) + f''(\lambda_i)(\lambda - \lambda_i) = 0 \qquad 5.64$$

으로부터 얻은 해, 즉 $f(\lambda)$의 근사 해를 λ_{i+1}로 표기하면

$$\lambda_{i+1} = \lambda_i - \frac{f'(\lambda_i)}{f''(\lambda_i)} \qquad 5.65$$

와 같다. 따라서 Newton 방법인 식 5.65는 함수 $f(\lambda)$의 근사 2차식의 최소점에 대한 필요조건을 적용하는 것과 같다. 미분값 $f'(\lambda_{i+1})$가 0에 가까우면, 즉 작은 허용 오차 ϵ에 대해

$$|f'(\lambda_{i+1})| \leq \epsilon \qquad 5.66$$

을 만족하면 식 5.65의 반복 과정은 수렴하는 것으로 간주한다. Newton 방법의 수렴 과정을 그림 5.18a에서 그래프로 설명하고 있다.

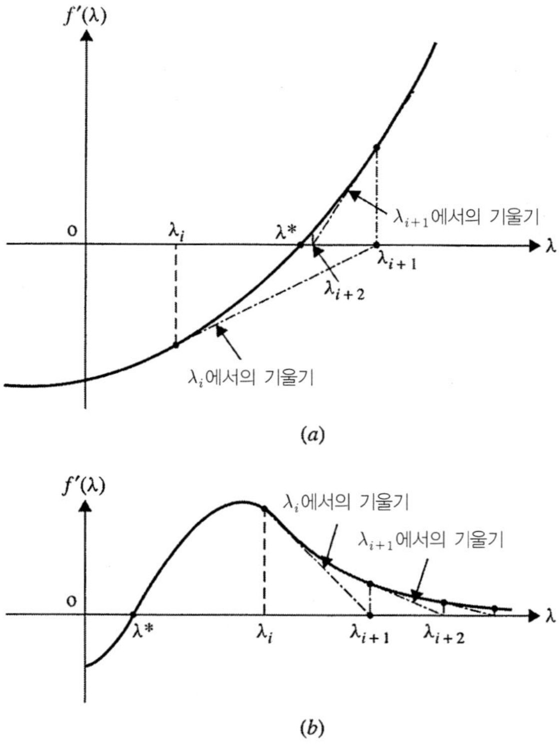

그림 5.18 Newton 방법의 반복 과정: (a) 수렴, (b) 발산

주의

1. Newton 방법은 비선형방정식의 해를 구하기 위해 Newton에 의해 처음 개발되었으나 후에 Raphson이 수정하여 이 방법을 수치해석 문헌에서는 Newton-Raphson 방법이라고도 불린다.
2. Newton 방법은 $f(\lambda)$의 1차 및 2차 도함수가 모두 필요하다.
3. 만일 식 5.65에서 $f''(\lambda) \neq 0$이면 Newton 반복법은 **이차식 수렴**(quadratic convergence)이라는 강력한(가장 신속한) 수렴속도를 갖는다.
4. 만일 반복 절차를 위한 시작점이 실제 해 λ^*에 인접하지 않으면 Newton 반복과정은 그림 5.18b와 같이 발산할 수 있다.

예제 5.12

시작점 $\lambda = 0.1$으로 Newton-Raphson 방법을 이용하여 다음 함수의 최소를 구하라.

$$f(\lambda) = 0.65 - \frac{0.75}{1+\lambda^2} - 0.65\lambda \tan^{-1}\frac{1}{\lambda}$$

단, 수렴 허용 오차 $\epsilon = 0.01$이다.

[풀이] 함수 $f(\lambda)$의 1차 및 2차 도함수는 다음과 같다.

$$f'(\lambda) = \frac{1.5\lambda}{(1+\lambda^2)^2} + \frac{0.65\lambda}{1+\lambda^2} - 0.65\tan^{-1}\frac{1}{\lambda}$$

$$f''(\lambda) = \frac{1.5(1-3\lambda^2)}{(1+\lambda^2)^3} + \frac{0.65(1-\lambda^2)}{(1+\lambda^2)^2} + \frac{0.65}{1+\lambda^2} = \frac{2.8-3.2\lambda^2}{(1+\lambda^2)^3}$$

반복 1

$$\lambda_1 = 0.1, \quad f(\lambda_1) = -0.188197, \quad f'(\lambda_1) = -0.744832, \quad f''(\lambda_1) = 2.68659$$

식 5.65로부터

$$\lambda_2 = \lambda_1 - \frac{f'(\lambda_1)}{f''(\lambda_1)} = 0.377241$$

수렴 확인: $|f'(\lambda_2)| = |-0.138230| > \epsilon$

반복 2

$$f(\lambda_2) = -0.303279, \quad f'(\lambda_2) = -0.138230, \quad f''(\lambda_2) = 1.157296$$

$$\lambda_3 = \lambda_2 - \frac{f'(\lambda_2)}{f''(\lambda_2)} = 0.465119$$

수렴 확인: $|f'(\lambda_3)| = |-0.0179078| > \epsilon$

반복 3

$$f(\lambda_3) = -0.309881, \quad f'(\lambda_3) = -0.0179078, \quad f''(\lambda_3) = 1.17126$$

$$\lambda_4 = \lambda_3 - \frac{f'(\lambda_3)}{f''(\lambda_3)} = 0.480409$$

수렴 확인: $|f'(\lambda_4)| = |-0.0005033| < \epsilon$

수렴 허용 오차 내로 수렴이 확인되었으므로 최소점 λ^*의 근삿값을 λ_4로

$$\lambda^* \approx \lambda_4 = 0.480409$$

선택한다. ■

5.12.2 Quasi-Newton 방법

만일 최소화 목적함수 $f(\lambda)$가 닫힌 형의 식이 아니거나 또는 미분하기가 어려우면 다음과 같이 유한 차분식으로 식 5.65의 도함수 $f'(\lambda)$와 $f''(\lambda)$을 근사화할 수 있다.

$$f'(\lambda_i) = \frac{f(\lambda_i + \Delta\lambda) - f(\lambda_i - \Delta\lambda)}{2\Delta\lambda} \tag{5.67}$$

$$f''(\lambda_i) = \frac{f(\lambda_i + \Delta\lambda) - 2f(\lambda_i) - f(\lambda_i - \Delta\lambda)}{\Delta\lambda^2} \tag{5.68}$$

여기서 $\Delta\lambda$는 λ의 작은 증가분이다. 위의 식 5.67과 5.68을 Newton 방법의 식 5.65에 대입하여 만든 아래의 반복 과정

$$\lambda_{i+1} = \lambda_i - \frac{\Delta\lambda\left[f(\lambda_i + \Delta\lambda) - f(\lambda_i - \Delta\lambda)\right]}{2\left[f(\lambda_i + \Delta\lambda) - 2f(\lambda_i) + f(\lambda_i - \Delta\lambda)\right]} \tag{5.69}$$

을 **Quasi-Newton 방법**이라 한다. 또한 반복 과정의 수렴성을 확인하는 판정기준은 허용 오차 ϵ에 대해

$$|f'(\lambda_{i+1})| = \left| \frac{f(\lambda_{i+1} + \Delta\lambda) - f(\lambda_{i+1} - \Delta\lambda)}{2\Delta\lambda} \right| \le \epsilon \qquad 5.70$$

와 같이 사용할 수 있다. 여기서 f의 미분 값은 중앙 차분식의 값으로 대신하였다.

주의

1. 식 5.69와 5.70에서 중앙(central) 차분식을 사용하였으나 전방(forward) 또는 후방(backward) 차분식을 사용할 수도 있다.
2. 식 5.69의 각 반복회에서 λ_i와는 별도로 점 $\lambda_i + \Delta\lambda_i$와 $\lambda_i - \Delta\lambda_i$에서의 함숫값을 필요로 한다.

예제 5.13

시작점을 $\lambda_1 = 0.1$, 그리고 중앙 차분식에서의 λ의 증가분을 $\Delta\lambda = 0.01$이라 할 때, Quasi-Newton 방법을 이용하여 다음 함수의 최솟값을 구하여라.

$$f(\lambda) = 0.65 - \frac{0.75}{1+\lambda^2} - 0.65\lambda \tan^{-1}\frac{1}{\lambda}$$

단, 수렴 허용 오차는 $\epsilon = 0.01$이다.

[풀이]

반복 1

문제에서 주어진 자료로부터

$$\lambda_1 = 0.1, \quad \Delta\lambda = 0.01, \quad \epsilon = 0.01, \quad f_1 = f(\lambda_1) = -0.188197,$$

$$f_1^+ = f(\lambda_1 + \Delta\lambda) = -0.195512, \quad f_1^- = f(\lambda_1 - \Delta\lambda) = -0.180615$$

이고, 식 5.69로부터

$$\lambda_2 = \lambda_1 - \frac{\Delta\lambda(f_1^+ - f_1^-)}{2(f_1^+ - 2f_1 + f_1^-)} = 0.1 - \frac{0.01(-0.195512 + 0.180615)}{2[-0.195512 - 2(-0.188197) - 0.180615]}$$

$$= 0.377882$$

수렴 확인: 식 5.70으로부터

$$|f'(\lambda_2)| = \left| \frac{f_2^+ - f_2^-}{2\Delta\lambda} \right| = 0.137300 > \epsilon$$

반복 2

$$f_2 = f(\lambda_2) = -0.303368, \quad f_2^+ = f(\lambda_2 + \Delta\lambda) = -0.304662,$$

$$f_2^- = f(\lambda_2 - \Delta\lambda) = -0.301916,$$

$$\lambda_3 = \lambda_2 - \frac{\Delta\lambda(f_2^+ - f_2^-)}{2(f_2^+ - 2f_2 + f_2^-)} = 0.465390$$

수렴 확인: $|f'(\lambda_3)| = \left|\frac{f_3^+ - f_3^-}{2\Delta\lambda}\right| = 0.017700 > \epsilon$

반복 3

$$f_3 = f(\lambda_3) = -0.309885, \quad f_3^+ = f(\lambda_3 + \Delta\lambda) = -0.310004,$$

$$f_3^- = f(\lambda_3 - \Delta\lambda) = -0.309650,$$

$$\lambda_4 = \lambda_3 - \frac{\Delta\lambda(f_3^+ - f_3^-)}{2(f_3^+ - 2f_3 + f_3^-)} = 0.480600$$

수렴 확인: $|f'(\lambda_4)| = \left|\frac{f_4^+ - f_4^-}{2\Delta\lambda}\right| = 0.000350 < \epsilon$

수렴 허용 오차 내로 수렴이 확인되었으므로 최소점 λ^*의 근삿값을 λ_4로

$$\lambda^* \approx \lambda_4 = 0.480600$$

선택한다. ■

5.12.3 할선(Secant)법

할선법은 식 5.64와 유사한 식

$$f'(\lambda) \simeq f'(\lambda_i) + s(\lambda - \lambda_i) = 0 \tag{5.71}$$

을 이용한다. A와 B는 실제 해 λ^*의 두 근사해라고 할 때 위의 식에서 s는 두 점 $[A, f'(A)]$와 $[B, f'(B)]$을 연결하는 선분의 기울기는 그림 5.19와 같이

$$s = \frac{f'(B) - f'(A)}{B - A} \tag{5.72}$$

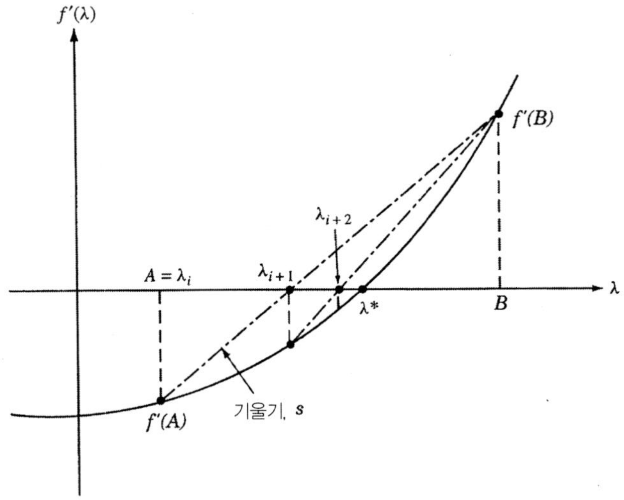

그림 5.19 할선법의 반복 과정

와 같다. 따라서 식 5.71에서 A와 B 사이 도함수 $f'(\lambda)$를 근사 할선의 식으로 대체한 방정식의 해 λ_{i+1}의 식

$$\lambda_{i+1} = \lambda_i - \frac{f'(\lambda_i)}{s} = A - \frac{f'(A)(B-A)}{f'(B)-f'(A)} \tag{5.73}$$

을 새로운 근사해로 표현하는 반복 과정을 **할선법**이라 한다(그림 5.19). B가 A에 접근하면 할선은 $f(\lambda)$의 A에서 2차 도함수의 값으로 접근하므로 할선법을 Quasi- Newton 방법으로도 간주할 수 있다. 또한 이 식은 그림 5.19에서와 같이 부분구간 $(A,\ \lambda_{i+1})$가 반복에서 소거되므로 소거법의 형태로도 간주할 수 있다. 할선번의 반복 과정은 다음 절차를 수행한다.

1. $\lambda_1 = A = 0$으로 설정하고 $f'(A)$를 계산한다. $f'(A)$값이 음이라고 가정하자. 초기 시도 이동길이를 t_0라고 가정하고 $i=1$로 설정한다.
2. $f'(t_0)$값을 계산한다.
3. 만일 $f'(t_0) < 0$이면 $A = \lambda_i = t_0,$ $f'(A) = f'(t_0)$으로 설정하며 또 새로운 $t_0 = 2t_0$라 하고 2단계로 간다.
4. 만일 $f'(t_0) \geq 0$이면 $B = t_0,$ $f'(B) = f'(t_0)$으로 설정하고, 5단계로 간다.
5. $f'(\lambda) = 0$의 새로운 근사 해를 구한다.

$$\lambda_{i+1} = A - \frac{f'(A)(B-A)}{f'(B)-f'(A)} \tag{5.74}$$

6. 수렴 허용 오차 ϵ에 대하여 수렴여부를 확인한다.

$$|f'(\lambda_i + 1)| \le \epsilon \tag{5.75}$$

만일 식 5.75가 만족되면 $\lambda^* \approx \lambda_{i+1}$라 하고 종료한다. 그렇지 않으면 7단계로 간다.

7. 만일 $f'(t_{i+1}) \ge 0$이면 $B = \lambda_{i+1}$, $f'(B) = f'(\lambda_{i+1})$, $i = i+1$로 설정하고, 5단계로 간다.

8. 만일 $f'(t_{i+1}) \le 0$이면 새로운 $A = \lambda_{i+1}$, $f'(A) = f'(\lambda_{i+1})$, $i = i+1$로 설정하고, 5단계로 간다.

주의

1. 할선법은 $f'(\lambda)$의 선형 근사식을 이용하므로 원래 함수 $f(\lambda)$에 대해서는 이차 근사식으로 근사화된 것과 같다.
2. 일부 경우에서는 그림 5.20과 같이 함수 $f'(\lambda)$가 λ에 따라 매우 완만하게 변화하는 상황에 직면할 수 있다. 이때는 점 B가 반복되는 재보간에서도 변경되지 않고 남아 있게 될 수 있는데, 이와 같은 상황이 발생하면 식 5.74를 사용하는 대신 $\lambda_{i+1} = (A+B)/2$라 하여 수렴 과정을 개선시킬 수 있다.

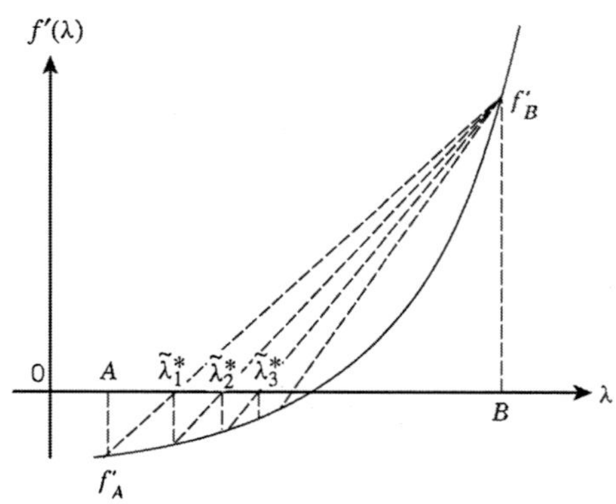

그림 5.20 f_A'가 매우 완만하게 변화할 때 상황

예제 5.14

초기 이동길이 $t_0 = 0.1$, $\lambda_1 = 0.0$, $\epsilon = 0.01$라 할 때, 할선법을 사용하여 다음 함수의 최솟값을 구하라.

$$f(\lambda) = 0.65 - \frac{0.75}{1+\lambda^2} - 0.65\lambda \tan^{-1}\frac{1}{\lambda}$$

[풀이]

$$f' = \frac{1.5\lambda}{(1+\lambda^2)^2} + \frac{0.65\lambda}{1+\lambda^2} - 0.65\tan^{-1}\frac{1}{\lambda}$$

$$\lambda_1 = A = 0.0,\ t_0 = 0.1,\ f'(A) = -1.02102,$$

$$B = A + t_0 = 0.1, f'(B) = -0.744832$$

$f'(B) < 0$이므로 새로운 $A = 0.1$, $f'(A) = -0.744832$, $t_0 = 2(0.1) = 0.2$, $B = \lambda_1 + t_0 = 0.2$를 설정하고 $f'(B) = -0.490343$을 계산한다.

$f'(B) < 0$이므로 새로운 $A = 0.2$, $f'(A) = -0.490343$, $t_0 = 2(0.2) = 0.4$, $B = \lambda_1 + t_0 = 0.4$를 설정하고 $f'(B) = -0.103652$을 계산한다.

$f'(B) < 0$이므로 새로운 $A = 0.4$, $f'(A) = -0.103652$, $t_0 = 2(0.4) = 0.8$, $B = \lambda_1 + t_0 = 0.8$을 설정하고 $f'(B) = +0.180800$을 계산한다.

$f'(B) > 0$이므로 λ_2를 구하기 위해 반복 단계를 진행한다.

반복 1

$A = \lambda_1 = 0.4$, $f'(A) = -0.103652$, $B = 0.8, f'(B) = +0.180800$이므로 식 5.73으로부터

$$\lambda_2 = A - \frac{f'(A)(B-A)}{f'(B) - f'(A)} = 0.4 - \frac{(-0.103652)(0.8-0.4)}{0.1808 + 0.103652} = 0.545757$$

수렴 확인: $|f'(\lambda_2)| = |+0.0630454| > \epsilon(=0.01)$

반복 2

$f'(\lambda_2) = +0.0630454 > 0$이므로 다음과 같이 새롭게 설정하고

$$A = 0.4\ f'(A) = -0.103652,\ B = \lambda_2 = 0.545757,$$

$$f'(B) = f'(\lambda_2) = +0.0630454$$

식 5.73으로부터

$$\lambda_3 = A - \frac{f'(A)(B-A)}{f'(B) - f'(A)} = 0.4 - \frac{(-0.103652)(0.545757-0.4)}{0.0105789 + 0.103652} = 0.490632$$

수렴 확인: $|f'(\lambda_3)| = |+0.00151235| < \epsilon$

수렴 허용 오차 내로 수렴이 확인되었으므로 최소점 λ^*의 근삿값을 λ_3로

$$\lambda^* \approx \lambda_3 = 0.490632$$

선택한다. ■

5.13 실제 상황의 고려사항

5.13.1 방법의 효율성과 신뢰성 강화

앞의 5.10절부터 5.12절에서 다룬 보간법들 중 일부는 실제 상황에서 완만하게 수렴할 수 있고, 발산할 수 있으며, 특히 함수 $f(\lambda)$의 보간 다항식이 함수의 변화를 모두 대신하지 못할 때는 예측한 최소점이 불확실 구간 밖에 위치할 수도 있다. 이와 같은 경우에는 Fibonacci 또는 황금분할법을 사용하여 최소점을 구할 수 있다. 즉, 어떤 문제는 여러 기법들을 조합하는 방법이 더욱 효율적인 것으로 증명된다. 예를 들어, 가속 이동길이를 갖는 무제한 탐색을 사용하여 최소점이 포함되는 구간을 먼저 찾은 후, Fibonacci 또는 황금분할법을 사용하여 최적점을 찾을 수 있다. 또 일부 경우에는 보간법과 연계한 Fibonacci 또는 황금분할법을 사용할 수도 있다.

5.13.2 다변수 최적화 문제에서의 계산

앞에서 기술한 바와 같이 다변수 최적화 문제에서 현재 설계벡터 $\boldsymbol{X}_i$로부터 개선된 설계벡터 $\boldsymbol{X}_{i+1}$을 구하기 위해 아래와 같은 1차원 최소화 방법

$$\boldsymbol{X}_{i+1} = \boldsymbol{X}_i + \lambda_i^* \boldsymbol{S}_i \tag{5.76}$$

을 사용한다. 여기서 $\boldsymbol{S}_i$는 알고 있는 탐색방향이고, λ_i^*는 1차원 최소화 문제

$$\lambda_i^* = \min_{\lambda_i} [f(\boldsymbol{X} + \lambda_i \boldsymbol{S}_i)] \tag{5.77}$$

를 해결하여 얻은 최적 이동길이이다. 또한 임의의 이동길이 t_0에서의 목적함수 f의 값은

$$f(t_0) = f(\boldsymbol{X}_i + t_0 \boldsymbol{S}_i) \tag{5.78}$$

와 같이 계산되고, 이동길이 $\lambda = t_0$일 때 λ에 관한 f의 미분값은

$$\left.\frac{df}{d\lambda}\right|_{\lambda = t_0} = \boldsymbol{S}_i^T \triangle f \Big|_{\lambda = t_0} \tag{5.79}$$

이므로 식 5.78과 5.79를 위한 함수 프로그램, 즉 부프로그램(subroutines)을 별도로 작성하여 편리하게 사용하며 된다.

5.13.3 방법들의 비교

5.9절에서 초기 불확실 구간을 알면 함수의 최솟값을 찾는데, Fibonacci 방법이 가장 효율적인 소거법임을 보았다. 하지만 초기 불확실 구간을 모르면, 함수의 도함수들이 유용하지 않을 때는 2차 보간법 또는 Quasi-Newton 방법이 더욱 효율적이며, 목적함수의 일차 도함수가 유용할 때는 3차 보간법 또는 할선법이 매우 효율적으로 예측된다. 반면 1차 및 2차 도함수 모두가 유용하면 최적 이동길이 λ^*를 구하는데 있어 Newton 방법이 가장 효율적이다.

일반적으로 방법들의 효율성과 신뢰성은 문제에 따라 다르며, 효율적인 전산 프로그램은 방법에서 논의되지 않은 많은 추가 사항도 포함하여야 한다. 즉, 다모드 함수(복수 극점들을 갖는 함수), 함수의 기울기의 날카로운 변화(1차 도함수)와 곡률(2차 도함수), 그리고 산술 연산에서 사용한 정밀도로 인해 발생하는 절단오차 등의 영향을 잘 처리하는 기법도 추가되어야 한다. 다양한 탐색방법들의 효율성을 비교한 결과는 참고문헌 [5.10]에 기술되어 있다.

REFERENCES AND BIBLIOGRAPHY

5.1 J. S. Przemieniecki, *Theory of Matrix Structural Analysis*, McGraw-Hill, New York, 1968.

5.2 M. J. D. Powell, An efficient method for finding the minimum of a function of several variables without calculating derivatives, *Computer Journal*, Vol. 7, pp. 155–162, 1964.

5.3 R. Fletcher and C. M. Reeves, Function minimization by conjugate gradients, *Computer Journal*, Vol. 7, pp. 149–154, 1964.

5.4 B. Carnahan, H. A. Luther, and J. O. Wilkes, *Applied Numerical Methods*, Wiley, New York, 1969.

5.5 R. L. Fox, *Optimization Methods for Engineering Design*, Addison-Wesley, Reading, MA, 1971.

5.6 D. J. Wilde, *Optimum Seeking Methods*, Prentice Hall, Englewood Cliffs, NJ, 1964.

5.7 A. I. Cohen, Stepsize analysis for descent methods, *Journal of Optimization Theory and Applications*, Vol. 33, pp. 187–205, 1981.

5.8 P. E. Gill, W. Murray, and M. H. Wright, *Practical Optimization*, Academic Press, New York, 1981.

5.9 J. E. Dennis and R. B. Schnabel, *Numerical Methods for Unconstrained Optimization and Nonlinear Equations*, Prentice Hall, Englewood Cliffs, NJ, 1983.

5.10 R. P. Brent, *Algorithms for Minimization Without Derivatives*, Prentice Hall, Englewood Cliffs, NJ, 1973.

5.11 W. C. Davidon, Variable metric method for minimization, Argonne National Laboratory, ANL-5990 (rev), 1959.

CHAPTER 06

비선형 계획법 II : 비제약 최적화 기법

6.1 소개

본 장에서는 다음과 같이 제약되지 않은 최소화 문제를 해결하는 여러 방법들에 대해 기술한다.

$$min\ f(\boldsymbol{X}),\quad \boldsymbol{X}=(x_1,x_2,\cdots,x_n)^T \tag{6.1}$$

실제 비제약 설계 문제는 거의 존재하지 않는 것이 사실이나 다음과 같은 이유로 이러한 부류의 문제에 대한 연구는 중요하다.

1. 특정 설계 문제들에서 제약들은 중요한 영향력을 갖지 않는다.
2. 제약 최소화 문제를 해결하는 강력한 방법들 중 일부는 비제약 최소화 기법의 사용을 필요로 한다.
3. 비제약 최소화 기법의 연구는 제약 최소화 방법들의 연구를 위해 필요한 기초 지식을 제공한다.
4. 특정 복잡한 공학적 해석 문제들을 해결하기 위해 비제약 최소화 방법들을 사용할 수 있다. 예를 들어, 구조물의 위치 에너지를 최소화하여 명시된 부하 조건에서 임의 구조물의 변위(선형 또는 비선형) 반응을 구할 수 있다. 또 Rayleigh quotient를 최소화하여 이산 시스템의 고유치와 고유벡터를 구할 수 있다.

제2장에서 기술한 것과 같이 점 $\boldsymbol{X}^*$가 $f(\boldsymbol{X})$의 국소 최소점이 되기 위한 필요조건은

$$\frac{\partial f}{\partial x_i}(\boldsymbol{X}=\boldsymbol{X}^*)=0,\qquad i=1,2,\cdot\cdot\cdot,n \tag{6.2}$$

이다. 또한, Hessian 행렬이 양의 정부호이면, 즉

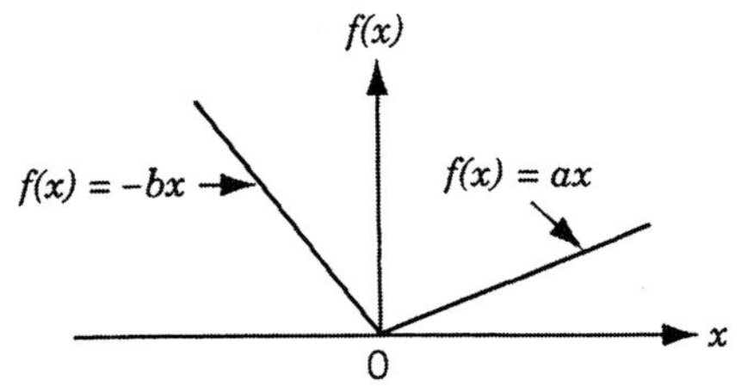

그림 6.1 최소점에서 함수 미분 불가능

$$J_{X^*} = [J]_{X^*} = \left[\frac{\partial^2 f}{\partial x_i \partial x_j}(X^*) \right] = \text{양의 정부호} \qquad 6.3$$

이면, 점 X^*는 국소 최소점이 된다. 최소점을 찾기 위해 연산을 하는 동안 최소점을 확인하기 위해 식 6.2와 6.3을 사용할 수 있으나 만일 함수가 미분 불가능하면 식 6.2와 6.3을 적용할 수 없다. 예를 들어, 다음 함수

$$f(x) = \begin{cases} ax & for \quad x \geq \\ -bx & for \quad x \leq 0 \end{cases}$$

에서 $a > 0$ 그리고 $b > 0$이다. 이 함수의 그래프는 그림 6.1과 같다. 최소점 $x^* = 0$에서 이 함수는 미분 불가능하고, 따라서 x^*를 확인하기 위해 식 6.2와 6.3을 적용할 수 없다. 이와 같은 경우에서는 최소의 보통 정의, 모든 X에 대해 $f(X^*) < f(X)$를 이용하여 최소점을 확인할 수밖에 없다. 다음 예제는 비제약 최소화 문제로 모델화되는 전형적인 분석 문제를 설명하고 있다.

예제 6.1

그림 6.2a와 같이 외팔보는 말단부에 힘 P_0와 모멘트 M_0를 받는다. 그림 6.2b에 나타낸 단일 유한요소 모델을 사용하여 횡 변위 $w(x)$를 다음과 같이 표현할 수 있다[6.1].

$$w(x) = \{N_1(x) \quad N_2(x) \quad N_3(x) \quad N_4(x)\} \begin{pmatrix} u_1 \\ u_2 \\ u_3 \\ u_4 \end{pmatrix} \qquad E.1$$

여기서 $N_i(x)$를 형상 함수(shape functions)라 부르며 다음과 같이 주어진다.

$$N_1(x) = 2\alpha^3 - 3\alpha^2 + 1 \qquad E.2$$

$$N_2(x) = (\alpha^3 - 2\alpha^2 + a)l \qquad E.3$$

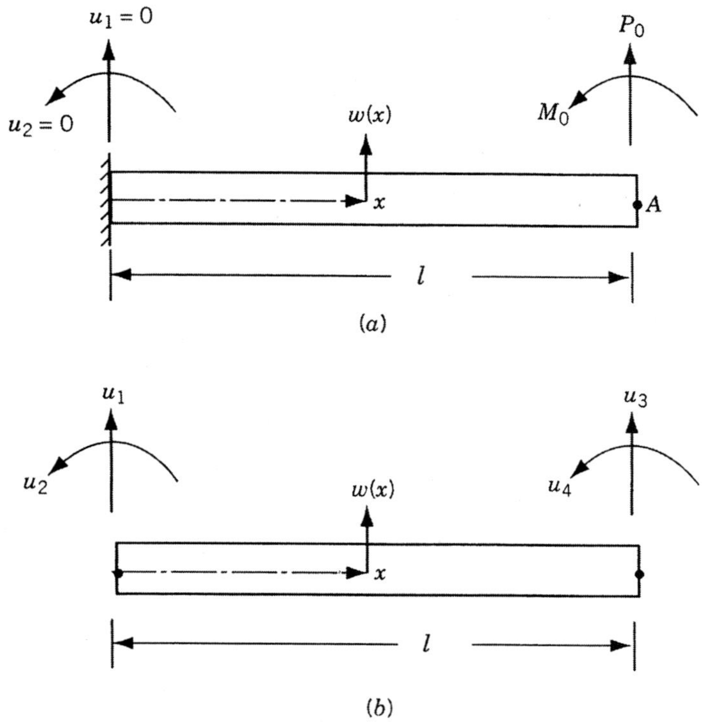

그림 6.2 외팔보의 유한요소 모델

$$N_3(x) = -2\alpha^3 + 3\alpha^2 \qquad \text{E.4}$$

$$N_4(x) = (\alpha^3 - \alpha^2)l \qquad \text{E.5}$$

단, $\alpha = x/l$, 그리고 u_1, u_2, u_3, u_4는 빔의 말단부 변위(또는 기울기)이다. 다음과 같이 표현되는 빔의 위치 에너지 F를 최소화하여 점 A에서 빔의 처짐을 구할 수 있다[6.1].

$$F = \frac{1}{2}\int_0^1 EI\left(\frac{d^2w}{dx^2}\right)^2 dx - P_0u_3 - M_0u_4 \qquad \text{E.6}$$

여기서 E는 영계수이고, I는 빔의 단면 관성모멘트이다. $P_0l^3/EI = 1$과 $M_0l^2/EI = 2$의 경우에 대하여 변수 $x_1 = u_3$ 및 $x_2 = u_4l$의 최적화 문제를 만들어라.

[풀이] 경계조건은 $u_1 = u_2 = 0$이므로 다음과 같이 $w(x)$를 표현할 수 있다.

$$w(x) = (-2\alpha^3 + 3\alpha^2)u_3 + (\alpha^3 - \alpha^2)lu_4 \qquad \text{E.7}$$

따라서

$$\frac{d^2w}{dx^2} = \frac{6u_3}{l^2}(-2\alpha+1) + \frac{2u_4}{l}(3\alpha-1) \tag{E.8}$$

또한, 식 E.6을 다시 쓰면

$$F = \frac{1}{2}\int_0^1 EI\left(\frac{d^2w}{dx^2}\right)^2 l d\alpha - P_0u_3 - M_0u_4 \tag{E.9}$$

$$= \frac{EIl}{2}\int_0^1 \left[\frac{6u^3}{l^2}(-2\alpha+1) + \frac{2u_4}{l}(3\alpha-1)\right]^2 d\alpha - P_0u_3 - M_0u_4$$

$$= \frac{EI}{l^3}\left(6u_3^2 + 2u_4^2l^2 - 6u_3u_4l\right) - P_0u_3 - M_0u_4$$

이 된다. 이제 상관관계 $u_3 = x_1$, $u_4 l = x_2$, $P_0 l^3/EI = 1$ 및 $M_0 l^2/EI = 2$를 이용하고, $f = Fl^3/EI$ 라고 표기하면 식 E.9를 다음과 같이 표현할 수 있다.

$$f = 6x_1^2 - 6x_1x_2 + 2x_2^2 - x_1 - 2x_2 \tag{E.10}$$

따라서 위에서 설명한 최적화 문제는 식 E.10의 함수 f를 최소화하는 x_1과 x_2를 결정하는 것이다. ■

6.1.1 비제약 최소화 방법의 분류

비제약 최소화 문제를 해결하기 위해 여러 방법들은 표 6.1과 같이 크게 직접 탐색법과 하강법의 두 범주로 분류할 수 있다. 직접 탐색법들은 최소를 찾기 위해 오직 목적함수 값만을 필요로 하고 편미분을 필요로 하지 않기 때문에 자주 **비구배방법**(nongradient methods)라 불리기도 한다. 또 직접 탐색법들은 0차 도함수를 사용하므로 **0차방법**(zeroth-order)으로도 알려져 있다. 이 방법들은 상대적으로 적은 수의 변수를 포함하는 단순한 문제에 매우 적합하며 일반적으로 하강법보다 비효율적이다. 하강 기법은 함숫값뿐만 아니라 목적함수의 일차 또는 2차 도함수를 필요로 한다. 최소화하고자 하는 함수에 대한 더욱 많은 정보(도함수 사용을 통해)를 이용하기 때문에 일반적으로 하강법들은 직접 탐색기법들보다 더욱 효율적이다. 하강법들은 **구배**(gradient)**방법**으로도 알려져 있는 데, 그 중에 함수의 1차 도함수만을 필요로 하는 방법들을 **1차방법**(first-order), 1차 및 2차 도함수를 필요로 하는 방법을 **2차방법**(second-order)이라 부른다.

6.1.2 일반적 개념

모든 비제약 최소화 방법들은 본질적으로 반복법이므로 초기 시작점에서 출발하여 그

표 6.1 비제약 최소화 방법

직접 탐색법	하강 방법(간접 탐색법)
임의탐색법	최급강하(Cauchy) 방법
격자탐색법	Fletcher–Reeves 방법
일변수 탐색법	Newton 방법
심플렉스 방법	Marquardt 방법
패턴 탐색법 Powell 방법	Quasi–Newton 방법 Davidon–Fletcher–Powell 방법 Broyden–Fletcher–Goldfarb–Shanno 방법

림 5.3과 같이 순차적인 방법으로 최소점을 향해 접근한다. 반복 과정은 다음 식으로 주어진다.

$$\boldsymbol{X}_{i+1} = \boldsymbol{X}_i + \lambda_i{}^* \boldsymbol{S}_i \qquad 6.4$$

여기서 $\boldsymbol{X}_i$는 시작 점, $\boldsymbol{S}_i$는 탐색방향, $\lambda_i{}^*$는 최적 이동길이, $\boldsymbol{X}_{i+1}$은 반복회 i에서 생성되는 근사점이다. 모든 비제약 최소화 방법은 (1) 반복 절차를 시작하기 위해 초기점 $\boldsymbol{X}_1$이 필요하고 (2) 점 $\boldsymbol{X}_i$로부터 새로운 점 $\boldsymbol{X}_{i+1}$을 생성하는 방법과 점 $\boldsymbol{X}_{i+1}$의 최적여부를 판정하는 방법에서만 서로 다르다는 중요한 사실을 기억해야 한다.

6.1.3 수렴 비율

최적화 방법들에 따라 수렴 비율(rates of convergence)이 다르게 된다. 최적화 방법의 반복회 i와 $i+1$에서 얻은 반복점 $\boldsymbol{X}_i$와 $\boldsymbol{X}_{i+1}$들이 아래의 관계식

$$\frac{\| \boldsymbol{X}_{i+1} - \boldsymbol{X}^* \|}{\| \boldsymbol{X}_i - \boldsymbol{X}^* \|^p} \le k, \quad k \ge 0, \quad p \ge 1 \qquad 6.5$$

을 만족하면 그 방법은 p차적 수렴성을 갖는다고 한다. 위의 식에서 $\boldsymbol{X}^*$는 최적점, 그리고 $\| \boldsymbol{X} \|$는 벡터 $\boldsymbol{X}$의 길이 또는 노름(norm) 즉,

$$\| \boldsymbol{X} \| = \sqrt{x_1^2 + x_2^2 + \cdot\cdot\cdot + x_n^2}$$

을 나타낸다. 만일 $p=1$, $0 \le k \le 1$이 되는 방법의 수렴은 **1차적 수렴**(linearly convergent)이라고 하고(완만한 수렴), $p=2$이면 방법은 **2차적 수렴**(quadratic convergent)한다고 말한다(빠른 수렴). 또한, 다음의 관계식

$$\lim_{i \to \infty} \frac{\| \boldsymbol{X}_{i+1} - \boldsymbol{X}^* \|}{\| \boldsymbol{X}_i - \boldsymbol{X}^* \|} \to 0 \qquad 6.6$$

을 만족하는 최적화 방법은 초일차적 수렴(superlinear convergence)한다고 한다(빠른 수렴). 식 6.5와 6.6에 주어진 수렴 비율의 정의는 다변수 최적화 문제는 물론 일변수에도 적용 가능하다. 일변수 문제에서는 단지 위의 벡터 $\boldsymbol{X}_i$ 대신에 스칼라 x_i로 표기하면 된다.

6.1.4 설계변수의 변환 (scaling)

설계변수들의 크기를 조정, 즉 변환하여 대부분 비제약 최소화 방법들의 수렴 비율을 개선시킬 수 있다. 이차식 목적함수의 경우에 설계변수들의 변환으로 Hessian 행렬의 조건 상수(condition number)를 변경할 수 있다. 더구나 Hessian 행렬의 조건 상수가 1인 경우에 최급강하법은 1회 반복으로 이차식 목적함수의 최소를 찾는다.

만일 $f = \frac{1}{2}\boldsymbol{X}^T[A]\boldsymbol{X}$가 이차식 항이라면 다음 식

$$\boldsymbol{X} = [R]\boldsymbol{Y} \quad or \quad \begin{pmatrix} x_1 \\ x_2 \end{pmatrix} = \begin{bmatrix} r_{11} & r_{12} \\ r_{21} & r_{22} \end{bmatrix} \begin{pmatrix} y_1 \\ y_2 \end{pmatrix} \tag{6.7}$$

을 이용하여 다음과 같은 새로운 이차식 항으로 변환할 수 있다.

$$\frac{1}{2}\boldsymbol{Y}^T[\widetilde{A}]\boldsymbol{Y} = \frac{1}{2}\boldsymbol{Y}^T[R]^T[A][R]\boldsymbol{Y} \tag{6.8}$$

여기에서 $[\widetilde{A}] = [R]^T[A][R]$이 대각행렬이 되도록 행렬 $[R]$을 선택할 수 있다(즉, 혼합된 이차식 항들을 제거하기 위해). 이는 행렬 $[A]$의 고유벡터를 행렬 $[R]$의 열들로 구성하면 된다. 또 아래의 변환

$$\boldsymbol{Y} = [S]\boldsymbol{Z} \quad or \quad \begin{pmatrix} y_1 \\ y_2 \end{pmatrix} = \begin{bmatrix} s_{11} & 0 \\ 0 & s_{22} \end{bmatrix} \begin{pmatrix} z_1 \\ z_2 \end{pmatrix}, \tag{6.9}$$

$$[S] = \begin{bmatrix} s_{11} = \dfrac{1}{\sqrt{\widetilde{a}_{11}}} & 0 \\ 0 & s_{22} = \dfrac{1}{\sqrt{\widetilde{a}_{22}}} \end{bmatrix} \tag{6.10}$$

을 사용하여 행렬 $[\widetilde{A}]$의 대각 성분들을 1로 만들 수 있다. 따라서 f의 Hessian 행렬을 다음 식

$$\boldsymbol{X} = [R][S]\boldsymbol{Z} \equiv [T]\boldsymbol{Z} \tag{6.11}$$

을 이용하여 단위행렬로 변환하면 이차식 항 $\frac{1}{2}\boldsymbol{X}^T[A]\boldsymbol{X}$는 $\frac{1}{2}\boldsymbol{Z}^T[I]\boldsymbol{Z}$로 변환된다.

만일 목적함수가 이차식이 아니면 Hessian 행렬과 변환은 반복마다 설계벡터에 따라 변화한다. 예를 들어, 설계벡터 $\boldsymbol{X}_i$의 주위에서 일반 비선형함수의 2차 테일러급수 전개를 이용한 2차근사식

$$f(\boldsymbol{X}) = c + \boldsymbol{B}^T\boldsymbol{X} + \frac{1}{2}\boldsymbol{X}^T[A]\boldsymbol{X} \tag{6.12}$$

단,

$$c = f(\boldsymbol{X}_i) \tag{6.13}$$

$$B = \begin{pmatrix} \left.\dfrac{\partial f}{\partial x_1}\right|_{\boldsymbol{X}_i} \\ \cdot \\ \cdot \\ \cdot \\ \left.\dfrac{\partial f}{\partial x_n}\right|_{\boldsymbol{X}_i} \end{pmatrix} \tag{6.14}$$

$$[A] = \begin{pmatrix} \left.\dfrac{\partial^2 f}{\partial x_1^2}\right|_{\boldsymbol{X}_i} & \cdot\ \cdot\ \cdot & \left.\dfrac{\partial^2 f}{\partial x_1 \partial x_n}\right|_{\boldsymbol{X}_i} \\ \cdot & & \cdot \\ \cdot & & \cdot \\ \cdot & & \cdot \\ \left.\dfrac{\partial^2 f}{\partial x_n \partial x_1}\right|_{\boldsymbol{X}_i} & \cdot\ \cdot\ \cdot & \left.\dfrac{\partial^2 f}{\partial x_n^2}\right|_{\boldsymbol{X}_i} \end{pmatrix} \tag{6.15}$$

에서 행렬 $[A]$에 식 6.7과 6.9와 같은 변환을 적용하면 된다. 다음 예제에서 설계변수 변환의 절차를 설명한다.

예제 6.2

다음 함수의 Hessian 행렬의 조건 상수가 1이 되도록 변수들의 적합한 변환(scaling)을 구하라.

$$f(x_1,\ x_2) = 6x_1^2 - 6x_1x_2 + 2x_2^2 - x_1 - 2x_2 \tag{E.1}$$

[풀이] 문제의 식을 이차함수로 표현하면

$$f(\boldsymbol{X}) = \boldsymbol{B}^T\boldsymbol{X} + \frac{1}{2}\boldsymbol{X}^T[A]\boldsymbol{X}\ , \tag{E.2}$$

$$\boldsymbol{X}=\begin{pmatrix} x_1 \\ x_2 \end{pmatrix}, \quad \boldsymbol{B}=\begin{pmatrix} -1 \\ -2 \end{pmatrix}, \qquad [A]=\begin{bmatrix} 12 & -6 \\ -6 & 4 \end{bmatrix}$$

와 같으므로 앞에서 기술한 것과 같이 변수 변환을 다음과 같이 3단계로 수행할 수 있다.

1단계 행렬 $[A]$를 대각 형렬 $[\widetilde{A}]$로 변환

행렬 $[A]$의 i번째 고유치 λ_i에 상응하는 고유벡터 $\boldsymbol{u}_i$는 고유치 방정식

$$[[A]-\lambda_i[I]]\boldsymbol{u}_i=\boldsymbol{0} \tag{E.3}$$

으로 구할 수 있다. 또 행렬 $[A]$의 고유치 λ_i는 행렬식

$$\begin{vmatrix} 12-\lambda_i & -6 \\ -6 & 4-\lambda_i \end{vmatrix}=\lambda_i^2-16\lambda_i+12=0 \tag{E.4}$$

으로부터 $\lambda_1=8+\sqrt{52}=15.2111$과 $\lambda_2=8-\sqrt{52}=0.7889$이 된다. 또 식 E.3으로부터

$$\begin{bmatrix} 12-\lambda_1 & -6 \\ -6 & 4-\lambda_1 \end{bmatrix}\begin{pmatrix} u_{11} \\ u_{21} \end{pmatrix}=\begin{pmatrix} 0 \\ 0 \end{pmatrix} \text{ 또는 } (12-\lambda_1)u_{11}-6u_{21}=0$$

또는 $u_{21}=-0.5332u_{11}$

이므로 λ_1에 상응하는 고유벡터 $\boldsymbol{u}_1$는

$$\boldsymbol{u}_1=\begin{pmatrix} u_{11} \\ u_{21} \end{pmatrix}=\begin{pmatrix} 1.0 \\ -0.5332 \end{pmatrix}$$

이다. 그리고

$$\begin{bmatrix} 12-\lambda_2 & -6 \\ -6 & 4-\lambda_2 \end{bmatrix}\begin{pmatrix} u_{12} \\ u_{22} \end{pmatrix}=\begin{pmatrix} 0 \\ 0 \end{pmatrix} \text{ 또는 } (12-\lambda_2)u_{12}-6u_{22}=0$$

또는 $u_{22}=1.8685u_{12}$

이므로 λ_2에 상응하는 고유벡터 $\boldsymbol{u}_2$는

$$\boldsymbol{u}_2=\begin{pmatrix} u_{12} \\ u_{22} \end{pmatrix}=\begin{pmatrix} 1.0 \\ 1.8685 \end{pmatrix}$$

이다. 따라서 $[A]$를 대각 행렬로 변환시키는 변수 변환은

$$\boldsymbol{X}=[R]\boldsymbol{Y}=[\boldsymbol{u}_1 \quad \boldsymbol{u}_2]\boldsymbol{Y}=\begin{bmatrix} 1 & 1 \\ -0.5352 & 1.8685 \end{bmatrix}\begin{pmatrix} y_1 \\ y_2 \end{pmatrix} \tag{E.5}$$

즉,

$$x_1 = y_1 + y_2$$

$$x_2 = -0.5352y_1 + 1.8685y_2$$

이 된다. 이 변수 변환으로

$$[\widetilde{A}] = [R]^T[A][R] = \begin{bmatrix} 19.5682 & 0.0 \\ 0.0 & 3.5432 \end{bmatrix}$$

라 놓고, 새로운 이차식 항 $\frac{1}{2}\boldsymbol{Y}^T[\widetilde{A}]\boldsymbol{Y}$을 이용하면 식 E.2는

$$f(y_1, y_2) = \boldsymbol{B}^T[R]\boldsymbol{Y} + \frac{1}{2}\boldsymbol{Y}^T[\widetilde{A}]\boldsymbol{Y} \qquad \text{E.6}$$
$$= 0.07047y_1 - 4.7370y_2 + \frac{1}{2}(19.8682)y_1^2 + \frac{1}{2}(3.5432)y_2^2$$

와 같이 된다.

2단계 $[\widetilde{A}]$를 단위행렬로 변환

식 6.10으로부터

$$[S] = \begin{bmatrix} \frac{1}{\sqrt{19.5682}} & 0.0 \\ 0.0 & \frac{1}{\sqrt{3.5432}} \end{bmatrix} = \begin{bmatrix} 0.2262 & 0.0 \\ 0.0 & 0.5313 \end{bmatrix}$$

라 놓고 $\boldsymbol{Y} = [S]\boldsymbol{Z}$와 같이 변환한다.

3단계 변환 완성

전체 변환은

$$\boldsymbol{X} = [R]\boldsymbol{Y} = [R][S]\boldsymbol{Z} = [T]\boldsymbol{Z}, \qquad \text{E.7}$$

$$[T] = [R][S] = \begin{bmatrix} 1 & 1 \\ -0.5352 & 1.8685 \end{bmatrix}\begin{bmatrix} 0.2262 & 0 \\ 0 & 0.5313 \end{bmatrix} \qquad \text{E.8}$$

$$= \begin{bmatrix} 0.2262 & 0.5313 \\ -0.1211 & 0.9927 \end{bmatrix}$$

즉,

$$x_1 = 0.2262z_1 + 0.5313z_2$$
$$x_2 = -0.1211z_1 + 0.9927z_2$$

이므로 식 E.2에 대입하면 식 E.1의 이차식 함수는

$$f(z_1,\ z_2) = \boldsymbol{B}^{\boldsymbol{T}}[T]\boldsymbol{Z} + \frac{1}{2}\boldsymbol{Z}^{\boldsymbol{T}}[T]^T[A][T]\boldsymbol{Z} \qquad \text{E.9}$$
$$= 0.0160z_1 - 2.5167z_2 + \frac{1}{2}z_1^2 + \frac{1}{2}z_2^2$$

와 같이 된다. 식 E.1, E.6, 그리고 E.9의 이차함수들의 등고선은 그림 6.3a, b, 그리고 c와 같다.

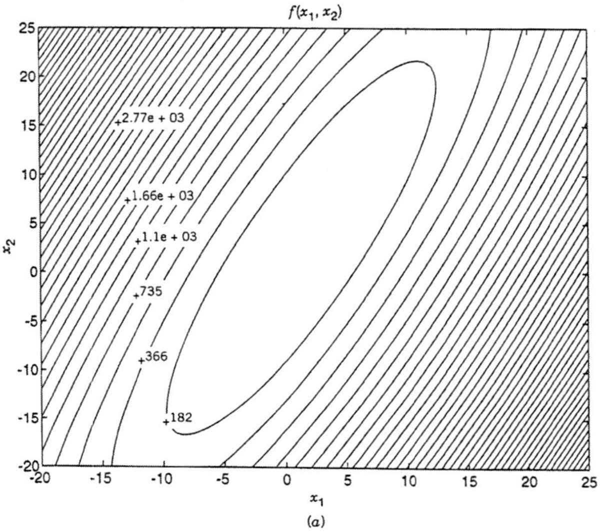

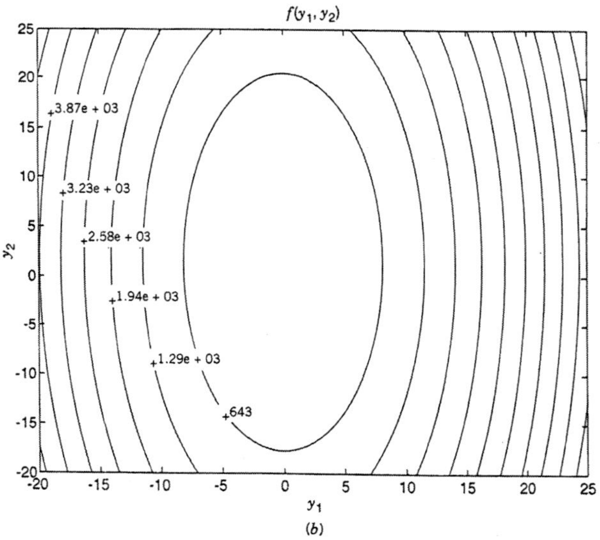

그림 6.3 원래 함수와 변환된 함수들의 등고선

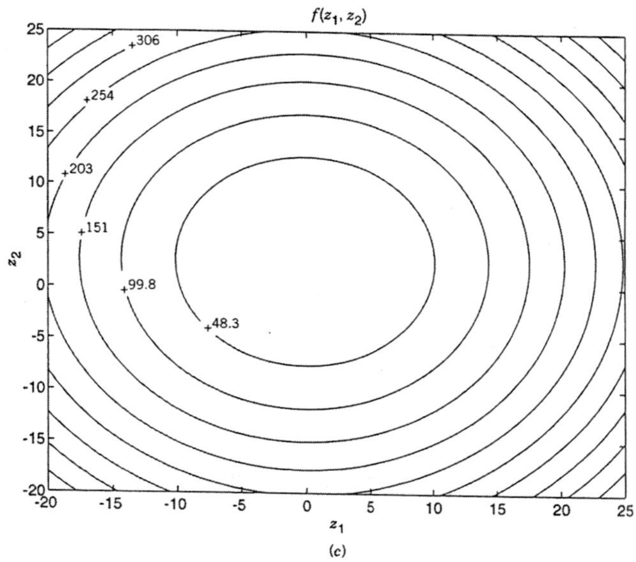

그림 6.3 원래 함수와 변환된 함수들의 등고선(계속)

직접 탐색법(Direct Search Methods)

6.2 임의탐색법 (Random Search Methods)

임의탐색법은 난수들을 사용하여 최소점을 찾는다. 대부분 컴퓨터 라이브러리는 난수 생성기를 가지므로 이 방법을 편리하게 사용할 수 있다. 본 절에서는 가장 잘 알려진 임의탐색법 몇 개를 소개한다.

6.2.1 임의 선별 방법 (Random Jumping Methods)

비록 문제는 비제약일지라도 난수 x_i를 생성하기 위해 먼저 각 설계변수 $x_i(i=1, 2, \cdot\cdot\cdot, n)$에 대한 상하한계 l_i와 u_i를 설정한다.

$$l_i \leq x_i \leq u_i, \quad i=1, 2, \cdot\cdot\cdot, n \tag{6.16}$$

Random jumping 방법에서는 0과 1 사이에서 균등 분포가 되도록 생성된 n개의 난수 $(r_1, r_2, \cdot\cdot\cdot, r_n)$를 이용하여 식 6.16의 제한 범위에서 다음과 같은 점 $\boldsymbol{X}$

$$\boldsymbol{X}=\begin{pmatrix} x_1 \\ x_2 \\ \cdot \\ \cdot \\ \cdot \\ x_n \end{pmatrix}=\begin{pmatrix} l_1+r_1(u_1-l_1) \\ l_2+r_2(u_2-l_2) \\ \cdot \\ \cdot \\ \cdot \\ l_n+r_n(u_n-l_n) \end{pmatrix} \tag{6.17}$$

을 찾고, 점 $\boldsymbol{X}$에서 목적함수 값을 계산한다. 이렇게 수많은 점 $\boldsymbol{X}$와 목적함수 값을 생성하여 그 중 가장 작은 목적함수 $f(\boldsymbol{X})$ 값을 최솟값으로 취한다.

6.2.2 난수방향 이동 방법(Random Walk Method)

Random walk 방법은 선행 근사치로부터 최소점에 가까이 접근하도록 근사치를 개선해 나가는 방법이다. 즉, $\boldsymbol{X}_i$가 $(i-1)$번째 반복에서 얻은 최소점에 대한 근사치이면 다음 관계식

$$\boldsymbol{X}_{i+1}=\boldsymbol{X}_i+\lambda \boldsymbol{u}_i \tag{6.18}$$

으로부터 i번째 반복회에서 새로운 또는 개선된 근사치를 구한다. 여기서 λ는 사전 설정된 스칼라 이동길이, $\boldsymbol{u}_i$는 i번째 반복회에서 생성된 난수 벡터이다. 이 방법의 상세한 절차는 다음과 같다[6.3].

1. 초기점 $\boldsymbol{X}_1$, 충분히 큰 초기 이동길이 λ, 최소 허용 가능한 이동길이 ϵ, 그리고 최대 반복횟수 N으로 시작한다.
2. 함숫값 $f_1=f(\boldsymbol{X}_1)$을 구한다.
3. 반복회를 $i=1$로 설정한다.
4. 구간 $[-1,\ 1]$에 있는 n개의 난수 $(r_1,\ r_2,\cdot\cdot\cdot,r_n)$을 생성하고 단위 벡터 $\boldsymbol{u}$를 정규화한다.

$$\boldsymbol{u}=\frac{1}{\left(r_1^2+r_2^2+\cdots+r_n^2\right)^{1/2}}\begin{pmatrix} r_1 \\ r_2 \\ \cdot \\ \cdot \\ \cdot \\ r_n \end{pmatrix} \tag{6.19}$$

위의 식으로 생성된 방향은 단위 하이퍼큐브의 대각선 방향으로 편향(bias)을 가질 수 있으므로[6.3] 편향을 피하기 위해 벡터의 길이

$$\boldsymbol{R}=\left(r_1^2+r_2^2+\cdots+r_n^2\right)^{1/2}$$

을 계산하여 $R \geq 1$이면 버리고, $R \leq 1$이면 생성된 난수 벡터 $(r_1,\ r_2,\ \cdot\ \cdot\ \cdot, r_n)$를 취하여 편향되지 않은 난수 벡터 $\boldsymbol{u}_i$를 식 6.19에 의해 구한다.

5. 새로운 점 벡터 $\boldsymbol{X} = \boldsymbol{X}_1 + \lambda \boldsymbol{u}$와 함숫값 $f = f(\boldsymbol{X})$를 계산한다.
6. f와 f_1 값을 비교하여 $f < f_1$이면 새로운 값으로 $\boldsymbol{X}_1 = \boldsymbol{X}$ 및 $f_1 = f$와 같이 설정하고 3단계로 간다. 만일 $f \geq f_1$이면 7단계로 간다.
7. 만일 $i \leq N$이면 새로운 반복회 $i = i + 1$로 설정하고 4단계로 간다. 반면 $i > N$이면 8단계로 간다.
8. 새롭게 이동길이를 $\lambda = \lambda/2$로 계산하여 ϵ 이하이면 9단계로 가고 이동길이가 ϵ보다 크면 4단계로 간다.
9. $\boldsymbol{X}_{opt} \approx \boldsymbol{X}_1$ 그리고 $f_{opt} \approx f_1$라 하고 절차를 종료한다.

다음 예제를 통해 이 방법을 설명한다.

예제 6.3

점 $\boldsymbol{X}_1 = \begin{pmatrix} 0.0 \\ 0.0 \end{pmatrix}$으로부터 난수방향 이동법을 사용하여 다음 함수

$$f(x_1,\ x_2) = x_1 - x_2 + 2x_1^2 + 2x_1x_2 + x_2^2$$

의 최소 근삿값을 구하여라. 단, 이동길이 $\lambda = 1.0$으로 시작하고 $\epsilon = 0.05$ 그리고 $N = 100$이다.

[풀이] 계산 결과는 표 6.2와 같다. 함숫값이 감소된 시도들만을 보여준다.

표 6.2 난수방향 이동 방법에 의한 f 최소화

이동길이 λ	필요한 시도 횟수*	$X_1 + \lambda u$ 성분들		현재 목적함수 값 $f_1 = f(\boldsymbol{X}_1 + \lambda u)$
		1	2	
1.0	1	−0.93696	0.34943	−0.06329
1.0	2	−1.15271	1.32588	−1.11986
다음 100회 시도에서 함숫값이 감소하지 않았다.				
0.5	1	−1.34361	1.78800	−1.12884
0.5	3	−1.07318	1.36744	−1.20232
다음 100회 시도에서 함숫값이 감소하지 않았다.				
0.25	4	−0.86419	1.23025	−1.21362
0.25	2	−0.86955	1.48019	−1.22074

표 6.2 난수방향 이동 방법에 의한 f 최소화(계속)

이동길이 λ	필요한 시도 횟수*	$X_1+\lambda u$ 성분들		현재 목적함수 값 $f_1=f(X_1+\lambda u)$
		1	2	
0.25	8	−1.10661	1.55958	−1.23642
0.25	30	−0.94278	1.37074	−1.24154
0.25	6	−1.08729	1.57474	−1.24222
0.25	50	−0.92606	1.38368	−1.24274
0.25	23	−1.07912	1.58135	−1.24374
다음 100회 시도에서 함숫값이 감소하지 않았다.				
0.125	1	−0.97986	1.50538	−1.24894
다음 100회 시도에서 함숫값이 감소하지 않았다.				
0.0625	100회 시도에서 함숫값이 감소하지 않았다.			
0.03125	이 이동길이가 ϵ보다 작으므로 프로그램이 종료된다.			

* $R \le 1$을 만족하도록 생성된 난수 방향 중 함숫값이 감소하는 방향을 찾는데 시도된 횟수

6.2.3 난수방향 최적이동법(Random Walk Method with Direction Exploitation)

6.2.2절에서 기술한 난수방향 이동법에서는 난수 벡터 $\boldsymbol{u}_i$의 방향으로 고정된 이동길이 λ 만큼 이동할 때 함숫값이 감소하면 다시 새로운 단위 난수 벡터 $\boldsymbol{u}_{i+1}$을 생성하여 진행한다. 그러나 방향 $\boldsymbol{u}_i$를 따라 보다 긴 이동길이 만큼 이동하여 함숫값을 더욱 감소시킬 수 있으면 더욱 바람직하므로 최대로 가능한 이동길이를 선택하게 하여 난수방향 이동법을 개선할 수 있다. 즉, 제5장에서 기술한 1차원 최소화 방법들 중 하나를 사용하여 새로운 벡터 $\boldsymbol{X}_{i+1}$을 다음과 같이 찾는다.

$$\boldsymbol{X}_{i+1} = \boldsymbol{X}_i + \lambda_i^* \boldsymbol{u}_i \tag{6.20}$$

단, λ_i^*는

$$f_{i+1} = f(\boldsymbol{X}_i + \lambda_i^* \boldsymbol{u}_i) = \min_{\lambda_i} f(\boldsymbol{X}_i + \lambda_i \boldsymbol{u}_i) \tag{6.21}$$

이 되도록 방향 $\boldsymbol{u}_i$를 따라 발견한 최적 이동길이이다. 이러한 특징을 반영하는 탐색 방법을 **난수방향 최적이동법**이라 부른다.

6.2.4 임의탐색법의 장점

1. 이 방법들은 목적함수가 일부 점에서 불연속이고 미분 불가능한 경우에도 적용이 가능하다.

2. 목적함수가 여러 개의 국소 최소점을 가질 때 광역 최소점을 찾기 위해 임의탐색법을 사용할 수 있다.
3. 함수가 급격하게 변화하거나 아주 완만한 영역으로 다른 방법들이 실패하는 경우에도 적용이 가능하다.
4. 임의탐색법은 그 자체로는 매우 효율적이지 않지만 광역 최소점의 포함 영역을 추정 탐지하기 위해 초기 최적화 단계로 사용될 수 있다. 그후 광역 최소점의 정확한 위치를 발견하는 데는 더욱 효율적인 다른 기법을 이용하면 된다.

6.3 격자탐색법 (Grid Search Method)

이 방법에서는 설계공간에 적절한 격자를 설정하고 모든 격자점들에서 목적함수의 값을 구하여 가장 낮은 함숫값에 상응하는 격자점을 찾는다. 예를 들어, 만일 i번째 설계변수 x_i에 대한 하한 l_i와 상한 u_i를 알고 있다면 범위 $(l_i,\ u_i)$를 $p_i - 1$개로 균등하게 나눈 점 $x_i^{(1)},\ x_i^{(2)},\ \cdots x_i^{(pi)}\ (i = 1,\ 2,\ \cdots,\ n)$를 x_i축 위의 격자점들을 표기한다. 즉, 설계공간 내 $p_1 p_2 \cdots p_n$개의 격자점을 만든다. 그림 6.4에서는 2차원 설계공간 내 $p_i = 4$인 격자를 보여준다. 격자점은 함수 계산점의 설계 방법에 따라 여러 가지로 선택할 수 있다[6.4, 6.5]. 하지만 격자탐색법은 실제 대부분 문제들에서 수많은 함숫값 계산을 필요로 하는데, 예를 들어 10개의 설계변수들($n = 10$)을 갖는 문제에서 $p_i = 3$인 경우 격자점의 개수는 $3^{10} = 59{,}049$, $p_i = 4$인 경우는 $4^{10} = 1{,}048{,}576$개가 된다. 그러나 설계변수의 수가 작은 문제의 최소 근삿값을 찾는데는 격자탐색법이 편리할 수 있다. 또한, 더욱 효율적인 다른 방법에 사용할 양호한 시작점을 찾기 위해 격자탐색법이 사용되기도 한다.

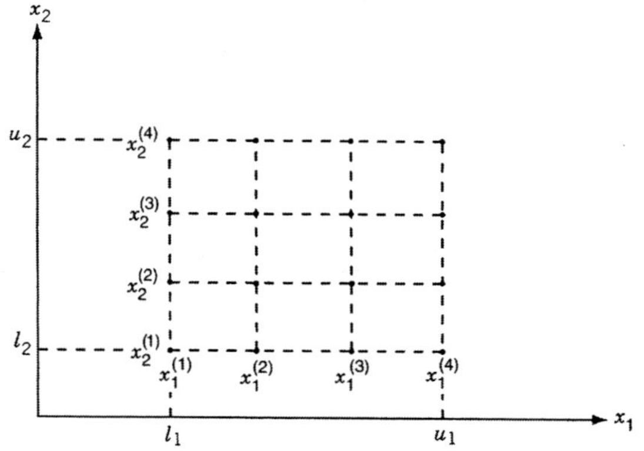

그림 6.4 $p_i = 4$ 격자

6.4 변수순차법 (Univariate Method)

이 방법은 i번째 반복회의 시작점 $\boldsymbol{X}_i$에서 하나의 변수를 제외한 $n-1$개의 변수 값은 고정하여 만든 1차원 최소화 문제를 제5장에서 기술한 방법들을 이용하여 새로운 기준점 $\boldsymbol{X}_{i+1}$, 즉 최소 근사점을 개선해 나가는 방법이다. 또한, 이전 반복회에서 고정되었던 $n-1$ 변수들 중 하나를 선택하여 새로운 방향으로 잡고 탐색을 지속한다. 이렇게 모든 좌표 방향을 순차적으로 선택하여 탐색 절차를 계속한다. 순차적으로 모든 n개의 방향으로 탐색하면 한 주기가 완료되고 다시 전체 과정을 반복한다. 어떤 주기에서 모든 n개의 방향에서 목적함수의 값이 더 이상 감소하지 않을 때까지 이 절차를 지속한다. 다음과 같이 변수순차법을 요약할 수 있다.

1. 임의 시작 점 $\boldsymbol{X}_i$를 선택하고 $i=1$로 설정한다.
2. 다음과 같이 탐색방향 $\boldsymbol{S}_i$를 찾는다.

$$\boldsymbol{S}_i^{\boldsymbol{T}} = \begin{cases} (1,0,0,\cdot\cdot\cdot,0) & for \quad i=1,\ n+1,\ 2n+1,\cdot\cdot\cdot \\ (0,1,0,\cdot\cdot\cdot,0) & for \quad i=2,\ n+2,\ 2n+2,\cdot\cdot\cdot \\ (0,0,1,\cdot\cdot\cdot,0) & for \quad i=3,\ n+3,\ 2n+3,\cdot\cdot\cdot \\ \quad\vdots & \\ (0,0,0,\cdot\cdot\cdot,1) & for \quad i=n,\ 2n,\ 3n\cdot\cdot\cdot \end{cases} \tag{6.22}$$

3. λ_i가 양수 또는 음수가 되어야 하는지 결정한다. 즉, 현재 방향 $\boldsymbol{S}_i$으로 이동할 때 함숫값이 양수 방향 또는 음수 방향으로 감소하는지를 확인한다. 이를 위해 작은 길이 ϵ에 대해 $f_i = f(\boldsymbol{X})_i$, $f^+ = f(\boldsymbol{X}_i + \epsilon \boldsymbol{S}_i)$ 그리고 $f^- = f(\boldsymbol{X}_i - \epsilon \boldsymbol{S}_i)$를 구하여 $f^+ < f_i$이면 $\boldsymbol{S}_i$는 f 값이 감소하는 방향이고, 만일 $f^- < f_i$이면 $-\boldsymbol{S}_i$가 감소방향이다. 만일 f^+와 f^- 모두 f_i 보다 크면 $\boldsymbol{X}_i$을 $\boldsymbol{S}_i$ 방향으로의 최소점으로 택한다.
4. 다음과 같은 최적 이동길이 $\lambda_i{}^*$를 찾는다.

$$f(\boldsymbol{X}_i \pm \lambda_i{}^* \boldsymbol{S}_i) = \underset{\lambda_i}{min}(\boldsymbol{X}_i \pm \lambda_i \boldsymbol{S}_i) \tag{6.23}$$

   여기서 $\boldsymbol{S}_i$ 또는 $-\boldsymbol{S}_i$가 함숫값이 감소하는 방향인지 여부에 따라 + 또는 − 부호를 사용한다.
5. 함숫값이 감소하는 방향에 따라 $\boldsymbol{X}_{i+1} = \boldsymbol{X}_i \pm \lambda_i{}^* \boldsymbol{S}_i$와 $f_{i+1} = f(\boldsymbol{X}_{i+1})$를 설정한다.
6. $i = i+1$로 설정하고 2단계로 간다. 목적함수의 값에 상당한 변화가 없을 때까지 이 절차를 반복한다.

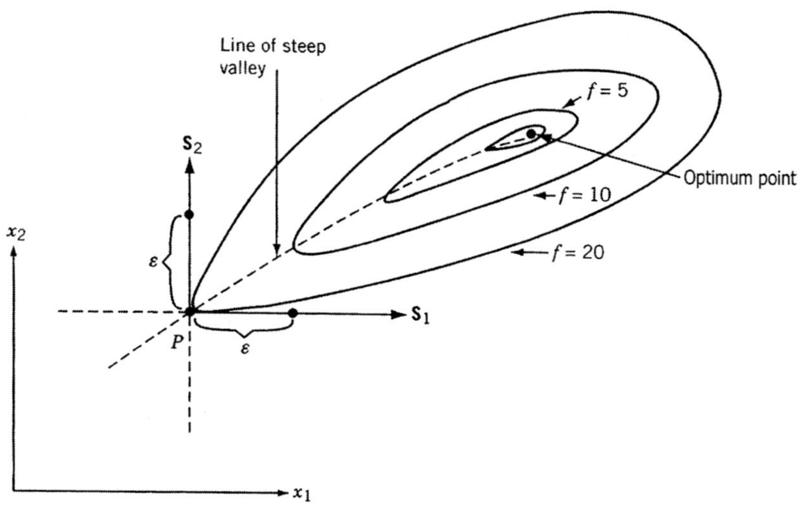

그림 6.5 가파른 계곡에서 변수순차법의 실패

변수순차법은 매우 단순하고 쉽게 수행할 수 있는 방법이다. 그러나 이 방법은 최적을 향해 지속적으로 감소하나 진동하는 경향이 있어 최적해에 신속하게 수렴하지 않을 수 있다. 따라서 정밀한 최적해를 구하려고 시도하는 것 보다 최적점 인근에서 연산을 중지하는 것이 좋다. 이론적으로는 모든 연속적으로 미분가능한 함수의 최소를 구하기 위해 변수순차법이 적용 가능하지만 함수가 가파른 계곡을 가지면 이 방법은 수렴하지 않을 수 있다.

예를 들어, 그림 6.5와 같은 계곡을 갖는 이변수 함수의 등고선의 점 P에서 변수순차법을 적용할 때, 함숫값은 어떤 방향 $\pm \boldsymbol{S}_1$ 또는 방향 $\pm \boldsymbol{S}_2$로도 감소하지 않는다. 따라서 탐색은 종료되고 최소점으로 점 P를 택하게 되나 이는 분명히 최적점이 아니다. 또한, 적합한 방향 $\pm \boldsymbol{S}_1$ 또는 $\pm \boldsymbol{S}_2$를 탐지하기 위해 필요한 길이 ϵ의 값을 연산에 사용한 기계오차 또는 유효숫자의 오차보다 작게 선택할 때마다 이러한 상황이 발생한다.

예제 6.4

시작점 $X_1 = (0,\ 0)^T$으로 다음 함수를 최소화하라.

$$f(x_1,\ x_2) = x_1 - x_2 + 2x_1^2 + 2x_1x_2 + x_2^2$$

[풀이] 3단계에서 함숫값이 감소하는 방향을 찾기 위해 길이 ϵ을 0.01로 택한다. 또한, 4단계에서 방향 $\pm \boldsymbol{S}_i$로 이동할 때의 최적 이동길이 λ_i^*를 구하기 위해 미분을 이용한다.

반복회 $i=1$

2단계 탐색방향 $\boldsymbol{S}_1=(1,\ 0)^T$를 선택한다.

3단계 $\boldsymbol{S}_1$ 또는 $-\boldsymbol{S}_1$ 방향으로 f 값이 감소하는지 확인하기 위해 길이 $\epsilon=0.01$을 사용한다. 즉,

$$f_1=f(\boldsymbol{X}_1)=f(0,\ 0)=0$$

$$\begin{aligned} f^+ &= f(\boldsymbol{X}_1+\epsilon\boldsymbol{S}_1) \\ &= f(0+\epsilon\times 1,\ 0+\epsilon\times 0) \\ &= f(\epsilon,\ 0)=0.01-0+2(0.0001)+0+0=0.0102>f_1 \end{aligned}$$

$$\begin{aligned} f^- &= f(\boldsymbol{X}_1-\epsilon\boldsymbol{S}_1) \\ &= f(0-\epsilon\times 1,\ 0-\epsilon\times 0) \\ &= f(-\epsilon,\ 0)=-0.01-0+2(0.0001)+0+0=-0.0098<f_1 \end{aligned}$$

이므로 $-\boldsymbol{S}_1$ 방향이 $\boldsymbol{X}_1$에서 f값이 감소하는 방향이다.

4단계 최적 이동길이 $\lambda_1{}^*$을 찾기 위해 다음을 최소화한다.

$$\begin{aligned} f(\boldsymbol{X}_1-\lambda_1\boldsymbol{S}_1) &= f(-\lambda_1, 0) \\ &= (-\lambda_1)-0+2(-\lambda_1)^2+0+0=2\lambda_1^2-\lambda_1 \end{aligned}$$

$\lambda_1=1/4$에서 $df/d\lambda_1=0$이므로 $\lambda_1{}^*=1/4$이다.

5단계 다음과 같이 설정한다.

$$\boldsymbol{X}_2=\boldsymbol{X}_1-\lambda_1{}^*\boldsymbol{S}_1=\begin{pmatrix}0\\0\end{pmatrix}-\frac{1}{4}\begin{pmatrix}1\\0\end{pmatrix}=\begin{pmatrix}-\frac{1}{4}\\0\end{pmatrix}$$

$$f_2=f(\boldsymbol{X}_2)=f\left(-\frac{1}{4},\ 0\right)=-\frac{1}{8}$$

반복회 $i=2$

2단계 탐색방향 $\boldsymbol{S}_2=(0,\ 1)^T$를 선택한다.

3단계 $f_2=f(\boldsymbol{X}_2)=-0.125$

$$
\begin{aligned}
f^{+} &= f(\boldsymbol{X}_2 + \epsilon \boldsymbol{S}_2) \\
&= f(-1/4 + \epsilon \times 0, 0 + \epsilon \times 1) \\
&= f(-0.25,\ 0.01) \\
&= -0.1399 < f_2
\end{aligned}
$$

$$
\begin{aligned}
f^{-} &= f(\boldsymbol{X}_2 - \epsilon \boldsymbol{S}_2) \\
&= f(-1/4 - \epsilon \times 0,\ 0 - \epsilon \times 1) \\
&= f(-0.25,\ -0.01) \\
&= -0.1099 > f_2
\end{aligned}
$$

이므로 $+\boldsymbol{S}_2$ 방향이 $\boldsymbol{X}_2$에서 f값이 감소하는 방향이다.

4단계 최적 이동길이 $\lambda_2{}^*$를 찾기 위해 다음을 최소화한다.

$$
\begin{aligned}
f(\boldsymbol{X}_2 + \lambda_2 \boldsymbol{S}_2) &= f(x_1 + \lambda_2 s_1,\ x_2 + \lambda_2 s_2) \\
&= f(-1/4 + \lambda_2 \times 0,\ 0 + \lambda_2 \times 1) \\
&= f(-0.25,\ \lambda_2) \\
&= -0.25 - \lambda_2 + 2(0.25)^2 - 2(0.25)\lambda_2 + \lambda_2^2 \\
&= \lambda_2^2 - 1.5\lambda_2 - 0.125
\end{aligned}
$$

$df/d\lambda_2 = 2\lambda_2 - 1.5 = 0$로부터 $\lambda_2{}^* = 0.75$이다.

5단계 다음과 같이 설정한다.

$$
\boldsymbol{X}_3 = \boldsymbol{X}_2 + \lambda_2{}^* \boldsymbol{S}_2 = \begin{pmatrix} -0.25 \\ 0 \end{pmatrix} + 0.75 \begin{pmatrix} 0 \\ 1 \end{pmatrix} = \begin{pmatrix} -0.25 \\ 0.75 \end{pmatrix}
$$

$$
f_3 = f(\boldsymbol{X}_3) = -0.6875
$$

다음은 반복회를 $i = 3$으로 설정하고 위와 같은 절차를 반복하면 최적값 $\boldsymbol{X}^* = \begin{pmatrix} -1.0 \\ 1.5 \end{pmatrix}$, $f(\boldsymbol{X}^*) = -1.25$를 구할 수 있다. ■

주의

위의 방법을 전산화하려면 최적점 $\boldsymbol{X}_{i+1}(i = 1, 2, \cdots)$에 대해 적절한 수렴 판정 기준을 사용하여야 한다.

6.5 패턴방향(Pattern Directions)

변수순차법에서는 좌표축들과 평행한 방향으로 최소점을 탐색하였다. 일부 경우들에서 이 방법은 수렴하지 않고, 또한 수렴한다 할지라도 최적점에 접근하면서 매우 완만하게 수렴한다는 것을 알았다. 그러나 좌표축에 항상 평행한 방법보다 더 나은 방법으로 탐색방향을 변경하여 이러한 문제점을 해결할 수 있다. 그림 6.6과 같은 함수의 등고선에 변수순차법으로 구한 최소 근사점들을 점 1, 2, 3, . . .으로 나타내고, 하나씩 걸러서 교대점들(예를 들어 1,3; 2,4; 3,5; 4,6; . . .)을 연결한 선들은 전반적으로 최소점의 방향을 갖는 것을 알 수 있는데, 이를 **패턴방향**(pattern directions)이라 한다. 만일 목적함수가 이변수 이차함수이면 이 패턴방향의 모든 선은 최소점을 통과하는 것을 증명할 수 있다. 하지만 변수가 2개 이상인 다변수 이차함수의 경우는 이러한 성질을 갖지 않는다. 그러나 이러한 개념을 사용하면 n 변수 함수의 최소점을 찾는 한편 신속하게 수렴에 도달할 수 있다. 이와 같이 탐색방향으로 패턴방향을 사용하는 방법을 **패턴 탐색법**(pattern search methods)이라 한다.

가장 잘 알려진 패턴 탐색법들 중 하나로 Powell 방법을 들 수 있는 데, 6.6절에서 자세히 기술하기로 한다. 일반적으로 패턴 탐색법은 설계변수들의 수만큼, 즉 n회의 변수순차법을 실행한 후 패턴방향

$$\boldsymbol{S}_i = \boldsymbol{X}_i - \boldsymbol{X}_{i-n} \tag{6.24}$$

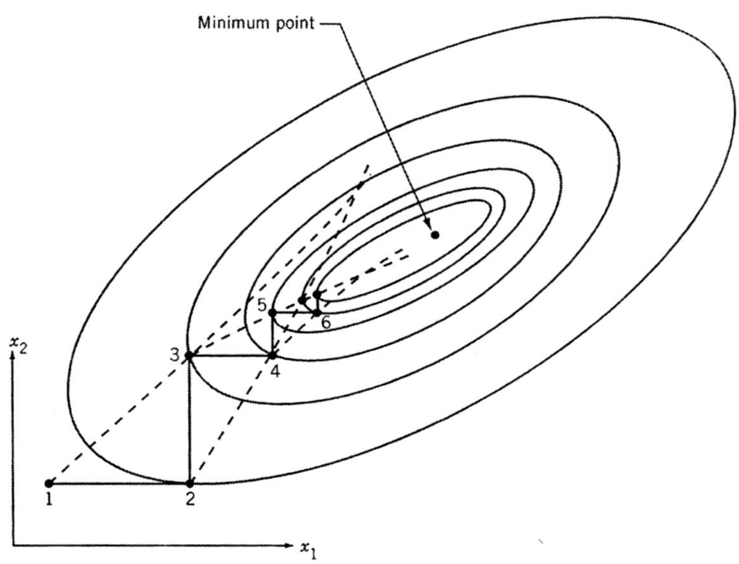

그림 6.6 최소점 방향에 위치한 교대점들로 정의한 선들

을 따라 최소점을 탐색한다. 여기서 $\boldsymbol{X}_i$는 i회의 변수순차법의 실행 후에 얻은 점이고, $\boldsymbol{X}_{i-n}$은 n번 이전의 변수순차법의 시작점이다. 일반적으로 패턴방향을 따라 이동하기 전에 사용된 방향들은 변수 순차 방향일 필요가 없다.

6.6 Powell 방법

Powell 방법은 기본적으로 패턴탐색법의 연장이다. Powell 방법은 가장 광범위하게 사용되는 직접 탐색법으로 공액방향 또는 켤레방향(conjugate directions)을 이용하는 방법 중의 하나임을 증명할 수 있다[6.7]. 또 켤레방향법은 유한 번의 단계 안에 이차함수를 최소화하고, 일반 비선형함수는 최소점 주위에서 이차함수로 잘 근사화할 수 있으므로 켤레방향법은 일반 비선형 목적함수들의 수렴도 가속시킬 것으로 기대된다. 켤레방향의 정의, 생성 방법, 그리고 2차 수렴의 특성을 본 절에서 기술한다.

6.6.1 켤레방향(Conjugate Directions)

[정의] 켤레방향 $n \times n$ 대칭 행렬 $\boldsymbol{A} = [A]$에 대하여

$$\boldsymbol{S}_i^T \boldsymbol{A} \boldsymbol{S}_j = 0 \ , \ i \neq j, \ i = 1,2,\cdots,n, \ j = 1,2,\cdots,n \tag{6.25}$$

을 만족하는 n개의 벡터(또는 방향)의 집합 $\{\boldsymbol{S}_i\}$를 켤레(더욱 정확하게는 $\boldsymbol{A}$-켤레)라 한다. 특히, 식 6.25에서 $[A] = [I]$일 때의 특별한 켤레방향은 직교방향(orthogonal directions)임을 알 수 있다.

[정의] 이차적 수렴 방법(Quadratically Convergent Method) 최소화 방법이 n 변수 이차함수를 n 반복회 안에 정확한 산술로 최소화할 수 있다면 그 방법을 **이차적 수렴 방법**이라고 한다.

정리 6.1 주어진 n 변수 이차함수가 차원이 $k < n$인 두 개의 평행 초평면 1과 2에 서 갖는 제약 정점을 $\boldsymbol{X}_1$과 $\boldsymbol{X}_2$라 하면, $\boldsymbol{X}_1$과 $\boldsymbol{X}_2$를 연결하는 선은 초평면들에 평행한 어떤 선과도 서로 켤레이다.

[증명] 주어진 이차함수를

$$Q(\boldsymbol{X}) = \frac{1}{2}\boldsymbol{X}^T\boldsymbol{A}\boldsymbol{X} + \boldsymbol{B}^T\boldsymbol{X} + C \tag{6.26}$$

라 하면, Q의 구배는

$$\nabla Q(\boldsymbol{X}) = \boldsymbol{AX} + \boldsymbol{B}$$

이다. 따라서

$$\nabla Q(\boldsymbol{X}_1) - \nabla Q(\boldsymbol{X}_2) = \boldsymbol{A}(\boldsymbol{X}_1 - \boldsymbol{X}_2) \tag{6.27}$$

만일 $\boldsymbol{S}$가 초평면들에 평행한 임의 벡터이면, 이는 반드시 구배 $\nabla Q(\boldsymbol{X}_1)$와 $\nabla Q(\boldsymbol{X}_2)$에 직교하므로

$$\boldsymbol{S}^T \nabla Q(\boldsymbol{X}_1) = \boldsymbol{S}^T \boldsymbol{AX}_1 + \boldsymbol{S}^T \boldsymbol{B} = 0 \tag{6.28}$$

$$\boldsymbol{S}^T \nabla Q(\boldsymbol{X}_2) = \boldsymbol{S}^T \boldsymbol{AX}_2 + \boldsymbol{S}^T \boldsymbol{B} = 0 \tag{6.29}$$

이다. 식 6.28에서 식 6.29를 빼면

$$\boldsymbol{S}^T \boldsymbol{A}(\boldsymbol{X}_1 - \boldsymbol{X}_2) = 0 \tag{6.30}$$

이 되므로 $\boldsymbol{S}$와 $(\boldsymbol{X}_1 - \boldsymbol{X}_2)$는 $\boldsymbol{A}$-켤레이다. ■

이 정리의 의미를 그림 6.7에서 2차원 공간에 설명하고 있다. 즉, $\boldsymbol{X}_1$과 $\boldsymbol{X}_2$가 두 개의 다른 시작점 $\boldsymbol{X}_a$과 $\boldsymbol{X}_b$로부터 $\boldsymbol{S}$ 방향으로 탐색하여 얻은 Q의 최소점이면 선 $(\boldsymbol{X}_1 - \boldsymbol{X}_2)$는 탐색방향 $\boldsymbol{S}$과 켤레가 된다.

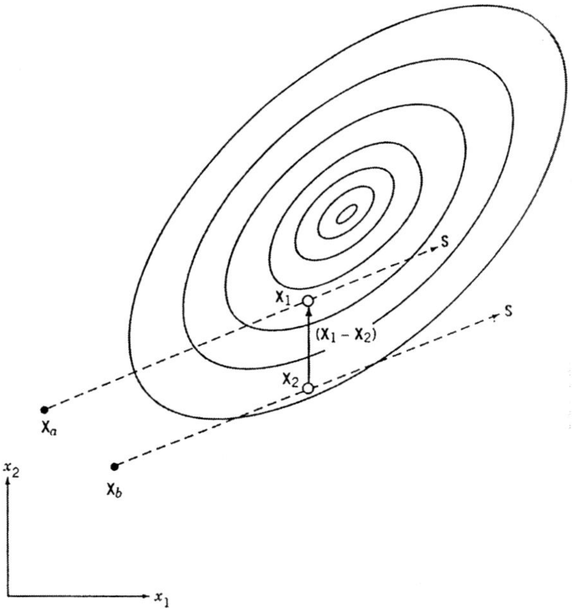

그림 6.7 켤레방향들

정리 6.2 다음 이차함수

$$Q(\boldsymbol{X})=\frac{1}{2}\boldsymbol{X}^T\boldsymbol{A}\boldsymbol{X}+\boldsymbol{B}^T\boldsymbol{X}+C \tag{6.31}$$

를 n개의 상호 켤레방향 집합의 각 방향에 따라 순차적으로 최소화 하면 시작점과 무관하게 n번째 단계 또는 이전에 함수 Q의 최소를 발견할 수 있다.

[증명] $\boldsymbol{X}^*$가 이차함수 $Q(\boldsymbol{X})$를 최소화한다고 하면

$$\nabla Q(\boldsymbol{X}^*)=\boldsymbol{A}\boldsymbol{X}^*+\boldsymbol{B}=0 \tag{6.32}$$

이 된다. 또 주어진 점 $\boldsymbol{X}_1$과 일차 독립인 방향 벡터 $\boldsymbol{S}_1$, $\boldsymbol{S}_2$, · · · $\boldsymbol{S}_n$에 대해 다음의 식을 만족하는 상수 β_i를 항상 찾을 수 있다.

$$\boldsymbol{X}^*=\boldsymbol{X}_1+\sum_{i=1}^{n}\beta_i\boldsymbol{S}_i \tag{6.33}$$

즉, 방향 벡터 $\boldsymbol{S}_1$, $\boldsymbol{S}_2$, · · · $\boldsymbol{S}_n$가 $\boldsymbol{A}$-켤레이고 모두 0이 아니면 $\boldsymbol{S}_i$는 일차 독립이 됨을 쉽게 알 수 있으므로 기저 벡터로 사용될 수 있고, 다음과 같이 β_i를 결정할 수 있다.

식 6.32와 6.33으로부터

$$\boldsymbol{B}+\boldsymbol{A}\boldsymbol{X}_1+\boldsymbol{A}\left(\sum_{i=1}^{n}\beta_i\boldsymbol{S}_i\right)=0 \tag{6.34}$$

이 되고, 위의 식에 $\boldsymbol{S}_j^T$를 곱하면 다음 식을 얻는다.

$$\boldsymbol{S}_j^T(\boldsymbol{B}+\boldsymbol{A}\boldsymbol{X}_1)+\boldsymbol{S}_j^T\boldsymbol{A}\left(\sum_{i=1}^{n}\beta_i\boldsymbol{S}_i\right)=0 \tag{6.35}$$

또 위의 식을 다시 쓰면

$$(\boldsymbol{B}+\boldsymbol{A}\boldsymbol{X}_1)^T\boldsymbol{S}_j+\beta_j\boldsymbol{S}_j^T\boldsymbol{A}\boldsymbol{S}_j=0 \tag{6.36}$$

이 되므로

$$\beta_j=-\frac{(\boldsymbol{B}+\boldsymbol{A}\boldsymbol{X}_1)^T\boldsymbol{S}_j}{\boldsymbol{S}_j^T\boldsymbol{A}\boldsymbol{S}_j} \tag{6.37}$$

와 같다. 이제 점 $\boldsymbol{X}_1$에서 시작하여 켤레 벡터 $\boldsymbol{S}_1$, $\boldsymbol{S}_2$, · · · $\boldsymbol{S}_n$ 방향으로 이차식 $Q(\boldsymbol{X})$를 순차적으로 최소화하는 반복 절차를 수행하면, 반복 되는 점들은 식

$$\boldsymbol{X}_{i+1} = \boldsymbol{X}_i + \lambda_i{}^* \boldsymbol{S}_i, \quad i = 1, \ldots, n \qquad 6.38$$

으로 결정된다. 여기서 $\lambda_i{}^*$는 $Q(\boldsymbol{X}_i + \lambda_i \boldsymbol{S}_i)$를 최소화하는 값, 즉

$$\boldsymbol{S}_i^T \nabla Q(\boldsymbol{X}_{i+1}) = 0 \qquad 6.39$$

을 만족하는 값이다.4) 점 $\boldsymbol{X}_{i+1}$에서 Q의 구배는

$$\nabla Q(\boldsymbol{X}_{i+1}) = \boldsymbol{B} + \boldsymbol{A}\boldsymbol{X}_{i+1} \qquad 6.40$$

이므로 식 6.39는

$$\boldsymbol{S}_i^T \{\boldsymbol{B} + \boldsymbol{A}(\boldsymbol{X}_i + \lambda_i{}^* \boldsymbol{S}_i)\} = 0 \qquad 6.41$$

이 되어

$$\lambda_i{}^* = -\frac{(\boldsymbol{B} + \boldsymbol{A}\boldsymbol{X}_i)^T \boldsymbol{S}_i}{\boldsymbol{S}_j^T \boldsymbol{A} \boldsymbol{S}_i} \qquad 6.42$$

이다. 또한 식 6.38로부터 다음과 같이 $\boldsymbol{X}_i$를 표현할 수 있다.

$$\boldsymbol{X}_i = \boldsymbol{X}_1 + \sum_{j=1}^{i-1} \lambda_j{}^* \boldsymbol{S}_j \qquad 6.43$$

따라서

$$\begin{aligned} \boldsymbol{X}_i^T \boldsymbol{A} \boldsymbol{S}_i &= \boldsymbol{X}_1^T \boldsymbol{A} \boldsymbol{S}_i + \sum_{j=1}^{i-1} \lambda_j{}^* \boldsymbol{S}_j^T \boldsymbol{A} \boldsymbol{S}_i \\ &= \boldsymbol{X}_1^T \boldsymbol{A} \boldsymbol{S}_i \end{aligned} \qquad 6.44$$

이므로 식 6.42는 다음과 같이 된다.

$$\lambda_i{}^* = -(\boldsymbol{B} + \boldsymbol{A}\boldsymbol{X}_1)^T \frac{\boldsymbol{S}_i}{\boldsymbol{S}_j^T \boldsymbol{A} \boldsymbol{S}_i} \qquad 6.45$$

위의 식은 식 6.37과 동일한 것을 알 수 있다. 따라서 최소화하는 이동길이는 β_i 또는 $\lambda_i{}^*$로 결정된다. 한편 최적점 $\boldsymbol{X}^*$는 식 6.33과 같이 최소화하는 이동길이와 동일한 n개 $\beta_1, \beta_2, \cdot\cdot\cdot, \beta_n$의 합으로 표현되므로, 최소화 과정은 n 단계 또는 이전에 최소점에

4) $\boldsymbol{S}_i^T \nabla Q(\boldsymbol{X}_{i+1}) = 0$은 $\boldsymbol{Y} = \boldsymbol{X}_{i+1}$에서 $dQ/d\lambda_i = 0$과 동치이다:
$\dfrac{dQ}{d\lambda_i} = \sum_{j=1}^{n} \dfrac{\partial Q}{\partial y_j} \dfrac{\partial y_j}{\partial \lambda_i}$, 여기서 y_j는 $\boldsymbol{Y} = \boldsymbol{X}_{i+1}$의 성분이다.

도달함을 알 수 있다. 또한, 시작점 $\boldsymbol{X}_1$과 켤레방향 벡터 $\boldsymbol{S}_1$, $\boldsymbol{S}_2$, · · · $\boldsymbol{S}_n$의 순서에 관해 아무런 가정도 하지 않았으므로 최소화 과정은 벡터 방향들의 순서는 물론 시작점과 무관하게 n 단계 또는 이전에 수렴한다. ■

예제 6.5

다음 함수를 최소화하고자 한다.

$$f(x_1,\ x_2) = 6x_1^2 + 2x_2^2 - 6x_1x_2 - x_1 - 2x_2$$

만일 $\boldsymbol{S}_1 = \begin{pmatrix}1\\2\end{pmatrix}$라 하면, 방향 $\boldsymbol{S}_1$과 켤레가 되는 방향 벡터 $\boldsymbol{S}_2$를 찾아라.

[풀이] 목적함수를 행렬 형태로 표현하면

$$\begin{aligned} f(\boldsymbol{X}) &= \boldsymbol{B}^T\boldsymbol{X} + \frac{1}{2}\boldsymbol{X}^T[A]\boldsymbol{X} \\ &= (-1\ -2)\begin{pmatrix}x_1\\x_2\end{pmatrix} + \frac{1}{2}(x_1\ \ x_2)\begin{bmatrix}12 & -6\\-6 & 4\end{bmatrix}\begin{pmatrix}x_1\\x_2\end{pmatrix}\end{aligned}$$

이므로 Hessian 행렬 $[A]$는

$$[A] = \begin{bmatrix}12 & -6\\-6 & 4\end{bmatrix}$$

이다. $A-$켤레 벡터의 정의에 따라 방향 $\boldsymbol{S}_2 = \begin{pmatrix}s_1\\s_2\end{pmatrix}$가 다음의 식

$$\boldsymbol{S}_1^T[A]\boldsymbol{S}_2 = (1\ \ 2)\begin{bmatrix}12 & -6\\-6 & 4\end{bmatrix}\begin{pmatrix}s_1\\s_2\end{pmatrix} = 0$$

을 만족하면 $\boldsymbol{S}_1 = \begin{pmatrix}1\\2\end{pmatrix}$과 켤레가 된다. 위의 식의 계산에서 $0s_1 = 0$, $2s_2 = 0$이므로 s_1은 임의의 값을 가질 수 있고 $s_s = 0$이다. 따라서 $s_1 = 1$로 선택하면 $\boldsymbol{S}_2 = \begin{pmatrix}1\\0\end{pmatrix}$은 $\boldsymbol{S}_1 = \begin{pmatrix}1\\2\end{pmatrix}$과 $A-$켤레 벡터 방향이 된다. ■

6.6.2 알고리즘

그림 6.8에서 이변수 함수에 대한 Powell 방법의 기본 개념을 그래프로 설명하고 있다. 이 그림에서 보는 바와 같이 두 번째 좌표 방향으로 시작하여 각 좌표의 방향을 따라 함수를 최소화하고 이에 상응하는 패턴방향으로 최소화하면 점 5에 도달한다. 다음 최소화 주기에서는 좌표 방향들 중 하나(현재 경우 x_1 방향)를 버리고 대신에 패턴방향을 마지막

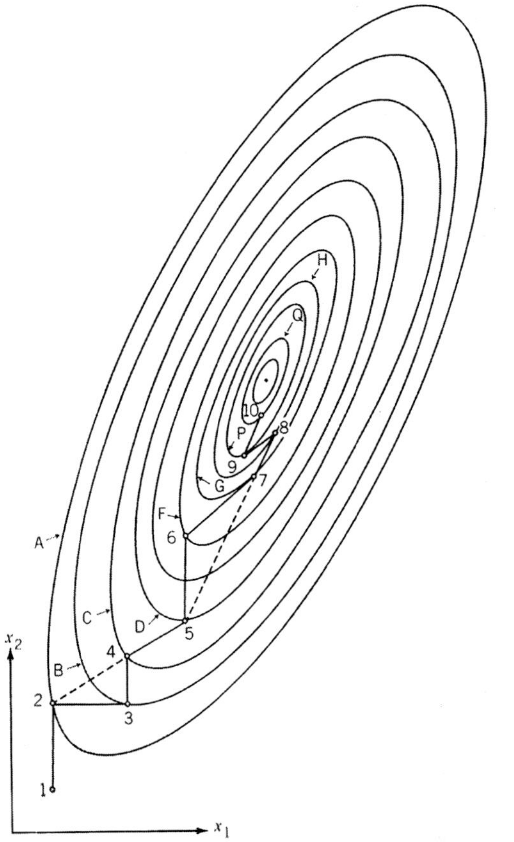

그림 6.8 Powell 방법의 진행 과정

으로 사용 즉, 좌표 방향 $\boldsymbol{u}_2$와 패턴방향 $\boldsymbol{S}_1$을 따라 순서대로 최소화하면 점 7에 도달한 후, 그림과 같이 새로운 패턴방향 $\boldsymbol{S}_2$를 생성한다. 다음 최소화 주기에서는 생성된 패턴방향의 사용을 위해 앞 주기에서 사용한 좌표 방향들 중 하나(현재 경우 x_2 방향)를 또 버린다. 이제 점 8부터 시작하여 생성된 패턴방향 $\boldsymbol{S}_1$과 $\boldsymbol{S}_2$를 따라 순서대로 최소화하여 점 9와 10에 도달한다. 이제 다음 최소화 주기에서는 버릴 좌표 방향이 없으므로 x_2 방향을 따라 최소화하여 전체 절차를 다시 시작한다. 이러한 과정을 원하는 최소점을 발견할 때까지 계속한다.

앞에서 기술한 Powell 방법의 실행 흐름도는 그림 6.9와 같다. 최소점을 발견할 때까지 다음 방향을 따라 순차적으로 탐색이 이루어진다. 즉,

$$\boldsymbol{S}_n;\ \boldsymbol{S}_1,\ \boldsymbol{S}_2,\ \boldsymbol{S}_3,\ \cdots\ \boldsymbol{S}_{n-1},\ \boldsymbol{S}_n,\ \boldsymbol{S}_p^{(1)};\ \boldsymbol{S}_p^{(2)};\ \boldsymbol{S}_3,\ \boldsymbol{S}_4,\ \cdots,$$
$$\boldsymbol{S}_{n-1},\ \boldsymbol{S}_n,\ \boldsymbol{S}_p^{(1)};\ \boldsymbol{S}_p^{(2)};\ \boldsymbol{S}_3,\ \boldsymbol{S}_4,\ \cdots\ \boldsymbol{S}_{n-1},\ \boldsymbol{S}_n,\ \boldsymbol{S}_p^{(1)}\boldsymbol{S}_p^{(2)};\boldsymbol{S}_p^{(3)},\ \cdots$$

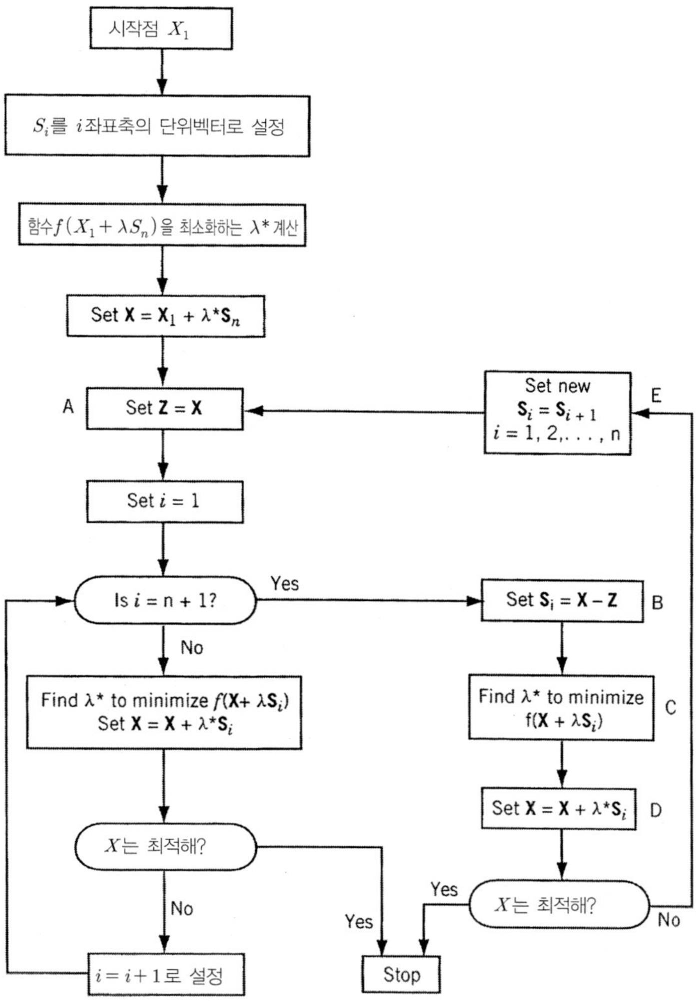

그림 6.9 Powell 방법의 흐름도

여기서 S_i는 좌표 방향 u_i 그리고 $S_p^{(j)}$는 j번째 패턴방향을 나타낸다. 그림 6.9 내에 A 상자에서 주기의 기본점을 벡터 Z에 저장하고, B상자에서는 현재 점으로부터 기본점을 빼서 만든 패턴방향을 C와 D 상자에서 최소화 방향으로 사용한다. 다음 주기에서는 선행 주기에서 사용한 첫 번째 방향 대신에 현재 패턴방향을 마지막 탐색방향으로 택한다. E 상자에서는 탐색방향의 순서를 재나열한다. 따라서 패턴방향을 만들기 위해 B 상자에서 사용한 두 점 Z와 X에는 첫 번째 주기에서 S_n 방향으로, 두 번째 주기에서는 첫 번째 패턴방향 $S_p^{(1)}$ 방향으로, 세 번째 주기에서는 두 번째 패턴방향 $S_p^{(2)}$ 등등으로 구한 최소점들이 차례로 저장된다.

이차적 수렴 그림 6.9로부터 패턴방향 $\boldsymbol{S}_p^{(1)}$, $\boldsymbol{S}_p^{(2)}$, $\boldsymbol{S}_p^{(3)}$, · · · 은 단지 방향 $\boldsymbol{S}_n$, $\boldsymbol{S}_p^{(1)}$, $\boldsymbol{S}_p^{(2)}$, · · · 을 따라 구한 최소들을 연결하는 선들임을 알 수 있다. 따라서 정리 6.1에 따라 방향의 쌍들 $(\boldsymbol{S}_n,\ \boldsymbol{S}_p^{(1)})$, $(\boldsymbol{S}_p^{(1)},\ \boldsymbol{S}_p^{(2)})$, 등은 모두 $\boldsymbol{A}$-켤레이다. 더구나 모든 방향들 $\boldsymbol{S}_n$, $\boldsymbol{S}_n^{(1)}$, $\boldsymbol{S}_p^{(2)}$, · · · 도 $\boldsymbol{A}$-켤레가 된다. 그러므로 정리 6.2에 의해 켤레방향의 집합의 방향을 따라 최소화하는 모든 탐색법은 이차적 수렴이므로 Powell의 방법은 이차적 수렴이다. 또한, 켤레방향 $\boldsymbol{S}_p^{(1)}$, $\boldsymbol{S}_p^{(2)}$, · · · 을 만드는 방법을 보면 n개의 켤레방향을 완성하기 위해서는 n번의 최소화 주기가 필요함을 알 수 있다. 즉, i번째 주기에서는 이미 만든 i개의 켤레방향들과 $n-i$개의 켤레가 아닌 방향(좌표방향)을 따라 최소화가 수행된다. 따라서 n 주기 후 얻게 되는 모든 n개의 탐색방향들은 상호 켤레이고, 이론적으로 이차함수는 전체 n^2번의 1차원 최소화 과정을 수행하여 최소화된다. 그러므로 Powell 방법은 이차적 수렴성을 갖는다.

대부분 수치 기법들에서와 같이 실전 문제에서의 수렴은 이론과 같이 양호하지 않을 수 있다. 다음과 같은 이유로 Powell 방법도 함수를 최소화하기 위해 이론적으로 추정보다 더욱 많은 반복을 필요로 할 수 있다.

1. 주기 n의 숫자는 오직 이차함수들의 경우에만 유효하므로 일반적으로 이차함수들이 아닌 경우에는 n보다 많은 주기를 필요로 한다.
2. 각 1차원 최소화에서 정확한 최소를 발견하는 것으로 가정하여 이차적 수렴이 증명된다. 그러나 실제 최소화하는 이동길이 λ_i*는 오직 근삿값이므로 후속 방향들은 서로 켤레가 아닐 수 있다. 따라서 전체 수렴을 달성하기 위해 더욱 많은 반복을 필요로 할 수 있다.
3. 위에서 언급한 Powell 방법은 최소점을 발견하기 전 수치 연산을 하는 동안 탐색방향 $\boldsymbol{S}_i$가 일차독립이 되지 않거나 또는 거의 일차종속에 가까운 벡터가 되면 반복이 중지될 수 있다.

수렴 판정기준 Powell 방법과 같은 방법에서 일반적으로 채택하는 수렴 판정기준은 최소화 주기에서 만든 점들이 요구된 정확도의 1/10보다 작은 변화를 갖게 되면 절차를 종료한다. 그러나 Powell은 과정의 조기종료를 방지하는 더욱 정교한 수렴 판정기준을 제시하였다[6.7].

예제 6.6

Powell 방법을 사용하여 시작점 $\boldsymbol{X}_1 = \begin{pmatrix}0\\0\end{pmatrix}$으로부터 다음 함수를 최소화하라.

$$f(x_1,\ x_2) = x_1 - x_2 + 2x_1^2 + 2x_1x_2 + x_2^2$$

[풀이] 주기 1: 변수순차탐색법(Univariate Search)

$\boldsymbol{X}_1$에서 $\boldsymbol{S}_2 = \boldsymbol{S}_n = \begin{pmatrix} 0 \\ 1 \end{pmatrix}$을 따라 f를 최소화한다. f의 값을 감소하는 방향 ($+\boldsymbol{S}_2$ 또는 $-\boldsymbol{S}_2$)을 결정하기 위해 길이 $\epsilon = 0.01$을 취한다. $f_1 = f(\boldsymbol{X}_1) = 0.0$이고,

$$f^+ = f(\boldsymbol{X}_1 + \epsilon \boldsymbol{S}_2) = f(0.0,\ 0.01) = -0.0099 < f_1$$

이므로 f는 방향 $+\boldsymbol{S}_2$을 따라 감소한다. 이제 $\boldsymbol{S}_2$에 따른 최소화하는 이동길이 λ^*를 구하기 위해 다음을 최소화한다.

$$f(\boldsymbol{X}_1 + \lambda \boldsymbol{S}_2) = f(0.0,\ \lambda) = \lambda^2 - \lambda$$

$df/d\lambda = 0$에서 $\lambda^* = 1/2$이므로 $\boldsymbol{X}_2 = \boldsymbol{X}_1 + \lambda^* \boldsymbol{S}_2 = \begin{pmatrix} 0 \\ 0 \end{pmatrix} + \frac{1}{2}\begin{pmatrix} 0 \\ 1 \end{pmatrix} = \begin{pmatrix} 0 \\ 0.5 \end{pmatrix}$이다.

다음은 점 $\boldsymbol{X}_2 = \begin{pmatrix} 0 \\ 0.5 \end{pmatrix}$에서 $\boldsymbol{S}_1 = \begin{pmatrix} 1 \\ 0 \end{pmatrix}$을 따라 f를 최소화한다.

$$f_2 = f(\boldsymbol{X}_2) = f(0.0,\ 0.5) = -0.25$$

$$f^+ = f(\boldsymbol{X}_2 + \epsilon \boldsymbol{S}_1) = f(0.01,\ 0.5) = -0.2298 > f_2$$

$$f^- = f(\boldsymbol{X}_2 - \epsilon \boldsymbol{S}_1) = f(-0.01,\ 0.5) = -0.2698 < f_2$$

이므로 f는 방향 $-\boldsymbol{S}_1$을 따라 감소한다.

$$f(\boldsymbol{X}_2 - \lambda \boldsymbol{S}_1) = f(-\lambda,\ 0.5) = 2\lambda^2 - 2\lambda - 0.25$$

의 $df/d\lambda = 0$로부터 $\lambda^* = 1/2$이므로 $\boldsymbol{X}_3 = \boldsymbol{X}_2 - \lambda^* \boldsymbol{S}_1 = \begin{pmatrix} -0.5 \\ 0.5 \end{pmatrix}$이다.

이제 $\boldsymbol{X}_3 = \begin{pmatrix} -0.5 \\ 0.5 \end{pmatrix}$에서 $\boldsymbol{S}_2 = \begin{pmatrix} 0 \\ 1 \end{pmatrix}$을 따라 f를 최소화한다.

$$f_3 = f(\boldsymbol{X}_3) = -0.75$$

$$f^+ = f(\boldsymbol{X}_3 + \epsilon \boldsymbol{S}_2) = f(-0.5,\ 0.51) = -0.7599 < f_3$$

이므로 f는 방향 $+\boldsymbol{S}_2$에 따라 감소한다.

$$f(\boldsymbol{X}_3 + \lambda \boldsymbol{S}_2) = f(-0.5,\ 0.5 + \lambda) = \lambda^2 - \lambda - 0.75,$$

의 최소를 구하기 위해 $df/d\lambda = 0$라 하면 $\lambda^* = 1/2$이므로

$$X_4 = X_3 + \lambda^* S_2 = \begin{pmatrix} -0.5 \\ 1.0 \end{pmatrix}$$

가 된다.

주기 2: 패턴탐색(Pattern Search)

첫 번째 패턴방향은

$$S_p^{(1)} = X_4 - X_2 = \begin{pmatrix} -0.5 \\ 1.0 \end{pmatrix} - \begin{pmatrix} 0 \\ 0.5 \end{pmatrix} = \begin{pmatrix} -0.5 \\ 0.5 \end{pmatrix}$$

로 만들고, X_4에서 $S_p^{(1)}$을 따라 f를 최소화한다. 즉,

$$f_4 = f(X_4) = -1.0$$

$$f^+ = f\left(X_4 + \epsilon S_p^{(1)}\right) = f(-0.5-0.005,\ 1+0.005)$$

$$= f(-0.505,\ 1.005) = -1.004975$$

이므로 f는 $+S_p^{(1)}$방향으로 감소한다. 이제

$$f\left(X_4 + \lambda S_p^{(1)}\right) = f(-0.5+\lambda(-0.5),\ 1.0+\lambda(0.5))$$
$$= 0.25\lambda^2 - 0.5\lambda - 1.0$$

에서 $df/d\lambda = 0$이면 $\lambda^* = 1.0$이다. 따라서

$$X_5 = X_4 + \lambda^* S_p^{(1)} = \begin{pmatrix} -0.5 \\ 1.0 \end{pmatrix} + 1.0 \begin{pmatrix} -0.5 \\ 0.5 \end{pmatrix} = \begin{pmatrix} -1.0 \\ 1.5 \end{pmatrix}$$

이다. 점 X_5를 다음과 같이 최적점으로 확인할 수 있다.

만일 이 단계에서 X_5가 최적점이 아니면 X_5로부터 $S_2 = \begin{pmatrix} 0 \\ 1 \end{pmatrix}$ 방향을 따라 f의 최소화를 진행하여

$$f_5 = f(X_5) = -1.25$$

$$f^+ = f(X_5 + \epsilon S_2) = -1.249977 > f_5(-1.25)$$

$$f^- = f(X_5 - \epsilon S_2) = -1.249977 > f_5(-1.25)$$

이 된다. 즉, S_2를 따라 f를 최소화할 수 없으므로 X_5가 최적점이 된다. 본 예제에서는 두 번째 주기에서 수렴이 달성되었다. 이 경우는 f가 이차함수이기 때문에 2회의 주기 안에 수렴을 기대할 수 있고 따라서 방법은 이차적 수렴방법이다. ■

6.7 심플렉스 방법

[정의] 심플렉스 n차원 공간에서 $n+1$점의 집합으로 형성된 기하학적 모양을 심플렉스라 부른다. 또 점들이 동일한 거리일 때 정규 심플렉스(regular simplex)라고 한다. 따라서 2차원 심플렉스는 삼각형, 그리고 3차원의 경우는 사면체(tetrahedron)이다.

심플렉스 방법의 기본 개념은 일반 심플렉스의 $n+1$ 꼭지점에서 목적함수 값을 비교하고 최적점을 향해 점차적으로 심플렉스를 이동한다. n차원 공간에서 크기가 a인 정규 심플렉스(2차원 공간에서 정삼각형)의 꼭지점을 구하기 위해 다음 식들을 사용할 수 있다 [6.10].

$$\boldsymbol{X}_i = \boldsymbol{X}_0 + p\boldsymbol{u}_i + \sum_{j=1, j\neq i}^{n} q\boldsymbol{u}_j, \qquad i = 1,\ 2,\ \cdot\cdot\cdot,\ n \tag{6.46}$$

$$p = \frac{a}{n\sqrt{2}}(\sqrt{n+1}+n-1), \qquad q = \frac{a}{n\sqrt{2}}(\sqrt{n+1}-1) \tag{6.47}$$

여기서 $\boldsymbol{X}_0$는 초기 기준점이고, $\boldsymbol{u}_j$는 j번째 좌표축의 단위 벡터이다. Spendley, Hext와 Himsworth[6.10]가 최초로 이 방법을 제안하였고, 후에 Nelder & Mead[6.11]가 개발하였다. 심플렉스의 이동은 반사(reflection), 축소(contraction), 확장(expansion) 등 세 가지의 연산을 사용하여 수행된다.

6.7.1 반사 (Reflection)

만일 심플렉스의 꼭지점 중 $\boldsymbol{X}_h$가 목적함수의 가장 높은 값에 상응하는 꼭지점이면 반대 면(face)을 기준으로 점 $\boldsymbol{X}_h$를 반사하여 얻은 점 $\boldsymbol{X}_r$은 목적함수가 가장 작은 값이 되는 점이기를 바라면서, 심플렉스로부터 점 $\boldsymbol{X}_h$를 버리고(reject) 새로운 점 $\boldsymbol{X}_r$을 포함하는 새로운 심플렉스를 만든다. 그림 6.10에서 이러한 과정을 보여준다. 그림 6.10a에서 점 $\boldsymbol{X}_1$, $\boldsymbol{X}_2$, $\boldsymbol{X}_3$는 원래 심플렉스의 꼭지점이며, 점 $\boldsymbol{X}_1$, $\boldsymbol{X}_2$, $\boldsymbol{X}_r$은 새로운 심플렉스를 형성한다. 또 그림 6.10b에서는 점 $\boldsymbol{X}_1$, $\boldsymbol{X}_2$, $\boldsymbol{X}_3$, $\boldsymbol{X}_4$가 원래 심플렉스이며, $\boldsymbol{X}_1$, $\boldsymbol{X}_2$, $\boldsymbol{X}_3$, $\boldsymbol{X}_r$은 새로운 심플렉스의 꼭지점이다. 이렇게 또 다시 가장 높은 함숫값에 상응하는 꼭지점을 버리면서 현재 심플렉스로부터 새로운 심플렉스를 생성할 수 있다. 심플렉스 이동 방향은 항상 최악의 결과로부터 멀어지므로 감소방향으로 이동할 것이다. 목적함수가 가파른 계곡들을 갖지 않는 경우에는 반사 과정을 이와 같이 반복적으로 적용하면 그림 6.11과 같이 최소 방향으로 지그재그 모양의 경로가 형성된다.

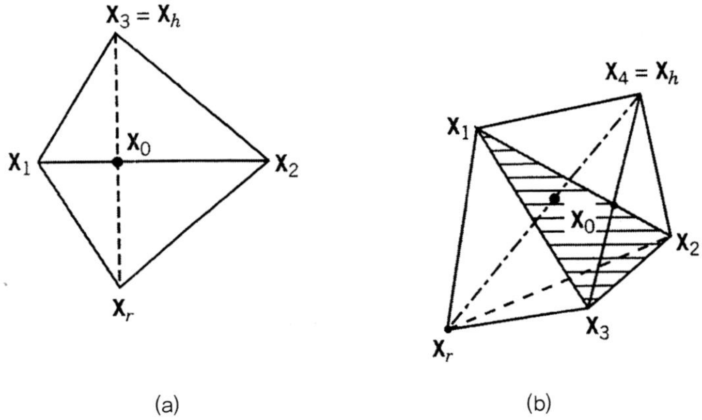

그림 6.10 반사

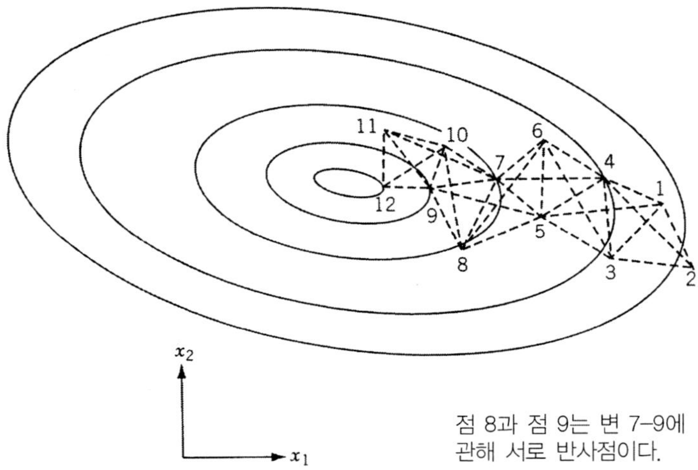

점 8과 점 9는 변 7–9에
관해 서로 반사점이다.

그림 6.11 반사 과정의 진행

반사점 $\boldsymbol{X}_r$을 수학적으로 표현하면

$$\boldsymbol{X}_r = (1+\alpha)\boldsymbol{X}_0 - \alpha \boldsymbol{X}_h \qquad 6.48$$

과 같고, $\boldsymbol{X}_h$는 함숫값이 가장 큰 꼭지점이다. 즉,

$$f(\boldsymbol{X}_h) = \max_{i=1,..,n+1} f(\boldsymbol{X}_i) \qquad 6.49$$

이고, $\boldsymbol{X}_0$는 $i=h$를 제외한 모든 $\boldsymbol{X}_i$ 점들의 중심점(centroid)이다.

$$X_0 = \frac{1}{n} \sum_{i=1\ i \neq h}^{n+1} X_i \tag{6.50}$$

그리고 $\alpha > 0$은 다음과 같이 정의되는 반사 계수이다.

$$\alpha = \frac{X_r \text{과 } X_0 \text{사이 거리}}{X_h \text{와 } X_0 \text{사이 거리}} \tag{6.51}$$

따라서 X_r은 X_h와 X_0을 연결하는 선상에 있고, X_h에서 X_0의 반대쪽 $|X_r - X_0| = \alpha|X_h - X_0|$의 거리에 위치한다. X_l이 다음과 같이 최소 함숫값

$$f(X_l) = \min_{i=1,\ldots,n+1} f(X_i) \tag{6.52}$$

에 상응하는 꼭지점이고, $f(X_r)$의 값이 $f(X_h)$와 $f(X_l)$ 사이이면 X_h를 X_r로 대체한 새로운 심플렉스를 만든다.

만일 최소를 찾는데 오직 반사과정만을 사용하면, 일부 경우에서 어려움을 직면할 수 있다. 예를 들어, 그림 6.12에서와 같이 심플렉스들(2차원의 경우 삼각형들) 중 하나가 계곡을 가로지르고, 만일 반사점 X_r이 우연히 점 X_h에서 같은 목적함수 값을 가지면, 맴도는 연산주기에 들어가게 된다. 즉, X_2가 꼭지점 X_1, X_2, X_3가 정의하는 심플렉스 내부에서 최악의 점이면, 반사과정으로 만든 꼭지점 X_1, X_3, X_r의 새로운 심플렉스 내 점 X_r은 꼭지점 X_1, X_3, X_r 중에서 가장 높은 함숫값을 가지므로 반사과정을 통하여 이전 심플렉스를 그대로 얻게 된다. 따라서 최적화 과정은 계곡에서 묶이게 되고 최적점을 향해 이동할 방법이 없다. 이때는 방금 떠난 점들로 되돌아가지 못하는 규칙을 만들면 이러한 문제점을 극복할 수 있다.

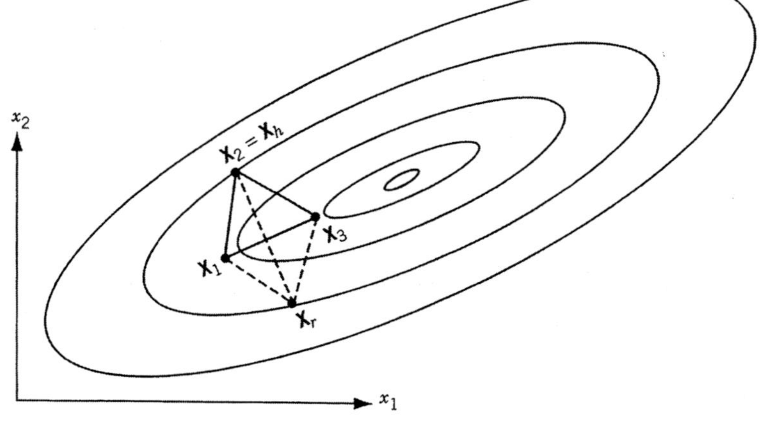

그림 6.12 새로운 심플렉스를 만들지 않는 반사과정

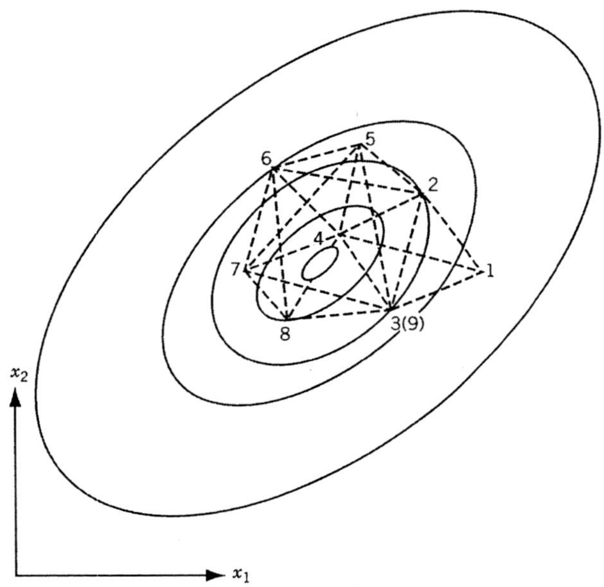

그림 6.13 주기적 순환과정이 되는 반사과정

즉, 이러한 상황에 직면할 때마다 최악의 함숫값에 상응하는 꼭지점 대신 두 번째 최악의 함숫값에 상응하는 꼭지점을 버린다. 일반적으로 이 방법은 원하는 최소점의 근처로 향해 과정이 진행되나 최종 심플렉스가 다시 최소를 넘어 계속 가로지를 수 있거나, 또는 최소점에서 최종 심플렉스 크기 정도의 거리 안에서 맴돌 수 있다. 이와 같은 경우에서는 선행 심플렉스의 최소와 비교하여 최소에 더욱 근접한 꼭지점들을 갖는 새로운 심플렉스를 얻는 것이 불가능할 수 있다. 즉, 그림 6.13과 같이 주기적으로 순환과정이 될 수 있다. 이 예제에서 심플렉스 123으로부터 형성된 연이은 심플렉스들은 234, 245, 456, 467, 478, 348, 234, 245, . . . 으로 주기적 순환과정을 형성하는 것을 볼 수 있다. 이러한 형태의 주기가 관측될 때마다 매 심플렉스에서 발생하는 꼭지점(그림 6.13에서 점 4)을 최적점에 대한 최상의 근사치로서 취할 수 있다. 만일 더욱 높은 정확도를 원하면 후에 기술하는 것과 같이 심플렉스를 축소 또는 확장해야 한다.

6.7.2 확장(Expansion)

만일 반사과정이 $f(\boldsymbol{X}_r) < f(\boldsymbol{X}_l)$인 점 $\boldsymbol{X}_r$을 찾게 되면(즉, 반사가 새로운 최소를 찾으면), $\boldsymbol{X}_0$에서 $\boldsymbol{X}_r$을 향하는 방향을 따라 이동하여 함숫값이 더욱 감소하는 것으로 기대할 수 있다. 따라서 다음 관계식을 사용하여 $\boldsymbol{X}_r$을 $\boldsymbol{X}_e$로 확장한다.

$$\boldsymbol{X}_e = \gamma \boldsymbol{X}_r + (1-\gamma)\boldsymbol{X}_0 \tag{6.53}$$

여기서 γ를 확장계수(expansion coefficient)라 하며 다음과 같이 정의된다.

$$\gamma = \frac{\boldsymbol{X}_e \text{와 } \boldsymbol{X}_0 \text{사이 거리}}{\boldsymbol{X}_r \text{과 } \boldsymbol{X}_0 \text{사이 거리}} > 1$$

만일 $f(\boldsymbol{X}_e) < f(\boldsymbol{X}_l)$이면, 점 $\boldsymbol{X}_h$를 $\boldsymbol{X}_e$로 대체하고 반사과정을 시작한다. 반면에 $f(\boldsymbol{X}_e) > f(\boldsymbol{X}_l)$이면 확장과정이 성공적이지 않은 것을 의미하므로 점 $\boldsymbol{X}_h$를 $\boldsymbol{X}_r$로 대체하고 반사과정을 다시 시작한다.

6.7.3 축소(Contraction)

반사과정에서는 결과로 얻은 $\boldsymbol{X}_r$이 $i=h$를 제외한 모든 i에서 $f(\boldsymbol{X}_r) > f(\boldsymbol{X}_i)$이고, $f(\boldsymbol{X}_r) < f(\boldsymbol{X}_h)$이면 $\boldsymbol{X}_h$를 $\boldsymbol{X}_r$로 대체하고 새로운 $\boldsymbol{X}_h$는 $\boldsymbol{X}_r$이 된다. 이 경우에는 다음과 같이

$$\boldsymbol{X}_c = \beta \boldsymbol{X}_h + (1-\beta)\boldsymbol{X}_0 \qquad 6.54$$

심플렉스를 축소할 수 있다. 여기서 $\beta(0 \le \beta \le 1)$는 축소계수(contraction coefficient)라 하며 다음과 같이 정의한다.

$$\beta = \frac{\boldsymbol{X}_c \text{와} \boldsymbol{X}_0 \text{사이 거리}}{\boldsymbol{X}_h \text{와} \boldsymbol{X}_0 \text{사이 거리}}$$

하지만 $f(\boldsymbol{X}_r) > f(\boldsymbol{X}_h)$이면 선행 점 $\boldsymbol{X}_h$를 변경하지 않고 식 6.54를 계속 사용한다. 이러한 축소과정에서 $f(\boldsymbol{X}_c) < min\ [f(\boldsymbol{X}_h),\ f(\boldsymbol{X}_r)]$인 점 $\boldsymbol{X}_c$를 찾으면 $\boldsymbol{X}_1,\ \boldsymbol{X}_2,\ \cdots,\ \boldsymbol{X}_{n+1}$ 중 점 $\boldsymbol{X}_h$를 $\boldsymbol{X}_c$로 대체하고 반사 과정을 다시 진행한다. 반면에 $f(\boldsymbol{X}_c) \ge min\ [f(\boldsymbol{X}_h),\ f(\boldsymbol{X}_r)]$이면 축소과정은 실패이므로 모든 $\boldsymbol{X}_i$를 $(\boldsymbol{X}_i + \boldsymbol{X}_l)/2$로 대체하고 반사과정을 다시 시작한다.

현재 심플렉스의 $n+1$개의 꼭지점에서 함숫값의 표준편차가 다음과 같이 지정된 허용오차 ϵ보다 작으면 즉,

$$Q = \left\{ \sum_{i=1}^{n+1} \frac{[f(\boldsymbol{X}_i) - f(\boldsymbol{X}_0)]^2}{n+1} \right\}^{1/2} \le \epsilon \qquad 6.55$$

이면 수렴된 것으로 가정한다.

예제 6.7

다음과 같이 초기 심플렉스를 정의하는 점들을

$$\boldsymbol{X}_1 = \begin{pmatrix} 4.0 \\ 4.0 \end{pmatrix}, \quad \boldsymbol{X}_2 = \begin{pmatrix} 5.0 \\ 4.0 \end{pmatrix}, \quad \boldsymbol{X}_3 = \begin{pmatrix} 4.0 \\ 5.0 \end{pmatrix}$$

라 하고, $\alpha = 1.0$, $\beta = 0.5$, $\gamma = 2.0$이고 $\epsilon = 0.2$일 때 심플렉스 방법으로 다음 함수를 최소화 하여라.

$$f(x_1,\ x_2) = x_1 - x_2 + 2x_1^2 + 2x_1x_2 + x_2^2$$

[풀이]

반복회 1

1단계 현재 심플렉스의 각 꼭지점에서 함숫값은 다음과 같다.

$$f_1 = f(\boldsymbol{X}_1) = 4.0 - 4.0 + 2(16.0) + 2(16.0) + 16.0 = 80.0$$

$$f_2 = f(\boldsymbol{X}_2) = 5.0 - 4.0 + 2(25.0) + 2(20.0) + 16.0 = 107.0$$

$$f_3 = f(\boldsymbol{X}_3) = 4.0 - 5.0 + 2(16.0) + 2(20.0) + 25.0 = 96.0$$

따라서

$$\boldsymbol{X}_h = \boldsymbol{X}_2 = \begin{pmatrix} 5.0 \\ 4.0 \end{pmatrix}, \qquad f(\boldsymbol{X}_h) = 107.0,$$
$$\boldsymbol{X}_l = \boldsymbol{X}_1 = \begin{pmatrix} 4.0 \\ 4.0 \end{pmatrix}, \qquad f(\boldsymbol{X}_l) = 80.0$$

2단계 중심 $\boldsymbol{X}_0$와 함숫값은 다음과 같다.

$$\boldsymbol{X}_0 = \frac{1}{2}(\boldsymbol{X}_1 + \boldsymbol{X}_3) = \frac{1}{2}\begin{pmatrix} 4.0 + 4.0 \\ 4.0 + 5.0 \end{pmatrix} = \begin{pmatrix} 4.0 \\ 4.5 \end{pmatrix}, \qquad f(\boldsymbol{X}_0) = 87.75$$

3단계 반사점은

$$\boldsymbol{X}_r = 2\boldsymbol{X}_0 - \boldsymbol{X}_h = \begin{pmatrix} 8.0 \\ 9.0 \end{pmatrix} - \begin{pmatrix} 5.0 \\ 4.0 \end{pmatrix} = \begin{pmatrix} 3.0 \\ 5.0 \end{pmatrix}$$

와 같으므로 함숫값은 다음과 같다.

$$f(\boldsymbol{X}_r) = 3.0 - 5.0 + 2(9.0) + 2(15.0) + 25.0 = 71.0$$

4단계 $f(\boldsymbol{X}_r) < f(\boldsymbol{X}_l)$이므로 다음과 같이 $\boldsymbol{X}_r$을 $\boldsymbol{X}_e$로 확장한다.

$$\boldsymbol{X}_e = 2\boldsymbol{X}_r - \boldsymbol{X}_0 = \begin{pmatrix} 6.0 \\ 10.0 \end{pmatrix} - \begin{pmatrix} 4.0 \\ 4.5 \end{pmatrix} = \begin{pmatrix} 2.0 \\ 5.5 \end{pmatrix}$$

또한, 함숫값은

$$f(\boldsymbol{X}_e) = 2.0 - 5.5 + 2(4.0) + 2(11.0) + 30.25 = 56.75$$

5단계 $f(\boldsymbol{X}_e) < f(\boldsymbol{X}_l)$이므로 $\boldsymbol{X}_h$를 $\boldsymbol{X}_e$로 대체하면, 다음과 같이 새로운 심플렉스의 꼭지점들을 얻는다.

$$\boldsymbol{X}_1 = \begin{pmatrix} 4.0 \\ 4.0 \end{pmatrix}, \quad \boldsymbol{X}_2 = \begin{pmatrix} 2.0 \\ 5.5 \end{pmatrix}, \quad \boldsymbol{X}_3 = \begin{pmatrix} 4.0 \\ 5.0 \end{pmatrix}$$

6단계 수렴여부를 시험하기 위해 식 6.55에 따라 다음을 계산한다.

$$Q = \left[\frac{(80.0 - 87.75)^2 + (56.75 - 87.75)^2 + (96.0 - 87.75)^2}{3} \right]^{1/2}$$

$$= 19.06$$

위의 값은 허용 오차 ϵ보다 크므로 다음 반복회로 진행한다.

반복회 2

1단계 $f(\boldsymbol{X}_1) = 80.0$, $f(\boldsymbol{X}_2) = 56.75$, $f(\boldsymbol{X}_3) = 96.0$이므로

$$\boldsymbol{X}_h = \boldsymbol{X}_3 = \begin{pmatrix} 4.0 \\ 5.0 \end{pmatrix}, \qquad \boldsymbol{X}_l = \boldsymbol{X}_2 = \begin{pmatrix} 2.0 \\ 5.5 \end{pmatrix}$$

2단계 중심과 그 함숫값은 다음과 같다.

$$\boldsymbol{X}_0 = \frac{1}{2}(\boldsymbol{X}_1 + \boldsymbol{X}_2) = \frac{1}{2}\begin{pmatrix} 4.0 + 2.0 \\ 4.0 + 5.5 \end{pmatrix} = \begin{pmatrix} 3.0 \\ 4.75 \end{pmatrix}, \qquad f(\boldsymbol{X}_0) = 67.31$$

3단계 또한, 반사점과 그 함숫값은 다음과 같다.

$$\boldsymbol{X}_r = 2\boldsymbol{X}_0 - \boldsymbol{X}_h = \begin{pmatrix} 6.0 \\ 9.5 \end{pmatrix} - \begin{pmatrix} 4.0 \\ 5.0 \end{pmatrix} = \begin{pmatrix} 2.0 \\ 4.5 \end{pmatrix}$$

$$f(\boldsymbol{X}_r) = 2.0 - 4.5 + 2(4.0) + 2(9.0) + 20.25 = 43.75$$

4단계 $f(\boldsymbol{X}_r) < f(\boldsymbol{X}_l)$이므로 식 6.53에 따라 다음과 같이 $\boldsymbol{X}_r$을 $\boldsymbol{X}_e$로 확장한다.

$$\boldsymbol{X}_e = 2\boldsymbol{X}_r - \boldsymbol{X}_0 = \begin{pmatrix} 4.0 \\ 9.0 \end{pmatrix} - \begin{pmatrix} 3.0 \\ 4.75 \end{pmatrix} = \begin{pmatrix} 1.0 \\ 4.25 \end{pmatrix}$$

$$f(\boldsymbol{X}_e) = 1.0 - 4.25 + 2(1.0) + 2(4.25) + 18.0625 = 25.3125$$

5단계 $f(\boldsymbol{X}_e) < f(\boldsymbol{X}_l)$이므로 $\boldsymbol{X}_h$를 $\boldsymbol{X}_e$로 대체하고 다음과 같이 새로운 심플렉스의 꼭지점을 얻는다.

$$X_1 = \begin{pmatrix} 4.0 \\ 4.0 \end{pmatrix}, \quad X_2 = \begin{pmatrix} 2.0 \\ 5.5 \end{pmatrix}, \quad X_3 = \begin{pmatrix} 1.0 \\ 4.25 \end{pmatrix}$$

6단계 수렴 판정을 위해 다음을 계산한다.

$$Q = \left[\frac{(80.0 - 67.31)^2 + (56.75 - 67.31)^2 + (25.3125 - 67.31)^2}{3} \right]^{1/2}$$

$$= 26.1$$

위의 값은 ϵ보다 크므로 다음 반복회로 진행한다. 지정된 수렴 판정 조건이 만족될 때까지 이러한 절차를 반복한다. 수렴 판정 조건이 만족될 때 최종 심플렉스의 중심 X_0를 최적점으로 취할 수 있다. ■

간접 탐색법(하강법)

6.8 함수의 구배 (Gradient of a Function)

함수의 구배는 다음과 같이 주어지는 n-성분 벡터이다.

$$\nabla f_{n \times 1} = \begin{pmatrix} \partial f / \partial x_1 \\ \partial f / \partial x_2 \\ \cdot \\ \cdot \\ \cdot \\ \partial f / \partial x_n \end{pmatrix} \tag{6.56}$$

구배는 매우 중요한 특성을 갖는다. 만일 n-차원 공간 내에서 임의 점으로부터 구배 방향을 따라 이동하면 함숫값은 가장 급속한 비율로 증가한다. 따라서 이러한 구배 방향을 **최급상승방향**(direction of steepest ascent)이라 한다. 안타깝게도 최급상승방향은 광역적 특성이 아니라 국소적 특성이다. 이를 그림 6.14에서 보여주고 있는데, 점 1, 2, 3, 그리고 4에서 구한 구배 벡터들 ∇f는 각각 11', 22', 33', 그리고 44' 방향을 나타낸다. 따라서 함숫값은 점 1에서는 11' 방향으로 가장 신속한 비율로 증가하고, 점 2(3)에서는 22' (33') 방향으로 가장 신속한 비율로 증가한다. 다시 말해 최급상승방향은 점마다 다르므로 최급상승방향을 따라 무한히 작게 이동하면 경로는 그림 6.14에서와 같이 1-2-3-4와 같은 곡선이 된다.

구배 벡터는 최급상승방향을 나타내므로 구배 벡터의 음의 값은 최급강하의 방향을 나타낸다. 따라서 구배 벡터를 사용하는 방법들은 구배 벡터를 사용하지 않는 방법보다 신

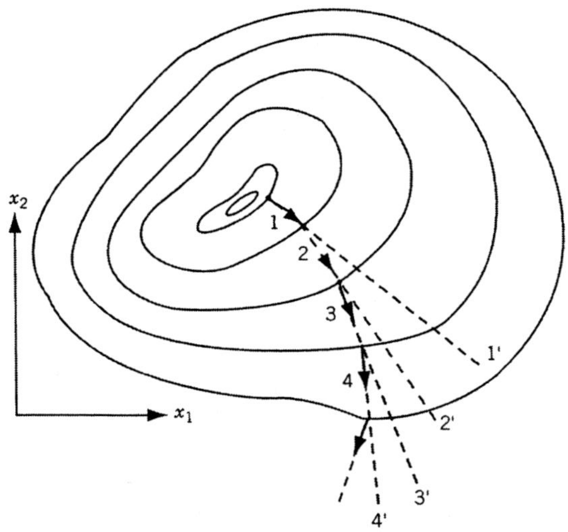

그림 6.14 최급상승방향들

속하게 최소점을 구할 수 있을 것으로 기대할 수 있다. 모든 하강 방법들은 탐색방향을 찾기 위해 직접적으로 또는 간접적으로 구배 벡터를 사용한다. 최소화의 하강 방법을 고려하기 전에 구배 벡터는 최급상승방향을 나타내는 것을 증명하기로 한다.

정리 6.3 구배 벡터는 최급상승방향을 나타낸다.

[증명] f를 n-차원 공간 내에서 임의의 점 $\boldsymbol{X}$에서의 함숫값이라 하고, 그 이웃 점을 $\boldsymbol{X}+d\boldsymbol{X}$라 하자. 이때

$$d\boldsymbol{X}=\begin{pmatrix} dx_1 \\ dx_2 \\ \cdot \\ \cdot \\ \cdot \\ dx_n \end{pmatrix} \qquad 6.57$$

이고, dx_1, dx_2, $\cdot\cdot\cdot$, dx_n은 벡터 $d\boldsymbol{X}$의 성분들을 나타낸다. 벡터 $d\boldsymbol{X}$의 크기 ds는

$$d\boldsymbol{X}^T d\boldsymbol{X}=(ds)^2=\sum_{i=1}^{n}(dx_i)^2 \qquad 6.58$$

이다. $\boldsymbol{X}+d\boldsymbol{X}$에서의 목적함수 값을 $f+df$로 나타내고, f의 변화율 df를 $d\boldsymbol{X}$에 관해 표현하면

$$df = \sum_{i=1}^{n} \frac{\partial f}{\partial x_i} dx_i = \nabla f^T d\boldsymbol{X} \qquad 6.59$$

이다. 만일 $\boldsymbol{u}$가 $d\boldsymbol{X}$ 방향의 단위 벡터, ds가 $d\boldsymbol{X}$의 길이를 나타내면

$$d\boldsymbol{X} = \boldsymbol{u} ds \qquad 6.60$$

이므로 이동길이 ds에 관한 함수의 변화율은 식 6.59로부터

$$\frac{df}{ds} = \sum_{i=1}^{n} \frac{\partial f}{\partial x_i} \frac{dx_i}{ds} = \nabla f^T \frac{d\boldsymbol{X}}{ds} = \nabla f^T \boldsymbol{u} \qquad 6.61$$

와 같다. df/ds의 값은 방향에 따라 다르고 df/ds 값이 최대가 되는 $d\boldsymbol{X}$를 찾으면 그때의 방향이 f의 최급상승방향이다. 한편, 내적의 정의를 이용하여 식 6.61을 다시 쓰면

$$\frac{df}{ds} = \| \nabla f \| \; \| \boldsymbol{u} \| \cos\theta \qquad 6.62$$

이다. 여기서 $\| \nabla f \|$과 $\| \boldsymbol{u} \|$는 벡터 ∇f와 $\boldsymbol{u}$의 길이를, 그리고 θ는 벡터 ∇f와 $\boldsymbol{u}$ 사이 각도를 나타낸다. 따라서 $\theta = 0$일 때 df/ds는 최대가 되고, $\theta = 180$일 때 df/ds는 최소가 되므로 함숫값은 구배 방향에서 최대 비율로 증가함을 알 수 있다(즉, $\boldsymbol{u}$가 ∇f방향과 같을 때). ■

정리 6.4 임의 점 $\boldsymbol{X}$에서 f의 최대 변화율은 구배 벡터의 크기와 동일하다.

[증명] 단위 벡터 $\boldsymbol{u}$방향으로 이동길이 s에 관한 함수 f의 변화율은 식 6.62에 의해 주어진다. $\theta = 0$일 때 df/ds가 최대이고 $\boldsymbol{u}$는 단위 벡터이므로 식 6.62는

$$\left. \left(\frac{df}{ds} \right) \right|_{max} = \| \nabla f \|$$

와 같다. 따라서 정리는 증명된다. ■

6.8.1 구배 계산

구배를 계산하기 위해서는 편미분 $\partial f / \partial x_i (i = 1, 2, \cdot \cdot \cdot, n)$을 계산해야 한다. 그러나 다음 3개 상황에서는 계산시 문제점이 발생한다.

1. 함수는 모든 점에서 미분가능하나, 구배의 성분 $\partial f / \partial x_i$를 계산하는 것이 비현실적이거나 불가능하다.
2. 편미분 $\partial f / \partial x_i$ 식을 유도할 수 있으나 이 식의 값을 계산하는 데는 상당한 연산 시

간을 필요로 한다.

3. 모든 점에서 구배 ∇f가 정의되지 않는다.

첫 번째 상황에서는 $\boldsymbol{X}_m$에서 편미분 $\partial f/\partial x_i$를 근사화하기 위해 전방 유한-차분 식을 사용할 수 있다. 즉,

$$\left(\frac{\partial f}{\partial x_i}\right)\bigg|_{X_m} \simeq \frac{f(\boldsymbol{X_m}+\Delta x_i \boldsymbol{u_i})-f(\boldsymbol{X_m})}{\Delta x_i}, \quad i=1,\ 2,\cdot\cdot\cdot,\ n \qquad 6.63$$

이때 기준점 $\boldsymbol{X}_m$에서의 함숫값을 알고 있으면, 위의 식에서 $(\partial f/\partial x_i)|_{\boldsymbol{X_m}}$를 구하기 위해서는 하나의 추가 함수 계산을 필요로 한다. 따라서 근사 구배 $\nabla f|_{\boldsymbol{X}_m}$을 계산하기 위해서는 n번의 추가 함수 계산이 소요된다. 보다 개선된 근사 편미분 $(\partial f/\partial x_i)|_{\boldsymbol{X_m}}$을 얻기 위해서는 중앙 유한 차분식

$$\left(\frac{\partial f}{\partial x_i}\right)\bigg|_{X_m} \simeq \frac{f(\boldsymbol{X_m}+\Delta x_i \boldsymbol{u_i})-f(\boldsymbol{X_m}-\Delta x_i \boldsymbol{u_i})}{2\Delta x_i}, \quad i=1,\ 2,\cdot\cdot\cdot,\ n \qquad 6.64$$

을 사용할 수 있다. 하지만 위의 식으로 각 편미분 값을 구하기 위해서는 두 번의 추가 함수 계산이 요구된다. 식 6.63과 6.64에서 Δx_i는 작은 스칼라 값, $\boldsymbol{u_i}$는 i번째 성분은 1이고 다른 모든 성분들은 0을 갖는 n-벡터이다. 실제 계산에서는 주의를 기울여 Δx_i 값을 선택하여야 한다. 만일 Δx_i가 너무 작으면 $(\boldsymbol{X}_m+\Delta x_i \boldsymbol{u}_i)$와 $(\boldsymbol{X}_m-\Delta x_i \boldsymbol{u}_i)$에서 계산된 함숫값들 사이의 차이가 너무 작아 반올림오차의 영향이 지배적일 수 있다. 반면 Δx_i가 너무 크면 구배 계산에서 절단오차의 영향이 지배적일 수 있다.

두 번째 상황에서도 정확한 구배 계산이 식 6.63 또는 6.64를 사용할 때 보다 더욱 많은 연산 시간을 필요로 하면 유한 차분식의 사용이 더 효과적이다.

세 번째 상황에서는 모든 점에서 구배가 정의되지 않으므로 유한 차분식을 사용할 수 없다. 예를 들어 그림 6.15와 같은 함수에 대해 점 $\boldsymbol{X}_m$에서 도함수 df/ds을 계산하기 위해 식 6.64를 사용하면, 증가분 Δx_1에 대해서는 근삿값 α_1을 얻고 증가분 Δx_2에 대해서는 근삿값 α_2를 얻는다. 실제로 점 $\boldsymbol{X}_m$에서는 도함수가 존재하지 않으므로 유한 차분식을 사용하면 최소화 과정이 완벽하게 실패할 수 있다. 이와 같은 경우에는 초반에 기술한 직접 탐색 기법들 중 하나를 사용하여 최소화를 수행할 수 있다.

6.8.2 함수의 방향 변화율

대부분 최적화 기법에서는 점 $\boldsymbol{X}_i$에서 명시된 $\boldsymbol{S}_i$방향으로 매개변수 λ에 관한 함수의

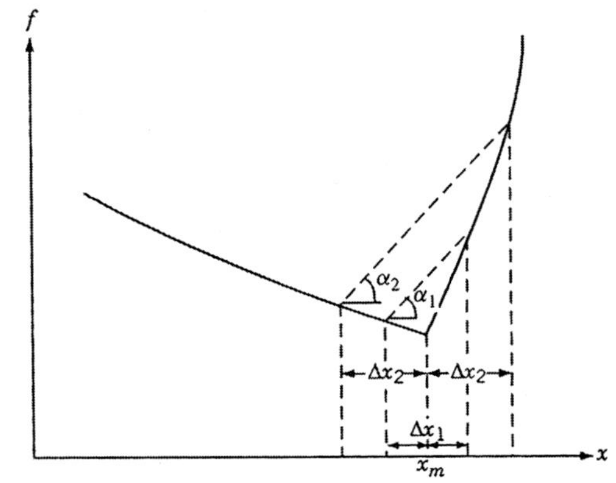

그림 6.15 x_m에서 정의되지 않은 구배

변화율을 찾는다. 주어진 점 $\boldsymbol{X}_i$에서 명시된 방향으로 위치한 임의의 점은 $\boldsymbol{X}= \boldsymbol{X}_i + \lambda \boldsymbol{S}_i$로 표현된다. 이때 $\boldsymbol{S}_i$ 방향으로의 함수의 변화율(매개변수 λ에 관한)은 즉,

$$\frac{df}{d\lambda} = \sum_{j=1}^{n} \frac{\partial f}{\partial x_j} \frac{\partial x_j}{\partial \lambda} \tag{6.65}$$

이다. 여기서 x_j는 $\boldsymbol{X}$의 j번째 성분이다. 한편,

$$\frac{\partial x_j}{\partial \lambda} = \frac{\partial}{\partial \lambda}(x_{ij} + \lambda s_{ij}) = s_{ij} \tag{6.66}$$

이다. 여기서 x_{ij}와 s_{ij}는 $\boldsymbol{X}_i$와 $\boldsymbol{S}_i$의 j번째 성분이다. 따라서

$$\frac{df}{d\lambda} = \sum_{j=1}^{n} \frac{\partial f}{\partial x_j} s_{ij} = \nabla f^T \boldsymbol{S}_i \tag{6.67}$$

이다. 만일 λ^*가 방향 $\boldsymbol{S}_i$에서 f를 최소화하면, 점 $\boldsymbol{X}_i + \lambda^* \boldsymbol{S}_i$에서

$$\left.\frac{df}{d\lambda}\right|_{\lambda = \lambda^*} = \nabla f \Big|_{\lambda^*}^{T} \boldsymbol{S}_i = 0 \tag{6.68}$$

와 같다.

6.9 최급강하(Cauchy) 방법(Steepest Descent Method)

Cauchy는 1847년에 최소화를 위한 방향으로서 음의 구배 벡터를 최초로 사용하였다

[6.12]. 이 방법에서는 초기점 $\boldsymbol{X}_1$에서 시작하여 최적점을 발견할 때까지 반복적으로 최급강하방향으로 이동한다. 다음에서 최급강하법이 요약된다.

1. 임의의 초기점 $\boldsymbol{X}_1$으로 시작한다. 반복회 $i=1$로 설정한다.
2. 다음과 같이 탐색방향 $\boldsymbol{S}_i$를 설정한다.

$$\boldsymbol{S}_i = -\nabla f_i = -\nabla f(\boldsymbol{X}_i) \qquad 6.69$$

3. 방향 $\boldsymbol{S}_i$에서 최적 이동길이 $\lambda_i{}^*$를 결정하고 다음과 같이 설정한다.

$$\boldsymbol{X}_{i+1} = \boldsymbol{X}_i + \lambda_i{}^* \boldsymbol{S}_i = \boldsymbol{X}_i - \lambda_i{}^* \nabla f_i \qquad 6.70$$

4. 새로운 점 $\boldsymbol{X}_{i+1}$의 최적 여부를 확인한다. 만일 $\boldsymbol{X}_{i+1}$가 최적이면 과정을 종료하고, 그렇지 않으면 5단계로 간다.
5. 새로운 반복회 $i=i+1$을 설정하고 2단계로 간다.

초기에 1차원 탐색으로 최선의 방향에서 시작하므로 최급강하법은 최고의 비제약 최소화 기법처럼 보일 수 있지만, 최급강하방향은 함수의 국소적 특성이므로 대부분 문제에서 이 방법은 효율적이지 못하다.

예제 6.8

점 $\boldsymbol{X}_1 = \begin{pmatrix} 0 \\ 0 \end{pmatrix}$에서 시작하여 다음 함수를 최소화하라.

$$f(x_1,\ x_2) = x_1 - x_2 + 2x_1^2 + 2x_1x_2 + x_2^2$$

[풀이] 반복회 1

f 구배는

$$\nabla f = \begin{pmatrix} \partial f/\partial x_1 \\ \partial f/\partial x_2 \end{pmatrix} = \begin{pmatrix} 1 + 4x_1 + 2x_2 \\ -1 + 2x_1 + 2x_2 \end{pmatrix}$$

$$\nabla f_1 = \nabla f(\boldsymbol{X}_1) = \begin{pmatrix} 1 \\ -1 \end{pmatrix}$$

이므로

$$\boldsymbol{S}_1 = -\nabla f_1 = \begin{pmatrix} -1 \\ 1 \end{pmatrix}$$

이다. $\boldsymbol{X}_2$를 찾기 위해 최적 이동길이 $\lambda_1{}^*$을 찾아야 하므로 λ_1에 관해 다음 식을 최소화

한다. 즉,

$$f(\boldsymbol{X}_1 + \lambda_1 \boldsymbol{S}_1) = f(-\lambda_1,\ \lambda_1) = \lambda_1^2 - 2\lambda_1$$

에서 $df/d\lambda_1 = 0$으로부터 $\lambda_1{}^* = 1$이므로

$$\boldsymbol{X}_2 = \boldsymbol{X}_1 + \lambda_1{}^* \boldsymbol{S}_1 = \begin{pmatrix} 0 \\ 0 \end{pmatrix} + 1\begin{pmatrix} -1 \\ 1 \end{pmatrix} = \begin{pmatrix} -1 \\ 1 \end{pmatrix}$$

이다. 이때 $\nabla f_2 = \nabla f(\boldsymbol{X}_2) = \begin{pmatrix} -1 \\ -1 \end{pmatrix} \neq \begin{pmatrix} 0 \\ 0 \end{pmatrix}$이므로 $\boldsymbol{X}_2$는 최적해가 아니다.

반복회 2

$$\boldsymbol{S}_2 = -\nabla f_2 = \begin{pmatrix} 1 \\ 1 \end{pmatrix}$$

이고, 일변수 함수

$$f(\boldsymbol{X}_2 + \lambda_2 \boldsymbol{S}_2) = f(-1 + \lambda_2,\ 1 + \lambda_2) = 5\lambda_2^2 - 2\lambda_2 - 1$$

를 최소화하기 위해 $df/d\lambda_2 = 0$으로 설정하면 $\lambda_2{}^* = 1/5$이므로

$$\boldsymbol{X}_3 = \boldsymbol{X}_2 + \lambda_2{}^* \boldsymbol{S}_2 = \begin{pmatrix} -1 \\ 1 \end{pmatrix} + \frac{1}{5}\begin{pmatrix} 1 \\ 1 \end{pmatrix} = \begin{pmatrix} -0.8 \\ 1.2 \end{pmatrix}$$

이다. 이때 $\nabla f_3 = \nabla f(\boldsymbol{X}_3) = \begin{pmatrix} 0.2 \\ -0.2 \end{pmatrix} \neq \begin{pmatrix} 0 \\ 0 \end{pmatrix}$이므로 다음 반복회로 진행한다.

반복회 3

$$\boldsymbol{S}_3 = -\nabla f_3 = \begin{pmatrix} -0.2 \\ 0.2 \end{pmatrix}$$

이고, 함수

$$f(\boldsymbol{X}_3 + \lambda_3 \boldsymbol{S}_3) = f(-0.8 - 0.2\lambda_3,\ 1.2 + 0.2\lambda_3) = 0.04\lambda_3^2 - 0.08\lambda_3 - 1.20$$

를 최소화하기 위해 $df/d\lambda_3 = 0$으로 설정하면 $\lambda_3{}^* = 1.0$이므로

$$\boldsymbol{X}_4 = \boldsymbol{X}_3 + \lambda_3{}^* \boldsymbol{S}_3 = \begin{pmatrix} -0.8 \\ 1.2 \end{pmatrix} + 1.0\begin{pmatrix} -0.2 \\ 0.2 \end{pmatrix} = \begin{pmatrix} -1.0 \\ 1.4 \end{pmatrix}$$

이때 $\nabla f_4 = \nabla f(\boldsymbol{X}_4) = \begin{pmatrix} -0.2 \\ -0.2 \end{pmatrix} \neq \begin{pmatrix} 0 \\ 0 \end{pmatrix}$이므로 다음 반복회로 진행한다.

이와 같은 방법으로 최적점 $\boldsymbol{X}^* = \begin{pmatrix} -1.0 \\ 1.5 \end{pmatrix}$을 찾을 때까지 이 과정을 계속 반복한다. ■

수렴 판정기준 수렴여부를 결정하기 위해 다음 판정기준을 사용할 수 있다.

1. 두 연속된 반복점에서 함숫값의 변화가 작을 때:

$$\left|\frac{f(\boldsymbol{X}_{i+1})-f(\boldsymbol{X}_i)}{f(\boldsymbol{X}_i)}\right| \le \epsilon_1 \tag{6.71}$$

2. f의 편미분 값이(구배의 성분값) 작을 때:

$$\left|\frac{\partial f}{\partial x_i}\right| \le \epsilon_2, \quad i=1,\,2,\,\cdot\,\cdot\,\cdot\,,\,n \tag{6.72}$$

3. 두 연속된 반복회에서 설계벡터의 변화가 작을 때:

$$|\boldsymbol{X}_{i+1}-\boldsymbol{X}_i| \le \epsilon_3 \tag{6.73}$$

6.10 켤레구배법 (Fletcher-Reeves Method)

최급강하법의 수렴 특징을 켤레구배법(함수 구배를 사용하는 켤레방향법으로 간주할 수 있는)으로 수정하여 수렴 특성을 상당히 개선할 수 있다. 6.6절에서 켤레방향을 사용하는 임의 최소화 방법은 이차식으로 수렴하는 것을 증명하였다. 이차적 수렴성을 갖는 방법은 n 또는 보다 작은 반복회 안에 이차함수의 최소화를 보장하고, 어떤 일반 함수에 대해서도 최적점 인근에서 이차근사식을 추정할 수 있으므로 이차적 수렴성을 갖는 방법을 일반 함수에 적용하면 유한 반복회 이내에 최적점을 찾을 수 있을 것이다.

Powell의 켤레방향법은 매 반복회 마다 n번의 일변수 함수의 최소화를 필요로 하고 각 반복회 종료부에서 새로운 켤레방향을 설정한다. 따라서 일반적으로 이차함수의 최소를 찾기 위해 n^2번의 일변수 함수의 최소화를 필요로 한다. 반면에 만일 목적함수의 구배를 계산할 수 있으면 모든 1차원 최소화 후 새로운 켤레방향을 설정할 수 있으므로 보다 신속하게 수렴에 도달할 수 있다. 본 절에서는 켤레방향 생성과 Fletcher-Reeves 방법의 전개를 기술한다.

6.10.1 Fletcher-Reeves 방법

이차적 수렴을 하도록 최급강하법을 수정하여 Fletcher-Reeves 방법을 전개한다. 임의의 시작점 $\boldsymbol{X}_1$에서 이차함수

$$f(\boldsymbol{X})=\frac{1}{2}\boldsymbol{X}^T[A]\boldsymbol{X}+\boldsymbol{B}^T\boldsymbol{X}+C \tag{6.74}$$

를 탐색방향 $\boldsymbol{S}_1 = -\nabla f_1$(최급강하방향)을 따라 이동길이

$$\lambda_1{}^* = -\frac{\boldsymbol{S}_1^T \ \nabla f_1}{\boldsymbol{S}_1^T \ \boldsymbol{A}\boldsymbol{S}_1} \qquad 6.75$$

로 탐색하여 최소화할 수 있다. 또한, $\boldsymbol{S}_1$과 $-\nabla f_2$의 일차 결합

$$\boldsymbol{S}_2 = -\nabla f_2 + \beta_2 \boldsymbol{S}_1 \qquad 6.76$$

와 같이 두 번째 탐색방향 $\boldsymbol{S}_2$를 구한다. 여기서 β_2는 방향 벡터 $\boldsymbol{S}_1$과 $\boldsymbol{S}_2$가 $\boldsymbol{A}-$켤레가 되도록 결정한다. 즉,

$$\beta_2 = -\frac{\nabla f_2^T \nabla f_2}{\nabla f_1^T \boldsymbol{S}_1} = \frac{\nabla f_2^T \nabla f_2}{\nabla f_1^T \nabla f_1} \qquad 6.77$$

와 같다. 이러한 과정을 반복하면 i번째 탐색방향은

$$\boldsymbol{S}_i = -\nabla f_i + \beta_i \boldsymbol{S}_{i-1} \qquad 6.78$$

와 같고,

$$\beta_i = \frac{\nabla f_i^T \nabla f_i}{\nabla f_{i-1}^T \nabla f_{i-1}} \qquad 6.79$$

이 된다. 따라서 다음과 같이 Fletcher–Reeves 알고리즘을 기술할 수 있다.

6.10.2 Fletcher–Reeves 알고리즘

Fletcher–Reeves 방법의 반복 절차는 다음과 같다.

1. 임의의 점 $\boldsymbol{X}_1$을 시작점으로 한다.
2. 첫 번째 탐색방향 $\boldsymbol{S}_1 = -\nabla f(\boldsymbol{X}_1) = -\nabla f_1$을 설정한다.
3. 다음 식에 따라 점 $\boldsymbol{X}_2$를 찾는다.

$$\boldsymbol{X}_2 = \boldsymbol{X}_1 + \lambda_1{}^* \boldsymbol{S}_1 \qquad 6.80$$

여기서 $\lambda_1{}^*$은 $\boldsymbol{S}_1$방향으로 최적 이동길이이다. $i=2$로 설정하고 다음 단계로 간다.

4. $\nabla f_i = \nabla f(\boldsymbol{X}_i)$를 구하고 다음 탐색방향을 계산한다.

$$\boldsymbol{S}_i = -\nabla f_i + \frac{|\nabla f_i|^2}{|\nabla f_{i-1}|^2} \boldsymbol{S}_{i-1} \qquad 6.81$$

5. S_i 방향으로 최적 이동길이 λ_i^*를 계산하고 새로운 점을 찾는다.

$$X_{i+1} = X_i + \lambda_i^* S_i \tag{6.82}$$

6. 점 X_{i+1}의 최적을 확인한다. 만약 X_{i+1}이 최적해이면 종료하고 그렇지 않으면 $i = i+1$로 설정하여 4단계로 간다.

주의

1. Fletcher-Reeves 방법은 이차함수의 정점에 대한 조건에서 나온 선형연립방정식을 해결하기 위한 방법으로 Hestenes & Stiefel이 처음 제안하였다[6.14]. 이 방법에서 사용한 방향 벡터 S_i는 A-켤레이고, 이차함수의 경우에는 n 반복회 이내에 수렴한다. 그러나 불량 조건(ill-conditioned)을 갖는 이차함수(등고선이 매우 심한 이심원 또는 틀어짐)의 경우에 이 방법의 수렴은 n 보다 훨씬 많은 반복회를 필요로 하는데, 그 이유는 반올림 오차의 누적의 영향인 것으로 밝혀졌다. 즉, S_i는 식 6.81에서 구하므로 λ_i^*의 결정 때 부정확성으로 생긴 오차와 연속적인 $|\nabla f_i|^2 S_{i-1}/|\nabla f_{i-1}|^2$의 계산시 누적된 반올림 오차가 벡터 S_i로 전달되어 탐색방향 S_i의 계산에 포함된다. 따라서 실제 문제에서는 매 m 반복회 마다 주기적으로 새로운 탐색방향을 최급강하 방향으로 설정하여 방법을 다시 시작할 필요가 있다. 즉, 매 m 반복회 후 S_{m+1}을 $-\nabla f_{m+1}$으로 설정하는데 Fletcher & Reeves는 설계변수 n보다 1 많은 $m=n+1$을 권장하고 있다.
2. 위와 같은 제한점에도 불구하고 Fletcher-Reeves 방법은 최급강하법과 패턴탐색방법들보다 월등히 우수하지만 Newton 또는 quasi-Newton 방법보다는 효율적이지 못한 것으로 판명되었다.

예제 6.9

점 $X_1 = \begin{pmatrix} 0 \\ 0 \end{pmatrix}$으로부터 시작하여 다음 함수를 최소화하라.

$$f(x_1,\ x_2) = x_1 - x_2 + 2x_1^2 + 2x_1x_2 + x_2^2$$

[풀이] 반복회 1

$$\nabla f = \begin{pmatrix} \partial f/\partial x_1 \\ \partial f/\partial x_2 \end{pmatrix} = \begin{pmatrix} 1 + 4x_1 + 2x_2 \\ -1 + 2x_1 + 2x_2 \end{pmatrix}$$

$$\nabla f_1 = \nabla f(X_1) = \begin{pmatrix} 1 \\ -1 \end{pmatrix}$$

탐색방향 $S_1 = -\nabla f_1 = \begin{pmatrix} -1 \\ 1 \end{pmatrix}$을 선택한다. S_1 방향으로 최적 이동길이 λ_1^*을 찾기 위

해 λ_1에 관한 함수 $f(\boldsymbol{X}_1+\lambda_1\boldsymbol{S}_1)$을 최소화한다. 즉,

$$f(\boldsymbol{X}_1+\lambda_1\boldsymbol{S}_1)=f(-\lambda_1,\ +\lambda_1)=\lambda_1^2-2\lambda_1$$

$$\frac{df}{d\lambda_1}=0 \quad , \quad \lambda_1{}^*=1$$

따라서

$$\boldsymbol{X}_2=\boldsymbol{X}_1+\lambda_1{}^*\boldsymbol{S}_1=\begin{pmatrix}0\\0\end{pmatrix}+1\begin{pmatrix}-1\\1\end{pmatrix}=\begin{pmatrix}-1\\1\end{pmatrix}$$

반복회 2

$\nabla f_2=\nabla f(\boldsymbol{X}_2)=\begin{pmatrix}-1\\-1\end{pmatrix}$이므로 식 6.81에 따라 다음 탐색방향을 구한다.

$$\boldsymbol{S}_2=-\nabla f_2+\frac{|\nabla f_2|^2}{|\nabla f_1|^2}\boldsymbol{S}_1$$

여기서

$$|\nabla f_1|^2=2\ ,\ |\nabla f_2|^2=2$$

이므로

$$\boldsymbol{S}_2=-\begin{pmatrix}-1\\-1\end{pmatrix}+\left(\frac{2}{2}\right)\begin{pmatrix}-1\\1\end{pmatrix}=\begin{pmatrix}0\\2\end{pmatrix}$$

이다. $\lambda_2{}^*$를 찾기 위해 λ_2에 관한 다음의 함수를 최소화한다.

$$\begin{aligned}f(\boldsymbol{X}_2+\lambda_2\boldsymbol{S}_2)&=f(-1,\ 1+2\lambda_2)\\&=-1-(1+2\lambda_2)+2-2(1+2\lambda_2)+(1+2\lambda_2)^2\\&=4\lambda_2^2-2\lambda_2-1\end{aligned}$$

$$\frac{df}{d\lambda_2}=8\lambda_2-2=0 \quad , \quad \lambda_2{}^*=\frac{1}{4}$$

따라서

$$\boldsymbol{X}_3=\boldsymbol{X}_2+\lambda_2{}^*\boldsymbol{S}_2=\begin{pmatrix}-1\\1\end{pmatrix}+\frac{1}{4}\begin{pmatrix}0\\2\end{pmatrix}=\begin{pmatrix}-1\\1.5\end{pmatrix}$$

이차함수이므로 두 번의 반복으로 최적점에 도달하게 된다. 비록 이 점의 최적여부를 지금은 알 수 없어도 다음 반복회에서 감소방향으로 이동할 수 없을 것이다. 아래 반복회

3에서 입증된다.

반복 3

$$\nabla f_3 = \nabla f(\boldsymbol{X}_3) = \begin{pmatrix} 0 \\ 0 \end{pmatrix}, \quad |\nabla f_2|^2 = 2, \quad |\nabla f_3|^2 = 0$$

이므로 식 6.81에 따라

$$\boldsymbol{S}_3 = -\nabla f_3 + \left(|\nabla f_3|^2 / |\nabla f_2|^2\right) \boldsymbol{S}_2 = -\begin{pmatrix} 0 \\ 0 \end{pmatrix} + \begin{pmatrix} \frac{0}{2} \end{pmatrix} \begin{pmatrix} 0 \\ 2 \end{pmatrix} = \begin{pmatrix} 0 \\ 0 \end{pmatrix}$$

이다. 이 결과는 더 이상 f가 감소하는 탐색방향이 존재하지 않는 사실을 보여주므로 $\boldsymbol{X}_3$는 최적해가 된다. ■

6.11 Newton 방법

5.12.1절에서 기술한 Newton 방법을 확장하여 다변수 함수의 최소를 구할 수 있다. 이를 위해 $\boldsymbol{X} = \boldsymbol{X}_i$에서 테일러 급수 전개식을 이용한 함수 $f(\boldsymbol{X})$의 이차 근사식은 다음과 같다.

$$f(\boldsymbol{X}) = f(\boldsymbol{X}_i) + \nabla f_i^T (\boldsymbol{X} - \boldsymbol{X}_i) + \frac{1}{2} (\boldsymbol{X} - \boldsymbol{X}_i)^T [\boldsymbol{J}_i] (\boldsymbol{X} - \boldsymbol{X}_i) \tag{6.83}$$

여기서 $[\boldsymbol{J}_i] = [\boldsymbol{J}]_{\boldsymbol{X}_i}$는 점 $\boldsymbol{X}_i$에서 계산한 f의 이차 편미분(Hessian 행렬) 행렬이다. $f(\boldsymbol{X})$의 최소를 구하기 위해 식 6.83의 편미분을 0으로 설정하면

$$\frac{\partial f(\boldsymbol{X})}{\partial x_j} = 0, \quad j = 1, 2, \cdot\cdot\cdot, n \tag{6.84}$$

와 같고, 식 6.84와 6.83으로부터

$$\nabla f = \nabla f_i + [\boldsymbol{J}_i](\boldsymbol{X} - \boldsymbol{X}_i) = \boldsymbol{0} \tag{6.85}$$

를 얻는다. 이때 $[\boldsymbol{J}_i]$가 정칙(nonsingular) 행렬이면 식 6.85를 풀어 다음과 같이 개선된 근사치($\boldsymbol{X} = \boldsymbol{X}_{i+1}$)를 얻을 수 있다.

$$\boldsymbol{X}_{i+1} = \boldsymbol{X}_i - [\boldsymbol{J}_i]^{-1} \nabla f_i \tag{6.86}$$

이처럼 최적해 $\boldsymbol{X}^*$를 찾기 위해 위의 식을 반복하여 사용한다.

행렬 $[J_1]$가 정칙이고 초기점 X_1이 X^*에 충분히 인접해 있으면 Newton 방법으로 얻은 점 $X_1, X_2, \cdot\cdot\cdot, X_{i+1}$는 실제 해 X^*로 수렴하는 것을 보일 수 있다. 또한, Newton 방법은 목적함수의 이차 편미분(행렬 $[J_i]$ 형태로)을 사용하므로 이차 방법인 것을 알 수 있다.

예제 6.10

Newton 방법의 1회 반복으로 이차함수의 최소를 찾는 것을 증명하라.

[풀이] 이차함수

$$f(X) = \frac{1}{2}X^T[A]X + B^TX + C$$

의 최소점은 다음의 식

$$\nabla f = [A]X + B = 0$$

로부터

$$X^* = -[A]^{-1}B$$

이다. 한편, X_1이 시작점일 때 식 6.86의 1회 반복식은

$$X_2 = X_1 - [A]^{-1}([A]X_1 + B) \qquad \text{E.1}$$

즉,

$$X_2 = X^* = -[A]^{-1}B$$

이므로 X_2는 정확한 해이다. 그림 6.16은 이 과정을 보여준다. ■

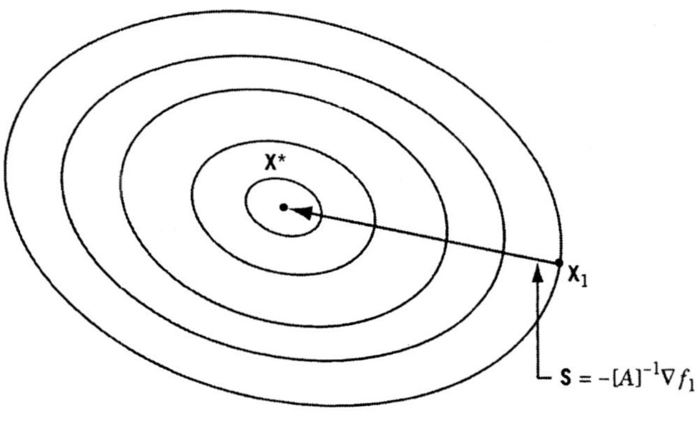

그림 6.16 1회 반복으로 이차함수의 최소화

예제 6.11

시작점 $\boldsymbol{X}_1 = \begin{pmatrix}0\\0\end{pmatrix}$을 취하여 다음을 최소화하라.

$$f(x_1,\ x_2) = x_1 - x_2 + 2x_1^2 + 2x_1x_2 + x_2^2$$

[풀이] 식 6.86에 따라 $\boldsymbol{X}_2$를 구하기 위해 $[\boldsymbol{J}_1]^{-1}$이 필요하므로

$$[\boldsymbol{J}_1] = \begin{bmatrix} \dfrac{\partial^2 f}{\partial x_1^2} & \dfrac{\partial^2 f}{\partial x_1 \partial x_2} \\ \dfrac{\partial^2 f}{\partial x_2 \partial x_1} & \dfrac{\partial^2 f}{\partial x_2^2} \end{bmatrix}_{\boldsymbol{X}_1} = \begin{bmatrix} 4 & 2 \\ 2 & 2 \end{bmatrix}$$

으로부터 역행렬은

$$[\boldsymbol{J}_1]^{-1} = \begin{bmatrix} a & b \\ c & d \end{bmatrix} = \frac{1}{ad - bd}\begin{bmatrix} d & -b \\ -c & a \end{bmatrix}$$

$$= \begin{bmatrix} 2 & -2 \\ -2 & 4 \end{bmatrix}^{-1} = \frac{1}{4}\begin{bmatrix} 2 & -2 \\ -2 & 4 \end{bmatrix} = \begin{bmatrix} \dfrac{1}{2} & -\dfrac{1}{2} \\ -\dfrac{1}{2} & 1 \end{bmatrix}$$

이다. 이제

$$\boldsymbol{g}_1 = \begin{pmatrix} \dfrac{\partial f}{\partial x_1} \\ \dfrac{\partial f}{\partial x_2} \end{pmatrix}_{\boldsymbol{X}_1} = \begin{pmatrix} 1 + 4x_1 + 2x_2 \\ -1 + 2x_1 + 2x_2 \end{pmatrix}_{(0,\ 0)} = \begin{pmatrix} 1 \\ -1 \end{pmatrix}$$

이므로 식 6.86으로부터

$$\boldsymbol{X}_2 = \boldsymbol{X}_1 - [\boldsymbol{J}_1]^{-1}\boldsymbol{g}_1 = \begin{pmatrix}0\\0\end{pmatrix} - \begin{bmatrix} \dfrac{1}{2} & -\dfrac{1}{2} \\ -\dfrac{1}{2} & 1 \end{bmatrix}\begin{pmatrix} 1 \\ -1 \end{pmatrix} = \begin{pmatrix} -1 \\ \dfrac{3}{2} \end{pmatrix}$$

이다. $\boldsymbol{X}_2$가 최적점인지 확인하기 위해 다음을 계산한다.

$$\boldsymbol{g}_2 = \begin{pmatrix} \dfrac{\partial f}{\partial x_1} \\ \dfrac{\partial f}{\partial x_2} \end{pmatrix}_{\boldsymbol{X}_2} = \begin{pmatrix} 1 + 4x_1 + 2x_2 \\ -1 + 2x_1 + 2x_2 \end{pmatrix}_{(-1,\ 3/2)} = \begin{pmatrix} 0 \\ 0 \end{pmatrix}$$

즉, $g_2 = 0$이므로 $\boldsymbol{X}_2$는 최적점이다. 따라서 앞의 이차함수의 경우에도 Newton 방법의 1회 반복으로 수렴한다. ■

만일 $f(\boldsymbol{X})$가 이차함수가 아니면 Newton 방법은 때로는 발산하고, 안장점과 국소 최대점으로 수렴할 수 있다. 식 6.86을 다음과 같이 수정하여 이러한 문제를 방지할 수 있다.

$$\boldsymbol{X}_{i+1} = \boldsymbol{X}_i + \lambda_i^* \boldsymbol{S}_i = \boldsymbol{X}_i - \lambda_i^* [J_i]^{-1} \nabla f_i \tag{6.87}$$

여기서 λ_i^*는 방향 $\boldsymbol{S}_i = [J_i]^{-1} \nabla f_i$으로 목적함수를 최소화하는 이동길이이다. 식 6.87은 많은 장점을 갖는데, 첫 번째, 원래 Newton 방법과 비교하여 보다 적은 반복으로 최소를 찾을 수 있으며, 두 번째, 일부 경우에서 원래 방법은 수렴하지 않을 수 있는 반면 이 방법은 모든 경우에도 최소점을 찾는다. 세 번째, 이 방법은 일반적으로 안장점 또는 최대점으로 수렴하는 것을 방지한다. 이러한 장점들 때문에 이 방법은 가장 강력한 최소화 방법으로 보인다. 하지만 이러한 장점들에도 불구하고 다음과 같은 특성 때문에 실제로는 매우 유용하지는 않다.

1. $n \times n$ 행렬 $[J_i]$를 저장하여야 한다.
2. 행렬 $[J_i]$의 성분을 계산하기가 매우 어렵고 때로는 불가능할 수 있다.
3. 각 반복회마다 $[J_i]$의 역행렬을 필요로 한다.
4. 각 반복회마다 곱셈 $[J_i]^{-1} \nabla f_i$를 필요로 한다.

이러한 특성으로 인해 위의 Newton 방법은 많은 변수의 복잡한 목적함수를 갖는 문제에 대해서는 실용적인 방법이 되지 못한다.

6.12 Marquardt 방법

최급강하법은 설계벡터 $\boldsymbol{X}_i$가 최적점 $\boldsymbol{X}^*$으로부터 멀리 있을 때 함숫값을 감소시키며, Newton 방법은 설계벡터 $\boldsymbol{X}_i$가 최적점 $\boldsymbol{X}^*$에 인접할 때 신속하게 수렴하는 장점을 갖고 있다. Marquardt 방법[6.15]은 이러한 최급강하법과 Newton 방법의 장점을 이용하는 방법으로서 Hessian 행렬 $[J_i]$의 대각선 성분을 다음과 같이 수정한다.

$$[\tilde{J}_i] = [J_i] + \alpha_i [I] \tag{6.88}$$

여기서 $[I]$는 단위 행렬, α_i는 $[J_i]$가 양의 정부호 행렬이 아닐 때 $[\tilde{J}_i]$가 양의 정부호 행렬이 되도록 하는 양의 상수이다. α_i가 충분히 클 때(10^4의 배수) $\alpha_i [I]$ 항의 대각성분은 $[J_i]$의 대각성분보다 크게 되고 $[\widetilde{J}_i]$의 역행렬은 다음과 같이 되는 것을 알 수 있다.

$$[\widetilde{J}_i]^{-1} = [\,[J_i] + \alpha_i [I]\,]^{-1} \approx [\alpha_i [I]\,]^{-1} = \frac{1}{\alpha_i}[I] \qquad 6.89$$

따라서 만일 다음과 같이 탐색방향이 계산되면

$$\boldsymbol{S}_i = -\,[\widetilde{J}_i]^{-1} \nabla f_i \qquad 6.90$$

α_i 값이 클 때 $\boldsymbol{S}_i$는 최급강하 방향이 된다. Marquardt 방법에서는 초기에 α_i값을 크게 선택하나 반복 과정이 진행하면서 점차 0으로 감소하여, 초기에는 최급강하법의 특징을 보이다가 반복이 진행되면서 Newton 방법의 특징을 갖도록 한다. Marquardt 방법의 수정된 버전의 반복 과정은 다음과 같다.

1. 임의의 초기점 $\boldsymbol{X}_1$과 상수 $\alpha_1(10^4$ 배수), $c_1(0 < c_1 < 1)$, $c_2(c_2 > 1)$, 그리고 ϵ $(10^{-2}$ 배수)을 갖고 시작한다. 반복 숫자를 $i=1$로 설정한다.
2. 함수의 구배 $\nabla f_i = \nabla f(\boldsymbol{X}_i)$를 계산한다.
3. 점 $\boldsymbol{X}_i$의 최적여부를 확인한다. 만일 $\| \nabla f_i \| = \| \nabla f(\boldsymbol{X}_i) \| \le \epsilon$이면, $\boldsymbol{X}_i$는 최적이므로 종료한다. 그렇지 않으면 4단계로 간다.
4. 새로운 벡터 $\boldsymbol{X}_{i+1}$을 다음과 같이 구한다.

$$\boldsymbol{X}_{i+1} = \boldsymbol{X}_i + \boldsymbol{S}_i = \boldsymbol{X}_i - [\,[J_i] + \alpha_i [I]\,]^{-1} \nabla f_i \qquad 6.91$$

5. f_{i+1}과 f_i의 값을 비교한다. 만일 $f_{i+1} < f_i$이면 6단계로 가고, $f_{i+1} \ge f_i$이면 7단계로 간다.
6. $\alpha_{i+1} = c_1 \alpha_i$, $i = i+1$로 설정하고 2단계로 간다.
7. $\alpha_i = c_2 \alpha_i$로 설정하고 4단계로 간다.

이 방법의 장점은 탐색방향 $\boldsymbol{S}_i$에 따른 이동길이 λ_i가 필요없다는 것이다. 하지만 최적 이동길이를 도입하여 알고리즘의 식 6.91을 다음과 같이 수정할 수 있다.

$$\boldsymbol{X}_{i+1} = \boldsymbol{X}_i + \lambda_i^* \boldsymbol{S}_i = \boldsymbol{X}_i - \lambda_i^* [\,[J_i] + \alpha_i [I]\,]^{-1} \nabla f_i \qquad 6.92$$

이때 λ_i^*는 제5장에서 기술한 1차원 탐색 방법을 이용하여 구할 수 있다.

예제 6.12

Marquardt 방법을 사용하여 다음 식을 최소화하라. 단, 시작점 $\boldsymbol{X}_1 = \begin{pmatrix} 0 \\ 0 \end{pmatrix}$이고, $\alpha_1 =$

10^4, $c_1 = 1/4$, $c_2 = 2$ 그리고 $\epsilon = 10^{-2}$이다.

$$f(x_1,\ x_2) = x_1 - x_2 + 2x_1^2 + 2x_1x_2 + x_2^2$$

[풀이] 반복회 $1(i = 1)$

$$f_1 = f(\boldsymbol{X}_1) = 0.0$$

$$\nabla f_1 = \begin{pmatrix} \dfrac{\partial f}{\partial x_1} \\ \dfrac{\partial f}{\partial x_2} \end{pmatrix}_{(0,\ 0)} = \begin{pmatrix} 1 + 4x_1 + 2x_2 \\ -1 + 2x_1 + 2x_2 \end{pmatrix}_{(0,\ 0)} = \begin{pmatrix} 1 \\ -1 \end{pmatrix}$$

$\| \nabla f_1 \| = \sqrt{1^2 + (-1)^2} = 1.4142 > \epsilon$이므로 다음을 계산한다.

$$[\boldsymbol{J}_1] = \begin{bmatrix} \dfrac{\partial^2 f}{\partial x_1^2} & \dfrac{\partial^2 f}{\partial x_1 \partial x_2} \\ \dfrac{\partial^2 f}{\partial x_2 \partial x_1} & \dfrac{\partial^2 f}{\partial x_2^2} \end{bmatrix}_{(0,\ 0)} = \begin{bmatrix} 4 & 2 \\ 2 & 2 \end{bmatrix}$$

반복식으로부터

$$\boldsymbol{X}_2 = \boldsymbol{X}_1 - \left[[J_1] + \alpha_1 [I] \right]^{-1} \nabla f_1$$

$$= \begin{pmatrix} 0 \\ 0 \end{pmatrix} - \begin{bmatrix} 4 + 10^4 & 2 \\ 2 & 2 + 10^4 \end{bmatrix} \begin{pmatrix} 1 \\ -1 \end{pmatrix} = \begin{pmatrix} -0.9998 \\ 1.0000 \end{pmatrix} 10^{-4}$$

이고, $f_2 = f(\boldsymbol{X}_2) = -1.9997 \times 10^{-4} < f_1$이므로 $\alpha_2 = c_1\alpha_1 = 2{,}500$, $i = 2$로 설정하고 다음 반복회로 진행한다.

반복회 $2(i = 2)$

$\boldsymbol{X}_2$에서 함수의 구배 벡터는

$$\nabla f_2 = \begin{pmatrix} 0.9998 \\ -1.0000 \end{pmatrix}$$

이고, $\| \nabla f_2 \| = 1.4141 > \epsilon$이므로 다음을 계산한다.

$$X_3 = X_2 - [[J_2] + \alpha_2 [I]]^{-1} \nabla f_2$$

$$= \begin{pmatrix} -0.9998 \times 10^{-4} \\ 1.0000 \times 10^{-4} \end{pmatrix} - \begin{bmatrix} 2{,}504 & 2 \\ 2 & 2{,}502 \end{bmatrix}^{-1} \begin{pmatrix} 0.9998 \\ -1.0000 \end{pmatrix}$$

$$= \begin{pmatrix} -4.9958 \times 10^{-4} \\ 5.0000 \times 10^{-4} \end{pmatrix}$$

이때 $f_3 = f(X_3) = -0.9993 \times 10^{-3} < f_2$이므로 $\alpha_3 = c_1 \alpha_2 = 2{,}500/4 = 625$, $i = 3$으로 설정하고 다음 반복회로 진행한다. 수렴 판정기준 $\| \nabla f_i \| < \epsilon$을 만족시킬 때까지 위의 반복 과정을 계속한다. ■

6.13 Quasi-Newton 방법

Newton 방법에서 사용된 반복 과정은

$$X_{i+1} = X_i - [J_i]^{-1} \nabla f(X_i) \qquad 6.93$$

와 같다. 이때 Hessian 행렬 $[J_i]$는 f의 이차 편미분값으로 구성되므로 목적함수가 이차식이 아닌(일반적으로 비선형) 경우에는 설계벡터 X_i에 따라 변화한다. Quasi-Newton 또는 variable metric method의 기본 개념은 f의 일차 편미분만을 사용하여 $[J_i]$을 근사 행렬 $[A_i]$로, 또는 $[J_i]^{-1}$을 근사 행렬 $[B_i]$로 접근하는 것이다. 만일 $[J_i]^{-1}$을 행렬 $[B_i]$로 근사하면 식 6.93을 다음과 같이 표현할 수 있다.

$$X_{i+1} = X_i - \lambda_i^* [B_i] \nabla f(X_i) \qquad 6.94$$

여기서 λ_i^*를 다음 방향으로의 최적 이동길이로 간주할 수 있다.

$$S_i = -[B_i] \nabla f(X_i) \qquad 6.95$$

특히, $[B_i] = [I]$로 설정하면 위의 탐색법은 최급강하방향 방법이 된다.

$[B_i]$ 계산 식 6.94를 실행하기 위해 Hessian의 역행렬의 근사행렬 $[B_i] \equiv [A_i]^{-1}$을 계산하여야 한다. 우선 함수 f의 구배 벡터 함수에 대해 임의의 점 X_0의 주위에서 1차 테일러급수 전개를 하면

$$\nabla f(X) \approx \nabla f(X_0) + [J_0](X - X_0) \qquad 6.96$$

이다. 위의 식에 대입할 두 점 $\boldsymbol{X}_i$와 $\boldsymbol{X}_{i+1}$을 선택하고, 행렬 $[J_0]$의 근사 행렬을 $[A_i]$라 하여 식 6.96을 다시 쓰면(편의를 위해 근사부호 $\approx$를 =로 표현)

$$\nabla f_{i+1} = \nabla f(\boldsymbol{X}_0) + [A_i](\boldsymbol{X}_{i+1} - \boldsymbol{X}_0) \tag{6.97}$$

$$\nabla f_i = \nabla f(\boldsymbol{X}_0) + [A_i](\boldsymbol{X}_i - \boldsymbol{X}_0) \tag{6.98}$$

이 되고, 식 6.97에서 식 6.98을 빼면

$$[A_i]\boldsymbol{d}_i = \boldsymbol{g}_i \tag{6.99}$$

단,

$$\boldsymbol{d}_i = \boldsymbol{X}_{i+1} - \boldsymbol{X}_i \tag{6.100}$$

$$\boldsymbol{g}_i = \nabla f_{i+1} - \nabla f_i \tag{6.101}$$

이 된다. 또한 식 6.99에서 $[B_i] = [A_i]^{-1}$ 즉, Hessian 역행렬 $[J_0]^{-1}$의 근사행렬이라면

$$\boldsymbol{d}_i = [B_i]\boldsymbol{g}_i \tag{6.102}$$

와 같이 표현되어 행렬 $[B_i]$의 성분의 개수인 n^2개의 미지수와 n개의 식으로 구성된 연립방정식이 된다. 따라서 $n > 1$인 경우 해 $[B_i]$는 유일하지 않으므로 $[J_0]^{-1}$에 가장 인접한 $[B_i]$을 선택하면 된다. 반복법(예를 들어 $[B_i]$를 알고 있을 때 $[B_{i+1}]$의 계산)에 의해 그러한 $[B_i]$를 구하는 다양한 기법들이 제안되어 왔다. 또한 식 6.102를 만족하는 행렬 $[B_i]$뿐 아니라 대칭성과 양의 정부호도 유지되도록 하는 방법에도 많은 관심이 집중되고 있다. 즉, $[B_i]$가 대칭이고 양의 정부호이면 $[B_{i+1}]$도 대칭이고 양의 정부호가 되도록 하는 것이다.

6.13.1 Rank 1 업데이트

행렬 $[B_i]$을 업데이트하기 위한 일반식은 다음과 같이 쓸 수 있다.

$$[B_{i+1}] = [B_i] + [\Delta B_i] \tag{6.103}$$

여기서 $[\Delta B_i]$을 $[B_i]$에 합해질 수정 또는 업데이트 행렬로 간주할 수 있다. 이론적으로 행렬 $[B_i]$의 Rank는 최대 n까지 될 수 있지만 실제 업데이트 행렬 $[\Delta B_i]$의 Rank는 오직 1 또는 2만 된다. 먼저 Rank 1 업데이트 행렬을 유도하기 위해 다음

$$[\Delta B_i] = c\boldsymbol{z}\boldsymbol{z}^T \tag{6.104}$$

이 되는 n-벡터 $\boldsymbol{z}$와 상수 c를 결정한다. 그러면 식 6.103은 6.104로부터

$$[B_{i+1}] = [B_i] + c\boldsymbol{z}\boldsymbol{z}^{\boldsymbol{T}} \tag{6.105}$$

이 된다. 이제 위의 Hessian 역행렬의 근사행렬도 quasi-Newton 조건 식 6.102를 만족하도록 하면 즉,

$$\boldsymbol{d}_i = [B_{i+1}]\boldsymbol{g}_i \tag{6.106}$$

이면

$$\boldsymbol{d}_i = \left(\left[B_i + c\boldsymbol{z}\boldsymbol{z}^T\right]\right)\boldsymbol{g}_i = [B_i]\boldsymbol{g}_i + c\boldsymbol{z}\left(\boldsymbol{z}^{\boldsymbol{T}}\boldsymbol{g}_i\right) \tag{6.107}$$

와 같다. 위의 식에서 $\left(\boldsymbol{z}^{\boldsymbol{T}}\boldsymbol{g}_i\right)$는 스칼라이고

$$c\boldsymbol{z} = \frac{\boldsymbol{d}_i - [B_i]\boldsymbol{g}_i}{\boldsymbol{z}^{\boldsymbol{T}}\boldsymbol{g}_i} \tag{6.108}$$

이므로 $\boldsymbol{z}$와 c를 다음과 같이 선택하면 위의 식을 만족한다.

$$\boldsymbol{z} = \boldsymbol{d}_i - [B_i]\boldsymbol{g}_i \tag{6.109}$$

$$c = \frac{1}{\boldsymbol{z}^T\boldsymbol{g}_i} \tag{6.110}$$

따라서 유일한 근사 행렬 $[B_{i+1}]$의 Rank 1 업데이트는

$$[B_{i+1}] = [B_i] + [\Delta B_i] \equiv [B_i] + \frac{(\boldsymbol{d}_i - [B_i]\boldsymbol{g}_i)(\boldsymbol{d}_i - [B_i]\boldsymbol{g}_i)^T}{(\boldsymbol{d}_i - [B_i]\boldsymbol{g}_i)^T\boldsymbol{g}_i} \tag{6.111}$$

와 같이 표현된다. 위의 식은 처음 Broyden에 의해 제안되었다[6.16]. 알고리즘에서는 초기에 대칭이며 양의 정부호 행렬 $[B_1]$을 선택하고, 식 6.94를 사용하여 다음 점 $\boldsymbol{X}_2$를 계산한다. 다음에 식 6.111을 사용하여 새로운 행렬 $[B_2]$를 계산하고 식 6.94로부터 새로운 점 $\boldsymbol{X}_3$을 계산한다. 이러한 반복 과정을 수렴에 도달할 때까지 계속한다. 이때 행렬 $[B_i]$가 대칭이면 식 6.111의 행렬 $[B_{i+1}]$도 대칭 행렬이 되지만, $[B_i]$이 양의 정부호라고 해서 $[B_{i+1}]$이 다시 양의 정부호 행렬이 되는 것은 아니다. 특히 이차함수가 아닌 함수의 최적화에 적용하면 이러한 방법은 실패할 수 있다. 식 6.111에서 행렬 $[\Delta B_i]$의 열들은 서로 상수 배가 되는 것을 쉽게 증명할 수 있다. 즉, 이 업데이트 행렬은 오직 하나의 일차 독립인 열을 가지며, 행렬 $[\Delta B_i]$의 Rank는 1이다. 이는 식 6.111을 Rank 1 업데이트 식이라고 부르는 이유다. 비록 Broyden 식 6.111이 강력한 방법은 아니지만 이차적 수렴

성을 갖는다[6.17]. 다음에 기술할 Rank 2 업데이트 방법은 행렬 $[B_{i+1}]$의 대칭성과 양의 정부호 모두가 유지되도록 하는 더욱 강력한 일반 비선형함수의 최소화 방법으로 실제 많이 적용된다.

6.13.2 Rank 2 업데이트

Rank 2 업데이트에서는 업데이트 행렬 $[\triangle B_i]$을 두 개의 Rank 1 업데이트의 합

$$[\triangle B_i] = c_1 \boldsymbol{z}_1 \boldsymbol{z}_1^T + c_2 \boldsymbol{z}_2 \boldsymbol{z}_2^T \tag{6.112}$$

으로 선택하여 상수 c_1과 c_2 그리고 n-벡터 $\boldsymbol{z}_1$과 $\boldsymbol{z}_2$를 결정한다. 그러면 식 6.103은 6.112로부터

$$[B_{i+1}] = [B_i] + c_1 \boldsymbol{z}_1 \boldsymbol{z}_1^T + c_2 \boldsymbol{z}_2 \boldsymbol{z}_2^T \tag{6.113}$$

이 된다. 따라서 위의 Hessian 역행렬의 근사행렬도 quasi-Newton 조건 식 6.102를 만족하도록 하면

$$\boldsymbol{d}_i = [B_i]\boldsymbol{g}_i + c_1 \boldsymbol{z}_1 (\boldsymbol{z}_1^T \boldsymbol{g}_i) + c_2 \boldsymbol{z}_2 (\boldsymbol{z}_2^T \boldsymbol{g}_i) \tag{6.114}$$

이 된다. 이때 $(\boldsymbol{z}_1^T \boldsymbol{g}_i)$와 $(\boldsymbol{z}_2^T \boldsymbol{g}_i)$는 스칼라이고, 비록 식 6.114를 만족하는 벡터 $\boldsymbol{z}_1$과 $\boldsymbol{z}_2$는 유일하지는 않으므로 다음과 같이

$$\boldsymbol{z}_1 = \boldsymbol{d}_i \tag{6.115}$$

$$\boldsymbol{z}_2 = [B_i]\boldsymbol{g}_i \tag{6.116}$$

$$c_1 = \frac{1}{\boldsymbol{z}_1^T \boldsymbol{g}_i} \tag{6.117}$$

$$c_2 = -\frac{1}{\boldsymbol{z}_2^T \boldsymbol{g}_i} \tag{6.118}$$

로 선택하면 식 6.114는 만족된다. 따라서 Rank 2 업데이트는 식

$$[B_{i+1}] = [B_i] + [\triangle B_i] \equiv [B_i] + \frac{\boldsymbol{d}_i \boldsymbol{d}_i^T}{\boldsymbol{d}_i^T \boldsymbol{g}_i} - \frac{([B_i]\boldsymbol{g}_i)([B_i]\boldsymbol{g}_i)^T}{([B_i]\boldsymbol{g}_i)^T \boldsymbol{g}_i} \tag{6.119}$$

으로 표현된다. 위의 식은 Davidon-Fletcher-Powell(DFP) 공식으로 알려져 있다[6.20, 6.21]. 또한,

$$\boldsymbol{X}_{i+1} = \boldsymbol{X}_i + \lambda_i^* \boldsymbol{S}_i \tag{6.120}$$

이고 $\boldsymbol{S}_i$는 탐색방향이므로 $\boldsymbol{d}_i = \boldsymbol{X}_{i+1} - \boldsymbol{X}_i$는

$$\boldsymbol{d}_i = \lambda_i^* \boldsymbol{S}_i \tag{6.121}$$

와 같이 쓸 수 있다. 따라서 DFP 공식 6.119를 다시 표현하면

$$[B_{i+1}] = [B_i] + \frac{\lambda_i^* \boldsymbol{S}_i \boldsymbol{S}_i^T}{\boldsymbol{S}_i^T \boldsymbol{g}_i} - \frac{[B_i]\boldsymbol{g}_i \boldsymbol{g}_i^T [B_i]}{\boldsymbol{g}_i^T [B_i] \boldsymbol{g}_i} \tag{6.122}$$

와 같다.

주의

1. 식 6.111과 6.119는 f의 Hessian 역행렬의 근사행렬을 구하고 있으므로 역행렬 업데이트 공식으로도 알려져 있다.
2. Hessian 행렬 자체의 근사행렬을 구하는 직접 업데이트 공식을 유도할 수도 있다. 우선 quasi-Newton 조건을 식 6.99에서처럼

   $$\boldsymbol{g}_i = [A_i]\boldsymbol{d}_i \tag{6.123}$$

   로 표현하고 식 6.111과 6.119를 유도할 때의 방법에 따라 $[B_i]$, $\boldsymbol{g}_i$, $\boldsymbol{d}_i$ 자리에 $[A_i]$, $\boldsymbol{d}_i$, $\boldsymbol{g}_i$를 각각 사용하면 Broydon-Fletcher-Goldfarb-Shanno(BFGS) 공식으로 알려진 식 6.119와 유사한 아래의 Rank 2 업데이트 공식을 얻는다[6.22~6.25].

   $$[A_{i+1}] = [A_i] + \frac{\boldsymbol{g}_i \boldsymbol{g}_i^T}{\boldsymbol{g}_i^T \boldsymbol{d}_i} - \frac{([A_i]\boldsymbol{d}_i)([A_i]\boldsymbol{d}_i)^T}{([A_i]\boldsymbol{d}_i)^T \boldsymbol{d}_i} \tag{6.124}$$

   실제 계산에서 위의 식은 $[B_i]$항으로 더욱 편리하게 아래와 같이 재 작성할 수 있다.

   $$[B_{i+1}] = [B_i] + \frac{\boldsymbol{d}_i \boldsymbol{d}_i^T}{\boldsymbol{d}_i^T \boldsymbol{g}_i}\left(1 + \frac{\boldsymbol{g}_i^T [B_i] \boldsymbol{g}_i}{\boldsymbol{d}_i^T \boldsymbol{g}_i}\right) - \frac{[B_i]\boldsymbol{g}_i \boldsymbol{d}_i^T}{\boldsymbol{d}_i^T \boldsymbol{g}_i} - \frac{\boldsymbol{d}_i \boldsymbol{g}_i^T [B_i]}{\boldsymbol{d}_i^T \boldsymbol{g}_i} \tag{6.125}$$

3. FTP와 BFGS 공식들은 Hessian 역행렬을 Rank 2 업데이트하는 공식

   $$[B_{i+1}] = \rho_i\left([B_i] - \frac{[B_i]\boldsymbol{g}_i \boldsymbol{g}_i^T [B_i]}{\boldsymbol{g}_i^T [B_i] \boldsymbol{g}_i} + \theta_i \boldsymbol{y}_i \boldsymbol{y}_i^T\right) + \frac{\boldsymbol{d}_i \boldsymbol{g}_i^T}{\boldsymbol{d}_i^T \boldsymbol{g}_i}, \tag{6.126}$$

   $$\boldsymbol{y}_i = (\boldsymbol{g}_i^T [B_i] \boldsymbol{g}_i)^{1/2}\left(\frac{\boldsymbol{d}_i}{\boldsymbol{d}_i^T \boldsymbol{g}_i} - \frac{[B_i]\boldsymbol{g}_i}{\boldsymbol{g}_i^T [B_i] \boldsymbol{g}_i}\right) \tag{6.127}$$

   들로 된 Huang의 업데이트 그룹에 속한다[6.18]. 여기서 ρ_i와 θ_i는 매개 상수이다. 식 6.126에서 $[B_i]$가 대칭이고 양의 정부호이면 $[B_{i+1}]$ 역시 대칭성과 양의 정부호를 유지하는 것으로 증명되었다[6.18]. 식 6.126에서 ρ_i와 θ_i의 선택에 따라 다른 알고리즘이 된다. 예를 들어

$\rho_i = 1$와 $\theta_i = 0$으로 선택하면 DFP 업데이트 공식이 되지만 $\rho_i = 1$와 $\theta_i = 1$을 선택하면 BFGS 업데이트 공식 6.125가 된다.

4. BFGS 방법은 $\boldsymbol{X}^*$ 인근에서 초일차적 수렴을 보여주는 것으로 증명되었다[6.17].
5. 수치계산적 경험으로부터 BFGS 방법은 비제약 최적화 문제에 대한 최고의 quasi-Newton 방법이고, DFP 방법과 비교해서 $\lambda_i{}^*$를 찾는데 오차의 영향을 덜 받는 것으로 입증되었다.
6. 식 6.99와 6.102가 할선 방정식으로 간주할 수 있으므로(5.12절 참조) 본 절에서 다룬 방법들을 할선법이라고도 한다.

다음 절에서 DFP와 BFGS 반복법을 상세하게 기술한다.

6.14 Davidon–Fletcher–Powell (DFP) 방법

Davidon–Fletcher–Powell(DFP) 방법의 반복 과정은 다음과 같다.

1. 초기점 $\boldsymbol{X}_1$과 f의 Hessian 역행렬의 근사행렬로 $n \times n$ 양의 정부호 대칭 행렬인 $[B_1]$을 갖고 시작한다. 일반적으로 $[B_1]$은 단위행렬 $[I]$로 택한다. 반복회 $i = 1$을 설정한다.
2. 점 $\boldsymbol{X}_i$에서 함수 구배 ∇f_i를 계산하고 다음과 같이 설정한다.

$$\boldsymbol{S}_i = -[B_i]\nabla f_i \qquad 6.128$$

3. $\boldsymbol{S}_i$방향으로 최적 이동길이 $\lambda_i{}^*$를 구하고 다음과 같이 설정한다.

$$\boldsymbol{X}_{i+1} = \boldsymbol{X}_i + \lambda_i{}^* \boldsymbol{S}_i \qquad 6.129$$

4. 새로운 점 $\boldsymbol{X}_{i+1}$에 대해 최적 판정을 한다. 만일 $\boldsymbol{X}_{i+1}$이 최적점이면 반복 과정을 종료한다. 그렇지 않으면 5단계로 간다.
5. 식 6.119를 사용하여 다음과 같이 행렬 $[B_i]$을 업데이트한다.

$$[B_{i+1}] = [B_i] + [M_i] + [N_i] \qquad 6.130$$

단,

$$[M_i] = \lambda_i{}^* \frac{\boldsymbol{S}_i \boldsymbol{S}_i^T}{\boldsymbol{S}_i^T \boldsymbol{g}_i} \qquad 6.131$$

$$[N_i] = -\frac{([B_i]\boldsymbol{g}_i)([B_i]\boldsymbol{g}_i)^T}{\boldsymbol{g}_i^T [B_i] \boldsymbol{g}_i} \qquad 6.132$$

$$\boldsymbol{g}_i = \nabla f(\boldsymbol{X}_{i+1}) - \nabla f(\boldsymbol{X}_i) = \nabla f_{i+1} - \nabla f_i \tag{6.133}$$

6. 새로운 반복회 $i = i+1$로 설정하고 2단계로 간다.

주의

만일 λ_i^*를 정확하게 구하면 식 6.130에서 행렬 $[B_{i+1}]$은 양의 정부호가 된다. 그러나 λ_i^*를 정확하게 구하지 못하면 행렬 $[B_i]$를 업데이트해서는 안 된다. 이 경우 에 대안으로 하나의 방법은 1차원 최소화 절차에서 더욱 많은 재보간을 사용하여 보다 개선된 λ_i^* 수치들을 계산하는 것이다($\boldsymbol{S}_i^T \nabla f_{i+1}$이 충분히 작을 때까지). 그러나 이는 더욱 많은 연산을 필요로 한다. 또 다른 방법은 1차원 최소화 방법에서 최대 허용 재보간 회수를 명시하고 허용된 재보간 회수 안에 λ_i^*를 정확하게 찾을 수 없으면 $[B_i]$의 업데이트를 건너뛰는 것이다. 또 마지막 방법은 찾은 λ_i^*의 근사 값을 이용하여 행렬 $[B_i]$의 업데이트를 계속하나 특정 반복회 후에 전체 절차를 다시 시작하는 것이다. 예를 들어, 방법의 2단계에서 $i = 2$를 갖고 다시 시작한다.

예제 6.13

DFP 방법은 켤레구배법임을 증명하여라.

[풀이] 다음 이차함수

$$f(\boldsymbol{X}) = \frac{1}{2}\boldsymbol{X}^T[A]\boldsymbol{X} + \boldsymbol{B}^T\boldsymbol{X} + C \tag{E.1}$$

의 구배는

$$\nabla f = [A]\boldsymbol{X} + \boldsymbol{B} \tag{E.2}$$

이므로 식 6.133과 E.2로부터

$$\boldsymbol{g}_i = \nabla f_{i+1} - \nabla f_i = [A](\boldsymbol{X}_{i+1} - \boldsymbol{X}_i) \tag{E.3}$$

와 같다. 한편

$$\boldsymbol{X}_{i+1} = \boldsymbol{X}_i + \lambda_i^* \boldsymbol{S}_i \tag{E.4}$$

이므로 식 E.3은

$$\boldsymbol{g}_i = \lambda_i^* [A] \boldsymbol{S}_i \tag{E.5}$$

또는

$$[A]\boldsymbol{S}_i = \frac{1}{\lambda_i^*}\boldsymbol{g}_i \qquad \text{E.6}$$

이 된다. 위의 식의 양변의 식 앞에 $[B_{i+1}]$를 곱하면 다음 결과를 얻는다.

$$[B_{i+1}][A]\boldsymbol{S}_i = \frac{1}{\lambda_i^*}([\boldsymbol{B}_i]+[\boldsymbol{M}_i]+[\boldsymbol{N}_i])\boldsymbol{g}_i \qquad \text{E.7}$$

또한 식 6.131과 E.5로부터

$$[\boldsymbol{M}_i]\boldsymbol{g}_i = \lambda_i^* \frac{\boldsymbol{S}_i\boldsymbol{S}_i^T\boldsymbol{g}_i}{\boldsymbol{S}_i^T\boldsymbol{g}_i} = \lambda_i^*\boldsymbol{S}_i \qquad \text{E.8}$$

이고, $[B_i]$는 대칭이므로 식 6.132로부터

$$[\boldsymbol{N}_i]\boldsymbol{g}_i = -\frac{([B_i]\boldsymbol{g}_i)(\boldsymbol{g}_i^T[B_i]\boldsymbol{g}_i)}{\boldsymbol{g}_i^T[B_i]\boldsymbol{g}_i} = -[B_i]\boldsymbol{g}_i \qquad \text{E.9}$$

이 되므로 식 E.8과 E.9를 식 E.7에 대입하면

$$[B_{i+1}][A]\boldsymbol{S}_i = \frac{1}{\lambda_i^*}([\boldsymbol{B}_i]\boldsymbol{g}_i + \lambda_i^*\boldsymbol{S}_i - [\boldsymbol{B}_i]\boldsymbol{g}_i) = \boldsymbol{S}_i \qquad \text{E.10}$$

의 관계식을 얻는다. λ_i^*는 $\boldsymbol{S}_i$방향으로 최소화를 위한 최적 이동길이 이므로 $\boldsymbol{S}_{i+1}^T[A]\boldsymbol{S}_i$를 다음과 같이 작성할 수 있다.

$$\begin{aligned}\boldsymbol{S}_{i+1}^T[A]\boldsymbol{S}_i &= -([B_{i+1}]\nabla f_{i+1})^T[A]\boldsymbol{S}_i \\ &= -\nabla f_{i+1}^T[B_{i+1}][A]\boldsymbol{S}_i = -\nabla f_{i+1}^T\boldsymbol{S}_i = 0\end{aligned} \qquad \text{E.11}$$

위의 식 E.11은 DFP 방법에서 생성된 탐색방향들이 모두 $[A]$-켤레임을 보이고 있으므로 DFP 방법은 켤레구배법임이 증명된다. ■

예제 6.14

시작점 $\boldsymbol{X}_1 = \begin{pmatrix}-2\\-2\end{pmatrix}$으로 다음 함수를 최소화하라.

$$f(x_1,\ x_2) = 100(x_1^2 - x_2)^2 + (1-x_1)^2$$

단, 1차원 최소화를 위해 3차 보간법을 사용하라.

[풀이] DFP 방법에서 필요한 f의 구배는 다음과 같다.

$$\nabla f = \begin{pmatrix} \dfrac{\partial f}{\partial x_1} \\ \dfrac{\partial f}{\partial x_2} \end{pmatrix} = \begin{pmatrix} 400x_1(x_1^2 - x_2) - 2(1 - x_1) \\ -200(x_1^2 - x_2) \end{pmatrix}$$

반복회 1

초기 근사 행렬을

$$[B_1] = \begin{bmatrix} 1 & 0 \\ 0 & 1 \end{bmatrix}$$

으로 택하고, $\boldsymbol{X}_1 = \begin{pmatrix} -2 \\ -2 \end{pmatrix}$에서 $\nabla f_1 = \nabla f(\boldsymbol{X}_1) = \begin{pmatrix} -4,806 \\ -1,200 \end{pmatrix}$ 그리고 $f_1 = 3,609$을 구한다. 따라서

$$\boldsymbol{S}_1 = -[B_1]\nabla f_1 = \begin{pmatrix} 4,806 \\ 1,200 \end{pmatrix}$$

을 정규화하면

$$\boldsymbol{S}_1 = \frac{1}{[4,806^2 + 1,200^2]^{1/2}} \begin{pmatrix} 4,806 \\ 1,200 \end{pmatrix} = \begin{pmatrix} 0.970 \\ 0.244 \end{pmatrix}$$

이다. $\lambda_1{}^*$를 찾기 위해 λ_1에 관한 다음 식

$$\begin{aligned} f(\boldsymbol{X}_1 + \lambda_1 \boldsymbol{S}_1) &= f(-2 + 0.970\lambda_1,\ -2 + 0.244\lambda_1) \qquad \text{E.1} \\ &= 100(6 - 4.124\lambda_1 + 0.938\lambda_1^2)^2 + (3 - 0.97\lambda_1)^2 \end{aligned}$$

을 최소화하기 위해 λ_1에 관해 위의 식을 미분한 식

$$\frac{df}{d\lambda_1} = 200(6 - 4.124\lambda_1 + 0.938\lambda_1^2)(1.876\lambda_1 - 4.124) - 1.94(3 - 0.97\lambda_1)$$

가 $df/d\lambda_1 = 0$이 되는 해를 구해야 하지만 간단히 구할 수 없으므로 $\lambda_1{}^*$를 찾기 위해 3차 보간법을 사용한다.

3차 보간법(첫 번째 보간)

1단계 탐색방향 $\boldsymbol{S}_1$은 이미 정규화 되었으므로 2단계로 간다.

2단계 최적 이동길이 $\lambda_1{}^*$에 대한 하한과 상한을 찾기 위해 기울기 $df/d\lambda_1$의 부호가

다른 두 점 A와 B를 찾아야 한다. $A=0$으로 하고 B를 찾기 위해 $t_0=0.25$를 초기 크기로 설정한다.

$\lambda_1=A=0$: 식 E.1에서 $\lambda_1=0$을 대입하면

$$f_A=f(\lambda_1=A=0)=100(6-0+0)^2+(3-0)^2=3,609$$

식 E.1의 미분식에 $\lambda_1=0$을 대입하면

$$f'_A=\left.\frac{df}{d\lambda_1}\right|_{\lambda_1=A=0}=200(6)(-4.124)-1.94\times 3=-4,956.64$$

$\lambda_1=t_0=0.25$: 식 E.1에서 $\lambda_1=t_0=0.25$을 대입하면

$$\begin{aligned}f&=100(6-4.124\times 0.25+0.938\times 0.25^2)^2+(3-0.97\times 0.25)^2\\&=2,535.62\end{aligned}$$

식 E.1의 미분식에 $\lambda_1=0.25$을 대입하면

$$\begin{aligned}\frac{df}{d\lambda_1}&=200(6-4.124\times 0.25+0.938\times 0.25^2)(1.876\times 0.25-4.124)\\&\quad-1.94(3-0.97\times 0.25)=-3,680.82\end{aligned}$$

아직도 $df/d\lambda_1$가 음수이므로 $\lambda_1=4t_0=1.00$을 취하여 탐색을 가속한다.

$\lambda_1=1.00$:

$$f=795.98$$

$$\frac{df}{d\lambda_1}=-1,269.18$$

아직 $df/d\lambda_1$가 음수이므로 $\lambda_1=2.00$을 취하여 탐색을 가속한다.

$\lambda_1=2.00$:

$$f=227.32$$

$$\frac{df}{d\lambda_1}=-113.953$$

아직 $df/d\lambda_1$가 음수이지만 0에 인접하고 있으므로 $\lambda_1=2.5$을 취하여 탐색을 가속한다.

$\lambda_1=2.50$:

$$f = 241.51$$

$$\frac{df}{d\lambda_1} = 174.684$$

$\lambda_1 = 2.00$에서 $df/d\lambda_1$는 음수이고, $\lambda_1 = 2.5$에서 양수이므로 보다 신속한 수렴을 위해 $A = 2.0$과 $B = 2.5$를 취한다. 따라서

$$A = 2.0,\ f_A = 227.32,\ f_A' = -113.95$$

$$B = 2.5,\ f_B = 241.51,\ f_B' = 174.68$$

3단계 식 5.54를 사용하여 최적 이동길이 $\tilde{\lambda}_1{}^*$를 찾기 위해 먼저 식 5.51로부터 다음을 계산한다.

$$Z = \frac{3(f_A - f_B)}{B - A} + f_A' + f_B'$$

$$= \frac{3(227.32 - 241.51)}{2.5 - 2.0} - 113.95 + 174.68 = -24.41$$

또한 식 5.55로부터

$$Q = \left(Z^2 - f_A' f_B'\right)^{1/2}$$

$$= \left[24.41^2 + (113.95)(174.68)\right]^{1/2} = 143.2$$

그리고 식 5.54로부터

$$\tilde{\lambda}_i{}^* = A + \frac{f_A' + Z \pm Q}{f_A' + f_B' + 2Z}(B - A)$$

$$= 2.0 + \frac{-113.95 - 24.41 + 143.2}{-113.95 + 174.68 - 48.82}(2.5 - 2.0)$$

$$= 2.2$$

4단계 수렴을 확인하기 위해 $\tilde{\lambda}_1{}^*$에서 $df/d\lambda_1$의 값을 계산한다.

$$\left.\frac{df}{d\lambda_1}\right|_{\tilde{\lambda}_1{}^*} = 200(6 - 4.124 \times 2.2 + 0.938 \times 2.2^2)(1.876 \times 2.2 - 4.124)$$
$$- 1.94(3 - 0.97 \times 2.2) = -0.818$$

또한, $\lambda_1{}^* = 2.2$을 식 E.1에 대입하면

$$f(\lambda_1 = \tilde{\lambda}_1{}^*) = 100(4.124 \times 2.2 + 0.938 \times 2.2^2)^2 + (3 - 0.97 \times 2.2)^2$$
$$= 216.1$$

$\tilde{\lambda}_1{}^*$에서 $df/d\lambda_1$는 0에 가까운 수가 아니므로 재보간 기법을 사용한다.

3차 보간법(두 번째 보간)

이제 $\tilde{\lambda}_1{}^*$에서 $df/d\lambda_1$는 음수이고 $B = 2.5$에서는 양수이므로 $A = \tilde{\lambda}_1{}^*$을 취한다.

$$A = 2.2,\ f_A = 216.10,\ f_A' = -0.818$$

$$B = 2.5,\ f_B = 241.51,\ f_B' = 174.68$$

위의 값들을 이용하면

$$Z = \frac{3(216.1 - 241.51)}{2.5 - 2.2} - 0.818 + 174.68 = -80.238$$

$$Q = \left[80.238^2 + (0.818)(174.68)\right]^{1/2} = 81.1$$

$$\tilde{\lambda}_1{}^* = 2.2 + \frac{-0.818 - 80.238 + 81.1}{-0.818 + 174.68 - 160.476}(2.5 - 2.2)$$
$$= 2.201$$

이 된다. 수렴여부를 판정하기 위해 $\tilde{\lambda}_1{}^*$에서 $df/d\lambda_1$을 계산하면 $df/d\lambda_1|_{\lambda_1 = \tilde{\lambda}_1^*} = -0.211$이므로 0에 충분히 인접한 것으로 가정하여 $\lambda_1{}^* \simeq \tilde{\lambda}_1{}^* = 2.201$으로 선택한다. 따라서 다음의 최소 근사점은

$$\boldsymbol{X}_2 = \boldsymbol{X}_1 + \lambda_1{}^* \boldsymbol{S}_1 = \begin{pmatrix} -2 + 0.970\lambda_1{}^* \\ -2 + 0.244\lambda_1{}^* \end{pmatrix} = \begin{pmatrix} 0.135 \\ -1.463 \end{pmatrix}$$

와 같다.

$\boldsymbol{X}_2$에 대한 수렴여부 판정: DFP 방법의 수렴 여부를 확인하기 위해 $\boldsymbol{X}_2$에서 f의 구배를 계산하면

$$\nabla f_2 = \begin{pmatrix} \dfrac{\partial f}{\partial x_1} \\ \dfrac{\partial f}{\partial x_2} \end{pmatrix}_{\boldsymbol{X}_2} = \begin{pmatrix} 400x_1(x_1^2 - x_2) - 2(1 - x_1) \\ -200(x_1^2 - x_2) \end{pmatrix}$$

$$= \begin{pmatrix} 400(0.135^2 + 1.463) - 2(1 - 0.135) \\ -200(0.135^2 - (-1.463)) \end{pmatrix} = \begin{pmatrix} 78.29 \\ -296.24 \end{pmatrix}$$

와 같이 벡터의 성분들이 0에 가깝지 않아 $\boldsymbol{X}_2$는 최적점이 아니므로 최적점을 찾을 때까지 위의 전체 절차를 계속 반복하여야 한다. ■

예제 6.15

DFP 방법을 사용하여 다음 함수를 최소화하라.

$$f(x_1,\ x_2) = x_1 - x_2 + 2x_1^2 + 2x_1x_2 + x_2^2$$

단, 시작점 $\boldsymbol{X}_1 = \begin{pmatrix} 0 \\ 0 \end{pmatrix}$, $[B_1] = \begin{bmatrix} 1 & 0 \\ 0 & 1 \end{bmatrix}$, $\epsilon = 0.01$이다.

[풀이]

반복회 $1(i=1)$

$$\nabla f_1 = \nabla f(\boldsymbol{X}_1) = \begin{pmatrix} 1 + 4x_1 + 2x_2 \\ -1 + 2x_1 + 2x_2 \end{pmatrix}\Bigg|_{(0,\ 0)} = \begin{pmatrix} 1 \\ -1 \end{pmatrix}$$

그리고

$$\boldsymbol{S}_1 = -[B_1]\nabla f_1 = -\begin{bmatrix} 1 & 0 \\ 0 & 1 \end{bmatrix}\begin{pmatrix} 1 \\ -1 \end{pmatrix} = \begin{pmatrix} -1 \\ 1 \end{pmatrix}$$

이다 $\boldsymbol{S}_1$ 방향으로 최소 이동길이 $\lambda_1{}^*$을 찾기 위해 다음 식을 λ_1에 관해 최소화한다.

$$f(\boldsymbol{X}_1 + \lambda_1\boldsymbol{S}_1) = f\left(\begin{pmatrix} 0 \\ 0 \end{pmatrix} + \lambda_1\begin{pmatrix} -1 \\ 1 \end{pmatrix}\right) = f(-\lambda_1,\ \lambda_1) = \lambda_1^2 - 2\lambda_1$$

$\lambda_1{}^* = 1$에서 $df/d\lambda_1 = 0$이므로

$$\boldsymbol{X}_2 = \boldsymbol{X}_1 + \lambda_1{}^*\boldsymbol{S}_1 = \begin{pmatrix} 0 \\ 0 \end{pmatrix} + 1\begin{pmatrix} -1 \\ 1 \end{pmatrix} = \begin{pmatrix} -1 \\ 1 \end{pmatrix}$$

이다. 또한 $\nabla f_2 = \nabla f(\boldsymbol{X}_2) = \begin{pmatrix} -1 \\ -1 \end{pmatrix}$이고 $\|\nabla f_2\| = \sqrt{(-1)^2 + (-1)^2} = 1.4142 > \epsilon = 0.01$이므로 다음을 계산하여 업데이트 된 행렬 $[B_2]$를 구한다. 즉, 식 E.3으로부터

$$\boldsymbol{g}_1 = \nabla f_2 - \nabla f_1 = \begin{pmatrix} -1 \\ -1 \end{pmatrix} - \begin{pmatrix} 1 \\ -1 \end{pmatrix} = \begin{pmatrix} -2 \\ 0 \end{pmatrix}$$

$$\boldsymbol{S}_1^T\boldsymbol{g}_1 = (-1 \ \ 1)\begin{pmatrix} -2 \\ 0 \end{pmatrix} = 2$$

$$\boldsymbol{S}_1\boldsymbol{S}_1^T = \begin{pmatrix} -1 \\ 1 \end{pmatrix}(-1 \quad 1) = \begin{bmatrix} 1 & -1 \\ -1 & 1 \end{bmatrix}$$

$$[B_1]\boldsymbol{g}_1 = \begin{bmatrix} 1 & 0 \\ 0 & 1 \end{bmatrix}\begin{pmatrix} -2 \\ 0 \end{pmatrix} = \begin{pmatrix} -2 \\ 0 \end{pmatrix}$$

$$([B_1]\boldsymbol{g}_1)^T = \begin{pmatrix} -2 \\ 0 \end{pmatrix}^T = (-2 \quad 0)$$

$$\boldsymbol{g}_1^T[B_1]\boldsymbol{g}_1 = (-2 \quad 0)\begin{bmatrix} 1 & 0 \\ 0 & 1 \end{bmatrix}\begin{pmatrix} -2 \\ 0 \end{pmatrix} = (-2 \quad 0)\begin{pmatrix} -2 \\ 0 \end{pmatrix} = 4$$

이고, 식 6.131로부터

$$[M_1] = \lambda_1{}^* \frac{\boldsymbol{S}_1\boldsymbol{S}_1^T}{\boldsymbol{S}_1^T\boldsymbol{g}_1} = 1\left(\frac{1}{2}\right)\begin{bmatrix} 1 & -1 \\ -1 & 1 \end{bmatrix} = \begin{bmatrix} \frac{1}{2} & -\frac{1}{2} \\ -\frac{1}{2} & \frac{1}{2} \end{bmatrix}$$

식 6.132로부터

$$[N_1] = -\frac{([B_1]\boldsymbol{g}_1)([B_1]\boldsymbol{g}_1)^T}{\boldsymbol{g}_1^T[B_1]\boldsymbol{g}_1} = -\frac{\begin{pmatrix} -2 \\ 0 \end{pmatrix}(-2 \quad 0)}{4} = -\frac{1}{4}\begin{bmatrix} 4 & 0 \\ 0 & 0 \end{bmatrix} = -\begin{bmatrix} 1 & 0 \\ 0 & 0 \end{bmatrix}$$

식 6.130으로부터

$$[B_2] = [B_1] + [M_1] + [N_1] = \begin{bmatrix} 1 & 0 \\ 0 & 1 \end{bmatrix} + \begin{bmatrix} \frac{1}{2} & -\frac{1}{2} \\ -\frac{1}{2} & \frac{1}{2} \end{bmatrix} + \begin{bmatrix} -1 & 0 \\ 0 & 0 \end{bmatrix} = \begin{bmatrix} 0.5 & -0.5 \\ -0.5 & 1.5 \end{bmatrix}$$

이 된다.

반복회 2$(i=2)$

다음의 탐색방향은

$$\boldsymbol{S}_2 = -[B_2]\nabla f_2 = -\begin{bmatrix} 0.5 & -0.5 \\ -0.5 & 1.5 \end{bmatrix}\begin{pmatrix} -1 \\ -1 \end{pmatrix} = \begin{pmatrix} 0 \\ 1 \end{pmatrix}$$

와 같고, $\boldsymbol{S}_2$ 방향으로 최소화를 위한 최적 탐색 이동길이 $\lambda_2{}^*$를 찾기 위해 λ_2에 관해 다음 식을 최소화한다.

$$f(\boldsymbol{X}_2+\lambda_2\boldsymbol{S}_2)=f\left[\begin{pmatrix}-1\\1\end{pmatrix}+\lambda_2\begin{pmatrix}0\\1\end{pmatrix}\right]=f\left(\begin{pmatrix}-1\\1+\lambda_2\end{pmatrix}\right)$$

$$=-1-(1+\lambda_2)+2(-1)^2+2(-1)(1+\lambda_2)+(1+\lambda_2)^2$$

$$=\lambda_2^2-\lambda_2-1$$

즉, $\lambda_2{}^*=\dfrac{1}{2}$에서 $df/d\lambda_2=0$이므로 새로운 최소 근사점은

$$\boldsymbol{X}_3=\boldsymbol{X}_2+\lambda_2{}^*\boldsymbol{S}_2=\begin{pmatrix}-1\\1\end{pmatrix}+\frac{1}{2}\begin{pmatrix}0\\1\end{pmatrix}=\begin{pmatrix}-1\\1.5\end{pmatrix}$$

이고, 이 점은 다음의 판정에 의해 최소점으로 확인된다.

$$\nabla f_3=\begin{pmatrix}1+4x_1+2x_2\\-1+2x_1+2x_2\end{pmatrix}\Bigg|_{(-1,\ 1.5)}=\begin{pmatrix}0\\0\end{pmatrix},\quad \|\nabla f_3\|=0<\epsilon=0.019$$ ■

6.15 Broyden–Fletcher–Goldfarb–Shanno 방법

앞에서 기술하였듯이 DFP와 BFGS 방법의 주된 차이는 BFGS 방법에서는 Hessian 역행렬이 아니라 Hessian 행렬에 대한 근사행렬을 반복적으로 업데이트한다는 것이다. BFGS 방법의 과정은 다음과 같다.

1. 초기점 $\boldsymbol{X}_1$과 f의 Hessian 역행렬의 초기 근사행렬로 $n\times n$ 양의 정부호 대칭 행렬 $[B_1]$을 갖고 시작한다. 추가 정보가 없으면 $[B_1]$는 단위행렬 $[I]$로 선택한다. 구배 벡터 $\nabla f_1=\nabla f(\boldsymbol{X}_1)$을 계산하고 반복회를 $i=1$로 설정한다.
2. 점 $\boldsymbol{X}_i$에서 함수의 구배 ∇f_i을 계산하고 다음과 같이 설정한다.

$$\boldsymbol{S}_i=-[B_i]\nabla f_i \tag{6.134}$$

3. $\boldsymbol{S}_i$ 방향으로 최적 이동길이 $\lambda_i{}^*$을 구하고 다음과 같이 설정한다.

$$\boldsymbol{X}_{i+1}=\boldsymbol{X}_i+\lambda_i{}^*\boldsymbol{S}_i \tag{6.135}$$

4. 점 $\boldsymbol{X}_{i+1}$의 최적 여부를 판정한다. 만일 $\|\nabla f_{i+1}\|\le\epsilon$이면 $\boldsymbol{X}^*\approx\boldsymbol{X}_{i+1}$를 취하고 종료한다. 그렇지 않으면 5단계로 간다.
5. 다음과 같이 Hessian 행렬을 업데이트한다.

$$[B_{i+1}] = [B_i] + \left(1 + \frac{\boldsymbol{g}_i^T [B_i] \boldsymbol{g}_i}{\boldsymbol{d}_i^T \boldsymbol{g}_i}\right) \frac{\boldsymbol{d}_i \boldsymbol{d}_i^T}{\boldsymbol{d}_i^T \boldsymbol{g}_i} - \frac{\boldsymbol{d}_i \boldsymbol{g}_i^T [B_i]}{\boldsymbol{d}_i^T \boldsymbol{g}_i} - \frac{[B_i] \boldsymbol{g}_i \boldsymbol{d}_i^T}{\boldsymbol{d}_i^T \boldsymbol{g}_i} \qquad 6.136$$

단,

$$\boldsymbol{d}_i = \boldsymbol{X}_{i+1} - \boldsymbol{X}_i = \lambda_i^* \boldsymbol{S}_i \qquad 6.137$$

$$\boldsymbol{g}_i = \nabla f_{i+1} - \nabla f_i = \nabla f(\boldsymbol{X}_{i+1}) - \nabla f(\boldsymbol{X}_i) \qquad 6.138$$

6. 새로운 반복회를 $i = i + 1$로 설정하고 2단계로 간다.

주의

1. BFGS 방법은 quasi-Newton 방법, 켤레구배방법으로 간주할 수 있다.
2. Hessian 역행렬을 근사화하므로 BFGS 방법을 간접 업데이트 방법이라고도 부를 수 있다.
3. 만일 정확하게 이동길이 λ_i^*를 찾으면 i가 증가할 때 행렬 $[B_i]$은 양의 정부호를 유지한다. 그러나 실제 적용에서 λ_i^*를 정확하게 찾지 못하면 행렬 $[B_i]$은 반부호(indefinite) 또는 심지어 비정칙행렬이 될 수도 있다. 이와 같은 경우에는 행렬 $[B_i]$를 주기적으로 단위행렬 $[I]$로 재설정하는 것이 바람직하다. 그러나 수치계산적 경험에 의하면 BFGS 방법은 DFP 방법보다 λ_i^*의 오차에 대한 영향을 덜 받는 것으로 알려져 있다.
4. BFGS 방법은 $\boldsymbol{X}^*$ 인근에서 초일차적 수렴을 하는 것으로 증명되었다[6.19].

예제 6.16

BFGS 방법을 사용하여 다음 함수를 최소화하라.

$$f(x_1,\ x_2) = x_1 - x_2 + 2x_1^2 + 2x_1x_2 + x_2^2$$

단, 시작점 $\boldsymbol{X}_1 = \begin{pmatrix} 0 \\ 0 \end{pmatrix}$, $[B_1] = \begin{bmatrix} 1 & 0 \\ 0 & 1 \end{bmatrix}$, $\epsilon = 0.01$이다.

[풀이]

반복회 1($i = 1$)

$$\nabla f_1 = \nabla f(\boldsymbol{X}_1) = \begin{pmatrix} 1 + 4x_1 + 2x_2 \\ -1 + 2x_1 + 2x_2 \end{pmatrix}\Bigg|_{(0,\ 0)} = \begin{pmatrix} 1 \\ -1 \end{pmatrix}$$

$$\boldsymbol{S}_1 = -[B_1]\nabla f_1 = -\begin{bmatrix} 1 & 0 \\ 0 & 1 \end{bmatrix}\begin{pmatrix} 1 \\ -1 \end{pmatrix} = \begin{pmatrix} -1 \\ 1 \end{pmatrix}$$

이고, $\boldsymbol{S}_1$ 방향으로 최소 이동길이 λ_1^*을 찾기 위해 다음 식을 λ_1에 관해 최소화한다.

$$f(\boldsymbol{X}_1+\lambda_1\boldsymbol{S}_1)=f\left(\begin{pmatrix}0\\0\end{pmatrix}+\lambda_1\begin{pmatrix}-1\\1\end{pmatrix}\right)=f(-\lambda_1,\ \lambda_1)=\lambda_1^2-2\lambda_1$$

$\lambda_1{}^*=1$에서 $df/d\lambda_1=0$이므로

$$\boldsymbol{X}_2=\boldsymbol{X}_1+\lambda_1{}^*\boldsymbol{S}_1=\begin{pmatrix}0\\0\end{pmatrix}+1\begin{pmatrix}-1\\1\end{pmatrix}=\begin{pmatrix}-1\\1\end{pmatrix}$$

이 된다. 한편, $\nabla f_2=\nabla f(\boldsymbol{X}_2)=\begin{pmatrix}-1\\-1\end{pmatrix}$이고 $\|\nabla f_2\|=1.4142>\epsilon=0.01$이므로 다음을 계산하여 업데이트 행렬 $[B_2]$를 구한다.

$$\boldsymbol{g}_1=\nabla f_2-\nabla f_1=\begin{pmatrix}-1\\-1\end{pmatrix}-\begin{pmatrix}1\\-1\end{pmatrix}=\begin{pmatrix}-2\\0\end{pmatrix}$$

$$\boldsymbol{d}_1=\lambda_1{}^*\boldsymbol{S}_1=1\begin{pmatrix}-1\\1\end{pmatrix}=\begin{pmatrix}-1\\1\end{pmatrix}$$

$$\boldsymbol{d}_1\boldsymbol{d}_1^T=\begin{pmatrix}-1\\1\end{pmatrix}(-1\quad 1)=\begin{bmatrix}1&-1\\-1&1\end{bmatrix}$$

$$\boldsymbol{d}_1^T\boldsymbol{g}_1=(-1\quad 1)\begin{pmatrix}-2\\0\end{pmatrix}=2$$

$$\boldsymbol{d}_1\boldsymbol{g}_1^T=\begin{pmatrix}-1\\1\end{pmatrix}(-2\quad 0)=\begin{bmatrix}2&0\\-2&0\end{bmatrix}$$

$$\boldsymbol{g}_1\boldsymbol{d}_1^T=\begin{pmatrix}-2\\0\end{pmatrix}(-1\quad 1)=\begin{bmatrix}2&-2\\0&0\end{bmatrix}$$

$$\boldsymbol{g}_1^T[B_1]\boldsymbol{g}_1=(-2\quad 0)\begin{bmatrix}1&0\\0&1\end{bmatrix}\begin{pmatrix}-2\\0\end{pmatrix}=(-2\quad 0)\begin{pmatrix}-2\\0\end{pmatrix}=4$$

$$\boldsymbol{d}_1\boldsymbol{g}_1^T[B_1]=\begin{bmatrix}2&0\\-2&0\end{bmatrix}\begin{bmatrix}1&0\\0&1\end{bmatrix}=\begin{bmatrix}2&0\\-2&0\end{bmatrix}$$

$$[B_1]\boldsymbol{g}_1\boldsymbol{d}_1^T=\begin{bmatrix}1&0\\0&1\end{bmatrix}\begin{bmatrix}2&-2\\0&0\end{bmatrix}=\begin{bmatrix}2&-2\\0&0\end{bmatrix}$$

식 6.136으로부터

$$[B_2] = \begin{bmatrix} 1 & 0 \\ 0 & 1 \end{bmatrix} + \left(1 + \frac{4}{2}\right)\frac{1}{2}\begin{bmatrix} 1 & -1 \\ -1 & 1 \end{bmatrix} - \frac{1}{2}\begin{bmatrix} 2 & 0 \\ -2 & 0 \end{bmatrix} - \frac{1}{2}\begin{bmatrix} 2 & -2 \\ 0 & 0 \end{bmatrix}$$

$$= \begin{bmatrix} 1 & 0 \\ 0 & 1 \end{bmatrix} + \begin{bmatrix} \frac{3}{2} & -\frac{3}{2} \\ -\frac{3}{2} & \frac{3}{2} \end{bmatrix} - \begin{bmatrix} 1 & 0 \\ -1 & 0 \end{bmatrix} - \begin{bmatrix} 1 & -1 \\ 0 & 0 \end{bmatrix} = \begin{bmatrix} \frac{1}{2} & -\frac{1}{2} \\ -\frac{1}{2} & \frac{5}{2} \end{bmatrix}$$

반복회 2$(i = 2)$

식 6.134로부터 탐색방향 $\boldsymbol{S}_2$를 다음과 같이 결정한다.

$$\boldsymbol{S}_2 = -[B_2]\nabla f_2 = -\begin{bmatrix} \frac{1}{2} & -\frac{1}{2} \\ -\frac{1}{2} & \frac{5}{2} \end{bmatrix}\begin{pmatrix} -1 \\ -1 \end{pmatrix} = \begin{pmatrix} 0 \\ 2 \end{pmatrix}$$

$\boldsymbol{S}_2$ 방향으로 최적 탐색 이동길이 $\lambda_2{}^*$를 찾기 위해 λ_2에 관한 다음 식을 최소화한다.

$$f(\boldsymbol{X}_2 + \lambda_2 \boldsymbol{S}_2) = f\left(\begin{pmatrix} -1 \\ 1 \end{pmatrix} + \lambda_2\begin{pmatrix} 0 \\ 2 \end{pmatrix}\right) = f(-1,\ 1 + 2\lambda_2) = 4\lambda_2^2 - 2\lambda_2 - 1$$

$\lambda_2{}^* = \frac{1}{4}$에서 $df/d\lambda_2 = 0$이므로 새로운 최소 근사점은

$$\boldsymbol{X}_3 = \boldsymbol{X}_2 + \lambda_2{}^*\boldsymbol{S}_2 = \begin{pmatrix} -1 \\ 1 \end{pmatrix} + \frac{1}{4}\begin{pmatrix} 0 \\ 2 \end{pmatrix} = \begin{pmatrix} -1 \\ \frac{3}{2} \end{pmatrix}$$

와 같고, 아래의 최적 판정에 의해 이 점은 최적점으로 확인된다.

$$\nabla f_3 = \begin{pmatrix} 0 \\ 0 \end{pmatrix}, \quad \|\nabla f_3\| = 0 < \epsilon = 0.01$$ ■

6.16 테스트 함수 (Test Function)

최적화 알고리즘의 효율성은 일련의 표준함수들을 사용하여 조사된다. 테스트 함수로는 주로 많은 변수들을 포함하고 다양한 복잡성을 갖는 여러 함수들이 사용되는데 문헌에 기술된 대부분의 테스트 함수는 아래와 같은 비선형 최소자승 문제들이다.

$$f(x_1,\ x_2,\ \cdots,\ x_n) = \sum_{i=1}^{m} f_i(x_1,\ x_2,\ \cdots,\ x_n)^2 \qquad 6.139$$

여기서 n은 변수의 개수, m은 최소자승문제들을 정의하는 함수 f_i의 개수를 나타낸다. 이 함수를 테스트하는 목적은 다른 알고리즘들과 비교하여 알고리즘이 얼마나 잘 동작하는지 알기 위함이다. 일반적으로 표준 시작점에서 출발하여 각 테스트 함수를 최소화 하는데 알고리즘의 효율성의 일반적인 척도로 최적해를 찾는데 필요한 함숫값 계산의 전체 수가 사용된다. 참고문헌 [6.29]~[6.32]에서는 다양한 비제약 최적화 기법들을 비교 고찰한 결과를 보여준다. 광범위하게 사용되는 일부 테스트 함수는 다음과 같다.

1. Rosenbrock의 포물선 계곡 [6.8]:

$$f(x_1,\ x_2) = 100(x_2 - x_1^2)^2 + (1 - x_1)^2 \tag{6.140}$$

$$\boldsymbol{X}_1 = \begin{pmatrix} -1.2 \\ 1.0 \end{pmatrix}, \quad \boldsymbol{X}^* = \begin{pmatrix} 1 \\ 1 \end{pmatrix}$$

$$f_1 = 24.0, \quad f^* = 0.0$$

2. 이차함수:

$$f(x_1,\ x_2) = (x_1 + 2x_2 - 7)^2 + (2x_1 + x_2 - 5)^2 \tag{6.141}$$

$$\boldsymbol{X}_1 = \begin{pmatrix} 0 \\ 0 \end{pmatrix}, \quad \boldsymbol{X}^* = \begin{pmatrix} 1 \\ 3 \end{pmatrix}$$

$$f_1 = 7.40, \quad f^* = 0.0$$

3. Powell의 이차함수 [6.7]:

$$f(x_1,\ x_2,\ x_3,\ x_4) = (x_1 + 10x_2)^2 + 5(x_3 - x_4)^2 + (x_2 - 2x_3)^4 + 10(x_1 - x_4)^4 \tag{6.142}$$

$$\boldsymbol{X}_1^T = (x_1\ x_2\ x_3\ x_4) = (3\ \ -1\ \ 0\ \ 1), \quad \boldsymbol{X}^{*T} = (0\ \ 0\ \ 0\ \ 0)$$

$$f_1 = 215.0, \quad f^* = 0.0$$

4. Fletcher와 Powell의 나선형 계곡 [6.21]:

$$f(x_1,\ x_2,\ x_3) = 100\left\{[x_3 - 10\theta(x_1,\ x_2)]^2 + \left[\sqrt{x_1^2 + x_2^2} - 1\right]^2\right\} + x_3^2 \tag{6.143}$$

단,

$$2\pi\theta(x_1,\ x_2) = \begin{cases} \arctan \dfrac{x_2}{x_1} & if\ \ x_1 > 0 \\ \pi + \arctan \dfrac{x_2}{x_1} & if\ \ x_1 < 0 \end{cases}$$

$$X_1 = \begin{pmatrix} -1 \\ 0 \\ 0 \end{pmatrix}, \quad X^* = \begin{pmatrix} 1 \\ 0 \\ 0 \end{pmatrix}$$

$$f_1 = 25{,}000.0, \quad f^* = 0.0$$

5. 비선형 3변수 함수 [6.7]:

$$f(x_1, x_2, x_3) = \frac{1}{1+(x_1-x_2)^2} + \sin\left(\frac{1}{2}\pi x_2 x_3\right) + \exp\left[-\left(\frac{x_1+x_3}{x_2}-2\right)^2\right] \qquad 6.144$$

$$X_1 = \begin{pmatrix} 0 \\ 1 \\ 2 \end{pmatrix}, \quad X^* = \begin{pmatrix} 1 \\ 1 \\ 1 \end{pmatrix}$$

$$f_1 = 1.5, \quad f^* = f_{max} = 3.0$$

6. Freudenstein & Roth 함수 [6.27]:

$$f(x_1, x_2) = \{-13 + x_1 + [(5-x_2)x_2 - 2]x_2\}^2 + \{-29 + x_1 + [(x_2+1)x_2 - 14]x_2\}^2 \qquad 6.145$$

$$X_1 = \begin{pmatrix} 0.5 \\ -2 \end{pmatrix}, \quad X^* = \begin{pmatrix} 5 \\ 4 \end{pmatrix}, \quad X^{**} = \begin{pmatrix} 11.41... \\ -0.8968... \end{pmatrix}$$

$$f_1 = 400.5, \quad f^* = 0.0, \quad f^{**} = 48.9842...$$

7. Powell의 불량 스케일 함수 [6.28]:

$$f(x_1, x_2) = (10{,}000 x_1 x_2 - 1)^2 + [\exp(-x_1) + \exp(-x_2) - 1.0001]^2 \qquad 6.146$$

$$X_1 = \begin{pmatrix} 0 \\ 1 \end{pmatrix}, \quad X^* = \begin{pmatrix} 1.098... \times 10^{-5} \\ 9.106... \end{pmatrix}$$

$$f_1 = 1.1354, \quad f^* = 0.0$$

8. Brown의 불량 스케일 함수 [6.29]:

$$f(x_1, x_2) = (x_1 - 10^6)^2 + (x_2 - 2\times10^{-6})^2 + (x_1 x_2 - 2)^2 \qquad 6.147$$

$$X_1 = \begin{pmatrix} 1 \\ 1 \end{pmatrix}, \quad X^* = \begin{pmatrix} 10^6 \\ 2\times10^{-6} \end{pmatrix}$$

$$f_1 \approx 10^{12}, \quad f^* = 0.0$$

9. Beale 함수 [6.29]:

$$f(x_1,\ x_2) = \left[1.5 - x_1(1-x_2)\right]^2 + \left[2.25 - x_1\left(1-x_2^2\right)\right]^2 + \left[2.625 - x_1\left(1-x_2^3\right)\right]^2 \quad 6.148$$

$$\boldsymbol{X}_1 = \begin{pmatrix}1\\1\end{pmatrix}, \quad \boldsymbol{X}^* = \begin{pmatrix}3\\0.5\end{pmatrix}$$

$$f_1 = 14.203125, \quad f^* = 0.0$$

10. Wood 함수 [6.30]:

$$f(x_1,\ x_2,\ x_3,\ x_4) = \left[10\left(x_2 - x_1^2\right)\right]^2 + (1-x_1)^2 + 90\left(x_4 - x_3^2\right)^2 + (1-x_3)^2 + 10(x_2 + x_4 - 2)^2 + 0.1(x_2 - x_4) \quad 6.149$$

$$\boldsymbol{X}_1 = \begin{pmatrix}-3\\-1\\-3\\-1\end{pmatrix}, \quad \boldsymbol{X}^* = \begin{pmatrix}1\\1\\1\\1\end{pmatrix}$$

$$f_1 = 19{,}192.0, \quad f^* = 0.0$$

REFERENCES AND BIBLIOGRAPHY

6.1 S. S. Rao, *The Finite Element Method in Engineering*, 4th ed., Elsevier Butterworth Heinemann, Burlington, MA, 2005.

6.2 T. F. Edgar and D. M. Himmelblau, *Optimization of Chemical Processes*, McGraw-Hill, New York, 1988.

6.3 R. L. Fox, *Optimization Methods for Engineering Design*, Addison-Wesley, Reading, MA, 1971.

6.4 W. E. Biles and J. J. Swain, *Optimization and Industrial Experimentation*, Wiley, New York, 1980.

6.5 C. R. Hicks, *Fundamental Concepts in the Design of Experiments*, Saunders College Publishing, Fort Worth, TX, 1993.

6.6 R. Hooke and T. A. Jeeves, Direct search solution of numerical and statistical problems, *Journal of the ACM*, Vol. 8, No. 2, pp. 212–229, 1961.

6.7 M.J.D. Powell, An efficient method for finding the minimum of a function of several variables without calculating derivatives, *Computer Journal*, Vol. 7, No. 4, pp. 303–307, 1964.

6.8 H. H. Rosenbrock, An automatic method for finding the greatest or least value of a function, *Computer Journal*, Vol. 3, No. 3, pp. 175–184, 1960.

6.9 S. S. Rao, *Optimization: Theory and Applications*, 2nd ed., Wiley Eastern, New Delhi, 1984.

6.10 W. Spendley, G. R. Hext, and F. R. Himsworth, Sequential application of simplex designs in optimization and evolutionary operation, *Technometrics*, Vol. 4, p. 441, 1962.

6.11 J. A. Nelder and R. Mead, A simplex method for function minimization, *Computer Journal*, Vol. 7, p. 308, 1965.

6.12 A. L. Cauchy, Méthode générale pour la résolution des systèmes d'équations simultanées, *Comptes Rendus de l'Academie des Sciences*, Paris, Vol. 25, pp. 536–538, 1847.

6.13 R. Fletcher and C. M. Reeves, Function minimization by conjugate gradients, *Computer Journal*, Vol. 7, No. 2, pp. 149–154, 1964.

6.14 M. R. Hestenes and E. Stiefel, *Methods of Conjugate Gradients for Solving Linear Systems*, Report 1659, National Bureau of Standards, Washington, DC, 1952.

6.15 D. Marquardt, An algorithm for least squares estimation of nonlinear parameters, *SIAM Journal of Applied Mathematics*, Vol. 11, No. 2, pp. 431–441, 1963.

6.16 C. G. Broyden, Quasi-Newton methods and their application to function minimization, *Mathematics of Computation*, Vol. 21, p. 368, 1967.

6.17 C. G. Broyden, J. E. Dennis, and J. J. More, On the local and superlinear convergence of quasi-Newton methods, *Journal of the Institute of Mathematics and Its Applications*, Vol. 12, p. 223, 1975.

6.18 H. Y. Huang, Unified approach to quadratically convergent algorithms for function minimization, *Journal of Optimization Theory and Applications*, Vol. 5, pp. 405–423, 1970.

6.19 J. E. Dennis, Jr., and J. J. More, Quasi-Newton methods, motivation and theory, *SIAM Review*, Vol. 19, No. 1, pp. 46–89, 1977.

6.20 W. C. Davidon, *Variable Metric Method of Minimization*, Report ANL-5990, Argonne National Laboratory, Argonne, IL, 1959.

6.21 R. Fletcher and M.J.D. Powell, A rapidly convergent descent method for minimization, *Computer Journal*, Vol. 6, No. 2, pp. 163–168, 1963.

6.22 G. G. Broyden, The convergence of a class of double-rank minimization algorithms, Parts I and II, *Journal of the Institute of Mathematics and Its Applications*, Vol. 6, pp. 76–90, 222-231, 1970.

6.23 R. Fletcher, A new approach to variable metric algorithms, *Computer Journal*, Vol. 13, pp. 317–322, 1970.

6.24 D. Goldfarb, A family of variable metric methods derived by variational means, *Mathematics of Computation*, Vol. 24, pp. 23–26, 1970.

6.25 D. F. Shanno, Conditioning of quasi-Newton methods for function minimization, *Mathematics of Computation*, Vol. 24, pp. 647–656, 1970.

6.26 M.J.D. Powell, An iterative method for finding stationary values of a function of several variables, *Computer Journal*, Vol. 5, pp. 147–151, 1962.

6.27 F. Freudenstein and B. Roth, Numerical solution of systems of nonlinear equations, *Journal of ACM*, Vol. 10, No. 4, pp. 550–556, 1963.

6.28 M.J.D. Powell, A hybrid method for nonlinear equations, pp. 87–114 in *Numerical Methods for Nonlinear Algebraic Equations*, P. Rabinowitz, Ed., Gordon & Breach, New York, 1970.

6.29 J. J. More, B. S. Garbow, and K. E. Hillstrom, Testing unconstrained optimization software, *ACM Transactions on Mathematical Software*, Vol. 7, No. 1, pp. 17–41, 1981.

6.30 A. R. Colville, *A Comparative Study of Nonlinear Programming Codes*, Report 320-2949, IBM New York Scientific Center, 1968.

6.31 E. D. Eason and R. G. Fenton, A comparison of numerical optimization methods for engineering design, *ASME Journal of Engineering Design*, Vol. 96, pp. 196–200, 1974.

6.32 R.W.H. Sargent and D. J. Sebastian, Numerical experience with algorithms for unconstrained minimization, pp. 45–113 in *Numerical Methods for Nonlinear Optimization*, F. A. Lootsma, Ed., Academic Press, London, 1972.

6.33 D. F. Shanno, Recent advances in gradient based unconstrained optimization techniques for large problems, *ASME Journal of Mechanisms, Transmissions, and Automation in Design*, Vol. 105, pp. 155–159, 1983.

6.34 S. S. Rao, *Mechanical Vibrations*, 4th ed., Pearson Prentice Hall, Upper Saddle River, NJ, 2004.

6.35 R. T. Haftka and Z. Gürdal, *Elements of Structural Optimization*, 3rd ed., Kluwer Academic, Dordrecht, The Netherlands, 1992.

6.36 J. Kowalik and M. R. Osborne, *Methods for Unconstrained Optimization Problems*, American Elsevier, New York, 1968.

CHAPTER 07

비선형 계획법 III : 제약 최적화 기법

7.1 소개

본 장에서는 다음과 같은 제약된 비선형 최적화 문제:

$$
\begin{aligned}
&\min \quad f(\boldsymbol{X}) \\
&\text{subject to} \\
&\qquad g_j(\boldsymbol{X}) \le 0, \quad j = 1, 2, \cdot\cdot\cdot, m \\
&\qquad h_k(\boldsymbol{X}) = 0, \quad k = 1, 2, \cdot\cdot\cdot, p
\end{aligned}
\tag{7.1}
$$

를 해결하는 기법에 대해 기술한다. 제약 비선형 계획 문제의 해를 구하기 위해 사용할 수 있는 많은 기법들은 표 7.1과 같이 직접방법과 간접방법 두 개의 큰 범주로 분류할 수 있다. 직접방법에서는 제약들을 명시된 그대로 취급하는 반면 대부분의 간접방법들에서는 일련의 비제약 최소화 문제들을 해결함으로써 제약 최적화 문제의 해를 구한다. 본 장

표 7.1 제약 최적화 기법

직접방법	간접방법
임의탐색법	변수변환법
체험탐색법	순차적 비제약 최소화 기법
콤플렉스법(Complex Method)	내부 패널티 함수 방법
목적함수 및 제약 근사법	외부 패널티 함수 방법
순차적 선형 계획법	확장 Lagrange 승수 기법
순차적 이차식 계획법법	
가변방향법	
Zoutendijk 방법	
Rosen 구배사영법	
일반 구배축소법(Genaralized Reduced Gradient)	

에서는 표 7.1에 나타난 모든 방법들을 기술한다.

7.2 제약 최적화 문제의 특징

제약 조건이 추가된 최적화 문제는 다음 특징을 갖는다[7.1, 7.51].

1. 최적점은 제약 조건에 영향을 받지 않을 수 있다. 즉 그림 7.1에서 보는 것과 같이 제약 조건을 만족하는 최소점은 제약 조건이 없을 때, 즉 비제약 목적함수의 최소점과 동일하다. 따라서 이 경우는 목적함수의 최적해에 대한 필요충분조건을 이용하여 최소점 $\boldsymbol{X}^*$를 찾을 수 있다. 즉

$$\nabla f|_{\boldsymbol{X}^*} = 0 \tag{7.2}$$

$$\boldsymbol{J}_{\boldsymbol{X}^*} = \left[\frac{\partial^2 f}{\partial x_i \partial x_j}\right]_{\boldsymbol{X}^*} = \text{양의 정부호} \tag{7.3}$$

그러나 위의 조건들은 제약 조건이 최소점에 영향을 주지 않는 경우에만 이용할 수 있다. 그림 7.1과 같이 아주 단순한 최적화 문제의 경우에는 제약들이 최소점에 영향을 주는지의 여부를 사전에 확인하는 것이 가능하지만, 대부분 실제 문제에서는 이를 확인하는 것이 매우 어렵다. 따라서 일반적으로 제약 조건이 최적점에 영향을 주는 것으로 가정하고 해결하는 방법을 강구해야 한다.

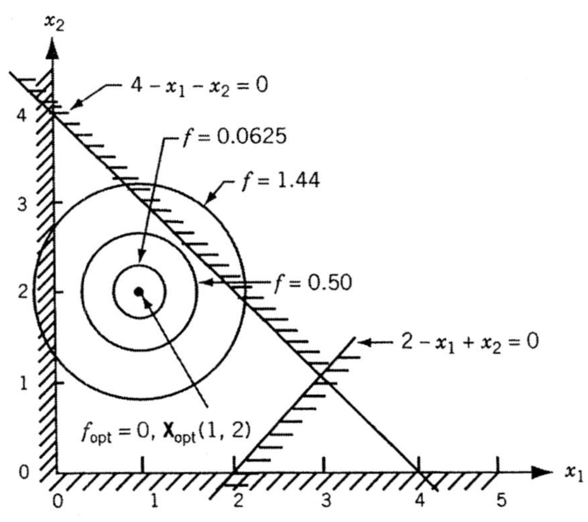

그림 7.1 최적점은 제약 조건이 없는 경우의 최적점과 동일하다(선형 제약)

2. 최적해(유일한)는 그림 7.2와 같이 제약 조건의 경계에서 발생한다. 이 경우는 Kuhn –Tucker 필요조건에 의하면 목적함수의 음의 구배가 활성 제약의 구배들의 일차 양의 결합으로 표현된다.

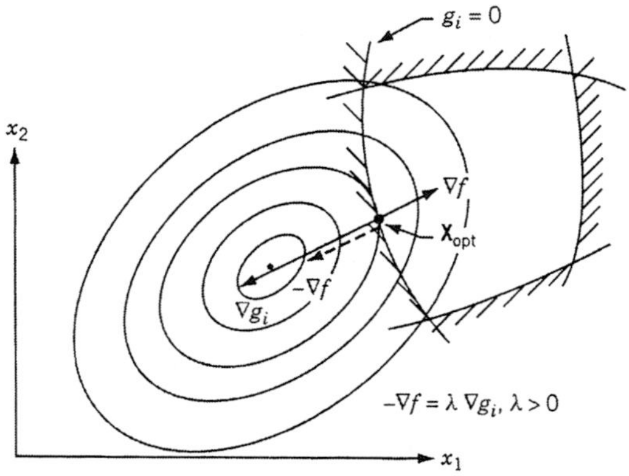

그림 7.2 비선형 제약 곡선상의 최소점

3. 만일 목적함수가 두 개 이상의 비제약 국소 최소점을 가지면, 제약 문제에서는 그림 7.3과 같이 복수 최소점을 가질 수 있다.

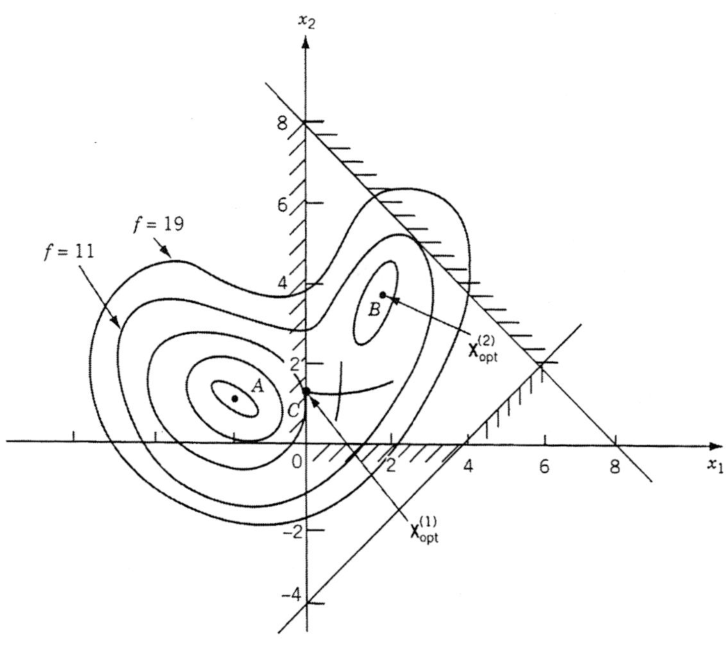

그림 7.3 목적함수로 인해 생긴 국소 최소점들

4. 일부 경우는 목적함수가 유일한 비제약 최소점을 가질지라도 제약 조건들로 인해 그림 7.4와 같이 복수 국소 최소점이 발생할 수 있다.

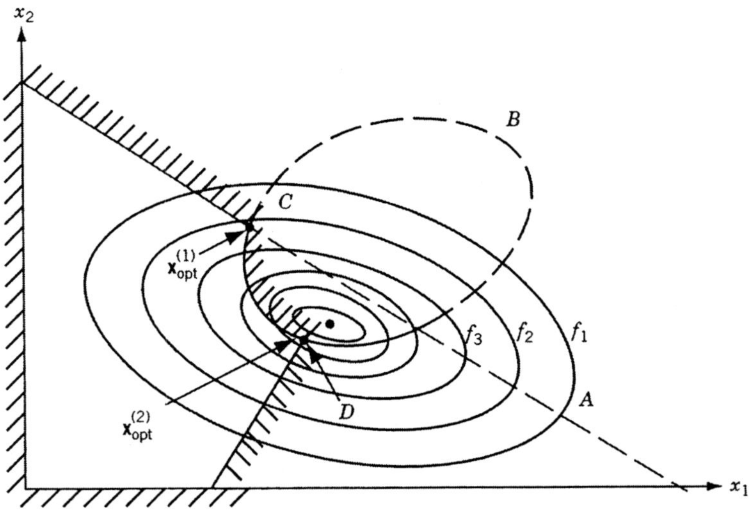

그림 7.4 제약 조건으로 인해 생긴 국소 최소점들

제약 최적화 기법은 반드시 위에서 기술한 모든 상황들에서도 최소점을 찾을 수 있어야 한다.

직접방법

7.3 임의탐색법 (Random Search Method)

6.2절에서 다룬 비제약 최소화 문제의 임의탐색법을 일부 수정하여 제약 최적화 문제에 적용할 수 있다. 기본적인 절차는 다음과 같다.

1. 난수로 각 설계변수의 값으로 설정하여 설계벡터를 생성한다.
2. 설계벡터가 제약 조건을 만족하는지 확인한다. 일반적으로 등식 제약 조건은 정확하게 등식이 만족되지 않고 명시된 허용 오차의 차이가 나더라도 등식 조건이 만족되었다고 간주한다. 이러한 조건도 만족하지 않으면 명시된 허용 오차 이내에서 등식 제약 조건이 만족할 때까지 새로운 설계벡터의 생성을 계속한다.
3. 만일 현재 설계벡터가 모든 제약을 만족하고 이전의 최상의 설계벡터와 비교하여 감

소된 목적함수 값을 가지면 현재의 설계벡터가 최상의 점이 되고 그렇지 않으면 현재 설계벡터를 버리고 새로운 설계벡터를 생성하기 위해 1단계로 진행한다.

4. 미리 지정한 최대 반복회에서 생성되는 최상의 설계벡터를 제약 최적화 문제의 해로서 결정한다.

위에서 나열한 기본적인 절차의 여러 사항을 수정하여 사용할 수 있다. 예를 들어, 가변영역 내의 설계벡터를 찾은 후 난수를 이용하여 가변방향 벡터를 생성할 수 있고, 그 가변벡터 방향으로 1차원 탐색을 수행하여 개선된 가변영역 내의 설계벡터를 구할 수 있다.

또 다른 방법은 제약조건이 만족되지 않을 경우, 패널티(penalty)를 부가한 비제약 함수 $F(\boldsymbol{X})$

$$F(\boldsymbol{X})= f(\boldsymbol{X})+ a\sum_{j=1}^{m}[G_j(\boldsymbol{X})]^2 + b\sum_{k=1}^{p}[H_k(\boldsymbol{X})]^2 \qquad 7.4$$

를 만들어 사용하는 것이다(7.12절에 기술한다). 여기서

$$[G_j(\boldsymbol{X})]^2 = [max(0,\ g_j(\boldsymbol{X}))]^2 \qquad 7.5$$

$$[H_k(\boldsymbol{X})]^2 = h_k^2(\boldsymbol{X}) \qquad 7.6$$

는 부등식와 등식 제약들의 위반 크기의 제곱을 나타내고, a와 b는 상수이다. 식 7.4는 제약 조건을 만족하지 않을 때, 즉 위반할 때마다 위반 크기의 제곱에 비례하는 양수 패널티를 부가하면서 목적함수 $f(\boldsymbol{X})$를 최소화하는 것을 나타내고 있다. 목적함수의 크기에 따라 상대적으로 패널티 항들의 영향력을 변화시키기 위해 상수 a와 b 수치를 조정할 수 있다.

임의탐색법은 본 장에서 기술한 다른 방법들과 비교하여 효율적이지 않지만 프로그램하기에 매우 단순하고 일반적으로 충분히 많은 난수의 설계벡터를 시도하면 최적에 가까운 해를 찾을 수 있는 신뢰성이 있는 방법이다. 또한, 가변영역이 볼록집합이 아닐 때도 광역 최적점에 가까운 해를 찾을 수도 있다.

7.4 콤플렉스 방법 (Complex Method)

1965년 Box는 비제약 최소화의 심플렉스 방법(6.7절 참조)을 확장하여 아래와 같은 형태의 제약 최소화 문제를 해결하였다[7.2].

$$Min \quad f(\boldsymbol{X}) \tag{7.7a}$$

subject to

$$g_j(\boldsymbol{X}) \le 0, \quad j = 1, 2, \cdot\cdot\cdot, m \tag{7.7b}$$

$$x_i^{(l)} \le x_i \le x_i^{(u)}, \quad i = 1, 2, \cdot\cdot\cdot, n \tag{7.7c}$$

콤플렉스 방법은 비선형 등식 제약들을 처리할 수 없다. 심플렉스 방법에서의 기본 개념이 n-차원 공간에서 $k = n + 1$개의 점으로 된 기하도형(심플렉스라 불림)을 순차적으로 형성해가며 최적화하는 것처럼, 콤플렉스 방법에서도 제약된 최소점을 찾기 위해 $k \ge n + 1$ 꼭지점들을 갖는 일련의 기하도형을 형성한다. 이 방법에서는 초기 가변영역의 점 $\boldsymbol{X}_1$(모든 m 제약들을 만족시키는)은 찾을 수 있는 것으로 가정한다.

반복 절차

1. 모든 m개의 부등식 제약들을 만족하는 $k \ge n + 1$개의 점을 찾는다. 실제로는 오직 하나의 가변영역의 점 $\boldsymbol{X}_1$을 갖고 시작하고, 나머지 $k - 1$개의 점은 0과 1의 사이에서 생성된 난수를 사용하여 한 번에 하나씩 아래의 식

$$x_{i,j} = x_i^{(l)} + r_{i,j}\left(x_i^{(u)} - x_i^{(l)}\right), \quad i = 1, 2, \cdot\cdot\cdot, n, \quad j = 2, 3, \cdot\cdot\cdot, k \tag{7.8}$$

과 같이 구한다. 여기서 $x_{i,j}$는 점 $\boldsymbol{X}_j$의 i번째 성분, $r_{i,j}$는 구간 $(0, 1)$ 사이의 난수이다. 식 7.8에 따라 생성한 점 $\boldsymbol{X}_2$, $\boldsymbol{X}_3$, $\cdot\cdot\cdot$, $\boldsymbol{X}_k$는 부수제약 조건식 7.7c은 만족하나 제약식 7.7b은 만족하지 않을 수 있다.

생성한 점 $\boldsymbol{X}_j(j = 2, 3, \cdot\cdot\cdot, k)$이 모든 제약식 7.7b를 만족하는지 확인한다. 만일 $\boldsymbol{X}_j$가 식 7.7b의 어떤 제약 조건을 위반하면, 그 점 $\boldsymbol{X}_j$를 이미 수용된 점들(주어진 초기점 $\boldsymbol{X}_1$이 포함된 곳)의 중심을 향해 절반 이동시킨다. 이미 수용된 점들의 중심 $\boldsymbol{X}_0$는 다음 식으로 주어진다.

$$\boldsymbol{X}_0 = \frac{1}{j-1}\sum_{l=1}^{j-1}\boldsymbol{X}_l \tag{7.9}$$

만일 점 $\boldsymbol{X}_j$가 여전히 제약식 7.7b 중 일부를 위반하는 것으로 확인되면 하나의 가변영역의 점 $\boldsymbol{X}_j$를 발견할 때까지 중심 $\boldsymbol{X}_0$를 향해 절반 이동한다. 만일 가변영역이 볼록집합이면, 이러한 절차로 하나의 가변영역의 점 $\boldsymbol{X}_j$를 발견하는 것은 가능하다. 이러한 과정을 반복하여 필요한 $\boldsymbol{X}_2$, $\boldsymbol{X}_3$, $\cdot\cdot\cdot$, $\boldsymbol{X}_k$ 점들을 찾는다.

2. k개의 각 점(꼭지점)에서 목적함수 값을 계산한다. 만일 꼭지점 $\boldsymbol{X}_h$가 가장 큰 함숫

값에 상응하면, 반사과정을 사용하여 다음과 같은 새로운 점 $\boldsymbol{X}_r$을 구한다.

$$\boldsymbol{X}_r = (1+\alpha)\boldsymbol{X}_0 - \alpha\boldsymbol{X}_h \tag{7.10}$$

여기서 $\alpha \geq 1$, $\boldsymbol{X}_0$는 $\boldsymbol{X}_h$를 제외한 모든 꼭지점들의 중심이다. 즉,

$$\boldsymbol{X}_0 = \frac{1}{k-1}\sum_{l=1, l\neq k}^{k} \boldsymbol{X}_l \tag{7.11}$$

3. 제약된 문제이므로 점 $\boldsymbol{X}_r$이 가변영역의 점(feasibility)임을 확인한다. 만일 점 $\boldsymbol{X}_r$이 가변영역의 점이고 $f(\boldsymbol{X}_r) < f(\boldsymbol{X}_h)$이면 점 $\boldsymbol{X}_h$를 점 $\boldsymbol{X}_r$로 대체하고 2단계로 간다. 만일 $f(\boldsymbol{X}_r) \geq f(\boldsymbol{X}_h)$이면 식 7.10의 α의 값을 반으로 감소해 새로운 점 $\boldsymbol{X}_r$을 구하고, 다시 $f(\boldsymbol{X}_r) \geq f(\boldsymbol{X}_h)$이면 α의 값을 감소하여 새로운 점 $\boldsymbol{X}_r$을 찾는 절차를 반복한다. 필요하면 α의 값이 사전 설정된 작은 값 ϵ(예를 들어 10^{-6})보다 작게 될 때까지 이 절차를 반복한다. 작은 α의 값에도 $f(\boldsymbol{X}_r) < f(\boldsymbol{X}_h)$이 되는 점 $\boldsymbol{X}_r$을 얻을 수 없다면 점 $\boldsymbol{X}_r$을 버리고 점 $\boldsymbol{X}_r$ 대신 점 $\boldsymbol{X}_p$(두 번째로 높은 함숫값을 갖는 점)를 사용하여 위의 반사 전체 절차를 다시 시작한다.
4. 반사된 점 $\boldsymbol{X}_r$(3단계에서 구한 점)이 임의 제약(식 7.7b)을 위반하면 점 $\boldsymbol{X}_r$이 가변영역의 점이 될 때까지 중심 방향으로 절반씩 이동한다. 즉,

$$(\boldsymbol{X}_r)_{new} = \frac{1}{2}(\boldsymbol{X}_0 + \boldsymbol{X}_r) \tag{7.12}$$

와 같이 콤플렉스 내에서 가능한한 최적점 쪽으로 가까이 이동해 간다.
5. 현재 콤플렉스에서 최고 목적함수의 점 $\boldsymbol{X}_h$를 새로운 점으로 대체하여 콤플렉스를 수정하고 또 수렴여부를 확인해야 하는데, 다음 두 조건이 만족할 때 수렴된 것으로 가정한다.
   (a) 콤플렉스가 명시된 작은 크기로 감소한다. 즉, $\boldsymbol{X}_1$, $\boldsymbol{X}_2$, · · ·, $\boldsymbol{X}_k$ 사이 임의 두 꼭지점 사이 거리가 지정된 작은 허용 오차 ϵ_1 보다 작아진다.
   (b) 함숫값의 표준 편차가 충분히 작게 된다. 즉,

$$\left\{\frac{1}{k}\sum_{j=1}^{k}\left[f(\boldsymbol{X}) - f(\boldsymbol{X}_j)\right]^2\right\}^{1/2} \leq \epsilon_2 \tag{7.13}$$

이 된다. 여기서 $\boldsymbol{X}$는 현재 콤플렉스의 모든 k 꼭지점의 중심이고, $\epsilon_2 > 0$은 허용 오차이다.

토론 이 방법은 최소점을 찾기 위해 $f(\boldsymbol{X})$와 $g_j(\boldsymbol{X})$의 도함수들을 필요로 하지 않으므로 연산이 매우 단순하며 컴퓨터의 큰 저장용량을 필요로 하지 않는다.

1. Box는 식 7.10에서 α의 초기값으로 1.3이 적절하다고 밝히고 있다.
2. Box는 $k \simeq 2n$으로 권장한다(n이 이 5 보다 크면 보다 작은 k를 선정할 수 있다). 만일 k가 충분히 크지 않으면 콤플렉스는 첫 번째 접하는 제약 경계를 따라 쪼그라들거나 납작한 모양을 띠는 경향이 있다.
3. 위의 절차에 따르면 콤플렉스는 계속하여 구르고 구르면서 확장하는 것을 알 수 있다. 그러나 만일 경계를 만나면 콤플렉스는 축소되고 납작하게 된다. 그리고 이 제약 경계를 따라 구르다가 등고선들이 변화하면 경계를 떠난다. 또한 콤플렉스는 하나 이상의 경계를 만나면 코너를 돌아 회전한다.
4. 만일 가변영역이 볼록집합이 아니면 모든 가변영역의 점의 중심도 가변영역의 점이 되는 것을 보장할 수 없다. 만일 중심이 가변영역의 점이 아니면 위의 절차로 새로운 점 $\boldsymbol{X}_r$을 찾을 수 없다.
5. 변수의 수가 증가하면 콤플렉스 방법은 급격하게 효율성이 떨어진다.
6. 등식 제약의 최적화 문제를 해결하는 데는 사용할 수 없다.
7. 이 방법은 가변영역의 초기점 $\boldsymbol{X}_1$을 필요로 하지만 이는 큰 문제점은 아니다. 초기 가변영역의 점을 쉽게 얻을 수 없으면 7.13절에서 기술할 방법을 사용하여 가변영역의 점 $\boldsymbol{X}_1$을 얻을 수 있다.

7.5 순차적 선형 계획 (Sequential Linear Programming) 방법

순차적 선형 계획, 즉 SLP(Sequential Linear Programming) 방법에서는 일련의 선형 계획법 문제들을 해결함으로써 원래 비선형 계획법 문제의 해를 구한다. 현재 설계벡터 $\boldsymbol{X}_i$ 주위에서의 일차 테일러급수 전개식으로 비선형 목적함수와 제약함수들을 근사화해서 생성한 선형 계획 문제에 대해 심플렉스 방법을 사용하여 새로운 설계벡터 $\boldsymbol{X}_{i+1}$를 찾는다. $\boldsymbol{X}_{i+1}$가 수렴 판정기준을 만족하지 못하면 점 $\boldsymbol{X}_{i+1}$ 주위에서 문제를 다시 선형화하여 해결하는 절차를 최적해 $\boldsymbol{X}^*$를 찾을 때까지 반복한다.

만일 문제가 볼록 계획 문제이면, 선형화된 제약은 항상 가변영역 외부에 있다. 따라서 근사 선형 계획 문제의 최적해는 새로운 가변영역의 꼭지점에 위치하므로 원래 가변영역에는 외부에 위치하게 된다. 그러나 새로운 점에 대한 문제의 재선형화 및 해결절차를 반복하면 약간의 반복으로도 원래 문제의 해로 수렴할 수 있다. Cheney & Goldstein[7.3] 그리고 Kelly[7.4]가 cutting plane 방법으로도 알려진 이 SLP 방법을 최초로 제안하였다.

알고리즘 SLP 알고리즘은 다음과 같다.

1. 초기점 $\boldsymbol{X}_1$을 갖고 시작하고, 반복회 $i=1$로 설정한다. 점 $\boldsymbol{X}_1$은 가변영역의 점일 필요는 없다.
2. 다음과 같이 점 $\boldsymbol{X}_i$의 주위에서 목적함수와 제약함수들을 선형화한다.

$$f(\boldsymbol{X}) \approx f(\boldsymbol{X}_i) + \nabla f(\boldsymbol{X}_i)^T(\boldsymbol{X} - \boldsymbol{X}_i) \quad 7.14$$

$$g_j(\boldsymbol{X}) \approx g_j(\boldsymbol{X}_i) + \nabla g_j(\boldsymbol{X}_i)^T(\boldsymbol{X} - \boldsymbol{X}_i) \quad 7.15$$

$$h_k(\boldsymbol{X}) \approx h_k(\boldsymbol{X}_i) + \nabla h_k(\boldsymbol{X}_i)^T(\boldsymbol{X} - \boldsymbol{X}_i) \quad 7.16$$

3. 근사 선형 계획 문제

$$Min \quad f(\boldsymbol{X}_i) + \nabla f_i^T(\boldsymbol{X} - \boldsymbol{X}_i)$$

subject to

$$g_j(\boldsymbol{X}_i) + \nabla g_j(\boldsymbol{X}_i)^T(\boldsymbol{X} - \boldsymbol{X}_i) \le 0, \quad j = 1,\ 2, \cdot \cdot \cdot, m \quad 7.17$$

$$h_k(\boldsymbol{X}_i) + \nabla h_k(\boldsymbol{X}_i)^T(\boldsymbol{X} - \boldsymbol{X}_i) = 0, \quad k = 1,\ 2, \cdot \cdot \cdot, p$$

를 만든다.

4. 근사 선형 계획 문제의 해 $\boldsymbol{X}_{i+1}$을 구한다.
5. $\boldsymbol{X}_{i+1}$에서 원래 제약함숫값을 계산한다. 즉,

$$g_j(\boldsymbol{X}_{i+1}), \quad j = 1,\ 2, \cdot \cdot \cdot, m$$

$$h_k(\boldsymbol{X}_{i+1}), \quad k = 1,\ 2, \cdot \cdot \cdot, p$$

을 계산하여 허용 오차 ϵ에 대해 $g_j(\boldsymbol{X}_{i+1}) \le \epsilon\,(j = 1,\ 2, \cdot \cdot \cdot, m)$이고 $|h_k(\boldsymbol{X}_{i+1})| \le \epsilon(k = 1,\ 2, \cdot \cdot \cdot, p)$이면 모든 원래 제약 조건들이 만족된 것으로 가정할 수 있다. 따라서 절차를 종료하고 해를

$$\boldsymbol{X}_{opt} \simeq \boldsymbol{X}_{i+1}$$

이라 한다. 만일 일부 j에서 $g_j(\boldsymbol{X}_{i+1}) > \epsilon$이거나 $|h_k(\boldsymbol{X}_{i+1})| > \epsilon$이면, 가장 크게 위반된 제약식

$$g_k(\boldsymbol{X}_{i+1}) = \max_j \left[g_j(\boldsymbol{X}_{i+1}) \right] \quad 7.19$$

을 찾는다. 또한 점 $\boldsymbol{X}_{i+1}$주위에서 제약 $g_k(\boldsymbol{X}) \le 0$을 재선형화한다(relinearize). 즉,

$$g_k(\boldsymbol{X}) \simeq g_k(\boldsymbol{X}_{i+1}) + \nabla g_k(\boldsymbol{X}_{i+1})^T(\boldsymbol{X} - \boldsymbol{X}_{i+1}) \leq 0 \qquad 7.20$$

와 같은 근사 제약식을 선행 선형 계획 문제의 $(m+1)$번째 부등식 제약 조건으로 추가한다.

6. 반복회 $i = i+1$, 새로운 근사 선형 계획 문제의 전체 제약 수를 $m+1$ 부등식과 p 등식으로 설정하고 4단계로 간다.

순차적 선형 계획법은 다음과 같은 여러 장점을 갖는다.

1. 선형에 가까운 목적함수와 제약함수로 구성된 볼록 계획 문제를 해결하기 위한 효율적인 기법이다.
2. 근사 최적화 문제 각각은 선형 계획 문제가 되므로 상당히 효율적으로 해결할 수 있다. 더욱이 두 개의 계속되는 근사 선형 계획 문제들은 오직 하나의 제약조건만 다르므로 쌍대 심플렉스 방법을 사용하여 더욱 효과적으로 순차적 근사 선형 계획 문제들을 해결할 수 있다.
3. 이 방법을 쉽게 확대하여 정수 계획 문제를 해결할 수 있다. 이 경우에는 각 단계에서 정수 선형 계획 문제를 풀어야 한다.

SLP 방법의 기하적 설명 아래의 일변수 문제

$$\begin{aligned} &Min \quad f(x) = c_1 x \\ &\text{subject to} \\ &\qquad g(x) \leq 0 \end{aligned} \qquad 7.21$$

를 사용하여 SLP 방법을 설명하기로 하자. 여기서 c_1은 상수이고, $g(x)$는 일변수 x에 관한 비선형함수이다. 가변영역과 목적함수의 등고선은 그림 7.5와 같다고 가정한다. 먼저 임의 비유계된 해의 가능성을 방지하기 위해 $c \leq x \leq d$로서 x에 대한 제약들을 취한다. 여기서 c와 d는 x에 대한 하한과 상한을 나타낸다.

이러한 제약을 갖는 선형 계획 문제

$$\begin{aligned} &Min \quad f(x) = c_1 x \\ &\text{subject to} \\ &\qquad c \leq x \leq d \end{aligned} \qquad 7.22$$

즉, 이 근사 선형 계획 문제의 최적해는 $x^* = c$인 것을 알 수 있다. 이제 점 c의 주위에서 제약함수 $g(x)$을 선형화하고 이를 선형 제약 집합에 추가하면 새로운 선형 계획 문제는 다음과 같이 된다.

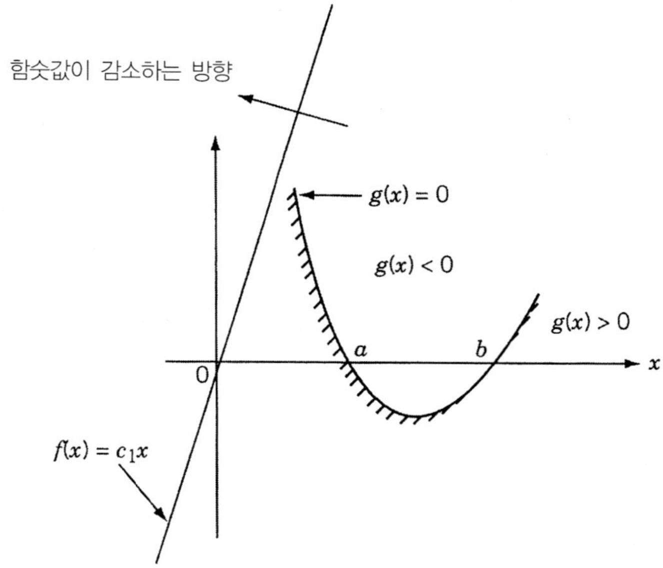

그림 7.5 식 7.21에 주어진 문제의 그래프 설명

$$Min \quad f(x) = c_1 x \tag{7.23a}$$

subject to

$$c \le x \le d \tag{7.23b}$$

$$g(c) + \frac{dg}{dx}(c)(x-c) \le 0 \tag{7.23c}$$

제약 7.23b와 7.23c를 만족하는 x의 가변영역은 그림 7.6에서 보는 바와 같이 $e \le x \le d$이 된다.

또한, 식 7.23에 주어진 근사 선형 계획 문제의 최적해는 $x^* = e$인 것을 알 수 있다. 다음은 현재 근사해 $x^* = e$의 주위에서 제약식 $g(x) \le 0$을 선형화하고 선형 제약 집합에 이 제약을 추가하면 다음과 같은 근사 선형 계획 문제를 얻을 수 있다.

$$Min \quad f(x) = c_1 x \tag{7.24a}$$

subject to

$$c \le x \le d \tag{7.24b}$$

$$g(c) + \frac{dg}{dx}(c)(x-c) \le 0 \tag{7.24c}$$

$$g(e) + \frac{dg}{dx}(e)(x-e) \le 0 \tag{7.24d}$$

제약 조건 7.24b, 7.24c, 그리고 7.24d이 만드는 허용 가능한 x 범위는 그림 7.7로부터

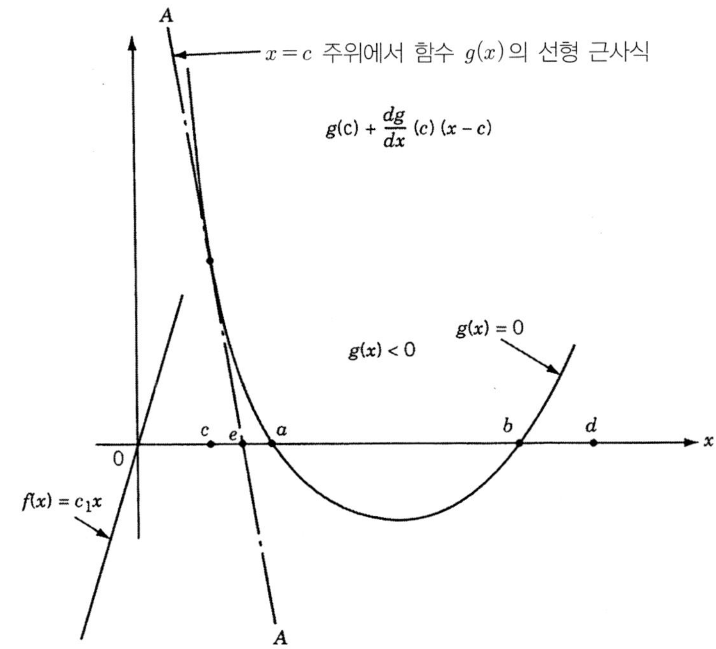

그림 7.6 점 c 주위에서의 제약 조건식의 선형화

$f \leq x \leq d$이며, 또한 식 7.24의 선형 계획 문제의 최적해는 $x^* = f$가 됨을 알 수 있다.

그리고 현재 근사해 $x^* = f$의 주위에서 $g(x) \leq 0$을 선형화하고 새로운 근사 선형 계획 문제를 정의하기 위해 선형 제약 집합(식 7.24)에 그 선형 근사식을 추가한다. 이러한 과정을 원하는 수준의 정확도를 갖는 최적해를 찾을 때까지 계속 반복한다. 그림 7.6과 7.7로부터 알 수 있듯이 반복 과정의 모든 근사 선형 계획 문제의 최적(예를 들어 점 c, e, f, … 등)은 가변영역 외부에 위치하나 최적점 $x = a$을 향해 수렴하고 있다. 근사 선형 계획 문제의 해가 미리 명시된 허용 오차 수준 안에서 원래 제약을 만족하면, 즉 작은 양수의 허용 오차 ϵ에 대하여 k번째 근사 선형 계획 문제의 최적해 x_k^*가

$$g(x_k^*) \leq \epsilon$$

을 만족하면 반복 과정에서 얻은 근사해는 최소점으로 수렴된 것으로 간주한다. 선형 근사식 $g(x_k^*) + dg/dx(x_k^*)(x - x_k^*)$으로 정의된 직선들(일반 문제에서 초평면들)은 현재의 근사 선형 계획 문제의 가변영역을 절사(cut off)하고 있다고 하여 이 방법을 cutting plane 방법이라고 부른다.

예제 7.1

cutting plane 방법을 사용하여 다음 문제의 최적해를 구하여라. 단, 수렴 허용 오차는

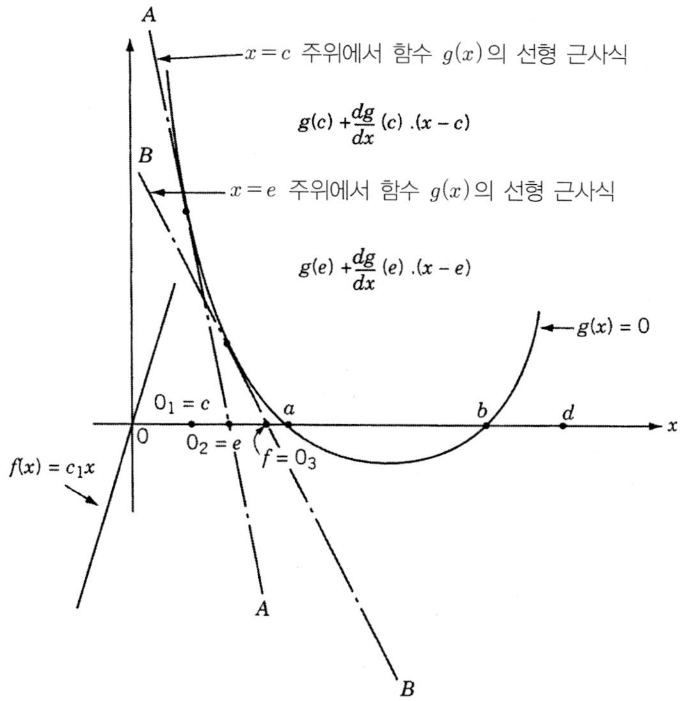

그림 7.7 점 e 주위에서의 제약 조건식의 선형화

$\epsilon=0.02$이다.

$$Min \quad f(x_1,\ x_2)=x_1-x_2$$

subject to

$$g_1(x_1,\ x_2)=3x_1^2-2x_1x_2+x_2^2-1\leq 0$$

주의

이 문제는 Kelly[7.4]에 의해 제안된 문제로 제약 경계가 타원의 모양을 이루는 볼록 계획 문제이다. 문제를 그래프로 해결하면 최적해는 $x_1{}^*=0,\ x_2{}^*=1$ 그리고 $f_{min}=-1$인 것을 확인할 수 있다.

[풀이]

1, 2, 3단계 임의 초기점 $\boldsymbol{X}_1$으로부터 해결을 시작할 수 있지만 비유계된 해를 방지하기 위해 x_1과 x_2에 대한 한계를 $-2\leq x_1\leq 2$와 $-2\leq x_2\leq 2$로 취하고 다음 선형 계획법 문제

$$Min \quad f=x_1-x_2$$

subject to

$$-2 \le x_1 \le 2 \qquad \text{E.1}$$
$$-2 \le x_2 \le 2$$

를 만들어 해를 구하면

$$\boldsymbol{X} = \begin{bmatrix} -2 \\ 2 \end{bmatrix}, \quad f(\boldsymbol{X}) = -4$$

와 같다.

4단계 이미 하나의 선형 계획 문제를 해결하였으므로 다음과 같이 설정한다.

$$\boldsymbol{X}_{i+1} = \boldsymbol{X}_2 = \begin{pmatrix} -2 \\ 2 \end{pmatrix}$$

5단계 $g_1(\boldsymbol{X}_2) = 23 > \epsilon$ 이므로 점 $\boldsymbol{X}_2$의 주위에서 $g_1(\boldsymbol{X})$을 선형화한다($j=1,\ i=2$).

$$g_1(\boldsymbol{X}) \simeq g_1(\boldsymbol{X}_2) + \nabla g_1(\boldsymbol{X}_2)^T(\boldsymbol{X} - \boldsymbol{X}_2) \le 0 \qquad \text{E.2}$$

한편,

$$g_1(\boldsymbol{X}_2) = 23, \quad \left.\frac{\partial g_1}{\partial x_1}\right|_{\boldsymbol{X}_2} = (6x_1 - 2x_2)\Big|_{\boldsymbol{X}_2} = -16$$

$$\left.\frac{\partial g_1}{\partial x_2}\right|_{\boldsymbol{X}_2} = (-2x_1 + 2x_2)\Big|_{\boldsymbol{X}_2} = 8$$

이므로 식 E.2는

$$g_1(\boldsymbol{X}) \simeq 23 + \begin{pmatrix} -16 \\ 8 \end{pmatrix}^T \begin{pmatrix} x+2 \\ x-2 \end{pmatrix} = -16x_1 + 8x_2 - 25 \le 0$$

와 같다. 이 제약을 위의 선형 계획 문제 E.1에 추가하여

$$Min \qquad f = x_1 - x_2$$

subject to

$$-2 \le x_1 \le 2 \qquad \text{E.3}$$
$$-2 \le x_2 \le 2$$
$$-16x_1 + 8x_2 - 25 \le 0$$

와 같은 새로운 선형 계획 문제를 만든다.

표 7.2 예제 7.1의 결과

반복 숫자	새롭게 선형화된 추가 제약조건	근사화 LP 문제의 해		
		X_{i+1}	$f(X_{i+1})$	$g_1(X_{i+1})$
1	$-2 \le x_1 \le 2$ & $-2 \le x_2 \le 2$	$(-2.0,\ 2.0)$	-4.00000	23.00000
2	$-16.0x_1 + 8.0x_2 - 25.0 \le 0$	$(-0.56250, 2.00000)$	-2.56250	6.19922
3	$-7.375x_1 + 5.125x_2 - 8.19922 \le 0$	$(0.27870,\ 2.00000)$	-1.72193	2.11978
4	$-2.33157x_1 + 3.44386x_2 - 4.11958 \le 0$	$(-0.52970, 0.83759)$	-1.36730	1.43067
5	$-4.85341x_1 + 2.73459x_2 - 3.43067 \le 0$	$(-0.05314, 1.16024)$	-1.21338	0.47793
6	$-2.63930x_1 + 2.42675x_2 - 2.47792 \le 0$	$(0.42655,\ 1.48490)$	-1.05845	0.48419
7	$-0.41071x_1 + 2.11690x_2 - 2.48420 \le 0$	$(0.17058,\ 1.20660)$	-1.03603	0.13154
8	$-1.38975x_1 + 2.07205x_2 - 2.13155 \le 0$	$(0.01829,\ 1.04098)$	-1.02269	0.04656
9	$-1.97223x_1 + 2.04538x_2 - 2.04657 \le 0$	$(-0.16626, 0.84027)$	-1.00653	0.06838
10	$-2.67809x_1 + 2.01305x_2 - 2.06838 \le 0$	$(-0.07348, 0.92972)$	-1.00321	0.01723

6단계 반복회를 $i=2$로 설정하고 4단계로 간다.

4단계 식 E.3의 근사 선형 계획 문제를 해결하면 다음 해를 얻는다.

$$X_3 = \begin{pmatrix} -0.5625 \\ 2.0 \end{pmatrix}, \quad f_3 = f(X_3) = -2.5625$$

위와 같은 절차를 5단계에서 명시된 수렴 판정기준 $g_1(X_i) \le \epsilon$이 만족할 때까지 반복하면 연산 결과는 표 7.2와 같다. ■

7.6 가변방향 방법 (Methods of Feasible Directions)

가변방향을 이용하는 방법에서는 기본적으로 모든 제약을 만족하는 시작점을 선택하고 반복식

$$X_{i+1} = X_i + \lambda S_i \qquad 7.25$$

에 따라 보다 개선된 점으로 이동한다. 이때 X_i는 i번째 반복회의 시작점, S_i는 이동 방향, λ는 이동거리(이동길이), 그리고 X_{i+1}은 i번째 반복회의 종료부에서 얻은 점이다. 항상 X_{i+1}이 가변영역에 위치하도록 λ의 값을 선택하고, 탐색방향 S_i는 (1) 그 방향으로의 작은 이동은 제약을 위반하지 않고, (2) 그 방향으로 목적함수 값은 감소하도록 찾아야 한다. X_{i+1}은 다음 반복회에서 새로운 시작점이 되어 전체 절차를 되풀이하는 과정을 앞

의 (1)과 (2) 모두를 만족하는 탐색방향이 존재하지 않는 점을 얻을 때까지 계속 반복한다. 일반적으로 이와 같은 점은 문제의 제약 국소 최소를 나타낸다. 문제가 볼록 계획 문제가 아닌 이상 이 국소 최소는 광역 최소일 필요가 없다. 특성 (1)을 만족하는 방향을 **가변방향**(feasible direction)이라 하는 한편 특성 (1)과 (2) 모두를 만족하는 방향을 **감소 가변방향**(usable feasible direction)이라 한다. 따라서 위와 같은 기본 개념을 사용하는 방법들을 **가변방향 방법**(methods of feasible directions)이라고 한다. 이때 감소 가변방향을 선택하는 방법은 여러 가지가 있다. 우선 제2장에서 본 바와 같이 탐색방향 $\boldsymbol{S}$가 점 $\boldsymbol{X}_i$에서 다음의 관계식

$$\frac{d}{d\lambda} g_j(\boldsymbol{X}_i + \lambda \boldsymbol{S})\bigg|_{\lambda=0} = \boldsymbol{S}^T \nabla g_j(\boldsymbol{X}_i) \leq 0 \qquad 7.26$$

를 만족하면 벡터 $\boldsymbol{S}$는 가변방향이 된다. 단, 위의 식에서 등식 부호는 그림 2.8과 같이 제약식이 선형이거나 또는 완전 오목(strictly concave)일 때만 성립된다. 또한 다음 관계식

$$\frac{d}{d\lambda} f(\boldsymbol{X}_i + \lambda \boldsymbol{S})\bigg|_{\lambda=0} = \boldsymbol{S}^T \nabla f(\boldsymbol{X}_i) < 0 \qquad 7.27$$

$$\frac{d}{d\lambda} g_j(\boldsymbol{X}_i + \lambda \boldsymbol{S})\bigg|_{\lambda=0} = \boldsymbol{S}^T \nabla g_j(\boldsymbol{X}_i) \leq 0 \qquad 7.28$$

를 만족하는 벡터 $\boldsymbol{S}$는 감소 가변방향이 된다. 이와 같은 방향을 따라 이동길이 $\lambda > 0$을 택하여 움직이면 적어도 작은 양의 목적함수 값은 감소할 수 있다.

잘 알려진 가변방향 방법으로 Zoutendijk의 가변방향 방법과 Rosen의 구배사영법(gradient projection method)을 들 수 있다.

7.7 Zoutendijk의 가변방향 방법

Zoutendijk의 가변방향 방법에서는 반복 초기점이 가변영역 내부(경계가 아닌)에 위치하면 음의 구배 방향을 감소 가변방향으로 택하고, 초기점이 가변영역의 경계에 위치하면 일부 제약들은 활성화 되므로 감소 가변방향을 식 7.27과 7.28을 만족하도록 구한다. Zoutendijk 방법의 반복 절차는 다음과 같다(식 7.1에서 부등식 제약들만을 고려한다).

알고리즘

1. 초기 가변영역의 점 $\boldsymbol{X}_1$과 방법의 수렴을 조사하기 위한 작은 숫자 ϵ_1, ϵ_2, ϵ_3을 갖

고 시작한다. $f(\boldsymbol{X}_1)$과 $g_j(\boldsymbol{X}_1)(j=1, 2, \cdot\cdot\cdot, m)$을 계산하고 반복회를 $i=1$로 설정한다.

2. 만일 $g_j(\boldsymbol{X}_i)<0(j=1, 2, \cdot\cdot\cdot, m)$(즉, $\boldsymbol{X}_i$는 가변영역 내부 점)이면 현재 탐색 방향을

$$\boldsymbol{S}_i=-\nabla f(\boldsymbol{X}_i) \tag{7.29}$$

로 설정한다. 적당한 방법으로 $\boldsymbol{S}_i$을 정규화하고 5단계로 간다. 만일 적어도 하나 이상이 $g_j(\boldsymbol{X}_i)=0$이면 3단계로 간다.

3. 다음 방향-탐색 문제

$$Min \quad -\alpha \tag{7.30a}$$

subject to

$$\boldsymbol{S}^T\nabla g_j(\boldsymbol{X}_i)+\theta_j\alpha\le 0, \quad j=1, 2, \cdot\cdot\cdot, p \tag{7.30b}$$

$$\boldsymbol{S}^T\nabla f+\alpha\le 0 \tag{7.30c}$$

$$-1\le s_i\le 1, \quad i=1, 2, \cdot\cdot\cdot, n \tag{7.30d}$$

를 해결하여 감소 가변방향 $\boldsymbol{S}$를 찾는다. 여기서 s_i는 $\boldsymbol{S}$의 i번째 성분이고, 첫 p 제약들은 점 $\boldsymbol{X}_i$에서 활성인 것으로 가정하고(이렇게 되도록 제약들을 항상 재나열할 수 있다), 모든 θ_j의 값으로 1을 택할 수 있으며, α는 추가 설계변수가 된다.

4. 만일 3단계에서 구한 α^*가 0에 매우 인접하면, 즉 $\alpha^*\le\epsilon_1$이면 $\boldsymbol{X}_{opt}\simeq\boldsymbol{X}_{i+1}$를 취하고 연산을 종료한다. 만일 $\alpha^*>\epsilon_1$이면 $\boldsymbol{S}_i=\boldsymbol{S}$로 취하고 5단계로 간다.

5. 방향 $\boldsymbol{S}_i$을 따라 적합한 이동길이 λ_i를 찾고 새로운 점 $\boldsymbol{X}_{i+1}$을 얻는다. 즉,

$$\boldsymbol{X}_{i+1}=\boldsymbol{X}_i+\lambda_i\boldsymbol{S}_i \tag{7.31}$$

이동길이 λ_i를 구하는 방법은 다음에 다루기로 한다.

6. 목적함수 $f(\boldsymbol{X}_{i+1})$을 계산한다.

7. 수렴 여부를 판정한다. 즉,

$$\left|\frac{f(\boldsymbol{X}_i)-f(\boldsymbol{X}_{i+1})}{f(\boldsymbol{X}_i)}\right|\le\epsilon_2, \quad \|\boldsymbol{X}_i-\boldsymbol{X}_{i+1}\|\le\epsilon_3 \tag{7.32}$$

이면 $\boldsymbol{X}_{opt}\simeq\boldsymbol{X}_{i+1}$를 취하고 반복을 종료한다. 그렇지 않으면 8단계로 간다.

8. 새로운 반복회를 $i=i+1$로 설정하고 2단계부터 반복한다.

이 알고리즘을 적용함에 있어 고려해야 할 몇 가지 사항은 (1) 감소 가변방향 $\boldsymbol{S}$ 벡터를 찾고, (2) 방향 $\boldsymbol{S}$를 따라 적합한 이동길이를 찾고, 그리고 (3) 수렴 속도를 가속화하는 것이다. 이들에 대해서는 아래에 기술한다.

7.7.1 방향-탐색 문제

만일 점 $\boldsymbol{X}_i$가 가변영역의 내부에 위치하면, 즉 $g_j(\boldsymbol{X}_i) < 0 \ (j = 1, 2, \cdot\cdot\cdot, m)$이면 감소 가변방향을

$$\boldsymbol{S}_i = -\nabla f(\boldsymbol{X}_i) \tag{7.33}$$

로 택한다. 만일 하나 이상의 제약이 점 $\boldsymbol{X}_i$에서 만족되면, 즉 일부가 $g_j(\boldsymbol{X}_i) = 0$일 때 문제는 복잡해진다. 일부 제약들이 활성화 되는 점 $\boldsymbol{X}_i$에서 감소 가변방향을 찾는 간단한 방법은 임의 벡터를 생성하고 이 벡터가 식 7.27과 7.28을 만족하는지 확인하는 것이다. 이 방법은 세련되지는 않지만 매우 단순하고 프로그램이 용이하다. 또한 각 임의 벡터에 대해 확인해야 할 관계식도 단순하여 많은 연산 시간을 필요로 하지 않는다. 그러나 실제로는 감소 가변방향을 찾기 위해 더욱 체계적인 절차를 채택하여야 한다. 또한, 일반적으로 식 7.27과 7.28을 만족하는 여러 방향 벡터가 존재하므로 $\boldsymbol{X}_i$에서 "최상의" 감소 가변방향 벡터를 선택하려고 누구나 시도할 것이다.

따라서 f의 값이 감소하는 것 이외에 활성 비선형 제약들의 경계들로부터 벗어나는 가변방향을 찾고자 하는데, 이와 같은 방향은 다음 최적화 문제를 해결하여 구할 수 있다. 즉, 주어진 점 $\boldsymbol{X}_i$에 대해 다음 제약들

$$\boldsymbol{S}^T \nabla g_j(\boldsymbol{X}_i) + \theta_j \alpha \le 0, \qquad j \in J \tag{7.34}$$

$$\boldsymbol{S}^T \nabla f(\boldsymbol{X}_i) + \alpha \le 0 \tag{7.35}$$

을 만족하는 α가 최대가 되는 스칼라 α와 벡터 $\boldsymbol{S}$를 찾는 것이다. 여기서 J는 활성화된 제약 집합을 나타내고 다음 관계 식 중 하나로 $\boldsymbol{S}$를 정규화한다.

$$\boldsymbol{S}^T \boldsymbol{S} = \sum_{i=1}^{n} s_i^2 = 1 \tag{7.36}$$

$$-1 \le s_i \le 1, \qquad i = 1, 2, \cdot\cdot\cdot, n \tag{7.37}$$

$$\boldsymbol{S}^T \nabla f(\boldsymbol{X}_i) \le 1 \tag{7.38}$$

이 문제에서 θ_j는 임의의 양의 스칼라 상수이고 단순하게 모두 $\theta_j = 1$로 취할 수 있다.

또, $\alpha > 0$이 되는 해 벡터 S가 감소 가변방향이다. α의 최대 수치는 $\boldsymbol{S}^T \nabla f$의 값과 $\boldsymbol{S}^T \nabla g_j(\boldsymbol{X}_i)$의 값을 동시에 가능한한 음수로 만드는 최상의 방향 $\boldsymbol{S}$을 제공하기 때문이다. 다시 말해 α의 최댓값은 활성 비선형 제약 경계들로부터 멀어지는 방향 $\boldsymbol{S}$를 만든다. 또한, 다른 θ_j을 제공하여 특정 제약 경계에 더욱 중요성을 부여할 수 있다. α의 최대가 유한한 값이 되는 것을 보장하기 위해 식 7.36~7.38은 벡터 $\boldsymbol{S}$를 정규화하여야 하는 것을 나타낸다. 만일 정규화조건이 포함되지 않으면 제약들(식 7.34와 7.35)을 만족하면서 α는 ∞로 발산할 수 있기 때문이다.

목적함수 α, 그리고 제약 조건 7.34와 7.35는 모두 변수 s_1, s_2, · · ·, s_n, α로 표현된 선형함수식이며, 만일 조건 7.37 또는 7.38을 사용하면 정규화 제약조건도 또한 선형함수식이 된다. 그러나 정규화를 위해 식 7.36을 사용하면 이차함수가 된다. 따라서 정규화를 위해 식 7.37 또는 7.38 중 하나를 사용하여 선형 계획 문제로서 방향-탐색 문제를 해결할 수 있다. 그렇지 않은 경우에도 방향-탐색 문제는 하나의 이차식 제약을 제외하고는 선형 계획 문제가 되므로 Zoutendijk[7.5]는 선형 계획법의 수정된 버전으로 이 문제를 처리할 수 있다는 것을 증명하였다. 따라서 적정한 효율성을 갖고 방향-탐색 문제를 해결할 수 있다. 우리는 식 7.37을 사용하기로 한다. 다음과 같이 방향-탐색 문제를 정확하게 기술할 수 있다.

$$Min \quad -\alpha$$

subject to

$$s_1 \frac{\partial g_1}{\partial x_1} + s_2 \frac{\partial g_1}{\partial x_2} + \cdots + s_n \frac{\partial g_1}{\partial x_n} + \theta_1 \alpha \le 0 \qquad 7.39$$

$$s_1 \frac{\partial g_2}{\partial x_1} + s_2 \frac{\partial g_2}{\partial x_2} + \cdots + s_n \frac{\partial g_2}{\partial x_n} + \theta_2 \alpha \le 0$$

$$\vdots$$

$$s_1 \frac{\partial g_p}{\partial x_1} + s_2 \frac{\partial g_p}{\partial x_2} + \cdots + s_n \frac{\partial g_p}{\partial x_n} + \theta_p \alpha \le 0$$

$$s_1 \frac{\partial f}{\partial x_1} + s_2 \frac{\partial f}{\partial x_2} + \cdots + s_n \frac{\partial f}{\partial x_n} + \alpha \le 0$$

$$s_1 - 1 \le 0$$

$$s_2 - 1 \le 0$$

$$\vdots$$

$$s_n - 1 \le 0$$

$$-1-s_1 \le 0$$

$$-1-s_2 \le 0$$

$$\vdots$$

$$-1-s_n \le 0$$

여기서 p는 활성 제약들의 개수이고, 아래는 점 $\boldsymbol{X}_i$에서 계산한 편미분값이다.

$$\partial g_1/\partial x_1,\ \partial g_1/\partial x_2,\ \cdots \partial g_p/\partial x_n,\ \partial f/\partial x_1,\ \cdots \partial f/\partial x_n$$

탐색방향 벡터의 성분 $s_i(i=1\ to\ n)$는 -1과 1 사이의 수이므로 새로운 변수 $t_i = s_i + 1(i=1\ to\ n)$와 같이 정의하면 변수 t_i는 항상 비음수가 된다. 이러한 변수 변환을 이용하면 위의 문제는 아래의 선형 계획 문제의 표준형으로 표현된다.

$$\underset{(t_1,t_2,\cdots,t_n,\alpha,y_1,y_2,\cdots,y_{p+n+1})}{Min} \quad -\alpha$$

subject to

$$t_1\frac{\partial g_1}{\partial x_1}+t_2\frac{\partial g_1}{\partial x_2}+\cdots+t_n\frac{\partial g_1}{\partial x_n}+\theta_1\alpha+y_1=\sum_{i=1}^{n}\frac{\partial g_1}{\partial x_i} \qquad 7.40$$

$$t_1\frac{\partial g_2}{\partial x_1}+t_2\frac{\partial g_2}{\partial x_2}+\cdots+t_n\frac{\partial g_2}{\partial x_n}+\theta_2\alpha+y_2=\sum_{i=1}^{n}\frac{\partial g_2}{\partial x_i}$$

$$\vdots$$

$$t_1\frac{\partial g_p}{\partial x_1}+t_2\frac{\partial g_p}{\partial x_2}+\cdots+t_n\frac{\partial g_p}{\partial x_n}+\theta_p\alpha+y_p=\sum_{i=1}^{n}\frac{\partial g_p}{\partial x_i}$$

$$t_1\frac{\partial f}{\partial x_1}+t_2\frac{\partial f}{\partial x_2}+\cdots+t_n\frac{\partial f}{\partial x_n}+\alpha+y_{p+1}=\sum_{i=1}^{n}\frac{\partial f}{\partial x_i}$$

$$t_1+y_{p+2}=2$$

$$t_2+y_{p+3}=2$$

$$\vdots$$

$$t_n+y_{p+n+1}=2$$

$$t_1 \ge 0, t_2 \ge 0, \ldots,\ t_n \ge 0\ ,\ \alpha \ge 0$$

여기서 $y_1, y_2, \cdots, y_{p+n+1}$들은 비음수 이완변수들이다. 위의 방향-탐색 문제는 제3장에서 다룬 심플렉스 방법을 이용하면 된다. 또한, t_i에 대한 상한을 특수하게 처리하는 더욱 정교한 방법으로 이 문제를 해결할 수도 있다[7.6]. 만일 방향-탐색 문제의 최적해에서 $\alpha^* > 0$라 하면, $f(\boldsymbol{X})$는 감소 가변방향

$$\boldsymbol{S} = \begin{pmatrix} s_1 \\ s_2 \\ \cdot \\ \cdot \\ \cdot \\ s_n \end{pmatrix} = \begin{pmatrix} t_1^* - 1 \\ t_2^* - 1 \\ \cdot \\ \cdot \\ \cdot \\ t_n^* - 1 \end{pmatrix}$$

을 따라 감소한다. 그러나 만일 $\alpha^* = 0$이면 $\boldsymbol{X}_i$에서 Kuhn-Tucker 최적 조건이 만족되어 점 $\boldsymbol{X}_i$는 최적해로 결정된다.

7.7.2 이동길이 (Step Length) 결정

임의 점 $\boldsymbol{X}_i$에서 감소 가변방향 벡터 $\boldsymbol{S}_i$를 찾은 후, 다음 점 $\boldsymbol{X}_{i+1}$ 즉,

$$\boldsymbol{X}_{i+1} = \boldsymbol{X}_i + \lambda_i \boldsymbol{S}_i \qquad 7.41$$

를 얻기 위해 적합한 이동길이 λ_i를 결정하여야 한다. 이동길이를 계산하는 여러 방법들 중 하나는 식 7.41의 새로운 점 $\boldsymbol{X}_{i+1}$가 가변영역에 있으면서 $f(\boldsymbol{X}_i + \lambda \boldsymbol{S}_i)$이 최소가 되는 최적 이동길이 λ_i를 결정하는 것이다. 또 다른 방법은 다음 관계식

$$f(\boldsymbol{X}_i + \lambda \boldsymbol{S}_i) \le f(\boldsymbol{X}_i) \qquad 7.42$$

$$g_j(\boldsymbol{X}_i + \lambda \boldsymbol{S}_i) \le 0. \quad j = 1, 2, \cdots, m$$

을 만족하는 이동길이 λ_i를 시행착오법으로 선정하는 것이다.

방법 1 제5장에서 다룬 1차원 최소화 방법들을 사용하여 최적 이동길이 λ_i를 결정할 수 있다. 이 방법들의 유일한 결점은 λ_i를 찾는 동안 제약조건이 고려되지 않는다는 것이다. 따라서 새로운 점 $\boldsymbol{X}_{i+1} = \boldsymbol{X}_i + \lambda_i \boldsymbol{S}_i$는 가변영역의 내부(그림 7.8a), 또는 가변영역의 경계(그림 7.8b), 또는 가변영역의 외부(그림 7.8c)에 위치할 수 있다.

만일 점 $\boldsymbol{X}_{i+1}$가 가변영역 내부에 위치하면, 활성 제약이 존재하지 않으므로 새로운 가변방향을 $\boldsymbol{S}_{i+1} = -\nabla f(X_{i+1})$으로 설정하여 다음 반복회로 진행한다(즉, 알고리즘의 2단계로 간다). 반면 만일 $\boldsymbol{X}_{i+1}$가 가변영역 경계에 위치하면 새로운 방향-탐색 문제를 해결하여 새로운 감소 가변방향 $\boldsymbol{S} = \boldsymbol{S}_{i+1}$을 생성한다(즉, 알고리즘의 3단계로 간다). 이 단

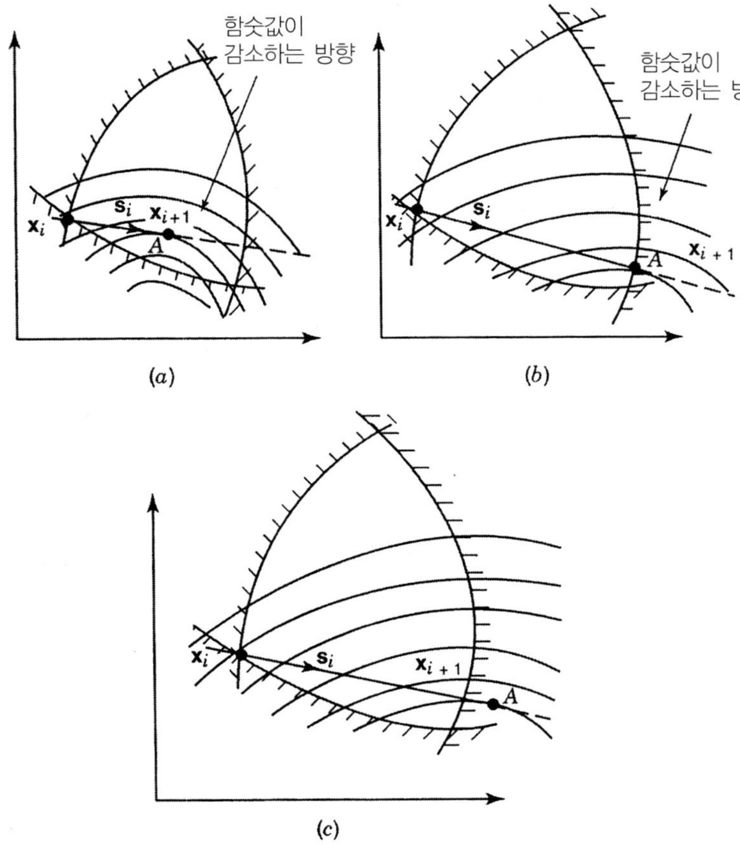

그림 7.8 최적 이동길이를 취한 결과

계에서 계산상의 특별한 어려움에 직면한다. 즉, 점 $\boldsymbol{X}_{i+1}$가 가변영역 경계에 위치하는지 확인하기 위해 어떤 $g_j(\boldsymbol{X}_{i+1})$가 0인지 확인하여야 하는데, 수치적으로 연산을 수행할 때 $g_j(\boldsymbol{X}_{i+1})= 10^{-2},\ 10^{-3},\ 10^{-8}$ 등과 같이 되면 제약 g_j가 활성인 제약인지 또는 아닌지를 판단해야 한다. 따라서 활성 제약을 확인하기 위해 작은 허용 오차 ϵ을 반드시 명시하여 만일 $|g_j(\boldsymbol{X}_{i+1})| \le \epsilon$이면 점 $\boldsymbol{X}_{i+1}$는 제약 경계에 위치하는 것으로 수용할 수 있다. 만일 점 $\boldsymbol{X}_{i+1}$이 가변영역 외부에 위치하면, 가변영역 내부에 위치하도록 이동길이를 감소(수정)해야 한다. 그래서 1차원 최소화 과정을 초기화할 때 초기 이동길이 ϵ_1도 명시해야 한다.

방법 2 최적 이동길이를 찾는 것을 원하지 않는다 하여도 식 7.42를 만족하는 이동길이 λ_i를 찾기 위해 일종의 시행착오법을 채택하여야 한다. 즉, 임의의 이동길이 ϵ을 선정하고 다음의

$$\tilde{f} = f(\boldsymbol{X}_i + \epsilon \boldsymbol{S}_i), \qquad \tilde{g}_j = g_j(\boldsymbol{X}_i + \epsilon \boldsymbol{S}_i)$$

함숫값을 계산하여 $\tilde{g}_j$ 값이 제약조건들을 만족하고 감소한 목적함수 값 $\tilde{f}$가 될 때까지 ϵ 값을 재조정하여야 한다.

초기 이동길이 초기에 시도될 이동길이 ϵ의 선정 방법들은 다음과 같다.

1. 이전의 몇 개의 반복회에서 얻은 최종 이동길이 λ_i들의 평균을 다음 반복회의 초기 이동길이 ϵ로 사용할 수 있다. 통상적으로 이 방법은 자주 만족스럽게 작동하지만 다음과 같은 단점들을 갖는다.

(a) 최초 반복회에서는 이 방법을 채택할 수 없다.

(b) 여러 다른 방향에서의 $f(\boldsymbol{X})$의 변화율을 처리할 수 없다.

(c) 최적점 가까이에서는 이동길이의 급격한 변화에 상당히 둔감하다.

2. 각 단계에서 주어진 %만큼 목적함수 값을 감소시키는 초기 이동길이 ϵ를 계산한다. 이는 함수 $f(\lambda)$를 λ의 선형함수로 근사화하여 구할 수 있다. 즉, 만일

$$f(\boldsymbol{X}_i) = f(\lambda = 0) = f_1 \tag{7.43}$$

$$\frac{df}{d\lambda}(\boldsymbol{X}_i) = \frac{df}{d\lambda}(\boldsymbol{X}_i + \lambda \boldsymbol{S}_i)\bigg|_{\lambda = 0} = \boldsymbol{S}^T \nabla f_i = f'_1 \tag{7.44}$$

을 알고 있다면, $f(\lambda)$의 선형 근사식은

$$f(\lambda) \simeq f_1 + f_1' \lambda$$

와 같다. $|f_1|$과 비교하여 목적함수 값이 $\delta\%$ 만큼 감소하는 이동길이 $\lambda = \epsilon$는 다음과 같이 주어진다.

$$f_1 + f_1' \epsilon = f_1 - \frac{\delta}{100} |f_1|$$

즉,

$$\epsilon = -\frac{\delta}{100} \frac{|f_1|}{f_1'} \tag{7.45}$$

이다. 식 7.44에 주어진 f_1'은 항상 음수이므로 ϵ 수치는 항상 양수가 되는 것을 알 수 있다. 만일 감소율 $\delta\%$를 1~5 정도의 작은 수치들로 제한하면 이 방법은 주로 양호한 결과를 얻는다.

7.7.3 종료 판정기준 (Termination Criteria)

알고리즘의 4단계와 5단계에서 α의 최대 수치 α^*가 거의 0이 되고 현재 반복 결과들이 식 7.32에 기술된 관계식들을 만족할 때마다 최적화 과정은 수렴한 것으로 가정한다. 뿐만 아니라 종료하기 전에 Kuhn-Tucker 필요조건의 만족 여부를 조사할 수 있다.

그러나 만일 Kuhn-Tucker 필요조건들이 만족되면 α^* 값은 0이 됨을 증명할 수 있다. 우선 Kuhn-Tucker 조건

$$\nabla f + \sum_{j=1}^{p} \lambda_j \nabla g_j = 0 \tag{7.46}$$

$$\lambda_j > 0, \quad j = 1, 2, \cdot \cdot \cdot, p \tag{7.47}$$

에서 첫 p개의 제약들을 활성 제약들로 가정한다. 만일 $\boldsymbol{S}$가 감소 가변방향이면 식 7.46으로부터

$$\boldsymbol{S}^T \nabla f = -\sum_{j=1}^{p} \lambda_j \boldsymbol{S}^T \nabla g_j > 0 \tag{7.48}$$

이다. 따라서 점 $\boldsymbol{X}_i$에서 Kuhn-Tucker 조건이 만족하고, 즉, 위의 부등식을 만족하고 아래의 관계식을 만족하는 어떤 탐색방향 $\boldsymbol{S}$도 찾는 것은 불가능하다.

$$\boldsymbol{S}^T \nabla g_j \le 0, \quad j = 1, 2, \cdot \cdot \cdot, p \tag{7.49}$$

$$\boldsymbol{S}^T \nabla f \le 0$$

그러나 $\boldsymbol{S} = \boldsymbol{0}$이면 위의 관계식들은 모두 만족하며 이는 방향-탐색 문제 식 7.39에서 최적해 α^* 값이 0이 되는 것을 의미한다. 본 절에 기술한 알고리즘의 수렴성을 개선하기 위해 제안된 수정 알고리즘 및 가속 기법들의 자세한 내용은 참고문헌 [7.7]과 [7.8]을 참조하기로 한다.

예제 7.2

다음 최적화 문제의 최적해를 구하여라.

$$Min \quad f(x_1, x_2) = x_1^2 + x_2^2 - 4x_1 - 4x_2 + 8$$

subject to

$$g_1(x_1, x_2) = x_1 + 2x_2 - 4 \le 0$$

단, 시작점 $\boldsymbol{X}_1 = \begin{pmatrix} 0 \\ 0 \end{pmatrix}$ 그리고 $\epsilon_1 = 0.001, \ \epsilon_2 = 0.001, \ \epsilon_3 = 0.01$이다.

[풀이]

1단계 $\boldsymbol{X}_1 = \begin{pmatrix} 0 \\ 0 \end{pmatrix}$에서 $f(\boldsymbol{X}_1) = 8, \quad g_1(\boldsymbol{X}_1) = -4$이다.

반복회 1

2단계 $g_1(\boldsymbol{X}_1) < 0$이므로 탐색방향을

$$\boldsymbol{S}_1 = -\nabla f(\boldsymbol{X}_1) = -\begin{pmatrix} \dfrac{\partial f}{\partial x_1} \\ \dfrac{\partial f}{\partial x_2} \end{pmatrix}_{\boldsymbol{X}_1} = \begin{pmatrix} 4 \\ 4 \end{pmatrix}$$

와 같이 택하고 정규화하면 $\boldsymbol{S}_1 = \begin{pmatrix} 1 \\ 1 \end{pmatrix}$이 된다.

5단계 새로운 점 $\boldsymbol{X}_2$를 찾기 위해 방향 $\boldsymbol{S}_1$을 따라 적합한 이동길이를 구하기 위해 λ에 관한 함수 $f(\boldsymbol{X}_1 + \lambda \boldsymbol{S}_1)$을 최소화한다. 즉,

$$f(\boldsymbol{X}_1 + \lambda \boldsymbol{S}_1) = f(0 + \lambda,\ 0 + \lambda) = 2\lambda^2 - 8\lambda + 8$$

$$\frac{df}{d\lambda} = 0 \quad \Rightarrow \quad \lambda = 2$$

따라서 새로운 점은 $\boldsymbol{X}_2 = \begin{pmatrix} 2 \\ 2 \end{pmatrix}$ 그리고 $g_1(\boldsymbol{X}_2) = 2$가 된다. 제약을 위반하므로 이동길이를 수정하여야 한다.

즉, $\tilde{g}_1 = g_1|_{\lambda=0} = -4$ 그리고 $\tilde{\tilde{g}}_1 = g_1|_{\lambda=2} = 2$의 두 점을 지나는 선형 근사식으로부터 아래의 새로운 이동길이

$$\tilde{\lambda} = -\frac{\tilde{g}_1}{\tilde{\tilde{g}}_1 - \tilde{g}_1}\lambda = -\frac{-4}{2+4} \times 2 = \frac{4}{3}$$

를 구한다. 따라서 $g_1|_{\lambda=\tilde{\lambda}} = 0$ 그리고 $\boldsymbol{X}_2 = \begin{pmatrix} 4/3 \\ 4/3 \end{pmatrix}$가 된다.

6단계 $f(\boldsymbol{X}_2) = \dfrac{8}{9}$

7단계 수렴여부를 확인하기 위해 식 7.32로부터

$$\left| \frac{f(\boldsymbol{X}_1) - f(\boldsymbol{X}_2)}{f(\boldsymbol{X}_1)} \right| = \left| \frac{8 - \dfrac{8}{9}}{8} \right| = \frac{8}{9} > \epsilon_2 (= 0.001)$$

$$\| \boldsymbol{X}_1 - \boldsymbol{X}_2 \| = \left[\left(0-\frac{4}{3}\right)^2 + \left(0-\frac{4}{3}\right)^2\right]^{1/2} = 1.887 > \epsilon_2(=0.001)$$

이므로 수렴 판정기준이 만족되지 않는다.

반복회 2

2단계 $\boldsymbol{X}_2$에서 $g_1 = 0$이므로 감소 가변방향을 찾기 위해 진행한다.

3단계 식 7.40에 따라 다음과 같은 방향-탐색 문제를 만든다.

$$Min \qquad f = -\alpha$$

subject to

$$\begin{aligned}
t_1\frac{\partial g_1}{\partial x_1} + t_2\frac{\partial g_1}{\partial x_2} + \theta_1\alpha + y_1 = \sum_{i=1}^{2}\frac{\partial g_1}{\partial x_i} &\Rightarrow t_1 + 2t_2 + \alpha + y_1 = 3 \\
t_1\frac{\partial f}{\partial x_1} + t_2\frac{\partial f}{\partial x_2} + \theta_2\alpha + y_2 = \sum_{i=1}^{2}\frac{\partial f}{\partial x_i} &\Rightarrow -\frac{4}{3}t_1 - \frac{4}{3}t_2 + \alpha + y_2 = -\frac{8}{3} \\
t_1 + y_3 &= 2 \\
t_2 + y_4 &= 2 \\
t_1 &\geq 0 \\
t_2 &\geq 0 \\
\alpha &\geq 0
\end{aligned}$$

여기서 $y_1 \sim y_4$는 비음수 이완변수들이다. 위의 문제에서 초기 가변영역의 기본해를 쉽게 얻을 수 없으므로 두 번째 제약식에 인공변수 $y_5 \geq 0$을 도입하고, 불가변 형태의 식 $w = y_5$을 추가하여 2-phase 심플렉스 방법 등으로 선형계획 문제를 해결하면 다음 최적해를 얻을 수 있다.

$$t_1{}^* = 2,\ t_2{}^* = \frac{3}{10},\ \alpha^* = \frac{4}{10},\ y_4{}^* = \frac{17}{10},\ y_1{}^* = y_2{}^* = y_3{}^* = 0$$

$$-f_{min} = -\alpha^* = -\frac{4}{10}$$

이때 $\alpha^* > 0$이므로 감소 가변방향은 다음과 같이 결정된다.

$$\boldsymbol{S} = \begin{pmatrix} s_1 \\ s_2 \end{pmatrix} = \begin{pmatrix} t_1{}^* - 1 \\ t_2{}^* - 1 \end{pmatrix} = \begin{pmatrix} 1.0 \\ -0.7 \end{pmatrix}$$

4단계 $\alpha^* > \epsilon_1$이므로 다음 단계로 간다.

5단계 점 $\boldsymbol{X}_2 = \begin{pmatrix} 1.333 \\ 1.333 \end{pmatrix}$으로부터 방향 $\boldsymbol{S}_2 = \begin{pmatrix} 1.0 \\ -0.7 \end{pmatrix}$을 따라 이동한다. 목적함수를 최소화하는 이동길이를 찾기 위해 다음을 최소화한다. 즉,

$$\begin{aligned} f(\boldsymbol{X}_2 + \lambda \boldsymbol{S}_2) &= f(1.333 + \lambda,\ 1.333 - 0.7\lambda) \\ &= 1.49\lambda^2 - 0.4\lambda + 0.889 \end{aligned}$$

와 $df/d\lambda = 2.98\lambda - 0.4 = 0$로부터 $\lambda = 0.134$이므로 새로운 점은 다음과 같다.

$$\boldsymbol{X}_3 = \boldsymbol{X}_2 + \lambda \boldsymbol{S}_2 = \begin{pmatrix} 1.333 \\ 1.333 \end{pmatrix} + 0.134 \begin{pmatrix} 1.0 \\ -0.7 \end{pmatrix} = \begin{pmatrix} 1.467 \\ 1.239 \end{pmatrix}$$

이 점에서 $g_1(\boldsymbol{X}_3) = -0.055$이므로 제약조건은 만족되고 점 $\boldsymbol{X}_3$은 가변영역의 내부에 위치하므로 2단계로 간다.

위와 같은 과정을 최적점 $\boldsymbol{X}^* = \begin{pmatrix} 1.6 \\ 1.2 \end{pmatrix}$ 그리고 $f_{min} = 0.8$을 얻을 때까지 계속 반복한다. ■

7.8 Rosen의 구배사영법

Rosen의 구배사영법[7.9, 7.10]은 감소 가변방향을 찾기 위해 보조 선형 최적화 문제의 풀이를 필요로 하지 않는다. 이 방법은 현재 활성 제약들 위로 목적함수 음의 구배의 사영을 사용한다. 비록 Rosen은 일반 비선형 계획 문제를 해결하기 위해 이 방법을 기술하였지만 그 효율성은 제약들이 모두 선형인 문제에 주로 제한되어 나타난다. 다음과 같은 선형 제약 문제에 대해 설명해보자.

$$Min \quad f(\boldsymbol{X})$$

subject to

$$g_j(\boldsymbol{X}) = \sum_{i=1}^{n} a_{ij} x_i - b_j \le 0, \qquad j = 1,\ 2,\ \cdots,\ m \tag{7.50}$$

임의 점에서 활성 제약들의 색인을 $j_1,\ j_2,\ \cdots,\ j_p$로 표기하면, 활성 제약들의 구배들은

$$\nabla g_j(\boldsymbol{X}) = \begin{pmatrix} a_{1j} \\ a_{2j} \\ \cdot \\ \cdot \\ \cdot \\ a_{nj} \end{pmatrix}, \qquad j = j_1,\ j_2,\ \cdots,\ j_p \tag{7.51}$$

와 같다. 이제 $n \times p$ 차원의 행렬 $\boldsymbol{N}$을

$$\boldsymbol{N} = [\nabla g_{j1} \nabla g_{j2} \cdot\cdot\cdot \nabla g_{jp}] \tag{7.52}$$

로 정의하면, 감소 가변방향 $\boldsymbol{S}$을 얻기 위한 방향-탐색 문제를

$$\underset{\boldsymbol{S}}{Min} \quad \boldsymbol{S}^T \nabla f(\boldsymbol{X}) \tag{7.53}$$

subject to

$$\boldsymbol{N}^T \boldsymbol{S} = 0 \tag{7.54}$$

$$\boldsymbol{S}^T \boldsymbol{S} - 1 = 0 \tag{7.55}$$

와 같이 만들 수 있다. 여기서 식 7.55는 벡터 $\boldsymbol{S}$의 정규화를 나타낸다. 이 등식 제약 문제를 해결하기 위해 Lagrange 함수를 아래와 같이 전개한다.

$$L(\boldsymbol{S},\ \boldsymbol{\lambda},\ \beta) = \boldsymbol{S}^T \nabla f(\boldsymbol{X}) + \boldsymbol{\lambda}^T \boldsymbol{N}^T \boldsymbol{S} + \beta(\boldsymbol{S}^T \boldsymbol{S} - 1) \tag{7.56}$$

여기서 $\boldsymbol{\lambda} = (\lambda_1, \lambda_2, \cdots, \lambda_p)^T$는 식 7.54와 관련된 Lagrange 승수들의 벡터이고, β는 식 7.55와 관련된 Lagrange 승수이다. 이 함수의 최소해에 대한 필요조건들은 다음과 같다.

$$\frac{\partial L}{\partial \boldsymbol{S}} = \nabla f(\boldsymbol{X}) + \boldsymbol{N\lambda} + 2\beta \boldsymbol{S} = \boldsymbol{0} \tag{7.57}$$

$$\frac{\partial L}{\partial \lambda} = \boldsymbol{N}^T \boldsymbol{S} = \boldsymbol{0} \tag{7.58}$$

$$\frac{\partial L}{\partial \beta} = \boldsymbol{S}^T \boldsymbol{S} - 1 = 0 \tag{7.59}$$

식 7.57은

$$\boldsymbol{S} = -\frac{1}{2\beta}(\nabla f + \boldsymbol{N\lambda}) \tag{7.60}$$

이므로 식 7.58에 대입하면

$$\boldsymbol{N}^T \boldsymbol{S} = -\frac{1}{2\beta}(\boldsymbol{N}^T \nabla f + \boldsymbol{N}^T \boldsymbol{N\lambda}) = \boldsymbol{0} \tag{7.61}$$

이다. $\boldsymbol{S}$를 식 7.59에 따라 정규화하면 β는 0이 아니므로 식 7.61에서

$$\boldsymbol{N}^T \nabla f + \boldsymbol{N}^T \boldsymbol{N\lambda} = 0 \tag{7.62}$$

이 되고, 위의 식으로부터 $\boldsymbol{\lambda}$는

$$\boldsymbol{\lambda} = -\left(\boldsymbol{N}^T\boldsymbol{N}\right)^{-1}\boldsymbol{N}^T\nabla f \tag{7.63}$$

이 된다. 따라서 식 7.60의 λ에 대입하면 탐색방향 벡터는

$$\boldsymbol{S} = -\frac{1}{2\beta}\left[\boldsymbol{I} - \boldsymbol{N}\left(\boldsymbol{N}^T\boldsymbol{N}\right)^{-1}\boldsymbol{N}^T\right]\nabla f = -\frac{1}{2\beta}\boldsymbol{P}\nabla f \tag{7.64}$$

와 같다. 여기서

$$\boldsymbol{P} = \boldsymbol{I} - \boldsymbol{N}\left(\boldsymbol{N}^T\boldsymbol{N}\right)^{-1}\boldsymbol{N}^T \tag{7.65}$$

를 **사영행렬**(projection matrix)이라 한다. 스케일링 상수 2β을 무시하면 행렬 $\boldsymbol{P}$는 벡터 $-\nabla f(\boldsymbol{X})$을 벡터

$$\nabla g_j\,,\quad j = j_1,\ j_2,\ \cdot\ \cdot\ \cdot\ ,\ j_p$$

들에 수직인 모든 초평면들의 교차평면에 사영한다고 말할 수 있다. 제약들 $g_j(\boldsymbol{X})$는 일차독립이라 가정하므로 행렬 $\boldsymbol{N}$의 열들은 일차독립이므로 $\boldsymbol{N}^T\boldsymbol{N}$은 정칙행렬로 역행렬이 존재한다. 벡터 $\boldsymbol{S}$의 정규화는

$$\boldsymbol{S} = -\frac{\boldsymbol{P}\nabla f}{\|\boldsymbol{P}\nabla f\|} \tag{7.66}$$

와 같이 구할 수 있다(식 7.64에서 β 수치를 알 필요 없다). 이제 만일 $\boldsymbol{X}_i$가 i번째 반복회의 시작점이면(이 점에서 $g_{j1},\ g_{j2},\ \cdot\ \cdot\ \cdot\ ,\ g_{jp} = 0$가 만족되면), 식 7.66으로부터 $\boldsymbol{S}_i$는

$$\boldsymbol{S}_i = -\frac{\boldsymbol{P}_i\nabla f(\boldsymbol{X}_i)}{\|\boldsymbol{P}_i\nabla f(\boldsymbol{X}_i)\|} \tag{7.67}$$

이 된다. 여기서 $\boldsymbol{P}_i$는 점 $\boldsymbol{X}_i$에서 계산된 사영행렬 $\boldsymbol{P}$를 나타낸다. 이때 $\boldsymbol{S}_i \neq \boldsymbol{0}$ 이면 새로운 점 $\boldsymbol{X}_{i+1}$을 찾기 위해 $\boldsymbol{X}_i$로부터 방향 $\boldsymbol{S}_i$을 따라 이동한다. 즉,

$$\boldsymbol{X}_{i+1} = \boldsymbol{X}_i + \lambda_i\boldsymbol{S}_i \tag{7.68}$$

여기서 λ_i는 탐색방향 $\boldsymbol{S}_i$으로의 이동길이다. λ_i를 계산하는 상세한 내용은 나중에 고려하기로 한다. 그러나 만일 $\boldsymbol{S}_i = \boldsymbol{0}$이면 식 7.60과 7.63으로부터 다음 결과를 얻는다.

$$-\nabla f(\boldsymbol{X}_i) = \boldsymbol{N}\boldsymbol{\lambda} = \lambda_1\nabla g_{j1} + \lambda_2\nabla g_{j2} + \cdot\ \cdot\ \cdot + \lambda_p\nabla g_{jp} \tag{7.69}$$

여기서

$$\lambda = -\left(\boldsymbol{N}^T\boldsymbol{N}\right)^{-1}\boldsymbol{N}^T\nabla f(\boldsymbol{X}_i) \tag{7.70}$$

식 7.69는 $\boldsymbol{X}_i$에서 목적함수의 음의 구배는 활성 제약의 구배들의 일차 결합으로 표현되는 것을 나타낸다. 더구나 식 7.63에서 모든 λ_j가 비음수이면 Kuhn-Tucker 조건들(식 7.46과 7.47)은 만족하므로 절차를 종료할 수 있다.

그러나 만일 일부 λ_j가 음수이고, $\boldsymbol{S}_i = \boldsymbol{0}$이면 식 7.69의 의미는 $\boldsymbol{X}_i$에서 제약의 법선벡터 ∇g_j와 $-\nabla f$의 사이각이 둔각임을 나타낸다. 또한 이는 제약 g_j가 활성 제약이지만 승수 λ_j가 음수이므로 새로운 탐색방향 $\boldsymbol{S}$를 찾는데는 고려하면 안 된다는 것을 나타낸다(만일 이들 모두를 고려하면 탐색방향 $\boldsymbol{S}$는 0이 된다). 그림 7.9에서 점 $\boldsymbol{X}_i$에서 감소 가변방향 $\boldsymbol{S}$를 찾을 때 제약의 법선 $\nabla g_1(\boldsymbol{X}_i)$를 고려하면 안 된다는 것을 설명하고 있다.

실제 상황에서는 행렬 $\boldsymbol{N}$을 만들 때 λ_j가 음수인 모든 활성 제약들을 제거하지 않고 가장 큰 음수 λ_j 값에 상응하는 활성 제약만을 제거한다. 즉, λ_q가 식 7.63으로부터 얻은 λ_j 중 가장 큰 음수라면 $\boldsymbol{N}$으로부터 ∇g_{jq}를 제거하여 새로운 $\boldsymbol{N}$ 행렬을

$$\boldsymbol{N}_{new} = \left[\nabla g_{j1}\,\nabla g_{j2}\,\cdot\cdot\cdot\,\nabla g_{jq-1}\,\nabla g_{jq+1}\,\nabla g_{jq+2}\,\cdot\cdot\cdot\,\nabla g_{jp}\right] \tag{7.71}$$

와 같이 만든다. 또한, 제약 g_{jq}를 제거한 후의 새로운 사영행렬은

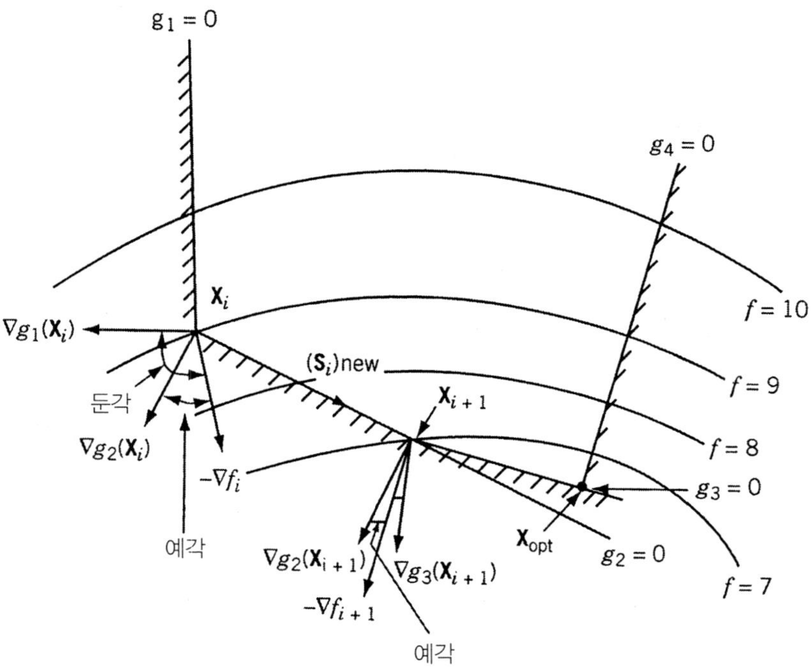

그림 7.9 $S_i = 0$이고 λ_j가 음수일 때 상황

$$P_{new} = \left[I - N_{new}\left(N_{new}^T N_{new}\right)^{-1} N_{new}^T\right] \qquad 7.72$$

이 되고, 새로운 탐색방향 $(S_i)_{new}$ 는

$$(S_i)_{new} = -\frac{P_{new}\nabla f(X_i)}{\| P_{new}\nabla f(X_i) \|} \qquad 7.73$$

와 같다. 위의 벡터는 S_i가 0이 되는 요인을 제거하여 새롭게 계산되었으므로 0이 아닌 벡터가 될 것이다. 이제 식 7.68과 같이 새로운 근사해 X_{i+1}를 구하고, 새로운 점 X_{i+1}에서 다른 제약이 활성화 될 수 있다(그림 7.9에서 새로운 점 X_{i+1}에서 제약 g_3이 활성화 된다). 그리고 새로운 활성 제약을 추가하여 X_{i+1}에서의 새로운 사영행렬을 찾아야 한다.

이제 식 7.68의 이동길이 λ_i를 계산하는 연산 내용을 상세히 기술하기로 한다.

7.8.1 이동길이(Step Length) 결정

식 7.68에서 방향 S_i를 따라 목적함수를 최소화하는 이동길이를

$$f(X_i + \lambda_i^* S_i) = \min_{\lambda} f(X_i + \lambda S_i) \qquad 7.74$$

이 되는 λ_i^*로 선택할 수 있지만 이동길이 λ_i^*만큼 이동한 점

$$X_{i+1} = X_i + \lambda_i^* S_i$$

가 가변영역의 외부에 위치할 수 있다. 따라서 적합한 이동길이 λ_i를 찾기 위해 일반적으로 다음 절차를 채택한다. 우선 제약 $g_j(X)$는 선형함수이므로

$$\begin{aligned} g_j(\lambda) = g_j(X_i + \lambda S_i) &= \sum_{i=1}^{n} a_{ij}(x_i + \lambda s_i) - b_j \qquad 7.75 \\ &= \sum_{i=1}^{n} a_{ij}x_i - b_j + \lambda \sum_{i=1}^{n} a_{ij}s_i \\ &= g_j(X_i) + \lambda \sum_{i=1}^{n} a_{ij}s_i, \quad j = 1, 2, \cdot\cdot\cdot, m \end{aligned}$$

단,

$$\boldsymbol{X}_i = \begin{pmatrix} x_1 \\ x_2 \\ \cdot \\ \cdot \\ \cdot \\ x_n \end{pmatrix} \quad and \quad \boldsymbol{S}_i = \begin{pmatrix} s_1 \\ s_2 \\ \cdot \\ \cdot \\ \cdot \\ s_n \end{pmatrix}$$

로부터 $g_j(\lambda)$도 λ의 선형함수가 된다. 따라서 만일 특정 제약(예를 들어 k번째 제약)이 $\boldsymbol{X}_i$에서 활성 제약이 아니면 이동길이 λ_k만큼 이동한 점 $\boldsymbol{X}_i + \lambda_k \boldsymbol{S}_i$에서 활성화되도록 즉,

$$g_k(\lambda_k) = g_k(\boldsymbol{X}_i) + \lambda_k \sum_{i=1}^{n} a_{ik} s_i = 0$$

으로부터

$$\lambda_k = -\frac{g_k(\boldsymbol{X}_i)}{\sum_{i=1}^{n} a_{ik} s_i} \qquad 7.76$$

와 같이 결정할 수 있다. 이때 k번째 제약은 $\boldsymbol{X}_i$에서 활성 제약이 아니므로 $g_k(\boldsymbol{X}_i)$는 음수가 되고 따라서 λ_k 부호는 $\sum_{i=1}^{n} a_{ik} s_i$ 부호와 동일하게 된다. 한편, 식 7.75로부터

$$\frac{dg_k}{d\lambda}(\lambda) = \sum_{i=1}^{n} a_{ik} s_i \qquad 7.77$$

이므로 λ_k의 부호는 λ에 관한 g_k의 변화율에 좌우된다. 즉, 만일 이 변화율$(dg_k/d\lambda)$이 음수일 때 λ의 양수 방향으로 이동하는 것은 k번째 제약으로부터 멀어져감을 뜻하고(λ_k의 부호가 음이므로), 변화율이 양수인 경우에는 λ_k 보다 큰 이동길이로 이동하면 제약 g_k를 위반하게 된다. 따라서 모든 제약에 대한 위반을 방지하기 위해서는 이동길이 (λ_M)을 모든 k번째 비활성 제약에 대한 λ_k 중의 양의 최솟값, 즉

$$\lambda_M = \min_{\lambda_k > 0} (\lambda_k) \qquad k \not\in \{j_1, j_2, \cdots, j_p\}, \quad 1 \le k \le m \qquad 7.78$$

로 선택해야 한다.

어떤 경우에는 함수 $f(\lambda)$가 직선 $\boldsymbol{S}_i$을 따라 $\lambda = 0$과 $\lambda = \lambda_M$ 사이에서 최소를 가질 수 있다. 그러한 경우는 다음 식의 값

$$\frac{df}{d\lambda} = \boldsymbol{S}_i^{\boldsymbol{T}} \nabla f(\lambda) \quad , \qquad \lambda = \lambda_M$$

을 계산하여 알아낼 수 있다. 즉, 만일 λ의 최솟값 λ^*가 $\lambda = 0$과 $\lambda = \lambda_M$ 사이에 위치하면 $\lambda = \lambda_M$에서는 함수 f가 증가하고 있음을 의미하므로 $\frac{df}{d\lambda}(\lambda_M)$는 양수가 된다. 이 경우에는 보간법 또는 제5장에서 다룬 기법들을 이용하여 최소화하는 이동길이 λ_i^*를 찾을 수 있다.

주의해야 할 점은 만일 이동길이가 λ_i^*가 아닌 λ_i로 결정되면, $\boldsymbol{X}_i$에서 비활성이었던 제약이 $\boldsymbol{X}_{i+1}$에서 활성화 되고 활성 제약집합에 추가하여 $\boldsymbol{X}_{i+1}$에서의 사영행렬을 생성할 때 반영해야 한다. 반면 만일 이동길이가 λ_i^*로 결정되면, $\boldsymbol{X}_{i+1}$에서 새로운 제약은 활성화되지 않으며 $\boldsymbol{X}_{i+1}$에서의 사영행렬은 오직 $\boldsymbol{X}_i$에서 활성이었던 제약들만을 이용하여 생성한다.

알고리즘 구배사영법의 절차는 다음과 같다.

1. 초기점 $\boldsymbol{X}_1$을 갖고 시작한다. 점 $\boldsymbol{X}_1$은 반드시 가변영역의 점이어야 한다. 즉,

$$g_j(\boldsymbol{X}_1) \le 0, \quad j = 1, 2, \cdot\cdot\cdot, m$$

2. 반복회를 $i = i + 1$로 설정한다.
3. 만일 $\boldsymbol{X}_i$가 가변영역의 내부 점이면[즉, $g_j(\boldsymbol{X}_i) < 0$, $j = 1, 2, \cdot\cdot\cdot, m$] 탐색방향을 $\boldsymbol{S}_i = -\nabla f(\boldsymbol{X}_i)$로 설정하고 다음과 같이 탐색방향을 정규화하고 5단계로 간다.

$$\boldsymbol{S}_i = \frac{-\nabla f(\boldsymbol{X}_i)}{\| \nabla f(\boldsymbol{X}_i) \|}$$

그러나 $g_j(\boldsymbol{X}_i) = 0 (j = j_1, j_2, \cdot\cdot\cdot, j_p)$이면 4단계로 간다.

4. 다음과 같이 사영행렬 $\boldsymbol{P}_i$를 계산한다.

$$\boldsymbol{P}_i = \boldsymbol{I} - \boldsymbol{N}_p \left(\boldsymbol{N}_p^T \boldsymbol{N}_p \right)^{-1} \boldsymbol{N}_p^T$$

단,

$$\boldsymbol{N}_p = [\nabla g_{j1}(\boldsymbol{X}_i) \nabla g_{j2}(\boldsymbol{X}_i) \cdot\cdot\cdot \nabla g_{jp}(\boldsymbol{X}_i)]$$

그리고 탐색방향을 다음과 같이 정규화한다.

$$\boldsymbol{S}_i = \frac{-\boldsymbol{P}_i \nabla f(\boldsymbol{X}_i)}{\| \boldsymbol{P}_i \nabla f(\boldsymbol{X}_i) \|}$$

5. $\boldsymbol{S}_i = 0$ 여부를 확인한다. 만일 $\boldsymbol{S}_i \neq 0$이면 6단계로 간다. 만일 $\boldsymbol{S}_i = 0$이면 $\boldsymbol{X}_i$에서의 벡터 $\boldsymbol{\lambda}$를 계산한다. 즉,

$$\boldsymbol{\lambda} = -\left(\boldsymbol{N}_p^T \boldsymbol{N}_p\right)^{-1} \boldsymbol{N}_p^T \nabla f(\boldsymbol{X}_i)$$

만일 벡터 $\boldsymbol{\lambda}$의 모든 성분이 비음수이면 $\boldsymbol{X}_{opt} = \boldsymbol{X}_i$를 취하고 반복 절차를 종료한다. $\boldsymbol{\lambda}$의 성분 중 일부가 음수이면 절대값이 가장 큰 음의 값을 갖는 성분 λ_q를 찾고 다음과 같이 새로운 행렬을 형성한 후 3단계로 간다.

$$\boldsymbol{N}_p = \left[\nabla g_{j1} \nabla g_{j2} \cdot \cdot \cdot \nabla g_{jq-1} \nabla g_{jq+1} \cdot \cdot \cdot \nabla g_{jp}\right]$$

6. 만일 $\boldsymbol{S}_i \neq \boldsymbol{0}$이면 모든 제약들을 위반하지 않고 수용할 수 있는 최대 이동길이 λ_M을 찾는다. 즉, $\lambda_M = min(\lambda_k)$, $\lambda_k > 0$, $k \not\in \{j_1, j_2, \cdots, j_p\}$, $1 \leq k \leq m$인 λ_M을 찾는다. 또한, $df/d\lambda(\lambda_M) = \boldsymbol{S}_i^T \nabla f(\boldsymbol{X}_i + \lambda_M \boldsymbol{S}_i)$이 0 또는 음수이면, 이동길이를 $\lambda_i = \lambda_M$으로 취하고, $df/d\lambda(\lambda_M)$이 양수이면 보간법 또는 제5장에서 기술한 방법으로 최소화하는 이동길이 λ_i^*를 찾고 $\lambda_i = \lambda_i^*$로 설정한다.
7. 새로운 최소 근사해

$$\boldsymbol{X}_{i+1} = \boldsymbol{X}_i + \lambda_i \boldsymbol{S}_i$$

를 구한다. 만일 $\lambda_i = \lambda_M$ 또는 $\lambda_M \leq \lambda_i^*$이면, 일부 새로운 제약들(하나 또는 그 이상)이 $\boldsymbol{X}_{i+1}$에서 활성화 되므로 $\boldsymbol{X}_{i+1}$에서 활성인 모든 제약들의 구배를 포함하여 새로운 행렬 $\boldsymbol{N}_p$를 생성한다. 새로운 반복회를 $i = i+1$로 설정하고 4단계로 간다. 만일 $\lambda_i = \lambda_i^*$ 그리고 $\lambda_i^* \leq \lambda_M$이면, $\boldsymbol{X}_{i+1}$에서 새로운 제약이 활성화되지 않으므로 행렬 $\boldsymbol{N}_p$는 변경되지 않는다. 새로운 반복회를 $i = i+1$로 설정하고 3단계로 간다.

예제 7.3

Rosen의 구배사영법을 이용하여 다음 최적화 문제를 해결하라.

$$Min \quad f(x_1, x_2) = x_1^2 + x_2^2 - 2x_1 - 4x_2$$

subject to

$$g_1(x_1, x_2) = x_1 + 4x_2 - 5 \leq 0$$

$$g_2(x_1, x_2) = 2x_1 + 3x_2 - 6 \leq 0$$

$$g_3(x_1, x_2) = -x_1 \leq 0$$

$$g_4(x_1, x_2) = -x_2 \leq 0$$

단, 시작점은 $\boldsymbol{X}_1 = \begin{pmatrix} 1.0 \\ 1.0 \end{pmatrix}$이다.

[풀이] 반복회 $i = 1$

3단계 $j = 1$인 경우 $g_j(\boldsymbol{X}_1) = 0$이므로 $p = 1$ 및 $j_1 = 1$이 된다.

4단계 $\boldsymbol{N}_1 = [\nabla g_1(\boldsymbol{X}_1)] = \begin{bmatrix} 1 \\ 4 \end{bmatrix}$ 이므로 사영행렬은

$$\boldsymbol{P}_i = \boldsymbol{I} - \boldsymbol{N}_p(\boldsymbol{N}_p^T \boldsymbol{N}_p)^{-1} \boldsymbol{N}_p^T$$

$$\boldsymbol{P}_1 = \begin{bmatrix} 1 & 0 \\ 0 & 1 \end{bmatrix} - \begin{bmatrix} 1 \\ 4 \end{bmatrix} \left[[1 \quad 4] \begin{bmatrix} 1 \\ 4 \end{bmatrix} \right]^{-1} [1 \quad 4]$$

$$= \frac{1}{17} \begin{bmatrix} 16 & -4 \\ -4 & 1 \end{bmatrix}$$

이고, 정규화된 탐색방향 $\boldsymbol{S}_1$은

$$\nabla f(\boldsymbol{X}_1) = \begin{pmatrix} 2x_1 - 2 \\ 2x_2 - 4 \end{pmatrix}_{\boldsymbol{X}_1} = \begin{pmatrix} 0 \\ -2 \end{pmatrix}$$

와

$$P_1 \nabla f(\boldsymbol{X}_1) = -\frac{1}{17} \begin{bmatrix} 16 & -4 \\ -4 & 1 \end{bmatrix} \begin{pmatrix} 0 \\ -2 \end{pmatrix} = \begin{pmatrix} -\dfrac{8}{17} \\ \dfrac{2}{17} \end{pmatrix} = \begin{pmatrix} -0.4707 \\ 0.1177 \end{pmatrix}$$

로부터

$$\boldsymbol{S}_1 = \frac{1}{[(-0.4707)^2 + (0.1177)^2]^{1/2}} \begin{pmatrix} -0.4707 \\ 0.1177 \end{pmatrix} = \begin{pmatrix} -0.9701 \\ 0.2425 \end{pmatrix}$$

이 된다.

5단계 $\boldsymbol{S}_1 \neq 0$이므로 6단계로 간다.

6단계 이동길이 λ_M을 찾기 위해 다음과 같이 설정한다.

$$\boldsymbol{X} = \begin{pmatrix} x_1 \\ x_2 \end{pmatrix} = \boldsymbol{X}_1 + \lambda \boldsymbol{S}_1$$

$$= \begin{pmatrix} 1.0 - 0.9701\lambda \\ 1.0 + 0.2425\lambda \end{pmatrix}$$

$j = 2$일 때:

$$g_2(\boldsymbol{X}) = (2.0 - 1.9402\lambda) + (3.0 + 0.7275\lambda) - 6.0 = 0 \quad \Rightarrow \quad \lambda = \lambda_2 = -0.8245$$

$j = 3$일 때:

$$g_3(\boldsymbol{X}) = -(1.0 - 0.9701\lambda) = 0 \quad \Rightarrow \quad \lambda = \lambda_3 = 1.03$$

$j = 4$일 때:

$$g_4(\boldsymbol{X}) = -(1.0 + 0.2425\lambda) = 0 \quad \Rightarrow \quad \lambda = \lambda_4 = -4.124$$

로부터 양의 값 λ_j 중 가장 작은 값을 λ_M으로 설정하면 $\lambda_M = \lambda_3 = 1.03$이다. 또한, $x_1 = 1 - 0.9701\lambda$, $x_2 = 1 + 0.2425\lambda$를 목적함수에 대입하여 $\lambda_M = \lambda_3 = 1.03$에서 목적함수 f의 미분값을 구하면

$$f(\boldsymbol{X}) = f(\lambda) = (1.0 - 0.9701\lambda)^2 + (1.0 + 0.2425\lambda)^2 - 2(1.0 - 0.9701\lambda) - 4(1.0 + 0.2425\lambda)$$

$$= 0.9998\lambda^2 - 0.4850\lambda - 4.0$$

$$\frac{df}{d\lambda} = 1.9996\lambda - 0.4850$$

$$\frac{df}{d\lambda}(\lambda_M) = 1.9996(1.03) - 0.4850 = 1.5746$$

이다. 이때 $df/d\lambda(\lambda_M) > 0$이므로 위에서 $df/d\lambda = 0$으로 설정하여 최소화의 이동길이 $\lambda_1{}^*$을 계산한다. 즉,

$$\lambda_1 = \lambda_1{}^* = \frac{0.4850}{1.9996} = 0.2425$$

7단계 새로운 점 $\boldsymbol{X}_2$를

$$\boldsymbol{X}_2 = \boldsymbol{X}_1 + \lambda_1 \boldsymbol{S}_1 = \begin{pmatrix} 1.0 \\ 1.0 \end{pmatrix} + 0.2425 \begin{pmatrix} -0.9701 \\ 0.2425 \end{pmatrix} = \begin{pmatrix} 0.7647 \\ 1.0588 \end{pmatrix}$$

와 같이 구하고, $\lambda_1 = \lambda_1{}^*$ 그리고 $\lambda_1{}^* < \lambda_M$ 이므로 새로운 제약이 $\boldsymbol{X}_2$에서 활성화되지 않는다. 따라서 행렬 $\boldsymbol{N}_1$은 변경되지 않는다.

반복회 $i = 2$

3단계 $g_1(\boldsymbol{X}_2) = 0$이므로 $p = 1$, $j_1 = 1$로 설정하고 4단계로 간다.

4단계 $\boldsymbol{N}_1 = \nabla g_1(\boldsymbol{X}_2) = \begin{bmatrix} 1 \\ 4 \end{bmatrix}$

$$P_2 = \frac{1}{17}\begin{bmatrix} 16 & -4 \\ -4 & 1 \end{bmatrix}$$

$$\nabla f(\boldsymbol{X}_2) = \begin{pmatrix} 2x_1 - 2 \\ 2x_2 - 4 \end{pmatrix}_{\boldsymbol{X}_2} = \begin{pmatrix} 1.5294 - 2.0 \\ 2.1176 - 4.0 \end{pmatrix} = \begin{pmatrix} -0.4706 \\ -1.8824 \end{pmatrix}$$

$$\boldsymbol{S}_2 = -\boldsymbol{P}_2 \nabla f(\boldsymbol{X}_2) = \frac{1}{17}\begin{bmatrix} 16 & -4 \\ -4 & 1 \end{bmatrix}\begin{pmatrix} 0.4706 \\ 1.8824 \end{pmatrix} = \begin{pmatrix} 0.0 \\ 0.0 \end{pmatrix}$$

5단계 $\boldsymbol{S}_2 = 0$이므로 $\boldsymbol{X}_2$에서 벡터 $\boldsymbol{\lambda}$을 계산한다. 즉,

$$\begin{aligned} \boldsymbol{\lambda} &= -\left(\boldsymbol{N}_1^T \boldsymbol{N}_1\right)^{-1} \boldsymbol{N}_1^T \nabla f(\boldsymbol{X}_2) \\ &= -\frac{1}{17}[1 \quad 4]\begin{pmatrix} -0.4706 \\ -1.8824 \end{pmatrix} = 0.4707 > 0 \end{aligned}$$

이때 비음수 λ값은 최적점에 도달하였다는 것을 의미하므로 $\boldsymbol{X}_2$가 최적해가 된다. 즉,

$$\boldsymbol{X}_{opt} = \boldsymbol{X}_2 = \begin{pmatrix} 0.7647 \\ 1.0588 \end{pmatrix}, \qquad f_{opt} = -4.059$$

■

7.9 일반 축소구배법 (Generalized Reduced Gradient Method)

일반 축소구배법 또는 **GRG**(Generalized Reduced Gradient) 방법은 선형 제약들만을 갖는 문제를 해결하기 위해 최초로 제안된 축소구배법을 확장한 것이다[7.11]. GRG 방법의 상세한 내용을 살펴보기 위해 다음 비선형 계획 문제를 고려한다.

$$Min \qquad f(\boldsymbol{X}) \tag{7.79}$$

subject to

$$h_j(\boldsymbol{X}) \le 0, \qquad j = 1,\ 2,\ \cdots,\ m \tag{7.80}$$

$$l_k(\boldsymbol{X}) = 0, \qquad k = 1,\ 2,\ \cdots,\ l \tag{7.81}$$

$$x_i^{(l)} \le x_i \le x_i^{(u)}, \quad i = 1,\ 2,\ \cdots,\ n \tag{7.82}$$

식 7.80에서 각 부등식 제약에 비음수 이완변수를 추가하여 다음과 같이 $n+m(x_1,$ $x_2,\ \cdots,\ x_n,\ x_{n+1},\ \cdots,\ x_{n+m})$ 변수를 갖는 문제로 변환할 수 있다.

$$Min \quad f(\boldsymbol{X}) \tag{7.83}$$

subject to

$$h_j(\boldsymbol{X}) + x_{n+j} = 0, \quad j = 1, 2, \cdot\cdot\cdot, m \tag{7.84}$$

$$h_k(\boldsymbol{X}) = 0, \quad k = 1, 2, \cdot\cdot\cdot, l \tag{7.85}$$

$$x_i^{(l)} \le x_i \le x_i^{(u)}, \ i = 1, 2, \cdot\cdot\cdot, n \tag{7.86}$$

$$x_{n+j} \ge 0, \ j = 1, 2, \cdot\cdot\cdot, m \tag{7.87}$$

따라서 위의 문제는 다음과 같은 일반적 형태의 문제로 변환된다.

$$Min \quad f(\boldsymbol{X}) \tag{7.88}$$

subject to

$$g_j(\boldsymbol{X}) = 0, \quad j = 1, 2, \cdot\cdot\cdot, m+l \tag{7.89}$$

$$x_i^{(l)} \le x_i \le x_i^{(u)}, \ i = 1, 2, \cdot\cdot\cdot, n+m \tag{7.90}$$

여기서 이완변수 $x_i (i = n+1, \ n+2, \cdots, \ n+m)$에 대한 하한과 상한은 0과 큰 숫자(무한)로 택할 수 있다.

GRG 방법은 등식 제약들을 이용하여 변수를 제거하는 개념을 사용한다(2.4.1절 참조). 즉, 이론적으로는 식 7.84와 7.85의 $m+l$개의 등식 제약 각각에 대해 변수집합 $x_i (i = 1, 2, \cdot\cdot\cdot, n+m)$의 변수 하나씩 감소될 수 있다. 우선 $n+m$개의 설계변수들을 임의로 두 개의 집합들로 분할하자. 즉,

$$\boldsymbol{X} = \begin{pmatrix} \boldsymbol{Y} \\ \boldsymbol{Z} \end{pmatrix} \tag{7.91}$$

$$\boldsymbol{Y} = \begin{pmatrix} y_1 \\ y_2 \\ \cdot \\ \cdot \\ \cdot \\ y_{n-l} \end{pmatrix} \quad \text{설계변수 또는 독립변수} \tag{7.92}$$

$$\boldsymbol{Z} = \begin{pmatrix} z_1 \\ z_2 \\ \cdot \\ \cdot \\ \cdot \\ z_{m+l} \end{pmatrix} \quad \text{상태변수 또는 종속변수} \tag{7.93}$$

여기서 설계변수들은 완전 독립이고, 상태변수들은 제약 $g_j(\boldsymbol{X})=0(j=1, 2, \cdot\cdot\cdot, m+l)$을 만족하는 종속변수이다.

이제 목적함수와 제약함수의 일차 전미분을 구해보자.

$$df(\boldsymbol{X})=\sum_{i=1}^{n-l}\frac{\partial f}{\partial y_i}dy_i+\sum_{i=1}^{m+l}\frac{\partial f}{\partial z_i}dz_i=(\nabla_{\boldsymbol{Y}}f)^T d\boldsymbol{Y}+(\nabla_{\boldsymbol{Z}}f)^T d\boldsymbol{Z} \tag{7.94}$$

$$dg_i(\boldsymbol{X})=\sum_{j=1}^{n-l}\frac{\partial g_i}{\partial y_j}dy_j+\sum_{j=1}^{m+l}\frac{\partial g_i}{\partial z_j}dz_j$$

또는

$$d\boldsymbol{g}=[C]d\boldsymbol{Y}+[D]d\boldsymbol{Z} \tag{7.95}$$

여기서

$$\nabla_{\boldsymbol{Y}}f=\begin{pmatrix}\frac{\partial f}{\partial y_1}\\ \frac{\partial f}{\partial y_2}\\ \cdot\\ \cdot\\ \cdot\\ \frac{\partial f}{\partial y_{n-l}}\end{pmatrix} \tag{7.96}$$

$$\nabla_{\boldsymbol{Z}}f=\begin{pmatrix}\frac{\partial f}{\partial z_1}\\ \frac{\partial f}{\partial z_2}\\ \cdot\\ \cdot\\ \cdot\\ \frac{\partial f}{\partial z_{m+l}}\end{pmatrix} \tag{7.97}$$

$$[C]=\begin{bmatrix}\frac{\partial g_1}{\partial y_1} & \cdots & \frac{\partial g_1}{\partial y_{n-l}}\\ \cdot & & \cdot\\ \cdot & & \cdot\\ \cdot & & \cdot\\ \frac{\partial g_{m+l}}{\partial y_1} & \cdots & \frac{\partial g_{m+l}}{\partial y_{n-l}}\end{bmatrix} \tag{7.98}$$

$$[D] = \begin{bmatrix} \dfrac{\partial g_1}{\partial z_1} & \cdots & \dfrac{\partial g_1}{\partial z_{m+l}} \\ \vdots & & \vdots \\ \dfrac{\partial g_{m+l}}{\partial z_1} & \cdots & \dfrac{\partial g_{m+l}}{\partial z_{m+l}} \end{bmatrix} \quad 7.99$$

$$d\boldsymbol{Y} = \begin{pmatrix} dy_1 \\ dy_2 \\ \vdots \\ dy_{n-l} \end{pmatrix} \quad 7.100$$

$$d\boldsymbol{Z} = \begin{pmatrix} dz_1 \\ dz_2 \\ \vdots \\ dz_{m+l} \end{pmatrix} \quad 7.101$$

$\boldsymbol{X}$에서 제약들이 만족된다면(즉, $\boldsymbol{g}(\boldsymbol{X}) = \boldsymbol{0}$이라면) 벡터 $d\boldsymbol{X}$만큼의 변화된 점 $\boldsymbol{X} + d\boldsymbol{X}$이 가변영역에 남아 있도록 반드시 $d\boldsymbol{g} = \boldsymbol{0}$이 되어야 한다. 따라서 식 7.95에서 $d\boldsymbol{Z}$에 관해 풀면

$$d\boldsymbol{Z} = -[D]^{-1}[C]\,d\boldsymbol{Y} \quad 7.102$$

이 된다. 한편 $\boldsymbol{X}$의 변화에 따른 목적함수의 변화는 식 7.94로부터 식 7.102를 사용하면

$$df(\boldsymbol{X}) = \left((\nabla_{\boldsymbol{Y}})^T f - (\nabla_{\boldsymbol{Z}})^T f [D]^{-1}[C]\right) d\boldsymbol{Y} \quad 7.103$$

또는

$$\frac{df}{d\boldsymbol{Y}}(\boldsymbol{X}) = \boldsymbol{G}_R \quad 7.104$$

단,

$$\boldsymbol{G}_R = \nabla_{\boldsymbol{Y}} f - \left([D]^{-1}[C]\right)^T \nabla_{\boldsymbol{Z}} f \quad 7.105$$

로 표현된다. 위의 $\boldsymbol{G}_R$을 **일반 축소구배** 또는 **GRG**(Generalized Reduced Gradient)라 한다. 기하학적으로 축소구배(reduced gradient)는 n차원의 구배를 $n-m$차원의 독립변수로 된 가변영역으로의 사영이라 표현할 수 있다.

비제약 함수의 최소가 존재하기 위한 필요조건은 구배의 모든 성분들이 0이 되는 것과

마찬가지로 제약 함수의 최소점에서도 축소구배의 관련 성분들이 0이 된다. 이러한 조건은 국소 최소에서 만족되는 Kuhn-Tucker 조건들과 동일한 조건임을 보일 수 있다. 사실 비제약 함수의 탐색방향 $\boldsymbol{S}$를 생성하는데 구배 ∇f를 사용하는 것처럼, 제약 목적함수 값이 감소하는 탐색방향 $\boldsymbol{S}$를 생성하는데 축소구배 $\boldsymbol{G}_R$을 사용할 수 있다. 이러한 탐색방향 $\boldsymbol{S}$를 따라 f 값을 최소화하는 적합한 이동길이 λ를 선택하고, 특정 λ값에 대해 $d\boldsymbol{Y}$를 구한 후, 식 7.102를 사용하여 종속변수 벡터 $\boldsymbol{Z}$를 업데이트한다. 하지만 식 7.102는 원래 비선형 문제에 대한 선형 근사식을 이용하였으므로 제약들은 λ에서 정확하게 0이 되지 않을 수도 있다(즉, $d\boldsymbol{g} \neq \boldsymbol{0}$). 따라서 $\boldsymbol{Y}$를 고정할 때 제약조건이 만족하도록

$$g_i(\boldsymbol{X}) + dg_i(\boldsymbol{X}) = 0, \quad i = 1, 2, \cdots, m+l \tag{7.106}$$

이 되려면

$$\boldsymbol{g}(\boldsymbol{X}) + d\boldsymbol{g}(\boldsymbol{X}) = \boldsymbol{0} \quad \Rightarrow \quad d\boldsymbol{g}(\boldsymbol{X}) = -\boldsymbol{g}(\boldsymbol{X}) \tag{7.107}$$

와 같아야 한다. 위의 식에서 $d\boldsymbol{g}$ 대신 식 7.95를 사용하여

$$d\boldsymbol{Z} = [D]^{-1}(-\boldsymbol{g}(\boldsymbol{X}) - [C]\, d\boldsymbol{Y}) \tag{7.108}$$

를 얻은 후, $\boldsymbol{Z}$값을 아래와 같이 업데이트한다.

$$\boldsymbol{Z}_{update} = \boldsymbol{Z}_{current} + d\boldsymbol{Z} \tag{7.109}$$

이와 같은 방법으로 $d\boldsymbol{Z}$가 충분히 작게 될 때까지 업데이트된 벡터 $\boldsymbol{X}$에서의 제약함숫값과 식 7.108을 사용하여 $d\boldsymbol{Z}$를 찾는 절차를 반복한다. 위의 식 7.108은 Newton 방법으로 연립방정식의 해 $d\boldsymbol{Z}$를 찾는 것으로 생각할 수도 있다.

알고리즘

1. **설계변수(독립변수)와 상태변수(종속변수)들을 지정한다.** 초기 시도 벡터 $\boldsymbol{X}$를 갖고 시작한다. 다음 지침에 따라 문제의 설계변수와 상태변수($\boldsymbol{Y}$ 및 $\boldsymbol{Z}$)를 조사한다.
   (a) 행렬 $[D]$이 비정칙 행렬이 되지 않도록 상태변수들을 선택한다.
   (b) 반복 과정 동안 상태변수들이 가변영역에 있도록 조정되므로 초기에 하한 또는 상한과 같은 $\boldsymbol{X}$의 성분들을 설계변수로 지정한다.
   (c) (원래 부등식)제약들에서 이완변수들은 일차항으로 나타나므로 이 변수들을 상태변수들로 지정한다. 그러나 만일 상태변수의 초기값이 0(변수의 하한 수치)이면, 설계변수로 지정해야 한다.
2. **일반 축소구배(GRG)를 계산한다.** 식 7.105를 사용하여 GRG를 결정한다. 필요하면 식 7.105에 포함된 도함수들은 수치해석적으로 계산할 수 있다.

3. **수렴 조사.** 만일 GRG의 모든 성분들이 0에 인접하면 방법은 수렴한 것으로 간주하여 종료하고 현재 벡터 $\boldsymbol{X}$를 최적해로 결정할 수 있다. 즉, 다음 기준을 사용하여 수렴여부를 결정한다.

$$\| \boldsymbol{G}_R \| \leq \epsilon$$

여기서 ϵ은 작은 숫자이다. 만일 이 관계가 만족되지 않으면 4단계로 간다.

4. **탐색방향 결정.** 적합한 탐색방향 $\boldsymbol{S}$를 생성하기 위해 비제약 목적함수의 구배처럼 GRG를 이용하여 최급강하법, Fletcher-Reeves, Davidon-Fletcher-Powell, 또는 Broydon-Fletcher-Goldfarb-Shanno 방법들과 같은 기법들을 사용할 수 있다. 예를 들어 최급강하법을 사용하면 벡터 $\boldsymbol{S}$는 다음과 같이 결정된다.

$$\boldsymbol{S} = -\boldsymbol{G}_R \qquad 7.110$$

5. **탐색방향에 따른 최소를 찾는다.** 탐색방향 $\boldsymbol{S}$를 따라 f의 국소 최소를 찾기 위해 제5장에서 기술한 1차원 최소화 절차를 사용할 수 있지만 편리하게 다음 절차를 사용할 수도 있다.

(a) 가장 인접한 부수제약까지의 거리 λ를 구한다. 즉, 각 설계변수에 대해서는

$$\lambda = \frac{y_i^{(u)} - (y_i)_{old}}{s_i} \quad if \ s_i > 0 \qquad 7.111$$

$$\lambda = \frac{y_i^{(l)} - (y_i)_{old}}{s_i} \quad if \ s_i < 0$$

를 구한다. 여기서 s_i는 $\boldsymbol{S}$의 i번째 성분이다. 또 상태변수에 대해서는 식 7.102

$$d\boldsymbol{Z} = -[D]^{-1}[C]d\boldsymbol{Y} \qquad 7.112$$

를 이용하면 된다. $d\boldsymbol{Y} = \lambda \boldsymbol{S}$를 사용하면 식 7.112는 다음과 같이 변수 $\boldsymbol{Z}$의 탐색방향을 얻는다. 즉,

$$\boldsymbol{T} = -[D]^{-1}[C]\boldsymbol{S} \qquad 7.113$$

따라서

$$\lambda = \frac{z_i^{(u)} - (z_i)_{old}}{t_i} \quad if \ t_i > 0 \qquad 7.114$$

$$\lambda = \frac{z_i^{(l)} - (z_i)_{old}}{t_i} \quad if \ t_i < 0$$

여기서 t_i는 $\boldsymbol{T}$의 i번째 성분이다.

(b) 식 7.111에서 구한 λ의 값 중 최솟값 λ_1은 어떤 설계변수가 그 하한 또는 상한과 같음을 의미한다. 또 식 7.114에서 구한 λ의 값 중 최솟값 λ_2는 어떤 상태변수가 그 하한 또는 상한과 같음을 뜻한다. 따라서 λ_1 또는 λ_2 중 작은 값을 1차원 최소화 절차의 초기화에서 λ의 상한으로 사용할 수 있다. 최적 이동길이 λ^*를 찾기 위해 이차 보간법을 사용해도 된다.

(c) 새로운 벡터 $\boldsymbol{X}_{new}$를 찾는다.

$$\boldsymbol{X}_{new} = \begin{pmatrix} \boldsymbol{Y}_{old} + d\boldsymbol{Y} \\ \boldsymbol{Z}_{old} + d\boldsymbol{Z} \end{pmatrix} = \begin{pmatrix} \boldsymbol{Y}_{old} + \lambda^* \boldsymbol{S} \\ \boldsymbol{Z}_{old} + \lambda^* \boldsymbol{T} \end{pmatrix} \tag{7.115}$$

만일 λ^*에 상응하는 벡터 $\boldsymbol{X}_{new}$가 가변영역의 점이 아닌 것으로 판명되면 $\boldsymbol{Y}_{new}$을 고정하고 식 7.108과 $d\boldsymbol{Z}= \boldsymbol{Z}_{new} - \boldsymbol{Z}_{old}$을 사용하여 $\boldsymbol{Z}_{new}$를 수정한다. 최종적으로 수렴에 도달하면 새로운 점을 아래와 같이 업데이트한다.

$$\boldsymbol{X}_{new}= \begin{pmatrix} \boldsymbol{Y}_{old}+ d\boldsymbol{Y} \\ \boldsymbol{Z}_{old}+ d\boldsymbol{Z} \end{pmatrix} \tag{7.116}$$

그리고 1단계로 간다.

예제 7.4

GRG 방법을 사용하여 다음을 해결하라.

$$Min \quad f(x_1,\ x_2,\ x_3)= (x_1 - x_2)^2 + (x_2 - x_3)^4$$

subject to

$$g_1(\boldsymbol{X})= x_1\left(1 + x_2^2\right)+ x_3^4 - 3 = 0$$

$$-3 \le x_i \le 3, \qquad i = 1,2,3$$

[풀이]

1단계 다음과 같이 임의로 독립변수와 종속변수를 선택한다.

$$\boldsymbol{Y}= \begin{pmatrix} y_1 \\ y_2 \end{pmatrix} = \begin{pmatrix} x_1 \\ x_2 \end{pmatrix}, \qquad \boldsymbol{Z}= (z_1)= (x_3)$$

시작 벡터를

$$\boldsymbol{X}_1 = \begin{pmatrix} -2.6 \\ 2 \\ 2 \end{pmatrix}$$

로 설정하면 $f(\boldsymbol{X}_1) = 21.16$이 된다.

2단계 $\boldsymbol{X}_1$에서 GRG를 구하기 위해 다음을 계산한다.

$$\frac{\partial f}{\partial x_1} = 2(x_1 - x_2)$$
$$\frac{\partial f}{\partial x_2} = -2(x_1 - x_2) + 4(x_2 - x_3)^3$$
$$\frac{\partial f}{\partial x_3} = -4(x_2 - x_3)^3$$
$$\frac{\partial g_1}{\partial x_1} = 1 + x_2^2$$
$$\frac{\partial g_1}{\partial x_2} = 2x_1 x_2$$
$$\frac{\partial g_1}{\partial x_3} = 4x_3^3$$

또한, $\boldsymbol{X}_1$에서

$$\nabla_{\boldsymbol{Y}} f = \begin{Bmatrix} \dfrac{\partial f}{\partial x_1} \\ \dfrac{\partial f}{\partial x_2} \end{Bmatrix}_{\boldsymbol{X}_1} = \begin{pmatrix} 2(-2.6-2) \\ -2(-2.6-2)+4(2-2)^3 \end{pmatrix} = \begin{pmatrix} -9.2 \\ 9.2 \end{pmatrix}$$

$$\nabla_{\boldsymbol{Z}} f = \begin{Bmatrix} \dfrac{\partial f}{\partial x_3} \end{Bmatrix}_{\boldsymbol{X}_1} = \left(-4(x_2 - x_3)^3\right)_{\boldsymbol{X}_1} = 0$$

$$[C] = \begin{bmatrix} \dfrac{\partial g_1}{\partial x_1} & \dfrac{\partial g_1}{\partial x_2} \end{bmatrix}_{\boldsymbol{X}_1} = [1+2^2 \quad 2(-2.6)2] = [5 \quad -10.4]$$

$$[D] = \begin{bmatrix} \dfrac{\partial g_1}{\partial x_3} \end{bmatrix}_{\boldsymbol{X}_1} = [4x_3^3] = [32]$$

$$[D]^{-1} = \left[\frac{1}{32}\right], \quad [D]^{-1}[C] = \frac{1}{32}[5 \quad -10.4] = [0.15625 \quad -0.325]$$

$$\boldsymbol{G}_R = \nabla_{\boldsymbol{Y}} f - [[D]^{-1}[C]]^T \nabla_{\boldsymbol{Z}} f$$
$$= \begin{pmatrix} -9.2 \\ 9.2 \end{pmatrix} - \begin{pmatrix} 0.15625 \\ -0.325 \end{pmatrix}(0) = \begin{pmatrix} -9.2 \\ 9.2 \end{pmatrix}$$

3단계 $\boldsymbol{G}_R$의 성분이 0이 아니므로 점 $\boldsymbol{X}_1$은 최적점이 아니다. 따라서 4단계로 간다.

4단계 최급강하법을 사용하여 탐색방향을 아래와 같이 결정한다.

$$\boldsymbol{S} = -\boldsymbol{G}_R = \begin{pmatrix} 9.2 \\ -9.2 \end{pmatrix}$$

5단계 $\boldsymbol{S}$ 방향을 따라 최적 이동길이를 찾는다.

(a) 설계변수들에 대해서는 식 7.111을 사용한다.

$$y_1 = x_1 \text{인 경우 } \lambda = \frac{y_i^{(u)} - (y_i)_{old}}{s_i} = \frac{y_1^{(u)} - (y_1)_{old}}{s_1} = \frac{3-(-2.6)}{9.2} = 0.6087$$

$$y_2 = x_2 \text{인 경우 } \lambda = \frac{y_i^{(l)} - (y_i)_{old}}{s_i} = \frac{y_2^{(l)} - (y_2)_{old}}{s_2} = \frac{-3-(2)}{-9.2} = 0.5435$$

위의 값 중 작은 값 $\lambda_1 = 0.5435$이다. 또한, 식 7.113에서

$$\boldsymbol{T} = -[D]^{-1}[C]\boldsymbol{S} = -(0.15625 - 0.325)\begin{pmatrix} 9.2 \\ -9.2 \end{pmatrix} = -4.4275$$

의 성분 $t_1 < 0$이므로 식 7.114로부터

$$z_1 = x_3 \text{인 경우} \quad \lambda = \frac{y_i^{(l)} - (y_i)_{old}}{t_i} = \frac{-3-(2)}{-4.4275} = 1.1293$$

가 되어 $\lambda_2 = 1.1293$와 같다.

(b) λ_1과 λ_2 중 작은 값 $\lambda = 0.5435$가 λ의 상한이 된다.

$$\boldsymbol{X} = \begin{pmatrix} \boldsymbol{Y} + \lambda \boldsymbol{S} \\ \boldsymbol{Z} + \lambda \boldsymbol{T} \end{pmatrix} \text{으로부터}$$

$$\boldsymbol{X} = \begin{pmatrix} x_1 \\ x_2 \\ x_3 \end{pmatrix} = \begin{pmatrix} -2.6 \\ 2 \\ 2 \end{pmatrix} + \lambda \begin{pmatrix} 9.2 \\ -9.2 \\ -4.4275 \end{pmatrix} = \begin{pmatrix} -2.6 + 9.2\lambda \\ 2 - 9.2\lambda \\ 2 - 4.4275\lambda \end{pmatrix}$$

이므로

$$f(\lambda) = f(\boldsymbol{X}) = (-2.6 + 9.2\lambda - 2 + 9.2\lambda)^2 + (2 - 9.2\lambda - 2 + 4.4275\lambda)^4$$

$$= 518.7806\lambda^4 + 338.56\lambda^2 - 169.28\lambda + 21.16$$

이 되어 $df/d\lambda = 0$으로부터 즉,

$$2075.1225\lambda^3 + 677.12\lambda - 169.28 = 0$$

으로부터 근사해 $\lambda^* \approx 0.22$를 구할 수 있고, 이 λ^*값은 상한 값 0.5435보다 작으므로 $\lambda^* \approx 0.22$를 사용한다.

(c) 새로운 벡터 $\boldsymbol{X}_{new}$는 다음과 같이 업데이트된다.

$$\boldsymbol{X}_{new}=\begin{pmatrix}\boldsymbol{Y}_{old}+d\boldsymbol{Y}\\ \boldsymbol{Z}_{old}+d\boldsymbol{Z}\end{pmatrix}=\begin{pmatrix}\boldsymbol{Y}_{old}+\lambda^*\boldsymbol{S}\\ \boldsymbol{Z}_{old}+\lambda^*\boldsymbol{T}\end{pmatrix}$$

$$=\begin{pmatrix}-2.6+0.22(9.2)\\ 2+0.22(-9.2)\\ 2+0.22(-4.4275)\end{pmatrix}=\begin{pmatrix}-0.576\\ -0.024\\ 1.02595\end{pmatrix}$$

여기서 $d\boldsymbol{Y}=\begin{pmatrix}2.024\\ -2.024\end{pmatrix}$, $d\boldsymbol{Z}=(-0.97405)$이다. 이제 이 벡터가 가변영역에 있는지 확인할 필요가 있다. 즉,

$$g_1(\boldsymbol{X}_{new})=(-0.576)\left[1+(-0.024)^2\right]+(1.02595)^4-3=-2.4684\neq 0$$

이므로 벡터 $\boldsymbol{X}_{new}$는 가변영역의 점이 아니다. 따라서 $\boldsymbol{Y}_{new}$를 일정하게 고정하고 Newton 방법(식 7.108)을 사용하여 $\boldsymbol{Z}_{new}$를 수정한다. 즉,

$$d\boldsymbol{Z}=[D]^{-1}[-\boldsymbol{g}(\boldsymbol{X})-[C]d\boldsymbol{Y}]$$

여기서

$$[D]=\left[\frac{\partial g_1}{\partial z_1}\right]=\left[4x_3^3\right]=\left[4(1.02595)^3\right]=[4.319551]$$

$$g_1(\boldsymbol{X})=x_1\left(1+x_2^2\right)+x_3^4-3$$

$$=-0.576\left(1+(-0.024)^2\right)+1.02595^4-3$$

$$=-0.57633+1.10791-3$$

$$=-2.4684$$

$$[C]=\left[\frac{\partial g_1}{\partial y_1}\quad \frac{\partial g_1}{\partial y_2}\right]$$

$$=\left[1+(-0.024)^2\ ,\ 2(-0.576)(-0.024)\right]$$

$$=[1.000576\quad 0.02765]$$

$$d\boldsymbol{Z}=[D]^{-1}(-\boldsymbol{g}(\boldsymbol{X})-[C]d\boldsymbol{Y})$$

$$=\frac{1}{4.319551}\left[2.4684-[1.000576\quad 0.02765]\times\begin{pmatrix}2.024\\ -2.024\end{pmatrix}\right]$$

$$=(0.1156)$$

따라서 $\boldsymbol{Z}_{new}=\boldsymbol{Z}_{old}+d\boldsymbol{Z}=(2+0.1156)=2.1156$이고, $\boldsymbol{X}_{new}$는

$$\boldsymbol{X}_{new} = \begin{pmatrix} \boldsymbol{Y}_{old} + d\boldsymbol{Y} \\ \boldsymbol{Z}_{old} + d\boldsymbol{Z} \end{pmatrix} = \begin{pmatrix} -0.576 \\ -0.024 \\ 2.1156 \end{pmatrix}$$

이 된다. 또한 제약함수의 값은

$$g_1(\boldsymbol{X}_{new}) = (-0.576)\left[1 + (-0.024)^2\right] + (2.1156)^4 - 3 = 16.4561 \neq 0$$

이다. 이 $\boldsymbol{X}_{new}$는 가변영역의 점이 아니므로 $\boldsymbol{X}_{new}$에서 Newton 방법(식 7.108)을 적용할 필요가 있다. 그러나 현재 경우에는 Newton 반복을 적용하기보다는 제약식을 만족하는 $\boldsymbol{Z}_{new} = \{x_3\}_{new}$를 바로 찾을 수 있다. 즉,

$$g_1(\boldsymbol{X}) = (-0.576)\left[1 + (-0.024)^2\right] + x_3^4 - 3 = 0.6842 = 0$$

$$x_3 = 2.4237^{0.25} = 1.2477$$

따라서

$$\boldsymbol{X}_{new} = \begin{pmatrix} -0.576 \\ -0.024 \\ 1.2477 \end{pmatrix}$$

그리고 $f(\boldsymbol{X}_{new}) = (-0.576 + 0.024)^2 + (-0.024 - 1.2477)^4 = 2.9201$가 된다.

다음은 1단계로 간다.

1단계 독립변수와 종속변수의 집합을 변경할 필요가 없으므로 다음 단계로 간다.

2단계 식 7.105를 사용하여 현재 $\boldsymbol{X}$에서 GRG를 계산한다.

$$\nabla_{\boldsymbol{Y}} f = \begin{Bmatrix} \dfrac{\partial f}{\partial x_1} \\ \dfrac{\partial f}{\partial x_2} \end{Bmatrix} = \begin{pmatrix} 2(-0.576 + 0.024) \\ -2(-0.576 + 0.024) + 4(-0.024 - 1.2477)^3 \end{pmatrix}$$
$$= \begin{pmatrix} -1.104 \\ -7.1225 \end{pmatrix}$$

$$\nabla_{\boldsymbol{Z}} f = \left\{ \frac{\partial f}{\partial z_1} \right\} = \left\{ \frac{\partial f}{\partial x_3} \right\} = \left(-4(-0.024 - 1.2477)^3\right) = \{8.2265\}$$

$$[C] = \left[\frac{\partial g_1}{\partial x_1} \ \ \frac{\partial g_1}{\partial x_2} \right] = \left[\left(1 + (-0.024)^2\right) \quad 2(-0.576)(-0.024) \right]$$

$$= [1.000576 \quad 0.027648]$$

$$[D]=\left[\frac{\partial g_1}{\partial x_3}\right]=\left[4x_3^3\right]=\left[4(1.2477)^3\right]=[7.7694]$$

$$[D]^{-1}[C]=\frac{1}{7.7694}[1.000576 \quad 0.027648]=[0.1287845 \quad 0.003558]$$

$$\boldsymbol{G_R}=\nabla_Y f-\left[[D]^{-1}[C]\right]^T\nabla_Z f$$

$$=\begin{pmatrix}-1.104\\-7.1225\end{pmatrix}-\begin{pmatrix}0.128784\\0.003558\end{pmatrix}(8.2265)=\begin{pmatrix}-2.1634\\-7.1518\end{pmatrix}$$

3단계 $\boldsymbol{G_R}\neq 0$이므로 다음 단계로 진행한다. 위의 절차와 같이 수렴할 때까지 반복한다.

주의

한 번의 반복으로 목적함수의 값이 21.16으로부터 2.920으로 감소되는 것을 알 수 있다.

7.10 순차적 이차 계획(Sequential Quadratic Programming) 방법

순차적 이차 계획법은 가장 최근에 개발된 최상의 최적화 방법들 중 하나이다. 이 방법의 기초 이론은 (1) Newton 방법을 이용한 비선형 연립방정식의 풀이와 (2) 제약 최적화 문제의 Lagrange 함수에 대한 Kuhn-Tucker 조건들을 이용한 비선형 연립방정식의 유도에 근거하고 있다. 본 절에서는 연립방정식의 유도와 순차적 이차 계획법의 풀이 절차에 대해 기술한다.

7.10.1 연립방정식 유도

부등식 제약의 최적화 문제에 대한 확장은 추후 다루기로 하고, 다음의 등식 제약만을 갖는 비선형 최적화 문제를 고려한다.

$$\underset{\boldsymbol{X}}{Min} \quad f(\boldsymbol{X})$$

subject to

$$h_k(\boldsymbol{X})=0, \quad k=1, 2, \cdots, p \qquad 7.117$$

위의 문제에 대한 Lagrange 함수 $L=(\boldsymbol{X}, \boldsymbol{\lambda})$는 다음과 같다.

$$L = f(\boldsymbol{X}) + \sum_{k=1}^{p} \lambda_k h_k(\boldsymbol{X}) \qquad 7.118$$

여기서 λ_k는 k번째 등식 제약에 대한 Lagrange 승수이다. 또한, 위의 식에 대한 Kuhn-Tucker 필요조건은

$$\nabla L = 0 \quad \text{또는} \quad \nabla f + \sum_{k=1}^{p} \lambda_k \nabla h_k = 0 \quad \text{또는} \quad \nabla f + [H]\boldsymbol{\lambda} = 0 \qquad 7.119$$

$$h_k(\boldsymbol{X}) = 0, \qquad k = 1,\ 2,\ \cdot\ \cdot\ \cdot\ ,\ p \qquad 7.120$$

와 같다. 여기서 $[H]$는 $n \times p$ 행렬이고, 이 행렬의 k번째 열은 함수 h_k의 구배를 나타낸다. 식 7.119와 7.120은 $n+p$개의 미지수 $x_i (i = 1, \cdot\cdot\cdot, n)$와 $\lambda_k (k = 1, \cdot\cdot\cdot, p)$와 $n+p$개의 식으로 구성된 비선형 연립방정식으로 Newton 방법을 이용하여 해를 구할 수 있다. 편의를 위해 식 7.119와 7.120을 다시 작성하여

$$\boldsymbol{F}(\boldsymbol{Y}) = \boldsymbol{0} \qquad 7.121$$

$$\boldsymbol{F} = \begin{pmatrix} \nabla L \\ \boldsymbol{h} \end{pmatrix}_{(n+p)\times 1}, \quad \boldsymbol{Y} = \begin{pmatrix} \boldsymbol{X} \\ \boldsymbol{\lambda} \end{pmatrix}_{(n+p)\times 1}, \quad \boldsymbol{0} = \begin{pmatrix} 0 \\ 0 \end{pmatrix}_{(n+p)\times 1} \qquad 7.122$$

와 같이 쓸 수 있고, Newton 방법에 따라 식 7.121의 해를 구하면(6.11절 참조),

$$\boldsymbol{Y}_{j+1} = \boldsymbol{Y}_j + \Delta \boldsymbol{Y}_j \qquad 7.123$$

$$[\nabla F]_j^T \Delta \boldsymbol{Y}_j = -\boldsymbol{F}(\boldsymbol{Y}_j) \qquad 7.124$$

와 같은 반복 절차가 된다. 여기서 $\boldsymbol{Y}_j$는 j번째 반복회의 시작점이고, $\Delta \boldsymbol{Y}_j$는 개선된 해 $\boldsymbol{Y}_{j+1}$와 $\boldsymbol{Y}_j$의 변화이다. 그리고 $[\nabla F]_j = [\nabla F(\boldsymbol{Y}_j)]$는 비선형 계수함수식의 $(n+p) \times (n+p)$ Jacobian 행렬로서 i번째 열은 함수 $f_i(\boldsymbol{Y})$의 벡터 $\boldsymbol{Y}$에 관한 구배를 타나낸다. 이제 식 7.121과 7.122를 식 7.124에 대입하면 다음 결과를 얻는다.

$$\begin{bmatrix} [\nabla^2 L] & [H] \\ [H]^T & [0] \end{bmatrix}_j \begin{pmatrix} \Delta \boldsymbol{X} \\ \Delta \boldsymbol{\lambda} \end{pmatrix}_j = -\begin{pmatrix} \nabla L \\ \boldsymbol{h} \end{pmatrix}_j \qquad 7.125$$

$$\Delta \boldsymbol{X}_j = \boldsymbol{X}_{j+1} - \boldsymbol{X}_j \qquad 7.126$$

$$\Delta \boldsymbol{\lambda}_j = \boldsymbol{\lambda}_{j+1} - \boldsymbol{\lambda}_j \qquad 7.127$$

여기서 $[\nabla^2 L]_{n\times n}$는 Lagrange 함수의 Hessian 행렬을 타나낸다. 위의 식 7.125의 첫 연립방정식을 별개로 다시 쓰면

$$[\nabla^2 L]_j \Delta \boldsymbol{X}_j + [H]_j \Delta \boldsymbol{\lambda}_j = -\nabla L_j \qquad 7.128$$

와 같고, 식 7.127의 $\Delta \boldsymbol{\lambda}_j$와 식 7.119의 ∇L_j를 식 7.128에 대입하면

$$[\nabla^2 L]_j \Delta \boldsymbol{X}_j + [H]_j (\boldsymbol{\lambda}_{j+1} - \boldsymbol{\lambda}_j) = -\nabla f_j - [H]_j \boldsymbol{\lambda}_j \qquad 7.129$$

이며 간단히 하면

$$[\nabla^2 L]_j \Delta \boldsymbol{X}_j + [H]_j \boldsymbol{\lambda}_{j+1} = -\nabla f_j \qquad 7.130$$

이 된다. 따라서 위의 식과 식 7.125의 두 번째 연립방정식을 조합하면 다음과 같이 나타낼 수 있다.

$$\begin{bmatrix} [\nabla^2 L] & [H] \\ [H]^T & [0] \end{bmatrix}_j \begin{pmatrix} \Delta \boldsymbol{X}_j \\ \boldsymbol{\lambda}_{j+1} \end{pmatrix} = -\begin{pmatrix} \nabla f_j \\ \boldsymbol{h}_j \end{pmatrix} \qquad 7.131$$

위의 식으로부터 설계벡터 $\Delta \boldsymbol{X}_j$와 새로운 Lagrange 승수 $\boldsymbol{\lambda}_{j+1}$를 찾는 과정을 수렴에 도달할 때까지 반복하면 된다.

이제 선형 등식 제약을 갖는 다음 이차식 계획 문제에 적용하여 보자.

$$\underset{\Delta X}{Min} \qquad Q = \nabla f^T \Delta \boldsymbol{X} + \frac{1}{2} \Delta \boldsymbol{X}^T [\nabla^2 L] \Delta \boldsymbol{X}$$

subject to

$$h_k + \nabla h_k^T \Delta \boldsymbol{X} = 0, \ k = 1, 2, \cdots, p \quad \text{또는} \quad \boldsymbol{h} + [H]^T \Delta \boldsymbol{X} = \boldsymbol{0} \qquad 7.132$$

위의 문제에 대한 Lagrange 함수 $\widetilde{L}$는

$$\widetilde{L} = \nabla f^T \Delta \boldsymbol{X} + \frac{1}{2} \Delta \boldsymbol{X}^T [\nabla^2 L] \Delta \boldsymbol{X} + \sum_{k=1}^{p} \lambda_k (h_k + \nabla h_k^T \Delta \boldsymbol{X}) \qquad 7.133$$

이다. 위에서 λ_k는 k번째 등식 제약에 대한 Lagrange 승수이다.

위의 함수에 대한 Kuhn-Tucker 필요조건은

$$\nabla f + [\nabla^2 L] \Delta \boldsymbol{X} + [H] \boldsymbol{\lambda} = \boldsymbol{0} \qquad 7.134$$

$$h_k + \nabla h_k^T \Delta \boldsymbol{X} = 0, \qquad k = 1, 2, \cdot \cdot \cdot, p \qquad 7.135$$

이므로 행렬로 표현한 식 7.131과 동일함을 알 수 있다. 이는 식 7.117과 같은 일반적인 등식제약 비선형 최적화 문제를 식 7.132로 정의된 이차 계획 문제를 순차적 풀이로 해결할 수 있다는 것을 보여준다. 또한, 원래 문제에 부등식 제약이 추가된다면 식 7.132의 이

차 계획 문제는 다음과 같이 된다.

$$Min \qquad Q = \nabla f^T \Delta \boldsymbol{X} + \frac{1}{2} \Delta \boldsymbol{X}^T [\nabla^2 L] \Delta \boldsymbol{X}$$

subject to

$$g_j + \nabla g_j^T \Delta \boldsymbol{X} \le 0, \qquad j = 1, 2, \cdot\cdot\cdot, m \tag{7.136}$$

$$h_k + \nabla h_k^T \Delta \boldsymbol{X} = 0, \qquad k = 1, 2, \cdot\cdot\cdot, p$$

이때 상응하는 Lagrange 함수는

$$\widetilde{L} = f(\boldsymbol{X}) + \sum_{j=1}^{m} \lambda_j g_j(\boldsymbol{X}) + \sum_{k=1}^{p} \lambda_{m+k} h_k(\boldsymbol{X}) \tag{7.137}$$

가 되어 확장 Lagrange 함수(augmented Lagrange function)의 최소화가 포함되므로 순차적 이차 계획법을 **사영 Lagrange 방법**(projected Lagrangian method)이라고도 한다.

7.10.2 풀이 절차

비제약 최소화 문제에 대해 Newton 방법을 적용하는 경우와 같이 식 7.136에서 해 벡터 $\Delta \boldsymbol{X}$를 탐색방향 $\boldsymbol{S}$로서 취급하여 이차 계획 부분문제(설계벡터 $\boldsymbol{S}$에 관한)를 다시 표현하면

$$\underset{\boldsymbol{S}}{Min} \qquad Q(\boldsymbol{S}) = \nabla f(\boldsymbol{X})^T \boldsymbol{S} + \frac{1}{2} \boldsymbol{S}^T [H] \boldsymbol{S}$$

subject to

$$\beta_j g_j(\boldsymbol{X}) + \nabla g_j(\boldsymbol{X})^T \boldsymbol{S} \le 0, \qquad j = 1, 2, \cdot\cdot\cdot, m \tag{7.138}$$

$$\overline{\beta} h_k(\boldsymbol{X}) + \nabla h_k(\boldsymbol{X})^T \boldsymbol{S} = 0, \qquad k = 1, 2, \cdot\cdot\cdot, p$$

와 같다. 여기서 $[H]$는 양의 정부호 행렬로 초기에는 단위행렬로 선택되었다가 후속 반복회에서 식 7.137의 Lagrange 함수의 Hessian 행렬에 수렴하도록 업데이트된다. β_j와 $\overline{\beta}$ 는 선형화된 제약들이 가변영역의 공간을 완전히 절단하지 않도록 보장하기 위해 사용된 상수로써 전형적인 값은

$$\overline{\beta} \approx 0.9; \qquad \beta_j = \begin{cases} 1 & if \quad g_j(\boldsymbol{X}) \le 0 \\ \overline{\beta} & if \quad g_j(\boldsymbol{X}) \ge 0 \end{cases} \tag{7.139}$$

와 같다.

식 7.138의 이차 계획 문제의 해를 구하기 위해 4.8절에서 기술한 방법을 사용할 수 있지만 함수의 구배를 용이하게 계산할 수 있으므로 본 장에서 다룬 방법을 사용하여 문제를 해결할 수도 있다. 또한 식 7.138의 문제의 해에 대한 Lagrange 승수들의 값은 차후에 나오는 식 7.263을 사용하여 계산할 수 있다. 식 7.138의 문제를 해결하여 탐색방향 $\boldsymbol{S}$를 구한 후 설계벡터의 업데이트는

$$\boldsymbol{X}_{j+1} = \boldsymbol{X}_j + \alpha^* \boldsymbol{S} \qquad 7.140$$

와 같다. 여기서 α^*는 외부 패널티 함수를 사용한 다음의 함수

$$\phi = f(\boldsymbol{X}) + \sum_{j=1}^{m} \lambda_j \left(max\left[0,\ g_j(\boldsymbol{X})\right] \right) + \sum_{k=1}^{p} \lambda_{m+k} |h_k(\boldsymbol{X})| \qquad 7.141$$

$$\lambda_j = \begin{cases} |\lambda_j|,\ j = 1, 2, \cdot \cdot \cdot, m+p & : \text{제1반복회} \\ max\ \left\{ |\lambda_j|,\ \dfrac{1}{2}\left(\widetilde{\lambda}_j,\ |\lambda_j|\right) \right\} & : \text{제1반복회 이후} \end{cases} \qquad 7.142$$

를 방향 $\boldsymbol{S}$를 따라 최소화한 최적 이동길이이다. 위에서 $\widetilde{\lambda}_j$는 이전 반복회에서의 λ이다. 이러한 1차원 step 길이 α^*는 제5장에서 기술한 방법들을 사용하여 구할 수 있다.

식 7.140으로부터 $\boldsymbol{X}_{j+1}$을 구하면 식 7.138의 이차 근사식을 개선하기 위해 Hessian 행렬 $[H]$를 업데이트하는데 이는 일반적으로 아래와 같은 수정된 BFGS 식을 사용한다 [7.12].

$$[H_{i+1}] = [H] - \frac{[H]\boldsymbol{P}_i \boldsymbol{P}_i^T [H_i]}{\boldsymbol{P}_i^T [H] \boldsymbol{P}_i} + \frac{\Upsilon \Upsilon^T}{\boldsymbol{P}_i^T \boldsymbol{P}_i} \qquad 7.143$$

$$\boldsymbol{P}_i = \boldsymbol{X}_{i+1} - \boldsymbol{X}_i \qquad 7.144$$

$$\Upsilon = \theta \boldsymbol{Q}_i + (1-\theta)[H]\boldsymbol{P}_i \qquad 7.145$$

$$\boldsymbol{Q}_i = \nabla_x \widetilde{L}(\boldsymbol{X}_{i+1},\ \boldsymbol{\lambda}_{i+1}) - \nabla_x \widetilde{L}(\boldsymbol{X}_i,\ \boldsymbol{\lambda}_i) \qquad 7.146$$

$$\theta = \begin{cases} 1.0 & if\ \ \boldsymbol{P}_i^T \boldsymbol{Q}_i \geq 0.2 \boldsymbol{P}_i^T [H_i] \boldsymbol{P}_i \\ \dfrac{0.8 \boldsymbol{P}_i^T [H_i] \boldsymbol{P}_i}{\boldsymbol{P}_i^T [H_i] \boldsymbol{P}_i - \boldsymbol{P}_i^T \boldsymbol{Q}_i} & if\ \ \boldsymbol{P}_i^T \boldsymbol{Q}_i < 0.2 \boldsymbol{P}_i^T [H_i] \boldsymbol{P}_i \end{cases} \qquad 7.147$$

여기서 $\widetilde{L}$은 식 7.137이고, 위의 상수 0.2와 0.8은 수치 경험에 따라 변경할 수 있다.

예제 7.5

순차적 이차 계획 방법을 이용하여 다음 문제를 해결하라.

$$Min \quad f(\boldsymbol{X}) = 0.1x_1 + 0.05773x_2 \tag{E.1}$$

subject to

$$g_1(\boldsymbol{X}) = \frac{0.6}{x_1} + \frac{0.3464}{x_2} - 0.1 \le 0 \tag{E.2}$$

$$g_2(\boldsymbol{X}) = 6 - x_1 \le 0 \tag{E.3}$$

$$g_3(\boldsymbol{X}) = 7 - x_2 \le 0 \tag{E.4}$$

[풀이] 시작점이 $\boldsymbol{X}_1 = (11.8765,\ 7.0)^T$이라면 $g_1(\boldsymbol{X}_1) = g_3(\boldsymbol{X}_1) = 0,\ g_2(\boldsymbol{X}_1) = -5.8765$ 그리고 $f(\boldsymbol{X}_1) = 1.5917$이 된다. $\boldsymbol{X}_1$에서 목적함수와 제약함수들의 구배들은 다음과 같다.

$$\nabla f(\boldsymbol{X}_1) = \begin{pmatrix} 0.1 \\ 0.05773 \end{pmatrix}, \quad \nabla g_1(\boldsymbol{X}_1) = \begin{pmatrix} \dfrac{-0.6}{x_1^2} \\ \dfrac{-0.3464}{x_2^2} \end{pmatrix}_{\boldsymbol{X}_1} = \begin{pmatrix} -0.004254 \\ -0.007069 \end{pmatrix}$$

$$\nabla g_2(\boldsymbol{X}_1) = \begin{pmatrix} -1 \\ 0 \end{pmatrix}, \quad \nabla g_3(\boldsymbol{X}_1) = \begin{pmatrix} 0 \\ -1 \end{pmatrix}$$

행렬 $[H_1]$을 단위행렬로 선택하면 식 7.138의 목적함수는 다음과 같다.

$$Q(\boldsymbol{S}) = 0.1s_1 + 0.05773s_2 + 0.5s_1^2 + 0.5s_2^2 \tag{E.5}$$

식 7.139로부터 $g_1 = g_3 = 0$이므로 $\beta_1 = \beta_3 = 0$, $g_2 < 0$이므로 $\beta_2 = 1.0$이다. 따라서 식 7.138의 제약들은 $\tilde{g}_1 = \beta_1 g_1(\boldsymbol{X}_1) + \nabla g_1(\boldsymbol{X}_1)^T \boldsymbol{S} \le 0$에서

$$\tilde{g}_1 = -0.004254s_1 - 0.007069s_2 \le 0 \tag{E.6}$$

또 $\tilde{g}_2 = \beta_2 g_2(\boldsymbol{X}_1) + \nabla g_2(\boldsymbol{X}_1)^T \boldsymbol{S} \le 0$로부터

$$\tilde{g}_2 = -5.8765 - s_1 \le 0 \tag{E.7}$$

그리고 $\tilde{g}_3 = \beta_3 g_3(\boldsymbol{X}_1) + \nabla g_3(\boldsymbol{X}_1)^T \boldsymbol{S} \le 0$로부터

$$\tilde{g}_3 = -s_2 \le 0 \tag{E.8}$$

와 같다. 위의 이차 계획 문제(식 E.5부터 E.8)를 Kuhn–Tucker 조건들을 사용하여 직접 해결하면 우선 Kuhn–Tucker 조건들은

$$\frac{\partial Q}{\partial s_1} + \sum_{j=1}^{3} \lambda_j \frac{\partial \tilde{g}_j}{\partial s_1} = 0 \qquad \text{E.9}$$

$$\frac{\partial Q}{\partial s_2} + \sum_{j=1}^{3} \lambda_j \frac{\partial \tilde{g}_j}{\partial s_2} = 0 \qquad \text{E.10}$$

$$\lambda_j \tilde{g}_j = 0, \quad j = 1,\ 2,\ 3 \qquad \text{E.11}$$

$$\tilde{g}_j \le 0, \quad j = 1,\ 2,\ 3 \qquad \text{E.12}$$

$$\lambda_j \ge 0, \quad j = 1,\ 2,\ 3 \qquad \text{E.13}$$

가 된다. 식 E.9와 E.10을 다시 표현하면

$$0.1 + s_1 - 0.004254\lambda_1 - \lambda_2 = 0 \qquad \text{E.14}$$

$$0.05773 + s_2 - 0.007069\lambda_1 - \lambda_3 = 0 \qquad \text{E.15}$$

활성 제약들의 모든 가능성을 고려하여 이차 계획 문제(식 E.5~E.8)의 최적해를 구하면 다음과 같다.

$$s_1{}^* = -0.04791, \quad s_2{}^* = 0.02883, \quad \lambda_1{}^* = 12.2450, \quad \lambda_2{}^* = 0, \quad \lambda_3{}^* = 0$$

이때 새로운 설계벡터 $\boldsymbol{X}$는

$$\boldsymbol{X}_2 = \boldsymbol{X}_1 + \alpha \boldsymbol{S} = \begin{pmatrix} 11.8765 - 0.04791\alpha \\ 7.0 + 0.02883\alpha \end{pmatrix}$$

이고, 식 7.141의 함수 ϕ를 최소화하여 α를 구할 수 있다. 즉, 함수

$$\phi = 0.1(11.8765 - 0.04791\alpha) + 0.05773(7.0 + 0.02883\alpha)$$
$$+ 12.2450\left(\frac{0.6}{11.8765 - 0.04791\alpha} + \frac{0.3464}{7.0 + 0.02883\alpha} - 0.1\right)$$

에 이차 보간법(단순히 무제한 탐색법을 사용할 수 있다)을 사용하면 $\alpha^* = 64.93$에서 ϕ의 최솟값 1.48을 갖는 것을 알 수 있으며 이때의 새로운 설계벡터는

$$\boldsymbol{X}_2 = \begin{pmatrix} 8.7657 \\ 8.8719 \end{pmatrix}$$

이고 $f(\boldsymbol{X}_2)=1.38874$ 그리고 $g_1(\boldsymbol{X}_2)=0.0074932$(약간 위반하였음)이 된다. 이제 식 7.143의 행렬 $[H]$를 아래와 같이 업데이트한다.

$$\tilde{L}=0.1x_1+0.05773x_2+12.2450\left(\frac{0.6}{x_1}+\frac{0.3464}{x_2}-0.1\right)$$

$$\nabla_x\tilde{L}=\begin{pmatrix}\dfrac{\partial\tilde{L}}{\partial x_1}\\ \dfrac{\partial\tilde{L}}{\partial x_2}\end{pmatrix},\quad \frac{\partial\tilde{L}}{\partial x_1}=0.1-\frac{7.3470}{x_1^2},\quad \frac{\partial\tilde{L}}{\partial x_2}=0.05773-\frac{4.2417}{x_2^2}$$

$$\boldsymbol{P}_1=\boldsymbol{X}_2-\boldsymbol{X}_1=\begin{pmatrix}8.7657-11.8765\\ 8.8719-7.0\end{pmatrix}=\begin{pmatrix}-3.1108\\ 1.8719\end{pmatrix}$$

식 7.146으로부터

$$\boldsymbol{Q}_1=\nabla_x\tilde{L}(\boldsymbol{X}_2)-\nabla_x\tilde{L}(\boldsymbol{X}_1)=\begin{pmatrix}0.00438\\ 0.00384\end{pmatrix}-\begin{pmatrix}0.04791\\ -0.02883\end{pmatrix}=\begin{pmatrix}-0.04353\\ 0.03267\end{pmatrix}$$

이고, 식 7.147로부터

$$\boldsymbol{P}_1^T[H_1]\boldsymbol{P}_1=13.1811,\qquad \boldsymbol{P}_1^T\boldsymbol{Q}_1=0.19656$$

가 되어 $0.1956=\boldsymbol{P}_1^T\boldsymbol{Q}_1<0.2\boldsymbol{P}_1^T[H]\boldsymbol{P}_1=2.636$이므로

$$\theta=\frac{(0.8)(13.1811)}{13.1811-0.19656}=0.81211$$

$$\Upsilon=\theta\boldsymbol{Q}_1+(1-\theta)[H]\boldsymbol{P}_1=\begin{pmatrix}0.54914\\ -0.32518\end{pmatrix}$$

이다. 따라서

$$[H_2]=\begin{bmatrix}0.2887 & 0.4283\\ 0.4283 & 0.7422\end{bmatrix}$$

이다. 이제 식 7.138을 사용하여 새로운 이차 계획 문제를 정의하여, 또 다른 반복회를 시작하여 최적해를 구할 때까지 위의 절차를 계속 반복한다. 위의 1회 반복회에서 $\boldsymbol{X}$가 $\boldsymbol{X}_1$에서 $\boldsymbol{X}_2$로 변할 때 목적함수의 값은 1.5917로부터 1.38874로 감소했음을 알 수 있다. ■

간접방법 (Indirect Methods)

7.11 변환기법 (Transformation Techniques)

만일 제약함수 $g_j(\boldsymbol{X})$가 변수 x_i의 간단한 양함수이면 독립변수를 변환하여 원래 제약조건이 만족하는 새로운 제약조건식을 만들 수 있다[7.13]. 따라서 변수 변환으로 제약 최적화 문제를 비제약 최적화 문제로 변환이 가능할 수도 있다. 일부 대표적인 변환들은 다음과 같다.

1. 만일 x_i에 대한 하한 및 상한이 명시된 제약조건

$$l_i \le x_i \le u_i \tag{7.148}$$

는 변수 x_i의 변환을

$$x_i = l_i + (u_i - l_i)\sin^2 y_i \tag{7.149}$$

와 같이 하면 만족된다. y_i는 제한없이 임의 값이 될 수 있는 새로운 변수이다.

2. 만일 x_i가 구간 (0, 1) 사이에 있도록 제약되면 다음 변환을 사용할 수 있다.

$$x_i = \sin^2 y_i, \qquad x_i = \cos^2 y_i$$

$$x_i = \frac{e^{y_i}}{e^{y_i} - e^{-y_i}} \quad \text{또는} \quad x_i = \frac{y_i^2}{1 + y_i^2} \tag{7.150}$$

3. 변수 x_i가 오직 양의 값으로 제약되면 다음과 같이 변환할 수 있다.

$$x_i = abs\ (y_i), \qquad x_i = y_i^2 \quad \text{또는} \quad x_i = e^{y_i} \tag{7.151}$$

4. 변수가 -1과 1 사이의 값으로 제약되면 다음과 같이 변환할 수 있다.

$$x_i = \sin y_i, \qquad x_i = \cos y_i, \quad \text{또는} \quad x_i = \frac{2y_i}{1 + y_i^2} \tag{7.152}$$

변환기법의 적용에는 다음 사항들을 유의하여야 한다.

1. 제약함수 $g_j(\boldsymbol{X})$는 x_i의 매우 단순한 함수가 되어야 한다.
2. 어떤 제약에 대해서는 필요한 변환을 찾는 것이 가능하지 않을 수 있다.
3. 변수를 변환하여 모든 제약들을 제거하는 것이 가능하지 않으면 변환을 사용하지 않

는 것이 좋다. 때로는 부분적인 변환은 왜곡된 목적함수를 제공할 수 있어 원래 함수보다 최적화하기가 더욱 어려워질 수 있다.

변수 변환 방법을 예증하기 위해 다음 문제를 살펴보자.

예제 7.6

사각기둥 상자의 길이, 폭, 그리고 높이의 합이 최대 60인치로 제한되고, 길이는 최대 36인치로 제한될 때 가장 큰 체적을 갖는 사각기둥 상자의 치수를 구하라.

[풀이] 사각기둥 상자의 길이, 폭, 그리고 높이를 x_1, x_2, x_3이라 하면 주어진 문제는

$$Max \quad f(x_1,\ x_2,\ x_3) = x_1 x_2 x_3 \tag{E.1}$$

subject to

$$x_1 + x_2 + x_3 \le 60 \tag{E.2}$$

$$x_1 \le 36 \tag{E.3}$$

$$x_i \ge 0, \quad i = 1,\ 2,\ 3 \tag{E.4}$$

와 같이 쓸 수 있다. 아래의 새로운 변수들

$$y_1 = x_1, \quad y_2 = x_2, \quad y_3 = x_1 + x_2 + x_3 \tag{E.5}$$

또는

$$x_1 = y_1, \quad x_2 = y_2, \quad x_3 = y_3 - y_1 - y_2 \tag{E.6}$$

를 도입하여 식 E.2~E.4의 제약들을 다음과 같이 다시 기술할 수 있다.

$$0 \le y_1 \le 36, \quad 0 \le y_2 \le 60, \quad 0 \le y_3 \le 60 \tag{E.7}$$

위의 y_2에 대한 상한은 식 E.2에서 $x_1 = x_3 = 0$으로 설정하여 얻을 수 있다. 또한, 새로운 변수 $z_i (i = 1,\ 2,\ 3)$을

$$y_1 = 36\sin^2 z_1, \quad y_2 = 60\sin^2 z_2, \quad y_3 = 60\sin^2 z_3 \tag{E.8}$$

와 같이 정의하면 식 E.7의 제약들은 자동으로 만족된다. 따라서 위의 주어진 문제를 아래의 비제약 최적화 문제

$$Max \quad f(z_1, z_2, z_3) = y_1 y_2 (y_3 - y_1 - y_2) \qquad \text{E.9}$$

$$= 2,160 \sin^2 z_1 \sin^2 z_2 (60 \sin^2 z_3 - 36 \sin^2 z_1 - 60 \sin^2 z_2)$$

로 변환할 수 있다. 이제 최적화의 필요조건들로부터

$$\frac{\partial f}{\partial z_1} = 259,200 \sin z_1 \cos z_1 \sin^2 z_2 \left(\sin^2 z_3 - \frac{6}{5} \sin^2 z_1 - \sin^2 z_2 \right) = 0 \qquad \text{E.10}$$

$$\frac{\partial f}{\partial z_2} = 518,400 \sin^2 z_1 \sin z_2 \cos z_2 \left(\frac{1}{2} \sin^2 z_3 - \frac{3}{10} \sin^2 z_1 - \sin^2 z_2 \right) = 0 \qquad \text{E.11}$$

$$\frac{\partial f}{\partial z_3} = 259,200 \sin^2 z_1 \sin^2 z_2 \sin z_3 \cos z_3 = 0 \qquad \text{E.12}$$

의 관계식을 얻는다. 위의 식 E.12로부터 모두 0은 아닌 해 $\cos z_3 = 0$ 또는 $\sin^2 z_3 = 1$을 얻을 수 있고, 이때 식 E.10과 E.11로부터 $\sin^2 z_1 = 5/9$와 $\sin^2 z_2 = 1/3$을 구할 수 있다. 따라서 최적해는 $x_1{}^* = 20\text{in}$, $x_2{}^* = 20\text{in}$, $x_3{}^* = 20\text{in}$가 되고 최대 체적은 $8,000\text{in}^3$이다. ■

7.12 패널티 함수 방법의 기본 개념

패널티 함수 방법은 최적화 문제를 일련의 비제약 최소화 문제들을 풀어 수치 해를 구할 수 있도록 다른 형태의 문제로 변환하는 방법이다. 부등식 제약을 갖는 기본적인 최적화 문제가 다음과 같다고 하자.

$$Min \quad f(\boldsymbol{X})$$

subject to

$$g_j(\boldsymbol{X}) \le 0, \quad j = 1, 2, \cdot\cdot\cdot, m \qquad 7.153$$

위의 문제는 다음 형태의 함수를 전개하여 비제약 최소화 문제로 변환된다.

$$\phi_k = \phi(\boldsymbol{X}, r_k) = f(\boldsymbol{X}) + r_k \sum_{j=1}^{m} G_j [g_j(\boldsymbol{X})] \qquad 7.154$$

여기서 G_j는 제약 g_j에 관한 함수이고, r_k는 **패널티 매개변수**(penalty parameter)라고 하는 양의 상수이다. **패널티 항**이라 불리는 상기 식 우변의 두 번째 항의 중요성은 7.13절과 7.15절에서 기술하기로 한다. 패널티 매개변수 $r_k(k = 1, 2, \cdot\cdot\cdot)$의 순차적인 수치에 따라 ϕ 함수의 비제약 최소화를 반복하면 그 해는 식 7.153에서 기술된 원래 문제의 해에 수렴할 수 있다. 이 때문에 패널티 함수 방법을 **순차적 비제약 최소화 기법**(Sequential Unconstrained Minimization Techniques; SUMTs)이라고도 부른다.

부등식 제약 문제들에 대한 패널티 함수 형태는 내부(interior) 방법과 외부(exterior) 방법으로 구분할 수 있다. 내부 방법에서 광범위하게 사용되는 G_j의 형태로는

$$G_j = -\frac{1}{g_j(\boldsymbol{X})} \tag{7.155}$$

$$G_j = \log\left[-g_j(\boldsymbol{X})\right] \tag{7.156}$$

를 들 수 있고, 외부 패널티 함수로 주로 사용되는 G_j의 형태로는

$$G_j = max\left[0,\ g_j(\boldsymbol{X})\right] \tag{7.157}$$

$$G_j = \left\{max\left[0,\ g_j(\boldsymbol{X})\right]\right\}^2 \tag{7.158}$$

가 있다. 내부 방법에서 ϕ_k의 비제약 최소점 모두는 가변영역에 위치하고, r_k가 특정 방법으로 변할 때 그 최소점들은 식 7.153의 최적해로 수렴한다. 외부 방법에서는 ϕ_k의 비제약 최소점은 모두 가변영역 외부에 위치하고, r_k를 적당히 변화하면 그 최소점들은 가변영역 외부로부터 식 7.153의 최적해로 수렴한다. 그림 7.10에서 아래의 간단한 문제

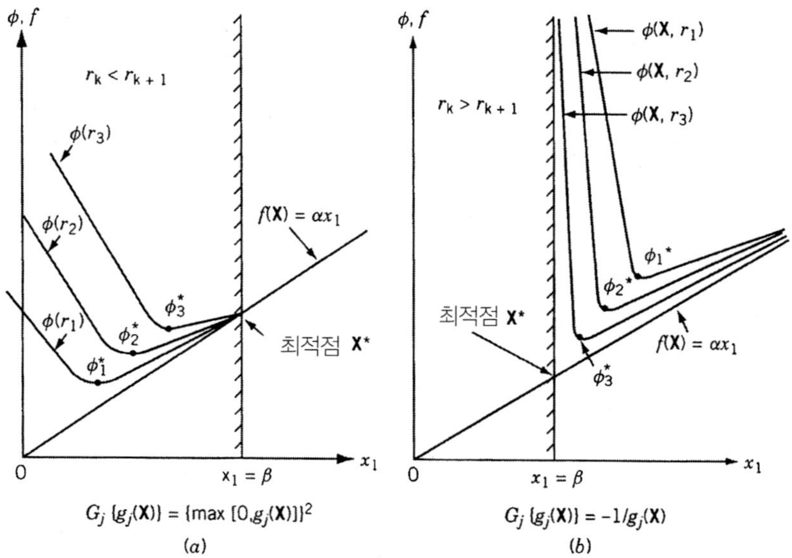

그림 7.10 패널티 함수 방법: (a) 외부 방법; (b) 내부 방법

$$\underset{X = x_1}{Min} \quad f(\boldsymbol{X}) = \alpha x_1$$

subject to

$$g_j(\boldsymbol{X}) = \beta - x_1 \le 0 \qquad 7.159$$

에 대해 ϕ_k의 비제약 최소점들의 수렴을 보여주고 있다. 그림 7.10a에서는 외부 방법의 패널티 함수의 매개변수 r_k가 순차적으로 증가할 때 비제약 함수 $\phi(\boldsymbol{X},\ r_k)$의 최소점들이 최적점 $\boldsymbol{X}^*$로 수렴하는 것을 보여주고 있다. 반면 그림 7.10b에서는 내부 방법의 패널티 함수의 매개변수 r_k가 순차적으로 감소할 때 최적점 $\boldsymbol{X}^*$로 수렴하는 것을 보여준다.

패널티 함수식이 관심을 끄는 가장 큰 이유는 그림 7.10에서 보는 바와 같이 이 방법에서는 제약들의 경계까지 완만하게 순차적으로 접근을 한다는 것이다. 더욱이 순차적 과정에서는 단계적으로 근사 시스템들을 만들어 최적화하고 있다. 즉, 명시된 설계벡터 $\boldsymbol{X}$에서 f와 g_i[즉, $\phi(\boldsymbol{X},\ r_k)$]의 계산이 연산적으로 매우 어려우면 초기 최적화 단계 동안은 거친 근사식(ϕ_k의 비제약 최소점들이 최적해로부터 멀리 떨어져 있을 때)을 사용하고, 최후반 최적화 단계 동안은 상세하고 구체적인 근사식을 사용할 수 있다는 것이다. 또 다른 이유는 임의의 함수들의 비제약 최소화 알고리즘들이 잘 개발되었고 전반적으로 상당히 신뢰성이 있다는 것이다. 내부 및 외부 패널티 함수 방법들의 알고리즘은 7.13절과 7.15절에서 기술한다.

7.13 내부 패널티 함수 방법

7.12절에서 언급한 바와 같이 내부 패널티 함수 방법에서는 목적함수에 패널티 항을 덧붙여 새로운 ϕ 함수를 만든다. 패널티 항은 제약 경계들로부터 멀리 떨어진 점들에서는 작은 값을 갖고, 제약 경계에 접근하면 값이 무한히 커지는 경향이 있도록 선택한다. 그러면 그림 7.10b에서 보는 바와 같이 ϕ의 함숫값도 제약 경계 근처에서 증폭하게 된다. 따라서 가변영역의 점 $\boldsymbol{X}_1$에서 $\phi(\boldsymbol{X},\ r_k)$의 비제약 최소화를 시작하면 최소화 과정 동안 제약 경계들은 방벽(barrier) 역할을 하므로 생성된 후속 최소 근사점들은 항상 가변영역 내부에 위치하게 된다. 이러한 이유로 내부 패널티 함수 방법을 **방벽 방법**(barrier method)이라고도 한다. Carroll[7.14]이 최초로 정의한 ϕ 함수는 다음과 같다.

$$\phi(\boldsymbol{X},\ r_k) = f(\boldsymbol{X}) - r_k \sum_{j=1}^{m} \frac{1}{g_j(\boldsymbol{X})} \qquad 7.160$$

모든 가변영역의 점들 $\boldsymbol{X}$에 대해 $g_j(\boldsymbol{X})$는 음수이므로 함수 ϕ 값은 항상 f보다 크다.

또한 임의의 제약 $g_j(\boldsymbol{X})$가 거의 0에 가까우면[$g_j(\boldsymbol{X}) \approx 0$이 되면], ϕ 값은 무한히 커진다. 한편, 만일 $\boldsymbol{X}$가 가변영역의 점이 아니면, 식 7.160에서 패널티 항은 정의되지 않는 심각한 결점이 있고, 식 7.160은 어떤 제약도 위반하지 않도록 하기 때문에 시작점을 가변영역에서 선택하여 최적점을 탐색해야 한다. 하지만 많은 공학 문제에서는 목적함수 $f(\boldsymbol{X})$의 값을 크게 하더라도 모든 제약 $g_j(\boldsymbol{X}) \le 0$을 만족하는 점을 찾는 것은 아주 어렵지는 않다. 만일 가변영역의 시작점을 찾는데 어려움이 있으면, 본 절의 후반부에 기술한 방법을 사용하여 가변영역의 점을 찾을 수 있다. 이 방법에서 생성되는 각 점과 초기점이 가변영역 내부에 위치하게 되므로 이 방법은 **내부 패널티 함수식**(interior penalty function formulation)으로 분류된다. 제약 경계가 방벽 역할을 하므로 이 방법 또한 방벽 방법으로 알려져 있다. 이 방법의 반복 절차는 다음과 같이 요약된다.

반복 과정

1. 등호를 제외한 부등식 제약 $g_j(\boldsymbol{X}_1) < 0 (j = 1, 2, \cdot\cdot\cdot, m)$을 만족하는 가변영역 내부의 점 $\boldsymbol{X}_1$을 시작점으로 한다. $r_1 > 0$, $k = 1$로 설정한다.
2. 임의의 비제약 최소화 방법을 사용하여 $\phi(\boldsymbol{X}, r_k)$를 최소화하여 최소점 $\boldsymbol{X}_k^*$를 구한다.
3. $\boldsymbol{X}_k^*$가 원래 문제의 최적해인지 확인한다. 만일 $\boldsymbol{X}_k^*$가 최적해이면 종료하고, 그렇지 않으면 다음 단계로 간다.
4. 다음 패널티 매개변수 r_{k+1} 값을

$$r_{k+1} = cr_k \quad , \ c < 1$$

   와 같이 구한다.
5. $k = k + 1$로 설정하고, $\boldsymbol{X}_1 = \boldsymbol{X}_k^*$를 새로운 시작점으로 취하고 2단계로 간다.

비록 알고리즘은 간단해 보이지만 방법 수행에 있어 고려하여야 할 점들은 다음과 같다.

1. 어떤 경우는 가변영역의 시작점 $\boldsymbol{X}_1$이 쉽게 찾지 못할 수 있다.
2. 초기 패널티 매개변수 r_1의 적합한 수치를 찾아야 한다.
3. 곱셈 인수 c의 적합한 수치를 선택해야 한다.
4. 최적점을 확인하기 위해 반드시 적합한 수렴 판정기준을 선정해야 한다.
5. 각 제약이 오직 −1과 0 사이에서 변하도록 제약들을 정규화해야 한다.

가변영역의 시작점 $\boldsymbol{X}_1$ 대부분 공학 문제에서 모든 제약 $g_j(\boldsymbol{X}_1) < 0$을 만족하는 초기점 $\boldsymbol{X}_1$을 찾는 것은 매우 어렵지는 않다. 한 예로서 주어진 하중 조건에서 빔의 처짐이 명시

된 수치보다 작거나 또는 동일한 경우에서 빔의 최소 중량 설계 문제를 고려하자. 이 경우 만족된 제약 상태를 유지하기 위해 초기에 빔의 단면을 매우 크게 선정할 수 있으나 문제는 이와 같은 초기 설계시 빔의 중량(목적함수)이 매우 크게 된다. 따라서 대부분 실제 문제에서 목적함수의 값이 크게 될 수는 있지만 가변영역 내의 시작점을 찾는 것이 가능하다. 그러나 변영역의 설계점을 쉽게 찾을 수 없는 상황에서는 내부 패널티 함수 방법 자체를 다음과 같이 사용하여 필요한 가변영역의 시작점들을 찾을 수 있다.

1. 임의의 점 $\boldsymbol{X}_1$을 선택하고 제약함숫값 $g_j(\boldsymbol{X})$를 계산한다. 점 $\boldsymbol{X}_1$은 임의의 점이므로 모든 등호 없는 제약 $g_j(\boldsymbol{X}_1) < 0$을 만족하지 않을 수 있다(가변영역의 내부점이 아닐 수 있다). 만일 전체 m개의 제약들 중 r개의 제약들이 위반되면 다음 식과 같이 최종 r개의 제약들이 위반된 제약들이 되도록 제약들을 재나열한다.

$$g_j(\boldsymbol{X}_1) < 0, \quad j = 1,\ 2, \cdot \cdot \cdot, m - r \qquad 7.161$$

$$g_j(\boldsymbol{X}_1) \geq 0, \quad j = m - r + 1,\ m - r + 2, \cdot \cdot \cdot, m$$

2. 점 $\boldsymbol{X}_1$에서 가장 크게 위반된 제약을 확인한다. 즉, 다음과 같은 정수 k를 찾는다.

$$g_k(\boldsymbol{X}_1) = max\ [g_j(\boldsymbol{X}_1)], \qquad j = m - r + 1,\ m - r + 2, \cdot \cdot \cdot, m \qquad 7.162$$

3. 다음과 같은 최적화 문제를 새롭게 작성한다.

$$\begin{aligned} &Min \quad g_k(\boldsymbol{X}) \\ &\text{subject to} \\ &g_j(\boldsymbol{X}) \leq 0, \quad j = 1,\ 2, \cdot \cdot \cdot, m - r \qquad 7.163 \\ &g_j(\boldsymbol{X}) - g_k(\boldsymbol{X}_1) \leq 0, \quad j = m - r + 1,\ m - r + 2, \cdots, \\ &\qquad\qquad k - 1,\ k + 1, \cdot \cdot \cdot, m \end{aligned}$$

4. 내부 패널티 함수 방법을 이용하여 $\boldsymbol{X}_1$을 가변영역의 시작점으로 3단계의 최적화 문제를 해결한다. 목적함수 $g_k(\boldsymbol{X})$가 0 이하로 떨어질 때마다 이 최적화 방법을 종료하고, 이때 얻은 해 $\boldsymbol{X}_M$은 원래 점 $\boldsymbol{X}_1$이 만족하는 제약의 수보다 최소한 하나 이상의 많은 제약을 만족한다.
5. 점 $\boldsymbol{X}_M$에서 제약들이 모두 만족되지 않으면 새로운 시작점을 $\boldsymbol{X}_1 = \boldsymbol{X}_M$으로 설정하고, 최종 r개(이 r은 선행 수치와는 다르다)의 제약들이 만족되지 않은 제약이 되도록 제약들을 재나열하고, 2단계로 간다.

모든 제약들이 만족되고, $g_j(\boldsymbol{X}_1) < 0, (j = 1,\ 2, \cdot \cdot \cdot, m)$되는 점 $\boldsymbol{X}_1 = \boldsymbol{X}_M$을 얻을 때까지 이 절차를 반복한다.

만일 가변영역의 내부가 존재한다면 위의 절차를 적용하여 모든 제약을 만족하는 점 $\boldsymbol{X}_1$을 얻는 것이 가능해야 한다. 하지만 3단계의 문제가 양수인 비제약 또는 제약 국소 최솟값 $g_k(\boldsymbol{X})$를 제공하는 상황이 존재할 수 있는데, 이 경우에는 새로운 점 $\boldsymbol{X}_1$을 갖고 다시 1단계부터 시작하여야 한다.

패널티 매개변수 초기값 r_1 순차적으로 감소하는 r_k에 대해 비제약 $\phi(\boldsymbol{X},\ r_k)$를 최소화하기 때문에 매우 작은 r_1의 값을 선택하면 너무 많이 함수 ϕ를 최소화하는 것을 방지할 수 있는 것처럼 보인다. 그러나 그림 7.10b에서 추정할 수 있듯이 연산적 관점에서 보면 r_k가 크면 비제약 함수 $\phi(\boldsymbol{X},\ r_k)$를 최소화하는 것이 보다 쉽다. 즉, r_k의 값이 작게 되면 함수 ϕ의 값은 최솟값 $\phi_k{}^*$ 부근에서 더욱 급격하게 변화하지만, r_k가 크면 ϕ의 그래프가 완만하여 비제약 함수 ϕ의 최솟값을 찾는 것이 쉬워진다. 그러나 r_k가 크면 그때의 최소점 $\boldsymbol{X}_k{}^*$는 원래 문제의 최소점인 $\boldsymbol{X}^*$로부터 더욱 멀어지게 된다. 따라서 r_k를 너무 크게 선택하면 점 $\boldsymbol{X}^*$에 도달하기 위해 $\phi(\boldsymbol{X},\ r_k)$의(여러 r_k 수치들) 비제약 최소화를 너무 많이 해야 할 수 있으므로 초기 패널티 매개변수 r_1의 값을 적절하게 잘 선정해야 한다. 실제로는 $f(\boldsymbol{X}_1)$의 값보다 약 1.1~2.0배 큰 $\phi(\boldsymbol{X}_1,\ r_1)$의 값이 되는 r_1이 신속한 수렴을 달성하게 하는 것으로 밝혀졌다. 따라서 가변영역 내 임의의 시작점 $\boldsymbol{X}_1$에 대해 r_1의 값을 다음과 같이 선택할 수 있다.

$$r_1 \simeq 0.1 \sim 1.0 \frac{f(\boldsymbol{X}_1)}{-\sum_{j=1}^{m} \frac{1}{g_j}(\boldsymbol{X}_1)} \tag{7.164}$$

패널티 매개변수의 변경 패널티 매개변수 r_k의 값으로 시작하면 후속 r_{k+1}의 값은

$$r_{k+1} < r_k \tag{7.165}$$

이 되도록 선택해야 한다. 편의를 위해 관계식

$$r_{k+1} = c r_k\ ,\ c < 1 \tag{7.166}$$

에 따라 선택한다. c의 값으로는 0.1, 0.2, 또는 0.5를 취할 수 있다.

수렴 판정기준 연속적으로 r_k의 값을 감소하면서 $\phi(\boldsymbol{X},\ r_k)$의 비제약 최소화를 수행해야 하므로 불필요하게 과도한 비제약 최소화를 방지하기 위해 타당한 수렴 판정기준을 사용할 필요가 있다. 다음 조건들이 만족할 때 과정을 종료할 수 있다.

1. 두 연속적인 비제약 최소화에서 얻은 목적함수 값들의 상대적인 차이가 작은 숫자

ϵ_1 보다 작게 될 때 종료한다. 즉,

$$\frac{|f(\boldsymbol{X}_k^*) - f(\boldsymbol{X}_{k-1}^*)|}{f(\boldsymbol{X}_k^*)} \le \epsilon_1 \qquad 7.167$$

2. 최적점들 $\boldsymbol{X}_k^*$과 $\boldsymbol{X}_{k+1}^*$ 사이 차이가 매우 작게 될 때 종료할 수 있다. 이는 다음과 같은 여러 방법으로 판단할 수 있다. 즉, $\triangle \boldsymbol{X} = \boldsymbol{X}_k^* - \boldsymbol{X}_{k-1}^*$이고, $(\triangle \boldsymbol{X})_i$가 벡터 $\triangle \boldsymbol{X}$의 i번째 성분이라면

$$|(\triangle \boldsymbol{X})_i| \le \epsilon_2 \qquad 7.168$$

$$max|(\triangle \boldsymbol{X})_i| \le \epsilon_3 \qquad 7.169$$

$$\triangle \boldsymbol{X} = \left[(\triangle \boldsymbol{X})_1^2 + (\triangle \boldsymbol{X})_2^2 + \cdot\cdot\cdot + (\triangle \boldsymbol{X})_n^2\right]^{1/2} \le \epsilon_4 \qquad 7.170$$

등과 같은 방법으로 판단할 수 있다. 이때 ϵ_1에서 ϵ_4의 값은 문제의 성질에 따라 선택해야 한다.

제약식의 정규화(normalization) 예를 들어 구조 최적화 문제는 다음과 같이 처짐 δ와 응력 σ에 대한 제약들을 가질 수 있다.

$$g_1(\boldsymbol{X}) = \delta(\boldsymbol{X}) - \delta_{max} \le 0 \qquad 7.171$$

$$g_2(\boldsymbol{X}) = \sigma(\boldsymbol{X}) - \sigma_{max} \le 0 \qquad 7.172$$

만일 설계시 최대 허용 가능한 수치들이 $\delta_{max} = 0.5\,\text{in}$와 $\sigma_{max} = 20{,}000\,\text{psi}$인 경우에 설계벡터 $\boldsymbol{X}_1$에서 $g_1 = -0.2$ 및 $g_2 = -10{,}000$이 되면 식 7.160의 패널티 함수 ϕ에서 g_1은 g_2보다 상당히 큰 영향을 주어(10^4 정도), ϕ 함수를 최소화할 때 수렴률에 치명적인 영향을 미치게 된다. 따라서 가능한 제약들이 $-1 \sim 0$ 사이에서 변화하도록 정규화할 것을 권장한다. 식 7.171과 7.172의 제약은 다음과 같이 정규화를 할 수 있다.

$$\hat{g_1}(\boldsymbol{X}) = \frac{g_1(\boldsymbol{X})}{\delta_{max}} = \frac{\delta(\boldsymbol{X})}{\delta_{max}} - 1 \le 0 \qquad 7.173$$

$$\hat{g_2}(\boldsymbol{X}) = \frac{g_2(\boldsymbol{X})}{\sigma_{max}} = \frac{\sigma(\boldsymbol{X})}{\sigma_{max}} - 1 \le 0 \qquad 7.174$$

식 7.173 및 7.174와 같이 제약들을 정규화하지 않아도 각 제약에 다른 패널티 매개변수를 정의하여 효율적으로 문제를 해결할 수 있다. 즉,

$$\phi(\boldsymbol{X},\ r_k)= f(\boldsymbol{X})- r_k \sum_{j=1}^{m} \frac{R_j}{g_j(\boldsymbol{X})} \tag{7.175}$$

여기서 초기점 $\boldsymbol{X}_1$에서 ϕ 함수에 각 $g_j(\boldsymbol{X})$의 영향이 거의 동일하게 미치도록 R_1, R_2, ・・・, R_m을 선택한다. r_k의 값을 연속적으로 감소하면서 $\phi(\boldsymbol{X},\ r_k)$의 비제약 최소화를 할 때 R_1, R_2, ・・・, R_m의 값은 변경되지 않지만 제약들이 ϕ 함수에 주는 영향의 불균형을 효율적으로 감소시킨다.

예제 7.7

내부 패널티 함수 방법을 사용하여 다음 문제를 해결하라.

$$Min \qquad f(x_1,\ x_2)= \frac{1}{3}(x_1+1)^3 + x_2$$

subject to

$$g_1(x_1,\ x_2)=-x_1+1 \le 0$$

$$g_2(x_1,\ x_2)=-x_2 \le 0$$

[풀이] 위의 제약 문제를 해결하는데 미적분법을 사용하면서 내부 패널티 함수 방법을 설명하기로 한다. 따라서 가변영역의 초기점 $\boldsymbol{X}_1$은 필요가 없다. 함수 ϕ는

$$\phi(\boldsymbol{X},\ r)= \frac{1}{3}(x_1+1)^3 + x_2 - r\left(\frac{1}{-x_1+1} - \frac{1}{x_2}\right)$$

와 같고, ϕ의 비제약 최소에 대한 필요조건은

$$\frac{\partial \phi}{\partial x_1}= (x_1+1)^2 - \frac{r}{(1-x_1)^2}= 0,\ 즉\ \left(x_1^2-1\right)^2 = r$$

$$\frac{\partial \phi}{\partial x_2}= 1 - \frac{r}{x_2^2}= 0,\ 즉\ x_2^2 = r$$

이다. 위의 식으로부터 해를 구하면

$$x_1^*(r)= \left(r^{1/2}+1\right)^{1/2}, \quad x_2^*(r)= r^{1/2}$$

이 되고, 이 값을 함수 ϕ에 대입하면

$$\phi_{min}(r)= \frac{1}{3}\left[\left(r^{1/2}+1\right)^{1/2}+1\right]^3 + 2r^{1/2} - \frac{1}{\left(\frac{1}{r}\right)-\left(\frac{1}{r^{3/2}}+\frac{1}{r^2}\right)^{1/2}}$$

와 같다. 한편 원래 문제의 해와 r의 관계에 대한 다음의 사실을 알고 있다. 즉,

$$f_{min} = \lim_{r \to 0} \phi_{min}(r)$$
$$x_1^* = \lim_{r \to 0} x_1^*(r)$$
$$x_2^* = \lim_{r \to 0} x_2^*(r)$$

감소하는 r의 값($r_{k+1} = 0.1 r_k$)에 상응하는 x_1^* 및 x_2^*와 f의 값은 아래 표 7.3과 같다. ■

표 7.3 예제 7.7 결과

r 수치	$x_1^*(r) = (r^{1/2}+1)^{1/2}$	$x_2^*(r) = r^{1/2}$	$\phi_{min}(r)$	$f(r)$
1000	5.71164	31.62278	376.2636	132.4003
100	3.31662	10.00000	89.9772	36.8109
10	2.04017	3.16228	25.3048	12.5286
1	1.41421	1.00000	9.1046	5.6904
0.1	1.14727	0.31623	4.6117	3.6164
0.01	1.04881	0.10000	3.2416	2.9667
0.001	1.01569	0.03162	2.8569	2.7615
0.0001	1.00499	0.01000	2.7267	2.6967
0.00001	1.00158	0.00316	2.6856	2.6762
0.000001	1.00050	0.00100	2.6727	2.6697
정확한 해 0	1	0	8/3	8/3

예제 7.8

내부 패널티 함수 방법을 사용하여 다음 문제를 해결하라.

$$Min \quad f(\boldsymbol{X}) = x_1^3 - 6x_1^2 + 11x_1 + x_3$$

subject to

$$x_1^2 + x_2^2 - x_3^2 \le 0$$
$$4 - x_1^2 - x_2^2 - x_3^2 \le 0$$
$$x_3 - 5 \le 0$$
$$-x_i \le 0, \quad i = 1,\ 2,\ 3$$

[풀이] 비제약 최소화 방법인 Davidon-Fletcher-Powell 방법과 3차 보간법을 이용한

1차원 탐색과 연계한 내부 패널티 함수 방법을 사용하여 위의 문제를 해결한다. 필요한 데이터로 가변영역의 시작점을 $\boldsymbol{X}_1 = \begin{pmatrix} 0.1 \\ 0.1 \\ 3.0 \end{pmatrix}$, 패널티 매개변수를 $r_1 = 1.0$로 가정하면 $f(\boldsymbol{X}_1) = 4.041$, $\phi(\boldsymbol{X}_1,\ r_1) = f(\boldsymbol{X}_1) - r_1 \sum_{j=1}^{m=6} \frac{1}{g_j(\boldsymbol{X}_1)} = 25.1849$이 된다. 또한 함수 $\phi(\boldsymbol{X}_1,\ r_1)$의 최적해는 다음과 같다[7.15].

$$\boldsymbol{X} = \begin{pmatrix} 0 \\ \sqrt{2} \\ \sqrt{2} \end{pmatrix}, \qquad f^* = \sqrt{2}$$

한편, 위의 문제에 내부 패널티 방법을 적용할 때 감소하는 r의 값($r_{k+1} = 0.1 r_k$)에 상응하는 최소점 X_k^* 및 그때의 패널티 함숫값 ϕ_k^*, 목적함수 값 f_k^* 등은 아래 표 7.4에 요약하여 나타내었다. ■

표 7.4 예제 7.8 결과

k	r_k 수치	ϕ_k 최소화를 위한 시작점	ϕ_k 최소화의 반복 횟수	최소점 X_k^*	ϕ_k^*	f_k^*
1	1.0×10^{0}	$\begin{bmatrix} 0.1 \\ 0.1 \\ 3.0 \end{bmatrix}$	9	$\begin{bmatrix} 0.37898 \\ 1.67965 \\ 2.34617 \end{bmatrix}$	10.36219	5.70766
2	1.0×10^{-1}	$\begin{bmatrix} 0.37898 \\ 1.67965 \\ 2.34617 \end{bmatrix}$	7	$\begin{bmatrix} 0.10088 \\ 1.41945 \\ 1.68302 \end{bmatrix}$	4.12440	2.73267
3	1.0×10^{-2}	$\begin{bmatrix} 0.10088 \\ 1.41945 \\ 1.68302 \end{bmatrix}$	5	$\begin{bmatrix} 0.03066 \\ 1.41411 \\ 1.49842 \end{bmatrix}$	2.25437	1.83012
4	1.0×10^{-3}	$\begin{bmatrix} 0.03066 \\ 1.41411 \\ 1.49842 \end{bmatrix}$	3	$\begin{bmatrix} 0.009576 \\ 1.41419 \\ 1.44081 \end{bmatrix}$	1.67805	1.54560
5	1.0×10^{-4}	$\begin{bmatrix} 0.009576 \\ 1.41419 \\ 1.44081 \end{bmatrix}$	7	$\begin{bmatrix} 0.003020 \\ 1.41421 \\ 1.42263 \end{bmatrix}$	1.49745	1.45579
6	1.0×10^{-5}	$\begin{bmatrix} 0.003020 \\ 1.41421 \\ 1.42263 \end{bmatrix}$	3	$\begin{bmatrix} 0.0009530 \\ 1.41421 \\ 1.41687 \end{bmatrix}$	1.44052	1.42735
7	1.0×10^{-6}	$\begin{bmatrix} 0.0009530 \\ 1.41421 \\ 1.41687 \end{bmatrix}$	3	$\begin{bmatrix} 0.0003013 \\ 1.41421 \\ 1.41505 \end{bmatrix}$	1.42253	1.41837
8	1.0×10^{-7}	$\begin{bmatrix} 0.0003013 \\ 1.41421 \\ 1.41505 \end{bmatrix}$	3	$\begin{bmatrix} 0.00009535 \\ 1.41421 \\ 1.41448 \end{bmatrix}$	1.41684	1.41553

표 7.4 예제 7.8 결과(계속)

k	r_k 수치	ϕ_k 최소화를 위한 시작점	ϕ_k 최소화의 반복횟수	최소점 X_k^*	ϕ_k^*	f_k^*
9	1.0×10^{-8}	$\begin{bmatrix}0.00009535\\1.41421\\1.41448\end{bmatrix}$	5	$\begin{bmatrix}0.00003019\\1.41421\\1.41430\end{bmatrix}$	1.41505	1.41463
10	1.0×10^{-9}	$\begin{bmatrix}0.00003019\\1.41421\\1.41430\end{bmatrix}$	4	$\begin{bmatrix}0.000009567\\1.41421\\1.41424\end{bmatrix}$	1.41448	1.41435
11	1.0×10^{-10}	$\begin{bmatrix}0.000009567\\1.41421\\1.41424\end{bmatrix}$	3	$\begin{bmatrix}0.00003011\\1.41421\\1.41422\end{bmatrix}$	1.41430	1.41426
12	1.0×10^{-11}	$\begin{bmatrix}0.000003011\\1.41421\\1.41422\end{bmatrix}$	3	$\begin{bmatrix}0.9562\times10^{-6}\\1.41421\\1.41422\end{bmatrix}$	1.41424	1.41423
13	1.0×10^{-12}	$\begin{bmatrix}0.9562\times10^{-6}\\1.41421\\1.41422\end{bmatrix}$	4	$\begin{bmatrix}0.3248\times10^{-6}\\1.41421\\1.41422\end{bmatrix}$	1.41422	1.41422

수렴 증명 다음 정리는 내부 패널티 함수 방법의 수렴을 증명한다.

정리 7.1 순차적으로 감소하는 r_k에 대한 다음의 함수

$$\phi(\boldsymbol{X},\ r_k)= f(\boldsymbol{X})- r_k\sum_{j=1}^{m}\frac{1}{g_j(\boldsymbol{X})} \tag{7.176}$$

를 비제약 최소화하면, 최소점 $\boldsymbol{X}_k^*$는 $r_k\to 0$일 때 식 7.153에 기술한 제약 문제의 최적해에 수렴한다.

[증명] $\boldsymbol{X}^*$가 제약 문제의 최적해이면 다음을 증명하여야 한다.

$$\lim_{r_k\to 0}[min\ \phi(\boldsymbol{X},r_k)]=\lim_{r_k\to 0}\phi(\boldsymbol{X}_k^*,r_k)= f(\boldsymbol{X})^* \tag{7.177}$$

함수 $f(\boldsymbol{X})$는 연속이고 모든 가변영역의 점 $\boldsymbol{X}$에 대해 $f(\boldsymbol{X}^*)\le f(\boldsymbol{X})$이므로 임의의 $\epsilon>0$에 대해서 다음을 만족하는 가변영역의 점 $\underset{\sim}{\boldsymbol{X}}$를 선택할 수 있다.

$$f(\underset{\sim}{\boldsymbol{X}})< f(\boldsymbol{X}^*)+\frac{\epsilon}{2} \tag{7.178}$$

또 다음의 관계식

$$r_k \le \left\{ \frac{\dfrac{\epsilon}{2m}}{\min\limits_{j} \left[-\dfrac{1}{g_j(\underset{\sim}{\boldsymbol{X}})} \right]} \right\} \tag{7.179}$$

을 만족하는 적절한 k(예를 들어 K)를 선택한다. 이제 $\boldsymbol{X}_k{}^*$가 $\phi(\boldsymbol{X},\ r_k)$의 비제약 최소점이므로 ϕ 함수의 정의로부터

$$f(\boldsymbol{X}^*) \le min\ \phi(\boldsymbol{X},\ r_k) = \phi(\boldsymbol{X}_k{}^*,\ r_k) \tag{7.180}$$

이고, 또한

$$\phi(\boldsymbol{X}_k{}^*,\ r_k) \le \phi(\boldsymbol{X}_K{}^*,\ r_k) \tag{7.181}$$

이다. 즉, $\boldsymbol{X}_k{}^*$에서 $\phi(\boldsymbol{X},\ r_k)$가 최솟값이 되므로 $\boldsymbol{X}_k{}^*$가 아닌 $\boldsymbol{X}$에서의 ϕ의 값은 $\phi(\boldsymbol{X}_k{}^*,\ r_k)$보다 크거나 같다. 더욱이 $r_k < r_K$을 선택하면 $\boldsymbol{X}_k{}^*$가 $\phi(\boldsymbol{X},\ r_k)$의 최소점일 때 다음의 관계식

$$\begin{aligned} \phi(\boldsymbol{X}_K{}^*,\ r_K) &= f(\boldsymbol{X}_K{}^*) - r_K \sum_{j=1}^{m} \frac{1}{g_j(\boldsymbol{X}_K{}^*)} \\ &> f(\boldsymbol{X}_K{}^*) - r_k \sum_{j=1}^{m} \frac{1}{g_j(\boldsymbol{X}_K{}^*)} \\ &> \phi(\boldsymbol{X}_k{}^*,\ r_k) \end{aligned} \tag{7.182}$$

으로부터

$$f(\boldsymbol{X}^*) \le \phi(\boldsymbol{X}_k{}^*,\ r_k) \le \phi(\boldsymbol{X}_K{}^*,\ r_k) \le \phi(\boldsymbol{X}_K{}^*,\ r_K) \tag{7.183}$$

이 된다. 한편

$$\phi(\boldsymbol{X}_K{}^*,\ r_K) \le \phi(\underset{\sim}{\boldsymbol{X}},\ r_K) = f(\underset{\sim}{\boldsymbol{X}}) - r_K \sum_{j=1}^{m} \frac{1}{g_j(\underset{\sim}{\boldsymbol{X}})} \tag{7.184}$$

이므로 위의 두 식 7.183과 7.184를 조합하면 다음 결과를 얻는다.

$$f(\boldsymbol{X}^*) \le \phi(\boldsymbol{X}_k{}^*,\ r_k) \le f(\underset{\sim}{\boldsymbol{X}}) - r_K \sum_{j=1}^{m} \frac{1}{g_j(\underset{\sim}{\boldsymbol{X}})} \tag{7.185}$$

또한, 식 7.179으로부터 관계식

$$-r_K\sum_{j=1}^{m}\frac{1}{g_j(\underset{\sim}{\boldsymbol{X}})}<\frac{\epsilon}{2} \qquad 7.186$$

을 얻을 수 있으므로 식 7.178과 7.186으로부터 부등식 7.185는

$$f(\boldsymbol{X}^*)\le\phi(\boldsymbol{X}_k^*,\ r_k)<f(\boldsymbol{X}^*)+\frac{\epsilon}{2}+\frac{\epsilon}{2}=f(\boldsymbol{X}^*)+\epsilon$$

또는

$$\phi(\boldsymbol{X}_k^*,\ r_k)-f(\boldsymbol{X}^*)<\epsilon \qquad 7.187$$

이 된다. 즉, 주어진 임의의 $\epsilon>0$(이것이 아무리 작더라도)에 대해 위의 부등식을 만족하는 k를 선택하는 것이 가능하다. 따라서 $k\to\infty\,(r_k\to 0)$이면

$$\lim_{r_k\to 0}\phi(\boldsymbol{X}_k^*,\ r_k)=f(\boldsymbol{X}^*)$$

이 된다. ■

추가 결과 상기 증명으로부터 $r_k\to 0$이면 다음과 같이 된다.

$$\lim_{k\to\infty}f(\boldsymbol{X}_k^*)=f(\boldsymbol{X}^*) \qquad 7.188$$

$$\lim_{k\to\infty}r_k\left[-\sum_{j=1}^{m}\frac{1}{g_j(\boldsymbol{X}_k^*)}\right]=0 \qquad 7.189$$

만일 서로 다른 항의 수열 $r_1,\ r_2,\cdots$이 단조 감소하는 양의 값이면, $f(\boldsymbol{X}_1^*)$, $f(\boldsymbol{X}_2^*)$, $\cdot\cdot\cdot$도 서로 다른 단조 감소 함숫값이 됨을 보일 수 있다. 이를 증명하기 위해 두 개의 연속되는 매개변수 r_k와 r_{k+1}가

$$0<r_{k+1}<r_k \qquad 7.190$$

이면 $\boldsymbol{X}_{k+1}^*$에서 $\phi(\boldsymbol{X},\ r_{k+1})$가 최솟값이 되므로

$$f(\boldsymbol{X}_{k+1}^*)-r_{k+1}\sum_{j=1}^{m}\frac{1}{g_j(\boldsymbol{X}_{k+1}^*)}<f(\boldsymbol{X}_k^*)-r_{k+1}\sum_{j=1}^{m}\frac{1}{g_j(\boldsymbol{X}_k^*)} \qquad 7.191$$

이고, 또한 $\boldsymbol{X}_k^*$에서 $\phi(\boldsymbol{X},\ r_k)$가 최솟값이 되므로

$$f(\boldsymbol{X}_k^*)-r_k\sum_{j=1}^{m}\frac{1}{g_j(\boldsymbol{X}_k)}<f(\boldsymbol{X}_{k+1}^*)-r_k\sum_{j=1}^{m}\frac{1}{g_j(\boldsymbol{X}_{k+1}^*)} \qquad 7.192$$

의 관계를 만족한다. 이제 식 7.191을 r_{k+1}으로 식 7.192를 r_k로 나눈 부등식을 더하면

$$\frac{1}{r_{k+1}}f(\boldsymbol{X}^*_{k+1})-\sum_{j=1}^{m}\frac{1}{g_j(\boldsymbol{X}^*_{k+1})}+\frac{1}{r_k}f(\boldsymbol{X}^*_k)-\sum_{j=1}^{m}\frac{1}{g_j(\boldsymbol{X}^*_k)} \tag{7.193}$$

$$<\frac{1}{r_{k+1}}f(\boldsymbol{X}^*_k)-\sum_{j=1}^{m}\frac{1}{g_j(\boldsymbol{X}^*_k)}+\frac{1}{r_k}f(\boldsymbol{X}^*_{k+1})-\sum_{j=1}^{m}\frac{1}{g_j(\boldsymbol{X}^*_{k+1})}$$

이 되고, 위의 식의 양변으로부터 공통항들을 제거하면

$$f(\boldsymbol{X}^*_{k+1})\left(\frac{1}{r_{k+1}}-\frac{1}{r_k}\right)< f(\boldsymbol{X}^*_k)\left(\frac{1}{r_{k+1}}-\frac{1}{r_k}\right) \tag{7.194}$$

와 같이 된다. 따라서 다음의 관계식

$$\frac{1}{r_{k+1}}-\frac{1}{r_k}=\frac{r_k-r_{k+1}}{r_kr_{k+1}}>0 \tag{7.195}$$

으로부터

$$f(\boldsymbol{X}^*_{k+1})< f(\boldsymbol{X}^*_k) \tag{7.196}$$

의 관계가 증명된다.

7.14 볼록 계획 문제

7.13절에서 r_k의 값을 감소해가며 패널티 함수

$$\phi(\boldsymbol{X},\ r_k)= f(\boldsymbol{X})-r_k\sum_{j=1}^{m}\frac{1}{g_j(\boldsymbol{X})},\qquad r_k>0 \tag{7.197}$$

를 순차적으로 최소화하면 그 최소점 $\boldsymbol{X}^*_k$은 $k\rightarrow\infty$가 되면서 아래의 제약 문제의 최소점에 수렴한다.

$$\begin{aligned}&Min \quad f(\boldsymbol{X})\\&\text{subject to}\\&\qquad g_j(\boldsymbol{X})\le 0,\quad j=1,2,\cdots,m\end{aligned} \tag{7.198}$$

위에서 모든 양의 r_k 값에 대해 $\phi(\boldsymbol{X},\ r_k)$가 광역 최솟값을 가지려면 ϕ가 $\boldsymbol{X}$에 관한 강한 볼록함수(strictly convex: $\phi((\alpha X_1+(1-\alpha)X_2),r_k)\gneq(\alpha\phi(X,\ r_k)+(1-\alpha)\phi(X_2,r_k))$

가 되어야 한다. 다음 정리는 ϕ 함수가 강한 볼록함수가 되기 위한 충분조건들을 제공한다. 만일 ϕ가 모든 $r_k > 0$에 대해 볼록함수이면 $\phi(\boldsymbol{X},\ r_k)$는 유일한 최솟값을 갖는다.

정리 7.2 $f(\boldsymbol{X})$와 $g_j(\boldsymbol{X})$가 볼록함수이고, $f(\boldsymbol{X})$와 $g_j(\boldsymbol{X})$ 중 적어도 하나가 강한 볼록함수이면, 식 7.197에서 정의된 함수 $\phi(\boldsymbol{X},\ r_k)$는 $\boldsymbol{X}$의 강한 볼록함수가 된다.

[증명] 두 단계로 이 정리를 증명할 수 있다. 첫 번째 단계는 $g_k(\boldsymbol{X})$가 볼록함수이면 $1/g_k(\boldsymbol{X})$가 오목함수인 것을 증명한다. 두 번째 단계에서는 볼록함수의 양의 일차결합은 볼록함수이고, 함수들 중 적어도 하나가 강한 볼록함수인 볼록함수들의 양의 일차결합은 강한 볼록함수가 됨을 증명한다.

따라서 부록 A의 정리 A.3으로부터 감소 수열 r_k에 대한 $\phi(\boldsymbol{X},\ r_k)$의 최소점 수열은 원래 제약 문제의 광역 최소점을 보장하게 된다. 볼록 조건이 만족되지 않거나 함수가 너무 복잡하여 볼록 조건이 만족되는지 여부를 사전에 알지 못하면 패널티 함수 방법(순차적 비제약 최소방법: SUMT)으로 구한 최소가 광역 최소인 것을 증명하는 것이 가능하지 않을 수 있다. 그러한 경우에는 오직 국부 최소로 만족하여야 한다. 그러나 문제가 여러 개의 국소 최소를 가지면 더욱 많은 연산을 필요로 하지만 항상 가변영역의 다른 시작점에서 SUMT 방법을 다시 적용하여 나은 국소 최소점을 찾을 수 있다. ■

7.15 외부 패널티(Exterior Penalty) 함수 방법

일반적으로 외부 패널티 함수 방법에서 함수 ϕ는

$$\phi(\boldsymbol{X},\ r_k) = f(\boldsymbol{X}) + r_k \sum_{j=1}^{m} \langle g_j(\boldsymbol{X}) \rangle^q \tag{7.199}$$

와 같이 사용된다. 여기서 r_k는 양수 패널티 매개변수, 지수 q는 비음수 상수, 그리고 $\langle g_j(\boldsymbol{X}) \rangle$는 다음과 같이 정의된다.

$$\begin{aligned}\langle g_j(\boldsymbol{X}) \rangle &= max\ \langle g_j(\boldsymbol{X}),\ 0 \rangle \\ &= \begin{cases} g_j(\boldsymbol{X}) & if\ g_j(\boldsymbol{X}) > 0 \ \ (\text{제약 위반}) \\ 0 & if\ g_j(\boldsymbol{X}) \le 0 \ \ (\text{제약 만족}) \end{cases}\end{aligned} \tag{7.200}$$

식 7.199의 우변 두 번째 항의 효과는 제약을 위반하는 양의 q 제곱에 비례하여 $\phi(\boldsymbol{X},\ r_k)$을 증가시킨다는 것이다. 따라서 제약을 위반하면 패널티가 부가되고 제약의 위

반 양 보다 패널티의 양은 더 급속한 비율로 증가하게 된다($q > 1$의 경우). 이러한 이유로 이를 **패널티 함수 방법**이라 부른다. 통상적으로 함수 $\phi(\boldsymbol{X},\ r_k)$는 가변영역 외부에서 최솟값을 가지며, $k \to \infty$ 이고 $r_k \to \infty$이면 비제약 최소점 $\boldsymbol{X}_k^*$는 원래 문제의 최적해에 수렴한다. 따라서 비제약 최소점들은 외부에서 가변영역으로 완만하게 접근하고, $k \to \infty$일 때 $\boldsymbol{X}_k^*$는 궁극적으로 가변영역에 위치하게 된다. 식 7.199에서 q의 값이 다를 경우에 대해 살펴보자.

1. $q = 0$. 이 경우의 ϕ 함수는 다음과 같다.

$$\phi(\boldsymbol{X},\ r_k) = f(\boldsymbol{X}) + r_k \sum_{j=1}^{m} \langle g_j(\boldsymbol{X}) \rangle^0 \tag{7.201}$$

$$= \begin{cases} f(\boldsymbol{X}) + m r_k & if\ \ all\ \ g_j(\boldsymbol{X}) > 0 \\ f(\boldsymbol{X}) & if\ \ all\ \ g_j(\boldsymbol{X}) \le 0 \end{cases}$$

이 함수는 그림 7.11에서 보는 것과 같이 가변영역의 경계에서 불연속이므로 함수를 최소화하는 것은 매우 어렵다.

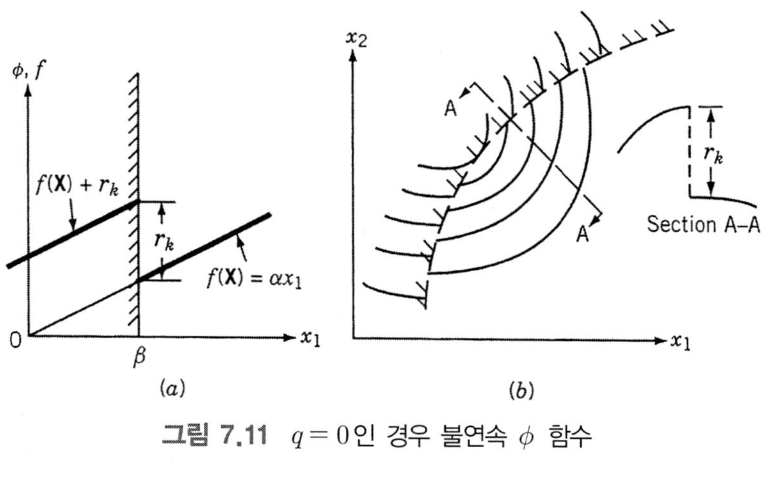

그림 7.11 $q = 0$인 경우 불연속 ϕ 함수

2. $0 < q < 1$. 이 경우의 ϕ 함수는 연속이나 제약 위반에 대한 패널티가 너무 작을 수 있다. 또한, 함수의 도함수가 가변영역 경계를 따라 불연속이다. 따라서 ϕ 함수를 최소화하는 것이 어렵게 된다. 전형적인 ϕ 함수의 등고선들은 그림 7.12와 같다.
3. $q = 1$. 이때는 어떤 제한조건 하에서 모든 $r_k > r_0$에 대해 $\phi(\boldsymbol{X},\ r_k)$의 최소가 정확하게 원래 제약 문제의 최소가 되는 r_0가 존재하는 것을 Zangwill이 증명하였다 [7.16]. 그러나 ϕ 함수의 등고선들은 그림 7.12의 등고선들과 유사하고 경계를 따라 불연속 일차 도함수들을 갖는다. 따라서 한 번의 비제약 최소화로 제약 최소점을 얻

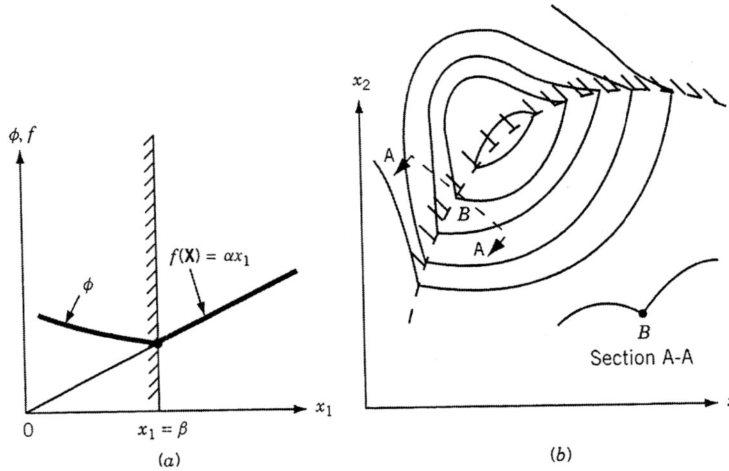

그림 7.12 $0 < q < 1$인 경우, 불연속인 ϕ 함수의 도함수

을 수 있어서 단일 r_k를 선택할 수 있는 편리함에도 불구하고 연산적인 관점에서 보면 이 방법은 상당히 매력적이지는 못하다.

4. $q > 1$. 이 경우에는 그림 7.13과 같이 ϕ 함수가 연속인 일차 도함수를 갖는다. 즉,

$$\frac{\partial \phi}{\partial x_i} = \frac{\partial f}{\partial x_i} + r_k \sum_{j=1}^{m} q \langle g_j(\boldsymbol{X}) \rangle^{q-1} \frac{\partial g_j(\boldsymbol{X})}{\partial x_i} \tag{7.202}$$

일반적으로 실제 연산에서는 $q = 2$를 선택하므로 이제부터 외부 패널티 함수 방법에서는 $q > 1$로 가정한다.

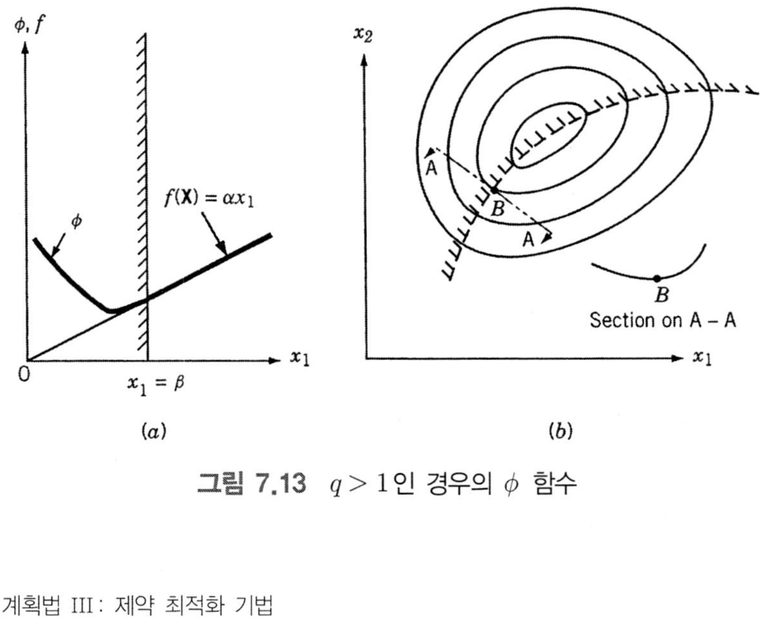

그림 7.13 $q > 1$인 경우의 ϕ 함수

알고리즘 다음과 같이 외부 패널티 함수 방법을 기술할 수 있다.

1. 임의 설계벡터 $\boldsymbol{X}_1$과 패널티 매개변수 r_1의 적절한 값으로 시작한다. $k=1$로 설정한다.
2. 다음 함수를 최소화하는 벡터 $\boldsymbol{X}_k^*$를 찾는다.

$$\phi(\boldsymbol{X},\ r_k)=f(\boldsymbol{X})+r_k\sum_{j=1}^{m}\langle g_j(\boldsymbol{X})\rangle^q$$

3. 점 $\boldsymbol{X}_k{}^*$가 모든 제약들을 만족하는지 확인한다. 만일 $\boldsymbol{X}_k{}^*$가 가변영역의 점이면 이는 최적해이므로 절차를 종료한다. 그렇지 않으면 4단계로 간다.
4. 패널티 매개변수의 값을

$$r_{k+1}>r_k$$

이 되도록 선택하고, $k=k+1$로 설정하여 2단계로 간다. 통상적으로 $r_{k+1}=cr_k$ 관계식에 따라 r_{k+1}의 값을 선택한다. 여기서 c는 1보다 큰 상수이다.

예제 7.9

외부 패널티 함수 방법을 사용하여 다음 문제를 해결하라.

$$Min \qquad f(x_1,\ x_2)=\frac{1}{3}(x_1+1)^3+x_2$$

subject to

$$g_1(x_1,\ x_2)=1-x_1\le 0$$

$$g_2(x_1,\ x_2)=-x_2\le 0$$

[풀이] 위의 제약 문제를 해결하는데 미적분법을 사용하면서 외부 패널티 함수 방법을 설명하기로 한다. 따라서 임의의 초기점 $\boldsymbol{X}_1$은 필요가 없다. 위 문제에 대한 ϕ 함수는

$$\phi(\boldsymbol{X},\ r)=\frac{1}{3}(x_1+1)^3+x_2+r\left[max(0,\ 1-x_1)\right]^2+r\left[max(0,\ -x_2)\right]^2$$

이고, $\phi(\boldsymbol{X},\ r)$의 비제약 최소를 위한 필요조건은

$$\frac{\partial\phi}{\partial x_1}=(x_1+1)^2-2r\left[max(0,\ 1-x_1)\right]=0$$

$$\frac{\partial\phi}{\partial x_2}=1-2r\left[max(0,\ -x_2)\right]=0$$

와 같다. 이때 위의 두 식은 다음과 같이 작성할 수 있다.

$$min \ \left[(x_1+1)^2,\ (x_1+1)^2-2r(1-x_1)\right]=0 \tag{E.1}$$

$$min \ \left[1,\ 1+2rx_2\right]=0 \tag{E.2}$$

위의 식 E.1에서 $(x_1+1)^2=0$ 이면 $x_1=-1$로서 첫 번째 제약을 위반한다. 따라서

$$(x_1+1)^2-2r(1-x_1)=0, \quad x_1=-1-r+\sqrt{r^2+4r}$$

이며, 식 E.2에서 유일한 가능성은 $1+2rx_2=0$이므로 $x_2=-1/2r$이다. 그러므로 비제약 최소화 문제의 해는 다음과 같다.

$$x_1^*(r)=-1-r+r\left(1+\frac{4}{r}\right)^{1/2} \tag{E.3}$$

$$x_2^*(r)=-\frac{1}{2r} \tag{E.4}$$

위의 관계식으로부터 원래 제약된 문제의 최적해는

$$x_1^*=\lim_{r\to\infty}x_1^*(r)=1, \quad x_2^*=\lim_{r\to\infty}x_2^*(r)=0$$
$$f_{min}=\lim_{r\to\infty}\phi_{min}(r)=\frac{8}{3}$$

와 같다. r이 점점 증가할 때 방법의 수렴성을 아래의 표 7.5에서 볼 수 있다. ■

표 7.5 예제 7.9 결과

r 수치	x_1^*	x_2^*	$\phi_{min}(r)$	$f_{min}(r)$
0.001	−0.93775	−500.00000	−249.9962	−500.0000
0.01	−0.80975	−50.00000	−24.9650	−49.9977
0.1	−0.45969	−5.00000	−2.2344	−4.9474
1	0.23607	−0.50000	0.9631	0.1295
10	0.83216	−0.05000	2.3068	2.0001
100	0.98039	−0.00500	2.6249	2.5840
1,000	0.99800	−0.00050	2.6624	2.6582
10,000	0.99963	−0.00005	2.6655	2.6652
∞	1	0	8/3	8/3

수렴 증명 함수 f와 $g_j(j=1, 2, \cdot\cdot\cdot, m)$가 연속이고 주어진 문제의 최적해가 존재하는 것으로 가정하여 외부 패널티 함수 방법의 알고리즘의 수렴성을 증명한다. 외부 패널티 함수 방법의 수렴을 증명하는 데는 다음 결과들이 유용하다.

정리 7.3 만일 패널티 함수

$$\phi(\boldsymbol{X}, r_k) = f(\boldsymbol{X}) + r_k G[\boldsymbol{g}(\boldsymbol{X})] = f(\boldsymbol{X}) + r_k \sum_{j=1}^{m} \langle g_j(\boldsymbol{X}) \rangle^q$$

이면 모든 $0 < r_k < r_{k+1}$에 대해 다음 관계식들이 성립한다.

1. $\phi(\boldsymbol{X}_k^*, r_k) \leq \phi(\boldsymbol{X}_{k+1}^*, r_{k+1})$
2. $f(\boldsymbol{X}_k^*) \leq f(\boldsymbol{X}_{k+1}^*)$
3. $G[\boldsymbol{g}(\boldsymbol{X}_k^*)] \geq \boldsymbol{G}[\boldsymbol{g}(X_{k+1}^*)]$

[증명] 정리 7.1의 증명과 유사하다.

정리 7.4 증가수열 r_k에 대한 식 7.199의 각 함수 $\phi(\boldsymbol{X}, r_k)$의 비제약 최소점 $\boldsymbol{X}_k^*$는 $r_k \to \infty$ 일 때 제약 문제의 최적해 $\boldsymbol{X}^*$에 수렴한다.

[증명] 정리 7.1의 증명과 유사하다.

7.16 내부 패널티 함수 방법의 외삽(Extrapolation)기법

내부 패널티 함수 방법에서 비제약 최소점 $\boldsymbol{X}_1^*$, $\boldsymbol{X}_2^*$, $\cdot\cdot\cdot$, $\boldsymbol{X}_k^*$를 찾기 위해 수열 $r_1 > r_2 > \cdot\cdot\cdot > r_k$에 대한 ϕ 함수가 순차적으로 최소화된다. 각 최소점 $\boldsymbol{X}_1^*$, $\boldsymbol{X}_2^*$, $\cdot\cdot\cdot$, $\boldsymbol{X}_k^*$에 상응하는 각각의 목적함수 값을 f_1^*, f_2^*, $\cdot\cdot\cdot$, f_k^*라 하자. 이때 수열 $\boldsymbol{X}_1^*$, $\boldsymbol{X}_2^*$, $\cdot\cdot\cdot$, $\boldsymbol{X}_k^*$는 최소점 $\boldsymbol{X}^*$로 수렴하고, 수열 f_1^*, f_2^*, $\cdot\cdot\cdot$, f_k^*는 $r_k \to 0$일 때 식 7.153의 원래 제약 문제의 최솟값 f^*에 수렴하는 것을 증명하였다. 그러나 비제약 함수 ϕ의 최소화를 수행한 후 지금까지 얻은 결과들을 사용하여 **외삽기법**(extraploation technique)이란 방법으로 원래 제약 문제의 최소를 추정할 수 있다. 본 절에서는 설계벡터와 목적함수의 외삽을 고려한다.

7.16.1 설계벡터 X의 외삽

서로 다른 $r_i(i=1,\ 2,\ \cdot\ \cdot\ \cdot\ ,\ k)$에 대하여 함수 $\phi(\boldsymbol{X},\ r_i)$의 서로 다른 비제약 최소점 벡터 $\boldsymbol{X}_i^*(i=1,\ 2,\ \cdot\ \cdot\ \cdot\ ,\ k)$를 얻게 되므로 비제약 함수 $\phi(\boldsymbol{X},\ r)$의 최소점 벡터 $\boldsymbol{X}^*(r)$ 는 r에 관한 근사 다항식

$$\boldsymbol{X}^*(r)=\sum_{j=0}^{k-1}\boldsymbol{A}_j(r)^j=\boldsymbol{A}_0+r\boldsymbol{A}_1+r^2\boldsymbol{A}_2+\cdot\cdot\cdot+r^{k-1}\boldsymbol{A}_{k-1} \tag{7.203}$$

으로 표현된다. 여기서 $\boldsymbol{A}_j$는 n-성분 벡터들이다. 위의 식에 알고 있는 조건

$$\boldsymbol{X}^*(r=r_i)=\boldsymbol{X}_i^*,\quad i=1,2,\cdot\cdot\cdot,\ k \tag{7.204}$$

을 대입하면 벡터 $\boldsymbol{A}_j$, $j=0,\ 1,\ 2,\cdots,\ k-1$을 유일하게 결정할 수 있다. 이제 식 7.203의 $\boldsymbol{X}^*(r)$은 구간 $(0,\ r_1)$에서(r_1이 가장 크므로) $\phi(\boldsymbol{X},\ r_i)$의 비제약 최소점에 대한 양호한 근사점이 된다. 한편, 식 7.203에서 $r=0$으로 설정하면 실제 최소점 $\boldsymbol{X}^*$에 대한 추정치

$$\boldsymbol{X}^*=\boldsymbol{X}^*(r=0)=\boldsymbol{A}_0 \tag{7.205}$$

을 얻을 수 있다. 위에서 반드시 r의 $(k-1)$차 다항식으로 $\boldsymbol{X}^*(r)$을 근사화할 필요는 없다. 사실 $\boldsymbol{X}^*(r)$을 근사화하기 위해 $1\le p\le k-1$ 차수의 다항식을 사용하면 되는데, 이때는 근사다항식을 정확하게 찾기 위해 $\boldsymbol{X}_1^*,\ \boldsymbol{X}_2^*,\ \cdot\ \cdot\ \cdot\ ,\ \boldsymbol{X}_k^*$ 중 오직 $p+1$개의 점만이 필요하다.

가장 단순한 경우로서 $\boldsymbol{X}^*(r)$의 일차근사식

$$\boldsymbol{X}^*(r)=\boldsymbol{A}_0+r\boldsymbol{A}_1 \tag{7.206}$$

을 살펴보면 벡터 $\boldsymbol{A}_0$와 $\boldsymbol{A}_1$을 구하기 위해 두 개의 비제약 최소점이 필요하다. 만일 k번째 비제약 최소화의 종료부에서 외삽을 수행한다면, 일반적으로 벡터 $\boldsymbol{A}_0$와 $\boldsymbol{A}_1$을 구하기 위해 가장 최근 정보를 사용하면 된다. $\boldsymbol{X}_{k-1}^*$과 $\boldsymbol{X}_k^*$가 r_{k-1}과 r_k에 상응하는 비제약 최소점이면 $r_k=cr_{k-1}(c<1)$이므로 식 7.206으로부터

$$\boldsymbol{X}^*(r=r_{k-1})=\boldsymbol{A}_0+r_{k-1}\boldsymbol{A}_1=\boldsymbol{X}_{k-1}^* \tag{7.207}$$

$$\boldsymbol{X}^*(r=r_k)=\boldsymbol{A}_0+cr_{k-1}\boldsymbol{A}_1=\boldsymbol{X}_k^*$$

이므로

$$\boldsymbol{A}_0 = \frac{\boldsymbol{X}_k^* - c\boldsymbol{X}_{k-1}^*}{1-c} \qquad 7.208$$
$$\boldsymbol{A}_1 = \frac{\boldsymbol{X}_{k-1}^* - \boldsymbol{X}_k^*}{r_{k-1}(1-c)}$$

를 얻는다. 식 7.206과 7.208로부터 실제 최소점의 외삽된 점은

$$\boldsymbol{X}^*(r=0) = \boldsymbol{A}_0 = \frac{\boldsymbol{X}_k^* - c\boldsymbol{X}_{k-1}^*}{1-c} \qquad 7.209$$

와 같다.

식 7.203의 외삽기법에는 다음의 여러 장점이 있다.

1. 식 7.205로 원래 문제의 최적해에 대한 양호한 추정할 수 있다.
2. 최소화 과정의 다른 수렴 판정기준으로 사용할 수 있다. 즉, k번째 반복회에서 얻은 점 $\boldsymbol{X}_k^*$가 사전 설정된 작은 정량의 벡터 $\boldsymbol{\epsilon}$에 대하여 다음의 관계식

$$|\boldsymbol{X}_k^* - \boldsymbol{X}^*(r=0)| \le \boldsymbol{\epsilon} \qquad 7.210$$

   을 만족하면 최적해로 판정할 수 있다.
3. 여러 번의 최소화를 완료한 후 ϕ 함수의 다음 최소 근사점을 추정하는데 이 방법을 사용할 수 있다. 즉, ϕ 함수의 $k+1$번째 최소점을 구하기 위한 시작점으로 이 추정을 사용할 수 있다. 이전 k개의 최소점으로부터 수집된 정보를 토대로 $k+1$번째 최소점의 추정은 식 7.203에 의해 다음과 같이 주어진다.

$$\boldsymbol{X}_{k+1}^* \simeq \boldsymbol{X}^*\left(r = r_{k+1} = r_1 c^k\right) \qquad 7.211$$
$$= \boldsymbol{A}_0 + \left(r_1 c^k\right)\boldsymbol{A}_1 + \left(r_1 c^k\right)^2 \boldsymbol{A}_2 + \cdot\cdot\cdot + \left(r_1 c^k\right)^{k-1} \boldsymbol{A}_{k-1}$$

   만일 식 7.206과 7.208을 사용하면 위의 추정은

$$\boldsymbol{X}_{k+1}^* \simeq \boldsymbol{X}^*\left(r = c^2 r_{k-1}\right) = \boldsymbol{A}_0 + c^2 r_{k-1}\boldsymbol{A}_1 \qquad 7.212$$
$$= (1+c)\boldsymbol{X}_k^* - c\boldsymbol{X}_{k-1}^*$$

   와 같다.

토론 특정 조건 하에서 실제 최소점 $\boldsymbol{X}^*$와 최소 근사점 $\boldsymbol{X}^*(r=0) = \boldsymbol{A}_0$의 차이는 r_1^k의 차수 정도가 됨이 증명되었다[7.17]. 따라서 $r_1 \to 0$이면 $\boldsymbol{A}_0 \to \boldsymbol{X}^*$이 된다. 더욱이 $r_1 < 1$이면 k개의 최소점을 사용하여 얻은 $\boldsymbol{X}^*$의 추정은 $k-1$개의 최소점을 사용하여

얻은 $\boldsymbol{X}^*$의 추정보다 실제 해에 가깝고, 또 더 많은 최소점을 이용할수록 $\boldsymbol{X}^*$의 추정 $\boldsymbol{X}^*_{k+1}$은 더욱 개선된다. 또한 이 추정을 ϕ 함수의 $k+1$번째 최소화의 시작점으로 사용하면 ϕ 함수를 반복적으로 최소화하는데 필요한 노력을 상당히 감소시켜 전체 과정을 가속하게 된다. 그러나 컴퓨터 저장 공간과 정확도(고차항 추정시 중요한 수치 절단 오차와 같은)를 고려한다면 식 7.203에서 다항식의 차수가 제한될 수밖에 없다. 실전에서는 r의 2차 및 3차식의 외삽법을 사용할 때 $\boldsymbol{X}^*$ 및 $\boldsymbol{X}^*_{k+1}$의 추정이 양호한 것으로 밝혀졌다. 때로는 식 7.205, 7.209, 7.211 그리고 7.212로 외삽된 점이 제약을 위반할 수 있으므로 그 다음 함수 ϕ의 최소화에 대한 시작점으로 외삽된 점을 사용하기 전에 외삽된 점이 가변영역에 있는지를 확인하여 만일 외삽된 점이 가변영역의 점이 아니면 사용해서는 안된다.

7.16.2 목적함수 f의 외삽

설계벡터의 경우와 같이 원래 목적함수 f^*의 최적값을 추정하기 위해 외삽기법을 사용하는 것이 가능하다. 예를 들어 벡터 $\boldsymbol{X}_1^*$, $\boldsymbol{X}_2^*$, $\cdots$, $\boldsymbol{X}_k^*$에서 목적함수의 값을 각각 $f_1^*, f_2^*, \cdots, f_k^*$라 하자. 점 $\boldsymbol{X}_1^*$, $\boldsymbol{X}_2^*$, $\cdots$, $\boldsymbol{X}_k^*$는 r_1, r_2, $\cdots$, r_k에 상응하는 ϕ 함수의 비제약 최소점이므로 목적함수 f^*를 r의 함수로 추정할 수 있다. 즉, f^*를 r의 $k-1$차 근사다항식

$$f^*(r)=\sum_{j=0}^{k-1} a_j(r)^j = a_0 + a_1 r + a_2 r^2 + \cdot\cdot\cdot + a_{k-1} r^{k-1} \qquad 7.213$$

으로 추정하고 다음의 알고 있는 조건

$$f^*(r=r_i)=f_i^* = a_0 + a_1 r_i + a_2 r_i^2 + \cdots + a_{k-1} r_i^{k-1},\ \ i=1,\ 2, \cdots,\ k \qquad 7.214$$

들을 이용하여 상수 $a_j(j=0,1,2,\cdot\cdot\cdot, k-1)$를 구할 수 있다. 식 7.213은 구간 $(0,\ r_1)$에서 실제 f^*에 대한 양호한 근사식이므로 다음과 같이 f의 제약 최솟값에 대한 추정을 얻을 수 있다.

$$f^* \simeq f^*(r=0)=a_0 \qquad 7.215$$

만일 r_{k-1}과 $r_k = c r_{k-1}$에 상응하는 최종 두 함숫값 f^*_{k-1}과 f^*_k을 사용하여 f^*에 대한 선형 근사화를 하는 경우라면,

$$f^*_{k-1} = a_0 + r_{k-1} a_1 \qquad 7.216$$

$$f^*_k = a_0 + c r_{k-1} a_1$$

로부터 다음 결과를 얻는다.

$$a_0 = \frac{f_k^* - cf_{k-1}^*}{1-c} \quad 7.217$$

$$a_1 = \frac{f_{k-1}^* - f_k^*}{r_{k-1}(1-c)} \quad 7.218$$

$$f^*(r) = \frac{f_k^* - cf_{k-1}^*}{1-c} + \frac{r}{r_{k-1}} \frac{f_{k-1}^* - f_k^*}{1-c} \quad 7.219$$

또한, 위의 식으로부터 f^*의 추정 값은

$$f^* \simeq f^*(r=0) = a_0 = \frac{f_k^* - cf_{k-1}^*}{1-c} \quad 7.220$$

와 같음을 알 수 있다. 내부 패널티 함수 방법의 수렴 판정기준을 제공하기 위해 외삽된 수치 a_0를 사용할 수 있다. 즉, ϕ의 k번째 비제약 최소화에서 얻은 f_k^* 값이 외삽된 수치 a_0에 충분히 인접하여 아래의 관계식

$$\left| \frac{f_k^* - a_0}{f_k^*} \right| \le \epsilon \quad 7.221$$

을 만족할 때 과정을 종료할 수 있다. 여기서 ϵ는 명시된 작은 값이다.

예제 7.10

예제 7.8에서 $\phi(\boldsymbol{X}, r_1)$과 $\phi(\boldsymbol{X}, r_2)$를 최소화한 결과를 사용하여 $\boldsymbol{X}$와 f의 외삽된 수치를 구하여라.

[풀이] 예제 7.8의 결과로부터 $r_1 = 1.0$일 때

$$\boldsymbol{X}_1^* = \begin{pmatrix} 0.37898 \\ 1.67965 \\ 2.34617 \end{pmatrix}, \quad f_1^* = 5.70766$$

이고, $r_2 = 0.1$인 경우

$$c = 0.1, \quad \boldsymbol{X}_2^* = \begin{pmatrix} 0.10088 \\ 1.41945 \\ 1.68302 \end{pmatrix}, \quad f_2^* = 2.73267$$

이다. $\boldsymbol{X}^*(r)$의 선형근사식 7.206을 사용하면 식 7.209로부터 외삽된 벡터 $\boldsymbol{X}^*$는

$$\boldsymbol{X}^* \simeq \boldsymbol{A}_0 = \frac{\boldsymbol{X}_2{}^* - c\boldsymbol{X}_1{}^*}{1-c} = \frac{1}{0.9}\left[\begin{pmatrix}0.10088\\1.41945\\1.68302\end{pmatrix} - 0.1\begin{pmatrix}0.37898\\1.67865\\2.34617\end{pmatrix}\right] \tag{E.1}$$

$$= \begin{pmatrix}0.06998\\1.39053\\1.60933\end{pmatrix} \tag{E.2}$$

와 같다. 또한, 목적함수의 선형근사식 $f^*(r) = a_0 + a_1 r$를 사용하며 식 7.220으로부터 다음 결과를 얻는다.

$$f^* \simeq \frac{f_2{}^* - cf_1{}^*}{1-c} = \frac{1}{0.9}[2.73267 - 0.1(5.707667)] = 2.40211 \tag{E.3}$$

외삽된 설계벡터 $\boldsymbol{X}^*$는 가변영역의 점인 것을 확인할 수 있으므로 다음 반복회에서 함수 ϕ의 최소화를 위한 시작점으로 사용할 수 있다. ■

7.17 내부 패널티 확장(Extended Interior Penalty) 함수 방법

내부 패널티 함수 방법에서는 함수 ϕ가 가변영역 내부에서만 정의된다. 제5장에서 기술한 1차원 최소화 방법들을 사용하여 구한 최적 이동길이로 이동한 점은 가변영역 외부에 위치할 수 있으므로 이러한 문제를 방지하기 위해 ϕ 함수를 가변영역 외부에서도 정의하여 1차원 최소화 방법을 수정한 **내부 패널티 확장 함수 방법**이 제안되었다. 내부 패널티 확장 함수 방법은 부등식 제약에 대한 내부와 외부 패널티 방법의 최상의 특성을 조합한 방법이다. 본 절에서는 여러 가지의 내부 패널티 함수의 확장법을 소개한다.

7.17.1 선형 확장 패널티 함수 방법

Kavlie & Moe[7.18]가 최초로 선형 확장 패널티 함수 방법을 제안하였으며, 후에 Cassis & Schmit[7.19]가 개선하였다. 이 방법에서 ϕ_k 함수는 다음과 같이 구성된다.

$$\phi_k = \phi(\boldsymbol{X},\ r_k) = f(\boldsymbol{X}) + r_k \sum_{j=1}^{m} \tilde{g}_j(\boldsymbol{X}) \tag{7.222}$$

단,

$$\tilde{g}_j(\boldsymbol{X}) = \begin{cases} -\dfrac{1}{g_j(\boldsymbol{X})} & if \;\; g_j(\boldsymbol{X}) \le \epsilon \\ -\dfrac{2\epsilon - g_j(\boldsymbol{X})}{\epsilon^2} & if \;\; g_j(\boldsymbol{X}) > \epsilon \end{cases} \tag{7.223}$$

그리고 ϵ은 내부 패널티 $[g_j(\boldsymbol{X}) \le \epsilon]$으로부터 외부 패널티 $[g_j(\boldsymbol{X}) > \epsilon]$ 확장으로의 변이를 표시하는 작은 음의 수이다. 개선된 가변영역의 점들을 순차적으로 생성하기 위해서 ϵ의 값을 함수 ϕ_k가 제약 경계에서 양의 기울기를 갖도록 선택하여야 한다. 일반적으로

$$\epsilon = -c(r_k)^a \tag{7.224}$$

와 같이 선택된다. 여기서 c와 a는 상수이다. 이때 상수 a는 $1/3 \le a \le 1/2$가 되도록 선택하는데, $a = 1/3$은 r_k가 0으로 접근하면 제약의 위반에 대한 패널티의 증가를 보장하고, 반면에 $a = 1/2$은 패널티 함수의 이차식 범위 내로 최소점 $\boldsymbol{X}^*$를 유지한다. 최적화 시작에서는 $-0.3 \le \epsilon \le -0.1$ 범위에서 ϵ을 선택하여야 한다. 초기 설계벡터 $\boldsymbol{X}_1$에서 $f(\boldsymbol{X})$와 $r_1 \sum_{j=1}^{m} \tilde{g}_j(\boldsymbol{X})$ 수치들이 동일하도록 r_1 수치를 선정한 후 식 7.224에서 상수 c를 결정한다. 식 7.224로부터 현재 r_k의 값을 사용하여 각 비제약 최소화의 시작에서 ϵ의 값을 계산하고, 이 비제약 최소화 수행 동안 상수로 유지한다. 선형 확장 패널티 함수 방법이 실행되는 흐름도는 그림 7.14와 같다.

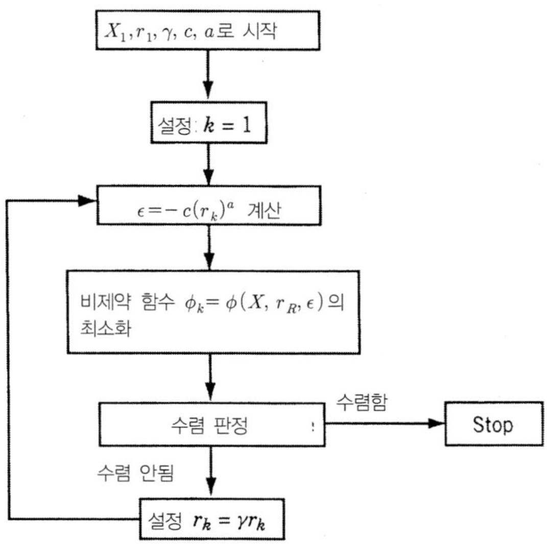

그림 7.14 선형 확장 패널티 함수 방법

7.17.2 이차식 확장 패널티 함수 방법

식 7.222에 의해 정의된 ϕ_k 함수는 $g_j(\boldsymbol{X})=\epsilon$에서 연속인 일차 도함수들을 갖는 연속 함수이나 $g_j(\boldsymbol{X})=\epsilon$에서 이차 도함수들은 불연속이므로 비제약 최소화를 구하기 위해 이차(second-order) 미분법을 사용하는 것이 불가능하다[7.20]. 따라서 $g_j(\boldsymbol{X})=\epsilon$에서 연속인 이차 도함수를 갖도록 이차식 확장 패널티 함수를 정의된다. 즉,

$$\phi_k=\phi(\boldsymbol{X},\ r_k)=f(\boldsymbol{X})+r_k\sum_{j=1}^{m}\tilde{g}_j(\boldsymbol{X}) \tag{7.225}$$

단,

$$\tilde{g}_j(\boldsymbol{X})=\begin{cases}-\dfrac{1}{g_j(\boldsymbol{X})} & if\ \ g_j(\boldsymbol{X})\le\epsilon \\ -\dfrac{1}{\epsilon}\left[\dfrac{g_j(\boldsymbol{X})}{\epsilon}\right]^2-3\dfrac{g_j(\boldsymbol{X})}{\epsilon}+3 & if\ \ g_j(\boldsymbol{X})>\epsilon\end{cases} \tag{7.226}$$

식 7.222와 비교하여 식 7.225에서는 ϕ_k의 비선형성 정도가 증가되었지만 위와 같이 정의된 ϕ_k를 비제약 최소화하는 데는 이차 미분법을 사용할 수 있다. 내부 패널티 확장 함수 방법의 개념을 일반화하여 변수 패널티 함수 방법을 정의할 때, 특수한 경우에 선형 및 이차식 방법들을 유도할 수 있다[7.24].

예제 7.11

다음 문제에 대해 선형 확장 내부 패널티 함수를 사용하여 함수 ϕ_k의 등고선들을 작도하라.

$$\begin{aligned}&Min \quad f(x)=(x-1)^2\\&\text{subject to}\\&\qquad g_1(x)=2-x\le 0\\&\qquad g_2(x)=x-4\le 0\end{aligned}$$

[풀이] 상수 $c=0.2$와 $a=0.5$를 선택하여 $\epsilon=-0.2\sqrt{r_k}$가 되도록 한다. 식 7.222와 같이 ϕ_k 함수를 정의하고, r_k의 값으로 10.0, 1.0, 0.1, 그리고 0.01을 각각 선택하여 x의 여러 값에 따라 ϕ_k의 값을 계산하여 이를 작도하면 그림 7.15와 같다. 비교하기 위해 $f(x)$의 그래프를 그림 7.15에 동시에 나타내었다. ■

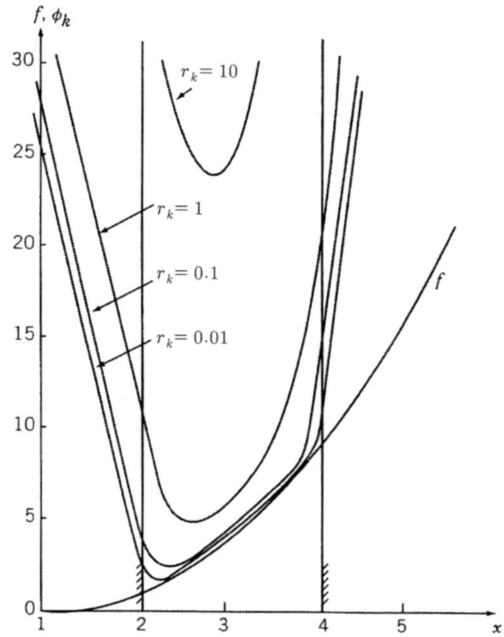

그림 7.15 ϕ_k 그래프

7.18 등식 및 부등식 제약 문제의 패널티 함수 방법

등식 제약들을 포함하는 문제에는 앞 절에서 기술한 알고리즘을 직접 적용할 수 없다. 본 절에서는 다음과 같은 일반적인 문제에 적용할 수 있는 방법들을 다루고자 한다.

$Min \quad f(\boldsymbol{X})$

subject to

$$g_j(\boldsymbol{X}) \le 0, \quad j = 1, 2, \cdot\cdot\cdot, m \qquad 7.227$$

$$l_j(\boldsymbol{X}) = 0, \quad j = 1, 2, \cdot\cdot\cdot, p$$

7.18.1 내부 패널티 함수 방법

식 7.154와 유사하게 식 7.227의 제약 문제를 아래와 같은 함수

$$\phi_k = \phi(\boldsymbol{X},\ r_k) = f(\boldsymbol{X}) + r_k \sum_{j=1}^{m} G_j[g_j(\boldsymbol{X})] + H(r_k) \sum_{j=1}^{p} l_j^2(\boldsymbol{X}) \qquad 7.228$$

를 정의하여 비제약 최소화 문제로 변환할 수 있다. 앞에서 G_j는 제약 g_j에 관한 함수로 제약 경계에 접근하면서 무한대가 되는 함수이고, $H(r_k)$는 매개변수 r_k의 함수로 r_k가 0에 가까우면 무한대가 되는 함수이다. 식 7.228의 세 번째 항을 포함한 중요한 동기는 $H(r_k)\to\infty$ 일 때 $\sum_{j=1}^{p} l_j^2(\boldsymbol{X})$가 반드시 0이 되도록 하는 것이다. 이때 만일 $\sum_{j=1}^{p} l_j^2(\boldsymbol{X})$가 0이 되지 않으면 ϕ_k는 무한대로 커지게 되는데, 원래의 문제가 해를 가지고 있는 경우에는 순차적인 최소화 과정에서 이런 일이 일어날 수가 없다. Fiacco & McCormic은 식 7.228을 다음과 같이 사용하였다.

$$\phi_k = \phi(\boldsymbol{X},\ r_k) = f(\boldsymbol{X}) - r_k \sum_{j=1}^{m} \frac{1}{g_j(\boldsymbol{X})} + \frac{1}{\sqrt{r_k}} \sum_{j=1}^{p} l_j^2(\boldsymbol{X}) \qquad 7.229$$

다음의 정리는 r_k값을 순차적으로 감소함에 따라 구한 ϕ_k의 비제약 최소점 $\boldsymbol{X}_k^*$가 식 7.227에 주어진 원래 문제의 최적해 $\boldsymbol{X}^*$에 수렴하게 되는 것을 증명한다.

정리 7.5 식 7.227에 제기된 문제가 해를 가지면, $r_1 > r_2 > \cdot\cdot\cdot > r_k$에 대해 식 7.229에 정의된 함수 $\phi(\boldsymbol{X},\ r_k)$의 비제약 최소점 $\boldsymbol{X}_k^*$는 $r_k\to 0$일 때 식 7.227의 제약 문제의 최적해로 수렴한다.

[증명] 정리 7.1의 증명과 비슷하게 증명한다. ϕ_k의 비제약 최소화에서 얻은 해는 아래의 조건들이 만족되면 식 7.227 문제의 광역 최소가 된다.

(1) $f(\boldsymbol{X})$가 볼록함수이다.

(2) $g_j(\boldsymbol{X})(j=1,\ 2,\cdot\cdot\cdot,\ m)$는 볼록함수이다.

(3) 부등식 제약에 의해 정의된 가변영역 안에서 $\sum_{j=1}^{p} l_j^2(\boldsymbol{X})$는 볼록함수이다.

(4) $f(\boldsymbol{X}),\ g_1(\boldsymbol{X}),\ g_2(\boldsymbol{X}),\ \cdot\cdot\cdot,g_m(\boldsymbol{X}),\ \sum_{j=1}^{p} l_j^2(\boldsymbol{X})$ 함수들 중 하나가 완전(strictly) 볼록함수이다. ■

주의

1. 순차적 비제약 최소화 과정을 시작할 때 등식 제약들을 만족할 필요는 없지만 부등식 제약들을 만족하는 한 점 $\boldsymbol{X}_1$에서 시작해야 한다.
2. 여러 실제 문제들을 해결하기 위해 이 방법을 적용해 오고 있지만 많은 경우에서 주로 다음의 패널티 항들 사이에서 발생하는 스케일 차이때문에 극도로 어려운 최소화 문제를 직면하기도 한다.

$$-r_k \sum_{j=1}^{m} \frac{1}{g_j(\boldsymbol{X})}, \qquad \frac{1}{\sqrt{r_k}} \sum_{j=1}^{p} l_j^2(\boldsymbol{X})$$

7.18.2 외부 패널티 함수 방법

등식 제약과 부등식 제약 모두를 포함하는 최적화 문제를 해결하기 위해 제안된 식 7.228의 또 다른 형태는 다음과 같다.

$$\phi_k = \phi(\boldsymbol{X},\ r_k) = f(\boldsymbol{X}) + r_k \sum_{j=1}^{m} \langle g_j(\boldsymbol{X}) \rangle^2 + r_k \sum_{j=1}^{p} l_j^2(\boldsymbol{X}) \qquad 7.230$$

부등식 제약만 포함하는 문제의 식 7.199의 경우에서와 같이 위의 함수는 r_k의 값이 순차적으로 증가함에 따라 최소화된다. 또한, $r_k \to \infty$ 일 때 $\phi(\boldsymbol{X},\ r_k)$의 비제약 최소점 $\boldsymbol{X}_k^*$는 식 7.227에 주어진 원래 제약 문제의 최소점에 수렴하는 것을 증명할 수 있다.

7.19 매개변수 제약의 패널티 함수 방법

7.19.1 매개변수 제약

어떤 최적화 문제의 제약 조건은 매개변수 θ의 범위에서 반드시 만족되어야 하는 경우가 있다. 즉,

$$g_j(\boldsymbol{X},\ \theta) \le 0, \qquad \theta_l \le \theta \le \theta_u \qquad 7.231$$

이때 θ_l과 θ_u는 θ에 대한 하한과 상한이다. 이러한 제약을 **매개변수 제약**(parameter constraint)이라 한다. 예를 들어, 그림 7.16과 같은 4-바 연결장치 설계를 생각해보자.

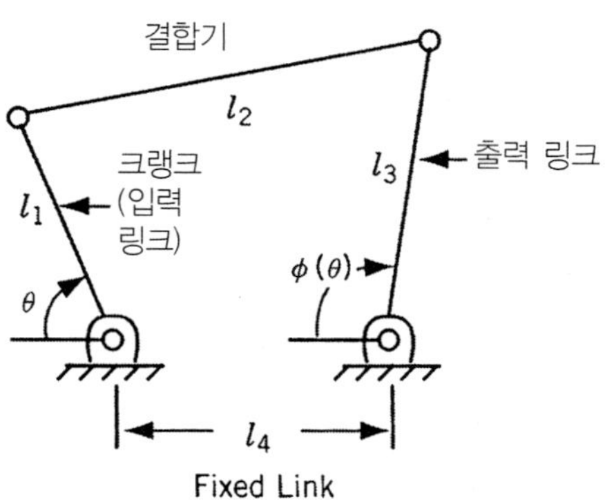

그림 7.16 4-바 연결장치

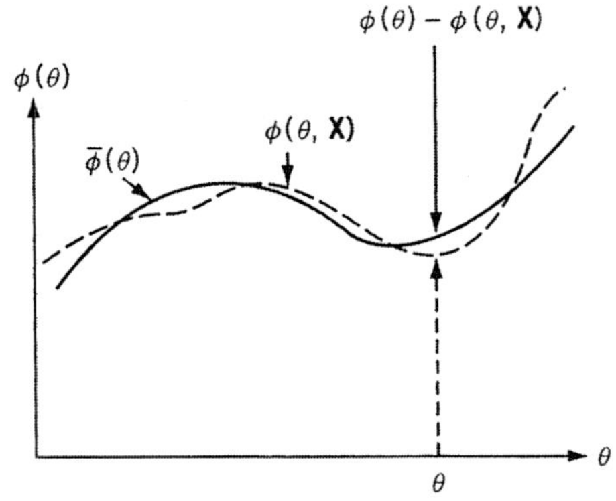

그림 7.17 생성된 출력 위치각과 원하는 출력각

출력 링크의 위치각(angular position) ϕ는 입력 링크의 위치각 θ, 그리고 링크의 길이 l_1, l_2, l_3 및 l_4에 의해 결정된다. 설계변수 $x_i(i=1\ to\ 4)$를 $l_i(i=1\ to\ 4)$로 정의하면 임의 고정된 $\theta(\theta_i)$에 대한 출력 링크의 위치각 $\phi(\boldsymbol{X},\ \theta)$는 설계벡터 $\boldsymbol{X}$에 따라 변한다. 따라서 원하는 출력이 $\overline{\phi}(\theta)$이면 실제 생성된 출력 $\phi(\boldsymbol{X},\ \theta)$은 일반적으로 그림 7.17에서와 같이 $\overline{\phi}(\theta)$와 다르다.

정밀 장비에 이러한 연결장치를 사용할 때는 출력 차이의 값 $|\overline{\phi}(\theta)-\phi(\boldsymbol{X},\theta)|$가 허용할 수 있는 오차(예를 들어 ϵ) 이하가 되도록 제한을 주게 되고, 매개변수 θ의 모든 값에 대해 이러한 제한조건이 만족되어야 하므로 매개변수 제약으로 표현한 제약 조건은

$$|\overline{\phi}(\theta)-\phi(\boldsymbol{X},\theta)| \le \epsilon, \quad 0^\circ \le \theta \le 360^\circ \tag{7.232}$$

와 같다.

때로는 매개변수 제약에서 매개변수의 수는 하나 이상이 될 수도 있다. 예를 들어 그림 7.18과 같이 임의 하중이 작용하는 사각판의 설계를 고려할 때 주어진 하중 아래 발생된

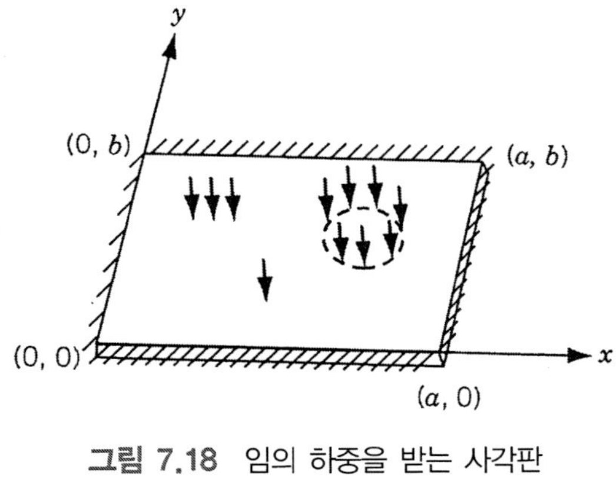

그림 7.18 임의 하중을 받는 사각판

응력의 크기 $|\sigma(x,\ y)|$를 허용할 수 있는 값 σ_{max} 이하로 제한하려면 다음과 같이 매개변수 제약으로 제약을 기술할 수 있다.

$$|\sigma(x,\ y)| - \sigma_{max} \le 0, \quad 0 \le x \le a, \quad 0 \le y \le b \tag{7.233}$$

따라서 모든 매개변수 x와 y의 값에 대해 위의 제약은 반드시 만족되어야 한다.

7.19.2 매개변수 제약의 패널티 함수

매개변수 제약을 처리하는 한 방법은 θ의 범위 안의 값 $\theta_1,\ \theta_2,\ \cdot\ \cdot\ \cdot,\ \theta_r$에 대한 보통 제약조건

$$g_j(\boldsymbol{X},\ \theta_i) \le 0, \quad i = 1,\ 2,\ \cdot\ \cdot\ \cdot,\ r \tag{7.234}$$

로 매개변수 제약을 대체하는 방법으로 다음과 같은 이유 때문에 효율적인 방법이 되지 못한다.

1. 너무 많은 수의 제약조건을 갖는 최적화 문제가 된다.
2. 위의 r개의 모든 제약들이 만족할지라도 일부 다른 θ값에서 제약이 위반될 수 있다 (예를 들어, $g_j(\boldsymbol{X},\ \theta) > 0,\ \theta_k \le \theta \le \theta_{k+1}$).

패널티 함수 ϕ를 정의하여 매개변수 제약들을 처리하는 방법으로 다음과 같은 방법을 들 수 있다[7.1, 7.15].

내부 패널티 함수 방법

θ의 범위 내 심지어 하나의 값에서도 제약 $g_j(\boldsymbol{X},\ \theta)$의 값이 0으로 근접하면 패널티가 무한대가 되도록 만들기 위해 매개변수 제약에 대한 아래와 같은 적분

$$\phi(\boldsymbol{X},\ r_k) = f(\boldsymbol{X}) - r_k \sum_{j=1}^{m} \left[\int_{\theta_l}^{\theta_u} \frac{1}{g_j(\boldsymbol{X},\ \theta)} d\theta \right] \tag{7.235}$$

을 이용하는 개념의 방법이다. 만일 $\phi(\boldsymbol{X},\ r_k)$의 비제약 최소화를 위해 구배 방법을 사용하면 설계변수 $x_i(i = 1,\ 2,\ \cdot\ \cdot\ \cdot,\ n)$에 관한 ϕ의 도함수들이 필요하다. 적분의 한계 θ_l과 θ_u를 x_i와 독립적인 설계변수로 가정하면 식 7.235는 다음과 같이 된다.

$$\frac{\partial \phi}{\partial x_i}(\boldsymbol{X},\ r_k) = \frac{\partial f}{\partial x_i}(\boldsymbol{X}) + r_k \sum_{j=1}^{m} \left[\int_{\theta_l}^{\theta_u} \frac{1}{g_j^2(\boldsymbol{X},\ \theta)} \frac{\partial g_i}{\partial x_i}(\boldsymbol{X},\ \theta) d\theta \right] \tag{7.236}$$

위와 같이 $\phi(\boldsymbol{X},\ r_k)$ 또는 $\partial\phi(\boldsymbol{X},\ r_k)/\partial x_i$를 연산하기 위해서는 적분을 포함하여야 하

는데, 대부분 실제 문제에서 $g_j(\boldsymbol{X},\ \theta)$의 $\boldsymbol{X}$에 관한 닫힌 식(closed-form)이 유용하지 않으므로 ϕ 또는 $\partial\phi/\partial x_i$를 계산하기 위해 수치적분 방법을 사용한다. 이때 만일 식 7.235의 적분을 위해 사다리꼴 법칙(trapezoidal rule)을 사용하면 그 결과는 다음과 같다[7.22].

$$\phi(\boldsymbol{X},\ r_k) = f(\boldsymbol{X}) - r_k \sum_{j=1}^{m} \left\{ \frac{\Delta\theta}{2} \left[\frac{1}{g_j(\boldsymbol{X},\ \theta_l)} + \frac{1}{g_j(\boldsymbol{X},\ \theta_u)} \right] + \Delta\theta \sum_{p=2}^{r-1} \frac{1}{g_j(\boldsymbol{X},\ \theta_p)} \right\} \quad 7.237$$

위에서 $\Delta\theta$는 θ의 구간을 $r-1$개로 균등분할한 균등구간의 크기 $\dfrac{\theta_u - \theta_l}{r-1}$이며, 그 균등구간의 각 끝점들은

$$\theta_1 = \theta_l, \quad \theta_2 = \theta_1 + \Delta\theta,$$

$$\theta_3 = \theta_1 + 2\Delta\theta, \cdot \cdot \cdot, \quad \theta_r = \theta_1 + (r-1)\Delta\theta = \theta_u$$

와 같다. 예를 들어, 함수 $g_j(\boldsymbol{X},\ \theta)$의 그래프가 그림 7.19와 같으면 $\dfrac{1}{g_j(\boldsymbol{X},\ \theta)}$의 적분의 근삿값은 사각형 ABCD와 같은 모든 사다리꼴의 면적을 합하여 계산하면

$$\int_{\theta_l}^{\theta_u} \frac{d\theta}{g_j(\boldsymbol{X},\theta)} \approx \sum_{l=1}^{r-1} A_l = \frac{\Delta\theta}{2} \left[\frac{1}{g_j(\boldsymbol{X},\ \theta_l)} + \frac{1}{g_j(\boldsymbol{X},\ \theta_u)} \right] + \Delta\theta \sum_{p=2}^{r-1} \frac{1}{g_j(\boldsymbol{X},\ \theta_p)}$$

와 같으므로 식 7.237을 유도할 수 있다.

또한, 식 7.236에서 만일 $g_j(\boldsymbol{X},\ \theta)$를 $\boldsymbol{X}$의 닫힌형의 함수로 표현할 수 없으면 도함수 $\partial g_j/\partial x_i$의 값은 유한차분식을 사용하여 계산해야 한다.

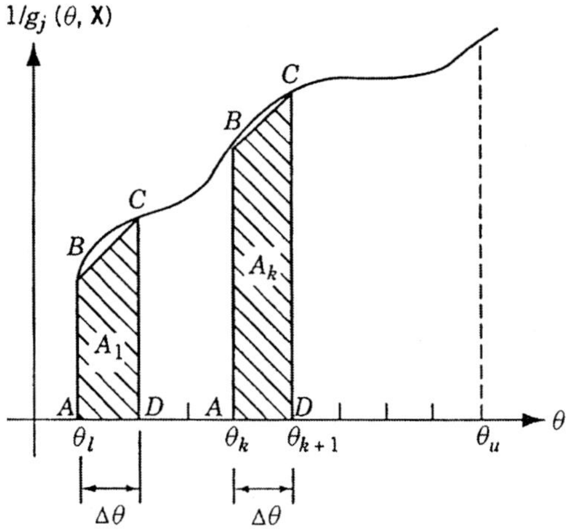

그림 7.19 수치적분 절차

외부 패널티 함수 방법

$$\phi(\boldsymbol{X},\ r_k) = f(\boldsymbol{X}) + r_k \sum_{j=1}^{m} \left[\int_{\theta_l}^{\theta_u} \langle g_j(\boldsymbol{X},\ \theta) \rangle^2 d\theta \right] \tag{7.238}$$

$\phi(\boldsymbol{X},\ r_k)$을 계산하는 방법은 내부 패널티 함수 방법과 유사하다.

7.20 확장 Lagrange 승수법

7.20.1 등식 제약 문제

확장 Lagrange 승수법(ALM; Augmented Lagrange Multiplier Method)은 Lagrange 승수법과 패널티 함수 방법을 조합한 방법이다. 다음 등식 제약 문제를 생각해보자. n차원의 실수 공간에

$$Min \quad f(\boldsymbol{X}) \tag{7.239}$$

subject to

$$h_j(\boldsymbol{X}) = 0, \quad j = 1,\ 2,\ \cdots,\ p, \quad p < n \tag{7.240}$$

의 최적화 문제에 대한 Lagrange 함수는 $\lambda_j (j = 1,\ 2,\ \cdots,\ p)$가 Lagrange 승수일 때

$$L(\boldsymbol{X},\ \boldsymbol{\lambda}) = f(\boldsymbol{X}) + \sum_{j=1}^{p} \lambda_j h_j(\boldsymbol{X}) \tag{7.241}$$

와 같다. 위의 식 $L(\boldsymbol{X},\ \boldsymbol{\lambda})$의 정점에 대한 필요조건은 등식 제약식 7.240을 포함하므로 이 등식 제약에 대해 외부 패널티 함수 접근법을 사용하여 **확장 Lagrange 함수**(augmented Lagrangian function)라고 하는 새로운 목적함수 $A(\boldsymbol{X},\ \boldsymbol{\lambda},\ r_k)$를 다음과 같이 정의한다.

$$A(\boldsymbol{X},\ \boldsymbol{\lambda},\ r_k) = f(\boldsymbol{X}) + \sum_{j=1}^{p} \lambda_j h_j(\boldsymbol{X}) + r_k \sum_{j=1}^{p} h_j^2(\boldsymbol{X}) \tag{7.242}$$

단, r_k는 패널티 매개변수이다. 위의 함수에서 $r_k = 0$이면 최적화 문제의 Lagrange 함수가 되고, 모든 $\lambda_j = 0$이면 보통 패널티 함수 방법에서 사용되는 ϕ 함수와 같다. 또한, Lagrange 승수가 최적값 $\lambda_j{}^*$일 때는 증가하는 r_k의 값에 따라 함수 $A(\boldsymbol{X},\ \boldsymbol{\lambda}^*,\ r_k)$를 순차적으로 최소화할 필요가 없이 어떠한 r_k의 값에 대해서도 A를 한 번만 최소화하면 식 7.239와 7.240의 문제의 최적해를 얻을 수 있음을 보일 수 있다. 그러나 $\lambda_j{}^*$의 값을 사전

에 알 수 없으므로 문제의 해를 찾기 위해 반복법을 사용한다. 즉, 첫 반복회($k=1$)에서 $\lambda_j^{(k)}$의 값을 0으로 선택하고, r_k의 값을 임의의 상수로 설정하여 $\boldsymbol{X}$에 관해 함수 A를 최소화하여 $\boldsymbol{X}^{*(k)}$를 찾는 후, $\lambda_j^{(k)}$과 r_k의 값을 업데이트하고 다음 반복회를 시작한다. 이 업데이트를 위해 우선 식 7.241의 함수 L의 정점을 위한 필요조건은

$$\frac{\partial L}{\partial x_i}=\frac{\partial f}{\partial x_i}+\sum_{j=1}^{p}\lambda_j{}^*\frac{\partial h_j}{\partial x_i}=0, \qquad i=1,\ 2,\cdot\cdot\cdot,\ n \tag{7.243}$$

와 같다. 단, $\lambda_j{}^*$는 L의 정점에서의 Lagrange 승수의 값을 나타낸다. 또 함수 A의 최소에 대한 필요조건은

$$\frac{\partial A}{\partial x_i}=\frac{\partial f}{\partial x_i}+\sum_{j=1}^{p}(\lambda_j+2r_kh_j)\frac{\partial h_j}{\partial x_i}=0, \qquad i=1,\ 2,\cdot\cdot\cdot,\ n \tag{7.244}$$

이므로, 식 7.243과 7.244의 우변들을 비교한 관계식

$$\lambda_j{}^*=\lambda_j+2r_kh_j, \qquad j=1,\ 2,\cdot\cdot\cdot,\ p \tag{7.245}$$

을 사용하여 λ_j의 값을 다음과 같이 업데이트한다.

$$\lambda_j^{(k+1)}=\lambda_j^{(k)}+2r_kh_j(\boldsymbol{X}^{(k)}), \qquad j=1,\ 2,\cdot\cdot\cdot,\ p \tag{7.246}$$

위에서 $\boldsymbol{X}^{(k)}$는 A의 최소화에서 사용되는 시작 벡터를 나타내고, r_k의 값은 아래와 같이 업데이트한다.

$$r_{k+1}=cr_k, \qquad c>1 \tag{7.247}$$

이제 $\boldsymbol{X}^{*(k+1)}$을 찾기 위해 $\boldsymbol{X}$에 관해 함수 A를 최소화하고, $\lambda_j{}^*$ 또는 $\boldsymbol{X}^*$의 수렴에 도달할 때까지 반복 과정을 계속한다. 이때 만일 r_{k+1}의 값이 사전 명시된 최대 수치 r_{max}를 초과하면 r_{max}로 설정한다. 이와 같은 반복과정을 흐름도로 표현하면 그림 7.20과 같다.

7.20.2 부등식 제약 문제

다음 부등식 제약 문제

$$Min \qquad f(\boldsymbol{X}) \tag{7.248}$$

subject to

$$g_j(\boldsymbol{X})\le 0, \qquad j=1,\ 2,\cdot\cdot\cdot,\ m \tag{7.249}$$

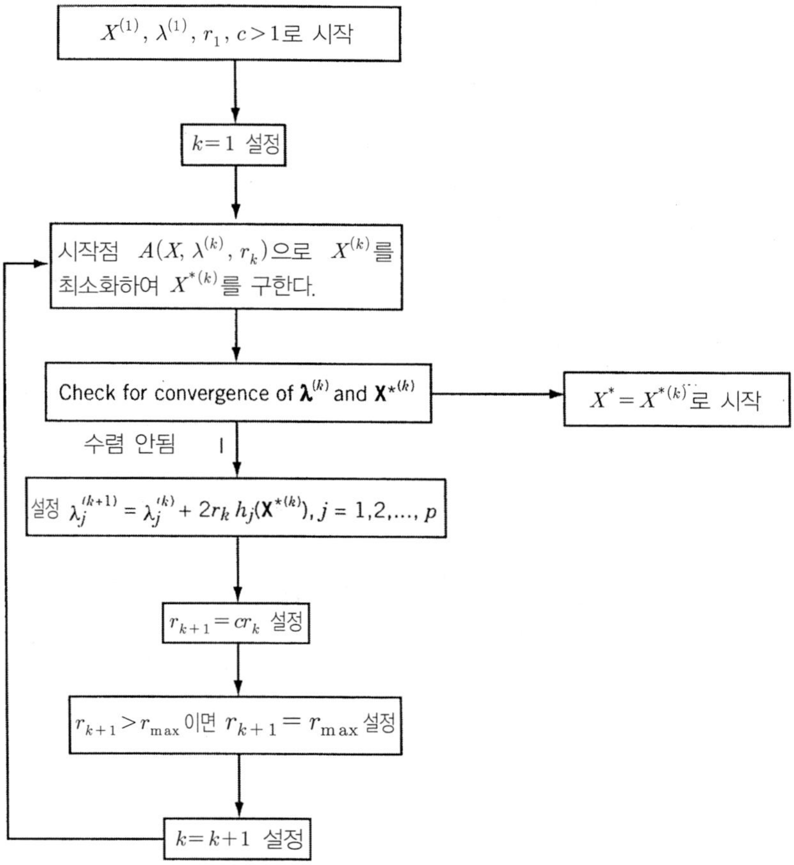

그림 7.20 확장 Lagrange 승수법의 흐름도

의 부등식 제약을 등식 제약으로 변환하기 위해 이완변수 y_j^2를 도입하면

$$g_j(\boldsymbol{X}) + y_j^2 = 0, \quad j = 1,\ 2, \cdot \cdot \cdot, m \tag{7.250}$$

와 같다. 이에 확장 Lagrange 승수법(ALM) 방법을 적용하기 위해 이완변수 $y_j(j = 1,\ 2, \cdot \cdot \cdot, m)$를 추가 미지수로 간주하여 이완변수의 벡터를 $\boldsymbol{Y} = (y_1\ \ y_2\ \cdots\ y_m)^T$라 할 때 다음의 Lagrange 함수를 정의하면

$$A(\boldsymbol{X},\ \boldsymbol{\lambda},\ \boldsymbol{Y},\ r_k) = f(\boldsymbol{X}) + \sum_{j=1}^{m} \lambda_j \left[g_j(\boldsymbol{X}) + y_j^2 \right] + \sum_{j=1}^{m} r_k \left[g_j(\boldsymbol{X}) + y_j^2 \right]^2 \tag{7.251}$$

가 된다. 위의 식에서 λ_j와 r_k의 값을 지정하고 함수 A를 $\boldsymbol{X}$와 $\boldsymbol{Y}$에 관해 최소화해야 하므로 문제의 크기가 증가한다. 그러나 식 7.251에 의해 주어진 함수 A는 다음의 식과 동치가 됨을 보일 수 있다[7.23].

$$A(\boldsymbol{X},\ \boldsymbol{\lambda},\ r_k)= f(\boldsymbol{X})+ \sum_{j=1}^{m}\lambda_j\alpha_j + r_k\sum_{j=1}^{p}\alpha_j^2 \tag{7.252}$$

단,

$$\alpha_j = max\ \left\{g_j(\boldsymbol{X}),\ -\frac{\lambda_j}{2r_k}\right\} \tag{7.253}$$

따라서 식 7.248과 7.249에 기술된 문제의 해는 등식 제약 문제의 경우와 같이 위의 식 7.252의 함수 A를 최소화하여 얻고, λ_j에 관한 업데이트는 식 7.246 대신에 아래

$$\lambda_j^{(k+1)} = \lambda_j^{(k)} + 2r_k\alpha_j^{(k)},\quad j = 1,\ 2,\ \cdot\ \cdot\ \cdot,\ m \tag{7.254}$$

를 이용하면 된다. 한편, 식 7.252의 함수 A는 $g_j(\boldsymbol{X})=-\lambda_j/2r_k$에서 $\boldsymbol{X}$에 관해 연속이고 연속인 일차 도함수를 가지나 이차도함수는 불연속이 된다. 따라서 함수 A를 최소화하는 데는 이차 미분법을 사용할 수 없다.

7.20.3 등식 – 부등식 – 혼합 제약 문제

다음의 일반적인 최적화 문제

$$Min \quad f(\boldsymbol{X}) \tag{7.255}$$

subject to

$$g_j(\boldsymbol{X})\le 0,\quad j = 1,\ 2,\ \cdot\ \cdot\ \cdot,\ m \tag{7.256}$$

$$h_j(\boldsymbol{X})= 0,\quad j = 1,\ 2,\ \cdot\ \cdot\ \cdot,\ p \tag{7.257}$$

를 해결하는 데는 앞의 두 절에서 다룬 절차들을 조합하는 방법을 이용할 수 있다. 위의 문제에 대한 확장 Lagrange 함수는 α_j가 식 7.253과 같을 때

$$A(\boldsymbol{X},\ \boldsymbol{\lambda},\ r_k)= f(\boldsymbol{X})+ \sum_{j=1}^{m}\lambda_j\alpha_j + \sum_{j=1}^{p}\lambda_{m+j}h_j(\boldsymbol{X}) + r_k\sum_{j=1}^{m}\alpha_j^2 + r_k\sum_{j=1}^{p}h_j^2(\boldsymbol{X}) \tag{7.258}$$

로 정의된다. 따라서 등식-제약 문제의 경우와 같이 위의 식에 정의된 함수 A를 최소화하여 식 7.255~7.257의 등식-부등식 혼합 제약 문제의 해를 구하고, λ_j에 관한 업데이트는

$$\lambda^{(k+1)} = \lambda_j^{(k)} + 2r_k \ max\left\{g_j(\boldsymbol{X}), -\frac{\lambda_j^{(k)}}{2r_k}\right\}, \quad j = 1, 2, \cdot\cdot\cdot, m \qquad 7.259$$

$$\lambda_{m+j}^{(k+1)} = \lambda_{m+j}^{(k)} + 2r_k h_j(\boldsymbol{X}), \quad j = 1, 2, \cdot\cdot\cdot, p \qquad 7.260$$

를 사용한다. ALM 방법의 장점으로는 우선 앞에서 기술한 것과 같이 수렴여부를 확인하기 위해 r_k의 값을 무한대로 증가시킬 필요가 없고, 시작 설계벡터 $\boldsymbol{X}^{(1)}$이 가변영역의 점이 될 필요가 없다. 또한, 0이 아닌 Lagrange 승수($\lambda_j \neq 0$)로 활성 제약을 자동으로 확인할 수 있어서 정확히 $g_j(\boldsymbol{X}) = 0$ 그리고 $h_j(\boldsymbol{X}) = 0$이 되는 것을 알 수 있다.

예제 7.12

확장 Lagrange 승수법(ALM)을 사용하여 다음 문제를 해결하여라.

$$Min \qquad f(\boldsymbol{X}) = 6x_1^2 + 4x_1x_2 + 3x_2^2 \qquad E.1$$

subject to

$$h(\boldsymbol{X}) = x_1 + x_2 - 5 = 0 \qquad E.2$$

[풀이] 문제에 대한 확장 Lagrange 함수를 정의하면

$$A(\boldsymbol{X}, \lambda, r_k) = 6x_1^2 + 4x_1x_2 + 3x_2^2 + \lambda(x_1 + x_2 - 5) \qquad E.3$$

$$+ r_k(x_1 + x_2 - 5)^2$$

이고, A의 정점에 대한 필요조건 $\partial A/\partial x_i = 0 (i = 1,2)$ 즉, 연립방정식

$$x_1(12 + 2r_k) + x_2(4 + 2r_k) = 10r_k - \lambda \qquad E.4$$

$$x_1(4 + 2r_k) + x_2(6 + 2r_k) = 10r_k - \lambda \qquad E.5$$

의 해는

$$x_1 = \frac{-90r_k^2 + 9r_k\lambda - 6\lambda + 60r_k}{(14 - 5r_k)(12 + 2r_k)} \qquad E.6$$

$$x_2 = \frac{20r_k - 2\lambda}{14 - 5r_k} \qquad E.7$$

와 같다. 이제 위의 식에서 r_k의 값을 1로 고정하고 $\lambda^{(1)} = 0$를 선택하면

$$x_1{}^{*(1)} = -\frac{5}{21}, \quad x_2{}^{*(1)} = \frac{20}{9}, \qquad h = -\frac{5}{21} + \frac{20}{9} - 5 = -3.01587$$

를 얻는다. 또한, 다음 반복회를 위해 식 7.260으로부터

$$\lambda^{(2)} = \lambda^{(1)} + 2r_k h(\boldsymbol{X}^{*(1)}) = 0 + 2(1)(-3.01587) = -6.03175$$

로 업데이트하여 식 E.6과 E.7에 $r_k = 1$과 함께 이 λ의 값을 대입하면

$$x_1{}^{*(2)} = -0.38171, \quad x_2{}^{*(2)} = 3.56261$$

$$h = -0.38171 + 3.56261 - 5 = -1.81910$$

가 된다. 명시된 수렴조건이 만족할 때까지 이 절차를 계속 반복한다. 처음 10회의 반복 결과는 표 7.6과 같다. ■

표 7.6 예제 7.12 결과

$\lambda^{(i)}$	r_k	$x_1{}^{*(i)}$	$x_2{}^{*(i)}$	$h(x)$
0.00000	1.00000	−0.23810	2.22222	−3.01587
−6.03175	1.00000	−0.38171	3.56261	−1.81910
−9.66994	1.00000	−0.46833	4.37110	−1.09723
−11.86441	1.00000	−0.52058	4.85876	−0.66182
−13.18806	1.00000	−0.55210	5.15290	−0.39919
−13.98645	1.00000	−0.57111	5.33032	−0.24078
−14.46801	1.00000	−0.58257	5.43734	−0.14524
−14.75848	1.00000	−0.58949	5.50189	−0.08760
−14.93369	1.00000	−0.59366	5.54082	−0.05284
−15.03937	1.00000	−0.59618	5.56430	−0.03187

7.21 제약 최적화 문제의 수렴 확인

본 장에서 기술한 모든 제약 최적화 기법에서 반복과정을 종료하여 확신을 갖고 해를 사용하기 위해서는 최적해의 확인은 매우 중요하다. 앞에서 기술한 수렴 판정기준과 더불어 최적점을 확인하기 위해 다음 두 방법도 함께 사용할 수 있다.

7.21.1 설계벡터의 변경(Perturbing)

최적점

$$\boldsymbol{X}^* = (x_1^*,\ x_2^*,\ \cdots,\ x_n^*)^T$$

은 제약식 $g_j(\boldsymbol{X}^*) \leq 0\ (j=1,\ 2,\ \cdot\ \cdot\ \cdot\ ,\ m)$(필요하면 등식 제약도 포함하여)을 만족하면서 목적함수가 최소가 되는 점이므로, 한 번에 성분 하나씩 설계변수들을 조금 변화시켜 $\boldsymbol{X}^*$를 변경할 때 f와 $g_j(j=1,\ 2,\ \cdot\ \cdot\ \cdot\ ,\ m)$를 평가해 수렴을 확인할 수 있다. 즉,

$$\boldsymbol{X}_i^+ = \boldsymbol{X}^* + \triangle \boldsymbol{X}_i,$$

$$\boldsymbol{X}_i^- = \boldsymbol{X}^* - \triangle \boldsymbol{X}_i$$

$$\triangle \boldsymbol{X}_i = \begin{pmatrix} 0 \\ \cdot \\ \cdot \\ 0 \\ \triangle x_i \\ 0 \\ \cdot \\ \cdot \\ 0 \end{pmatrix} \leftarrow i\text{번째 성분}$$

라 하자. 여기서 $\triangle x_i$는 x_i^*의 0.1%~0.2%가 되도록 잡는다. 그러면 $i=1,\ 2,\ \cdot\ \cdot\ \cdot\ ,\ n$에 대해 함숫값

$$f(\boldsymbol{X}_i^+); \qquad f(\boldsymbol{X}_i^-); \qquad g_j(\boldsymbol{X}_i^+); \qquad g_j(\boldsymbol{X}_i^-), \qquad j=1,\ 2,\cdots,\ m$$

이 다음의 관계

$$f(\boldsymbol{X}_i^+) \geq f(\boldsymbol{X}^*); \quad g_j(\boldsymbol{X}_i^+) \leq 0, \quad j=1,\ 2,\ \cdot\ \cdot\ \cdot\ ,\ m$$

$$f(\boldsymbol{X}_i^-) \geq f(\boldsymbol{X}^*); \quad g_j(\boldsymbol{X}_i^-) \leq 0, \quad j=1,\ 2,\ \cdot\ \cdot\ \cdot\ ,\ m$$

를 만족하면 원래 제약 문제의 최적해로 $\boldsymbol{X}^*$를 취할 수 있다.

7.21.2 Kuhn-Tucker 조건 확인

모든 비선형 계획 문제의 최적점에서 Kuhn-Tucker 조건인 식 2.73과 2.74가 만족해야 하므로 한 점 $\boldsymbol{X}$를 최적해로 선택하기 이전에 최소한 이 조건의 만족여부를 확인할 수 있다. 즉, 집합 J_1을 점 $\boldsymbol{X}$에서 활성인 제약 집합이라면 식 2.73을 다시 쓰면

$$\sum_{j \in J_1} \lambda_j \frac{\partial g_j}{\partial x_i} = -\frac{\partial f}{\partial x_i}, \quad i = 1, 2, \cdot \cdot \cdot, n \tag{7.261}$$

와 같다. 또한, 위에서 활성 제약이

$$g_{j1}(\boldsymbol{X}) = g_{j2}(\boldsymbol{X}) = \cdot \cdot \cdot = g_{jp}(\boldsymbol{X}) = 0$$

이라면 식 7.261은 아래와 같이 표현할 수 있다.

$$\underset{n \times p}{\boldsymbol{G}} \quad \underset{p \times 1}{\lambda} \quad = \underset{n \times 1}{\boldsymbol{F}} \tag{7.262}$$

단,

$$\boldsymbol{G} = \begin{bmatrix} \frac{\partial g_{j1}}{\partial x_1} & \frac{\partial g_{j2}}{\partial x_1} & \cdot \cdot \cdot & \frac{\partial g_{jp}}{\partial x_1} \\ \frac{\partial g_{j1}}{\partial x_2} & \frac{\partial g_{j2}}{\partial x_2} & \cdot \cdot \cdot & \frac{\partial g_{jp}}{\partial x_2} \\ \cdot & & & \\ \cdot & & & \\ \cdot & & & \\ \frac{\partial g_{j1}}{\partial x_n} & \frac{\partial g_{j2}}{\partial x_n} & \cdot \cdot \cdot & \frac{\partial g_{jp}}{\partial x_n} \end{bmatrix}$$

$$\boldsymbol{\lambda} = \begin{pmatrix} \lambda_{j1} \\ \lambda_{j2} \\ \cdot \\ \cdot \\ \cdot \\ \lambda_{jp} \end{pmatrix}, \qquad \boldsymbol{F} = \begin{pmatrix} -\frac{\partial f}{\partial x_1} \\ -\frac{\partial f}{\partial x_2} \\ \cdot \\ \cdot \\ \cdot \\ -\frac{\partial f}{\partial x_n} \end{pmatrix}_{\boldsymbol{X}}$$

또, 위의 식 7.262에서 $\boldsymbol{\lambda}$를 구하면

$$\boldsymbol{\lambda} = \left(\boldsymbol{G}^T \boldsymbol{G}\right)^{-1} \boldsymbol{G}^T \boldsymbol{F} \tag{7.263}$$

이다. 따라서 위의 $\boldsymbol{\lambda}$의 모든 성분이 양수이면 Kuhn-Tucker 조건은 만족된다. 하지만 식 7.263을 적용함에 있어 주된 어려움은 점 $\boldsymbol{X}$에서 제약이 활성인지 아닌지 확인하는 것이다. 즉, 컴퓨터로 계산할 때 어떤 제약도 점 $\boldsymbol{X}$에서 정확히 0.0이 되지는 않으므로 10^{-2} ~10^{-6} 정도로 작은 ϵ 값에 대해 다음 관계식

$$|g_j(\boldsymbol{X})| \le \epsilon \tag{7.264}$$

이 만족하면 제약 g_j가 활성인 것으로 간주하여야 한다. 위의 식에서 제약들은 정규화된 것으로 가정한다.

7.22 테스트 문제

앞 절에서 기술한 바와 같이 제약 비선형 계획 문제를 해결하기 위해 여러 알고리즘들을 사용할 수 있다. 최근에는 공학적 최적화 문제들을 해결하기 위해 다양한 전산 프로그램들이 개발되었고, 이들 중 많은 프로그램들은 복잡하고 다기능적이며 사용자는 이들을 효율적으로 사용하기 위해서 알고리즘과 전산 프로그램들을 잘 이해할 필요가 있다. 따라서 새로운 공학적 설계 최적화 문제를 해결하기 이전에 일반적으로 단순한 문제들에 대해 알고리즘/전산 프로그램의 작동과 수렴을 테스트하게 된다. 본 절에서는 5개의 테스트 문제를 제공하게 되는 데, 이 모든 문제는 최적화 문헌에 있으며, 대부분 여러 기법들을 사용하여 해결해왔다.

7.22.1 3-바 트러스 설계

그림 7.21과 같은 3-바 트러스의 최적설계는 멤버 1(=멤버 3)과 2의 단면적을 설계변수로 하고, 두 개의 다른 목적함수로 구성된다[7.38]. 즉,

설계벡터

$$\boldsymbol{X}=\begin{pmatrix}x_1\\x_2\end{pmatrix}=\begin{pmatrix}A_1\\A_2\end{pmatrix}$$

목적함수

$$f_1(\boldsymbol{X})=\text{중량}=2\sqrt{2}\,x_1+x_2$$

$$f_2(\boldsymbol{X})=\text{하중을 받는 조인트의 수직 처짐}=\frac{PH}{E}\frac{1}{x_1+\sqrt{2}\,x_2}$$

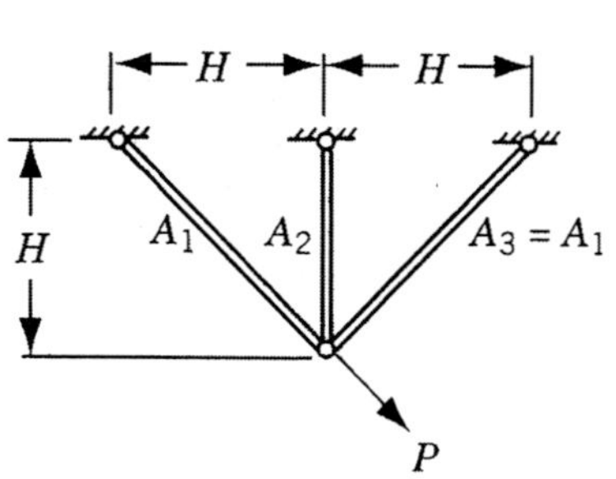

그림 7.21 3-바 트러스

제약

$$\sigma_1(\boldsymbol{X}) - \sigma^{(u)} \le 0$$

$$\sigma_2(\boldsymbol{X}) - \sigma^{(u)} \le 0$$

$$\sigma_3(\boldsymbol{X}) - \sigma^{(l)} \le 0$$

$$x_i^{(l)} \le x_i \le x_i^{(u)}, \quad i = 1,\ 2$$

여기서 σ_i는 멤버 i에서 발생된 응력, $\sigma^{(u)}$는 인장시 최대 허용응력, $\sigma^{(l)}$은 압축시 최대 허용응력, $x_i^{(l)}$은 x_i에 대한 하한, 그리고 $x_i^{(u)}$은 x_i에 대한 상한이다. 위에서 응력들은 다음과 같이 주어진다.

$$\sigma_1(\boldsymbol{X}) = P\frac{x_2 + \sqrt{2}\,x_1}{\sqrt{2}\,x_1^2 + 2x_1x_2}$$
$$\sigma_2(\boldsymbol{X}) = P\frac{1}{x_1 + \sqrt{2}\,x_2}$$
$$\sigma_3(\boldsymbol{X}) = -P\frac{x_2}{\sqrt{2}\,x_1^2 + 2x_1x_2}$$

자료 $\sigma^{(u)} = 20$, $\sigma^{(l)} = -15$, $x_i^{(l)} = 0.1(i = 1,\ 2)$, $x_i^{(u)} = 5.0(i = 1,\ 2)$, $P = 20$ 그리고 $E = 1$

최적설계

$\boldsymbol{X}_1{}^* = \begin{pmatrix} 0.78706 \\ 0.40735 \end{pmatrix}$, $\quad f_1{}^* = 2.6335$, $\boldsymbol{X}_1{}^*$에서 멤버 1의 응력 제약은 활성이다.

$\boldsymbol{X}_2{}^* = \begin{pmatrix} 5.0 \\ 5.0 \end{pmatrix}$, $\quad f_2{}^* = 1.65698$ ■

7.22.2 25-바 트러스 설계

그림 7.22와 같은 25-바 트러스는 표 7.7에 주어진 것과 같이 두 개의 하중 조건들을 지지하여야 하고, Euler 버클링과 함께 멤버 응력에 대한 제약들을 갖고 설계된다. 각 멤버에 대한 최소 허용 가능한 면적은 명시된다. 또 모든 멤버들에 대한 허용 가능한 응력들은 인장과 압축 모두 σ_{max}로 명시된다. Young 계수와 재료 밀도는 $E = 10^7$psi 및 $\rho = 0.1\text{lb/in}^3$이다. 멤버들은 공칭직경/두께 비율이 100인 중공축이고 멤버 i에서 버클

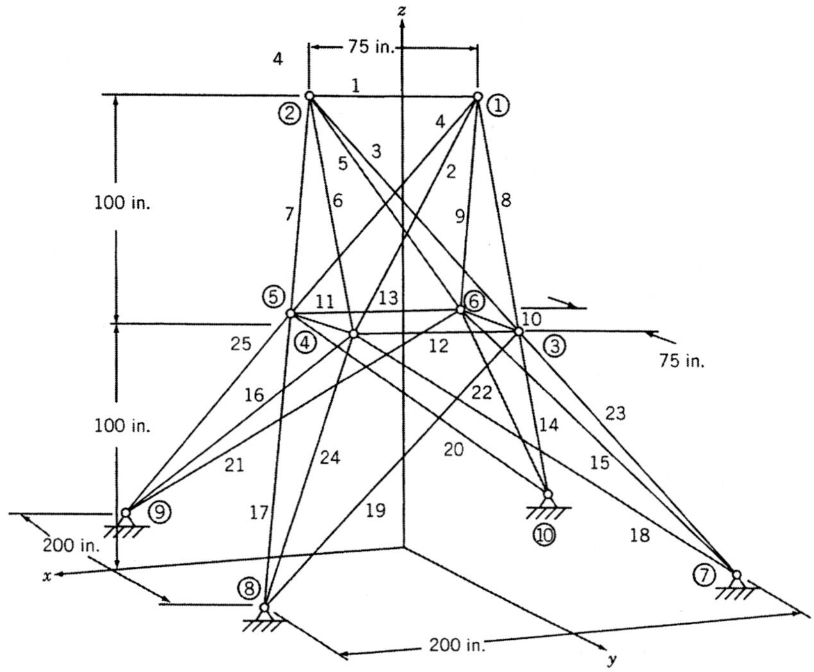

그림 7.22 25-바 공간 트러스[7.38]

링응력은 다음과 같다.

$$p_i = -\frac{100.01\pi E A_i}{8 l_i^2}, \quad i = 1,\ 2, \cdot \cdot \cdot, 25$$

여기서 A_i와 l_i는 멤버의 단면적과 길이를 나타낸다. 멤버 단면적들은 다음과 같은 관계를 갖는다.

$$A_1,\quad A_2 = A_3 = A_4 = A_5,\quad A_6 = A_7 = A_8 = A_9,$$
$$A_{10} = A_{11},\quad A_{12} = A_{13},\quad A_{14} = A_{15} = A_{16} = A_{17},$$
$$A_{18} = A_{19} = A_{20} = A_{21},\quad A_{22} = A_{23} = A_{24} = A_{25}$$

따라서 문제에는 8개의 독립적인 단면적 설계변수가 있고, 아래 목적함수들

$$f_1(\boldsymbol{X}) = \sum_{i=1}^{25} \rho A_i l_i = \text{중량}$$

$$f_2(\boldsymbol{X}) = \left(\delta_{1x}^2 + \delta_{1y}^2 + \delta_{1z}^2\right)^{1/2} + \left(\delta_{2x}^2 + \delta_{2y}^2 + \delta_{2z}^2\right)^{1/2}$$
$$= \text{절점 1과 2의 처짐의 합계}$$

표 7.7 25-바 트러스에 작용하는 부하

구분	Joint			
	1	2	3	6
부하 조건 1, 부하(lb)				
F_x	0	0	0	0
F_y	20,000	−20,000	0	0
F_z	−5,000	−5,000	0	0
부하 조건 2, 부하(lb)				
F_x	1,000	0	500	500
F_y	10,000	10,000	0	0
F_z	−5,000	−5,000	0	0

$$f_3(\boldsymbol{X}) = -\omega_1 = \text{진동의 기본적인 음의 자연 주파수}$$

을 갖는 3개의 문제가 생성된다. 여기서 δ_{ix}는 절점 i에서 x 방향의 처짐이다.

제약

$$|\sigma_{ij}(\boldsymbol{X})| \le \sigma_{max}, \quad i = 1, 2, \cdots, 25, \quad j = 1, 2$$

$$\sigma_{ij}(\boldsymbol{X}) \le p_i(\boldsymbol{X}), \quad i = 1, 2, \cdots, 25, \quad j = 1, 2$$

$$x_i^{(l)} \le x_i \le x_i^{(u)}, \quad i = 1, 2, \cdots, 8$$

여기서 σ_{ij}는 하중 조건 j와 멤버 i에서 발생된 응력, $x_i^{(l)}$은 x_i에 대한 하한, 그리고 $x_i^{(u)}$은 x_i에 대한 상한이다.

자료 $\sigma_{max} = 40{,}000\,\text{psi}$, $x_i^{(l)} = 0.1\,\text{in}^2$, $x_i^{(u)} = 5.0\,\text{in}^2$ $(\text{i} = 1, 2, \cdots, 25)$

최적해 표 7.8 참조

표 7.8 25-바 트러스의 최적화 결과

정량	최적화 문제		
	최소 중량	최소 처짐	최소 주파수
설계벡터 $\boldsymbol{X}$	0.1[a]	3.7931	0.1[a]
	0.80228	5.0[a]	0.79769
	0.74789	5.0[a]	0.74605
	0.1[a]	3.3183	0.72817
	0.12452	5.0[a]	0.84836
	0.57117	5.0[a]	1.9944
	0.97851	5.0[a]	1.9176
	0.80247	5.0[a]	4.1119
중량(lb)	233.07265	1619.3258	600.87891
처짐(인치)	1.924989	0.30834	1.35503
기본 주파수(Hz)	73.25348	70.2082	108.6224
활성 거동제약 숫자	9[b]	0	4[c]

a 활성 부수제약.
b 부하 조건 1에서 멤버들 2, 5, 7, 8, 19, 20에서의 버클링응력과 부하 조건 2에서 멤버 13, 16 및 24에서의 버클링응력.
c 부하 조건 1에서 멤버 2, 5, 7 및 8에서 버클링응력.

7.22.3 용접 빔 설계

용접부에서 전단응력 τ, 빔에서 굽힘응력 σ, 바에 작용하는 버클링 하중 P_c, 빔의 말단부 처짐 δ에 대한 제약 그리고 부수제약조건을 갖고 비용을 최소화하기 위해 그림 7.23과 같은 용접 빔을 설계한다[7.39]. 즉,

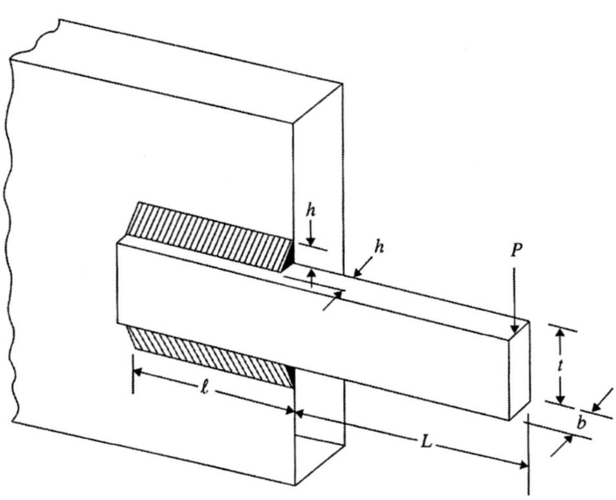

그림 7.23 용접된 빔[7.39]

설계벡터

$$\boldsymbol{X}=\begin{pmatrix} x_1 \\ x_2 \\ x_3 \\ x_4 \end{pmatrix}=\begin{pmatrix} h \\ l \\ t \\ b \end{pmatrix}$$

목적함수 $f(\boldsymbol{X})=1.10471x_1^2x_2+0.04811x_3x_4(14.0+x_2)$

제약

$$g_1(\boldsymbol{X})=\tau(\boldsymbol{X})-\tau_{max}\leq 0$$

$$g_2(\boldsymbol{X})=\sigma(\boldsymbol{X})-\sigma_{max}\leq 0$$

$$g_3(\boldsymbol{X})=x_1-x_4\leq 0$$

$$g_4(\boldsymbol{X})=0.10471x_1^2+0.04811x_3x_4(14.0+x_2)-5.0\leq 0$$

$$g_5(\boldsymbol{X})=0.125-x_1\leq 0$$

$$g_6(\boldsymbol{X})=\delta(\boldsymbol{X})-\delta_{max}\leq 0$$

$$g_7(\boldsymbol{X})=P-P_c(\boldsymbol{X})\leq 0$$

부수제약

$$g_8(\boldsymbol{X})\sim g_{11}(\boldsymbol{X}):\ 0.1\leq x_i\leq 2.0,\qquad i=1,\ 4$$

$$g_{12}(\boldsymbol{X})\sim g_{15}(\boldsymbol{X}):\ 0.1\leq x_i\leq 10.0,\qquad i=2,\ 3$$

여기서

$$\tau(\boldsymbol{X})=\sqrt{(\tau')^2+2\tau'\tau''\frac{x_2}{2R}+(\tau'')^2}$$

$$\tau'=\frac{P}{\sqrt{2}\,x_1x_2},\quad \tau''=\frac{MR}{J},\quad M=P\left(L+\frac{x_2}{2}\right)$$

$$R=\sqrt{\frac{x_2^2}{4}+\left(\frac{x_1+x_3}{2}\right)^2}$$

시작점과 최적해

$$\boldsymbol{X}^{start} = \begin{pmatrix} h \\ l \\ t \\ b \end{pmatrix} = \begin{pmatrix} 0.4 \\ 6.0 \\ 9.0 \\ 0.5 \end{pmatrix} \text{in}, \quad f^{start} = \$5.3904$$

$$\boldsymbol{X}^{*} = \begin{pmatrix} h \\ l \\ t \\ b \end{pmatrix}^{*} = \begin{pmatrix} 0.2444 \\ 6.2177 \\ 8.2915 \\ 0.2444 \end{pmatrix} \text{in}, \quad f^{*} = \$2.3810$$

7.22.4 감속기(Gear Train) 설계

감속기의 면 폭 b, 이의 모듈 m, 피니온 상이 숫자 z, 베어링 사이 축 1의 길이 l_1, 베어링 사이 축 2의 길이 l_2, 축 1의 직경 d_1, 그리고 축 2의 직경 d_2을 각각 설계변수 x_1, x_2, · · ·, x_7로 하는 그림 7.24와 같은 감속기 설계를 하고자 한다. 제약은 기어 이의 굽힘 응력, 표면 응력, 전달력에 기인한 축 1과 2의 횡 처짐, 그림 축 1과 2에서 응력들에 대한 한계를 포함한다[7.40, 7.41].

목적함수(감속기 중량 최소화)

$$f(\boldsymbol{X}) = 0.7854x_1x_2^2\left(3.3333x_3^2 + 14.9334x_3 - 43.0934\right) - 1.508x_1\left(x_6^2 + x_7^2\right)$$
$$+ 7.477\left(x_6^3 + x_7^3\right) + 0.7854\left(x_4x_6^2 + x_5x_7^2\right)$$

제약

$$g_1(X) = 27x_1^{-1}x_2^{-2}x_3^{-1} \le 1$$

$$g_2(X) = 397.5x_1^{-1}x_2^{-2}x_3^{-2} \le 1$$

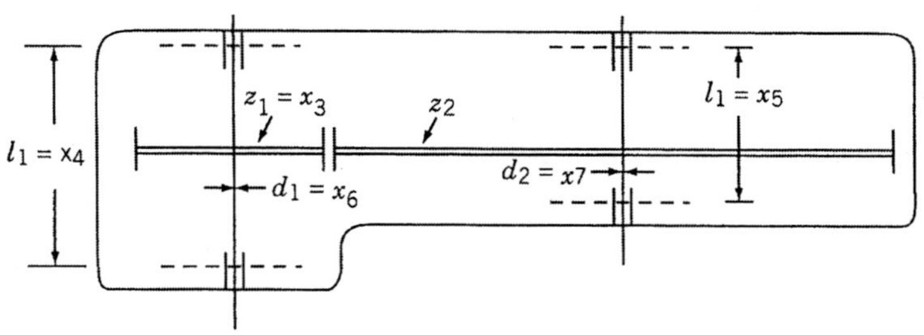

그림 7.24 감속기(기어쌍) [7.40]

$$g_3(X) = 1.93x_2^{-1}x_3^{-1}x_4^3x_6^{-4} \le 1$$

$$g_4(X) = 1.93x_2^{-1}x_3^{-1}x_5^3x_7^{-4} \le 1$$

$$g_5(X) = \frac{\left[\left(\dfrac{745x_4}{x_2x_3}\right)^2 + (16.9)10^6\right]^{0.5}}{0.1x_6^3} \le 1,100$$

$$g_6(X) = \frac{\left[\left(\dfrac{745x_5}{x_2x_3}\right)^2 + (157.5)10^6\right]^{0.5}}{0.1x_7^3} \le 850$$

$$g_7(X) = x_2x_3 \le 40$$

부수제약

$$g_8(X) = 5 \le \frac{x_1}{x_2} \le 12 : g_9(x)$$

$$g_{10}(X) = 2.6 \le x_1 \le 3.6 : g_{11}(x)$$

$$g_{12}(X) = 0.7 \le x_2 \le 0.8 : g_{13}(x)$$

$$g_{14}(X) = 17 \le x_3 \le 28 : g_{15}(x)$$

$$g_{16}(X) = 7.3 \le x_4 \le 8.3 : g_{17}(x)$$

$$g_{18}(X) = 7.3 \le x_5 \le 8.3 : g_{19}(x)$$

$$g_{20}(X) = 2.9 \le x_6 \le 3.9 : g_{21}(x)$$

$$g_{22}(X) = 5.0 \le x_7 \le 5.5 : g_{23}(x)$$

$$g_{24}(X) = (1.5x_6 + 1.9)x_4^{-1} \le 1$$

$$g_{25}(X) = (1.1x_7 + 1.9)x_5^{-1} \le 1$$

최적해

$$\boldsymbol{X}^* = \{3.5\ \ 0.7\ \ 17.0\ \ 7.3\ \ 7.3\ \ 3.35\ \ 5.29\}^T, \qquad f^* = 2,985.22$$

7.22.5 열교환기 설계 [7.42]

목적함수 $Min \quad f(\boldsymbol{X}) = x_1 + x_2 + x_3$

제약

$$g_1(X) = 0.0025(x_4 + x_6) - 1 \le 0$$

$$g_2(X) = 0.0025(-x_4 + x_5 + x_7) - 1 \le 0$$

$$g_3(X) = 0.01(-x_5 + x_8) - 1 \le 0$$

$$g_4(X) = 100x_1 - x_1x_6 + 833.33252x_4 - 83{,}333.333 \le 0$$

$$g_5(X) = x_2x_4 - x_2x_7 - 1{,}250x_4 + 1{,}250x_5 \le 0$$

$$g_6(X) = x_3x_5 - x_3x_8 - 2{,}500x_5 + 1{,}250{,}000 \le 0$$

$$g_7 : 100 \le x_1 \le 10{,}000 : g_8$$

$$g_9 : 1{,}000 \le x_2 \le 10{,}000 : g_{10}$$

$$g_{11} : 1{,}000 \le x_3 \le 10{,}000 : g_{12}$$

$$g_{13}\ to\ g_{22} : 10 \le x_i \le 1{,}000,\ i = 4,\ 5, \cdots, 8$$

최적해 $\boldsymbol{X}^* = \{567\ 1{,}357\ 5{,}125\ 181\ 295\ 219\ 286\ 395\}^T, \quad f^* = 7{,}049$

REFERENCES AND BIBLIOGRAPHY

7.1 R. L. Fox, *Optimization Methods for Engineering Design*, Addison-Wesley, Reading, MA, 1971.

7.2 M. J. Box, A new method of constrained optimization and a comparison with other methods, *Computer Journal*, Vol. 8, No. 1, pp. 42–52, 1965.

7.3 E. W. Cheney and A. A. Goldstein, Newton's method of convex programming and Tchebycheff approximation, *Numerische Mathematik*, Vol. 1, pp. 253–268, 1959.

7.4 J. E. Kelly, The cutting plane method for solving convex programs, *Journal of SIAM*, Vol. VIII, No. 4, pp. 703–712, 1960.

7.5 G. Zoutendijk, *Methods of Feasible Directions*, Elsevier, Amsterdam, 1960.

7.6 W.W. Garvin, *Introduction to Linear Programming*, McGraw-Hill, New York, 1960.

7.7 S. L. S. Jacoby, J. S. Kowalik, and J. T. Pizzo, *Iterative Methods for Nonlinear Optimization Problems*, Prentice Hall, Englewood Cliffs, NJ, 1972.

7.8 G. Zoutendijk, Nonlinear programming: a numerical survey, *SIAM Journal of Control Theory and Applications*, Vol. 4, No. 1, pp. 194–210, 1966.

7.9 J. B. Rosen, The gradient projection method of nonlinear programming, Part I: linear constraints, *SIAM Journal*, Vol. 8, pp. 181–217, 1960.

7.10 J. B. Rosen, The gradient projection method for nonlinear programming, Part II: nonlinear constraints, *SIAM Journal*, Vol. 9, pp. 414–432, 1961.

7.11 G. A. Gabriele and K. M. Ragsdell, The generalized reduced gradient method: a reliable tool for optimal design, *ASME Journal of Engineering for Industry*, Vol. 99, pp. 384–400, 1977.

7.12 M. J. D. Powell, A fast algorithm for nonlinearity constrained optimization calculations, in *Lecture Notes in Mathematics*, G. A. Watson et al., Eds., Springer-Verlag, Berlin, 1978.

7.13 M. J. Box, A comparison of several current optimization methods and the use of transformations in constrained problems, *Computer Journal*, Vol. 9, pp. 67–77, 1966.

7.14 C. W. Carroll, The created response surface technique for optimizing nonlinear restrained systems, *Operations Research*, Vol. 9, pp. 169–184, 1961.

7.15 A. V. Fiacco and G. P. McCormick, *Nonlinear Programming: Sequential Unconstrained Minimization Techniques*, Wiley, New York, 1968.

7.16 W. I. Zangwill, Nonlinear programming via penalty functions, *Management Science*, Vol. 13, No. 5, pp. 344–358, 1967.

7.17 A. V. Fiacco and G. P. McCormick, Extensions of SUMT for nonlinear programming: equality constraints and extrapolation, *Management Science*, Vol. 12, No. 11, pp. 816–828, July 1966.

7.18 D. Kavlie and J. Moe, Automated design of frame structure, *ASCE Journal of the Structural Division*, Vol. 97, No. ST1, pp. 33–62, Jan. 1971.

7.19 J. H. Cassis and L. A. Schmit, On implementation of the extended interior penalty function, *International Journal for Numerical Methods in Engineering*, Vol. 10, pp. 3–23, 1976.

7.20 R. T. Haftka and J. H. Starnes, Jr., Application of a quadratic extended interior penalty function for structural optimization, *AIAA Journal*, Vol. 14, pp. 718–728, 1976.

7.21 A. V. Fiacco and G. P. McCormick, *SUMT Without Parmaeters*, System Research Memorandum 121, Technical Institute, Northwestern University, Evanston, IL, 1965.

7.22 A. Ralston, *A First Course in Numerical Analysis*, McGraw-Hill, New York, 1965.

7.23 R. T. Rockafellar, The multiplier method of Hestenes and Powell applied to convex programming, *Journal of Optimization Theory and Applications*, Vol. 12, No. 6, pp. 555–562, 1973.

7.24 B. Prasad, A class of generalized variable penalty methods for nonlinear programming, *Journal of Optimization Theory and Applications*, Vol. 35, pp. 159–182, 1981.

7.25 L. A. Schmit and R. H. Mallett, Structural synthesis and design parameter hierarchy, *Journal of the Structural Division, Proceedings of ASCE*, Vol. 89, No. ST4, pp. 269–299, 1963.

7.26 J. Kowalik and M. R. Osborne, *Methods for Unconstrained Optimization Problems*, American Elsevier, New York, 1968.

7.27 N. Baba, Convergence of a random optimization method for constrained optimization problems, *Journal of Optimization Theory and Applications*, Vol. 33, pp. 451–461, 1981.

7.28 J. T. Betts, A gradient projection-multiplier method for nonlinear programming, *Journal of Optimization Theory and Applications*, Vol. 24, pp. 523–548, 1978.

7.29 J. T. Betts, An improved penalty function method for solving constrained parameter optimization problems, *Journal of Optimization Theory and Applications*, Vol. 16, pp. 1–24, 1975.

7.30 W. Hock and K. Schittkowski, Test examples for nonlinear programming codes, *Journal of Optimization Theory and Applications*, Vol. 30, pp. 127–129, 1980.

7.31 J. C. Geromel and L. F. B. Baptistella, Feasible direction method for large-scale nonconvex programs: decomposition approach, *Journal of Optimization Theory and Applications*, Vol. 35, pp. 231–249, 1981.

7.32 D. M. Topkis, A cutting-plane algorithm with linear and geometric rates of convergence, *Journal of Optimization Theory and Applications*, Vol. 36, pp. 1–22, 1982.

7.33 M. Avriel, *Nonlinear Programming: Analysis and Methods*, Prentice Hall, Englewood Cliffs, NJ, 1976.

7.34 H. W. Kuhn, Nonlinear programming: a historical view, in *Nonlinear Programming, SIAM-AMS Proceedings*, Vol. 9, American Mathematical Society, Providence, RI, 1976.

7.35 J. Elzinga and T. G. Moore, A central cutting plane algorithm for the convex programming problem, *Mathematical Programming*, Vol. 8, pp. 134–145, 1975.

7.36 V. B. Venkayya, V. A. Tischler, and S. M. Pitrof, Benchmarking in structural optimization, *Proceedings of the 4th AIAA/USAF/NASA/OAI Symposium on Multidisciplinary Analysis and Optimization*, Sept. 21–23, 1992, Cleveland, Ohio, AIAA Paper AIAA-92-4794.

7.37 W. Hock and K. Schittkowski, *Test Examples for Nonlinear Programming Codes*, Lecture Notes in Economics and Mathematical Systems, No. 187, Springer-Verlag, Berlin, 1981.

7.38 S. S. Rao, Multiobjective optimization of fuzzy structural systems, *International Journal for Numerical Methods in Engineering*, Vol. 24, pp. 1157–1171, 1987.

7.39 K. M. Ragsdell and D. T. Phillips, Optimal design of a class of welded structures using geometric programming, *ASME Journal of Engineering for Industry*, Vol. 98, pp. 1021–1025, 1976.

7.40 J. Golinski, An adaptive optimization system applied to machine synthesis, *Mechanism and Machine Synthesis*, Vol. 8, pp. 419–436, 1973.

7.41 H. L. Li and P. Papalambros, A production system for use of global optimization knowledge, *ASME Journal of Mechanisms, Transmissions, and Automation in Design*, Vol. 107, pp. 277–284, 1985.

7.42 M. Avriel and A. C. Williams, An extension of geometric programming with application in engineering optimization, *Journal of Engineering Mathematics*, Vol. 5, pp. 187–194, 1971.

7.43 G. A. Gabriele and K. M. Ragsdell, Large scale nonlinear programming using the generalized reduced gradient method, *ASME Journal of Mechanical Design*, Vol. 102, No. 3, pp. 566–573, 1980.

7.44 A. D. Belegundu and J. S. Arora, A recursive quadratic programming algorithm with active set strategy for optimal design, *International Journal for Numerical Methods in Engineering*, Vol. 20, No. 5, pp. 803–816, 1984.

7.45 G. A. Gabriele and T. J. Beltracchi, An investigation of Pschenichnyi's recursive quadratic programming method for engineering optimization, *ASME Journal of Mechanisms, Transmissions, and Automation in Design*, Vol. 109, pp. 248–253, 1987.

7.46 F. Moses, Optimum structural design using linear programming, *ASCE Journal of the Structural Division*, Vol. 90, No. ST6, pp. 89–104, 1964.

7.47 S. L. Lipson and L. B. Gwin, The complex method applied to optimal truss configuration, *Computers and Structures*, Vol. 7, pp. 461–468, 1977.

7.48 G. N. Vanderplaats, *Numerical Optimization Techniques for Engineering Design with Applications*, McGraw-Hill, New York, 1984.

7.49 T. F. Edgar and D. M. Himmelblau, *Optimization of Chemical Processes*, McGraw-Hill, New York, 1988.

7.50 A. Ravindran, K. M. Ragsdell, and G. V. Reklaitis, *Engineering Optimization Methods and Applications*, 2nd ed., Wiley, New York, 2006.

7.51 L. S. Lasdon, *Optimization Theory for Large Systems*, Macmillan, New York, 1970.

7.52 R. T. Haftka and Z. Gürdal, *Elements of Structural Optimization*, 3rd ed., Kluwer Academic, Dordrecht, The Netherlands, 1992.

CHAPTER 08

기하급수 계획법

8.1 소개

기하급수 계획법(geometric programming)은 Duffin, Peterson, 그리고 Zener[8.1]가 개발한 비선형 계획 문제의 비교적 새로운 해결 방법으로서 주로 양항 다변수 다항식 형태의 제약과 목적함수로 구성된 문제의 최소화에 사용한다. 이 방법은 변수 보다 목적함수 항들의 상대적인 크기를 강조하는 점에서 다른 최적화 기법과 다르다. 즉, 기하급수 계획법은 제일 먼저 설계변수들의 최적해를 구하는 대신에 목적함수의 최적값을 먼저 찾는다. 이러한 특징은 목적함수의 최적값에 관심이 있는 경우에 특히 장점이 된다. 이와 같은 경우에는 최적 설계벡터의 계산을 생략할 수 있다. 기하급수 계획법의 또 다른 장점은 복잡한 최적화 문제를 선형연립방정식을 포함하는 문제로 단순화한다는 것이다. 이 방법의 주된 단점은 양항 다변수 다항식 형태의 목적함수와 제약식을 필요로 한다는 것이다. 먼저 일반적인 양항 다변수 다항식 형태를 살펴보기로 한다.

8.2 양항 다변수 다항식 (Posynomial)

공학적 설계 상황에서는 목적함수(예를 들어, 전체 비용) $f(\boldsymbol{X})$는 다음과 같이 여러 성분 비용들의 합으로 주어지는 경우가 빈번하다.

$$f(\boldsymbol{X}) = U_1 + U_2 + \cdot \cdot \cdot + U_N \qquad 8.1$$

이때 많은 경우에서 다음과 같은 멱함수(power function)의 형식으로 성분 비용들 U_i를 표현할 수 있다.

$$U_i = c_i \quad x_1^{a_{1i}} \quad x_2^{a_{2i}} \quad \cdot \cdot \cdot x_n^{a_{ni}} \qquad 8.2$$

여기서 계수 c_i는 양수, 지수 a_{ij}는 실수(양수, 0, 또는 음수), 그리고 설계 매개변수들 $x_1, x_2, \cdot\cdot\cdot, x_n$은 양수이다. 이와 같은 계수, 변수 그리고 지수들의 특성 때문에 앞의 f 함수들을 양항 다변수 다항식이라 부른다. 예를 들어, 다음 식

$$f(x_1,\ x_2,\ x_3) = 6 + 3x_1 - 8x_2 + 7x_3 + 2x_1x_2 - 3x_1x_3 + \frac{4}{3}x_2x_3 + \frac{8}{7}x_1^2 - 9x_2^2 + x_3^2$$

은 변수 x_1, x_2, x_3(항의 계수가 실수)의 이차 다항식인 반면, 다음 식

$$g(x_1,\ x_2,\ x_3) = x_1x_2x_3 + x_1^2x_2 + 4x_3 + \frac{2}{x_1x_2} + 5x_3^{-1/2}$$

은 양항 다변수 다항식이다. 최적화 문제의 함수 형식이 양의 다변수 다항 함수가 아니라 하더라도 실제 함수들을 매개변수 x_i의 넓은 범위에서 적절히 적합된 양항 다변수 다항식의 집합으로 대체하고 기하급수 계획법을 적용하여 해결할 수 있다.

8.3 비제약 최소화 문제

다음의 목적함수

$$f(\boldsymbol{X}) = \sum_{j=1}^{N} U_j(\boldsymbol{X}) = \sum_{j=1}^{N}\left(c_j \prod_{i=1}^{n} x_i^{a_{ij}}\right) = \sum_{j=1}^{N}\left(c_j x_1^{a_{1j}} x_2^{a_{2j}} \cdot\cdot\cdot x_n^{a_{nj}}\right) \tag{8.3}$$

단, $c_j > 0$, $x_i > 0$, 그리고 a_{ij}는 실수 상수가 최솟값이 되는 점

$$\boldsymbol{X} = (x_1,\ x_2, \cdots,\ x_n)^T$$

를 구하는 비제약 최소화 문제는 다양한 방법으로 해결할 수 있다. 다음 절에서는 식 8.3과 같이 기술된 문제의 해를 구하기 위해 미분에 기초한 방법과 기하급수 부등식의 개념에 기초한 두 가지 방법에 대해 기술한다.

8.4 미분법을 사용한 비제약 기하급수 계획 문제의 해

제2장에서 기술한 미분법에 따라 f의 최소를 위한 필요조건들은 다음 식과 같다.

$$\frac{\partial f}{\partial x_k} = \sum_{j=1}^{N} \frac{\partial U_j}{\partial x_k} \qquad 8.4$$

$$= \sum_{j=1}^{N} \left(c_j x_1^{a_{1j}} x_2^{a_{2j}} \cdots x_{k-1}^{a_{k-1,j}} a_{k,j} x_k^{a_{k,j}-1} x_{k+1}^{a_{k+1,j}} \cdots x_n^{a_{nj}} \right) = 0, \quad k = 1,\ 2, \cdots,\ n$$

위의 식의 양변에 x_k를 곱하면

$$x_k \frac{\partial f}{\partial x_k} = \sum_{j=1}^{N} a_{kj} \left(c_j \quad x_1^{a_{1j}} \quad x_2^{a_{2j}} \quad \cdot \cdot \cdot \, x_{k-1}^{a_{k-1,j}} \quad x_k^{a_{kj}} \quad x_{k+1}^{a_{k+1,j}} \quad \cdot \cdot \cdot \, x_n^{a_{nj}} \right) \qquad 8.5$$

$$= \sum_{j=1}^{N} a_{kj} U_j(\boldsymbol{X}) = 0 \qquad k = 1,\ 2,\ \cdot \cdot \cdot,\ n$$

이 된다. 따라서 주어진 문제의 최소점

$$\boldsymbol{X}^* = \left(x_1^*,\ x_2^*, \cdots,\ x_n^* \right)^T$$

을 구하려면 먼저 식 8.4에 주어진 n개의 연립방정식의 해 벡터를 구하고, 이 점 $\boldsymbol{X}^*$가 f의 최소점($\boldsymbol{X}$의 최대 또는 정점이 아닌)이 되려면 충분조건을 만족하는지 확인해야 한다. 즉, $\boldsymbol{X}^*$에서 f의 Hessian 행렬

$$\boldsymbol{J}_{\boldsymbol{X}^*} = \left[\frac{\partial^2 f}{\partial x_k \partial x_l} \right]_{\boldsymbol{X}^*}$$

이 양의 정부호가 되어야 한다. 이 조건에 관해서는 차후 단계에서 다루기로 한다.

위의 벡터 $\boldsymbol{X}^*$는 식 8.5를 만족하므로

$$\sum_{j=1}^{N} a_{kj} U_j(\boldsymbol{X}^*) = 0 \qquad k = 1,\ 2,\ \cdot \cdot \cdot,\ n \qquad 8.6$$

가 되고, 위의 식의 양변에 목적함수의 최솟값 $f^* > 0$으로 나누면

$$\sum_{j=1}^{N} \triangle_j^* a_{kj} = 0 \qquad k = 1,\ 2,\ \cdot \cdot \cdot,\ n \qquad 8.7$$

$$\triangle_j^* = \frac{U_j(\boldsymbol{X}^*)}{f^*} = \frac{U_j^*}{f^*} \qquad 8.8$$

와 같다. 위에서

$$\sum_{j=1}^{N}\Delta_j^* = \Delta_1^* + \Delta_2^* + \cdot\cdot\cdot + \Delta_N^* \qquad 8.9$$
$$= \frac{1}{f^*}(U_1^* + U_2^* + \cdot\cdot\cdot + U_N^*) = 1$$

이므로 Δ_j^*는 목적함수의 최적값에 대한 j번째 항의 상대적인 크기를 나타낸다. 위의 식 8.7을 **직교조건**(orthogonality conditions)이라 하고, 식 8.9를 **정규조건**(normality conditions)이라고 한다. 이제 목적함수의 최솟값 f^*를 얻기 위해 다음의 방법을 고려해보자. 즉,

$$f^* = (f^*)^1 = (f^*)^{\sum_{j=1}^{N}\Delta_j^*} = (f^*)^{\Delta_1^*}(f^*)^{\Delta_2^*} \cdot\cdot\cdot (f^*)^{\Delta_N^*} \qquad 8.10$$

이고,

$$f^* = \frac{U_1^*}{\Delta_1^*} = \frac{U_2^*}{\Delta_2^*} = \cdot\cdot\cdot\cdot = \frac{U_N^*}{\Delta_N^*} \qquad 8.11$$

이므로 식 8.8로부터 8.10을 다시 쓰면

$$f^* = \left(\frac{U_1^*}{\Delta_1^*}\right)^{\Delta_1^*}\left(\frac{U_2^*}{\Delta_2^*}\right)^{\Delta_2^*} \cdot\cdot\cdot \left(\frac{U_N^*}{\Delta_N^*}\right)^{\Delta_N^*} \qquad 8.12$$

이 된다. 또한, 다음의 관계식

$$U_j^* = c_j\prod_{i=1}^{n}(x_i^*)^{a_{ij}}, \qquad j = 1,\ 2, \cdot\cdot\cdot, N$$

을 식 8.12에 대입하면 f^*는

$$f^* = \left\{\left(\frac{c_1}{\Delta_1^*}\right)^{\Delta_1^*}\left[\prod_{i=1}^{n}(x_i^*)^{a_{i1}}\right]^{\Delta_1^*}\right\}\left\{\left(\frac{c_2}{\Delta_2^*}\right)^{\Delta_2^*}\left[\prod_{i=1}^{n}(x_i^*)^{a_{i2}}\right]^{\Delta_2^*}\right\} \qquad 8.13$$
$$\cdot\cdot\cdot\left\{\left(\frac{c_N}{\Delta_N^*}\right)^{\Delta_N^*}\left[\prod_{i=1}^{n}(x_i^*)^{a_{iN}}\right]^{\Delta_N^*}\right\}$$
$$= \left\{\prod_{j=1}^{N}\left(\frac{c_j}{\Delta_j^*}\right)^{\Delta_j^*}\right\}\left\{\prod_{j=1}^{N}\left[\prod_{i=1}^{n}(x_i^*)^{a_{ij}}\right]^{\Delta_j^*}\right\}$$
$$= \left\{\prod_{j=1}^{N}\left(\frac{c_j}{\Delta_j^*}\right)^{\Delta_j^*}\right\}\left[\prod_{i=1}^{n}(x_i^*)^{\sum_{j=1}^{N}a_{ij}\Delta_j^*}\right]$$

$$= \prod_{j=1}^{N} \left(\frac{c_j}{\Delta_j^*} \right)^{\Delta_j^*}$$

와 같이 된다. 위의 마지막 등식은 식 8.7과 같이 모든 i에 대해

$$\sum_{j=1}^{N} a_{ij} \Delta_j^* = 0$$

이 되기 때문이다. 따라서 Δ_j^*가 결정되면 식 8.13에 의해 목적함수의 최적값 f^*를 구할 수 있고, $\Delta_j^*(j=1, 2, \cdot\cdot\cdot, N)$는 미지수가 N개이고 $n+1$개의 식으로 구성된 연립방정식인 식 8.7과 8.9로부터 얻을 수 있다. 이때 $N=n+1$이면, 식과 미지수의 개수가 동일한 선형연립방정식이 되므로 유일한 해를 얻을 수 있다.

난이도(degree of difficulty) 기하급수 계획법에서 정수 $N-n-1$을 난이도라 한다. 제약 기하급수 계획 문제의 경우에서 N은 양항 다변수 다항식 항의 전체 수를 나타내고, n은 설계변수들의 수를 나타낸다. 이때 $N-n-1=0$이 되는 최적화 문제는 난이도 0을 갖는다고 말하고, 이 경우에는 직교조건과 정규조건으로부터 미지수 $\Delta_j^*(j=1, 2, \cdot\cdot\cdot, N)$의 유일한 해를 결정할 수 있다. 한편, N이 $n+1$ 보다 크면 식의 수보다 많은 미지수(Δ_j^*의 수)를 갖게 되는데, 이 경우에 대한 해결 방법은 후속 절에서 기술하기로 한다. 하지만 난이도가 음인 문제에는 기하급수 계획법을 적용할 수 없음을 유의하여야 한다.

충분조건 Δ_j^*을 구하는 식 8.7과 8.9, 즉 필요조건들은 충분조건도 됨을 증명할 수 있다.

설계변수의 최적값 구하기 f^*와 $\Delta_j^*(j=1, 2, \cdot\cdot\cdot, N)$는 알고 있으므로 다음의 연립방정식

$$U_j^* = \Delta_j^* f^* = c_j \prod_{i=1}^{n} (x_i^*)^{a_{ij}}, \quad j=1, 2, \cdot\cdot\cdot, N \tag{8.14}$$

으로부터 설계변수들의 최적값 $x_i^*(i=1, 2, \cdot\cdot\cdot, n)$를 결정할 수 있다. 하지만 위의 식 8.14는 변수 x_1^*, x_2^*, $\cdot\cdot\cdot$, x_n^*에 관한 비선형 연립방정식으로 직접 해결하기가 쉽지 않으므로 우선 식 8.14를

$$\frac{\Delta_j^* f^*}{c_j} = (x_1^*)^{a_{1j}} (x_2^*)^{a_{2j}} \cdot\cdot\cdot (x_n^*)^{a_{nj}}, \quad j=1, 2, \cdot\cdot\cdot, N \tag{8.15}$$

와 같이 변형하고 양변에 로그를 취하면

$$\ln\frac{\Delta_j{}^* f^*}{c_j} = a_{1j}\ln x_1{}^* + a_{2j}\ln x_2{}^* + \cdot\cdot\cdot + a_{nj}\ln x_n{}^* \qquad 8.16$$
$$j = 1,\ 2,\ \cdot\cdot\cdot,\ N$$

와 같이 된다. 이제

$$w_i = \ln x_i{}^*, \qquad i = 1,\ 2,\ \cdot\cdot\cdot,\ n \qquad 8.17$$

라 하면 식 8.16은

$$a_{11}w_1 + a_{21}w_2 + \cdot\cdot\cdot + a_{n1}w_n = \ln\frac{f^*\Delta_1{}^*}{c_1} \qquad 8.18$$
$$a_{12}w_1 + a_{22}w_2 + \cdot\cdot\cdot + a_{n2}w_n = \ln\frac{f^*\Delta_2{}^*}{c_2}$$
$$\vdots$$
$$a_{1N}w_1 + a_{2N}w_2 + \cdot\cdot\cdot + a_{nN}w_n = \ln\frac{f^*\Delta_N{}^*}{c_N}$$

와 같은 선형연립방정식이 된다. 난이도 0인 문제는 위의 식에서 $w_1,\ w_2,\ \cdot\cdot\cdot,\ w_n$의 유일한 해를 제공한다. 또한, w_i를 구한 후 최적해는

$$x_i{}^* = e^{w_i}, \qquad i = 1,\ 2,\ \cdot\cdot\cdot,\ n \qquad 8.19$$

와 같이 구할 수 있다. 난이도가 비음수, 즉 $N \geq n+1$인 일반 기하급수 계획 문제에서 식 8.18은 미지수 n개 보다 많은 N개의 식을 갖는데, 이때는 임의의 일차독립인 n개의 식을 선택하여 해 w_i와 $x_i{}^*$를 구한다.

예제 8.1을 통해 난이도가 0인 비제약 기하급수 계획 문제를 해결하는 절차를 알아보기로 하자.

예제 8.1

개방된 사각형 상자[길이 x_1, 폭 x_2, 높이 x_3(단위 m)]를 이용하여 곡식을 저장창고로부터 공장으로 이송하기로 결정하였다. 바닥, 측면, 그리고 상자의 말단부의 비용은 각각 \$80/m^2, \$10/m^2, 그리고 \$20/m^{2}이다. 또한, 상자 하나의 왕복 비용은 \$1 이다. 상자의 잔존가액은 무시하며 곡식 80 m^{3}을 수송하기 위한 최소 비용을 구하라.

[풀이] 전체 수송비용은 다음과 같이 주어진다.

전체 비용 = 상자 비용 + 수송 비용
= (측면 비용 + 바닥 비용 + 상자 말단부 비용) +
(곡식을 수송하기 위해 필요한 왕복 횟수 × 각 왕복 비용)

$$f(\boldsymbol{X}) = \left[(2x_1x_3)10 + (x_1x_2)80 + (2x_2x_3)20\right] + \left[\frac{80}{x_1x_2x_3}(1)\right] \qquad \text{E.1}$$

$$= \$\left(80x_1x_2 + 40x_2x_3 + 20x_1x_3 + \frac{80}{x_1x_2x_3}\right)$$

위에서 x_1, x_2, 및 x_3는 그림 8.1과 같이 상자의 규격을 나타낸다. 또한, 위의 식에서 양항 다변수 다항식의 항의 수 $N=4$, 미지수는 $n=3(x_1,\ x_2,\ x_3)$이므로 난이도는 $N-(n+1)=0$이 된다.

식 E.1을 일반 양항 다변수 다항식 8.1과 비교하여

$$c_1 = 80,\ c_2 = 40,\ c_3 = 20,\ c_4 = 80$$

$$\begin{pmatrix} a_{11} & a_{12} & a_{13} & a_{14} \\ a_{21} & a_{22} & a_{23} & a_{24} \\ a_{31} & a_{32} & a_{33} & a_{34} \end{pmatrix} = \begin{pmatrix} 1 & 0 & 1 & -1 \\ 1 & 1 & 0 & -1 \\ 0 & 1 & 1 & -1 \end{pmatrix}$$

와 같이 쓸 수 있고, 직교조건과 정규조건을 함께 나열하면

$$\begin{bmatrix} 1 & 0 & 1 & -1 \\ 1 & 1 & 0 & -1 \\ 0 & 1 & 1 & -1 \\ 1 & 1 & 1 & 1 \end{bmatrix} \begin{pmatrix} \Delta_1 \\ \Delta_2 \\ \Delta_3 \\ \Delta_4 \end{pmatrix} = \begin{pmatrix} 0 \\ 0 \\ 0 \\ 1 \end{pmatrix}$$

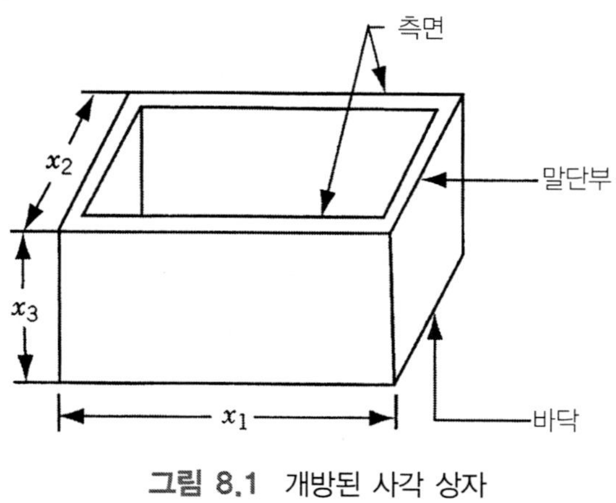

그림 8.1 개방된 사각 상자

즉,

$$\Delta_1 + \Delta_3 - \Delta_4 = 0 \qquad \text{E.2}$$

$$\Delta_1 + \Delta_2 - \Delta_4 = 0 \qquad \text{E.3}$$

$$\Delta_2 + \Delta_3 - \Delta_4 = 0 \qquad \text{E.4}$$

$$\Delta_1 + \Delta_2 + \Delta_3 + \Delta_4 = 1 \qquad \text{E.5}$$

와 같다. 이제 식 E.2와 E.3으로부터

$$\Delta_4 = \Delta_1 + \Delta_3 = \Delta_1 + \Delta_2 \text{ 따라서 } \Delta_2 = \Delta_3 \qquad \text{E.6}$$

이고, 식 E.3와 E.4로부터

$$\Delta_4 = \Delta_1 + \Delta_2 = \Delta_2 + \Delta_3 \text{ 따라서 } \Delta_1 = \Delta_3 \qquad \text{E.7}$$

이며, 식 E.6과 E.7로부터

$$\Delta_1 = \Delta_2 = \Delta_3$$

이 된다. 또한 식 E.6으로부터

$$\Delta_4 = \Delta_1 + \Delta_3 = 2\Delta_1$$

이므로 마지막으로 식 E.5로부터 유일한 해

$$\Delta_1{}^* = \Delta_2{}^* = \Delta_3{}^* = \frac{1}{5}, \qquad \Delta_4{}^* = \frac{2}{5}$$

를 얻을 수 있다. 따라서 식 8.13으로부터 목적함수의 최적값은

$$\begin{aligned} f^* &= \left(\frac{80}{1/5}\right)^{1/5}\left(\frac{40}{1/5}\right)^{1/5}\left(\frac{20}{1/5}\right)^{1/5}\left(\frac{80}{2/5}\right)^{2/5} \\ &= (4\times 10^2)^{1/5}(2\times 10^2)^{1/5}(1\times 10^2)^{1/5}(2\times 10^2)^{2/5} \\ &= \$200 \end{aligned}$$

이다. 상자의 최적 규격을 구하기 이전에 전체 최소 비용을 먼저 구하였다. 이제 설계변수의 최적값을 구하기 위해 식 8.14를 다음과 같이 작성한다.

$$U_1{}^* = 80x_1{}^*x_2{}^* = \Delta_1{}^*f^* = \frac{1}{5}(200) = 40 \qquad \text{E.8}$$

$$U_2{}^* = 40x_2{}^*x_3{}^* = \triangle_2{}^*f^* = \frac{1}{5}(200) = 40 \qquad \text{E.9}$$

$$U_3{}^* = 20x_1{}^*x_3{}^* = \triangle_3{}^*f^* = \frac{1}{5}(200) = 40 \qquad \text{E.10}$$

$$U_4{}^* = \frac{80}{x_1{}^*x_2{}^*x_3{}^*} = \triangle_4{}^*f^* = \frac{2}{5}(200) = 80 \qquad \text{E.11}$$

위의 식 E.8과 E.9로부터

$$x_2{}^* = \frac{1}{2}\frac{1}{x_1{}^*} = \frac{1}{x_3{}^*}, \quad x_1{}^* = \frac{x_3{}^*}{2}, \quad x_2{}^* = \frac{1}{x_3{}^*}$$

이므로 x_1과 x_2를 E.11에 대입하면

$$\frac{1}{x_1{}^*x_2{}^*x_3{}^*} = 1 = \frac{2x_3{}^*}{x_3{}^*x_3{}^*}, \quad x_3{}^* = 2$$

와 같다. 따라서

$$x_1{}^* = 1\,\text{m}, \quad x_2{}^* = \frac{1}{2}\,\text{m}, \quad x_3{}^* = 2\,\text{m} \qquad \text{E.12}$$

가 된다. 식 E.8~E.11에서 하나의 여분의 식이 존재하며 이는 해 $x_i{}^*(i = 1 \sim n)$를 결정하는데 필요 없다.

또한, 식 8.18을 사용하여 식 E.12과 같은 해를 얻을 수 있다. 즉, 이 문제의 경우에 식 8.18은

$$1w_1 + 1w_2 + 0w_3 = \ln\frac{200 \times \frac{1}{5}}{80} = \ln\frac{1}{2} \qquad \text{E.13}$$

$$0w_1 + 1w_2 + 1w_3 = \ln\frac{200 \times \frac{1}{5}}{40} = \ln 1 \qquad \text{E.14}$$

$$1w_1 + 0w_2 + 1w_3 = \ln\frac{200 \times \frac{1}{5}}{20} = \ln 2 \qquad \text{E.15}$$

$$-1w_1 - 1w_2 - 1w_3 = \ln\frac{200 \times \frac{2}{5}}{80} = \ln 1 \qquad \text{E.16}$$

와 같으므로 식 E.13, E.14, 그리고 E.16을 더하면

$$w_2 = \ln\frac{1}{2} + \ln 1 + \ln 1 = \ln\left(\frac{1}{2} \cdot 1 \cdot 1\right) = \ln\frac{1}{2} = \ln x_2{}^*$$

즉,

$$x_2{}^* = \frac{1}{2}$$

이 되고, 또한 식 E.13, E.15, 그리고 E.16을 더하면

$$w_1 = \ln\frac{1}{2} + \ln 2 + \ln 1 = \ln 1 = \ln x_1{}^*$$

즉,

$$x_1{}^* = 1$$

이 된다. 마지막으로 식 E.14, E.15, 그리고 E.16을 더하면

$$w_3 = \ln 1 + \ln 2 + \ln 1 = \ln 2 = \ln x_3{}^*$$

즉,

$$x_3{}^* = 2$$

이 된다. 위에서 미지수 세 개 w_1, w_2, 및 w_3으로 구성된 네 개의 식 E.13~E.16 모두가 일차독립인 것은 아니다. 즉, 식 E.13, E.14, 그리고 E.15를 더한 결과를 −2로 나누면 네 번째 식 E.16을 얻을 수 있으므로 처음 3개의 식이 일차독립이다. ■

8.5 산술-기하 부등식을 이용한 비제약 기하급수 계획 문제 해결

임의 두 수의 산술평균은 $(a+b)/2$이고, 기하평균이 $\sqrt{a \times b}$일 때, Caucy **부등식**으로도 알려진 **산술-기하평균**(arithmetic mean-geometric mean) **부등식**은 다음과 같다 [8.1].

$$\Delta_1 u_1 + \Delta_2 u_2 + \cdot\cdot\cdot + \Delta_N u_N \geq u_1^{\Delta_1} u_2^{\Delta_2} \cdot\cdot\cdot u_N^{\Delta_N} \qquad 8.20$$

단,

$$\Delta_1 + \Delta_2 + \cdot\cdot\cdot + \Delta_N = 1 \qquad 8.21$$

기하급수 계획 문제를 해결하는데 이 부등식은 매우 유용하다. 위의 식 8.20의 부등식을 사용하고, $U_i = u_i\Delta_i (i = 1,\ 2,\ \cdots,\ N)$로 설정하면, 식 8.3의 목적함수는 다음과 같이 작성할 수 있다.

$$U_1 + U_2 + \cdots + U_N \geq \left(\frac{U_1}{\Delta_1}\right)^{\Delta_1}\left(\frac{U_2}{\Delta_2}\right)^{\Delta_2}\cdots\left(\frac{U_N}{\Delta_N}\right)^{\Delta_N} \qquad 8.22$$

여기서 $U_i = U_i(\boldsymbol{X}),\ i = 1,\ 2, \cdots,\ N$이고, $\Delta_1,\ \Delta_2,\ \cdots,\ \Delta_N$은 식 8.21을 만족하는 가중치이다. 위의 부등식 8.22의 좌변[즉, 원래 함수 $f(\boldsymbol{X})$]을 **원시함수**(primal function)라 하고 우변을 **선쌍대함수**(predual function)라 한다. 이제 다음의 관계식

$$U_j = c_j \prod_{i=1}^{n} x_i^{a_{ij}}, \qquad j = 1,\ 2,\ \cdots,\ N \qquad 8.23$$

을 이용하여 선쌍대함수를 다시 쓰면

$$\begin{aligned}
&\left(\frac{U_1}{\Delta_1}\right)^{\Delta_1}\left(\frac{U_2}{\Delta_2}\right)^{\Delta_2}\cdots\left(\frac{U_N}{\Delta_N}\right)^{\Delta_N} \\
&= \left(\frac{c_1 \prod_{i=1}^{n} x_i^{a_{i1}}}{\Delta_1}\right)^{\Delta_1}\left(\frac{c_2 \prod_{i=1}^{n} x_i^{a_{i2}}}{\Delta_2}\right)^{\Delta_2}\cdots\left(\frac{c_N \prod_{i=1}^{n} x_i^{a_{iN}}}{\Delta_N}\right)^{\Delta_N} \\
&= \left(\frac{c_1}{\Delta_1}\right)^{\Delta_1}\left(\frac{c_2}{\Delta_2}\right)^{\Delta_2}\cdots\left(\frac{c_N}{\Delta_N}\right)^{\Delta_N} \times \\
&\qquad \left\{\left(\prod_{i=1}^{n} x_i^{a_{i1}}\right)^{\Delta_1}\left(\prod_{i=1}^{n} x_i^{a_{i2}}\right)^{\Delta_2}\cdots\left(\prod_{i=1}^{n} x_i^{a_{iN}}\right)^{\Delta_N}\right\} \\
&= \left(\frac{c_1}{\Delta_1}\right)^{\Delta_1}\left(\frac{c_2}{\Delta_2}\right)^{\Delta_2}\cdots\left(\frac{c_N}{\Delta_N}\right)^{\Delta_N} \times \\
&\qquad \left\{\left(x_1^{\sum_{j=1}^{N} a_{1j}\Delta_j}\right)\left(x_2^{\sum_{j=1}^{N} a_{2j}\Delta_j}\right)\cdots\left(x_n^{\sum_{j=1}^{N} a_{nj}\Delta_j}\right)\right\}
\end{aligned} \qquad 8.24$$

와 같이 표현할 수 있다. 이때 식 8.21의 정규조건과 직교조건식

$$\sum_{j=1}^{N} a_{ij}\Delta_j = 0, \qquad i = 1,\ 2,\ \cdots,\ n \qquad 8.25$$

을 만족하도록 가중치 Δ_j을 선택하면 식 8.24는 다음과 같이 간단히 된다.

$$\left(\frac{U_1}{\Delta_1}\right)^{\Delta_1}\left(\frac{U_2}{\Delta_2}\right)^{\Delta_2}\cdots\left(\frac{U_N}{\Delta_N}\right)^{\Delta_N}=\left(\frac{c_1}{\Delta_1}\right)^{\Delta_1}\left(\frac{c_2}{\Delta_2}\right)^{\Delta_2}\cdots\left(\frac{c_N}{\Delta_N}\right)^{\Delta_N} \qquad 8.26$$

따라서 부등식 8.22는

$$U_1+U_2+\cdots+U_N \geq \left(\frac{c_1}{\Delta_1}\right)^{\Delta_1}\left(\frac{c_2}{\Delta_2}\right)^{\Delta_2}\cdots\left(\frac{c_N}{\Delta_N}\right)^{\Delta_N} \qquad 8.27$$

와 같고, 이 부등식의 우변을 **쌍대함수**(dual function), $v(\Delta_1, \Delta_2, \cdots, \Delta_N)$라 부르며, 부등식 8.27을 간단히 표현하여

$$f \geq v \qquad 8.28$$

와 같이 쓴다. 위에서 얻은 기본 결론은 쌍대함수의 최대는 원시함수의 최소와 동일하다는 것임을 알 수 있는데, 이 정리의 증명은 다음 절에서 기술하기로 한다. 또, 이 정리는 원시의 최소화 또는 쌍대의 최대화 중 쉬운 것을 수행하여 최적화를 수행할 수 있도록 해준다. 또한, 직교조건과 정규조건을 제약조건으로 한 쌍대함수의 최대는 원시함수 f가 광역 최소가 되기 위한 충분조건이 된다.

8.6 비제약시 원시–쌍대의 상관관계 및 충분조건

만일 f^*가 원시함수의 최솟값이고, v^*가 쌍대함수의 최댓값이면 식 8.28에서

$$f \geq f^* \geq v^* \geq v \qquad 8.29$$

의 관계가 있다. 본 절에서는 $f^*=v^*$이 되고 f^*가 $f(\boldsymbol{X})$의 광역 최소가 됨을 증명한다. 표기의 편의를 위해 목적함수 $f(\boldsymbol{X})$를 x_0라 하고 아래의 지수 변환

$$e^{w_i}=x_i \text{ 또는 } w_i=\ln x_i, \quad i=0, 1, 2, 3, \cdots, n \qquad 8.30$$

을 하면 변수 w_i의 부호에는 제한이 없다. 또한 **가중치**(weights)라 불리는 새로운 변수 Δ_j를 아래와 같이 정의하여

$$\Delta_j=\frac{U_j}{x_0}=\frac{c_j\prod_{i=1}^{n}x_i^{a_{ij}}}{x_0}, \quad j=1, 2, \cdots, N \qquad 8.31$$

라 하면 $\triangle_j$는 양의 값이며 다음과 같은 관계

$$\sum_{j=1}^{N} \triangle_j = 1 \tag{8.32}$$

가 있다. 이제 식 8.31의 양변에 로그를 취하면

$$\ln \triangle_j = \ln c_j + \sum_{i=1}^{n} a_{ij} \ln x_i - \ln x_0 \tag{8.33}$$

또는

$$\ln \frac{\triangle_j}{c_j} = \sum_{i=1}^{n} a_{ij} w_i - w_0, \quad j = 1, 2, \cdot \cdot \cdot, N \tag{8.34}$$

이 된다. 따라서 원래 $f(\boldsymbol{X})$의 비제약 최소화 문제는 식 8.32와 8.34의 등식이 제약조건이 되는 w_0의 최소화 문제로 대체할 수 있다. 이때의 목적함수 x_0는

$$x_0 = e^{w_0} = \sum_{j=1}^{N} c_j \prod_{i=1}^{n} e^{a_{ij} w_i} = \sum_{j=1}^{N} c_j e^{\sum_{i=1}^{n} a_{ij} w_i} \tag{8.35}$$

와 같다. 위에서 지수 함수 $e^{a_{ij} w_i}$는 w_i에 관한 볼록함수이므로 지수 함수들의 양의 조합인 목적함수 x_0도 또한 볼록함수이다. 따라서 함수 x_0에는 오직 하나의 정점이 존재하고 이는 광역 최소가 된다. 이러한 w_0의 광역 최소점(또는 x_0의 광역최소점)은 아래의 Lagrange 함수의 정점을 찾아 구할 수 있다. 즉,

$$L(\boldsymbol{w}, \boldsymbol{\Delta}, \boldsymbol{\lambda}) = w_0 + \lambda_0 \left(\sum_{j=1}^{N} \triangle_j - 1 \right) + \sum_{j=1}^{N} \lambda_j \left(\sum_{i=1}^{n} a_{ij} w_i - w_0 - \ln \frac{\triangle_j}{c_j} \right) \tag{8.36}$$

단,

$$\boldsymbol{w} = \begin{pmatrix} w_0 \\ w_1 \\ \cdot \\ \cdot \\ \cdot \\ w_n \end{pmatrix}, \quad \boldsymbol{\Delta} = \begin{pmatrix} \triangle_0 \\ \triangle_1 \\ \cdot \\ \cdot \\ \cdot \\ \triangle_N \end{pmatrix}, \quad \boldsymbol{\lambda} = \begin{pmatrix} \lambda_0 \\ \lambda_1 \\ \cdot \\ \cdot \\ \cdot \\ \lambda_N \end{pmatrix} \tag{8.37}$$

위에서 $\boldsymbol{\lambda}$는 Lagrange 승수 벡터를 나타낸다. L의 정점에서 만족되어야 하는 다음의 조건

$$\frac{\partial L}{\partial w_i}=0, \qquad i=0,\ 1,\ 2,\cdot\cdot\cdot\cdot,\ n \tag{8.38}$$
$$\frac{\partial L}{\partial \Delta_j}=0, \qquad j=0,\ 1,\ 2,\cdot\cdot\cdot\cdot,\ N$$
$$\frac{\partial L}{\partial \lambda_j}=0, \qquad j=0,\ 1,\ 2,\cdot\cdot\cdot\cdot,\ N$$

으로부터

$$1-\sum_{j=1}^{N}\lambda_j=0 \quad \text{또는} \quad \sum_{j=1}^{N}\lambda_j=1 \tag{8.39}$$

$$\sum_{j=1}^{N}\lambda_j a_{ij}=0, \qquad i=1,2,\cdot\cdot\cdot\cdot,n \tag{8.40}$$

$$\lambda_0-\frac{\lambda_j}{\Delta_j}=0 \quad \text{또는} \quad \lambda_0=\frac{\lambda_j}{\Delta_j}, \qquad j=1,2,\cdot\cdot\cdot\cdot,N \tag{8.41}$$

$$\sum_{j=1}^{N}\Delta_j-1=0 \quad \text{또는} \quad \sum_{j=1}^{N}\Delta_j=1 \tag{8.42}$$

$$-\ln\frac{\Delta_j}{c_j}+\sum_{i=1}^{n}a_{ij}w_i-w_0=0, \qquad j=1,2,\cdot\cdot\cdot\cdot,N \tag{8.43}$$

과 같은 관계식을 얻는다. 이제 식 8.39, 8.41과 8.42에서

$$\sum_{j=1}^{N}\lambda_j=1=\sum_{j=1}^{N}\lambda_0\Delta_j=\lambda_0\sum_{j=1}^{N}\Delta_j=\lambda_0 \tag{8.44}$$

이 되고, 따라서 Lagrange 승수의 값은

$$\lambda_j=\begin{cases}1 & for\ j=0\\ \Delta_j & for\ j=1,2,\cdot\cdot\cdot\cdot,N\end{cases} \tag{8.45}$$

와 같이 결정된다. 또한, 식 8.45를 식 8.36의 Lagrange 함수 $L(\boldsymbol{w},\ \Delta,\ \boldsymbol{\lambda})$에 대입하면

$$L(\boldsymbol{\Delta},\boldsymbol{w})=-\sum_{j=1}^{N}\Delta_j\ln\frac{\Delta_j}{c_j}+(1-w_0)\left(\sum_{j=1}^{N}\Delta_j-1\right)+\sum_{i=1}^{n}w_i\left(\sum_{j=1}^{N}a_{ij}\Delta_j\right) \tag{8.46}$$

와 같다.

한편, 위의 식 8.46의 함수는 새로운 다른 최적화 문제의 Lagrange 함수로 간주할 수

있다. 즉, 목적함수 $\tilde{v}(\Delta)$가

$$\tilde{v}(\Delta)=-\sum_{j=1}^{N}\Delta_j \ln\frac{\Delta_j}{c_j}=\ln\left[\prod_{j=1}^{N}\left(\frac{c_j}{\Delta_j}\right)^{\Delta_j}\right] \tag{8.47}$$

이고, 제약조건이

$$\sum_{j=1}^{N}\Delta_j-1=0 \tag{8.48}$$

$$\sum_{j=1}^{N}a_{ij}\Delta_j=0, \quad i=1, 2, \cdot\cdot\cdot, n \tag{8.49}$$

인 최적화 문제에서 $(1-w_0)$, w_1, w_2, $\cdot\cdot\cdot$, w_n이 제약식 8.48과 8.49에 대한 Lagrange 승수가 되는 Lagrange 함수로 해석할 수 있다. 또한, 위의 문제는 원래 문제에 대한 쌍대가 된다.

따라서 Lagrange 함수식 8.46(쌍대문제의 Lagrange 함수)의 정점의 성분 벡터 Δ를 구하면 자동으로 Lagrange 함수식 8.36의 정점이 결정됨이 명백하다. 한편, Δ_j가 양수이므로 함수

$$\Delta_j \ln\frac{\Delta_j}{c_j}, \quad j=1, 2, \cdot\cdot\cdot, N$$

는 볼록함수임을 증명할 수 있다. 또 함수 $\tilde{v}(\Delta)$가 볼록함수들의 합의 음수이므로 $\tilde{v}(\Delta)$는 오목함수가 되어 함수 $\tilde{v}(\Delta)$는 광역 최대점이 되는 유일한 정점을 갖게 된다. 따라서 원시함수의 최솟값은 양수 변수 Δ_j의 식 8.48과 8.49, 즉 정규조건과 직교조건을 제약조건으로 하는 쌍대함수식 8.47의 최댓값과 동일하다.

최적해 Δ^*을 대입하며 목적함수의 최적값은

$$\begin{aligned}\tilde{v}^*=\tilde{v}(\Delta^*)&=L(\boldsymbol{w}^*, \Delta^*)=w_0^*=L(\boldsymbol{w}^*, \Delta^*, \boldsymbol{\lambda}^*)\\&=-\sum_{j=1}^{N}\Delta_j^* ln\frac{\Delta_j^*}{c_j}\end{aligned} \tag{8.50}$$

이 되므로 지수를 취하여 변환 식 8.30을 이용하면 다음의 원시함수의 최적값을 얻는다.

$$f^*=\prod_{j=1}^{N}\left(\frac{c_j}{\Delta_j^*}\right)^{\Delta_j^*} \tag{8.51}$$

원시 및 쌍대문제 기하급수 계획법은 양항 다변수 다항식을 최소화하고 곱셈 함수를 최

표 8.1 비제약 최소화 문제의 원시 및 쌍대 프로그램

원시 프로그램	쌍대 프로그램
변수 $\boldsymbol{X}=(x_1, x_2, \cdots, x_n)$의 최적화 문제: $\min \quad f(\boldsymbol{X})=\sum_{j=1}^{N} c_j x_1^{a_{1j}} x_2^{a_{2j}} \cdots x_n^{a_{nj}}$ $x_1>0,\ x_2>0,\ \cdots, x_n>0$	변수 $\boldsymbol{\Delta}=(\Delta_1, \Delta_2, \cdots, \Delta_N)$의 최적화 문제: $\max \quad v(\Delta)=\prod_{j=1}^{N}\left(\frac{c_j}{\Delta_j}\right)^{\Delta_j}$ 또는 $\max \quad ln\, v(\boldsymbol{\Delta})=ln \left[\prod_{j=1}^{N}\left(\frac{c_j}{\Delta_j}\right)^{\Delta_j}\right] \qquad (8.47)$ subject to $\sum_{j=1}^{N}\Delta_j=1 \qquad (8.48)$ $\sum_{j=1}^{N}a_{ij}\Delta_j=0, \quad i=1,2,\cdots,n \qquad (8.49)$

대화하는 문제를 처리하는 것을 살펴보았다. 이러한 최소화 문제를 **원시 프로그램**(primal programs) 그리고 최대화 문제를 **쌍대 프로그램**(dual programs)이라 부른다. 표 8.1은 비제약 최소화 문제의 원시 및 쌍대 프로그램의 특성을 보여준다.

연산 절차 주어진 비제약 최소화 문제를 해결하기 위해 쌍대함수 $v(\boldsymbol{\Delta})$을 작성하여 식 8.48과 8.49를 제약으로 $v(\boldsymbol{\Delta})$ 또는 $\ln v(\boldsymbol{\Delta})$ 둘 중 편리한 것을 최대화한다. 이때 문제의 난이도가 0이면 $\Delta_j^*, j=1, \ldots, N$의 유일한 해가 존재한다.

난이도가 0보다 큰 문제의 경우에는 식의 개수 $(n+1)$이 변수 $\Delta_j (j=1, 2, \cdots, N)$의 N보다 적으므로 때로는 임의의 $(n+1)$개의 Δ_j를 나머지 $(N-n-1)$개의 Δ_j항으로 표현하는 것이 가능하게 된다. 이와 같은 경우에는 $(N-n-1)$개의 독립변수 Δ_j에 관한 $v(\boldsymbol{\Delta})$ 또는 $\ln v(\boldsymbol{\Delta})$의 최대화 문제가 된다. 이러한 절차를 난이도가 1인 다음의 예제를 통해 설명하기로 한다.

예제 8.2

특정 저수지 펌프 설치에서 D가 단위가 cm인 배관의 직경일 때, 배관비용은 $(100D+50D^2)$이고, Q가 단위가 m^3/s인 유량일 때, 처리될 유량이 증가하면 감소하는 저수지 비용은 $20/Q$이다. 펌핑 비용은 $300Q^2/D^5$와 같다면 전체 비용이 최소가 되기 위한 배관의 최적 규격과 유량을 구하여라.

[풀이] 전체 비용의 함수식은

$$f(D,\ Q) = 100D^1Q^0 + 50D^2Q^0 + 20D^0Q^{-1} + 300D^{-5}Q^2 \qquad \text{E.1}$$

과 같으므로

$$c_1 = 100,\ c_2 = 50,\ c_3 = 20,\ c_4 = 300$$

$$\begin{pmatrix} a_{11} & a_{12} & a_{13} & a_{14} \\ a_{21} & a_{22} & a_{23} & a_{24} \end{pmatrix} = \begin{pmatrix} 1 & 2 & 0 & -5 \\ 0 & 0 & -1 & 2 \end{pmatrix}$$

이 된다. 또한 식 8.7의 직교조건과 식 8.9의 정규조건들은 다음과 같이 주어진다.

$$\begin{pmatrix} 1 & 2 & 0 & -5 \\ 0 & 0 & -1 & 2 \\ 1 & 1 & 1 & 1 \end{pmatrix} \begin{pmatrix} \triangle_1 \\ \triangle_2 \\ \triangle_3 \\ \triangle_4 \end{pmatrix} = \begin{pmatrix} 0 \\ 0 \\ 1 \end{pmatrix}$$

$N = 4 > (n+1) = 3$이므로 위의 연립방정식에서 해 $\triangle_j (j = 1\ to\ 4)$를 바로 얻을 수 없다. 하지만 임의의 세 개 $\triangle_j$를 나머지 하나의 항으로 표현할 수 있다. 즉, $\triangle_4$항으로 $\triangle_1$, $\triangle_2$, $\triangle_3$를 표현하면

$$\triangle_1 = 2 - 11\triangle_4 \qquad \text{E.2}$$

$$\triangle_2 = 8\triangle_4 - 1$$

$$\triangle_3 = 2\triangle_4$$

이 되고, 대응하는 쌍대문제는

$$Max \quad v(\triangle_1,\ \triangle_2,\ \triangle_3,\ \triangle_4)$$

$$= \left(\frac{c_1}{\triangle_1}\right)^{\triangle_1} \left(\frac{c_2}{\triangle_2}\right)^{\triangle_2} \left(\frac{c_3}{\triangle_3}\right)^{\triangle_3} \left(\frac{c_4}{\triangle_4}\right)^{\triangle_4}$$

$$= \left(\frac{100}{2-11\triangle_4}\right)^{2-11\triangle_4} \left(\frac{50}{8\triangle_4 - 1}\right)^{8\triangle_4 - 1} \left(\frac{20}{2\triangle_4}\right)^{2\triangle_4} \left(\frac{300}{\triangle_4}\right)^{\triangle_4}$$

로 표현된다. v 최대화는 $\ln v$의 최대화와 동치이므로 편리상 $\ln v$를 최대화하기로 한다. 즉,

$$\ln\ v = (2 - 11\triangle_4)\left[\ln 100 - \ln\ (2 - 11\triangle_4)\right]$$

$$+ (8\triangle_4 - 1)\left[\ln 50 - \ln\ (8\triangle_4 - 1)\right] + 2\triangle_4\left[\ln 20 - \ln\ (2\triangle_4)\right]$$

$$+ \triangle_4\left[\ln 300 - \ln\ (\triangle_4)\right]$$

의 최대를 구한다. 이때 $\ln v$는 오직 $\triangle_4$의 함수로만 표현되고 원시문제가 유일한 해를 갖기 때문에 $\ln v$가 최대가 되는 $\triangle_4$의 값은 유일하다. 따라서 $\ln v$의 최대화를 위한 필요조건

$$\begin{aligned}\frac{\partial}{\partial \triangle_4}(\ln v) = &-11\left[\ln 100 - \ln(2-11\triangle_4)\right] + (2-11\triangle_4)\frac{11}{(2-11\triangle_4)} \\ &+8\left[\ln 50 - \ln(8\triangle_4 - 1)\right] + (8\triangle_4 - 1)\left(-\frac{8}{(8\triangle_4 - 1)}\right) \\ &+2\left[\ln 20 - \ln(2\triangle_4)\right] + 2\triangle_4\left(-\frac{2}{2\triangle_4}\right) \\ &+1\left[\ln 300 - \ln(\triangle_4)\right] + \triangle_4\left(-\frac{1}{\triangle_4}\right) = 0\end{aligned}$$

을 요약하면

$$\ln\frac{(2-11\triangle_4)^{11}}{(8\triangle_4-1)^8(2\triangle_4)^2\triangle_4} - \ln\frac{(100)^{11}}{(50)^8(20)^2(300)} = 0$$

즉,

$$\frac{(2-11\triangle_4)^{11}}{(8\triangle_4-1)^8(2\triangle_4)^2\triangle_4} = \frac{(100)^{11}}{(50)^8(20)^2(300)} = 2,130 \qquad \text{E.3}$$

이 된다. 이제 위의 식을 만족하는 $\triangle_4{}^*$의 값을 아래와 같은 시행착오 과정으로 구하면

$\triangle_4{}^*$ 값	공식 E.3의 우변 수치
2/11 = 0.182	0.0
0.15	$\frac{(0.35)^{11}}{(0.2)^8(0.3)^2(0.15)} \simeq 284$
0.147	$\frac{(0.385)^{11}}{(0.175)^8(0.294)^2(0.147)} \simeq 2,210$
0.146	$\frac{(0.39)^{11}}{(0.169)^8(0.292)^2(0.146)} \simeq 4,500$

$\triangle_4{}^* \simeq 0.147$임을 알 수 있고 식 E.2로부터

$$\triangle_1^* = 2 - 11\triangle_4^* = 0.385$$

$$\triangle_2^* = 8\triangle_4^* - 1 = 0.175$$

$$\triangle_3^* = 2\triangle_4^* = 0.294$$

가 되며, 목적함수의 최적값은

$$v^* = f^* = \left(\frac{100}{0.385}\right)^{0.385}\left(\frac{50}{0.175}\right)^{0.175}\left(\frac{20}{0.294}\right)^{0.294}\left(\frac{300}{0.147}\right)^{0.147}$$

$$= 8.5 \times 2.69 \times 3.46 \times 3.06 = 242$$

이다. 또한 설계변수의 최적값은

$$U_1^* = \triangle_1^* f^* = (0.385)(242) = 93.2 \qquad \text{E.4}$$

$$U_2^* = \triangle_2^* f^* = (0.175)(242) = 42.4$$

$$U_3^* = \triangle_3^* f^* = (0.294)(242) = 71.1$$

$$U_4^* = \triangle_4^* f^* = (0.147)(242) = 35.6$$

이고, 식 E.1과 E.4로부터

$$U_1^* = 100D^* = 93.2$$

$$U_2^* = 50D^{*2} = 42.4$$

$$U_3^* = \frac{20}{Q^*} = 71.1$$

$$U_4^* = \frac{300Q^{*2}}{D^{*5}} = 35.6$$

최적해 $D^* = 0.922$ cm, $Q^* = 0.281$ m^3/s를 얻을 수 있다. ■

8.7 제약 최소화

대부분 공학적 최적화 문제는 제약을 갖는다. 만일 목적함수와 모든 제약들이 양항 다변수 다항식의 형태로 표현 가능하면 최적화 문제에는 기하급수 계획법을 가장 편리하게 사용할 수 있다. 다음의 제약 최소화 문제를 고려해 보자.

$$\underset{X=(x_1, x_2, \ldots, x_n)^T}{Min} \quad f(\boldsymbol{X})=\sum_{j=1}^{N_0} c_{0j} \prod_{i=1}^{n} x_i^{a_{0ij}} \tag{8.52}$$

subject to

$$g_k(\boldsymbol{X})=\sum_{j=1}^{N_k} c_{kj} \prod_{i=1}^{n} x_i^{a_{kij}} \lesseqgtr 1, \quad k=1, 2, \cdot\cdot\cdot, m \tag{8.53}$$

위에서 계수 $c_{0j}(j=1, 2, \cdot\cdot\cdot, N_0)$와 $c_{kj}(k=1, 2, \cdot\cdot\cdot, m;\ j=1, 2, \cdot\cdot\cdot, N_k)$는 양수이고, 지수 $a_{0ij}(i=1, 2, \cdots, n;\ j=1, 2, \cdots, N_0)$와 $a_{kij}(k=1, 2, \cdots, m;\ i=1, 2, \cdots, n;\ j=1, 2, \cdots, N_k)$는 임의 실수이며, m은 전체 제약함수의 수를 나타내고, N_0는 목적함수 내 양항 다변수 다항식의 항의 수를 나타내며, N_k는 제약함수 내 양항 다변수 다항식의 항의 수를 나타낸다. 또한, 식 8.52와 8.53에서 설계변수 x_1, x_2, $\cdot\cdot\cdot$, x_n은 오직 양수만을 취하는 것으로 가정한다. 다음 절에서 위의 제약 최소화 문제를 해결하는 방법에 대해 기술한다.

8.8 제약된 기하급수 계획 문제의 해결

간단히 표현하기 위하여 목적함수를 다음과 같이 표기하자.

$$x_0 = g_0(\boldsymbol{X})= f(\boldsymbol{X})= \sum_{j=1}^{N_0} c_{0j} \prod_{i=1}^{n} x_i^{a_{0ij}} \tag{8.54}$$

식 8.53에 주어진 제약들을 다시 작성하면

$$f_k = \sigma_k [1 - g_k(\boldsymbol{X})] \geq 0, \qquad k=1, 2, \cdot\cdot\cdot, m \tag{8.55}$$

여기서 σ_k는 k번째 제약이 $g_k(\boldsymbol{X}) \leq 1$ 또는 $g_k(\boldsymbol{X}) \geq 1$로 표현되었나에 따라 각각 $+1$ 또는 -1 값을 갖는 **부호함수**(signum function)이다. 따라서 제약 최적화 문제 8.52는 식 8.55의 부등식이 제약조건이면서 식 8.54의 목적함수를 최소화하는 문제로 변환된다. 이 문제를 **원시문제**라 부르며 또 이 문제는 해결하는데 더욱 용이한 선형 제약을 갖는 동치 문제(**쌍대문제**로 알려진)로 대체할 수 있다. 그 쌍대문제는 정규조건 및 직교조건이 제약이 되는 쌍대함수 $v(\boldsymbol{\lambda})$의 최대화 문제, 즉

$$\max \quad v(\boldsymbol{\lambda})= \prod_{k=0}^{m} \prod_{j=1}^{N_k} \left(\frac{c_{kj}}{\lambda_{kj}} \sum_{l=1}^{N_k} \lambda_{kl} \right)^{\sigma_k \lambda_{kj}} \tag{8.56}$$

subject to

$$\sum_{j=1}^{N_0} \lambda_{0j} = 1 \tag{8.57}$$

$$\sum_{k=0}^{m} \sum_{j=1}^{N_k} \sigma_k a_{kij} \lambda_{kj} = 0, \quad i = 1, 2, \cdot \cdot \cdot, n \tag{8.58}$$

와 같은 제약 최적화 문제이다. 이때 문제의 난이도가 0이면 정규 및 직교조건 식 8.57과 8.58은 유일한 해 $\boldsymbol{\lambda}^*$를 갖고, 원래 목적함수의 값은

$$f^* = x_0^* = v(\boldsymbol{\lambda}^*) = \prod_{k=0}^{m} \prod_{j=1}^{N_k} \left(\frac{c_{kj}}{\lambda_{kj}^*} \right) \left(\sum_{l=1}^{N_k} \lambda_{kl}^* \right)^{\sigma_k \lambda_{kj}^*} \tag{8.59}$$

가 된다. 만일 함수 $f(\boldsymbol{X})$가 최솟값을 갖는다면, $\boldsymbol{\lambda}^*$가 식 8.57과 8.58의 유일한 해이므로 식 8.59의 함숫값 f^*는 f의 광역 최소가 된다.

문제의 난이도(D)는

$$D = N - n - 1 \tag{8.60}$$

와 같이 정의된다. 이때 N은 양항 다변수 다항식 항의 전체 개수

$$N = \sum_{k=0}^{m} N_k \tag{8.61}$$

를 나타낸다. 만일 문제가 양수의 난이도를 가지면 식 8.57과 8.58에서 $(n+1)$개의 λ_{kj}를 나머지 D개의 λ_{kj}항으로 표현하여 함수 v를 D개의 독립변수 λ_{kj}로 나타낼 수 있다. 그리고 임의의 비제약 최적화 기법을 사용하여 함수 v의 정점을 구한다.

만일 위에서 미분법을 사용한다면 독립된 쌍대변수들에 관한 함수 v의 일차 도함수들을 0으로 설정한다. 그러면 난이도와 동일한 개수(즉, $N-n-1$)의 식으로 비선형 연립방정식을 구성하게 되고, 그 해는 쌍대변수들의 최적값 $\boldsymbol{\lambda}^*$이 된다. 이 방법은 연산의 어려움으로 인해 비실용적이나 비선형 연립방정식을 잘 해결할 수 있으면 세련된 기하급수 계획법이 된다.

최적 설계변수 난이도가 0인 문제의 경우에 유일한 해 $\boldsymbol{\lambda}^*$를 얻으면 식 8.59로부터 쌍대함수의 최댓값 v^*을 구할 수 있으며 이는 또한 원시함수 f^*의 최솟값이 된다. 또한, 목적함수의 최적값 $f^* = x_0^*$를 알게 되면 설계변수 $x_i^*(i = 1, 2, \cdot \cdot \cdot, n)$의 값은 다음의 연립방정식

$$\triangle_{0j}^{*} = \lambda_{0j}^{*} \equiv \frac{c_{0j}\prod_{i=1}^{n}\left(x_i^{*}\right)^{a_{0ij}}}{x_0^{*}}, \qquad j = 1,\ 2,\ \cdot\ \cdot\ \cdot\ ,\ N_0 \tag{8.62}$$

$$\triangle_{kj}^{*} = \frac{\lambda_{kj}^{*}}{\sum_{l=1}^{N_k}\lambda_{kl}^{*}} = c_{kj}\prod_{i=1}^{n}\left(x_i^{*}\right)^{a_{kij}}, \qquad j = 1,\ 2,\ \cdot\ \cdot\ \cdot\ ,\ N_k, \tag{8.63}$$

$$k = 1,\ 2,\ \cdot\ \cdot\ \cdot\ ,\ m$$

으로부터 얻을 수 있다.

8.9 ≤-부등식 경우의 원시 및 쌍대 프로그램

만일 문제의 난이도가 0이면 이에 상응하는 쌍대함수를 최대화하여 원시문제의 최소를 얻을 수 있지만 ≥ 형식의 부등식 제약들이 존재하는 경우에는 최적화를 수행할 수 없다. 그러나 모든 제약들이 $g_k(\boldsymbol{X}) \le 1$ 형태이면 모든 시그마 함수 σ_k는 +1과 동일하고, 목적함수 $g_0(\boldsymbol{X})$는 변환식

$$x_i = e^{wi}, \qquad i = 0,\ 1,\ 2,\ \cdot\ \cdot\ \cdot\ ,\ n \tag{8.64}$$

에 의해 변환된 변수 $w_1,\ w_2,\ \cdot\ \cdot\ \cdot\ ,\ w_n$의 강한 볼록함수가 된다. 또한, 이 경우에는 원시-쌍대 상관관계

$$f(\boldsymbol{X}) \ge f^{*} \equiv v^{*} \ge v(\boldsymbol{\lambda}) \tag{8.65}$$

가 성립함을 보일 수 있다. 표 8.2는 원시 프로그램과 상응하는 쌍대 프로그램을 보여준다. 이 표로부터 다음 특징들을 알 수 있다.

1. 쌍대함수 $v(\boldsymbol{\lambda})$에 나타나는 계수 c_{kj}는 양항 다변수 다항함수 $g_k(\boldsymbol{X})\,(k = 0,\ 1,\ 2,\ \cdot\ \cdot\ \cdot\ ,\ m)$의 계수들이다.
2. 벡터 $\boldsymbol{\lambda}$의 성분의 수는 양항 다변수 다항함수 $g_0,\ g_1,\ g_2,\ \cdot\ \cdot\ \cdot\ ,\ g_m$ 내 포함된 항들의 수와 동일하다. $g_k(\boldsymbol{X})$의 모든 항에 상응하는 $\triangle_{kj}$가 존재한다.
3. $v(\boldsymbol{\lambda})$의 각 인수 $\left(\sum_{l=1}^{N_k}\lambda_{kl}\right)^{\lambda_{kj}}$는 부등식 제약 $g_k(\boldsymbol{X}) \le 1$로부터 유도된 식이다. 정규 조건이 $\sum_{j=1}^{N_0}\lambda_{0j} = 1$이 되면서 원시함수 $g_0(\boldsymbol{X})$에는 그 인수가 나타나지 않는다.
4. 직교 조건에서 나타나는 계수 행렬 $[a_{kij}]$는 원시 프로그램의 양항 다변수 다항함수

에서 나타나는 지수 행렬과 동일하다.

≤-부등식 제약을 갖는 기하급수 계획 문제를 해결하는 방법에 대하여 다음 예제를 통해 알아보자.

표 8.2 원시 프로그램 및 상응하는 쌍대 프로그램

원시 프로그램	쌍대 프로그램
변수 $\boldsymbol{X}=\begin{pmatrix} x_1 \\ x_2 \\ \vdots \\ x_n \end{pmatrix}$에 관한 최적화 문제: min subject to $x_1>0$ $x_2>0$ $\vdots$ $x_n>0$ $g_1(\boldsymbol{X})\le 1$ $g_2(\boldsymbol{X})\le 1$ $\vdots$ $g_m(\boldsymbol{X})\le 1$ 단, $g_0(\boldsymbol{X})=\sum_{j=1}^{N_0} c_{0j}x_1^{a01j}x_2^{a02j}\cdots x_n^{a0nj}$ $g_1(\boldsymbol{X})=\sum_{j=1}^{N_1} c_{1j}x_1^{a11j}x_2^{a12j}\cdots x_n^{a1nj}$ $g_2(\boldsymbol{X})=\sum_{j=1}^{N_2} c_{2j}x_1^{a21j}x_2^{a22j}\cdots x_n^{a2nj}$ $\vdots$ $g_m(\boldsymbol{X})=\sum_{j=1}^{N_m} c_{mj}x_1^{am1j}x_2^{am2j}\cdots x_n^{amnj}$	변수 $\boldsymbol{\lambda}=\begin{pmatrix} \lambda_{01} \\ \lambda_{02} \\ \vdots \\ \lambda_{0N_0} \\ \lambda_{11} \\ \lambda_{12} \\ \vdots \\ \lambda_{1N_1} \\ \vdots \\ \lambda_{m1} \\ \lambda_{m2} \\ \vdots \\ \lambda_{mNm} \end{pmatrix}$에 관한 최적화 문제: max $\quad v(\boldsymbol{\lambda})=\prod_{k=0}^{m}\prod_{j=1}^{N_k}\left(\frac{c_{kj}}{\lambda_{kj}}\sum_{l=1}^{N_k}\lambda_{kl}\right)^{\lambda_{kl}}$ subject to $\lambda_{01}\ge 0$ $\lambda_{02}\ge 0$ $\vdots$ $\lambda_{0N_0}\ge 0$ $\lambda_{11}\ge 0$ $\vdots$ $\lambda_{1N_1}\ge 0$ $\vdots$ $\lambda_{m1}\ge 0$ $\lambda_{m2}\ge 0$ $\vdots$ $\lambda_{mN_m}\ge 0$

표 8.2 원시 프로그램 및 상응하는 쌍대 프로그램(계속)

원시 프로그램	쌍대 프로그램
지수 a_{kij}는 실수, 그리고 계수 c_{kj}는 양수이다.	$\sum_{j=1}^{N_0}\lambda_{0j}=1$ $\sum_{k=0}^{m}\sum_{j=1}^{N_k}a_{kij}\lambda_{kj}=0, \quad i=1, 2, \cdots, n$ 계수 c_{kj}는 양수이고, 계수 a_{kij}는 실수이다.
용어	
원시함수 : $g_0=f$ 원시변수 : $x_1, x_2, \cdots, x_n$ 원시제약 : $g_k \leq 1 \ (k=1, 2, \cdots, m)$ 변수제한 : $x_i>0, \ i=1, 2, \cdots, n$ 원시변수의 수 : n 원시제약의 수 : m 양항 다변수 다항식의 항의 전체 수 : $N=N_0+N_1+\cdots+N_m$ 문제 난이도 : $N-n-1$	쌍대함수 : v 쌍대변수 : $\lambda_{01}, \lambda_{02}, \cdots, \lambda_{mN_m}$ 정규조건 제약 : $\sum_{j=1}^{N_0}\lambda_{0j}=1$ 직교조건 제약 : $\sum_{k=0}^{m}\sum_{j=1}^{N_k}a_{kij}\lambda_{kj}=0, \ i=1, 2, \cdots, n$ 변수 제약 : $\lambda_{kj}\geq 0, \quad j=1, 2, \cdots, N_k; \ k=0, 1, 2, \cdots, m$ 쌍대제약의 수 : $n+1$ 쌍대변수의 수 : $N=N_0+N_1+\cdots+N_m$

예제 8.3 난이도가 0인 문제

예제 8.1의 문제에서 곡식 80 m^3을 수송하는데 오직 최대 10회 왕복만이 허락되는 제약조건이 주어질 때 개방 사각 상자를 제작하는 비용을 최소화하라.

[풀이] 주어진 내용에 의하면 다음의 제약 최소화 문제

$$Min \quad f(\boldsymbol{X})=20x_1x_3+40x_2x_3+80x_1x_2$$

subject to

$$\frac{80}{x_1x_2x_3}\leq 10 \quad or \quad \frac{8}{x_1x_2x_3}\leq 1$$

의 해 $\boldsymbol{X}=(x_1, x_2, x_3)^T$를 구해야 한다. 위에서 변수 $\{x_1, x_2, x_3\}$의 수, 즉 $n=3$이고, 항 $\{x_1x_2, x_2x_3, x_1x_3, x_1x_2x_3\}$의 수 $N=4$이므로 이 문제의 난이도는 0이다. 목적함수 내 양항 다변수 다항식의 항의 수 $N_0=3$, 제약함수 내 양항 다변수 다항식의 항의 수

$N_1 = 1$, 그리고 제약함수의 수 $m = 1$ 이므로 식 8.59에 따라 다음과 같이 쌍대문제를 기술할 수 있다. 즉,

$$\max_{X=(\lambda_{01},\lambda_{02},\lambda_{03},\lambda_{11})} v(\boldsymbol{\lambda}) = \prod_{k=0}^{1}\prod_{j=1}^{N_k}\left(\frac{c_{kj}}{\lambda_{kj}}\sum_{l=1}^{N_k}\lambda_{kl}\right)^{\lambda_{kj}} \qquad \text{E.1}$$

$$= \prod_{j=1}^{N_0=3}\left(\frac{c_{0j}}{\lambda_{0j}}\sum_{l=1}^{N_0=3}\lambda_{0l}\right)^{\lambda_{0j}} \prod_{j=1}^{N_1=1}\left(\frac{c_{1j}}{\lambda_{1j}}\sum_{l=1}^{N_1=1}\lambda_{1l}\right)^{\lambda_{1j}}$$

$$= \left[\frac{c_{01}}{\lambda_{01}}(\lambda_{01}+\lambda_{02}+\lambda_{03})\right]^{\lambda_{01}} \cdot \left[\frac{c_{02}}{\lambda_{02}}(\lambda_{01}+\lambda_{02}+\lambda_{03})\right]^{\lambda_{02}}$$

$$\cdot \left[\frac{c_{03}}{\lambda_{03}}(\lambda_{01}+\lambda_{02}+\lambda_{03})\right]^{\lambda_{03}}\left(\frac{c_{11}}{\lambda_{11}}\lambda_{11}\right)^{\lambda_{11}}$$

subject to (정규조건 $\sum_{j=1}^{N_0}\lambda_{0j} = 1$과 직교조건 $\sum_{k=0}^{m}\sum_{j=1}^{N_k}\sigma_k a_{kij}\lambda_{kj} = 0$)

$$\lambda_{01}+\lambda_{02}+\lambda_{03} = 1 \qquad \text{E.2}$$

$$a_{011}\lambda_{01} + a_{012}\lambda_{02} + a_{013}\lambda_{03} + a_{111}\lambda_{11} = 0$$

$$a_{021}\lambda_{01} + a_{022}\lambda_{02} + a_{023}\lambda_{03} + a_{121}\lambda_{11} = 0$$

$$a_{031}\lambda_{01} + a_{032}\lambda_{02} + a_{033}\lambda_{03} + a_{131}\lambda_{11} = 0$$

$$\lambda_{0j} \ge 0, \quad j = 1,\ 2,\ 3$$

$$\lambda_{11} \ge 0$$

이 문제에서 계수들은

$c_{01} = 20$, $c_{02} = 40$, $c_{03} = 80$, $c_{11} = 8$
$a_{011} = 1$, $a_{021} = 0$, $a_{031} = 1$, $a_{012} = 0$, $a_{022} = 1$, $a_{032} = 1$
$a_{013} = 1$, $a_{023} = 1$, $a_{033} = 0$, $a_{111} = -1$, $a_{121} = -1$, $a_{131} = -1$

와 같으므로 식 E.1과 E.2는 다음과 같이 된다.

$$\max_{X=(\lambda_{01},\lambda_{02},\lambda_{03},\lambda_{11})} v(\boldsymbol{\lambda}) = \left[\frac{20}{\lambda_{01}}(\lambda_{01}+\lambda_{02}+\lambda_{03})\right]^{\lambda_{01}} \cdot \left[\frac{40}{\lambda_{02}}(\lambda_{01}+\lambda_{02}+\lambda_{03})\right]^{\lambda_{02}} \qquad \text{E.3}$$

$$\cdot \left[\frac{80}{\lambda_{03}}(\lambda_{01}+\lambda_{02}+\lambda_{03})\right]^{\lambda_{03}}\left[\frac{8}{\lambda_{11}}\lambda_{11}\right]^{\lambda_{11}}$$

subject to

$$\lambda_{01}+\lambda_{02}+\lambda_{03}=1 \qquad \text{E.4}$$

$$\lambda_{01}+\lambda_{03}-\lambda_{11}=0$$

$$\lambda_{02}+\lambda_{03}-\lambda_{11}=0$$

$$\lambda_{01}+\lambda_{02}-\lambda_{11}=0$$

$$\lambda_{01}\geq 0,\quad \lambda_{02}\geq 0,\quad \lambda_{03}\geq 0,\quad \lambda_{11}\geq 0$$

이제 위의 식 E.4의 4개의 선형방정식으로부터 유일한 해를 구하면

$$\lambda_{01}{}^*=\lambda_{02}{}^*=\lambda_{03}{}^*=\frac{1}{3},\quad \lambda_{11}{}^*=\frac{2}{3}$$

와 같고, 이들을 식 E.3에 대입한 v의 최댓값 또는 x_0의 최솟값은

$$v^*=x_0{}^*=(60)^{1/3}(120)^{1/3}(240)^{1/3}(8)^{2/3}$$

$$=\left[(60)^3\right]^{1/3}(8)^{1/3}(8)^{2/3}=(60)(8)=480$$

이 된다. 또한, 설계변수의 값을 구하기 위해 식 8.62와 8.63을 적용하면

$$\lambda_{01}{}^*=\frac{c_{01}(x_1{}^*)^{a_{011}}(x_2{}^*)^{a_{021}}(x_3{}^*)^{a_{031}}}{x_0{}^*} \qquad \text{E.5}$$

$$\Rightarrow \frac{1}{3}=\frac{20(x_1{}^*)(x_3{}^*)}{480}=\frac{x_1{}^*x_3{}^*}{24}$$

$$\Rightarrow x_1{}^*x_3{}^*=8$$

$$\lambda_{02}{}^*=\frac{c_{02}(x_1{}^*)^{a_{012}}(x_2{}^*)^{a_{022}}(x_3{}^*)^{a_{032}}}{x_0{}^*} \qquad \text{E.6}$$

$$\Rightarrow \frac{1}{3}=\frac{40(x_2{}^*)(x_3{}^*)}{480}=\frac{x_2{}^*x_3{}^*}{12}$$

$$\Rightarrow x_2{}^*x_3{}^*=4$$

$$\lambda_{03}{}^*=\frac{c_{03}(x_1{}^*)^{a_{013}}(x_2{}^*)^{a_{023}}(x_3{}^*)^{a_{033}}}{x_0{}^*} \qquad \text{E.7}$$

$$\Rightarrow \frac{1}{3}=\frac{80(x_1{}^*)(x_2{}^*)}{480}=\frac{x_1{}^*x_2{}^*}{6}$$

$$\Rightarrow x_1{}^*x_2{}^*=2$$

$$\frac{\lambda_{11}^*}{\lambda_{11}^*} = c_{11}(x_1^*)^{a_{111}}(x_2^*)^{a_{121}}(x_3^*)^{a_{131}} \quad \text{E.8}$$

$$\Rightarrow 1 = 8(x_1^*)^{-1}(x_2^*)^{-1}(x_3^*)^{-1} = \frac{8}{x_1^* x_2^* x_3^*}$$

$$\Rightarrow x_1^* x_2^* x_3^* = 8$$

와 같은 연립방정식으로부터 최적해

$$x_1^* = 2, \quad x_2^* = 1, \quad x_3^* = 4$$

를 얻는다. ■

예제 8.4 난이도가 1인 문제

기하급수 계획법을 사용하여 다음 최적화 문제를 해결하라.

$$Min \quad f(\boldsymbol{X}) = x_1 x_2^2 x_3^{-1} + 2x_1^{-1}x_2^{-3}x_4 + 10x_1x_3$$

subject to

$$3x_1^{-1}x_3x_4^{-2} + 4x_3x_4 \leq 1$$

$$5x_1x_2 \leq 1$$

[풀이] 위의 문제에서는 $N_0 = 3,\ N_1 = 2,\ N_2 = 1,\ N = 6,\ n = 4,\ m = 2$이므로 난이도는 $N - n - 1 = 1$이 된다. 또한, 쌍대문제

$$Max \qquad v(\boldsymbol{\lambda}) = \prod_{k=0}^{m} \prod_{j=1}^{N_k} \left(\frac{c_{kj}}{\lambda_{kj}} \sum_{l=1}^{N_k} \lambda_{kl} \right)^{\lambda_{kj}}$$

subject to

$$\sum_{j=1}^{N_0} \lambda_{0j} = 1 \quad \text{E.1}$$

$$\sum_{k=0}^{m} \sum_{j=1}^{N_k} a_{kij}\lambda_{kj} = 0, \qquad i = 1,\ 2, \cdot\cdot\cdot, n$$

$$\sum_{j=1}^{N_k} \lambda_{kj} \geq 0, \qquad k = 1,\ 2, \cdot\cdot\cdot, m$$

의 계수는

$$\begin{array}{llll} c_{01}=\ 1, & c_{02}=\ 2, & c_{03}=\ 10, & c_{11}=\ 3, \quad c_{12}=4, \quad c_{21}=5 \\ a_{011}=\ 1, & a_{021}=\ 2, & a_{031}=-1, & a_{041}=\ 0 \\ a_{012}=-1, & a_{022}=-3, & a_{032}=\ 0, & a_{042}=\ 1 \\ a_{013}=\ 1, & a_{023}=\ 0, & a_{033}=\ 1, & a_{043}=\ 0 \\ a_{111}=-1, & a_{121}=\ 0, & a_{131}=\ 1, & a_{141}=-2 \\ a_{112}=\ 0, & a_{122}=\ 0, & a_{132}=\ 1, & a_{142}=\ 1 \\ a_{211}=\ 1, & a_{221}=\ 1, & a_{231}=\ 0, & a_{241}=\ 0 \end{array}$$

와 같으므로 위의 식 E.1을 다시 쓰면,

$$\begin{aligned} Max \qquad v(\boldsymbol{\lambda}) &= \left[\frac{c_{01}}{\lambda_{01}}(\lambda_{01}+\lambda_{02}+\lambda_{03})\right]^{\lambda_{01}}\left[\frac{c_{02}}{\lambda_{02}}(\lambda_{01}+\lambda_{02}+\lambda_{03})\right]^{\lambda_{02}} \\ &\times\left[\frac{c_{03}}{\lambda_{03}}(\lambda_{01}+\lambda_{02}+\lambda_{03})\right]^{\lambda_{03}}\left[\frac{c_{11}}{\lambda_{11}}(\lambda_{11}+\lambda_{12})\right]^{\lambda_{11}} \\ &\times\left[\frac{c_{12}}{\lambda_{12}}(\lambda_{11}+\lambda_{12})\right]^{\lambda_{12}}\left[\frac{c_{21}}{\lambda_{21}}\lambda_{21}\right]^{\lambda_{21}} \end{aligned}$$

subject to

$$\lambda_{01}+\lambda_{02}+\lambda_{03}=1$$

$$a_{011}\lambda_{01}+a_{012}\lambda_{02}+a_{013}\lambda_{03}+a_{111}\lambda_{11}+a_{112}\lambda_{12}+a_{211}\lambda_{21}=0$$

$$a_{021}\lambda_{01}+a_{022}\lambda_{02}+a_{023}\lambda_{03}+a_{121}\lambda_{11}+a_{122}\lambda_{12}+a_{221}\lambda_{21}=0$$

$$a_{031}\lambda_{01}+a_{032}\lambda_{02}+a_{033}\lambda_{03}+a_{131}\lambda_{11}+a_{132}\lambda_{12}+a_{231}\lambda_{21}=0$$

$$a_{041}\lambda_{01}+a_{042}\lambda_{02}+a_{043}\lambda_{03}+a_{141}\lambda_{11}+a_{142}\lambda_{12}+a_{241}\lambda_{21}=0$$

$$\lambda_{11}+\lambda_{12}\geq 0$$

$$\lambda_{21}\geq 0$$

또는 계수를 모두 대입하여

$$\begin{aligned} Max \qquad v(\boldsymbol{\lambda}) &= \left[\frac{1}{\lambda_{01}}\right]^{\lambda_{01}}\left[\frac{2}{\lambda_{02}}\right]^{\lambda_{02}}\left[\frac{10}{\lambda_{03}}\right]^{\lambda_{03}}\left[\frac{3}{\lambda_{11}}(\lambda_{11}+\lambda_{12})\right]^{\lambda_{11}} \\ &\times\left[\frac{4}{\lambda_{12}}(\lambda_{11}+\lambda_{12})\right]^{\lambda_{12}}[5]^{\lambda_{21}} \end{aligned} \qquad \text{E.2}$$

subject to

$$
\begin{aligned}
\lambda_{01} + \lambda_{02} + \lambda_{03} \quad & = 1 \\
\lambda_{01} - \lambda_{02} + \lambda_{03} - \lambda_{11} + \lambda_{21} & = 0 \\
2\lambda_{01} - 3\lambda_{02} + \lambda_{21} & = 0 \\
-\lambda_{01} + \lambda_{03} + \lambda_{11} + \lambda_{12} & = 0 \\
\lambda_{02} - 2\lambda_{11} + \lambda_{12} & = 0 \\
\lambda_{11} + \lambda_{12} & \geq 0 \\
\lambda_{21} & \geq 0
\end{aligned} \qquad \text{E.3}
$$

와 같이 쓸 수 있다. 위의 식 E.3에서 임의의 5개의 변수 λ를 나머지 1개의 변수 λ로 표현할 수 있다. 즉, 식 E.3을

$$\lambda_{02} + \lambda_{03} = 1 - \lambda_{01} \qquad \text{E.4}$$

$$\lambda_{02} - \lambda_{03} + \lambda_{11} - \lambda_{21} = \lambda_{01} \qquad \text{E.5}$$

$$3\lambda_{02} - \lambda_{21} = 2\lambda_{01} \qquad \text{E.6}$$

$$\lambda_{12} = \lambda_{01} - \lambda_{03} - \lambda_{11} \qquad \text{E.7}$$

$$\lambda_{12} = 2\lambda_{11} - \lambda_{02} \qquad \text{E.8}$$

와 같이 다시 쓰고, 식 E.7과 E.8로부터

$$3\lambda_{11} - \lambda_{02} + \lambda_{03} = \lambda_{01} \qquad \text{E.9}$$

이 되며, 식 E.5와 E.9을 더한 식

$$\lambda_{21} = 4\lambda_{11} - 2\lambda_{01} \qquad \text{E.10}$$

과 식 E.6

$$\lambda_{21} = 3\lambda_{02} - 2\lambda_{01}$$

의 두 식으로부터

$$\lambda_{11} = \frac{3}{4}\lambda_{02} \qquad \text{E.11}$$

를 얻는다. 식 E.11을 E.8에 대입하면

$$\lambda_{12} = \frac{3}{2}\lambda_{02} - \lambda_{02} = \frac{1}{2}\lambda_{02} \qquad \text{E.12}$$

이고, 식 E.11, E.12와 E.7에서

$$\lambda_{03} = \lambda_{01} - \lambda_{11} - \lambda_{12} = \lambda_{01} - \frac{3}{4}\lambda_{02} - \frac{1}{2}\lambda_{02} = \lambda_{01} - \frac{5}{4}\lambda_{02} \qquad \text{E.13}$$

을 구하여 식 E.4에 대입하면

$$\lambda_{02} = 8\lambda_{01} - 4 \qquad \text{E.14}$$

를 얻는다. 또 위의 관계식을 사용하면 나머지 λ_{03}, λ_{11}, λ_{12}, λ_{21}도 다음과 같이 λ_{01}으로 표현된다.

$$\lambda_{03} = \lambda_{01} - \frac{5}{4}\lambda_{02} = -9\lambda_{01} + 5 \qquad \text{E.15}$$

$$\lambda_{11} = \frac{3}{4}\lambda_{02} = 6\lambda_{01} - 3 \qquad \text{E.16}$$

$$\lambda_{12} = \frac{1}{2}\lambda_{02} = 4\lambda_{01} - 2 \qquad \text{E.17}$$

$$\lambda_{21} = 4\lambda_{11} - 2\lambda_{01} = 22\lambda_{01} - 12 \qquad \text{E.18}$$

따라서 식 E.2의 목적함수도 λ_{01}항으로 표현되어

$$\begin{aligned} v(\lambda_{01}) &= \left(\frac{1}{\lambda_{01}}\right)^{\lambda_{01}} \left(\frac{2}{8\lambda_{01} - 4}\right)^{8\lambda_{01} - 4} \left(\frac{10}{5 - 9\lambda_{01}}\right)^{5 - 9\lambda_{01}} \\ &\quad \times \left(\frac{30\lambda_{01} - 15}{6\lambda_{01} - 3}\right)^{6\lambda_{01} - 3} \left(\frac{40\lambda_{01} - 20}{4\lambda_{01} - 2}\right)^{4\lambda_{01} - 2} (5)^{22\lambda_{01} - 12} \\ &= \left(\frac{1}{\lambda_{01}}\right)^{\lambda_{01}} \left(\frac{1}{4\lambda_{01} - 2}\right)^{8\lambda_{01} - 4} \left(\frac{10}{5 - 9\lambda_{01}}\right)^{5 - 9\lambda_{01}} \\ &\quad \times (5)^{6\lambda_{01} - 3} (10)^{4\lambda_{01} - 2} (5)^{22\lambda_{01} - 12} \\ &= \left(\frac{1}{\lambda_{01}}\right)^{\lambda_{01}} \left(\frac{1}{4\lambda_{01} - 2}\right)^{8\lambda_{01} - 4} \left(\frac{10}{5 - 9\lambda_{01}}\right)^{5 - 9\lambda_{01}} (5)^{32\lambda_{01} - 17} (2)^{4\lambda_{01} - 2} \end{aligned}$$

와 같이 된다. 이제 λ_{01}에 관한 v 도함수를 0으로 설정하여 v의 최대점을 찾는다. 즉, 계산의 단순화를 위해 $d(\ln v)/d\lambda_{01} = 0$으로 설정하여 $\lambda_{01}{}^*$의 값을 구하고, 식 E.14~E.18

로부터 λ_{02}^*, λ_{03}^*, λ_{11}^*, λ_{12}^*, λ_{21}^*도 구한다. 또한 쌍대변수 λ_{kj}^*를 식 8.62와 8.63에 대입하여 예제 8.3에서와 같이 설계변수의 최적값을 구한다. ■

8.10 혼합 부등식 제약의 기하급수 계획법

혼합된 부등식 제약을 갖는 기하급수 계획법 문제는 $k=1, 2, \cdots, m$ 중 최소한 하나의 시그마 함수는 $\sigma_k = -1$값을 갖는다(목적함수에 상응하는 시그마 함숫값은 $\sigma_0 = +1$이다). 여기서 제약 집합의 볼록(convexity) 또는 오목(concavity)성에 대해 일반적으로 기술할 수는 없지만, 목적함수가 연속함수이고 0을 하한으로 유계되므로 가변영역의 점이 존재하면 목적함수는 반드시 제약 최솟값을 갖는다.

예제 8.5

기하급수 계획법을 사용하여 다음의 문제를 최적화하라.

$$Min \qquad f(\boldsymbol{X}) = x_1 x_2^2 x_3^{-1} + 2x_1^{-1}x_2^{-3}x_4 + 10x_1x_3$$

subject to

$$3x_1x_3^{-1}x_4^2 + 4x_3^{-1}x_4^{-1} \geq 1$$

$$5x_1x_2 \leq 1$$

[풀이] 문제에서 $N_0 = 3$, $N_1 = 2$, $N_2 = 1$, $N = 6$, $n = 4$, $m = 2$이므로 난이도는 1이다. 또 시그마 함숫값은 $\sigma_0 = 1$, $\sigma_1 = -1$, $\sigma_2 = 1$이다. 식 8.56을 사용하여 쌍대 목적함수를 기술하면

$$Max \qquad v(\boldsymbol{\lambda}) = \prod_{k=0}^{2}\prod_{j=1}^{N_k}\left(\frac{c_{kj}}{\lambda_{kj}}\sum_{l=1}^{N_k}\lambda_{kl}\right)^{\sigma_k\lambda_{kj}} \qquad \text{E.1}$$

$$= \left[\frac{c_{01}}{\lambda_{01}}(\lambda_{01}+\lambda_{02}+\lambda_{03})\right]^{\lambda_{01}}\left[\frac{c_{02}}{\lambda_{02}}(\lambda_{01}+\lambda_{02}+\lambda_{03})\right]^{\lambda_{02}}$$

$$\times\left[\frac{c_{03}}{\lambda_{03}}(\lambda_{01}+\lambda_{02}+\lambda_{03})\right]^{\lambda_{03}}\left[\frac{c_{11}}{\lambda_{11}}(\lambda_{11}+\lambda_{12})\right]^{-\lambda_{11}}$$

$$\times\left[\frac{c_{12}}{\lambda_{12}}(\lambda_{11}+\lambda_{12})\right]^{-\lambda_{12}}\left(\frac{c_{21}}{\lambda_{21}}\lambda_{21}\right)^{\lambda_{21}}$$

$$= \left(\frac{1}{\lambda_{01}}\right)^{\lambda_{01}}\left(\frac{2}{\lambda_{02}}\right)^{\lambda_{02}}\left(\frac{10}{\lambda_{03}}\right)^{\lambda_{03}}\left[\frac{3(\lambda_{11}+\lambda_{12})}{\lambda_{11}}\right]^{-\lambda_{11}}$$

$$\times\left[\frac{4(\lambda_{11}+\lambda_{12})}{\lambda_{12}}\right]^{-\lambda_{12}}(5)^{\lambda_{21}}$$

이고, 제약조건들은 다음과 같다(표 8.2 참조).

$$\sum_{j=1}^{N_0}\lambda_{0j} = 1$$

$$\sum_{k=0}^{m}\sum_{j=1}^{N_k}\sigma_k a_{kij}\lambda_{kj} = 0, \quad i = 1,\ 2, \cdot\cdot\cdot, n$$

$$\sum_{j=1}^{N_k}\lambda_{kj} \geq 0, \quad k = 1,\ 2, \cdot\cdot\cdot, m$$

즉,

$$\begin{aligned}
&\lambda_{01}+\lambda_{02}+\lambda_{03} = 1\\
&\sigma_0 a_{011}\lambda_{01}+\sigma_0 a_{012}\lambda_{02}+\sigma_0 a_{013}\lambda_{03}+\sigma_1 a_{111}\lambda_{11}+\sigma_1 a_{112}\lambda_{12}+\sigma_2 a_{211}\lambda_{21} = 0\\
&\sigma_0 a_{021}\lambda_{01}+\sigma_0 a_{022}\lambda_{02}+\sigma_0 a_{023}\lambda_{03}+\sigma_1 a_{121}\lambda_{11}+\sigma_1 a_{122}\lambda_{12}+\sigma_2 a_{221}\lambda_{21} = 0\\
&\sigma_0 a_{031}\lambda_{01}+\sigma_0 a_{032}\lambda_{02}+\sigma_0 a_{033}\lambda_{03}+\sigma_1 a_{131}\lambda_{11}+\sigma_1 a_{132}\lambda_{12}+\sigma_2 a_{231}\lambda_{21} = 0\\
&\sigma_0 a_{041}\lambda_{01}+\sigma_0 a_{042}\lambda_{02}+\sigma_0 a_{043}\lambda_{03}+\sigma_1 a_{141}\lambda_{11}+\sigma_1 a_{142}\lambda_{12}+\sigma_2 a_{241}\lambda_{21} = 0\\
&\lambda_{11}+\lambda_{12} \geq 0\\
&\lambda_{21} \geq 0
\end{aligned}$$

또한 문제에서 주어진 상수들과 $\sigma_0 = 1$, $\sigma_1 = -1$, $\sigma_2 = 1$을 대입하면

$$\begin{aligned}
&\lambda_{01}+\lambda_{02}+\lambda_{03} = 1 \qquad \text{E.2}\\
&\lambda_{01}-\lambda_{02}+\lambda_{03}-\lambda_{11}+\lambda_{21} = 0\\
&2\lambda_{01}-3\lambda_{02}+\lambda_{21} = 0\\
&-\lambda_{01}+\lambda_{03}+\lambda_{11}+\lambda_{12} = 0\\
&\lambda_{02}-2\lambda_{11}+\lambda_{12} = 0\\
&\lambda_{11}+\lambda_{12} \geq 0\\
&\lambda_{21} \geq 0
\end{aligned}$$

와 같다. 위의 식 E.2는 앞 예제 8.4의 식 E.3과 동일하므로 다음과 같이 λ_{02}, λ_{03}, λ_{11}, λ_{12}, λ_{21}를 λ_{01}항으로 표현할 수 있다.

$$\begin{aligned}\lambda_{02} &= 8\lambda_{01} - 4 \\ \lambda_{03} &= -9\lambda_{01} + 5 \\ \lambda_{11} &= 6\lambda_{01} - 3 \\ \lambda_{12} &= 4\lambda_{01} - 2 \\ \lambda_{21} &= 22\lambda_{01} - 12\end{aligned} \qquad \text{E.3}$$

또한, 식 E.3을 이용하여 식 E.1의 쌍대 목적함수를 다시 표현하면

$$\begin{aligned} v(\lambda_{01}) &= \left(\frac{1}{\lambda_{01}}\right)^{\lambda_{01}}\left(\frac{2}{8\lambda_{01}-4}\right)^{8\lambda_{01}-4}\left(\frac{10}{-9\lambda_{01}+5}\right)^{5-9\lambda_{01}} \\ &\quad \times \left[\frac{3(10\lambda_{01}-5)}{6\lambda_{01}-3}\right]^{6\lambda_{01}-3}\left[\frac{4(10\lambda_{01}-5)}{4\lambda_{01}-2}\right]^{4\lambda_{01}-2}(5)^{22\lambda_{01}-12} \\ &= \left(\frac{1}{\lambda_{01}}\right)^{\lambda_{01}}\left(\frac{1}{4\lambda_{01}-2}\right)^{8\lambda_{01}-4}\left(\frac{10}{5-9\lambda_{01}}\right)^{5-9\lambda_{01}}(5)^{3-6\lambda_{01}}(10)^{2-4\lambda_{01}}(5)^{22\lambda_{01}-12} \\ &= \left(\frac{1}{\lambda_{01}}\right)^{\lambda_{01}}\left(\frac{1}{4\lambda_{01}-2}\right)^{8\lambda_{01}-4}\left(\frac{10}{5-9\lambda_{01}}\right)^{5-9\lambda_{01}}(5)^{12\lambda_{01}-7}(2)^{2-4\lambda_{01}} \end{aligned}$$

이 된다. 따라서 v를 최대화하기 위해 $d(\ln v)/d\lambda_{01} = 0$으로 설정하고 $\lambda_{01}{}^*$의 값을 구한다. 또한, $\lambda_{01}{}^*$의 값으로 식 E.3에서 $\lambda_{kj}{}^*$를 구할 수 있고, 식 8.62와 8.63에서 설계변수의 최적해를 구할 수 있다. ■

8.11 보완 기하급수 계획법

Avriel & Williams[8.4]는 양항 다변수 다항식 항들의 분수함수를 처리할 수 있도록 기하급수 계획법을 확장하여 **보완 기하급수 계획법**(complementary geometric programming)이란 방법을 개발하였다. 일부 항들이 음수가 될 수 있는 경우는 보완 기하급수 계획의 특별한 경우가 된다. 기하급수 계획 문제는 모든 제약 국소 최소는 광역 최소가 되는 좋은 성질을 갖고 있지만 보완 기하급수 계획 문제는 이러한 특성을 갖지 못한다. 하지만 많은 실제 상황에서는 국소 최소를 찾는 것만으로도 충분하다.

보완 기하급수 계획 문제를 해결하는 알고리즘은 양항 다변수 다항식의 분수함수를 양의 다변수 다항함수로 계속 근사화하여 일반 기하급수 계획 문제들을 순차적으로 해결한다. 이 알고리즘에 의해 생성된 모든 근사점들은 일부 경우를 제외하고 보완 기하급수 계획 문제의 국소 최소점으로 수렴하는 것이 증명되었다.

보완 기하급수 계획법 문제는

$$Min \quad R_0(\boldsymbol{X})$$

subject to

$$R_k(\boldsymbol{X}) \le 1, \quad k = 1, 2, \cdot\cdot\cdot, m$$

단,

$$R_k(\boldsymbol{X}) = \frac{A_k(\boldsymbol{X}) - B_k(\boldsymbol{X})}{C_k(\boldsymbol{X}) - D_k(\boldsymbol{X})}, \quad k = 0, 1, 2, \cdot\cdot\cdot, m \qquad 8.66$$

와 같이 표현되는 문제이다. 여기서 $A_k(\boldsymbol{X})$, $B_k(\boldsymbol{X})$, $C_k(\boldsymbol{X})$, $D_k(\boldsymbol{X})$는 $\boldsymbol{X}$의 양항 다변수 다항식이고 이들 중 일부는 생략될 수 있다. 모든 가변영역의 점 $\boldsymbol{X}$에 대해 $R_0(\boldsymbol{X}) > 0$으로 가정한다. 충분히 큰 상수를 $R_0(\boldsymbol{X})$에 더하여 이러한 가정을 항상 만족하도록 할 수 있다.

식 8.66의 문제를 해결하기 위해 새로운 변수 $x_0 \ge 0$을 도입하여 $x_0 \ge R_0(\boldsymbol{X})$[즉, $R_0(\boldsymbol{X})/x_0 \le 1$] 관계를 만족하는 제약조건을 추가한다. 따라서 위의 문제를 다시 기술하면

$$Min \quad x_0 \qquad 8.67$$

subject to

$$\frac{A_k(\boldsymbol{X}) - B_k(\boldsymbol{X})}{C_k(\boldsymbol{X}) - D_k(\boldsymbol{X})} \le 1, \quad k = 0, 1, 2, \cdot\cdot\cdot, m \qquad 8.68$$

단,

$$A_0(\boldsymbol{X}) = R_0(\boldsymbol{X}), \ C_0(\boldsymbol{X}) = x_0, \ B_0(\boldsymbol{X}) = 0, \ D_0(\boldsymbol{X}) = 0$$

와 같이 쓸 수 있다. 위의 문제에서 $C_k(\boldsymbol{X}) - D_k(\boldsymbol{X})$가 가변영역에서 일정한 부호를 가질 때만이 제약들은 의미를 갖는 사실을 유의하여야 한다. 따라서 $C_k(\boldsymbol{X}) - D_k(\boldsymbol{X})$가 가변영역의 점 $\boldsymbol{X}$에서 양수이면 가변영역의 다른 모든 $\boldsymbol{X}$에 대해서도 양수가 되어야 한다. $C_k(\boldsymbol{X}) - D_k(\boldsymbol{X})$항의 양 또는 음에 따라 식 8.68은

$$\frac{A_k(\boldsymbol{X}) + D_k(\boldsymbol{X})}{B_k(\boldsymbol{X}) + C_k(\boldsymbol{X})} \le 1 \qquad 8.69$$

또는

$$\frac{B_k(\boldsymbol{X}) + C_k(\boldsymbol{X})}{A_k(\boldsymbol{X}) + D_k(\boldsymbol{X})} \le 1$$

와 같이 표현된다. 따라서 보완 기하급수 계획법(CGP; Complementary Geometric Programming) 문제는 다음과 같은 표준형으로 나타낼 수 있다.

$$Min \quad x_0 \tag{8.70}$$

subject to

$$\frac{P_k(\boldsymbol{X})}{Q_k(\boldsymbol{X})} \leq 1, \qquad k = 1, 2, \cdot\cdot\cdot, m \tag{8.71}$$

$$\boldsymbol{X} = \begin{pmatrix} x_0 \\ x_1 \\ x_2 \\ \cdot \\ \cdot \\ x_n \end{pmatrix} > 0 \tag{8.72}$$

위에서 $P_k(\boldsymbol{X})$와 $Q_k(\boldsymbol{X})$는 다음과 같은 양항 다변수 다항식이다.

$$P_k(\boldsymbol{X}) = \sum_j c_{kj} \prod_{i=0}^{n} (x_i)^{a_{kij}} = \sum_j p_{kj}(\boldsymbol{X}) \tag{8.73}$$

$$Q_k(\boldsymbol{X}) = \sum_j d_{kj} \prod_{i=0}^{n} (x_i)^{b_{kij}} = \sum_j q_{kj}(\boldsymbol{X}) \tag{8.74}$$

해법 절차

1. 양항 다변수 다항식 $Q(\boldsymbol{X})$(단순하게 아래첨자 k를 생략)을 양항 다변수 항 하나로 근사화한다. 그러면 양의 다변수 항으로 나눈 양항 다변수 다항식은 다시 양항 다변수 다항식이 되기 때문에 식 8.71의 모든 제약들은 ≤ 1인 양항 다변수 다항식으로 표현된다. 따라서 근사화된 문제는 보통 기하급수 계획법 문제로 축소된다. 단일 양의 다변수 항으로 $Q(\boldsymbol{X})$을 근사화하기 위해 임의 $\underline{\boldsymbol{X}} > 0$을 선택하여 다음과 같이 설정한다.

$$U_j = q_j(\boldsymbol{X}) \tag{8.75}$$

$$\Delta_j = \frac{q_j(\underline{\boldsymbol{X}})}{Q(\underline{\boldsymbol{X}})} \tag{8.76}$$

여기서 q_j는 양항 다변수 다항식 $Q(\boldsymbol{X})$의 j번째 항을 나타낸다. 따라서 산술적-기하급수 부등식 8.22를 사용하여 다음 결과를 얻는다.

$$Q(\boldsymbol{X}) = \sum_j q_j(\boldsymbol{X}) \geq \prod_j \left[\frac{q_j(\boldsymbol{X})}{q_j(\underline{\boldsymbol{X}})} Q(\underline{\boldsymbol{X}}) \right]^{q_j(\underline{\boldsymbol{X}})/Q(\underline{\boldsymbol{X}})} \qquad 8.77$$

식 8.74를 사용하면 부등식 8.77을 다음과 같이 다시 기술할 수 있다.

$$Q(\boldsymbol{X}) \geq \underline{Q}(\boldsymbol{X},\ \underline{\boldsymbol{X}}) \equiv Q(\underline{\boldsymbol{X}}) \prod_i \left(\frac{x_i}{\underline{x}_i} \right)^{\sum_j [b_{ij} q_j(\underline{\boldsymbol{X}})/Q(\underline{\boldsymbol{X}})]} \qquad 8.78$$

위에서 $x_i = \underline{x}_i$이면 등식이 성립한다. 따라서 $\underline{\boldsymbol{X}}$에서 $Q(\boldsymbol{X})$에 대한 근사식으로 $\underline{Q}(\boldsymbol{X},\ \underline{\boldsymbol{X}})$을 취할 수 있다.

2. 식 8.71에서 임의의 가변영역의 점 $\boldsymbol{X}^{(1)}$에서 식 8.71의 $Q_k(\boldsymbol{X})$를 근사식 $\underline{Q}_k(\boldsymbol{X},\ \underline{\boldsymbol{X}}^{(1)})$으로 대체한 기하급수 계획 문제를 해결하여 다음 점 $\boldsymbol{X}^{(2)}$을 구한다.
3. 이러한 방법으로 계속하여 벡터 수열 $\{\boldsymbol{X}^{(\alpha)}\}$을 생성한다. 여기서 $\{\boldsymbol{X}^{(\alpha+1)}\}$은 다음의 α번째 보통 기하급수 계획(OGP$_\alpha$: Ordinary Geometric Programming) 문제의 최적해이다.

$$Min \qquad x_0$$

subject to

$$\frac{P_k(\boldsymbol{X})}{\underline{Q}_k(\boldsymbol{X}, \boldsymbol{X}^{(\alpha)})} \leq 1, \qquad k = 1, 2, \cdot\cdot\cdot, m \qquad 8.79$$

$$\boldsymbol{X} = \begin{pmatrix} x_0 \\ x_1 \\ x_2 \\ \cdot \\ \cdot \\ \cdot \\ x_n \end{pmatrix} > 0$$

어떤 약한 조건하에서 위에서 구한 벡터 수열 $\{\boldsymbol{X}^{(\alpha)}\}$는 보완 기하급수 계획법 문제의 국소 최소점으로 수렴한다는 것이 증명되었다[8.4].

난이도 보완 기하급수 계획 문제(CGP)의 난이도의 정의는 분수식 8.71의 분자에 나타나는 항의 수가 N, 변수 x_i의 수가 n일 때

난이도$= N - n - 1$

와 같다. 그러면 CGP의 난이도와 각 반복회에서 근사화된 기하급수 계획 문제 OGP$_\alpha$의

난이도는 항상 같다. 따라서 난이도가 0이고 임의의 수의 음수 항이 있는 CGP는 정방 선형연립방정식을 연속적으로 풀면서 해결하고, 만일 CGP의 난이도가 1이면 각 반복회에서 난이도 1을 갖는 OGP를 해결하게 된다. 이때 난이도는 $\boldsymbol{X}^{(\alpha)}$의 선택과 무관하며 반복과정에서 계속 고정된다. 다음 예제에서 보완 기하급수 계획법의 절차를 설명하기로 한다.

예제 8.6

보완 기하급수 계획법을 사용하여 다음 최적화 문제를 해결하라.

$$Min \quad x_1$$

subject to

$$\begin{aligned} -4x_1^2+4x_2 &\leq 1 \\ x_1+x_2 &\geq 1 \\ x_1>0, \quad x_2 &> 0 \end{aligned}$$

[풀이] 이 문제를 CGP 문제로 표현하여 다시 쓰면

$$Min \quad x_1 \tag{E.1}$$

subject to

$$\frac{4x_2}{1+4x_1^2} \leq 1 \tag{E.2}$$

$$\frac{x_1^{-1}}{1+x_1^{-1}x_2} \leq 1 \tag{E.3}$$

$$x_1 > 0 \tag{E.4}$$

$$x_2 > 0 \tag{E.5}$$

두 개의 변수(x_1과 x_2)와 3개의 양의 다변수 항(목적함수에 한 개, 각 제약식 E.2와 E.3의 분자에 한 개씩)이 있으므로 CGP의 난이도는 0이다. 만일 식 E.2와 E.3의 분모들을 다음과 같이 나타내어

$$Q_1(\boldsymbol{X}) = 1+4x_1^2$$

$$Q_2(\boldsymbol{X}) = 1+x_1^{-1}x_2$$

라 하면, 식 8.78로부터 위의 식을 1개의 양의 다변수 항으로 근사화할 수 있다. 즉,

$$\underline{Q}_1(\boldsymbol{X},\ \underline{\boldsymbol{X}}) = \left(1+4\underline{x}_1^2\right)\left(\frac{x_1}{\underline{x}_1}\right)^{8\underline{x}_1^2/\left(1+4\underline{x}_1^2\right)}$$

$$\underline{Q}_2(\boldsymbol{X},\ \underline{\boldsymbol{X}}) = \left(1+\frac{\underline{x}_2}{\underline{x}_1}\right)\left(\frac{x_1}{\underline{x}_1}\right)^{-\underline{x}_2/\left(\underline{x}_1+\underline{x}_2\right)}\left(\frac{x_2}{\underline{x}_2}\right)^{\underline{x}_2/\left(\underline{x}_1+\underline{x}_2\right)}$$

이제 가변영역의 점 $\boldsymbol{X}^{(1)} = \begin{pmatrix}1\\1\end{pmatrix}$에서 반복과정을 시작한다. $\underline{\boldsymbol{X}} = \boldsymbol{X}^{(1)}$을 택하여 위의 식에 대입하면

$$\underline{Q}_1(\boldsymbol{X},\ \boldsymbol{X}^{(1)}) = 5x_1^{8/5}$$

$$\underline{Q}_2(\boldsymbol{X},\ \boldsymbol{X}^{(1)}) = 2x_1^{-1/2}x_2^{1/2}$$

와 같으므로 식 8.79에 따라 첫 번째 근사 기하급수 계획 문제(OGP)인 OGP_1을 작성하면

$$\begin{aligned} &Min \quad x_1 \\ &\text{subject to} \\ &\quad \frac{4}{5}x_1^{-8/5}x_2 \le 1 \\ &\quad \frac{1}{2}x_1^{-1/2}x_2^{-1/2} \le 1 \\ &\quad x_1 > 0 \quad x_2 > 0 \end{aligned} \tag{E.1}$$

이 된다. 이 OGP_1은 난이도가 0인 기하급수 계획 문제이므로 다음의 정방형 선형연립방정식을 풀어서 최적해를 구할 수 있다(8.9절의 표 8.2 참조). 즉,

$$\begin{aligned} \lambda_1 &= 1 \\ \lambda_1 - \frac{8}{5}\lambda_2 - \frac{1}{2}\lambda_3 &= 0 \\ \lambda_2 - \frac{1}{2}\lambda_3 &= 0 \end{aligned}$$

위의 연립방정식의 해, 즉 OGP_1의 쌍대문제의 최적해는 $\lambda_1^* = 1$, $\lambda_2^* = 5/13$, $\lambda_3^* = 10/13$이고, 이 해를 쌍대 목적함수에 대입하면

$$v(\boldsymbol{\lambda}^*) = \left(\frac{4}{5}\right)^{5/13}\left(\frac{1}{2}\right)^{10/13} \simeq 0.5385$$

이며, 쌍대성의 관계식으로부터 OGP_1의 최적해는

$$\boldsymbol{X}_{opt}^{(1)} = \begin{pmatrix} 0.5385 \\ 0.4643 \end{pmatrix}$$

가 된다.

다음은 $\boldsymbol{X}^{(2)}$가 OGP$_1$의 최적해[즉, $\boldsymbol{X}_{opt}^{(1)}$]가 되도록 선택하고, 이 점에 대해 Q_1과 Q_2를 근사화하여 OGP$_2$를 작성하여 해결한다. 이러한 방법을 반복하여 얻은 OGP$_\alpha$의 최적해들을 다음 표에서 보여주고 있다.

반복 숫자, α	$\boldsymbol{X}_{opt}$	
	x_1	x_2
0	1.0	1.0
1	0.5385	0.4643
2	0.5019	0.5007
3	0.5000	0.5000

CGP의 변수의 실제 최적해는 $x_1^* = 0.5$ 그리고 $x_2^* = 0.5$이다. 위의 표에서 3회 반복에서 근사화한 기하급수 계획 문제 OGP$_\alpha$의 해가 실제 최적해와 소숫점 네 자리까지 일치하는 것을 알 수 있다.

8.12 기하급수 계획법의 적용

예제 8.7 최적 기계 조건들의 결정[8.9, 8.10]

회전 가공의 단위 비용을 최소화하는 최적의 절삭속도와 공급 속도를 결정하는 문제에는 기하급수 계획법이 주로 적용된다.

난이도가 0인 문제 구성

시편당 회전 가공의 전체 비용은 다음 식으로 주어진다.

$$\begin{aligned} f_0(\boldsymbol{X}) &= \text{가공비용} + \text{공구비용} + \text{처리비용} \\ &= K_m t_m + \frac{t_m}{T}(K_m t_c + K_t) + K_m t_h \end{aligned} \qquad \text{E.1}$$

여기서 K_m은 운영시간 비용($.min), K_t는 공구비용($/cutting edge), 시편가공시간(min)은 $t_m = \pi DL/(12\,VF)$, 공구수명(min/cutting edge) $T = (a/\,VF^b)^{1/c}$, t_c는 공구변경시간(min/workpiece), t_h는 처리시간(min/workpiece), D는 시편 직경(in), L은 시편 축 길

이(in), V는 절삭속도(ft/min), F는 공급속도(in/revolution), 공구수명식에서 a, b, c는 상수이다. 그리고 설계변수는 다음과 같다.

$$\boldsymbol{X}=\begin{pmatrix} x_1 \\ x_2 \end{pmatrix}=\begin{pmatrix} V \\ F \end{pmatrix}$$

상수항들은 최소화에 영향을 미치지 않으므로 식 E.1의 목적함수는

$$f(\boldsymbol{X})= C_{01}V^{-1}F^{-1}+ C_{02}V^{1/c-1}F^{b/c-1} \quad \text{E.2}$$

단,

$$C_{01}=\frac{K_m\pi DL}{12}, \qquad C_{02}=\frac{\pi DL(K_m t_c+K_t)}{12a^{1/c}} \quad \text{E.3}$$

와 같이 표현되고, 만일 선반에서 최대 허용 가능한 공급속도가 F_{max}이면, 다음 제약을 갖는다.

$$C_{11}F\leq 1 \quad \text{E.4}$$

단,

$$C_{11}=F_{max}^{-1} \quad \text{E.5}$$

위의 문제에서 전체 양의 다변수 항의 수는 3이고, 변수의 수는 2이므로 문제의 난이도는 0이다. 다음 데이터 자료

$$K_m=0.10, \quad K_t=0.50, \quad t_c=0.5, \quad t_h=2.0, \quad D=6.0$$

$$L=8.0, \quad a=140.0, \quad b=0.29, \quad c=0.25, \quad F_{max}=0.005$$

를 사용하여 제약식 E.4에 대한 식 E.2의 목적함수 f를 최소화하면

$$f^*=\$1.03 \text{ per piece}, \qquad V^*=323 \text{ ft/min}, \qquad F^*=0.005 \text{ in/rev}$$

와 같은 최적값들을 구할 수 있다.

난이도가 1인 문제 구성

만일 선반의 최대 마력을 P_{max}라 하면 기계가공에 필요한 동력은 반드시 P_{max} 보다 작아야 한다. 한편, 기계 가공에 필요한 동력을 $a_1V^{b_1}F^{c_1}$(여기서 a_1, b_1, c_1은 상수)로 표현할 수 있으므로 이 제약조건을 다음과 같이 표현할 수 있다.

$$C_{21}V^{b_1}F^{c_1} \le 1 \tag{E.6}$$

단,

$$C_{21} = a_1 P_{max}^{-1} \tag{E.7}$$

위의 식 E.4와 E.6을 만족하는 제약조건으로 식 E.2 목적함수 f를 최소화하는 문제의 난이도는 1이 된다. 주어진 상수 값에 대한 자료들과 $P_{max} = 2.0$ 그리고 $a_1 = 3.58$, $b_1 = 0.91$, $c_1 = 0.78$을 사용하여 식 E.4와 E.6을 만족하는 제약조건으로 식 E.2의 목적함수 f를 최소화하면

$$f^* = \$1.05 \text{ per piece}, \quad V^* = 290.0 \text{ ft/min}, \quad F^* = 0.005 \text{ in/rev}$$

과 같은 최적값들을 구할 수 있다.

난이도가 2인 문제 구성

상수 a_2, b_2, c_2와 단위가 1/1000인 최대 허용 가능한 표면조도가 S_{max}일 때, 추가되는 표면처리에 대한 제약식

$$a_2 V^{b_2} F^{c_2} \le S_{max}$$

을 다시 표현하여

$$C_{31}V^{b_2}F^{c_2} \le 1 \tag{E.8}$$

단,

$$C_{31} = a_2 S_{max}^{-1} \tag{E.9}$$

와 같은 제약조건을 포함하면, 문제의 난이도는 2가 된다. 앞의 상수 데이터 자료와 함께 다음의 상수

$$a_2 = 1.36 \times 10^8,\ b_2 = -1.52,\ c_2 = 1.004,\ S_{max} = 100\mu\text{in},$$

$$F_{max} = 0.01,\ P_{max} = 2.0$$

를 사용하여 식 E.4와 E.6, E.8을 만족하는 제약조건으로 식 E.2의 목적함수 f를 최소화하면

$$f^* = \$1.11 \text{ per piece}, \quad V^* = 311 \text{ ft/min}, \quad F^* = 0.0046 \text{ in/rev}$$

과 같은 최적값들을 구할 수 있다. ■

이(in), V는 절삭속도(ft/min), F는 공급속도(in/revolution), 공구수명식에서 a, b, c는 상수이다. 그리고 설계변수는 다음과 같다.

$$\boldsymbol{X} = \begin{pmatrix} x_1 \\ x_2 \end{pmatrix} = \begin{pmatrix} V \\ F \end{pmatrix}$$

상수항들은 최소화에 영향을 미치지 않으므로 식 E.1의 목적함수는

$$f(\boldsymbol{X}) = C_{01} V^{-1} F^{-1} + C_{02} V^{1/c-1} F^{b/c-1} \tag{E.2}$$

단,

$$C_{01} = \frac{K_m \pi D L}{12}, \qquad C_{02} = \frac{\pi D L (K_m t_c + K_t)}{12 a^{1/c}} \tag{E.3}$$

와 같이 표현되고, 만일 선반에서 최대 허용 가능한 공급속도가 F_{max}이면, 다음 제약을 갖는다.

$$C_{11} F \le 1 \tag{E.4}$$

단,

$$C_{11} = F_{max}^{-1} \tag{E.5}$$

위의 문제에서 전체 양의 다변수 항의 수는 3이고, 변수의 수는 2이므로 문제의 난이도는 0이다. 다음 데이터 자료

$$K_m = 0.10, \quad K_t = 0.50, \quad t_c = 0.5, \quad t_h = 2.0, \quad D = 6.0$$

$$L = 8.0, \quad a = 140.0, \quad b = 0.29, \quad c = 0.25, \quad F_{max} = 0.005$$

를 사용하여 제약식 E.4에 대한 식 E.2의 목적함수 f를 최소화하면

$$f^* = \$1.03 \text{ per piece}, \qquad V^* = 323 \text{ ft/min}, \qquad F^* = 0.005 \text{ in/rev}$$

와 같은 최적값들을 구할 수 있다.

난이도가 1인 문제 구성

만일 선반의 최대 마력을 P_{max}라 하면 기계가공에 필요한 동력은 반드시 P_{max} 보다 작아야 한다. 한편, 기계 가공에 필요한 동력을 $a_1 V^{b_1} F^{c_1}$(여기서 a_1, b_1, c_1은 상수)로 표현할 수 있으므로 이 제약조건을 다음과 같이 표현할 수 있다.

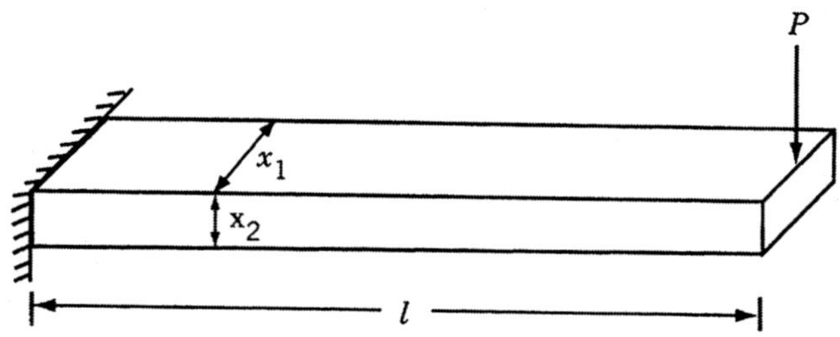

그림 8.2 사각단면의 외팔보

[풀이] 보의 폭과 높이를 설계변수라 하면, 목적함수는 다음과 같다.

$$f(\boldsymbol{X}) = \rho l x_1 x_2 \qquad \text{E.1}$$

위에서 ρ는 중량 밀도이고 l은 보의 길이다. 또한 고정된 말단부에서 발생하는 최대 응력은

$$\sigma = \frac{Mc}{I} = Pl\frac{x_2}{2}\frac{1}{\frac{1}{12}x_1x_2^3} = \frac{6Pl}{x_1x_2^2} \qquad \text{E.2}$$

와 같으므로 제약조건은

$$\frac{6Pl}{\sigma_y}x_1^{-1}x_2^{-2} \le 1 \qquad \text{E.3}$$

와 같이 된다. ■

예제 8.10　콘(cone) 클러치 설계[8.23]

전달할 수 있는 최소 토크가 명시된 그림 1.19과 같은 콘 클러치의 최소 체적 설계를 결정하라.

[풀이] 콘의 외부 반경과 내부 반경을 각각 R_1과 R_2라 하여 설계변수로 선택하면 체적의 목적함수는

$$f(R_1,\ R_2) = \frac{1}{3}\pi h\left(R_1^2 + R_1R_2 + R_2^2\right) \qquad \text{E.1}$$

가 된다. 이때 축방향 두께 h는

$$h = \frac{R_1 - R_2}{\tan\alpha} \qquad \text{E.2}$$

이다. 또한 식 E.1과 E.2는

$$f(R_1,\ R_2) = k_1(R_1^3 - R_2^3), \tag{E.3}$$

$$k_1 = \frac{\pi}{3\tan\alpha} \tag{E.4}$$

로 표현된다. k_1은 상수이므로 목적함수를 $f = R_1^3 - R_2^3$으로 취할 수 있다. 이제 가해진 축방향 힘 F와 발생된 토크 T는 [8.37]에 의하면

$$F = \int pdA\sin\alpha = \int_{R_2}^{R_1} \frac{2\pi rdr}{\sin\alpha}\sin\alpha = \pi p(R_1^2 - R_2^2) \tag{E.5}$$

$$T = \int rfpdA = \int_{R_2}^{R_1} rfp\frac{2\pi r}{\sin\alpha}dr = \frac{2\pi fp}{3\sin\alpha}(R_1^3 - R_2^3) \tag{E.6}$$

로 표현된다. 위에서 p는 압력, f는 마찰계수, 그리고 A는 접촉면적이다. 위의 식 E.5의 p를 식 E.6에 대입하면

$$T = \frac{k_2(R_1^2 + R_1R_2 + R_2^2)}{R_1 + R_2} \tag{E.7}$$

$$k_2 = \frac{2Ff}{3\sin\alpha} \tag{E.8}$$

이 된다. 이때 전달하여야 할 최소 토크를 $5k_2$로 가정하고 또한 외부 반경 R_1을 최소한 내부 반경 R_2의 두 배로 가정하면 주어진 최적화 문제는

$$Min \quad f(R_1,\ R_2) = R_1^3 - R_2^3$$

subject to

$$\frac{R_1^2 + R_1R_2 + R_2^2}{R_1 + R_2} \geq 5 \tag{E.9}$$

$$\frac{R_1}{R_2} \geq 2$$

로 표현된다. 다음의 표 8.3에서 보완 기하급수 계획법을 이 문제에 적용하여 반복적으로 구한 해를 보여주고 있다. 따라서 최적해는

$$R_1{}^* = 4.2874,\ \ R_2{}^* = 2.1437,\ \ f^* = 68.916$$

라고 할 수 있다.

표 8.3 예제 8.10 결과

반복회	시작 설계	근사된 기하급수 계획 문제(OGP)	OGP 해
1	$x_1 = R_0 = 40$ $x_2 = R_1 = 3$ $x_3 = R_2 = 3$	$Minimize\ x_1^1 x_2^0 x_3^0$ $subject\ to$ $0.507x_1^{-0.597}x_2^3 x_3^{-1.21} \le 1$ $1.667\left(x_2^{-1} + x_3^{-1}\right) \le 1$	$x_1 = 162.5$ $x_2 = 5.0$ $x_3 = 2.5$
2	$x_1 = R_0 = 162.5$ $x_2 = R_1 = 5.0$ $x_3 = R_2 = 2.5$	$Minimize\ x_1^1 x_2^0 x_3^0$ $subject\ to$ $0.744x_1^{-0.912}x_2^3 x_3^{-0.2635} \le 1$ $3.05\left(x_2^{-0.43}x_3^{-0.571} + x_2^{-1.43}x_3^{0.429}\right) \le 1$ $2x_2^{-1}x_3 \le 1$	$x_1 = 82.2$ $x_2 = 4.53$ $x_3 = 2.265$
3	$x_1 = R_0 = 82.2$ $x_2 = R_1 = 4.53$ $x_3 = R_2 = 2.265$	$Minimize\ x_1^1 x_2^0 x_3^0$ $subject\ to$ $0.687x_1^{-0.876}x_2^3 x_3^{-0.372} \le 1$ $1.924x_1^0 x_2^{-0.429}x_3^{-0.571}$ $+1.924x_1^0 x_2^{-1.492}x_3^{0.429} \le 1$ $2x_2^{-1}x_3 \le 1$	$x_1 = 68.916$ $x_2 = 4.2874$ $x_3 = 2.1437$

예제 8.11 헬리컬 스프링 설계

축 방향 하중을 받는 헬리컬 스프링의 최소 중량 설계 문제를 기하급수 계획 문제로 표현하여 작성하여라. 제약으로 스프링의 전단응력, 자연 주파수, 그리고 버클링을 고려하라.

[풀이] 설계변수로 코일의 평균 직경을 D과 와이어 직경을 d로 선택하면 설계벡터는

$$\boldsymbol{X} = \begin{pmatrix} x_1 \\ x_2 \end{pmatrix} = \begin{pmatrix} D \\ d \end{pmatrix} \tag{E.1}$$

이고, 헬리컬 스프링의 목적함수(중량)는

$$f(\boldsymbol{X}) = \frac{\pi d^2}{4}(\pi D)\rho(n+Q) \tag{E.2}$$

와 같이 표현된다. 위에서 n은 유효(active) 권수, Q는 무효(inactive) 권수, 그리고 ρ는 스프링 중량 밀도이다. 스프링의 처짐 δ는 다음과 같다.

$$\delta = \frac{8PC^3 n}{Gd} \quad \text{또는} \quad n = \frac{Gd\delta}{8PC^3} \tag{E.3}$$

위에서 G는 전단 계수, P는 스프링에 작용하는 축 하중, 그리고 $C(D/d)$는 스프링지

수이다. 식 E.3을 E.2에 대입하면 목적함수는

$$f(\boldsymbol{X}) = \frac{\pi^2 \rho G \delta}{32P} \frac{d^6}{D^2} + \frac{\pi^2 \rho Q}{4} d^2 D \tag{E.4}$$

로 표현되고, 만일 스프링 내 최대 전단응력을 τ_{max}로 제한하면 다음과 같이 응력 제약을 표현할 수 있다.

$$\tau = \frac{8KPC}{\pi d^2} \le \tau_{max} \quad \text{또는} \quad \frac{8KPC}{\pi d^2 \tau_{max}} \le 1 \tag{E.5}$$

이때, K는 응력집중계수

$$K \approx \frac{2}{C^{0.25}} \tag{E.6}$$

이다. 식 E.6을 식 E.5에 대입하여 다시 쓰면

$$\frac{16P}{\pi \tau_{max}} \frac{D^{3/4}}{d^{11/4}} \le 1 \tag{E.7}$$

와 같다. 또한 피로파괴를 방지하기 위해 다음 스프링의 자연 주파수 f_n

$$f_n = \frac{2d}{\pi D^2 n} \left(\frac{Gg}{32\rho} \right)^{1/2} \tag{E.8}$$

을 $(f_n)_{min}$ 이상으로 제한하여야 한다. 이때 g는 중력가속도이다. 위의 식 E.8에서 상수 $g = 9.81\ \text{m/s}^2$, $G = 8.56 \times 10^{10}\ \text{N/m}^2$을 사용하고, $(f_n)_{min} = 13$으로 제한하면

$$\frac{13 (f_n)_{min} \delta G}{288{,}800 P} \frac{d^3}{D} \le 1 \tag{E.9}$$

의 관계식을 얻는다. 또한, 버클링을 방지하기 위해 스프링 길이를 다음과 같이 제한하여야 한다.

$$L \le \frac{11.5 (D/2)^2}{P/K^1} \tag{E.10}$$

위의 관계식에 $Z = 0.4$와 다음 관계식을 사용하여

$$K^1 = \frac{Gd^4}{8D^3 n} \tag{E.11}$$

$$L = nd(1+Z) \qquad \text{E.12}$$

식 E.10을 다음과 같이 표현할 수 있다.

$$0.0527\left(\frac{G\delta^2}{P}\right)\frac{d^5}{D^5} \le 1 \qquad \text{E.13}$$

목적함수식 E.4와 제약함수식 E.7, E.9 및 E.13로 구성된 문제는 기하급수 계획 문제인 것을 알 수 있다. ■

예제 8.12 경하중 베어링 설계[8.29]

하중 1,000 lb을 부담하면서 마찰 모멘트와 축의 비틀림 각도의 선형조합을 최소화하는 경부하 베어링을 설계하고자 한다. 축의 각속도는 100 rad/s보다 커야 한다.

[풀이]

난이도가 0인 문제 구성

베어링의 마찰 모멘트 M과 축 비틀림 각도 ϕ는 다음과 같이 주어진다.

$$M = \frac{8\pi}{\sqrt{1-n^2}}\frac{\mu\Omega}{c}R^2 L \qquad \text{E.1}$$

$$\phi = \frac{S_e l}{GR} \qquad \text{E.2}$$

위에서 μ는 윤활유의 점도, $n(e/c)$은 편심률, e는 베어링과 상대적인 저널의 편심, c는 반경방향 간극, Ω는 축의 각속도, R은 저널의 반경, L은 베어링의 절반 길이, S_e는 전단응력, l은 구동점과 회전체 사이 길이, 그리고 G는 전단계수이다. 또한 각 베어링에 작용하는 하중은 다음과 같다.

$$W = \frac{2\mu\Omega R L^2 n}{c^2(1-n^2)^2}\left[\pi^2(1-n^2)+16n^2\right]^{1/2} \qquad \text{E.3}$$

$W = 1{,}000\,\text{lb}$, $c/R = 0.0015$, $l = 10\,\text{in}$, $S_e = 30{,}000\,\text{psi}$, $\mu = 10^{-6}\,\text{lb}\cdot\text{s/in}^2$, $G = 12\times10^6\,\text{psi}$, $n = 0.9$인 경우 목적함수와 제약함수는 다음과 같이 간단히 요약된다.

$$f(R,\ L) = aM + b\phi = 0.038\Omega R^2 L + 0.025R^{-1} \qquad \text{E.4}$$

$$\Omega R^{-1} L^3 = 11.6 \qquad \text{E.5}$$

$$\Omega \ge 100 \qquad \text{E.6}$$

위에서 선형조합의 계수 a, b는 $a=b=1$로 가정한다. 식 E.5는

$$\Omega = 11.6RL^{-3} \qquad \text{E.7}$$

와 같으므로 주어진 최적화 문제는 아래와 같이 기술할 수 있다.

$$Min \qquad f(R,\ L) = 0.45R^3L^{-2} + 0.025R^{-1} \qquad \text{E.8}$$

subject to

$$8.62R^{-1}L^3 \le 1 \qquad \text{E.9}$$

난이도가 0인 상기 문제의 최적해는 다음과 같이 결정된다.

$$R^* = 0.212\,\text{in},\ \ L^* = 0.291\,\text{in},\ \ f^* = 0.17$$

난이도가 1인 문제 구성

목적함수를 마찰 모멘트 M, 축 비틀림 각도 ϕ, 그리고 오일의 온도상승 T의 선형조합으로 표현하면 다음 식을 얻는다.

$$f = aM + b\phi + cT \qquad \text{E.10}$$

여기서 a, b, c는 상수다. 또한 베어링 오일의 온도상승은 다음 식으로 주어진다.

$$T = 0.045\frac{\mu\Omega R^2}{c^2 n\sqrt{(1-n^2)}} \qquad \text{E.11}$$

이때 베어링 마찰 모멘트 1 in·lb는 온도 1°F 상승에 상응하는 비틀림 각도 0.025라디안과 동일한 것으로 가정하면 상수 a, b, c를 결정할 수 있다. 식 E.7 $\Omega = 11.6RL^{-3}$을 이용하여 최적화 문제를 기술하면

$$Min \qquad f(R,\ L) = 0.44R^3L^{-2} + 10R^{-1} + 0.592RL^{-3} \qquad \text{E.12}$$

subject to

$$8.62R^{-1}L^3 \le 1 \qquad \text{E.13}$$

와 같고, 난이도가 1인 문제가 되며, 그 최적해는 다음과 같이 결정된다.

$$R^* = 1.29\,\text{in},\ \ L^* = 0.53\,\text{in},\ \ f^* = 16.2$$

■

예제 8.13 2-바 트러스 설계[8.33]

그림 8.3과 같이 수직 하중 $2P$를 받는 2-바 트러스를 중량이 최소가 되도록 설계하고

자 한다. 멤버는 중공축 형상으로 평균 직경 d, 벽 두께 t 그리고 각 멤버 내 최대 허용응력은 60,000 psi 이다. 기하급수 계획법을 사용하여 h와 d 수치를 결정하라. 단 관련 자료는 다음과 같다.

$$P = 33{,}000\,\text{lb},\ t = 0.1\,\text{in},\ b = 30\,\text{in},\ \sigma_0 = 60{,}000\,\text{psi},\ \rho = 0.3\,\text{lb/in}^3$$

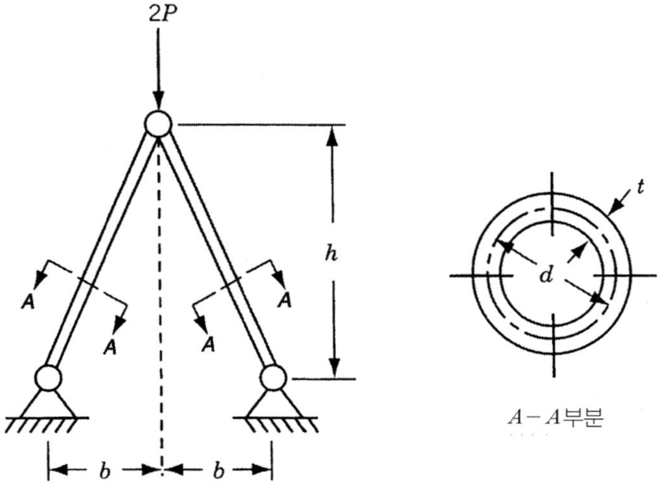

그림 8.3 하중을 받는 2-바 트러스

[풀이] 목적함수는 다음과 같이 주어진다.

$$f(d,\ h) = 2\rho\pi dt\sqrt{b^2 + h^2} \qquad \text{E.1}$$

$$= 2(0.3)\pi d(0.1)\sqrt{900 + h^2}$$

$$= 0.188d\sqrt{900 + h^2}$$

또한 응력 제약을 표현하면

$$\sigma = \frac{P}{\pi dt}\frac{\sqrt{900 + h^2}}{h} \le \sigma_0$$

또는

$$\frac{33{,}000}{\pi d(0.1)}\frac{\sqrt{900 + h^2}}{h} \le 60{,}000$$

또는

$$1.75\frac{\sqrt{900 + h^2}}{dh} \le 1 \qquad \text{E.2}$$

와 같다. 위의 식 E.1과 E.2는 $\sqrt{900+h^2}$ 항을 갖고 있으므로 양항 다변수 다항식이 아닌 것을 알 수 있다. 하지만 다음과 같이 새로운 변수 y를 도입하여 함수를 양항 다변수 다항식으로 변환시킬 수 있다.

$$y=\sqrt{900+h^2}\quad or\quad y^2=900+h^2$$

따라서 변환된 새로운 제약은

$$\frac{900+h^2}{y^2}\leq 1 \tag{E.3}$$

가 되므로 설계변수가 $x_1=y,\ x_2=h,\ x_3=d$인 최적화 문제는

$$Min \qquad f=0.188yd \tag{E.4}$$

subject to

$$1.75yh^{-1}d^{-1}\leq 1 \tag{E.5}$$

$$900y^{-2}+y^{-2}h^2\leq 1 \tag{E.6}$$

난이도가 0인 위의 문제에 대한 상응하는 쌍대문제를 기술하면

$$Max \qquad v(\lambda_{01},\ \lambda_{11},\ \lambda_{21},\ \lambda_{22}) \tag{E.7}$$

$$=\left(\frac{0.188}{\lambda_{01}}\right)^{\lambda_{01}}\left(\frac{1.75}{\lambda_{11}}\right)^{\lambda_{11}}\left(\frac{900}{\lambda_{21}}\right)^{\lambda_{21}}\left(\frac{1}{\lambda_{22}}\right)^{\lambda_{22}}(\lambda_{21}+\lambda_{22})^{\lambda_{21}+\lambda_{22}}$$

subject to

$$\lambda_{01}=1 \tag{E.8}$$

$$\lambda_{01}+\lambda_{11}-2\lambda_{21}-2\lambda_{22}=0 \tag{E.9}$$

$$-\lambda_{11}+2\lambda_{22}=0 \tag{E.10}$$

$$\lambda_{01}-\lambda_{11}=0 \tag{E.11}$$

와 같이 된다. 따라서 식 E.8~E.11의 해는

$$\lambda_{01}{}^*=1,\ \lambda_{11}{}^*=1,\ \lambda_{21}{}^*=\frac{1}{2},\ \lambda_{22}{}^*=\frac{1}{2}$$

이므로 v의 최댓값 또는 f의 최솟값은 다음과 같다.

$$v^* = \left(\frac{0.188}{1}\right)^1 (1.75)^1 \left(\frac{900}{0.5}\right)^{0.5} \left(\frac{1}{0.5}\right)^{0.5} (0.5+0.5)^{0.5+0.5} = 19.8 = f^*$$

또한 식 8.62와 8.63으로부터 x_i의 최적값을 구하면

$$1 = \frac{0.188 y^* d^*}{19.8}$$

$$1 = 1.75 y^* h^{*-1} d^{*-1}$$

$$\frac{1}{2} = 900 y^{*-2}$$

$$\frac{1}{2} = y^{*-2} h^{*2}$$

이므로 이 식들로부터 최적해를 구하면 다음과 같다.

$$y^* = 42.426, \quad h^* = 30\,\text{in}, \quad d^* = 2.475\,\text{in}$$

■

예제 8.14 4–바 메커니즘 설계[8.24]

구조오차를 최소화하는 그림 8.4의 4–바 링크 길이를 결정하라.

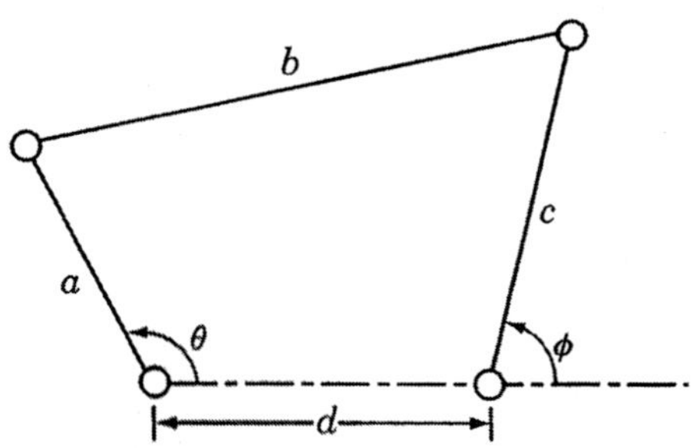

그림 8.4 4–바 연결장치

[풀이] 링크 길이를 a, b, c, d로 표기하고, 메커니즘의 입력 각도를 θ로, 출력 각도를 ϕ로 표기하자. 다음과 같이 연결장치의 루프 폐쇄식을 표현할 수 있다.

$$2ad\ \cos\theta - 2cd\ \cos\phi + (a^2 - b^2 + c^2 + d^2) - 2ac\ \cos(\theta - \phi) = 0 \qquad \text{E.1}$$

위의 연결장치를 생성할 때 메커니즘에 의해 생성된 ϕ값이 오직 일부 θ에서 원하는 값 ϕ_d와 동일하도록 하는데, 이러한 점 θ을 **정밀점**(precision points)이라 부른다. 하지만 일

반적으로 임의의 링크 길이에서 입력 각도 θ_i에 대한 생성된 실제 출력 각도 ϕ_i는 원하는 수치 ϕ_{di}와 비교하여 약간의 오차 ϵ_i를 포함한다. 즉,

$$\phi_i = \phi_{di} + \epsilon_i \tag{E.2}$$

와 같고, 이때 ϵ_i를 θ_i에서의 **구조적 오차**(structual error)라 부른다. 식 E.2를 E.1에 대입하고, $\sin\epsilon_i \approx \epsilon_i$ 그리고 $\cos\epsilon_i \approx 1$와 같은 작은 값의 ϵ_i를 구하면

$$\epsilon_i = \frac{K + 2ad\ \cos\theta_i - 2cd\cos\theta_{di} - 2ac\ \cos\theta_i\cos(\phi_{di} - \theta_i)}{-2ac\ \sin(\phi_{di} - \theta_i) - 2cd\ \sin\phi_{di}}, \tag{E.3}$$

$$K = a^2 - b^2 + c^2 + d^2 \tag{E.4}$$

가 된다. 이제 목적함수를 n개의 정밀 위치 또는 설계 위치 θ_i에서의 구조적 오차의 제곱의 합, 즉

$$f = \sum_{i=1}^{n} \epsilon_i^2 \tag{E.5}$$

이라 하면 f가 최솟값이 될 때 오차 ϵ_i가 최소가 된다(통상적으로 ϵ_i는 0이 되지 않는다).

단순화를 위해 $a \ll d$ 그리고 θ_0에서 오차 $\epsilon_i = 0$으로 가정하면 $\theta_i = \theta_0$에서 $\epsilon_0 = 0$이므로 식 E.3으로부터 다음 결과를 얻는다.

$$K = 2cd\ \cos\phi_{di} + 2ac\ \cos\theta_0\cos(\phi_{do} - \theta_0) - 2ad\ \cos\theta_0 \tag{E.6}$$

또한 가정 $a \ll d$로부터 아래와 같은 제약조건을 추가할 수 있다.

$$\frac{3a}{d} \le 1 \tag{E.7}$$

이때 3의 자리에 더 큰 숫자를 사용할 수 있다. 따라서 E.5의 목적함수를 다시 표현하면

$$f = \sum_{i=1}^{n} \frac{a^2(\cos\theta_i - \cos\theta_0)^2 - 2ac(\cos\theta_i - \cos\theta_0)(\cos\phi_{di} - \cos\phi_{d0})}{c^2\sin^2\phi_{di}} \tag{E.8}$$

이 된다. 통상적으로 링크 길이들 중 하나를 1로 취한다. 이제 설계변수로 a와 c를 선택하여 정규 및 직교조건을 작성하면

$$\Delta_1{}^* + \Delta_2{}^* = 1 \tag{E.9}$$

$$2\Delta_1{}^* + \Delta_2{}^* = 0 \tag{E.10}$$

$$2\Delta_1^* + 0.5\Delta_2^* + \Delta_3^* = 0 \tag{E.11}$$

이 되므로 상기 식들에서 구한 해는

$$\Delta_1^* = -1, \quad \Delta_2^* = 2, \quad \Delta_3^* = 1$$

와 같고, 쌍대함수의 최댓값은

$$v(\Delta^*) = \left(\frac{c_1}{\Delta_1^*}\right)^{\Delta_1^*} \left(\frac{c_2}{\Delta_2^*}\right)^{\Delta_2^*} \left(\frac{c_3}{\Delta_3^*}\right)^{\Delta_3^*} \tag{E.12}$$

이 된다. 여기서 c_1, c_2, c_3는 식 E.7과 E.8의 양항 다변수 다항식의 항들의 계수를 나타낸다.

수치 계산을 위한 다음 데이터

정밀점, i	1	2	3	4	5	6
입력, θ_i(deg)	0	10	20	30	40	45
원하는 출력, ϕ_{di}(deg)	30	38	47	58	71	86

에서 만일 구조오차가 0인 점으로 정밀점 4를 선택하면($\theta_0 = 30°$, $\phi_{d0} = 58°$) 식 E.7과 E.8에서 다음의 문제

$$f = 0.1563\frac{a^2}{c^2} - \frac{0.76a}{c} \tag{E.13}$$

subject to

$$\frac{3a}{d} \le 1$$

가 생성되고, $c_1 = 0.1563$, $c_2 = 0.76$, $c_3 = 3/d$인 점을 고려하면 식 E.12로부터 다음 결과를 얻을 수 있다.

$$v(\Delta) = \left(\frac{0.1563}{-1}\right)^{-1} \left(\frac{-0.76}{2}\right)^{2} \left(\frac{3}{d}\right)^{1} (1)^1 = \frac{2.772}{d}$$

이제 다음의 관계식, 즉

$$0.1563\frac{a^2}{c^2} = \left(-\frac{2.772}{d}\right)(-1) = \frac{2.772}{d}$$

$$-0.76\frac{a}{c} = -\frac{2.772}{d}(2) = -\frac{5.544}{d}$$

와 $a=1$을 이용하여 $c^*=0.41$, $d^*=3.0$의 결과를 얻고, 또한 식 E.6과 E.4로부터 즉,

$$a^2-b^2+c^2+d^2$$
$$=2cd\cos\phi_{do}+2ac\cos\theta_0\cos(\phi_{d0}-\theta_0)-2cd\cos\theta_0$$

에서 $b^*=3.662$를 구한다. 따라서 최적링크 규격은 다음과 같다.

$$a^*=1,\quad b^*=3.662,\quad c^*=0.41,\quad d^*=3.0$$ ■

REFERENCES AND BIBLIOGRAPHY

8.1 R. J. Duffin, E. Peterson, and C. Zener, *Geometric Programming*, Wiley, New York, 1967.

8.2 U. Passy and D. J. Wilde, Generalized polynomial optimization, *SIAM Journal of Applied Mathematics*, Vol. 15, No. 5, pp. 1344–1356, Sept. 1967.

8.3 D. J. Wilde and C. S. Beightler, *Foundations of Optimization*, Prentice-Hall, Englewood Cliffs, NJ, 1967.

8.4 M. Avriel and A. C. Williams, Complementary geometric programming, *SIAM Journal of Applied Mathematics*, Vol. 19, No. 1, pp. 125–141, July 1970.

8.5 R. M. Stark and R. L. Nicholls, *Mathematical Foundations for Design: Civil Engineering Systems*, McGraw-Hill, New York, 1972.

8.6 C. McMillan, Jr., *Mathematical Programming: An Introduction to the Design and Application of Optimal Decision Machines*, Wiley, New York, 1970.

8.7 C. Zener, A mathematical aid in optimizing engineering designs, *Proceedings of the National Academy of Science*, Vol. 47, p. 537, 1961.

8.8 C. Zener, *Engineering Design by Geometric Programming*, Wiley-Interscience, New York, 1971.

8.9 D. S. Ermer, Optimization of the constrained machining economics problem by geometric programming, *Journal of Engineering for Industry, Transactions of ASME*, Vol. 93, pp. 1067–1072, Nov. 1971.

8.10 S. K. Hati and S. S. Rao, Determination of optimum machining conditions: deterministic and probabilistic approaches, *Journal of Engineering for Industry, Transactions of ASME*, Vol. 98, pp. 354–359, May 1976.

8.11 D. Wilde, Monotonicity and dominance in optimal hydraulic cylinder design, *Journal of Engineering for Industry, Transactions of ASME*, Vol. 97, pp. 1390–1394, Nov. 1975.

8.12 A. B. Templeman, On the solution of geometric programs via separable programming, *Operations Research Quarterly*, Vol. 25, pp. 184–185, 1974.

8.13 J. J. Dinkel and G. A. Kochenberger, On a cofferdam design optimization, *Mathematical Programming*, Vol. 6, pp. 114–117, 1974.

8.14 A. J. Morris, A transformation for geometric programming applied to the minimum weight design of statically determinate structure, *International Journal of Mechanical Science*, Vol. 17, pp. 395–396, 1975.

8.15 A. B. Templeman, Optimum truss design by sequential geometric programming, *Journal of Structural Engineering*, Vol. 3, pp. 155–163, 1976.

8.16 L. J. Mancini and R. L. Piziali, Optimum design of helical springs by geometric programming, *Engineering Optimization*, Vol. 2, pp. 73–81, 1976.

8.17 K. M. Ragsdell and D. T. Phillips, Optimum design of a class of welded structures using geometric programming, *Journal of Engineering for Industry*, Vol. 98, pp. 1021–1025, 1976.

8.18 R. S. Dembo, A set of geometric programming test problems and their solutions, *Mathematical Programming*, Vol. 10, pp. 192–213, 1976.

8.19 M. J. Rijckaert and X. M. Martens, Comparison of generalized geometric programming algorithms, *Journal of Optimization Theory and Applications*, Vol. 26, pp. 205–242, 1978.

8.20 P.V.L.N. Sarma, X. M. Martens, G. V. Reklaitis, and M. J. Rijckaert, A comparison of computational strategies for geometric programs, *Journal of Optimization Theory and Applications*, Vol. 26, pp. 185–203, 1978.

8.21 R. S. Dembo, Current state of the art of algorithms and computer software for geometric programming, *Journal of Optimization Theory and Applications*, Vol. 26, pp. 149–183, 1978.

8.22 R. S. Dembo, Sensitivity analysis in geometric programming, *Journal of Optimization Theory and Applications*, Vol. 37, pp. 1–22, 1982.

8.23 S. S. Rao, Application of complementary geometric programming to mechanical design problems, *International Journal of Mechanical Engineering Education*, Vol. 13, No. 1, pp. 19–29, 1985.

8.24 A. C. Rao, Synthesis of 4-bar function generators using geometric programming, *Mechanism and Machine Theory*, Vol. 14, pp. 141–149, 1979.

8.25 M. Avriel and J. D. Barrett, Optimal design of pitched laminated wood beams, pp. 407–419 in *Advances in Geometric Programming*, M. Avriel, Ed., Plenum Press, New York, 1980.

8.26 P. Petropoulos, Optimal selection of machining rate variables by geometric programming, *International Journal of Production Research*, Vol. 11, pp. 305–314, 1973.

8.27 G. K. Agrawal, Helical torsion springs for minimum weight by geometric programming, *Journal of Optimization Theory and Applications*, Vol. 25, No. 2, pp. 307–310, 1978.

8.28 C. S. Beightler and D. T. Phillips, *Applied Geometric Programming*, Wiley, New York, 1976.

8.29 C. S. Beightler, T.-C. Lo, and H. G. Rylander, Optimal design by geometric programming, *ASME Journal of Engineering for Industry*, Vol. 92, No. 1, pp. 191–196, 1970.

8.30 Y. T. Sin and G. V. Reklaitis, On the computational utility of generalized geometric programming solution methods: Review and test procedure design, pp. 7–14, *Results and interpretation*, pp. 15–21, in *Progress in Engineering Optimization–1981*, R. W. Mayne and K. M. Ragsdell, Eds., ASME, New York, 1981.

8.31 M. Avriel, R. Dembo, and U. Passey, Solution of generalized geometric programs, *International Journal for Numerical Methods in Engineering*, Vol. 9, pp. 149–168, 1975.

8.32 Computational aspects of geometric programming: 1. Introduction and basic notation, pp. 115–120 (A. B. Templeman), 2. Polynomial programming, pp. 121–145 (J. Bradley), 3. Some primal and dual algorithms for posynomial and signomial geometric programs, pp. 147–160 (J. G. Ecker, W. Gochet, and Y. Smeers), 4. Computational experiments in geometric programming, pp. 161–173 (R. S. Dembo and M. J. Rijckaert), *Engineering Optimization*, Vol. 3, No. 3, 1978.

8.33 A. J. Morris, Structural optimization by geometric programming, *International Journal of Solids and Structures*, Vol. 8, pp. 847–864, 1972.

8.34 A. J. Morris, The optimisation of statically indeterminate structures by means of approximate geometric programming, pp. 6.1–6.17 *in Proceedings of the 2nd Symposium on Structural Optimization, AGARD Conference Proceedings 123*, Milan, 1973.

8.35 A. B. Templeman and S. K. Winterbottom, Structural design applications of geometric programming, pp. 5.1–5.15 *in Proceedings of the 2nd Symposium on Structural Optimization, AGARD Conference Proceedings 123*, Milan, 1973.

8.36 A. B. Templeman, Structural design for minimum cost using the method of geometric programming, *Proceedings of the Institute of Civil Engineers*, London, Vol. 46, pp. 459–472, 1970.

8.37 J. E. Shigley and C. R. Mischke, *Mechanical Engineering Design*, 5th ed., McGraw-Hill, New York, 1989.

CHAPTER 09

동적 계획법

9.1 소개

대부분의 실제 문제에서는 다른 시간, 다른 공간에서 그리고 다른 수준(예를 들어 성분, 부분시스템, 그리고 시스템에서)에서 순차적으로 의사결정을 해야 하는 경우가 많다. 순차적으로 의사결정을 하여야 하는 문제를 **순차적 의사결정 문제**(sequential decision problem)라 하며, 많은 단계에서 의사결정을 하여야 하므로 **다단계 의사결정 문제**(multi-stage decision problems)라고도 한다. 동적(dynamic) 계획법은 Richard Bellman이 1950년대 초에 개발한 수학적 기법으로 다단계 의사결정 문제에 매우 적합한 방법이다[9.2, 9.6].

동적 계획법은 다단계 의사결정 문제를 일단계 의사결정 문제의 연속으로 표현 또는 분해한다. 따라서 N-변수 문제는 연속적으로 해결될 N개의 단일 변수 문제들로 표현된다. 대부분의 경우 이 N개의 부분문제들은 원래 문제보다 해결하기가 용이하며, 그 N개의 1차원 문제들의 최적해로부터 원래 N 변수 문제의 최적해를 얻을 수 있도록 분해된다. 이때 N개의 일변수 문제의 최적화의 기법의 종류와는 상관이 없다. 즉, 단순한 계산과정, 미분법 또는 비선형 계획법의 범위까지 임의의 최적화 기법을 사용할 수 있다.

전형적인 최적화 기법을 직접 적용하여 다단계 의사결정 문제들을 해결할 수 있으나 이는 변수들의 수가 적어야 하고, 포함된 함수들이 연속이면서 연속적으로 미분 가능하여야 하며, 최적점이 경계에 위치하면 안 된다. 더욱이 유도한 결과의 연립방정식이 해석적으로 또는 수치적으로 해결 가능할 수 있을 만큼 문제가 비교적 단순해야 한다. 비선형 계획법들을 사용하여 약간 더 복합한 다단계 의사결정 문제들을 해결할 수 있지만 그 방법을 적용하기 위해서는 변수가 연속이어야 하고, 광역 최소 또는 광역 최대의 주위 영역에 대해 사전 지식을 필요로 한다. 또한 이러한 모든 경우에 확률론적 변수를 도입하는 것은 문제를 극도로 복잡하게 만들 뿐만 아니라 제11장에서 다룰 기대 제약 계획법(chance constrained programming)과 같이 일종의 근사식을 사용하지 않고는 문제를 해결할 수 없다. 하지만 동적 계획법은 이산변수(discrete variables), 비볼록(nonconvex), 불연속(noncontinuous), 그리고 미분 불가능한 함수들을 처리할 수 있으며, 일반적으로 결정하는 절차를 간단히 수정하여 확률론적 변수를 고려할 수도 있다. 동적 계획법은 **차원에 관한 큰 단점**(curse of dimensionality)을 갖고 있지만 이러한 단점에도 불구하고 광범위한 의사결정 분야에서 복잡한 문제들을 해결하는데 매우 적합한 방법으로 사용되고 있다.

9.2 다단계 의사결정 과정

9.2.1 정의 및 예제

동적 계획법이 적용될 때 다단계 의사결정 과정은 많은 일단계 과정들이 연속적으로 이어져 한 단계의 출력이 다음 단계의 입력이 되는 과정이다. 엄격하게 말해 개별 단계들은 재순환 없이 머리에서 꼬리까지 연결되므로 이러한 형식의 과정을 **직렬 다단계 의사결정 과정**(serial multistage decision process)이라 한다. 이러한 직렬 다단계 의사결정 문제는 여러 가지의 실제 문제에서 일어나지만 본 장에서는 몇 개의 예제들을 살펴보고 다른 많은 문제들은 관련 문헌을 참고하기로 한다.

직렬로 연결된 가열기, 반응기, 그리고 증류탑으로 구성된 화학처리공정의 목적은 공정에 부과된 모든 제약들을 만족하면서 공정비용을 최소화하도록 가열기 내 온도, 반응기 내 반응률, 그리고 증류탑 내 트레이들의 최적수치를 구하는 것이다. 또 그림 9.1은 이동하는 비행기(목표물)를 주어진 시간 간격으로 타격하기 위해 발사대에 장착된 미사일을 보여준다. 목표물은 피격되는 것을 피하기 위해 도피 동작을 자연스럽게 취하려 시도할 것이다. 문제는 명시된 시간 간격 안에 목표물을 타격할 수 있도록 미사일에게 취할 명령들을 생성하는 것이다. 즉, 목표물을 관측하고 목표물의 동작에 따른 새로운 미사일의 방향과 속도를 주기적으로 생생하는 문제이다. 또 다른 예제로는 물탱크의 최소 비용 설계 문제를 들 수 있다. 물탱크 시스템은 한 기의 탱크, 일련의 기둥들, 그리고 기초로 구성된다. 여기서 탱크는 물을 지지하고, 기둥들은 물과 탱크의 중량을 지지하고, 기초는 물, 탱크, 그리고 기둥들의 중량을 지지한다. 이 요소들을 직렬로 볼 수 있으므로 다단계 의사결정 문제로서 시스템을 처리하여야 한다. 마지막의 예제로 N개 품목을 저장하는 용기의 적재 문제를 들 수 있다. 각 단위 품목 i는 중량 w_i와 화폐 가치 c_i를 갖는다. 최대 허용 가능한 화물 중량은 W이다. 전체 화물 중량의 한계를 초과하지 않으면서 금전적 가치를 최대화하기 위한 화물 하중을 결정한다. 비록 이 문제의 다단계 특성은 명백하지 않지만 화물의 각 품목을 별개 단계로 간주하여 다단계 의사결정 문제로 표현할 수 있다.

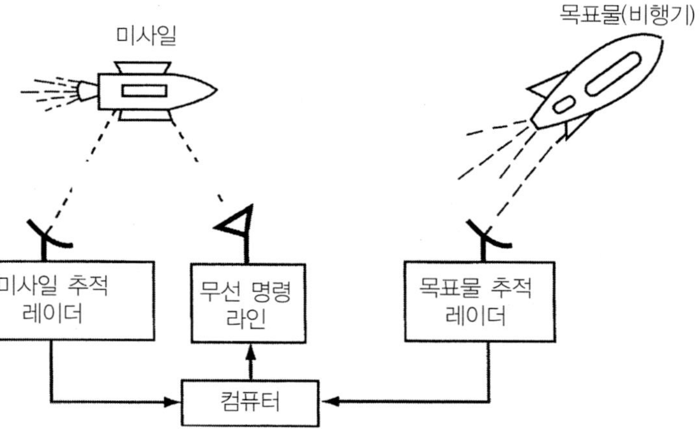

그림 9.1 이동하는 목표물을 추적하는 지상-레이더 제어 미사일

9.2.2 다단계 의사결정 과정의 표현

그림 9.2에서 사각 블록으로 표현한 일단계 의사결정 과정(다단계 문제의 한 요소)은 입력 매개변수 $\boldsymbol{S}$(또는 자료), 결정변수 $\boldsymbol{X}$, 의사결정의 결과로서 얻어진 출력을 표현하는 출력 매개변수 $\boldsymbol{T}$로 분류된다. 그리고 의사결정의 효율성과 의사결정으로 인한 출력을 측정하는 반환 목적함수 R로 구성된다. 이때 입력 매개변수들을 **입력상태변수**(input state variables)이라 하고, 출력 매개변수들은 **출력상태변수**(output state variables)라 부른다. 그림 9.2와 같은 일단계 의사결정 과정의 출력은 다음의 식으로 표기된 단계 변환함수

$$\boldsymbol{T} = t(\boldsymbol{X}, \boldsymbol{S}) \tag{9.1}$$

의 입력과 관련이 있고, 시스템의 입력 상태는 의사결정에 영향을 미치므로 반환함수는

$$R = r(\boldsymbol{X}, \boldsymbol{S}) \tag{9.2}$$

와 같이 표현할 수 있다.

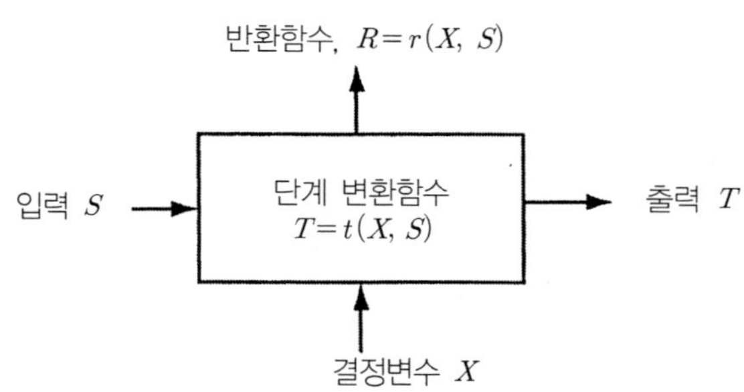

그림 9.2 일단계 의사결정 문제

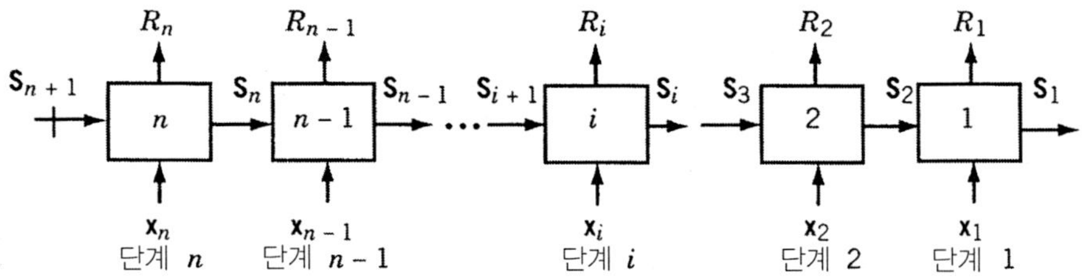

그림 9.3 다단계 의사결정 문제(초기값 문제)

그림 9.3에서는 개략적인 직렬 다단계 의사결정 과정을 보여주고 있다. 나중에 보겠지만 편의상 단계들은 n, $n-1$, ・・・, i, ・・・2, 1과 같이 감소하는 순서로 표기되고, i번째 단계의 입력 상태 벡터를 $\boldsymbol{s}_{i+1}$로 표기하며, 출력 상태 벡터를 $\boldsymbol{s}_i$로 표기한다.

시스템은 직렬이기 때문에 단계 $i+1$의 출력은 단계 i의 입력과 동일하여야 한다. 따라서 상태 변환함수와 반환함수는

$$\boldsymbol{s}_i = \boldsymbol{t}_i(\boldsymbol{s}_{i+1},\ \boldsymbol{x}_i) \qquad 9.3$$

$$R_i = r_i(\boldsymbol{s}_{i+1},\ \boldsymbol{x}_i) \qquad 9.4$$

와 같이 표현된다. 여기서 $\boldsymbol{x}_i$는 단계 i의 결정변수 벡터이다. 이때 상태 변환식 9.3을 **설계방정식**(design equations)이라 부른다.

다단계 의사결정 문제의 목적은 식 9.3과 9.4를 만족하면서 개별 단계 반환에 관한 함수[예를 들어 $f(R_1,\ R_2,\ \cdots,\ R_n)$]를 최적화하는 결정변수 벡터 $\boldsymbol{x}_1$, $\boldsymbol{x}_2$, $\cdots$, $\boldsymbol{x}_n$을 구하는 것이다. 이때 n-단계 반환함수 f의 특성에 따라 주어진 다단계 문제를 동적 계획법으로 해결 가능의 여부가 결정된다. 즉, 동적 계획법은 분해 기법으로 동작하므로 목적함수의 가분성(separability)과 단조성(monotonicity)을 필요로 한다. 목적함수의 가분성을 갖기 위해서는 목적함수를 개별 단계 반환함수들로 분해가 가능하여야 한다. 예로 실수 $\boldsymbol{x}_i$에 관한 목적함수들의 합

$$f = \sum_{i=1}^{n} R_i = \sum_{i=1}^{n} R_i(\boldsymbol{x}_i,\ \boldsymbol{s}_{i+1}) \qquad 9.5$$

은 가분성을 가지며, 비음수 실수 $\boldsymbol{x}_i$에 관한 목적함수의 곱

$$f = \prod_{i=1}^{n} R_i = \prod_{i=1}^{n} R_i(\boldsymbol{x}_i,\ \boldsymbol{s}_{i+1}) \qquad 9.6$$

또한, 가분성을 가진다. 반면에 다음의 목적함수

$$f = [R_1(x_1,\ s_2) + R_2(x_2,\ s_3)]\,[R_3(x_3,\ s_4) + R_4(x_4,\ s_5)] \tag{9.7}$$

는 분리될 수 없다. 다행히도 실제 상황에서 가분성 조건을 만족하는 많은 문제들이 있다. 한편, 다음의 관계

$$R_i(x_i = a,\ s_{i+1}) \geq R_i(x_i = b,\ s_{i+1})$$

를 만드는 모든 a와 b의 값에 대해 다음의 부등식

$$f(x_n,\ x_{n-1},\ \cdot\ \cdot\ \cdot\ ,\ x_{i+1},\ x_i = a,\ x_{i-1},\ \cdot\ \cdot\ \cdot\ ,\ x_1,\ s_{n+1}) \tag{9.8}$$
$$\geq f(x_n,\ x_{n-1},\ \cdot\ \cdot\ \cdot\ ,\ x_{i+1},\ x_i = b,\ x_{i-1},\ \cdot\ \cdot\ \cdot\ ,\ x_1,\ s_{n+1}),$$
$$i = 1,\ 2,\ \cdot\ \cdot\ \cdot\ ,\ n$$

이 만족되는 목적함수를 단조(monotonic) 함수라고 한다.

9.2.3 비직렬(nonserial) 시스템을 직렬(serial) 시스템으로 변환

직렬 시스템은 임의의 단계의 출력이 다음 단계의 입력이 되도록 단계(성분)들이 연속적으로 연결된 시스템으로 정의한다. 비직렬 시스템은 예를 들어 그림 9.4와 같이 한 대의 펌프, 급수 가열기, 보일러, 과열기, 증기 터빈, 그리고 발전기로 구성된 증기발전기와

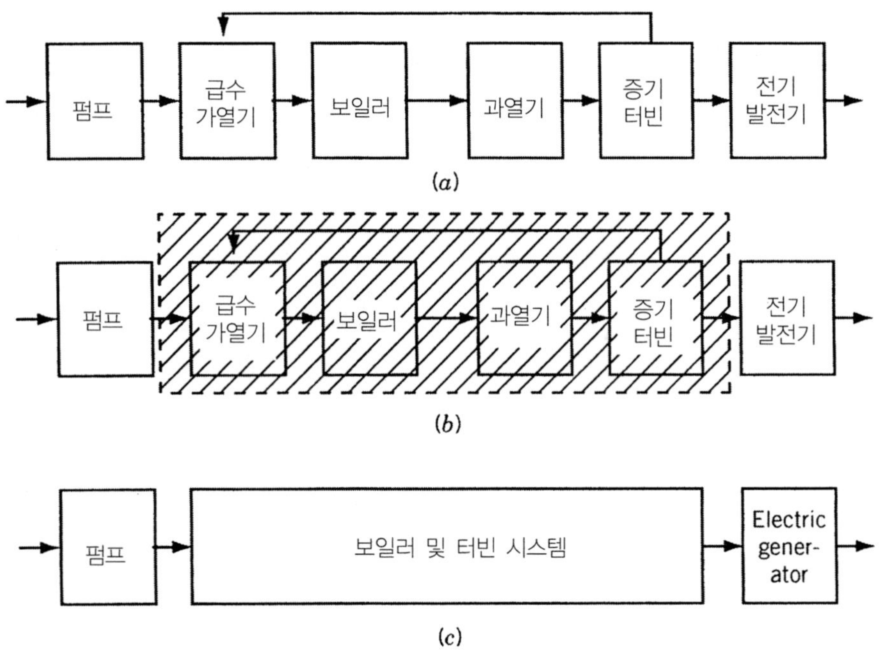

그림 9.4 비직렬 시스템의 직렬화

같다. 만일 급수를 가열하기 위해 일부 증기를 터빈으로부터 빼내면, 그림 9.4a와 같이 루프가 형성된다. 이러한 비직렬 시스템에서 루프를 그림 9.4b와 c와 같이 단일 요소로 다시 정의하도록 단계를 재편성하여 비직렬 시스템을 동치인 직렬 시스템으로 변환할 수 있다. 따라서 새로운 다단계 직렬 시스템은 3단계, 즉 오직 펌프, 보일러 및 터빈 시스템, 그리고 발전기 성분(단계)들로 구성된다. 이러한 방법으로 하나 이상의 루프를 갖는 다단계 시스템들도 동치인 직렬 시스템으로의 변환을 확장할 수 있다.

9.2.4 다단계 의사결정 문제의 분류

직렬 다단계 의사결정 문제는 다음의 세 가지의 범주로 분류할 수 있다.

1. **초기 수치문제(Initial value problem)** 초기의 상태변수 값 s_{n+1}이 사전에 설정되는 문제를 초기 수치문제라고 한다.
2. **최종 수치문제(Final value problem)** 마지막 상태변수 값 s_1이 사전에 설정되는 문제를 최종 수치문제라 부른다. $s_i(i=1, 2, \cdot\cdot\cdot, n+1)$의 방향을 거꾸로 하여 최종수치문제를 초기수치문제로 변형할 수 있다. 이에 대한 상세한 내용은 9.7절에서 기술한다.
3. **경계 수치문제(Boundary value problem)** 입력변수와 출력변수들의 모든 값이 명시되는 문제를 경계 수치문제라 부른다. 그림 9.5는 위의 세 가지 형식의 문제들을 개략적으로 보여주고 있으며, 여기서 사전 설정된 상태변수를 나타내기 위해 기호 ⟶ 를 사용하였다.

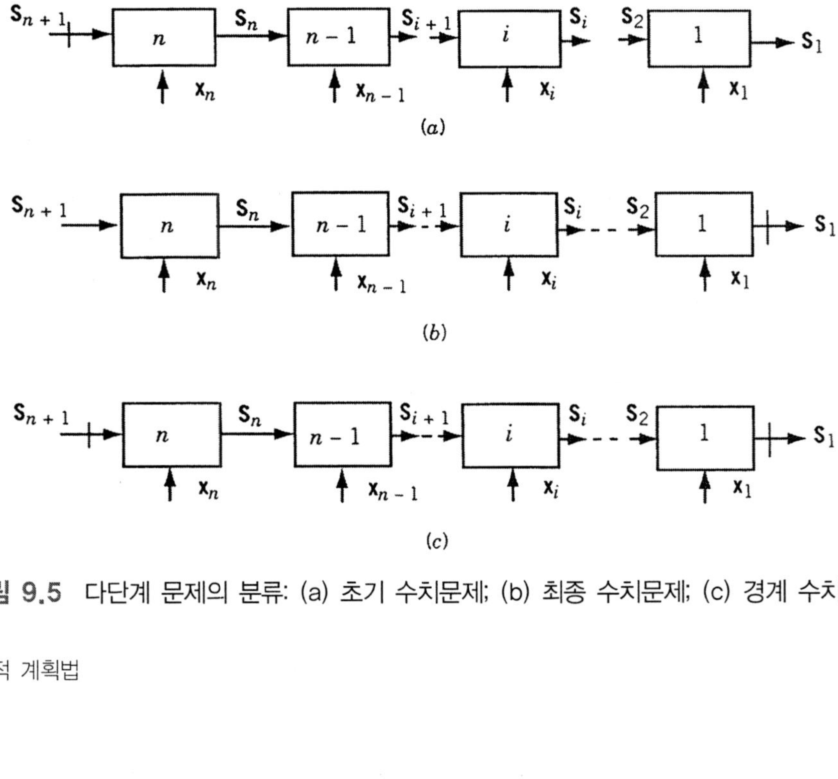

그림 9.5 다단계 문제의 분류: (a) 초기 수치문제; (b) 최종 수치문제; (c) 경계 수치문제

9.3 부분최적화(Suboptimization)와 최적원칙의 개념

동적 계획 문제는 다음의 목적함수

$$f(x_1,\ x_2,\ \cdot\ \cdot\ \cdot\ ,\ x_n) = \sum_{i=1}^{n} R_i = \sum_{i=1}^{n} r_i(s_{i+1},\ x_i)$$

가 제약조건(설계 방정식)

$$s_i = t_i(s_{i+1},\ x_i), \qquad i = 1, 2, \cdot\ \cdot\ \cdot\ , n$$

을 만족하는 범위에서 최적값을 갖는 최적해 $x_1,\ x_2, \cdot\ \cdot\ \cdot\ ,\ x_n$를 구하는 문제이다. 동적 계획법은 위의 문제를 해결하는데 부분최적화의 개념과 최적의 원칙을 이용한다. 부분최적화의 개념과 최적원칙은 다음 초기 수치문제의 예제를 통해 설명한다.

예제 9.1

그림 9.6a와 같은 물탱크의 설계에서 부분최적화의 개념을 설명하라. 탱크 용량은 100,000리터의 물을 수용할 수 있어야 하고 최소 비용으로 설계하고자 한다.

[풀이] 단일 시스템처럼 전체 시스템을 최적화하려고 시도하는 대신 시스템을 최적화가 가능한 단계별로 세분하여 개별적으로 최적화하는 것이 바람직하다. 이러한 세분화와 단

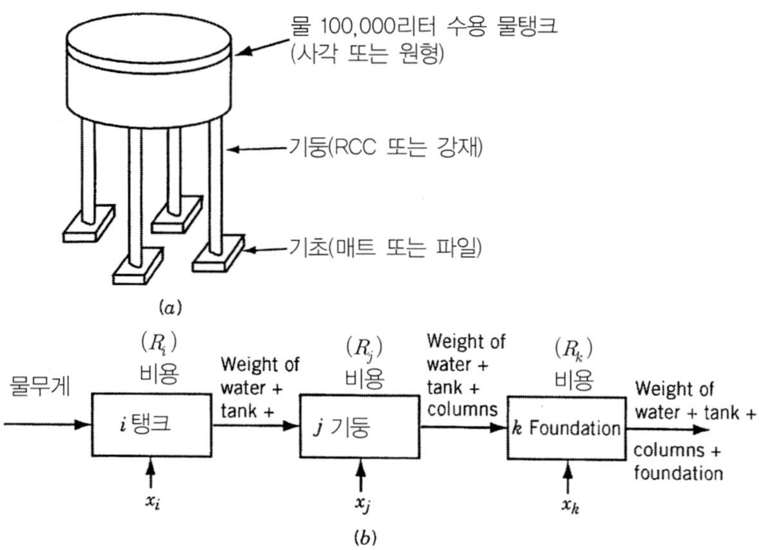

그림 9.6 물탱크 시스템

계별 최적화에는 논리적인 절차가 필요하다. 그렇지 않으면 정확하지 못한 해를 얻게 되기 때문이다. 예를 들어 시스템을 세 개의 성분[성분 i(탱크), 성분 j(기둥), 성분 k(기초)]으로 세분하고, 다른 성분들은 고려하지 않고 성분 j(기둥)만의 부분최적화를 고려해 보자. 기둥성분 j의 최소 비용 설계에서 만일 강재의 비용이 매우 높으면 강재 보강 없는 강력 콘크리트 기둥으로 설계할 수 있으나 기초가 기둥들의 전체 중량을 부담하여야 하므로 기초가 과도하게 고가가 되는 결과를 초래할 수 있다. 따라서 성분 j의 부분최적화는 다음 성분 k에 악영향을 미치는 것을 보여준다. 따라서 이 예제에서 임의 내부 성분의 설계가 전체 후속적인 성분들의 설계에 영향을 미친다는 것이다. 즉, 후속적인 성분들에 미치는 영향을 고려하지 않고 부분최적화를 할 수는 없다. 그러므로 합리적인 최적화 전략으로 다음의 부분최적화의 모드를 채택한다. 즉, 직렬 시스템 내 최종 성분은 다른 성분에 영향을 미치지 않으므로 최종 성분은 독립적으로 부분최적화할 수 있다. 또한 최종 두 성분을 단일(큰) 성분으로 고려하면 후속되는 성분이 없으므로 악영향을 미치지 않고 부분최적화할 수 있다. 그림 9.7에서 보는 바와 같이 이러한 과정을 계속하며 임의 개수의 최종 성분을 단일(큰) 최종 성분으로 그룹을 형성하여 부분최적화한다. 역 순서로 부분최

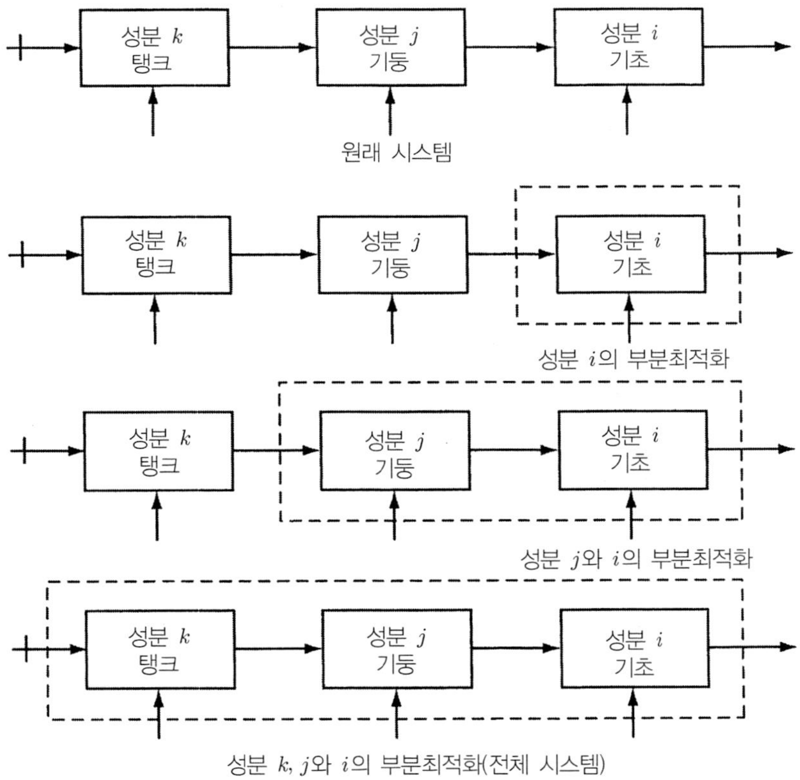

그림 9.7 부분최적화(최적원칙)

적화를 수행하므로 시스템의 성분들도 그림 9.3과 같이 번호가 거꾸로 나열된다. 부분최적화 과정은 벨만[9.2]에 의해 다음의 최적원칙(principle of optimality)으로 언급되었다.

최적 정책(또는 의사결정 집합)의 특성은 초기 상태 및 초기 결정과 관계없이 나머지 의사결정은 반드시 첫 번째 결정에서 나온 상태와 관련된 최적 정책을 성립해야 한다는 것이다.

재귀 관계(recurrence relationship) 상태변수와 결정변수의 관계식을 제약조건으로 하고, 개별 단계 반환함수의 합으로 주어진 n-단계 목적함수 f의 제약 최소화 문제

$$Min \quad f = R_n(x_n,\ s_{n+1}) + R_{n-1}(x_{n-1},\ s_n) + \cdot \cdot \cdot + R_1(x_1,\ s_2) \qquad 9.9$$

subject to

$$s_i = t_i(s_{i+1},\ x_i) \quad i = 1, 2, \cdot \cdot \cdot, n \qquad 9.10$$

에서 최종 단계 $i = 1$에 시작하는 첫 번째 부분문제를 생각해보자. 만일 이 단계의 입력 s_2가 명시되면 최적원칙에 따라 R_1을 최적화하는 x_1을 선택해야 한다. 즉, 다른 단계들에 무슨 일이 발생하는지와 관계없이 $R_1(x_1,\ s_2)$가 입력 s_2에 대한 최적이 되도록 반드시 x_1을 선택하여야 한다. 따라서 그 최적값을 f_1^*으로 표기하면 다음과 같다.

$$f_1^*(s_2) = \underset{x_1}{opt}\left[R_1(x_1,\ s_2)\right] \qquad 9.11$$

이와 같이 한 번 입력 상태 s_2가 명시되면 R_1, x_1, s_1 수치가 완벽하게 정의되므로 이를 **일단계 정책**(one-stage policy)이라 부른다. 따라서 식 9.11은 입력 매개변수 s_2의 함수의 최적값 f_1^*을 제공하는 매개변수 방정식(parametric equation)이다.

다음은 최종 두 단계들을 함께 편성한 두 번째 부분문제를 보자. 만일 명시된 입력 s_3의 값에 대한 두 번째 부분문제의 최적의 목적함수 값을 f_2^*로 표기하면 다음과 같다.

$$f_2^*(s_3) = \underset{x_2, x_1}{opt}\left[R_2(x_2,\ s_3) + R_1(x_1,\ s_2)\right] \qquad 9.12$$

최적원칙에 따라 s_2가 주어질 때 R_1을 최적화하는 x_1을 선택해야 하고, x_2와 s_3가 결정될 때 s_2를 얻을 수 있으므로 식 9.12를 다음과 같이 표현할 수 있다.

$$f_2^*(s_3) = \underset{x_2}{opt}\left[R_2(x_2,\ s_3) + f^*(s_2)\right] \qquad 9.13$$

따라서 $f_2{}^*$는 **2-단계 부분문제**(two-stage subproblem)에 대한 최적 정책을 나타낸다. 위의 식에서 최적원칙으로 인해 문제의 차원이 2(식 9.12)에서 1(식 9.13)로 감소된 것을

알 수 있다. 식 9.10을 사용하여 식 9.13을 다음과 같이 재작성하면 이러한 사실이 더욱 명백해진다.

$$f_2^*(s_3) = \underset{x_2}{opt}\left[R_2(x_2,\ s_3) + f_1^*\{t_2(x_2,\ s_3)\}\right] \tag{9.14}$$

즉, 상기 식에서 입력 s_3가 명시된 경우에 최적값은 오직 결정변수 x_2에 의해 결정되는 것을 알 수 있다. 따라서 식 9.12의 변수 x_1과 x_2에 관한 최적화 문제는 식 9.11과 9.13와 같이 정의된 두 개의 부분문제들로 축소하여 최적값 f_2^*를 구할 수 있다. 이때 각 부분문제의 최적화는 오직 하나의 결정변수만을 포함하므로 일반적으로 훨씬 쉽다.

이러한 개념을 일반화할 때 i번째 부분문제는

$$f_i^*(s_{i+1}) = \underset{x_i, x_{i-1}, \cdots, x_1}{opt}\left[R_i(x_i,\ s_{i+1}) + R_{i-1}(x_{i-1},\ s_i) + \cdot\cdot\cdot + R_1(x_1,\ s_2)\right] \tag{9.15}$$

와 같이 정의되고 또 위의 식은 다음과 같이 쓸 수 있다.

$$f_i^*(s_{i+1}) = \underset{x_i}{opt}\left[R_i(x_i,\ s_{i+1}) + f_{i-1}^*(s_i)\right] \tag{9.16}$$

위에서 f_{i-1}^*는 최종 $i-1$ 단계들에 상응하는 목적함수의 최적값을 나타내고, s_i는 단계 $i-1$의 입력값이다. 식 9.15과 같은 원래 문제는 입력 s_{i+1}이 주어질 때 i개의 결정변수 $x_1,\ x_2,\ \cdot\cdot\cdot,\ x_i$에 관한 $f_i = \sum_{k=1}^{i} R_k$의 최적값을 동시에 결정해야 하지만 최적원칙을 사용하여 이 문제를 i개의 별개 문제들로 분해하면 각 부분 문제는 오직 하나의 결정변수만을 포함하게 된다. 따라서 식 9.16은 $i = 2,\ 3,\ \cdot\cdot\cdot,\ n$에 대한 재귀 관계식이다.

9.4 동적 계획법의 연산 절차

본 절에서는 9.3절에서 유도한 재귀 관계식을 실제 연산에서는 어떻게 사용하는지 알아보자[9.10]. 앞에서 언급한 바와 같이 동적 계획법은 번호가 1인 최종 성분을 부분최적화하며 시작한다. 즉,

$$f_1{}^*(s_2) = \underset{x_1}{opt}\left[R_1(x_1,\ s_2)\right] \tag{9.17}$$

이다. 위에서 반환(또는 목적)함수 R_1이 최적값을 갖는 결정변수 x_1의 최적해를 x_1^*이라 하고 그때의 함수 최적값을 f_1^*로 표기하자. 이때 x_1^*과 f_1^* 모두는 성분 1이 앞의 성분에서 받은 입력 s_2의 상황에 따라 결정된다. 이 s_2는 앞의 성분들이 최적화된 후 결정되어 이

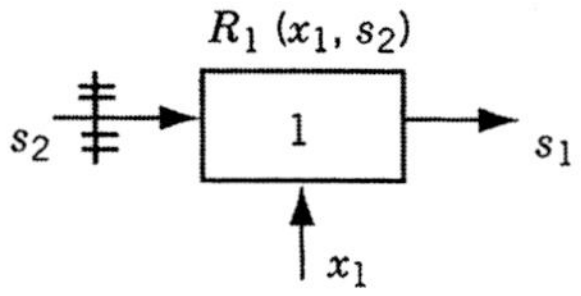

(a)

s_2	x_1^*	f_1^*	s_1
–	–	–	–
–	–	–	–
–	–	–	–
–	–	–	–

(b) 단계 1의 요약

그림 9.8 입력 상태변수 s_2의 다양한 설정에 대한 성분 1의 부분최적화

시점에 알 수 없으므로 s_2의 가능한 값의 범위에서 이 최종 단계 부분최적화 문제를 해결하고 결과들은 그래프 또는 표로 입력된다. 이 그래프 또는 표는 단계(성분) 1의 부분최적화의 결과들을 완벽하게 요약하여 포함한다. 어떤 경우에는 f_1^*를 s_2의 함수로 표현할 수도 있다. 컴퓨터로 계산한다면 부분최적화의 결과는 표의 형태로 저장되며, 그림 9.8은 단계 1의 부분최적화로부터 얻은 결과들이 입력된 전형적인 표와 같다.

다음은 직렬 시스템에 이동하여 최종 두 성분을 포함하는 2-단계 부분최적화

$$f_2^*(s_3) = \underset{x_2,\, x_1}{opt}\left[R_2(x_2,\ s_3) + R_1(x_1,\ s_2)\right] \qquad 9.18$$

를 수행한다. 이때 성분 1에 대한 모든 정보는 f_1^*에 상응하는 표에 이미 인코드 되어 식 9.18의 R_1을 이 정보로 대체할 수 있으므로 다음과 같이 표현할 수 있다.

$$f_2^*(s_3) = \underset{x_2}{opt}\left[R_2(x_2,\ s_3) + f_1^*(s_2)\right] \qquad 9.19$$

따라서 고려하여야 할 변수의 수는 두 개(x_1과 x_2)로부터 하나(x_1)로 감소되었다. 이제 s_3의 가능한 값들에서 $[R_2 + f_1^*(s_2)]$을 최적화하는 x_2^*를 구한다. 그림 9.9에서 보는 것과 같이 이 부분최적화의 결과(다른 s_3에 대한 x_2^*와 f_2^*)들이 표에 입력된다.

$i-1$개의 최종 성분을 포함한 부분최적화를 수행했다면 다음은 i개의 최종 성분을 포함한 부분최적화, 즉

$$f_i^*(s_{i+1}) = \underset{x_i, x_{i-1}, \cdots, x_1}{opt}\left[R_i + R_{i-1} + \cdot\ \cdot\ \cdot + R_1\right] \qquad 9.20$$

를 수행하여 최적해를 구해야 하지만 앞에서 언급한 바와 같이 $i-1$개의 최종 성분의 부분최적화와 관련된 모든 정보는 알고 있고 f^*_{i-1}에 상응하는 표에 입력되어 있으므로 식 9.20에 이 정보들을 대입하여 다음 결과를 얻을 수 있다.

$$f_i^*(s_{i+1}) = \underset{x_i}{opt}\left[R_i(x_i,\ s_{i+1}) + f_{i-1}^*(s_i)\right] \qquad 9.21$$

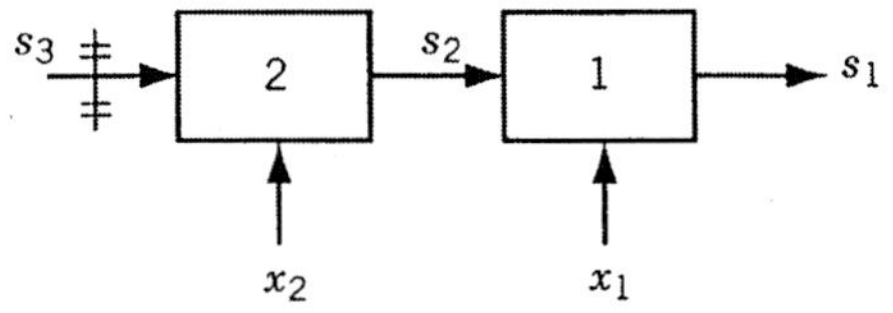

$$\underset{x_2}{\text{Opt}}\left\{R_2+f_1^*(s_2)\right\}=f_2^*(s_3)$$

(a)

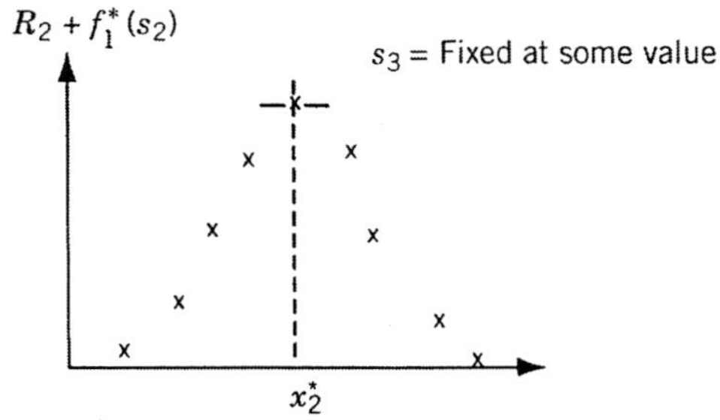

설정된 s_3에 따라 그래프를 그리고, 다음의 표를 만든다.

s_3	x_2^*	f_2^*	s_2
—	—	—	—
—	—	—	—
—	—	—	—
—	—	—	—
—	—	—	—

(b) 단계 2와 1의 요약

그림 9.9 s_3의 여러 입력 상태변수에 따른 성분 1과 2의 부분최적화

또한, 위의 식에서 x_i와 s_i 의 관계식 $s_i = t_i(s_{i+1},\ x_i)$을 대입하면 i-단계 부분최적화의 변수 차원은 1로 감소된다. 앞에서와 같이 s_{i+1} 의 가능한 각 값에 대해 $[R_i + f^*_{i-1}]$를 최적화하는 x_i^*를 구한다. 각 s_{i+1} 값에 대한 x_i^* 값과 f_i^*의 값을 보여주는 표는 그림 9.10과 같이 작성된다.

단계 n에 도달할 때까지 위의 부분최적화 절차를 계속한다. 이 단계에서는 오직 주어진 초기 s_{n+1} 값 하나만(초기 수치 문제에 대해서는) 고려되며, 그때 n 성분들의 최적화로부터 문제가 완전히 해결된다.

이제 마지막으로 하여야 할 일은 시스템의 전체 해 $x_i^*(i = 1, 2, \cdot\cdot\cdot, n)$를 구하기 위해 이미 생성된 표를 통해 단계들을 역추적하는 것인데 그 방법은 다음과 같다. 우선 n

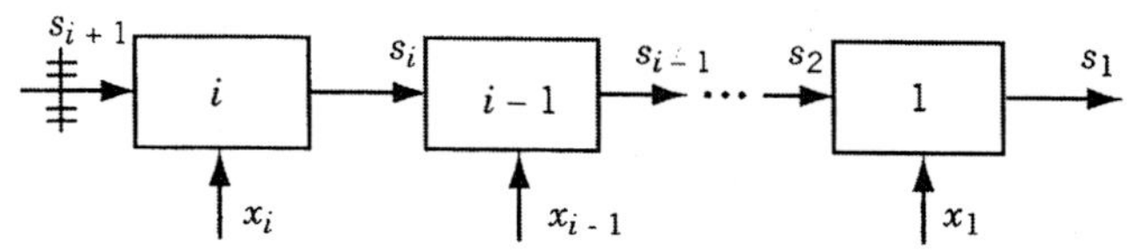

$$\underset{x_i}{\text{Opt}} \left[R_i + f^*_{i-1}(s_i)\right] = f^*_i(s_{i+1})$$

설정된 s_{i+1}에 따라 그래프를 그리고,

(*a*)

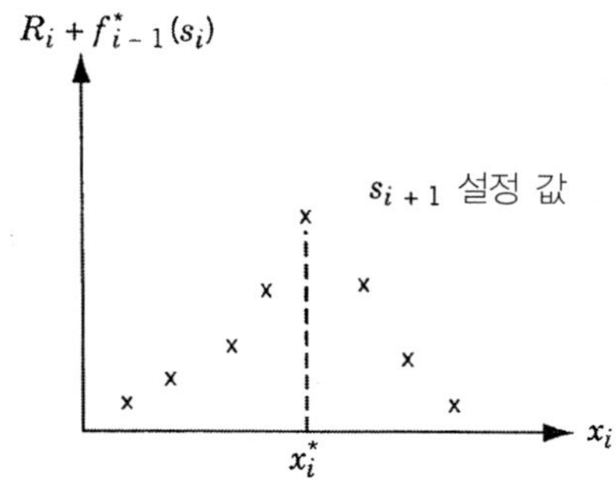

다음의 표를 만든다.

s_{i+1}	x_i^*	f_i^*	s_i
—	—	—	—
—	—	—	—
—	—	—	—

(*b*) 단계 i, $i-1$, ..., 2, 1의 요약

그림 9.10 입력 상태변수 s_{i+1}의 여러 값에 대한 성분 1,2, . . . , i의 부분최적화

번째 부분최적화에서 주어진 s_{n+1}값에 대해(초기 수치 문제의 경우) x_n^*과 f_n^*를 얻는다. 또한 $n-1$번째 단계에서 입력될 s_n^*는 알고 있는 설계방정식 $s_n = t_n(s_{n+1},\ x_n^*)$으로부터 구하면 된다. 또 작성된 $f_{n-1}^*(s_n)$에 대한 표의 결과로부터 s_n^*에 상응하는 최적값 f_{n-1}^*과 x_{n-1}^*를 바로 얻을 수 있다. 또 다시 $n-2$번째 단계에 입력될 s_{n-1}^*는 설계 방정식 $s_{n-1} = t_{n-1}(s_n,\ x_{n-1}^*)$에서 구한다. 앞에서와 같이 작성된 $f_{n-2}^*(s_{n-1})$에 대한 표의 결과로부터 s_{n-1}^*에 상응하는 최적값 f_{n-2}^*과 x_{n-2}^*를 쉽게 얻을 수 있다. s_2^*에 상응하는 최적 수치 f_1^*과 x_1^*을 구할 때까지 이 절차를 계속한다. 따라서 원래 문제의 최적해 벡터는 $(x_1^*, x_2^*, \cdots, x_n^*)^T$이 되고, 그때의 목적함수의 최적값은 $f_n{}^*$이 된다.

9.5 계산 방법 설명의 예제

예제 9.2

그림 9.11과 같은 4-바 트러스는 조인트 A에서 2×10^5 lb의 수직하중을 받고, 수직 처짐이 0.5인치가 되도록 하며, 전체 트러스의 중량을 최소화하는 멤버들의 단면적을 결정하라. 단위 중량은 0.01 lb/in^3, 영계수를 20×10^6 psi로 가정하라.

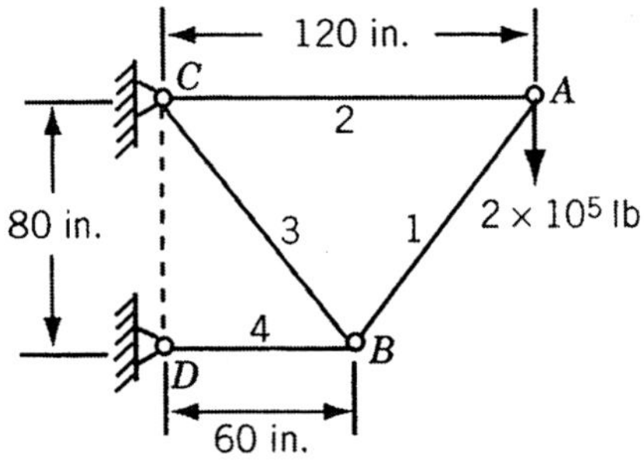

그림 9.11 4-바 트러스

[풀이] 멤버 $i(i=1,\ 2,\ 3,\ 4)$의 단면적을 x_i로 표기하자. 그림 9.11에서 멤버의 길이는

$$l_1 = l_3 = 100\,\text{in},\ \ l_2 = 120\,\text{in},\ \ l_4 = 60\,\text{in}$$

이고, 이때의 트러스 중량은 다음과 같이 주어진다.

$$f(x_1,\ x_2,\ x_3,\ x_4) = 0.01(100x_1 + 120x_2 + 100x_3 + 60x_4) \qquad \text{E.1}$$

$$= x_1 + 1.2x_2 + x_3 + 0.6x_4$$

구조해석[9.5]으로부터 조인트 A에 작용하는 단위 하중에 기인한 멤버 i에 형성된 힘 p_i, 멤버 i의 변형 d_i, 그리고 A의 수직 처짐에 대한 멤버 i의 영향 $\delta_i = p_i d_i$는 다음 표와 같다.

멤버 i	p_i	$d_i = \frac{(\text{응력})l_i}{E} = \frac{Pp_il_i}{x_iE}(\text{in})$	$\delta_i = p_i d_i(\text{in})$
1	−1.25	$-1.25/x_1$	$1.5625/x_1$
2	0.75	$0.9/x_2$	$0.6750/x_2$
3	1.25	$1.25/x_3$	$1.5625/x_3$
4	−1.50	$-0.9/x_4$	$1.3500/x_4$

또한, 조인트 A의 수직 처짐은

$$d_A = \sum_{i=1}^{4} \delta_i = \frac{1.5625}{x_1} + \frac{0.6750}{x_2} + \frac{1.5625}{x_3} + \frac{1.3500}{x_4} \quad \text{E.2}$$

와 같다. 따라서 주어진 최적화 문제는

$$Min \qquad f(\boldsymbol{X}) = x_1 + 1.2x_2 + x_3 + 0.6x_4$$

subject to

$$\frac{1.5625}{x_1} + \frac{0.6750}{x_2} + \frac{1.5625}{x_3} + \frac{1.3500}{x_4} = 0.5 \quad \text{E.3}$$

$$x_1 \geq 0, \quad x_2 \geq 0, \quad x_3 \geq 0, \quad x_4 \geq 0$$

로 표현된다. 조인트 A의 수직 처짐은 여러 멤버들이 미치는 영향의 합이므로 0.5인치 처짐을 여러 x_i에 할당되는 처짐(자원)으로 간주하고, 그림 9.12에서와 같이 문제를 다단계 의사결정 문제로 표현할 수 있다.

첫 번째 멤버(단계 1)에 할당 가능한 처짐(자원)을 s_2, 첫 번째 멤버에 기인한 처점 영향을 δ_1, 그리고 첫 번째 멤버의 최소 중량을 $f_1^*(s_2)$로 표기하면

$$f_1{}^*(s_2) = min[R_1 = x_1] = \frac{1.5625}{s_2} \quad \text{E.4}$$

이고, $\delta_1 = s_2$이므로

$$\delta_1 = \frac{1.5625}{x_1}, \qquad x_1 \geq 0$$

이다. 따라서

$$x_1{}^* = \frac{1.5625}{s_2} \quad \text{E.5}$$

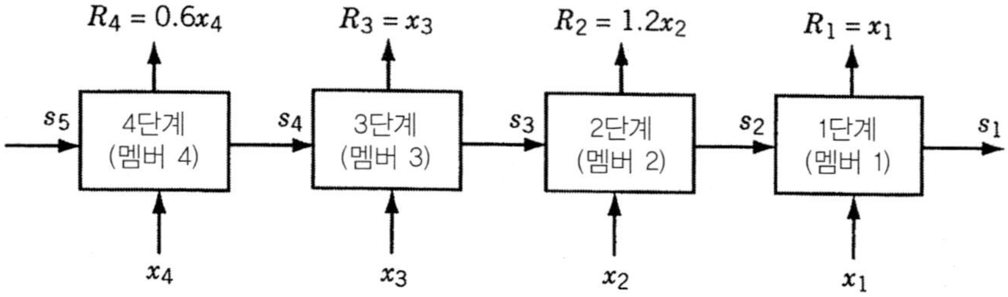

그림 9.12 예제 9.2의 4-단계 의사결정 문제

와 같다.

또한, 처음 두 개 멤버에 할당 가능한 처짐(자원)을 s_3, 두 번째 멤버에 기인한 처짐 영향을 δ_2, 그리고 처음 두 멤버의 최소 중량을 $f_2{}^*(s_3)$로 표기하자. 이제 식 9.16의 재귀 관계식은

$$f_2{}^*(s_3) = \min_{x_2 \geq 0}[R_2 + f_1{}^*(s_2)] \qquad \text{E.6}$$

이다. 이때 s_2는 단계 2에 할당한 후의 유용한 자원을 나타내며 다음 식으로 주어진다.

$$s_2 = s_3 - \delta_2 = s_3 - \frac{0.6750}{x_2}$$

따라서 식 E.4에 위의 식을 대입하면

$$f_1{}^*(s_2) = f_1{}^*\left(s_3 - \frac{0.6750}{x_2}\right) = \left[1.5625/\left(s_3 - \frac{0.6750}{x_2}\right)\right] \qquad \text{E.7}$$

이며, E.6은 다음과 같이 된다.

$$f_2{}^*(s_3) = \min_{x_2 \geq 0}\left[1.2x_2 + \frac{1.5625}{s_3 - 0.6750/x_2}\right] \qquad \text{E.8}$$

이제 다음의 목적함수

$$F(s_3,\ x_2) = 1.2x_2 + \frac{1.5625}{s_3 - 0.6750/x_2} = 1.2x_2 + \frac{1.5625x_2}{s_3x_2 - 0.6750}$$

에서 s_3에 임의값이 주어지면 F의 최소점은

$$\frac{\partial F}{\partial x_2} = 1.2 - \frac{(1.5625)(0.6750)}{(s_3x_2 - 0.6750)^2} = 0 \qquad \text{E.9}$$

으로부터

$$x_2^* = \frac{1.6124}{s_3}$$

$$f_2^*(s_3) = 1.2x_2^* + \frac{1.5625}{s_3 - 0.6750/x_2^*} = \frac{1.9349}{s_3} + \frac{2.6875}{s_3} = \frac{4.6225}{s_3} \qquad \text{E.10}$$

이 된다.

다음으로 처음 세 개 멤버에 할당 가능한 처짐(자원)을 s_4, 세 번째 멤버에 기인한 처

짐 영향을 δ_3, 그리고 처음 세 멤버들의 최소 중량을 $f_3{}^*(s_4)$로 표기하자. 식 9.16의 재귀 관계식

$$f_3{}^*(s_4) = \min_{x_3 \geq 0}\left[x_3 + f_2^*(s_3)\right] \qquad \text{E.11}$$

에서 s_3는 단계 3에 할당한 후 유용한 자원을 나타내며 다음과 같이 주어진다.

$$s_3 = s_4 - \delta_3 = s_4 - \frac{1.5625}{x_3}$$

따라서 식 E.10에 상기 식을 대입하면

$$f_2^*(s_3) = \frac{4.6225}{s_4 - 1.5625/x_3} \qquad \text{E.12}$$

이므로 식 E.11은

$$f_3{}^*(s_4) = \min_{x_3 \geq 0}\left[x_3 + \frac{4.6225x_3}{s_4x_3 - 1.5625}\right] \qquad \text{E.13}$$

와 같다. 이제 목적함수

$$F(s_4,\ x_3) = x_3 + \frac{4.6225x_3}{s_4x_3 - 1.5625} \qquad \text{E.14}$$

에서 s_4에 임의값이 주어지면 F의 최소점은

$$\frac{\partial F}{\partial x_3} = 1.0 - \frac{(4.6225)(1.5625)}{(s_4x_3 - 1.5625)^2} = 0 \qquad \text{E.15}$$

로부터

$$x_3^* = \frac{4.2500}{s_4}$$

$$f_3^*(s_4) = x_3^* + \frac{4.6225x_3{}^*}{s_4x_3^* - 1.5625} = \frac{4.250}{s_4} + \frac{7.310}{s_4} = \frac{11.560}{s_4} \qquad \text{E.16}$$

와 같다.

최종적으로 처음 네 개 멤버에 할당 가능한 처짐(자원)을 s_5, 네 번째 멤버에 기인한 처짐 영향을 δ_4, 그리고 처음 4개 멤버들의 최소 중량을 $f_4{}^*(s_5)$로 표기하자. 그러면 식

9.16의 재귀식

$$f_4^*(s_5) = \min_{x_4 \geq 0} [0.6x_4 + f_3{}^*(s_4)] \qquad \text{E.17}$$

에서 s_4는 네 번째 멤버에 할당한 후 유용한 자원을 나타내며 다음과 같다.

$$s_4 = s_5 - \delta_4 = s_5 - \frac{1.3500}{x_4} \qquad \text{E.18}$$

따라서 식 E.16, 식 E.17과 E.18로 부터

$$f_4^*(s_5) = \min_{x_4 \geq 0} \left[0.6x_4 + \frac{11.5596}{s_5 - 1.3500/x_4} \right] \qquad \text{E.19}$$

과 같으므로 목적함수

$$F(s_5,\ x_4) = 0.6x_4 + \frac{11.5596}{s_5 - 1.3500/x_4}$$

에서 s_5에 임의값이 주어지면 F의 최소점은

$$\frac{\partial F}{\partial x_4} = 0.6 - \frac{(11.560)(1.3500)}{(s_5 x_4 - 1.3500)^2} = 0 \qquad \text{E.20}$$

로부터

$$x_4^* = \frac{6.45}{s_5}$$

$$f_4^*(s_5) = 0.6x_4^* + \frac{11.560}{s_5 - 1.3500/x_4^*} = \frac{3.870}{s_5} + \frac{14.620}{s_5} = \frac{18.49}{s_5} \qquad \text{E.21}$$

이 된다. 한편, $s_5 = 0.5$ in로 지정되어 있으므로 식 E.21로부터 다음과 같이 구조물의 최소 중량을 계산할 수 있다.

$$f_4^*(s_5 = 0.5) = \frac{20.356}{0.5} = 40.712\,\text{lb} \qquad \text{E.22}$$

위와 같이 목적함수의 최적값을 구하면 설계변수의 최적값은 식 E.20, E.15, E.9, 그리고 E.5로부터

$$x_4^* = \frac{6.45}{s_5} = \frac{6.45}{0.5} = 12.88\,\text{in}^2$$

$$s_4 = s_5 - \frac{1.3500}{x_4^*} = 0.5 - 0.105 = 0.395\,\text{in}$$

$$x_3^* = \frac{4.2445}{s_4} = 10.73\,\text{in}^2$$

$$s_3 = s_4 - \frac{1.5625}{x_3^*} = 0.3950 - 0.1456 = 0.250\,\text{in}$$

$$x_2^* = \frac{1.6125}{s_3} = 6.45\,\text{in}^2$$

$$s_2 = s_3 - \frac{0.6750}{x_2^*} = 0.250 - 0.1042 = 0.1453\,\text{in}$$

$$x_1{}^* = \frac{1.5625}{s_2} = 10.75\,\text{in}^2$$

와 같다. ■

9.6 표 해결 방법의 예제

예제 9.3

물 100,000리터를 저장하기 위한 가장 경제적인 보강 시멘트 콘크리트(RCC) 탱크를 설계한다. 구조 시스템은 한 기의 탱크, 네 개의 기둥(높이는 각각 10 m), 그리고 모든 하중을 지반으로 전달하는 기초로 구성된다[9.10]. 설계할 때는 7가지 탱크, 3가지 기둥, 그리고 3가지 기초 종류 중에서 가장 적합한 탱크, 기둥, 그리고 기초를 선정한다. 이러한 다양한 종류의 탱크, 기둥 그리고 기초에 대한 데이터는 표 9.1, 9.2, 그리고 9.3과 같다.

표 9.1 성분 3(탱크)

탱크 형식	탱크에 작용하는 하중 s_4(kgf)	탱크비용 R_3($)	성분(탱크) 자중(kgf)	$s_3 = s_4 +$ 자중 (kgf)
(a) 실린더 RCC 탱크	100,000	5,000	45,000	145,000
(b) 구형 RCC 탱크	100,000	8,000	30,000	130,000
(c) 사각 RCC 탱크	100,000	6,000	25,000	125,000
(d) 실린더 강 탱크	100,000	9,000	15,000	115,000

표 9.1 성분 3(탱크)(계속)

탱크 형식	탱크에 작용하는 하중 s_4(kgf)	탱크비용 R_3($)	성분(탱크) 자중(kgf)	$s_3 = s_4 +$자중 (kgf)
(e) 구형 강 탱크	100,000	15,000	5,000	105,000
(f) 사각형 강 탱크	100,000	12,000	10,000	110,000
(g) 반 구형 RCC 돔을 갖는 실린더 RCC 탱크	100,000	10,000	15,000	115,000

표 9.2 성분 2(기둥)

기둥 종류	기둥에 작용하는 하중 s_3(kg$_f$)	기둥 비용 R_2($)	성분(기둥) 자중(kg$_f$)	$s_2 = s_3 +$자중 (kg$_f$)
(a) RCC 기둥	150,000	6,000	70,000	220,000
	130,000	5,000	50,000	180,000
	110,000	4,000	40,000	150,000
	100,000	3,000	40,000	140,000
(b) 콘크리트 기둥	150,000	8,000	60,000	210,000
	130,000	6,000	50,000	180,000
	110,000	4,000	30,000	140,000
	100,000	3,000	15,000	115,000
(c) 강 기둥	150,000	15,000	30,000	180,000
	130,000	10,000	20,000	150,000
	110,000	9,000	15,000	125,000
	100,000	8,000	10,000	110,000

표 9.3 성분 3(기초)

기초 종류	기초에 작용하는 하중 s_2(kg$_f$)	기초비용 R_1($)	성분(기초) 자중(kg$_f$)	$s_2 = s_3 +$자중 (kg$_f$)
(a) Mat 기초	220,000	5,000	60,000	280,000
	200,000	4,000	45,000	245,000
	180,000	3,000	35,000	215,000
	140,000	2,500	25,000	165,000
	100,000	500	20,000	120,000
(b) 콘크리트 파일 기초	220,000	3,500	55,000	275,000
	200,000	3,000	40,000	240,000
	180,000	2,500	30,000	210,000
	140,000	1,500	20,000	160,000
	100,000	1,000	15,000	115,000
(c) 강 파일 기초	220,000	3,000	10,000	230,000
	200,000	2,500	9,000	209,000
	180,000	2,000	8,000	188,000
	140,000	2,000	6,000	146,000
	100,000	1,500	5,000	105,000

[풀이]

그림 9.13과 같이 구조 시스템을 다단계 의사결정 과정으로 표현할 수 있다. 결정변수 x_1, x_2, x_3는 시스템 내 사용되는 기초, 기둥, 그리고 탱크 종류를 표현한다. 따라서 변수 x_1은 기초의 종류(mat, 콘크리트 파일, 그리고 강 파일)에 각각 상응하는 3개의 이산 수치를 취하고, 변수 x_2는 기둥의 종류(RCC, 콘크리트, 그리고 강 기둥)에 각각 상응하는 3개의 값이 되며, 변수 x_3는 표 9.1에 열거된 탱크의 종류에 각각 상응하는 7개의 값을 취할 수 있다.

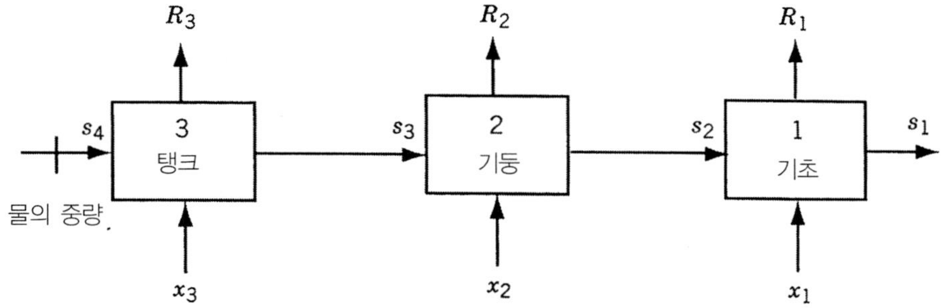

그림 9.13 3단계 의사결정 문제로 표현된 예제 9.3

입력 부하, 즉 물의 중량은 100,000 kg$_f$이므로 s_4는 고정되고, 문제를 초기값 문제로 생각할 수 있다. 또한, 다양한 재질의 설계 및 구조해석 이론으로부터 유도된 다음의 설계 방정식

$$s_i = t_i(x_i,\ s_{i+1})$$

이 표 9.1부터 9.3(이 값들은 오직 설명을 위해 주어짐)에서처럼 다양한 시스템 성분들에 대한 정보를 제공한다고 가정한다.

단계 1의 부분최적화(성분 1)

단계 1에서 부분최적화를 위해 그림 9.14a와 같이 성분 1을 분리하고 명시된 입력 상태 s_2에 대해 이 성분의 비용 $R_1(x_1,\ s_2)$를 최소화하여 $f_1{}^*(s_2)$를 얻는다. 즉,

$$f_1^*(s_2) = \min_{x_1} \left[R_1(x_1,\ s_2) \right]$$

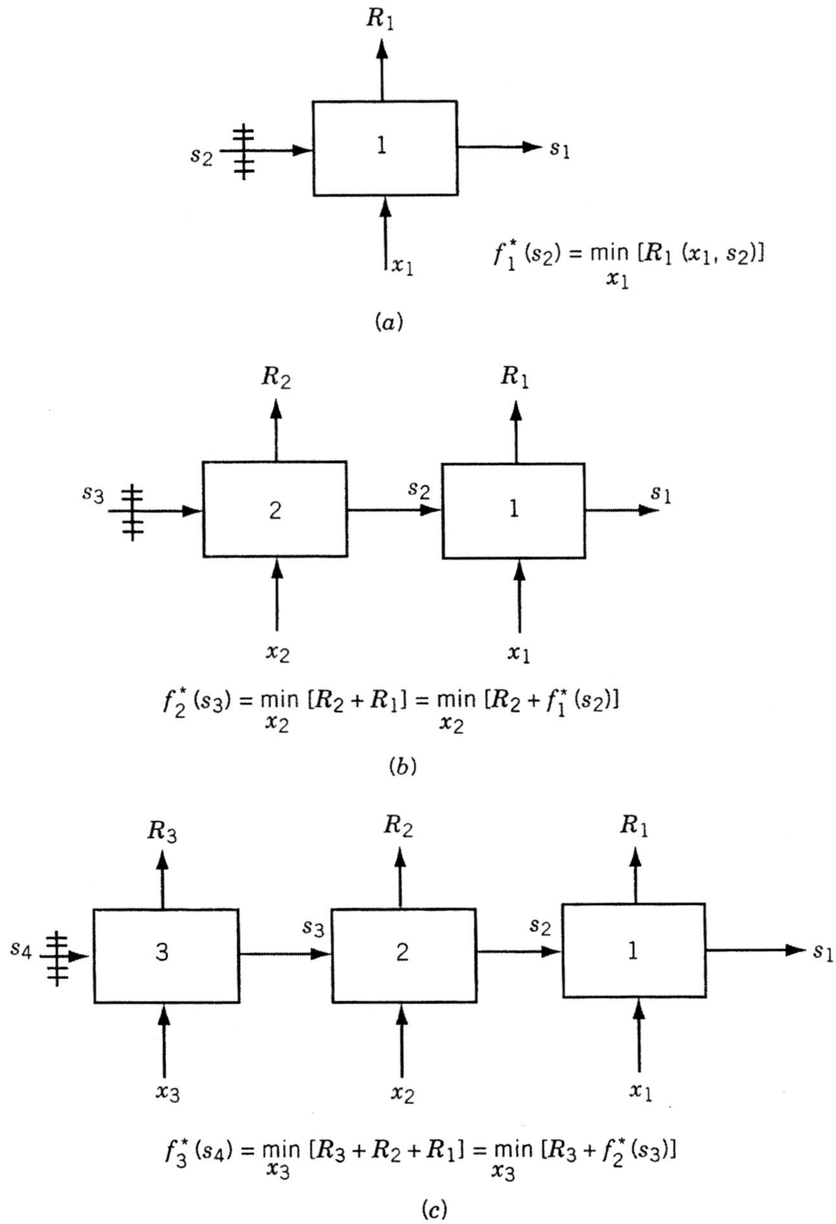

그림 9.14 예제 9.3에서 부분최적화의 여러 단계: (a) 성분 1의 부분최적화; (b) 성분 1과 2의 부분최적화; (c) 성분 1, 2, 3의 부분최적화

표 9.3에서 주어진 입력 상태변수 s_2의 5개 설정값에 대한 각 최소기초비용 f_1*은 아래 표와 같다.

s_2(kgf)	최소화 기초 종류 $x_1{}^*$	최소기초비용 $f_1{}^*$($)	s_1(kgf)
220,000	(c)	3,000	230,000
200,000	(c)	2,500	209,000
180,000	(c)	2,000	188,000
140,000	(b)	1,500	160,000
100,000	(a)	500	120,000

단계 2와 1의 부분최적화(성분 2와 1)

그림 9.14b와 같이 성분 2와 1을 조합하고 임의 명시된 수치 s_3에 대해 성분의 비용 $R_1 + R_2$를 최소화하여 $f_2{}^*(s_3)$을 얻는다. 즉,

$$f_2^*(s_3) = \min_{x_2, x_1} [R_2(x_2,\ s_3) + R_1(x_1,\ s_2)]$$
$$= \min_{x_2} [R_2(x_2,\ s_3) + f_1{}^*(s_2)]$$

위에서 표 9.2에 주어진 입력 상태변수 s_3의 4개 설정값 각각에 대한 f_2^*를 구할 수 있다. 이때 s_3의 설정값이 작으므로 출력 상태변수 s_2가 표 9.3의 s_2 값들과 일치할 필요는 없다. 필요시 s_2 수치들을 선형 보간하면 된다. 컴퓨터에서는 조밀하게 더욱 많은 설정값에 대해 계산할 수 있으므로 큰 어려움은 없다. 단계 2와 1의 부분최적화 결과는 다음과 같다.

s_3(kgf)	최소화 기둥 종류 x_2	기둥 비용 R_2($)	출력 상태변수 s_2값(kgf)	기초 종류 $x_1{}^*$	최소기초비용 $f_1{}^*$($)	$R_2 + f_1{}^*$($)
150,000	(a)	6,000	220,000	(c)	3,000	9000*
	(b)	8,000	210,000	(c)	2,750**	10,750
	(c)	15,000	180,000	(c)	2,000	17,000
130,000	(a)	5,000	180,000	(c)	2,000	7,000*
	(b)	6,000	180,000	(c)	2,000	8,000
	(c)	10,000	150,000	(b)	1,625**	11,625
110,000	(a)	4,000	150,000	(b)	1,625**	5,625
	(b)	4,000	140,000	(b)	1,500	5,500*
	(c)	9,000	125,000	(b)	1,125**	10,125
100,000	(a)	3,000	140,000	(b)	1,500	4,500
	(b)	3,000	115,000	(a)	875**	3,875*
	(c)	8,000	110,000	(a)	750**	8,750

앞 표에서 **는 보간된 수치이고, 표시된 상자는 주어진 s_3값에 대한 최소비용 해를 나타낸다. s_3의 여러 값에 상응하는 최적값(즉, $f_2{}^*$와 $x_2{}^*$)을 요약하면 다음과 같다.

s_3(kg$_f$)	단계 2와 1의 최소비용에 상응 기둥 종류 $x_2{}^*$	단계 2와 1의 최소 비용 $f_2{}^* = R_2 + f_1{}^*$($)	상태변수에 상응하는 수치 s_2(kgf)
150,000	(a)	9,000	220,000
130,000	(a)	7,000	180,000
110,000	(b)	5,500	140,000
100,000	(b)	3,875	115,000

단계 3, 2와 1의 부분최적화(성분 3, 2와 1)

그림 9.14c와 같이 3개 성분 모두를 고려하여 임의 명시된 수치 s_4에 대해 성분 비용 $(R_3 + R_2 + R_1)$을 최소화하여 $f_3{}^*(s_4)$를 얻는다. 즉,

$$f_3{}^*(s_4) = \min_{x_3,\, x_2,\, x_1} \left[R_3(x_3,\ s_4) + R_2(x_2,\ s_3) + R_1(x_1,\ s_2)\right]$$
$$= \min_{x_3} \left[R_3(x_3,\ s_4) + f_2{}^*(s_2)\right]$$

하지만 s_4의 입력값이 하나만 주어졌으므로(초기값 문제) 표 9.1의 데이터를 이용한 결과는 다음의 표와 같다.

s_4(kg$_f$)	탱크 종류 x_3	탱크 비용 R_3($)	출력상태 변수 s_3(kg$_f$)	최소비용 기둥종류 $x_2{}^*$	기둥+기초비용 $f_2{}^*$($)	기둥+기초+탱크비용 $R_3 + f_2{}^*$($)
100,000	(a)	5,000	145,000	(a)	8,500**	13,500
	(b)	8,000	130,000	(a)	7,000	15,000
	(c)	6,000	125,000	(a)	6,625**	12,625*
	(d)	9,000	115,000	(b)	5,875**	14,875
	(e)	15,000	105,000	(b)	4,687½**	19,687½
	(f)	12,000	110,000	(b)	5,500	17,500
	(g)	10,000	115,000	(b)	5,875**	15,875

상기 표에서 **는 보간된 수치이고, *는 주어진 s_3에 대한 최소 비용 해를 나타낸다. 위의 결과로부터 최소 비용 해는 다음과 같다.

$s_4 = 100{,}000\text{kg}_\text{f}$: 탱크에 작용하는 하중

$f_3{}^*(s_4 = 100{,}000) = \$12{,}625$: 탱크+기둥+기초 최소비용 $R_3 + f_2{}^*$

$x_3{}^{*} = (c)$: 최소비용 탱크 종류

$s_3 = 125{,}000 kg_f$: 탱크에 작용하는 하중+탱크 하중

또한, 위의 과정을 역추적하여 $x_3{}^{*}$, $x_2{}^{*}$, $x_1{}^{*}$의 최적값을 구하면 다음 결과를 얻을 수 있다.

$$x_3{}^{*} = \text{탱크 종류 } (c), \qquad s_3 = 125{,}000\,\mathrm{kg_f}$$

$$x_2{}^{*} = \text{기둥 종류 } (a), \qquad s_2 = 170{,}000\,\mathrm{kg_f}$$

$$x_1{}^{*} = \text{기초 종류 } (c), \qquad s_1 = 181{,}000\,\mathrm{kg_f}$$

따라서 물 탱크시스템은 사각 RCC 탱크, RCC 기둥, 그리고 강 파일 기초로 구성되며, 그 최소비용은 $12,625가 된다. ■

9.7 최종값 문제를 초기값 문제로 변환

앞 절에서는 초기값 문제를 기준으로 동적 계획법을 기술하였다. 하지만 그림 9.15a와 같이 최종값 문제이면 동치인 초기값 문제로 변환하여 해결할 수 있다. 아래의 주어진 단계 변환 (설계) 방정식

$$s_i = t_i(s_{i+1},\ x_i), \qquad i = 1, 2, \cdot\cdot\cdot, n \tag{9.22}$$

의 역 관계식

$$s_{i+1} = \bar{t}_i(s_i,\ x_i), \qquad i = 1, 2, \cdot\cdot\cdot, n \tag{9.23}$$

이 존재하면 단계 i의 입력 상태를 이 단계의 출력 상태변수와 결정변수의 함수로 표현할 수 있다. 이때 입력과 출력 상태변수의 역할은 식 9.22와 9.23에서 서로 교환된 것을 알 수 있다. 이와 같이 식 9.22로부터 식 9.23을 얻는 절차를 상태 역변환(state inversion)이라 부른다. 만일 원래 단계 i의 반환 (목적) 함수가

$$R_i = r_i(s_{i+1},\ x_i), \qquad i = 1, 2, \cdot\cdot\cdot, n \tag{9.24}$$

로 표현되면 출력 상태와 결정변수의 항으로 반환 함수를 표현하기 위해 식 9.23을 사용하면

$$R_i = r_i\left[\bar{t}_i(s_i,\ x_i),\ x_i\right] = \bar{r}_i(s_i,\ x_i), \qquad i = 1, 2, \cdot\cdot\cdot, n \tag{9.25}$$

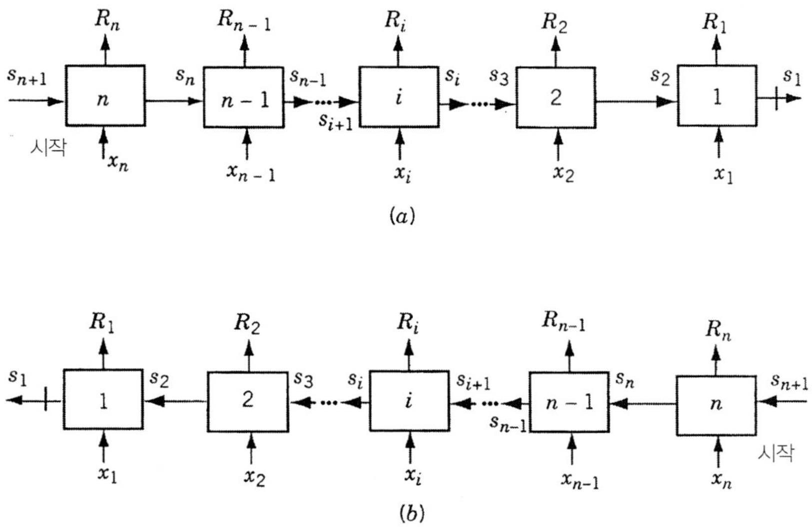

그림 9.15 최종값 문제→초기값 문제 변환: (a) 최종값 문제; (b) 초기값 문제

와 같이 쓸 수 있다. 따라서 해결해야 할 최적화 문제는 s_i가 식 9.23의 관계식을 만족할 때 목적함수

$$f(x_1,\ x_2,\ \cdot\cdot\cdot, x_n) = \sum_{i=1}^{n} R_i = \sum_{i=1}^{n} \overline{r}_i(s_i,\ x_i) \qquad 9.26$$

를 최적화하는 결정 변수 $x_1,\ x_2,\ \cdot\cdot\cdot,\ x_n$를 구하는 문제가 된다.

식 9.23을 사용하여 상태변수를 통한 정보 흐름의 방향을 뒤집을 수 있다. 따라서 단계 n에서 최적화 과정을 시작하여 순차적으로 단계 $n-1,\ n-2, \cdot\cdot\cdot, 1$에 도달할 수 있다. 원래 문제에서 s_1이 명시되므로 식 9.26에 기술된 문제는 그림 9.15b와 같은 초기값 문제와 동치가 된다. 이 초기값 문제는 단계 숫자를 제외하고 그림 9.3과 동일하다. 만일 단계 숫자 $1,\ 2, \cdot\cdot\cdot, n$을 $n, n-1,\ n-2, \cdot\cdot\cdot, 1$으로 순서를 거꾸로 하면 그림 9.15b는 그림 9.3과 동일하게 된다. 그러면 변환된 문제에 앞에서 다룬 해결 방법을 적용하여 그림 9.15a와 같은 최종값 문제를 해결할 수 있다.

예제 9.4

소형 기계 공구 제작회사는 첫 번째 월말에 드릴기계 80대와 두 번째 월말에 120대를 공급하기로 계약하였다. 한 달에 제작되는 드릴기계의 수를 x라 할 때, 한 달에 드릴기계를 제작하는 단위 비용은 $\$(50x + 0.2x^2)$이다. 만일 회사가 첫 달에 필요 이상으로 제작하면 다음 달까지 저장하기 위해 각 기계별 $8의 저장 비용이 수반된다. 전체 비용을 최소화하는 각 달에 제작하여야 할 드릴기계의 수를 최종값 문제를 이용하여 구하라. 회사는 매월 200대까지 제작할 수 있는 충분한 시설을 갖고 있으며 초기 재고는 없는 것으로 가정하라.

[풀이]

변수 x_1과 x_2가 첫 번째 및 두 번째 달에 제작되는 드릴기계의 수를 나타낼 때, 주어진 문제를 식으로 표현하면

$$Min \quad f(x_1,\ x_2) = \left(50x_1 + 0.2x_1^2\right) + \left(50x_2 + 0.2x_2^2\right) + 8(x_1 - 80)$$

subject to

$$x_1 \geq 80$$

$$x_1 + x_2 = 200$$

$$x_1 \geq 0, \quad x_2 \geq 0$$

와 같다. 위의 문제를 최종값 문제로 해결하기 위해 두 번째 달부터 시작하여 역으로 진행한다. 만일 두 번째 달의 시작에서 재고가 I_2이면 두 번째 달에 제작해야 할 드릴기계의 최적 수는

$$x_2^* = 120 - I_2 \qquad \text{E.1}$$

이다. 또한, 두 번째 달에 발생하는 비용은

$$R_2(x_2^*,\ I_2) = 8I_2 + 50x_2^* + 0.2x_2^{*2}$$

이고, 식 E.1을 대입하여 위의 R_2식을 다시 표현하면

$$R_2(I_2) = 8I_2 + 50(120 - I_2) + 0.2(120 - I_2)^2 = 0.2I_2^2 - 90I_2 + 8,880 \qquad \text{E.2}$$

이 된다. 첫 달의 시작에서 재고는 0 이므로 첫 달에 발생하는 제작 비용은

$$R_1(x_1) = 50x_1 + 0.2x_1^2$$

이므로 전체 비용은

$$f_2(I_2,\ x_1) = \left(50x_1 + 0.2x_1^2\right) + \left(0.2I_2^2 - 90I_2 + 8,880\right) \qquad \text{E.3}$$

와 같다. 그러나 두 번째 달의 시작에서의 재고와 첫 달의 제작 기계의 수 x_1는

$$I_2 = x_1 - 80 \qquad \text{E.4}$$

이므로 식 E.3에 대입하면

$$f = f_2(x_1) = (50x_1 + 0.2x_1^2) + 0.2(x_1 - 80)^2 - 90(x_1 - 80) + 8{,}880 \quad \text{E.5}$$

$$= 0.4x_1^2 - 72x_1 + 17{,}360$$

이 된다. 이때 f는 x_1의 함수이므로

$$\frac{df}{dx_1} = 0.8x_1 - 72 = 0$$

으로부터

$$x_1{}^* = 90$$

는 $d^2f(x_1{}^*)/dx_1^2 = 0.8 > 0$이므로 f의 최소점이 된다. 따라서 최솟값은

$$f_{min} = f(x_1{}^*) = 0.4 \times 90^2 - 72 \times 90 + 17{,}360 = \$14{,}120$$

이고, 제약식으로부터

$$x_2^* = 200 - x_1 = 200 - 90 = 110$$

이 된다. ■

9.8 동적 계획 문제의 한 경우: 선형 계획 문제

n개의 결정변수와 m개의 상태변수를 갖는 선형 계획 문제를 m개의 상태변수를 갖는 n-단계 동적 계획 문제로 간주할 수 있다. 즉, 선형 계획 문제를 동적 계획 문제로 변환할 수 있다. 이를 설명하기 위해 아래의 선형 계획법 문제를 생각해보자.

$$Max \quad f(x_1,\ x_2,\ \cdots,\ x_n) = \sum_{j=1}^{n} c_j x_j$$

subject to

$$\sum_{j=1}^{n} a_{ij} x_j \le b_i, \qquad i = 1,\ 2, \cdots,\ m \quad 9.27$$

$$x_j \ge 0, \qquad j = 1,\ 2, \cdots,\ n$$

위의 문제는 단계 j에서 결정변수 x_j값이 결정되는 n-단계 결정 문제로 간주될 수 있

다. 제약의 우변 $b_i(i=1, 2, \cdot\cdot\cdot, m)$는 서로 다른 종류의 활동 x_j들에 할당할 m 종류의 자원으로 생각한다. 예를 들어, b_1는 작업장에서 유용한 기계, b_2는 유용한 시간을 나타내고, 변수 x_1은 작업장에서 생산된 주물의 숫자, x_2는 생산된 단조의 숫자, x_3은 생산된 기계 가공된 요소들의 숫자를 나타내며, c_j는 x_j의 단위 이익을 나타낼 수 있고, 계수 a_{ij}는 j번째 활동 x_j의 1개를 생산하기 위해 필요한 i번째 자원 b_i의 양을 나타낸다(즉, 하나의 주물을 생산하기 위해 필요한 재료의 양). 따라서 j번째 단계에서 결정변수 x_j 수치가 결정될 때 만약 사용하지 않은 풍부한 자원이 존재하면 자원 1의 $a_{1j}x_j$, 자원 2의 $a_{2j}x_j$, ... 자원 m의 $a_{mj}x_j$는 j번째 활동에 할당된다. 따라서 임의 특정 활동에 자원을 할당하기 전에 반드시 유용한 자원의 양을 결정하여야 한다. 예를 들어, 단계 1에서 첫 번째 활동 x_1의 값을 결정할 때 활동 1에 할당하기 위한 충분한 양의 자원 b_i이 존재하여야 한다. 활동 1에 할당한 후 단계 2에서 x_2의 값을 구하기 전에 반드시 나머지 자원들을 결정하여야 한다. 다시 말해 n 단계 시스템의 임의 단계에서 의사결정(할당에 대해) 이전에 반드시 시스템의 상태(즉, 할당을 위해 남는 자원의 양)를 알아야 한다. 이러한 문제에서는 단계 벡터를 구성하는 m개의 상태 매개변수들이 존재한다.

n 단계들에 걸친 복합 목적함수의 최적값을 $f_n{}^*$라 하면 주어진 문제는

$$f_n{}^*=f_n{}^*(b_1,\ b_2,\ \cdots,\ b_n)=\max_{x_1, x_2, \cdots, x_n}\left(\sum_{j=1}^{n} c_j x_j\right) \qquad 9.28$$

subject to

$$\sum_{j=1}^{n} a_{ij}x_j \le b_i, \qquad i=1, 2, \cdot\cdot\cdot, m \qquad 9.29$$

$$x_j \ge 0, \qquad j=1, 2, \cdot\cdot\cdot, n \qquad 9.30$$

로 표현된다. 위의 문제에 재귀식 9.16을 적용하면

$$f_1{}^*(\beta_1,\ \beta_2, \cdot\cdot\cdot \beta_m)=\max_{0 \le x_i \le \bar{\beta}}\left[c_i x_i + f_{i-1}^*(\beta_1 - a_{1i}x_i,\ \beta_2 - a_{2i}x_i, \cdots, \beta_m - a_{mi}x_i)\right],\ i=2,\ 3, \cdots,\ n \qquad 9.31$$

와 같이 된다. 여기서 β_1, β_2, $\cdot\cdot\cdot$ β_m은 단계 i에서 할당할 수 있는 자원이고, $a_{1i}x_i$, $\cdot\cdot\cdot$ $a_{mi}x_i$는 활동 x_i에 할당된 자원이며, $\beta_1 - a_{1i}x_i$, $\beta_2 - a_{2i}x_i$, $\cdot\cdot\cdot$ $\beta_m - a_{mi}x_i$는 활동 x_{i-1}에 할당할 수 있는 자원, 그리고 $\bar{\beta}$는 식 9.29의 제약들을 위반하지 않고 x_i가 취할 수 있는 최댓값으로 다음과 같다.

$$\overline{\beta}= min\left(\frac{\beta_1}{a_{1i}},\ \frac{\beta_2}{a_{2i}},\ \cdot\ \cdot\ \cdot\ ,\ \frac{\beta_m}{a_{mi}}\right) \tag{9.32}$$

$\overline{\beta}$보다 큰 값은 적어도 하나의 제약을 위반하게 된다. 따라서 i번째 단계에서 최적해 x_i^*와 f_i^*는 $\beta_1,\ \beta_2,\ \cdot\cdot\cdot,\ \beta_m$의 함수로 결정된다.

최종적으로 n 단계에서 $\beta_1,\ \beta_2,\ \cdot\cdot\cdot,\ \beta_m$의 값은 각각 $b_1,\ b_2,\ \cdot\cdot\cdot,\ b_m$가 되므로 x_n^*와 f_n^*가 결정되고, 부분최적화의 모든 과정을 역추적하여 나머지 x_{n-1}^*, x_{n-2}^*, $\cdot\cdot\cdot$, x_1^*도 결정할 수 있다.

예제 9.5

동적 계획법을 사용하여 다음 최적화 문제를 해결하라.

$$Max \qquad f(x_1,\ x_2)= 50x_1 + 100x_2$$

subject to

$$10x_1 + 5x_2 \le 2500$$

$$4x_1 + 10x_2 \le 2000$$

$$x_1 + 1.5x_2 \le 450$$

$$x_1 \ge 0,\ x_2 \ge 0$$

[풀이] 결정변수의 수 $n=2$ 그리고 제약식의 수 $m=3$이므로 이 문제를 3개의 상태 매개변수를 갖는 2단계 동적 계획 문제로 간주할 수 있다. 첫 번째 단계 문제는 f_1의 최댓값을 구하는 것이다. 즉,

$$max\ f_1(\beta_1,\ \beta_2,\ \beta_3,\ x_1)= max\ (50x_1) \qquad 0 \le x_1 \le \overline{\beta}$$

여기서 $\beta_1,\ \beta_2,\ \beta_3$는 단계 1에서 할당할 수 있는 자원이고, x_1은 다음 부수제약들을 만족하는 비음수 값이다.

$$10x_1 \le \beta_1,\ 4x_1 \le \beta_2,\ x_1 \le \beta_3$$

여기서 $\beta_1 = 2{,}500 - 5x_2,\ \beta_2 = 2{,}000 - 10x_2,\ \beta_3 = 450 - 1.5x_2$이고, x_1이 취할 수 있는 β의 최댓값 $\overline{\beta}$는 다음과 같다.

$$\overline{\beta}= x_1^* = min\left[\frac{2{,}500 - 5x_2}{10},\ \frac{2{,}000 - 10x_2}{4},\ \frac{450 - 1.5x_2}{1}\right] \tag{E.1}$$

따라서

$$f_1^*\left(\frac{2,500-5x_2}{10},\ \frac{2,000-10x_2}{4},\ \frac{450-1.5x_2}{1}\right)=50x_1{}^*$$

$$=50min\left(\frac{2,500-5x_2}{10},\ \frac{2,000-10x_2}{4},\ \frac{450-1.5x_2}{1}\right)$$

두 번째 단계 문제는 f_2의 최댓값을 구하는 문제 즉,

$$max\ f_2(\beta_1,\ \beta_2,\ \beta_3)=\max_{0\le x_2\le\overline{\beta}}$$

$$\left[100x_2+f_1{}^*\left(\frac{2,500-5x_2}{10},\ \frac{2,000-10x_2}{4},\ \frac{450-1.5x_2}{1}\right)\right] \qquad \text{E.2}$$

여기서 β_1, β_2, β_3는 단계 2에서 할당할 수 있는 자원으로서 2,500, 2,000, 450이다. 그리고 제약을 위반하지 않고 x_2가 취할 수 있는 β의 최댓값 $\overline{\beta}$는 다음과 같다.

$$\overline{\beta}=min\left(\frac{2,500}{5},\ \frac{2,000}{10},\ \frac{450}{1.5}\right)=200$$

따라서 재귀관계식 E.2를 다시 쓰면

$$max\ f_2(2,500,\ 2,000,\ 450)=\underset{0\le x_2\le 200}{man}$$

$$\left[100x_2+50\ min\ \left(\frac{2,500-5x_2}{10},\ \frac{2,000-10x_2}{4},\ \frac{450-1.5x_2}{1}\right)\right]$$

이 된다. 한편

$$min\ \left(\frac{2,500-5x_2}{10},\ \frac{2,000-10x_2}{4},\ \frac{450-1.5x_2}{1}\right)$$

$$=\begin{cases}\dfrac{2,500-5x_2}{10} & if \quad 0\le x_2\le 125\\ \dfrac{2,000-10x_2}{4} & if \quad 125\le x_2\le 200\end{cases}$$

이므로

$$\max_{0\le x_2\le 200}\left[100x_2+50\ min\ \left(\frac{2,500-5x_2}{10},\ \frac{2,000-10x_2}{4},\ \frac{450-1.5x_2}{1}\right)\right]$$

$$= max \begin{cases} 100x_2 + 50\left(\dfrac{2,500 - 5x_2}{10}\right) & if \quad 0 \le x_2 \le 125 \\ 100x_2 + 50\left(\dfrac{2,000 - 10x_2}{4}\right) & if \quad 125 \le x_2 \le 200 \end{cases}$$

$$max \begin{cases} 75x_2 + 12,500 & if \quad 0 \le x_2 \le 125 \\ 25,000 - 25x_2 & if \quad 125 \le x_2 \le 200 \end{cases}$$

또한, $x_2 = 125.0$에서

$$max \ (75x_2 + 12,500) = 21,875$$

$$max \ (25,000 - 25x_2) = 21,875$$

이므로 $x_2{}^* = 125.0$에서

$$f_2{}^*(2,500, \ 2,000, \ 450) = 21,875$$

이고, 식 E.1로부터

$$x_1{}^* = min\left[\frac{2,500 - 5x_2}{10}, \ \frac{2,000 - 10x_2}{4}, \ \frac{450 - 1.5x_2}{1}\right]$$

$$= min(187.5, \ 187.5, \ 262.5) = 187.5$$

이다. 따라서 주어진 문제의 최적해는 $x_1{}^* = 187.5$, $x_2{}^* = 125.0$, 그리고 $f_{max} = 21,875.0$이 된다. ■

동적 계획법에서 차원 문제 선형 계획 문제의 해를 구하기 위해 동적 계획법을 적용하려면 차원으로 인한 심각한 제한을 받는다. 즉, 결정변수와 상태 매개변수의 수가 증가함에 따라 필요한 계산 횟수는 매우 급격하게 증가한다. 예를 들어, 100개의 제약을 갖는 선형 계획 문제에는 100개 상태변수들이 존재하는 것을 의미한다. 9.4절에서 다룬 방법에 의해 만일 각 매개변수에 100개의 값(설정치)이 주어지는 $f_i{}^*$의 표를 작성하면 표는 100^{100}개의 매우 큰 데이터를 포함하므로 하나의 $f_i{}^*$ 표를 연산하기 위해 고속 디지털 컴퓨터로 연산을 하여도 100^{96}초 또는 약 100^{92}년이 소요된다. 더구나 이와 같이 각 결정변수를 구하기 위해 100개의 표를 준비해야 한다. 따라서 동적 계획법으로 임의의 적정 규모의 일반 선형 계획법 문제를 해결하는 것은 아주 무모한 일이다.

각 상태변수의 가능한 다른 수치들에 대해 연산을 수행해야 하므로 많은 상태변수들을 포함하는 동적 계획 문제에서도 이러한 문제점이 동일하게 발생한다. 따라서 이러한 동적 계획 문제는 많은 연산 시간만 아니라 컴퓨터의 큰 저장용량을 필요로 한다. Bellman이

차원문제점 또는 **차원의 저주**라고 했던 이러한 문제점은 중간 이상 크기의 동적 계획 문제를 해결할 때 심각한 장애가 된다.

9.9 연속 동적 계획법

만일 다단계 의사결정 문제에서 단계 숫자가 무한대로 되는 경향이 있으면, 문제는 무한 단계 또는 연속적인 문제가 되지만 이러한 문제에도 동적 계획법을 사용할 수 있다. 이러한 개념에 의하면 1.5절에서 정의한 궤적(trajectory) 최적화 문제들도 **무한-단계**(infinite-stage) 또는 **연속적인 문제들**로 간주할 수 있다.

많은 실용 문제에서 무한-단계 또는 연속적인 의사결정 문제가 발생할 수 있다. 예를 들어 주어진 유한 시간 안에 목표물을 타격하는 미사일 문제에서 이론적으로는 목표물을 관측하고 미사일에게 방향과 속도를 변경시키도록 명령을 연속적으로 주어야 한다. 따라서 유한 시간 간격에서 무한한 숫자의 의사를 결정하여야 한다. 이때 한 단계는 의사가 결정되는 한 점으로 정의되므로 이러한 문제는 무한-단계 또는 연속적인 문제가 된다. 무한-단계 또는 연속적인 의사결정 문제가 발생하는 또 다른 예는 계획(planning) 문제들이다. 대형 산업체는 명확하지 않은 운영 기간을 기초로 산업체 운영을 계획하여야 한다. 즉, 장기적으로(본질적으로 무한시간 기간에 걸쳐) 최대 이익을 예상하여 시간상 이산 점들에서 그들의 의사들을 결정하여야 한다. 본 절에서는 연속적인 의사결정 문제의 응용에 관해 알아본다.

동적 계획 문제의 구성에서 목적함수는 개별 단계 반환의 합계가 되므로 단계의 수가 무한대가 되는 경향이 있으면 목적함수는 무한한 항들의 합계가 되고, 이는 적분 형태의 목적함수를 갖는 것과 동일하게 된다. 다음 예제는 연속적인 동적 계획 문제의 구성을 설명하고 있다.

예제 9.6

특정 제품을 생산하는 제조사의 제품의 수요율은 $p = p[x(t),\ t]$ 이다. 이때 t는 연중 시간이고 $x(t)$는 시간 t에서 홍보에 소요된 금액이다. 생산율은 정확하게 수요율과 일치하는 것으로 가정한다. 생산비용은 생산량 p와 생산율 dp/dt의 함수로 $c = c(p,\ dp/dt)$로 나타낸다. 시간 t_1과 t_2 사이에서 이익을 최대화하는 홍보전략 $x(t)$을 구하여라. 제품의 단위 판매 가격은 $s = s(p) = a + b/p$로 생산량의 함수이며, a와 b는 양의 상수이다.

[풀이] 이익은 (판매액)과 (수입과 생산 및 홍보비용)의 차액이므로 기간 t_1과 t_2에 걸친 전체 이익은

$$f = \int_{t_1}^{t_2} \left[p\left(a + \frac{b}{p}\right) - c\left(p,\ \frac{dp}{dt},\ t\right) - x(t) \right] dt \qquad \text{E.1}$$

로 표현된다. 이때 $p = p[x(t),\ t]$ 이다. 따라서 최적화 문제는 식 E.1의 전체 이익 f를 최대화하는 $x(t)$, $t_1 \le t \le t_2$를 구하는 문제와 같다. ■

예제 9.7

Plug-flow 중공축 반응기 내 최적 온도분포를 결정하는 문제[9.1]에서 이 형식의 반응기 내에 수행된 반응은 다음과 같은 것으로 가정한다.

$$X_1 \underset{k_2}{\overset{k_1}{\rightleftarrows}} X_2 \overset{k_3}{\longrightarrow} X_3$$

위에서 X_1은 반응물질, X_2는 원하는 생성물, 그리고 X_3은 원하지 않는 생성물, 그리고 k_1, k_2, k_3는 반응 상수들이다. 생성물 X_1과 X_2의 농도를 x_1과 x_2로 표기할 때 농도의 변화율을 통제하는 식을 다음과 같이 표현할 수 있다.

$$\frac{dx_1}{dy} + k_1 x_1 = k_2 x_2 \qquad \text{E.1}$$

$$\frac{dx_2}{dy} + k_2 x_2 + k_3 x_3 = k_1 x_1 \qquad \text{E.2}$$

이때 초기 조건은 $x_1(y=0) = c_1$, $x_2(y=0) = c_2$이며, y는 $0 \le y \le 1$로 정규화된 반응기 길이이다. 일반적으로 반응률 상수들은 온도(t)에 따라 결정되며 다음과 같이 주어진다.

$$k_i = a_i e^{-(b_i/t)}, \qquad i = 1,2,3 \qquad \text{E.3}$$

단, a_i와 b_i는 상수들이다.

일부 외부 가열장치로 원하는 온도를 생산할 수 있는 것으로 가정할 때, 생성물 X_2의 생성을 최대화하기 위한 온도분포 $t(y)$, $0 \le y \le 1$를 결정하는 최적화 문제는 아래와 같이 기술할 수 있다.

$$\max_{t(y),\, 0 \le y \le 1} x_2(1) - x_2(0) = \int_{y=0}^{y=1} dx_2 = \int_0^1 (k_1 x_1 - k_2 x_2 - k_3 x_3) dy$$

단, $x_1(y)$와 $x_2(y)$는 식 E.1과 E.2를 만족해야 한다. ■

연속적인 의사결정 문제에 대한 전통적인 접근방법은 변분법[5)]이다. 그러나 매우 단순한 문제들을 제외하고 변분법을 사용하여 해석적 해를 얻을 수는 없다. 반면 동적 계획법은 연속적인 의사결정 문제들을 해결하는 매우 효율적인 수치 근사 방법을 제공한다. 연속적인 의사결정 문제에 대한 동적 계획법의 적용을 설명하기 위해 주어진 경계조건 $y(x=a)=\alpha$, 그리고 $y(x=b)=\beta$에 제약되며 다음 적분

$$f=\int_{x=a}^{x=b} R\left(\frac{dy}{dx},\ y,\ x\right)dx \qquad 9.33$$

을 최소화하는 함수 $y(x)$를 구하는 간단한 비제약 문제에 대해 수치적으로 $y(x)$를 결정하기 위해서 어떻게 동적 계획법을 사용하는지 알아본다. 이 접근법은 $y(x)$에 대한 해석적 표현을 제공하지 않으나 구간 $a \le x \le b$의 유한개의 점에서 $y(x)$의 값을 제공한다. 구간 $(a,\ b)$를 길이가 Δx(편의를 위해 모든 등분의 길이는 동일한 것으로 가정한다)인 n등분으로 나누면, 각 등분을 정의하는 격자점들은

$$x_1=a,\ x_2=a+\Delta x,\cdot\cdot\cdot,$$
$$x_i=a+(i-1)\Delta x,\cdot\cdot\cdot,\ x_{n+1}=a+n\Delta x=b$$

와 같다. 이때 Δx가 작으면 x_i에서 도함수 dy/dx를 전방 차분으로 근사화하여

$$\frac{dy}{dx}(x_i)\simeq\frac{y_{i+1}-y_i}{\Delta x} \qquad 9.34$$

와 같이 표현할 수 있다. 이때 $y_i=y(x_i),\ i=1,2,\cdot\cdot\cdot,n+1$이다. 따라서 식 9.33의 적분에 대한 근사식

$$f\simeq\sum_{i=1}^{n} R\left(\frac{dy}{dx}(x_i),\ y(x_i),\ x_i\right)\Delta x \qquad 9.35$$

을 이용하여 최소화 문제를 다시 쓰면

$$\min_{y(x_2),y(x_3),\cdots,y(x_n)} f\simeq\Delta x\sum_{i=1}^{n} R\left(\frac{y_{i+1}-y_i}{\Delta x},\ y_i,\ x_i\right) \qquad 9.36$$

subject to

$$y_1=\alpha\quad,\quad y_{n+1}=\beta$$

와 같이 표현된다. 최종값 문제로 이 최적화 문제를 해결할 수 있다. 우선 θ를 y_i로 설정

5) 변분법을 사용하는 해결 기법들과 연속 결정문제들의 추가 예제들은 12.2절 참조

되는 여러 값을 나타내는 매개변수라 할 때 함수

$$f_i^*(\theta) = \min_{y_{i+1},\, y_{i+2},\, \cdots,\, y_n} \left\{ \sum_{k=1}^{n} R\left(\frac{y_{k+1} - y_k}{\Delta x},\ y_k,\ x_k\right) \Delta x \right\} \tag{9.37}$$

라 정의하면 $f_i^*(\theta)$는

$$f_i^*(\theta) = \min_{y_{i+1}} \left[R\left(\frac{y_{i+1} - \theta}{\Delta x},\ \theta,\ x_i\right) \Delta x + f_{i+1}^*(y_{i+1}) \right],\quad i = 1, 2, \cdots, n-1 \tag{9.38}$$

으로 표현되고, $i = n$일 때는

$$f_n^*(\theta) = R\left(\frac{\beta - \theta}{\Delta x},\ \theta,\ x_n\right) \Delta x \tag{9.39}$$

와 같다. 마지막으로 최솟값은 $f_0^*(\theta = \alpha)$가 된다.

식 9.37~9.39에서 θ 또는 y_i는 연속변수이지만 근사화를 위해 θ 또는 y_i를 이산변수로 취급하여 각 i에서 θ 또는 y_i가 취할 수 있는 일련의 값들을 선택하여 그때의 $f_i^*(\theta)$값을 구한다. 따라서 θ의 불연속 값들에 대해 $f_i^*(\theta)$가 표로 작성되며 최종 단계에서 $f_0^*(\alpha)$와 y_1^*값을 구하고, 앞 절에서 기술한 방법으로 어려움 없이 $y_2,\ y_3,\ \cdot\cdot\cdot, y_n$의 최적값을 구할 수 있다.

연속 의사결정 문제에 동적 계획법을 적용할 때는 b에서 a로 이동하면서 많은 양끝 궤적들의 집합에 대해 결정을 해나가다가 최종 단계에서 두 점 $(a,\ \alpha)$와 $(b,\ \beta)$ 모두를 통과하는 특정 양끝 궤적(trajectory)을 구하게 된다. 즉, 그림 9.16에서 보는 바와 같이 x_{i+1}에서 끝나는 궤적 들 중에서 점 $(x_i,\ \theta)$을 통과하는 궤적을 알아내어 $f_i^*(\theta)$를 구하

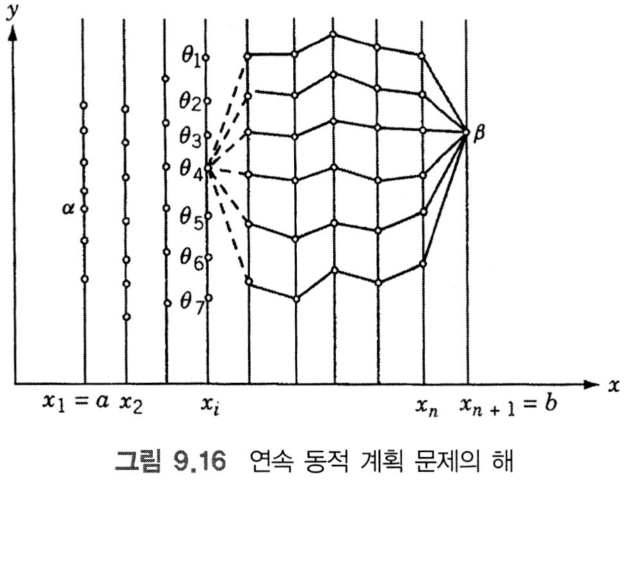

그림 9.16 연속 동적 계획 문제의 해

는 절차를 따르면 연속 의사결정 문제에서는 추가 어려움이 발생하지 않는다. 본 절에서 비록 가장 단순한 형식의 연속 의사결정 문제를 고려하였지만 미분방정식으로 표현된 m 개의 제약을 갖고 함수 $y_1(x)$, $y_2(x)$, · · · , $y_N(x)$, $n < N$을 결정하는 일반적인 연속 의사결정 문제에도 같은 방법을 적용할 수 있다[9.3].

9.10 추가 적용 사례

본 절에서는 동적 계획법이 적용되어 온 여러 종류의 공학적인 문제들 중에서 일부 대표적인 적용 사례들에 대해 기술한다.

9.10.1 연속 빔 설계

그림 9.17과 같이 사전 설정된 하중 P_1, P_2, · · · , P_n을 지지하는 n개의 강성 지지대에 놓인 연속 빔을 고려하자[9.11]. 지지대의 위치와 빔의 단순 소성이론이 적용될 수 있는 것으로 가정한다. 따라서 반력 지지대 모멘트 m_1, m_2, · · · , m_n을 알면 완전한 굽힘 모멘트 분포를 결정할 수 있다.

지지대의 모멘트가 설정되면 각 경간에 대해 필요한 소성한계 모멘트가 결정되고, 또한 경간을 설계할 수 있다. i번째 경간 중심에서 굽힘 모멘트는 $-P_il_i/4$로 주어지고 다음과 같이 i번째 경간에서 최대 굽힘 모멘트 M_i을 계산할 수 있다.

$$M_i = max\left\{|m_{i-1}|,\ |m_i|,\ \left|\frac{m_{i-1}+m_i}{2} - \frac{P_il_i}{4}\right|\right\}, \qquad i = 1, 2, \cdots, n \qquad 9.40$$

만일 빔이 각 경간에서 균등하면, i번째 경간에 대한 한계 모멘트는 반드시 M_i 이상이 되어야 한다. 또한 주어진 한계 모멘트를 갖도록 빔 단면적을 선정하여야 한다. 따라서 빔 비용은 지지하여야 할 한계 모멘트에 따라 결정된다. 최적화 문제는 다음과 같이 된다.

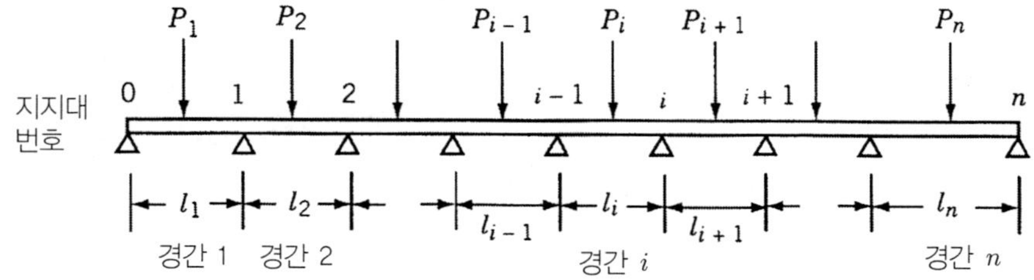

그림 9.17 강성 지지대 위의 연속 빔

$$\min_{\boldsymbol{X}=(m_1, m_2, \cdots, m_n)^T} \sum_{i=1}^{n} R_i(\boldsymbol{X})$$

subject to

$$m_i \geq M_i, \; i = 1,2, \cdot \cdot \cdot ,n$$

단, R_i는 i번째 경간에서의 빔의 비용을 나타낸다. 위의 문제는 직렬 구조를 가지므로 동적 계획법을 사용하여 해결할 수 있다.

9.10.2 트러스의 기하적 최적설계

그림 9.18과 같은 평면, 다구간(multibay), 핀 연결 외팔보 트러스[9.11, 9.12, 9.22]에서 트러스의 모양은 절점의 x-y 좌표값으로 정의한다. 구간의 길이가 주어지고(그림 9.18에서는 1로 가정한다), 트러스는 x축에 대해 대칭이라 가정하며, 좌표 y_1, y_2, · · · , y_n은 트러스의 기하적 설계를 정의한다.

트러스는 좌측 말단부에서 하중(그림 9.18에서는 1로 가정)을 받는다. 트러스의 구간i에 속하는 바 내부 힘은 y_1, y_2, · · · , y_{i-2}, y_{i+1}, · · · , y_n이 아닌 오직 y_{i-1}과 y_i에 의해 결정된다. 바의 길이와 바 내부에서 형성된 힘을 알면 단면적을 결정할 수 있고, 또 바의 중량/비용을 결정한다. 이러한 트러스의 최적설계의 문제는 동적계획 문제로 해결할 수 있다.

다음의 관계

$$y_{i+1} = y_i + d_i, \quad i = 1, 2, 3 \tag{9.41}$$

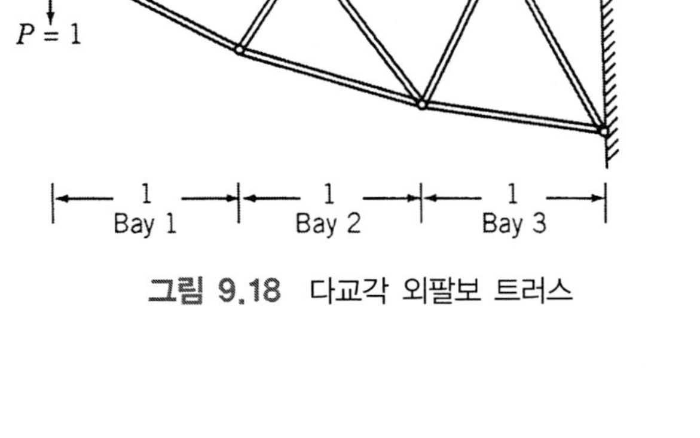

그림 9.18 다교각 외팔보 트러스

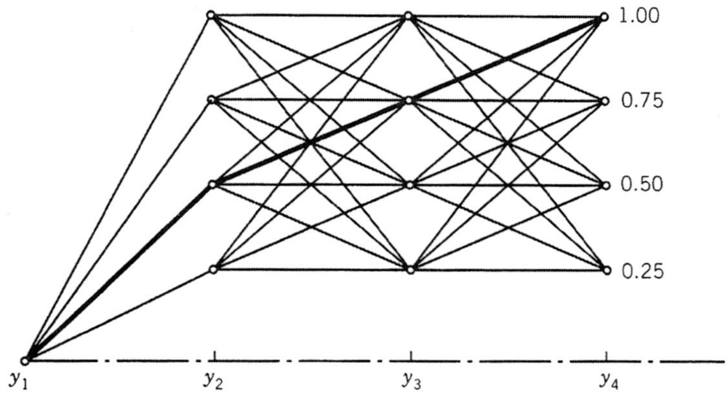

그림 9.19 외팔보 트러스의 가능한 설계들

를 갖는 3-구간 트러스(그림 9.18 참조) 문제에서 y_1값은 고정되므로 초기값 문제로 취급할 수 있다. 만일 각 절점의 y 좌표가 0.25, 0.5, 0.75, 1 수치들 중 하나를 취할 수 있도록 제한하면 그림 9.19와 같이 64개의 가능한 설계가 존재하게 된다. 이때 각 구간 비용을 R_i 로 표기하면 이에 따른 다단계 의사결정 문제를 그림 9.5a와 같이 표현할 수 있다.

9.10.3 기어열(gear train)의 최적설계

기어 쌍의 번호가 1~n인 그림 9.20과 같은 기어열에서 기어들의 피치 직경(또는 기어 수)은 아는 것으로 가정하고 기어 쌍들의 면의 폭을 설계변수들로 취급할 때[9.19, 9.20],

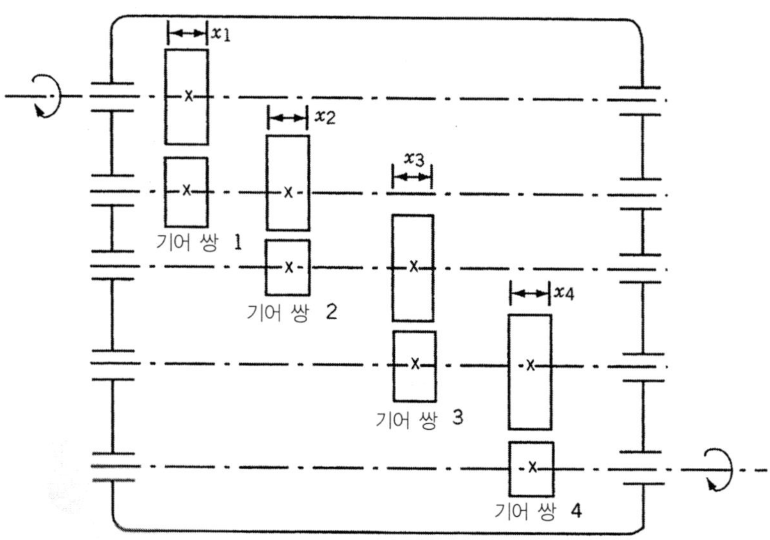

그림 9.20 기어열

기어열의 전체 중량을 최소화하고자 한다.

기어열이 임의의 특정 속도에서 동력을 전달할 때 기어에서 굽힘응력과 표면 마모응력이 형성된다. 안전 설계를 위해 이 응력들은 허용 가능한 수치를 초과하면 안 된다. 이 경우 다음과 같이 최적화 문제를 표현할 수 있다.

$$\min_{\boldsymbol{X}=\{x_1, x_2, \cdots, x_n\}^T} \sum_{i=1}^{n} R_i(\boldsymbol{X}) \tag{9.42}$$

subject to

$$\sigma_{bi}(\boldsymbol{X}) \le \sigma_{bmax}, \quad \sigma_{wi}(\boldsymbol{X}) \le \sigma_{wmax}, \quad i = 1, 2, \cdot \cdot \cdot, n$$

단, x_i는 기어 쌍 i의 면의 폭, R_i는 기어 쌍 i의 중량, $\sigma_{bi}(\sigma_{wi})$는 기어 쌍 i에서 발생한 굽힘(표면 마모) 응력, 그리고 $\sigma_{bmax}(\sigma_{wmax})$는 최대 허용굽힘(표면 마모) 응력이다. 이러한 문제는 다단계 의사결정 문제로 취급할 수 있으므로 동적 계획법을 사용하여 해결할 수 있다.

9.10.4 최소비용 배수시스템 설계

동적 계획법을 사용하여 최소 건설비용으로 우수 또는 오수에 대한 지하 배수시스템들을 효율적으로 설계할 수 있다[9.14]. 전형적으로 배수시스템은 그림 9.21과 같이 가지관망으로 형성된다. 관망 구배는 유출부를 향해 하향 구배로서 중력을 이용하여 오수를 출구로 이송한다. 모든 배관 접합부에서 청소 및 유지관리 목적으로 맨홀을 설치한다.

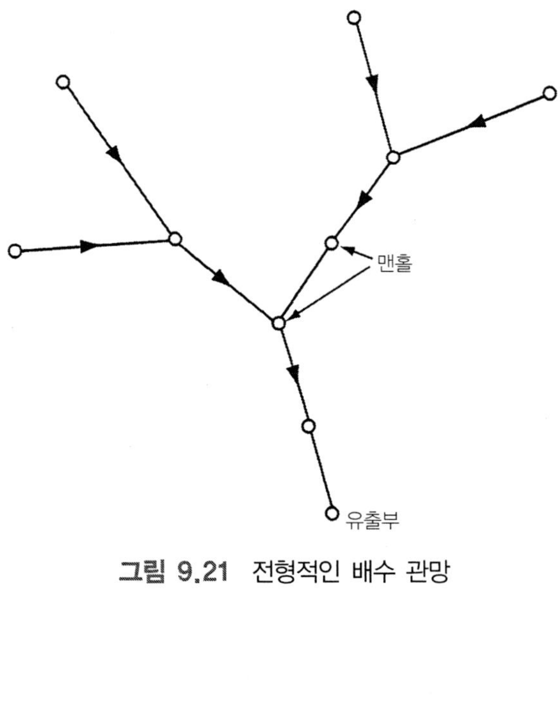

그림 9.21 전형적인 배수 관망

대표적인 3-요소 배관 분절은 그림 9.22와 같다. 한 요소의 설계는 배관 직경, 배관 구배, 그리고 배관의 평균 깊이(D_i, h_{i-1}, h_i)를 선정하는 것으로 구성된다. 한 요소의 건설비용 R_i는 배관비용, 상류측 맨홀 비용, 그리고 굴착, 뒷채움, 그리고 다짐과 관련된 토공을 포함한다. 다음과 같이 일부 제약들을 기술할 수 있다.

1. 배관은 반드시 명시된 유량을 토출하여야 한다.
2. 유속은 반드시 충분히 커야 한다.
3. 배관 구배는 반드시 명시된 최소 수치보다 커야 한다.
4. 배관 깊이는 반드시 표면하중으로부터 손상되는 것을 방지하기 위해 충분하여야 한다.

이러한 최적설계 문제는 동적 계획 문제로 작성하여 해결할 수 있다.

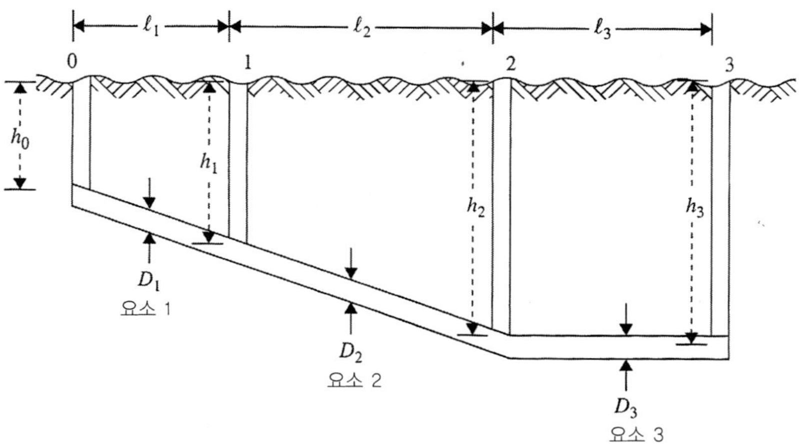

(a)

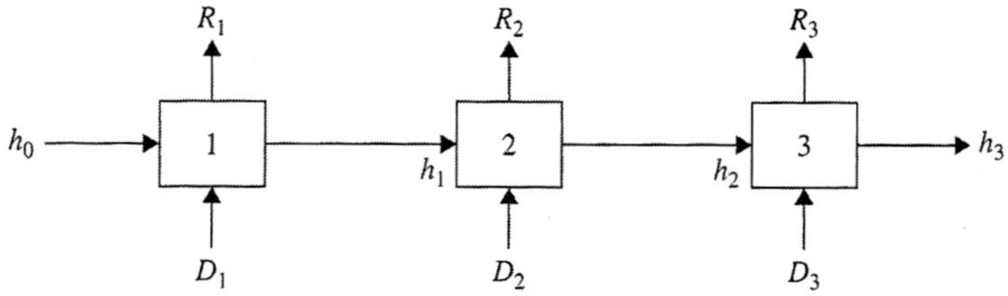

(b)

그림 9.22 3-요소 배관 분절의 표현 [9.14]

REFERENCES AND BIBLIOGRAPHY

9.1 R. S. Schechter, *The Variational Method in Engineering*, McGraw-Hill, New York, 1967.

9.2 R. E. Bellman, *Dynamic Programming*, Princeton University Press, Princeton, NJ, 1957.

9.3 G. Hadley, *Nonlinear and Dynamic Programming*, Addison-Wesley, Reading, MA, 1964.

9.4 L. S. Lasdon, *Optimization Theory for Large Systems*, Macmillan, New York, 1970.

9.5 B. G. Neal, *Structural Theorems and Their Applications*, Pergamon Press, Oxford, UK, 1964.

9.6 R. E. Bellman and S. E. Dreyfus, *Applied Dynamic Programming*, Princeton University Press, Princeton, NJ, 1962.

9.7 G. L. Nemhauser, *Introduction to Dynamic Programming*, Wiley, New York, 1966.

9.8 S. Vajda, *Mathematical Programming*, Addison-Wesley, Reading, MA, 1961.

9.9 O.L.R. Jacobs, *An Introduction to Dynamic Programming*, Chapman & Hall, London, 1967.

9.10 R. J. Aguilar, *Systems Analysis and Design in Engineering, Architecture, Construction and Planning*, Prentice-Hall, Englewood Cliffs, NJ, 1973.

9.11 A. C. Palmer, Optimal structure design by dynamic programming, *ASCE Journal of the Structural Division*, Vol. 94, No. ST8, pp. 1887–1906, 1968.

9.12 D. J. Sheppard and A. C. Palmer, Optimal design of transmission towers by dynamic programming, *Computers and Structures*, Vol. 2, pp. 455–468, 1972.

9.13 J. A. S. Ferreira and R. V. V. Vidal, Optimization of a pump–pipe system by dynamic programming, *Engineering Optimization*, Vol. 7, pp. 241–251, 1984.

9.14 G. A. Walters and A. B. Templeman, Non-optimal dynamic programming algorithms in the design of minimum cost drainage systems, *Engineering Optimization*, Vol. 4, pp. 139–148, 1979.

9.15 J. S. Gero, P. J. Sheehan, and J. M. Becker, Building design using feedforward nonserial dynamic programming, *Engineering Optimization*, Vol. 3, pp. 183–192, 1978.

9.16 J. S. Gero and A. D. Radford, A dynamic programming approach to the optimum lighting problem, *Engineering Optimization*, Vol. 3, pp. 71–82, 1978.

9.17 W. S. Duff, Minimum cost solar thermal electric power systems: a dynamic programming based approach, *Engineering Optimization*, Vol. 2, pp. 83–95, 1976.

9.18 M. J. Harley and T. R. E. Chidley, Deterministic dynamic programming for long term reservoir operating policies, *Engineering Optimization*, Vol. 3, pp. 63–70, 1978.

9.19 S. G. Dhande, *Reliability Based Design of Gear Trains: A Dynamic Programming Approach*, Design Technology Transfer, ASME, New York, pp. 413–422, 1974.

9.20 S. S. Rao and G. Das, Reliability based optimum design of gear trains, *ASME Journal of Mechanisms, Transmissions, and Automation in Design*, Vol. 106, pp. 17–22, 1984.

9.21 A. C. Palmer and D. J. Sheppard, Optimizing the shape of pin-jointed structures, *Proceedings of the Institution of Civil Engineers*, Vol. 47, pp. 363–376, 1970.

9.22 U. Kirsch, *Optimum Structural Design: Concepts, Methods, and Applications*, McGraw-Hill, New York, 1981.

9.23 A. Borkowski and S. Jendo, *Structural Optimization*, Vol. 2—*Mathematical Programming*, M. Save and W. Prager (eds.), Plenum Press, New York, 1990.

9.24 L. Cooper and M. W. Cooper, *Introduction to Dynamic Programming*, Pergamon Press, Oxford, UK, 1981.

9.25 R. E. Larson and J. L. Casti, *Principles of Dynamic Programming,* Part I—*Basic Analytic and Computational Methods*, Marcel Dekker, New York, 1978.

9.26 D. K. Smith, *Dynamic Programming: A Practical Introduction*, Ellis Horwood, Chichester, UK, 1991.

9.27 W. F. Stoecker, *Design of Thermal Systems*, 3rd ed., McGraw-Hill, New York, 1989.

CHAPTER 10

정수 계획법

10.1 소개

지금까지 고려한 모든 최적화 기법들은 결정변수가 모두 실수임을 가정하고 있지만, 예를 들어 보일러 제작시 2.6 mm 두께의 강판, 프로젝트 동안 3.34시간 노동력, 그리고 비료를 생산하기 위해 1.78 lb의 질소 등과 같이 많은 상황에서 분수 해를 갖게 된다. 또한 예를 들어 열교환기 내 물을 수송하는 배관의 직경이 오직 ⅛인치 간격으로 제작되는 것처럼 많은 공학 시스템에서 특정 설계변수를 이산 수치만으로 제한할 수 있다. 그러나 예를 들어, 열 발전소에서 1.6개의 보일러, 프로젝트에서 1.9인의 인력, 제작소에서 2.76개의 선반 등의 값을 사용하는 것이 불가능한 것처럼, 실제 상황에서는 분수값을 갖는 설계변수들이 실용적이지 못하거나 물리적인 의미를 갖지 못하는 경우도 있다. 이때 만일 정수해를 원하면 앞에서 기술한 임의 기법들을 사용하여 얻은 최적해를 가장 가까운 정수로 반올림하는 것이 가능할 수도 있겠지만 모든 제약을 위반하지 않고 해를 반올림하는 것은 매우 어렵다. 또한, 특정 변수를 반올림하면서 동시에 모든 제약들을 만족하기 위해서는 다른 변수들의 값에 대한 상당한 변화가 필요할 수도 있을 뿐 아니라 반올림한 해는 원래 최적값과 상당히 다른 목적함수 값을 제공할 수도 있다. 하지만 이러한 최적화 문제를 정수 계획 문제로 만들어 해결하면 모든 어려움을 방지할 수 있다.

모든 변수들이 오직 정수만 되도록 제한한 최적화 문제를 **순수-정수 계획 문제**(all-integer programming problem)라 부르며, 변수들이 오직 이산 수치들만을 취하도록 제한되는 문제를 **이산 계획 문제**(discrete programming problem)라 한다. 또한, 오직 일부 변수들만이 정수(이산, discrete)를 취하도록 제한된 최적화 문제를 **혼합(이산)-정수 계획 문제**(mixed-inter(discrete) programming problem)라 하고, 모든 설계변수들이 오직 수치 1 또는 0만을 취할 수 있는 최적화 문제를 **0-1 계획 문제**(zero-one programming problem)라 부른다. 정수와 혼합-정수 선형 계획 문제들을 해결하기 위해 사용할 수 있는 기법으로는 Gomory의 절단평면(cutting plane) 알고리즘[10.7]과 Land & Doig의 분지한정(brach-and-bound) 알고리즘[10.8]이 매우 잘 알려져 있다. 0-1 선형 계획 문제는 절단평면 또는 분지한계 알고리즘으로 해결할 수 있지만, Balas[10.9]에 의해 효율적인 열거형(enumerative) 알고리즘이 개발되었다. 정수 비선형 계획 분야에 대한 연구는 아주 미미하며, 정수 및 혼합-정수 비선형 계획 문제는 일반화된 패널티 함수 방법과 순차적 선형 정수(이산) 계획법으로 해결할 수 있다. 정수 계획 문제를 해결하는 기법들을 표 10.1에 요약하고, 본 장에서 이 모든 기법들을 간략하게 기술하기로 한다.

표 10.1 정수 계획법

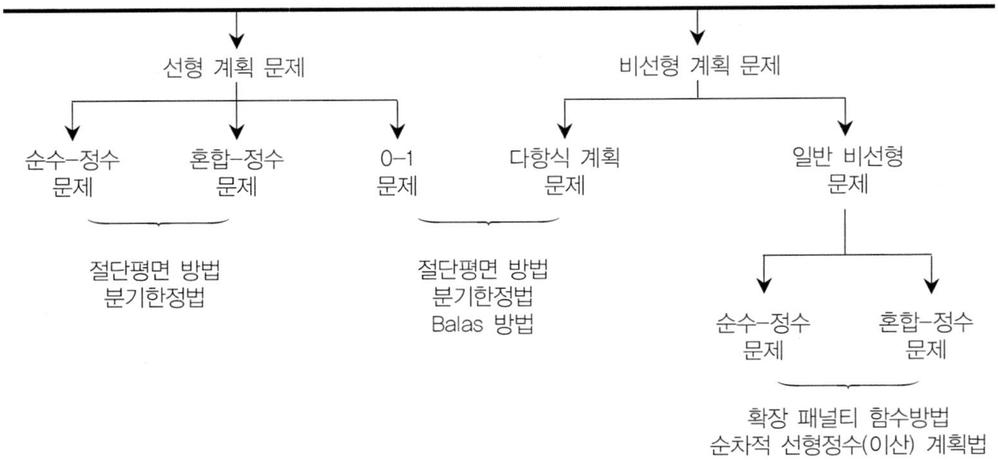

정수 선형 계획법

10.2 그래프 표현

아래의 정수 계획 문제에 대해 알아보자.

$$Max \quad f(\boldsymbol{X}) = 3x_1 + 4x_2$$

subject to

$$\begin{aligned} &3x_1 - x_2 \le 12 \\ &3x_1 + 11x_2 \le 66 \\ &x_1 \ge 0 \\ &s_2 \ge 0 \\ &x_1,\ x_2 \ : \text{정수} \end{aligned} \qquad 10.1$$

위의 문제에서 정수의 제약을 무시하고 그래프로 표현하면 그림 10.1과 같으며 그 해는

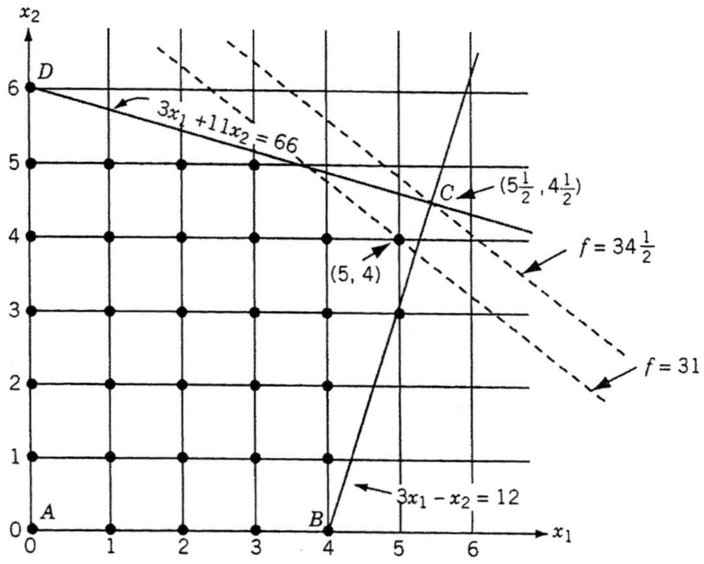

그림 10.1 식 10.1에 기술된 문제의 그래프 해결

다음과 같다.

$$x_1 = 5\frac{1}{2}, \quad x_2 = 4\frac{1}{2}, \quad f = 34\frac{1}{2}$$

하지만 이 해는 정수가 아니므로 분수 부분을 절삭하면 새로운 해는

$$x_1 = 5, \quad x_2 = 4, \quad f = 31$$

와 같다. 이 해를 가변영역의 다른 모든 정수 점들(그림 10.1에서 점들로 표현)과 목적함수 값을 비교하면 이 해는 식 10.1의 정수 선형 계획 문제에 대한 최적해인 것을 알 수 있다.

그러나 선형 계획 문제의 해의 분수 부분을 절삭하여 항상 정수 선형 계획 문제에 상응하는 최적해를 얻는 것이 가능하지 않을 수 있다. 만약 식 10.1에서 제약 $3x_1 + 11x_2 \leq 66$을 $7x_1 + 11x_2 \leq 88$로 변경하면 정수의 제약을 고려하지 않은 선형 계획 문제의 해와 가변영역은 그림 10.2와 같고, 이 선형 계획 문제의 최적해는 변경하기 전의 문제의 해와 동일하다. 즉,

$$x_1 = 5\frac{1}{2}, \quad x_2 = 4\frac{1}{2}, \quad f = 34\frac{1}{2}$$

이다. 이때 이 해의 분수 부분을 절삭하면 $x_1 = 5$, $x_2 = 4$, $f = 31$이 되어 앞의 예에서는 비록 이 절삭된 해가 우연히 정수 계획 문제에 상응하는 최적해가 되었지만 이 변경된

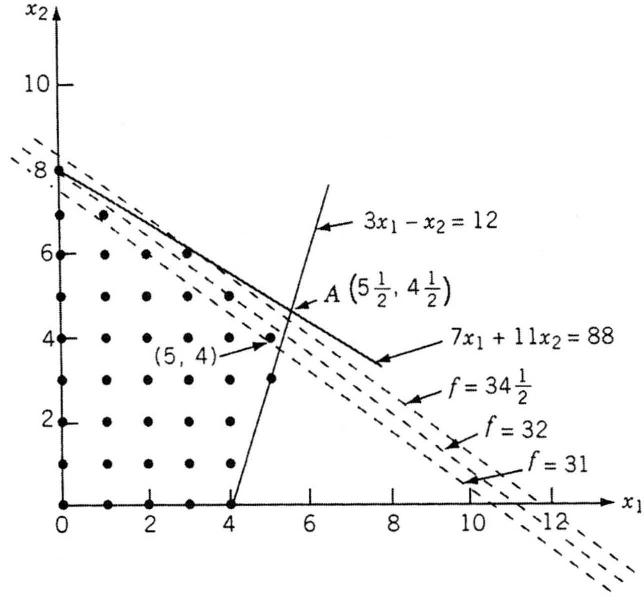

그림 10.2 제약이 변경된 문제의 그래프 해결

정수 계획 문제의 최적해는

$$x_1{}^* = 0, \quad x_2{}^* = 8, \quad f^* = 32$$

와 같다.

10.3 Gomory의 절단평면(Cutting Plane) 방법

10.3.1 절단평면의 개념

Gomory 방법은 절단평면을 생성하는 것을 고안하여 개발된 방법이다. 절단평면의 개념을 설명하기 위해 식 10.1에 기술된 문제를 다시 보면 그림 10.1에서 문제의 가변영역은 $ABCD$가 되고, 정수의 제약을 고려하지 않을 경우 문제의 최적해는 점 C, 즉 $x_1 = 5\frac{1}{2}$, $x_2 = 4\frac{1}{2}$, $f = 34\frac{1}{2}$가 되지만 x_1과 x_2가 정수가 아니므로 정수 계획 문제의 최적해는 아니다. 그림 10.1에서 표시한 문제의 가변영역의 정수점들을 **정수 격자점**(integer lattice points)이라고 한다.

그림 10.3에서 보는 바와 같이 임의로 선정된 제약들이 추가될 경우의 가변영역은 $ABEFGD$로 축소된다. 이러한 제약들의 추가 배경은 원래 볼록 가변영역 $ABCD$를 축소하여 그 축소된 가변영역의 한 극점이 정수 계획 문제의 정수 최적해가 되도록 하는 것

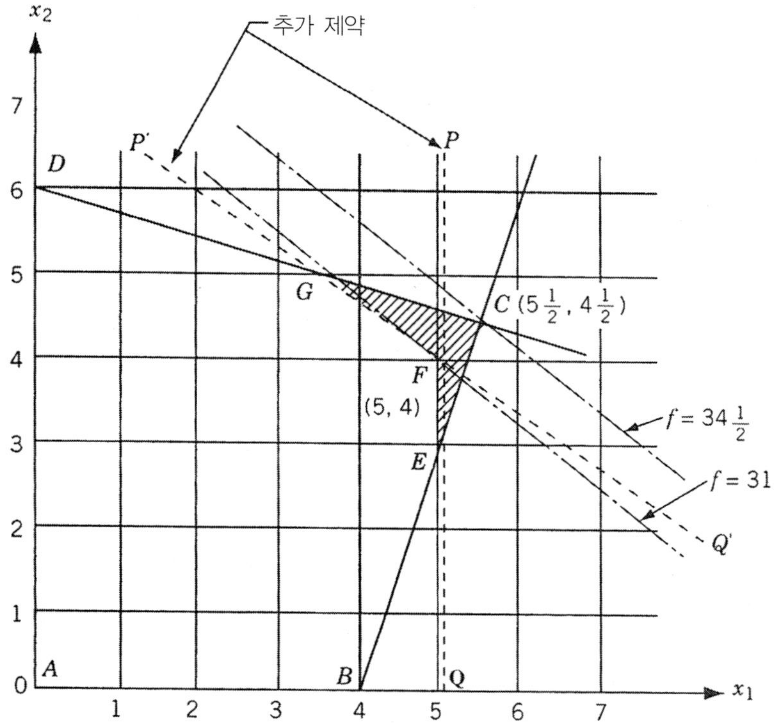

그림 10.3 추가 제약들의 영향

이다. 즉, 새로운 볼록 가변영역 $ABEFGD$로 축소하는 것이다. 추가 제약들을 선정할 때 두 개의 주된 사항은 (1) 반드시 새로운 가변영역도 볼록집합이 되어야 하고, (2) 추가 제약들로 인해 잘려 나가는 원래 가변영역의 부분은 정수점을 포함해서는 안 된다.

그림 10.3에서 두 개의 추가 제약들 PQ와 $P'Q'$을 선택하여 포함하면 식 10.1에서 기술한 정수 계획 문제의 최적해가 되는 극점 $F(x_1 = 5,\ x_2 = 4,\ f = 31)$을 얻을 수 있다. Gomory 방법에서는 이러한 추가 제약들을 체계적인 방법으로 형성하고 있다.

10.3.2 순수-정수 계획 문제에 대한 Gomory 방법

이 방법에서는 식 10.1에서 정수 제약이 없는 선형 계획 문제를 먼저 해결한다. 이때 만일 변수의 최적해가 우연히 정수가 되면 더 이상 할 일이 없다. 반면에 하나 이상의 기본변수가 분수값을 가지면 **Gomory 제약**으로 알려진 일부 제약들을 추가하여 정수해를 갖도록 해야 한다. 어떻게 Gomory 제약을 생성하는지 살펴보기 위해 표 10.2를 정수제약이 없는 선형 계획문제의 최적해(정수가 아닌) 단계에서 나타나는 표라고 하자. 여기서 전체 $m+n$개의 변수(원래 변수 n개와 이완변수 m개)를 가정하고, 편의를 위해 최적해에서 기본변수들을 $x_i(i = 1,\ 2,\ \cdot\ \cdot\ \cdot\ ,\ m)$로 그리고 비기본변수들을 $y_j(j = 1,\ 2,\ \cdot\ \cdot\ \cdot\ ,\ n)$

표 10.2 정수가 아닌 선형 계획 문제의 최적해

기본 변수	계수 행렬								목적함수	우변상수
	x_1	$x_2 \cdots$	$x_i \cdots$	x_m	y_1	$y_2 \cdots$	$y_j \cdots$	y_n		
x_1	1	0	0	0	$\bar{a}_{11}$	$\bar{a}_{12}$	$\bar{a}_{1j}$	$\bar{a}_{1n}$	0	$\bar{b}_1$
x_2	0	1	0	0	$\bar{a}_{21}$	$\bar{a}_{22}$	$\bar{a}_{2j}$	$\bar{a}_{2n}$	0	$\bar{b}_2$
$\vdots$										
x_i	0	0	1	0	$\bar{a}_{i1}$	$\bar{a}_{i2}$	$\bar{a}_{ij}$	$\bar{a}_{in}$	0	$\bar{b}_i$
$\vdots$										
x_m	0	0	0	1	$\bar{a}_{m1}$	$\bar{a}_{m2}$	$\bar{a}_{mj}$	$\bar{a}_{mn}$	0	$\bar{b}_m$
f	0	0	0	0	$\bar{c}_1$	$\bar{c}_2$	$\bar{c}_j$	$\bar{c}_n$	1	$\bar{f}$

으로 표현한다.

Gomory 제약 표 10.2로부터 소수점 이하가 가장 큰 값을 갖는 기본변수를 선택하고 x_i라 하자. 이때 동일한 값을 갖는 기본변수가 있으면 임의로 선택한다. 이제 표 10.2의 i번째 식으로부터 이 변수 x_i를 표현하면

$$x_i = \bar{b}_i - \sum_{j=1}^{n} \bar{a}_{ij} y_j \qquad 10.2$$

와 같다. 여기서 $\bar{b}_i$는 정수가 아니므로, $\bar{b}_i$와 $\bar{a}_{ij}$로부터 분수 부분을 절삭하여 얻은 정수들을 $\hat{b}_i$와 $\hat{a}_{ij}$라 하면

$$\bar{b}_i = \hat{b}_i + \beta_i \qquad 10.3$$

$$\bar{a}_{ij} = \hat{a}_{ij} + \alpha_{ij} \qquad 10.4$$

와 같이 표현된다. 따라서 β_i는 $0 < \beta_i < 1$인 양수 분수이고, α_{ij}는 $0 \le \alpha_{ij} \le 1$인 비음수 분수이다. 식 10.3과 10.4를 식 10.2에 대입하면

$$\beta_i - \sum_{j=1}^{n} \alpha_{ij} y_j = x_i - \hat{b}_i + \sum_{j=1}^{n} \hat{a}_{ij} y_j \qquad 10.5$$

와 같다. 한편, 모든 변수 x_i와 y_j는 최적해에서 정수가 되어야 하므로 식 10.5의 우변은 반드시 정수가 되어야 한다. 따라서

$$\beta_i - \sum_{j=1}^{n} \alpha_{ij} y_j = \text{정수} \qquad 10.6$$

이다. 위의 식에서 α_{ij}는 비음수 분수이고 y_j는 비음수 정수이므로 $\sum_{j=1}^{n} \alpha_{ij} y_j$는 항상 비음수 값이 된다. 또한 β_i는 $0 < \beta_i < 1$이므로 다음의 관계식

$$\left(\beta_i - \sum_{j=1}^{n} \alpha_{ij} y_j\right) \le \beta_i \le 1 \qquad 10.7$$

이 성립한다. 또한 식 10.6으로부터 $\left(\beta_i - \sum_{j=1}^{n} \alpha_{ij} y_j\right)$는 반드시 정수가 되어야 하므로 0 또는 음의 정수가 된다. 따라서 다음의 제약식

$$+\beta_i - \sum_{j=1}^{n} \alpha_{ij} y_j \le 0 \qquad 10.8$$

에 비음수 이완변수 s_i를 더하면 Gomory 추가 제약식은

$$s_i - \sum_{j=1}^{n} \alpha_{ij} y_j = -\beta_i \qquad 10.9$$

이 된다. 이때 식 10.8의 좌변이 정수이므로 s_i도 반드시 정수가 되어야 한다.

계산 절차 Gomory의 추가 제약식이 유도되면 선형 계획 문제의 최종 단계 표(표 10.2)의 새로운 행에 추가 제약의 계수들이 삽입된다. 표 10.2에서 모든 $y_j = 0$이므로 Gomory 제약식 10.9는

$$s_i = -\beta_i = \text{음수}$$

이 되고 이는 가변영역의 점이 아니다. 즉, 구한 최적해는 이 새로운 제약을 만족하지 않음을 의미한다. 이때 새로운 제약식 10.9를 만족하는 새로운 최적해를 얻기 위해 제4장에서 다룬 쌍대 심플렉스 방법을 사용할 수 있다. Gomory 제약을 추가한 후 새로운 표는 표 10.3과 같다.

쌍대 심플렉스 방법을 적용하여 새로운 최적해를 구한 후, 새로운 해가 모두 정수인지 여부를 확인하여 모두 정수이면 과정은 종료된다. 반면에 새로운 해의 어떤 기본변수가 분수값이면 심플렉스 표로부터 새로운 Gomory 추가 제약을 유도하고 쌍대 심플렉스 방법을 다시 적용한다. 이러한 절차를 최적 정수해를 얻거나, 또는 정수해를 갖지 않는 것으로 판명될 때까지 계속 반복한다.

표 10.3 Gomory 제약이 추가된 최적 단계

기본 변수	상응 계수								f	s_i	상수
	x_1	$x_2 \cdots$	$x_i \cdots$	x_m	y_1	$y_2 \cdots$	$y_j \cdots$	y_n			
x_1	1	0	0	0	$\bar{a}_{11}$	$\bar{a}_{12}$	$\bar{a}_{1j}$	$\bar{a}_{1n}$	0	0	$\bar{b}_1$
x_2	0	1	0	0	$\bar{a}_{21}$	$\bar{a}_{22}$	$\bar{a}_{2j}$	$\bar{a}_{2n}$	0	0	$\bar{b}_2$
⋮											
x_i	0	0	1	0	$\bar{a}_{i1}$	$\bar{a}_{i2}$	$\bar{a}_{ij}$	$\bar{a}_{in}$	0		$\bar{b}_i$
⋮											
x_m	0	0	0	1	$\bar{a}_{m1}$	$\bar{a}_{m2}$	$\bar{a}_{mj}$	$\bar{a}_{mn}$	0	0	$\bar{b}_m$
f	0	0	0	0	$\bar{c}_1$	$\bar{c}_2$	$\bar{c}_j$	$\bar{c}_n$	1	0	$\bar{f}$
s_i	0	0	0	0	$-\alpha_{i1}$	$-\alpha_{i2}$	$-\alpha_{ij}$	$-\alpha_{in}$	0	1	$-\beta_i$

주의

1. 만일 주어진 (원시) 문제에 대한 가변영역의 정수해가 존재하지 않으면 쌍대문제에 대한 비유계된 조건을 확인함으로써 이를 감지할 수 있다.
2. 식 10.9의 불가변성(infeasibility)을 제거하기 위한 쌍대 심플렉스 방법의 적용은 정수인 최적해를 구하기 위해 정수제약 없는 원래 문제의 최적해를 잘라내는 것과 동치가 된다.
3. 이 방법은 수치 연산 과정에서 발생하는 반올림오차와 관련된 심각한 단점을 갖고 있다. 이러한 반올림오차로 인해 궁극적으로 그릇된 정수의 최적해를 가질 수 있다. 소수점 대신 분수로 숫자를 저장하여 이를 극복할 수 있지만 계산된 분수 숫자의 분자와 분모들의 크기는 컴퓨터 용량을 초과할 수도 있다. Gomory가 개발한 순수-정수 계획법 알고리즘을 사용하면 이 어려움을 피할 수 있다[10.10].
4. 정수제약 없는 선형 계획 문제의 최적해를 얻기 위해 가변영역의 기본해부터 시작하고(phase II의 시작부에서) 최적해를 얻을 때까지 가변영역의 기본해들을 순차적으로 구한다. 이때는 만일 어떤 이유로 이 과정의 어떤 단계에서 연산이 중지되어야 한다면 현재 가변영역의 기본해를 최적근사해로 취할 수 있다. 그러나 정수 계획 문제에 Gomory 방법을 적용할 때는 전체 문제가 해결될 때까지 정수해를 얻을 수 없기 때문에 처리과정 중간에 연산이 종료되어야 하는 경우에는 정수도 아닌 해를 최적근사해로 선택할 수가 없다.
5. 앞에서 언급한 방법에 의하면 해가 완만하게 수렴할 때 추가될 Gomory 제약의 수는 매우 증가하고, 각 Gomory 제약이 추가될 때마다 이완변수와 제약이 하나씩 추가되므로 문제의 크기도 또한 계속 커지게 된다. 그러나 추가된 표를 보면 제약들의 전체 수는 원래 문제에서 변수들의 수(즉, $n+m$)를 초과하지 않는 것을 알 수 있다. 즉, 원래의 문제는 $n+m$개 변수로 표현된 m개의 등식 제약과 n개의 비기본변수를 갖는다. 이때 Gomory 제약이 추가되면 제약의 수와 변수의 수는 하나씩 증가되나 비기본변수들의 수는 n을 유지하게 된다. 따

라서 Gomory 제약이 계속 추가된다 하더라도 기껏해야 추가제약의 n개 이완변수만이 비기본변수가 되므로 그 이상의 추가된 Gomory 제약은 필요없는 잉여제약이 된다. 다시 말해 n개의 Gomory 추가제약들이 추가되고, $(n+1)$번째 제약이 존재하면(기본변수이며 양인 이완변수를 갖고) 나머지 제약들로 그 제약식을 생성할 수 있음을 의미한다. 따라서 Gomory 제약의 이완변수가 가변영역의 기본해가 되면 임의의 Gomory 추가제약을 제거할 수 있다.

예제 10.1

Gomory 절단평면 방법으로 다음의 최적화 문제를 해결하라.

$$Min \quad f = -3x_1 - 4x_2$$

subject to

$$\begin{aligned} &3x_1 - x_2 + x_3 = 12 \\ &3x_1 + 11x_2 + x_4 = 66 \\ &x_i \geq 0, \quad i = 1 \ to \ 4 \\ &all \ x_i \ are \ integers \end{aligned}$$

위의 문제는 식 10.1의 문제에 이완변수 x_3과 x_4를 추가한 문제와 동일하다.

[풀이]

단계 1 심플렉스 방법을 사용하여 변수 $x_i (i = 1 \ to \ 4)$의 정수 제약이 없는 선형 계획 문제를 해결한다. 즉,

B.V	변수				$-f$	$\bar{b}_i$	$\bar{b}_i / \bar{a}_{is}$ for $\bar{a}_{is} > 0$
	x_1	x_2	x_3	x_4			
x_3	3	−1	1	0	0	12	
x_4	3	11	0	1	0	66	6
$-f$	−3	−4	0	0	1	0	

B.V: 기본변수, □ 피봇요소, ⬚ 날변수 선택, ⬚ 들변수 선택

피봇 결과

B.V	변수				$-f$	$\bar{b}_i$	$\bar{b}_i / \bar{a}_{is}$ for $\bar{a}_{is} > 0$
	x_1	x_2	x_3	x_4			
x_3	36/11	0	1	1/11	0	18	11/2
x_2	3/11	1	0	1/11	0	6	22
$-f$	−21/11	0	0	4/11	1	24	

B.V: 기본변수, □ 피봇요소, ⬚ 날변수 선택, ⬚ 들변수 선택

피봇 결과

B.V	변수 x_1	x_2	x_3	x_4	$-f$	$\bar{b}_i$	$\bar{b}_i/\bar{a}_{is}$ for $\bar{a}_{is}>0$
x_1	1	0	11/36	1/36	0	11/2	
x_2	0	1	−1/12	1/12	0	9/2	
$-f$	0	0	7/12	5/12	1	69/2	

모든 비용계수들이 비음수이므로 최종 단계가 되며 최적해는

$$x_1=\frac{11}{2},\quad x_2=\frac{9}{2},\quad x_3=0,\quad x_4=0,\quad f_{min}=-\frac{69}{2}$$

와 같고, 10.2절에서 그래프를 이용하여 얻은 해와 동일하다.

단계 2 Gomory 제약 생성 상기 해는 정수가 아니므로 최종 표에 하나의 Gomory 제약을 추가하여야 한다. x_1과 x_2의 분수 부분이 동일하므로 가장 큰 분수값을 갖는 기본변수 x_1를 선택한다. 위의 최종 단계의 표에서 x_1에 상응하는 행, 즉 등식으로부터 x_1을 구하면

$$x_1=\frac{11}{2}-\frac{11}{36}y_1-\frac{1}{36}y_2 \qquad \text{E.1}$$

이 된다. 위에서 비기본변수 x_3과 x_4 대신에 y_1과 y_2을 사용한다. 식 E.1을 식 10.2~10.4와 비교하여 다음 결과를 얻는다.

$$i=1,\qquad \bar{b}_1=\frac{11}{2},\quad \hat{b}_1=5,\qquad \beta_1=\frac{1}{2}$$

$$\bar{a}_{11}=\frac{11}{36},\quad \hat{a}_{11}=0,\quad \alpha_{11}=\frac{11}{36}$$

$$\bar{a}_{12}=\frac{1}{36},\quad \hat{a}_{12}=0,\quad \alpha_{12}=\frac{1}{36}$$

이제 식 10.9로부터 s_1을 새로운 비음수 (정수) 이완변수라 할 때, Gomory 제약을 구하면

$$s_1-\alpha_{11}y_1-\alpha_{12}y_2=-\beta_1 \qquad \text{E.2}$$

로부터

$$s_1 - \frac{11}{36}y_1 - \frac{1}{36}y_2 = -\frac{1}{2} \qquad \text{E.3}$$

이 된다. 이 제약식을 위의 최적단계 표에 추가한 새로운 표는 다음과 같다.

B.V	변수				$-f$	s_1	$\bar{b}_i$	$\bar{b}_i/\bar{a}_{is}$ for $\bar{a}_{is}>0$
	x_1	x_2	y_1	y_2				
x_1	1	0	11/36	1/36	0	0	11/2	
x_2	0	1	−1/12	1/12	0	0	9/2	
$-f$	0	0	7/12	5/12	1	0	69/2	
s_1	0	0	−11/36	−1/36	0	1	−1/2	

단계 3 새로운 최적해를 구하기 위해 쌍대 심플렉스 방법을 적용한다. 피봇연산을 수행하기 위해 $\bar{b}_i$의 가장 큰 음의 값에 대응하는 피봇행을 선정하면 s_1행이 이에 해당되고,

$$\frac{\bar{c}_s}{-\bar{a}_{rs}} = \min_{\bar{a}_{rj}<0}\left(\frac{\bar{c}_j}{-\bar{a}_{rj}}\right)$$

즉,

$$y_1\text{열}: \quad \frac{\bar{c}_j}{-\bar{a}_{rj}} = \frac{7}{12}\times\frac{36}{11} = \frac{21}{11}$$

$$y_2\text{열}: \quad = \frac{5}{12}\times\frac{36}{1} = 15$$

로부터 21/11과 15 중 최소는 21/11이므로 피봇요소는 −11/36이 된다. 따라서 피봇연산 결과는 다음 표와 같다.

B.V	변수				$-f$	s_1	$\bar{b}_i$	$\bar{b}_i/\bar{a}_{is}$ for $\bar{a}_{is}>0$
	x_1	x_2	y_1	y_2				
x_1	1	0	0	0	0	1	5	
x_2	0	1	0	1/11	0	−3/11	51/11	
$-f$	0	0	0	4/11	1	21/11	369/11	
s_1	0	0	1	1/11	0	−36/11	18/11	

현재 표가 제공하는 최적해는

$$x_1 = 5, \quad x_2 = 4\frac{7}{11}, \quad y_1 = 1\frac{7}{11}, \quad f_{min} = -33\frac{6}{11}$$

와 같지만 일부 변수는 아직도 정수가 아니다.

단계 4 새로운 Gomory 제약 생성 새로운 Gomory 제약을 생성하기 위해 가장 큰 분수값을 갖는 x_2를 임의로 선택한다(x_2와 y_1의 분수값은 공히 7/11이므로). 따라서 x_2에 상응하는 행의 방정식으로부터

$$x_2 = \frac{51}{11} - \frac{1}{11}y_2 + \frac{3}{11}s_1$$

이 되고, Gomory 추가 제약식(식 10.9)은

$$s_2 - \frac{1}{11}y_2 + \frac{3}{11}s_1 = -\frac{7}{11}$$

와 같다. 앞선 최적단계의 표에 위의 제약을 추가하여 다음 표를 얻는다.

B.V	변수				$-f$	s_1	s_2	$\bar{b}_i$
	x_1	x_2	y_1	y_2				
x_1	1	0	0	0	0	1	0	5
x_2	0	1	0	1/11	0	−3/11	0	51/11
y_1	0	0	1	1/11	0	−36/11	0	18/11
$-f$	0	0	0	4/11	1	21/11	0	369/11
s_2	0	0	0	−1/11	0	3/11	1	−7/11

단계 5 새로운 최적해를 구하기 위해 쌍대 심플렉스 방법을 적용한다. 피봇연산을 수행하기 위해 $\bar{b}_i$의 가장 큰 음수 수치에 상응하는 피봇행을 선정하면 상기 표에서 s_2행이 이에 해당된다.

열 y_2에 상응하는 유일한 $\bar{a}_{rj}$는 음수이므로 s_2 행에서 피봇요소는 −1/11이 된다. 이 성분에 대한 피봇연산 결과는 다음 표와 같다.

B.V	변수				$-f$	s_1	s_2	$\bar{b}_i$
	x_1	x_2	y_1	y_2				
x_1	1	0	0	0	0	1	0	5
x_2	0	1	0	0	0	0	1	4
y_1	0	0	1	0	0	−3	1	1
$-f$	0	0	0	0	1	3	4	31
y_2	0	0	0	1	0	−3	−11	7

따라서 위의 표는 최적단계가 되며, 최적해는

$$x_1 = 5,\quad x_2 = 4,\quad y_1 = 1,\quad y_2 = 7,\quad f_{min} = -31$$

로 모든 변수값이 정수가 되어 정수 계획 문제의 최적해가 된다. ■

10.3.3 혼합-정수 계획 문제에 대한 Gomory 방법

결정변수와 이완변수 모두가 정수값으로 제약되는 순수-정수 계획 문제를 10.3.2절에서 기술한 방법으로 해결하는 것과 같이 일부의 결정변수와 이완변수가 정수값으로 제한되는 혼합-정수 계획 문제도 유사하게 해결할 수 있다.

해결 절차 순수-정수 계획 문제의 경우에서와 같이 혼합-정수 계획 문제를 해결하기 위해 먼저 정수 제약을 고려하지 않은 선형 계획 문제의 최적해를 얻는다. 만일 정수값으로 제약된 기본변수들의 값이 우연히 정수인 최적해이면 더 이상 할 일이 없다. 그렇지 않으면 선형 계획 문제의 최적해에서 가장 큰 분수값을 갖는 정수 제약 기본변수를 택하여 Gomory 추가 제약을 만든다.

최적해에서 가장 큰 분수값을 갖는 기본변수를 x_i라 하자(표 10.2에서와 같이). 이때 비기본변수들을 $y_j(j=1,\ 2,\ \cdot\ \cdot\ \cdot\ , n)$로 표기하면 기본변수 x_i를 다음과 같이 표현할 수 있다(표 10.2로부터).

$$x_i = \bar{b}_i - \sum_{j=1}^{n} \bar{a}_{ij} y_j \qquad 10.2$$

위의 식에서 $\bar{b}_i$의 분수 부분을 절삭하여 얻은 정수를 $\hat{b}_i$라 하고, $\bar{b}_i$의 분수 부분을 β_i라 하면

$$\bar{b}_i = \hat{b}_i + \beta_i \qquad 10.3$$

이 되고, $a_{ij}, j = 1,\ 2, \cdots, n$에 대해

$$\bar{a}_{ij} = a_{ij}^{+} + a_{ij}^{-}, \qquad 10.10$$

$$a_{ij}^{+} = \begin{cases} \bar{a}_{ij} & if\ \bar{a}_{ij} \ge 0 \\ 0 & if\ \bar{a}_{ij} < 0 \end{cases} \qquad 10.11$$

$$a_{ij}^{-} = \begin{cases} 0 & if\ \bar{a}_{ij} \ge 0 \\ \bar{a}_{ij} & if\ \bar{a}_{ij} < 0 \end{cases} \qquad 10.12$$

라고 정의하면, 식 10.2를 다음과 같이 다시 작성할 수 있다.

$$\sum_{j=1}^{n}\left(a_{ij}^{+}+a_{ij}^{-}\right)y_j=\beta_i+\left(\hat{b}_i-x_i\right) \qquad 10.13$$

여기서 가정에 의해 $\bar{b}_i$는 정수가 아니지만 x_i는 정수로 제약된다. 또한, $0<\beta_i<1$이고 $\hat{b}_i$는 정수이므로 $\beta_i+\left(\hat{b}_i-x_i\right)$ 값은 ≥ 0 또는 <0가 될 수 있다. 각각의 경우에 대하여 살펴보자. 먼저

$$\beta_i+\left(\hat{b}_i-x_i\right)\geq 0 \qquad 10.14$$

인 경우에는 x_i가 정수가 되기 위해서는 위의 좌변이

$$\beta_i+\left(\hat{b}_i-x_i\right)=\beta_i \quad \text{또는 } \beta_i+1 \quad \text{또는} \quad \beta_i+2,\cdot\cdot\cdot \qquad 10.15$$

와 같이 되어야 한다. 따라서 식 10.13에서

$$\sum_{j=1}^{n}\left(a_{ij}^{+}+a_{ij}^{-}\right)y_j\geq\beta_i \qquad 10.16$$

이 성립하고, 또한 정의에 의해 a_{ij}^{-}는 비양수(nonpositive)이고, y_j는 비음수(nonnegative)이므로

$$\sum_{j=1}^{n}a_{ij}^{+}y_j\geq\sum_{j=1}^{n}\left(a_{ij}^{+}+a_{ij}^{-}\right)y_j \qquad 10.17$$

이 되어 아래의 관계식이 만족된다.

$$\sum_{j=1}^{n}a_{ij}^{+}y_j\geq\beta_i \qquad 10.18$$

다음의 경우 즉,

$$\beta_i+\left(\hat{b}_i-x_i\right)<0 \qquad 10.19$$

이면 x_i가 정수가 되기 위해서는 반드시 다음과 같아야 한다($0<\beta_i<1$이므로).

$$\beta_i+\left(\hat{b}_i-x_i\right)=-1+\beta_i \quad or \quad -2+\beta_i \quad or \quad -3+\beta_i,\cdot\cdot\cdot \qquad 10.20$$

따라서 식 10.13에서

$$\sum_{j=1}^{n}\left(a_{ij}^{+}+a_{ij}^{-}\right)y_j \leq \beta_i - 1 \tag{10.21}$$

이 성립하고, 또한

$$\sum_{j=1}^{n} a_{ij}^{-}y_j \leq \sum_{j=1}^{n}\left(a_{ij}^{+}+a_{ij}^{-}\right)y_j$$

이므로

$$\sum_{j=1}^{n} a_{ij}^{-}y_j \leq \beta_i - 1 \tag{10.22}$$

의 관계식이 성립하고, 양변에 음수 $(\beta_i - 1)$로 나누면

$$\frac{1}{\beta_i - 1}\sum_{j=1}^{n} a_{ij}^{-}y_j \geq 1 \tag{10.23}$$

이며, 또 양변을 $\beta_i > 0$으로 곱하면

$$\frac{\beta_i}{\beta_i - 1}\sum_{j=1}^{n} a_{ij}^{-}y_j \geq \beta_i \tag{10.24}$$

와 같은 부등식을 얻는다. 지금까지 얻은 관계식 10.18과 10.24 중 하나는 반드시 만족해야 하므로 다음 관계식

$$\sum_{j=1}^{n} a_{ij}^{+}y_j + \frac{\beta_i}{\beta_i - 1}\sum_{j=1}^{n} a_{ij}^{-}y_j \geq \beta_i \tag{10.25}$$

이 성립하고 이 식에 이완변수 s_i를 도입하면 다음의 Gomory 추가 제약식을 얻을 수 있다.

$$s_i = \sum_{j=1}^{n} a_{ij}^{+}y_j + \frac{\beta_i}{\beta_i - 1}\sum_{j=1}^{n} a_{ij}^{-}y_j - \beta_i \tag{10.26}$$

위의 제약식은 변수 x_i가 정수가 되기 이전에도 반드시 만족되어야 하며, 이완변수 s_i는 정수가 될 필요는 없다. 정수제약이 없는 선형 계획 문제의 최적해에서(표 10.2에 의해 주어진) 모두 $y_j = 0$이므로 식 10.26은

$$s_i = -\beta_i = \text{음수}$$

와 같이 되며 이는 추가된 문제의 가변영역의 점이 아니다. 따라서 표 10.2의 하단부에 제약식 10.26을 추가하고 쌍대 심플렉스 방법을 적용한다. 이러한 절차를 혼합 정수 최적

해를 얻을 때까지 반복한다.

토론 Gomory 제약식 10.26을 유도할 때 일부 변수 y_j가 정수제약임을 이용하지 않았다. 변수 y_k에 정수제약이 있으면 식 10.13에서 정수 변수 y_k의 계수 $\bar{a}_{ik}(=a_{ik}^{+}+a_{ik}^{-})$으로부터 임의 정수값을 더하거나 뺀다는 것은 x_i에 정수값을 빼거나 더하는 것과 같다. 즉, 정수 δ에 대하여

$$\sum_{j=1}^{n}\bar{a}_{ij}y_j+(\bar{a}_{ik}\pm\delta)y_k=\beta_i+\hat{b}_i-(x_i\mp\bar{\delta}), \qquad \bar{\delta}=\delta y_k\text{: 정수} \qquad 10.27$$

이다. 그러면 식 10.13에서 식 10.18과 10.24을 유도한 방법과 같이 식 10.27을 이용하면 식 10.26에서의 정수 변수 y_k의 계수들이 정수 양만큼 차이가 나는 것 외에는 동일한 식 10.26을 얻을 수 있다. Gomory 제약을 추가하여 가능한 많은 가변영역을 절삭하기 위해 정수 변수들 y_k의 계수들을 가능한 작게 만들어야 하는데 식 10.13(또는 식 10.27)에서 y_j의 계수로 잡을 수 있는 가장 작은 양의 계수는

$$\alpha_{ij}=\bar{a}_{ij}-\hat{a}_{ij}$$

그리고 가장 큰 음의 계수들은

$$-1+\alpha_{ij}=-1+\bar{a}_{ij}-\hat{a}_{ij}$$

임을 알 수 있다. 위에서 $\hat{a}_{ij}$는 $\bar{a}_{ij}$의 소수 부분을 절삭하여 얻은 정수, α_{ij}는 소수 부분이다. 따라서 식 10.26에서 y_j의 계수에 대해 $\bar{a}_{ij}-\hat{a}_{ij}$와 $-1+\bar{a}_{ij}-\hat{a}_{ij}$ 두 표현들 중 하나를 선택하여야 한다. 즉, Gomory 추가 제약식 10.26이 원래 가변영역을 더욱 깊게 절삭하게 만들기 위해 둘 중 작은 것을 선택한다. 이와 같은 방법으로 식 10.26을 다시 작성하면

$$s_i=\underbrace{\sum_j a_{ij}^{+}y_j+\frac{\beta_i}{\beta_i-1}\sum_j(+a_{ij}^{-})y_j}_{\text{정수제약이 없는 } y_i}\quad+\underbrace{\sum_j(\bar{a}_{ij}-\hat{a}_{ij})y_j}_{\substack{\text{정수제약이 있고,}\\ \bar{a}_{ij}-\hat{a}_{ij}\le\beta_i\text{인 } y_i}}$$

$$+\underbrace{\frac{\beta_i}{\beta_i-1}\sum_j(1-\bar{a}_{ij}+\hat{a}_{ij})y_j-\beta_i}_{\substack{\text{정수제약이 있고,}\\ \bar{a}_{ij}-\hat{a}_{ij}\le\beta_i\text{인 } y_i}}$$

와 같이 쓸 수 있다. 위에서 이완변수 s_i는 정수로 제약되지 않는다.

예제 10.2

예제 10.1에서 오직 x_2만이 정수 제약을 갖는 혼합-정수 계획 문제를 해결하라.

[풀이]

단계 1 심플렉스 방법으로 정수 제약을 무시한 선형 계획 문제를 해결하면, 아래의 최적 단계의 표

B.V	변수				$-f$	$\bar{b}_i$
	x_1	x_2	y_1	y_2		
x_1	1	0	11/36	1/36	0	11/2
x_2	0	1	−1/12	1/12	0	9/2
$-f$	0	0	7/12	5/12	1	69/2

에서 최적해는 다음과 같고, 최적해는 정수가 아니다.

$$x_1 = 5\frac{1}{2},\quad x_2 = 4\frac{1}{2},\quad y_1 = y_2 = 0,\quad f_{min} =- 34\frac{1}{2}$$

단계 2 변수 x_2만이 정수로 제약되므로 x_2에 대한 Gomory 제약을 작성한다. 즉, 단계 1의 최적단계의 표의 2행으로부터

$$x_2 = \bar{b}_2 - \bar{a}_{21}y_1 - \bar{a}_{22}y_2,\ \bar{b}_2 = \frac{9}{2},\ \bar{a}_{21} =- \frac{1}{12},\ \bar{a}_{22} = \frac{1}{12}$$

이고, 식 10.3에 따라 $\bar{b}_2 = \hat{b}_2 + \beta_2 \Rightarrow 9/2 = 4 + 1/2$이므로 $\hat{b}_2 = 4$ 그리고 $\beta_2 = \dfrac{1}{2}$이다. 또, 식 10.10으로부터

$$\bar{a}_{21} = a_{21}^{+} + a_{21}^{-}$$

$$\bar{a}_{22} = a_{22}^{+} + a_{22}^{-}$$

에서

$$a_{21}^{+} = 0,\quad a_{21}^{-} =- \frac{1}{12}\qquad (\bar{a}_{21}\text{이 음수이므로})$$

$$a_{22}^{+} = \frac{1}{12,}\quad a_{22}^{-} = 0\qquad (\bar{a}_{22}\text{가 양수이므로})$$

이 된다. 식 10.26으로부터 Gomory의 추가될 제약은

$$s_2 = \sum_{j=1}^{2} a_{2j}^{+} y_j + \frac{\beta_2}{\beta_2 - 1} \sum_{j=1}^{2} a_{2j}^{-} y_j - \beta_2$$

와 같이 표현된다. 위의 s_2는 정수가 될 필요가 없는 이완변수이다. 이제 a_{ij}^{+}, a_{ij}^{-}, β_i의 값들을 위의 식에 대입하면 다음과 같은 제약식을 얻을 수 있다.

$$s_2 + \frac{1}{12} y_1 - \frac{1}{12} y_2 = -\frac{1}{2}$$

또한, 이 제약을 위의 최적단계의 표에 추가하면 다음 표를 얻는다.

B.V	변수				$-f$	s_2	$\bar{b}_i$
	x_1	x_2	y_1	y_2			
x_1	1	0	11/36	1/36	0	0	11/2
x_2	0	1	−1/12	1/12	0	0	9/2
$-f$	0	0	7/12	5/12	1	0	69/2
s_2	0	0	1/12	−1/12	0	1	−1/2

단계 3 위의 LP에 쌍대 심플렉스 방법을 적용하여 새로운 최적해를 구한다. $\bar{b}_i$열에서 −1/2이 유일한 음수이므로 s_2행을 기준으로 피봇연산을 수행해야 하고, s_2행에서 y_2열에 상응하는 $\bar{a}_{ij}$가 유일한 음수 계수이므로 이 성분 −1/12에 대해 피봇연산을 수행하면 피봇연산 결과는 다음 표와 같다.

B.V	변수				$-f$	s_2	$\bar{b}_i$
	x_1	x_2	y_1	y_2			
x_1	1	0	1/3	0	0	1/3	16/3
x_2	0	1	0	0	0	1	4
$-f$	0	0	1	0	1	5	32
y_2	0	0	−1	1	0	−12	6

따라서 위의 표로부터 최적의 정수해는

$$x_1 = \frac{16}{3}, \quad x_2 = 4, \quad y_2 = 6, \ y_1 = 0, \ s_2 = 0, \ f_{min} = -32$$

가 된다. ■

10.4 0–1 계획 문제에 대한 Balas 알고리즘

모든 변수들이 오직 0 또는 1로만 제약되는 0–1(또는 이진수) LP 문제를 해결하는 기법들을 연구하는 것은 다음과 같은 이유 때문에 중요하다.

1. 10.5절에서 다루겠지만 어떤 부류의 비선형 정수 계획 문제들은 동치인 0–1 선형 계획 문제로 변환될 수 있다.
2. 산업, 관리, 그리고 공학 등 광범위한 분야에서 발생하는 많은 문제가 0–1 문제들로 작성될 수 있다. 예를 들어 구조 제어에서 작동기(또는 댐퍼)의 최적 위치를 선정하는 문제를 0–1 문제로 구성할 수 있다. 이때 변수가 0 또는 1이면 특정 위치에서 작동기가 없거나 또는 있는 것 또는 펌프가 off 또는 on되는 것을 의미한다[10.31].

0–1 LP 문제는 Gomory의 절단평면 방법과 Land & Doig의 분지한계(branch-and-bound)법과 같은 일반 정수 선형 계획법에 모든 변수들이 1이하가 되는 제약을 추가하여 해결할 수 있다. 이때 추가 제약은 각 변수들을 0 또는 1 중 하나의 값을 취하도록 제약한다. 하지만 절단평면과 분지한계법 알고리즘은 일반 정수 LP 문제를 해결하기 위해 개발되었으므로 이들은 0–1 LP 문제의 특성을 이용하지 않는다. 따라서 0–1 LP 문제들을 더욱 효율적으로 해결하기 위한 여러 방법들이 제안되어 왔다. 본 절에서는 이진수 변수의 LP 문제를 해결하기 위해 Balas(1965)가 개발한 알고리즘을 기술한다[10.9].

Balas 방법에서는 만일 문제가 n개의 이진수 변수를 가지면, 기술된 제약과 목적함수에 대해 2^n개의 가능한 해들을 양 또는 음성적으로 시험하는 실사(explicit enumeration) 과정을 거친다. 양성적 실사시 오직 수 개의 해들만을 선정하는 영리한 전략을 채택하면 이 방법의 효율성이 나타난다.

이 방법은 모든 n 변수들을 0으로 설정하여 시작하고, 특정 변수들에게 모든 가능한 2^n개의 조합을 시도할 때까지 연속적으로 수치 1을 할당하는 체계적인 절차를 거쳐 최적해 또는 최적해의 비존재성의 결과를 얻는다. 필요한 유일한 연산은 덧셈과 뺄셈이므로 반올림 오차는 존재하지 않는다. 이러한 이유로 이 방법을 때로는 **덧셈 알고리즘**(additive algorithm)이라고도 한다.

표준형 문제 0–1 변수를 갖는 다음 형식의 LP 문제에 대해 알고리즘을 설명하기로 하자.

$$\min_{\boldsymbol{X}=(x_1,x_2,\cdots,x_n)} f(\boldsymbol{X}) = \boldsymbol{C}^T\boldsymbol{X}$$

subject to

$$\boldsymbol{AX} + \boldsymbol{Y} = \boldsymbol{B} \qquad 10.28$$

$$x_i = 0 \quad or \quad 1$$

$$\boldsymbol{Y} \geq 0$$

$$\boldsymbol{C} = \begin{bmatrix} c_1 \\ c_2 \\ \cdot \\ \cdot \\ c_n \end{bmatrix} \geq 0, \quad \boldsymbol{Y} = \begin{bmatrix} y_1 \\ y_2 \\ \cdot \\ \cdot \\ y_m \end{bmatrix}, \quad \boldsymbol{B} = \begin{bmatrix} b_1 \\ b_2 \\ \cdot \\ \cdot \\ b_m \end{bmatrix}$$

$$\boldsymbol{A} = \begin{bmatrix} a_{11} & a_{12} & \cdot\cdot\cdot & a_{1n} \\ a_{21} & a_{22} & \cdot\cdot\cdot & a_{2n} \\ \cdot & & & \\ \cdot & & & \\ a_{m1} & a_{m2} & \cdot\cdot\cdot & a_{mn} \end{bmatrix}$$

단, $\boldsymbol{Y}$는 이완변수 벡터이고, c_i와 a_{ij}는 정수일 필요는 없다.

초기 해 식 10.28의 문제에 대한 초기해를 다음과 같이 선택할 수 있다.

$$f_0 = 0 \qquad 10.29$$
$$x_i = 0, \quad i = 1, 2, \cdot\cdot\cdot, n$$
$$\boldsymbol{Y}^{(0)} = \boldsymbol{B}$$

만일 $\boldsymbol{B} \geq 0$이면 식 10.28에서 $\boldsymbol{C} \geq 0$이므로 이 해는 가변영역에 있고 최적해가 우연히 되므로 더 이상 할 것이 없다. 반면 만일 일부 성분 b_j가 음수이면 식 10.29의 초기해는 $\boldsymbol{Y}^{(0)} = \boldsymbol{B} \geq 0$이 아니므로 가변영역의 점이 아니다. 따라서 이 방법은 목적함수 값은 최솟값인 0이지만 가변영역의 점이 아닌 해를 갖고 시작한다. 따라서 알고리즘은 항상 목적함수는 최솟값을 유지하도록 하고 해가 가변영역으로 향하도록 하는 방법이다. 이러한 이유로 Balas는 이 방법을 **유사 쌍대 심플렉스**(pseudo dual simplex) 방법이라고 했다. 이 방법에서 오직 초기해와 관련하여 쌍대 심플렉스 방법과 유사하여 유사(pseudo)라는 단어를 사용하여 왔으나 후속 절차는 쌍대 심플렉스 방법과 유사성이 전혀 없다. 상세한 내용은 참고문헌 [10.9]를 참조하기로 한다.

정수 비선형 계획법

10.5 정수 다항식 계획법

Watters[10.2]는 정수 다항식 계획 문제를 0-1 선형 계획 문제로 변환하는 방법을 개발하였다. 변환된 0-1 LP 문제는 10.4절에서 기술한 Balas 방법으로 해결할 수 있다. 다음의 최적화 문제를 알아보자.

$$\min_{\boldsymbol{X}=(x_1,x_2,\cdots,x_n)} f(\boldsymbol{X})$$

subject to

$$g_j(\boldsymbol{X}) \le 0, \qquad j=1,\ 2,\ \cdot\ \cdot\ \cdot\ ,\ m \tag{10.30}$$

$$x_i : \text{정수}, \qquad i=1,\ 2,\ \cdot\ \cdot\ \cdot\ ,\ n$$

위에서 함수 f와 $g_j(j=1,\ 2,\ \cdot\ \cdot\ \cdot\ ,\ m)$는 변수 $x_1,\ x_2,\ \cdot\ \cdot\ \cdot\ ,\ x_n$에 관한 다항식이며 각 항은

$$c_k \prod_{l=1}^{n_k} (x_l)^{a_{kl}} \tag{10.31}$$

와 같이 표현된다. 이때 c_k는 상수, a_{kl}은 비음수인 지수 상수, 그리고 n_k는 k번째 항에서 나타나는 변수의 수이다. 식 10.30에서 기술된 정수 다항식 계획 문제를 두 단계로 동치인 0-1 LP 문제로 변환될 수 있다. 첫 번째 단계에서는 정수 변수 x_i을 어떻게 0-1(이진수) 변수로 동치 변환하는가를 살펴보고, 두 번째 단계에서는 0-1 다항식 계획 문제를 0-1 LP 문제로의 변환하는 방법을 살펴본다.

10.5.1 정수 변수를 이진수 변수로의 동치 변환

다음과 같이 상한이 u_i인 정수 변수를 x_i라 하자.

$$x_i \le u_i < \infty \tag{10.32}$$

주어진 문제의 제약들로부터 상한값 u_i를 결정할 수 있다고 가정한다.

십진수 시스템에서 정수 p는 다음과 같이 표현된다.

$$p = p_0 + 10^1 p_1 + 10^2 p_2 + \cdot\ \cdot\ \cdot\ ,\ 0 \le p_i \le 9,\ i=0,\ 1,\ 2,\ \cdot\ \cdot\ \cdot$$

즉, $p = \cdot\cdot\cdot p_2p_1p_0$으로 (왼쪽의 0을 무시하여) 표현할 수 있다. 예를 들어, 숫자 $p = 008076$을 $p = 8076$로 쓰고, $p = 6 + (10^1)7 + (10^2)0 + (10^3)8 + (10^4)0 + (10^5)0$로 표현한다. 유사한 방법으로 정수 p를 이진수 시스템으로 나타내면

$$p = q_0 + 2^1q_1 + 2^2q_2 + 2^3q_3 + \cdot\cdot\cdot \quad ,$$
$$0 \le q_i \le 1 \ , \ i = 1, 2, 3, \cdot\cdot\cdot$$

로 표현할 수 있다.

일반적으로 $y_i^{(0)}$, $y_i^{(1)}$, $y_i^{(2)}$, $\cdot\cdot\cdot$가 이진수(0 또는 1 숫자를 취할 수 있는)를 나타내면 변수 x_i는

$$x_i = \sum_{k=0}^{N_i} 2^k y_i^{(k)} \qquad 10.33$$

와 같이 표현된다. 이때 N_i는 다음과 같은 가장 작은 정수이다.

$$\frac{u_i + 1}{2} \le 2^{N_i} \qquad 10.34$$

따라서 x_i의 상한 u_i를 알면 정수 변수 x_i에 대해 N_i의 값을 선택할 수 있다. 예를 들어, 숫자 97의 경우 $u_i = 97$을 취할 수 있고, 따라서

$$\frac{u_i + 1}{2} = \frac{98}{2} = 49 \le 2^{N_i}$$

으로부터 $N_i \ge 6$이 되므로 $N_i = 6$을 취하여 다음과 같이 u_i를 표현할 수 있다.

$$97 = q_0 + 2^1q_1 + 2^2q_2 + 2^3q_3 + 2^4q_4 + 2^5q_5 + 2^6q_6$$

위에서 $q_0 = 1$, $q_1 = q_2 = q_3 = q_4 = 0$, $q_5 = q_6 = 1$이다. q_0, q_1, q_2, $\cdot\cdot\cdot$의 값을 구하는 체계적인 방법은 다음과 같다.

q_0, q_1, q_2, $\cdot\cdot\cdot$를 구하는 방법 M을 주어진 양의 정수라 하자. 이 정수의 이진수 표현 $q_nq_{n-1}\cdot\cdot\cdot q_1q_0$를 구하기 위해 다음의 반복식

$$b_0 = M \qquad 10.35$$
$$b_1 = \frac{b_0 - q_0}{2}$$
$$b_2 = \frac{b_1 - q_1}{2}$$
$$\vdots$$
$$b_k = \frac{b_{k-1} - q_{k-1}}{2}$$

을 $b_k = 0$이 될 때까지 계산하여 b_k가 홀수이면 $q_k = 1$이고, b_k가 짝수이면 $q_k = 0$이 된다.

식 10.33과 같이 표현하면 x_i는 u_i 이하의 모든 가변영역의 정수를 취할 수 있으므로 식 10.30의 문제에서 식 10.33을 사용하면 정수 계획 문제는 동치인 이진수 문제로 자동 변환된다. 이때 이진수 문제는 원래 n개의 정수 변수 대신 $N_1 + N_2 + \cdot\cdot\cdot + N_n$개의 이진수 변수를 갖게 된다.

10.5.2 0–1 다항식 계획 문제를 0–1 LP 문제로 변환

만일 x_i가 이진수 변수(0 또는 1)이고 a_{ki}가 양의 지수이면 다음의 관계

$$x_i^{a_{ki}} \equiv x_i \qquad 10.36$$

가 성립하므로 다항식 계획 문제를 LP 문제로 변환할 수 있다. 만일 $a_{ki} = 0$이면, 변수 x_i는 k번째 항에서 나타나지 않는다. 식 10.36을 사용하여 다항식의 k번째 항을 작성하면

$$c_k \prod_{l=1}^{n_k} (x_l)^{a_{kl}} = c_k \prod_{l=1}^{n_k} x_l = c_k (x_1 x_2 \cdot\cdot\cdot x_{nk}) \qquad 10.37$$

이고, 각 변수 x_1, x_2, $\cdot\cdot\cdot$는 0 또는 1이 되므로 곱 $x_1 x_2 \cdot\cdot\cdot x_{nk}$도 0 또는 1이 된다. 따라서 이진수 변수 y_k를

$$y_k = x_1 x_2 \cdot\cdot\cdot x_{nk} = \prod_{l=1}^{n_k} x_l \qquad 10.38$$

와 같이 정의하면 다항식의 k번째 항은 단순하게 $c_k y_k$가 된다. 그러나 모두 $x_i = 1$일 때 $y_k = 1$이 되고 그렇지 않으면 0 이 됨을 보장하기 위해 다음 제약들을 추가할 필요가 있다.

$$y_k \geq \left(\sum_{i=1}^{n_k} x_i\right) - (n_k - 1) \qquad 10.39$$

$$y_k \leq \frac{1}{n_k}\left(\sum_{i=1}^{n_k} x_i\right) \qquad 10.40$$

왜냐하면 만일 모든 $x_i = 1$이면, $\sum_{i=1}^{n_k} x_i = n_k$이므로 식 10.39와 10.40은

$$y_k \geq 1 \qquad 10.41$$

$$y_k \leq 1 \qquad 10.42$$

와 같고, 따라서 $y_k = 1$이다. 반면에 적어도 하나가 $x_i = 0$이면 $\sum_{i=1}^{n_k} x_i < n_k$이므로 식 10.39와 10.40은

$$y_k \geq -(n_k - 1) \qquad 10.43$$

$$y_k < 1 \qquad 10.44$$

와 같고, n_k는 양의 정수이므로 식 10.43과 10.44를 만족시킬 수 있는 유일한 방법은 $y_k = 0$이 되는 것이다.

이러한 절차를 적용하여 정수 다항식 계획 문제를 동치인 0-1 LP 문제로 항상 변환할 수 있는 것은 최소한 이론적으로 가능하다.

10.6 분지한계법 (Branch-and-Bound Method)

분지한계법은 혼합-정수 선형 또는 비선형 계획 문제를 해결하는 매우 효율적인 방법이다. Land & Doig[10.8]는 정수 LP 문제를 해결하기 위해 이 방법을 최초로 개발 하였으며 후에 Dakin[10.23]에 의해 수정되었다. 또한 비선형 혼합-정수 계획 문제들을 해결하기 위해 이 방법을 확장하여 왔다. 기본적인 방법을 고찰하기 위해 다음의 비선형 혼합-정수 계획 문제를 생각해보자.

$$Min \quad f(\boldsymbol{X}) \qquad 10.45$$

subject to

$$g_j(\boldsymbol{X}) \geq 0, \quad j = 1, 2, \cdot \cdot \cdot, m \qquad 10.46$$

$$h_k(\boldsymbol{X}) = 0, \quad k = 1, 2, \cdots, p \qquad 10.47$$

$$x_i = \text{정수}, \quad i = 1, 2, \cdots, n_0 (n_0 \leq n) \qquad 10.48$$

단, $\boldsymbol{X} = (x_1, x_2, \cdots, x_n)^T$이다. 설계벡터 $\boldsymbol{X}$에서 처음 n_0개의 변수를 정수 변수라 할 때 $n_0 = n$이면 순수-정수 계획 문제가 된다. 제약식 10.46과 10.47을 만족하는 설계벡터 $\boldsymbol{X}$를 **연속 가변영역해**라 하고, 모든 제약식 10.46~10.48을 만족하는 설계벡터 $\boldsymbol{X}$는 **정수 가변영역해**(integer feasible solution)라 부른다.

정수 최적화 문제 해법의 가장 단순한 방법은 모든 정수점을 계산하여 가변영역외의 점은 버리고, 모든 정수 가변영역 점에서 목적함수를 계산해서 최적의 목적함수 값을 갖는 점을 찾는 것이다. 이와 같이 해 공간에서의 전수탐색(exhaustive search)은 실행하기는 단순하지만 중간 규격의 문제에 대해서도 고비용 연산이 된다. 또한 문제가 순수-정수 계획 문제이면 완벽한 실사과정을 사용할 수 있지만 하나 이상의 변수가 연속적인 값을 취할 수 있는 혼합-정수 문제들인 경우에는 완벽한 실사과정을 사용할 수 없다. 하지만 분지한계법은 가능성이 없는 대부분의 정수점들을 시험하지 않고 버리는 정제된 실사방법이다.

분지한계법에서는 정수 문제를 직접적으로 해결하지 않고, 먼저 변수들에 대한 정수 제약을 완화하여 얻은 연속적인 문제를 해결한다. 만일 연속적인 문제의 해가 우연히 정수해이면 동시에 정수 문제의 최적해가 되지만 그렇지 않으면 최소한 정수 변수들 중 하나(예를 들어 x_i)는 정수가 아닌 값이 있으므로, 즉 x_i가 정수가 아니면 아래의 관계식을 만족하는 정수 $[x_i]$를 항상 구할 수 있다.

$$[x_i] < x_i < [x_i] + 1 \qquad 10.49$$

위의 식을 두 부등식으로 나누어 두 개의 부분문제를 만든다. 즉, 하나는 상한 제약

$$x_i \leq [x_i] \qquad 10.50$$

을 갖는 부분문제가 되고, 다른 하나는 하한 제약

$$x_i \geq [x_i] + 1 \qquad 10.51$$

를 갖는 부분문제가 된다. 이와 같은 부분문제들을 구하는 과정을 **분지**(branching)라 부른다.

분지과정은 가변영역의 정수해가 제거되지 않도록 보장하면서 정수 문제의 가변영역이 아닌 않은 연속적인 공간의 일부분을 제거한다. 재차 이러한 두 부분문제들 각각을 연속적인 문제로 해결하고, 다시 연속적인 문제의 해는 하나의 **분기점**(node)을 형성하고 또

그 분기점으로부터 두개의 분지가 생성됨을 알 수 있다.

두 연속적인 문제들 중 한 문제에서 가변영역의 정수해를 구할 때까지 위의 연속적인 문제들의 순차적 분지과정과 해결과정을 계속한다. 이와 같은 가변영역의 정수해를 얻을 때 이에 상응하는 목적함수 값은 목적함수의 최솟값에 대한 상한이 된다. 따라서 이 단계에서 상한보다 큰 목적함수 값을 갖는 모든 연속적인 해들(분기점들)을 제거할 수 있다. 이 제거된 분기점(해 공간)으로부터 현재 얻은 해 보다 개선된 정수해를 구하는 것이 불가능하기 때문에 제거된 분기점들은 **끝맺음**(fathomed) 되었다고 말한다. 보다 개선된 한계를 얻을 때마다 목적함수에 대한 상한값은 업데이트된다.

만일 다음 조건들 중 하나가 사실이면 분기점은 끝맺음된다.

1. 연속적인 해가 가변영역의 정수해이다.
2. 연속 가변영역의 해를 갖지 않는다.
3. 연속적인 문제의 최적값이 현재 상한보다 크다.

계속 분지하기 위해 알고리즘은 분기점을 선택하기를 반복하여 모든 분기점이 끝맺음된다. 이 단계에서 가장 작은 목적함수 값이 되는 가변영역의 정수해를 갖는 끝맺음 분기점이 원래 비선형 정수 계획 문제의 최적해를 제공하게 된다.

예제 10.3

분지한계법을 사용하여 다음의 LP 문제를 해결하라.

$$Max \qquad f = 3x_1 + 4x_2 \qquad \text{E.1}$$

subject to

$$7x_1 + 11x_2 \le 88 \quad x_i : 정수, \quad i = 1,\ 2 \qquad \text{E.2}$$
$$3x_1 - x_2 \le 12$$
$$x_1 \ge 0, \quad x_2 \ge 0$$

[풀이] 방법의 여러 단계를 그래프로 설명한다.

단계 1 먼저 정수 제약 E.2없이 연속 변수 문제로 해결하여 다음 결과를 얻는다.

그림 10.2 ; $(x_1^* = 5.5,\ x_2^* = 4.5,\ f^* = 34.5)$

단계 2 x_1을 정수 상하한으로 제한(bound)하여 분지(branch)과정을 하면 다음의 두 개의 문제:

$$Max \qquad f = 3x_1 + 4x_2 \qquad \text{E.3}$$

subject to

$$7x_1 + 11x_2 \le 88$$
$$3x_1 - x_2 \le 12$$
$$x_1 \le 5, \quad x_1 \ge 0,\ x_2 \ge 0$$

그리고

$$Max \quad f = 3x_1 + 4x_2 \tag{E.4}$$

subject to

$$7x_1 + 11x_2 \le 88$$
$$3x_1 - x_2 \le 12$$
$$x_1 \ge 6, \quad x_2 \ge 0$$

가 생성되고, 각각의 최적해는 다음과 같다.

문제 E.3(그림 10.4): $x_1^* = 5,\ x_2^* = 4.8182, f^* = 34.2727$

문제 E.4(그림 10.5): 가변영역의 해가 존재하지 않는다.

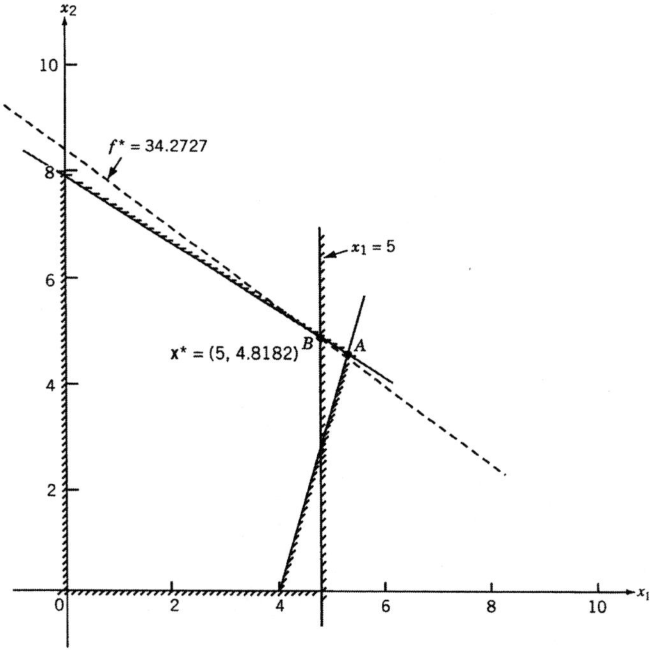

그림 10.4 문제 E.3의 도해적 해결

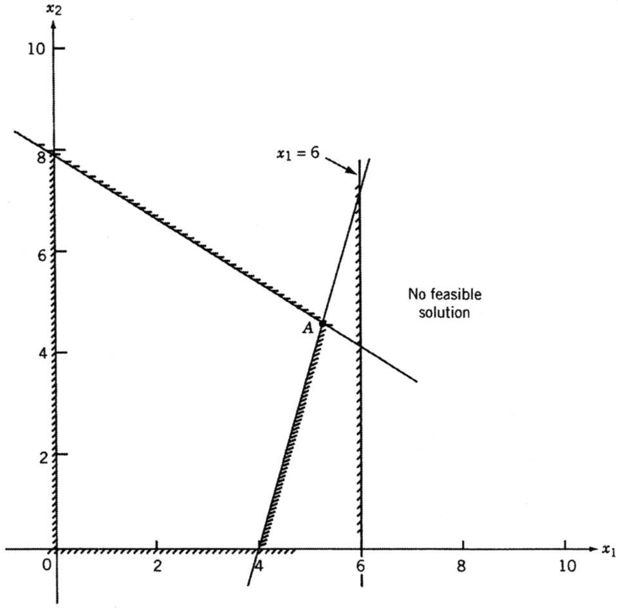

그림 10.5 문제 E.4의 도해적 해결

단계 3 x_2를 정수 상하한으로 제한하여 분지하면 다음의 두 개의 문제:

$$Max \qquad f = 3x_1 + 4x_2 \tag{E.5}$$

subject to

$$\begin{aligned} &7x_1 + 11x_2 \le 88 \\ &3x_1 - x_2 \le 12 \\ &x_1 \le 5,\ x_2 \le 4,\ x_1 \ge 0,\ x_2 \ge 0 \end{aligned}$$

와

$$Max \qquad f = 3x_1 + 4x_2 \tag{E.6}$$

subject to

$$\begin{aligned} &7x_1 + 11x_2 \le 88 \\ &3x_1 - x_2 \le 12 \\ &x_1 \le 5,\quad x_2 \ge 5,\quad x_1 \ge 0 \end{aligned}$$

가 생성되고, 그 각각의 최적해는 다음과 같다.

문제 E.5: 그림 10.6; $x_1{}^* = 5$, $x_2{}^* = 4$, $f^* = 31$

문제 E.4: 그림 10.7; $x_1{}^* = 0$, $x_2{}^* = 8$, $f^* = 32$

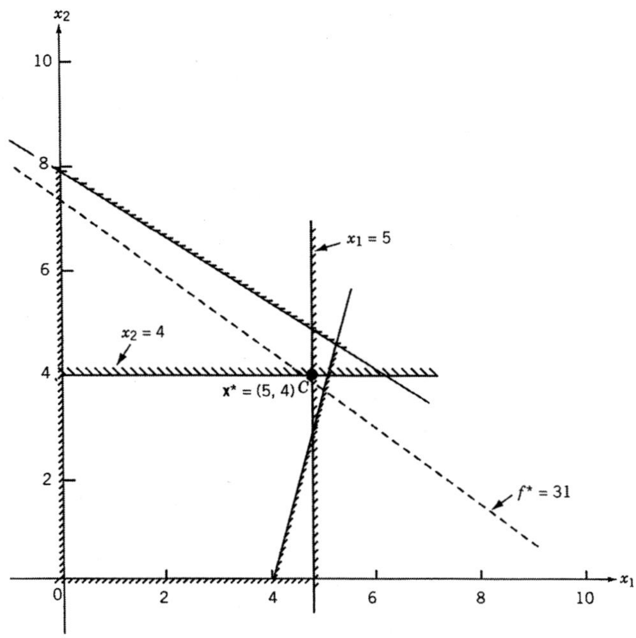

그림 10.6 문제 E.5의 도해적 해결

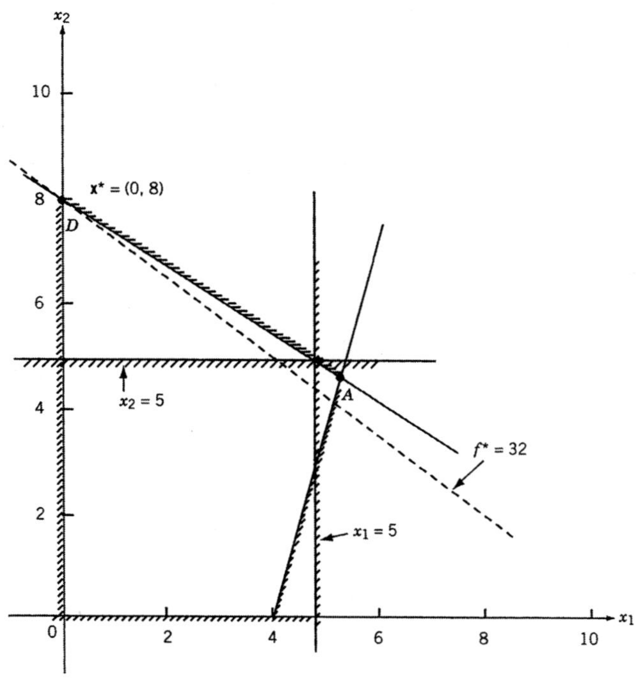

그림 10.7 문제 E.6의 도해적 해결

이때 두 변수의 최적해가 모두 정수값이므로 위의 두 문제의 목적함수의 각 최댓값 중 큰 값을 갖는 해

$$x_1{}^* = 0,\ \ x_2{}^* = 8,\ \ f^* = 32$$

가 정수 선형 계획 문제 E.1과 E.2의 최적해가 된다. ■

예제 10.4

앞 7.22.3절의 용접된 빔 문제에 x_3와 x_4가 정수값을 갖도록 하는 제약을 추가하여 만든 혼합-정수 비선형 계획 문제의 해를 구하라.

[풀이] 분지한계법을 사용하여 이 문제를 해결하는 과정은 참고문헌 10.25에 수록되어 있다. 연속 변수 비선형 계획 문제의 최적해는 다음과 같다.

$$\boldsymbol{X}^* = \{0.24,\ 6.22,\ 8.29,\ 0.24\}^T,\quad f^* = 2.38$$

다음으로 x_3을 정수 상하한으로 제한하고 분지된 문제들을 해결하는 등의 절차를 원하는 최적해를 얻을 때까지 계속한 결과는 그림 10.8과 같다. ■

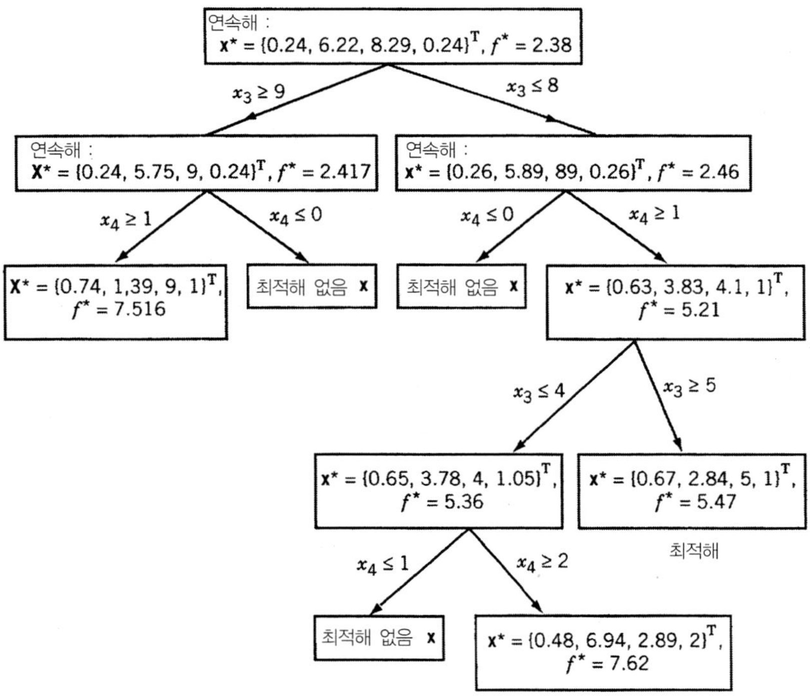

그림 10.8 분지한계법을 사용한 용접된 빔 문제의 해결

10.7 순차적 선형 이산(Sequential Linear Discrete) 계획법

다음의 이산변수들을 갖는 비선형 계획 문제에 대해 알아보자.

$$Min \quad f(\boldsymbol{X}) \tag{10.52}$$

subject to

$$g_j(\boldsymbol{X}) \le 0, \quad j = 1, 2, \cdots, m \tag{10.53}$$

$$h_k(\boldsymbol{X}) = 0, \quad k = 1, 2, \cdots, p \tag{10.54}$$

$$x_i \in \{d_{i1}, d_{i2}, \cdots, d_{iq}\}, \quad i = 1, 2, \cdots, n_0 \tag{10.55}$$

$$x_i^{(l)} \le x_i \le x_i^{(u)}, \ i = n_0 + 1, n_0 + 2, \cdots, n \tag{10.56}$$

위에서 처음 n_0개의 설계변수를 이산(discrete)변수로 가정하고, d_{ij}는 변수 i에 대한 j번째 이산값, 그리고 벡터 $\boldsymbol{X} = (x_1, x_2, \cdots, x_n)^T$이다. 이러한 문제는 여러 개의 혼합-정수 선형 계획 문제들을 순차적으로 해결하여 해를 구할 수 있다.

식 10.52~10.54의 비선형 함수들을 점 $\boldsymbol{X}^0$의 주위에서 일차 테일러급수 전개식으로 선형화하여 다시 쓰면

$$Min \quad f(\boldsymbol{X}) \approx f(\boldsymbol{X}^0) + \nabla f(\boldsymbol{X}^0)\delta\boldsymbol{X} \tag{10.57}$$

subject to

$$g_j(\boldsymbol{X}) \approx g_j(\boldsymbol{X}^0) + \nabla g_j(\boldsymbol{X}^0)\delta\boldsymbol{X} \le 0, \quad j = 1, 2, \cdots, m \tag{10.58}$$

$$h_k(\boldsymbol{X}) \approx h_k(\boldsymbol{X}^0) + \nabla h_k(\boldsymbol{X}^0)\delta\boldsymbol{X} = 0, \quad k = 1, 2, \cdots, p \tag{10.59}$$

$$x_i^0 + \delta x_i \in \{d_{i1}, d_{i2}, \cdots, d_{iq}\}, \quad i = 1, 2, \cdots, n_0 \tag{10.60}$$

$$x_i^{(l)} \le x_i^0 + \delta x_i \le x_i^{(u)}, \quad i = n_0 + 1, \ n_0 + 2, \cdots, n \tag{10.61}$$

$$\delta\boldsymbol{X} = \boldsymbol{X} - \boldsymbol{X}^0 \tag{10.62}$$

와 같다. 이때 위의 문제에서 설계변수들 중 일부가 이산변수이고 정수가 아니므로 혼합-정수 선형 계획법을 사용하여 이 문제를 해결할 수 없다. 그래서 이산변수들을 다시 정의한다[10.26]. 즉,

$$x_i = y_{i1}d_{i1} + y_{i2}d_{i2} + \cdots + y_{iq}d_{iq} = \sum_{j=1}^{q} y_{ij}d_{ij}, \quad i = 1, 2, \cdots, n_0 \tag{10.63}$$

$$y_{i1} + y_{i2} + \cdot\cdot\cdot + y_{iq} = \sum_{j=1}^{q} y_{ij} = 1 \qquad 10.64$$

$$y_{ij} = 0 \ or \ 1, \quad i = 1, 2, \cdot\cdot\cdot, n_0, \quad j = 1, 2, \cdot\cdot\cdot, q \qquad 10.65$$

을 사용하면 식 10.57~10.62의 문제를 다음과 같이 표현할 수 있다.

$$Min \qquad f(\boldsymbol{X}) \approx f(\boldsymbol{X}^0) + \sum_{i=1}^{n_0} \frac{\partial f}{\partial x_i}\left(\sum_{j=1}^{q} y_{ij} d_{ij} - x_i^0\right) + \sum_{i=n_0+1}^{n} \frac{\partial f}{\partial x_i}(x_i - x_i^0) \qquad 10.66$$

subject to

$$g_j(\boldsymbol{X}) \approx g_j(\boldsymbol{X}^0) + \sum_{i=1}^{n_0} \frac{\partial g_i}{\partial x_i}\left(\sum_{l=1}^{n_0} y_{il} d_{il} - x_i^0\right) + \sum_{i=n_0+1}^{n} \frac{\partial g_j}{\partial x_i}(x_i - x_i^0) \le 0, \quad j = 1, 2, \cdot\cdot\cdot, m \qquad 10.67$$

$$h_k(\boldsymbol{X}) \approx h_k(\boldsymbol{X}^0) + \sum_{i=1}^{n_0} \frac{\partial h_k}{\partial x_i}\left(\sum_{l=1}^{n_0} y_{il} d_{il} - x_i^0\right) + \sum_{i=n_0+1}^{n} \frac{\partial h_k}{\partial x_i}(x_i - x_i^0) = 0, \quad k = 1, 2, \cdot\cdot\cdot, p \qquad 10.68$$

$$\sum_{j=1}^{q} y_{ij} = 1, \quad i = 1, 2, \cdot\cdot\cdot, n_0 \qquad 10.69$$

$$y_{ij} = 0 \quad or \quad 1, \quad i = 1, 2, \cdot\cdot\cdot, n_0, \quad j = 1, 2, \cdot\cdot\cdot, q \qquad 10.70$$

$$x_i^{(l)} \le x_i^0 + \delta x_i \le x_i^{(u)}, \quad i = n_0 + 1, \quad n_0 + 2, \cdot\cdot\cdot, n \qquad 10.71$$

위의 문제는 변수 $y_{ij}(i = 1, 2, \cdots, n_0, j = 1, 2, \cdots, q)$와 $x_i(i = n_0 + 1, n_0 + 2, \cdots, n)$를 미지수로 처리하여 혼합-정수 LP 문제로 해결할 수 있다.

실용 상황에서는 초기 선형화 점 $\boldsymbol{X}^0$을 신중하게 선택하여야 한다. 즉, 많은 경우의 이산 문제의 해는 연속 최적점의 부근에 위치하는 것으로 예상되므로 연속 비선형 계획 문제(변수들의 이산 특성을 무시하여)를 임의의 표준 비선형 계획법을 사용하여 해결한 후, 만일 최적해가 우연히 가변영역의 이산해가 되면 이를 $\boldsymbol{X}^0$로 사용하고, 그렇지 않으면 연속 최적해 x_i를 위반하는 제약으로부터 먼 방향으로 반올림하여 초기 가변영역의 이산 해 $\boldsymbol{X}^0$를 구한다. 또 이렇게 선형화된 이산 문제를 풀어 얻은 최적해를 사용하여 다시 선형화 작업을 수행한다.

예제 10.5

순차적 선형 이산 계획법을 사용하여 다음 최적화 문제를 해결하라[10.26].

$$Min \qquad f(\boldsymbol{X}) = 2x_1^2 + 3x_2^2$$

subject to

$$g(\boldsymbol{X}) = \frac{1}{x_1} + \frac{1}{x_2} - 4 \leq 0$$

$$x_1 \in \{0.3,\ 0.7, 0.8,\ 1.2, 1.5,\ 1.8\}$$

$$x_2 \in \{0.4,\ 0.8, 1.1,\ 1.4, 1.6\}$$

[풀이]

본 예제에서는 계산을 간단히 하게 위해 각 변수의 이산 수치를 세 개의 데이터(현재 수치, 인접 높은 수치, 그리고 인접 낮은 수치)만으로 제한한다. 초기 벡터로 $\boldsymbol{X}^0 = \begin{pmatrix} 1.2 \\ 1.1 \end{pmatrix}$ 을 사용하면

$$f(\boldsymbol{X}^0) = 6.51, \qquad g(\boldsymbol{X}^0) = -2.26$$

$$\nabla f(\boldsymbol{X}^0) = \begin{pmatrix} 4x_1 \\ 6x_2 \end{pmatrix}_{\boldsymbol{X}^0} = \begin{pmatrix} 4.8 \\ 6.6 \end{pmatrix}, \quad \nabla g(\boldsymbol{X}^0) = \begin{pmatrix} -\dfrac{1}{x_1^2} \\ -\dfrac{1}{x_2^2} \end{pmatrix}_{\boldsymbol{X}^0} = \begin{pmatrix} -0.69 \\ -0.83 \end{pmatrix}$$

이 되고,

$$x_1 = y_{11}(0.8) + y_{12}(1.2) + y_{13}(1.5)$$

$$x_2 = y_{21}(0.8) + y_{22}(1.1) + y_{23}(1.4)$$

$$\delta x_1 = y_{11}(0.8 - 1.2) + y_{12}(1.2 - 1.2) + y_{13}(1.5 - 1.2)$$

$$\delta x_2 = y_{21}(0.8 - 1.1) + y_{22}(1.1 - 1.1) + y_{23}(1.4 - 1.1)$$

$$f \approx 6.51 + \{4.8 \quad 6.6\} \begin{pmatrix} -0.4y_{11} + 0.3y_{13} \\ -0.3y_{21} + 0.3y_{23} \end{pmatrix}$$

$$g \approx -2.26 + \{-0.69 \quad -0.83\} \begin{pmatrix} -0.4y_{11} + 0.3y_{13} \\ -0.3y_{21} + 0.3y_{23} \end{pmatrix}$$

이다. 따라서 y_{11}, y_{12}, y_{13}, y_{21}, y_{22}, y_{23}를 미지수 항으로 첫 번째 근사화된 문제를 작성할 수 있다. 즉,

$$Min \quad \tilde{f}=6.51-1.92y_{11}+1.44y_{13}-1.98y_{21}+1.98y_{23}$$

subject to

$$\tilde{g}=-2.26+0.28y_{11}-0.21y_{13}+0.25y_{21}-0.25y_{23}\le 0$$

$$y_{11}+y_{12}+y_{13}=1$$

$$y_{21}+y_{22}+y_{23}=1$$

$$y_{ij}=0 \ or \ 1, \quad i=1,\ 2, \quad j=1,\ 2,\ 3$$

이 문제에서 오직 9개의 가능한 해들이 존재하므로 이들 모두를 실사하면 아래와 같은 표를 얻을 수 있다.

구분	case 1	case 2	case 3	case 4	case 5	case 6	case 7	case 8	case 9
y_{11}	1	1	1	0	0	0	0	0	0
y_{12}	0	0	0	1	1	1	0	0	0
y_{13}	0	0	0	0	0	0	1	1	1
y_{21}	1	0	0	1	0	0	1	0	0
y_{22}	0	1	0	0	1	0	0	1	0
y_{23}	0	0	1	0	0	1	0	0	1
$f(X)$	2.61	4.59	6.57	4.53	6.51	8.49	5.97	7.95	9.93
$g(X)$	−1.73	−1.98	−2.23	−2.01	−2.26	−2.51	−2.22	−2.47	−2.71

위의 표에서 목적함수 $\tilde{f}$의 최솟값을 갖게 하는 최적해는

$$y_{11}=1, \quad y_{12}=0, \quad y_{13}=0, \quad y_{21}=1, \quad y_{22}=0, \quad y_{23}=0, \quad \tilde{f}=2.61, \quad \tilde{g}=-1.73$$

이므로 첫 번째 근사화된 문제의 최적해를 원래 변수의 값으로 표현하면

$$x_1=0.8, \quad x_2=0.8, \quad f(\boldsymbol{X})=3.2, \quad g(\boldsymbol{X})=-1.5$$

이 된다. 위의 점을 사용하여 다시 두 번째 근사화된 문제를 생성하여 최종 최적해를 구할 때까지 위의 과정을 계속 반복한다. ■

10.8 확장 패널티 함수 방법

Gellately와 Marcal은 1967년 패널티 함수들의 개념을 기초로 비선형 정수 계획(integer nonlinear programming)문제의 해결 방법을 최초로 제안하였다[10.5]. Gisvold & Moe

[10.4] 그리고 Shin et al.[10.24]는 후에 비선형 혼합-정수 계획(mixed-integer nonlinear programming) 문제로 구성된 일부 설계 문제들을 해결하기 위해 이 방법을 적용하였다. 이 방법은 7.13절에서 설명한 내부 패널티 함수 접근법의 확장으로 생각할 수 있다. 이 방법의 상세한 내용을 살펴보기 위해 다음과 같은 문제를 알아보자. 즉, 설계변수 $\boldsymbol{X}=(x_1,\ x_2,\cdots,\ x_n)^T=(\boldsymbol{X_d},\ \boldsymbol{X_c})^T$에 관한 정수-혼합 계획문제

$$min \qquad f(\boldsymbol{X}) \tag{10.72}$$

subject to

$$g_j(\boldsymbol{X})\geq 0, \qquad j=1,\ 2,\cdot\cdot\cdot,\ m$$

$$\boldsymbol{X}_c\in S_c, \qquad \boldsymbol{X}_d\in S_d$$

단, 변수 벡터 $\boldsymbol{X}$는 두 개의 벡터 $\boldsymbol{X}_d$와 $\boldsymbol{X}_c$로 구성되며, $\boldsymbol{X}_d$는 정수 변수들의 집합이고 $\boldsymbol{X}_c$는 연속 변수들의 집합을 나타낸다. 집합 S_c와 S_d는 각각 연속 변수와 정수 변수들의 가변영역 집합을 나타낸다. 식 10.72의 문제를 해결할 수 있도록 내부 패널티 함수 접근법을 확장하기 위해 다음과 같이 변형된 문제를 정의한다.

$$Min \qquad \phi_k(\boldsymbol{X},\ r_k,\ s_k)$$

$$\phi_k(\boldsymbol{X},\ r_k,\ s_k)=f(\boldsymbol{X})+r_k\sum_{j=1}^{m}G_j[g_j(\boldsymbol{X})]+s_kQ_k(\boldsymbol{X}_d) \tag{10.73}$$

위의 식에서 r_k는 가중계수(패널티 매개변수)이고, 아래의 식

$$r_k\sum_{j=1}^{m}G_j[g_j(\boldsymbol{X})]=+r_k\sum_{j=1}^{m}\frac{1}{g_j(\boldsymbol{X})} \tag{10.74}$$

와 같이 선택할 수 있으며, 이는 제약식이 ϕ_k 함수에 미치는 패널티가 된다. 즉, 위의 식은 제약 $g_j(\boldsymbol{X})>0$을 만족하면 양의 값이 되고, 어떤 제약이 0으로 접근하면 위의 값이 $+\infty$가 되도록 한다. 따라서 이러한 패널티 함수는 ϕ_k 함수의 최소화가 가변영역의 점에서 시작되면, 계속 구하는 근사해가 항상 가변영역 안에 있도록 강요하는 역할을 한다. 또한, 식 10.73의 $s_kQ_k(\boldsymbol{X}_d)$는 $\boldsymbol{X}_d$의 일부 변수가 정수값이 안될 때 마다 패널티를 부과하도록 하는 패널티 함수로서 계수 s_k는 가중계수(패널티 매개변수)의 역할을 한다. 즉, 함수 $Q_k(\boldsymbol{X}_d)$는

$$Q_k(\boldsymbol{X}_d)=\begin{cases}0 & if \quad \boldsymbol{X}_d\in S_d\\ \mu>0 & if \quad \boldsymbol{X}_d\notin S_d\end{cases} \tag{10.75}$$

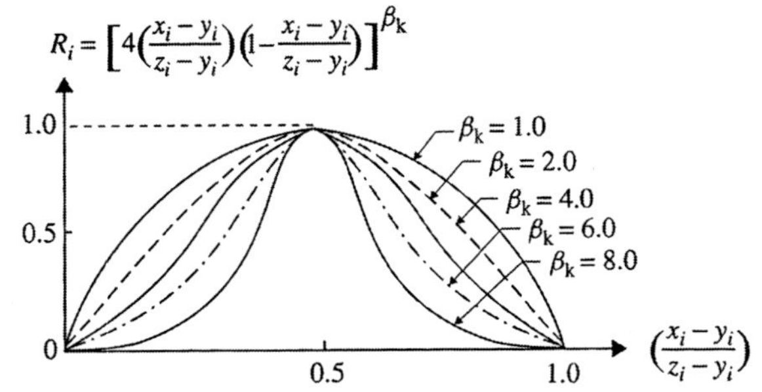

그림 10.9 식 10.76에서 각 항의 전형적인 등고선

와 같은 특징을 가지며, 예를 들어 다음과 같이 선택할 수 있다.

$$Q_k(\boldsymbol{X}_d) = \sum_{x_i \in \boldsymbol{X}_d} \left\{4\left(\frac{x_i - y_i}{z_i - y_i}\right)\left(1 - \frac{x_i - y_i}{z_i - y_i}\right)\right\}^{\beta_k} \qquad 10.76$$

단, $y_i \le x_i$, $z_i \ge x_i$ 이고, y_i와 z_i는 x_i에 대한 두 개의 이웃 정수값들이며, $\beta_k \ge 1$은 상수이다. 위의 함수 $Q_k(\boldsymbol{X}_d)$는 정규화된 대칭 베타 적분함수로써 그 각 항의 β_k 값에 따른 항의 값 변화는 그림 10.9와 같다. 그림에서 보는 바와 같이 이산점 또는 정수점들에 걸쳐 함수 Q_k의 일차 도함수가 연속함수가 되려면 β_k의 값이 1 이상이어야 한다.

식 10.76에서 β_k를 변경하여 함수 ϕ_k의 모양을 변화시킬 수 있는데, 이때 가중계수 s_k가 그 변화의 크기를 제어할 수 있도록 한다. 이제 식 10.73에 주어진 ϕ_k 함수를 r_k와 s_k의 수열 값에 따라 최소화해 가면 $k \to \infty$가 될 때

$$Min\ \phi_k(\boldsymbol{X},\ r_k,\ s_k) \to Min\ f(\boldsymbol{X}) \qquad 10.77$$

$$g_j(\boldsymbol{X}) \ge 0, \qquad j = 1,\ 2,\ \cdot\ \cdot\ \cdot,\ m$$

$$Q_k(\boldsymbol{X}_d) \to 0$$

이 되도록 한다. 대부분 실제 상황에서 k=5~10회의 반복으로 ϕ_k의 최소화를 수행하기만 해도 타당성 있는 최적해를 얻을 수 있다. 그림 10.10에서 이러한 방법을 일변수 문제에 적용할 때의 경우를 설명하고 있다. 그림에서 보듯이 ϕ 함수의 모양은 r_k, s_k 및 β_k의 값에 따라 강하게 영향을 받는 것을 알 수 있다.

매개변수 r_k, s_k 및 β_k의 초기값 선택 신속한 수렴을 달성하기 위해 r_k, s_k 및 β_k의 초기값을 조심스럽게 선택해야 한다. 그렇지 않으면 그림 10.10c와 같이 ϕ 함수의 곡면에 많은 국소 최소점이 발생하고 광역 최소점을 구하는 것이 더욱 어려워지게 된다. 따라서

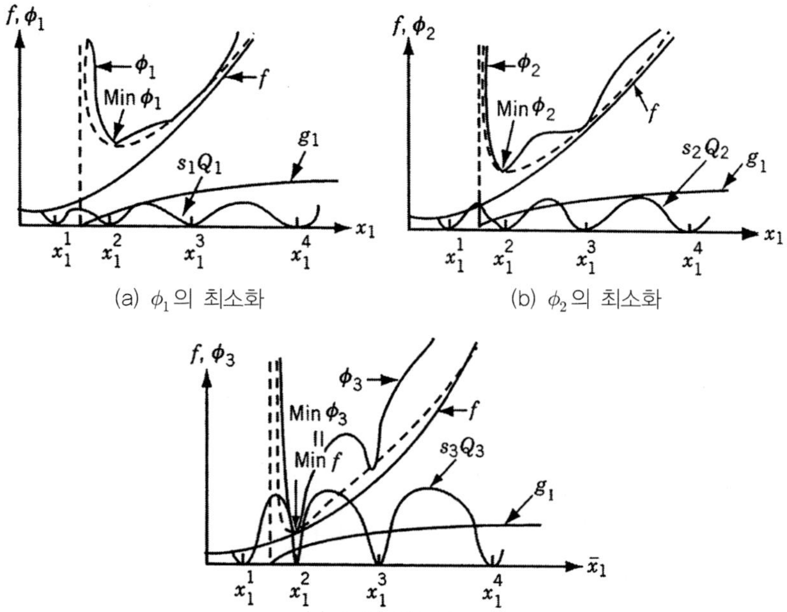

(a) ϕ_1의 최소화 (b) ϕ_2의 최소화 (c) ϕ_3의 최소화

그림 10.10 패널티 함수 방법에 의한 일변수 정수 문제의 해법. x_1^j은 이산변수 x_1의 j번째 이산값[10.4]

단모드 곡면이 나타나도록 s_k 초기값(즉, s_1)을 다음과 같이 충분히 작게 선택하는 것이 좋다. 즉,

$$s_k Q_k' \ll P_k' \qquad 10.78$$

단, Q_k'는 Q_k 곡면에 대한 구배의 최대 크기의 추정값이고, P_k'는 다음 식으로 정의되는 함수

$$P_k = f(\boldsymbol{X}) + r_k \sum_{j=1}^{m} G_j[g_j(\boldsymbol{X})] \qquad 10.79$$

의 구배값이다. Gisvold & Moe[10.4]는 Q_k'와 P_k'의 값을 아래와 같이 계산하였다.

$$Q_k' = \frac{1}{2} \cdot 4^{\beta_k} \beta_k (\beta_k - 1)^{\beta_k - 1} (2\beta_k - 1)^{1/2 - \beta_k} \qquad 10.80$$

$$P_k' = \left(\frac{\nabla P_k^T \nabla P_k}{n} \right)^{1/2} \qquad 10.81$$

$$P_k = \begin{pmatrix} \partial P_k/\partial x_1 \\ \partial P_k/\partial x_2 \\ \cdot \\ \cdot \\ \cdot \\ \partial P_k/\partial x_n \end{pmatrix} \qquad 10.82$$

따라서 식 10.78의 요구조건에 따라 초기값 s_1은

$$s_1 = c_1 \frac{P_1'(\boldsymbol{X}_1, r_1)}{Q_1'(\boldsymbol{X}_1^{(d)}, \beta_1)} \qquad 10.83$$

와 같이 구한다. 이때 $\boldsymbol{X}_1$은 ϕ_1의 최소화를 위한 초기 점, $\boldsymbol{X}_1^{(d)}$는 정수-제약 변수들의 시작점의 집합, 그리고 일반적으로 c_1은 범위 0.001~0.1 사이에서 취하는 상수이다.

가중치 r_1을 선정하는 데는 7.13절에서 고려한 바와 같은 동일한 사항들이 고려된다. 따라서 r_1의 값은

$$r_1 = c_2 \frac{f(\boldsymbol{X}_1)}{+\sum_{j=1}^{m} 1/g_j(\boldsymbol{X}_1)} \qquad 10.84$$

와 같이 설정한다. 이때 c_2의 값은 0.1~1.0 사이의 값으로 한다. 마지막으로 여러 이산점들에서 함수 ϕ_k의 일차 도함수의 연속성을 유지하기 위해 매개변수 β_k는 1보다 큰 값으로 선택한다. 비록 β_k의 다른 값들이 미치는 영향을 살펴보기 위해 체계적인 고찰을 수행하지는 않았지만 일부 설계 문제들에서 $\beta_1 \simeq 2.2$의 값은 만족스런 수렴을 제공하는 것으로 밝혀졌다.

매개상수 r_k, s_k 및 β_k($k=1$에 대해)의 값이 선택되면 앞선 방법과 유사한 방법을 기초로 조심스럽게 그 후속 값들도 선정해야 한다. 우선 상수 r_k의 값은 일반적으로 다음 관계식을 사용하여 결정한다.

$$r_{k+1} = c_3 r_k, \qquad k = 1, 2, \cdot \cdot \cdot \qquad 10.85$$

이때 c_3는 일반적으로 0.05~0.5 사이의 상수($c_3 < 1$)를 취한다. 또한, s_{k+1}의 값을 선정하는 방법은 먼저 $Q_k(\boldsymbol{X}_d)$ 항의 영향이 등호 제약의 영향과 다소 유사하다는 사실에 유의하여 등식 제약에 대한 가중 계수를 구하는 방법을 사용할 수 있다. 등식 제약의 경우 다음의 관계식을 사용한다.

$$\frac{s_{k+1}}{s_k}=\frac{r_k^{1/2}}{r_{k+1}^{1/2}} \qquad 10.86$$

따라서 식 10.85와 10.86으로부터

$$s_{k+1}=c_4 s_k \qquad 10.87$$

의 결과를 얻는다. 이때 $c_4=r_k^{1/2}/r_{k+1}^{1/2}$는 일반적으로 $\sqrt{1/0.5}\sim\sqrt{1/0.05}$ (즉, 1.4~4.5)의 값이 된다. 마지막으로 β_k의 값은

$$\beta_{k+1}=c_5\beta_k \qquad 10.88$$

와 같이 업데이트한다. 이때 c_5의 값은 일반적으로 0.7~0.9인 상수로 한다.

Fiacco는 정수 계획 문제를 포함한 일반적인 패널티 함수 방법의 수렴성을 증명하였다 [10.6]. 따라서 만일 필요한 횟수만큼의 복구 절차를 적용한다면, 이 패널티 함수 방법은 적어도 국소 최소점 하나로 수렴하는 것이 보장된다는 것이다.

예제 10.6 [10.24]

그림 10.11과 같이 멤버들 내부에 포함된 응력들에 대한 제약아래 3-바 트러스의 최소 중량의 설계를 구하여라. 멤버들의 단면적을 다음과 같은 매개변수의 허용 가능한 수치를 갖는 이산변수들로 처리하라.

$$A_i\sigma_{max}/P=0.1,\ 0.2, 0.3,\ 0.5, 0.8,\ 1.0, 1.2$$

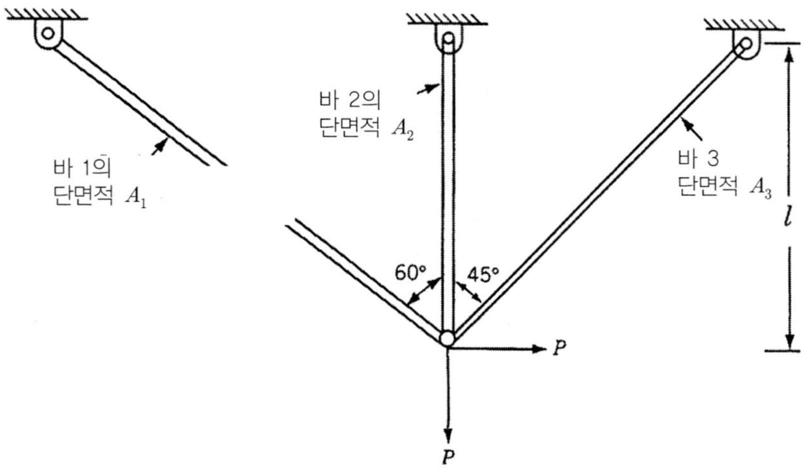

그림 10.11 3-바 트러스

[풀이] 무차원 정량 f와 x_i을 다음과 같이 정의한다.

$$f = \frac{W\sigma_{max}}{P\rho l}, \quad x_i = \frac{A_i\sigma_{max}}{P}, \qquad i = 1,\ 2,\ 3$$

위에서 W는 트러스의 중량, σ_{max}는 최대 허용응력(절대), P는 하중, ρ는 밀도, l은 높이, 그리고 A_i는 멤버 $i(i=1,\ 2,\ 3)$의 단면적이다. 다음과 같이 위의 이산 최적화 문제를 기술할 수 있다.

$$Min \qquad f = 2x_1 + x_2 + \sqrt{2}\,x_3$$

subject to

$$g_1(\boldsymbol{X}) = 1 - \frac{\sqrt{3}\,x_2 + 1.932x_3}{1.5x_1x_2 + \sqrt{2}\,x_2x_3 + 1.319x_1x_3} \geq 0$$

$$g_2(\boldsymbol{X}) = 1 - \frac{0.634x_1 + 2.828x_3}{1.5x_1x_2 + \sqrt{2}\,x_2x_3 + 1.319x_1x_3} \geq 0$$

$$g_3(\boldsymbol{X}) = 1 - \frac{0.5x_1 - 2x_2}{1.5x_1x_2 + \sqrt{2}\,x_2x_3 + 1.319x_1x_3} \geq 0$$

$$g_4(\boldsymbol{X}) = 1 + \frac{0.5x_1 - 2x_2}{1.5x_1x_2 + \sqrt{2}\,x_2x_3 + 1.319x_1x_3} \geq 0$$

$$x_i \in \{0.1,\ 0.2, 0.3,\ 0.5, 0.8,\ 1.0, 1.2\}, \qquad i = 1,2,3$$

위의 문제에서 이산변수를 무시한 연속 변수 문제의 최적해는

$$x_1^* = 1.1549,\ x_2^* = 0.4232,\ x_3^* = 0.0004,\ f^* = 2.7336$$

와 같고, 이산변수 문제의 최적해는 다음과 같다.

$$x_1^* = 1.2,\ x_2^* = 0.5,\ x_3^* = 0.1, \quad f^* = 3.0414$$

■

REFERENCES AND BIBLIOGRAPHY

10.1 M. L. Balinski, Integer programming: methods, uses, computation, *Management Science*, Vol. 12, pp. 253–313, 1965.

10.2 L. J. Watters, Reduction of integer polynomial programming problems to zero–one linear programming problems, *Operations Research*, Vol. 15, No. 6, pp. 1171–1174, 1967.

10.3 S. Retter and D. B. Rice, Discrete optimizing solution procedures for linear and nonlinear integer programming problems, *Management Science*, Vol. 12, pp. 829–850, 1966.

10.4 K. M. Gisvold and J. Moe, A method for nonlinear mixed-integer programming and its application to design problems, *Journal of Engineering for Industry, Transactions of ASME*, Vol. 94, pp. 353–364, May 1972.

10.5 R. A. Gellatly and P. B. Marcal, *Investigation of Advanced Spacecraft Structural Design Technology*, NASA Report 2356–950001, 1967.

10.6 A. V. Fiacco, Penalty methods for mathematical programming in E^n with general constraints sets, *Journal of Optimization Theory and Applications*, Vol. 6, pp. 252–268, 1970.

10.7 R. E. Gomory, *An Algorithm for the Mixed Integer Problem*, Rand Report R.M. 25797, July 1960.

10.8 A. H. Land and A. Doig, An automatic method of solving discrete programming problems, *Econometrica*, Vol. 28, pp. 497–520, 1960.

10.9 E. Balas, An additive algorithm for solving linear programs with zero–one variables, *Operations Research*, Vol. 13, pp. 517–546, 1965.

10.10 R. E. Gomory, An all-integer integer programming algorithm, Chapter 13 in *Industrial Scheduling*, J. F. Muth and G. L. Thompson, Eds., Prentice-Hall, Englewood Cliffs, NJ, 1963.

10.11 H. A. Taha, *Operations Research: An Introduction*, Macmillan, New York, 1971.

10.12 S. Zionts, *Linear and Integer Programming*, Prentice-Hall, Englewood Cliffs, NJ, 1974.

10.13 C. McMillan, Jr., *Mathematical Programming: An Introduction to the Design and Application of Optimal Decision Machines*, Wiley, New York, 1970.

10.14 N. K. Kwak, *Mathematical Programming with Business Applications*, McGraw-Hill, New York, 1973.

10.15 H. Greenberg, *Integer Programming*, Academic Press, New York, 1971.

10.16 G. B. Dantzig and A. F. Veinott, Jr., Eds., *Mathematics of the Decision Sciences*, Part 1, American Mathematical Society, Providence, R I, 1968.

10.17 R. S. Garfinkel and G. L. Nemhauser, *Integer Programming*, Wiley, New York, 1972.

10.18 C. A. Trauth, Jr., and R. E. Woolsey, Integer linear programming: a study in computational efficiency, *Management Science*, Vol. 15, No. 9, pp. 481–493, 1969.

10.19 E. L. Lawler and M. D. Bell, A method for solving discrete optimization problems, *Operations Research*, Vol. 14, pp. 1098–1112, 1966.

10.20 P. Hansen, Quadratic zero–one programming by implicit enumeration, pp. 265–278 in *Numerical Methods for Nonlinear Optimization*, F. A. Lootsma, Ed., Academic Press, London, 1972.

10.21 R. R. Meyer, Integer and mixed-integer programming models: general properties, *Journal of Optimization Theory and Applications*, Vol. 16, pp. 191–206, 1975.

10.22 R. Karni, Integer linear programming formulation of the material requirements planning problem, *Journal of Optimization Theory and Applications*, Vol. 35, pp. 217–230, 1981.

10.23 R. J. Dakin, A tree-search algorithm for mixed integer programming problems, *Computer Journal*, Vol. 8, No. 3, pp. 250–255, 1965.

10.24 D. K. Shin, Z. Gürdal, and O. H. Griffin, Jr., A penalty approach for nonlinear optimization with discrete design variables, *Engineering Optimization*, Vol. 16, pp. 29–42, 1990.

10.25 O. K. Gupta and A. Ravindran, Nonlinear mixed integer programming and discrete optimization, pp. 27–32 in *Progress in Engineering Optimization—1981*, R. W. Mayne and K. M. Ragsdell, Eds., ASME, New York, 1981.

10.26 G. R. Olsen and G. N. Vanderplaats, Method for nonlinear optimization with discrete variables, *AIAA Journal*, Vol. 27, No. 11, pp. 1584–1589, 1989.

10.27 K. V. John, C. V. Ramakrishnan, and K. G. Sharma, Optimum design of trusses from available sections: use of sequential linear programming with branch and bound algorithm, *Engineering Optimization*, Vol. 13, pp. 119–145, 1988.

10.28 M. W. Cooper, A survey of methods for pure nonlinear integer programming, *Management Science*, Vol. 27, No. 3, pp. 353–361, 1981.

10.29 A. Glankwahmdee, J. S. Liebman, and G. L. Hogg, Unconstrained discrete nonlinear programming, *Engineering Optimization*, Vol. 4, pp. 95–107, 1979.

10.30 K. Hager and R. Balling, New approach for discrete structural optimization, *ASCE Journal of the Structural Division*, Vol. 114, No. ST5, pp. 1120–1134, 1988.

10.31 S. S. Rao, T. S. Pan, and V. B. Venkayya, Optimal placement of actuators in actively controlled structures using genetic algorithms, *AIAA Journal*, Vol. 29, No. 6, pp. 942–943, 1991.

10.32 R. G. Parker and R. L. Rardin, *Discrete Optimization*, Academic Press, Boston, 1988.

CHAPTER 11

확률 계획법

11.1 소개

확률(Stochastic 또는 probabilistic) **계획법**은 최적화 문제의 일부 또는 전체 변수가 결정론적(deterministic)인 정량이 아닌 확률론적(stochastic 또는 random 또는 probabilistic) 변수들로 표현되는 상황을 처리한다. 문제의 형식과 특성에 따라 여러 가지의 확률변수가 있다. 예를 들어, 콘크리트 구조물 설계시 콘크리트의 압축 강도는 샘플마다 상당히 다르므로 콘크리트 강도는 확률변수이다. 기계 시스템 설계시 규격은 명시된(허용 가능한) 오차 범위 안에 위치할 수 있으므로 임의 기계 가공된 부품의 실제 규격은 확률변수이다. 유사하게 항공기와 로켓 설계시 비행체에 작용하는 실제 하중들은 비행시간 동안 대기 조건들에 종속되므로 사전에 정확하게 예측할 수 없다. 따라서 이와 같은 비행체의 설계시 하중을 확률변수로 처리하여야 한다.

확률 최적화 문제는 문제에 (확률변수의 항으로)포함된 식의 특성에 따라 **확률 선형, 기하급수, 동적, 또는 비선형 계획 문제**라 부른다. 확률 계획법에 사용되는 기본 개념은 확률 계획 문제를 동치인 결정론적 계획 문제로 변환하여 선형, 기하급수, 동적, 그리고 비선형 계획법과 같은 익숙한 기법들을 사용하여 결정론적 계획 문제를 해결한다. 11.2절에서는 확률 계획법을 이해하기 위해 필요한 확률(probability)이론의 기본 개념을 알아보고, 후속 절에서는 확률 선형, 비선형, 그리고 기하급수 계획법을 기술하기로 한다.

11.2 확률이론의 기본 개념

본 절에서는 확률에 대한 전반적인 이론보다는 본 절을 이해하기 위해 필요한 기본적인 개념을 알아본다. 상세한 내용에 관심 있는 독자들은 Parzen[11.1], Ang & Tang[11.2],

또는 Rao[11.3] 문헌을 참고하기로 한다.

11.2.1 확률의 정의

실생활에서 모든 현상은 불확실한 요소를 갖는다. 예를 들어, 특정 위치에서 풍속, 교량을 횡단하는 자동차의 수, 빔의 강도, 그리고 기계 수명은 정확하게 예측할 수 없다. 이러한 현상들은 우연 종속(chance dependent)이고 이와 같은 현상의 특징을 기술하기 위해 확률이론에 의존하여야 한다.

확률 개념을 소개하기 전에 실험 및 이벤트와 같은 개념들을 정의할 필요가 있다. **실험**(experiment)은 결과가 불확실하고 결과를 정확하게 알 수 없는 것을 수행하는 행위를 나타낸다. 예를 들어, 동전 던지기, 주사위 던지기, 그리고 강의 항복강도 측정을 실험이라 부를 수 있다. 한 실험에서 가능한 결과의 수는 실험의 특성에 따라 유한 또는 무한이 될 수 있다. 동전 던지기의 경우 결과는 앞면 또는 뒷면이고, 주사위 던지기에서는 숫자 1, 2, 3, 4, 5, 6 중 하나가 된다. 반면 강의 항복강도 측정의 경우에 대한 결과는 임의 양의 실수일 수 있다. **이벤트**(event)는 단일 실험의 결과를 표현한다. 예를 들어, 동전던지기에서 앞면이 나오는 것, 주사위 던지기에서 숫자 3 또는 5를 갖는 것, 그리고 강 항복강도가 20,000 psi 이상이 되는 것을 관측하는 것을 이벤트라 부를 수 있다.

확률(probability)은 특정 이벤트의 가능성으로 정의된다. 만일 이벤트를 E로 표기하면 이벤트 E의 발생 확률은 통상적으로 $P(E)$로 표기한다. 발생 확률은 관측 또는 시도의 수에 따라 결정되며 다음 식으로 주어진다.

$$P(E) = \lim_{n \to \infty} \frac{m}{n} \tag{11.1}$$

이때 m은 이벤트 E의 발생 숫자이고, n은 전체 시도의 수이다. 식 11.1로부터 확률은 비음수 숫자이고 다음과 같은 것을 알 수 있다.

$$0 \le P(E) \le 1.0 \tag{11.2}$$

위에서 $P(E)=0$은 이벤트가 발생하는 것이 불가능한 것을, $P(E)=1$은 이 이벤트가 발생하는 것이 100% 확실한 것을 의미한다. 예를 들어, 동전 던지기의 이벤트와 관련하여 앞면과 뒷면 모두가 나타나는 확률은 0(불가능한 이벤트)인 반면, 주사위 던지기에서 1과 6 사이 임의 숫자가 나타나는 이벤트의 확률은 1이다(확실한 이벤트).

독립 이벤트 만일 이벤트 E_1의 발생이 다른 이벤트 E_2의 발생 확률에 영향을 미치지 않으면 이벤트들 E_1과 E_2는 **통계학적으로 독립적**(statistically independent)이라 말한다. 이 경우 두 이벤트들의 동시 발생 확률은 다음 식으로 주어진다.

$$P(E_1E_2) = P(E_1)P(E_2) \quad 11.3$$

예를 들어, 만일 $P(E_1) = P$(특정 지역에서 비올 확률)=0.4 그리고 $P(E_2) = P$(동전 던지기에서 앞면 현실화)=0.7이면 명백하게 E_1과 E_2는 통계학적으로 독립적이므로 동시 발생 확률은 다음과 같다.

$$P(E_1E_2) = P(E_1)P(E_2) = 0.28$$

11.2.2 확률변수와 확률밀도함수

이벤트는 실험의 발생 가능한 결과로 정의된다. 확률 이벤트를 $-\infty$와 ∞ 사이의 값을 갖는 정량 X의 발생 가능한 결과로 정의하면, 이러한 정량(X와 같은)을 **확률변수**(random variable)라 부른다. **확률변수는 대문자로 표기하고 이 변수가 취하는 특정 값은 소문자로 표기한다.** 확률변수는 (1) 이산 확률변수와 (2) 연속 확률변수로 나뉜다. 즉, 오직 이산 수치들 x_1, x_2, ・・・, x_n만을 취하도록 허락되는 확률변수를 **이산**(discrete) 확률변수라 하고, 명시된 범위 안에서 임의 실수를 취하도록 허락되는 확률변수를 **연속**(continuous) 확률변수라 한다. 예를 들어, 교량을 횡단하는 1일 자동차의 수는 이산 확률변수이고 강의 항복강도는 연속 확률변수로 취급할 수 있다.

이산 확률변수의 확률함수(Probability Mass Function) 이산 확률변수 X가 취할 수 있는 각 x_i에 발생 확률 $P(x_i)$를 대응하여 각 확률변수 X가 발생하는 확률들을 표로 나타낼 수 있으나 x_i에 관한 함수 $P(x_i)$의 일반식을 구하는 것이 더욱 용이하다. 이와 같은 식을 확률변수 X의 **확률함수**라 부르며 일반적으로 $f_X(x_i)$ 또는 단순히 $f(x_i)$로 표기한다. 즉, 확률변수 $X = x_i$가 발생할 확률을 제공하는 함수를 확률함수 $f_X(x_i)$라 하고 아래와 같이 나타낸다.

$$f(x_i) = f_X(x_i) = P(X = x_i) \quad 11.4$$

누적분포함수(이산변수의 경우) 때로는 확률분포함수(probability distribution function)로 알려진 함수를 다루는 것이 편리할 때가 있다. 확률변수 X가 특정 숫자 x보다 적거나 동일한 확률을 누적분포함수(cumulative distribution function) $F_X(x)$라 하고

$$F_X(x) = P(X \le x) = \sum_i f_X(x_i) \quad 11.5$$

로 나타낸다. 위의 우변식은 $x_i \le x$가 되는 모든 i에 대한 $f_X(x_i)$의 합을 의미한다. 일반적으로 분포함수는 누적 확률이므로 분포함수를 누적분포함수라고도 부른다.

예제 11.1

한 쌍의 주사위를 던질 때 가능한 수에 대한 확률함수와 확률분포함수를 구하라.

[풀이] 각 면은 동등하게 나타나므로 1~6 사이의 수가 나오는 확률은 1/6이다. 즉,

$$P(X=1)=P(X=2)=\cdot\cdot\cdot=P(X=6)=\frac{1}{6}$$

$$f_X(1)=f_X(2)=\cdot\cdot\cdot=f_X(6)=\frac{1}{6}$$

따라서 확률분포함수 $F_X(x)$의 함수식은

$$F_X(x)=\frac{x}{6} \quad , \quad 1 \le x \le 6$$

와 같다. 그러나 이산 확률변수에 대한 분포함수는 단계 함수(step function)가 되는 것을 알 수 있다. 또한 변수 X의 가능한 가장 작은 값은 S이고 가장 큰 값이 T이면 분포함수는 다음과 같다.

$$F_X(x)=0 \quad for\ all\ x<S \quad , \quad F_X(x)=1 \quad for\ all\ x>T$$

■

확률밀도함수(연속변수의 경우) 연속 확률변수의 확률밀도함수(probability density function)는 다음 식으로 정의된다.

$$f_X(x)dx=P(x \le X \le x+dx) \tag{11.6}$$

위의 식은 아주 작은 구간 $(x,\ x+dx)$에서 X가 발생하는 확률과 동일하다. 따라서 X의 분포함수는 x보다 작거나 동일한 X가 일어나는 확률로서 정의되므로

$$F_X(x)=\int_{-\infty}^{x} f_X(x')dx' \tag{11.7}$$

와 같이 정의할 수 있다. 이때 $F_X(-\infty)=0$이다. 또한, 적분의 상한이 무한이면 다음 결과를 얻는다.

$$\int_{-\infty}^{\infty} f_X(x)dx=F_X(\infty)=1 \tag{11.8}$$

이를 **정규화조건**(normalization condition)이라 부른다. 그림 11.1에서 전형적인 확률밀도함수와 이에 상응하는 분포함수를 보여주고 있다.

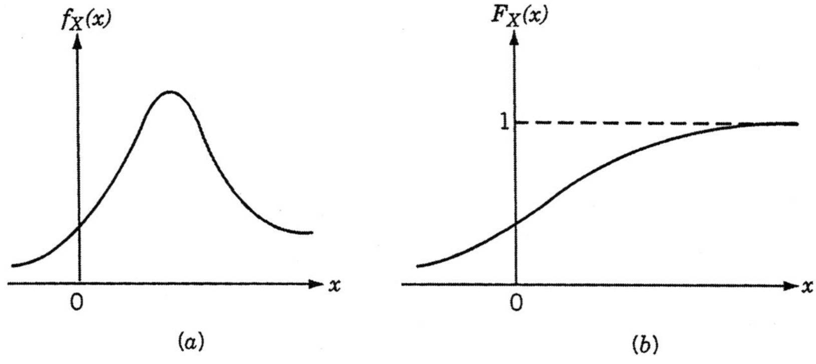

그림 11.1 연속 확률변수 X의 확률밀도함수와 확률분포함수: (a) 밀도함수; (b) 분포함수

11.2.3 평균과 표준편차

확률변수의 확률밀도함수 또는 확률분포함수는 변수에 대한 모든 정보를 포함하지만, 확률변수에 대한 모든 정보 보다는 총체적 성질만을 필요로 할 때는 확률변수의 현저한 특성이 되는 평균과 평균에 대한 변화(variation)만을 계산하는 경우가 많다.

평균(Mean) 확률변수의 주요 경향을 나타내기 위해 **평균값**(mean value, expected value, 또는 average)을 사용한다.

이산변수의 경우 확률변수 X의 값이 $x_1(n_1$회), $x_2(n_2$회), ... $x_m(n_m$회)와 같이 되는 전체 n회, 즉 $n_1+n_2+\cdot\cdot\cdot+n_m=n$의 실험에서 X의 산술적인 평균 $\overline{X}$는 다음과 같다.

$$\overline{X}=\frac{\sum_{k=1}^{m}x_k n_k}{n}=\sum_{k=1}^{m}x_k\frac{n_k}{n}=\sum_{k=1}^{m}x_k f_X(x_k) \tag{11.9}$$

이때 n_k/n은 x_k의 상대적 발생 빈도이고, 확률함수 $f_X(x_k)$와 동일하다. 따라서 일반적으로 이산 확률변수의 기댓값 $E(X)$는 다음과 같이 모든 i에 대한 $x_i f_X(x_i)$의 합

$$\overline{X}=E(X)=\sum_i x_i f_X(x_i) \tag{11.10}$$

으로 표현된다.

연속수치의 경우 만일 $f_X(x_k)$가 연속 확률변수 X의 밀도함수이면 평균은 다음과 같이 주어진다.

$$\overline{X} = \mu_X = E(X) = \int_{-\infty}^{\infty} x f_X(x_i) dx \qquad 11.11$$

표준편차(Standard Deviation) 기댓값 또는 평균은 좌표축 상에 분포의 위치를 나타내는 중심 경향의 척도이고, 확률변수의 변화의 정도는 주로 표준편차라는 값으로 표현한다. 확률변수 X의 분산(variance) 또는 평균-자승 편차의 정의는

$$\begin{aligned}\sigma_X^2 &= Var(X) = E\left[(X-\mu_X)^2\right] \qquad 11.12\\ &= E\left[X^2 - 2X\mu_X + \mu_X^2\right]\\ &= E(X^2) - 2\mu_X E(X) + E(\mu_X^2)\\ &= E(X^2) - \mu_X^2\end{aligned}$$

라 하고, 표준편차는

$$\sigma_X = +\sqrt{Var(X)} = \sqrt{E(X^2) - \mu_X^2} \qquad 11.13$$

로 정의한다. 또한, 변동(무차원 형태의 산포의 척도) 계수를 다음과 같이 정의한다.

$$X \text{ 변동 계수} = \nu_X = \frac{\text{표준편차}}{\text{평균}} = \frac{\sigma_X}{\mu_X} \qquad 11.14$$

그림 11.2는 동일한 평균 μ_X를 갖지만 분산이 다른 두 개의 밀도함수들을 보여준다. 그림에서 볼 수 있는 것과 같이 분산은 밀도함수의 폭(breadth)을 나타낸다.

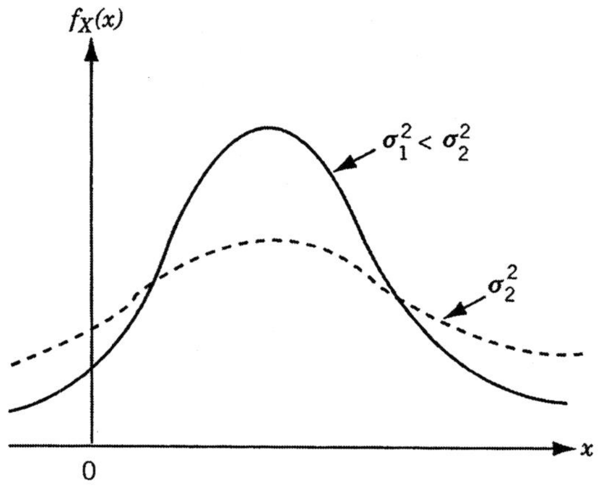

그림 11.2 동일한 평균을 갖는 두 개의 밀도함수

예제 11.2

공항에 착륙하는 분당 비행기 수 X와 그 확률이 다음 표와 같을 때, X의 평균과 표준편차를 구하라.

x_i	0	1	2	3	4	5	6
$p_X(x_i)$	0.02	0.15	0.22	0.26	0.17	0.14	0.04

[풀이] 식 11.10과 식 11.12로부터 평균과 표준편차의 계산은 다음과 같다.

$$\overline{X} = \sum_{i=0}^{6} x_i p_X(x_i) = 0(0.02) + 1(0.15) + 2(0.22) + 3(0.26)$$

$$+ 4(0.17) + 5(0.14) + 6(0.04)$$

$$= 2.99$$

$$\overline{X^2} = \sum_{i=0}^{6} x_i^2 p_X(x_i) = 0(0.02) + 1(0.15) + 4(0.22) + 9(0.26)$$

$$+ 16(0.17) + 25(0.14) + 36(0.04)$$

$$= 11.03$$

$$\sigma_X^2 = \overline{X^2} - (\overline{X})^2 = 11.03 - (2.99)^2 = 2.0899$$

$$\sigma_X = 1.4456$$

■

예제 11.3

엔진 브레이크에 적용된 힘(X)는 다음과 같이 주어진다. 브레이크에 적용된 힘의 평균과 표준편차를 결정하라.

$$f_X(x) = \begin{cases} \dfrac{x}{48}, & 0 \le x \le 8\,\text{lb} \\ \dfrac{12-x}{24}, & 8 \le x \le 12\,\text{lb} \end{cases}$$

[풀이] 식 11.11로부터 평균은 다음과 같다.

$$\mu_X = E[X] = \int_{-\infty}^{\infty} x f_X(x)dx = \int_0^8 x\frac{x}{48}dx + \int_8^{12} x\frac{12-x}{24}dx = 6.6667$$

식 11.12로부터 표준편차는 다음과 같다.

$$E[X^2]=\int_{-\infty}^{\infty} x^2 f_X(x)dx=\int_0^8 x^2\frac{x}{48}dx+\int_8^{12} x^2\frac{12-x}{24}dx$$

$$=21.3333+29.3333=50.6666$$

$$\sigma_X^2=E[X^2]-(E[X])^2=50.6666-(6.6667)^2=6.2222$$

$$\sigma_X=2.4944$$

■

11.2.4 확률변수함수

만일 X가 확률변수이면 X의 함수로 정의된 다른 변수 Y도 또한 확률변수가 된다. 변수 X의 확률밀도함수를 $f_X(x)$, 분포함수를 $F_X(x)$로 표기할 때 확률변수 Y에 관한 밀도함수 $f_Y(y)$와 분포함수 $F_Y(y)$를 찾고자 한다. 두 확률변수의 함수 관계를

$$Y=g(\boldsymbol{X}) \tag{11.15}$$

라 하면, 정의에 의해 Y의 분포함수는 Y가 y보다 작거나 동일하게 되는 확률이므로

$$F_Y(y)=P(Y\le y)=P(g\le y) \tag{11.16}$$

$$=\int_{g(x)\le y} f_X(x)dx$$

와 같다. 위에서 우변의 적분은 $g(x)\le y$인 모든 x에 걸쳐 적분을 수행함을 의미한다.

예를 들어 만일 y와 x의 함수 관계가 그림 11.3과 같으면 적분 범위는 $\Delta x_1+\Delta x_2+\Delta x_3+\cdot\cdot\cdot$와 같고, Y에 관한 확률밀도함수는

$$f_Y=\frac{\partial}{\partial y}[F_Y(y)] \tag{11.17}$$

이다. 이때, $Y=g(\boldsymbol{X})$이면 Y의 평균과 분산은 각각 다음과 같이 정의된다.

$$E(Y)=\int_{-\infty}^{\infty} g(x)f_X(x)dx \tag{1.18}$$

$$Var(Y)=\int_{-\infty}^{\infty}[g(x)-E(Y)]^2 f_X(x)dx \tag{11.19}$$

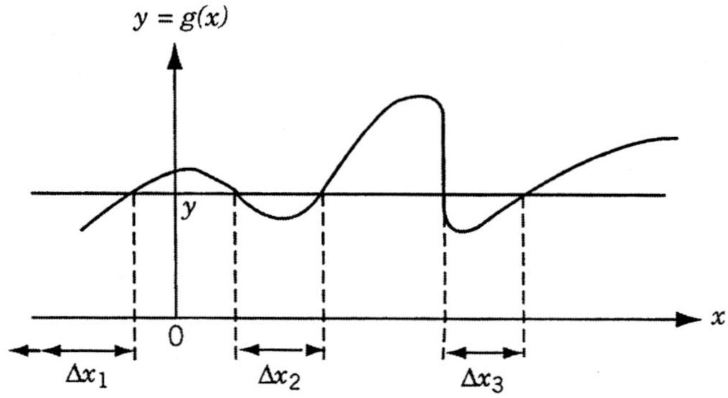

그림 11.3 식 11.16에서 적분 범위

11.2.5 결합 분포 확률변수

두 개 이상의 확률변수를 동시에 고려할 때는 결합 확률분포함수로 이들의 결합을 결정한다. 이때 단일 확률변수들의 확률분포를 **단변수분포**(univariate distributions)라 부르며 확률변수 2개를 포함하는 분포를 **이변수분포**(bivariate distributions)라 한다. 또한, 일반적으로 분포가 하나 이상의 변수를 포함하면 **다변수분포**(multivariate distribution)라 부른다.

결합 밀도함수 및 분포함수 n개의 연속 확률변수 $X_1,\ X_2, \cdot\cdot\cdot, X_n$들의 결합 밀도함수의 정의는 아래와 같다.

$$f_{X_1 \cdots X_n}(x_1, \ldots, x_n)\, dx_1 \cdot\cdot\cdot dx_n = P(x_1 \le X_1 \le x_1 + dx_1,\ x_2 \le X_2 \le x_2 + dx_2,\ \cdots,\ x_n \le X_n \le x_n + dx_n) \qquad 11.20$$

위에서 확률변수들이 서로 독립적이면 결합 밀도함수는 각 개별 밀도함수의 곱으로 결정된다. 즉,

$$f_{X_1, \ldots, X_n}(x_1, \ldots, x_n) = f_{X_1}(x_1) \cdot\cdot\cdot f_{X_n}(x_n) \qquad 11.21$$

또한, 식 11.20의 밀도함수와 관련된 결합 분포함수는

$$F_{X_1,\cdots,X_n}(x_1,\cdots,\ x_n) \qquad 11.22$$
$$= P[X_1 \le x_1,\cdot\cdot\cdot, X_n \le x_n]$$
$$= \int_{-\infty}^{x_1}\cdots\int_{-\infty}^{x_n} f_{X_1,\ldots,X_n}(x_1',\ x_2',\cdot\cdot x_n')dx_1'\,dx_2'\cdot\cdot\cdot\,dx_n'$$

와 같다. 이때 $X_1,\ X_2,\cdot\cdot\cdot, X_n$이 독립 확률변수이면 위의 결합 분포함수는

$$F_{X_1,\cdots X_n}(x_1,\ldots,x_n)= F_{X_1}(x_1)F_{X_2}(x_2)\cdots F_{X_n}(x_n) \qquad 11.23$$

이 된다. 결합 밀도함수는 위의 결합 분포함수를 미분하여 얻을 수 있다. 즉,

$$f_{X_1,\ldots,X_n}(x_1,\ldots,x_n)= \frac{\partial^n}{\partial x_1\partial x_2\cdots\partial x_n}F_{X_1,\ldots,X_n}(x_1,\ldots,x_n) \qquad 11.24$$

결합 밀도함수로부터 개별 밀도함수 구하기 두 확률변수 X와 Y의 결합 밀도함수를 $f_{X,Y}(x,\ y)$로 표기하고 X와 Y의 각 밀도함수를 $f_X(x)$와 $f_Y(y)$로 표기하자. 점 $(x,\ y)$, $(x+dx,\ y)$, $(x,\ y+dy)$와 $(x+dx,\ y+dy)$가 작은 사각형의 꼭지점에 위치하면, 임의의 점 $(x',\ y')$이 이 사각형에 있을 확률은 $f_{X,Y}(x,\ y)dxdy$이다. 한편, x를 고정한 y에 관한 확률 적분은 x와 $x+dx$ 사이에 위치한 점에서 확률의 합이다. 즉, y의 하한과 상한을 $a_1(x)$와 $b_1(x)$로 표기하면

$$P[x \le x' \le x+dx]=\left[\int_{a_1(x)}^{b_1(x)} f_{X,Y}(x,\ y)dy\right]dx = f_X(x)dx \qquad 11.25$$

$$f_X(x)= \int_{y_1=a_1(x)}^{y_2=b_1(x)} f_{X,Y}(x,\ y)dy$$

이며, 또 유사한 방법에 의해

$$f_Y(y)= \int_{x_1=a_2(y)}^{x_2=b_2(y)} f_{X,Y}(x,\ y)dx \qquad 11.26$$

가 된다.

11.2.6 공분산(covariance) 및 상관(correlation)

만일 X와 Y가 결합 분포된 두 개의 확률변수이면, X와 Y의 분산을

$$E\left[(X-\overline{X})^2\right]=Var[X]=\int_{-\infty}^{\infty}(x-\overline{X})^2 f_X(x)dx \tag{11.27}$$

$$E\left[(Y-\overline{Y})^2\right]=Var[Y]=\int_{-\infty}^{\infty}(y-\overline{Y})^2 f_Y(y)dy \tag{11.28}$$

와 같이 정의하고, X와 Y의 공분산(covariance) 정의는

$$\begin{aligned} E\left[(X-\overline{X})(Y-\overline{Y})\right] &= Cov(X,\ Y) \\ &= \int_{-\infty}^{\infty}\int_{-\infty}^{\infty}(x-\overline{X})(y-\overline{Y})f_{X,Y}(x,\ y)dxdy \\ &= \sigma_{X,Y} \end{aligned} \tag{11.29}$$

와 같다. 또한 확률변수들의 상관 계수 $\rho_{X,Y}$는

$$\rho_{X,Y}=\frac{Cov(X,Y)}{\sigma_X\sigma_Y} \tag{11.30}$$

로 정의한다. 이때 $-1 \le \rho_{X,Y} \le 1$이 됨을 증명할 수 있다.

11.2.7 확률 다변수 함수

만일 Y가 여러 확률변수 $X_1, X_2, \cdot\cdot\cdot, X_n$에 관한 함수이면 Y의 분포함수와 밀도함수는 $X_1, X_2, \cdot\cdot\cdot, X_n$의 결합 밀도함수의 항으로 표현될 수 있다.

다음의 관계식

$$Y=g(X_1, X_2, \cdot\cdot\cdot, X_n) \tag{11.31}$$

이라 하면 정의에 의해 결합 분포함수 $F_Y(y)$는

$$\begin{aligned} F_Y(y) &= P(Y \le y) \\ &= \underset{g(x_1,x_2,\cdots,x_n)\le y}{\int_{x_1}\int_{x_2}\cdot\cdot\int_{x_n}} f_{X_1,X_2,\cdot\cdot\cdot X_n}(x_1,x_2,\ \cdot\cdot\cdot,x_n)dx_1dx_2\cdot\cdot\cdot dx_n \end{aligned} \tag{11.32}$$

와 같다. 이때 위의 적분은 $g(x_1,x_2,\cdots,x_n)\le y$가 만족되는 n-차원 $(X_1, X_2, \cdots, X_n)$ 공간의 영역에 걸쳐 적분을 수행함을 의미한다. 한편, 식 11.32를 미분하여 y의 밀도함수 $f_Y(y)$를 얻을 수 있다.

단일 확률변수 함수의 경우에서와 같이 확률 다변수 함수의 분산은 다음과 같이 주어진다.

$$E(Y) = E[g(X_1, X_2, \cdot\cdot\cdot, X_n)] \qquad 11.33$$

$$= \int_{-\infty}^{\infty} \cdots \int_{-\infty}^{\infty} g(x_1, x_2, \ldots, x_n) f_{X_1, X_2, \ldots, X_n}(x_1, x_2, \cdots, x_n) dx_1 dx_2 \cdots dx_n$$

$$Var(Y) = \int_{-\infty}^{\infty} \cdots \int_{-\infty}^{\infty} [g(x_1, x_2, \ldots, x_n) - \overline{Y}]^2 \qquad 11.34$$

$$f_{X_1, X_2, \ldots, X_n}(x_1, x_2, \ldots, x_n) dx_1 dx_2 \cdots dx_n$$

이때, 특히 Y가 확률변수 X_1과 X_2에 관한 선형 함수이면 즉, 상수 a_1과 a_2에 대해

$$Y = a_1 X_1 + a_2 X_2$$

이면

$$E(y) = \int_{-\infty}^{\infty} \int_{-\infty}^{\infty} (a_1 x_1 + a_2 x_2) f_{X_1, X_2}(x_1, x_2) dx_1 dx_2 \qquad 11.35$$

$$= a_1 \int_{-\infty}^{\infty} x_1 f_{X_1}(x_1) dx_1 + a_2 \int_{-\infty}^{\infty} x_2 f_{X_2}(x_2) dx_2$$

$$= a_1 E(X_1) + a_2 E(X_2)$$

가 된다. 따라서 합의 기댓값은 기댓값들의 합과 같다. 또한, Y의 분산은

$$Var(Y) = E[(a_1 X_1 + a_2 X_2) - (a_1 \overline{X_1} + a_2 \overline{X_2})]^2 \qquad 11.36$$

$$= E[a_1(X_1 - \overline{X_1}) + a_2(X_2 - \overline{X_2})]^2$$

$$= E[a_1^2(X_1 - \overline{X}_1)^2 + 2a_1 a_2 (X_1 - \overline{X}_1)(X_2 - \overline{X}_2) + a_2^2 (X_2 - \overline{X}_2)^2]$$

이 된다. 위의 식에서 중간 항은 공분산인 반면 첫 번째와 세 번째 항은 분산의 기댓값이므로 상기 식을 다시 표현하여

$$Var(Y) = a_1^2 Var(X_1) + a_2^2 Var(X_2) + 2a_1 a_2 Cov(X_1, X_2) \qquad 11.37$$

로 쓸 수 있다.

Y가 확률 다변수의 선형함수일 때 상기 결과들을 일반화하면

$$Y = \sum_{i=1}^{n} a_i X_i \qquad 11.38$$

로부터

$$E(Y) = \sum_{i=1}^{n} a_i E(X_i) \qquad 11.39$$

$$Var(Y) = \sum_{i=1}^{n} a_i^2 Var(X_i) + \sum_{i=1}^{n}\sum_{j=1}^{n} a_i a_j Cov(X_i,\ X_j), \quad i \neq j \qquad 11.40$$

와 같이 표현된다.

확률 다변수 함수의 근사 평균 및 분산 관계식이 $Y = g(X_1,\ X_2, \cdot\cdot\cdot, X_n)$인 Y의 근사 평균과 분산을 구하기 위해 함수 g를 평균 수치 $\overline{X}_1,\ \overline{X}_2, \cdot\cdot\cdot, \overline{X}_n$에 대해 테일러 급수를 확장하면

$$Y \simeq g(\overline{X}_1,\ \overline{X}_2, \cdot\cdot\cdot, \overline{X}_n) + \sum_{i=1}^{n}(X_i - \overline{X}_i)\frac{\partial g}{\partial X_i} + \frac{1}{2}\sum_{i=1}^{n}\sum_{j=1}^{n}(X_i - \overline{X}_i)(X_j - \overline{X}_j)\frac{\partial^2 g}{\partial X_i \partial X_j} + \cdot\cdot\cdot \qquad 11.41$$

이다. 위에서 도함수는 $\overline{X}_1,\ \overline{X}_2, \cdot\cdot\cdot, \overline{X}_n$에서의 도함숫값이다. 선형 항에서 급수를 절삭한 Y에 관한 일차 근사식은

$$Y = g(\overline{X}_1,\ \overline{X}_2, \cdot\cdot\cdot, \overline{X}_n) + \sum_{i=1}^{n}(X_i - \overline{X}_i)\frac{\partial g}{\partial X_i}\bigg|_{(\overline{X}_1,\ \overline{X}_2, \cdot\cdot\cdot, \overline{X}_n)} \qquad 11.42$$

이다. 식 11.39와 11.40을 이용하여 식 11.42에서 Y의 평균과 분산을 구하면

$$E(Y) \simeq g(\overline{X}_1,\ \overline{X}_2, \cdot\cdot\cdot, \overline{X}_n) \qquad 11.43$$

$$Var(Y) \simeq \sum_{i=1}^{n} c_i^2 Var(X_i) + \sum_{i=1}^{n}\sum_{j=1}^{n} c_i c_j (X_i,\ X_j), \quad i \neq j \qquad 11.44$$

가 된다. 여기서 c_i와 c_j는 $\overline{X}_1,\ \overline{X}_2, \cdot\cdot\cdot, \overline{X}_n$에서 편미분 $\partial g / \partial X_i$와 $\partial g / \partial X_j$의 값이다.

대부분의 실용 문제에서 식 11.42의 근삿값을 자주 사용하여 연산을 단순화한다.

11.2.8 확률분포 (Probability Distributions)

다양한 형식의 이산 확률변수와 연속 확률변수들에 대한 확률분포(해석적 모델들) 형식은 여러 가지가 있다. 많이 사용하는 확률분포들은 다음과 같다.

이산변수	연속변수
이산균등분포(Discrete Uniform Distribution) 이항분포(Binomial) 기하급수분포(Geometric) 다항분포(Multinomial) Poisson 분포 초기하급수분포(Hyergeometric) 음이항분포(Negative Binomial 또는 Pascal)	균등분포(Uniform Distribution) 정규분포(Normal 또는 Gaussian) Gamma 분포 지수분포(Exponential) Beta 분포 Rayleigh 분포 Weibull 분포

실제 문제에서는 (1) 문제의 특성, (2) 분포와 관련된 기초 가정들, (3) 데이터로 그린 $f(x)$ 또는 $F(x)$와 x의 관계 그래프 모양, 그리고 (4) 분포가 제공하는 편리성과 단순함에 따라 특정 확률분포의 형식을 선택하게 된다.

정규분포(Normal Distribution) 가장 잘 알려진 그리고 가장 광범위하게 사용되는 확률분포는 아래의 확률밀도함수를 갖는 정규분포(normal 또는 Gaussian distribution)이다.

$$f_X(x)=\frac{1}{\sqrt{2\pi}\,\sigma_X}e^{-1/2[(x-\mu_X)/\sigma_X]^2},\qquad -\infty < x < \infty \tag{11.45}$$

여기서 μ_X와 σ_X는 각각 X의 평균과 표준편차인 확률분포의 매개상수이다. 정규분포는 주로 $N(\mu_X,\ \sigma_X)$로 나타낸다.

표준정규분포(Standard Normal Distribution) 매개변수 $\mu_X=0$과 $\sigma_X=1$인 정규분포를 표준정규분포라 하며 $N(0,\ 1)$로 표기한다. 따라서 표준정규변수(Z)의 밀도함수는 다음과 같이 주어진다.

$$f_Z(z)=\frac{1}{\sqrt{2\pi}}e^{-(z^2/2)},\qquad -\infty < z < \infty \tag{11.46}$$

표준정규변수 Z의 분포함수를 그림 11.4를 기준으로 다음과 같이 되는 $\phi(z)$로 표기한다.

$$\phi(z_1)=p,\qquad z_1=\phi^{-1}(p) \tag{11.47}$$

여기서 p는 누적 확률이다. 분포함수 $N(0,\ 1)$[즉, $\phi(z)$]는 표준정규표(standard normal tables)로 작성되는데, 예를 들어 표 11.1은 z의 양의 값($z=0\sim5$)에 대한 $f(z)$ 및 $\phi(z)$를 보여 주고 있으며, 음수의 밀도함수는 평균 수치 ($z=0$)에 대해 대칭이 된다. 따라서

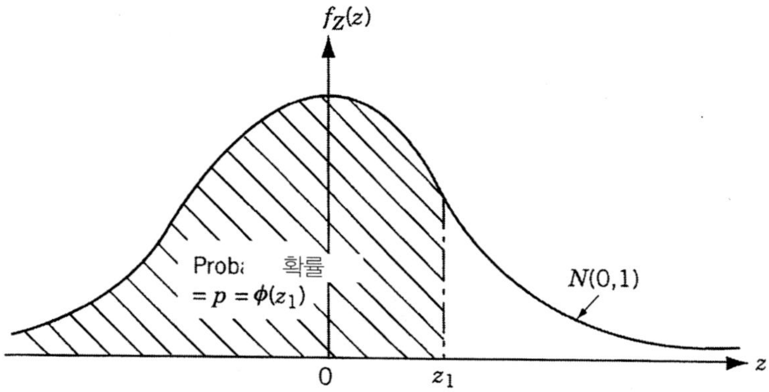

그림 11.4 표준정규 밀도함수

$$f(-z) = f(z) \tag{11.48}$$

$$\phi(-z) = 1 - \phi(z) \tag{11.49}$$

동일한 원리로 다음과 같이 $p < 0.5$에 상응하는 z의 값을 얻을 수 있다.

$$z = \phi^{-1}(p) = -\phi^{-1}(1-p) \tag{11.50}$$

또한, 임의의 정규분포 변수 X는 변환

$$z = \frac{x - \mu_X}{\sigma_X} \tag{11.51}$$

을 사용하여 표준정규변수로 축소시킬 수 있다. 예를 들어,

$$P(a < X \le b) = \frac{1}{\sigma_X \sqrt{2\pi}} \int_a^b e^{-(1/2)[(x-\mu_X)/\sigma_X]^2} dx \tag{11.52}$$

은 식 11.51과 $dx = \sigma_X dz$을 이용하여 다음과 같이 다시 쓸 수 있다.

$$P(a < X \le b) = \frac{1}{\sqrt{2\pi}} \int_{(a-\mu_X)/\sigma_X}^{(b-\mu_X)/\sigma_X} e^{-z^2/2} dz \tag{11.53}$$

이 적분은 $(a-\mu_X)/\sigma_X$와 $(b-\mu_X)/\sigma_X$ 사이에서 표준정규밀도 곡선 아래의 면적에 해당한다. 따라서

$$P(a < X \le b) = \phi\left(\frac{b-\mu_X}{\sigma_X}\right) - \phi\left(\frac{a-\mu_X}{\sigma_X}\right) \tag{11.54}$$

이 된다.

표 11.1 표준정규분포 표

z	$f(z)$	$\phi(z)$
0.0	0.398942	0.500000
0.1	0.396952	0.539828
0.2	0.391043	0.579260
0.3	0.381388	0.617912
0.4	0.368270	0.655422
0.5	0.352065	0.691463
0.6	0.333225	0.725747
0.7	0.312254	0.758036
0.8	0.289692	0.788145
0.9	0.266085	0.815940
1.0	0.241971	0.841345
1.1	0.217852	0.864334
1.2	0.194186	0.884930
1.3	0.171369	0.903199
1.4	0.149727	0.919243
1.5	0.129518	0.933193
1.6	0.110921	0.945201
1.7	0.094049	0.955435
1.8	0.078950	0.964070
1.9	0.065616	0.971284
2.0	0.053991	0.977250
2.1	0.043984	0.982136
2.2	0.035475	0.986097
2.3	0.028327	0.989276
2.4	0.022395	0.991802
2.5	0.017528	0.993790
2.6	0.013583	0.995339
2.7	0.010421	0.996533
2.8	0.007915	0.997445
2.9	0.005952	0.998134
3.0	0.004432	0.998650
3.5	0.000873	0.999767
4.0	0.000134	0.999968
4.5	0.000016	0.999996
5.0	0.0000015	0.9999997

예제 11.4

두랄루민 단조시 slot의 폭은 정규분포된다. slot 폭의 시방은 0.900 ± 0.005이다. 과거 생산 과정 경험으로부터 매개변수 $\mu = 0.9$이고 $\sigma = 0.003$을 알고 있다. 이때 단조시 발생할 수 있는 scrap의 퍼센트는 얼마인가?

[풀이] 만일 단조시 slot의 폭을 X로 나타내면 사용할 수 있는 영역은 다음과 같이 주어진다.

$$0.895 \le x \le 0.905$$

그리고 $scrap$ 발생 양은 다음 식으로 주어진다.

$$scrap = P(x \le 0.895) + P(x \ge 0.905)$$

식 11.54로부터 표준화된 정규변수의 항으로 표현하면

$$\begin{aligned} scrap &= P\left(Z \le \frac{-0.9+0.895}{0.003}\right) + P\left(Z \ge \frac{-0.9+0.905}{0.003}\right) \\ &= P(Z \le -1.667) + P(Z \ge +1.667) \\ &= [1-P(Z \le 1.667)] + [1-P(Z \le 1.667)] \\ &= 2.0 - 2P(Z \le 1.667) \\ &= 2.0 - 2(0.9525) = 0.095 \\ &= 9.5\% \end{aligned}$$

이 된다. 상기 식에서 $z = 1.667$과 이에 상응하는 $\phi(z) = 0.9525$는 표 11.1의 z칸의 보간으로 구한다. ■

결합 정규 밀도함수 만일 X_1, X_2, $\cdot \cdot \cdot$, X_n이 정규분포를 따르면 임의 선형 함수 $Y = a_1X_1 + a_2X_2 + \cdot \cdot \cdot + a_nX_n$도 정규분포를 따른다. 이때, X_1, X_2, $\cdot \cdot \cdot$, X_n가 서로 독립이면 이 함수의 평균 $\overline{Y}$과 분산 $Var(Y)$는 다음과 같다.

$$\overline{Y} = a_1\overline{X}_1 + a_2\overline{X}_2 + \cdot \cdot \cdot + a_n\overline{X}_n \tag{11.55}$$

$$Var(Y) = a_1^2 Var(X_1) + a_2^2 Var(X_2) + \cdot \cdot \cdot + a_n^2 Var(X_n) \tag{11.56}$$

일반적으로 n개의 독립인 확률변수에 대한 결합 정규 밀도함수는 다음 식과 같다.

$$\begin{aligned} f_{X_1, X_2, \dots, X_n}(x_1, x_2, \dots, x_n) &= \frac{1}{\sqrt{(2\pi)^n}\,\sigma_1\sigma_2 \cdots \sigma_n} exp\left[-\frac{1}{2}\sum_{k=1}^{n}\left(\frac{x_k - \overline{X}_k}{\sigma_k}\right)^2\right] \\ &= f_{X_1}(x_1) f_{X_2}(x_2) \cdots f_{X_n}(x_n) \end{aligned} \tag{11.57}$$

단, $\sigma_i = \sigma_{X_i}$이다. 만일 확률변수들 X_k와 X_j 사이 상관관계가 0이 아니면 결합 밀도함수

는 다음과 같이 주어진다.

$$f_{X_1,\ X_2,\ \cdot\ \cdot\ ,X_n}(x_1,\ x_2,\ \cdot\ \cdot\ \cdot\ ,\ x_n) \tag{11.58}$$

$$= \frac{1}{\sqrt{(2\pi)^n\ |\boldsymbol{K}|}} exp\ \left[-\frac{1}{2}\sum_{j=1}^{n}\sum_{k=1}^{n}\{\boldsymbol{K}^{-1}\}_{jk}(x_j-\overline{X}_j)(x_k-\overline{X}_k)\right]$$

단,

$$K_{X_jX_k} = K_{jk} = E\left[(x_j-\overline{X}_j)(x_k-\overline{X}_k)\right]$$

$$= \int_{-\infty}^{\infty}\int_{-\infty}^{\infty}(x_j-\overline{X}_j)(x_k-\overline{X}_k)f_{X_j,X_k}(x_j,\ x_k)dx_jdx_k$$

$$= X_j \text{ 과 } X_k \text{사이의 공분산}$$

$$\boldsymbol{K} = \text{상관 행렬} = \begin{bmatrix} K_{11} & K_{12} & \cdot\ \cdot\ \cdot & K_{1n} \\ K_{21} & K_{22} & \cdot\ \cdot\ \cdot & K_{2n} \\ \cdot & & & \\ \cdot & & & \\ \cdot & & & \\ K_{n1} & K_{n2} & \cdot\ \cdot\ \cdot & K_{nn} \end{bmatrix} \tag{11.59}$$

그리고 $\{\boldsymbol{K}^{-1}\}_{jk}$는 $\boldsymbol{K}^{-1}$의 j,k번째 성분이다. X_k와 X_j 사이 상관관계가 없을 때, $j \neq k$인 경우는 $K_{X_jX_k} = 0$이고, $j = k$인 경우 $K_{X_jX_k} = \sigma^2_{X_j}$가 된다.

11.2.9 중심극한 정리(Central Limit Theorem)

$X_1,\ X_2,\ \cdot\ \cdot\ \cdot\ ,\ X_n$이 유한 평균과 분산을 갖는 n개의 상호 독립 확률변수(이들은 다른 분포를 따를 수 있다)이면 다음의 합

$$S_n = \sum_{i=1}^{n} X_i \tag{11.60}$$

는 n이 무한히 커질 때 단일변수가 합계에 크게 영향을 미치지 않으면 정규변수가 된다. 이러한 정리 때문에 대부분 물리적 현상들을 정규 확률변수로 근사화할 수 있다. 예를 들어 전체 인장 강도가 개별 섬유들의 인장강도의 합계가 되는 섬유-보강 재료의 인장강도를 S_n으로 나타낼 수 있다. 이 경우 정규분포 확률변수로 재료의 인장강도를 나타낼 수 있다.

11.3 선형 확률 계획법

확률 선형 계획 문제는 다음과 같다.

$$Min \qquad f(\boldsymbol{X}) = \boldsymbol{C}^T\boldsymbol{X} = \sum_{j=1}^{n} c_j x_j \qquad 11.61$$

subject to

$$\boldsymbol{A}_i^T\boldsymbol{X} = \sum_{j=1}^{n} a_{ij} x_j \le b_i, \qquad i = 1,\ 2,\ \cdots,\ m \qquad 11.62$$

$$x_j \ge 0, \qquad j = 1,\ 2,\ \cdots,\ n \qquad 11.63$$

단, c_j, a_{ij}, b_i는 알려진 확률분포를 갖는 확률변수(결정변수 x_j는 결정론적인 것으로 가정한다)이다. 식 11.60~11.63의 문제를 해결하기 위해 여러 방법들을 사용할 수 있으나 본 절에서는 **우연-제약**(chance-constrained) **계획법**으로 알려진 방법을 알아본다.

명칭이 의미하듯이 우연-제약 계획법은 우연 제약, 즉 위반할 확률이 유한인 제약을 포함하는 문제들을 해결하는데 사용하는 기법으로 Charnes & Cooper가 최초로 개발하였다[11.5]. 이 방법에서 확률 계획 문제는 다음과 같이 표현된다.

$$Min \qquad f(\boldsymbol{X}) = \sum_{j=1}^{n} c_j x_j \qquad 11.64$$

subject to

$$P\left[\sum_{j=1}^{n} a_{ij} x_j \le b_i\right] \ge p_i, \qquad i = 1,\ 2,\ \cdots,\ m \qquad 11.65$$

$$x_j \ge 0, \qquad j = 1,\ 2,\ \cdots,\ n \qquad 11.66$$

단, c_j, a_{ij}, b_i는 확률변수이고, p_i는 명시된 확률이다. 식 11.65는 i번째 제약

$$\sum_{j=1}^{n} a_{ij} x_j \le b_i$$

을 최소한 $p_i(0 \le p_i \le 1)$의 확률로 만족해야 한다는 것을 나타낸다. 단순하게 설계변수 x_j는 결정론적 변수이고 그리고 c_j, a_{ij}, b_i를 확률변수로 가정하자. 또한 모든 확률변수들의 평균과 표준편차는 알고 있으며 이 변수들은 정규분포된 것으로 가정한다.

c_j는 정규분포의 확률변수이므로 목적함수 $f(\boldsymbol{X})$도 또한 정규분포된 확률변수가 된다. 함수 f의 평균과 분산은 다음 식으로 주어진다.

$$\bar{f} = \sum_{j=1}^{n} \bar{c}_j x_j \tag{11.67}$$

$$Var(f) = \boldsymbol{X}^T \boldsymbol{V} \boldsymbol{X} \tag{11.68}$$

위에서 $\bar{c}_j$는 c_j의 평균이고, 행렬 $\boldsymbol{V}$는 다음과 같이 정의되는 c_j의 공분산 행렬이다.

$$\boldsymbol{V} = \begin{bmatrix} Var(c_1) & Cov(c_1,\ c_2) & \cdots & Cov(c_1,\ c_n) \\ Cov(c_2,\ c_1) & Var(c_2) & \cdots & Cov(c_2,\ c_n) \\ \vdots & & & \\ Cov(c_n,\ c_1) & Cov(c_n,\ c_2) & \cdots & Var(c_n) \end{bmatrix} \tag{11.69}$$

이때 $Var(c_j)$와 $Cov(c_i,\ c_j)$는 c_j의 분산과 c_i와 c_j 사이의 공분산을 나타낸다. 최소화할 새로운 결정론적 목적함수를 다음과 같이 나타낼 수 있다.

$$F(\boldsymbol{X}) = k_1 \bar{f} + k_2 \sqrt{Var(f)} \tag{11.70}$$

여기서 k_1과 k_2는 최소화할 때 $\bar{f}$와 f의 표준편차의 상대적인 중요성을 반영하는 비음수 상수들이다. 따라서 $k_2 = 0$이면 f의 표준편차를 고려하지 않고 f의 기댓값을 최소화하고, $k_1 = 0$이면 f의 평균값에 상관없이 f의 변동성을 최소화하는데 관심이 있는 것을 의미한다. 또한, $k_1 = k_2 = 1$이면 f의 표준편차는 물론 평균에 동일한 중요도로 최소화를 한다는 것을 의미한다. 식 11.70의 새로운 목적함수는 f의 분산 $Var(f)$식이 $\boldsymbol{X}$에 관한 비선형 함수인 사실을 유의하여야 한다.

식 11.65의 제약식을 새로운 확률변수 h_i를 정의하여 다시 표현하면

$$P[h_i \le 0] \ge p_i, \quad i = 1,\ 2, \cdots, m \tag{11.71}$$

단,

$$h_i = \sum_{j=1}^{n} a_{ij} x_j - b_i = \sum_{k=1}^{n+1} q_{ik} y_k \tag{11.72}$$

$$q_{ik} = a_{ik}, \quad k = 1,\ 2, \cdots, n \quad q_{i,n+1} = b_i$$

$$y_k = x_k, \quad k = 1,\ 2, \cdots, n \quad y_{n+1} = -1$$

와 같이 쓸 수 있다. 위에서 편의를 위해 상수 y_{n+1}을 도입하였다. h_i는 정규분포된 확률변수 q_{ik}의 일차결합으로 주어지므로 h_i 또한 정규분포를 따른다. 또한, h_i의 평균 및 분산은 다음과 같다.

$$\bar{h}_i = \sum_{k=1}^{n+1} \bar{q}_{ik} y_k = \sum_{j=1}^{n} \bar{a}_{ij} x_j - \bar{b}_i \tag{11.73}$$

$$Var(h_i) = \boldsymbol{Y}^T \boldsymbol{V}_i \boldsymbol{Y} \tag{11.74}$$

여기서

$$\boldsymbol{Y} = \begin{pmatrix} y_1 \\ y_2 \\ \cdot \\ \cdot \\ \cdot \\ y_{n+1} \end{pmatrix} \tag{11.75}$$

$$\boldsymbol{V} = \begin{bmatrix} Var(q_{i1}) & Cov(q_{i1},\ q_{i2}) & \cdots & Cov(q_{i1},\ q_{i,n+1}) \\ Cov(q_{i2},\ q_{i1}) & Var(q_{i2}) & \cdots & Cov(q_{i2},\ q_{i,n+1}) \\ \cdot & & & \\ \cdot & & & \\ \cdot & & & \\ Cov(q_{i,n+1},\ q_{i1}) & Cov(q_{i,n+1},\ q_{i2}) & \cdots & Var(q_{i,n+1}) \end{bmatrix} \tag{11.76}$$

위의 식을 좀 더 정확하게 쓰면

$$\begin{aligned} Var(h_i) &= \sum_{k=1}^{n+1} \left[y_k^2 Var(q_{ik}) + 2 \sum_{l=k+1}^{n+1} y_k y_l Cov(q_{ik},\ q_{il}) \right] \\ &= \sum_{k=1}^{n} \left[y_k^2 Var(q_{ik}) + 2 \sum_{l=k+1}^{n} y_k y_l Cov(q_{ik},\ q_{il}) \right] \\ &\quad + y_{n+1}^2 Var(q_{i,n+1}) + 2 y_{n+1}^2 Cov(q_{i,n+1},\ q_{i,n+1}) \\ &\quad + \sum_{k=1}^{n} \left[2 y_k y_{n+1} Cov(q_{i,k},\ q_{i,n+1}) \right] \\ &= \sum_{k=1}^{n} \left[x_k^2 Var(a_{ik}) + 2 \sum_{l=k+1}^{n} x_k x_l Cov(a_{ik},\ a_{il}) \right] \\ &\quad + Var(b_i) - 2 \sum_{k=1}^{n} x_k Cov(a_{ik},\ b_i) \end{aligned} \tag{11.77}$$

와 같다. 또한 식 11.71의 제약식은 다시

$$P\left[\frac{h_i - \bar{h}_i}{\sqrt{Var(h_i)}} \le \frac{-\bar{h}_i}{\sqrt{Var(h_i)}} \right] \ge p_i, \quad i = 1,\ 2,\ \cdots,\ m \tag{11.78}$$

와 같이 쓸 수 있다. 이때 $\left[\left(h_i - \overline{h}_i\right)\right] / \sqrt{Var(h_i)}$ 는 평균값이 0이고 분산이 1인 표준정규변수를 나타낸다.

따라서 만일 s_i가 표준정규변수 값을 나타내는

$$\phi(s_i) = p_i \tag{11.79}$$

이라면 식 11.78의 제약들은

$$\phi\left(\frac{-\overline{h}_i}{\sqrt{Var(h_i)}}\right) \geq \phi(s_i), \quad i = 1,\ 2,\ \cdot\ \cdot\ \cdot,\ m \tag{11.80}$$

위의 부등식들은 오직 다음의 결정론적인 비선형 부등식

$$\frac{-\overline{h}_i}{\sqrt{Var(h_i)}} \geq s_i, \quad i = 1,\ 2,\ \cdot\ \cdot\ \cdot,\ m \tag{11.81}$$

또는

$$\overline{h}_i + s_i\sqrt{Var(h_i)} \leq 0, \quad i = 1,\ 2,\ \cdot\ \cdot\ \cdot,\ m$$

이 만족할 때 성립된다. 따라서 식 11.64~11.66의 확률 선형 계획 문제를 다음과 같이 동치인 결정론적 비선형 계획 문제로 기술할 수 있다.

$$Min \quad F(\boldsymbol{X}) = k_1 \sum_{j=1}^{n} \overline{c}_j x_j + k_2 \sqrt{\boldsymbol{X^T V X}}, \quad k_1 \geq 0, \quad k_2 \geq 0$$

subject to

$$\overline{h}_i + s_i\sqrt{Var(h_i)} \leq 0, \quad i = 1,\ 2,\ \cdot\ \cdot\ \cdot,\ m \tag{11.82}$$

$$x_j \geq 0, \quad j = 1,\ 2,\ \cdot\ \cdot\ \cdot,\ n$$

예제 11.5

선반, 밀링, 그라인딩기계를 사용하여 두 기계 부품을 제작하는 제작사가 있다. 필요한 부품기계가공 시간, 기계를 사용할 수 있는 주당 최대시간 그리고 단위 부품들의 이익은 다음 표와 같으며, 이 자료들은 정규분포된 확률변수라고 가정하고 이익을 최대화하기 위해 주당 제작하여야 할 부품의 수를 구하라. 제약들은 최소한 0.99의 확률을 갖고 만족되어야 한다는 것이다.

기계형식	개당 필요한 기계가공 시간(분)				주당 최대 유용한 시간(분)	
	부품 I		부품 II			
	평균	표준편차	평균	표준편차	평균	표준편차
선반	$\bar{a}_{11}=10$	$\sigma_{a_{11}}=6$	$\bar{a}_{21}=5$	$\sigma_{a_{12}}=4$	$\bar{b}_1=2500$	$\sigma_{b_1}=500$
밀링	$\bar{a}_{21}=4$	$\sigma_{a_{21}}=4$	$\bar{a}_{22}=10$	$\sigma_{a_{22}}=7$	$\bar{b}_2=2000$	$\sigma_{b_2}=400$
그라인딩	$\bar{a}_{31}=1$	$\sigma_{a_{31}}=2$	$\bar{a}_{32}=1.5$	$\sigma_{a_{32}}=3$	$\bar{b}_3=450$	$\sigma_{b_3}=50$
단위 이익	$\bar{c}_1=50$	$\sigma_{c_1}=20$	$\bar{c}_2=100$	$\sigma_{c_2}=50$		

[풀이] 식 11.72에 따라 새로운 확률변수 h_i를

$$h_i = \sum_{j=1}^{n} a_{ij}x_j - b_i$$

와 같이 정의하면 h_i도 또한 정규분포가 되는 것을 알 수 있다. a_{ij}와 b_i 사이에 상관관계가 없는 것으로 가정하면 식 11.73과 11.77로부터 h_i의 평균과 분산들을 얻을 수 있다. 즉,

$$\bar{h}_1 = \bar{a}_{11}x_1 + \bar{a}_{12}x_2 - \bar{b}_1 = 10x_1 + 5x_2 - 2,500$$

$$\bar{h}_2 = \bar{a}_{21}x_1 + \bar{a}_{22}x_2 - \bar{b}_2 = 4x_1 + 10x_2 - 2,000$$

$$\bar{h}_3 = \bar{a}_{31}x_1 + \bar{a}_{32}x_2 - \bar{b}_3 = x_1 + 1.5x_2 - 450$$

$$\sigma_{h_1}^2 = x_1^2\sigma_{a_{11}}^2 + x_2^2\sigma_{a_{12}}^2 + \sigma_{b_1}^2 = 36x_1^2 + 16x_2^2 + 250,000$$

$$\sigma_{h_2}^2 = x_1^2\sigma_{a_{21}}^2 + x_2^2\sigma_{a_{22}}^2 + \sigma_{b_2}^2 = 16x_1^2 + 49x_2^2 + 160,000$$

$$\sigma_{h_3}^2 = x_1^2\sigma_{a_{31}}^2 + x_2^2\sigma_{a_{32}}^2 + \sigma_{b_3}^2 = 4x_1^2 + 9x_2^2 + 2,500$$

이익이 독립적인 확률변수들이라면 식 11.69로부터 c_j의 공분산 행렬은

$$\boldsymbol{V} = \begin{bmatrix} Var(c_1) & 0 \\ 0 & Var(c_2) \end{bmatrix} = \begin{bmatrix} 400 & 0 \\ 0 & 2,500 \end{bmatrix}$$

이고, 식 11.68로부터 목적함수의 분산은

$$Var(f) = \boldsymbol{X}^T\boldsymbol{V}\boldsymbol{X} = 400x_1^2 + 2,500x_2^2$$

와 같다. 따라서 식 11.70으로부터 목적함수는

$$F = k_1(50x_1 + 100x_2) + k_2\sqrt{400x_1^2 + 2{,}500x_2^2}$$

로 취할 수 있다. 또한 제약들은

$$P[h_i \le 0] \ge p_i = 0.99, \quad i = 1,\ 2,\ 3$$

와 같이 설정된다. 표 11.1로부터 확률 0.99에 상응하는 표준정규 변수 s_i(표 11.1에서는 z)의 값은 2.33이므로 식 11.82로부터 다음과 같이 동치인 결정론적 비선형 최적화 문제를 기술할 수 있다.

$$Min \qquad F = k_1(50x_1 + 100x_2) + k_2\sqrt{400x_1^2 + 2{,}500x_2^2}$$

subject to

$$10x_1 + 5x_2 + 2.33\sqrt{36x_1^2 + 16x_2^2 + 250{,}000} - 2{,}500 \le 0$$

$$4x_1 + 10x_2 + 2.33\sqrt{16x_1^2 + 49x_2^2 + 160{,}000} - 2{,}000 \le 0$$

$$x_1 + 1.5x_2 + 2.33\sqrt{4x_1^2 + 9x_2^2 + 2{,}500} - 450 \le 0$$

$$x_1 \ge 0, \quad x_2 \ge 0$$

상수 k_1과 k_2이 명시되면, 임의의 비선형 계획법을 사용하여 위의 문제를 해결할 수 있다. ■

11.4 비선형 확률 계획법

목적함수와 제약함수에 포함된 매개변수들 중 일부가 그들의 평균에 따라 변하는 일반 최적화 문제는 비선형 확률 계획 문제로 만들어져야 한다. 모든 확률변수들이 독립적이고 정규분포를 따르는 것으로 가정하면 표준형의 비선형 확률 계획 문제는 다음과 같다.

$$\min_{\boldsymbol{X} = (x_1, x_2, \ldots, x_n)^T} f(\boldsymbol{Y}) \qquad 11.83$$

subject to

$$P[g_j(\boldsymbol{Y}) \ge 0] \ge p_j\,, \quad j = 1,\ 2, \cdot\cdot\cdot, m \qquad 11.84$$

단, $\boldsymbol{Y}$는 결정변수 $x_1,\ x_2, \ldots,\ x_n$을 포함하는 확률변수 $y_1,\ y_2, \ldots,\ y_N$로 구성된 N-벡터이다. $\boldsymbol{X}$가 결정론적인 변수인 경우는 위의 문제의 특수한 경우가 된다. 식 11.84는

$g_j(\boldsymbol{Y})$가 0 이상이 될 확률은 명시된 확률 p_j보다 크거나 동일하여야 한다는 것을 나타낸다. 다음과 같은 우연 제약 계획법을 적용하여 식 11.83과 11.84에 기술된 문제를 동치인 결정론적 비선형 계획 문제로 변환하는 것이 가능하다.

11.4.1 목적함수

목적함수 $f(\boldsymbol{Y})$에 대한 y_i의 평균 값 $\overline{y}_i$ 주위에서의 전개식

$$f(\boldsymbol{Y}) = f(\overline{\boldsymbol{Y}}) + \sum_{i=1}^{N}\left(\left.\frac{\partial f}{\partial y_i}\right|_{\overline{\boldsymbol{Y}}}\right)(y_i - \overline{y}_i) + \text{고차미분항} \tag{11.85}$$

에서 y_i의 표준편차 σ_{y_i}가 작으면, 처음 두 항들로 $f(\boldsymbol{Y})$을 근사화하여

$$f(\boldsymbol{Y}) \simeq f(\overline{\boldsymbol{Y}}) - \sum_{i=1}^{N}\left(\left.\frac{\partial f}{\partial y_i}\right|_{\overline{\boldsymbol{Y}}}\right)\overline{y}_i + \sum_{i=1}^{N}\left(\left.\frac{\partial f}{\partial y_i}\right|_{\overline{\boldsymbol{Y}}}\right)y_i = \Psi(\boldsymbol{Y}) \tag{11.86}$$

와 같이 쓸 수 있다. 이때 모든 $y_i(i = 1, 2, \cdot\cdot\cdot, N)$가 정규분포를 따르면 $\boldsymbol{Y}$의 선형함수인 $\Psi(\boldsymbol{Y})$도 정규분포를 따른다. 따라서 모든 y_i가 독립적이므로 Ψ의 평균과 분산은

$$\overline{\Psi} = \Psi(\overline{\boldsymbol{Y}}) \tag{11.87}$$

$$Var(\Psi) = \sigma_\Psi^2 = \sum_{i=1}^{N}\left(\left.\frac{\partial f}{\partial y_i}\right|_{\overline{\boldsymbol{Y}}}\right)^2\sigma_{y_i}^2 \tag{11.88}$$

와 같다. 이제 새로운 목적함수 $F(\boldsymbol{Y})$를

$$F(\boldsymbol{Y}) = k_1\overline{\Psi} + k_2\sigma_\Psi \tag{11.89}$$

로 잡고 최소화를 한다. 단, 상수 $k_1 \geq 0$, $k_2 \geq 0$는 최소화에 대한 $\overline{\Psi}$와 σ_Ψ의 상대적 중요도를 나타낸다. Ψ의 표준편차를 다루는 다른 방법은 제약 $\sigma_\Psi \leq k_3\overline{\Psi}$ (k_3: 상수)을 추가하여 $\overline{\Psi}$를 최소화하는 것이다.

11.4.2 제약 (constraints)

만일 일부 매개변수들이 특성상 확률적이면, 제약들도 또한 확률적으로 될 것이고, 11.84에 기술된 내용처럼 주어진 제약을 만족하는 확률이 특정 값보다 크기를 원할 것이다. 제약 부등식 11.84는 다음과 같은

$$\int_0^{\infty} f_{g_j}(g_j)dg_j \geq p_j \tag{11.90}$$

부등식으로 작성할 수 있다. 여기서 $f_{g_j}(g_j)$는 $-\infty \sim \infty$의 값을 갖는 확률변수 g_j(여러 확률변수들의 함수 또한 하나의 확률변수이다)의 확률밀도함수이다. 제약 함수 $g_j(\boldsymbol{Y})$를 확률변수의 평균 값 벡터 $\overline{\boldsymbol{Y}}$의 주위에서 전개하면

$$g_j(\boldsymbol{Y}) \simeq g_j(\overline{\boldsymbol{Y}}) + \sum_{i-1}^{N}\left(\frac{\partial g_j}{\partial y_i}\bigg|_{\overline{\boldsymbol{Y}}}\right)(y_i - \overline{y}_i) \tag{11.91}$$

가 되고, 이 식으로부터 평균값 $\overline{g}_j$, 그리고 g_j의 표준편차 σ_{g_j}를

$$\overline{g}_j = g_j(\overline{\boldsymbol{Y}}) \tag{11.92}$$

$$\sigma_{g_j} = \left\{\sum_{i=1}^{N}\left(\frac{\partial g_j}{\partial y_i}\bigg|_{\overline{\boldsymbol{Y}}}\right)\sigma_{y_i}^2\right\}^{1/2} \tag{11.93}$$

와 같이 얻을 수 있다. 또한, 다음 새로운 변수

$$\theta = \frac{g_j - \overline{g}_j}{\sigma_{g_j}} \tag{11.94}$$

를 도입하고, 아래의 관계식

$$\int_{-\infty}^{\infty} \frac{1}{\sqrt{2\pi}} e^{-t^2/2} dt = 1 \tag{11.95}$$

을 이용하면 식 11.90은

$$\int_{-(\overline{g}_j/\sigma_{gj})}^{\infty} \frac{1}{\sqrt{2\pi}} e^{-\theta^2/2} d\theta \geq \int_{-\phi_j(p_j)}^{\infty} \frac{1}{\sqrt{2\pi}} e^{-t^2/2} dt \tag{11.96}$$

와 같이 표현할 수 있다. 위에서 $\phi_j(p_j)$는 확률 p_j에 상응하는 표준정규 변량 수치이다. 따라서

$$-\frac{\overline{g}_j}{\sigma_{gj}} \leq -\phi_j(p_j)$$

또는

$$-\overline{g}_j + \sigma_{g_j}\phi_j(p_j) \leq 0 \tag{11.97}$$

이 되며, 식 11.97을 다음과 같이 다시 작성할 수 있다.

$$\bar{g}_j - \phi_j(p_j)\left[\sum_{i=1}^{N}\left(\frac{\partial g_j}{\partial y_i}\bigg|_{\overline{Y}}\right)^2 \sigma_{y_i}^2\right]^{1/2} \geq 0, \quad j=1,\ 2,\ \cdot\ \cdot\ \cdot\ ,\ m \qquad 11.98$$

따라서 식 11.83과 11.84의 최적화 문제를 다음과 같은 동치인 결정론적 형태의 문제로 기술할 수 있다.

$$Min \qquad F(\boldsymbol{Y}) = k_1\overline{\Psi} + k_2\sigma_{\Psi}$$

subject to

$$\bar{g}_j - \phi_j(p_j)\left[\sum_{i=1}^{N}\left(\frac{\partial g_j}{\partial y_i}\bigg|_{\overline{Y}}\right)^2 \sigma_{y_i}^2\right]^{1/2} \geq 0, \quad j=1,\ 2,\ \cdot\ \cdot\ \cdot\ ,\ m$$

예제 11.6

그림 11.5와 같이 압축하중 P를 전달하는 중공축 단면의 균등 컬럼을 최소비용으로 설계하라. 컬럼은 탄성계수 E와 밀도 ρ를 가진 재료로 구성된다. 컬럼의 길이는 l이다. 컬럼 내부에서 발생하는 응력은 항복응력은 물론 버클링응력보다 작아야 한다. 평균 직경은 2.0~14.0 cm로 제한되고, 관 두께 0.2~0.8 cm를 벗어나는 컬럼은 시장에서 구매할 수 없다. 컬럼의 중량이 W, 평균 직경이 d일 때 재료비와 건설비를 포함하는 컬럼 비용은 $5W+2d$로 표현할 수 있다. 제약들은 반드시 최소한 0.95의 확률로 만족되어야 한다.

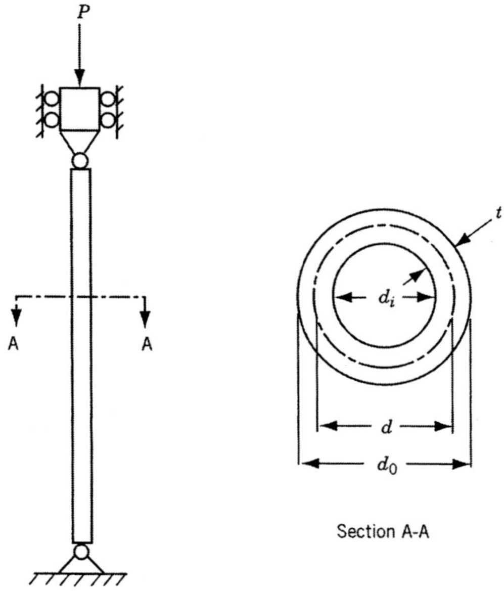

그림 11.5 압축하중을 받는 컬럼

다음 정량들은 확률적이고 다음과 같은 평균과 표준편차를 갖고 정규분포를 따른다.

$$\text{압축하중} = (\overline{P},\ \sigma_P) = (2{,}500,\ 500)\,\text{kg}$$
$$\text{영계수} = (\overline{E},\ \sigma_E) = (0.85\times10^6,\ 0.085\times10^6)\,\text{kg}_\text{f}/\text{cm}^2$$
$$\text{밀도} = (\overline{\rho},\ \sigma_\rho) = (0.0025,\ 0.00025)\,\text{kg}_\text{f}/\text{cm}^3$$
$$\text{항복 강도} = (\overline{f}_y,\ \sigma_{f_y}) = (500,\ 50)\,\text{kg}_\text{f}/\text{cm}^2$$
$$\text{컬럼 길이} = (\overline{l},\ \sigma_l) = (250,\ 2.5)\,\text{cm}$$
$$\text{평균 직경} = (\overline{d},\ \sigma_d) = (\overline{d},\ 0.01\overline{d})$$

[풀이] 여러 정량들의 표준편차를 무시하면 이 문제는 예제 1.1에서 고려한 문제와 동일한 것을 알 수 있다. 평균 중공축 직경 $\overline{d}$와 관 두께 t를 설계변수로 취하기로 한다. 즉,

$$\boldsymbol{X} = \begin{pmatrix} x_1 \\ x_2 \end{pmatrix} = \begin{pmatrix} \overline{d} \\ t \end{pmatrix}$$

이때 d는 확률론적 변수이고, σ_d는 $\overline{d}$ 항으로 주어지므로 $\overline{d}$를 미지수로 가정할 수 있다. 이제 확률변수들의 벡터를

$$\boldsymbol{Y} = \begin{pmatrix} y_1 \\ y_2 \\ y_3 \\ y_4 \\ y_5 \\ y_6 \end{pmatrix} = \begin{pmatrix} P \\ E \\ \rho \\ f_y \\ l \\ d \end{pmatrix}$$

와 같이 표기하여 목적함수를 표현하면

$$f(\boldsymbol{Y}) = 5W + 2d = 5\rho l\pi dt + 2d$$

이 되고, 또한

$$\overline{\boldsymbol{Y}} = \begin{pmatrix} \overline{P} \\ \overline{E} \\ \overline{\rho} \\ \overline{f}_y \\ \overline{l} \\ \overline{d} \end{pmatrix} = \begin{pmatrix} 2{,}500 \\ 0.85\times10^6 \\ 0.0025 \\ 500 \\ 250 \\ \overline{d} \end{pmatrix}$$

이므로

$$f(\overline{\boldsymbol{Y}}) = 5\,\overline{\rho}\,\overline{l}\,\pi\,\overline{d}t + 2\overline{d} = 9.8125\overline{d}t + 2\overline{d}$$

$$\left.\frac{\partial f}{\partial y_1}\right|_{\overline{Y}} = \left.\frac{\partial f}{\partial y_2}\right|_{\overline{Y}} = \left.\frac{\partial f}{\partial y_4}\right|_{\overline{Y}} = 0$$

$$\left.\frac{\partial f}{\partial y_3}\right|_{\overline{Y}} = 5\pi \bar{l}\,\bar{d}t = 3{,}927.0\bar{d}t$$

$$\left.\frac{\partial f}{\partial y_5}\right|_{\overline{Y}} = 5\pi \bar{\rho}\bar{d}t = 0.03927\bar{d}t$$

$$\left.\frac{\partial f}{\partial y_6}\right|_{\overline{Y}} = 5\pi \bar{\rho}\bar{l}\,t + 2 = 9.8125t + 2.0$$

이다. 따라서 식 11.87과 식 11.88로부터

$$\Psi(\overline{Y}) = 9.8125\bar{d}t + 2\bar{d} \tag{E.1}$$

$$\sigma_\Psi^2 = (3{,}927.0\bar{d}t)^2\sigma_\rho^2 + (0.03927\bar{d}t)^2\sigma_l^2 + (9.8175t + 2.0)^2\sigma_d^2 \tag{E.2}$$

$$= 0.9734\bar{d}^2t^2 + 0.009638t^2 + 0.003927t + 0.0004$$

이 된다. 또한, 새로운 목적함수를

$$F(\bar{d},\ t) = k_1\overline{\Psi} + k_2\sigma_\Psi = k_1(9.8175\bar{d}t + 2\bar{d}) \\ + k_2(0.9734\bar{d}^2t^2 + 0.009638t^2 + 0.003927t + 0.0004)^{1/2} \tag{E.3}$$

로 택할 수 있다. 여기서 $k_1 \geq 0$과 $k_2 \geq 0$는 $\overline{\Psi}$와 σ_Ψ의 각 중요도를 나타낸다. 예제 1.1에서 유도한 표현식들을 사용하여 다음과 같이 제약들을 표현할 수 있다.

$$P[g_1(\boldsymbol{Y}) \leq 0] = P\left(\frac{P}{\pi dt} - f_y \leq 0\right) \geq 0.95 \tag{E.4}$$

$$P[g_2(\boldsymbol{Y}) \leq 0] = P\left[\frac{P}{\pi dt} - \frac{\pi^2 E}{8l^2}(d^2 + t^2) \leq 0\right] \geq 0.95 \tag{E.5}$$

$$P[g_3(\boldsymbol{Y}) \leq 0] = P[-d + 2.0 \leq 0] \geq 0.95 \tag{E.6}$$

$$P[g_4(\boldsymbol{Y}) \leq 0] = P[d - 14.0 \leq 0] \geq 0.95 \tag{E.7}$$

$$P[g_5(\boldsymbol{Y}) \leq 0] = P[-t + 0.2 \leq 0] \geq 0.95 \tag{E.8}$$

$$P[g_6(\boldsymbol{Y}) \leq 0] = P[t - 0.8 \leq 0] \geq 0.95 \tag{E.9}$$

또한 식 11.92로부터 제약함수들의 평균 수치들은 다음과 같이 주어진다.

$$\bar{g}_1 = \frac{\overline{P}}{\pi\bar{d}t} - \bar{f}_y = \frac{2{,}500}{\pi\bar{d}t} - 500$$

$$\bar{g}_2 = \frac{\bar{P}}{\pi \bar{d} t} - \frac{\pi^2 \bar{E}}{8 \bar{l}^2}\left(\bar{d}^2 + t^2\right) = \frac{2{,}500}{\pi \bar{d} t} - \frac{\pi^2 \left(0.85 \times 10^6\right)\left(\bar{d}^2 + t^2\right)}{8(250)^2}$$

$$\bar{g}_3 = -\bar{d} + 2.0$$

$$\bar{g}_4 = \bar{d} - 14.0$$

$$\bar{g}_5 = -t + 0.2$$

$$\bar{g}_6 = t - 0.8$$

이제 제약함수의 편미분 값을 계산하면

$$\left.\frac{\partial g_1}{\partial y_2}\right|_{\overline{Y}} = \left.\frac{\partial g_1}{\partial y_3}\right|_{\overline{Y}} = \left.\frac{\partial g_1}{\partial y_5}\right|_{\overline{Y}} = 0$$

$$\left.\frac{\partial g_1}{\partial y_1}\right|_{\overline{Y}} = \frac{1}{\pi \bar{d} t}$$

$$\left.\frac{\partial g_1}{\partial y_4}\right|_{\overline{Y}} = -1$$

$$\left.\frac{\partial g_1}{\partial y_6}\right|_{\overline{Y}} = -\frac{\bar{P}}{\pi \bar{d}^2 t} = -\frac{2{,}500}{\pi \bar{d}^2 t}$$

$$\left.\frac{\partial g_2}{\partial y_3}\right|_{\overline{Y}} = \left.\frac{\partial g_2}{\partial y_4}\right|_{\overline{Y}} = 0$$

$$\left.\frac{\partial g_2}{\partial y_1}\right|_{\overline{Y}} = \frac{1}{\pi \bar{d} t}$$

$$\left.\frac{\partial g_2}{\partial y_2}\right|_{\overline{Y}} = -$$

$$\left.\frac{\partial g_2}{\partial y_6}\right|_{\overline{Y}} = -\frac{\bar{P}}{\pi \bar{d}^2 t} - \frac{\pi^2 \bar{E}(2\bar{d})}{8 \bar{l}^2} = -\frac{2{,}500}{\pi \bar{d}^2 t} - \pi^2 (3.4) \bar{d}$$

$$\left.\frac{\partial g_3}{\partial y_i}\right|_{\overline{Y}} = 0 \quad for\ i = 1\ to\ 5$$

$$\left.\frac{\partial g_3}{\partial y_6}\right|_{\overline{Y}} = -1.0$$

$$\left.\frac{\partial g_4}{\partial y_i}\right|_{\overline{Y}} = 0 \quad for\ i = 1\ to\ 5$$

$$\left.\frac{\partial g_4}{\partial y_6}\right|_{\overline{Y}} = 1.0$$

$$\left.\frac{\partial g_5}{\partial y_i}\right|_{\overline{Y}} = \left.\frac{\partial g_6}{\partial y_i}\right|_{\overline{Y}} = 0 \quad for\ i = 1\ to\ 6$$

와 같다. 표 11.1로부터 확률 $p_j = 0.95$[표 11.1에서는 $\phi(z)$]에 상응하는 표준정규 변량

$\phi_j(p_j) = 1.645$(표 11.1에서는 z)이므로 식 11.98에 있는 제약들을 다음과 같이 표현할 수 있다.

$j=1$ 인 경우:[6)]

$$\frac{2{,}500}{\pi \bar{d} t} - 500 - 1.645\left[\frac{\sigma_P^2}{\pi^2 \bar{d}^2 t^2} + \sigma_{f_y}^2 + \frac{(2{,}500)^2}{\pi^2 \bar{d}^4 t^2}\sigma_d^2\right]^{1/2} \le 0 \qquad \text{E.10}$$

$$\Rightarrow \frac{795}{\bar{d} t} - 500 - 1.645\left(\frac{25{,}330}{\bar{d}^2 t^2} + 2{,}500 + \frac{63.3}{\bar{d}^2 t^2}\right)^{1/2} \le 0$$

$j=2$:

$$\frac{2{,}500}{\pi \bar{d} t} - 16.78(\bar{d}^2 + t^2) \qquad \text{E.11}$$

$$-1.645\left[\frac{\sigma_P^2}{\pi^2 \bar{d}^2} t^2 + \frac{\pi^4(\bar{d}^2+t^2)^2 \sigma_E^2}{25\times 10^{10}} + (0.0136\pi^2)^2(\bar{d}^2+t^2)^2\sigma_l^2 + \left(\frac{2{,}500}{\pi \bar{d}^2 t} + 3.4\pi^2 \bar{d}\right)^2 \sigma_d^2\right]^{1/2} \le 0$$

$$\Rightarrow \frac{795}{\bar{d} t} - 16.78(\bar{d}^2 + t^2)$$

$$-1.645\left[\frac{25{,}330}{\bar{d}^2 t^2} + 2.82(\bar{d}^2+t^2)^2 + 0.113(\bar{d}^2+t^2)^2 + \frac{63.20}{\bar{d}^2 t^2} + 0.1126\bar{d}^4 + \frac{5.34\bar{d}}{t}\right]^{1/2} \le 0$$

$j=3$:

$$-\bar{d} + 2.0 - 1.645\left[(10^{-4}\bar{d}^2)\right]^{1/2} \le 0 \qquad \text{E.12}$$

$$= -1.01645\bar{d} + 2.0 \le 0$$

$j=4$:

$$\bar{d} - 14.0 - 1.645\left[(10^{-4})\bar{d}^2\right]^{1/2} \le 0 \qquad \text{E.13}$$

$$= 0.98335\bar{d} - 14.0 \le 0$$

$j=5$:

$$-t + 0.2 \le 0 \qquad \text{E.14}$$

6) 제약들이 $P[g_j(\boldsymbol{Y}) \le 0] \ge P_j$를 사용하였기 때문에 부등호는 식 11.98의 부등호와 다르다.

$j=6$:

$$t-0.8 \le 0 \tag{E.15}$$

따라서 동치인 결정론적 최적화 문제는 다음과 같다.

$$\begin{aligned} Min \quad F(\bar{d},\ t) &= k_1\bar{\Psi}+k_2\sigma_{\Psi} \\ &= k_1(9.8175\bar{d}t+2\bar{d})+k_2(0.9835\bar{d}^2t^2+0.0004\bar{d}^2+0.003927\bar{d}^2t)^{1/2} \end{aligned}$$

subject to

$$\frac{795}{\bar{d}t}-500-1.645\left(\frac{25,330}{\bar{d}^2t^2}+2,500+\frac{63.3}{\bar{d}^2t^2}\right)^{1/2} \le 0$$

$$\begin{aligned} &\frac{795}{\bar{d}t}-16.78(\bar{d}^2+t^2) \\ &-1.645\left[\frac{25,330}{\bar{d}^2t^2}+2.82(\bar{d}^2+t^2)^2+0.113(\bar{d}^2+t^2)^2+\right. \\ &\qquad\left.+\frac{63.20}{\bar{d}^2t^2}+0.1126\bar{d}^4+\frac{5.34\bar{d}}{t}\right]^{1/2} \le 0 \end{aligned}$$

$$0.98335\bar{d}-14.0 \le 0$$

$$-1.01645\bar{d}+2.0 \le 0$$

$$-t+0.2 \le 0$$

$$t-0.8 \le 0$$

제7장에서 기술한 표준 비선형 계획법들을 적용하면 위의 최적화 문제의 최적해를 구할 수 있다. 위의 문제의 경우에는 설계변수의 수가 오직 두 개이므로 그래프 방법으로 해를 구할 수도 있다. ■

11.5 기하급수 확률 계획법

제8장에서 결정론적 기하급수 계획 문제를 알아보았다. 만일 양항 다변수 다항식으로 구성된 제약이 확률변수인 최적화 문제에는 11.3절과 11.4절에서 기술한 우연-제약 계획법들을 적용할 수 있다. 기하급수 확률 계획 문제는 다음과 같이 기술할 수 있다.

$$Find\ X=\{x_1,\ x_2,\ \ldots,\ x_n\}^T\ which\ minimizes\ \ f(Y) \tag{11.99}$$

subject to

$$P[g_j(\boldsymbol{Y})>0] \geq p_j, \quad j=1, 2, \ldots, m$$

여기서 $\boldsymbol{Y}=(y_1, y_2, \ldots, y_N)^T$은 확률변수 N 벡터(변수 $x_1, x_2, \ldots, x_n$을 포함할 수 있다)이고, $f(\boldsymbol{Y})$와 $g_j(\boldsymbol{Y})(j=1, 2, \ldots, m)$는 양항 다변수 다항식이다. 확률변수 y_i의 평균값 $\bar{y}_i$의 주위에서 목적함수를 확장하고 처음 두 항들만으로 식 11.87과 11.88에서와 같이 $f(\boldsymbol{Y})$의 평균 $\bar{\Psi}$와 분산 σ_Ψ을 표현할 수 있다. 따라서 식 11.89에서와 같이 새로운 목적함수 $F(\boldsymbol{Y})$를 표현하면

$$F(\boldsymbol{Y})=k_1\bar{\Psi}+k_2\sigma_\Psi \qquad 11.100$$

이 된다. 11.4절에서와 같은 방법으로 식 11.99의 확률 제약들을 결정론적인 형태로 변환하면

$$\bar{g}_j-\phi_j(p_j)\left[\sum_{i=1}^{N}\left(\frac{\partial g_j}{\partial y_i}\bigg|_{\bar{\boldsymbol{Y}}}\right)^2\sigma_{y_i}^2\right]^{1/2} \geq 0, \quad j=1, 2, \cdot \cdot \cdot, m \qquad 11.101$$

이 되므로 식 11.99와 동치인 최적화 문제를 다음과 같이 기술할 수 있다.

$$\min_{\boldsymbol{X}} \quad F(\boldsymbol{Y})=k_1\bar{\Psi}+k_2\sigma_\Psi$$

subject to

$$\bar{g}_j-\phi_j(p_j)\left[\sum_{i=1}^{N}\left(\frac{\partial g_j}{\partial y_i}\bigg|_{\bar{\boldsymbol{Y}}}\right)\sigma_{y_i}^2\right]^{1/2} \geq 0, \quad j=1, 2, \cdot \cdot \cdot, m$$

다음 예제를 통해 이 절차를 설명하기로 한다.

예제 11.7

중량을 최소화하는 최적화 문제에서 설계변수를 코일 직경 D와 스프링 와이어 직경 d로 선정하면 $x_1=D$와 $x_2=d$가 되고, 목적함수는 아래의 결정론적인 형식으로 기술할 수 있다[11.14, 11.15].

$$f(\boldsymbol{X})=\frac{\pi^2 d^2 D}{4}(N_c+Q)\rho \qquad \text{E.1}$$

위에서 N_c는 유효권수, Q는 무효권수, 그리고 ρ는 밀도이다. 스프링의 처짐 $\bar{\delta}$는 다음과 같이 주어진다.

$$\bar{\delta}=\frac{8PC^3N_c}{Gd} \qquad \text{E.2}$$

단, P는 하중, $C=D/d$, 그리고 G는 전단계수이다. 식 E.2로부터 구한 N_c를 식 E.1에 대입하여 목적함수를 다시 표현하면

$$f(\boldsymbol{X})=\frac{\pi^2\rho G\bar{\delta}}{32P}\frac{d^6}{D^2}+\frac{\pi^2\rho Q}{4}d^2D \qquad \text{E.3}$$

와 같고, 또 결정론적인 형태로 항복강도 제약을 표현하면

$$\tau=\frac{8KPC}{\pi d^2}\le \tau_{max} \qquad \text{E.4}$$

이다. 여기서 τ_{max}는 최대 허용 전단응력이고, K는 $2\le C\le 12$에 대해 주어진 전단응력 집중계수, 즉

$$K=\frac{2}{C^{0.25}} \qquad \text{E.5}$$

이다. 식 E.5와 $C=D/d$를 식 E.4 제약식에 대입하면 다음 결과를 얻을 수 있다.

$$\frac{16P}{\pi\tau_{max}}\frac{D^{0.75}}{d^{2.75}}\le 1 \qquad \text{E.6}$$

설계변수들은 $(\bar{d},\ \sigma_d)=\bar{d}(1,\ 0.05)$와 $(\bar{D},\ \sigma_D)=\bar{D}(1,\ 0.05)$을 갖고 정규분포된 것으로 고려하고, 식 11.100에서 $k_1=1$과 $k_2=0$ 그리고 $p_j=0.95$를 사용하면 식 11.100과 11.101의 문제를 다음과 같이 표현할 수 있다.

$$Min \qquad F(\boldsymbol{Y})=\frac{0.041\pi^2\rho\bar{\delta}G}{P}\frac{\bar{d}^6}{\bar{D}^2}+0.278\pi^2\rho Q\bar{d}^2\bar{D} \qquad \text{E.7}$$

subject to

$$\frac{12.24P}{\pi\tau_{max}}\frac{\bar{D}^{0.75}}{\bar{d}^{2.75}}\le 1 \qquad \text{E.8}$$

주어진 데이터는 $P=510\,\text{N}$, $\rho=78{,}000\,\text{N/m}^3$, $\bar{\delta}=0.02\,\text{m}$, $\tau_{max}=0.306\times10^9\,\text{Pa}$이고, $Q=2$라 하면, 문제의 난이도는 0이 되는 것을 알 수 있고 정규성과 직교성 조건은

$$\delta_1 + \delta_2 = 1 \tag{E.9}$$

$$6\delta_1 + 2\delta_2 - 2.75\delta_3 = 0$$

$$-2\delta_1 + \delta_2 + 0.75\delta_3 = 0$$

이다. 따라서 위의 연립방정식의 해는

$$\delta_1 = 0.81, \quad \delta_2 = 0.19, \quad \delta_3 = 1.9$$

이고, 상응하는 최적해는 다음과 같다.

$$\bar{d} = 0.0053\,\text{m}, \quad \bar{D} = 0.0358\,\text{m}, \quad f_{min} = 2.266\,\text{N}$$ ■

REFERENCES AND BIBLIOGRAPHY

11.1 E. Parzen, *Modern Probability Theory and Its Applications*, Wiley, New York, 1960.

11.2 A. H. S. Ang and W. H. Tang, *Probability Concepts in Engineering Planning and Design*, Vol. I, *Basic Principles*, Wiley, New York, 1975.

11.3 S. S. Rao, *Reliability-based Design*, McGraw-Hill, New York, 1992.

11.4 G. B. Dantzig, Linear programming under uncertainty, *Management Science*, Vol. 1, pp. 197–207, 1955.

11.5 A. Charnes and W.W. Cooper, Chance constrained programming, *Management Science*, Vol. 6, pp. 73–79, 1959.

11.6 J. K. Sengupta and K. A. Fox, *Economic Analysis and Operations Research: Optimization Techniques in Quantitative Economic Models*, North-Holland, Amsterdam, 1971.

11.7 R. J. Aguilar, *Systems Analysis and Design in Engineering, Architecture, Construction and Planning*, Prentice-Hall, Englewood Cliffs, NJ, 1973.

11.8 G. L. Nemhauser, *Introduction to Dynamic Programming*, Wiley, New York, 1966.

11.9 A. Kaufmann and R. Cruon, *Dynamic Programming: Sequential Scientific Management*, tr. by H. C. Sneyd, Academic Press, New York, 1967.

11.10 G. E. Thompson, *Linear Programming: An Elementary Introduction*, Macmillan, New York, 1971.

11.11 M. Avriel and D. J. Wilde, Stochastic geometric programming, pp. 73–91 in *Proceedings of the Princeton Symposium on Mathematical Programming*, H. W. Kuhn, Ed., Princeton University Press, Princeton, NJ, 1970.

11.12 M. J. L. Kirby, The current state of chance constrained programming, pp. 93–111 in *Proceedings of the Princeton Symposium on Mathematical Programming*, H. W. Kuhn, Ed., Princeton University Press, Princeton, NJ, 1970.

11.13 W. K. Grassmann, *Stochastic Systems for Management*, North-Holland, New York, 1981.

11.14 J. E. Shigley and C. R. Mischke, *Mechanical Engineering Design*, 5th ed., McGraw-Hill, New York, 1989.

11.15 S. B. L. Beohar and A. C. Rao, Optimum design of helical springs using stochastic geometric programming, pp. 147–151 in *Progress in Engineering Optimization—1981*, R. W. Mayne and K. M. Ragsdell, Eds., ASME, New York, 1981.

11.16 L. L. Howell, S. S. Rao, and A. Midha, Reliability-based optimal design of a bistable compliant mechanism, *ASME Journal of Mechanical Design*, Vol. 116, pp. 1115–1121, 1995.

11.17 R. H. Crawford and S. S. Rao, Probabilistic analysis of function generating mechanisms, *ASME Journal of Mechanisms, Transmissions, and Automation in Design*, Vol. 111, pp. 479–481, 1989.

11.18 S. K. Hati and S. S. Rao, Determination of optimum machining conditions: deterministic and probabilistic approaches, *ASME Journal of Engineering for Industry*, Vol. 98, pp. 354–359, 1976.

11.19 S. S. Rao, Multiobjective optimization in structural design in the presence of uncertain parameters and stochastic process, *AIAA Journal*, Vol. 22, pp. 1670–1678, 1984.

11.20 S. S. Rao, Automated optimum design of wing structures: a probabilistic approach, *Computers and Structures*, Vol. 24, No. 5, pp. 799–808, 1986.

11.21 S. S. Rao, Reliability-based optimization under random vibration environment, *Computers and Structures*, Vol. 14, pp. 345–355, 1981.

11.22 S. S. Rao and C. P. Reddy, Mechanism design by chance constrained programming, *Mechanism and Machine Theory*, Vol. 14, pp. 413–424, 1979.

CHAPTER 12

최적제어 및 최적기준 방법

12.1 소개

본 장에서는 다음 최적화 기법들을 간략하게 소개한다.

1. 변분법(Calculus of Variations)
2. 최적제어 이론(Optimal Control Theory)
3. 최적기준 방법(Optimality Criteria Methods)

범함수로 정의된 목적함수와 제약을 갖는 최소화(또는 최대화) 문제에서는 결정변수는 숫자가 아니라 함수로 표현된다. 이러한 형식의 최적화 문제를 해결하는 데는 변분법을 사용할 수 있다. 변분법 문제와 밀접하게 관련된 최적화 문제인 최적제어 문제는 미분방정식의 관계를 갖는 제어변수와 상태변수 등 두 가지 종류의 변수를 포함하는 문제로서 이러한 문제를 풀기 위해서는 최적제어 이론을 사용한다. 특히, 구조설계와 관련된 문제들과 같은 일부 최적화 문제들에 대해서는 최적의 필요조건을 사용하여 최적해를 구하는 효율적인 반복 기법을 개발할 수 있는데 이와 같은 기법들을 **최적기준 방법**(optimality criteria method)이라 한다.

12.2 변분법 (Calculus of Variations)

12.2.1 소개

변분법은 여러 다른 함수들에 관한 함수로 정의된 범함수(functional)의 극점(최대 및 최소) 또는 정점의 값의 결정과 관련된다. 따라서 궤적 최적화 문제들을 해결하기 위해 변분법을 사용할 수 있다.[7] 변분법은 미적분학 자체만큼 오래되었는데, Bernoulli 형제들이 변분법의 기초를 다진 후에 Euler, Lagrange, Weirstrass, Hamilton, 그리고 Bolzane 이 많은 기여를 하였다. 변분법은 통계학 및 강성체의 동역학, 일반 탄성체, 진동, 광학, 그리고 위성 및 제어의 최적화와 같은 여러 분야의 문제를 해결하는 강력한 방법이다. 본 절에서 변분법의 기본 개념들 중 일부를 알아보기로 한다.

12.2.2 변분법 문제

비제약 변분법의 이론에서 다루는 간단한 문제는 다음과 같다. 즉, 범함수(적분)

$$A = \int_{x_1}^{x_2} F(x,\ u,\ u',\ u'')dx \tag{12.1}$$

를 최소화하는 함수 $u(x)$를 구하는 문제이다. 위에서 A와 F를 범함수라 부를 수 있다. 또한, x는 독립변수이며,

$$u = u(x),\ u' = \frac{du(x)}{dx}, \qquad u'' = \frac{d^2u(x)}{dx^2}$$

과 같다. 기계공학에서 통상적으로 범함수는 명백한 물리적 의미를 갖는다. 예를 들어, 변형고체기계학(mechanics of deformable solids)에서 포텐셜 에너지 π는 범함수 역할을 한다(π는 변위 성분 $u,\ v,\ w$의 함수이고, 이들은 좌표 $x,\ y,\ z$의 함수이다).

식 12.1에서 적분은 영역 $[x_1,\ x_2]$에서 정의되고, 경계 상에서 u의 값을 $u(x_1)= u_1$과 $u(x_2)= u_2$으로 지정하면 이를 문제의 경계조건이라 한다. 식 12.1의 문제를 해결하기 위해 사용할 수 있는 절차는 다음과 같다.

1. 주어진 문제에 대해 시도 또는 일시해 $u(x)$들을 선정하고 일시해들의 항으로 범함수 A를 표현한다.
2. 다른 일시해들에 대한 A의 값들을 비교한다.
3. 범함수 A가 극값 또는 정점값을 취하게 되는 특정 일시해를 찾아 정확한 해를 구한다.

많은 일시해로부터 올바른 해를 선정하는데 사용하는 수학적 절차를 변분법이라 부른다.

범함수의 정점값 그림 12.1과 같이 정확한 해 $u(x)$의 근방에서 임의의 일시해 $\overline{u}(x)$를 다음과 같이 나타낼 수 있다.

7) 궤적 최적화 문제의 정의는 1.5절을 참조한다.

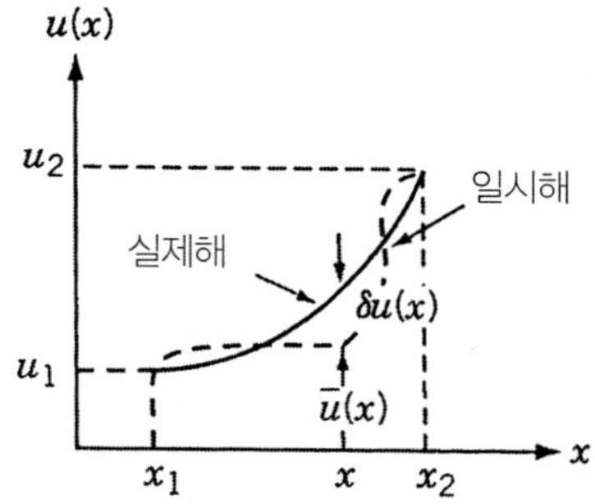

그림 12.1 일시해와 실제해

$$\underset{\text{일시해}}{\bar{u}(x)} = \underset{\text{실제해}}{u(x)} + \underset{u\text{의 변동}}{\delta u(x)} \qquad 12.2$$

u의 변동, 즉 δu는 고정된 변수 x(즉, $\delta x = 0$)에 대한 u의 아주 작은 변화로 정의하며, 이때 δ를 변분 연산자(variational operator)(미분 연산자 d와 유사한)라 한다. 이 변동의 연산은 적분과 미분과 가환성(commutative)을 갖는다. 즉,

$$\delta\left(\int F dx\right) = \int (\delta F) dx \qquad 12.3$$

$$\delta\left(\frac{du}{dx}\right) = \frac{d}{dx}(\delta u) \qquad 12.4$$

또한, 전미분의 정의와 유사한 방법으로 다변수 함수 또는 범함수의 변동은 아래와 같이 정의한다.

$$\delta F = \frac{\partial F}{\partial u}\delta u + \frac{\partial F}{\partial u'}\delta u' + \frac{\partial F}{\partial u''}\delta u'' + \frac{\partial F}{\partial x}\underset{\underset{0}{\uparrow}}{\delta x} \qquad 12.5$$

위의 식에서 고정된 x의 값(즉, $\delta x = 0$)에 대해 F의 변동을 구하므로 마지막 항은 0이 된다.

이제 해 δu에서 변동에 상응하는 A의 변동 δA를 생각해보자. A의 정점화(stationariness)에 대한 필요조건으로 A의 일차 도함수가 0이 되도록 취하면(간단한 함수의 최대 또는 최소화할 때와 같이)

$$\delta A = \int_{x_1}^{x_2}\left(\frac{\partial F}{\partial u}\delta u + \frac{\partial F}{\partial u'}\delta u' + \frac{\partial F}{\partial u''}\delta u''\right)dx = \int_{x_1}^{x_2}\delta F dx = 0 \qquad 12.6$$

이 된다. 위의 두 번째와 세 번째 항을 부분적분하면

$$\int_{x_1}^{x_2} \frac{\partial F}{\partial u'} \delta u' dx = \int_{x_1}^{x_2} \frac{\partial F}{\partial u'} \delta\left(\frac{\partial u}{\partial x}\right) dx = \int_{x_1}^{x_2} \frac{\partial F}{\partial u'} \frac{\partial}{\partial x}(\delta u) dx \qquad 12.7$$

$$= \frac{\partial F}{\partial u'} \delta u \Big|_{x_1}^{x_2} - \int_{x_1}^{x_2} \frac{d}{dx}\left(\frac{\partial F}{\partial u'}\right) \delta u dx$$

$$\int_{x_1}^{x_2} \frac{\partial F}{\partial u''} \delta u'' dx = \int_{x_1}^{x_2} \frac{\partial F}{\partial u''} \frac{\partial}{\partial x}(\delta u') dx = \frac{\partial F}{\partial u''} \delta u' \Big|_{x_1}^{x_2} - \int_{x_1}^{x_2} \frac{d}{dx}\left(\frac{\partial F}{\partial u''}\right) \delta u' dx \qquad 12.8$$

$$= \frac{\partial F}{\partial u''} \delta u' \Big|_{x_1}^{x_2} - \frac{d}{dx}\left(\frac{\partial F}{\partial u''}\right) \delta u \Big|_{x_1}^{x_2} + \int_{x_1}^{x_2} \frac{d^2}{dx^2}\left(\frac{\partial F}{\partial u''}\right) \delta u dx$$

이므로

$$\delta A = \int_{x_1}^{x_2} \left[\frac{\partial F}{\partial u} - \frac{d}{dx}\left(\frac{\partial F}{\partial u'}\right) + \frac{d^2}{dx^2}\left(\frac{\partial F}{\partial u''}\right) \right] \delta u dx \qquad 12.9$$

$$+ \left[\frac{\partial F}{\partial u'} - \frac{d}{dx}\left(\frac{\partial F}{\partial u''}\right) \right] \delta u \Big|_{x_1}^{x_2} + \left[\left(\frac{\partial F}{\partial u''}\right) \delta u' \right] = 0$$

모든 δu에 대하여 위의 식이 만족하므로 각 항이 0이 되어야 한다. 즉,

$$\frac{\partial F}{\partial u} - \frac{d}{dx}\left(\frac{\partial F}{\partial u'}\right) + \frac{d^2}{dx^2}\left(\frac{\partial F}{\partial u''}\right) = 0 \qquad 12.10$$

$$\left[\frac{\partial F}{\partial u'} - \frac{d}{dx}\left(\frac{\partial F}{\partial u''}\right) \right] \delta u \Big|_{x_1}^{x_2} = 0 \qquad 12.11$$

$$\frac{\partial F}{\partial u''} \delta u' \Big|_{x_1}^{x_2} = 0 \qquad 12.12$$

이다. 식 12.10은 주어진 문제에 대한 지배 미분방정식으로 Euler 방정식 또는 Euler-Lagrange 방정식이라고 하며, 식 12.11과 12.12는 경계조건들을 제공하는 방정식이다.

다음의 조건

$$\left[\frac{\partial F}{\partial u'} - \frac{d}{dx}\left(\frac{\partial F}{\partial u''}\right) \right] \Big|_{x_1}^{x_2} = 0 \qquad 12.13$$

$$\frac{\partial F}{\partial u''} \Big|_{x_1}^{x_2} = 0 \qquad 12.14$$

을 **자연**(natural) **경계조건**이라고 부르며, 만일 이 경계조건이 만족되면 **자유**(free) **경계조**

건이라 하고, 만족되지 않으면 식 12.11과 12.12를 만족하기 위해 다음의 조건들

$$\delta u(x_1) = 0, \quad \delta u(x_2) = 0 \qquad 12.15$$

$$\delta u'(x_1) = 0, \quad \delta u'(x_2) = 0 \qquad 12.16$$

이 필요한데, 이들을 **기하학적**(geometric) **경계조건** 또는 **강제**(forced) **경계조건**이라 고 한다.

예제 12.1 최단시간강하곡선(brachistochrone) 문제

1696년 Johann Bernoulli는 학자가 되기 이전에 수직면에서 두 점들 A와 B가 주어지면 마찰은 없는 것으로 가정하고 중력이 작용할 때 최단시간에 질량 입자 m이 A에서 B로 미끄러지는 최단시간 강하 경로를 구하는 문제를 제기하였다(그림 12.2 참조). 최단시간강하곡선 용어는 그리스어 brachistos(최단)와 chronos(시간)로부터 유래한다.

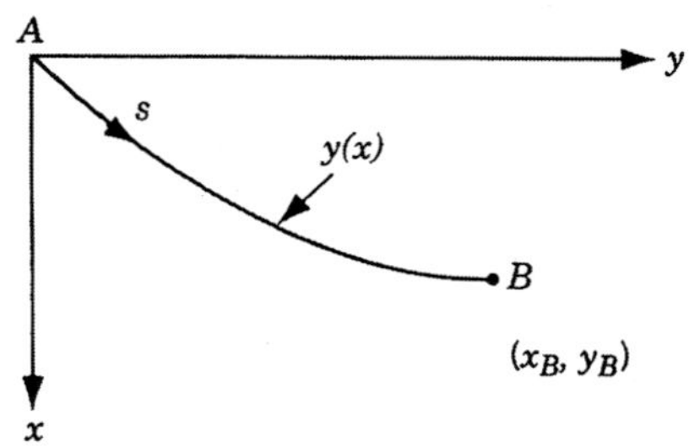

그림 12.2 최단시간강하곡선

경로의 거리를 s, 속도를 v라 하면 다음의 관계식을 얻을 수 있다.

$$v = \frac{ds}{dt} = \frac{(dx^2 + dy^2)^{1/2}}{dt} = \frac{[1 + (y')^2]^{1/2}}{dt} dx$$

$$dt = \frac{1}{v} [1 + (y')^2]^{1/2} dx$$

또한, 입자가 경로를 따라 이동하면서 위치에너지는 운동에너지로 변환되므로

$$\frac{1}{2} m v^2 = mgx$$

가 되므로

$$dt = \left[\frac{1+(y')^2}{2gx} \right]^{1/2} dx \qquad \text{E.1}$$

이고 정점(stationary)을 구할 적분은

$$t = \int_0^{x_B} \left[\frac{1+(y')^2}{2gx} \right]^{1/2} dx \qquad \text{E.2}$$

이다. 위의 피적분함수는 x와 y'의 함수이므로 식 12.1의 특별한 경우가 된다. 이제 Euler-Lagrange 방정식

$$\frac{d}{dx}\left(\frac{\partial F}{\partial y'}\right) - \frac{\partial F}{\partial y} = 0, \qquad F = \left[\frac{1+(y')^2}{2gx} \right]^{1/2}$$

으로부터

$$\frac{d}{dx}\left(\frac{y'}{\{x[1+(y')^2]\}^{1/2}} \right) = 0$$

가 되고, 이를 적분하여 y'을 구하면

$$y' = \frac{dy}{dx} = \left(\frac{C_1 x}{1 - C_1 x} \right)^{1/2} \qquad \text{E.3}$$

이 된다. 이때 C_1은 적분 상수이다. 위의 상미분방정식 E.3의 해

$$y(x) = C_1 \sin^{-1}\left(\frac{x}{C_1} \right) - \left(2C_1 x - x^2 \right)^{1/2} + C_2 \qquad \text{E.4}$$

는 주어진 문제의 해가 된다. ■

예제 12.2 최소 저항의 회전체 설계

다음은 최소 저항을 받는 회전체 모양을 결정하는 문제를 알아본다. 일반적인 경우 유체 내부에서 이동하는 회전체에 작용하는 힘은 몸체의 모양과 상대 속도에 따라 매우 복잡한 방법으로 결정된다. 그러나 만일 유체의 밀도가 충분히 작으면 회전체에 작용하는 수직압력 p는 대략적으로 다음과 같이 결정된다[12.3].

$$p = 2\rho v^2 \sin^2\theta \qquad \text{E.1}$$

단, ρ는 액체의 밀도, v는 유체의 회전체에 대한 상대 속도, 그리고 θ는 그림 12.3에서와 같이 유속과 회전체 표면에 대한 접선 방향의 사이 각도이다.

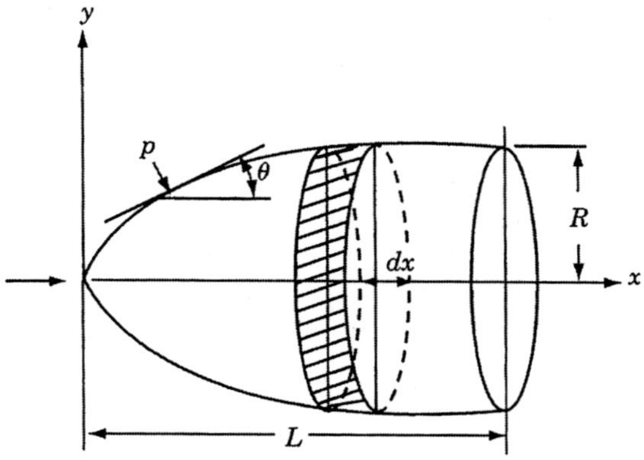

그림 12.3 유체 내의 회전체

압력 p는 표면에 수직으로 작용하므로 그림 12.4에서 길이 dx이고 반경이 $y(x)$인 원통형의 표면에 작용하는 힘의 x 성분은 다음과 같이 쓸 수 있다.

$$dP = (\text{수직 압력})(\text{표면적})\sin\theta \tag{E.2}$$

$$= \left(2\rho v^2 \sin^2\theta\right)\left(2\pi y\sqrt{1+(y')^2}\,dx\right)\sin\theta$$

여기서 $y' = dy/dx$이다. E.2를 적분하여 전체 항력 P를 구하면

$$P = \int_0^L 4\pi\rho v^2 y \sin^3\theta\sqrt{1+(y')^2}\,dx \tag{E.3}$$

와 같다. 단, L은 몸체의 길이이다. 계산을 단순하게 하기 위해

$$\sin\theta = \frac{y'}{\sqrt{1+(y')^2}} \simeq y' \tag{E.4}$$

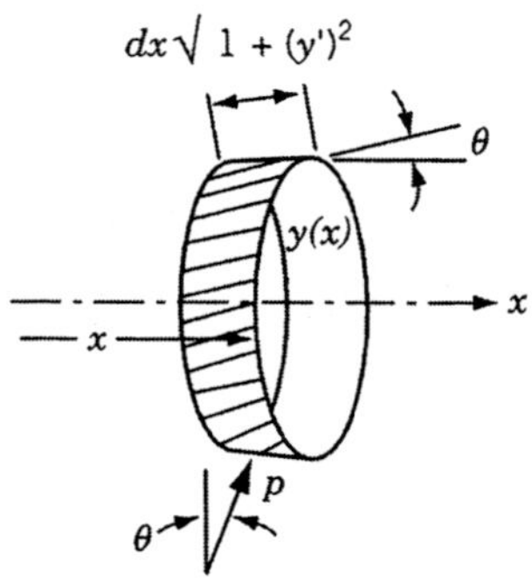

그림 12.4 압력(p)에 의해 작용하는 표면 요소

이 되는 $y' \ll 1$로 가정하면, 식 E.3의 근사식

$$P = 4\pi\rho v^2 \int_0^L (y')^3 y dx \tag{E.5}$$

을 얻는다. 이제 말단 조건을 제약으로 하는 항력 최소화 문제를 기술하면

$$\min_{y(x)} \quad P = 4\pi\rho v^2 \int_0^L (y')^3 y dx$$

subject to

$$y(x=0) = 0, \qquad y(x=L) = R \tag{E.6}$$

와 같이 표현할 수 있다. 식 E.5의 범함수 P와 식 12.1의 A를 비교하면

$$F(x,\ y,\ y',\ y'') = 4\pi\rho v^2 (y')^3 y \tag{E.7}$$

와 같고, 이 범함수에 상응하는 Euler-Lagrange 방정식 12.10은

$$(y')^3 - 3\frac{d}{dx}\left[y(y')^2\right] = 0 \tag{E.8}$$

이 된다. 또한, 경계조건 방정식 12.11과 12.12는

$$\left[3y(y')^2\right]\delta y\Big|_{x_1=0}^{x_2=L} = 0 \tag{E.9}$$

로 된다. 한편, 식 E.8을 다시 쓰면

$$(y')^3 - 3\left[y'(y'^2) + y(2)y'y''\right] = 0$$

또는

$$(y')^3 + 3yy'y'' = 0 \tag{E.10}$$

로 쓸 수 있으므로 위 식을 한 번 적분하면

$$y(y')^3 = k_1^3 \tag{E.11}$$

와 같다. 단, k_1^3은 적분 상수이다. 또한, 식 E.11을 적분하면

$$y(x) = \left(k_1 x + k_2\right)^{3/4} \tag{E.12}$$

와 같고, 경계조건 식 E.6을 적용하면 다음 결과를 얻을 수 있다.

$$k_1 = \frac{R^{4/3}}{L}, \qquad k_2 = 0$$

따라서 최소 저항을 받는 회전체의 모양은 다음 식

$$y(x) = R\left(\frac{x}{L}\right)^{3/4}$$

이 됨을 알 수 있다. ■

12.2.3 Lagrange 승수와 제약

변수 x가 완전 독립적이지 않으나 제약의 일부 조건을 반드시 만족시켜야 하는 문제는 다음과 같이 표현할 수 있다.

$$\min_{y(x)} \quad A = \int_{x_1}^{x_2} F\left(x,\ y,\ \frac{dy}{dx}\right)dx$$

subject to

$$g\left(x,\ y,\ \frac{dy}{dx}\right) = 0$$

위에서 함수 g는 적분함수가 될 수 있다. 이러한 경우에는 Lagrange 승수를 사용하여 제약 변분 문제의 정점값을 구할 수 있다. 이 방법을 설명하기 위해 다음의 isoperimetric 문제(둘레의 길이가 L인 평면상의 닫힌 곡선 중 최대의 면적이 되는 곡선은 무엇인가?)로 알려진 문제를 생각해 보자.

예제 12.3 냉각핀의 최적설계

고온의 표면으로부터 주변 액체로 열 전달율을 증가시키기 위해 방열기들에 냉각핀을 설치한다. 최대의 열에너지를 전달하기 위해 주어진 전체 질량에 대한 핀(사각 단면)의 최적 테이퍼를 구하고자 한다.

핀의 모양은 그림 12.5와 같다. 만일 T_0와 T_∞가 벽 온도와 주변 온도라 하면 임의 점에서 냉각핀의 온도 $T(x)$는

$$t(x) = \frac{T(x) - T_\infty}{T_0 - T_\infty} \qquad \text{E.1}$$

와 같이 표현될 수 있다. 단, $t(0) = 1$ 이고 $t(\infty) = 0$이다.

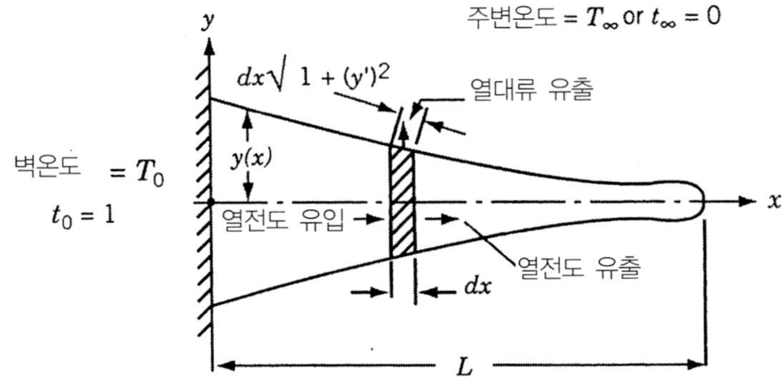

그림 12.5 냉각핀의 모양

문제를 구성하기 위해 먼저 핀의 길이 dx에 대한 열평형방정식:

전도에 의한 열 유입=전도 및 대류에 의한 열 유출

즉,

$$\left(-kA\frac{dt}{dx}\right)_x = \left(-kA\frac{dt}{dx}\right)_{x+dx} + hS(t-t_\infty) \qquad \text{E.2}$$

을 작성한다. 이때 k는 열전도도, 핀의 단위 폭 당 핀의 단면적 A는 $2y(x)$, h는 열전달계수, 단위 폭 당 핀의 표면적 S는 $2\sqrt{1+(y')^2}\,dx$, 그리고 $2y(x)$는 임의 단면 x에서 핀의 깊이이다. 이제 일차 근사식

$$\left(-kA\frac{dt}{dx}\right)_{x+dx} = \left(-kA\frac{dt}{dx}\right)_x + \frac{d}{dx}\left(-kA\frac{dt}{dx}\right)dx \qquad \text{E.3}$$

와 $t_\infty = 0$에 의해 식 E.2는

$$\frac{d}{dx}\left(kA\frac{dt}{dx}\right) = ht\sqrt{1+(y')^2} \qquad \text{E.4}$$

와 같이 간단히 된다. 이때 단순성을 위해 $y' \ll 1$로 가정하면 위의 식은 다음과 같이 쓸 수 있다.

$$k\frac{d}{dx}\left(y\frac{dt}{dx}\right) = ht \qquad \text{E.5}$$

핀의 자유 말단부로부터 열유동을 0으로 가정하면 단위 시간당 핀으로부터 주변으로 소산된 열량은 다음 식으로 주어진다.

$$H = 2\int_0^L htdx \qquad \text{E.6}$$

한편, 핀의 질량이 m으로 주어졌으므로 ρ가 핀의 밀도일 때

$$2\int_0^L \rho ydx - m = 0 \qquad \text{E.7}$$

이 되어야 한다.

이제 변분 문제를 기술하면 식 E.7이 제약식이 되며 식 E.6의 적분을 최대화하는 $t(x)$를 구하는 문제가 된다. 그러나 식 E.7에서 $y(x)$도 미지수이므로 열평형방정식 E.5를 이용하여 $y(x)$를 $t(x)$의 식으로 표현할 수 있다. 즉, 구간 x와 L 사이에서 식 E.5를 적분하면

$$-ky(x)\frac{dt}{dx}(x) = h\int_x^L t(x)dx \qquad \text{E.8}$$

이 되고, 자유 말단부로부터의 열유동을 0으로 가정하면 위의 식 E.8은

$$y(x) = -\frac{h}{k}\frac{1}{dt/dx}\int_x^L t(x)dx \qquad \text{E.9}$$

이 된다. 이제 식 E.9를 E.7에 대입하여 변분 문제를 다시 기술하면

$$\max_{y(x)} \quad H = 2h\int_0^L t(x)dx \qquad \text{E.10}$$

subject to

$$g(x,\ t,\ t') = 2\rho\frac{h}{k}\int_0^L \frac{1}{dt/dx}\left[\int_x^L t(x)dx\right]dx + m = 0 \qquad \text{E.11}$$

가 된다. 위의 문제는 Lagrange 승수법을 이용하여 해결할 수 있다. 우선 극점을 위한 범함수 I는, λ가 Lagrange 승수일 때,

$$I = \int_0^L (H + \lambda g)dx = 2h\int_0^L \left[t(x) + \frac{\lambda\rho}{k}\frac{1}{dt/dx}\int_x^L t(x)dx\right]dx \qquad \text{E.12}$$

와 같고, 이 식을 식 12.1과 비교하면

$$F(x,\ t,\ t') = 2ht + \frac{2h\lambda\rho}{k}\frac{1}{t'}\int_x^L t(x)dx \qquad \text{E.13}$$

이고, Euler-Lagrange 방정식 12.10은 다음과 같다.

$$h-\frac{\lambda h\rho}{k}\left[\frac{2t''}{(t')^3}\int_x^L t(x)dx+\frac{t(x)}{(t')^2}-\int_0^x\frac{dx}{t'}\right]=0 \qquad \text{E.14}$$

따라서 해 $t(x)$을 구하기 위해서는 위의 미적분방정식을 풀어야 한다. 이 경우에는 다음의 식

$$t(x)=1-x\left(\frac{\lambda\rho}{k}\right)^{1/2} \qquad \text{E.15}$$

이 식 E.14의 방정식을 만족함을 증명할 수 있다. 그러므로 식 E.9로부터 핀의 두께 프로파일을 구하면

$$y(x)=-\frac{h}{k}\frac{1}{t'}\int_x^L t(x)dx=\frac{h}{k}\left(\frac{k}{\lambda\rho}\right)^{1/2}\int_x^L\left[1-\left(\frac{\lambda\rho}{k}\right)^{1/2}x\right]dx \qquad \text{E.16}$$

$$=\frac{h}{(k\lambda\rho)^{1/2}}\left[L-\left(\frac{\lambda\rho}{k}\right)^{1/2}\frac{L^2}{2}-x+\left(\frac{\lambda\rho}{k}\right)^{1/2}\frac{x^2}{2}\right]$$

$$=c_1+c_2x+c_3x^2$$

$$c_1=\frac{h}{(k\lambda\rho)^{1/2}}\left[L-\left(\frac{\lambda\rho}{k}\right)^{1/2}\frac{L^2}{2}\right] \qquad \text{E.17}$$

$$c_2=-\frac{h}{(k\lambda\rho)^{1/2}} \qquad \text{E.18}$$

$$c_3=\frac{h}{2(k\lambda\rho)^{1/2}}\left(\frac{\lambda\rho}{k}\right)^{1/2}=\frac{h}{2k} \qquad \text{E.19}$$

와 같음을 알 수 있다. 또한, 식 E.7으로부터

$$m=2\rho\int_0^L y(x)dx=2\rho\left(c_1L+c_2\frac{L^2}{2}+c_3\frac{L^3}{3}\right)$$

즉,

$$\frac{m}{2\rho L}=c_1+c_2\frac{L}{2}+c_3\frac{L^2}{3}=\frac{hL}{2(k\rho\lambda)^{1/2}}-\frac{1}{3}\frac{hL^2}{k} \qquad \text{E.20}$$

이 되므로 Lagrange 승수 λ의 값은

$$\lambda^{1/2} = \frac{hL}{(k\rho)^{1/2}} \frac{1}{\left(\frac{m}{\rho L}\right) + \frac{2}{3}\left(\frac{hL^2}{k}\right)} \qquad \text{E.21}$$

와 같다. 따라서 식 E.21을 식 E.16에 대입하여 원하는 해를 얻을 수 있다. ■

12.2.4 일반화

앞 절에 다룬 개념을 일반화하면 문제는 다음 범함수를

$$\int_V f\left(x,\ y,\ z,\ u_1,\ u_2,\ \cdot\cdot\cdot,\ u_n,\ \frac{\partial u_1}{\partial x},\ \cdot\cdot\cdot\right) dV \qquad 12.18$$

아래 m개의 조건

$$g_1\left(x,\ y,\ z,\ u_1,\ u_2,\ \cdot\cdot\cdot,\ u_n,\ \frac{\partial u_1}{\partial x},\ \cdot\cdot\cdot\right) = 0 \qquad 12.19$$
$$\vdots$$
$$g_m\left(x,\ y,\ z,\ u_1,\ u_2,\ \cdot\cdot\cdot,\ u_n,\ \frac{\partial u_1}{\partial x},\ \cdot\cdot\cdot\right) = 0$$

을 제약으로 하며 정점화(stationary)하는 함수 $u_1(x,\ y,\ z)$, $u_2(x,\ y,\ z)$, ..., $u_n(x,\ y,\ z)$을 구하는 것으로 표현할 수 있다. 이에 대한 Lagrange 승수법은 다음 범함수의 변동을 고려하게 된다.

$$A = \int_V f(f + \lambda_1 g_1 + \lambda_2 g_2 + \cdot\cdot\cdot + \lambda_m g_m) dV \qquad 12.20$$

이때 λ_i는 새로운 함수가 된다. 하지만 하나 이상의 함수 g_i가 적분 조건인 특별한 경우에는 관련된 λ_i는 상수가 된다.

12.3 최적제어 이론 (Optimal Control Theory)

성능지수(performance index)라 불리는 다음의 범함수를 최소화하는 제어 벡터 $\boldsymbol{u}$를 구하는 기본적인 최적제어 문제

$$\min_{\boldsymbol{u} = (u_1, u_2, \ldots, u_m)} \qquad J = \int_0^T f_0(\boldsymbol{x},\ \boldsymbol{u}, t) dt \qquad 12.21$$

위에서 $\boldsymbol{x} = (x_1, x_2, \ldots, x_n)^T$을 **상태변수 벡터**(state vector)라 하고, t는 시간 매개변수, T

는 종료 시간, 그리고 f_0는 $\boldsymbol{x}$, $\boldsymbol{u}, t$의 함수이다. 상태변수 x_i와 제어변수 u_i의 관계식은

$$\frac{dx_i}{dt} = f_i(x_1,\ x_2,\ \cdots, x_n;\ u_2,\ u_2,\ \cdots,\ u_m; t), \qquad i = 1,\ 2, \cdots, n$$

또는

$$\dot{\boldsymbol{x}} = \boldsymbol{f}(\boldsymbol{x},\ \boldsymbol{u}, t) \tag{12.22}$$

와 같다. 많은 문제에서 시스템은 선형이고 위의 식 12.22은

$$\dot{\boldsymbol{x}} = [A]\boldsymbol{x} + [B]\boldsymbol{u} \tag{12.23}$$

와 같이 표현된다. 이때 $[A]$는 $n \times n$ 행렬이고 $[B]$는 $n \times m$ 행렬이다. 더욱이 제어 벡터 $\boldsymbol{u}$를 구하는 동안 상태변수 벡터 $\boldsymbol{x}$는 $t=0$에서 주어진 초기 벡터 $\boldsymbol{x}_0$로부터 $t=T$에서 일부(전체 또는 공집합 포함)가 주어진 종료 벡터 $\boldsymbol{x}_T$로 전환된다.

12.3.1 최적제어의 필요조건

최적제어에 대한 필요조건을 유도하기 위해 다음 간단한 문제를 생각한다.

$$\min_u \qquad J = \int_0^T f_0(x,\ u,\ t)dt \tag{12.24}$$

subject to

$$\dot{x} = f(x,\ u,\ t) \tag{12.25}$$

단, 경계조건은 $x(0) = k_1$이다. 이 최적제어 문제를 해결하기 위해 Lagrange 승수 λ를 도입하여 다음과 같이 확장된 범함수 J^*를 정의한다.

$$J^* = \int_0^T \{f_0(x,\ u,\ t) + \lambda[f(x,\ u,\ t) - \dot{x}]\}dt \tag{12.26}$$

위의 피적분함수

$$F = f_0 + \lambda(f - \dot{x}) \tag{12.27}$$

는 두 개의 변수 x와 u의 함수이므로 식 12.10에서 $u_1 = x$, $u_1{}' = \partial x/\partial t = \dot{x}$, $u_2 = u$, $u_2{}' = \partial u/\partial t = \dot{u}$ 이면 Euler-Lagrange 방정식은

$$\frac{\partial F}{\partial x} - \frac{d}{dt}\left(\frac{\partial F}{\partial \dot{x}}\right) = 0 \qquad 12.28$$

$$\frac{\partial F}{\partial u} - \frac{d}{dt}\left(\frac{\partial F}{\partial \dot{u}}\right) = 0 \qquad 12.29$$

와 같다. 관계식 12.27으로부터 식 12.28과 12.29를 다시 표현하면

$$\frac{\partial f_0}{\partial x} + \lambda\frac{\partial f}{\partial x} + \dot{\lambda} = 0 \qquad 12.30$$

$$\frac{\partial f}{\partial u} + \lambda\frac{\partial f}{\partial u} = 0 \qquad 12.31$$

와 같다. 이제 Hamiltonian이라는 새로운 범함수 H를

$$H = f_0 + \lambda f \qquad 12.32$$

로 정의하고, 식 12.30과 12.31을 다시 작성하면

$$-\frac{\partial H}{\partial x} = \dot{\lambda} \qquad 12.33$$

$$\frac{\partial H}{\partial u} = 0 \qquad 12.34$$

가 된다. 위의 식 12.33과 12.34는 두 개의 일차 미분방정식을 나타낸다. 이 식들을 적분하면 두 개의 적분 상수가 나오고, 문제에서 주어진 경계조건들로부터 그 상수 값을 얻을 수 있다. 만일 두 개의 경계조건들이 $x(0) = k_1$과 $x(T) = k_2$로 주어지면 어려움 없이 두 개의 적분 상수들을 계산할 수 있다. 반면 만일 $x(0) = k_1$과 같이 오직 하나의 경계조건이 명시되면 $\partial F/\partial \dot{x} = 0$ 또는 $t = T$에서 $\lambda = 0$과 같은 자유-말단부 조건을 사용한다.

예제 12.4

다음의 범함수

$$J = \int_0^1 (x^2 + u^2)dt \qquad E.1$$

를 제약 조건

$$\dot{x} = u, \qquad x(0) = 1 \qquad E.2$$

에서 정점화(stationary)하는 최적제어 u를 구하여라. 단, $t=1$에서 x의 값은 제시되지 않음에 유의하여라.

[풀이] Hamiltonian식은

$$H = f_0 + \lambda u = x^2 + u^2 + \lambda u \tag{E.3}$$

이고, 식 12.33과 12.34로부터

$$-2x = \dot{\lambda} \tag{E.4}$$

$$2u + \lambda = 0 \tag{E.5}$$

이 된다. 식 E.5를 미분하면

$$2\dot{u} + \dot{\lambda} = 0 \tag{E.6}$$

이므로 식 E.4와 E.6으로부터

$$\dot{u} = x \tag{E.7}$$

이다. 또한 식 E.2에서 $\dot{x} = u$이므로

$$\ddot{x} = \dot{u} = x$$

즉,

$$\ddot{x} - x = 0 \tag{E.8}$$

을 얻는다. 따라서 식 E.8의 해는 다음과 같이 주어진다.

$$x(t) = c_1 \sinh t + c_2 \cosh t \tag{E.9}$$

단, c_1과 c_2는 상수이고, 초기 조건 $x(0) = 1$로부터 $c_2 = 1$이다. 종료점 $t = T = 1$에서 x는 고정되지 않으므로 식 E.5에서 $t=1$일 때 조건 $\lambda = 0$을 사용하여 $u(t=1) = 0$을 얻는다. 한편,

$$u = \dot{x} = c_1 \cosh t + \sinh t \tag{E.10}$$

에서

$$u(1) = 0 = c_1 \cosh 1 + \sinh 1$$

또는

$$c_1 = \frac{-\sinh 1}{\cosh 1} \qquad \text{E.11}$$

이므로 최적제어는

$$u(t) = \frac{-\sinh 1}{\cosh 1} \cdot \cosh t + \sinh t \qquad \text{E.12}$$

$$= \frac{-\sinh 1 \cdot \cosh t + \cosh 1 \cdot \sinh t}{\cosh} 1 = \frac{-\sinh(1-t)}{\cosh 1}$$

가 되고, 상응하는 상태 궤적은

$$x(t) = \dot{u} = \frac{\cosh(1-t)}{\cosh 1} \qquad \text{E.13}$$

와 같다. ■

12.3.2 일반 문제에 대한 필요조건

앞에서 언급한 최적제어 벡터 $\boldsymbol{u}$를 구하는 최적제어 문제

$$\min_{\boldsymbol{u}} \qquad J = \int_0^T f_0(\boldsymbol{x},\ \boldsymbol{u}, t)dt \qquad 12.35$$

subject to

$$\dot{x}_i = f_i(\boldsymbol{x},\ \boldsymbol{u}, t), \quad i = 1,\ 2, \cdot\cdot\cdot, n \qquad 12.36$$

에 대해 알아보자. 식 12.36의 i번째 제약에 대한 Lagrange 승수 p_i[수반 변수(adjoint variable)라고도 함]를 도입하고 아래의 확장 범함수 J^*를 만든다.

$$J^* = \int_0^T \left[f_0 + \sum_{i=1}^n p_i (f_i - \dot{x}_i) \right] dt \qquad 12.37$$

이제 Hamiltonian 범함수 H의 정의를

$$H = f_0 + \sum_{i=1}^n p_i f_i \qquad 12.38$$

와 같이 하면

$$J^* = \int_0^T \left(H - \sum_{i=1}^n p_i \dot{x}_i \right) dt \qquad 12.39$$

이 된다. 위의 피적분함수

$$F = H - \sum_{i=1}^{n} p_i \dot{x}_i \qquad 12.40$$

는 $\boldsymbol{x}$, $\boldsymbol{u}$, t에 따라 결정되므로 $n+m$개의 종속변수 $\boldsymbol{x}$, $\boldsymbol{u}$이 존재하여 Euler–Lagrange 방정식은

$$\frac{\partial F}{\partial x_i} - \frac{d}{dt}\left(\frac{\partial F}{\partial \dot{x}_i}\right) = 0, \qquad i = 1, 2, \cdots, n \qquad 12.41$$

$$\frac{\partial F}{\partial u_j} - \frac{d}{dt}\left(\frac{\partial F}{\partial \dot{u}_j}\right) = 0, \qquad j = 1, 2, \cdots, m \qquad 12.42$$

이고, 식 12.40으로부터 식 12.41과 12.42를 다시 작성하면

$$-\frac{\partial H}{\partial x_i} = \dot{p}_i, \qquad i = 1, 2, \cdots, n \qquad 12.43$$

$$\frac{\partial H}{\partial u_i} = 0, \qquad j = 1, 2, \cdots, m \qquad 12.44$$

이 된다. 이때 식 12.43을 **수반방정식**(adjoint equations)이라고 한다.

따라서 연립방정식 12.36, 12.43과 12.44를 풀어서 변수 $\boldsymbol{x}$, $\boldsymbol{u}$ 그리고 $\boldsymbol{p}$의 최적해를 얻을 수 있다. 전체 $2n+m$개의 식과 각 n개의 x_i, p_i 및 m개의 u_j 등 $2n+m$개의 미지수를 갖는 연립방정식이다. 만일 초기 조건들 $x_i(0)(i = 1, 2, \cdots, n)$과 말단 조건 $x_j(T)$, $(i = 1, 2, \cdots, l,\ l < n)$을 알면 나머지 변수들의 말단 값 즉, $x_j(T)(j = l+1, l+2, \cdots, n)$는 자유도를 갖게 되므로 자유 말단부 조건

$$p_j(T) = 0, \qquad j = l+1, l+2, \cdots, n \qquad 12.45$$

을 사용하여야 한다. 위의 방정식을 **가로조건**(transversality condition)이라 부른다.

12.4 최적기준 방법 (Optimality Criteria Methods)

최적기준 방법은 특화된 설계 조건을 위한 적절한 판정기준을 유도하여 최적의 설계변수를 구하는 반복절차를 개발하는데 기초를 둔다. Prager와 그의 동료들에 의해 (연속)분포 시스템에 대한 최적기준 방법을 최초로 개발하였고[12.6], Venkayya, Khot 및 Berke가 이산 시스템[12.7~12.10]에 대해 이 방법을 확장하였다. 처음에는 응력 및 변위 제약

들을 갖는 선형 탄성 구조물에 이 방법을 적용하였고, 후에 다른 형식의 제약들을 갖는 문제들로 확장하였다. 본 절에서는 오직 변위 제약만을 사용하는 기본적인 접근법을 기술하기로 한다.

12.4.1 단일 변위 제약의 최적 판정

다음과 같이 최적화 문제를 기술하자.

$$\min_{\boldsymbol{X}} \quad f(\boldsymbol{X})=\sum_{i=1}^{n} c_i x_i \tag{12.46}$$

subject to

$$\sum_{i=1}^{n} \frac{a_i}{x_i}=y_{max} \tag{12.47}$$

단, c_j는 상수, y_{max}는 최대 허용 변위이고, a_i는 작용된 하중에 기인하여 멤버 i에서 발생된 힘, 멤버 i의 길이, 그리고 멤버 i의 영계수에 따라 결정된다. Lagrange 함수를 정의하면

$$L(\boldsymbol{X},\ \lambda)=\sum_{i=1}^{n} c_i x_i+\lambda\left(\sum_{i=1}^{n} \frac{a_i}{x_i}-y_{max}\right) \tag{12.48}$$

와 같고, 이 함수는 최적해에서

$$\frac{\partial L}{\partial x_k}=c_k-\lambda\frac{a_k}{x_k^2}+\lambda\sum_{i=1}^{n}\frac{1}{x_i}\frac{\partial a_i}{\partial x_k}=0, \qquad k=1,\ 2,\cdot\cdot\cdot,\ n \tag{12.49}$$

가 된다. 부정정(indeterminate)은 물론 정정(statically determinate) 구조물에 대해 식 12.49에서 마지막 항은 0이 되는 것을 증명할 수 있으므로 식 12.49는 다음과 같이 축소된다. 즉,

$$c_k-\lambda\frac{a_k}{x_k^2}=0, \qquad k=1,\ 2,\cdot\cdot\cdot,\ n \tag{12.50}$$

또는

$$\lambda=\frac{c_k x_k^2}{a_k} \tag{12.51}$$

모든 설계변수들에 대해 $c_k x_k^2/a_k$는 동일함을 나타내므로 모든 설계변수들이 변경되어도 식 12.51의 상관관계를 사용할 수 있다. 그러나 실제로는 식 12.49에서 오직 설계변수

들의 부분집합이 포함되므로 설계변수들을 능동변수들(식 12.51의 변위 제약에 의해 결정되는)과 피동변수들(다른 고려사항들에 의해 결정되는) 두 개의 집합으로 나누는 것이 편리하다. 따라서 처음 $\bar{n}$개의 변수들을 능동변수라 하고 식 12.46과 12.47을 다시 작성하면

$$f = \bar{f} + \sum_{i=1}^{\bar{n}} c_i x_i \tag{12.52}$$

$$\sum_{i=1}^{\bar{n}} \frac{a_i}{x_i} = y_{max} - \bar{y} = y^* \tag{12.53}$$

와 같이 쓸 수 있다. 위에서 $\bar{f}$와 $\bar{y}$는 f와 y에 대한 피동변수들의 부분 값을 나타낸다. 이제 식 12.51에서

$$x_k = \sqrt{\lambda}\sqrt{\frac{a_k}{c_k}}, \quad k = 1, 2, \cdot\cdot\cdot, \bar{n} \tag{12.54}$$

을 식 12.53에 대입하여 λ를 구하면 다음을 얻는다.

$$\sqrt{\lambda} = \frac{1}{y^*}\sum_{k=1}^{\bar{n}} \sqrt{a_k c_k} \tag{12.55}$$

또한, 식 12.55를 식 12.54에 대입하여 구한

$$x_k = \frac{1}{y^*}\sqrt{\frac{a_k}{c_k}}\sum_{i=1}^{\bar{n}} \sqrt{a_i c_i}, \quad k = 1, 2, \cdot\cdot\cdot, \bar{n} \tag{12.56}$$

은 식 12.46과 12.47에 주어진 문제의 최적해에서 반드시 만족되어야 하는 최적 판정기준이 된다. 따라서 설계변수 x_k를 반복적으로 업데이트하기 위해 위의 식을 사용할 수 있다. 즉,

$$x_k^{(j+1)} = \left(\frac{1}{y^*}\sqrt{\frac{a_k}{c_k}}\sum_{i=1}^{\bar{n}} \sqrt{a_i c_i}\right)^{(j)}, \quad k = 1, 2, \cdot\cdot\cdot, \bar{n} \tag{12.57}$$

단, 위첨자 j는 반복 주기를 나타낸다. 또한, 각 반복회에서 성분 a_k와 c_k는 상수로 가정한다(일반적으로 설계벡터에 종속된다).

12.4.2 복수 변위 제약의 최적 판정기준

복수 하중 조건에 제한을 받는 구조물처럼 복수 변위 제약들이 포함되는 최적화 문제

를 표현하면

$$\min_{\overline{\boldsymbol{X}}=(x_1,x_2,\dots,x_{\bar{n}})^T} \quad f(\overline{X})=f_0+\sum_{i=1}^{\bar{n}}c_ix_i \qquad 12.58$$

subject to

$$y_j=\sum_{i=1}^{\bar{n}}\frac{a_{ji}}{x_i}=y_j{}^*, \quad j=1,\ 2,\ \cdot\cdot\cdot,\ J \qquad 12.59$$

와 같다. 단, J는 변위(정성) 제약의 수, $y_j{}^*$는 변위 y_j의 최대 허용 수치이고, a_{ji}는 적용된 하중에 기인한 멤버 i에서 발생한 힘, 멤버 i의 길이, 그리고 멤버 i의 영계수에 종속하는 매개변수이다. 식 12.58과 12.59에 상응하는 Lagrange 함수를 표현하면

$$L(\overline{\boldsymbol{X}},\ \lambda_1,\ \cdot\cdot\cdot,\lambda_J)=f_0+\sum_{i=1}^{\bar{n}}c_ix_i+\sum_{j=1}^{J}\lambda_j\left(\sum_{i=1}^{\bar{n}}\frac{a_{ji}}{x_i}-y_j{}^*\right) \qquad 12.60$$

이고, 최적의 필요조건은

$$\frac{\partial L}{\partial x_k}=c_k-\sum_{j=1}^{J}\lambda_j\frac{a_{ji}}{x_k^2}=0, \quad k=1,\ 2,\ \cdot\cdot\cdot,\ \bar{n} \qquad 12.61$$

이다. 위의 식에서 각 x_k를 구하면

$$x_k=\left[\sum_{j=1}^{J}\left(\lambda_j\frac{a_{ji}}{c_k}\right)\right]^{1/2}, \quad k=1,\ 2,\ \cdot\cdot\cdot,\ \bar{n} \qquad 12.62$$

이 된다. 따라서 위의 식은 변수 x_k을 반복적으로 업데이트하기 위해 아래와 같이 사용할 수 있다.

$$x_k^{(j+1)}=\left\{\left[\sum_{j=1}^{J}\left(\lambda_j\frac{a_{ji}}{c_k}\right)\right]^{1/2}\right\}^{(j)}, \quad k=1,\ 2,\ \cdot\cdot\cdot,\ \bar{n} \qquad 12.63$$

이때 Lagrange 승수 λ_j의 값도 시작부터 알 수 없다. 위의 식 12.63을 해결하는 데는 여러 연산 방법들을 사용할 수 있다[12.7, 12.8].

12.4.3 역 근사화 (Reciprocal Approximations)

일부 구조 최적화 문제에서 멤버 단면적의 역수 $1/A_i$를 새로운 설계변수 z_i로 고려하는 것이 편리하고 유용할 때가 있다. 만일 문제가 변위 또는 응력 제약들에 종속하는 정정 구조물의 중량 최소화를 다루는 것이면, 목적함수와 목적함수의 구배는 변수 z_i의 양

함수로 표현할 수 있고, 제약식은 변수 z_i의 선형함수로 표현할 수 있다. 하지만 만일 구조물이 부정정이면 목적함수는 z_i의 간단한 함수가 되지만 제약식은 z_i의 선형함수가 아닐 수 있다. 그러나 제약식의 1차 테일러급수를 이용하여 (선형) 근사식을 만들면 매우 좋은 근사식이 된다. 역 변수들로 단일 변위 제약의 최적화 문제를 표현하면 다음과 같다.

$$\min_{\boldsymbol{Z}=(z_1, z_2, \ldots, z_n)^T} \quad f(\boldsymbol{Z}) \tag{12.64}$$

subject to

$$g(\boldsymbol{Z})=0 \tag{12.65}$$

또한, 최적의 필요조건은

$$\frac{\partial f}{\partial z_i}+\lambda\frac{\partial g}{\partial z_i}=0, \qquad i=1,\ 2, \cdot\cdot\cdot, n \tag{12.66}$$

이다. f를 단면적(원래 변수, $x_i=A_i$)의 선형함수로, g를 z_i의 선형함수로 가정하면

$$\frac{\partial f}{\partial z_i}=\frac{\partial f}{\partial x_i}\frac{\partial x_i}{\partial z_i}=-\frac{1}{z_i^2}\frac{\partial f}{\partial x_i} \tag{12.67}$$

가 되고, 식 12.66과 12.67으로부터

$$x_i=\left(\lambda\frac{\partial g/\partial z_i}{\partial f/\partial x_i}\right)^{1/2}, \qquad i=1,\ 2, \cdot\cdot\cdot, n \tag{12.68}$$

를 얻는다. 이제 λ를 구하기 위해 먼저 점(설계변수의 시도 점) $\boldsymbol{Z}_0$(또는 $\boldsymbol{X}_0$)의 주위에서 g의 선형 근사식을 구한다. 즉,

$$g(\boldsymbol{Z})\approx g(\boldsymbol{Z}_0)+\sum_{i=1}^{n}\left.\frac{\partial g}{\partial z_i}\right|_{\boldsymbol{Z}_0}(z_i-z_{0i})\approx g_0+\sum_{i=1}^{n}\left.\frac{\partial g}{\partial z_i}\right|_{\boldsymbol{Z}_0} z_i \tag{12.69}$$

단,

$$g_0=g(\boldsymbol{Z}_0)-\sum_{i=1}^{n}\left.\frac{\partial g}{\partial z_i}\right|_{\boldsymbol{Z}_0} z_{0i}=g(\boldsymbol{X}_0)+\sum_{i=1}^{n}\left.\frac{\partial g}{\partial x_i}\right|_{\boldsymbol{X}_0} x_{0i} \tag{12.70}$$

이고, z_{0i}는 $\boldsymbol{Z}_0$의 i번째 성분이며 $x_{0i}=1/z_{oi}$이다. 식 12.69를 0으로 설정하고 x_i에 식 12.68을 대입하면 다음 결과를 얻는다.

$$\lambda = \left[\frac{1}{g_0} \sum_{i=1}^{n} \left(\frac{\partial f}{\partial x_i} \frac{\partial g}{\partial z_i} \right)^{1/2} \right]^2 \tag{12.71}$$

따라서 문제의 최적해를 구하기 위해 식 12.71과 12.68을 반복적으로 사용할 수 있다. 다음 예제를 통해 이러한 절차를 설명하기로 한다.

예제 12.5

그림 12.6과 같은 3-바 트러스의 절점 $S(U_1)$의 수직 변위에 대한 제약을 갖는 최소 중량 설계의 문제를 다음과 같이 기술할 수 있다.

$$\min_{\boldsymbol{X}=(x_1,x_2)^T} \quad f(\boldsymbol{X}) = \rho(2\sqrt{2}\,l)x_1 + \rho l x_2 = 80.0445x_1 + 28.3x_2 \tag{E.1}$$

subject to

$$\frac{U_1}{U_{max}} - 1 \le 0$$

또는

$$g(\boldsymbol{X}) = \frac{1}{x_1 + \sqrt{2}\,x_2} - 1 \le 0 \tag{E.2}$$

단, ρ는 밀도, E는 영계수, U_{max}는 최대 허용 변위, x_1은 바 1과 3의 단면적, x_2는 바 2의 단면적이고, 절점 S의 수직 변위는 다음 식으로 주어진다.

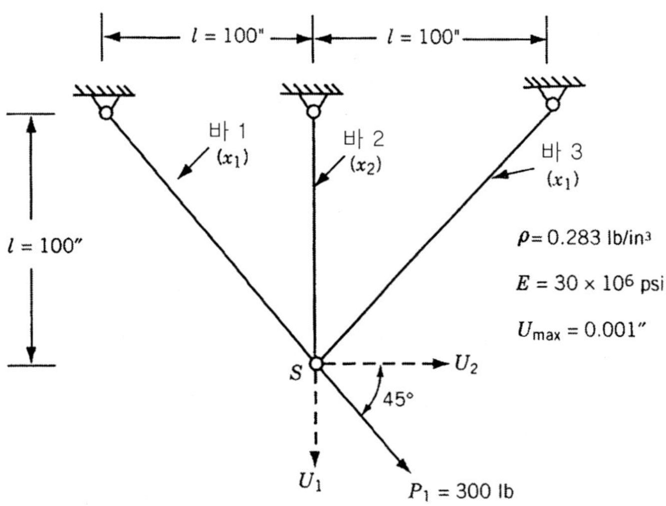

그림 12.6 3-바 트러스

$$U_1 = \frac{P_1 l}{E} \frac{1}{x_1 + \sqrt{2}\, x_2} \qquad \text{E.3}$$

최적기준 방법을 사용하여 문제를 해결하라.

[풀이] 식 12.68과 12.71에서 필요한 f와 g의 편미분들을 계산하면

$$\frac{\partial f}{\partial x_1} = 80.0445, \qquad \frac{\partial f}{\partial x_2} = 28.3$$

$$\frac{\partial g}{\partial z_1} = \frac{\partial g}{\partial x_i}\frac{\partial x_i}{\partial z_i} = \frac{\partial g}{\partial x_i}\left(-x_i^2\right), \qquad i = 1,2$$

$$\frac{\partial g}{\partial x_1} = \frac{-1}{\left(x_1 + \sqrt{2}\, x_2\right)^2}, \qquad \frac{\partial g}{\partial x_2} = \frac{-\sqrt{2}}{\left(x_1 + \sqrt{2}\, x_2\right)^2}$$

이다. 또한, 임의의 설계 점 $\boldsymbol{X}_i$에서 식 12.70은

$$\begin{aligned} g_0 &= g(\boldsymbol{X}_i) + \left.\frac{\partial g}{\partial x_1}\right|_{\boldsymbol{X}_i} x_{i1} + \left.\frac{\partial g}{\partial x_2}\right|_{\boldsymbol{X}_i} x_{i2} \\ &= \frac{1}{x_{i1} + \sqrt{2}\, x_{i2}} - 1 - \frac{x_{i1}}{\left(x_{i1} + \sqrt{2}\, x_{i2}\right)^2} - \frac{\sqrt{2}\, x_{i2}}{\left(x_{i1} + \sqrt{2}\, x_{i2}\right)^2} \end{aligned}$$

이다. 따라서 식 12.71과 12.68을 반복적으로 사용하여 λ와 x_1, x_2 값을 결정할 수 있다. 초기 설계점 $(x_1,\ x_2) = (2.0,\ 2.0)\text{in}^2$으로부터 시작하여 얻은 결과는 아래의 표 12.1과 같다. ■

표 12.1 예제 12.5 결과[a]

시작점		g_0 (식 12.70)	λ (식 12.71)	식 12.68로부터 해	
x_1	x_2			x_1	x_2
0.20000E+01	0.20000E+01	−0.10000E+01	0.40022E+02	0.29289E+00	0.58579E+00
0.29289E+00	0.58579E+00	−0.10000E+01	0.31830E+02	0.16472E+00	0.65886E+00
0.16472E+00	0.65886E+00	−0.10000E+01	0.26475E+02	0.86394E−01	0.69115E+00
0.10000E+00	0.69115E+00	−0.10000E+01	0.23898E+02	0.50714E−01	0.70102E+00
0.10000E+00	0.70102E+00	−0.10000E+01	0.23846E+02	0.50011E−01	0.70117E+00
0.10000E+00	0.70117E+00	−0.10000E+01	0.23845E+02	0.50000E−01	0.70117E+00
0.10000E+00	0.70117E+00	−0.10000E+01	0.23845E+02	0.50000E−01	0.70117E+00

a: x_1과 x_2에 대한 하한은 0.1

REFERENCES AND BIBLIOGRAPHY

12.1 R. S. Schechter, *The Variational Method in Engineering*, McGraw-Hill, New York, 1967.

12.2 M. M. Denn, *Optimization by Variational Methods*, McGraw-Hill, New York, 1969.

12.3 M. J. Forray, *Variational Calculus in Science and Engineering*, McGraw-Hill, New York, 1968.

12.4 A. E. Bryson and Y. C. Ho, *Applied Optimal Control*, Wiley, New York, 1975.

12.5 A. Shamaly, G. S. Christensen, and M. E. El-Hawary, Optimal control of a large turboalternator, *Journal of Optimization Theory and Applications*, Vol. 34, pp. 83–97, 1981.

12.6 W. Prager, Optimality criteria in structural design, *Proceedings of the National Academy of Science*, Vol. 61, No. 3, pp. 794–796, 1968.

12.7 V. B. Venkayya, N. S. Khot, and V. S. Reddy, *Energy Distribution in Optimum Structural Design*, AFFDL-TR-68-156, 1968.

12.8 L. Berke, *Convergence Behavior of Optimality Criteria Based Iterative Procedures*, AFFDL-TM-72-1-FBR, Jan. 1972.

12.9 V. B. Venkayya, Structural optimization using optimality criteria: a review and some recommendations, *International Journal for Numerical Methods in Engineering*, Vol. 13, pp. 203–228, 1978.

12.10 N. S. Khot, Algorithms based on optimality criteria to design minimum weight structures, *Engineering Optimization*, Vol. 5, pp. 73–90, 1981.

12.11 S. K. Hati and S. S. Rao, Determination of optimum profile of one-dimensional cooling fins, *ASME Journal of Vibration, Acoustics, Stress and Reliability in Design*, Vol. 105, pp. 317–320, 1983.

CHAPTER 13

최근의 최적화 방법

13.1 소개

최근에는 기존의 수학적 계획법들과 개념적으로 다르고 비전통적 최적화 방법인 일부 최적화 방법들이 개발되어 왔다. 이러한 방법들 대부분은 생물학, 분자, 곤충 떼, 그리고 신경 생물학 시스템의 특징들에 기초한다. 본 장에서는 다음 방법들을 기술한다.

1. 유전자 알고리즘(Genetic Algorithm)
2. Simulated Annealing
3. 개인집단 최적화(Particle Swarm Optimization)
4. 개미집단 최적화(Ant Colony Optimization)
5. 퍼지 최적화(Fuzzy Optimization)
6. 신경망-기초 방법(Neural-Network-Based Methods)

이러한 방법들 대부분은 최근에 개발되었으며 복잡한 공학적 문제들의 해를 구하기 위한 인기 있는 방법들로 부상하였다. 이 방법들은 도함수가 아닌 오직 함숫값만을 필요로 한다. 유전자 알고리즘은 자연 유전학과 자연 선택의 원리에 기초하고, Simulated annealing은 임계온도로 가열된 고체의 열 풀림현상(annealing)의 모의에 기초한다. 유전자 알고리즘과 simulated annealing 모두는 확률론적 방법들로서 높은 확률을 갖고 광역 최소를 구할 수 있으며, 이산 최적화 문제들을 해결하는데 자연스럽게 적용할 수 있다. 개인집단 최적화는 곤충 떼, 새떼, 또는 물고기 군집과 같은 생물체 군집의 거동에 기초하고, 개미집단 최적화는 실제 개미 군집의 상호 협동적인 거동을 기초로 하며 이는 개미집으로부터 먹이에 가장 짧은 경로를 찾는 것을 가능하게 해준다. 많은 실제 시스템들에서 목적함수, 제약들, 그리고 설계 자료들은 모호한 언어로 명시되는 경우가 있다. 이와 같은 문제들을 해결하기 위해 퍼지 최적화 방법들이 개발되었다. 신경망-기초 방법에서는 여러 신경들로 구성된 망으로 문제를 모델화하고 망을 적합하게 훈련하여 최적화 문제를 효율적으로 해결한다.

13.2 유전자 알고리즘 (Genetic Algorithms)

13.2.1 소개

많은 실제 최적화 설계 문제는 연속-이산변수들이 혼합되어 있고, 불연속이고 볼록집합이 아닌 집합(nonconvex)의 설계공간으로 구성되는 특성을 갖고 있다. 이러한 형식의 문제는 표준 비선형 계획법들을 사용하면 비효율적이며, 계산비용이 고가이며, 대부분의 경우 시작점에 가장 가까운 국소 최적해를 구한다. 하지만 유전자 알고리즘(GA: Genetic Algorithms))은 이러한 문제에 적합하고 대부분의 경우 높은 확률을 갖고 광역 최적해를 구할 수 있다. Holland가 GA를 최초로 체계적으로 제안하였지만[13.1], 생물학적 진화의 개념에 기초를 둔 설계 및 해석의 기본 개념은 Rechenberg 문헌에서 찾을 수 있다[13.2]. 철학적으로 GA는 다윈의 적자생존이론에 기초를 두고 있다.

자연 유전학과 자연 선택의 원리를 기초로 하는 유전자 알고리즘은 유전적 탐색 절차에서 자연 유전학의 기본 요소들인 복제 및 도태(reproduction), 교체(crossover), 그리고 돌연변위(mutation)를 사용한다. GA는 다음의 관점에서 기존의 최적화 방법과 다르다.

1. 절차를 시작하기 위해 단일 설계점 대신 점들의 모집단(시도 설계벡터들)을 사용한다. 만일 설계변수의 수가 n개이면 통상적으로 모집단의 규격을 $2n \sim 4n$으로 취한다. 최적해의 후보가 되는 여러 점을 사용하므로 GA는 국소 최적에 포획될 확률이 적다.
2. GA는 오직 목적함수 값만을 사용하며 탐색 절차에서 도함수들을 사용하지 않는다.
3. GA에서 설계변수들은 자연 유전학에서 염색체에 상응하는 이진 변수의 문자열로 표현되므로 이산계획 문제와 정수계획 문제를 해결할 때 이용하는 탐색 방법을 자연스럽게 적용할 수 있다. 연속 설계변수의 경우에는 이진 변수의 문자열의 길이를 원하는 대로 변화시킬 수 있다.
4. 설계벡터에 상응하는 목적함수 값은 자연 유전학에서 적합도(fitness)의 역할을 한다.
5. 새로운 각 세대에서는 구세대(이전 문자열의 집합)로부터 부모의 무작위 선택과 교체를 이용하여 새로운 문자열의 집합을 생성한다. 비록 무작위로 처리되지만 GA는 단순한 무작위 탐색 기법이 아니다. GA는 유용한 정보로 새로운 조합을 효율적으로 탐색하여 보다 개선된 적합도 또는 목적함수 값을 갖는 새로운 세대를 생성한다.

13.2.2 설계변수의 표현

GA에서는 이진수 0과 1의 문자열로 설계변수들을 표현한다. 예를 들어, 만일 네 자리 숫자 0101의 문자열로 설계변수 x_i를 표기하면, 이 문자열의 정수(십진수) 값은 5가 된다. 즉,

$$(1)2^0 + (0)2^1 + (1)2^2 + (0)2^3 = 1 + 0 + 4 + 0 = 5$$

만일 각 설계변수 $x_i(i = 1,\ 2,\ \cdot\ \cdot\ \cdot\ ,\ n)$를 길이 q의 문자열로 코딩하면 전체 길이 nq의 문자열을 사용하여 하나의 설계벡터를 표현한다. 예를 들어, 전체 문자열 길이가 20인 경우에 5개의 문자열을 사용하여 각 변수를 표현하면 $n = 4$를 갖는 설계벡터를 표현할 수 있다. 길이가 20인 아래의 이진수 문자열

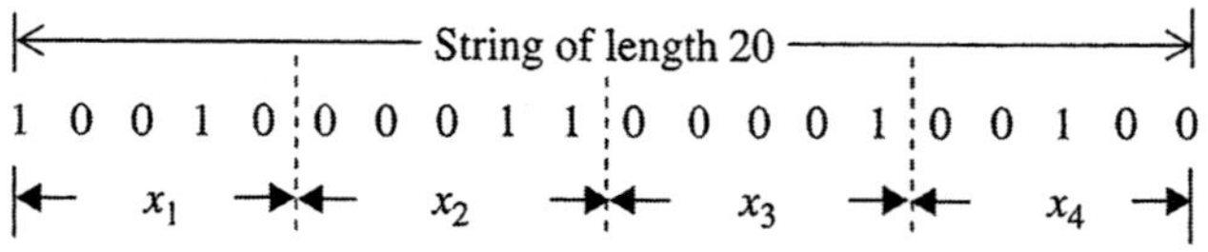

은 변수 벡터$(x_1 = 18,\ x_2 = 3,\ x_3 = 1,\ x_4 = 4)$를 나타내고 있다. 일반적으로 이진수가 $b_q b_{q-1} \cdot\ \cdot\ \cdot\ b_2 b_1 b_0,\ (b_k = 0\ or\ 1,\ k = 0,\ 1,\ 2,\ \cdot\ \cdot\ \cdot\ ,\ q)$인 십진수 y(정수)는

$$y = \sum_{k=0}^{q} 2^k b_k \qquad 13.1$$

와 같다. 위의 식은 이진 표현을 사용하여 연속적인 설계변수 x를 이산 수치들의 집합으로 표현할 수 있음을 나타낸다. 즉, 식 13.1에서와 같이 변수 x가 이진수의 q개의 문자열로 표현되면 ($x^{(l)}$과 $x^{(u)}$는 각각 하한계와 상한계) 그 십진수의 값은 다음과 같이 계산된다.

$$x = x^{(l)} + \frac{x^{(u)} - x^{(l)}}{2^q - 1} \sum_{k=0}^{q} 2^k b_k \qquad 13.2$$

따라서 연속 변수가 높은 정밀도로 표현되려면 이진수 표현에서 상당히 큰 q의 값을 사용해야 하는데, 연속 변수를 Δx의 간격(정밀도)의 이진수로 표현할 때 필요한 자리수 q는 다음의 관계식

$$2^q \geq \frac{x^{(u)} - x^{(l)}}{\Delta x} + 1 \qquad 13.3$$

로부터 계산할 수 있다. 예를 들어, 정밀도 0.01를 갖고 한계 1과 5를 갖는 연속 변수 x를

표현하려면 위의 부등식으로부터

$$2^q \geq \frac{5-1}{0.01} + 1 = 401, \tag{13.4}$$

즉, $q=9$ 자리수를 갖는 이진 표현을 사용해야 한다. 식 13.2는 이산 최적화 문제를 해결하는데 GA가 적합한 이유를 보여준다.

예제 13.1

다음 두께(단위 인치)

$$\frac{1}{32}, \frac{1}{16}, \frac{3}{32}, \frac{1}{8}, \frac{5}{32}, \frac{3}{16}, \frac{7}{32}, \frac{1}{4}, \frac{9}{32}, \frac{5}{16}, \frac{11}{32}, \frac{3}{8}, \frac{13}{32}, \frac{7}{16}, \frac{15}{32}, \frac{1}{2}$$

의 강판들을 제작사에서 가져올 수 있다. 압력용기 제작에 사용할 강판 두께를 이산 설계 변수로서 간주하고, 주어진 값에 대해 두께를 선정하는데 사용할 이진 문자열의 크기를 결정하라.

[풀이] 강판에 대한 두께의 하한과 상한은 1/32와 1/2인치이고, 임의의 두 개의 인접한 두께 사이의 정밀도 또는 차이는 1/32인치다. 따라서 식 13.3으로부터

$$2^q \geq \frac{x^{(u)} - x^{(l)}}{\Delta x} + 1 = \frac{1/2 - 1/32}{1/32} + 1 = 16$$

이므로 사용할 이진 문자열의 크기는 $q=4$가 된다. ■

13.2.3 목적함수와 제약함수 표현

유전자 알고리즘은 자연의 적자생존 원리에 기초하기 때문에 적합함수(fitness function)라는 함수를 최대화하려고 시도한다. 따라서 GA는 비제약 최대화 문제를 해결하는 데도 당연히 적합하다. 비제약 최대화 문제에서는 적합함수 $F(\boldsymbol{X})$를 목적함수 $f(\boldsymbol{X})$와 동일하게 $F(\boldsymbol{X}) = f(\boldsymbol{X})$로 취할 수 있고, 최소화 문제는 GA를 적용하기 이전에 최대화 문제로 변환하면 된다. 주로 적합함수는 비음수가 되도록 선택하며, 비제약 최소화 문제를 적합함수로 변환할 때 주로 사용하는 변환은 다음과 같다.

$$F(\boldsymbol{X}) = \frac{1}{1 + f(\boldsymbol{X})} \tag{13.5}$$

위의 식 13.5는 $f(\boldsymbol{X})$ 최소점의 위치를 변경시키지 않으면서 최소화 문제를 동치인 최대화 문제로 변환함을 보일 수 있다.

일반적인 제약 최소화 문제는

$$
\begin{aligned}
&Min \quad f(\boldsymbol{X}) \\
&\text{subject to} \\
&g_i(\boldsymbol{X}) \le 0, \ i = 1, 2, \cdot \cdot \cdot, m \\
&h_j(\boldsymbol{X}) = 0, \ j = 1, 2, \cdot \cdot \cdot, p
\end{aligned} \qquad 13.6
$$

와 같이 표현된다. 위의 문제는 다음과 같은 패널티 함수

$$
Min \quad \phi(\boldsymbol{X}) = f(\boldsymbol{X}) + \sum_{i=1}^{m} r_i \langle g_i(\boldsymbol{X}) \rangle^2 + \sum_{j=1}^{p} R_j (h_j(\boldsymbol{X}))^2 \qquad 13.7
$$

를 사용하여 동치인 비제약 최소화 문제로 변환할 수 있다. 단, r_i와 R_j는 제약식 $g_i(\boldsymbol{X})$와 $h_j(\boldsymbol{X})$와 관련된 패널티 매개변수들이고, 일반적으로 이들의 값은 해결 과정 동안 상수로 고정된다. 위의 식 13.7에서 괄호함수라 불리는 함수 $\langle g_i(\boldsymbol{X}) \rangle$의 정의는

$$
\langle g_i(\boldsymbol{X}) \rangle = \begin{cases} g_i(\boldsymbol{X}) & if \ g_i(\boldsymbol{X}) > 0 \\ 0 & if \ g_i(\boldsymbol{X}) \le 0 \end{cases} \qquad 13.8
$$

와 같다. 또한, 대부분의 경우 모든 등식 및 부등식 제약들과 관련된 패널티 매개변수들은 다음과 같이 동일한 상수로 가정한다.

$$
r_i = r, \ i = 1, 2, \cdot \cdot \cdot, m, \qquad R_j = R, \ j = 1, 2, \cdot \cdot \cdot, p \qquad 13.9
$$

단, r과 R은 상수이다. 이제 GA에서 최대화할 적합함수 $F(\boldsymbol{X})$는 식 13.5와 유사하게

$$
F(\boldsymbol{X}) = \frac{1}{1 + \phi(\boldsymbol{X})} \qquad 13.10
$$

이 된다. 식 13.7과 13.8은 설계벡터 $\boldsymbol{X}$에서 등식 및 부등식 제약이 위반하는 크기의 제곱에 비례하는 반면, 설계벡터 $\boldsymbol{X}$에서 모든 제약이 만족되면 패널티가 추가되지 않음을 보여준다.

13.2.4 유전 연산자(Genetic Operators)

GA는 최적화 문제를 해결하기 위해 여러 설계벡터들을 나타내는 무작위 문자열들의 모집단을 갖고 시작한다. GA에서 모집단의 크기 n은 통상적으로 고정되고, 각 문자열의 적합도 수치를 구하기 위해 각 문자열(또는 설계벡터)을 계산한다. 세 개의 연산자, 복제 및 도태, 교체, 그리고 돌연변위를 사용하여 새로운 점들(설계들)의 모집단을 생성한다.

또한, 적합도 수치들을 구하고, 과정의 수렴 여부를 시험하기 위해 모집단을 평가한다. GA에서는 복제 및 도태, 교체, 그리고 돌연변위 그리고 적합도 수치들의 평가로 구성된 한 주기를 한 세대(generation)라 부른다. 만일 수렴 판단기준이 만족되지 않으면 3개의 연산자를 이용하여 반복적으로 모집단을 생성하고, 그 결과로 새로운 모집단의 적합도 수치들을 평가한다. 이렇게 수렴 판단기준이 만족될 때까지 여러 세대들을 통해 절차가 계속되며 과정은 종료된다. GA의 세 개 연산의 상세한 내용은 다음과 같다.

복제 및 도태(Reproduction) 복제 및 도태는 모집단에 적용되는 첫 연산으로 모집단의 양호한 문자열(설계)들을 선택하여 교체 풀(mating pool) 형성한다. 이 연산자는 양호한 모집단 문자열들을 선택하기 때문에 선택 연산자라고도 불린다. 복제 및 도태 연산자는 현재 모집단으로부터 평균 이상 문자열들을 선택하여 이들의 복수 복제를 확률적 절차를 기초로 하여 교체 풀에 삽입하는데 사용한다. 광범위하게 사용되는 복제 및 도태 연산자는 문자열의 적합도에 비례한 확률로 문자열을 교체 풀에서 선택한다. 따라서 F_i를 크기가 n인 모집단의 i번째 문자열의 적합도라면 교체 풀에 대한 i번째 문자열을 선택할 확률 p_i는

$$p_i = \frac{F_i}{\sum_{j=1}^{n} F_j};\ i = 1,\ 2,\ \cdot\ \cdot\ \cdot,\ n \qquad 13.11$$

가 된다. 상기 식은 교체 풀에서 선택될 모집단 문자열의 확률의 합계는 1임을 뜻한다. 그림 13.1에서와 같이 원판을 모집단의 각 문자열의 적합도에 비례하는 크기를 갖도록 여러 개의 조각으로 나눈 룰렛 원판을 생각하면서 문자열의 선택 과정을 이해할 수 있다. 룰렛판을 n회 회전시켜(n은 모집단 크기) 각 회전마다 룰렛 원판 포인터가 가리키는 문자열을 선택하여 크기가 n인 교체 풀을 얻을 수 있다. 원판의 원주 조각은 원래 모집단의 여러 문자열들의 적합도에 따라 표시되므로 $\overline{F}$를 모집단의 평균 적합도라고 할 때, 즉

$$\overline{F} = \frac{1}{n}\sum_{j=1}^{n} F_j \qquad 13.12$$

일 때, 교체 풀에서 i번째 문자열은 $F_i/\overline{F}$ 만큼 선택될 것으로 예상할 수 있다.

그림 13.1에서 모집단 규격은 6이며 문자열 1, 2, 3, 4, 5, 6의 적합도 수치들은 12%, 4%, 16%, 8%, 36%, 24%이다. 다섯 번째 문자열이 가장 높은 적합도의 값을 가지므로 룰렛 판이 n번(그림 13.1에서 $n = 6$) 회전할 때 이 문자열이 가장 많이(확률적으로 36%) 선택될 것이다. 선택하는 기법은 연산 과정에서 수치적으로 다음과 같이 수행될 수 있다.

식 13.11에서 문자열의 적합도 수치들을 이용해서 문자열을 선택할 확률들을 계산하고,

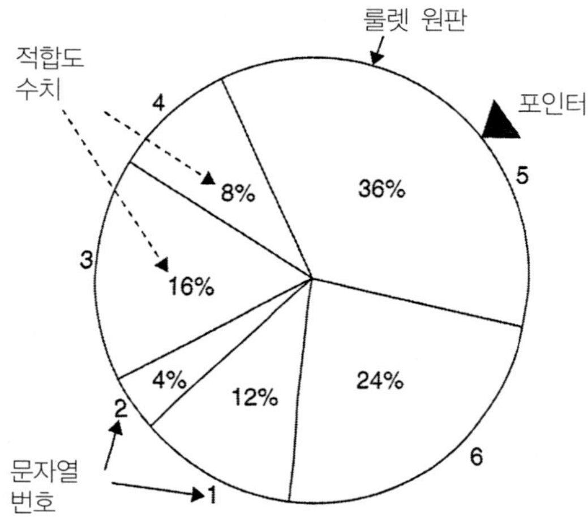

그림 13.1 룰렛 원판 선택 기법

이 확률로 교체 풀에 복제할 문자열 i의 누적 확률 P_i, 즉 개별 문자열 1부터 i까지 합계

$$P_i = \sum_{j=1}^{i} p_j \qquad 13.13$$

를 결정한다. 따라서 누적확률 범위 (P_{i-1}, P_i)를 i번째 문자열에 관련시켜 룰렛-판 선택 과정을 수행할 수 있다. 0~1 범위에서 n개의 난수를 생성하여(또는 선택되어) 연산 과정 동안 크기가 n인 교체 풀을 만든다. 각 난수를 교체 풀에 복제될 문자열의 누적확률로 생각하고 n개의 난수에 상응하는 n개의 문자열을 선택하여 교체 풀을 구성한다. 높은 (보다 낮은) 적합도 수치를 갖는 문자열이 보다 큰 (보다 작은) 누적확률 범위를 갖기 때문에 교체 풀에 더욱 자주(더욱 적게) 선택된다. 따라서 모집단에서 높은 적합도 수치들을 갖는 문자열들은 확률적으로 교체 풀에 더욱 많은 복제를 갖는다. 복제 및 도태 단계에서는 새로운 문자열들이 형성되지 않고 오직 모집단에서 있는 기존 문자열들이 교체 풀에 복제된다는 사실에 유의하여야 한다. 복제 및 도태 단계에서는 높은 적합도를 갖는 개체(문자열)는 생존하여 복제되고 낮은 개체(문자열)는 사멸하게 되므로 GA는 자연의 적자생존원리를 따른다.

예제 13.2

그림 13.1에서와 같은 룰렛 원판에 상응하는 적합도 수치 12, 4, 16, 8, 36, 그리고 24를 갖는 6개 문자열들을 가정하자. 다음의 12개의 난수

0.41, 0.65, 0.42, 0.80, 0.67, 0.39, 0.63, 0.53, 0.86, 0.88, 0.75, 0.55

로 룰렛 원판 선택 과정을 이용하여 교체 풀에 선택(복제)되는 여러 문자열을 구하라.

주의

1. 위의 난수들은 참고문헌 [13.12]에서 얻은 것이다.
2. 원래 모집단은 오직 6개 문자열들로 구성될지라도 룰렛 원판 선택 과정을 설명하기 위해 교체 풀은 12개의 문자열로 구성된 것으로 가정한다.

표 13.1 교배 풀을 얻는 룰렛 원판 선택 과정

문자열 번호 i	적합도 수치 F_i	문자열 i가 교체 풀에 선택될 확률, p_i	문자열 i의 누적된 확률 수치, $P_i = \sum_{j=1}^{i} p_j$	문자열 i의 누적된 확률 범위, $(P_{i-1},\ P_i)$
1	12	0.12	0.12	0.00~0.12
2	4	0.04	0.16	0.12~0.16
3	16	0.16	0.32	0.16~0.32
4	8	0.08	0.40	0.32~0.40
5	36	0.36	0.76	0.40~0.76
6	24	0.24	1.00	0.76~1.00

[풀이] 만일 주어진 난수들이 누적확률을 표현하는 것으로 가정하면 표 13.1의 최종 열에 열거된 누적된 확률범위들로부터 교체 풀에 복제할 문자열 번호를 아래의 표와 같이 결정할 수 있다.

난수(복제할 문자열의 누적 확률)	0.41	0.65	0.42	0.80	0.67	0.39	0.63	0.53	0.86	0.88	0.75	0.55
교배 풀에 복제할 문자열 번호	5	5	5	6	5	4	5	5	6	6	5	5

상기 표로부터 교체 풀은 문자열 4의 1회 복제, 문자열 5의 8회 복제, 그리고 문자열 6의 3회 복제로 구성되는 것을 알 수 있다. 이는 적합도가 낮은 개체(문자열 1, 2, 그리고 3)는 교체 풀에 공헌할 수 없기 때문에 다음 세대에 복제되지 않는다(또는 사멸한다). 한편, 문자열 4는 비록 작은 적합도 수치를 갖지만 난수 선택 과정에 의하면 교체 풀에 한 번 복제를 한다. ■

교체(Crossover) 복제 및 도태 후에는 교체 연산자가 수행된다. 교체의 목적은 교체 풀의 문자열 사이의 정보 교환을 통해 새로운 문자열을 창조하는 것이다. GA 문헌에서 많은 사용되는 대부분의 교체 연산자는 복제 및 도태 연산자에 의해 생성된 교체 풀로부터 임의로 두 개의 개체 문자열(설계)을 선택하여 그 문자열 중 일부분을 서로 교체한다. 많이 사용되는 단일지점(single-point) 교체 연산자는 문자열 길이에서 임의로 교체 위치가 선정되고, 선정된 교체 위치의 우측에 위치한 이진수들을 서로 교체된다. 교체 연산자의 연산 대상으로 선택된 두 문자열을 부모(parents) 문자열이라 하고, 교체 연산자에 의해 생성된 문자열을 자녀(child) 문자열이라 한다.

예를 들어, 문자열 길이가 10인 두 개의 설계벡터(parents)가

(부모 1) $\boldsymbol{X}_1 = \{0 \quad 1 \quad 0 \,|\, 1 \quad 0 \quad 1 \quad 1 \quad 0 \quad 1 \quad 1\}$

(부모 2) $\boldsymbol{X}_2 = \{1 \quad 0 \quad 0 \,|\, 0 \quad 1 \quad 1 \quad 1 \quad 1 \quad 0 \quad 0\}$

와 같고, 교체 위치가 3이면 교체 연산의 결과는

(자녀 1) $\boldsymbol{X}_3 = \{0 \quad 1 \quad 0 \,|\, 0 \quad 1 \quad 1 \quad 1 \quad 1 \quad 0 \quad 0\}$

(자녀 2) $\boldsymbol{X}_4 = \{1 \quad 0 \quad 0 \,|\, 1 \quad 0 \quad 1 \quad 1 \quad 0 \quad 1 \quad 1\}$

교체 연산자는 부모 문자열로부터 부분문자열(양호한 적합도 수치를 갖는)들을 조합하므로 만일 적합한 교체 위치가 선정되면 생산된 자녀 문자열은 보다 개선된 적합도 수치를 가질 것으로 기대할 수 있다. 그러나 적절한 교체 위치를 사전에 알 수 없으므로 일반적으로 교체 위치를 임의로 선택한다. 한편, 임의의 교체 위치를 사용하여 생성된 자녀 문자열은 적합도 수치의 측면에서 그들의 부모 문자열보다 양호할 수도 또는 양호하지 않을 수도 있다. 만일 자녀 문자열이 부모보다 양호하거나 개선된다면 새로운 모집단의 평균 적합도 수치를 보다 신속하게 개선시킨다. 반대로 만일 생성된 자녀 문자열들이 부모 문자열 보다 좋지 못하면 다음 복제 및 도태 단계에서 선택되지 않으므로 불량한 자녀 문자열들은 그리 오래 생존하지 못하게 되므로 GA의 성공에 영향을 미치지 못한다.

위에서 지적하였듯이 교체의 영향은 유익하거나 해로울 수도 있으므로 교체에서 교체 풀의 모든 문자열들을 사용하는 것은 바람직하지 않고, 다음 세대에서 교체 풀의 양호한 문자열들 중 일부를 모집단의 부분으로 보존하는 것이 바람직하다. 실제로는 교체를 위한 부모를 선택할 때 교체 확률 p_c를 적용한다. 따라서 교체 풀 문자열의 $100p_c$%가 교체 연산이 되고, $100(1-p_c)$%의 문자열은 모집단에 그대로 유지된다.

돌연변이(Mutation) 교체 연산은 개선된 적합도 수치를 갖는 새로운 문자열이 되어 새로운 세대로 생성되는 주된 연산자이다. 돌연변이 연산자는 특정 작은 돌연변이 확률 p_m을 갖는 새로운 문자열에 적용되어 이진수 1을 0으로 변경시키거나 0을 1로 변경시킨다. 돌연변이 연산자를 수행하기 위해 여러 방법들을 사용할 수 있다. 그 중 단일지점 돌연변이에서는 문자열 길이에서 임의로 돌연변이 위치가 선정되고 그 위치에서 이진수는 확률

p_m 으로 1에서 0으로 또는 0에서 1로 변경된다. 또한 비트(Bit-wise) 돌연변이에서는 문자열 내부 각 비트(이진수)를 순차적으로 한 번에 하나씩 순차적으로 확률 p_m 으로 1에서 0으로 또는 0에서 1로 변경한다. 즉, 0과 1 사이의 난수를 생성하여 만일 생성된 난수가 p_m 보다 작으면 이진수를 변경하고 그렇지 않을 경우 이진수를 변경하지 않는다.

돌연변이의 목적은 (1) 현재 문자열의 근방에서 문자열(설계점) 하나를 생성하여 현재해 근방에서 국소 탐색을 수행하고, (2) 특정 위치에서 중요한 유전적 자료의 손실을 막고, (3) 모집단에 다양성을 유지하는 것이다. 예를 들어, 다음과 같이 문자열 길이가 10인 문자열이 5개 즉, 크기가 $n=5$ 인 모집단을 생각해 보자.

1 0 0 0 1 0 0 0 1 1
1 0 1 1 1 1 0 1 0 0
1 1 0 0 0 0 1 1 0 1
1 0 1 1 0 1 0 0 1 0
1 1 1 0 0 0 1 0 0 1

위의 5개 문자열 모두 첫 번째 비트 자리에 1을 갖고 있으므로 주어진 문제의 최적해의 첫 번째 비트가 0인 경우에는 복제 및 도태 또는 교체 연산자를 통해 필요한 0을 첫 번째 비트에 생성할 수 없다. 그러나 돌연변이 연산자를 사용하면 첫 번째 비트의 위치에서 $5p_m$ 확률로 1에서 0으로 변경될 수 있다.

복제 및 도태, 교체, 그리고 돌연변이 등 3개의 연산자는 수행하기가 매우 단순하다. 즉, 복제 및 도태 연산자는 교체 풀에 양호한 문자열을 선택 삽입하고, 교체 연산자는 교체 풀의 양호한 문자열들의 문자부분열을 재조합하여 다음 모집단 세대의 문자열들을 창조하고, 돌연변이 연산자는 문자열을 국소적으로 변경시킨다. 이러한 3개 연산자들을 연속적으로 사용하여 개선된 모집단의 평균 적합도 수치를 갖는 새로운 세대를 생성한다. 비록 연속적인 세대들에서 문자열들의 적합도의 개선 정도를 수학적으로 증명할 수는 없지만 그 과정은 목적함수의 최적 적합도 수치로 수렴하는 것으로 증명되었다. 과정 중 임의의 단계에서 불량한 문자열들이 생성되면 다음 세대에서 복제 및 도태 연산자에 의해 제거된다. 실질적으로 GA를 사용하여 다양한 최적화 문제들을 성공적으로 해결하고 있다.

13.2.5 알고리즘

유전자 알고리즘에서 적합도 함수 $F(x_1, x_2, \cdots, x_n)$를 최대화하는 계산 절차는 다음과 같이 기술할 수 있다.

1. 설계벡터 $\boldsymbol{X}$의 n개 설계변수를 표현하기 위해 적합한 문자열 길이 $l=nq$를 선정한다. 모집단 크기 m, 교체 확률 p_c, 돌연변이 확률 p_m, 수렴 판단기준으로 사용할

모집단의 적합도 수치들의 표준편차의 허용 수치 $(s_f)_{max}$, 그리고 두 번째 수렴 판단기준으로 사용할 세대의 최대 숫자 i_{max} 등 매개상수의 적합한 값을 설정한다.

2. 각 길이가 $l = nq$인 m개의 임의의 문자열로 구성된 모집단을 생성한다. 그리고 m개 문자열의 적합도 수치 $F_i(i = 1, 2, \cdot\cdot\cdot, m)$을 계산한다.
3. 복제 및 도태 과정을 수행한다.
4. 교체 확률 p_c를 사용하여 교체 연산을 수행한다.
5. 돌연변이 확률 p_m로 돌연변이 연산을 수행하여 m개 문자열의 새로운 세대를 구한다.
6. 새로운 모집단의 m개 문자열의 적합도 수치 $F_i(i = 1, 2, \cdot\cdot\cdot, m)$를 계산한다. m개의 적합도 수치들의 표준편차를 구한다.
7. 알고리즘의 수렴여부를 확인한다. 즉, $s_f \le (s_f)_{max}$이면 수렴 판정기준이 만족되므로 과정을 종료한다. 그렇지 않으면 8단계로 간다.
8. 세대 수를 확인한다. 만일 $i \ge i_{max}$이면, 최대 허용 세대 수보다 많은 연산이 수행되었으므로 과정이 중지된다. 그렇지 않으면 세대 수를 $i = i + 1$로 설정하고 3단계로 간다.

13.2.6 계산 결과

7.22.3절에서 기술한 용접된 빔 문제는 Deb[13.20]에 의해 다음의 데이터, 즉 모집단 크기=100, 전체 문자열 길이=40, 각 설계변수의 문자열 길이=10, 교체 확률=0.9, 그리고 돌연변이 확률=0.01로 설정하여 해결되었다. 목적함수에 미치는 각 제약의 위반 영향을 대략적으로 동일하게 하기 위해 각 제약에 다른 패널티 매개상수를 고려하였다. 결과적으로 약 0.9×100×15=1,350회의 함수 계산을 통한 15세대의 생성 후에 얻은 근사 최적해는

$$x_1^* = 0.2489,\ x_2^* = 6.1730,\ x_3^* = 8.1789,\ x_4^* = 0.2533, \quad f^* = 2.43$$

와 같고, 등비급수 계획법으로 얻은 해는 다음과 같다[13.21].

$$x_1^* = 0.2455,\ x_2^* = 6.1960,\ x_3^* = 8.2730,\ x_4^* = 0.2455, \quad f^* = 2.39$$

비록 GA로 얻은 최적값 f^*가 약간 크지만 모든 제약들을 만족한다(위의 등비급수 계획법으로 얻은 해는 세 개의 제약들을 약간씩 위반하고 있다).

13.3 Simulated Annealing

13.3.1 소개

Simulated Annealing(SA)은 임계온도까지 가열된 고체의 열적 풀림(annealing)현상의 시뮬레이션에 기초로 둔다. 고체(금속)를 고온으로 가열하여 용융 상태가 되면 용융된 금속 내 각 원자들은 자유롭게 이동한다. 그러나 온도가 감소하면서 원자들의 이동은 제약되어 원자들은 정렬되고 궁극적으로 최소 내부 에너지를 갖는 결정체(crystals)로 형성되는 경향이 있다. 결정체 형성 과정은 본질적으로 냉각률에 따라 결정된다. 즉, 용융된 금속을 매우 급속하게 냉각시키면 결정체 상태를 얻지 못할 수 있으며 결정체 상태의 에너지 보다 높은 에너지 상태를 갖는 다결정체 상태에 도달할 수 있다. 이와 같은 용융금속의 급속한 냉각은 재료 내부에 결함을 유발시킬 수 있으므로 가장 낮은 에너지(내부 에너지) 상태가 되도록, 즉 고도로 정렬된 결정체 상태의 적정한 고형화를 보장하기 위해 가열된 고체(용융된 금속)의 온도를 완만하게 그리고 제어된 비율로 감소시킬 필요가 있다. 이와 같이 완만한 비율로 냉각시키는 과정을 annealing이라 한다.

13.3.2 절차

Simulated annealing 방법은 용융된 금속의 완만한 냉각 과정을 모의하면서 최소화 문제의 최적값을 얻는다. 즉, 온도와 같은 매개변수를 도입하고 Boltzmann 확률 분포의 개념을 사용하여 용융된 금속의 냉각 현상을 모의한다. Boltzmann 확률 분포는 온도 T에서 열적 평형에 있는 한 시스템의 에너지 E는 다음 관계식

$$P(E) = e^{-E/kT} \tag{13.14}$$

에 따라 확률적으로 분포함을 의미한다. 위에서 $P(E)$는 에너지 수준 E에 도달할 확률을 나타내며, 상수 k를 Boltzmann 상수라 한다. 식 13.14에서 시스템은 높은 온도에서는 임의 에너지 상태로 될 확률은 거의 균등하나, 낮은 온도에서는 높은 에너지 상태가 될 확률이 작은 것을 보여준다. 이는 탐색과정이 Boltzmann 확률 분포를 따르는 것으로 가정할 때 온도 T를 제어하여 simulated annealing 알고리즘의 수렴을 제어할 수 있다는 것을 의미한다. Metropolis et al.[13.37]이 제안한 모의된 열역학 시스템에 Boltzmann 확률 분포를 수행하는 방법은 함수의 최소화 문제에도 사용될 수 있다.

함수의 최소화 문제에서 현재 설계점(상태)을 $\boldsymbol{X}_i$라 하고, 그때의 함숫값을 $f_i = f(\boldsymbol{X}_i)$라 하자. 열역학 시스템의 에너지 상태와 같이 상태 $\boldsymbol{X}_i$에서의 에너지 E_i가

$$E_i = f_i = f(\boldsymbol{X}_i) \tag{13.15}$$

와 같다면, Metropolis 판정기준에 따라 다음 설계점(상태) $\boldsymbol{X}_{i+1}$의 확률은 두 개의 설계점(상태)에서의 함숫값 또는 에너지 상태의 차이

$$\Delta E = E_{i+1} - E_i = \Delta f = f_{i+1} - f_i \equiv f(\boldsymbol{X}_{i+1}) - f(\boldsymbol{X}_i) \qquad 13.16$$

에 따라 결정된다. 이때 새로운 상태 또는 설계점 $\boldsymbol{X}_{i+1}$는 Boltzmann 확률분포

$$P[E_{i+1}] = min\{1,\ e^{-\Delta E/kT}\} \qquad 13.17$$

를 사용하여 구할 수 있다. Boltzmann 상수는 simulated annealing에서 크기 조절, 즉 스케일링 계수의 역할을 하며 단순히 1을 선택할 수 있다. 만일 $\Delta E \leq 0$이면 식 13.17은 $P[E_{i+1}] = 1$이 되므로 항상 점 $\boldsymbol{X}_{i+1}$이 수용된다. 즉, $\boldsymbol{X}_{i+1}$에서의 함숫값 f_{i+1}은 $\boldsymbol{X}_i$에서의 함숫값 f_i 보다 작기 때문에 최소화 문제에서 논리적으로 맞는 선택이므로 설계벡터 $\boldsymbol{X}_{i+1}$이 반드시 수용되어야 한다. 반면에 $\Delta E \geq 0$이면 $\boldsymbol{X}_{i+1}$에서의 함숫값 f_{i+1}은 $\boldsymbol{X}_i$에서 함수 수치 f_i 보다 크므로 다음 반복회의 설계점으로 점 $\boldsymbol{X}_{i+1}$을 수용할 수 없다. 그러나 목적함수 값으로 보면 $\boldsymbol{X}_i$보다 불량한 사실에도 불구하고 Metropolis 판단기준에 따르면 점 $\boldsymbol{X}_{i+1}$을 수용하는 확률은 유한하다(비록 이것이 작을지라도). 점 $\boldsymbol{X}_{i+1}$을 수용하는 확률

$$P[E_{i+1}] = \{e^{-\Delta E/kT}\} \qquad 13.18$$

은 모든 상황에서 동일하지 않으며, 이 확률은 ΔE와 T에 따라 결정된다. 즉, 만일 $\Delta E > 0$인 조건에서 온도 T가 크면 함수가 커지게 되어 설계점 $\boldsymbol{X}_{i+1}$에 대한 확률은 높게 된다. 이와 같은 큰 확률로 인해 고온에서는 불량한 설계점 $\boldsymbol{X}_{i+1}$ 조차도 수용될 수 있지만 온도 T가 작으면 불량한 설계점 $\boldsymbol{X}_{i+1}$(큰 $\Delta E = \Delta f$ 수치를 갖는)이 수용될 확률은 작게 된다. 따라서 온도 수치가 작아지면서(즉, 과정이 최적해에 인접하면서) $\boldsymbol{X}_i$에서 함수 수치들을 비교하여 큰 함숫값을 갖는 설계점 $\boldsymbol{X}_{i+1}$이 수용될 확률이 작아진다.

13.3.3 알고리즘

SA 알고리즘을 요약하면, 초기 설계벡터 $\boldsymbol{X}_1$(반복 숫자 $i = 1$)과 높은 수치의 온도 T를 갖고 시작한다. 현재 설계점 인근에서 임의로 새로운 설계점 하나를 생성하고 함숫값의 차이를 구한다. 즉,

$$\Delta E = \Delta f = f_{i+1} - f_i \equiv f(\boldsymbol{X}_{i+1}) - f(\boldsymbol{X}_i) \qquad 13.19$$

만일 f_{i+1}이 f_i 보다 작으면(즉, Δf가 음수 수치인 경우), 다음 설계점으로 점 $\boldsymbol{X}_{i+1}$

을 수용한다. 그러나 Δf가 양수일 때는 오직 확률 $e^{-\Delta E/kT}$로 다음 설계점으로 점 $\boldsymbol{X}_{i+1}$을 수용한다. 이는 임의의 난수가 $e^{-\Delta E/kT}$ 보다 크면 점 $\boldsymbol{X}_{i+1}$을 수용하고 그렇지 않으면 $\boldsymbol{X}_{i+1}$을 거절하는 것을 의미한다. 이러한 과정을 통해 SA 알고리즘의 반복회가 종료된다. 만일 점 $\boldsymbol{X}_{i+1}$이 거절되면 다시 현재 설계점의 인근에서 임의로 새로운 설계점 $\boldsymbol{X}_{i+1}$ 하나를 생성하고, 그때의 목적함수 값 f_{i+1}를 계산하여 Metropolis 판정기준을 기초로 $\boldsymbol{X}_{i+1}$을 새로운 설계점으로의 수용 결정과정을 계속한다. 각 온도에서 열적 평형의 도달을 모의할 수 있도록 특정 온도 T에서 시도된 새로운 점 $\boldsymbol{X}_{i+1}$의 개수가 사전 결정된 수 n보다 크지 않은지 확인한다.

임의 온도 T에서 시험한 새로운 설계점 $\boldsymbol{X}_{i+1}$의 수가 n을 초과하면 사전 명시된 소숫값 $c(0 < c < 1)$ 만큼 온도 T가 감소되면서 전체 과정이 반복된다. 현재 온도 T의 수치가 충분히 작거나 함숫값의 변화 Δf가 충분히 작으면 절차는 수렴된 것으로 가정한다.

초기 온도 T, 온도 감소 이전의 반복횟수 n, 그리고 온도 감소 계수 c의 선택은 SA 알고리즘의 성공적인 수렴에 대한 중요한 역할을 한다. 예를 들어, 만일 초기 온도 T가 너무 높으면 수렴하는데 많은 횟수의 온도 감소를 필요로 하는 반면 초기 온도를 너무 작게 선정하면 수렴 이전에 전역 최소를 찾는데 있어 설계공간을 철저하게 조사하는 것을 실패할 수 있다는 점에서 탐색 과정이 불완전할 수 있다. 또한, 온도 감소 계수 c도 유사한 영향을 준다. c의 값이 너무 작으면(예를 들어 0.1 또는 0.2) 수렴에 도달하는데 과도한 연산 노력이 필요한 반면 너무 크면(예를 들어 0.8 또는 0.9) 전역 최소해를 구하는 설계공간의 철저한 탐색을 허용하지 않을 수 있는 온도의 신속한 감소를 초래할 수 있다. 유사하게 반복 수 n이 클 경우 각 온도에서 유사평형상태에 도달하는데 도움을 주지만 커다란 연산 노력을 초래하는 반면, n이 작은 경우는 전역 최소를 구하기 위해 충분한 설계공간을 탐구하지 못하므로 조숙한 수렴 또는 국소 최소에 대한 수렴을 초래할 수 있다. 불행하게도 모든 문제에 대해 원활하게 작동하는 T, n 및 c의 유일한 값은 존재하지 않는다. 그러나 이러한 수치들을 선정하는 특정 지침은 있을 수 있다. 설계공간 내 임의로 선정된 점들에서 계산된 목적함수의 평균값을 초기 온도 T로 선정할 수 있다. 또한, 계산 방법과 원하는 해의 정밀도에 따라 반복 수 n을 50~100 사이에서 선정하고, 적당한 온도 감소 전략(냉각 스케줄)으로 0.4~0.6 사이에서 온도 감소 계수 c를 선택할 수 있다. 하지만 복잡한 실제 최적화 문제를 해결하는 문헌에서는 제시된 수학적 수렴비율에 도달하는데 더욱 복잡한 냉각 스케줄을 사용하여 왔다[13.19]. SA 알고리즘에 대한 많은 연구에도 불구하고 초기 온도 T, 임의 특정 온도에서 반복 수 n, 그리고 온도 감소 계수(또는 냉각률) c의 설정은 아직도 해결하여야 할 과제이고, 임의의 특정 형식의 최적화 문제에 대한 적합한 값들을 구하기 위해서는 일반적으로 시행착오 과정을 필요로 한다. SA 절차는 그림 13.2의 흐름도와 같다.

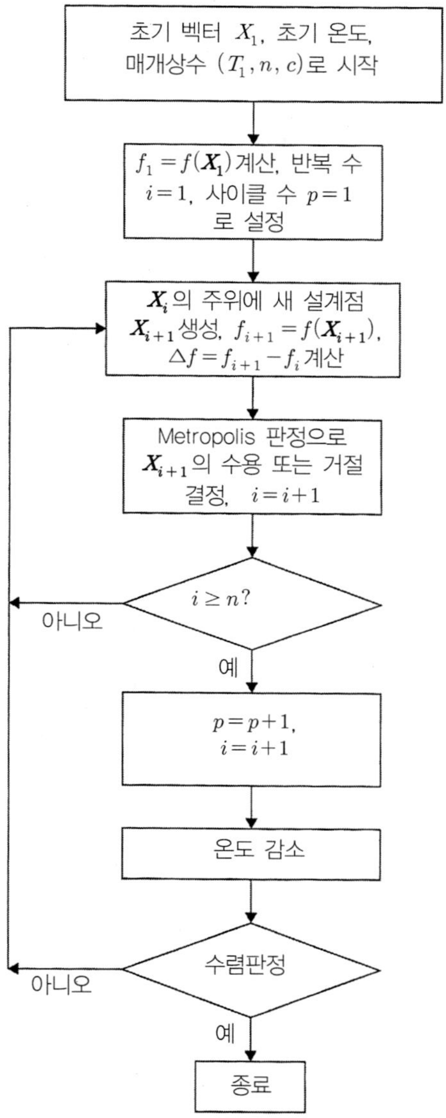

그림 13.2 Simulated annealing 절차

13.3.4 방법의 특징

Simulated annealing 방법의 특징은 다음과 같다.

1. 최종 해의 정확도에는 초기 설정에 의해 영향을 받지 않는다. 단지, 시작 설계점이 불량하면 계산 노력이 더 소요될 수 있다.
2. 함수와 제약식의 값의 이산적 특성 때문에 수렴성은 함수의 미분가능성과 연속성에 의해 영향을 받지 않는다.

3. 수렴은 가변 공간의 볼록성에 의해 영향을 받지 않는다.
4. 설계변수가 양수일 필요가 없다.
5. 이 방법을 이용하여 혼합-정수, 이산 문제, 또는 연속 문제들을 모두 해결할 수 있다.
6. 제약(하한 및 상한을 갖는 설계변수 포함)을 포함하는 문제의 경우는 유전자 알고리즘에서와 같이 동치인 비제약 함수를 만들어야 한다.

13.3.5 계산 결과

Simulated annealing 방법을 사용하여 7.22.3절의 용접된 빔 문제(그림 7.23)를 해결한 결과는 다음과 같다.

$$x_1{}^* = 0.2471,\ x_2{}^* = 6.1451,\ x_3{}^* = 8.2721,\ x_4{}^* = 0.2495,\qquad f^* = 2.4148$$

또한, 유전자 알고리즘으로 얻은 해는 다음과 같다.

$$x_1{}^* = 0.2489,\ x_2{}^* = 6.1730,\ x_3{}^* = 8.1789,\ x_4{}^* = 0.2533,\qquad f^* = 2.4331$$

또, 등비급수 계획법으로 얻은 해는 다음과 같다.

$$x_1{}^* = 0.2536,\ x_2{}^* = 7.1410,\ x_3{}^* = 7.1044,\ x_4{}^* = 0.2536,\qquad f^* = 2.3398$$

등비급수 계획법[13.21]이 제공하는 해는 3개의 제약을 약간 위반하였으나 유전자 알고리즘[13.20]과 simulated annealing이 제공하는 해들은 모든 제약을 만족한다.

예제 13.3

Simulated annealing을 사용하여 다음 함수의 최소를 구하라.

$$f(\boldsymbol{X}) = 500 - 20x_1 - 26x_2 - 4x_1x_2 + 4x_1^2 + 3x_2^2$$

[풀이] 그림 13.2의 흐름도 절차를 따른다.

단계 1 SA 방법의 매개변수들을 선택한다. 설계공간 내 임의로 선택한 네 개의 점에서 계산한 f의 평균값을 초기 온도로 택한다. 즉, 임의의 4개의 점

$$\boldsymbol{X}^{(1)} = \begin{pmatrix} 2 \\ 0 \end{pmatrix},\quad \boldsymbol{X}^{(2)} = \begin{pmatrix} 5 \\ 10 \end{pmatrix},\quad \boldsymbol{X}^{(3)} = \begin{pmatrix} 8 \\ 5 \end{pmatrix},\quad \boldsymbol{X}^{(4)} = \begin{pmatrix} 10 \\ 10 \end{pmatrix}$$

을 선택하고, 상응하는 목적함수의 값을 구하면 다음과 같다.

$$f^{(1)} = 476,\quad f^{(2)} = 340,\quad f^{(3)} = 381,\quad f^{(4)} = 340$$

또한 위의 목적함수들의 평균값은 384.25이므로 초기 온도를 $T=384.25$로 가정한다. 또 온도 감소계수 $c=0.5$를 취하고, 연산을 간략하게 하기 위해 반복의 최대 허용수는(각 온도 수치에서) $n=2$로 설정한다. 이제 초기 설계점을 다음과 같이 설정한다.

$$\boldsymbol{X}_1 = \begin{pmatrix} 4 \\ 5 \end{pmatrix}$$

단계 2 $\boldsymbol{X}_1$에서 목적함수의 값을 평가하면 $f_1 = 349.0$이 되고, 반복수를 $i=1$로 설정한다.

단계 3 현재 설계점의 근방에서 새로운 설계점 하나를 생성한다. 즉, 두 개의 정규분포의 난수 u_1과 u_2를 생성하는데 4 근처에서 x_1에 해당하는 u_1을 0.31로 생성하였고, 5 근처에서 x_2에 해당하는 u_2를 0.57로 생성되었다. 만약 x_1과 x_2의 범위를 현재의 각 값을 중심으로 ± 6의 구간이 되는 $(-2,\ 10)$과 $(-1,\ 11)$로 선택하면, 이 범위에서 u_1과 u_2에 상응하는 균등 분포의 난수 r_1과 r_2은

$$r_1 = -2 + u_1\{10-(-2)\} = -2 + 0.31(12) = 1.72$$

$$r_2 = -1 + u_2\{11-(-1)\} = -1 + 0.57(12) = 5.84$$

와 같다. 따라서

$$\boldsymbol{X}_2 = \begin{pmatrix} r_1 \\ r_2 \end{pmatrix} = \begin{pmatrix} 1.72 \\ 5.84 \end{pmatrix}$$

와 같다. 이때의 목적함수 값은 $f_2 = f(\boldsymbol{X}_2) = 387.7312$이므로 $\triangle f$는

$$\triangle f = f_2 - f_1 = 387.7312 - 349.0 = 38.7312$$

이 된다.

단계 4 $\triangle f$ 값이 양수이므로 현재 점 $\boldsymbol{X}_2$를 수용할 것인지 거절할 것인지 결정하기 위해 Metropolis 판단기준을 사용한다. 즉, 구간 $(0,\ 1)$에서 난수 $r=0.83$을 선택하여 식 13.18에서 새로운 설계점 $\boldsymbol{X}_2$를 수용할 확률

$$P[\boldsymbol{X}_2] = e^{-\triangle f/kT} \qquad \text{E.1}$$

을 얻고, 위에서 Boltzmann 상수 $k=1$로 가정하면

$$P[\boldsymbol{X}_2] = e^{-\triangle f/kT} = e^{-38.7312/384.25} = 0.9041$$

이 된다. 따라서 $r=0.83$은 위의 값 0.9041보다 작으므로 새로운 설계점으로

$\boldsymbol{X}_2 = \begin{pmatrix} r_1 \\ r_2 \end{pmatrix} = \begin{pmatrix} 1.72 \\ 5.84 \end{pmatrix}$를 수용한다. 즉, 목적함수 값 f_2가 f_1보다 크지만 초기 모의 단계이고 현재 온도가 높기 때문에 $\boldsymbol{X}_2$를 수용한다.

단계 5 반복회를 $i=2$로 업데이트한다. 반복회 i는 n 이하이므로 단계 3으로 진행한다.

단계 3 현재 설계점 $\boldsymbol{X}_2$ 근방에서 새로운 설계점 하나를 생성하기 위해 우선 x_1과 x_2의 범위를 현재의 각 값을 중심으로 ± 6의 구간이 되도록

$$x_1 = (-6+1.72,\ 6+1.72) = (-4.28,\ 7.72)$$

$$x_2 = (-6+5.84,\ 6+5.84) = (-0.16,\ 11.84)$$

와 같이 선택한다. 그리고 범위 (0, 1)에서 두 개의 균일 분포 난수 $u_1 = 0.92$와 $u_2 = 0.73$을 생성하면, 이 난수와 x_1과 x_2의 범위에서 상응하는 균일 분포 난수는

$$r_1 = -4.28 + u_1\{7.72 - (-4.28)\} = -4.28 + 0.92(12) = 6.76$$

$$r_2 = -0.16 + u_2\{11.84 - (-0.16)\} = -0.16 + 0.73(12) = 8.60$$

이 된다. 따라서

$$\boldsymbol{X}_2 = \begin{pmatrix} r_1 \\ r_2 \end{pmatrix} = \begin{pmatrix} 6.76 \\ 8.60 \end{pmatrix}$$

이 되고, 목적함수 값은 $f_3 = f(\boldsymbol{X}_3) = 313.3264$가 되므로 $\triangle f$는

$$\triangle f = f_3 - f_2 = 313.3264 - 387.7312 = -74.4048$$

와 같다. 이때 함숫값 f_3는 f_2 보다 양호하다.

단계 4 $\triangle f$가 음수이므로 현재 점을 $\boldsymbol{X}_3$로 수용하고 반복회를 $i=3$으로 증가한다. 이제 $i>n$이 되므로 단계 5로 간다.

단계 5 현재 온도 수치에서 반복 주기가 완료되므로 온도를 새로운 수치 $T=0.5(384.25)=192.125$로 감소시키고, 현재 반복회를 $i=1$로 재설정한 후 단계 3으로 간다.

단계 3 현재 설계점 $\boldsymbol{X}_3$의 인근에서 새로운 설계점을 생성하고 온도가 작은 수치로 감소될 때까지(즉, 수렴할 때까지) 절차를 계속한다. ■

13.4 개인집단 최적화(Particle Swarm Optimization)

13.4.1 소개

개인집단 최적화(PSO; Particle Swarm Optimization)는 개미, 흰개미, 벌, 그리고 말벌과 같은 곤충들의 집단; 새떼, 또는 어군 등의 사회적 유기체들의 행동을 기초로 하고, 그 행동을 모방한다. 예를 들어, 단어 **개인**(particle)은 집단에서 한 마리의 벌 또는 무리에서 한 마리의 새를 나타낸다. 집단 내 각 개인은 개인의 정보와 집단의 집합 정보를 이용하여 분배하는 방식으로 행동한다. 즉, 개인이 먹이까지의 좋은 경로를 발견하면 집단 내 멀리 떨어진 곳에 위치한 나머지 무리들도 즉시 좋은 경로를 따라 먹이로 이동한다는 것이다. 유전자 알고리즘을 진화 기반(evolution-based) 절차라고 하는 반면에, 이러한 집단 정보를 기초로 하는 최적화 방법을 행동 기반(behaviorally inspired) 알고리즘이라고 한다. Kennedy와 Eberhart가 1995년 최초로 PSO 알고리즘을 제안하였다[13.34].

다변수 최적화에서 집단은 그 크기가 주어지거나 고정되어 있고, 각 개인은 초기에 다차원 설계공간 내 임의의 위치에서 두 개의 특성, 즉 **위치**와 **속도**를 갖는 것으로 가정한다. 각 개인은 설계공간 내에서 배회하며 개인이 발견한 최상의 위치(목적함수 값 또는 먹이원의 측면에서)를 기억하였다가, 그 정보 또는 양호한 위치를 서로 교환한다. 그리고 전달받은 좋은 위치에 대한 정보를 기초로 하여 자기의 위치와 속도를 조정한다.

예를 들어, 집단 내 새들의 행동을 생각해보자. 비록 각 새는 본질적으로 제한된 지능을 갖지만 다음 단순한 규칙을 따른다.

1. 다른 새들에게 너무 가까이 가지 않도록 노력한다.
2. 다른 새들의 평균 방향을 향해 날아간다.
3. 집단 내 다른 새들과의 간격이 벌어지지 않도록 평균 간격을 유지하려고 시도한다.

따라서 집단의 행동은 다음 세 가지의 단순한 요소들의 조합에 기반한다.

1. 응집(cohesion) — 서로 밀착한다.
2. 분리(separation) — 너무 근접하지 않는다.
3. 정렬(alignment) — 무리의 보편적인 방향을 따른다.

다음 모델에 기초하여 PSO를 전개한다.

1. 한 마리 새가 목표물 또는 먹이(또는 최대 목적함수)의 위치를 찾아내면 모든 다른 새들에게 정보를 즉시 전달한다.
2. 다른 모든 새들은 목표물 또는 먹이(또는 최대 목적함수)로 끌려 이동하나 직접 이동하지 않는다.

3. 각 새는 과거 기억뿐만 아니라 자신의 독립적인 사고력을 갖는다.

따라서 모델은 설계공간 내에서 목적함수의 최대 수치를 위해 임의 탐색을 모의하며, 이와 같이 많은 반복에 걸쳐 완만하게 새들은 목표물로 이동한다

13.4.2 PSO 연산 수행

아래와 같은 비제약 최대화 문제

$$Max \quad f(\boldsymbol{X}) \qquad 13.20$$

$$\boldsymbol{X}^{(l)} \le \boldsymbol{X} \le \boldsymbol{X}^{(u)}$$

를 알아보자. 단, $\boldsymbol{X}^{(l)}$과 $\boldsymbol{X}^{(u)}$는 $\boldsymbol{X}$에 대한 하한과 상한을 나타낸다. PSO 과정은 다음 단계를 통해 실행된다.

1. 집단의 크기를 N으로 가정한다. 해를 구하는데 필요한 함수 계산의 전체 수를 감소하기 위해 집단 크기는 작은 것으로 가정해야 한다. 그러나 집단 크기가 너무 작으면 해를 구하는데 긴 시간이 소요되거나 일부 경우에는 전혀 해를 구하지 못할 수 있다. 일반적으로 집단의 크기는 20~30개로 구성하는 것으로 가정한다.
2. $\boldsymbol{X}^{(l)}$과 $\boldsymbol{X}^{(u)}$ 범위 안에서 $\boldsymbol{X}_1$, $\boldsymbol{X}_2$, · · · , $\boldsymbol{X}_N$을 생성하여 $\boldsymbol{X}$의 초기 모집단을 구성한다. 이제부터 편의를 위해 반복회 i에서 개인 j의 위치와 속도를 $\boldsymbol{X}_j(i)$ 및 $\boldsymbol{V}_j(i)$로 표기한다. 따라서 초기에 생성된 개인들을 $\boldsymbol{X}_1(0)$, $\boldsymbol{X}_2(0)$, · · · , $\boldsymbol{X}_N(0)$으로 표기한다. 이때 벡터 $\boldsymbol{X}_j(0)(j=1,\ 2,\ \cdot\cdot\cdot,\ N)$을 개인 또는 개인 좌표 벡터라 부른다(유전자 알고리즘에서 염색체와 유사). 이제 개인에 상응하는 목적함수의 값을 계산한다. 즉,

$$f[\boldsymbol{X}_1(0)],\ f[\boldsymbol{X}_2(0)],\ \cdot\cdot\cdot\ f[\boldsymbol{X}_N(0)]$$

3. 개인들의 속도를 구한다. 모든 개인들은 하나의 속도를 갖고 최적점으로 이동한다. 초기에는 모든 개인 속도들을 0으로 가정한다. 반복회를 $i=1$로 설정한다.
4. i번째 반복회에서 개인 j가 사용할 다음 두 개의 중요한 매개변수를 구한다.
   (a) 이전의 모든 반복회에서 개인 j의 가장 큰 목적함수의 값 $f[\boldsymbol{X}_j(i)]$이 되는 $\boldsymbol{X}_j(i)$(현재 반복회 i에서 j번째 개인의 좌표)의 최상의 수치 $\boldsymbol{P}_{best,j}$.
   이전의 모든 반복회에서 N개의 개인 중 가장 큰 목적함수의 값 $f[\boldsymbol{X}_j(i)]$이 되는 $\boldsymbol{X}_j(i)$(그 반복회까지의 모든 개인들의 좌표)의 최상 수치 $\boldsymbol{G}_{best}$.
   (b) i번째 반복회에서 개인 j의 속도를 구한다. 즉,

$$\boldsymbol{V}_j(i) = \boldsymbol{V}_j(i-1) + c_1 r_1 [\boldsymbol{P}_{best,j} - \boldsymbol{X}_j(i-1)] \qquad 13.21$$

$$+ c_2 r_2 [\boldsymbol{G}_{best} - \boldsymbol{X}_j(i-1)];\ j = 1,\ 2,\ \cdot\ \cdot\ \cdot,\ N$$

단, c_1과 c_2는 인지(개별) 학습률과 사회(그룹) 학습률, 그리고 r_1과 r_2는 범위 0~1에 있는 균일 분포의 난수이다. 매개상수 c_1과 c_2는 집단의 메모리(위치)에 대한 개인 자체의 메모리(위치)의 상대적인 중요도를 나타낸다. 통상적으로 c_1과 c_2 수치를 2로 가정하여 c_1r_1과 c_2r_2는 절반의 시간 안에 개인들이 목표물 위로 갈 수 있도록 한다.

(c) i번째 반복회에서 j번째 개인의 좌표 또는 위치를 구한다. 즉,

$$\boldsymbol{X}_j(i) = \boldsymbol{X}_j(i-1) + \boldsymbol{V}_j(i); \quad j = 1,\ 2,\ \cdot\ \cdot\ \cdot,\ N \qquad 13.22$$

또한 개인들에 상응하는 목적함수의 값을 계산한다.

$$f[\boldsymbol{X}_1(i)],\ f[\boldsymbol{X}_2(i)],\ \cdot\ \cdot\ \cdot,\ f[\boldsymbol{X}_N(i)]$$

5. 현재 해의 수렴여부를 확인한다. 즉, 모든 개인들의 위치가 동일한 좌표 벡터로 수렴하면 방법은 수렴된 것으로 가정한다. 하지만 수렴 판정기준이 만족되지 않으면 반복회를 $i = i + 1$로 업데이트하고 새로운 $\boldsymbol{P}_{best,j}$와 $\boldsymbol{G}_{best}$ 수치들을 연산하여 단계 4를 반복한다. 모든 개인들이 동일한 최적해로 수렴할 때까지 반복 과정을 계속한다.

13.4.3 개인집단 최적화 방법의 개선

일반적으로 개인 속도들은 너무 신속하게 증가하여 목적함수의 최대를 건너 뛸 수 있으므로 속도를 감소시키기 위해 이완(inertia) 가중치 θ를 추가한다. 이 가중치 θ는 반복 과정이 진행되면서 0.9에서 0.4로 선형적으로 변화하는 것으로 가정한다. 즉, i번째의 반복회에서 j번째 개인의 속도를

$$\boldsymbol{V}_j(i) = \theta \boldsymbol{V}_j(i-1) + c_1 r_1 [\boldsymbol{P}_{best,j} - \boldsymbol{X}_j(i-1)] \qquad 13.23$$

$$+ c_2 r_2 [\boldsymbol{G}_{best} - \boldsymbol{X}_j(i-1)];\ j = 1,\ 2,\ \cdot\ \cdot\ \cdot,\ N$$

와 같이 정의한다. 이 가중치 θ는 Eberhart가 1933[13.36]년 시간 경과에 따라 속도를 감소시켜 식 13.21의 원래 PSO 알고리즘과 비교하여 더욱 정확하고 효율적으로 집단이 수렴할 수 있도록 하기 위해 처음 소개하였다. 식 13.23은 속도 적응 식을 나타내며 이는 해 탐색에서 미세 조정 능력을 개선시킨다. 즉, 식 13.23에서 θ 수치가 큰 경우에는 전역 탐색을 촉진하고, 작은 경우에는 국소적 탐색으로 조정되고 있는 것을 보여준다. 또한, θ

수치가 큰 경우에 알고리즘은 국부 탐색 없이 새로운 영역만을 끊임없이 탐색하여 실제의 최적을 구하는데 실패할 수 있다. 따라서 실제의 최적해로의 수렴을 가속하면서 전역탐색과 국부탐색 사이 평형을 얻도록 매 반복회마다 수치가 선형적으로 감소하는 다음의 이완 가중치를 사용하여 왔다.

$$\theta(i) = \theta_{max} - \left(\frac{\theta_{max} - \theta_{min}}{i_{max}}\right)i \qquad 13.24$$

위에서 θ_{max}와 θ_{min}은 이완 가중치의 초기값과 최종값이고, i_{max}는 PSO에서 사용될 반복회의 최대 수이다. 일반적으로 $\theta_{max} = 0.9$와 $\theta_{min} = 0.4$을 사용한다.

13.4.4 제약 최적화 문제의 해결

다음의 제약 최적화 문제가 있다.

$$\begin{aligned} &Max \quad f(\boldsymbol{X}) \\ &\text{subject to} \\ &\qquad g_j(\boldsymbol{X}) \le 0; \quad j = 1, 2, \cdot\cdot\cdot, m \end{aligned} \qquad 13.25$$

제약들에 대한 패널티 함수를 사용하여 비제약 동치 함수 $F(\boldsymbol{X})$를 정의함에 있어 두 형식의 패널티 함수들을 사용할 수 있다. 고정 패널티 함수로 알려진 첫 번째 형식은 최소화를 통해 고정된 패널티 매개변수들을 사용하고 패널티 값은 오직 제약들의 위반 정도에 따라 결정된다. 변동 패널티 함수로 알려진 두 번째 형식은 최적화 동안 반복회에 따라 변하는 패널티 매개변수들을 사용한다. 수치해석적 문헌에 의하면 변동 패널티 함수들을 사용하여 얻은 결과는 고정 패널티 함수들을 사용하여 얻은 결과보다 우수한 것으로 판명되었다. 따라서 실제 연산에서는 변동 패널티를 많이 사용한다.

변동 패널티 함수 방법에 따라 함수 $F(\boldsymbol{X})$를

$$F(\boldsymbol{X}) = f(\boldsymbol{X}) + C(i)H(\boldsymbol{X}) \qquad 13.26$$

와 같이 정의한다. 위의 식에서 $C(i)$는 반복회 i에 따라 변하는 패널티 매개변수이고, $H(\boldsymbol{X})$는 제약식과 관련된 패널티 성분을 나타낸다.

$$C(i) = (ci)^{\alpha} \qquad 13.27$$

$$H(\boldsymbol{X}) = \sum_{j=1}^{m} \left\{ \varphi[g_j(\boldsymbol{X})] \, [q_j(\boldsymbol{X})]^{\Upsilon[q_j(\boldsymbol{X})]} \right\} \qquad 13.28$$

$$\varphi[q_j(\boldsymbol{X})] = a\left(1 - \frac{1}{e^{q_j(\boldsymbol{X})}}\right) + b \qquad 13.29$$

$$q_j(\boldsymbol{X}) = max\{0,\ g_j(\boldsymbol{X})\}; \quad j = 1,\ 2,\ \cdot\ \cdot\ \cdot,\ m \qquad 13.30$$

단, c, α, a 및 b는 상수이다. 함수 $q_j(\boldsymbol{X})$는 j번째 제약의 위반정도의 크기를 나타내고, $\varphi[q_j(\boldsymbol{X})]$는 식 13.29에서와 같이 지수 형태의 연속 할당 함수를 나타내고, 그리고 $\Upsilon[q_j(\boldsymbol{X})]$는 위반된 함수의 거듭제곱수를 나타낸다. Liu & Lin[13.35]은 다음 식과 상수를 사용하였다.

$$c = 0.5, \quad \alpha = 2, \quad a = 150, \quad b = 10$$

$$\Upsilon[q_j(\boldsymbol{X})] = \begin{cases} 1 & if\ q_j(\boldsymbol{X}) \le 1 \\ 2 & if\ q_j(\boldsymbol{X}) \ge 1 \end{cases} \qquad 13.31$$

예제 13.4

PSO 방법을 사용하여 범위 $-2 \le x \le 2$에서 다음 함수의 최대를 구하라.

$$f(x) = -x^2 + 2x + 11$$

단, 초기 위치는 $x_1 = -1.5$, $x_2 = 0.0$, $x_3 = 0.5$, $x_4 = 1.25$인 4개의 개인($N = 4$)을 사용하여라. 반복회 1과 2에 대한 상세한 연산 과정을 기술하여라.

[풀이]

1. 개인의 수 N을 4로 설정한다.
2. 임의로 (주어진 자료와 같이) 생성된 초기 모집단은

$$x_1(0) = -1.5,\ x_2(0) = 0.0,\ x_3(0) = 0.5,\ x_4(0) = 1.25$$

이고, 각 $x_j(0)$에서의 목적함수 값을 계산한다.

$$f_1 = f[x_1(0)] = f(-1.5) = 5.75$$

$$f_2 = f[x_2(0)] = f(0.0) = 11.0$$

$$f_3 = f[x_3(0)] = f(0.5) = 11.75$$

$$f_4 = f[x_4(0)] = f(1.25) = 11.9375$$

3. 각 개인의 초기 속도를 0, 즉

$$v_1(0) = v_2(0) = v_3(0) = v_4(0) = 0$$

으로, 반복회를 $i = 1$로 설정하고 단계 4로 간다.

4. (a) 다음을 구한다.

$$P_{best,1} = -1.5, \quad P_{best,2} = 0.0, \quad P_{best,3} = 0.5,$$

$$P_{best,4} = 1.25, \quad G_{best} = 1.25$$

(b) $c_1 = c_2 = 1$로 가정하고 범위 (0, 1)에서 생성한 난수 $r_1 = 0.3294$와 $r_2 = 0.9542$를 사용하여 개인들의 속도를 구한다. 즉,

$$v_j(i) = v_j(i-1) + r_1\left[P_{best,j} - x_j(i-1)\right] + r_2\left[G_{best} - x_j(i-1)\right];$$

$$j = 1,\ 2,\ 3,\ 4$$

으로부터

$$v_1(1) = 0 + 0.3294(-1.5 + 1.5) + 0.9542(1.25 + 1.5) = 2.6241$$

$$v_2(1) = 0 + 0.3294(0.0 - 0.0) + 0.9542(1.25 - 0.0) = 1.1927$$

$$v_3(1) = 0 + 0.3294(0.5 - 0.5) + 0.9542(1.25 - 0.5) = 0.7156$$

$$v_4(1) = 0 + 0.3294(1.25 - 1.25) + 0.9542(1.25 - 1.25) = 0.0$$

(c) $x_j(i) = x_j(i-1) + v_j(i)$로서 새로운 $x_j(1)$, $j = 1,\ 2,\ 3,\ 4$ 수치를 구한다.

$$x_1(1) = -1.5 + 2.6241 = 1.1241$$

$$x_2(1) = 0.0 + 1.1927 = 1.1927$$

$$x_3(1) = 0.5 + 0.7156 = 1.2156$$

$$x_4(1) = 1.25 + 0.0 = 1.25$$

5. 현재 $x_j(i)$에서 목적함수의 값을 계산한다. 즉,

$$f\left[x_1(1)\right] = 11.9846, \quad f\left[x_2(1)\right] = 11.9629,$$

$$f\left[x_3(1)\right] = 11.9535, \quad f\left[x_4(1)\right] = 11.9375$$

현재 해의 수렴을 확인한다. $x_j(i)$ 수치들이 수렴하지 않으므로 반복 숫자를 $i = 2$

로 증가하고 단계 4로 간다.

4. (a) 다음을 구한다.

$$P_{best,1} = 1.1241, \quad P_{best,2} = 1.1927,$$

$$P_{best,3} = 1.2156, \quad P_{best,4} = 1.25, \quad G_{best} = 1.1241$$

(b) $c_1 = c_2 = 1$로 가정하고, 범위 (0, 1)에서 생성한 난수 $r_1 = 0.1482$와 $r_2 = 0.4867$을 사용하여 새로운 개인들의 속도를 구한다. 즉,

$$v_j(i) = v_j(i-1) + r_1[P_{best,j} - x_j(i-1)] + r_2[G_{best} - x_j(i-1)];$$

$$j = 1,\ 2,\ 3,\ 4$$

으로부터

$$v_1(2) = 2.6240 + 0.1482(1.1241 - 1.1241) + 0.4867(1.1241 - 1.1241) = 2.6240$$

$$v_2(2) = 1.1927 + 0.1482(1.1927 - 1.1927) + 0.4867(1.1241 - 1.1927) = 1.1593$$

$$v_3(2) = 0.7156 + 0.1482(1.2156 - 1.2156) + 0.4867(1.1241 - 1.2156) = 0.6711$$

$$v_4(2) = 0.0 + 0.1482(1.25 - 1.25) + 0.4867(1.1241 - 1.25) = -0.0613$$

(c) $x_j(i) = x_j(i-1) + v_j(i)$로서 현재 $x_j(1)$, $j = 1,\ 2,\ 3,\ 4$ 수치를 계산한다.

$$x_1(2) = 1.1241 + 2.6240 = 3.7481$$

$$x_2(2) = 1.1927 + 1.1593 = 2.3520$$

$$x_3(2) = 1.2156 + 0.6711 = 1.8867$$

$$x_4(2) = 1.25 - 0.0613 = 1.1887$$

6. 현재 $x_j(i)$에서 목적함수의 값을 구한다. 즉,

$$f[x_1(2)] = 4.4480, \quad f[x_2(2)] = 10.1721,$$

$$f[x_3(2)] = 11.2138, \quad f[x_4(2)] = 11.9644$$

과정의 수렴을 확인한다. $x_j(i)$ 수치들은 수렴하지 않으므로 반복 숫자를 $i = 3$으로 증가해 단계 4로 간다. 과정의 수렴에 도달할 때까지 단계 4를 반복한다. ■

13.5 개미집단 최적화(Ant Colony Optimization)

13.5.1 기본 개념

개미집단 최적화(ACO; Ant Colony Optimization)는 둥지로부터 먹이원까지 최단 경로를 찾을 수 있는 실제 개미집단의 협동 행동을 기초로 하는 방법으로 Dorigo에 의해 1990년 초기에 개발되었다[13.31, 13.32]. 그림 13.3과 같은 다층(multilayered) 그래프로 최적화 문제를 표현하여 ACO 과정을 설명할 수 있는데, 이 그래프에서 층(layers)의 수는 설계변수의 수와 동일하고, 모든 층에 지정된 노드(node 또는 마디)의 수는 각 설계변수가 가질 수 있는 이산 수치들의 수와 동일하다. 즉, 각 노드는 설계변수가 가용하는 이산 수치와 대응된다. 그림 13.3은 허용 가능한 8개의 이산 수치가 각각 대응되는 6개 설계변수를 갖는 문제를 보여주고 있다.

ACO 과정을 설명하기 위해 우선 N 개미들로 집단이 구성되는 것으로 가정한다. 개미

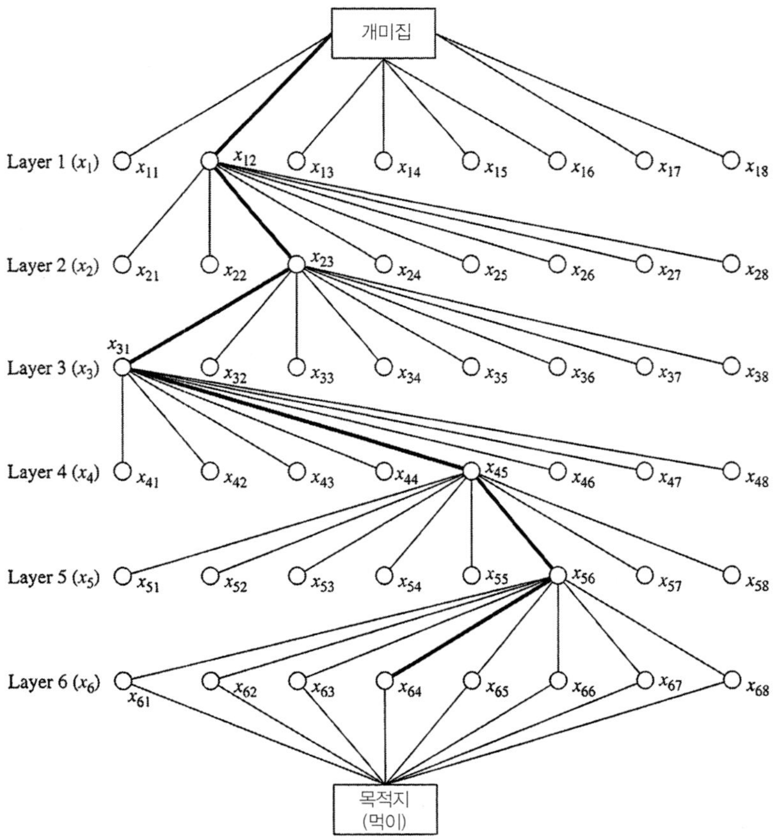

그림 13.3 다층 망 형태로 ACO 과정의 도해적 표현

들은 집 노드에서 시작하여 첫 번째 층으로부터 최종 층까지 여러 층들을 통해 이동하고 각 주기 또는 반복회의 목적지 노드에서 끝난다. 각 개미는 식 13.32가 제공하는 상태 변이(state transition) 규칙에 따라 각 층에서 오직 하나의 노드를 선택할 수 있다. 개미가 방문한 경로에 따라 선택된 노드들은 해가 될 후보가 된다. 예를 들어, 한 마리 개미가 방문한 전형적인 경로를 그림 13.3에서 두꺼운 실선으로 표현하였고, 이는 해 (x_{12}, x_{23}, x_{31}, x_{45}, x_{56}, x_{64})를 의미한다. 또한, 경로가 완성되면 개미는 식 13.33이 제공하는 국부 업데이트 규칙에 기초하여 경로 상에 동종 유인 호르몬인 페로몬(pheromone) 일부를 분비한다. 또, 모든 개미들이 그들 경로들을 찾으면 식 13.32와 13.33의 전역 업데이트 규칙을 사용하여 전체적으로 최상의 경로에 분비된 페로몬이 업데이트된다.

최적화 과정의 시작에서(즉, 반복회 1에서) 동일 페로몬의 양으로 모든 선(rays)들을 초기화한다. 반복회 1에서와 같이 모든 개미들은 집 노드로부터 시작하여 각 층에서 하나의 노드를 임의로 선택하며 최종 노드에서 종료한다. 만일 사전 명시된 최대의 반복회에 도달하거나 또는 사전 명시된 연속되는 주기 또는 반복회에서 보다 개선된 해가 발견되지 않으면 최적화 과정은 종료된다. 가장 많은 페로몬 양을 갖는 경로의 노드에 표기된 설계 변수의 값을 최적해(벡터 해의 성분)로 간주한다. 일반적으로 모든 개미들은 최적해가 되는 동일한 최상의(수렴된) 경로를 따라 이동한다.

13.5.2 개미 탐색 행동

페로몬 트레일(pheromone trail) τ_{ij}을 사용하여 노드 i에 위치한 개미 k가 다음 노드 j를 선택할 확률

$$p_{ij}^{(k)} = \begin{cases} \dfrac{\tau_{ij}^{\alpha}}{\sum_{j \in N_i^{(k)}} \tau_{ij}^{\alpha}} & if \;\; j \in N_i^{(k)} \\ 0 & if \;\; j \notin N_i^{(k)} \end{cases} \qquad 13.32$$

을 계산한다. 위에서 α는 페로몬의 중요도를 나타내고, $N_i^{(k)}$는 노드 i에 위치한 개미 k의 이웃 노드들의 집합을 나타낸다. 노드 i의 이웃은 선행 노드(즉, i 이전에 최종으로 방문한 노드)를 제외하고 노드 i에 직접적으로 연결된 모든 노드들을 의미한다. 이는 노드 i 직전에 방문한 동일한 노드로 회귀하는 것을 방지하기 위함이다. 이러한 방법으로 개미는 목적지 노드에 도달할 때까지 노드에서 노드로 이동한다.

13.5.3 회귀 경로와 페로몬 업데이트

개미집인 노드로 돌아오면서 k번째 개미는 그가 방문하였던 길들 위에 페로몬 $\Delta\tau^{(k)}$

을 분비한다. 또한, 방문한 길(arc) $(i,\ j)$ 위의 페로몬 수치 τ_{ij}는 다음과 같이 업데이트된다. 즉,

$$\tau_{ij} \leftarrow \tau_{ij} + \Delta\tau^{(k)} \tag{13.33}$$

따라서 페로몬의 값의 증가 때문에 향후 개미들이 이 길을 선택할 확률이 증가하게 된다.

13.5.4 페로몬 트레일(pheromone trails) 증발

개미 k가 다음 노드로 이동할 때 다음 관계식에 따라 모든 길 (i, j)에서 페로몬이 증발한다.

$$\tau_{ij} \leftarrow (1-p)\tau_{ij}\ ;\ \forall (i,\ j) \in A \tag{13.34}$$

단, $p \in (0,\ 1]$는 매개변수이고, A는 개미 k가 집에서 목적지까지의 경로로 지나간 길의 집합을 표기한다. 경로상에서 페로몬 강도가 감소하면 탐색 과정에서 다른 경로들을 탐색하도록 권장하는데, 이는 경로 선택시 불량한 경로가 선택되는 것을 방지한다. 또한, 이는 페로몬 트레일들이 도달할 수 있는 최대 수치를 제한하는데 도움을 준다. 한 번의 반복회는 개미의 이동, 페로몬 증발, 그리고 페로몬 분비과정이 진행되는 주기가 된다.

모든 개미들이 집 노드로 되돌아온 후, 페로몬 정보는 다음의 관계식

$$\tau_{ij} = (1-\rho)\tau_{ij} + \sum_{k=1}^{N} \Delta\tau_{ij}^{(k)} \tag{13.35}$$

에 따라 업데이트된다. 이때 $\rho \in (0,\ 1]$은 증발률[또한 페로몬 감쇠(decay) 계수로도 알려져 있다]이고, $\Delta\tau_{ij}^{(k)}$는 최상의 개미 k가 길 (i, j)상에 분비한 페로몬 양이다. 위에서 페로몬을 업데이트하는 목적은 양호하거나 유망한 경로의 페로몬 수치를 증가시키는 것이다. 또한, 최상의 개미가 길 (i, j) 위에 분비한 페로몬은

$$\Delta\tau_{ij}^{(k)} = \frac{Q}{L_k} \tag{13.36}$$

와 같다. 위에서 Q는 상수이고, L_k는 k번째 개미가 이동한 경로의 길이(세일즈맨의 여행 문제에서 한 도시로부터 다른 도시로 이동하는 경우에서처럼)이다. 위의 식 13.36은 다음과 같이 계산될 수도 있다.

$$\Delta\tau_{ij}^{(k)} = \begin{cases} \dfrac{\zeta f_{best}}{f_{worst}}; & if\ \ (i,\ j) \in global\ best\ tour \\ 0; & otherwise \end{cases} \tag{13.37}$$

단, f_{worst}는 N 개미가 택한 경로 중에 최악의 목적함수 값이고, f_{best}는 최상의 목적함수 값이며, ζ는 전체의 페로몬의 업데이트 규모를 제어하기 위해 사용된 매개변수이다. 즉, ζ 수치가 클수록 전체의 최상 경로에 더욱 많은 페로몬이 분비되므로 선택될 확률이 높게 된다. 따라서 식 13.37의 목표는 더욱 양호한 목적함수 값을 갖는 경로(해)에게 더 많은 페로몬의 양을 제공하는 것이다.

13.5.5 알고리즘

최소화 문제를 해결하는 ACO 알고리즘의 단계적 절차를 다음과 같이 요약할 수 있다.

단계 1 집단에서 적절한 개미들의 수 N을 가정하고, n개의 각 설계변수들에 허용 가능한 이산 수치들의 집합을 가정한다. 즉, 설계변수 x_i의 허용 가능한 이산 수치들을 x_{i1}, x_{i2}, $\cdots$, $x_{ip}(i=1, 2, \cdots, n)$로 표기한다. 그림 13.3과 같은 다층 그래프의 모든 길(또는 선:Ray)들의 초기 페로몬의 양(설계변수들의 이산 수치) $\tau_{ij}^{(1)}$은 동일한 것으로 가정한다. 이때 τ_{ij}의 위첨자는 반복회를 나타낸다. 간단히 모든 길 (i, j)에 대해 $\tau_{ij}^{(l)}=1$로 가정할 수 있다. 반복회를 $l=1$로 설정한다.

단계 2 (a) 길 또는 선(또는 이산 수치) x_{ij}을 선택하는 확률 (p_{ij})을 계산한다. 즉,

$$p_{ij}=\frac{\tau_{ij}^{(l)}}{\sum_{m=1}^{p}\tau_{im}^{(l)}};\quad i=1, 2, \cdots, n;\quad j=1, 2, \cdots, p \qquad 13.38$$

위의 식은 식 13.32에서 $\alpha=1$인 경우와 동일한 것을 알 수 있다. 하지만 더 큰 α를 사용할 수 있다.

(b) 구간 $(0, 1)$에서 생성된 난수를 사용하여 k번째 개미가 선택할 특정 경로(또는 이산 수치)를 결정할 수 있다. 즉, 식 13.38의 확률을 기초로 그림 13.3의 각 경로들에 관련된 누적된 확률범위들을 구하고, 단계 3(a)에서 룰렛-판 선택 과정을 사용하여 개미 k가 선택할 특정 경로를 결정한다.

단계 3 (a) 범위 $(0, 1)$에서 각 개미 당 하나씩 N개의 난수 r_1, r_2, $\cdots$, r_N을 생성한다. 누적 확률범위[단계 2(b)에서 구한]가 수치 r_i를 포함하는 이산 수치 또는 경로를 변수 i에 대해 개미 k가 택할 이산 수치 또는 경로로 결정한다.

(b) 모든 설계변수 $i=1, 2, \cdots, n$에 대해 단계 3(a)를 반복한다.

(c) 완성된 경로[모든 설계변수들 $i=1, 2, \cdots, n$에 대해 개미 $k(k=1, 2,$

$\cdot \cdot \cdot, N$)가 선택한 x_{ij} 값 또는 설계벡터 $\boldsymbol{X}^{(k)}$]에 상응하는 목적함수 값을 계산한다. 즉,

$$f_k = f(\boldsymbol{X}^{(k)});\ k = 1,\ 2, \cdot \cdot \cdot, N \tag{13.39}$$

또한 각 개미들이 선택한 N개의 경로들 사이에서 최상의 경로와 최악의 경로들을 결정한다. 즉,

$$f_{best} = \min_{k = 1, 2, \ldots, N} \{f_k\} \tag{13.40}$$

$$f_{worst} = \max_{k = 1, 2, \ldots, N} \{f_k\} \tag{13.41}$$

단계 4 수렴여부를 확인한다. 즉, 만일 모든 N 개미들이 동일한 최상의 경로를 선택하면 과정은 수렴된 것으로 가정한다. 하지만 수렴에 도달하지 못하면 모든 개미들은 집으로 돌아가고 먹이를 다시 탐색하는 것으로 가정한다. 새로운 반복회를 $l = l + 1$로 설정하고, 다음과 같이 다른 길(또는 설계변수들의 이산 수치들) 위의 페로몬을 업데이트한다.

$$\tau_{ij}^{(l)} = \tau_{ij}^{(old)} + \sum_k \Delta \tau_{ij}^{(k)} \tag{13.42}$$

여기서 $\tau_{ij}^{(old)}$는 선행 반복에서 증발 후 남겨진 페로몬 양으로

$$\tau_{ij}^{(old)} = (1 - \rho)\tau_{ij}^{(l-1)} \tag{13.43}$$

와 같고, $\Delta \tau_{ij}^{(k)}$는 최상의 개미 k가 경로상에 분비한 페로몬이며, 만일 복수 개미들이 동일한 최상의 경로를 선택하면 모든 k마리의 최상의 개미들이 분비한 페로몬을 모두 합한다. 최상의 경로는 설계변수 i에서 오직 하나의 길 (i, j)(p개 가능한 아크들 중)만을 포함하는 것을 유의하라. 증발률 또는 페로몬 감쇠계수 ρ의 범위는 0.5~0.8로 가정하고 식 13.37을 사용하여 분비된 페로몬 $\Delta \tau_{ij}^{(k)}$을 계산한다.

새로운 $\tau_{ij}^{(l)}$ 수치를 갖고 단계 2로 간다. 과정이 수렴할 때까지, 즉 모든 개미들이 동일한 최상의 경로를 선정할 때까지 단계 2, 3, 그리고 4를 반복한다. 일부 경우들에서는 사전에 명시된 최대 반복횟수 l_{max}에 도달하면 반복 과정이 중지된다.

예제 13.5

ACO 방법을 사용하여 (0, 3) 범위에서 다음 함수의 최소를 구하라.

$$f(x)= x^2 - 2x - 11$$

[풀이]

단계 1 개미들의 수를 $N = 4$로 가정한다. 이 예제에서는 오직 하나의 설계변수 $n = 1$, 즉 층이 1개만 존재한다. x_1의 범위 안에서 $x = x_1$ 허용 가능한 이산 수치들의 수를 $p = 7$로 가정한다. 즉,

$$x_{11} = 0.0,\ x_{12} = 0.5,\ x_{13} = 1.0,\ x_{14} = 1.5,$$

$$x_{15} = 2.0,\ x_{16} = 2.5,\ x_{17} = 3.0$$

각 개미는 그림 13.4에서와 같은 이산 수치들(경로 또는 길) $x_{1j}(j = 1, 2, \cdot\cdot\cdot, 7)$ 중 임의의 수치를 선택할 수 있다. 그림 13.4의 각 경로들 또는 길들의 페로몬 양 τ_{1j}은 동일한 것으로 가정한다. 간단히 $\tau_{1j} = 1(j = 1, 2, \cdot\cdot\cdot, 7)$로 가정한다.

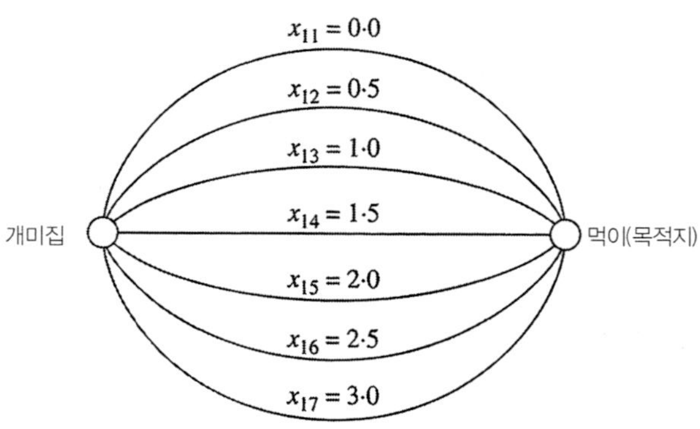

그림 13.4 개미의 가능한 경로($x \equiv x_1$의 가능한 이산 수치)

단계 2 임의의 개미 k가 경로(또는 이산변수) x_{1j}를 선택할 확률은 식 13.38로부터

$$p_{1j} = \frac{\tau_{1j}}{\sum_{p=1}^{7} \tau_{1p}} = \frac{1}{7}$$

와 같다. 범위 (0, 1)에서 생성된 난수를 사용하여 한 마리 개미가 선택할 특

정 경로(이산변수)를 결정하기 위해 그림 13.4의 각 경로에 대한 누적된 확률범위(단계 3에서 룰렛-판 선택 과정을 사용하여)를 구하면 다음과 같다.

$$x_{11} = \left(0,\ \frac{1}{7}\right) = (0.0,\ 0.1428)$$
$$x_{12} = \left(\frac{1}{7}, \frac{2}{7}\right) = (0.1428,\ 0.2857)$$
$$x_{13} = \left(\frac{2}{7}, \frac{3}{7}\right) = (0.2857,\ 0.4286)$$
$$x_{14} = \left(\frac{3}{7}, \frac{4}{7}\right) = (0.4286,\ 0.5714)$$
$$x_{15} = \left(\frac{4}{7}, \frac{5}{7}\right) = (0.5714,\ 0.7143)$$
$$x_{16} = \left(\frac{5}{7}, \frac{6}{7}\right) = (0.7143,\ 0.8571)$$
$$x_{17} = \left(\frac{6}{7}, \frac{7}{7}\right) = (0.8571,\ 1.0)$$

단계 3 범위 (0, 1)에서 네 개의 난수들 $r_i (i = 1,\ 2,\ 3,\ 4)$을 생성하여 각 개미에게 하나씩 난수 $r_1 = 0.3122$, $r_2 = 0.8701$, $r_3 = 0.4729$, $r_4 = 0.6190$을 할당한다. r_i 수치를 포함하는 누적 확률범위(단계 2에서 주어진)를 사용하면 각 개미들이 택한 이산 수치(또는 그림 13.4에서 선택된 경로)는 다음과 같음을 알 수 있다.

개미 1: $x_{13} = 1.0$; 개미 2: $x_{17} = 3.0$;
개미 3: $x_{14} = 1.5$; 개미 4: $x_{15} = 2.0$

또한, 개미들이 선택한 경로들에 상응하는 목적함수 값은 다음과 같다.

개미 1 : $f_1 = f(x_{13}) = f(1.0) = -12.0$
개미 2 : $f_2 = f(x_{17}) = f(3.0) = -8.0$
개미 3 : $f_3 = f(x_{14}) = f(1.5) = -11.75$
개미 4 : $f_4 = f(x_{15}) = f(2.0) = -11.0$

이때 개미 1이 선택한 경로가 최상의 경로(목적함수의 최소 수치)

$$x_{best} = x_{13} = 1.0, \qquad f_{best} = f_1 = -12.0$$

이고, 개미 2가 선택한 경로가 최악의 경로(목적함수의 최대 수치)이다.

$$x_{worst} = x_{17} = 3.0, \qquad f_{worst} = f_2 = -8.0$$

단계 4 개미들은 모두 집으로 돌아와서 먹이를 다시 찾기 시작하며 반복회를 $l=2$로 설정한다. 이제 페로몬 배열을 업데이트하면

$$\tau_{1j}^{(2)} = \tau_{1j}^{(old)} + \sum_k \Delta\tau^{(k)} \qquad \text{E.1}$$

이다. 단, $\sum_k \Delta\tau^{(k)}$는 최상의 개미 k가 분비한 페로몬이고, 모든 최상의 개미들 k(만일 복수 개미들이 최상의 경로를 선택하면)에 걸쳐 합한다. 현재의 경우 오직 하나의 최상의 개미 $k=1$만이 존재하며 이 개미는 경로 x_{13}을 사용하였으므로 식 13.37로부터 다음과 같이 $\sum_k \Delta\tau^{(k)}$ 수치를 결정할 수 있다.

$$\sum_k \Delta\tau^{(k)} = \Delta\tau^{(k=1)} = \frac{\zeta f_{best}}{f_{worst}} = \frac{(2)(-12)}{(-8.0)} = 3.0$$

위에서 스케일링 매개변수 $\zeta = 2.0$으로 가정한다. 식 13.43에서 페로몬 감쇠계수 $\rho = 0.5$을 사용하면 다음과 같이 $\tau_{1j}^{(old)}$을 계산할 수 있다.

$$\tau_{1j}^{(old)} = (1-0.5)\tau_{1j}^{(1)} = 0.5(1.0) = 0.5; \quad j = 1,\ 2,\ 4,\ 5,\ 6,\ 7$$

따라서 식 E.1로부터

$$\tau_{13}^{(2)} = 1.0 + 3.0 = 4.0$$

$$\tau_{1j}^{(2)} = 0.5\ ,\ j = 1,\ 2,\ 4,\ 5,\ 6,\ 7$$

가 된다. 단계 2로 간다.

단계 2 임의의 개미 k가 그림 13.4에서 경로 x_{1j}를 선택할 확률은 다음과 같다.

$$p_{1j} = \frac{\tau_{1j}}{\sum_{p=1}^{7} \tau_{1p}}; \quad j = 1,\ 2,\ \cdots,\ 7$$

위의 식에서 $\tau_{1j} = 0.5(j = 1,\ 2,\ 4,\ 5,\ 6,\ 7)$, $\tau_{13} = 4$이므로

$$p_{1j} = \frac{0.5}{7.0} = 0.0714; \quad j = 1,\ 2,\ 4,\ 5,\ 6,\ 7$$

$$p_{13} = \frac{4.0}{7.0} = 0.5714$$

와 같다. 범위 (0, 1)에서 선택된 난수를 이용하여 개미가 선택할 이산 수치

또는 경로를 결정하기 위해 각 경로에 대한 누적확률들을 다음과 같이 구한다 (룰렛 판 선택 과정).

$$x_{11} = (0,\ 0.0714), \qquad x_{12} = (0.0714,\ 0.1429),$$

$$x_{13} = (0.1429,\ 0.7143), \quad x_{14} = (0.7143,\ 0.7857),$$

$$x_{15} = (0.7857,\ 0.8571), \quad x_{16} = (0.8571,\ 0.9286),$$

$$x_{17} = (0.9286,\ 1.0)$$

단계 3 범위 $(0,\ 1)$에서 네 개의 난수를 생성하고 각 개미들에게 하나씩 할당한다. 즉,

$$r_1 = 0.3688,\ r_2 = 0.8577,\ r_3 = 0.0706,\ r_4 = 0.5791$$

r_i 수치를 포함하는 누적확률 범위(단계 2에서 구한)를 찾아서 각 개미들이 택할 이산 수치(또는 그림 13.4에서 선택된 경로)를 구하면 다음과 같음을 알 수 있다.

개미 1: $x_{13} = 1.0$; 개미 2: $x_{16} = 2.5$;
개미 3: $x_{11} = 0.0$; 개미 4: $x_{13} = 1.0$

상기 결과로부터 선행 반복회에서 얻은 최상의 경로 x_{13}에 많은 페로몬이 남겨지므로 두 마리의 개미들이 확률적으로 경로 x_{13}을 선택한 것을 알 수 있다. 개미들이 선택한 경로들에 상응하는 목적함수 수치들은 다음과 같다.

개미 1 : $f_1 = f(x_{13}) = f(1.0) = -12.0$
개미 2 : $f_2 = f(x_{16}) = f(2.5) = -9.75$
개미 3 : $f_3 = f(x_{11}) = f(0.0) = -11.0$
개미 4 : $f_4 = f(x_{13}) = f(1.0) = -12.0$

개미 1과 4가 선택한 경로가 최상의 경로(목적함수의 수치가 최소)

$$x_{best} = x_{13} = 1.0, \qquad f_{best} = f_1 = f_4 = -12.0$$

이고, 개미 2가 선택한 경로가 최악의 경로(목적함수의 수치가 최대)

$$x_{worst} = x_{16} = 2.5, \qquad f_{worst} = f_2 = -9.75$$

이다. 이제 단계 4로 가서 선행 경로들의 페로몬 수치들을 업데이트한다.

단계 4 개미들은 집으로 돌아와서 먹이를 다시 찾기 시작하고, 반복회를 $l = 3$으로 설

정한다. 식 13.33을 이용하여 페로몬 배열을 업데이트하면

$$\tau_{1j}^{(3)} = \tau_{1j}^{(old)} + \sum_k \Delta\tau^{(k)} \quad \text{E.2}$$

이다. 이때 $\sum_k \Delta\tau^{(k)}$는 최상의 개미 k가 분비한 페로몬이고, 모든 최상의 개미들 k(만일 복수 개미들이 최상의 경로를 선택하면)에 걸쳐 합한다. 현재의 경우 두 마리의 최상의 개미 $k=1$과 $k=4$가 존재하며 이 개미들은 경로 x_{13}을 선택하였다. 따라서 식 13.37로부터 $\sum_k \Delta\tau^{(k)}$값을 구하면

$$\sum_k \Delta\tau^{(k)} = \Delta\tau^{(k=1)} + \Delta\tau^{(k=4)} = \frac{2\zeta f_{best}}{f_{worst}} = \frac{(2)(2)(-12)}{(-9.75)} = 4.9231$$

이 된다. 식 13.43에서 페로몬 감쇠 계수 $\rho = 0.5$을 사용하여 $\tau_{1j}^{(old)}$을 계산하면

$$\tau_{ij}^{(old)} = (1-\rho)\tau_{ij}^{(l-1)}$$

$$\tau_{1j}^{(old)} = (1-0.5)\tau_{1j}^{(2)} = 0.5(0.5) = 0.25; \quad j = 1,\ 2,\ 4,\ 5,\ 6,\ 7$$

이므로 식 E.2로부터

$$\tau_{13}^{(3)} = 4.0 + 4.9231 = 8.9231$$

$$\tau_{1j}^{(3)} = 0.25\ , \ j = 1,\ 2,\ 4,\ 5,\ 6,\ 7$$

이다. 단계 2로 간다.

단계 2 개미 k가 그림 13.4에서 경로 x_{1j}를 선택할 확률은

$$p_{1j} = \frac{\tau_{1j}}{\sum_{p=1}^{7} \tau_{1p}}; \quad j = 1, 2, \cdot\cdot\cdot, 7$$

이고, 이때 $\tau_{1j} = 0.25,\ j = 1,\ 2,\ 4,\ 5,\ 6,\ 7,\ \tau_{13} = 8.9231$이므로

$$p_{1j} = \frac{0.25}{10.4231} = 0.0240; \quad j = 1,\ 2,\ 4,\ 5,\ 6,\ 7$$

$$p_{13} = \frac{8.9231}{10.4231} = 0.8561$$

와 같다. 범위 (0, 1)에서 선택된 난수를 이용하여 개미가 선택할 이산 수치 또는 경로를 결정하기 위해 누적확률들은 다음과 같이 구한다(룰렛 판 선택과정).

$$x_{11}=(0,\ 0.0240),\qquad x_{12}=(0.0240,\ 0.0480),$$

$$x_{13}=(0.0480,\ 0.9040),\quad x_{14}=(0.9040,\ 0.9280),$$

$$x_{15}=(0.9280,\ 0.9520),\quad x_{16}=(0.9520,\ 0.9760),$$

$$x_{17}=(0.9760,\ 1.0)$$

위의 데이터를 갖고 단계 3부터 다시 반복한다. 과정이 수렴할 때까지(모든 개미들이 동일한 최상의 경로를 선택할 때까지) 단계 2, 3, 그리고 4를 반복한다.

■

13.6 퍼지 시스템 최적화

전통적인 최적화 문제는 정확한 수학적 항들로 기술되지만 많은 실질적인 문제들에서는 설계 데이터, 목적함수, 제약식들이 애매하고 언어적인 용어로 기술된다. 예를 들어 "이 빔은 확률 0.8을 갖고 하중 1,000 lb를 버틸 수 있다"라는 기술은 빔 재료의 임의 특성 때문에 정확하지 못하다. 한편, "이 빔은 큰 하중을 버틸 수 있다"라는 기술은 "큰 하중"의 분명치 못한 의미 때문에 정확하지 못하다. 유사하게 기계요소의 최적설계에서 발생된 응력 (σ)는 $\sigma \le \sigma_{max}$와 같이 상한계 (σ_{max})에 의해 제약된다. 즉, $\sigma_{max}=30{,}000\,\text{psi}$이면 설계시 $\sigma=30{,}000\,\text{psi}$는 수용할 수 있지만 $\sigma=30{,}001\,\text{psi}$은 수용할 수 없다는 것을 암시한다. 그러나 설계시 $\sigma=30{,}000\,\text{psi}$와 $\sigma=30{,}001\,\text{psi}$의 실질적인 차이는 없다. 따라서 절대 가변으로부터 절대 불가변까지 변이 단계를 갖는 것이 더욱 타당한 것으로 보이며 이는 제약을 모호(fuzzy)하게 기술하는 것을 암시한다. 이러한 애매하고 부정확한 정보를 포함하는 시스템을 모델하고 설계하는 데는 퍼지 이론을 사용할 수 있다[13.22, 13.26, 13.27].

13.6.1 퍼지집합 (Fuzzy Set) 이론

전체집합(universe)이라 불리는 객체 원소들의 일반 집합(또는 crisp 집합)을 X로 표기하고 이 집합의 원소를 x라 하면, X의 부분집합 A의 멤버십을 다음과 같은 X에서 $[0,\ 1]$로 가는 특성 함수

$$\mu_A(x)=\begin{cases}1 & if\ x\in A\\ 0 & if\ x\notin A\end{cases}\qquad 13.44$$

로 표현할 수 있다. 위에서 집합 $[0,\ 1]$을 **평가집합**(valuation set)이라 부른다. 이때 A

의 평가집합, 즉 $\mu_A(x)$의 값이 전체 구간 [0, 1]이 되는 집합 A를 **퍼지**(fuzzy)**집합**이라고 한다. 퍼지집합 A는 다음과 같은 모든 쌍

$$A = \{x,\ \mu_A(x)\}, \qquad x \in X \tag{13.45}$$

들의 집합으로 분류된다. 위에서 $\mu_A(x)$를 x가 A에 속하는 **멤버십 함수**(membership function)라고 하며, $\mu_A(x)$의 값이 1에 가까울수록 더 많은 x가 A에 속한다. 예를 들어 공조된 빌딩 내 온도조절장치의 가능한 온도 설정치(°F)가 다음과 같다고 가정한다.

$$X = \{62 \quad 64 \quad 66 \quad 68 \quad 70 \quad 72 \quad 74 \quad 76 \quad 78 \quad 80\}$$

이제 "인간 활동에 안락한 온도"의 퍼지집합 A를 다음과 같이 정의할 수 있다.

$$\begin{aligned} A = \{ &(62,\ 0.2)\ \ (64,\ 0.5)\ \ (66,\ 0.8)\ \ (68,\ 0.95)\ \ (70,\ 0.75) \\ &(72,\ 0.75)\ \ (74,\ 0.6)\ \ (76,\ 0.4)\ \ (78,\ 0.2)\ \ (80,\ 1.0)\} \end{aligned} \tag{13.46}$$

여기서 멤버십 등급 1은 완벽하게 안락한 것을 의미하고, 0은 완전히 불편한 것을 암시한다. 일반적으로 X가 유한 집합 $\{x_1,\ x_2, \cdot\cdot\cdot, x_n\}$이면 X에 대한 퍼지집합은

$$A = \mu_A(x_1)|_{x_1} + \mu_A(x_2)|_{x_2} + \cdot\cdot\cdot + \mu_A(x_n)|_{x_n} = \sum_{i=1}^{n} \mu_A(x_i)|_{x_i} \tag{13.47}$$

와 같이 표현될 수 있고, 극한적으로 A를 표현하면

$$A = \int_x \mu_A(x)\Big|_x \tag{13.48}$$

와 같다.

전통집합 이론(crisp set theory)은 정확하게 정의된 집합들의 멤버십과 관계가 있으며 셀 수 있는 이벤트를 갖는 객관적인 일들을 기술하기에 적합하다. 전통적인 집합 이론은 그림 13.5a에서 y_1을 분명히 표현하는 것을 설명하는 것처럼 이진수 표현을 사용하여 개발된다. 반면에 퍼지집합 이론은 부정확한 집합들로 표현된 멤버십에 대한 언어적 기술로 표현되므로 불연속 퍼지집합은 그림 13.5b와 같이 표현되고, 그 표현 정도는 $y_1,\ y_2, \dots,$ y_n에 상응하는 멤버십 값 $\mu_1,\ \mu_2, \dots,\ \mu_n$에 의해 결정된다. 불연속 퍼지집합을 그림 13.5c와 같이 연속 퍼지집합 형태로 일반화할 수 있다.

전통집합의 연산인 합집합(union), 교집합(intersection), 그리고 여집합(complement)은 그림 13.6과 같이 벤다이어그램으로 표현할 수 있다. 퍼지집합들에 대해서도 유사한 연산들을 정의할 수 있으며, 이 경우의 집합 A와 B는 명백한 경계들을 갖지 않는다는 점을 유의하여야 한다.

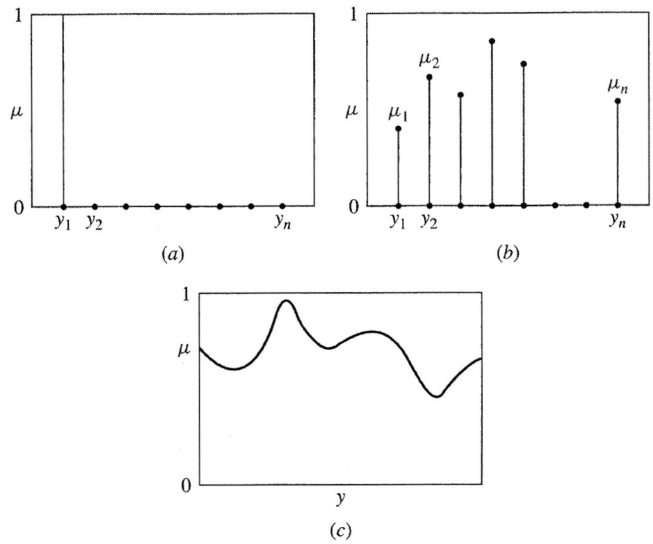

그림 13.5 전통집합과 퍼지집합들: (a) 전통집합; (b) 이산 퍼지집합; (c) 연속 퍼지집합. [13.22]

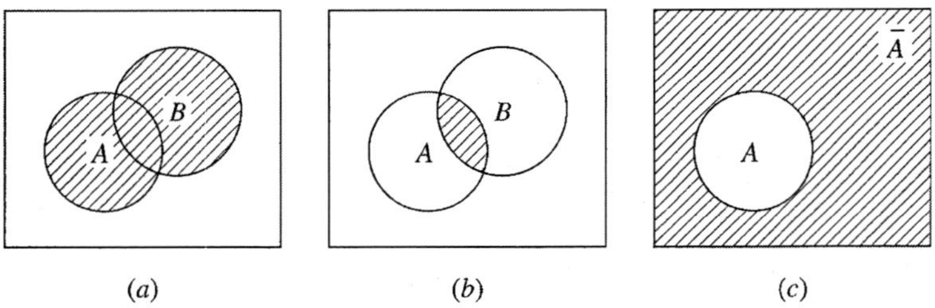

그림 13.6 전통집합 이론에서 기본 집합 연산: (a) A 또는 B 또는 A와 B: A∪B; (b) A and B; A∩B; (c) not A: $\overline{A}$ [13.22]

퍼지집합의 연산들을 정의하기 위해 μ_A와 μ_B의 그래프를 사용할 수 있다. 즉, 퍼지집합 A와 B의 합집합의 정의는

$$\mu_{A \cup B}(y) = \mu_A(y) \vee \mu_B(y) = max\left[\mu_A(y),\ \mu_B(y)\right] \tag{13.49}$$
$$= \begin{cases} \mu_A(y) & if\ \mu_A > \mu_B \\ \mu_B(y) & if\ \mu_A < \mu_B \end{cases}$$

와 같고, 합집합 연산 결과는 그림 13.7a와 같다. 또한, 퍼지집합 A와 B의 교집합의 정의는

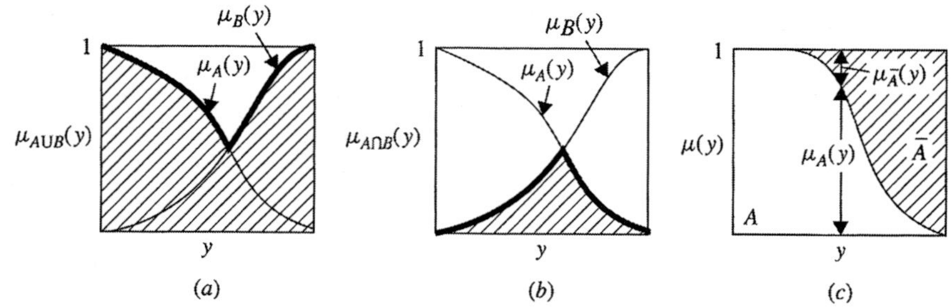

그림 13.7 퍼지집합의 기본 연산들: (a) 합집합; (b) 교집합; (c) 여집합[13.22]

$$\mu_{A\cap B}(y) = \mu_A(y) \wedge \mu_B(y) = min\ [\mu_A(y),\ \mu_B(y)] \quad 13.50$$
$$= \begin{cases} \mu_A(y) & if\ \mu_A < \mu_B \\ \mu_B(y) & if\ \mu_A > \mu_B \end{cases}$$

와 같으며 교집합 연산 결과는 그림 13.7b와 같다. 또 퍼지집합 A의 여집합은 그림 13.7c의 집합 A의 여집합인 $\overline{A}$와 같으며, 모든 $\mu_A(y)$에 대해 $\mu_{\overline{A}}(y) = 1 - \mu_A(y)$가 대응된다.

13.6.2 퍼지 시스템 최적화

전통적인 최적화 방법들은 제약을 만족하면서 목적함수를 최적화하는 설계변수를 결정하지만 퍼지 시스템의 경우의 최적화의 개념은 다르다. 퍼지 시스템에서는 멤버십 함수들이 목적함수와 제약함수를 특성화하므로 설계(결정)를 퍼지 목적함수와 퍼지 제약함수들의 교집합으로 볼 수 있다. 이해를 돕기 위해 "크레인 거더의 폭 x는 80인치보다 상당히 커야 한다."는 목적함수에 대해 멤버십 함수로 표현하면

$$\mu_f(x) = \begin{cases} 0 & if\ x < 80\,\text{in} \\ [1+(x-80)^{-2}]^{-1} & if\ x \ge 80\,\text{in} \end{cases} \quad 13.51$$

와 같다. 또한 제약을 "크레인 거더의 폭 x는 반드시 83인치 인근에 있어야 한다."로 할 때 다음 형식의 멤버십 함수로 이를 기술할 수 있다.

$$\mu_g(x) = [1+(x-83)^4]^{-1} \quad 13.52$$

이제 다음과 같이 멤버십 함수 $\mu_D(x)$로 설계(결정)를 기술하면

$$\mu_D(x) = \mu_f(x) \wedge \mu_g(x) \quad 13.53$$
$$= \begin{cases} 0 & if\quad x < 80\ \text{in} \\ min\{[1+(x-80)^{-2}]^{-1}, [1+(x-83)^4]^{-1}\} & if\quad x \ge 80\,\text{in} \end{cases}$$

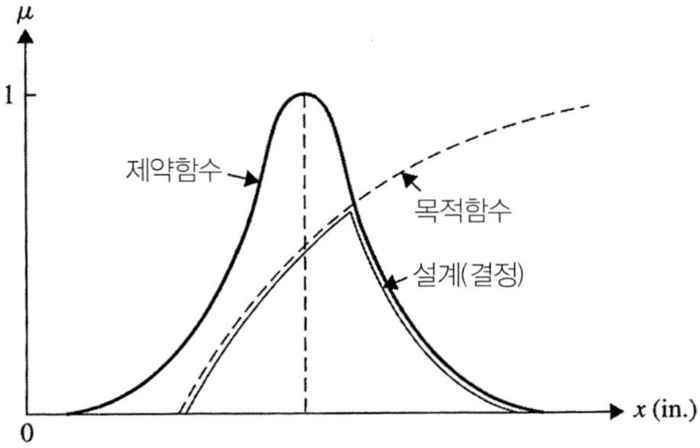

그림 13.8 퍼지 결정의 개념[13.22]

와 같고, 이러한 상관관계를 그림 13.8에서 보여 주고 있다.

일반 최적화 문제의 표현은 아래와 같다.

$$\min_{\boldsymbol{X}} \quad f(\boldsymbol{X})$$

subject to

$$g_j^{(l)} \leq g_j(\boldsymbol{X}) \leq g_j^{(u)}, \quad j = 1,\ 2, \cdot\cdot\cdot, m \qquad 13.54$$

단, 위 첨자 u와 l은 하한과 상한 수치들이다. 하지만 퍼지 시스템의 최적화 문제는 다음과 같이 기술된다.

$$\min_{\boldsymbol{X}} \quad f(\boldsymbol{X})$$

subject to

$$g_j(\boldsymbol{X}) \in G_j, \quad j = 1,\ 2, \cdot\cdot\cdot, m \qquad 13.55$$

단, G_j는 함수 $g_j(\boldsymbol{X})$가 속해야 할 퍼지 범위를 나타낸다. 따라서 퍼지 가변영역 S는 모든 G_j의 교집합으로서 그 멤버십 함수가

$$\mu_S(\boldsymbol{X}) = \min_{j=1,2,\ldots,m} \left\{ \mu_{G_j}[g_j(\boldsymbol{X})] \right\} \qquad 13.56$$

와 같이 정의된다. $\mu_S(\boldsymbol{X}) > 0$이면 설계벡터 $\boldsymbol{X}$는 가변영역에 속하는 것으로 고려할 수 있으므로 최적설계는 목적함수와 가변영역의 교집합의 최대 수치에 의해 결정된다.

$$\mu_D(\boldsymbol{X}^*) = max \ \ \mu_D(\boldsymbol{X}), \quad \boldsymbol{X} \in D \qquad 13.57$$

단,

$$\mu_D(\boldsymbol{X}) = min \ \left\{ \mu_f(\boldsymbol{X}), \quad \min_{j=1,2,\ldots,m} [g_j(\boldsymbol{X})] \right\} \tag{13.58}$$

13.6.3 연산 과정

퍼지 최적화 문제의 최적해는 함수 f와 g_j의 멤버십 함수를 알 때 결정할 수 있는데 실제 상황에서 멤버십 함수는 특정 경험이 많은 기술자들의 협력과 도움으로 작성할 수 있다. 다른 정보가 없는 경우에는 목적함수와 제약함수의 예상 변동을 기초로 하여 선형 멤버십 함수를 주로 사용한다. 또한 멤버십 함수들을 알게 되면 퍼지 최적화 문제는 다음의 전통적인 최적화 문제

$$\max_{\boldsymbol{X} \ and \ \lambda} \quad \lambda$$

subject to

$$\lambda \le \mu_f(\boldsymbol{X}) \tag{13.59}$$

$$\lambda \le \mu_{g_j^{(l)}(\boldsymbol{X})}, \quad j = 1, 2, \cdot \cdot \cdot, m$$

$$\lambda \le \mu_{g_j^{(u)}(\boldsymbol{X})}, \quad j = 1, 2, \cdot \cdot \cdot, m$$

로 변환된다.

13.6.4 수치 결과

그림 13.9와 같은 4-바 장치의 명시된 결과와 생성된 결과 사이의 오차를 최소화하는 설계에서 $\boldsymbol{X} = \{a \quad b \quad c \quad \Omega \quad \beta\}^T$를 설계벡터라고 하자.

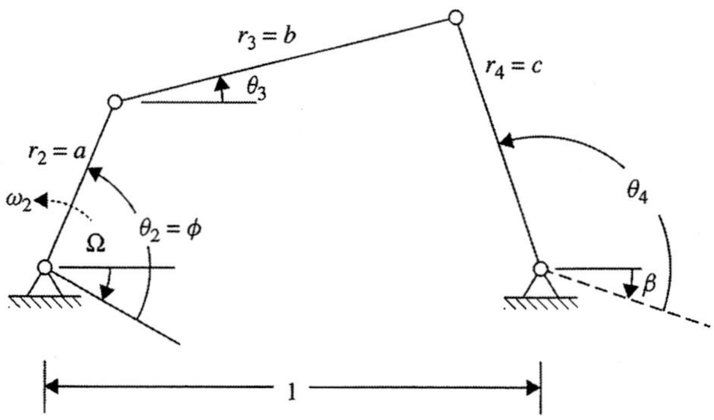

그림 13.9 4-바 기능 생성장치

기계 장치는 아래의 조건이

$$a-b \le 0, \quad a-c \le 0, \quad a \le 1$$

$$d = [(a+c)-(b+1)]\left[(c-a)^2-(b-1)^2\right] \le 0$$

만족되는 crank-rocker 메커니즘으로 제약되므로 90°로부터 전달 각도 μ의 최대 편차는 명시된 수치 t_{max} =35°보다 작도록 제한되어야 한다. 명시된 출력 각도는 다음과 같다.

$$\theta_s(\phi)=\begin{cases} 20° + \dfrac{\phi}{3}, & 0° \le \phi \le 240° \\ \text{명시안됨}, & 240° \le \phi \le 360° \end{cases}$$

반응 특징은 선형 멤버십 함수들로 가정하며 최적해는 다음과 같다[13.22].

$$\boldsymbol{X} = \{0.2537 \quad 0.8901 \quad 0.8865 \quad -0.7858 \quad -1.0\}^T,$$

$$f^* = 1.6562, \qquad \lambda^* = 0.4681$$

이는 문제에서 모호함이 존재하면서 달성할 수 있는 최대 만족 수준은 0.4681인 것을 나타낸다. 최적해에서 전달 각도 제약은 활성(active: 등식으로 만족)인 것으로 나타난다 [13.22].

13.7 신경망 최적화(Neural-Network-Based Optimization)

상당한 양의 감각(sensory) 자료들을 포함하는 자각적인(perceptional) 문제를 해결하는 신경 시스템의 거대한 계산 능력은 병렬처리 능력 때문이다. 따라서 최근에는 최적화 문제들을 해결하기 위해 신경계통의 연산 전략들을 채택하고 있다[13.23, 13.24]. **신경망**(neural network)은 단순한 처리기들(processors 또는 신경세포들)의 상호 연결된 대량의 병렬망으로서 그 신경망의 각 신경세포는 다른 신경세포들로부터 입력(input)을 받아 연산하여 출력결과를 출력(output)이 전달될 노드들에게 전파한다. 따라서 개별 신경세포들, 관망 연계성, 신경세포들 사이 상호 연계와 관련된 가중치, 그리고 각 신경세포의 활성화 함수 등으로 신경망을 표현할 수 있다. 관망은 한 공간으로부터 다른 공간으로 입력 벡터를 사상(map)한다. 사상은 명시되지 않고 학습된다.

그림 13.10과 같은 단일 신경세포에서 이웃 신경세포들로부터 n개 입력 $x_i(i=1,2,\cdot\cdot\cdot,n)$와 수치가 1인 하나의 편향(bias)을 받는다. 각 입력은 입력과 관련된 각각의 가

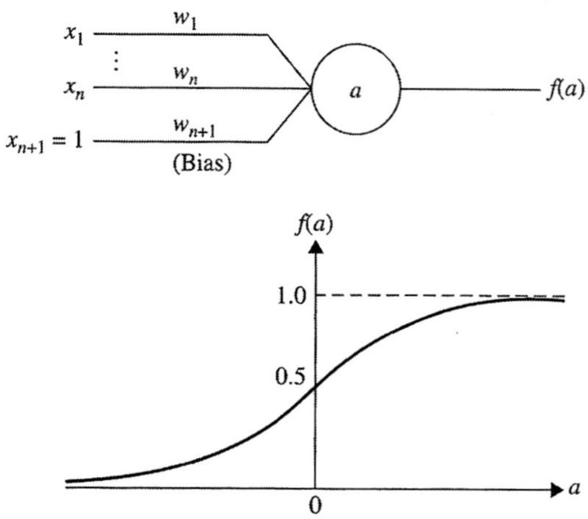

그림 13.10 단일 신경세포와 출력[13.23]

중치(gain) w_i를 갖는다. 따라서 다음 식으로 주어지는 가중된 입력들의 합

$$a = \sum_{i=1}^{n+1} w_i x_i = \boldsymbol{W}^T \boldsymbol{X}, \quad \boldsymbol{X} = (x_1,\ x_2, \ldots,\ x_n,\ 1)^T$$

은 신경세포의 상태(state) 또는 활동(activity)을 결정하고, 신경세포가 이웃들에게 보내는 출력 함수, 즉 n-차원 입력 공간으로부터 1차원 출력 공간으로 사상하는 단순한 함수는 신경세포의 상태의 함숫값 $f(a)$와 같이 표기된다. 일반적으로 노드의 활성화 수준이 한계점 수치를 초과하지 않는 이상 출력이 생성되지 않는다. 신경세포의 출력 함수는 그림 13.10의 그래프와 같은 시그모이드(sigmoid) 함수

$$f(a) = \frac{1}{1 + e^{-a}} \tag{13.60}$$

로 주로 묘사되며, 적은 입력 신호들은 물론 커다란 입력 신호들을 처리할 수 있다. 신경세포의 출력은 오직 신경세포의 입력과 한계점 수치들에 따라 결정되므로 각 신경세포를 다른 신경세포들과 병렬로 운영되는 하나의 별개 처리기로 간주할 수 있다. 학습과정은 신경망의 입력들과 출력들의 최적 결합성을 유도하는 가중치 w_i의 값들을 결정하는 것으로 구성된다.

Hopfield망 및 Kohonen망과 같은 여러 신경망 구조들은 단일 신경세포의 기본적인 특징을 반영하도록 제안되었다. 이러한 구조들은 망의 신경세포수, 한계함수들의 특성, 다양한 신경세포들의 연계성, 그리고 학습 과정들이 서로 다르다. **다층 feedforward망**으로 알려진 전형적인 구조는 그림 13.11과 같다.

이 그림에서 선 또는 길(arc)들은 신경세포들 사이에 단방향의 feedforward 전달 링크

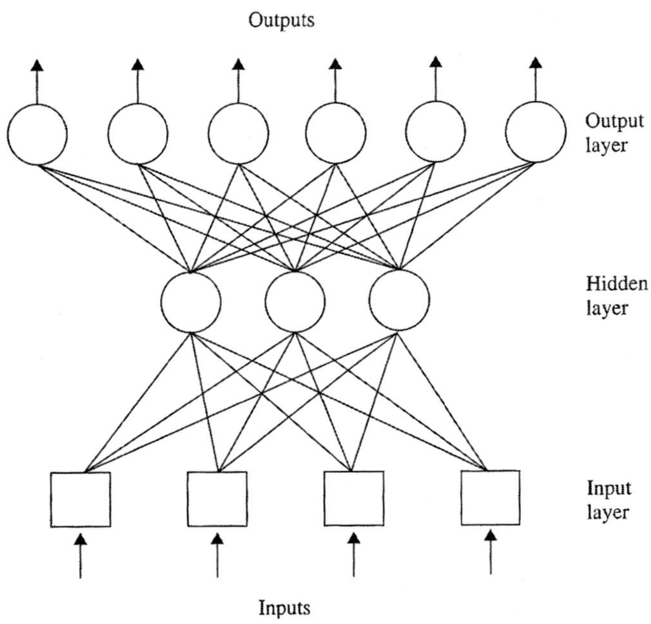

그림 13.11 다층 feedforward 망[13.23]

들을 나타낸다. 이러한 각 연결에 관련된 가중치는 연결을 통해 통과하는 출력을 제어하며, 특정 신경세포의 금지(inhibitory) 특성 또는 자극(excitatory) 특성에 따라 가중치는 양수 또는 음수가 될 수 있다. 또한, 여러 상호연결의 강도(가중치)는 망에 포함된 지식의 저장소로 작동한다.

출력 층의 실제 출력과 모든 입력 패턴들에 대한 목표 출력 사이의 평균-제곱 오차를 최소화하면서 망을 훈련시키며, 그 오차는 여러 상호연결과 관련된 가중치들을 조정하며 최소화되는데 최급강하법 종류의 방법을 포함한 수많은 학습 기법들이 소개되고 있다. 이러한 기법들은 출력 노드들에서 오차를 최소화하기 위해 가중치를 어떻게 변화시키는 가에 따라 다르다. 예를 들어, 그림 13.12와 같은 망에서는 각 변위와 각속도 상관관계, 전달 각도, 그리고 4-바 기능 생성장치(그림 13.9)의 기계적 장점을 사상하도록 훈련된다. 입력 층의 5개 신경세포들에 대한 입력에는 메커니즘의 3개의 링크 길이 r_2, r_3, r_4과 입력 링크의 각변위 θ_2와 각속도 ω_2가 포함된다. 출력 층의 6개 신경세포의 출력은 coupler와 출력 링크들의 각위치와 각속도 θ_3, ω_3, θ_4, ω_4, 전달 각도 γ, 그리고 메커니즘의 기계적 장점 η를 포함한다. r_2, r_3, r_4, θ_2, ω_2 수치들의 여러 가능한 조합들을 입력하고 이에 상응하는 θ_3, θ_4, ω_3, ω_4, γ, η를 공급하면서 망을 훈련시킨다. 망에 의해 예측된 수치들과 실제 출력 사이 차이를 사용하여 출력 노드들에서 평균-제곱 오차가 최소가 되도록 다양한 상호연결 가중치들을 조정한다. 망은 훈련되면 4-바 메커니즘의 입력을 원하

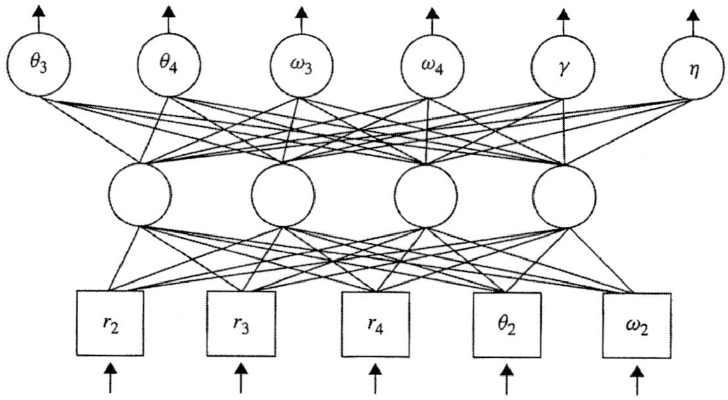

그림 13.12 4-바 메커니즘에 대한 상관관계를 훈련시키기 위해 사용된 망

는 출력으로 사상하는 신속하고 효율적인 기법을 제공한다. 입력 r_2, r_3, r_4, θ_2, ω_2와 출력 θ_3, θ_4, ω_3, ω_4, γ, η를 관련시키는 양함수 방정식들은 망 내부로 프로그램되지 않았으나 망은 다양한 상호연결과 관련된 가중치들을 조정하며 훈련과정 동안 이러한 상관관계를 학습한다는 사실을 유의하여야 한다. 유한요소 기반 연산을 필요로 하는 다른 기계 및 구조 해석에 대해서도 동일한 접근법을 사용할 수 있다.

수치계산 결과 멤버들의 단면적과 응력에 대한 제약들을 갖고 7.22.1절(그림 7.21)에서 기술한 3-바 트러스의 중량의 최소화 문제에서 다음 자료를 갖고 두 개의 하중 조건들을 고려하였다.

$$P = 20{,}000\,\text{lb},\ E = 10 \times 10^6\,\text{psi},\ \rho = 0.1\,\text{lb/in}^3,\ H = 100\,\text{in},$$

$$\sigma_{min} = -15{,}000\,\text{psi},\ \sigma_{max} = 20{,}000\,\text{psi},\ A_i^{(l)} = 0.1\,\text{in}^2 (i = 1, 2),$$

$$A_i^{(u)} = 5.0\,\text{in}^2 (\text{i} = 1, 2)$$

신경망 기반 최적법을 사용하여 얻은 최적해는 다음과 같다[12.23].

$$x_1{}^* = 0.788\,\text{in}^2,\ x_2{}^* = 0.4079\,\text{in}^2,\ f^* = 26.3716\,\text{lb}$$

반면, 비선형 계획법을 사용한 결과는 다음과 같다.

$$x_1{}^* = 0.7745\,\text{in}^2,\ x_2{}^* = 0.4499\,\text{in}^2,\ f^* = 26.4051\,\text{lb}$$

REFERENCES AND BIBLIOGRAPHY

13.1 J. H. Holland, *Adaptation in Natural and Artificial Systems*, University of Michigan Press, Ann Arbor, MI, 1975.

13.2 I. Rechenberg, *Cybernetic Solution Path of an Experimental Problem*, Library Translation 1122, Royal Aircraft Establishment, Farnborough, Hampshire, UK, 1965.

13.3 D. E. Goldberg, *Genetic Algorithms in Search, Optimization, and Machine Linearning*, Addison-Wesley, Reading, MA, 1989.

13.4 S. S. Rao, T. S. Pan, A. K. Dhingra, V. B. Venkayya, and V. Kumar, Genetic-evolution-based optimization methods for engineering design, pp. 318–323 in *Proceedings of the 3rd Air Force/NASA Symposium on Recent Advances in Multidisciplinary Analysis and Optimization*, San Francisco, Sept. 24–26, 1990.

13.5 S. S. Rao, T. S. Pan, and V. B. Venkayya, Optimal placement of actuators in actively controlled structures using genetic algorithms, *AIAA Journal*, Vol. 29, No. 6, pp. 942–943, 1991.

13.6 P. Hajela, Genetic search: an approach to the nonconvex optimization problem, *AIAA Journal*, Vol. 26, No. 7, pp. 1205–1210, 1990.

13.7 P. Hajela and C. Y. Lin, Genetic search strategies in multicriterion optimal design, *Structural Optimization*, Vol. 4, pp. 99–107, 1992.

13.8 D. E. Goldberg, Computer-aided pipeline operation using genetic algorithms and rule learning, Part I: Genetic algorithms in pipeline optimization, *Engineering with Computers*, Vol. 3, pp. 35–45, 1987.

13.9 D. E. Goldberg and C. H. Kuo, Genetic algorithms in pipeline optimization, *ASCE Journal of Computing in Civil Engineering*, Vol. 1, No. 2, pp. 128–141, 1987.

13.10 C. Y. Lin and P. Hajela, Genetic algorithms in optimization problems with discrete and integer design variables, *Engineering Optimization*, Vol. 19, pp. 309–327, 1992.

13.11 Z. Michalewicz, *Genetic Algorithms + Data Structures = Evolution Programs*, 2nd ed., Springer-Verlag, Berlin, 1994.

13.12 B. Hajek, Cooling schedules for optimal annealing, *Mathematics of Operations Research*, Vol. 13, No. 4, pp. 563–571, 1988.

13.13 S. Kirkpatrick, C. D. Gelatt, Jr., and M. P. Vecchi, Optimization by simulated annealing, *Science*, Vol. 220, pp. 671–680, 1983.

13.14 Y. Kim and H. Kim, A stepwise-overlapped parallel simulated annealing algorithm, *Integration, The VLSI Journal*, Vol. 10, pp. 39–54, 1990.

13.15 P. van Laarhoven and E. Aarts, *Simulated Annealing: Theory and Applications*, D. Reidel, Boston, 1987.

13.16 A. Corana, M. Marchesi, C. Martini, and S. Ridella, Minimizing multimodal functions of continuous variables with the simulated annealing algorithm, *ACM Transactions on Mathematical Software*, Vol. 13, No. 3, pp. 262–280, 1987.

13.17 G.-S. Chen, R. J. Bruno, and M. Salama, Optimal placement of active/passive members in truss structures using simulated annealing, *AIAA Journal*, Vol. 29, pp. 1327–1334, 1991.

13.18 M. Lundy and A. Mees, Convergence of an annealing algorithm, *Mathematical Programming*, Vol. 34, pp. 111–124, 1986.

13.19 M. Atiqullah and S. S. Rao, Parallel processing in optimal structural design using simulated annealing, *AIAA Journal*, Vol. 33, pp. 2386–2392, 1995.

13.20 K. Deb, Optimal design of a class of welded structures via genetic algorithms, pp. 444–453 in *Proceedings of the AIAA/ASME/ASCE/AHS/ASC 31st Structures, Structural Dynamics and Materials Conference,* Long Beach, CA, Apr. 2–4, 1990.

13.21 K. M. Ragsdell and D. T. Phillips, Optimal design of a class of welded structure using geometric programming, *ASME Journal of Engineering for Industry*, Vol. 98, No. 3, pp. 1021–1025, 1976.

13.22 S. S. Rao, Description and optimum design of fuzzy mechanical systems, *ASME Journal of Mechanisms, Transmissions, and Automation in Design*, Vol. 109, pp. 126–132, 1987.

13.23 A. K. Dhingra and S. S. Rao, A neural network based approach to mechanical design optimization, *Engineering Optimization*, Vol. 20, pp. 187–203, 1992.

13.24 L. Berke and P. Hajela, Applications of artificial neural nets in structural mechanics, *Structural Optimization*, Vol. 4, pp. 90–98, 1992.

13.25 S. S. Rao, Multiobjective optimization of fuzzy structural systems, *International Journal for Numerical Methods in Engineering*, Vol. 24, pp. 1157–1171, 1987.

13.26 S. S. Rao, K. Sundararaju, B. G. Prakash, and C. Balakrishna, A fuzzy goal programming approach for structural optimization, *AIAA Journal*, Vol. 30, No. 5, pp. 1425–1432, 1992.

13.27 A. K. Dhingra, S. S. Rao, and V. Kumar, Nonlinear membership functions in the fuzzy optimization of mechanical and structural systems, *AIAA Journal*, Vol. 30, No. 1, pp. 251–260, 1992.

13.28 A. K. Dhingra and S. S. Rao, An integrated kinematic–kinetostatic optimal design of planar mechanisms using fuzzy theories, *ASME Journal of Mechanical Design*, Vol. 113, pp. 306–311, 1991.

13.29 R. J. Balling and S. A. May, Large-scale discrete structural optimization: simulated annealing, branch-and-bound, other techniques, *Proceedings of the AIAA/ASME/ASCE/AHS/ASC 32nd Structures, Structural Dynamics, and Materials Conference,* Long Beach, CA, 1990.

13.30 The Rand Corporation, *A Million Random Digits with 100,000 Normal Deviates*, The Free Press, Glencoe, IL, 1955.

13.31 A. Colorni, M. Dorigo, and V. Maniezzo, Distributed optimization by ant colonies, in *Proceedings of the First European Conference on Artificial Life*, F. J. Varela and P. Bourgine, Eds., MIT Press, Cambridge, MA, pp. 134–142, 1992.

13.32 M. Dorigo, V. Maniezzo, and A. Colorni, The ant system optimization by a colony of cooperating agents, *IEEE Transactions on Systems, Man, and Cybernetics—Part B*, Vol. 26, No. 1, pp. 29–41, 1996.

13.33 J. Kennedy and R. C. Eberhart, *Swarm Intelligence*, Morgan Kaufmann, San Francisco, 2001.

13.34 J. Kennedy and R. C. Eberhart, Particle swarm optimization, *Proceedings of the 1995 IEEE International Conference on Neural Networks*, IEEE Service Center, Piscataway, NJ, 1995.

13.35 J-L. Liu and J-Horng Lin, Evolutionary computation of unconstrained and constrained problems using a novel momentum-type particle swarm optimization, *Engineering Optimization*, Vol. 39, No. 3, pp. 287–305, 2007.

13.36 Y. Shi and R. C. Eberhart, Parameter selection in particle swarm optimization, *Proceedings of the Seventh Annual Conference on Evolutionary Programming*, V. W. Porto, N. Saravanan, D. Waagen, and A. Eibe, Eds., Springer-Verlag, pp. 591–600, Berlin, Germany, 1998.

13.37 N. Metropolis, A. Rosenbluth, M. Rosenbluth, A. Teller, and E. Teller, Equation of state calculations by fast computing machines, *Journal of Chemical Physics*, Vol. 21, No. 6, pp. 1087–1092, 1953.

CHAPTER 14

최적화의 실용적인 측면

14.1 소개

공학적 최적화 문제들을 해결하기 위해 제3장부터 제13장까지 기술한 수학적 기법들을 사용할 수 있지만, 공학적 판단과 근사화를 사용하면 수반되는 연산 노력을 감소할 수 있다. 본 장에서는 과도하게 오차를 발생시키지 않고 속도를 향상시킬 수 있는 여러 형식의 근사 기법을 생각해 본다[14.1].

이 기법들은, 특히 유한요소 분석 기반 최적화 기법에 유용하다. 본 장에서는 정적 변위, 강도, 고유치, 고유벡터, 그리고 기계적 시스템과 구조적 시스템들의 과도반응(transient response)의 도함수의 실제 계산을 기술하고, 작은 하위 문제(sub-problem)를 통해 큰 최적화 문제를 해결하는 분해의 개념을 기술한다. 또한, 큰 규모의 최적화 문제를 해결하기 위한 병렬처리와 계산에 대해 알아본다. 많은 실생활 공학 시스템들은 주어진 제약 집합에 대해 복수 목적함수들을 동시에 최적화하므로 복수 목적 최적화 기법들을 요약한다.

14.2 최적화 문제의 크기 축소

14.2.1 축소 기저 기법 (Reduced Basis Method)

많은 수(n)의 설계변수들을 포함하는 특정 실제 시스템의 최적설계에서 일부 가변영역의 설계벡터들 $\boldsymbol{X}_1$, $\boldsymbol{X}_2$, · · · , $\boldsymbol{X}_r$을 갖고 시작할 수 있다. 이러한 설계벡터는 경험이 많은 공학자들이 추천하거나 과거 유사한 시스템들의 설계로부터 얻을 수 있다. 이때 설계벡터 X를 위의 가변영역의 설계벡터들의 선형 조합

$$\boldsymbol{X} = c_1\boldsymbol{X}_1 + c_2\boldsymbol{X}_2 + \cdot\cdot\cdot + c_r\boldsymbol{X}_r \qquad 14.1$$

으로 표현하여 최적화 문제의 크기를 감소시킬 수 있다. 위에서 상수 c_1, c_2, · · ·, c_r을 설계변수로 하여 최적화 문제를 만들면 $r \ll n$이므로 이 문제는 상당히 적은 설계변수의 수를 갖게 된다. 식 14.1에서 가변영역의 설계벡터들 $\boldsymbol{X}_1$, $\boldsymbol{X}_2$, · · ·, $\boldsymbol{X}_r$은 기저 벡터들의 역할을 한다. 만일 $c_1 = c_2 = \cdot\cdot\cdot = c_r = 1/r$이면 $\boldsymbol{X}$는 기저 벡터들의 평균을 나타낸다.

14.2.2 설계변수 링크 기법

구조물에서 멤버들 또는 요소들의 수가 클 때 **설계변수 링크**(design variable linking)로 알려진 기법을 사용하여 설계변수들의 수를 감소시키는 것이 가능하다[14.25]. 이 절차를 살펴보기 위해 그림 14.1과 같은 12-멤버 트러스 구조물에 대해 생각해보자.

만일 각 멤버의 단면적이 독립적으로 변화하면 12개의 설계변수를 갖게 된다. 반면 만일 수직 Y축을 기준으로 멤버들의 대칭이 요구되면 멤버 4, 5, 6, 8, 10의 단면적들은 멤버 1, 2, 3, 7, 9의 단면적과 동일한 것으로 가정할 수 있으므로 독립 설계변수들의 수는 12개에서 7개로 감소된다. 더욱이 만일 멤버 12의 단면적이 멤버 11의 3배가 되어야 한다면 독립 설계변수들은 오직 6개가 된다. 즉,

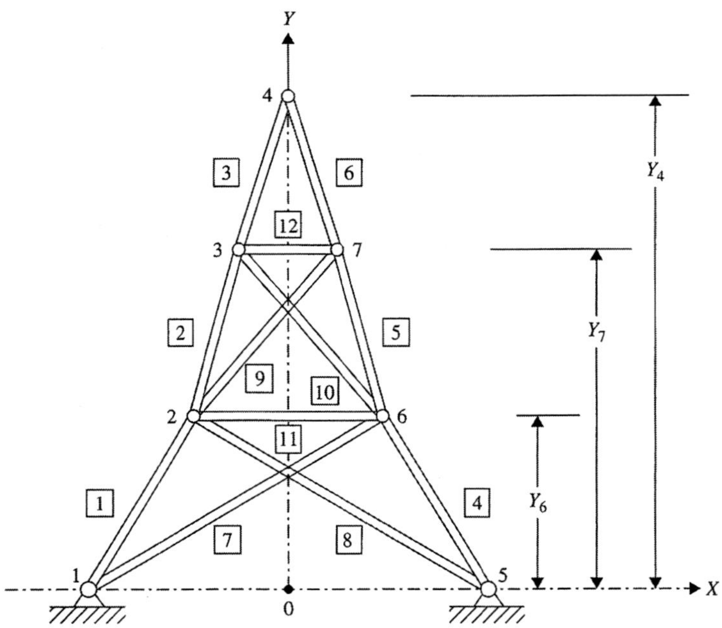

그림 14.1 설계변수 연결의 개념

$$\boldsymbol{X}=\begin{pmatrix}x_1\\x_2\\x_3\\x_4\\x_5\\x_6\end{pmatrix}\equiv\begin{pmatrix}A_1\\A_2\\A_3\\A_7\\A_9\\A_{11}\end{pmatrix} \tag{14.2}$$

이고, 벡터 $\boldsymbol{X}$를 구하면 다른 독립변수들은 아래와 같이 결정된다.

$$A_4=A_1,\ A_5=A_2,\ A_6=A_3,\ A_8=A_7,\ A_{10}=A_9,\ A_{12}=3A_{11}$$

이렇게 특정 변수들을 종속변수들로 처리하는 방법을 설계변수 링크라 한다. 따라서 모든 변수들의 벡터를

$$\boldsymbol{Z}^T=\{z_1\ z_2\cdot\cdot\cdot z_{12}\}^T\equiv\{A_1\ A_2\cdot\cdot\cdot A_{12}\}^T$$

와 같이 정의하면, $\boldsymbol{X}$와 $\boldsymbol{Z}$ 사이의 관계식은

$$\underset{12\times 1}{\boldsymbol{X}}=\underset{12\times 6}{[T]}\ \underset{6\times 1}{\boldsymbol{X}} \tag{14.3}$$

$$[T]=\begin{bmatrix}1&0&0&0&0&0\\0&1&0&0&0&0\\0&0&1&0&0&0\\1&0&0&0&0&0\\0&1&0&0&0&0\\0&0&1&0&0&0\\0&0&0&1&0&0\\0&0&0&1&0&0\\0&0&0&0&1&0\\0&0&0&0&1&0\\0&0&0&0&0&1\\0&0&0&0&0&3\end{bmatrix} \tag{14.4}$$

와 같이 된다. 다른 많은 상황들에 이러한 개념을 확장할 수 있다. 예를 들어 최적화 동안 만일 (1) Y축에 대해 대칭과 (2) 3개 노드 2, 3, 4(그리고 6, 7, 4)의 정렬을 유지하면서 구조물의 형상이 변경된다면 다음과 같이 독립 설계변수와 종속 설계변수들을 정의할 수 있다.

독립변수들 : $X_5,\ X_6,\ Y_6,\ Y_7,\ Y_4$

종속변수들 : $X_1=-X_5,\quad X_2=-X_6,\quad Y_2=Y_6,\quad Y_3=Y_7,\quad X_7=\dfrac{Y_4-Y_7}{Y_4-Y_6}X_6,$
$X_3=-X_7,\quad X_4=0,\quad Y_1=0,\quad Y_5=0$

따라서 설계벡터 $\boldsymbol{X}$는

$$\boldsymbol{X} = \begin{pmatrix} x_1 \\ x_2 \\ x_3 \\ x_4 \\ x_5 \end{pmatrix} \equiv \begin{pmatrix} X_5 \\ X_6 \\ Y_6 \\ Y_7 \\ Y_4 \end{pmatrix} \tag{14.5}$$

이 된다. 종속변수와 독립변수들 사이의 관계식을 좀 더 체계적으로 정의하기 위해 모든 변수 벡터 $\boldsymbol{Z}$를 관계함수

$$z_i = f_i(\boldsymbol{X}), \quad i = 1, 2, \cdot \cdot \cdot, 14 \tag{14.6}$$

를 통해 $\boldsymbol{X}$와 관련을 지어

$$\boldsymbol{Z} = \{z_1 z_2 \cdot \cdot \cdot z_{14}\}^T$$

$$\equiv \{X_1 Y_1 X_2 Y_2 X_3 Y_3 X_4 Y_4 X_5 Y_5 X_6 Y_6 X_7 Y_7\}^T$$

로 정의할 수 있다.

14.3 빠른 재분석 기법 (Fast Reanalysis Techniques)

14.3.1 증분 반응 접근법 (Incremental Response Approach)

하중 벡터 $\boldsymbol{P}_0$에 상응하는 구조물 또는 기계의 변위 벡터 $\boldsymbol{Y}_0$가 평형 방정식

$$[K_0]\,\boldsymbol{Y}_0 = \boldsymbol{P}_0 \tag{14.7}$$

또는

$$\boldsymbol{Y}_0 = [K_0]^{-1}\boldsymbol{P}_0 \tag{14.8}$$

의 해라고 하자. 단, $[K_0]$는 설계벡터 $\boldsymbol{X}_0$에 상응하는 강성도 행렬이다. 또한 설계벡터가 $\boldsymbol{X}_0 + \Delta\boldsymbol{X}$로 변경될 때 시스템의 강성도 행렬은 $[K_0] + [\Delta K]$, 변위 벡터는 $\boldsymbol{Y}_0 + \Delta\boldsymbol{Y}$, 그리고 하중 벡터는 $\boldsymbol{P}_0 + \Delta\boldsymbol{P}$로 변경되는 것으로 하자. 새로운 설계벡터 $\boldsymbol{X}_0 + \Delta\boldsymbol{X}$에서의 평형 방정식은

$$([K_0] + [\Delta K])(\boldsymbol{Y}_0 + \Delta\boldsymbol{Y}) = \boldsymbol{P}_0 + \Delta\boldsymbol{P} \tag{14.9}$$

또는

$$[K_0]\,\boldsymbol{Y}_0 + [\triangle K]\,\boldsymbol{Y}_0 + [K_0]\triangle\boldsymbol{Y} + [\triangle K]\triangle\boldsymbol{Y} = \boldsymbol{P}_0 + \triangle\boldsymbol{P} \qquad 14.10$$

이 된다. 식 14.10으로부터 식 14.7을 빼면

$$([K_0] + [\triangle K])\triangle\boldsymbol{Y} = \triangle\boldsymbol{P} - [\triangle K]\,\boldsymbol{Y}_0 \qquad 14.11$$

이고, $[\triangle K]\triangle\boldsymbol{Y}$항을 무시하면 위의 식은

$$[K_0]\triangle\boldsymbol{Y} \approx \triangle\boldsymbol{P} - [\triangle K]\,\boldsymbol{Y}_0 \qquad 14.12$$

이 된다. 따라서 변위 벡터 $\triangle\boldsymbol{Y}$에서 증분에 대한 첫 번째 근사벡터

$$\triangle\boldsymbol{Y}_1 = [K_0]^{-1}(\triangle\boldsymbol{P} - [\triangle K]\,\boldsymbol{Y}_0) \qquad 14.13$$

를 얻는다. 위에서 식 14.8의 해로부터 $[K_0]^{-1}$을 얻을 수 있다. 또한, 식 14.11에서 식 14.12를 빼면 $\triangle\boldsymbol{Y}$의 나은 근사 벡터를 얻을 수 있다. 즉,

$$([K_0] + [\triangle K])\triangle\boldsymbol{Y} - [K_0]\triangle\boldsymbol{Y}_1 = \triangle\boldsymbol{P} - [\triangle K]\,\boldsymbol{Y}_0 - (\triangle\boldsymbol{P} - [\triangle K]\,\boldsymbol{Y}_0) \qquad 14.14$$

또는

$$([K_0] + [\triangle K])(\triangle\boldsymbol{Y} - \triangle\boldsymbol{Y}_1) = -[\triangle K]\triangle\boldsymbol{Y}_1 \qquad 14.15$$

에서

$$\triangle\boldsymbol{Y}_2 = \triangle\boldsymbol{Y} - \triangle\boldsymbol{Y}_1 \qquad 14.16$$

라 놓으면 식 14.15는

$$([K_0] + [\triangle K])\triangle\boldsymbol{Y}_2 = -[\triangle K]\triangle\boldsymbol{Y}_1 \qquad 14.17$$

이 된다. 위의 식에서 $[\triangle K]\triangle\boldsymbol{Y}_2$ 항을 무시하면 에 $\triangle\boldsymbol{Y}$의 두 번째 근사 벡터 $\triangle\boldsymbol{Y}_2$를 얻을 수 있다. 즉,

$$\triangle\boldsymbol{Y}_2 = -[K_0]^{-1}([\triangle K]\triangle\boldsymbol{Y}_1) \qquad 14.18$$

이제 식 14.16으로부터 $\triangle\boldsymbol{Y}$는

$$\triangle\boldsymbol{Y} = \sum_{i=1}^{2}\triangle\boldsymbol{Y}_i \qquad 14.19$$

이며, 이러한 과정을 계속하여 일반적으로 $\triangle\boldsymbol{Y}$를 표현하면

$$\triangle\boldsymbol{Y} = \sum_{i=1}^{\infty}\triangle\boldsymbol{Y}_i \qquad 14.20$$

이 될 수 있다. 위에서 $\Delta \boldsymbol{Y}_i$는

$$[K_0]\Delta \boldsymbol{Y}_i = -[\Delta K]\Delta \boldsymbol{Y}_{i-1} \qquad 14.21$$

의 관계식으로부터 구할 수 있다. 이때 만일 설계벡터 $\boldsymbol{X}$에서 변화가 작지 않으면 식 14.20이 제공하는 급수는 수렴하지 않을 수 있으므로 이 방법을 사용하기 전에 급수가 수렴하는 이동길이를 결정하여 각 문제에 대한 방법의 타당성을 확립하는 것이 중요하다. 또한 반복과정은 일반적으로 주어진 최대 반복횟수가 되거나 또는 다음과 같은 수렴 판정 기준

$$\frac{\|\Delta \boldsymbol{Y}_i\|}{\left\|\sum_{j=1}^{i}\Delta \boldsymbol{Y}_j\right\|} \le \epsilon \qquad 14.22$$

을 만족하면 중지된다. 위에서 $\|\Delta \boldsymbol{Y}_i\|$는 벡터 $\Delta \boldsymbol{Y}_i$의 Euclidean 노름이고, ϵ은 0.01의 상수배(order) 정도의 작은 숫자이다.

예제 14.1

그림 14.2와 같은 크레인(평면 트러스)에서 멤버 e의 영계수는 $E_e = 30\times10^6$ psi ($e = 1, 2, 3, 4$)이고, 다른 데이터는 표 14.1과 같다.

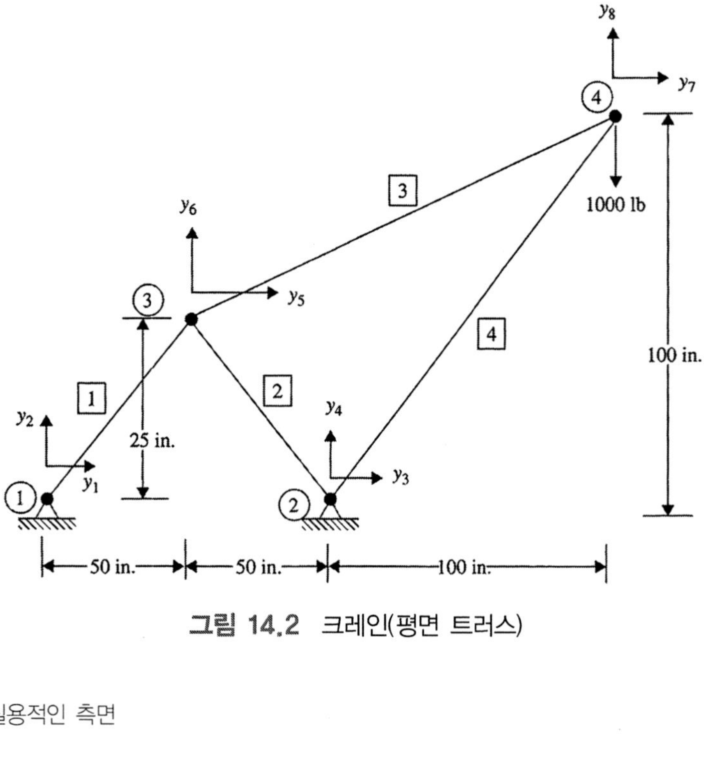

그림 14.2 크레인(평면 트러스)

표 14.1

멤버 e	단면적 A_e	길이 l_e(in)	전역 노드		멤버의 방향 코사인	
			코너 1, i	코너 2, j	$l_{ij}=\dfrac{X_j-X_i}{l_e}$	$m_{ij}=\dfrac{Y_j-Y_i}{l_e}$
1	A_1	55.9017	1	3	0.8944	0.4472
2	A_2	55.9017	3	2	0.8944	−0.4472
3	A_3	167.7051	3	4	0.8944	0.4472
4	A_4	141.4214	2	4	0.7071	0.7071

기초 설계는 $A_1 = A_2 = 2\,\text{in}^2$, $A_3 = A_4 = 1\,\text{in}^2$이고, 그 섭동(perturbation)을 $\Delta A_1 = \Delta A_2 = 0.4\text{in}^2$, $\Delta A_3 = \Delta A_4 = 0.2\,\text{in}^2$라 할 때 다음 사항들을 결정하여라.

(a) 기초 설계에서 노드 3과 4의 정확한 변위

(b) 정확한 과정을 사용하여 섭동된 설계에서 노드 3과 4의 변위

(c) 근사 방법을 사용하여 섭동된 설계에서 노드 3과 4의 변위

[풀이] 전형적인 멤버 e의 강성도 행렬은 다음과 같이 주어진다.

$$[K^{(e)}]=\frac{A_eE_e}{l_e}\begin{bmatrix} l_{ij}^2 & l_{ij}m_{ij} & -l_{ij}^2 & -l_{ij}m_{ij} \\ l_{ij}m_{ij} & m_{ij}^2 & -l_{ij}m_{ij} & -m_{ij}^2 \\ -l_{ij}^2 & -l_{ij}m_{ij} & l_{ij}^2 & l_{ij}m_{ij} \\ -l_{ij}m_{ij} & -m_{ij}^2 & l_{ij}m_{ij} & m_{ij}^2 \end{bmatrix} \qquad \text{E.1}$$

단, A_e는 단면적, E_e는 영계수, l_e는 길이, 그리고 l_{ij}, m_{ij}는 멤버 e의 방향 코사인이다. 표 14.1에 주어진 데이터를 가지고 위의 식 E.1을 사용하여 여러 멤버들의 강성도 행렬을 계산하면 된다. 멤버 강성도 행렬을 작성하고 경계조건들 $y_1 = y_2 = y_3 = y_4 = 0$을 적용하여 전체 강성도 행렬을 구하면 다음과 같이 된다.

$$[K]=(30\times10^6) \qquad \text{E.2}$$

$$\begin{bmatrix} \left(\frac{0.8A_1}{55.9017}+\frac{0.8A_2}{55.9017}+\frac{0.8A_3}{167.7051}\right) & \left(\frac{0.4A_1}{55.9017}-\frac{0.4A_2}{55.9017}+\frac{0.4A_3}{167.7051}\right) & \left(\frac{-0.8A_3}{167.7051}\right) & \left(\frac{-0.4A_3}{167.7051}\right) \\ & \left(\frac{0.2A_1}{55.9017}+\frac{0.2A_2}{55.9017}+\frac{0.2A_3}{167.7051}\right) & \left(\frac{-0.4A_3}{167.7051}\right) & \left(\frac{-0.2A_3}{167.7051}\right) \\ & & \left(\frac{0.8A_3}{167.7051}+\frac{0.5A_4}{141.4214}\right) & \left(\frac{0.4A_3}{167.7051}+\frac{0.5A_4}{141.4214}\right) \\ \text{대칭} & & & \left(\frac{0.2A_3}{167.7051}+\frac{0.5A_4}{141.4214}\right) \end{bmatrix}$$

따라서 구조물의 평형 방정식은

$$[K]\,\boldsymbol{Y}=\boldsymbol{P}, \qquad \text{E.3}$$

$$\boldsymbol{Y}=\begin{pmatrix} y_5 \\ y_6 \\ y_7 \\ y_8 \end{pmatrix} \quad \boldsymbol{P}=\begin{pmatrix} p_5 \\ p_6 \\ p_7 \\ p_8 \end{pmatrix}=\begin{pmatrix} 0 \\ 0 \\ 0 \\ -1000 \end{pmatrix}$$

와 같다.

(a) 기초 설계에서 $A_1 = A_2 = 2\,\text{in}^2$, $A_3 = A_4 = 1\,\text{in}^2$을 이용하여 식 E.3을 풀면 노드 3과 4의 변위에 대한 정확한 해를 얻을 수 있다. 즉,

$$\boldsymbol{Y}_{base}=\begin{pmatrix} y_5 \\ y_6 \\ y_7 \\ y_8 \end{pmatrix}_{base} = \begin{pmatrix} 0.001165 \\ 0.002329 \\ 0.051470 \\ -0.07032 \end{pmatrix}\text{in}$$

(b) 섭동된 설계에서 $A_1 = A_2 = 2.4\,\text{in}^2$, $A_3 = A_4 = 1.2\,\text{in}^2$를 이용하여 식 E.3을 해결하면 노드 3과 4의 변위에 대한 아래의 정확한 해를 얻을 수 있다.

$$\boldsymbol{Y}_{perturb}=\begin{pmatrix} y_5 \\ y_6 \\ y_7 \\ y_8 \end{pmatrix}_{perturb} = \begin{pmatrix} 0.0009705 \\ 0.0019410 \\ 0.0428900 \\ -0.0586000 \end{pmatrix}\text{in}$$

(c) 섭동된 설계에서 수치 $A_1 = A_2 = 2.4\,\text{in}^2$, $A_3 = A_4 = 1.2\,\text{in}^2$를 이용하여 새로운 강성도 행렬

$$[K]_{perturb} = [K] + [\Delta K]$$

계산하고, 위의 식과 근사 절차, 식 14.13과 14.21을 사용하여 $\Delta \boldsymbol{Y}_1$, $\Delta \boldsymbol{Y}_2, \ldots$를 계산할 수 있다. 그 결과는 표 14.2와 같으며 식 14.20이 제공하는 해는 매우 신속하게 수렴하는 것을 알 수 있다.

표 14.2

정확한 해 $Y_0=\begin{pmatrix} 0.116462E-02 \\ 0.232923E-02 \\ 0.514654E-01 \\ -0.703216E-01 \end{pmatrix}$		$(Y_0+\triangle Y)=\begin{pmatrix} 0.970515E-03 \\ 0.194103E-02 \\ 0.428879E-01 \\ -0.586014E-01 \end{pmatrix}$
i 수치	$\triangle Y_i$	$Y_i = Y_0 + \sum_{k=1}^{i} \triangle Y_k$
1	$\begin{pmatrix} -0.232922E-03 \\ -0.465844E-03 \\ -0.102930E-01 \\ 0.140642E-01 \end{pmatrix}$	$\begin{pmatrix} 0.931695E-03 \\ 0.186339E-02 \\ 0.411724E-01 \\ -0.562573E-01 \end{pmatrix}$
2	$\begin{pmatrix} 0.465842E-04 \\ 0.931683E-04 \\ 0.205859E-02 \\ -0.281283E-02 \end{pmatrix}$	$\begin{pmatrix} 0.978279E-03 \\ 0.195656E-02 \\ 0.432310E-01 \\ -0.590702E-01 \end{pmatrix}$
3	$\begin{pmatrix} -0.931678E-05 \\ -0.186335E-04 \\ -0.411716E-03 \\ 0.562563E-03 \end{pmatrix}$	$\begin{pmatrix} 0.968962E-03 \\ 0.193792E-02 \\ 0.428193E-01 \\ -0.585076E-01 \end{pmatrix}$
4	$\begin{pmatrix} 0.186335E-05 \\ 0.372669E-05 \\ 0.823429E-04 \\ -0.112512E-03 \end{pmatrix}$	$\begin{pmatrix} 0.970825E-03 \\ 0.194165E-02 \\ 0.429016E-01 \\ -0.586201E-01 \end{pmatrix}$

■

14.3.2 기저 벡터 접근법 (Basis Vector Approach)

정적 반응을 포함하는 구조 최적화에서는 정확한 분석 결과의 제한된 수를 기초로 설계를 수정하여 근사 분석을 수행할 수 있다. 따라서 대부분 문제들에서 설계변수의 수가 시스템의 자유도 수보다 훨씬 적으므로 연산 시간을 상당히 절약할 수 있다. 다음의 구조물 평형 방정식

$$\underset{m\times m}{[K]}\ \underset{m\times 1}{\boldsymbol{Y}} = \underset{m\times 1}{\boldsymbol{P}} \qquad 14.23$$

을 생각해보자. 단, $[K]$는 강성도 행렬, $\boldsymbol{Y}$는 변위 벡터, 그리고 $\boldsymbol{P}$는 하중 벡터이다. 구조물이 갖는 n개의 설계변수들을 다음의 설계벡터

$$\boldsymbol{X}=\begin{pmatrix} x_1 \\ x_2 \\ \cdot \\ \cdot \\ x_n \end{pmatrix}$$

로 표기하자. 만일 r개의 기저 설계벡터 $\boldsymbol{X}_1$, $\boldsymbol{X}_2$, · · · , $\boldsymbol{X}_r$에서 정확한 해를 구한다면 상응하는 각 해 $\boldsymbol{Y}_i$는 방정식

$$[K_i]\,\boldsymbol{Y}_i = \boldsymbol{P}, \quad i = 1, 2, \cdots, r \tag{14.24}$$

로부터 얻는다. 이때 강성도 행렬 $[K_i]$는 설계벡터 $\boldsymbol{X}_i$에서 결정된다. 만일 기저 설계벡터들 근방에서 새로운 설계벡터 $\boldsymbol{X}_N$을 생각한다면 $\boldsymbol{X}_N$에서 평형 방정식은

$$[K_N]\,\boldsymbol{Y}_N = \boldsymbol{P} \tag{14.25}$$

와 같이 표현된다. 이때 $[K_N]$은 $\boldsymbol{X}_N$에서 계산된 강성도 행렬이다. 기본 변위 벡터 $\boldsymbol{Y}_i(i = 1, 2, \cdots, r)$의 선형 조합으로 $\boldsymbol{Y}_N$을 근사화하면

$$\boldsymbol{Y}_N \approx c_1\boldsymbol{Y}_1 + c_2\boldsymbol{Y}_2 + \cdots + c_r\boldsymbol{Y}_r = [Y]\boldsymbol{c} \tag{14.26}$$

가 된다. 여기서 $[Y] = [\boldsymbol{Y}_1, \boldsymbol{Y}_2, \cdots, \boldsymbol{Y}_r]$은 $n \times r$ 행렬이고, $\boldsymbol{c} = \{c_1, c_2, \cdots, c_r\}^T$는 r 성분 열벡터이다. 이제 식 14.26을 식 14.25에 대입하면

$$[K_N][Y]\boldsymbol{c} = \boldsymbol{P} \tag{14.27}$$

이고, 식 14.27의 양변에 $[Y]^T$를 곱하면

$$\underset{r\times r}{[\widetilde{K}]}\ \underset{r\times 1}{\boldsymbol{c}} = \underset{r\times 1}{\widetilde{\boldsymbol{P}}}, \tag{14.28}$$

$$[\widetilde{K}] = [Y]^T[K_N][Y], \tag{14.29}$$

$$\widetilde{\boldsymbol{P}} = [Y]^T\boldsymbol{P} \tag{14.30}$$

이 된다. 따라서 커다란 n개 식의 시스템인 식 14.25를 해결하여 정확한 해 $\boldsymbol{Y}_N$을 구하는 대신 보다 작은 r개 식의 시스템인 식 14.28을 해결하여 근사 변위 벡터 $\boldsymbol{Y}_N$을 얻을 수 있다는 것을 알 수 있다. 후자 방법은 일련의 벡터들 $\boldsymbol{Y}_1$, $\boldsymbol{Y}_2$, · · · , $\boldsymbol{Y}_r$에 의해 생성된 부분공간에서 Ritz-Galerkin 원리를 적용하는 것과 동일하다. 가정된 모드 $\boldsymbol{Y}_i(i = 1, 2, \cdots, r)$는 유사한 일련의 식들의 시스템의 해이므로 양호한 기저 벡터들로 간주할 수 있다.

Fox & Miura[14.3]은 124-멤버, 96-자유도 3차원 트러스(그림 14.3)를 분석하기 위해 이 방법을 적용하였다. 이들에 의하면 자유도-5 근사화를 사용하여 식 14.25를 해결하는 데는 5.454초를 필요로 하는 반면, 식 14.28을 해결하는 데는 구조물 성분들의 최대 변위에서 1% 오차를 초과하지 않고 0.653초가 필요하였다.

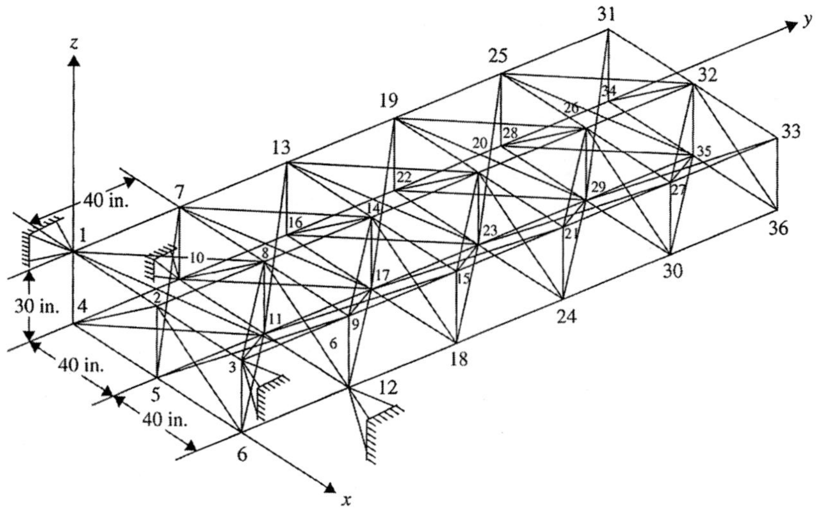

그림 14.3 공간 트러스[13.3]

14.4 정적 변위(Static Displacement)와 응력의 도함수

구배 기반 최적화 방법들은 목적함수와 제약함수들의 구배를 필요로 하므로 설계변수들에 관한 편미분이 요구된다. 많은 실제 응용문제에서는 임의의 설계벡터에서 목적함수와 제약함수의 값을 계산하기 위해 유한 요소 분석을 필요로 한다. 최적화 동안 수많은 시도의 설계벡터에서 목적함수와 제약함수를 계산해야 하므로 반응 정량들의 도함수 연산은 상당한 연산 노력을 필요로 한다. 하지만 반응 정량들에 대한 근사 표현식을 유도하는 것이 가능하다. 본 절과 그 다음의 두 절에서는 정적 변위, 응력들, 고유수치들, 고유벡터들, 그리고 구조적 및 기계적 시스템들의 과도반응들의 도함수를 기술한다. $[K]$가 강성도 행렬, $\boldsymbol{Y}$는 변위 벡터, 그리고 $\boldsymbol{P}$가 하중 벡터일 때, 기계 또는 구조물의 평형 방정식은

$$[K]\boldsymbol{Y} = \boldsymbol{P} \tag{14.31}$$

와 같다. 위의 식 14.31을 설계변수 x_i에 관해 미분하면

$$\frac{\partial [K]}{\partial x_i}\boldsymbol{Y} + [K]\frac{\partial \boldsymbol{Y}}{\partial x_i} = \frac{\partial \boldsymbol{P}}{\partial x_i} \tag{14.32}$$

가 된다. 위에서 $\partial[K]/\partial x_i$는 $[K]$ 성분을 x_i에 관해 미분하여 나타낸 강성도 행렬로서 일반적으로 유한차분 방법을 이용하여

$$\frac{\partial[K]}{\partial x_i} \approx \frac{\Delta[K]}{\Delta x_i} = \frac{[K]_{new} - [K]}{\Delta x_i} \tag{14.33}$$

와 같이 행렬을 구한다. 이때 $[K]_{new}$는 섭동된 설계벡터 $\boldsymbol{X} + \Delta\boldsymbol{X}_i$에서 계산된 강성도 행렬이고, 벡터 $\Delta\boldsymbol{X}_i$는 i번째 성분이 Δx_i, 다른 모든 성분은 0인 벡터이다. 즉,

$$\Delta\boldsymbol{X}_i = \{0\ 0\ \cdot\ \cdot\ \cdot\ 0\ \Delta x_i\ 0\ \cdot\ \cdot\ \cdot\}^T \tag{14.34}$$

대부분의 경우에서 하중 벡터 $\boldsymbol{P}$는 설계변수들과 독립적이거나 설계변수들의 알려진 함수이므로 어려움 없이 도함수 $\partial\boldsymbol{P}/\partial x_i$를 계산할 수 있다. 또한 정적 변위의 도함수는 식 14.32으로부터

$$\frac{\partial\boldsymbol{Y}}{\partial x_i} = [K]^{-1}\left(\frac{\partial\boldsymbol{P}}{\partial x_i} - \frac{\partial[K]}{\partial x_i}\boldsymbol{Y}\right) \tag{14.35}$$

이 되고, 식 14.31의 해로부터 $[K]^{-1}$ 또는 두 동치행렬을 얻을 수 있으므로 쉽게 해결할 수 있다.

기계 또는 구조물(특정 유한요소에서)에서 응력의 결정은 관계식

$$\boldsymbol{\sigma} = [R]\,\boldsymbol{Y} \tag{14.36}$$

을 사용하여 결정된다. 단, $[R]$은 응력을 노드 변위와 관련시키는 행렬을 의미한다. 따라서 응력의 도함수는

$$\frac{\partial\boldsymbol{\sigma}}{\partial x_i} = [R]\frac{\partial\boldsymbol{Y}}{\partial x_i} \tag{14.37}$$

와 같이 계산된다. 이때 행렬 $[R]$은 통상적으로 설계변수에 독립적이고, $\partial\boldsymbol{Y}/\partial x_i$ 벡터는 식 14.35에서 얻을 수 있다.

14.5 고유치와 고유벡터의 도함수

다음의 고유치 문제[14.4, 14.6, 14.10]

$$\underset{m\times m}{K}\ \underset{m\times 1}{\boldsymbol{Y}} = \lambda\underset{m\times m}{[M]}\ \underset{m\times 1}{\boldsymbol{Y}} \tag{14.38}$$

에서 λ는 고유치, $\boldsymbol{Y}$는 고유벡터, $[K]$는 강성도 행렬, 그리고 $[M]$은 설계벡터 $\boldsymbol{X} = (x_1,\ x_2, \cdots, x_n)^T$에 상응하는 질량 행렬(mass matrix)이다. 또한, 식 14.38의 해는 연립

방정식

$$[P_i]\,\boldsymbol{Y}_i = 0 \ , \tag{14.39}$$

$$[P_i] = [K] - \lambda_i[M] \ , \quad i = 1,\ 2,\ \cdot\ \cdot\ \cdot\ ,\ m \tag{14.40}$$

를 만족하는 고유치 λ_i와 고유벡터 $\boldsymbol{Y_i}$로 구성된다. 이때 $[P_i]$는 대칭 행렬이다.

14.5.1 λ_i의 도함수

식 14.39의 양변에 $\boldsymbol{Y}_i^T$를 곱한

$$\boldsymbol{Y}_i^T[P_i]\,\boldsymbol{Y}_i = 0 \tag{14.41}$$

의 식에 설계변수 x_j에 관해 미분하면

$$\boldsymbol{Y}_{i,j}^T[P_i]\,\boldsymbol{Y}_i + \boldsymbol{Y}_i^T\frac{\partial[P_i]}{\partial x_j}\boldsymbol{Y}_i + \boldsymbol{Y}_i^T[P_i]\,\boldsymbol{Y}_{i,j} = 0 \ , \quad \boldsymbol{Y}_{i,j} = \partial\,\boldsymbol{Y}_i/\partial x_j \tag{14.42}$$

이다. 식 14.39으로부터 위의 식은

$$\boldsymbol{Y}_i^T\frac{\partial[P_i]}{\partial x_j}\boldsymbol{Y}_i = 0 \tag{14.43}$$

이 된다. 또한, 식 14.40을 미분하면

$$\frac{\partial[P_i]}{\partial x_j} = \frac{\partial[K]}{\partial x_j} - \lambda_i\frac{\partial[M]}{\partial x_j} - \frac{\partial\lambda_i}{\partial x_j}[M] \tag{14.44}$$

이다. 위에서 $\partial[K]/\partial x_j$와 $\partial[M]/\partial x_j$는 행렬 $[K]$와 $[M]$의 각 성분을 x_j에 관해 미분한 행렬을 의미한다. 한편, 질량 행렬에 관해 고유치를 정규화한 식 [14.10]

$$\boldsymbol{Y}_i^T[M]\,\boldsymbol{Y}_i = 1 \tag{14.45}$$

을 식 14.44를 14.43에 대입한 식에 아래의 x_j에 관한 λ_i의 도함수를 얻을 수 있다.

$$\frac{\partial\lambda_i}{\partial x_j} = \boldsymbol{Y}_i^T\left[\frac{\partial[K]}{\partial x_j} - \lambda_i\frac{\partial[M]}{\partial x_j}\right]\boldsymbol{Y}_i \tag{14.46}$$

식 14.46은 단지 관련된 고유치와 고유벡터만을 포함하므로 $\partial\lambda_i/\partial x_j$를 구하기 위해 고유치 문제를 완벽하게 해결할 필요는 없다.

14.5.2 Y_i의 도함수

식 14.39와 14.45를 x_j에 관해 미분하면

$$[P_i]\frac{\partial \boldsymbol{Y}_i}{\partial x_j} = -\frac{\partial [P_i]}{\partial x_j}\boldsymbol{Y}_i \tag{14.47}$$

$$2\boldsymbol{Y}_i^T[M]\frac{\partial \boldsymbol{Y}_i}{\partial x_j} = -\boldsymbol{Y}_i^T\frac{\partial [M]}{\partial x_j}\boldsymbol{Y}_i \tag{14.48}$$

이고, $\partial[P_i]/\partial x_j$는 식 14.44로부터 얻는다. 식 14.47과 14.48은 일차 독립임을 보일 수 있고, 함께 모아쓰면

$$\underset{(m+1)\times m}{\begin{bmatrix}[P_i]\\ 2\boldsymbol{Y}_i^T[M]\end{bmatrix}}\ \underset{m\times 1}{\frac{\partial \boldsymbol{Y}_i}{\partial x_j}} = -\underset{(m+1)\times m}{\begin{bmatrix}\dfrac{\partial [P_i]}{\partial x_j}\\ \boldsymbol{Y}_i^T\dfrac{\partial [M]}{\partial x_j}\end{bmatrix}}\ \underset{m\times 1}{\boldsymbol{Y}_i} \tag{14.49}$$

이 됨을 알 수 있다. 또한, 위의 식의 양변에

$$\begin{bmatrix}[P_i]\\ \boldsymbol{Y}_i^T[M]\end{bmatrix}^T = \left[\,[P_i]\ \ [M]\,\boldsymbol{Y}_i\right]$$

을 곱하면

$$\underset{m\times m}{\left[\,[P_i]\,[P_i]+2\,[M]\,\boldsymbol{Y}_i\boldsymbol{Y}_i^T[M]\,\right]}\underset{m\times 1}{\frac{\partial \boldsymbol{Y}_i}{\partial x_j}} = -\underset{m\times m}{\left[[P_i]\frac{\partial [P_i]}{\partial x_j} + [M]\,\boldsymbol{Y}_i\boldsymbol{Y}_i^T\frac{\partial [M]}{\partial x_j}\right]}\underset{m\times 1}{\boldsymbol{Y}_i} \tag{14.50}$$

이 되므로 고유벡터의 도함수 $\partial \boldsymbol{Y}_i/\partial x_j$는

$$\begin{aligned}\frac{\partial \boldsymbol{Y}_i}{\partial x_j} &= -\left[\,[P_i]\,[P_i]+2\,[M]\,\boldsymbol{Y}_i\boldsymbol{Y}_i^T[M]\,\right]^{-1}\\ &\quad\times\left[[P_i]\frac{\partial [P_i]}{\partial x_j} + [M]\,\boldsymbol{Y}_i\boldsymbol{Y}_i^T\frac{\partial [M]}{\partial x_j}\right]\boldsymbol{Y}_i\end{aligned} \tag{14.51}$$

와 같이 표현된다. 위의 식에서 보는 바와 같이 고유벡터들의 도함수 계산에도 관련된 고유치와 고유벡터만이 포함되는 것을 알 수 있다.

예를 들어, 그림 14.4와 같이 자유도가 6이고 3개 유한요소들로 모델되는 실린더 외팔보[14.4]에서 보의 직경을 설계변수 $x_i(i=1,\ 2,\ 3)$로 고려한다. 처음 세 개 고유치들과 이들 도함수들은 표 14.3과 같다[14.4].

표 14.3

i	고유치 λ_i	$10^{-9}\dfrac{\partial \lambda_i}{\partial x_1}$	$10^{-9}\dfrac{\partial \lambda_i}{\partial x_3}$	$10^{-2}\dfrac{\partial Y_{5i}}{\partial x_1}$	$10^{-2}\dfrac{\partial Y_{6i}}{\partial x_1}$
1	24.66	0.3209	−0.1582	1.478	−2.298
2	974.7	3.86	−0.4144	0.057	−3.046
3	7782.0	23.5	21.67	0.335	−5.307

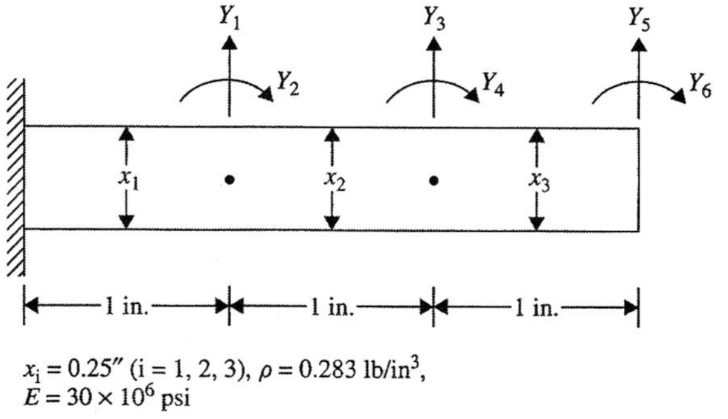

그림 14.4 실린더 외팔보

14.6 과도반응(Transient Response)의 도함수

점성 댐핑을 갖고, 자유도가 n인 기계/구조 시스템의 운동방정식 [14.10]은

$$[M]\ddot{\boldsymbol{Y}} + [C]\dot{\boldsymbol{Y}} + [K]\boldsymbol{Y} = \boldsymbol{F}(t) \tag{14.52}$$

와 같이 표현된다. 단, $[M]$, $[C]$, $[K]$는 $n \times n$ 질량행렬, 댐핑 행렬, 그리고 강성도 행렬이고, $\boldsymbol{F}(t)$는 n-성분 힘 벡터, $\boldsymbol{Y}$는 n-성분 변위 벡터, 그리고 문자변수 위의 점은 시간에 관한 미분을 의미한다. 식 14.52는 n개의 2차 미분 연립방정식을 의미한다. 대부분 실용 문제에서 n은 매우 크므로 식 14.52는 어려운 문제이다. 따라서 식 14.52의 수치해를 구하는 지루한 연산이 필요하고 성분들이 변화가 완만한 (또는 저주파의) 경우에만 정확한 해를 제공한다. 따라서 변위 해 $\boldsymbol{Y}$를 r개의 기저 함수 $\boldsymbol{\Phi}_1$, $\boldsymbol{\Phi}_2$, $\cdots$, $\boldsymbol{\Phi}_r$ $(r \ll n)$로 표현한 식

$$\boldsymbol{Y} = [\Phi]\boldsymbol{q} \quad \text{또는} \quad y_j = \sum_{k=1}^{r} \Phi_{jk} q_k(t), \qquad j = 1, 2, \cdots, n, \tag{14.53}$$

$$[\Phi] = [\boldsymbol{\Phi}_1 \boldsymbol{\Phi}_2 \cdots \boldsymbol{\Phi}_r]$$

으로 문제의 크기를 축소시킨다. 이때 Φ_{jk}는 행렬 $[\Phi]$의 행 j와 열 k의 성분, $\boldsymbol{q}$는 축소된 좌표의 r-성분 벡터, 그리고 $q_k(t)$는 벡터 $\boldsymbol{q}$의 k번째 성분이다. 식 14.53을 식 14.52에 대입한 식의 양변에 $[\Phi]^T$을 곱하면 다음과 같은 r개 변수의 미분 연립방정식을 얻는다.

$$[\overline{M}]\ddot{\boldsymbol{q}}+[\overline{C}]\dot{\boldsymbol{q}}+[\overline{K}]\boldsymbol{q}=\overline{\boldsymbol{F}}(t), \tag{14.54}$$

$$[\overline{M}]=[\Phi]^T[M][\Phi] \tag{14.55}$$

$$[\overline{C}]=[\Phi]^T[C][\Phi] \tag{14.56}$$

$$[\overline{K}]=[\Phi]^T[K][\Phi] \tag{14.57}$$

$$\overline{\boldsymbol{F}}(t)=[\Phi]^T\boldsymbol{F}(t) \tag{14.58}$$

만일 댐핑되지 않은 진동의 자연모드를 기저 함수로 사용하고, $[C]$를 $[M]$과 $[K]$의 일차결합[**비례 댐핑**(proportional damping)이라 불리는]이라 가정하면 식 14.54는 독립적으로 해결할 수 있는 분리(uncoupled) 2차 미분 연립방정식을 표현하게 된다[14.10]. 위에서 $\boldsymbol{q}(t)$를 구하면 식 14.53에서 변위 해 $\boldsymbol{Y}(t)$를 결정할 수 있다.

동적 반응에 제약을 받는 최적화 문제를 작성할 때 선택한 변위 성분들에 대한 제약식을

$$|y_j(\boldsymbol{X},\ t)| \le y_{max}, \quad j=1,\ 2,\cdot\cdot\cdot \tag{14.59}$$

와 같이 부과한다. 위에서 y_j는 기계/구조물 위의 위치 j에서의 변위이고, y_{max}는 최대 허용 변위 수치이다. 또한, 동적 응력들에 대한 제약들도 유사한 방법으로 기술된다. 식 14.59는 매개변수 시간 t로 나타낸 매개변수 제약이므로 연산적 단순성을 위해 정점(peak) 또는 임계(critical)값 y_j의 집합에서만 만족되면 된다. 임계점에서 식 14.59가 만족되면 다른 모든 t 수치들에서도 만족되기 때문이다[14.11, 14.12]. $dy_j/dt=0$이 되는 y_j 또는 시간 구간의 끝점에서 y_j 값들은 국소 최대를 의미할 수 있으므로 임계점들의 후보로 고려하여야 한다. 여러 후보 임계점들 중 연산을 단순화하기 위해 오직 엄선된 개수만을 고려한다.

예를 들어, 그림 14.5와 같은 반응에서 점 $a,\ b,\ c,\cdot\cdot\cdot,\ j$는 후보 임계점들이나 임계점 $a,\ b,\ f$와 j는 다른 임계점과 비교하여 크기가 작기(예를 들어 25%) 때문에 버릴 수 있다. 한편, 임계점 d와 e는 (또는 g와 h) 본질적으로 높은 주파수 기복을 갖는 단일 커다란 임계점을 표현하는 점들인 사실을 유의하면 d(또는 h)보다 약간 크기가 작은 임계점 e(또는 g)를 버릴 수 있다. 따라서 제약식 14.59를 만족하기 위해 최종적으로 임계

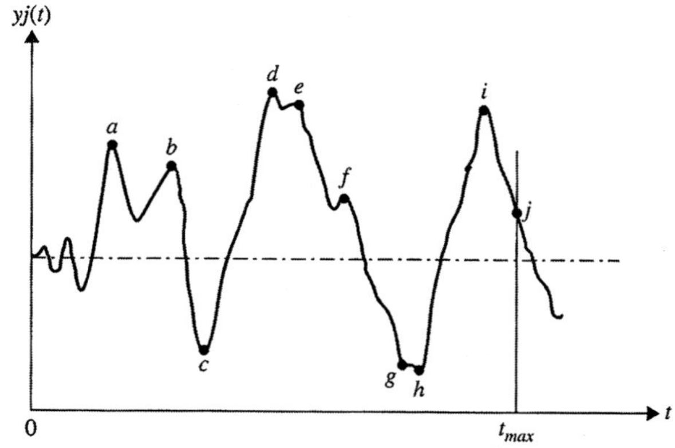

그림 14.5 전형적인 과도반응에서 임계점들

점 c, d, h 및 i만을 고려할 수 있다.

기준 설계 $\boldsymbol{X}$에서 임계점들이 확인되면 임계점 $t=t_c$에서 설계변수 x_i에 대한 반응 $y_j(\boldsymbol{X},\ t)$의 민감도는 y_j의 전미분(total differential)을 사용하여 구할 수 있다. 즉,

$$\frac{dy_j(\boldsymbol{X},\ t)}{dx_i}=\frac{\partial y_j}{\partial x_i}+\frac{\partial y_j}{\partial t}\frac{dt_c}{dx_i}, \qquad i=1,\ 2,\cdot\cdot\cdot,\ n \tag{14.60}$$

을 사용하면 된다. 위에서 내부 임계점 $(0<t_c<t_{max})$에서 $\partial y_j/\partial t=0$이고, 끝점$(t_c=t_{max})$에서는 $dt_c/dx_i=0$이므로 우변의 두 번째 항은 항상 0이 된다. 또한, 도함수 $\partial y_j/\partial x_i$는 식 14.53을 사용하여 계산하면

$$\frac{\partial y_j}{\partial x_i}=\sum_{k=1}^{r}\Phi_{jk}\frac{\partial q_k(t)}{\partial x_i}, \qquad i=1,\ 2,\cdot\cdot\cdot,\ n \tag{14.61}$$

와 같다. 여기서 단순화하기 위해 행렬 $[\Phi]$의 성분들을 설계벡터 $\boldsymbol{X}$와 독립적인 상수로 가정한다. 정확도를 높이기 위해 $\partial y_j/\partial x_i$을 구할 때 식 14.51과 유사한 한 식으로부터 얻은 x_i에 관한 Φ_{jk}의 도함수들을 포함시킬 수 있다.

식 14.61에서 필요한 $\partial q_k/\partial x_i$값을 구하기 위해 식 14.54를 x_i에 관해 미분하면

$$\begin{aligned}&[\overline{M}]\frac{\partial \ddot{\boldsymbol{q}}}{\partial x_i}+[\overline{C}]\frac{\partial \dot{\boldsymbol{q}}}{\partial x_i}+[\overline{K}]\frac{\partial \boldsymbol{q}}{\partial x_i}\\&=\frac{\partial \overline{\boldsymbol{F}}}{\partial x_i}-\frac{\partial[\overline{M}]}{\partial x_i}\ddot{\boldsymbol{q}}-\frac{\partial[\overline{C}]}{\partial x_i}\dot{\boldsymbol{q}}-\frac{\partial[\overline{K}]}{\partial x_i}\boldsymbol{q}, \qquad i=1,2,\cdot\cdot\cdot,\ n\end{aligned} \tag{14.62}$$

와 같다. 상기 식의 우변에 나타나는 행렬들의 도함수는 다음과 같은 공식

$$\frac{\partial[\overline{M}]}{\partial x_i} = [\Phi]^T \frac{\partial[M]}{\partial x_i}[\Phi] \tag{14.63}$$

을 사용하여 구할 수 있다. 위에서 단순화를 위해 $[\Phi]$을 상수로 가정하고, 유한차분 기법을 사용하여 $\partial[M]/\partial x_i$을 계산한다. 대부분 경우의 힘의 함수 $\boldsymbol{F}(t)$는 $\boldsymbol{X}$와 독립적이거나 또는 $\boldsymbol{X}$의 양함수이므로 큰 어려움 없이 $\partial y_j/\partial x_i$을 계산할 수 있다. 따라서 식 14.62의 우변을 알게 되면 양변을 수치적으로 시간에 관해 적분하여 $\partial\ddot{\boldsymbol{q}}/\partial x_i$, $\partial\dot{\boldsymbol{q}}/\partial x_i$ 그리고 $\partial\boldsymbol{q}/\partial x_i$의 값을 구할 수 있고, 임계점 t_c에서 $\partial\boldsymbol{q}/\partial x_i = \{\partial q_k/\partial x_i\}$의 값을 사용하여 식 14.61로부터 과도반응의 필요한 민감도를 구할 수 있다.

14.7 매개변수에 대한 최적해의 민감도

모든 최적설계 문제는 설계벡터와 일련의 문제 매개변수(또는 사전 할당된 매개변수들)를 포함하며, 많은 경우에서 문제의 매개변수들에 대한 최적설계(설계변수들과 목적함수)의 도함수 또는 민감도를 알고 싶어 한다[14.25, 14.26]. 한 예로서 발생된 응력에 제약받는 기계요소 또는 구조물의 최소 중량 설계에서 문제를 해결한 후 재질을 변경할 경우 이에 따른 영향을 알고 싶어 할 수 있다. 이는 허용응력 수치의 변화에 기인한 요소 또는 구조물의 최소 중량과 최적 규격에서의 변화를 알고 싶어 하는 것을 의미한다. 통상적으로 유한차분법을 사용하여 민감도 도함수들을 구하지만 이는 증가된 매개변수들의 수치들을 사용하여야 하므로 고비용으로 문제를 다시 최적화하여야 한다. 따라서 관련된 식들로부터 민감도 도함수에 대한 표현식을 유도하는 것이 바람직하다. 본 절에서는 Kuhn-Tucker 조건에 기초한 접근법과 가변영역의 방향(feasible direction)의 개념에 기초한 접근법에 대해 기술한다.

14.7.1 Kuhn-Tucker 조건을 사용한 민감도

제약 최적설계 해 $\boldsymbol{X}^*$에서 만족할 Kuhn-Tucker 조건들은 다음과 같다(식 2.73과 2.74 참조).

$$\frac{\partial f(\boldsymbol{X})}{\partial x_i} + \sum_{j\in J_1}\lambda_j \frac{\partial g_j(\boldsymbol{X})}{\partial x_i} = 0, \quad i = 1, 2, \cdots, n \tag{14.64}$$

$$g_j(\boldsymbol{X}) = 0, \quad j \in J_1 \tag{14.65}$$

$$\lambda_j > 0, \quad j \in J_1 \tag{14.66}$$

위에서 J_1은 활성 제약식의 첨자 집합이고, 식 14.64~14.66은 $\boldsymbol{X}=\boldsymbol{X}^*$와 $\lambda_j=\lambda_j{}^*$인 경우에 만족된다. 한 문제의 매개변수가 약간 변화해도 식 14.64~14.66은 만족한 상태를 유지하는 것으로 가정한다. f, g_j, $\boldsymbol{X}$, λ_j를 문제 매개변수 p의 함수들로 취급하고 식 14.64~14.65를 p에 관해 미분하면 다음 결과를 얻는다.

$$\sum_{k=1}^{n}\left[\frac{\partial^2 f(\boldsymbol{X})}{\partial x_i \partial x_k}+\sum_{j\in J_1}\lambda_j\frac{\partial^2 g_j(\boldsymbol{X})}{\partial x_i \partial x_k}\right]\frac{\partial x_k}{\partial p}+\sum_{j\in J_1}\frac{\partial \lambda_j}{\partial p}\frac{\partial g_j(\boldsymbol{X})}{\partial x_i}+\frac{\partial^2 f(\boldsymbol{X})}{\partial x_i \partial p} \qquad 14.67$$

$$+\sum_{j\in J_1}\lambda_j\frac{\partial^2 g_j(\boldsymbol{X})}{\partial x_i \partial p}=0, \qquad i=1,\ 2,\ \cdot\ \cdot\ \cdot,\ n$$

$$\frac{\partial g_j(\boldsymbol{X})}{\partial p}+\sum_{i=1}^{n}\frac{\partial g_j(\boldsymbol{X})}{\partial x_i}\frac{\partial x_i}{\partial p}=0, \qquad j\in J_1 \qquad 14.68$$

따라서 식 14.67과 식 14.68을 형태로 표현하면

$$\begin{bmatrix}[P]_{n\times n} & [Q]_{n\times q}\\ [Q]^T_{q\times n} & [0]_{q\times q}\end{bmatrix}\begin{pmatrix}\dfrac{\partial \boldsymbol{X}}{\partial p_{n\times 1}}\\ \dfrac{\partial \lambda}{\partial p_{q\times 1}}\end{pmatrix}+\begin{pmatrix}\boldsymbol{a}_{n\times 1}\\ \boldsymbol{b}_{q\times 1}\end{pmatrix}=\begin{pmatrix}\boldsymbol{0}_{n\times 1}\\ \boldsymbol{0}_{q\times 1}\end{pmatrix} \qquad 14.69$$

이 된다. 위에서 q는 활성 제약들의 수를 의미하고 행렬들과 벡터들의 성분들은 다음과 같이 주어진다.

$$P_{ik}=\frac{\partial^2 f(\boldsymbol{X})}{\partial x_i \partial x_k}+\sum_{j\in J_1}\lambda_j\frac{\partial^2 g_j(\boldsymbol{X})}{\partial x_i \partial x_k} \qquad 14.70$$

$$Q_{ij}=\frac{\partial g_j(\boldsymbol{X})}{\partial x_i}, \qquad j\in J_1 \qquad 14.71$$

$$a_i=\frac{\partial^2 f(\boldsymbol{X})}{\partial x_i \partial p}+\sum_{j\in J_1}\lambda_j\frac{\partial g_j(\boldsymbol{X})}{\partial x_i \partial p} \qquad 14.72$$

$$b_j=\frac{\partial g_j(\boldsymbol{X})}{\partial p}, \qquad j\in J_1 \qquad 14.73$$

$$\frac{\partial X}{\partial p}=\begin{pmatrix}\dfrac{\partial x_1}{\partial p}\\ \vdots\\ \dfrac{\partial x_n}{\partial p}\end{pmatrix}, \qquad \frac{\partial \lambda}{\partial p}=\begin{pmatrix}\dfrac{\partial \lambda_1}{\partial p}\\ \vdots\\ \dfrac{\partial \lambda_q}{\partial p}\end{pmatrix} \qquad 14.74$$

식 14.69에서 다음 사실을 알 수 있다.

1. 식 14.69는 민감도 도함수 $\partial x_i / \partial p(i=1, 2, \cdots, n)$와 $\partial \lambda_j / \partial p(j=1, 2, \cdots, q)$로 된 $(n+q)$ 연립방정식을 나타낸다. 식 14.69에서 $\boldsymbol{X}^*$와 λ^* 모두 알고 있음을 가정한다. 만일 최적화 과정 동안 λ^*가 계산되지 않으면 식 7.263을 사용하여 이들을 계산할 수 있다.
2. 오직 시스템이 정칙(nonsingular) 행렬인 경우에만 식 14.69를 해결할 수 있고, 정칙 행렬이려면 활성 제약들은 독립적이어야 한다.
3. $[P]$의 성분들과 $\boldsymbol{a}$를 계산할 때 f와 g_j의 이차도함수들이 필요하다.
4. 만일 문제 매개변수 p_1, $p_2 \cdots$,에 관한 민감도 도함수들이 필요하면 각 경우에 대해 오직 벡터 $\boldsymbol{a}$와 $\boldsymbol{b}$를 계산하고, 여러 우변 벡터들에 대한 연립방정식을 해결하는 기법들을 사용하여 효율적으로 14.69의 연립방정식을 해결할 수 있다.

식 14.69를 해결하면 p에 관한 최적 목적함수의 값의 민감도를 다음과 같이 계산할 수 있다.

$$\frac{df(\boldsymbol{X})}{dp} = \frac{\partial f(\boldsymbol{X})}{\partial p} + \sum_{i=1}^{n} \frac{\partial f(\boldsymbol{X})}{\partial x_i} \frac{\partial x_i}{\partial p} \tag{14.75}$$

한편, 문제의 매개변수 Δp 변화로 Kuhn-Tucker 조건들을 만족시키기 위해 필요한 x_i와 f의 최적 값의 변화는

$$\Delta x_i = \frac{\partial x_i}{\partial p} \Delta p, \qquad \Delta f = \frac{df}{dp} \Delta p \tag{14.76}$$

와 같이 계산되고, 또한 Δp에 기인한 Lagrange 승수 λ_j의 변화는

$$\Delta \lambda_j = \frac{\partial \lambda_j}{\partial p} \Delta p \tag{14.77}$$

추정될 수 있으므로 Δp 변화로 인해 원래 활성 제약이 비활성화 되는지를 결정할 수 있다. 즉, 비활성 제약에 대한 Lagrange 승수의 값은 0이 되므로

$$\lambda_j + \Delta \lambda_j = \lambda_j + \frac{\partial \lambda_j}{\partial p} \Delta p = 0 \tag{14.78}$$

으로부터 j번째 제약이 비활성화 되도록 하기 위해 필요한 Δp의 값을 구하면

$$\Delta p = -\frac{\lambda_j}{\partial \lambda_j / \partial p}, \qquad j \in J_1 \tag{14.79}$$

가 된다. 유사하게 $\triangle p$로 인해 새로운 g_j의 값이 0이 되면

$$g_j(\boldsymbol{X})+\frac{dg_j}{dp}\triangle p=g_j(\boldsymbol{X})+\left(\sum_{i=1}^{n}\frac{\partial g_j}{\partial x_i}\frac{\partial x_i}{\partial p}\right)\triangle p=0 \tag{14.80}$$

와 같이 되므로 비활성 제약을 활성으로 만들기 위해 필요한 변화 $\triangle p$는

$$\triangle p=-\frac{g_j(\boldsymbol{X})}{\sum_{i=1}^{n}\frac{\partial g_j}{\partial x_i}\frac{\partial x_i}{\partial p}} \tag{14.81}$$

가 된다.

14.7.2 가변영역 방향의 개념을 사용한 민감도

문제의 매개변수 p를 하나의 설계변수로 처리하면 새로운 설계벡터는

$$\boldsymbol{X}=\{x_1\ x_2\cdot\ \cdot\ \cdot\ x_n\ p\}^T \tag{14.82}$$

가 된다. 가변영역 방향 방법의 경우에서와 같이(7.7절 참조) f와 $g_j(j\in J_1)$의 구배를 일반적인 방법으로 계산할 수 있을 때 방향 탐색 문제를 만들면

$$\begin{aligned}&\min_{\boldsymbol{X}}\quad -\boldsymbol{S}^T\nabla f(\boldsymbol{X})\\&\text{subject to}\\&\qquad \boldsymbol{S}^T\nabla g_j\le 0,\quad j\in J_1\\&\qquad \boldsymbol{S}^T\boldsymbol{S}\le 1\end{aligned} \tag{14.83}$$

와 같다. 집합 J_1은 $\triangle p$의 변화 때문에 어떤 제약도 위반되지 않도록 활성 제약뿐 아니라 활성에 가까운 제약도 포함할 수 있다. 위의 식 14.83의 문제의 해를 구하면 유용한 가변영역의 탐색방향 $\boldsymbol{S}$를 찾을 수 있고, 방향 $\boldsymbol{S}$를 따라 새로운 설계벡터 $\boldsymbol{X}_{new}$를 다음과 같이 표현할 수 있다.

$$\boldsymbol{X}_{new}=\boldsymbol{X}_{current}+t\boldsymbol{S}=\boldsymbol{X}_{current}+\triangle\boldsymbol{X} \tag{14.84}$$

위에서 t는 이동길이이며 $\boldsymbol{S}$의 성분들은 다음과 같이 고려할 수 있다.

$$s_i = \begin{cases} \dfrac{\partial x_i}{\partial t}, & i = 1,\ 2,\ \cdot\ \cdot\ \cdot\ ,\ n \\ \dfrac{\partial p}{\partial t}, & i = n+1 \end{cases} \tag{14.85}$$

따라서

$$\triangle p = t\, s_{n+1} \quad \text{또는} \quad t = \frac{\triangle p}{s_{n+1}} \tag{14.86}$$

이때 벡터 $\boldsymbol{S}$의 성분들을 s_{n+1}로 나누어 정규화하면 식 14.86은 $t = \triangle p$이 되므로 식 14.85는

$$\begin{pmatrix} \dfrac{\partial x_1}{\partial p} \\ \cdot \\ \cdot \\ \cdot \\ \dfrac{\partial x_n}{\partial p} \\ 1 \end{pmatrix} = \frac{1}{s_{n+1}} \boldsymbol{S} \tag{14.87}$$

와 같으므로 p에 대한 목적함수의 민감도는

$$\frac{df(\boldsymbol{X})}{dp} = \nabla f(\boldsymbol{X})^T \frac{\boldsymbol{S}}{s_{n+1}} \tag{14.88}$$

이 된다. 선행 방법과는 다르게 이 방법은 민감도 도함수들을 구하기 위해 λ^*의 값과 f와 g_j의 이차도함수를 필요로 하지 않는다. 또한, 여러 문제 매개변수들 p_1, p_2, · · · 에 관한 민감도가 필요하면 오직 식 14.82에서 설계벡터 $\boldsymbol{X}$에 이들을 추가하면 된다.

14.8 다단계 (Multilevel) 최적화

14.8.1 기본 개념

여러 하중 조건들을 갖는 대규모 요소 멤버 또는 부분시스템(subsystem)들을 포함하는 실제 시스템의 설계는 과도한 수의 설계변수들과 제약들을 포함하게 된다. 따라서 최적화 문제는 관리할 수 없을 정도로 커지게 되고 해결 과정은 너무 고비용이 되며, 용량이 가장 큰 컴퓨터조차도 쉽게 포화되기 십상이다. 다단계 최적화는 여러 작은 부분문제(각 부분시스템에 대해 하나씩)들과 부분문제(부분시스템)들 사이에서 결합 관계를 관리 준수하

는 통합문제(시스템 단계에서)로 전체 문제를 분해하는 기법이다. 선형 계획법과 동적 계획법에서도 이와 같은 접근법들을 사용하여 왔다. 즉, 선형 계획법에서의 분해 방법(4.4절 참조)은 공유된 자원을 제한하여 분해한 많은 독립 선형계획 부분문제들을 결합한다. 각 개별 부분시스템, 즉 선형계획 부분문제가 해결되면 공유된 자원에 대한 비용은 목적함수에 더해지며, 공유된 자원들의 비용들의 적정한 변동에 의해 여러 부분문제들의 제안된 최적 전략들이 마스터 프로그램에 보내지고 최적화되어 전체 비용이 최소화된다. 동적 계획법에서는 각 단계에서 결정된 하나의 최적 정책을 갖고 단계별로 문제를 처리한다(제9장 참조). 문제가 직렬 구조를 가질 때 이 방법은 특히 유용하다.

비선형 최적화 문제들에 대해서는 여러 분해 방법들이 제안되어 왔다[14.14~14.16]. 다음 절에서는 시스템을 더욱 작은 여러 부분문제들로 분해하고 각 부분문제는 자체 목표와 제약을 갖는 2-단계 접근법을 고려한다. 첫 번째 단계에서는 개별 부분시스템 최적화 문제들을 독립적으로 해결하고 두 번째 단계에서는 조정된 문제를 해결한다. 이 접근법을 **모델-조정**(model-coordination) 방법이라 부른다.

14.8.2 방법

다음의 최적화 문제가 있다.

$$\min_{X=(x_1 x_2 \cdots x_n)^T} f(X) \qquad 14.89$$

subject to

$$g_j(X) \le 0, \qquad j = 1, 2, \cdots, m \qquad 14.90$$

$$h_k(X) = 0, \qquad k = 1, 2, \cdots, p \qquad 14.91$$

$$x_i^{(l)} \le x_i \le x_i^{(u)}, \qquad i = 1, 2, \cdots, n \qquad 14.92$$

단, $x_i^{(l)}$과 $x_i^{(u)}$는 x_i에 대한 하한과 상한을 나타낸다. 대부분의 시스템에서는 벡터 $\boldsymbol{X}$를 두 개의 부분벡터 $\boldsymbol{Y}$와 $\boldsymbol{Z}$로 분리하여

$$\boldsymbol{X} = \begin{pmatrix} \boldsymbol{Y} \\ \boldsymbol{Z} \end{pmatrix} \qquad 14.93$$

로 나타내어 부분벡터 $\boldsymbol{Y}$는 부분시스템들 사이 조정변수 또는 상호작용변수들이라 하고, 부분벡터 $\boldsymbol{Z}$는 부분시스템에 국한된 변수라 할 수 있다. 또한, 벡터 $\boldsymbol{Z}$를 분리하여

$$\boldsymbol{Z}=\begin{pmatrix} \boldsymbol{Z}_1 \\ \cdot \\ \cdot \\ \boldsymbol{Z}_k \\ \cdot \\ \cdot \\ \boldsymbol{Z}_K \end{pmatrix} \tag{14.94}$$

와 같이 나타내고, $\boldsymbol{Z}_k$를 k번째 부분시스템에만 관련된 변수라 하고 K를 부분시스템들의 수를 나타낼 수 있다. 식 14.94와 같이 변수들을 분리하면 다음과 같이 제약들을 재편성할 수 있다.

$$\begin{pmatrix} g_1(\boldsymbol{X}) \\ g_2(\boldsymbol{X}) \\ \cdot \\ \cdot \\ g_m(\boldsymbol{X}) \end{pmatrix}=\begin{pmatrix} \boldsymbol{g}^{(1)}(\boldsymbol{Y},\ \boldsymbol{Z}_1) \\ \boldsymbol{g}^{(2)}(\boldsymbol{Y},\ \boldsymbol{Z}_2) \\ \cdot \\ \cdot \\ \boldsymbol{g}^{(K)}(\boldsymbol{Y},\ \boldsymbol{Z}_K) \end{pmatrix}\le \boldsymbol{0} \tag{14.95}$$

$$\begin{pmatrix} h_1(\boldsymbol{X}) \\ h_2(\boldsymbol{X}) \\ \cdot \\ \cdot \\ h_p(\boldsymbol{X}) \end{pmatrix}=\begin{pmatrix} h^{(1)}(\boldsymbol{Y},\ \boldsymbol{Z}_1) \\ h^{(2)}(\boldsymbol{Y},\ \boldsymbol{Z}_2) \\ \cdot \\ \cdot \\ h^{(K)}(\boldsymbol{Y},\ \boldsymbol{Z}_K) \end{pmatrix}= 0 \tag{14.96}$$

위에서 변수 $\boldsymbol{Y}$는 모든 함수에서 나타나는 반면 $\boldsymbol{Z}_K$는 $\boldsymbol{g}^{(k)} \le \boldsymbol{0}$과 $\boldsymbol{h}^{(k)} = \boldsymbol{0}$에만 나타난다. 또 변수들에 대한 제약식 14.92를 다시 표현하여

$$\boldsymbol{Y}^{(l)} \le \boldsymbol{Y} \le \boldsymbol{Y}^{(u)} \tag{14.97}$$

$$\boldsymbol{Z}_k^{(l)} \le \boldsymbol{Z}_k \le \boldsymbol{Z}_k^{(u)}, \quad k=1,\ 2,\ \cdot\ \cdot\ \cdot,\ K$$

와 같이 나타내고, 목적함수 $f(\boldsymbol{X})$를

$$f(\boldsymbol{X})=\sum_{k=1}^{K} f^{(k)}(\boldsymbol{Y},\ \boldsymbol{Z}_k) \tag{14.98}$$

와 같이 나타낼 수 있다. 위에서 $f^{(k)}(\boldsymbol{Y},\ \boldsymbol{Z}_k)$는 전체 목적함수에 대한 k번째 부분시스템의 몫을 나타낸다. 식 14.95~14.98을 사용한 2-단계 접근법을 다음과 같이 기술할 수 있다.

1-단계 문제 일시적으로 $\boldsymbol{Y}$를 $\boldsymbol{Y}^*$로 고정하고, 식 14.89~14.92(또는 식 14.95~14.98)

의 문제를 K개의 독립적인 최적화 문제

$$\min_{Z_k} \quad f^{(k)}(\boldsymbol{Y},\ \boldsymbol{Z}_k)$$

subject to

$$g^{(k)}(\boldsymbol{Y},\ \boldsymbol{Z}_k) \le 0 \qquad 14.99$$

$$h^{(k)}(\boldsymbol{Y},\ \boldsymbol{Z}_k) = 0$$

$$\boldsymbol{Z}_k^{(l)} \le \boldsymbol{Z}_k \le \boldsymbol{Z}_k^{(u)}; \quad k = 1, 2, \cdot\cdot\cdot, K$$

로 분해할 수 있다. 즉, 1-단계 문제는 일시적으로 고정된 벡터 $\boldsymbol{Y}^*$에 대해 다음 함수

$$f(\boldsymbol{Y},\ \boldsymbol{Z}) = \sum_{k=1}^{K} f^{(k)}(\boldsymbol{Y},\ \boldsymbol{Z}_k) \qquad 14.100$$

의 최소를 구하는 문제임을 보일 수 있다.

2-단계 문제 이 단계에서 다음의 문제를 해결한다.

$$\min_{new\ \boldsymbol{Y}^*} \quad f(\boldsymbol{Y}) = \sum_{k=1}^{K} f^{(k)}(\boldsymbol{Y},\ \boldsymbol{Z}_k^*)$$

subject to

$$\boldsymbol{Y}^{(l)} \le \boldsymbol{Y} \le \boldsymbol{Y}^{(u)} \qquad 14.101$$

단, $\boldsymbol{Z}_k^*(k = 1,\ 2, \cdot\cdot\cdot, K)$는 1-단계 문제들의 최적해이다. 식 14.101의 문제에서 $f(\boldsymbol{Y}^*)$의 유한값을 보장하기 위한 추가 제약도 포함되어야 한다. 이렇게 위의 문제의 새로운 최적해 $\boldsymbol{Y}^*$를 구한 후, 1-단계 문제들을 해결하며 수렴할 때까지 이 과정을 계속한다. 위에서 언급한 반복 과정을 요약하면 다음과 같다.

1. 초기 조정 벡터 $\boldsymbol{Y}^*$로 시작한다.
2. 식 14.99에 기술된 K개의 1-단계 최적화 문제들을 해결하여 최적 벡터 $\boldsymbol{Z}_k^*(k = 1,\ 2, \cdot\cdot\cdot, K)$를 구한다.
3. 식 14.101에 기술된 2-단계 최적화 문제를 해결하여 새로운 벡터 $\boldsymbol{Y}^*$를 구한다.
4. 초기에 사용한 $\boldsymbol{Y}^*$의 값과 비교하여 f^*와 $\boldsymbol{Y}^*$의 수렴여부를 확인한다.
5. 만일 과정이 수렴되지 않았으면 단계 2로 가서 수렴될 때까지 과정을 계속한다.

다음 예제에서 위의 방법을 설명한다.

예제 14.2

트러스의 높이 $y = h$, 멤버의 단면적 $z_1 = A_1$과 $z_2 = A_2$, 그리고 바에서 발생한 응력들에 대한 제약들을 갖고 그림 14.6과 같은 2-바 트러스의 최소 중량 설계를 결정하여라. 트러스 높이 y와 바 1과 2의 단면적 z_1, z_2를 설계변수로 처리하여라. 각 바에서의 허용 응력은 $\sigma_0 = 10^5\,\mathrm{Pa}$, 비중량은 $76{,}500\,\mathrm{N/m^3}$이고 h는 $1\mathrm{m} \le \mathrm{h} \le 6\mathrm{m}$로 제약되고, 각 바의 단면적은 $0 \sim 0.1\,\mathrm{m}^2$사이로 제한된다.

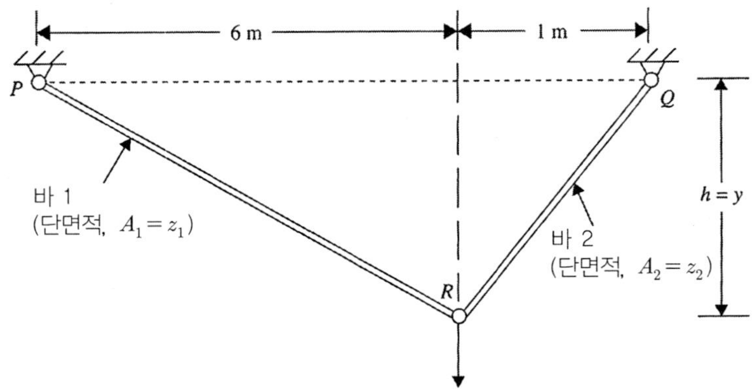

그림 14.6 2-바 트러스

[풀이] 바 내부에서 발생된 응력들을 다음과 같이 표현할 수 있다.

$$\sigma_1 = \frac{P\sqrt{y^2+36}}{7yz_1}, \qquad \sigma_2 = \frac{6P\sqrt{y^2+1}}{7yz_2}$$

따라서 주어진 최적화 문제는

$$\min_{\boldsymbol{X} = (y,\ z_1,\ z_2)^T} \quad f(\boldsymbol{X}) = 76{,}500 z_1 \sqrt{y^2+36} + 76{,}500 z_2 \sqrt{y^2+1}$$

subject to

$$\frac{P\sqrt{y^2+36}}{7\sigma_0 y z_1} - 1 \le 0, \qquad \frac{6P\sqrt{y^2+1}}{7\sigma_0 y z_2} - 1 \le 0$$

$$1 \le y \le 6, \quad 0 \le z_1 \le 0.1, \quad 0 \le z_2 \le 0.1$$

와 같이 표현할 수 있다. 바 1과 2를 부분시스템 1과 2로 분리하고, y를 조정변수 $\boldsymbol{Y} = \{y\}$로, z_1과 z_2를 각각 부분시스템 변수 $\boldsymbol{Z}_1 = \{z_1\}$, $\boldsymbol{Z}_2 = \{z_2\}$라 한다. 이제 y의 값을 y^*

로 고정시켜 1-단계 문제들을 다음과 같이 만든다.

부분문제 1

$$\min_{z_1} \quad f^{(1)}(y^*, z_1) = 76,500 z_1 \sqrt{(y^*)^2 + 36} \qquad \text{E.1}$$

subject to

$$g_1(y^*, z_1) = \frac{(1,428.5714 \times 10^{-6})\sqrt{(y^*)^2 + 36}}{y^* z_1} - 1 \le 0 \qquad \text{E.2}$$

$$0 \le z_1 \le 0.1 \qquad \text{E.3}$$

부분문제 2

$$\min_{z_2} \quad f^{(2)}(y^*, z_2) = 76,500 z_2 \sqrt{(y^*)^2 + 1} \qquad \text{E.4}$$

subject to

$$g_2(y^*, z_2) = \frac{(8,571.4285 \times 10^{-6})\sqrt{(y^*)^2 + 1}}{y^* z_2} - 1 \le 0 \qquad \text{E.5}$$

$$0 \le z_2 \le 0.1 \qquad \text{E.6}$$

목적함수 $f^{(1)}$을 최소화하려면 식 E.2와 E.3의 제약들을 위반하지 않고 가능한 z_1을 작게 해야 함을 알 수 있다. 따라서 부분문제 1의 해 $z_1{}^*$(이는 g_1을 활성화함)는

$$z_1{}^* = \frac{(1,428.5714 \times 10^{-6})\sqrt{(y^*)^2 + 36}}{y^*} \qquad \text{E.7}$$

이 된다. 유사하게 부분문제 2의 해 $z_2{}^*$(이는 g_2을 활성화함)는

$$z_2{}^* = \frac{(8,571.4285 \times 10^{-6})\sqrt{(y^*)^2 + 1}}{y^*} \qquad \text{E.8}$$

같이 얻을 수 있다. 이제 2-단계 문제를 표현하면

$$\min_{y} \quad f = f^{(1)}(y,\ z_1^*) + f^{(2)}(y,\ z_2^*) \qquad \text{E.9}$$

subject to

$$1 \le y \le 6$$

와 같다. 즉, 식 E.7과 E.8을 사용하여 위의 문제를 다시 기술하면(y^* 대신 y사용)

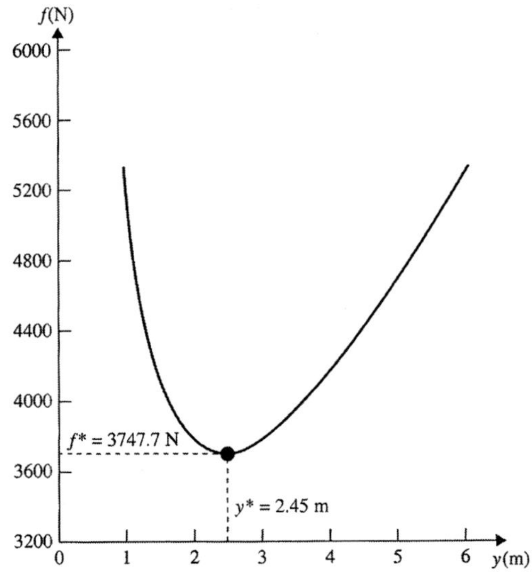

그림 14.7 2-단계 문제의 도해적 해결

$$\min_{y} \quad f = 76{,}500 z_1^* \sqrt{(y)^2+36} + 76{,}500 z_2^* \sqrt{(y)^2+1} \qquad \text{E.10}$$

$$= 109.2857\frac{y^2+36}{y} + 655.7143\frac{y^2+1}{y}$$

subject to

$$1 \le y \le 6$$

이 된다. 그리고 f는 반드시 정의되어야 한다. 식 E.10에서 범위 $1 \le y \le 6$에서의 f 그래프는 그림 14.7과 같다. 이 그림으로부터 다음과 같이 해를 결정할 수 있다.

$$f^* = 3747.7\,\mathrm{N}, \quad y^* = h^* = 2.45\,\mathrm{m}, \quad z_1^* = A_1^* = 3.7790 \times 10^{-3}\,\mathrm{m}^2,$$

$$z_2^* = A_2^* = 9.2579 \times 10^{-3}\,\mathrm{m}^2$$

■

14.9 병렬 처리 (Parallel Processing)

규모가 큰 최적화 문제는 병렬 컴퓨터를 사용하여 효과적으로 해결할 수 있다. 병렬 컴퓨터는 동일한 문제에 대해 복수 독립 연산들을 동시 병행 수행하여 전체 연산 속도를 향상시키도록 단순히 여러 개의 프로세서들을 조합한 것이다. 유한요소분석과 같은 광범위한 분석을 포함하는 최적화 문제들을 병렬 컴퓨터를 이용하여 해결할 때는 다음 기법들을 사용한다.

1. 부분문제들을 병렬로 해결하는 다단계(분해) 접근법
2. 부분구조(substructure)의 분석이 병렬로 수행되는 부분구조 접근법
3. 최적화 연산의 병렬 수행

다단계(분해) 접근법을 사용하면 병렬 프로세서에서는 여러 부분시스템들(다른 단계들에서)의 최적화를 수행하고, 주 프로세서에서는 통합 최적화 문제를 해결할 수 있다. 또한, 최적화 문제가 유한요소해석과 같이 광범위한 분석을 포함하면 문제를 부분시스템(부분구조들)들로 분해하여 병렬 프로세서들은 부분시스템들의 분석을 수행하고, 주 프로세서는 시스템 레벨의 연산을 수행할 수 있다. 이는 El-Sayed와 Hsiung[14.17, 14.20]이 사용한 접근법으로 그 과정을 다음과 같이 요약할 수 있다.

1. 최적화 과정을 초기화한다. 현재 관련된 설계변수들을 여러 프로세서들로 보낸다.
2. 부분구조들의 유한요소 분석들을 관련된 프로세서들에서 수행한다.
3. 주 프로세서는 여러 프로세서로부터 강성도와 내력 기여도(force contribution) 행렬을 수집하고, 부분구조들의 공유(공통) 경계 노드에서의 변위를 구하여 데이터를 여러 프로세서로 보낸다.
4. 관련 프로세서들은 상세한 계산을 수행하여 제약식의 계산에 필요한 변위와 응력들을 구한다.
5. 주 프로세서는 관련 프로세서들로부터 제약과 관련된 자료를 수집하고 최적화 과정의 수렴을 확인한다. 만일 수렴에 도달하지 않았으면 최적화 알고리즘의 연산 과정의 단계1부터 반복한다.

Cray X-MP 4-processor 슈퍼컴퓨터에서 해결한 실례의 문제들[14.17] 중에 200-멤버 평면 트러스에 대한 문제는 4개의 부분구조들을 사용하여 응력에 대한 제약아래 중량을 최소화 한다. 이 문제에 대한 순차적 연산은 13.518초의 CPU 시간을 필요로 하는 반면 병렬 연산은 10.585초의 CPU 시간을 필요로 하였던(1.28배의 가속) 사실이 보고되고 있다[14.17].

대부분 기계 문제와 구조 문제들의 경우에는 MIND(multiple instruction multiple data) 구조를 갖는 병렬 컴퓨터들이 더욱 적합하다. Atiqullah & Rao[14.21]는 simulated annealing 알고리즘의 병렬 수행에 대한 방법을 제안하였다. 이 방법에서는 각 프로세서에 할당된 특정 설계변수들은 특정 변수 최적화를 수행하고, 이 정보는 후에 조합되어 최적화의 한 주기를 완성한다. 각 프로세서에서 전체 특정변수 최적화 과정이 반복되므로 입력/출력을 수행하는 특정 프로세서들을 제외하고 모든 프로세서들은 대부분 시간 분주하게 된다. 따라서 "divide and conquer" 최적화 전략은 "communicate and combine"의 최소한의 과정을 필요로 한다. 상세한 절차는 그림 14.8의 흐름도와 같다.

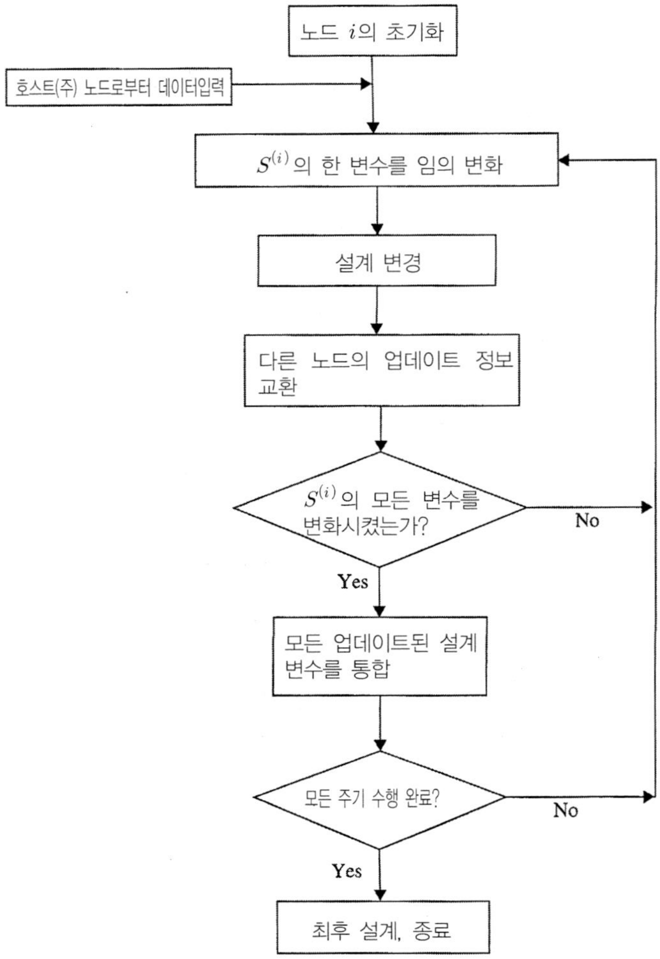

그림 14.8 단일 노드에서 실행되는 병렬 simulated annealing의 흐름도. $S^{(i)}$는 노드 i에 할당된 설계변수들의 집합; 노드 i=processor i

응력과 버클링 제약을 갖는 128-바 평면 트러스의 최소 중량 설계의 문제에 iPSC/860 컴퓨터의 8-노드 구성을 사용할 때 10.2569배의 가속(speedup)에 도달하였다.

14.10 다목적함수 (Multiobjective)의 최적화

다음의 설계벡터

$$Find\ \boldsymbol{X} = \begin{pmatrix} x_1 \\ x_2 \\ \cdot \\ \cdot \\ x_n \end{pmatrix} \qquad 14.102$$

가 부등식 제약(등식 제약이 있으면 문제에 포함가능)을 만족하고 여러 개의 목적함수를 최적화하는 문제

$$\min_{\boldsymbol{X} = (x_1, x_2, \cdots, x_n)^T} \quad f_1(\boldsymbol{X}),\ f_2(\boldsymbol{X}),\ \cdot\ \cdot\ \cdot\ , f_k(\boldsymbol{X}) \qquad 14.103$$

subject to

$$g_j(\boldsymbol{X}) \le 0, \quad j = 1,\ 2,\ \cdot\ \cdot\ \cdot\ ,\ m \qquad 14.104$$

를 다목적함수의 최적화 문제라고 한다. 위에서 k는 최소화할 목적함수들의 수를 나타낸다. 함수 $f_i(\boldsymbol{X})$와 $g_j(\boldsymbol{X})$는 하나 또는 모두가 비선형함수일 수 있다. 또한, 다목적 최적화 문제는 **벡터 최소화 문제**(vector minimization problem)로도 알려져 있다.

일반적으로 모든 k 목적함수들을 동시에 최소화하는 해 벡터 $\boldsymbol{X}$는 존재하지 않는다. 따라서 다목적 최적화 문제들에서 **파레토 최적해**(Pareto optimum solution)로 알려진 새로운 개념을 사용한다. 만일 최소한 하나의 j에서 $f_j(\boldsymbol{Y}) < f_i(\boldsymbol{X})$이고 $f_i(\boldsymbol{Y}) < f_i(\boldsymbol{X})$ $(i = 1,\ 2,\ \cdot\ \cdot\ \cdot\ ,\ k)$가 되는 가변영역의 해 $\boldsymbol{Y}$가 존재하지 않으면, 이때의 가변영역의 해 $\boldsymbol{X}$를 파레토 최적이라 부른다. 다시 말해 만일 최소한 다른 하나의 목적함수를 증가시키지 않고 특정 목적함수를 감소시키는 가변영역의 해 $\boldsymbol{Y}$가 존재하지 않을 때 이 가변영역의 벡터 $\boldsymbol{X}$를 파레토 최적이라 부른다. 예를 들어, 만일 목적함수가 $f_1 = (x-3)^4$와 $f_2 = (x-6)^2$으로 주어지면 이들의 그래프들은 그림 14.9와 같다. 이 문제의 경우 3과 6

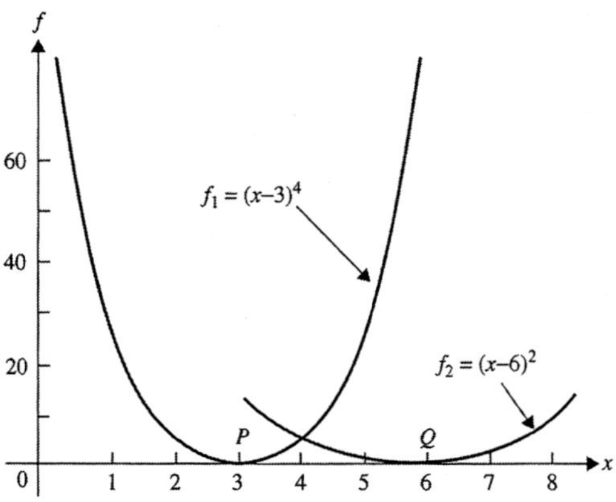

그림 14.9 파레토 최적해들

(선분 PQ 상 점들) 사이 x의 모든 값은 파레토 최적해가 된다.

다목적함수의 최적화 문제를 해결하기 위해 개발되어 온 많은 방법 중 일부가 다음 절에서 간단히 소개된다. 이 방법 중 대부분은 파레토 최적해를 기본적으로 생성하고 다목적함수의 최적화 문제의 해로 특정 파레토 최적해를 선택하는 방법을 사용한다.

14.10.1 효용함수 방법 (Utility Function Method)

효용함수 방법에서는 다른 목적함수들과 비교하여 f_i의 중요도에 따라 각 목적에 대해 하나의 효용함수 $U_i(f_i)$가 정의된다. 그러면 전체 또는 전반적인 효용함수 U는

$$U = \sum_{i=1}^{k} U_i(f_i) \tag{14.105}$$

와 같이 정의된다. 이제 제약들 $g_j(\boldsymbol{X}) \le 0 (j=1, 2, \cdot \cdot \cdot, m)$에 제한되면서 전체 효용 U을 최대화하여 해 벡터 $\boldsymbol{X}^*$를 구한다. 식 14.105의 간단한 형식은

$$U = \sum_{i=1}^{k} U_i = -\sum_{i=1}^{k} w_i f_i(\boldsymbol{X}) \tag{14.106}$$

와 같다. 여기서 w_i는 i번째 목적함수와 관련된 가중 계수이다. 이 방법은 **가중함수 방법**(weighting function method)이라고도 알려져 있다.

14.10.2 역효용 (Inverted Utility)함수 방법

역효용함수 방법은 각 효용도를 역으로 하여 전체 바람직스럽지 못한 정도(undesira-bility)를 감소시키거나 최소화를 시도하는 방법이다. 따라서 $U_i(f_i)$가 i번째 목적함수에 상응하는 효용함수를 나타내면 다음과 같이 전체의 원치 않는 정도를 얻을 수 있다.

$$U^{-1} = \sum_{i=1}^{k} U_i^{-1} = \sum_{k=1}^{k} \frac{1}{U_i} \tag{14.107}$$

제약식 $g_j(\boldsymbol{X}) \le 0 (j=1, 2, \cdot \cdot \cdot, m)$에 종속하면서 U^{-1}을 최소화하여 문제의 해를 구한다.

14.10.3 전역 판단 방법 (Global Criterion Method)

전역 판단 방법에서는 이상적인 가변영역의 해에서 개별 목적함수들의 상대적인 편차의 자승의 합과 같은 사전 선정된 전역 판단기준 $F(\boldsymbol{X})$를 최소화하여 최적해 $\boldsymbol{X}^*$를 구한다. 즉, 다음의 최소화문제의 해 $\boldsymbol{X}^*$를 구한다.

$$\min \quad F(\boldsymbol{X}) = \sum_{i=1}^{k} \left\{ \frac{f_i(\boldsymbol{X}_i^*) - f_i(\boldsymbol{X})}{f_i(\boldsymbol{X}_i^*)} \right\}^p \qquad 14.108$$

subject to

$$g_j(\boldsymbol{X}) \le 0, \ j = 1, 2, \cdot \cdot \cdot, m$$

여기서, p는 상수(p의 통상적인 수치는 2)이고 $\boldsymbol{X}_i^*$는 i번째 목적함수에 대한 이상적인 해이다. 부등식 $g_j(\boldsymbol{X}) \le 0 (j = 1, 2, \cdot \cdot \cdot, m)$에 제약되면서 $f_i(\boldsymbol{X})$을 최소화하여 해 $\boldsymbol{X}_i^*$를 얻는다.

14.10.4 유계(Bounded) 목적함수 방법

유계 목적함수 방법에서는 각 목적함수 f_i가 최솟값 및 최댓값으로 수용할 수 있는 달성 수준을 $L^{(i)}$와 $U^{(i)}(i = 1, 2, \cdot \cdot \cdot, k)$로 명시하고, 다음과 같이 가장 중요한 목적함수(예를 들어 r번째)를 최소화하여 최적해 $\boldsymbol{X}^*$를 얻는다.

$$Min \quad f_r(\boldsymbol{X})$$

subject to

$$g_j(\boldsymbol{X}) \le 0, \qquad j = 1, 2, \cdot \cdot \cdot, m \qquad 14.109$$

$$L^{(i)} \le f_i \le U^{(i)}, \qquad i = 1, 2, \cdot \cdot \cdot, k, \ i \ne r$$

14.10.5 Lexicographic 방법

Lexicographic 방법에서는 설계자가 중요도에 따라 목적함수들의 순위를 매긴다. 가장 중요한 목적함수를 갖고 시작하고 목적들의 중요도 순서에 따라 진행하여 목적함수들을 최소화하여 최적해 $\boldsymbol{X}^*$를 얻는다. 목적함수들의 아래첨자는 목적함수의 번호뿐만 아니라 목적들의 특성들을 나타낸다. 즉, $f_1(\boldsymbol{X})$와 $f_k(\boldsymbol{X})$로 가장 중요하고 가장 중요하지 않은 함수들을 각각 나타내자. 이제 첫 번째 문제

$$Min \quad f_1(\boldsymbol{X})$$

subject to

$$g_j(\boldsymbol{X}) \le 0, \quad j = 1, 2, \cdot \cdot \cdot, m \qquad 14.110$$

를 해결하여 해 $\boldsymbol{X}_1^*$와 $f_1^* = f_1(\boldsymbol{X}_1^*)$을 얻는다. 그리고 두 번째 문제

$$Min \quad f_2(\boldsymbol{X})$$

subject to

$$g_j(\boldsymbol{X}) \le 0, \quad j=1,\ 2,\ \cdot\ \cdot\ \cdot,\ m \qquad 14.111$$

$$f_1(\boldsymbol{X}) = f_1{}^*$$

를 해결하여 해 $\boldsymbol{X}_2{}^*$와 $f_2{}^* = f_2(\boldsymbol{X}_2{}^*)$을 얻는다. 모든 k개의 목적함수들을 고려할 때까지 이 절차를 반복한다. 따라서 i번째 문제는 다음과 같이 주어진다.

$$Min \quad f_i(\boldsymbol{X})$$

subject to

$$g_j(\boldsymbol{X}) \le 0, \quad j=1,\ 2,\ \cdot\ \cdot\ \cdot,\ m \qquad 14.112$$

$$f_l(\boldsymbol{X}) = f_l{}^*, \quad l=1,\ 2,\ \cdot\ \cdot\ \cdot,\ i-1$$

그리고 이 문제의 해로서 $\boldsymbol{X}_i^*$와 $f_i{}^* = f_i(\boldsymbol{X}_i{}^*)$을 얻는다. 최종적으로 종료점(예를 들어 $\boldsymbol{X}_k{}^*$)에서 얻은 해를 원래 다목적함수의 최적화 문제의 바람직한 해 $\boldsymbol{X}^*$로 취한다.

14.10.6 목표 계획(Goal Programming) 방법

가장 단순한 버전의 목표 계획법에서 설계자는 달성하고자 하는 각 목적함수의 목표를 설정한다. 그리고 최적해 $\boldsymbol{X}^*$를 설정된 목표와의 편차들을 최소화하는 점으로 정의한다. 따라서 다목적함수의 최적화 문제의 목표 계획법은 다음과 같이 전개된다.

$$Min \quad \left[\sum_{j=1}^{k}\left(d_j^+ + d_j^-\right)^p\right]^{1/p}, \quad p \ge 1$$

subject to

$$g_j(\boldsymbol{X}) \le 0, \qquad j=1,\ 2,\ \cdot\ \cdot\ \cdot,\ m \qquad 14.113$$

$$f_j(\boldsymbol{X}) + d_j^+ - d_j^- = b_j, \quad j=1,\ 2,\ \cdot\ \cdot\ \cdot,\ k$$

$$d_j^+ \ge 0, \qquad j=1,\ 2,\ \cdot\ \cdot\ \cdot,\ k$$

$$d_j^- \ge 0, \qquad j=1,\ 2,\ \cdot\ \cdot\ \cdot,\ k$$

$$d_j^+ d_j^- = 0, \qquad j=1,\ 2,\ \cdot\ \cdot\ \cdot,\ k$$

위에서 b_j는 j번째 목적함수에 대해 설계자가 설정한 목표이고, d_j^+와 d_j^-는 j번째 목표보다 과소달성(underachievement)과 과대달성(overachievement) 정도를 나타낸다. p의 값은 설계자가 선정한 효용함수에 기초한다. 통상적으로 먼저 다음 문제를 해결하여 j번째 목적함수에 대한 목표를 구할 수 있다.

$$Min \quad f_j(\boldsymbol{X})$$

subject to

$$g_j(\boldsymbol{X}) \le 0, \quad j = 1,\ 2,\ \cdot\ \cdot\ \cdot\ ,\ m \qquad 14.114$$

위의 문제의 해를 $\boldsymbol{X}_j{}^*$라 하면 b_j는 $b_j = f_j(\boldsymbol{X}_j{}^*)$을 취한다.

14.10.7 목표 달성 방법(Goal Attainment Method)

목표 달성 방법에서는 목적함수 $f_i(\boldsymbol{X})(i = 1,\ 2,\ \cdot\ \cdot\ \cdot\ ,\ k)$의 목표값으로 b_i를 설정하고, 목표 $b_i(i = 1,\ 2,\ \cdot\ \cdot\ \cdot\ ,\ k)$을 만족하는 다른 목적함수들에 대한 i번째 목적함수 $f_i(\boldsymbol{X})$의 상대적인 중요도를 나타내는 가중치 $w_i > 0$을 정의한다. 즉, 우선 단일 목적함수에 대한 최적화 문제

$$Min \quad f_i(\boldsymbol{X})$$

subject to

$$g_j(\boldsymbol{X}) \le 0; \quad j = 1,\ 2,\ \cdot\ \cdot\ \cdot\ ,\ m \qquad 14.115$$

의 최적해 $\boldsymbol{X}_i{}^*$와 목적함수 f_i의 최적값 $f_i{}^* = f(\boldsymbol{X}_i{}^*)$을 목표값 b_i라 한다. 이때 n개의 설계변수 $x_i(i = 1,\ 2,\ \cdot\ \cdot\ \cdot\ ,\ n)$ 이외에 하나의 설계변수로 스칼라 Υ를 도입한다. 다음으로 정규화조건 $\sum_{i=1}^{k} w_i = 1$을 만족시키는 가중치를 갖고 다음의 최적화 문제를 해결한다.

$$\min_{x_1, x_2, \cdots, x_n, \Upsilon} \quad F(x_1,\ x_2,\ \cdot\ \cdot\ \cdot\ ,\ x_n,\ \Upsilon) = \Upsilon$$

subject to

$$g_j(\boldsymbol{X}) \le 0; \quad j = 1,\ 2,\ \cdot\ \cdot\ \cdot\ ,\ m \qquad 14.116$$

$$f_i(\boldsymbol{X}) - \Upsilon w_i \le b_i; i = 1,\ 2,\ \cdot\ \cdot\ \cdot\ ,\ k$$

REFERENCES AND BIBLIOGRAPHY

14.1 L. A. Schmidt, Jr., and B. Farshi, Some approximation concepts for structural synthesis, *AIAA Journal*, Vol. 12, No. 5, pp. 692–699, 1974.

14.2 E. J. Haug, K. K. Choi, and V. Komkov, *Design Sensitivity Analysis of Structural Systems*, Academic Press, New York, 1986.

14.3 R. L. Fox and H. Miura, An approximate analysis technique for design calculations, *AIAA Journal*, Vol. 9, No. 1, pp. 177–179, 1971.

14.4 R. L. Fox and M. P. Kapoor, Rates of change of eigenvalues and eigenvectors, *AIAA Journal*, Vol. 6, No. 12, pp. 2426–2429, 1968.

14.5 D. V. Murthy and R. T. Haftka, Derivatives of eigenvalues and eigenvectors of general complex matrix, *International Journal for Numerical Methods in Engineering*, Vol. 26, pp. 293–311, 1988.

14.6 R. B. Nelson, Simplified calculation of eigenvector derivatives, *AIAA Journal*, Vol. 14, pp. 1201–1205, 1976.

14.7 S. S. Rao, Rates of change of flutter Mach number and flutter frequency, *AIAA Journal*, Vol. 10, pp. 1526–1528, 1972.

14.8 T. R. Sutter, C. J. Camarda, J. L. Walsh, and H. M. Adelman, Comparison of several methods for the calculation of vibration mode shape derivatives, *AIAA Journal*, Vol. 26, No. 12, pp. 1506–1511, 1988.

14.9 S. S. Rao, *The Finite Element Method in Engineering*, 4th ed., Elsevier Butterworth Heinemann, Burlington, MA, 2005.

14.10 S. S. Rao, *Mechanical Vibrations*, 4th ed., Pearson Prentice Hall, Upper Saddle River, NJ, 2004.

14.11 R. V. Grandhi, R. T. Haftka, and L. T. Watson, Efficient identification of critical stresses in structures subjected to dynamic loads, *Computers and Structures*, Vol. 22, pp. 373–386, 1986.

14.12 W. H. Greene and R. T. Haftka, Computational aspects of sensitivity calculations in transient structural analysis, *Computers and Structures*, Vol. 32, No. 2, pp. 433–443, 1989.

14.13 U. Kirsch, M. Reiss, and U. Shamir, Optimum design by partitioning into substructures, *ASCE Journal of the Structural Division*, Vol. 98, No. ST1, pp. 249–267, 1972.

14.14 U. Kirsch, Multilevel approach to optimum structural design, *ASCE Journal of the Structural Division*, Vol. 101, No. ST4, pp. 957–974, 1975.

14.15 J. Sobieszczanski-Sobieski, B. James, and A. Dovi, Structural optimization by multilevel decomposition, *AIAA Journal*, Vol. 23, No. 11, pp. 1775–1782, 1985.

14.16 J. Sobieszczanski-Sobieski, B. B. James, and M. F. Riley, Structural sizing by generalized, multilevel optimization, *AIAA Journal*, Vol. 25, No. 1, pp. 139–145, 1987.

14.17 M.E.M. El-Sayed and C.-K. Hsiung, Parallel structural optimization with parallel analysis interfaces, pp. 398–403 in *Proceedings of the 3rd Air Force/NASA Symposium on Recent Advances in Multidisciplinary Analysis and Optimization*, San Francisco, Sept. 24–26, 1990.

14.18 E. S. Sikiotis and V. E. Saouma, Parallel structural optimization on a network of computer workstations, *Computers and Structures*, Vol. 29, No. 1, pp. 141–150, 1988.

14.19 H. Adeli and O. Kamat, Concurrent optimization of large structures; Part I: Algorithms, Part II: Applications, *ASCE Journal of Aerospace Engineering*, Vol. 5, No. 1, pp. 79–110, 1992.

14.20 M.E.M. El-Sayed and C.-K. Hsiung, Optimum structural design with parallel finite element analysis. *Computers and Structures*, Vol. 40, No. 6, pp. 1469–1474, 1991.

14.21 M. M. Atiqullah and S. S. Rao, Parallel processing in optimal structural design using simulated annealing, *AIAA Journal*, Vol. 33, pp. 2386–2392, 1995.

14.22 L. A. Schmit, Jr., and H. Miura, *Approximation Concepts for Efficient Structural Synthesis*, NASA CR-2552, 1976.

14.23 L. A. Schmit and C. Fleury, Structural synthesis by combining approximation concepts and dual methods, *AIAA Journal*, Vol. 18, pp. 1252–1260, 1980.

14.24 T. S. Pan, S. S. Rao, and V. B. Venkayya, Rates of change of closed-loop eigenvalues and eigenvectors of actively controlled structures, *International Journal for Numerical Methods in Engineering*, Vol. 30, No. 5, pp. 1013–1028, 1990.

14.25 G. N. Vanderplaats, *Numerical Optimization Techniques for Engineering Design with Applications*, McGraw-Hill, New York, 1984.

14.26 J. Sobieszczanski-Sobieski, J. F. Barthelemy, and K. M. Riley, "Sensitivity of Optimum Solutions to Problem Parameters," *AIAA Journal*, Vol. 20, pp. 1291–1299, 1982.

14.27 U. Kirsch, *Optimum Structural Design. Concepts, Methods, and Applications*, McGraw-Hill, New York, 1981.

14.28 R. T. Haftka and Z. Gürdal, *Elements of Structural Optimization*, 3rd ed., Kluwer Academic, Dordrecht, The Netherlands, 1992.

14.29 E. E. Rosinger, Interactive algorithm for multiobjective optimization, *Journal of Optimization Theory and Applications*, Vol. 35, pp. 339–365, 1981; Errata in Vol. 38, pp. 147–148, 1982.

14.30 T. L. Vincent and W. J. Grantham, *Optimality in Parametric Systems*, Wiley, New York, 1981.

14.31 W. Stadler, A survey of multicriteria optimization of the vector maximum problem, *Journal of Optimization Theory and Applications*, Vol. 29, pp. 1–52, 1979.

14.32 D. Koo, *Elements of Optimization*, Springer-Verlag, New York, 1977.

14.33 J. P. Ignizio (Ed.), *Linear Programming in Single- and Multiple-objective Systems*, Prentice-Hall, Englewood Cliffs, NJ, 1982.

14.34 S. S. Rao, Game theory approach for multiobjective structural optimization, *Computers and Structures*, Vol. 25, No. 1, pp. 119–127, 1987.

14.35 C. L. Hwang and A.S.M. Masud, *Multiple Objective Decision Making: Methods and Applications*, Springer-Verlag, Berlin, 1979.

14.36 S. S. Rao, V. B. Venkayya, and N. S. Khot, Game theory approach for the integrated design of structures and controls, *AIAA Journal*, Vol. 26, No. 4, pp. 463–469, 1988.

14.37 S. S. Rao and T. I. Freiheit, A modified game theory approach to multiobjective optimization, *ASME Journal of Mechanical Design*, Vol. 113, pp. 286–291, 1991.

14.38 S. S. Rao and R. L. Kaplan, Optimal balancing of high-speed linkages using multiobjective programming techniques, *ASME Journal of Mechanisms, Transmissions, and Automation in Design*, Vol. 108, pp. 454–460, 1986.

14.39 S. S. Rao and H. R. Eslampour, Multistage multiobjective optimization of gearboxes, *ASME Journal of Mechanisms, Transmissions, and Automation in Design*, Vol. 108, pp. 461–468, 1986.

14.40 S. K. Hati and S. S. Rao, Cooperative solution in the synthesis of multi-degree of freedom shock isolation systems, *ASME Journal of Vibration, Acoustics, Stress and Reliability in Design*, Vol. 105, pp. 101–103, 1983.

14.41 S. S. Rao and S. K. Hati, "Game theory approach in multicriteria optimization of function generating mechanisms, *ASME Journal of Mechanical Design*, Vol: 101, pp. 398–406, 1979.

14.42 S. S. Rao, A. K. Dhingra, and H. Miura, Pareto-optimal solutions in helicopter design problems, *Engineering Optimization*, Vol. 15, No. 3, pp. 211–231, 1990.

14.43 H. Eschenauer, J. Koski, and A. Osyczka, *Multicriteria Design Optimization: Procedures and Applications*, Springer-Verlag, New York, 1990.

14.44 W. Stadler, Ed., *Multicriteria Optimization in Engineering and in the Sciences*, Plenum Press, New York, 1988.

14.45 The Rand Corporation, *A Million Random Digits with 100,000 Normal Deviates*, The Free Press, Glencoe, IL, 1955.

14.46 C. A. Coello Coello, D. A. Van Veldhuizen, and G. B. Lamont, *Evolutionary Algorithms for Solving Multi-objective Problems*, Kluwer Academic/Plenum, New York, 2002.

APPENDIX A

볼록(Convex)함수와 오목(Concave)함수

볼록함수 임의의 한 쌍의 점

$$X_1 = \begin{pmatrix} x_1^{(1)} \\ x_2^{(1)} \\ \cdot \\ \cdot \\ \cdot \\ x_n^{(1)} \end{pmatrix} \quad and \quad X_2 = \begin{pmatrix} x_1^{(2)} \\ x_2^{(2)} \\ \cdot \\ \cdot \\ \cdot \\ x_n^{(2)} \end{pmatrix}$$

과 $0 \le \lambda \le 1$인 모든 λ에 대하여 다음의 관계식

$$f[\lambda X_2 + (1-\lambda)X_1] \le \lambda f(X_2) + (1-\lambda)f(X_1) \qquad \text{A.1}$$

이 만족하는 함수 $f(X)$를 볼록함수(convex function)라고 한다. 즉, 두 점들을 연결하는 선분이 전체적으로 $f(X)$ 그래프 선상 또는 상부에 위치하면 함수 $f(X)$를 볼록이라 말한다. 그림 A.1a와 A.2a는 1차원과 2차원에서 볼록함수를 보여주고 있다. 볼록함수는 항상 위로 휘어져 있어 볼록함수의 국소 최소는 광역 최소가 됨이 명백하다.

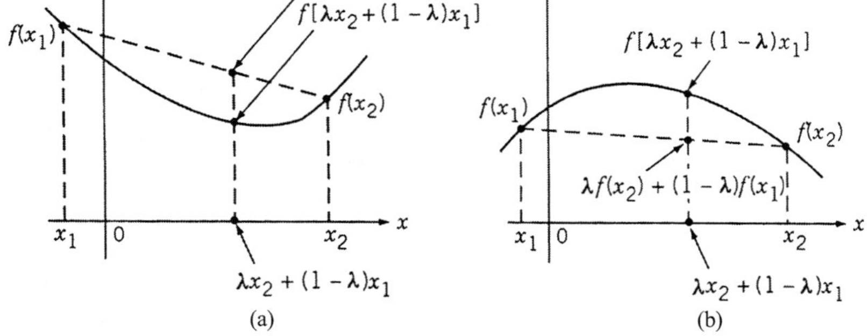

그림 A.1 일변수 함수: (a) 일변수 볼록함수; (b) 일변수 오목함수

오목함수 임의의 두 점 $\boldsymbol{X}_1$과 $\boldsymbol{X}_2$와 $0 \le \lambda \le 1$인 모든 λ에 대하여 다음의 관계식

$$f[\lambda \boldsymbol{X}_2 + (1-\lambda)\boldsymbol{X}_1] \ge \lambda f(\boldsymbol{X}_2) + (1-\lambda) f(\boldsymbol{X}_1) \qquad \text{A.2}$$

이 만족하는 함수 $f(\boldsymbol{X})$를 오목함수(concave function)라고 한다. 즉, 두 점들을 연결하는 선분이 전체적으로 $f(\boldsymbol{X})$ 그래프 선상 또는 하부에 위치하면 함수 $f(\boldsymbol{X})$를 오목이라 말한다.

그림 A.1b와 A.2b는 1차원과 2차원에서의 오목함수를 보여주고 있다. 오목함수는 항상 아래로 휘어져 있어 오목함수의 국소 최대는 광역 최대가 된다. $f(\boldsymbol{X})$가 볼록(오목)함수이면 $-f(\boldsymbol{X})$는 오목(볼록)함수가 된다. 또한, 볼록함수들의 합은 볼록함수이고, 오목함수의 합은 오목함수가 된다. 식 A.1과 A.2에서 임의의 $\boldsymbol{X}_1 \ne \boldsymbol{X}_2$에 대해 등호(=)가 성립하지

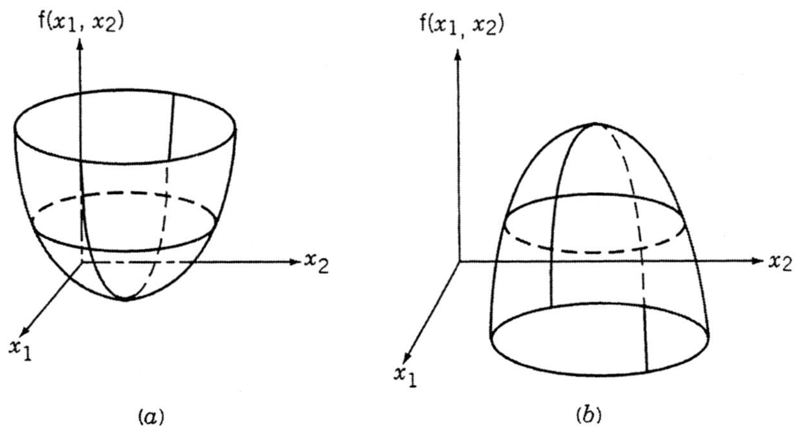

그림 A.2 2변수 함수들: (a) 2변수 볼록함수; (b) 2변수 오목함수

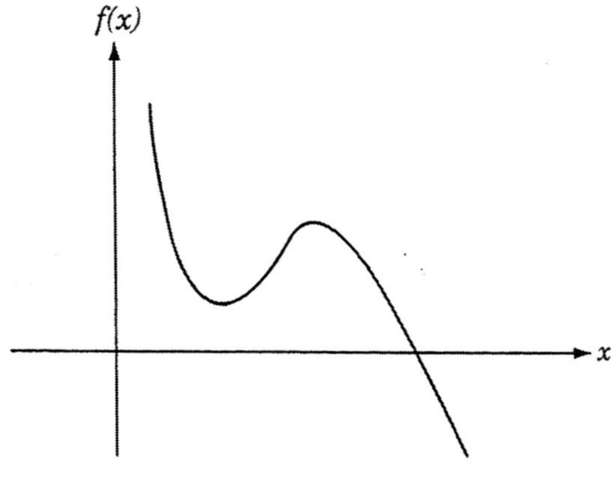

그림 A.3 특정 영역에서 볼록이고 다른 영역에서 오목인 함수

않으면 함수 $f(\boldsymbol{X})$는 강한 볼록(strictly convex) 또는 강한 오목(strictly concave)이다. 선형함수는 식 A.1과 A.2 모두를 만족시키므로 볼록이면서 오목인 함수이다. 그림 A.3에서와 같이 함수가 어떤 영역에서 볼록이고, 다른 영역에서는 오목이 될 수 있다.

볼록(Convexity) 또는 오목(Concavity) 확인 앞의 정의와 함께 다음 동치의 관계식을 이용하여 볼록함수를 확인할 수 있다.

정리 A.1 함수 $f(\boldsymbol{X})$가 볼록함수이면 임의의 두 점 $\boldsymbol{X}_1$과 $\boldsymbol{X}_2$에 대해 다음의 관계식

$$f(\boldsymbol{X}_2) \geq f(\boldsymbol{X}_1) + \nabla f^T(\boldsymbol{X}_1)(\boldsymbol{X}_2 - \boldsymbol{X}_1)$$

이 항상 만족한다. 또한 역도 성립한다.

[증명] $f(\boldsymbol{X})$가 볼록이면 정의에 의해 식 A.1로부터

$$f[\lambda \boldsymbol{X}_2 + (1-\lambda)\boldsymbol{X}_1] \leq \lambda f(\boldsymbol{X}_2) + (1-\lambda) f(\boldsymbol{X}_1)$$

즉,

$$f[\boldsymbol{X}_1 + \lambda(\boldsymbol{X}_2 - \boldsymbol{X}_1)] \leq f(\boldsymbol{X}_1) + \lambda[f(\boldsymbol{X}_2) - f(\boldsymbol{X}_1)] \qquad \text{A.3}$$

의 관계식을 얻는다. 또한, 위의 부등식은

$$f(\boldsymbol{X}_2) - f(\boldsymbol{X}_1) \geq \left\{ \frac{f[\boldsymbol{X}_1 + \lambda(\boldsymbol{X}_2 - \boldsymbol{X}_1)] - f(\boldsymbol{X}_1)}{\lambda(\boldsymbol{X}_2 - \boldsymbol{X}_1)} \right\} (\boldsymbol{X}_2 - \boldsymbol{X}_1) \qquad \text{A.4}$$

이 되고, $\Delta \boldsymbol{X} = \lambda(\boldsymbol{X}_2 - \boldsymbol{X}_1)$로 정의하면 위의 부등식은

$$f(\boldsymbol{X}_2) - f(\boldsymbol{X}_1) \geq \left\{ \frac{f[\boldsymbol{X}_1 + \Delta \boldsymbol{X}] - f(\boldsymbol{X}_1)}{\Delta \boldsymbol{X}} \right\} (\boldsymbol{X}_2 - \boldsymbol{X}_1) \qquad \text{A.5}$$

와 같다. 이때 $\Delta \boldsymbol{X} \to 0$이 되면 위의 식은

$$f(\boldsymbol{X}_2) - f(\boldsymbol{X}_1) \geq \nabla f^T(\boldsymbol{X}_1)(\boldsymbol{X}_2 - \boldsymbol{X}_1) \qquad \text{A.6}$$

이 되어 정리가 증명된다. 또한, $f(\boldsymbol{X})$가 오목이면 A.6의 부등호는 반대가 된다. 역의 증명은 생략한다.

정리 A.2 Hessian 행렬 $\boldsymbol{H}(\boldsymbol{X}) = [\partial^2 f(\boldsymbol{X}) / \partial x_i \partial x_j]$가 양의 반부호(positive semi-definite)행렬이면, 함수 $f(\boldsymbol{X})$는 볼록함수이다.

[증명] 테일러 정리로부터

$$f(\boldsymbol{X}^*+\boldsymbol{h})=f(\boldsymbol{X}^*)+\sum_{i=1}^{n}h_i\frac{\partial f}{\partial x_i}(\boldsymbol{X}^*)+\frac{1}{2!}\sum_{i=1}^{n}\sum_{j=1}^{n}h_ih_j\frac{\partial^2 f}{\partial x_i\partial x_j}\bigg|_{\boldsymbol{X}=\boldsymbol{X}^*+\theta\boldsymbol{h}} \qquad \text{A.7}$$

와 같이 쓸 수 있다. 단, $0<\theta<1$이다. $\boldsymbol{X}^*=\boldsymbol{X}_1$, $\boldsymbol{X}^*+\boldsymbol{h}=\boldsymbol{X}_2$, $\boldsymbol{h}=\boldsymbol{X}_2-\boldsymbol{X}_1$으로 설정하여 위의 식 A.7을 재작성하면

$$f(\boldsymbol{X}_2)=f(\boldsymbol{X}_1)+\nabla f^T(\boldsymbol{X}_1)(\boldsymbol{X}_2-\boldsymbol{X}_1)+\frac{1}{2}(\boldsymbol{X}_2-\boldsymbol{X}_1)^T \qquad \text{A.8}$$

$$\times \boldsymbol{H}(\boldsymbol{X}_1+\theta(\boldsymbol{X}_2-\boldsymbol{X}_1))(\boldsymbol{X}_2-\boldsymbol{X}_1)$$

이 된다. 이때 $\boldsymbol{H}(\boldsymbol{X})$가 양의 반부호이면

$$(\boldsymbol{X}_2-\boldsymbol{X}_1)^T\boldsymbol{H}(\boldsymbol{X}_1+\theta(\boldsymbol{X}_2-\boldsymbol{X}_1))(\boldsymbol{X}_2-\boldsymbol{X}_1)\geq 0$$

이므로 부등식 A.6이 만족된다[따라서 $f(\boldsymbol{X})$는 볼록이다]. 만일 $f(\boldsymbol{X})$가 오목이면 Hessian 행렬은 음의 반부호(negative semidefinite)인 것을 증명할 수 있다. 다음 정리는 볼록함수의 경우에는 임의의 국소 최소는 광역 최소가 된다는 중요한 정리이다.

정리 A.3 볼록함수 $f(\boldsymbol{X})$의 국소 최소는 광역 최소이다.

[증명] 이 정리를 귀납법으로 증명한다. 함수 $f(\boldsymbol{X})$에 대해 두 개의 다른 국소 최소 $\boldsymbol{X}_1$과 $\boldsymbol{X}_2$가 존재하고 $f(\boldsymbol{X}_2)<f(\boldsymbol{X}_1)$이라 하자. $f(\boldsymbol{X})$가 볼록이므로 $\boldsymbol{X}_1$과 $\boldsymbol{X}_2$는 식 A.6을 만족시켜야 한다. 즉,

$$f(\boldsymbol{X}_2)-f(\boldsymbol{X}_1)\geq \nabla f^T(\boldsymbol{X}_1)(\boldsymbol{X}_2-\boldsymbol{X}_1) \qquad \text{A.6}$$

또는

$$\nabla f^T(\boldsymbol{X}_1)\boldsymbol{S}\leq 0 \qquad \text{A.9}$$

이다. 이때 $\boldsymbol{S}=(\boldsymbol{X}_2-\boldsymbol{X}_1)$는 점 $\boldsymbol{X}_1$을 $\boldsymbol{X}_2$로 연결하는 한 벡터이다. 식 A.9는 점 $\boldsymbol{X}_1$으로부터 방향 $\boldsymbol{S}=(\boldsymbol{X}_2-\boldsymbol{X}_1)$로 이동하여 함수 $f(\boldsymbol{X})$ 수치를 더욱 감소시킬 수 있다는 것을 의미한다. 이 결론은 $\boldsymbol{X}_1$이 국소 최소라는 가정에 모순이다. 따라서 볼록함수의 경우에는 하나 이상의 최소점이 존재할 수 없다.

예제 A.1

다음 함수들이 볼록 또는 오목인지 결정하라.

(a) $f(x) = e^x$

(b) $f(x) = -8x^2$

(c) $f(x) = 2x_1^3 - 6x_2^2$

(d) $f(x) = 4x_1^2 + 3x_2^2 + 5x_3^2 + 6x_1x_2 + x_1x_3 - 3x_1 - 2x_2 + 15$

[풀이]

(a) $f(x) = e^x$: 모든 실수 x에 대해 $H(x) = d^2f/dx^2 = e^x > 0$이므로 $f(x)$는 강한 볼록이다.

(b) $f(x) = -8x^2$: 모든 실수 x에 대해 $H(x) = d^2f/dx^2 = -16 < 0$이므로 $f(x)$는 강한 오목이다.

(c) $f(x) = 2x_1^3 - 6x_2^2$:

$$\boldsymbol{H}(\boldsymbol{X}) = \begin{bmatrix} \partial^2 f/\partial x_1^2 & \partial^2 f/\partial x_1 \partial x_2 \\ \partial^2 f/\partial x_1 \partial x_2 & \partial^2 f/\partial x_2^2 \end{bmatrix} = \begin{bmatrix} 12x_1 & 0 \\ 0 & -12 \end{bmatrix}$$

위에서 $x_1 \le 0$인 경우는 $\partial^2 f/\partial x_1^2 = 12x_1 \le 0$이고, $x_1 \ge 0$인 경우에는 $\partial^2 f/\partial x_1^2 = 12x_1 \ge 0$이다. 그리고 $x_1 \le 0$인 경우 $|\boldsymbol{H}(\boldsymbol{X})| = -144x_1 \ge 0$이고, $x_1 \ge 0$인 경우 $|\boldsymbol{H}(\boldsymbol{X})| = -144x_1 \le 0$이다. 따라서 $x_1 \le 0$인 경우 $\boldsymbol{H}(\boldsymbol{X})$는 음의 반부호 행렬이므로 $f(\boldsymbol{X})$는 오목이다.

(d) $f(x) = 4x_1^2 + 3x_2^2 + 5x_3^2 + 6x_1x_2 + x_1x_3 - 3x_1 - 2x_2 + 15$:

$$\boldsymbol{H}(\boldsymbol{X}) = \begin{bmatrix} \partial^2 f/\partial x_1^2 & \partial^2 f/\partial x_1 \partial x_2 & \partial^2 f/\partial x_1 \partial x_3 \\ \partial^2 f/\partial x_1 \partial x_2 & \partial^2 f/\partial x_2^2 & \partial^2 f/\partial x_2 \partial x_3 \\ \partial^2 f/\partial x_1 \partial x_3 & \partial^2 f/\partial x_2 \partial x_3 & \partial^2 f/\partial x_3^2 \end{bmatrix} = \begin{bmatrix} 8 & 6 & 1 \\ 6 & 6 & 0 \\ 1 & 0 & 10 \end{bmatrix}$$

여기서 principal minors 행렬은 다음과 같다.

$$|8| = 8 > 0$$

$$\begin{vmatrix} 8 & 6 \\ 6 & 6 \end{vmatrix} = 12 > 0$$

$$\begin{vmatrix} 8 & 6 & 1 \\ 6 & 6 & 0 \\ 1 & 0 & 10 \end{vmatrix} = 114 > 0$$

따라서 x_1, x_2, x_3가 모든 실수일 때 행렬 $\boldsymbol{H}(\boldsymbol{X})$는 양의 정부호이다. 따라서 $f(\boldsymbol{X})$는 강한 볼록함수이다.

INDEX

찾아보기

A

B

C

D

E

F

G

H

I

K

L

M

N

O

P

Q

R

S

T

U

V

W

Z

ㄱ

ㄴ

ㄷ

ㄹ

ㅁ

ㅂ

ㅅ

ㅇ

ㅈ

ㅊ

ㅋ

ㅌ

ㅍ

ㅎ

기타

정가 45,000원

공학최적화 : 이론과 실제

2011년 9월 1일 초판 인쇄
2011년 9월 10일 초판 발행

역자와의
협의하에
인지생략

저 자 : Singiresu S. Rao
역 자 : 박한영 · 오세영 · 김영도 · 배상식
발행자 : 우명찬 · 송 준
발행처 : 홍릉과학출판사
주 소 : ㊞ 142-885 서울시 강북구 인수동 455-60
등 록 : 1976년 10월 21일 제5-66호
전 화 : 999-2274~5, 903-7037
팩 스 : 905-6729
ISBN : 978-89-7283-984-2

hongpub@hongpub.co.kr
www.hongpub.co.kr